해기사 자격시험 **3**급

항해사
문제집

서울고시각

**Stand by
Strategy
Satisfaction**

새로운 출제경향에 맞춘 수험서의 완벽서

Preface

3급 항해사 책을 내면서

이번에 출간하는 3급 항해사 단원별 문제집은 상선 3급 항해사 및 어선 3급 항해사의 모든 시험문제들을 세밀히 분석하여 출제빈도가 아주 높은 주요 예상문제들을 단원별로 해설과 함께 구성하였다.

특히 어려운 계산문제들을 알기 쉽게 풀이하여 수험생들이 특별히 다른 참고서나 이론서 없이 혼자서도 충분히 수험 준비를 할 수 있도록 하는 데 중점을 두고 집필하였다.

본 참고서의 특징

- 각 내용별 주요 문제는 해설이 되어 있기 때문에 혼자서도 충분히 수험 준비를 할 수 있다.
- 각 과목 단원별로 구성되어 있으므로 문항별로 비교하며 수험 준비를 할 수 있다.
- 기존의 기출문제의 해결뿐만 아니라 해설을 공부하면서 새로운 문제에 대한 해결 능력을 키울 수 있도록 원론적으로 접근하였다.
- 특히 어려운 계산문제를 쉽게 해결할 수 있도록 더욱 상세한 해설을 하였다.
- 다른 참고서 필요 없이 해설을 참고로 한다면 본 예상문제 해설집만으로도 충분히 좋은 결과를 얻을 수 있다.
- 어선전문편이 해설과 함께 구성되어 어선 3급 항해사를 공부하는 수험생에게도 큰 도움이 된다.
- 법규는 최근에 개정된 법률을 완벽히 반영하고, 해설에 각 조문을 명기하여 가장 업데이트된 책이 되도록 하였다.

이 책이 앞으로 전개될 21세기 신해양시대에 광활한 바다의 한가운데에서 우리나라 해양산업의 주역으로서 활동할 해기사분들에게 미력이나마 등대와 같은 역할을 할 수 있기를 간절히 기원한다.

심혈을 기울였으나 부족함은 있기 마련이다. 교정과 퇴고를 반복하였으나 수정할 부분이 생긴다. 앞으로도 계속적으로 보다 질이 향상된 해설을 추가할 것이며, 새로운 문제를 추가하여 최고의 책으로 진화해 나갈 것임을 수험생 여러분께 약속드린다.

끝으로 장기간의 원고작업과 교정작업을 물심양면으로 지원해 주시고 기다려 주신 도서출판 서울고시각의 김용관 회장님과 김용성 사장님께 사의를 표하고, 사소한 오류는 물론 한 자의 오탈자도 허용치 않으려 고심해 주신 편집국장님 이하 편집부 직원분들께도 심심한 감사의 말씀을 전한다.

김성곤 해기사시험연구소 편저

Information

3급 항해사
시험안내

해기사란?

『선박직원법』은 선박 항행의 안전을 위해서 선박에 승무하는 사람에게 일정한 자격을 요구하고 있습니다. 선박에 승무하는 사람을 선박직원이라 하고, 이러한 선박직원에게 요구되는 자격이 "해기사"입니다. 따라서 해기사는 선박에서 선장·항해사·기관장·기관사·통신장·통신사·운항장 및 운항사의 직무를 수행하는 사람으로서 해양수산부장관의 면허를 받은 사람을 말합니다.

3급 항해사란?

해기사 중 항해사는 "갑판부에서 항해당직을 수행"하는 선박직원입니다. 항해사는 등급별로 1급 항해사부터 6급 항해사까지 있으며, 3급 항해사는 3번째 등급의 항해사입니다.

해기사의 결격사유는?

다음의 어느 하나에 해당하는 사람은 해기사가 될 수 없습니다.
- 18세 미만인 사람
- 면허가 취소된 날부터 2년(「수산업법」 제71조 제1항에 따라 면허가 취소된 경우에는 1년)이 지나지 아니한 사람

3급 항해사 시험 과목·방법·시간 및 합격기준은?

(1) 등급별 시험과목과 시험방법

직종 및 등급		과목 수	시험과목
항해사	1급~4급	5과목	항해, 운용, 법규, 영어, 전문(상선·어선)
	5급	5과목	항해, 운용, 법규, 영어, 전문(상선·어선)
	5급 한정	4과목	항해, 운용, 법규, 전문(상선·어선)
	6급	4과목	항해, 운용, 법규, 전문(상선·어선)
시험 방법		객관식 4지선다형으로 과목당 25문항	

(2) 시험시간
- 과목당 25분씩 총 125분입니다.

(3) 합격기준
- 과목당 100점을 만점으로 매 과목 40점(법규과목은 60점) 이상, 평균 60점 이상이어야 합격합니다.

3급 항해사 연간 시험안내

 선박직원법시행령 제 10조에 의거 해양수산부장관이 해양수산부령이 정하는 바에 의하여 정기시험, 임시시험, 상시시험으로 구분하여 시행하고 있습니다.

정기시험
Regular Examination

직종별 등급·시험장소 그 밖에 필요한 사항을 매년 1월 10일까지 관보 및 주요 일간지에 이를 공고 시행합니다.

상시시험
Normal Examination

상시시험을 시행하고자 하는 경우 그 직종별 등급·시험일시·시험장소 그 밖에 필요한 사항은 시험시행 15일전까지 한국해양수산 연수원의 게시판에 이를 공고합니다.

임시시험
Special Examination

한국해양수산연수원장이 필요하다고 인정하는 때에 수시로 시행되며
그 직종별 등급·시험일시·시험장소 그 밖에 필요한 사항은 시험 시행 7일전까지 한국해양수산연수원의 게시판에 이를 공고합니다.
접수인원에 따라 시행 결정합니다.

 정기시험

(1) 부산 외 지역에서도 응시할 수 있습니다.

(2) 시험방식
- 필기 : PBT(Paper Based Test)
- 면접 : 구술시험(부산 및 인천지역에 한함)

(3) 시행대상 : 상선항해사, 어선항해사, 기관사, 소형선박조종사, 통신사, 운항사
  (지역별 시행 직종 및 등급확인)

※ 회별 시행지역, 지역별 시행 직종 및 등급을 공고문에서 꼭 확인하시기 바랍니다.

Information

(4) 2023년 해기사 정기시험 일정

회	접수기간	필기시험			면접시험	
		필기시험	이의신청 기간	합격발표	면접시험	합격발표
1	2.22(수) ~ 2.24(금)	3.11(토)	3.11(토) ~ 3.13(월)	3.16(목)	3.18(토)	3.20(월)
2	5.17(수) ~ 5.19(금)	6.3(토)	6.3(토) ~ 6.5(월)	6.8(목)	6.10(토)	6.12(월)
3	8.16(수) ~ 8.18(금)	9.2(토)	9.2(토) ~ 9.4(월)	9.7(목)	9.9(토)	9.11(월)
4	10.25(수) ~ 10.27(금)	11.11(토)	11.11(토) ~ 11.13(월)	11.16(목)	11.18(토)	11.20(월)

※ 접수 시작일 10:00 ~ 접수마감일 18:00

 상시시험(필기)

(1) 승선 및 어로활동 등으로 정기시험 응시가 어려운 분들의 응시편의를 위한 시험으로 회차별 시행직종을 달리합니다.
(2) 시험방식 : CBT(Computer Based Test)
  - 지정된 시험실에서 컴퓨터 모니터를 통해 문제를 푸는 방식
  - 컴퓨터로 통제되어 자동 채점되며, 시험 당일 합격자를 발표합니다.
(3) 시행대상 : 상선항해사, 어선항해사, 기관사, 소형선박조종사
(4) 회당 수용가능 인원에 제한이 있으므로 접수기간 중 인터넷 선착순 마감
※ 회별 시행지역, 직종 및 등급 등 세부사항은 월별 상시시험 공고문을 반드시 확인하시기 바랍니다.

 **3급 항해사 시험응시절차**

 원서접수

(1) 인터넷 접수
  - 한국해양수산연수원 시험정보사이트(http://lems.seaman.or.kr)에 접속 후 "해기사 시험접수"에서 인터넷 접수
  - 준비물 : 사진 및 수수료 결제시 필요한 공인인증서 또는 신용카드
(2) 방문접수
  - 접수장소로 직접 방문하여 접수
  - 사진 1매, 응시수수료
(3) 우편접수
  - 접수마감일 접수시간 내 도착분에 한하여 유효
  - 사진이 부착된 응시원서, 응시수수료, 응시표를 받을 사람은 반드시 수신처 주소가 기재된 반신용 봉투를 동봉하여야 함.

응시원서 교부 및 접수장소

교부 및 접수장소		주소	전화번호
부산	한국해양수산연수원 종합민원실	49111 부산광역시 영도구 해양로 367 (동삼동)	콜센터 1899-3600
	한국해기사협회	48822 부산광역시 동구 중앙대로180번길 12-14 해기사회관	051) 463-5030
인천	한국해양수산연수원 인천사무소	22133 인천광역시 남구 주안로 115(주안동) 전시문화빌딩 5층	032) 765-2335~6
인터넷	한국해양수산연수원 (홈페이지)	http://lems.seaman.or.kr 민원서류다운로드(원서교부) 인터넷 접수	051) 620-5831~4
비 고		응시원서는 각 교부 및 접수처 또는 홈페이지에서 출력하여 작성	

 ## 응시수수료

구분	응시 직종 및 등급	금액
응시수수료	1급(항해·기관·운항·통신) 2급(항해·기관·운항·통신)	15,000원
	3급(항해·기관·운항·통신) 4급(항해·기관·운항·통신)	14,000원
	5급(항해·기관) 6급(항해·기관)	13,000원
	소형선박 조종사	10,000원
	수면비행선박소종사, 선사기관사	14,000원

 ## 구비서류(대상자에 한함)

(1) 응시원서 1부
(2) 사진 1매(최근 6개월 이내 촬영한 가로 3㎝ × 4㎝ 규격의 탈모 정면 상반신 사진)
(3) 증빙서류제출 : 시험 접수할 때는 제출하지 않음.
   - 선박직원법 시행규칙 개정으로 면제사유 증빙서류를 시험접수시에는 제출하지 않고, 면허 발급 신청할 때 한번만 제출함.
   - 단, 면제요건으로 시험에 응시할 때는 원서접수 이전에 면제자격을 갖추어야 하며, 그 사실을 응시원서에 기재하고 응시자 본인이 사실임을 확인해야 함.

응시생 유의사항

(1) 시험을 응시하는 데는 자격제한이 없으나(일부과목 및 면접응시자 제외), 최종 시험합격 후 면허교부 신청시 모든 자격이 갖추어져야 면허를 받을 수 있으므로 응시원서 제출 전에 시험합격 후 면허를 받을 수 있는 자격이 되는지 여부를 반드시 확인한 후 응시하여야 합니다.
(2) 서류가 미비된 경우에는 접수하지 아니하며, 응시원서 기재내용이 사실과 다르거나 기재사항의 착오 또는 누락으로 인한 불이익은 응시자의 책임으로 합니다.
(3) 응시자는 국가시험 시행계획공고에서 정한 응시자 입실시간까지 지정된 좌석에 착석하여 시험감시관의 시험안내에 따라야 합니다. 신분증을 지참하지 않을 경우 응시가 제한될 수 있습니다.
(4) 부정한 방법으로 국가시험에 응시하거나 동 시험에서 부정한 행위를 한 자에 대하여는 법령의 규정에 따라 그 시험을 정지시키거나 향후 2년간 국가시험 응시를 제한할 수 있습니다.
(5) 합격자 발표 후에도 제출된 서류 등의 기재사항이 사실과 다르거나 응시 결격사유가 발견된 때에는 그 합격을 취소합니다.

 면허발급 신청 기관 및 기간

(1) 해기사 면허발급 - 각 지방해양수산청
(2) 면허발급 희망청 기재 - 시험접수시 응시원서 상단에 합격 후 면허발급을 신청하실 지역을 표시하면 시험합격서류가 해당 지방청으로 이송됩니다.
(3) 해기사시험 최종합격일로부터 3년 이내에 각 지방해양수산청에 면허발급 신청을 하여 면허를 받으셔야 합니다.
(4) 신청기간 - 합격자 발표일 다음날부터 신청 가능
(5) 발급 소요기간 - 신청일로부터 2~3일 이후 발급

항해사 등급별 시험과목

시험과목		과목내용	시험응시대상 면허등급
1. 항해		1. 항해계기 2. 항로표지 3. 해도(수로도지) 4. 조석 및 해류 5. 지문항법 6. 천문항법 7. 전파 및 레이더항법 8. 항해계획 9. 국제해사기구의 표준해사 통신영어	6급 항해사 이상 3급 항해사 이하 3급 항해사 이하 3급 항해사 이하 6급 항해사 이상 5급 항해사 이상 6급 항해사 이상 4급 항해사 이상 5급 항해사(국내항 한정)
2. 운용		1. 선박의 구조 및 설비 2. 선박의 이동 및 조종 3. 선박의 복원성 4. 당직근무 5. 기상 및 해상 6. 선박의 동력장치 7. 비상조치 및 손상제어 8. 선내의료 9. 수색 및 구조, 해상통신 10. 승무원의 관리 및 훈련 11. 선내의 의료제공에 관한 조직과 관리	2급 항해사 이하 6급 항해사 이상 6급 항해사 이상 3급 항해사 이하 6급 항해사 이상 6급 항해사 이상 6급 항해사 이상 3급 항해사 이하 6급 항해사 이상 3급 항해사 이하 2급 항해사 이상
3. 법규		1. 선박의 입항 및 출항 등에 관한 법률 2. 선원법 및 선박직원법 3. 선박안전법 4. 「해양사고의 조사 및 심판에 관한 법률」 5. 「해양환경관리법」 6. 상법(해상편) 7. 「해사안전법」 8. 국제해상충돌예방규칙	6급 항해사 이상 5급 항해사 이상 6급 항해사 이상 4급 항해사 이상 6급 항해사 이상 3급 항해사 이상 6급 항해사 이상 6급 항해사 이상
4. 영어		1. 국제해사기구의 표준 해사 통신영어 2. 해사영어	5급 항해사 이상 [5급 항해사(국내항 한정)를 제외한다] 3급 항해사 이상
5. 전문	상선	1. 화물의 취급 및 적하 2. 선박법 3. 해운실무(보험편 포함) 4. 해사관련 국제협약(상선)	6급 항해사 이상 3급 항해사 이하 3급 항해사 이상 4급 항해사 이상
	어선	1. 어획물의 취급 및 적하 2. 어선법 3. 수산실무 4. 해사관련 국제협약(어선)	6급 항해사 이상 3급 항해사 이하 3급 항해사 이상 4급 항해사 이상

Information

 항해사 내용별 출제비율 [단위는 백분율(%), ×는 출제되지 않는 과목임]

시험 과목	과목내용	1급	2급	3급	4급	5급	5급(국내항 한정)	6급
항해	1. 항해계기	20	20	16	12	12	x	12
	2. 항로표지	x	x	12	12	12	12	16
	3. 해도(수로도지)	x	x	8	16	16	16	16
	4. 조석 및 해류	x	x	8	8	12	16	12
	5. 지문항법	12	16	20	20	24	20	32
	6. 천문항법	8	16	12	8	4	x	x
	7. 전파 및 레이더항법	36	32	20	20	20	20	12
	8. 항해계획	24	16	4	4	x	x	x
	9. 국제해사기구의 표준해사 통신영어	x	x	x	x	x	16	x
	합계(%)	100	100	100	100	100	100	100
운용	1. 선박의 구조 및 설비	x	12	12	16	20	x	24
	2. 선박의 이동 및 조종	24	16	16	16	20	28	28
	3. 선박의 복원성	12	16	12	12	8	12	8
	4. 당직근무	x	x	8	12	12	16	12
	5. 기상 및 해상	16	12	12	12	12	16	8
	6. 선박의 동력장치	8	8	8	8	8	x	4
	7. 비상조치 및 손상제어	12	12	8	8	8	12	4
	8. 선내의료	x	x	8	8	4	x	4
	9. 수색 및 구조·해상통신	12	8	8	8	8	16	8
	10. 승무원의 관리 및 훈련	12	8	8	x	x	x	x
	11. 선내의 의료제공에 관한 조직과 관리	4	8	x	x	x	x	x
	합계(%)	100	100	100	100	100	100	100
법규	1. 선박의 입항 및 출항 등에 관한 법률	4	4	4	4	8	16	8
	2. 선원법 및 선박직원법	8	8	8	8	8	x	x
	3. 선박안전법	8	8	8	8	8	8	8
	4. 해양사고의 조사 및 심판에 관한 법률	4	4	4	4	x	x	x
	5. 해양환경관리법	8	8	8	8	8	8	8
	6. 상법(해상편)	8	8	8	x	x	x	x
	7. 해사안전법	8	8	8	8	8	8	8
	8. 국제해상충돌예방규칙	52	52	52	60	60	60	60
	합계(%)	100	100	100	100	100	100	100
영어	1. 국제해사기구의 표준해사 통신영어	40	40	40	100	100	x	x
	2. 해사영어	60	60	60	x	x	x	x
	합계(%)	100	100	100	100	100	x	x
전문 상선	1. 화물의 취급 및 적하	28	52	28	60	72	72	72
	2. 선박법	x	x	24	24	28	28	28
	3. 해운실무(보험편포함)	36	28	24	x	x	x	x

	4. 해사관련 국제협약(상선)	36	20	24	16	x	x	x
	합계(%)	100	100	100	100	100	100	100
어선	1. 어획물의 취급 및 적하	36	40	36	48	72	72	72
	2. 어선법	x	x	12	28	28	28	28
	3. 수산실무	36	32	28	x	x	x	x
	4. 해사관련 국제협약(어선)	28	28	24	24	x	x	x
	합계(%)	100	100	100	100	100	100	100

항해사 면허를 위한 승무경력

받으려는 면허	자격	승무경력		
		승선한 선박	직무	기간
1급 항해사	2급 항해사 또는 2급 운항사	연안수역 또는 원양수역을 항행구역으로 하는 총톤수 1천600톤 이상의 상선(자동화선박을 포함한다) 또는 무제한 수역을 항행구역으로 하는 길이 24미터 이상의 어선	선장·1등 항해사 또는 1등 운항사	2년
			선장·1등 항해사 및 1등 운항사를 제외한 선박직원	4년
		연안수역 또는 원양수역을 항행구역으로 하는 총톤수 500톤 이상 1천600톤 미만의 상선	선장 또는 1등 항해사	3년
			선장 및 1등 항해사를 제외한 선박직원	5년
		배수톤수 1천600톤 이상의 함정	함장 또는 부장	2년
2급 항해사	3급 항해사 또는 3급 운항사	연안수역 또는 원양수역을 항행구역으로 하는 총톤수 1천600톤 이상의 상선(자동화선박을 포함한다) 또는 무제한수역을 항행구역으로 하는 길이 24미터 이상의 어선	선박직원	2년
		연안수역 또는 원양수역을 항행구역으로 하는 총톤수 500톤 이상 1천600톤 미만의 상선	선장 또는 1등 항해사	3년
			선장 및 1등 항해사를 제외한 선박직원	4년
		배수톤수 1천600톤 이상의 함정	함장 또는 부장	2년
			함정의 운항	3년
3급 항해사	4급 항해사 또는 4급 운항사	연안수역 또는 원양수역을 항행구역으로 하는 총톤수 500톤 이상의 상선, 총톤수 50톤 이상의 여객선 또는 제한수역 또는 무제한수역을 항행구역으로 하는 길이 15미터 이상의 어선	선박직원	2년
		연안수역 또는 원양수역을 항행구역으로 하는 총톤수 100톤 이상 500톤 미만의 상선	선장 또는 1등 항해사	3년
			선장 및 1등 항해사를 제외한 선박직원	4년
		연안수역 또는 원양수역을 항행구역으로 하는 총톤수 500톤 이상의 상선, 총톤수 200톤 이상의 여객선 또는 제한수역 또는 무제한수역을 항행구역으로 하는 길이 20미터 이상의 어선	선박의 운항	5년
	4급 항해사	배수톤수 500톤 이상의 함정	함장 또는 부장	2년
			함정의 운항	3년
		배수톤수 500톤 이상의 함정	함정의 운항	5년

Information

4급 항해사	5급 항해사	총톤수 100톤 이상의 상선, 총톤수 30톤 이상의 여객선 또는 길이 12미터 이상의 어선	선박직원	1년
		총톤수 100톤 미만의 상선, 총톤수 5톤 이상 30톤 미만의 여객선 또는 길이 9미터 이상 12미터 미만의 어선	선박직원	2년
		총톤수 100톤 이상의 상선, 총톤수 30톤 이상의 여객선 또는 길이 12미터 이상의 어선	선박의 운항	4년
	5급 항해사	배수톤수 100톤 이상의 함정	함정의 운항	1년
		배수톤수 100톤 이상의 함정	함정의 운항	4년
5급 항해사	6급 항해사	길이 12미터 이상의 어선	선박직원	1년
		총톤수 30톤 이상의 상선	선박직원	1년
		길이 9미터 이상 12미터 미만의 어선	선박직원	2년
		총톤수 5톤 이상 30톤 미만의 상선	선박직원	2년
		길이 12미터 이상의 어선	선박의 운항	3년
		총톤수 30톤 이상의 상선	선박의 운항	3년
	6급 항해사	배수톤수 30톤 이상의 함정	함정의 운항	1년
		배수톤수 30톤 이상의 함정	함정의 운항	3년
6급 항해사		길이 20미터 이상의 어선	선박의 운항	1년
		총톤수 100톤 이상의 상선	선박의 운항	2년
		배수톤수 100톤 이상의 함정	함정의 운항	2년
		길이 9미터 이상 20미터 미만의 어선	선박의 운항	2년
		총톤수 5톤 이상 100톤 미만의 상선	선박의 운항	3년
		배수톤수 5톤 이상 100톤 미만의 함정	함정의 운항	3년

– 비고
1. 5급 항해사부터 3급 항해사까지의 면허(어선면허는 제외한다)를 위한 승무경력에는 6개월 이상의 항해당직근무(실습을 포함한다)경력을 포함하여야 한다.
2. 4급 항해사부터 1급 항해사까지의 면허(어선면허는 제외한다)를 위한 승무경력에는 해당 선박 중 최상급 총톤수 이상의 선박에서의 6개월 이상의 승무경력(실습을 포함한다)을 포함하여야 하며, 5급 항해사 이하의 면허(어선면허는 제외한다)를 위한 승무경력에는 해당 선박 중 최상급 총톤수 이상의 선박에서의 3개월 이상의 승무경력(실습을 포함한다)을 포함하여야 한다.
3. 받으려는 면허가 3급 항해사 이상의 면허 중 상선면허인 경우의 승무경력은 상선에 승무한 경력만 해당하고, 어선면허인 경우의 승무경력은 어선에 승무한 경력만 해당한다. 다만, 함정에 승무한 경력은 상선면허 또는 어선면허를 위한 승무경력 산정에서 모두 인정한다.
4. 비고 제3호에도 불구하고 항해선인 상선에서 당직항해사로 승무한 경력은 6개월에 한정하여 어선면허를 위한 승무경력으로 인정한다.
5. 5급 이상의 면허를 가지고 있는 사람은 6급 이하의 면허를 취득하기 위한 승무경력이 있는 것으로 본다(이하 이 표에서 같다).
6. 시운전 선박에 승무한 경력은 2007년 11월 23일 이후 시운전 선박에 승무한 경력부터 인정한다(이하 이 표에서 같다).
7. 자격란 중 운항사는 항해전문의 운항사를 말한다.
8. 어선의 "길이"란 「선박안전법」 제27조 제1항 제2호에 따라 해양수산부령으로 정하는 방법으로 측정한 어선의 길이를 말한다(이하 이 표에서 같다).
9. "여객선"이란 여객정원이 13명 이상인 선박을 말한다(이하 이 표에서 같다).
10. "함정의 운항"이란 함정에 승선하여 기관의 운전과 조리업무를 제외한 직무를 수행하는 것을 말한다(이하 이 표에서 같다).
11. "선박의 운항"이란 선박직원이 아닌 자로서 선박에 승선하여 선박직원의 기관업무 보조 및 조리 업무를 제외한 나머지 직무를 수행하는 것을 말한다(이하 이 표에서 같다).

Contents

3급 항해사
이 책의 차례

제 1 편 항 해

　　제1장　항해계기 ·· 2

　　제2장　항로표지 ·· 35

　　제3장　해도(수로도지) ·· 52

　　제4장　조석 및 해류 ·· 67

　　제5장　지문항법 ·· 80

　　제6장　천문항법 ·· 114

　　제7장　전파 및 레이더항법 ································ 136

　　제8장　항해계획 ·· 172

제 2 편 운 용

　　제1장　선박의 구조 및 설비 ······························ 182

　　제2장　선박의 이동 및 조종 ······························ 205

　　제3장　선박의 복원성 ·· 238

　　제4장　당직근무 ·· 259

Contents

제5장 기상 및 해상 …………………………………………… 270

제6장 선박의 동력장치 ……………………………………… 298

제7장 비상조치 및 손상제어 ………………………………… 311

제8장 선내의료 ……………………………………………… 324

제9장 수색 및 구조·해상통신 ……………………………… 335

제10장 승무원의 관리 및 훈련 ……………………………… 354

제 3 편 영 어

제1장 국제표준 해사통신영어 ……………………………… 366

제2장 항해 실무 영어 ………………………………………… 395

제3장 과목별 해사영어 ……………………………………… 452

제 4 편 상선전문

제1장 화물의 취급 및 적하 ………………………………… 538

제2장 선박법 ………………………………………………… 588

제3장 해운실무(보험편 포함) ……………………………… 624

제4장 해사관련 국제협약 …………………………………… 666

제 5 편 · 어선전문

- 제1장 어획물의 취급 및 적하 ········ 702
- 제2장 수산관련법 ········ 753
- 제3장 수산실무 ········ 774
- 제4장 해사관련 국제협약(어선) ········ 809

제 6 편 · 법 규

- 제1장 선박의 입항 및 출항 등에 관한 법률 ········ 844
- 제2장 선원법 및 선박직원법 ········ 858
- 제3장 선박안전법 ········ 879
- 제4장 해양사고의 조사 및 심판에 관한 법률 ········ 896
- 제5장 해양환경관리법 ········ 903
- 제6장 상법(해상편) ········ 928
- 제7장 해사안전법 ········ 939
- 제8장 국제해상충돌예방규칙 ········ 954

부 록 · 최근 기출문제

- 2022년 제4회 3급 항해사 시험 ········ 1032

3급 항해사 참고 문헌

참고 문헌

- 윤여정 『지문항해학』 1999
  한국해양대학 해사도서 출판부
- 김기윤 『천문항법』 1984 제일문화사
- 『항해과 요체』
  한국해양대학 해사도서출판부
- 교육과학기술부 『항해』 2006
  대한교과서 주식회사
- 이대재 『레이더 항법』 2000 태화출판사
- 김선곤 『표준항해사문제해설』 해문출판사
- 백인흠 『3급 항해사』 해인출판사
- 민병언 『해양기상학』
  한국해양대학 해사도서출판부
- 민병언 『선박정비론』
  한국해양대학 해사도서출판부
- 『Radar의 이론과 실무』 2006
  한국해양수산연수원
- 윤점동 『선박조종의 이론과 실무』
  세종출판사
- 교육부 『선박운용』 대한교과서 주식회사
- 교육부 『선박구조』 대한교과서 주식회사
- 교육부 『선박이론』 대한교과서 주식회사
- 교육부 『선화운송』 대한교과서 주식회사
- 교육부 『전자통신기기』
  대한교과서 주식회사
- 『해상안전』 한국해양수산연수원
- 박대홍 『해양기상학』 해문출판사
- 김기윤 『선박적화법』 아주출판사
- 김성곤 『항해술』 서울고시각
- 정영석 『해사법규 강의』 해인출판사
- 교육부 『해사법규』 대한교과서 주식회사
- 박용섭 『해상보험법』 효성출판사
- 『항해연수교육Ⅴ』 한국해양수산연수원
- 김우숙 『레이더 항법』 해문출판사
- 윤점동 『탱커 운용의 이론과 실무』
  세종출판사
- 『탱커기초교육』 한국해양수산연수원
- 『선내보건』 한국해양수산연수원
- 양시권 『선박적화』
  한국해양대학 도서출판부
- 이종락 『항해계기』
  한국해양대학 도서출판부
- 이상집 『항해기기론』 효성출판사
- 『유조선 직무교육』 한국해양수산연수원
- 『케미컬 탱커 직무교육』
  한국해양수산연수원
- 『해사일반』, 『해사영어』, 『해사법규』,
  『선화운송』 부산광역시 교육청
- 『선박운용』 전라남도 교육청
- 『항해』 인천광역시 교육청
- 김현종 『IMO 표준해사통신영어』 해인출판사
- 이종인 『항해실무영어』 다솜출판사
- 교육부 『해사영어』 대한교과서 주식회사

01
항해

제01장 항해계기

1. 마그네틱 컴퍼스

01 남북 방향으로 항해할 때 생기는 자기 컴퍼스의 자차는 무엇으로 수정하는가?
- 가. B자석
- 나. C자석
- 사. D자석
- 아. Heeling Magnets

해설
- 남북방향(침로 0°, 180°)에서 자차가 최대가 되는 것은 자차계수 C이므로 자차계수 C는 정횡 C자석으로 수정한다.
- 동서방향(침로 90°, 270°)에서 자차가 최대가 되는 것은 자차계수 B이므로 자차계수 B는 선수미 B자석으로 수정한다.

02 다음 지역 중 지자기 교란이 있는 곳은?
- 가. 자카르타 부근
- 나. 도쿄 부근
- 사. 청산도 부근
- 아. 필리핀 해역

해설 청산도 부근에서는 지방자기가 있어 지자기의 교란이 일어난다.
외국에는 엘바섬, 포클랜드 등이 지방자기가 있다.

03 동서 침로에서 남북 침로로 대각도 변침하면 본선의 자기 컴퍼스는 어떤 오차가 현저하게 생기는가?
- 가. 부정 오차
- 나. 가속도오차
- 사. Heeling Error
- 아. Gaussian Error

해설 가우신차(Gaussian Error)
- 선체 구성 중 강철과 연철의 중간철의 감응자기로 인하여 생기는 자차
- 변침하여 5분 정침시 없어짐.
- 동서 방향으로 긴 항해를 하다가 90° 변침하여 남북으로 항해할 때 현저하게 나타난다.

Answer 01 나 02 사 03 아

04. 자기 컴퍼스의 Deviation 변동에 관한 설명 중 틀린 것은?

가. 자기 위도의 변화에 따라 변한다.

나. 시일의 경과에 따라 변한다.

사. 입거수리 후에 변한다.

아. Variation의 변화에 따라 변한다.

해설 Deviation(자차) 변동은 Variation(편차)의 변화와는 무관하다.

※ 자차계수 수정일람표 ※

종류	자차곡선형태	최대자차선수방위	생기는 원인	수정용구
A	불편차	동일	• 선수방향과 관계없이 일정 ㉠ 컴퍼스가 바른 방향으로 설치되어 있지 않는 경우 ㉡ 측정기구에 결함이 있는 경우 ㉢ 편차를 잘못 가감한 경우 ㉣ 수평연철의 비대칭 배치로 인한 오차 등으로 생긴다.	• 컴퍼스를 선수미선에 배치
B	반원차 $\sin\theta$	동,서(E,W)	• 영구자기 - 선수미분력 • 선수미상 수직연철의 감응자기	• 선수미 B자석 • 플린더즈바
C	반원차 $\cos\theta$	남,북(N,S)	• 영구자기 - 정횡분력 • 정횡선상 수직연철의 감응자기	• 정횡 C자석 • 플린더즈바
D	상한차 $\sin2\theta$	사우점(NE,SE,SW,NW)	• 대칭으로 배치된 수평연철의 감응자기	• 연철구(상한차수정구)
E	상한차 $\cos2\theta$	사방점(N,E,S,W)	• 비대칭으로 배치된 수평연철의 감응자기 • 용골과 45° 경사의 수평연철	• 연철구 • 무시할 수 있을 정도로 소량이므로 수정하지 않는 것이 보통
경선차(J)		남,북(N,S)	• 선박의 경사 • 선체 영구자기의 수직분력, 컴퍼스의 직하에 있는 수직 연철의 감응자기, 수평연철의 감응자기	• 경선차 수정자석(Heeling magnet) • 경침의(Dipping Needle)
가우신차			• 선체구성 중 강철과 연철의 중간철의 감응자기 • 동서방향으로 긴 항해를 하다 90도 변침하여 남북으로 항해할 때 현저히 나타남	• 변침하여 5분 정침시 없어짐.

Answer 04 아

05 선체 영구자기의 정횡분력을 수정하는 수정구는?

가. B자석
나. C자석
사. Flinders bar
아. Heeling magnet

해설
- **수정용 자석** : 선수미 B자석 - 선체영구자기의 선수미분력
  정횡 C자석 - 선체영구자기의 정횡분력
- **Flinders bar** : 수직연철의 감응자기 수정
- **연철구** : 수평연철의 감응자기 수정 - 자차계수 D, E(상한차) 수정
- **Heeling magnet** : 경선차 수정 - 자차계수 J 수정

06 연철구 수정량을 크게 변경시켰을 때 재조정이 필요한 것은?

가. B자석
나. C자석
사. Heeling magnet
아. Flinders bar

해설 수정순서의 기본원칙은 투자율(透磁率 : 자성체가 자기화 되는 정도)이 높은 연철(軟鐵)로 된 수정구는 경철(硬鐵)과 같이 투자율이 낮은 수정구보다 먼저 조정하여야 한다. 그래서
▶ 수정구의 수정순서는 Flinders bar → 연철구 → Heeling magnet → 수평자석(B, C석) 순으로 한다. 그러므로 연철구의 수정량이 달라졌다면 Heeling magnet를 재조정해야 한다.

07 자기 컴퍼스 수정 중 본선의 선원이 할 수 있는 것을 들면 다음과 같다. 해당되지 않는 것은?

가. B 자차의 분석 수정
나. 경선차 수정
사. 임시 수정
아. A 자차 수정

해설 자차계수 A는 침로가 변하거나 선박이 이동하여 위도가 변경되더라도 변하지 않고 일정한 크기를 가지기 때문에 불변차 계수라 하며 컴퍼스가 선수미선 위에 설치된 경우에는 그 값이 적다. 일반적으로 분석수정과 임시수정, 경선차 등은 본선에서 할 수 있으나 A계수 수정은 하지 않는다.

08 자기 컴퍼스에 기포가 생기는 원인이 아닌 것은?

가. Packing의 불량 또는 노후
나. 온도 조절장치의 작동 불량
사. Bowl을 구성하고 있는 주물의 흠
아. Compass액의 혼합 비율

Answer 05 나 06 사 07 아 08 아

해설: Compass액의 혼합 비율은 증류수와 알콜이 3.5 : 6.5정도의 비율로 되어 있어 수축과 팽창에 의한 기포 발생을 억제하는 효과가 있다.

09 자기 컴퍼스에 있어서 자차계수 A는 여러 가지 원인으로 생긴다. 해당되지 않는 것은?

가. 컴퍼스 자체의 결함으로 인한 오차
나. 컴퍼스 주변에 대칭으로 배치된 수직연철의 영향으로 인한 오차
사. 자차측정 과정에 포함되는 오차
아. 해도에 기재된 편차가 실제의 것과 같지 않을 때

해설: 나. 컴퍼스 주변에 비대칭으로 배치된 수평연철의 영향으로 인한 오차에 의해서 생긴다.
▶ 자차계수 A(불편차계수)는
  ㉠ 컴퍼스가 바른 방향으로 설치되어 있지 않은 경우
  ㉡ 측정기구에 결함이 있는 경우
  ㉢ 편차를 잘못 가감한 경우
  ㉣ 수평연철의 비대칭 배치로 인한 오차 등으로 생긴다.

10 자기 컴퍼스에서 자차 측정시 나타나는 Gaussian Error를 방지하기 위한 조치 중 올바른 것은?

가. 측정하려는 각 선수 방위에 대하여 정침 후 약 5분 정도 경과 후에 측정하여야 한다.
나. 지자기 편차로 인한 계통오차이므로 최신판 해도의 나침도를 이용한다.
사. 방위 측정기구는 정도가 높은 것을 사용한다.
아. 좌우로 각각 2 내지 3회씩 진동이 가장 큰 속력으로 선회한다.

해설: **가우신차(Gaussian Error)**
① 선체 구성 중 강철과 연철의 중간철의 감응자기로 인하여 생기는 자차
② 변침하여 5분 정침시 없어짐.
③ 동서 방향으로 긴 항해를 하다가 90° 변침하여 남북으로 항해할 때 현저하게 나타남.

11 자기 컴퍼스에서 자차분석 결과 자차가 어떤 침로에서든 항상 2°E로 나타나고 있다. 이 자차는 어떤 계수의 영향으로 보이는가?

가. A계수 나. B계수
사. C계수 아. D계수

해설: 선수방향과 관계없이 일정 값을 나타내는 것은 자차계수 A이며, 불편차계수라 한다.

 09 나 10 가 11 가

12 자기 컴퍼스의 각 자차 수정구는 서로 영향을 받게 되므로 하나의 수정구를 조정하면 연쇄적으로 다른 수정구를 재조정할 필요가 있다. 이점을 고려하였을 때 올바른 조정 순서는? (단, 1. Flinders bar, 2. 연철구, 3. 경선차 수정자석, 4. B 또는 C자석)

가. 1,2,3,4
나. 3,1,4,2
사. 1,3,2,4
아. 2,1,4,3

> 해설 수정순서의 기본원칙은 투자율(透磁率 : 자성체가 자기화하는 정도)이 높은 연철로 된 수정구는 경철과 같이 투자율이 낮은 것으로 된 수정구보다 먼저 조정하여야 한다.
> 수정구 조정순서
> ① Flinders bar
> ② 연철구
> ③ Heeling magnet
> ④ B,C자석의 순으로 하는 것이 원칙이다.

13 자기 컴퍼스의 비너클 형식 중에서 탁상식보다 스탠드식이 갖는 가장 큰 이점은?

가. 정확성이 높다.
나. 자차수정의 효과가 높다.
사. 사용하기에 편리하다.
아. 국부자기의 영향을 피할 수 있다.

14 자기 컴퍼스의 오차에 해당되지 않은 것은?

가. Shadow pin shoe의 방위오차
나. 가속도 오차
사. Lubber error
아. 마찰 오차

> 해설 가속도 오차는 자이로 컴퍼스 오차의 종류이다.
> 가. Shadow pin shoe 오차 : 새도핀 꽂이 오차
> 사. Lubber error : 기선 오차

Answer 12 가 13 나 14 나

15 자기 컴퍼스의 자차를 측정하는 방법 중 원표방위법의 좋은 점을 들면 다음과 같다. 타당한 것은?

　가. 측정상의 오차가 비교적 작다.
　나. 측정 작업이 비교적 간편하다.
　사. 해도에 의한 지자기 편차를 가감할 필요가 없다.
　아. 지방 자기의 영향을 받지 않는다.

　해설　원표방위법은 나침방위와 자침방위를 비교하여 자차를 구하므로 편차를 가감할 필요가 없다.
　원표방위법
　원표방위법은 먼 곳에 고정되어 있는 목표물을 관측하여 자차를 측정하는 방법으로 선박을 천천히 선회시켜 자기 컴퍼스로 8주요점(N, NE, E, SE, S, SW, W, NW)마다 선수를 유지하면서 목표물의 방위를 측정하고, 측정한 8개의 나침방위의 평균값을 구하여 그 값을 자침방위로 간주하여 각 선수방위마다 자침방위와 나침방위의 차이인 자차를 계산하는 자차측정법이다.

16 자차계수 중 선수 방위나 지리상의 위치와 관계없이 일정한 크기로 나타나는 것은?

　가. 계수 B　　　　　　　　나. 계수 A
　사. 계수 D　　　　　　　　아. 계수 C

　해설　자차계수 A는 침로가 변하거나 선박이 이동하여 위도가 변경되더라도 변하지 않고 일정한 크기를 가지기 때문에 불변차계수라 하며 컴퍼스가 선수미선 위에 설치된 경우에는 그 값이 적다.

17 자차를 수정한 후 자차가 다시 생기는 수가 있다. 이것에 대한 설명 중 틀린 것은?

　가. 선내에서 화재가 발생한 경우
　나. 충돌, 좌초와 같은 심한 충격을 받았을 때
　사. 철물을 적재한 경우
　아. 같은 자기 위도상을 동서로 크게 이동한 경우

　해설　자차는 지구상의 위치가 변화할 때도 생기나 동서로 이동할 때가 아니라 위도가 크게 변화할 때 즉 남북으로 크게 이동한 경우 생길 수 있다.

Answer　15 사　16 나　17 아

18 자차수정 방법 중 임시 수정법을 실시하기 위한 요건을 들면 다음과 같다. 적합하지 않은 것은?

가. 자차 계수의 값이 크지 않을 것
나. 최근에 실시한 수정의 결과가 양호할 것
사. 컴퍼스 자체에 결함이 없고 바른 위치에 컴퍼스가 설치되어 있을 것
아. 자차의 각 계수의 값을 추정할 수 있을 것

해설 자차의 각 계수의 값을 추정할 수 있을 때는 분석수정법을 행한다.

자차수정법
① 임시수정법(시행착오법)
    각 자차 계수의 값이 특정한 침로에서 최대가 되는 성질을 이용하여 수정하는 법
    ▶ 선체 자기가 비교적 안정된 경우에 할 수 있으며 항해중에 실시한다.
② 분석수정법
    선체 자기가 불안정한 경우에 이용하는 수정법
    ▶ 먼저 자차를 실측하여 각 계수를 구하여야 한다.

19 어느 물표의 나침방위를 측정한 결과가 아래 표와 같다면 선수 방위가 SW인 경우의 자차는?

선수방위	N	NE	E	SE	S	SW	W	NW
물표의 나침방위	103°	89°	71°	62°	76°	102°	109°	180°

가. 3°E
나. 3°W
사. 6°W
아. 9°W

해설
▶ 자차 = 자침방위 − 나침방위
▶ 자침방위는 선수방위의 나침방위 8방위를 평균한 값
∴ 자침방위 = (103+89+71+62+76+102+109+180) ÷ 8 = 99
자차 = 102° − 99° = 3°W(자침방위 < 나침방위 이므로 W)

20 놋쇠로 된 가는 막대로서 Compass bowl의 상면에 세워서 방위 측정을 하는 것은?

가. Azimuth mirror
나. Shadow pin
사. Azimuth circle
아. Pelorus

해설 Azimuth mirror : 방위경   Shadow pin : 새도우 핀
Azimuth circle : 방위환   Pelorus : 방위반

 18 아 19 나 20 나

21 선박이 옆으로 경사하였거나 Rolling을 하였을 경우에 자기 컴퍼스의 경선차가 최대인 침로는?

- 가. North
- 나. East
- 사. 건조 당시의 선수 방향
- 아. 건조 당시의 선수 방향과 반대 방향

해설 경선차는 침로가 남북방향(0° 또는 180°)일 때 최대 오차가 생긴다.

경선차(Heeling Error)
① 선체가 수평인 때의 자차와 경사졌을 때의 자차 간의 차
② 침로가 남북방향일 때 최고
③ 수정 : 항해중 선박이 좌우로 진동할 때, 남북방향 침로에서 영구자석(경선차 수정자석 : Heeling magnet)을 볼 밑에 수직으로 놓아 컴퍼스 카드가 미소하게 진동할 때까지 조정한다.
④ 경침의(Dipping needle)로도 수정할 수 있다.

22 선박용 자기 컴퍼스의 자차 수정시에는 다음과 같은 기본 원칙을 지켜야 한다. 해당되지 않는 것은?

- 가. 수정 능력이 큰 수정구를 컴퍼스로부터 먼 곳에 두어 수정한다.
- 나. 수정 능력이 작은 수정구를 컴퍼스로부터 가까운 곳에 두어 수정한다.
- 사. 일시자석 수정구는 영구자석 수정구보다 먼저 조정되어야 한다.
- 아. 경선차 수정 후에는 B 자석 수정이 보완되어야 한다.

23 자기 컴퍼스의 자차측정 방법이 아닌 것은?

- 가. 출몰방위각법
- 나. 교차방위각법
- 사. 물표의 중시선을 이용하는 방법
- 아. 원표방위각법

해설 교차방위법은 자차측정법이 아니고 선위측정법이다.

Answer 21 가 22 나 23 나

단원별 3급 항해사

24 한국 연근해 구역에서는 이상이 없던 자기 컴퍼스라 할지라도 적도 부근을 항주할 때에는 큰 자차가 생기거나 카드가 불안정하게 되는 수가 있다. 그 이유를 들면 다음과 같다. 해당되지 않는 것은?

가. 자차계수 B의 값이 변하기 때문
나. 경선차가 변화하기 때문
사. 자차계수 B의 분석 수정이 미흡했기 때문
아. 자차계수 D의 수정이 불완전했기 때문

해설 위도가 크게 변화하면 자차계수 B값이 변화하며, 또한 카드가 불안한 것은 경선차 때문이다. 어느 한 해역에서 경선차가 완벽하게 수정되었다 하더라도 선박의 위치가 크게 변하면 일시자기에 의한 자차 계수가 변화하므로 재조정이 되어야 한다. 자차계수 B는 영구자기에 의한 B계수와 일시자기에 의한 B계수로 되어 있으므로 어느 한 해역에서 자차계수 B를 영구자기에 의한 B계수와 일시자기에 의한 B계수(cZ)로 분석하여 수정하기는 곤란함.

▶ 따라서 자차계수 B가 이상적으로 분석수정 되지 않는 한 선박 위치의 위도가 변화하면 자차 변동이 생긴다.
☞ 자차계수 B를 이상적으로 분석수정 하려면 자기적도를 항해할 때 수정한다.

25 자기 컴퍼스 전후방의 비대칭인 수직 연철에 유도된 자기(cZ)의 영향을 제거하기 위한 장치는?

가. 수직 수정용 자석
나. B 자석
사. 연철구
아. Flinders bar

해설 수직연철의 유도자기는 플린더즈 바로 수정한다.
▶ 수정용자석 : 선수미 B자석 − 선체영구자기의 선수미분력
　　　　　　　정횡 C자석 − 선체영구자기의 정횡분력
▶ Flinders bar : 수직연철의 감응자기 수정
▶ 연철구 : 수평연철의 감응자기 수정 − 자차계수 D, E(상한차) 수정
▶ Heeling magnet : 경선차 수정 − 자차계수 J 수정

24 아　25 아

26 자기 컴퍼스의 자차수정의 필요성을 들면 다음과 같다. 틀린 것은?

가. 자차계수의 값이 불규칙적으로 변하는 것을 피하기 위하여
나. 동요시 경선차의 영향으로 컴퍼스 카드가 진동하는 것을 방지하기 위하여
사. 자차의 값을 줄이기 위하여
아. 선내자기의 세기를 지구자장의 세기와 일정한 정비례 관계가 되도록 하기 위하여

> **해설** 자차를 수정한다는 것은 자차의 원인인 선내 각종 자기의 영향을 수정장치로 상쇄하여 컴퍼스 자침에 하등 영향을 미치지 않게 하는 것으로 선수각점에서 컴퍼스 자침의 자력은 동일하게 되는 것이다. 그러나 그것은 이상적인 것이고 실제로는 자차는 없어질 수는 없으므로 각 선수방위에 대한 자차의 양을 최소화하는 것이다.
> 선박이 어떤 침로로 항해를 하더라도 자차가 최소가 되도록 하는 것으로 그러기 위해서는 자차계수를 최소로 하여야 한다.
> Compass가 이상적으로 수정된 경우에는 선수방향이 변하더라도 선내자장(지구자장과 선체자장의 합성자장)은 지구자장의 방향과 항상 일치하며 선내자장의 세기도 선수변동에 관계없이 일정하다.
> ▶ 이상적인 자차수정시에는
> • 선수방위에 관계없이 선내자장의 방향과 지구자장의 방향이 일치한다.
> • 선수방위에 관계없이 선내자장의 세기는 일정하다.

27 자차 측정 또는 수정 작업 전에 점검할 사항을 설명한 것 중 틀린 것은?

가. 컴퍼스 볼 내에 기포가 있으면 원인을 제거하고 컴퍼스 액을 보충한다.
나. 컴퍼스 카드 진동 주기와 정지상태를 조사한다.
사. 주변에 있는 자성체는 통상 정박 시 상태로 둔다.
아. 컴퍼스 기선이 실제 선수미선과 일치하는지 조사한다.

> **해설** 주변에 있는 자성체들은 통상 항해할 때의 상태로 두어야 한다.

28 사방점과 사우점 선수 방위에서 일정한 편서자차가 있을 경우에는 어떻게 하여야 하는가?

가. 연철구 수정량을 늘린다.
나. 연철구 수정량을 줄인다.
사. 컴퍼스의 위치를 변경시킨다.
아. Flinders bar로 조정한다.

> **해설** 사방점(N, E, S, W) 및 사우점(NE, SE, NW, SW)에서 최대 자차가 생기는 것을 수정할 때는 편서자차인 경우는 연철구의 수정량을 줄이고, 편동자차인 경우 수정량을 늘린다.

Answer 26 가 27 사 28 나

29 Flinders bar의 수정량을 2배로 증가시켰을 때 재조정이 필요한 것은?

- 가. Permalloy bar
- 나. Heeling magnet
- 사. C 자석
- 아. 연철구

해설 수정용구의 부착 순서는 Flinders bar → 연철구 → Heeling magnet → B,C자석 순으로 한다. 그러므로 Flinders bar의 수정량이 변화했을 때는 연철구를 재조정해야 한다.

30 선박에서 자차수정 작업 전에 다음과 같은 예비검사를 하여야 한다. 해당되지 않는 것은?

- 가. 수정 연철구를 천천히 수직축을 축으로 하여 돌리면서 카드의 움직임을 관찰한다.
- 나. Flinders bar를 상하로 바꾸어 놓을 때 카드의 움직임을 관찰한다.
- 사. 여분의 수정용 자석은 세기별로 분류해 둔다.
- 아. 장착되어 있는 수정용 자석을 천천히 돌리면서 카드의 움직임을 관찰한다.

해설 아. 장착되어 있는 수정용 자석을 돌리면서 카드의 움직임을 관찰하는 것이 아니라, 준비된 작은 자침으로 컴퍼스 카드를 한쪽으로 돌린 다음 자침을 치우고 카드의 진동주기와 정지 상태를 조사한다.

31 자기 컴퍼스의 자차수정을 하는 기본 목표는 다음과 같다. 타당하지 않는 것은?

- 가. 위치 변동에 따라 생기는 자차 변동의 폭을 감소시킨다.
- 나. 선체 선회시에 일어나는 카드의 회전량을 감소시킨다.
- 사. 카드의 안정상태를 확보한다.
- 아. 자차가 없는 상태를 유지한다.

해설 자차가 없는 상태를 유지하는 것이 아니라 각 선수방위에 대한 자차의 양을 최소화하는 것이다.
- 자차를 수정한다는 것은 자차의 원인인 선내 각종 자기의 영향을 수정장치로 상쇄하여 컴퍼스 자침에 하등 영향을 미치지 않게 하는 것으로 선수각점에서 컴퍼스 자침의 자력은 동일하게 되는 것이다.
- 선수방향이 변하더라도 선내자장은 지구자장의 방향과 일치하며, 선내자장의 세기도 선수변동에 관계없이 일정하다.
- 그러나 그것은 이상적인 것이고 실제로는 자차는 없어질 수는 없으므로 각 선수방위에 대한 자차의 양을 최소화하는 것이다.

Answer 29 아 30 아 31 아

32. 다음 중 경선차를 수정하는 장치는 어느 것인가?

가. Finders bar
나. 수정용 자석
사. Heeling magnet
아. 연철구

해설 **자차수정방법**
㉠ 선체의 영구자기의 선수미분력은 선수미 B자석으로 수정
  선체의 영구자기의 정횡분력은 정횡 C자석으로 수정
㉡ 수직연철의 감응자기는 플린더즈 바로 수정
㉢ 수평연철의 감응자기는 연철구로 수정
㉣ 경선차는 선체가 경사시 선체 영구자기와 감응자기의 수직분력으로 생기므로 경선차 수정자석(Heeling magnet)으로 수정한다.

33. 선체 자기와 수정구와의 관계 중 옳지 않은 것은?

가. 영구자기의 선수미 분력 – B 자석
나. 영구자기의 정횡 분력 – C 자석
사. 영구자기의 수직 분력 – 플린더즈 바
아. 수평 연철의 일시자기 – 수정 연철구

해설 사. 플린더즈 바는 영구자기가 아닌 수직연철의 일시자기(감응자기)를 수정한다.

Answer 32 사 33 사

34 선체 일시자기 수직분력은 주로 연돌에 의하여 결정된다고 본다. 자기 컴퍼스의 위치를 기준으로 연돌이 선미쪽에 있으면 이것에 의한 자차는 북위도 지방에서는 (1)형식의 자차가 되며 남위도 지방에서는 (2)형식의 자차가 된다. (   ) 안에 적합한 것은?

가. (1) : − B (2) : + B
나. (1) : + B (2) : − B
사. (1) : + C (2) : − C
아. (1) : − C (2) : + C

해설 계수 A : 동쪽으로 나타나는 것 ⇨ + A
　　　　　서쪽으로 나타나는 것 ⇨ − A
　　　계수 B : 자침의 북단을 선수방향으로 끄는 것 ⇨ + B
　　　　　자침의 북단을 선미방향으로 끄는 것 ⇨ − B
　　　계수 C : 자침의 북단을 우현방향으로 끄는 것 ⇨ + C
　　　　　자침의 북단을 우현방향으로 끄는 것 ⇨ − C
　　　계수 D : 정횡방향 연철에서 생기는 것 ⇨ + D
　　　　　선수미 방향 연철에서 생기는 것 ⇨ − D
• 일시자기의 수직분력은 자차계수 B와 C에 관계되나 자차계수 B는 선수미방향, C는 정횡방향이다.
• 북위도지방에서 연돌이 선미방향에 있으므로 자차계수 B는 −B가 되며, 남위도지방에서는 +B가 된다.

Answer 34 가

2. 자이로 컴퍼스

01 3축의 자유를 갖고 고속으로 회전하는 Gyro scope에 외부에서 Torque를 작용하지 않는 한 Gyro axis가 지구 자전과 관계 없이 절대방향을 가르키는 특성을 무엇이라 하는가?

- 가. 지북작용
- 나. 세차운동
- 사. 방향보존성
- 아. 가속도운동

02 프리 자이로 스코프(Free gyro scope)의 운동 특성에 해당되지 않는 것은?

- 가. 방향보존성
- 나. 세차운동
- 사. 장동
- 아. 각운동량 보존성

[해설] 아. 자이로 스코프의 특성은 각운동량 보존성이 아니라 방향보존성이다.

03 자이로 컴퍼스에서 항해 중 선박의 속도 또는 침로 변경으로 인해 발생하는 오차를 무엇이라 하는가?

- 가. 위도오차
- 나. 속도오차
- 사. 가속도오차
- 아. 동요오차

[해설] 자이로 컴퍼스의 오차
① 위도오차 = 제진오차 = 정지오차 ▶ 안쉬츠식 컴퍼스에는 위도오차가 없다.
  - 스페리식 컴퍼스(경사제진식)의 제진장치(Damping device)에 의하여 일어나는 오차
  - 북위도 지방 ▶ 편동오차, 남위도 지방 ▶ 편서오차,
    적도에서는 생기지 않으나 위도가 높아짐에 따라 위도와 같이 그 양이 증대한다. 위도 30°에서 오차 약 1°
  - 수정법
    ㉠ 위도오차 수정기로 수정하거나 완전자동식 수정장치(적분기)로 수정된다.
    ㉡ Lubber ring을 회전시켜 Lubber point를 이동시켜 수정
    ㉢ 컴퍼스 카드를 회전시켜 수정 ▶ Repeater compass를 사용하므로 지장이 없다.
② 속도오차
  - 선박이 움직이지 않을 때는 지반운동과 세차운동이 평형을 이루나 항해중에는 평형을 잃게 되어 생기는 오차
  - 선속이 빠르고, 침로가 남북, 위도가 높을수록 오차는 커진다.
  - 북항일 때 ▶ 편서오차, 남항일 때 ▶ 편동오차
  - 수정법

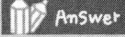 **01** 사 **02** 아 **03** 사

단원별 3급 항해사

㉠ 속도오차 수정표에서 수정량을 구하여 침로나 방위를 개정한다.
㉡ 주동부에는 속도오차를 그대로 두고, 컴퍼스 카드, 리피터 등에는 오차가 포함되지 않도록 속도오차 수정기를 조정하여 수정한다.
㉢ 주동부에서부터 속도오차를 근원적으로 수정
㉣ 스페리식에서는 위도오차와 같이 Lubber point를 이동시켜서 수정
㉤ 안쉬츠식에서는 속도오차의 위도, 속도, 침로에 의한 표가 작성되어 있어 그 양만큼 Compass card를 돌려서 수정한다.

③ 변속도오차
- 항해중 선속이 변경되거나 침로 변경할 때 생기는 오차
- 가속도가 ► 북향일 때 – 편서오차, ► 남향일 때 – 편동오차가 생긴다.
- 선속의 변화량에 비례한다.
- 20분 후 최대 ► 3시간 후 없어짐.
- 속도오차가 주동부에 그대로 남아 있는 제품의 경우는 로터축의 자유진동주기를 84분이 되게 설계하여 오차를 감축하고 있다.
- 속도오차가 주동부에서 실질적으로 수정되는 제품에서는 로터의 진동주기를 길게 하여 가속도오차 감축시킨다.

④ 동요오차
  ► 제1동요오차
  - 주동부의 수직환이 서스펜션 와이어에 의하여 매달려 있는 제품에서 생기는 오차
  - 선체가 요동하여 원심력이 진동 궤도로부터 멀어지려고 하기 때문에 생기는 오차
  - 예방법 : NS 축선상에 추(compensating weight)를 부착한다.
  ► 제2동요오차
  - 액체의 유동으로부터 지북작용을 하는 제품에서 발생
  - 선박이 동요하면 제어용 액체가 한쪽으로 쏠려 선체의 요동운동과의 차이 때문에 생기는 오차
  - 수정법 : 수은통 위에 추를 부착

⑤ 기타 오차
- 전원의 전압 변동이 심할 때
- NS통 간의 수은(기름)의 유통 상태 불량시
- 보정추에 나사가 풀렸을 때
- 추동 전동기, 발전기의 톱니바퀴가 뻑뻑할 때
- 로터 케이스의 어느 한쪽이 무거울 때
  (양쪽 로터 베어링에 주입되어 있는 그리스의 양이 차이 날 때)
- 주동부의 수직축에 불필요한 마찰이나 비틀림이 주어질 때

04 다음 자이로 컴퍼스의 위도오차를 처리하는 방법 중에서 틀린 것은?

가. 마스터 컴퍼스의 러버 라인(lubber's line)의 위치를 오차의 크기만큼 돌린다.
나. 적분기를 사용하여 수정한다.

Answer 04 아

사. 마스터 컴퍼스의 방위 정보가 리피터로 전달되는 과정에 오차 수정을 위한 신호를 추가로 발생하여 수정한다.
아. 보정추를 사용하여 수정한다.

해설 아. 보정추(compensating weight)는 동요오차의 예방에 이용한다.

05. 다음 중 자이로 컴퍼스에서 부정오차(Wandering error)를 일으키는 원인에 포함되지 않는 것은?
가. NS 간의 수은 유통이 불량한 경우
나. 보정추(Compensating weight)의 고정 상태가 불량한 경우
사. 방위 전동기, 발신기 등에 있는 톱니바퀴의 물림이 원활하지 못할 때
아. 로터 케이스의 수평축 주위로 일정한 토크가 주어질 때

해설 **부정오차** : 자이로의 각축에 마찰이 생기면 오차가 생긴다. 마찰이 많은 경우에는 변동성이 있기 때문에 오차도 변동하여 부정오차가 된다.
  ▶ 생기는 원인
    ① 추종감도의 불량
    ② 동요 등으로 인한 Balance의 이동
    ③ 전원, 전압 Cycle의 변동
    ④ 풍압 및 기온의 급격한 변화
    ⑤ 수은유통의 불량

06. 선박용 자이로 컴퍼스에 있어서 완벽하지 못한 부분은?
가. 가속도오차 방지장치
나. 동요오차 방지장치
사. 속도오차 수정장치
아. 위도오차 수정장치

07. 적도상에서 동방 침로로 10노트의 속력으로 항행하는 선박이 20노트로 증속하였다면 자이로 컴퍼스의 변속도오차는 어떻게 변하는가?
가. 편동오차가 생긴다.
나. 편서오차가 생긴다.
사. 한동안 부정오차가 생긴다.
아. 생기지 않는다.

해설 변속도오차는 선속이 변화할 때 남북 침로에서 생기며 동서 침로에서는 생기지 않는다.

Answer 05 아 06 가 07 아

08 자이로 컴퍼스에서 동요오차를 수정하는 방법은?
　가. 러버링을 돌려 수정한다.
　나. 보정추를 부착하여 수정한다.
　사. 적분기를 사용하여 수정한다.
　아. 침로나 방위를 오차를 가감하여 개정한다.

09 제품에 따라서 선박용 자이로 컴퍼스에는 가속도(변속도) 오차가 생기는 경우가 있다. 출항 동작과 같은 변속 변침운동 이후에 최대의 오차가 생기는 시기는?
　가. 20분 전후　　　　　　　　나. 1시간 전후
　사. 10분 전후　　　　　　　　아. 2시간 전후
　해설 20분 전후로 최대가 되고 3시간 정도 지나면 없어진다.

10 자이로 컴퍼스에서 속도오차가 가장 크게 나타나는 침로는?
　가. 북침로(000°)　　　　　　나. 동침로(090°)
　사. 북동침로(045°)　　　　　아. 남동침로(135°)
　해설 속도오차는 선속이 빠르고, 침로가 남북이며 위도가 높을수록 크다.

11 자이로 컴퍼스에서 위도오차를 소거하여 주는 장치는?
　가. 리피터 컴퍼스　　　　　　나. 적분기
　사. 자이로 케이스　　　　　　아. 수평환
　해설 적분기는 위도오차의 완전자동식 수정장치이다.

12 Sperry식 Gyro Compass에 원인 불명의 일정오차가 있을 때에는 어떻게 수정하는가?
　가. Transmitter의 위치를 변화시킨다.
　나. Azimuth motor의 위치를 변화시킨다.
　사. Balancing Weight를 이동시킨다.
　아. Lubber's Line plate를 이동시킨다.

Answer　08 나　09 가　10 가　11 나　12 사

13 톱 헤비(Top heavy) 자이로 컴퍼스의 북탐 동작은 어떤 방식을 사용하는가?

가. 자체 중력 제어방식
나. 전기 제어방식
사. 간접 중력 제어방식
아. 액체 중력 제어방식

해설 자이로 컴퍼스의 분류
- ▶ 로터축에 토크를 가하는 방법에 따라(수평세차운동을 얻기 위하여)
  ① 톱 헤비(Top heavy)식
    - 로터 케이스 위쪽에 추를 부착한다(추 대신 유통되는 수은 이용).
    - 로터의 회전방향 : 지구자전과 반대 방향 ⇨ 시계 방향
      ▶ 회전체의 벡터방향 ⇨ 남향(S)
    - 스페리식(Sperry) : 위도오차가 생긴다.
  ② 보텀 헤비(Bottom heavy)식
    - 로터 케이스 아래쪽에 추를 부착한다.
    - 로터의 회전방향 : 지구자전과 같은 방향 ⇨ 반시계 방향
      ▶ 회전체의 벡터방향 ⇨ 북향(N)
    - 안쉬츠식(Anschütz)
- ▶ 제진 세차운동을 얻는 방법에 따라
  ① 경사제진식 자이로 컴퍼스
    - 제진세차운동이 수직방향으로 일어나도록 설계된 경우로 세차운동을 얻기 위한 토크는 별도로 부착된 제진추(damping weight)에 의존하는 방식과 수평세차운동이 일어날 때 수직 세차운동이 동시에 일어나도록 토크작용점을 로터케이스의 수직 하방으로부터 한쪽으로 치우치게 한 것(편심접촉축)이 있다.
    - 스페리식에 이용 ☞ 위도오차 발생
  ② 방위제진식 자이로 컴퍼스
    - 로터축이 진북방향에 대하여 벗어나면 수평방향으로 수평 제진세차운동이 추가로 일어나도록 되어 있다.
    - 별도로 부착된 토크발생기(오일 트로프 : Oil trough, 댐핑보틀 : Damping bottle)로 제진세차운동을 얻게 됨.
    - 안쉬츠식에 이용

14 Anschütz식 자이로 컴퍼스에서 회전체의 벡터 방향은?

가. N
나. S
사. E
아. W

해설 Anschütz식 자이로 컴퍼스에서 회전체의 벡터 방향 ▶ 북향(N)
Sperry식 자이로 컴퍼스에서 회전체의 벡터 방향 ▶ 남향(S)

Answer 13 아 14 가

15. 톱 헤비(Top heavy)식 자이로 컴퍼스에서 로터의 회전 방향은?

가. 남단에서 보아 반시계 방향
나. 북단에서 보아 반시계 방향
사. 동쪽에서 보아 시계 방향
아. 서쪽에서 보아 반시계 방향

해설 톱 헤비식에서는 북단에서 보아 시계방향으로, 남단에서 보아 반시계 방향이다.

16. 보텀 헤비(Bottom heavy)식 자이로 컴퍼스에서 로터 축의 회전 방향은?

가. 북단에서 보아 반시계 방향
나. 북단에서 보아 시계 방향
사. 서단에서 보아 반시계 방향
아. 서단에서 보아 시계 방향

해설
- 보텀 헤비(Bottom heavy)식 자이로 컴퍼스(안쉬츠식)의 로터 회전 방향은 ▶ 지구자전과 같은 방향인 반시계 방향이다.
- 톱 헤비(Top heavy)식 자이로 컴퍼스(스페리식)의 로터 회전 방향은 ▶ 지구자전과 반대 방향인 시계 방향이다.

17. Gyro compass에 이용되는 북탐 제어방식과 거리가 먼 것은?

가. 공기압력 제어식
나. 전기 제어식
사. 액체중력 제어식
아. 자체중력 제어식

18. 자이로 컴퍼스의 기본 구성에 해당하지 않는 것은?

가. 주동부
나. 검색부
사. 지지부
아. 전원부

해설 자이로 컴퍼스는 주동부, 지지부, 추종부, 전원부로 구성되어 있다.

자이로 컴퍼스의 구성
① **주동부(Sensitive part)**
자동으로 북을 찾아 정지하는 지북제진 기능을 가진 부분(북탐제진 기능)으로 고속회전 운동을 지속시키는 로터와 축에 알맞은 토크를 주는 토커(Torquer)로 구성
② **추종부(Follow-up part)**
주동부를 지지하고 또 그것을 추종하도록 되어 있는 부분으로 그 자체는 지지부에 지지되어 되어 있다. ▶ 컴퍼스 카드는 추종부에 부착되어 있다.

Answer 15 가 16 가 17 가 18 나

③ 지지부(Supporting part)
   선체의 요동, 충격 등의 영향이 추종부에 거의 전달되지 않도록 짐벌링 구조로 추종부를 지지하게 되며, 그 자체는 비너클에 지지되어 있으며, 비너클은 선체에 부착되어 있다.
④ 전원부(Power supply part)
   로터를 회전시키는 데는 주파수 200Hz 이상의 높은 전원이 필요하고, 컴퍼스에 필요한 전원을 변환시켜 주는 장치인 전동발전기(Motor generator)와 스태틱 인버터(Static inverter) 등이 사용된다.

19 자이로 컴퍼스에서 추종부의 기능은 무엇인가?

가. 지구 자전에 의한 지반 경사를 감지하는 기능을 갖고 있다.
나. 방향보존성을 가진 로터로 북쪽을 항상 찾아가고 있다.
사. 주동부를 지지하고 이것을 항상 따라가는 기능을 갖고 있다.
아. 비너클로서 컴퍼스카드를 항상 갑판면과 평행을 유지시키고 있다.

해설 추종부(Follow-up part)
주동부를 지지하고 또 그것을 추종하도록 되어 있는 부분으로 그 자체는 지지부에 지지되어 되어 있다. ▶ 컴퍼스 카드는 추종부에 부착되어 있다.

20 일반적인 선박용 자이로 컴퍼스의 구성 부분이 아닌 것은?

가. 주동부   나. 추종부
사. 지지부   아. 수신부

해설 자이로 컴퍼스는 주동부, 추종부, 지지부, 전원부로 되어 있다.

21 자이로 컴퍼스에 소음이 발생할 때의 원인으로 틀린 것은?

가. 선내 전원의 전압 상승
나. Governor의 불량
사. Amplifier의 정비 불량
아. Motor generator의 회전 상승

해설 Gyro가 이상음을 발생할 때에는 ㉠ 선내전압의 상승 ㉡ Motor generator의 회전 상승 ㉢ Governor의 불량 등의 원인을 고려할 수 있으므로 이들에 대하여 점검할 필요가 있다.

Answer 19 사 20 아 21 사

22. 프리 자이로 스코프(Free gyro scope)를 40°의 위도에 놓았다고 하면 이 때의 로터축은 어떤 시운동을 하는가?

가. 경사운동만 한다.
나. 회전운동과 경사운동을 병행한다.
사. 회전운동만 한다.
아. 상하운동을 한다.

해설 적도에서는 경사운동만 하고, 극에서는 회전운동만 하며, 중위도에서는 회전, 경사운동을 한다.

지구 자전에 의한 임의 지점 수평면의 운동
- 북극에서는 반시계 방향으로 지구자전과 같은 속도로 회전운동만 한다.
- 적도에서는 동쪽으로 경사운동만 한다.
- 중위도에서는 회전운동과 경사운동이 동시에 일어난다.
- 임의 위도 L에서 수평면은 ω sin L로 회전하고 ω cos L로 경사한다.

Free gyro scope의 운동
① A점의 이동(선속도) : A점은 서에서 동으로 ω R cos L의 선속도로 이동
  ㉠ 적도 : 900(노트)
  ㉡ 위도 L : 900 cos L(노트)
  ㉢ 극 : 0
② 지반의 경사운동(수평 각속도) : A점은 ω cos L의 각속도로 동측은 하강, 서측은 상승
  ㉠ 적도 : ω = 15°/h
  ㉡ 위도 L : ω cos L
  ㉢ 극 : 0
③ 지반의 선회운동(수직 각속도) : A점은 ω sinL의 각속도로 북반구는 반시계 방향으로, 남반구는 시계방향으로 회전
  ㉠ 적도 : 0
  ㉡ 위도 L : ω sin L
  ㉢ 극 : ω = 15°/h
    ※ 적도 – 선속도와 지반 경사만 있고 지반 선회는 없다.
       극 – 지반의 선회운동만 한다.
       중간위도 L – 지반운동의 이동 ▶ ω R cos L
       지반경사 ▶ ω cos L(15°cosL/h)
       지반의 선회 ▶ ω sin L(15°sinL/h)

Answer 22 나

23 정상 가동중인 자이로 컴퍼스에서 추종부는 주동부와 선체와의 상대적인 회전운동이 일어나면 동작한다. 다음 중 추종부가 동작하지 않는 경우는?

가. 지북상태로 있을 때
나. 정지하고 있는 선박에 비치된 경우
사. 적도 위의 한 점에 고정되어 있는 경우
아. 남북 양극점에 고정되어 있는 경우

해설 적도에서는 경사운동만 하고 회전운동을 하지 않는다.

24 방위 제진식 자이로 컴퍼스가 남위도 지방에서 N단이 궤적타원의 중심점에 도달한 경우 N단은 어떤 상태일까?

가. N단이 하강하고 N단 자체는 진북을 가리킨다.
나. N단이 상승하고 N단 자체는 진북을 가리킨다.
사. N단이 수평이고 N단 자체는 편각을 갖는다.
아. N단이 하강이고 N단 자체는 편각을 갖는다.

해설 북반구에서는 N단이 상승(앙각)되고 남반구에서는 하강(부각)한다.

25 자이로 스코프는 회전타성(관성)을 가진다. 다음 중 회전타성과 관계가 없는 것은?

가. 각속도
나. 회전체의 질량
사. 회전축에서 질량 중심까지의 거리
아. 선속도

Answer 23 사 24 가 25 아

26. 지구가 자전하는 각속도를 ω라 할 때, 임의의 위도 L에서의 수평분각속도는 ω cosL이 된다. 이것은 무엇을 의미하는가?

가. 지반의 선회운동
나. 지반의 경사운동
사. 선속도
아. 진동

해설
- 지반의 경사운동(수평 각속도)
  A점은 ω cos L의 각속도로 동측은 하강, 서측은 상승
- 지반의 선회운동(수직 각속도)
  A점은 ω sin L의 각속도로 북반구는 반시계 방향으로, 남반구는 시계방향으로 회전

27. Sperry식 Gyro compass의 지북단을 가볍게 아래로 누르면 어떻게 되는가?

가. 편동오차가 생긴다.
나. 편서오차가 생긴다.
사. 지북단이 상승할 뿐 오차는 생기지 않는다.
아. 지북단이 하강할 뿐 오차는 생기지 않는다.

28. 자이로 컴퍼스 방위정보를 이용하기 전에 고려하여야 할 사항은 다음과 같다. 해당되지 않는 것은?

가. 위도오차가 있는 제품인지를 확인한다.
나. 속도오차가 수정되었는지를 확인한다.
사. 가속도오차가 일어날 선체운동이 있었는지를 확인한다.
아. 지구자전 속도가 방위정보에 영향을 주고 있는지 확인한다.

29. 스페리식 자동조타장치에서 'Rudder' 조정은 무엇인가?

가. 복원타의 이득을 조정
나. 제동타의 이득을 조정
사. 날씨에 대한 이득을 조정
아. 미분동작에 대한 이득을 조정

해설
- Rudder 조정(타각 조정)은 복원타 조정
  ▶ 복원타 : 벗어난 각도(편각)를 없애주기 위해 사용하는 타
- Rate 조정(레이트 조정)은 제동타 조정
  ▶ 제동타 : 복원타를 사용하였을 때 반대쪽으로 넘어가기 전에 미리 사용하는 타

Answer 26 나 27 가 28 아 29 가

3. 기타 항해계기

01 다음 선속계 중 대지속력과 대수속력을 측정할 수 있는 선속계는?

가. 패턴트 선속계(Patent log)
나. 유압 선속계(Pressure log)
사. 전자식 선속계(EM log)
아. 도플러 선속계(Doppler log)

해설 도플러 선속계(Doppler log)
① 원리
   항해중인 선박이 해저로 발사한 음파와 반사되어 수신한 음파는 주파수차(도플러 주파수)가 생기고 이것은 선박의 속도에 비례한다는 원리를 이용한 선속계
② 구성
   ㉠ 트랜스듀서 : 전기에너지를 음파로 음파를 전기에너지로 바꾸는 장치
   ㉡ 증폭부 : 수신파를 증폭
   ㉢ 지시부 : 속력, 항정을 지시
③ 대지속력과 대수속력의 측정
   수심 200m 이하는 대지속력이 측정되며, 수심 200m 이상은 대수속력이 측정된다.

02 선속계 중 유압 로그의 원리를 바르게 설명한 것은?

가. 유체의 압력은 유속의 제곱에 비례한다.
나. 유체의 압력은 유속에 비례한다.
사. 유속은 유체 압력의 제곱에 비례한다.
아. 유체의 압력은 유속의 제곱근에 비례한다.

해설 Henty Pitotrk 발견한 "유체의 압력은 유속의 제곱에 비례한다"라는 원리를 이용하여 선속을 측정하는 선속계로 정압관과 동압관을 이용한다. 결점은 저속시 측정이 부정확하고 후진속력을 측정할 수 없는 것이다.

03 유압식 Log의 결점은?

가. 고속시 측정 불가
나. 황전시 측정 불가
사. 천해에서 측정 불가
아. 저속에서 측정이 부정확

해설 유압식 선속계의 결점은 후진속력을 측정할 수 없으며 저속시 측정이 부정확하다는 것이다.

Answer 01 아 02 가 03 아

단원별 3급 항해사

04 '자장 속에서 운동하는 도체에는 기전력이 유기된다'는 원리를 이용한 선속계는 어느 것인가?
  가. 유압식 선속계
  나. 전자식 선속계
  사. 패턴트 선속계
  아. 도플러 선속계

05 전자식 선속계(Electro-Magnetic Log)의 원리를 가장 잘 설명한 것은?
  가. 전자장치에 의한 선속 측정계이다.
  나. 선저에 설치된 발전장치를 이용한 선속 측정계이다.
  사. 선저에 자장을 형성시켰을 때 해수에 유기되는 기전력의 크기로 선속을 측정한다.
  아. 선저에 형성된 자장과 이동하는 해수와의 상대운동으로 유기되는 기전력의 크기로 선속을 측정한다.

06 전자식 선속계(EM log)의 조정 중 외적인 조건에 따라 조정하여야 하는 것은?
  가. 증폭부의 감도 조정
  나. 속력·항정 발신부의 영점 조정
  사. 증폭부의 영점 조정
  아. 경도 조정(Full scale adjustment)

  해설 가. 나. 사.는 기계자체의 결함으로 인한 오차이며, 아. 경도 조정은 외적인 조건에 따라 조정하여야 하는 오차이다.
  전자식 선속계의 지시오차
  ㉠ 기계자체의 결함으로 인한 오차
      ⓐ 증폭부의 감도조정
      ⓑ 증폭부의 0점 조정
      ⓒ 속력항정발신부의 0점 조정
  ㉡ 외적인 요인에 의한 오차
      선박의 속도, 흘수, 검출부의 돌출정도, 돌출된 장소 등에 따라 다른 오차로 보통 속력시험을 하여 조정한다.
      ⓐ 경도차(full scale error) : 선박의 적화량, 기울기에 의하여 속력에 비례하여 나타나는 속력지시오차로 속력항정발신기 안에 있는 경도차조정기로 조정
      ⓑ 중간오차(trimming error) : 선체모양 기타 여러 상황 때문에 실제 선속과 검출부에서 구한 속력차이로 생기는 오차로 조정은 속력항정발신기 안에 있는 중간오차조정기로 조정

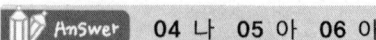

Answer 04 나 05 아 06 아

07. EM log의 지시오차의 요인을 들면 다음과 같다. 옳지 않은 것은?

가. 선박 속력의 변동
나. Draft 변동
사. Sensing part의 돌출 정도
아. 전압 변동

> **해설** 전자로그의 지시오차 중 외적인 요인에 의한 오차는 선박의 속도, 흘수, 검출부의 돌출정도, 돌출된 장소 등에 따라 오차가 생긴다.

08. Doppler Speed Log 지시오차의 요인을 들면 다음과 같다. 틀린 것은?

가. 송수파기의 감도 불량
나. 선체 동요의 영향
사. 기포의 영향
아. 속도 지시상의 시간 지연

09. 항해중인 선박이 해저로 발신한 음파와 해저로부터 수신한 음파의 주파수 차이는?

가. 선속에 반비례한다.
나. 수심에 반비례한다.
사. 음파의 주파수에 반비례한다.
아. 선속에 비례한다.

> **해설** 항해중인 선박의 선저에서 해저를 향하여 발사한 음파와 이것이 해저에 반사되어 수신된 음파에는 주파수 차가 생기는데 이를 도플러 주파수라 하고 이 도플러 주파수는 선박 속도에 비례한다. 이 원리를 이용한 것이 도플러 선속계이다.

10. 선속계 중 전자 로그의 특징에 해당되지 않는 것은?

가. 저속에서 고속까지 속력 지시가 정확하다.
나. 해수의 온도 및 밀도의 영향을 받지 않는다.
사. 속력의 검출 정확도는 난류의 영향에 기인한다.
아. 후진 속력이 나타나지 않는다.

> **해설** 전자 로그는 후진속력을 표시한다. 그러나 유압 로그는 표시할 수 없다.

Answer 07 아 08 가 09 아 10 아

11. 다음 중 Echo sounder를 자의식과 타의식으로 나누는 기준은?
   가. 초음파의 변환방식
   나. 음파의 종류
   사. 지시방식
   아. 송수파기의 크기

12. Echo Sounder에 이용되는 초음파의 해수 중 전파속도에 영향을 주는 요소가 아닌 것은?
   가. 해수 온도
   나. 염분 농도
   사. 수압
   아. 유속

13. 음향 측심기의 사용 주파수는 수심이 낮은 곳을 고속으로 항행하는 선박에서는 어느 정도가 좋은가?
   가. 50 kHz
   나. 100 kHz
   사. 1 MHz
   아. 1 GHz

14. Echo sounder의 기준선, 발진선 및 수신선이 모두 나타나지 않을 경우의 원인이 아닌 것은?
   가. 기록지의 건조
   나. 기록펜의 접촉 불량
   사. 기준선 조정 불량
   아. 기록펜까지의 회로 불량

   해설 Echo sounder의 기록이 나타나는 선에는 기준선, 발신선, 수신선 등이 있는데 가. 나. 아. 의 경우에는 선들이 모두 나타나지 않으나, 기준선 조정불량일 때는 선들이 나타난다.

15. 선박의 흘수 d(m), 반향 시간 t(sec)일 때 해면에서 해저까지의 수심 D(m)을 나타내는 식은?
   가. $D = (1{,}500 \times t/2) + d$
   나. $D = (340 \times t/2) + d$
   사. $D = (1{,}500 \times t) + d$
   아. $D = (340 \times t) + d$

   해설 해수에서의 음파의 전달속도는 1500m/sec이고 음파가 해저에 부딪쳐 돌아와야 되므로(왕복) 측정한 시간을 1/2로 해야 하며, 관측지점은 용골에서 흘수만큼 (+)해 준다.

Answer 11 가 12 아 13 나 14 사 15 가

16 Echo sounder의 기본 원리는?

가. 음파의 수중 전파속도가 일정함을 이용한 계기
나. 전자파의 공중 전파속도가 일정함을 이용한 계기
사. 전자파가 매질 속을 직진하는 특성을 이용한 계기
아. 음파가 수중에서 감쇠되는 원리를 이용한 계기

해설 음향측심기는 초음파를 이용한다.

17 선박의 자동조타장치에서 천후조정을 하는 이유는 무엇인가?

가. 선박의 횡동요를 최소화하기 위하여
나. 조타장치나 타의 무리를 방지하기 위하여
사. 선체 저항을 줄여 속력을 향상시키기 위하여
아. 선박의 보침 성능을 향상시키기 위하여

해설 **자동조타장치(Auto Pilot)**
자동조타를 한다고 하면 ▶ 복원타의 경우는 편각에 비례하도록 하고 ▶ 제동타의 경우는 뱃머리가 돌아가는 속력에 비례하도록 구성하며 또 비례상수를 인간이 가지고 있는 감각, 선박의 특성 등으로 결정되는 것으로 하고 날씨에 대한 것은 천후 조정손잡이로 하고 있다.

㉠ **복원타(비례동작)**
자이로 컴퍼스로부터의 방위 신호를 방위전동기의 회전으로 받아서 설정침로에서 벗어난 각도(편각 : θ)에 비례한 크기를 복원타로 한다.
▶ 복원타를 조정하는 것을 타각조정(Rudder 조정)이라 한다.

㉡ **제동타**
• 배의 선회각속도를 억제하는 방향으로 취해지므로 이 선회각속도는 점차 작아져서 0이 된다. 또 복원타의 작용으로 편각도 동시에 0이 되므로 배는 설정침로을 유지
• 배의 선회각속도와 반대방향으로 취해지고 선회각속도에 비례하는 크기로 자동적으로 번화 ▶ 세동나를 소성하는 것을 레이트 조정(Rate 조정)이라 한다.

㉢ **복원타와 제동타의 합성(비례·미분동작)**
복원타와 제동타를 합성하면 합성한 위상이 복원타의 위상보다 빠르게 되어 배의 요잉을 줄이게 된다.

㉣ **천후조정(Weather Adjustment)**
• 황천시 선박은 좌우로 많이 움직여 조타기, 키 등을 계속 사용하게 되므로 상당한 무리가 따르게 된다. 그래서 선박이 좌우로 심하게 움직이더라도 키를 덜 사용하도록 불감대를 설정할 필요가 있고 어느 편각 이내의 요잉에 대하여는 키가 잘 듣지 않도록 감도를 낮출 필요가 있다.

Answer 16 가 17 나

- 해면이 조용할 경우에는 천후조정을 0에 가깝게 조정하고 황천시에는 점차로 크게 조정하여 황천시에 조타기나 키에 무리를 방지하기 위하여 사용된다.
  ⑫ 적분조정
  바람, 파도 등이 옆에서 일정한 세기로 불어오는 경우 또는 배가 한쪽 방향으로 변침하는 경향이 있는 경우 설정침로에 대하여 좌우 한쪽으로 치우친 요잉을 하거나 설정침로에서 한쪽으로 벗어난 방향으로 정침하여 정상편차가 생기는 경우 정상편차를 방지하기 위하여 편각을 어느 시간만큼 적분하면 평균편각을 알 수 있다. 이렇게 조정하는 것을 적분조정이라 한다.

18 자동조타장치에서 솔레노이드 밸브가 고장나는 경우 나타나는 현상을 가장 적절하게 설명한 것은?

가. 자동조타가 안된다.
나. 수동조타가 안된다.
사. 자동 및 수동조타가 안된다.
아. 자동·수동 조타는 물론 긴급(NFU)조타도 안된다.

19 자동조타장치에서 적분동작의 기능은 무엇인가?

가. 복원타의 이득을 조정한다.
나. 제동타의 이득을 조정한다.
사. 일정한 바람이나 파도로 인한 정상 오차(Off set error)를 수정한다.
아. 날씨에 대한 이득을 조정한다.

해설 적분조정
바람, 파도 등이 옆에서 일정한 세기로 불어오는 경우 또는 배가 한쪽 방향으로 변침하는 경향이 있는 경우 설정침로에 대하여 좌우 한쪽으로 치우친 요잉을 하거나 설정침로에서 한쪽으로 벗어난 방향으로 정침하여 정상편차가 생기는 경우 정상편차를 방지하기 위하여 편각을 어느 시간만큼 적분하면 평균편각을 알 수 있다. 이렇게 조정하는 것을 적분조정이라 한다.

20 스페리식 자동조타장치에서 'Rate'조정은 무엇을 조정하는 것인가?

가. 복원타의 이득을 조정한다.
나. 제동타의 이득을 조정한다.

Answer 18 아 19 사 20 나

사. 날씨에 대한 이득을 조정한다.
아. 미분 동작에 대한 이득을 조정한다.

> **해설**
> • Rudder 조정(타각 조정) : 복원타 조정
>   ► 복원타 : 벗어난 각도(편각)를 없애주기 위해 사용하는 타
> • Rate 조정(레이트 조정) : 제동타 조정
>   ► 제동타 : 복원타를 사용하였을 때 반대쪽으로 넘어가기 전에 미리 사용하는 타

21 "Rate of turn indicator"는 다음 중 어느 것에 해당되는가?
가. 속도 지시기   나. 가속도 지시기
사. 선회 각속도 지시기   아. 선회각 지시기

22 육분의 오차중 Side Error는?
가. 호라이즌 글라스가 기면에 수직이 아닐 때 발생한다.
나. 인덱스 글라스가 기면에 수직이 아닐 때 발생한다.
사. 인덱스 글라스가 기면에 평행이 아닐 때 발생한다.
아. 호라이즌 글라스가 기면에 평행이 아닐 때 발생한다.

> **해설** 인덱스 글라스가 기면에 수직이 아닐 때 생기는 오차 ► 수직오차
> 호라이즌 글라스가 기면에 수직이 아닐 때 생기는 오차 ► 수평오차(사이드 에러)
> **수정 가능한 오차**
> ① 수직오차(Perpendicularity error)
>   인덱스 글라스(동경)가 기면에 수직이 아닐 때 생기는 오차
> ② 수평오차(Side error)
>   수평경(호라이즌 글라스)이 기면에 수직이 아닐 때 생기는 오차
> ③ 기차(Index error) = 제3수정
>   Index bar를 0°에 놓았을 때 수평경과 동경이 평행하지 않아서 생기는 오차
> ④ 조준오차(Collimation error)
>   망원경의 시축선이 기면에 평행이 아닐 때 생기는 오차
> **수정이 불가능한 오차**
> ① 중심차(Centering error)
>   호의 중심과 인덱스 바의 회전의 중심이 일치하지 않기 때문에 생기는 오차
> ② 눈금오차(Graduation error)
>   육분의의 호, 마이크로미터, 버니어 등에 새겨진 눈금의 부정확 때문에 생기는 오차
> ③ 분광오차(Prismatic error)
>   차광유리나 인덱스 글라스, 동경의 거울면이 고르지 않기 때문에 생기는 오차

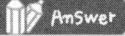 **Answer** 21 사 22 가

23 육분의에서 동경이 육분의 기면에 수직이 아닌 경우에 생기는 오차는?
   가. 중심차   나. 수직차
   사. 수평차   아. 기차

24 인덱스 바(Index bar)를 약 35° 정도 놓고 수정하는 육분의 오차는?
   가. 수직오차   나. Side Error
   사. 조준오차   아. 기차

   해설 수직오차의 수정법은 관측자와 동경이 자기 쪽으로 가까이 오도록 육분의를 들고서 인덱스 바를 35° 부근에 맞추고 인덱스 글라스(동경)를 볼 때 아크의 영상이 실상과 연속으로 나타나면 동경은 기면에 수직이고, 불연속으로 나타나면 오차가 있다. 이때는 뒷면에 있는 조정나사를 조종하면 된다.

25 육분의에서 여호(Off the arc)의 용도는?
   가. 기차를 측정하고자 할 때 사용
   나. 수직차를 측정하고자 할 때 사용
   사. 사이드 에러를 측정하고자 할 때 사용
   아. 조준오차를 측정하고자 할 때 사용

   해설 육분의의 여호는 호의 0°에서 오른쪽으로 5° 정도까지의 눈금으로 육분의 기차를 측정할 때 사용한다.
   육분의 기차 검출법 및 수정법
   ㉠ 약산법
     ⓐ Index bar를 0°에 맞추고 육분의를 수직이 되게 들고 수평선을 보면서 수평선의 진상과 영상이 일직선이 되면 오차가 없다.
     ⓑ 일직선이 되지 않았을 때는 Index bar를 이용하여 일직선이 되게 하고 그 때의 지시하는 각도가 본호상에 있으면 기차는 (−), 여호상에 있으면 (+)
   ㉡ 정밀법
     ⓐ Index bar를 본호상 0°30′ 부근에서 태양을 관측하여 진상과 영상이 서로 접하도록 하여 이 때의 도수와 여호상 0°30′ 부근에 맞추고 다시 태양을 관측하여 진상과 영상이 서로 접하도록 Index bar를 다시 조정한 도수의 차를 1/2로 하면 기차의 값이 된다.
     ⓑ 본호상의 값이 크면 (−) 부호, 여호상의 값이 크면 (+)

Answer 23 나 24 가 25 가

26. 육분의의 Index error를 점검할 때 가까이 있는 물체나 기준선을 사용하지 않고 먼 곳에 있는 천체나 수평선을 이용하는 이유는?
   - 가. 동경(Index glass)과 수평경(Horizontal glass)과의 거리로 인한 육분의 자체의 시차를 피하기 위하여
   - 나. 망원경의 배율에 의한 오차를 피하기 위하여
   - 사. 육분의 자체의 구조상 결함으로 인한 오차를 피하기 위하여
   - 아. 선체 동요시 안고차의 변동에 의한 오차를 피하기 위하여

27. 다음 Sextant의 오차 중 수정이 불가능한 오차는 어느 것인가?
   - 가. 수직차
   - 나. 중심차
   - 사. 기차
   - 아. Side Error

28. 태양의 시반경에 의하여 육분의 기차 측정을 하고자 다음과 같이 도수 값을 얻었다. 기차는 얼마인가? (단, 본호상의 도수값 = 32′10″ 여호상의 도수값 = 30′50″)
   - 가. -0′40″
   - 나. 0′40″
   - 사. -1′20″
   - 아. 1′20″

   해설 시반경에 의한 기차값은 본호상의 값과 여호상의 값 차이를 구하여 나누기 2를 하여 본호상의 값이 크면 (-) 여호상의 값이 크면 (+) 하면 된다.
   32′10″ − 30′50″ = 1′20″ = 80″ 80″ ÷ 2 = 40″ 본호상이 크므로 부호는 (-) 이다.

29. 육분의에서 암경(Dark eye piece)의 용도는?
   - 가. 호라이즌 글라스를 가리는데 사용
   - 나. 인덱스 글라스를 가리는데 사용
   - 사. 망원경의 접안렌즈를 가리는데 사용
   - 아. 야간의 천체 고도를 읽는데 사용

Answer 26 가 27 나 28 가 29 사

30 육분의 오차 중 부품 자체의 결함으로 생기는 오차가 아닌 것은?

가. 분광오차(Prism error)
나. 눈금오차(Graduation error)
사. 편심오차(Eccentric error)
아. 수직오차(Perpendicularity error)

해설 수직오차는 동경(index glass)가 기면에 수직하지 않을 때 생기는 오차로 수정을 할 수 있다.

Answer 30 아

제02장 항로표지

01 다음 항로표지 중 야간표지에 해당되는 것은?

가. 도표
나. 육표
사. 등부표
아. 입표

해설 주간표지는 모양과 색깔로서 표시되기 때문에 형상표지라고 하며, 주간표지에 등을 켜 놓으면 야간표지가 되는데 야간표지는 등광으로 표시되기 때문에 광파표지라고 한다.
입표에 등을 켜 놓으면 등입표(등표)가 되며, 육표에 등을 켜면 등주, 도표에 등을 켜면 도등이 되고, 부표에 등을 켜면 등부표가 된다.

항로표지
항로표지(Aids to Navigation)란 등광(燈光)·형상(形象)·색채·음향·전파 등을 수단으로 항(港)·만(灣)·해협(海峽), 그 밖의 대한민국의 내수·영해 및 배타적 경제수역을 항행하는 선박에게 지표가 되는 등대·등표·입표·부표·안개신호(霧信號)·전파표지·특수신호표지 등을 말한다. 항로표지법 제2조 항로표지의 종류에는 ① 광파표지 ② 형상표지 ③ 음파표지 ④ 전파표지 ⑤ 특수신호표지 등이 있다.

항로표지의 종류(항로표지법 시행규칙 제2조)
1. 광파표지 : 유인등대, 무인등대, 등표(燈標), 도등(導燈), 조사등(照射燈), 지향등(指向燈), 등주(燈住), 교량등, 통항신호등, 등부표, 고정부표(spar buoy), 대형 등부표(LANBY) 및 등선
2. 형상표지 : 입표, 도표, 교량표, 통항신호표 및 부표
3. 음파표지 : 전기혼, 에어사이렌, 모터사이렌 및 다이아폰(diaphone)
4. 전파표지 : 레이더비콘, 로란, 위성항법보정시스템(DGNSS) 및 지상파항법시스템(LORAN)
5. 특수신호표지 : 해양기상신호표지, 조류신호표지 및 자동위치식별신호표지(AIS AtoN)

02 다음 중 등선에 설치 가능한 것은?

가. 등표
나. 등부표
사. 전파표지
아. 임시등

해설 등선(Light Ship)은 육지에서 멀리 떨어진 해양, 항로의 중요한 위치에 있는 사주 등을 알리기 위하여 일정한 지점에 정박하고 있는 특수 구조의 선박으로 음향표지, 전파표지 등을 부가하여 설치할 수 있다.

Answer 01 사 02 사

03 다음 등화 중 주간표지로 이용할 수 없는 것은?

가. 등대
나. 부등
사. 등부표
아. 등주

해설 부등(조사등)은 위험구역을 간접적으로 비춰주기 때문에 주간에는 사용할 수 없다.
등대, 등부표, 등주 등은 주간에도 이용한다.

조사등(Projector) = 부등
- 풍랑이나 조류 때문에 등부표를 설치하거나 관리하기가 어려운 모래 기둥이나 암초 등이 있는 위험한 지점으로부터 가까운 곳에 등대가 있는 경우 그 등대에서 강력한 투광기를 설치하여 그 위험 구역을 유색등(주로 홍색)으로 위험을 표시하는 등화
- 등화의 명호안의 분호에 해당
- 결점 - 주간에는 이용할 수 없고, 간접적인 표시방법

04 통항하기에 힘든 수도나 좁은 항구에서 항로를 가장 용이하게 유도하는데 사용되는 등은?

가. 부등
나. 임시등
사. 가등
아. 도등

해설 도등은 통항이 곤란한 좁은 수로나 항만 입구 등에서 항로의 연장선 위에 높이가 낮은 전도등과 높이가 높은 후도등 2~3개를 앞 뒤에 설치하여 두 도등의 중시선에 의하여 선박을 안전하게 인도하는 표지이다.

05 야간표지 중 해도에 표시된 분호와 관련이 있는 것은?

가. 도등(Leading light)
나. 부등(Auxiliary light)
사. 가등(Temporary light)
아. 부동등(Fixed light)

해설 부등(조사등)의 등광이 해면을 비추어주는 명호안의 분호에 해당된다.

06 등대의 등광이 해면을 비춰주는 부분을 무엇이라고 하는가?

가. 명호
나. 분호
사. 암호
아. 광망

해설 등광이 해면을 비춰주는 부분을 명호라 하며, 비춰주지 못한 부분을 암호라 하고, 분호는 명호안에 암초, 암암 등이 있을 경우 그 위험구역을 유색등(주로 홍색)으로 비춰주는 부분을 말한다.

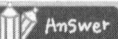
Answer 03 나 04 아 05 나 06 가

07 다음 항로표지 중에서 해도상에 등고를 기록하지 않는 것은?
　가. 등대　　　　　　　　　　나. 등주
　사. 등부표　　　　　　　　　아. 등선

　해설　등부표는 높이가 거의 일정하기 때문에 해도상 등고를 기록하지 않는다.
　　　등대, 등주는 평균해면에서 등화의 중심까지 높이이며, 등선은 수면상의 높이로 표시한다.

08 등부표에 관한 다음 설명 중 옳지 않은 것은?
　가. 선회 반지름을 갖는다.　　　나. 선위 측정 물표로 좋다.
　사. 등질이 변하는 경우가 있다.　아. 위치가 이동하는 경우가 있다.

　해설　등부표나 부표는 해저에 체인으로 연결되어 선회반경이 있으므로 위치가 변화하므로 선위 측정 물표로는 좋지 않다.

09 해도에 표시되는 광달거리를 올바르게 설명한 것은?
　가. 지리학적 광달거리
　나. 광학적 광달거리
　사. 명목적 광달거리
　아. 지리학적 및 명목적 광달거리 중 작은 값

　해설　광달거리(Visibility of light) : 등광을 알아볼 수 있는 최대거리
　① 지리적 광달거리
　　지구의 만곡 때문에 결정되는 광달거리
　　$D = 2.074(\sqrt{H} + \sqrt{h})$
　　[여기서 D : 광달거리(마일), H : 등대 높이(m), h : 관측자의 눈의 높이(m)]
　　▶ 해도나 등대표에 기재된 광달거리는 안고 5m(15ft)를 기준 계산한 것
　② 광학적 광달거리
　　• 등화의 광력이 약할 때 일정한 계산식에 의하여 구한 것
　　• 시계가 18해리일 때의 대기상태를 기준 측정한 것
　③ 명목적 광달거리
　　광학적 광달거리에서 시계가 10해리의 대기상태를 기준으로 측정한 것
　　▶ 해도에 표시되는 광날거리는 지리학적 광달거리와 명목적 광달거리 중에 작은 값을 표시

Answer　07 사　08 나　09 아

10 다음 중 등대의 지리학적 광달거리를 구하는 공식을 바르게 나타낸 것은? (단, D : 광달거리(마일), H : 등고(미터), h : 안고(미터))

가. $D = 2.074(\sqrt{H} + h)$
나. $D = 2.074(\sqrt{H} + \sqrt{h})$
사. $D = 1.074(\sqrt{H} + h)$
아. $D = 1.074(\sqrt{H} + \sqrt{h})$

11 지리학적 광달거리는 일반적으로 $D = K(\sqrt{H} + \sqrt{h})$로 표현된다. 이 식에서 상수 K는 다음 무엇과 관계가 있는가? (D : 광달거리, H : 등고, h : 안고)

가. 지상기차와 지구 반지름
나. 대기상태와 국제 가시도 규정
사. 등화의 광도와 지상기차
아. 지구 반지름과 국제 가시도 규정

해설 계수 2.074 값은 지구의 만곡 때문에 생기는 지구반경과 대기 때문에 굴절현상으로 생기는 지상기차에 의하여 나오는 값이다.
지구의 둘레를 대기가 둘러싸고 있으며 그 밀도는 지구표면에 가까워질수록 커지므로 수평선으로부터 관측자의 눈에 들어오는 광선은 직진하지 않고 도중에 조금씩 굴절하여 곡선경로를 따라 들어오게 되는데 이 현상을 지상기차라 한다.

12 기온이 낮고 수온이 높을 때의 광달거리는 표준상태와 비교해서 어떻게 되는가?

가. 같다.
나. 길어진다.
사. 짧아진다.
아. 기상상태와는 무관하다.

13 등호의 광달거리에 관한 설명 중 틀린 것은?

가. 등대표에 기재된 지리학적 광달거리는 안고 5미터를 기준한 것이다.
나. 광달거리에는 지리학적, 광학적, 명목적 광달거리가 있다.
사. 광학적 광달거리는 명목적 광달거리보다 짧다.
아. 해도에는 지리학적, 명목적 두 가지 광달거리 중에서 작은 것을 기재한다.

해설 광학적 광달거리(18해리 기준)는 명목적 광달거리(10해리 기준)보다 길다.

Answer 10 나 11 가 12 사 13 사

14 등대의 등질 중에서 같은 광력으로 비치다가 일정한 간격을 두고 한 번씩 꺼지며 등광이 보이는 시간이 안 보이는 시간보다 짧은 것은?

가. 명암등 나. 섬광등
사. 부동등 아. 호광등

해설 등대의 등질(Character Of Light)
다른 등화와 식별하기 위하여 주기 및 정해진 등광의 발사 상태를 달리 하는 것
(1) 부동등(F ; Fixed Light)
  등색이나 광력이 바뀌지 않고 일정하게 계속 빛을 내는 등
(2) 명암등(Oc ; Occulting Light) : 명간 ≥ 암간
  한 주기 동안에 빛을 비추는 시간(명간)이 꺼져 있는 시간(암간)보다 길거나 같다.
(3) 섬광등(Fl ; Flashing light) : 명간 < 암간
  빛을 비추는 시간이 꺼져 있는 시간보다 짧은 것으로 섬광을 내는 등
  ① 군섬광등(Gp Fl, Fl(*) ; Group Flashing Light) : 섬광등의 일종으로 1주기 동안에 2회 이상의 섬광을 내는 등 괄호 안의 *(숫자)는 섬광의 횟수를 나타낸다.
  ② 급섬광등(Q ; Quick Flashing Light) : 1분 동안에 50~80회의 일정한 간격으로 섬광을 내는 등(=연속급섬광등) ⇔ 단속급섬광등(IQ)
  ③ 군급섬광등(Q(*)) : 급섬광등으로 1주기 동안 2회 이상 급섬광을 내는 등
  ④ 초급섬광등(VQ ; Very Quick Flashing Light) : 1분 동안에 100~120회 섬광을 내는 등
   ▶ 군초급섬광(VQ(*)), 단속초급섬광등(IVQ)
  ⑤ 극급섬광등(UQ) : 1분 동안에 160회 이상 섬광을 내는 등
   ▶ 군극급섬광등(UQ(*)), 단속극급섬광등(IUQ)
  ⑥ 단속급섬광등(IQ : Interrupted Quick Flashing Light) : 급섬광등의 일종으로 중간에 계속 꺼져 있는 시간이 있고 계속적으로 섬광을 내었다면 1분에 50~80회의 섬광
  ⑦ 장섬광등(L Fl : Long Flashing) : 2초 이상(2초보다 짧지 않은 섬광)
  ⑧ 복합군섬광등(Fl(2+1))
(4) 호광등(Al : Alternation Light)
  색깔이 다른 종류의 빛을 교대로 내며, 그 사이에 등광은 꺼지는 일이 없이 계속 빛을 낸다.
  ① Al Oc : 명암호광등
  ② Al Oc(*) : 군명암호광등
  ③ Al Fl : 섬호광등
  ④ Al Fl(*) : 군섬호광등
  ⑤ Al F Fl : 연성부동섬호광등
  ⑥ Al F Fl(*) : 연성부동군섬호광등
(5) 모스 부호등(MO : Morse Code Light)
  모스 부호를 빛으로 발하는 것으로, 어떤 부호를 발하느냐에 따라 그 등질이 달라진다.
  ▶ Mo(A) : • —, Mo(D) : — • •
(6) 연성등
  계속 켜 있는 부동등과 섬광등이 혼합되어 있는 것
   ▶ F.Fl : 연성부동섬광등   F.Fl(*) : 연성부동군섬광등

 14 나

15 다음 등질 중 연성부동섬광등에 해당하는 약식 표기는?

가. GP.Fl.　　　　　　　나. Fl.
사. F.Fl.　　　　　　　　아. Q.

> **해설** GP.Fl. : 군섬광등　　Fl : 섬광등　　Q : 급섬광등

16 다음 등질 중 호광등에 해당하는 약식 표기는?

가. GP.Fl.　　　　　　　나. Fl.
사. Al.　　　　　　　　　아. Q.

17 다음 중 등대의 등질 종류가 아닌 것은?

가. 부동등　　　　　　　나. 섬광등
사. 명암등　　　　　　　아. 도등

18 Fl(2)15s의 의미는?

가. 색깔이 다른 2종류의 섬광을 15초마다 교대로 낸다.
나. 광도가 다른 2종류의 섬광을 15초마다 교대로 낸다.
사. 색깔이 같은 섬광을 15초마다 2번 낸다.
아. 광도가 다른 섬광을 15초마다 2번 낸다.

> **해설** Fl(2)15s는 주기가 15초로 15초마다 2번의 섬광을 내는 군섬광등이다.

19 초급섬광등(VQ)은 어떤 등화를 의미하는가?

가. 1분간에 50내지 60회의 섬광을 내는 것
나. 1분간에 100내지 120회의 섬광을 내는 것
사. 1분간에 600회 이상의 섬광을 내는 것
아. 1주기 동안에 100내지 120회의 섬광을 내는 것

> **해설**
> - 급섬광등(Q : Quick flashing lingt) : 1분간에 50~60회(80회)의 섬광
> - 초급섬광등(VQ : Very Quick flashing lingt) : 1분에 100~120회의 섬광

Answer 15 사　16 사　17 아　18 사　19 나

20 IALA 해상부표식에서 우리나라가 채택한 방식은?

가. A방식　　　　　　　　　나. B방식
사. 방위각식　　　　　　　　아. 포인트식

> **해설** 국제해상부표방식(IALA SYSTEM)
> ▶ 국제항로표지협회(IALA)에서 연안 항해를 하거나 입출항시 선박을 안전하게 유도하기 위하여 각 국의 부표식의 형식과 적용 방법 등을 다르게 표시
> ▶ B방식 - 우리나라, 일본, 미국, 카리브 해 지역, 남북 아메리카, 필리핀
> ▶ A방식 - 유럽, 아프리카, 인도양 연안

21 IALA 해상부표식에서 B지역에 속하지 않는 곳은?

가. 영국　　　　　　　　　　나. 미국
사. 필리핀　　　　　　　　　아. 일본

22 하구에서 수원을 향하는 항로의 우측에 있는 부표를 무엇이라고 하는가?

가. 주의 하단부표　　　　　나. 좌현부표
사. 주의 상단부표　　　　　아. 우현부표

> **해설** 측방표지의 종류
>
> | 종별 | | 표체 | 두표 | | 등색 | 등질 | |
> |---|---|---|---|---|---|---|---|
> | 측방표지 | 좌현표지 | 녹 | 원통형(녹색) | ■ | 녹 | Fl G / Fl(3)G | 섬광등 / 군섬광등 |
> | | 우현표지 | 홍 | 원추형(홍색) | ▲ | 홍 | Fl R / Fl(3)R | 군섬광등 |
> | | 분기점표지 좌현항로우선 | 홍색바탕 녹색띠1개 | 원추형(홍색) | ▲ | 홍 | Fl(2+1)R | 복합군섬광등 |
> | | 분기점표지 우현항로우선 | 녹색바탕 홍색띠1개 | 원통형(녹색) | ■ | 녹 | Fl(2+1)G | 복합군섬광등 |

23 IALA 해상부표식에 있어서 B지역에서 우현표지이 등부표의 두표 형상은?

가. 다이아몬드형　　　　　나. 사각형
사. 원추형　　　　　　　　아. 원통형

Answer　20 나　21 가　22 아　23 사

단원별 3급 항해사

24 IALA 해상부표식의 B지역에서 표지의 우측에 암초 등 장해물이 있음을 나타내는 표지의 도색은?

가. 흑색
나. 녹색
사. 홍색
아. 백색

25 IALA 해상부표식에 사용되는 표지의 설명으로서 잘못된 것은?

가. 특수표지는 수로 중앙 및 육지 초인 등의 특별한 경우 사용된다.
나. 방위표지가 표시하는 쪽이 가항 수역이다.
사. 고립장해표지는 장해물 또는 그 부근에 설치된다.
아. 측방표지는 일정한 폭을 갖고 있는 수로의 한계를 표시한다.

> 해설 가. 특수표지는 공사 구역 등 특별한 시설이 있음을 나타내는 표지

26 다음 중 IALA 해상부표식에서 두표가 구형인 것은?

가. 우현표지
나. 우항로 우선표지
사. 안전수역표지
아. 특수표지

> 해설 가. 우현표지 : 홍색 원추형
> 나. 우항로 우선표지 : 녹색 원통형
> 사. 안전수역표지 : 홍색 구형1개
> 아. 특수표지 : 황색 X 자 모양

27 우리나라의 경우 좌현부표를 설명한 것 중 맞는 것은?

가. 색깔은 녹색이며 백색의 짝수번호를 붙임
나. 색깔은 녹색이며 백색의 홀수번호를 붙임
사. 색깔은 홍색이며 백색의 짝수번호를 붙임
아. 색깔은 홍색이며 백색의 홀수번호를 붙임

> 해설 우리나라는 B지역으로 좌현부표는 항구 밖에서 안으로 향하여 1,3,5,……순으로 백색의 페인트로 홀수번호가 기재되어 있으며, 표체의 색깔 및 등색은 녹색이다.

Answer 24 사 25 가 26 사 27 나

28
우리나라 연안을 항해중 항 입구 부근에서 녹색부표가 발견되었다. 이 부표는 무슨 뜻의 표지인가?

가. 측방표지로서 좌현표지이다.
나. 측방표지로서 우현표지이다.
사. 방위표지로서 북방위표지이다.
아. 방위표지로서 남방위표지이다.

29
입항중인 선박에서 홍색 바탕에 녹색 횡대 한 줄이 칠해져 있는 부표를 보았다. 그 의미는? (단, IALA 해상부표 B지역 기준)

가. 그 표지의 오른쪽에 우선항로가 있다.
나. 그 표지의 왼쪽에 우선항로가 있다.
사. 그 표지의 둘레가 모두 가항수역이다.
아. 그 표지의 동쪽에 가항수역이 있다.

해설 홍색바탕에 녹색 횡선으로 되어 있는 표지는 좌현항로우선표지로 좌현(왼쪽)에 우선항로가 있다는 표지로 두표는 홍색 원추형이며, 등질은 복합홍색군섬광등 Fl(2+1)R이다.

30
IALA 해상부표식에서 등질이 복합군섬광인 것은?

가. 좌현표지　　　　　　나. 우현표지
사. 항로우선표지　　　　아. 특수표지

해설 항로우선표지의 등질은 Fl(2+1)R　Fl(2+1)G로 복합군섬광이다.

종별		표체	두표		등색	등질	등질
분기점표지	좌현항로우선	홍색바탕 녹색띠1개	원추형 (홍색)	▲	홍	Fl(2+1)R	복합군섬광등
	우현항로우선	녹색바탕 홍색띠1개	원통형 (녹색)	■	녹	Fl(2+1)G	복합군섬광등

Answer 28 가　29 나　30 사

31. 우리나라의 경우 오른쪽 항로 우선표지의 등색은 무엇인가?

가. 녹색
나. 백색
사. 황색
아. 홍색

해설 우현항로우선표지는 Fl(2+1)G로 녹색복합섬광등이다.

32. IALA 해상부표식 B방식에서 Fl(2+1)의 등질을 가진 녹등의 등부표를 무엇이라 하는가?

가. 우현표지
나. 북방위표지
사. 우항로우선표지
아. 안전수역표지

해설 Fl(2+1)G는 복합녹색군섬광등으로 분기점표지 중에 우현항로우선표지이다. 우현쪽에 가항수역이 있다는 뜻으로 두표는 녹색 원통형이며, 표체의 도색은 녹색바탕에 홍색띠로 되어있다.

33. Fl(2+1)의 등질을 가진 홍등의 등부표를 무엇이라 하는가?

가. 좌현표지
나. 북방위표지
사. 좌항로우선표지
아. 안전수역표지

해설
가. 좌현표지 : Fl G 또는 Fl(3) G
나. 북방위표지 : VQ
사. 좌항로우선표지 : Fl(2+1)R 복합군홍색섬광등
아. 안전수역표지 : 백색의 ISO(등명암등) 또는 Oc

34. 다음 중 서방위표지의 두표 모양은?

가. ▲▲
나. ▼▼
사. ▲▼
아. ▼▲

해설
가. 북방위표지(정점상향)
나. 남방위표지(정점하향)
사. 동방위표지(저면대향)
아. 서방위표지(정점대향 : 장고형)

Answer 31 가 32 사 33 사 34 아

※ 방위표지의 종류 ※

종별		표체	두표		등색	등질	
방 위 표 지	북방위 표지	상부흑 하부황	정점상향 (흑색)	▲▲	백	VQ	급섬광등 초급섬광등
	동방위 표지	흑색바탕 황색띠1개	저면대향 (흑색)	▲▼	백	VQ(3)	군초급섬광등
	남방위 표지	상부황 하부흑	정점하향 (흑색)	▼▼	백	VQ(6)+LFl	군초급섬광등 +장섬광등
	서방위 표지	황색바탕 흑색띠1개	정점대향 (흑색)	▼▲	백	VQ(9)	군초급섬광등

35 다음 중 동방위표지의 두표(Top Mark)에 해당되는 것은?

가. ▲▲
나. ▼▼
사. ▲▼
아. ▼▲

36 IALA 해상부표식에서 서방위표지의 표체 색깔은 어떻게 표시되어 있는가?

가. 상부 황색, 하부 흑색
나. 흑색 바탕에 황색 횡대
사. 상부 흑색, 하부 황색
아. 황색 바탕에 흑색 횡대

37 IALA 해상부표식에서 동방위표지의 두표는 어떤 모양인가?

가. 검은 색의 원추 두 개가 각각의 정점이 마주 보도록 되어 있다.
나. 홍색의 원통형 모양을 하고 있다.
사. 검은 색의 원추 두 개가 하나의 수직선상에서 각각의 정점이 모두 아래쪽으로 향하도록 되어 있다.
아. 검은 색의 원추 두 개가 윗쪽 원추의 정점은 윗쪽으로 아래쪽 원추의 정점은 아래쪽으로 향하도록 되어 있다.

해설 가. 서방위표지
사. 남방위표지

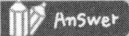
35 사 36 아 37 아

38
방위표지 중 원추형 두표의 저면이 서로 마주 대하고 있으며 흑색 바탕의 중앙에 황색띠가 있는 것은?

가. 북방위표지
나. 남방위표지
사. 동방위표지
아. 서방위표지

해설 동방위표지의 두표는 저면대향이며, 표체는 흑색 바탕에 황색띠로 되어 있으며, 등색은 백색이며, 등질은 VQ(3), Q(3)이다.

39
종이 해도상에 표시하는 서방위표지의 도색을 옳게 표시한 것은?

가. BYB
나. YBY
사. BY
아. YB

해설 서방위표지의 도색은 황색 바탕에 흑색띠(황색-흑색-황색 : Y-B-Y), 두표는 정점대향

40
표지의 북측이 가항수역이며, 표지의 남측에 암초, 침선 등 장애물이 있음을 알리는 IALA 해상부표식은?

가. 남방위표지
나. 북방위표지
사. 서방위표지
아. 동방위표지

41
IALA 해상부표식 B지역에 있어서 북방위표지의 도색은?

가. 표체의 상부 흑색, 하부 황색, 두표 흑색
나. 표체의 상부 흑색, 하부 녹색, 두표 흑색
사. 표체의 상부 적색, 하부 황색, 두표 흑색
아. 표체의 상부 흑색, 하부 적색, 두표 흑색

42
원추형 두표 2개의 꼭지점이 모두 위쪽을 향해 게양되어 있는 방위표지의 명칭과 표지의 색상을 옳게 표현한 것은?

가. 북방위표지로서 상부 흑색, 하부 황색
나. 남방위표지로서 상부 흑색, 하부 황색

Answer 38 사 39 나 40 나 41 가 42 가

사. 북방위표지로서 상부 황색, 하부 흑색

아. 남방위표지로서 상부 황색, 하부 흑색

해설
- 북방위표지 : 상부-흑, 하부-황 정점상향
- 남방위표지 : 상부-황, 하부-흑 정점하향
- 동방위표지 : 흑색바탕-황색띠 저면대향
- 서방위표지 : 황색바탕-흑색띠 정점대향

43 IALA 해상부표식에서 남방위표지의 두표는 어떤 모양인가?

가. 검은 색의 원추 두 개가 각각의 정점이 마주 보도록 되어 있다.

나. 홍색의 원통형 모양을 하고 있다.

사. 검은 색의 원추 두 개가 윗쪽 원추의 정점은 윗쪽으로 아랫쪽 원추의 정점은 아랫쪽으로 향하도록 되어 있다.

아. 검은 색의 원추 두 개가 하나의 수직선상에서 각각의 정점이 모두 아래쪽으로 향하도록 되어 있다.

해설 남방위표지의 두표 모양은 흑색 원추형 2개 정점하향이다.

44 부표나 입표의 도색으로서 홍백종선으로 표시하여야 할 형상표지는?

가. B지역의 우현표지   나. 북방위표지

사. 고립장해표지   아. 안전수역표지

해설 안전수역표지
- 모든 주위가 가항 수역임을 알려 주는 표지
- 중앙선이나 수로의 중앙을 나타냄.
- 표지의 색상 : 적색과 백색의 세로방향 줄무늬
- 두표 : 홍색구 1개

종별	표체	두표		등색	등 질	
고립장해표지	흑색바탕 홍색띠1개	구형2개 (흑색)	●●	백	Fl(2)	군섬광등
안전수역표지	홍백종선	구형1개 (홍색)	●	백	Iso Oc	등명암등 명암등
특수표지	황색	×형 (황색)	×	황	Fl Y Fl(3)Y	섬광등
침선표지	청황종선	†자형 (황색)	†	황	Fl BY	Racon(D) (— ‥)

Answer 43 아 44 아

45 IALA 해상부표식에서 등색이 백색인 것은?

가. 우현표지
나. 좌현표지
사. 안전수역표지
아. 특수표지

해설 방위표지와 안전수역표지 및 고립장해표지의 등색은 백색이다.

46 신위험표지(New Danger Mark)에 특별히 부가 설치되어야 할 전파표지의 종류는?

가. Racon(O)
나. Racon(D)
사. Ramark
아. Ra.Ref

해설 신위험표지는 항로상에 침선 등 위험물이 생겼을 때 등부표를 설치하고, 등부표에 부가하여 레이콘이라는 무선표지를 설치하는데 레이더파를 레이콘이 수신하면 응답하여 본선의 레이더 스코프상에서 영상으로 모스부호 D(— ••)가 표시되어 거리와 방위를 알 수 있다.

47 통항분리를 위하여 항로의 중앙을 표시하고자 할 때 사용되는 등부표의 등질이 아닌 것은?

가. LFl 10s
나. Q(6)+LFl
사. Iso
아. Mo(A)

해설 Q(6)+LFl 는 남방위표지의 등질이다.
▶ 수로중앙을 나타내는 것 : LFl 10s, Iso(등명암등), Mo(A), Oc

48 Fl(2)의 등질을 가진 백등의 등부표를 무엇이라 하는가?

가. 좌현표지
나. 북방위표지
사. 고립장해표지
아. 안전수역표지

해설 고립장해표지는 1주기 동안 2번 섬광을 발한다.
좌현표지 : Fl(G) 또는 Fl(3)G
북방위표지 : 백색의 VQ
안전수역표지 : 백색의 Iso 또는 Oc

Answer 45 사 46 나 47 나 48 사

49 IALA 해상부표식에서 특수표지의 등색은?

  가. 홍색
  나. 녹색
  사. 백색
  아. 황색

50 IALA 해상부표식에서 표체의 도색이 흑색 바탕에 홍색 횡대 1개가 있는 것은?

  가. 좌현표지
  나. 특수표지
  사. 안전수역표지
  아. 고립장해표지

  해설 가. 좌현표지 : 녹색
       나. 특수표지 : 황색
       사. 안전수역표지 : 홍색과 백색 종선
       아. 고립장해표지 : 흑색 바탕에 홍색 띠

51 음향표지에 관한 다음 설명 중 틀린 것은?

  가. 무신호는 시계가 나쁠 때에만 행한다.
  나. 무신호는 등대 또는 다른 항로표지와 별도로 설치되어 있는 경우가 일반적이다.
  사. 무신호를 청취하기 위해서는 선내를 정숙히 해야 한다.
  아. 선교에서 잘 들리지 않는 신호음이 갑판에서는 잘 들릴 수 있다.

  해설 무신호소는 보통 등대와 같이 설치되어 있다.

52 음향표지 중 무신호(Fog Signal)에 관한 설명으로 옳지 않은 것은?

  가. 대부분 등대나 다른 항로표지에 부설되어 있다.
  나. 내부분 Air-Siren 또는 Diaphone을 사용하고 있다.
  사. 우리나라에는 대부분 수중음신호(Submarine Signal)를 채용하고 있다.
  아. 무신호음의 도달거리는 대기의 상황 등에 따라 변한다.

  해설 우리나라에서는 공중음신호를 사용한다.

Answer 49 아 50 아 51 나 52 사

53 다음 중 자연적 요인에 의해 작동이 되지 않을 수도 있는 것은?

- 가. Air Siren
- 나. Diaphone
- 사. Motor Siren
- 아. Bell buoy

> 해설 Bell buoy(타종부표)와 Whistle buoy(취명부표)는 파랑에 의해 음향을 내는 장치이므로 해면이 잔잔하면 울리지 않는다.

54 압축공기 또는 증기에 의해서 진동하는 발음판에 의하여 소리를 내는 음향표지를 무엇이라 하는가?

- 가. Whistle
- 나. Siren
- 사. Diaphragm Horn
- 아. Bell

55 무선방위는 신호소로부터 어떤 방위로 측정되는가?

- 가. 진방위
- 나. 자침방위
- 사. 나침방위
- 아. 상대방위

> 해설 무선방위에 의한 위치선은 진방위로 표시된다. 진방위 중에서도 대권방위로 표시되므로 점장도를 이용할 때는 점장방위로 바꾸어 주어야 한다.

56 Ramark의 설명 중 틀린 것은?

- 가. 레이더파의 수신과 상관없이 지속적으로 전파를 발사시킨다.
- 나. CRT중심에서 Ramark쪽으로 방위선이 나타난다.
- 사. 여러 대의 Ramark가 있을 때는 시분할 방식으로 전파를 교대 발사한다.
- 아. 방위선이 나타날 때는 거리도 자동 표시되므로 위치 측정이 용이하다.

> 해설 Ramark는 표지국의 방위만 측정이 되며, Racon은 방위와 거리가 표시된다.

57 레이콘(Racon)의 설명으로 적절하지 않은 것은?

- 가. 수신된 레이더 펄스파로 작동한다.
- 나. RDF로도 수신하여 방위 측정이 가능하다.
- 사. 레이콘은 국제협약에서 정한 기준을 만족시켜야 한다.
- 아. X-밴드 레이더에만 작동하는 것과 S-밴드 레이더에도 작동되는 것이 있다.

Answer 53 아 54 사 55 가 56 아 57 나

해설 나. RDF(무선방향탐지기)는 무선의 방향을 탐지하는 장비로 레이콘과는 무관하다.

레이콘(Racon)
- 레이더에서 펄스파가 발사될 때, 그 레이더 신호를 받아서 자동으로 어떤 특별한 신호를 발사하는 장치
- 레이콘은 레이더와 같은 주파수의 신호를 발사하기 때문에 레이콘의 신호는 레이더 스코프상에 나타나므로 레이콘 신호를 수신하면 레이콘의 방위와 거리도 알 수 있다.
- 표준신호와 모스 부호를 이용한다.
- 과거 레이콘은 X-band 주파수만 사용하였으나 최근에는 X-band, S-band 주파수가 동시에 사용되고 있다.

58 선박의 레이더 신호에 반응하여 특징 있는 신호를 발사하는 레이더 응답용 전파표지를 무엇이라 하는가?

가. Radar
나. Racon
사. 무지향성 무선표지국(RC)
아. 지향성 무선표지국(RD)

해설 RC, RD는 무선표지국의 종류로 중파표지국이다.

59 다음 중 레이콘(Racon) 사용시 주의할 점으로 가장 적절하지 않은 것은?

가. 반사파가 강하므로 수신감도를 낮추어 측정하는 것이 좋다.
나. S-밴드 레이더에는 작동되지 않는 레이콘도 있다.
사. 육상에 설치된 레이콘은 때로는 식별이 어려운 경우도 있다.
아. 주변에 여러 개의 레이콘이 있을 경우 식별이 거의 불가능하다.

해설 아. 레이콘의 신호는 모스부호로 되어 있어 식별이 가능하다.

60 전파표지 중 일정한 항로를 지시하는 것으로 도등이나 도표와 같은 역할을 하는 것은?

가. RD
나. RG
사. RC
아. RW

해설
- RD는 지향식 무선표지국(Directional radio beacon)으로 전파를 한 방향에만 발사하여 일정한 항로를 지시할 수 있는 표지국 ▶ 일정한 항로를 지시할 수 있다.
- RG(RDF)는 무선방향탐지국으로 선박에서 발사한 전파의 방위를 육상의 부선국에서 측정하여 다시 선박에 통보해 주는 무선표지국
- RC(Circular radio beacon)는 무지향식 무선표지국으로 무지향식 전파를 발사하는 무선표지국
- RW는 회전식 무선표지국으로 방향성이 있는 전파 빔을 일정한 각속도로 회전시켜 발사하는 표지국 ▶ 라디오 수신기와 초시계만 있으면 측정 가능

Answer 58 나 59 아 60 가

제03장 해도(수로도지)

01 다음 중 수로서지가 아닌 것은?
- 가. 등대표
- 나. 태양방위각표
- 사. 해도
- 아. 근해 항로지

해설 수로도지는 해도와 바다의 안내서인 수로서지로 나누며, 수로서지는 항로지와 수로특수서지로 나눈다. 그러므로 해도는 수로도지에는 속하지만 수로서지에는 속하지 않는다.

02 점장도의 가장 큰 장점은?
- 가. 두 지점을 연결하는 최단 거리는 모두 직선으로 표시된다.
- 나. 어느 위도에서나 항정선이 직선으로 표시된다.
- 사. 어느 위도에서나 등거리의 점은 정확한 원으로 표시된다.
- 아. 고위도에서 사용하기 편리하다.

해설 점장도의 특성
① 항정선이 직선으로 표시된다.
② 자오선은 남북으로, 거등권은 동서의 평행선으로 서로 직교한다.
③ 두 지점 간의 방위는 두 지점의 직선과 자오선과의 교각이다.
④ 거리를 측정할 때에는 위도 눈금으로 알 수 있다.
⑤ 고위도가 됨에 따라 거리, 넓이, 모양 등이 일그러지기 때문에 위도가 높은 지역의 해도로는 부적당하다.

03 해상에서 사용되는 대부분의 해도로서 항정선이 직선으로 표시되는 해도 도법은?
- 가. 대권도법
- 나. 점장도법
- 사. 다원추도법
- 아. 방위등거극도법

Answer 01 사 02 나 03 나

04 지구 표면의 좁은 부분을 평면으로 간주하여 동일 척도로 측정할 수 있도록 한 해도 도법은?

가. 점장도법 나. 대권도법
사. 다원추도법 아. 평면도법

해설 평면도법(plan projection)
- 지구 표면의 좁은 구역을 평면으로 간주하고 그린, 축척이 큰 해도
- 항만, 어항, 좁은 구역의 협수도 등을 표시
- 평면도에는 항박도, 분도 등이 있다.

05 지구의 중심에 시점을 두고 지구표면 위의 한 점에 접하는 평면에 투영하는 도법은?

가. 점장위도법 나. 다원추도법
사. 대권도법 아. 방위등거극도법

해설 대권도법(Great Circle Projection ; 투영도법＝심사도법)
① 지구의 중심에 시점을 두고 지구표면상의 한 점에 접하는 평면에 지구의 중심으로부터 지구의 점들을 투영한 해도
② 대권이 직선으로 표시(항정선은 곡선)되며, 대권 거리는 항정선 거리보다 짧아지게 된다.

06 대권도에 대한 설명 중 틀린 것은?

가. 해도상 어디서나 모양이 정확히 표현된다.
나. 모든 대권이 직선으로 표시되어 대권경로를 파악하기 쉽다.
사. 무선방위 기입용도로도 이용된다.
아. 대권이 아닌 모든 거등권은 곡선으로 표시된다.

07 점장도의 특성에 관한 설명 중 틀린 것은?

가. 항정선이 직선으로 표시되며 위치 표시가 용이하다.
나. 거리는 두 지점 사이의 항정선 길이를 위도 눈금에서 측정한다.
사. 위도가 높아짐에 따라 면적이 확대되지만 도형이 닮은 꼴이므로 어떤 위도에서나 사용할 수 있다.
아. 관측지점에서 목표까지의 거리가 가까운 경우에는 관측자와 목표를 직선으로 연결하여 자오선과의 교각을 방위로 한다.

Answer 04 아 05 사 06 가 07 사

해설 위도가 높아짐에 따라 거등권사이의 자오선의 길이가 넓어져서 표시되기 때문에 고위도 지방에서는 사용할 수 없다.

08 지구상에서 한 목표를 같은 진방위로 측정하게 되는 지점은 무수히 많은데 이 지점들을 연결하면 이 곡선은 다음 중 어느 쪽으로 볼록한 곡선이 되는가?

　가. 북극　　　　　　　　　　　나. 남극
　사. 가까운 극　　　　　　　　　아. 적도

해설 대권도에서는 대권은 직선으로 항정선은 곡선으로 표시되며 항정선은 적도쪽으로 볼록한 곡선이 된다.

09 항해용 해도에 가장 많이 사용되는 도법은?

　가. 평면도법　　　　　　　　　나. 점장도법
　사. 심사도법　　　　　　　　　아. 원추도법

10 30′, 20′, 10′마다 점장되고, 연안 항해에 이용하기에 가장 알맞은 해도는?

　가. 총도　　　　　　　　　　　나. 해안도
　사. 항양도　　　　　　　　　　아. 항박도

해설 항양도 : 1°마다 점장
　　　　항해도 : 30′마다 점장
　　　　해안도 : 30′, 20′, 10′마다 점장

해도의 사용 목적에 따른 분류
① 총도(General chart) : 1/400만 이하로 세계 전도와 같이 극히 넓은 구역을 나타낸 것으로, 항해계획, 긴 항해에도 사용할 수 있는 해도
② 항양도(sailing chart) : 1/100만 이하로 긴 항해에 쓰이며 해안에서 떨어진 바다의 수심, 주요한 등대, 먼 거리에서 보이는 육상의 물표 등이 그려짐. ▶ 1°마다 점장
③ 항해도(coastal chart) : 1/30만 이하로 대개 육지를 바라보면서 항해할 때 사용하는 해도로 육상의 물표를 측정하여 선위를 직접 해도상에서 구함. ▶ 30′마다 점장
④ 해안도(approach chart) : 1/5만 이하로 연안 항해에 사용하는 것이며 연안의 상황을 상세하게 그린 해도 ▶ 30′, 20′, 10′마다 점장
⑤ 항박도(harbour plan) : 1/5만 이상으로 항만, 정박지, 협수로 등 좁은 구역을 세부에 이르기까지 상세히 그린 해도 ▶ 평면도법으로 제작함.

Answer 08 아　09 나　10 나

11 축척이 5만분의 1 이하이고, 연안 항해에 사용하는 것이며 연안의 상황을 상세하게 도시한 해도는?
　가. 총도　　　　　　　　나. 항양도
　사. 항해도　　　　　　　아. 해안도

12 항박도와 같이 대척도 해도에 기재되어 있는 조신에 관한 기사로 포함되지 않는 것은?
　가. 평균고조간격　　　　나. 대조승
　사. 평균수면　　　　　　아. 조화상수

> **해설** 평균고조간격(MHWI), 평균저조간격(MLWI), 대조승(SpR), 소조승(NpR), 평균수면(MSL) 등은 항박도 등에 기재되어 있다.
> • 조신 : 어느 지역의 조석이나 조류의 특징

13 다음 중 높이의 기준면이 기본수준면인 것은?
　가. 안선　　　　　　　　나. 등대
　사. 자연 물표　　　　　아. 간출암

> **해설**
> • 기본수준면(약최저저조면 : DL) ▶ 수심, 간출암, 조고, 조승
> • 평균수면(MSL) ▶ 산높이, 등대높이, 노출암
> • 약최고고조면 ▶ 해안선(안선)

14 다음 중 무선표지국 등의 위치와 성능 등이 기재되어 있는 것은?
　가. 항로지　　　　　　　나. 조석표
　사. 등대표　　　　　　　아. 국제신호서

> **해설** 등대표에는 전파표지인 전파표지국의 위치와 성능뿐만 아니라 항로표지인 주간표지, 야간표지, 음향표지 등이 모두 기재되어 있다.
> **항로지(sailing directions)**
> 수로의 지도 및 안내서로서, 기상, 해류, 조류, 도선사, 검역, 항로표지 등의 일반기사 및 항로의 상황, 연안의 지형, 항만의 시설 등을 상세히 기재한 수로지로 항로지의 종류로는 동해안 항로지, 남해안 항로지, 서해안 항로지, 중국 연안 항로지, 말라카해협 항로지, 근해 항로지, 대양 항로지 등이 있다.

Answer　11 아　12 아　13 아　14 사

등대표
항로표지의 종류인 주간표지(형상표지), 야간표지(광파표지), 음향표지, 전파표지 등의 전반에 관하여 수록되어 있다.

조석표
각 지역의 조석 및 조류에 대하여 상세하게 기술한 수로서지로 제1권은 국내항의 자료이고 제2권은 태평양 및 인도양의 주요항에 관한 것으로 국립해양조사원에서 1년에 한 번씩 간행하고 있다.

국제신호서
선박 항해와 인명의 안전에 위급한 상황이 생겼을 경우 의사소통에 문제가 있을 시 국제적으로 약속한 부호와 그 부호의 의미를 상세하게 설명한 책

15 다음 중 해도 도식의 『  Wk』의 뜻을 가장 옳게 설명한 것은?

가. 5.2m로 알려진 침선 수심
나. 5.2m의 위험 수심
사. 5.2m 아래에 있는 수중 장애물
아. 5.2m로 알려진 암암

16 다음 중 해도에 표시된 간출암이란?

가. 고조시에는 물 속에 잠기고 저조시에 나타나는 바위
나. 작은 바위로서 항시 해상에 노출된 위험한 바위
사. 항시 물 속에 있는 위험한 바위
아. 높이가 1미터 미만의 위험한 바위

> **해설**
> • 간출암 : 저조시에는 수면 위에 나타나는 바위
> • 세암 : 저조일 때 수면과 거의 같아서 해수에 봉우리가 씻기는 바위
> • 암암 : 저조일 때도 수면 위에 나타나지 않는 바위
> • 노출암 : 항상 수면 위에 나타나 있는 바위

17 수시로 일어나는 항로표지의 변동사항을 항해사는 다음 중 어느 것으로부터 알 수 있는가?

가. 항행통보
나. 등대표
사. 수로연보
아. 조석표

Answer 15 가 16 가 17 가

[해설] **항행통보**
- 영문판, 국문판으로 매주 간행하며, 인터넷을 통해서도 열람
- 고시 내용
  ㉠ 암초, 침선, 표류물 등 해상 위험물
  ㉡ 항로표지의 신설, 개축, 폐지 및 일시적 고장
  ㉢ 육상 목표물의 변화
  ㉣ 항만수축공사 등으로 인한 해안선, 수심, 해상 및 육상 설비의 변화
  ㉤ 해저전선, 가공선, 장해물의 설치 및 폐설 또는 사격훈련이나 해상에서 함정의 작업으로 인한 일반선박에 대한 제한
  ㉥ 항만, 수로의 단속에 관한 항행 또는 정박의 제한
  ㉦ 수로도지의 신간, 개판, 폐판 및 기재사항의 개정
  ㉧ 항행통보의 항수 다음에 붙여진 기호 (T) : 일시관계, (P) : 예고고시를 뜻한다.
- 주의 사항
  ㉠ 될 수 있는 한 빨리 항행통보(인쇄물)를 입수하도록 한다.
  ㉡ 즉시 관계되는 도지를 개보한다.
  ㉢ 외국에 있어서는 그 나라의 항행통보를 참조한다.
  ㉣ 항행통보는 일정한 기간 동안 보존하여 두어야 한다.

항행경보
긴급한 사항은 무선 전신, 라디오, 팩시밀리 등을 통하여 통보

18 우리나라 해도의 기준면을 설명한 것 중 틀린 것은?

가. 등대의 높이는 평균수면을 기준하여 산출한다.
나. 간출암의 높이는 평균저조면으로부터 산출한다.
사. 해안선은 약최고고조면에서 수륙의 경계선으로 표시한다.
아. 조고는 약최저저조면으로부터의 높이이다.

[해설] 간출암은 기본수준면을 기준으로 한다.

19 항로표지에 관한 모든 자료를 수록한 서지는?

가. 조석표
나. 천측력
사. 등대표
아. 항로지

[해설] **등대표**
- 항로표지(주간, 야간, 음향, 무선 표지) 전반에 관하여 상세하게 수록되어 있음.
- 항로표지의 명칭과 위치, 등질, 등고, 광달거리, 색상과 구조 등이 자세히 기재
- 동해안에서 남해안, 서해안으로 시계방향으로 일련 번호 부여

 18 나 19 사

제3장 해도(수로도지)

20. 항해에 직접적인 관계가 적은 사항을 항행통보에 기재하지 않고 직접 원판에서 개보하는 것은?

가. 개판
나. 재판
사. 보도
아. 소개정

해설 해도의 개보
① 개판(new edition)
- 내용 및 해도의 구역과 도적의 변경을 위해 원판을 새로 만듦.
- 항행통보에 의해 통보하며 이전의 해도는 폐기 처분
  ▶ 신간해도 : 해도번호, 표제 기사까지 바뀜.

② 재판(reprint)
원판이 마멸되거나 현재 사용 중인 해도의 부족을 충족시킬 목적으로 원판을 약간 수정하여 다시 발행하는 것
  ▶ 항행통보에 재판 발행 여부는 통보되지 않음.

③ 보도(보각)
항해에 영향이 없는 사항을 고시하지 않고 원판을 직접 고침.
  ▶ 항행통보에 통보되지 않음.

④ 소개정(small correction)
항행통보에 의해 항해자가 직접 수기로 수로도지를 개정하는 것

21. 다음 중 해도의 표제나 번호가 바뀌는 것은?

가. 개판
나. 신간
사. 재판
아. 보도

해설 해도의 표제나 해도번호가 바뀐 해도는 신간해도이다.

22. 다음 중 소개정의 방법이 아닌 것은?

가. 수기 개보
나. 보정도에 의한 개보
사. 개판
아. 부도에 의한 개보

해설 개판은 해도 개보의 한 방법으로 국립해양조사원에서 개정한다.
소개정 방법
① 수기에 의한 개보
  ㉠ 개보할 때에는 붉은 잉크를 사용해야 한다.
  ㉡ 기사는 해도의 여백에 간결하고 알기 쉽게 가로로 써야 한다.

Answer 20 사 21 나 22 사

② **보정도에 의한 개보**
지형, 안선, 광범위한 수심의 변화 또는 개정할 사항이 좁은 구역에 밀집하고 있는 경우와 같이 수기로 보정하기 곤란한 경우는 항행통보에 보정도가 첨부되어 있으므로 오려서 해도의 개정 위치에 붙인다.

③ **부도에 의한 개보**
고시내용이 복잡한 것 또는 그것을 지시하기가 곤란한 것은 부도를 해도의 해당되는 곳에 바르게 포개어 놓고 개정부분에 표시를 한 다음 수기로 개정한다.

④ **일시관계 및 예고고시에 의한 개정**
(T)는 일시관계, (P)는 예고고시를 뜻하며 개정할 때에는 연필로 기입. 소개정 난에는 기입하지 않는다.

23 항해자에게 있어서 육상의 여행 안내서와 같은 역할을 하는 수로서지를 무엇이라고 하는가?

- 가. 항로지
- 나. 등대표
- 사. 수로기술연보
- 아. 항행통보

24 해도 도식 중 『 ⟶ 』가 의미하는 것은?

- 가. Ebb current
- 나. Neap rise
- 사. Flood current
- 아. Counter current

[해설] Ebb current : 낙조류 ⇔ Flood current : 창조류
Neap rise(NpR) : 소조승 ⇔ Spring rise(SpR) : 대조승
Counter current : 반류

25 해도 도식에 대한 설명 중 틀린 것은?

- 가. Oys – 굴 양식장
- 나. Under Construction – 공사중
- 사. Anchoring Prohibited – 투묘 구역
- 아. ⊙ CHY – 굴뚝

[해설] Anchoring Prohibited – 투묘금지구역, Oys : oysters, CHY : Chimney

Answer 23 가 24 사 25 사

26 해도 도식 중 ┗20┛의 뜻은?

가. 20m까지 소해된 수심
나. 수심 20m 미만의 수심
사. 수심 20m 이상의 수심
아. 20m의 음측 수심

27 해도상 『+ PA』의 뜻은?

가. 암암(暗岩)으로 개략의 위치이다.
나. 세암으로 위치가 의심스럽다.
사. 침선으로 존재가 의심스럽다.
아. 간출암으로 항해상 위험하다.

> 해설
> • PA : 개략적인 위치(개위) Position Approximate
> • PD : 의심스러운 위치(의위) Position Doubtful
> • ED : 존재가 의심스러운 위치(의존) Existence Doubtful
> • SD : 의심되는 수심(불확실한 수심) Sounding of Doubtful depth

28 해도상에서 낙조류의 기호는?

가. ⇒⇒⇒→
나. ⇒⇒→
사. ≫≫→
아. ──→

> 해설
> 가. 나. 창조류
> 사. 해조류(국부적인 수역에서의 흐름)
> 아. 낙조류

29 해도에 사용되는 다음 약어 중 같은 의미의 연결로 옳은 것은?

가. Aero. – 항공의
나. Prohib. – 파괴된
사. Approx. – 중앙의
아. Sub. – 수몰

> 해설
> 나. Prohib. : 금지(된)
> 사. Approx. : 개략(적인)
> 아. Sub : 수중(의)

Answer 26 가 27 가 28 아 29 가

Gt.	큰, 대	Great	Prohib.	금지	Prohibited
Lit.	적은, 소	Little	Approx.	개략	Approximate
Dist.	거리	Distant	temp.	임시의	Temporary
abt.	약, 대략	About	N.M.	항행통보	Notice to Mariners
Sub.	해저, 수중	Submarine	L.L.	등대표	List of Lights
Aero	항공	Aeronautical	Rep.	보고된	Reported

30. 해도에 표시된 수심의 단위를 알아보고자 한다. 다음 중 어느 것을 보아야 하는가?

가. 나침도
나. 조석표
사. 표제 기사
아. 수로도지

해설 해도의 표제에는 해도의 명칭, 축척, 수심과 높이의 단위, 도법명, 측량 연도 및 자료의 출처 등이 기재되어 있다.

31. 해도의 나침도에서 직접 구할 수 있는 것은?

가. 자차 및 편차
나. 편차 및 연차
사. 자차 및 침로
아. 방위 및 침로

해설 해도의 나침도의 중앙에는 편차와 연차가 기재되어 있다.
「ANNUAL INCREASE 3′」은 일년에 변화하는 양인 연차를 표시하는 것으로 편차가 매년 3분씩 증가한다는 뜻이다.

32. 연안의 지형, 항로 상황, 항만 사정 등을 알고자 할 때는 어떤 것을 참고로 하는가?

가. 항로지
나. 수로연보
사. 항행통보
아. 항해보고

해설 항로지(sailing directions)
- 수로의 지도 및 안내서로서, 기상, 해류, 조류, 도선사, 검역, 항로표지 등의 일반기사 및 항로의 상황, 연안의 지형, 항만의 시설 등을 상세히 기재한 수로서지
- 항로지의 종류로는 동해안 항로지, 남해안 항로지, 서해안 항로지, 중국 연안 항로지, 말라카해협 항로지, 근해 항로지, 대양 항로지 등이 있다.

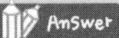 30 사 31 나 32 가

33 우리나라에서 간행되는 수로지(항로지)의 항로기사에 기재되어 있는 내용이 아닌 것은?

가. 연안항해에 필요한 목표물
나. 항행에 위험한 지역
사. 침선(沈船)의 위치
아. 해당 해역의 기상

해설 해당 해역의 기상 및 해상상태는 항로기사(제2편 연안기)가 아니고 제1편 총기에 기재되는 일반사항이다.
항로지(sailing directions)
▶ 제1편 총기 : 해당 해역의 기상 및 해상상태, 항로와 항만의 사정, 자기, 통신에 관한 내용 등 일반사항
▶ 제2편 연안기(항로기) : 해당 해역의 연안을 항해하는데 필요한 목표물, 위험구역, 투묘지, 양식장, 침선 등의 내용
▶ 제3편 항만기 : 주요항만의 항계, 항로, 도선구역, 검역사항, 항만시설과 보급, 관광과 교통편 등에 관한 내용

34 다음 중 우리나라 항로지(Sailing Directions)의 전반적 구성내용 및 순서로서 가장 적절한 것은?

가. 총기 - 기상기록 - 해류기록
나. 총기 - 항로기사 - 항만기사
사. 기상기사 - 항만기사 - 해류기사
아. 기상기록 - 항로표지 - 주요항만

35 다음 중 해도의 표제(標題)에 기재할 내용이 아닌 것은?

가. 축척
나. 수심, 높이의 단위
사. 측량 연도
아. 해류에 관한 사항

해설 해도의 표제기사에는 해도번호, 축척, 수심과 높이의 단위, 측량연도, 도법명, 자료의 출처, 조석에 관한 기사, 측지계 등이 기록되어 있다.
해도의 측지계
특정한 하나의 기준점을 선정하고 측량을 통해 그 밖의 다른 지점의 위치를 표시하는 방법을 말하며, 우리나라에서는 일본측지계(도쿄기준 : Tokyo datum)를 2001년까지 사용하였으나 2002년부터 ▶ 세계측지계(WGS-84) = (한국측지계2002)를 사용하고 있다.

Answer 33 아 34 나 35 아

36 다음 중 기본수준면을 기준으로 하여 측정하지 않는 것은?
   가. 간출암의 높이　　　　　　　나. 수심
   사. 물표의 높이　　　　　　　　아. 조고

   해설
   • 물표의 높이는 평균수면을 기준으로 한다.
   • 기본수준면(약최저저조면)에 준하는 것은 수심, 조고, 조승, 간출암, 평균수면의 높이
   ▶ 노출암은 평균수면을 기준으로 한다.

37 우리나라 해도에서 주로 사용하고 있는 등심선은?
   가. 2m, 5m, 10m, 20m　　　　나. 5m, 10m, 20m, 30m
   사. 5m, 10m, 15m, 20m　　　아. 10m, 20m, 30m, 40m

   해설
   2m 등심선 : ─ ─　 ─ ─　 ─ ─
   5m 등심선 : ─ ─ ─ ─ ─ ─ ─
   10m 등심선 : ─ • ─ • ─ • ─ • ─
   20m 등심선 : ─ • • ─ • • ─ • • ─

38 해도상에 표시된 유속은 다음 중 어느 때의 유속으로 환산한 것인가?
   가. 평균 소조기　　　　　　　나. 평균 대조기
   사. 상현　　　　　　　　　　아. 하현

39 해도상에 기재된 유속은?
   가. 관측시의 유속 평균　　　　나. 관측시의 최대 유속
   사. 최대 유속의 평균치　　　　아. 최소 유속의 평균치

   해설 조류화살표는 조류의 방향과 대조기의 최강 유속을 표시한다.

40 해도 도식 중 위험물의 존재 여부가 의심스럽다는 뜻을 나타내고 있는 약자는?
   가. P.A.　　　　　　　　　　나. P.D.
   사. E.D.　　　　　　　　　　아. D.D.

Answer 36 사 37 가 38 나 39 사 40 사

> **해설** PA : 개략적인 위치(개위) Position Approximate
> PD : 의심스러운 위치(의위) Position Doubtful
> ED : 존재가 의심스러운 위치(의존) Existence Doubtful
> SD : 의심되는 수심(불확실한 수심) Sounding of Doubtful depth

41 해도의 특성을 나타내는 표제 기사에 해당되지 않는 사항은?

가. 해저의 지형, 물표
나. 수심 및 높이의 기준면과 측량 단위
사. 축척
아. 해도의 명칭

> **해설** 해도의 표제기사(Title of the chart)의 주요내용
> ㉠ 해도의 명칭(주표제라고 한다)   ㉡ 축척
> ㉢ 측량연도   ㉣ 자료의 출처
> ㉤ 수심과 높이의 단위 및 기준면   ㉥ 조석에 관한 기사
> ㉦ 측지계   ㉧ 기타 참고사항

42 다음 해도 도식 중 저질이 "돌"인 것은?

가. G
나. M
사. St
아. S

> **해설** G : 자갈   M : 펄   St : 돌   S : 모래

❀ 저질약자의 의미 ❀

S	모래	Sand	Bo	(둥근)바위	Boulder
M	펄	Mud	S/M	이중저질	모래 아래 펄
G	자갈	Gravel	f S M Sh	혼합저질	주성분이 앞에
Oz	연니	Ooze	fne 또는 f	가는	Fine
Cl 또는 Cy	점토(찰흙)	Clay	m	중간의	Medium
Oys	굴	Oysters	c	거친	Coarse
Wd	해초(바닷말)	sea-weed	bk	부서진	Broken
Co	산호	Coral	sy	점성, 끈적끈적한	Sticky
Rk. 또는 R	바위	Rock	so	부드러운	soft
Sh	조개껍질	Shells	sf	딱딱한, 굳은	stiff
St	돌	Stone	v	화산활동의	volcanic
P	둥근자갈	Pebbles	ca	석회질의	Calcareous

Answer 41 가 42 사

43 다음 중 저조 3시간 후의 조류 유속이 4노트임을 나타내는 해도상의 도식은?

가. 4.0Kn (화살표에 짧은 사선들)
나. 4.0Kn (화살표에 >>> 표시)
사. 4.0Kn (화살표에 점들)
아. 4.0Kn (화살표에 >>> 표시)

44 해도상 등대에 부기한 약기호 『Fl 5s 15m 10M』의 뜻은?

가. 등질 : 명암등, 주기 : 5초, 등고 : 15미터, 광달거리 : 10마일
나. 등질 : 명암등, 주기 : 5초, 광달거리 : 15마일, 등고 : 10미터
사. 등질 : 섬광등, 주기 : 5초, 등고 : 15미터, 광달거리 : 10마일
아. 등질 : 섬광등, 주기 : 5초, 광달거리 : 15마일, 등고 : 10미터

45 연안 항해중에 사용할 해도의 선택에 있어서 다음 중 부적당한 경우는?

가. 최근에 간행된 것을 선택할 것
나. 출발지에서 도착지까지 함께 들어 있는 해도를 택할 것
사. 완전히 개보된 것을 선택할 것
아. 축척이 큰 것을 선택할 것

해설 연안 항해시에는 대축척 해도가 유리하다. 출발지와 도착지가 함께 들어 있는 해도는 소축척 해도로 부적당하다.

46 수심과 관계되는 해도 도식 중 60̇ 기호는 무엇을 뜻하는가?

가. 60m보다 얕은 곳이다.
나. 60m를 떨어져 항해하라.
사. 60회 이상 측정한 곳이다.
아. 60m까지 측심하여도 해저에 도달하지 않았다.

해설 60m까지 줄측심을 하였으나 해저에 도달하지 않았다는 의미로 60m 측연해저미달수심을 뜻한다.

Answer 43 가 44 사 45 나 46 아

47 연안 지형의 해도 도식 및 약어에서 연결이 잘못된 것은?

　가. G. – 해만　　　　　　　　나. Chan. – 수로
　사. B. – 항　　　　　　　　　아. Str. – 해협

　해설 B : Bay 만

48 해도에서 "SD" 표시의 의미는?

　가. 해저 미달 수심　　　　　　나. 의심되는 수심
　사. 충분히 측심된 소해구역　　아. 측심 불가능한 소해구역

　해설 SD : 의심되는 수심(불확실한 수심) Sounding of Doubtful depth

Answer　47 사　48 나

제04장 조석 및 해류

01 조석으로 인하여 해면이 높아지고 있는 상태로서 저조에서 고조까지의 사이를 무엇이라 하는가?

가. 낙조(Ebb tide)
나. 정조(Stand of tide)
사. 창조(Flood tide)
아. 게류(Slack water)

해설 조석으로 인하여 해면이 높아지고 있는 상태로서 저조에서 고조까지의 사이를 창조라 하며, 고조에서 저조로 되기까지 해면이 점차 낮아지는 상태를 낙조라 한다.

02 조석의 변화에서 저조나 고조가 되었을 때 순간적으로 해면의 승강운동이 중지하게 되는데 이것을 무엇이라 하는가?

가. 조차
나. 게류
사. 창조
아. 정조

해설 게류는 창조류에서 낙조류로 또는 낙조류에서 창조류로 바뀔 때 순간적으로 해면의 흐름(수평운동)이 중지되는 것이며 ▶ 정조는 고조나 저조 때 승강운동(수직운동)이 중지되는 상태이다.

03 다음 중 조류(tidal current)에 대한 설명으로 틀린 것은

가. 달과 태양의 인력으로 생기는 해수의 수직방향의 운동이다.
나. 속도는 노트(knot)로 표시한다.
사. 해저 상태의 영향을 받는다.
아. 대양보다는 만의 입구나 협수도 등에서 더 강하다.

해설 조석은 수직(연직)운동이고, 조류는 수평운동이다.

Answer 01 사 02 아 03 가

단원별 3급 항해사

04 다음 중 고고조의 의미를 바르게 설명한 것은?

가. 연이은 2회의 고조 중 높은 것
나. 한 달의 고조 중 가장 높은 것
사. 15일간의 고조 중 가장 높은 것
아. 1년의 고조 중 가장 높은 것

해설 • 고조 중에서 높은 것 - 고고조(HHW), 낮은 것 - 저고조(LHW)
• 저조 중에서 낮은 것 - 저저조(LLW), 높은 것 - 고저조(HLW)

05 다음 중 소조의 뜻을 가장 잘 설명한 것은?

가. 조차가 가장 작은 때
나. 해면이 가장 낮아진 상태
사. 고조에서 저조까지 해면이 점차로 낮아지는 상태
아. 연이어 일어난 고조와 저조와의 해면의 높이차

해설 • 소조(Neap Tide : 조금)
상현이나 하현이 지난 후 1~2일 만에 생기는 조차가 극소인 조석
• 대조(Spring Tide : 사리)
삭과 망이 지난 후 1~2일 만에 생기는 조차가 극대인 조석

06 대조는 언제 발생하는가?

가. 삭 및 망 후 1~2일 만에
나. 상현 및 하현 후 1~2일 만에
사. 삭 및 망 전 1~2일에
아. 상현 및 하현 전 1~2일에

07 조차의 변화와 관련이 깊은 것은?

가. 달의 위상   나. 태양의 적위
사. 조화상수   아. 월조간격

해설 조차는 고조와 저조의 높이 차로 월령과 관련이 있으며 월령은 달의 위상과 관련된다.
• 월령 : 합삭으로부터 경과한 시간을 1일 단위로 나타낸 수

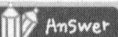 Answer 04 가 05 가 06 가 07 가

08 다음은 우리나라 서해안의 항만들이다. 대조차가 가장 심한 곳은?

가. 인천
나. 군산
사. 목포
아. 흑산도

해설 대조차 : 대조일 때의 조차 즉 대조시의 평균고조면과 대조시의 평균저조면 높이의 차

09 기본수준면으로부터 대조의 평균고조면까지의 높이는?

가. 대조승
나. 대조차
사. 평균조승
아. 소조승

해설
- 대조승(SpR) : 기본수준면(DL)에서 대조의 평균고조면(MHWS)까지의 높이
- 소조승(NpR) : 기본수준면(DL)에서 소조의 평균고조면(MHWN)까지의 높이
- 평균조승 : 기본수준면(DL)에서 평균고조면(MHW)까지의 높이
- 대조차 : 대조의 평균고조면(MHWS)과 대조의 평균저조면(MLWS)의 차

10 분점조를 올바르게 설명한 것은?

가. 달이 춘분점, 추분점 근처에 있을 때의 조석
나. 달이 남·북 회귀선 근처에 있을 때의 조석
사. 달의 적위가 북 또는 남으로 커져서 불규칙하게 일어나는 조석
아. 달이 적도 부근에 있어서 일조부등이 커져 생기는 불규칙적인 조석

해설 **일조부등(Daily inequality)** : 하루에 두 번 일어나는 조석현상이 시간과 높이가 서로 같지 않고 월조간격도 같지 않은 현상
- 고조 중에서 높은 것 – 고고조(HHW), 낮은 것 – 저고조(LHW)
- 저조 중에서 얕은 것 – 저저조(LLW), 높은 것 – 고저조(HLW)

분점조(Equinoctial tide) : 달이 적도에 있을 때 일반적으로 일조부등이 작아 거의 규칙적으로 1일 2회이 승강
- 적위 극소 – 일조부등 극소 – 규칙적인 조석

회귀조(Tropic tide) : 적도로부터 가장 멀어진 남북 회귀선 부근에 왔을 때의 조석
- 적위 극대 – 일조부등 극대 – 불규칙적인 조석

	천체의 위치	적위	일조부등	상태	기타
분점조	적도 부근	크다	작다	규칙적	1일2회조
회귀조	회귀선 부근	작다	크다	불규칙	1일1회조

Answer 08 가 09 가 10 가

11 연달아 일어나는 두 번의 고조 또는 저조는 같은 날이라도 반드시 그 높이가 같지 않은데 이와 같은 현상을 무엇이라고 하는가?

가. 조령
나. 월령
사. 월조간격
아. 일조부등

12 다음 중 1일 1회조가 일어날 가능성이 가장 높은 것은?

가. 고조
나. 저조
사. 분점조
아. 회귀조

해설 분점조일 때는 1일 2회조가 일어나며, 회귀조일 때는 일조부등이 커서 1일 1회조가 일어날 가능성이 높다.

분점조(Equinoctial tide)
달이 적도에 있을 때 일반적으로 일조부등이 적어 거의 규칙적으로 1일 2회의 승강
▶ 적위가 극소 – 일조부등 극소 – 규칙적인 조석

회귀조(Tropic tide)
달이 적도로부터 가장 멀어진 남북 회귀선 부근에 왔을 때의 조석으로 1일 1회조
▶ 적위 극대 – 일조부등 극대 – 불규칙적인 조석

13 일조부등이 심해지면 하루 몇 회의 조석이 일어나는가?

가. 1일 1회
나. 1일 2회
사. 1일 3회
아. 1일 4회

해설 일조부등이 적을 때는 하루에 고조 2번 저조 2번이 일어나는 반일주조가 생기며, 일조부등이 커지면 하루에 고조 1번 저조 1번의 일주조가 일어난다.

- 일주조
  고조와 저조가 하루에 1회씩만 일어나는 조석
- 반일주조
  고조와 저조가 하루에 2회씩 일어나는 조석

14 조석 운동 중에서 일조부등이 크면 어떤 현상이 일어나는가?

가. 반일주조
나. 일주조
사. 분점조
아. 대조승

Answer 11 아 12 아 13 가 14 나

해설 달이 회귀선 부근에 있을 때는 일조부등이 커지며 이때를 회귀조라 하고, 적위가 극대가 되며 불규칙한 조석으로 하루 1회의 조석이 일어나는 일주조가 일어난다.

15 소조승이란 기본수준면에서 어디까지인가?

가. 대조의 평균고조면까지
나. 소조의 평균고조면까지
사. 평균수면까지
아. 소조의 평균저조면까지

해설 **소조승(NpR)** : 기본수준면에서 소조의 평균고조면까지 높이
대조승(SpR) : 기본수준면에서 대조의 평균고조면까지 높이

16 일조부등이 커지는 원인으로 가장 적당한 것은?

가. 달이 회귀선에서 멀어지기 때문이다.
나. 태양의 흑점이 변동되기 때문이다.
사. 달이 적도 부근에 있기 때문이다.
아. 태양이 적도에서 멀어지기 때문이다.

해설
- 일조부등(Daily inequality) : 하루에 두 번 일어나는 조석현상이 시간과 높이가 서로 같지 않고 월조간격도 같지 않은 현상
- 달의 적위가 극대가 되면(달이 회귀선 부근에 있을 때) 불규칙한 조석으로 일조부등이 커지며 이것을 회귀조라 한다.
- 달의 적위가 극소가 되면(달이 적도 부근에 있을 때) 규칙적인 조석으로 일조부등은 적어지며 이것을 분점조라 한다.

17 일조부등이 최대가 되는 때는?

가. 달의 적위가 클 때
나. 태양의 적위가 클 때
사. 태양의 적위와 달의 적위가 동시에 클 때
아. 일수조 성분이 클 때

Answer 15 나 16 아 17 사

18. 일조부등은 다음 어떤 사항과 밀접한 관련이 있는가?

가. 월령
나. 달의 적위
사. 조화상수
아. 조신

해설 일조부등은 달의 적위와 관계가 있으며, 조차는 달의 위상(월령)과 관계가 있다.
- 일조부등(Daily inequality)은 하루에 두 번 일어나는 조석현상이 시간과 높이가 서로 같지 않은 현상을 말한다.
- 달의 적위가 극대가 되면(달이 회귀선 부근에 있을 때) 불규칙한 조석으로 일조부등이 커지며 이것을 회귀조라 한다.
- 달의 적위가 극소가 되면(달이 적도 부근에 있을 때) 규칙적인 조석으로 일조부등은 적어지며 이것을 분점조라 한다.

19. 조석에 있어서 일조부등에 대한 다음 설명 중 틀린 것은?

가. 같은 날에 연이어 일어나는 2회의 고조 또는 저조의 높이와 월조간격이 같지 않은 것을 말한다.
나. 1일 1회의 고조와 저조가 생기는 일도 있다.
사. 달이 분점 부근에 왔을 때 일조부등이 크다.
아. 심한 지방은 해도의 표제기사에 기재되어 있다.

해설 달이 분점 부근(적도 부근)에 왔을 때는 일조부등이 적은 분점조가 된다.

20. 달이 어느 지점의 자오선을 통과한 시각으로부터 그 지점에서 실제 고조가 되는 시각까지의 시간을 무엇이라고 하는가?

가. 일조부등
나. 월령
사. 분조
아. 고조간격

해설 달이 어느 지점의 자오선에 정중하고부터 고조가 될 때까지 걸리는 시간을 고조간격이라 하며, 저조가 될 때까지 걸리는 시간은 저조간격이라 한다. 저조간격과 고조간격을 통틀어서 월조간격이라 한다.
달이 어느 지점의 자오선을 통과할 때에는 그 지점은 고조가 생겨야 하나 해저가 불규칙하고, 바다 깊이가 곳에 따라 다르며, 해수의 유동에 대한 탄성, 점성 및 해저와의 마찰 등으로 고조가 되는 시간이 고조간격만큼 차이가 생긴다.

Answer 18 나 19 사 20 아

21 월조간격(月潮間隔)이란?

가. 삭(朔) 또는 망(望)에서 대조까지의 시간간격
나. 달이 그 지점의 자오선 통과후 고조가 될 때까지의 시간간격
사. 고조간격과 저조간격을 통틀어 부르는 말
아. 달이 그 지점의 자오선 통과후 저조가 될 때까지의 시간간격

22 고조간격이 생기는 원인 중 가장 거리가 먼 것은?

가. 해수의 점성 및 탄성
나. 달의 공전 및 위상변화
사. 해수와 해저와의 마찰
아. 달과 태양의 인력차이

23 달의 자오선 통과시를 알고 개략적인 방법으로 조시를 구하려 할 때 이용되는 것은?

가. 대조시
나. 소조시
사. 조령
아. 평균고조간격

[해설] 평균고조간격을 알면 어느 지점의 개략적인 고조시간을 알 수 있다.
평균고조간격(MHWI) : 오랫동안 고조간격을 평균한 것
- 달이 어느 지점의 자오선을 통과한 후 그 지점이 고조가 되기까지 걸리는 시간을 평균한 것
- 조석표와 해도의 표제기사 중에 기재되어 있다.
- 어느 지점의 대략적인 고조시를 구할 때 필요
 (월령 × 50 ÷ 60 + 평균고조간격 = 오후의 고조시)

24 2월 20일 인천항의 오전 고조시는 다음 중 어느 것인가? (단, 당일의 달의 자오선 통과시는 03시 55분, 인천항의 평균고조간격은 4시간 28분이다.)

가. 00시 33분
나. 03시 55분
사. 04시 28분
아. 08시 23분

[해설] 고조간격은 달이 어느 지점의 자오선을 통과하고(정중하고) 고조가 될 때까지 걸린 시간이므로 자오선 통과시에 평균고조간격을 더하면 고조시간이 된다.
∴ 03시 55분 + 04시 28분 = 08시 23분이 오전의 고조시간이다.

Answer 21 사 22 아 23 아 24 아

25 해도 도식 중 대조의 평균고조면을 의미하는 것은?

가. MHWS
나. MHWI
사. MHHW
아. MHWN

해설
- MHWS(Mean High Water Springs) : 대조의 평균고조면
- MHWI(Mean High Water Interval) : 평균고조간격
- MHHW(Mean Higher High water) : 평균고고조면
- MHWN(Mean High Water Neaps) : 소조의 평균고조면

26 만의 특징에 따라 주기가 정해지는 해면의 부진동과 관련한 다음 설명 중 틀린 것은?

가. 만구가 좁고 외해에 면한 곳에서 현저히 나타난다.
나. 만의 안쪽에서는 작고 입구에서 큰 것이 보통이다.
사. 주기가 수시간이나 되는 것도 있다.
아. 부진동은 호수에서도 일어난다.

해설 부진동은 항만의 형상이 주머니 모양인 곳에서 조석 이외에 해면이 짧은 주기로 승강하는 현상으로 만의 입구에서 작고 안쪽에서 크다.

27 다음 중 비조화상수가 아닌 것은?

가. 평균고조간격
나. 대조승
사. 평균수면
아. 분조

해설 **비조화상수** : 조석에 나타난 상수 가운데 평균고조간격, 평균저조간격, 대조승, 소조승, 평균수면 등을 말한다.
조화상수 : 각 분조의 반조차 및 지각
조석은 불균등하게 운행하는 달과 태양에 기인하는 것이나, 이들이 적도상에서 규칙적으로 운행하여 일어나는 규칙적인 성분 조석의 합으로 이루어졌다고 가상할 수 있다. 이 개개의 성분 조석을 분조(Tidal constituent)라 하고, 각 분조에 있어서 진폭의 2분의 1을 반조차(semi range)라 한다. 각 분조를 일으키는 가상의 천체가 그 지방의 자오선을 통과한 후에 그 분조가 고조로 될 때까지의 시간을 각도로 표시한 것을 지각(phase)이라 한다.
여기서 각 분조의 반조차 및 지각을 조화상수(harmonic constant)라 하며, 조석에 나타난 상수 가운데 평균고조간격, 평균저조간격, 대조승, 소조승, 평균수면 등을 비조화상수라 한다.

Answer 25 가 26 나 27 아

28. 가상 천체가 자오선을 통과한 때로부터 그 분조가 고조로 될 때까지의 시간을 각도로 표시한 것을 무엇이라고 하는가?
   - 가. 반조차
   - 나. 지각
   - 사. 조화상수
   - 아. 조화분해

29. 다음 중 조석표에 기재된 조고와 관계가 없는 것은?
   - 가. 부진동
   - 나. 고조
   - 사. 저조
   - 아. 기본수준면

   해설 부진동(Secondary undulations)
   육지로 깊이 들어온 만에서 조석 이외에 해면이 짧은 주기로 승강하는 현상
   ▶ 만의 깊숙한 안쪽에서는 크고, 입구에서는 작으며, 호수에서도 일어난다.

30. 어느 지역의 조석이나 조류의 특징을 무엇이라고 하는가?
   - 가. 와류
   - 나. 조신
   - 사. 반류
   - 아. 게류

31. 조석이 없다고 가정하였을 때의 해면을 무엇이라 하는가?
   - 가. 평균고조면
   - 나. 평균수면
   - 사. 기본수준면
   - 아. 평균저조면

   해설 평균수면(=평균해면 · MSL)은 어느 기간 동안 관측한 해면의 평균 높이로 조석이 없다고 가정하였을 때의 해면으로 지물의 높이, 등대높이, 산높이, 노출암의 높이 등의 기준이 된다. 우리나라에서는 평균수면은 인천만의 평균수면을 기준면으로 한다.

32. 다음의 수면 중 가장 낮은 것은?
   - 가. 소조의 평균저조면
   - 나. 평균저조면
   - 사. 평균수면
   - 아. 기본수준면

Answer 28 나 29 가 30 나 31 나 32 아

해설 수면이 낮은 순
① 기본수준면(약최저저조면)   ② 대조의 평균저조면
③ 평균저조면   ④ 소조의 평균저조면
⑤ 평균수면   ⑥ 소조의 평균고조면
⑦ 평균고조면   ⑧ 대조의 평균고조면
⑨ 약최고고조면

33 저조일 때 그 꼭대기가 거의 수면의 높이와 같아지는 바위를 무엇이라 하는가?

가. 세암   나. 암암
사. 암초   아. 험암

해설 암초의 종류
① 간출암 : 저조시에는 수면 위에 나타나는 바위
② 세암 : 저조일 때 수면과 거의 같아서 해수에 봉우리가 씻기는 바위
③ 암암 : 저조일 때도 수면 위에 나타나지 않는 바위

34 조류에 관하여 잘못 설명한 것은?

가. 만 입구나 협수로에서는 약하다.
나. 조류가 방향을 바꿀 때 일어나는 현상을 게류라 한다.
사. 조류에 대하여 그 반대 방향의 흐름을 반류라 한다.
아. 조류의 속도는 노트로 표시한다.

해설 조류는 만 입구나 협수로에서는 강하다.

35 조류의 유속은 월령에 따라 변화하는데 그 최대유속의 시기는?

가. 대조기   나. 소조기
사. 상현   아. 하현

36 해저의 기복이 심한 해역에서 조류가 암초나 간출암 등을 지날 때 해면에 파상을 발생시키는 현상은?

가. 반류(Counter current)   나. 급조(Overfall)
사. 와류(Eddies)   아. 전류(Turn of tidal current)

Answer 33 가 34 가 35 가 36 나

해설
- 전류(Turn of tidal current) : 흐름이 잠시 정지한 후 조류가 흐름의 방향이 바뀌는 것
- 급조(over falls) : 조류가 해저의 장애물이나 반대 방향의 수류에 부딪혀 생기는 파도
- 격조(tidal race) : 급조가 특히 강한 것
- 반류(counter current) : 해안과 평행으로 조류가 흐를 때 해안선의 돌출부 뒷부분 같은 곳에서 주류와 반대 방향으로 생기는 흐름
- 와류(eddy current) : 조류가 빠른 협수도 같은 곳에서 생기는 소용돌이

37 반류(Counter current)를 바르게 설명한 것은?

가. 해저에 요철이 있는 곳 또는 암초 위를 흐르는 조류
나. 물의 흐름이 빠른 협수도 등에서 생기는 조류
사. 해면의 일부분이 변색이 되어 흐르는 조류
아. 해안선의 돌출부 등에서 주류와 반대 방향으로 흐르는 조류

38 다음 중 해류에 속하지 않는 것은?

가. 게류   나. 취송류
사. 경사류   아. 밀도류

해설 해류의 생성원인에 의한 종류는 취송류, 경사류, 밀도류, 보류 등이 있다.
게류(Slack Water : 쉰물)는 창조류에서 낙조류로 바뀌는 전류시에 수평운동이 거의 정지된 상태를 말한다.

해류의 생성원인
① **취송류**
   바람과 해면의 마찰로 인하여 형성된 해류
   ▶ 북적도 해류 - 북동무역풍에 의해 생성
   ▶ 남적도 해류 - 남동무역풍에 의해 생성
   ▶ 쿠로시오, 멕시코 만류 - 편서풍에 의해 생성
② **밀도류**
   증발, 강수, 빙산의 융해 등으로 수온과 염분의 밀도차에 의하여 형성된 해류
③ **경사류**
   바람, 기압 경도, 강수의 유입 등으로 해면의 경사에 의한 해류
   ▶ 적도 반류가 경사류에 속하다
④ **보류**
   어느 장소의 해수가 다른 곳으로 이동하면, 이것을 보충하기 위한 흐름
   ▶ 캘리포니아 해류가 보류에 속한다.

 Answer 37 아 38 가

39 바람이 일정 방향으로 계속 불면 표면의 해수가 풍하로 흐르기 시작한다. 이와 같이 바람의 응력에 의해서 생기는 해류를 무엇이라고 하는가?

가. 취송류
나. 경사류
사. 지형류
아. 반류

40 다음은 쿠로시오 해류에 관한 설명이다. 옳지 않은 것은?

가. 난류이다.
나. 우리나라 근해의 최대 해류이다.
사. 남지나해의 남단인 싱가폴 부근에서부터 시작한다.
아. 북적도 해류가 그 서쪽 끝에서 북으로 방향 전환하는 곳에서부터 시작한다.

> 해설 사. 필리핀 루손섬 동쪽 해역에서 시작한다.

41 북적도 해류가 동지나해를 거쳐 일본 본토의 남해안을 따라 동쪽으로 흐르는 해류는?

가. 쿠로시오
나. 리만 해류
사. 쓰시마 해류
아. 오야시오

42 우리나라 연안에서 선박항해에 가장 큰 영향을 주는 대양해류는?

가. 큐우슈(九州) 해류
나. 시코쿠(四國) 해류
사. 쿠로시오(黑潮) 해류
아. 혼슈(本州) 해류

43 다음 중 한류성 해류는 어느 것인가?

가. 리만 해류
나. 대한 해류
사. 쿠로시오 해류
아. 황해 해류

> 해설 우리나라 근해의 해류
> ㉠ 난류 : 북적도 해류 ⇒ 쿠로시오 ⇒ 대한 난류(대한해협 해류) ⇒ 동한 난류
> ㉡ 한류 : 오야시오 ⇒ 리만 해류 ⇒ 연해주 해류 ⇒ 북한 해류

Answer 39 가 40 사 41 가 42 사 43 가

44 다음은 우리나라 조석표에 관하여 설명한 것이다. 잘못된 것은?

가. 조석은 월별, 요일별로 되어 있다.
나. 유속의 단위는 노트로 표시한다.
사. 유속에 따른 부호 +는 일반적으로 창조류를 표시한다.
아. 사용 시각은 한국표준시(GMT)로서 0000에서 2400까지 4자리 수로 표기하였다.

해설 가. 월별, 요일별이 아니라 월별, 일별(날짜별)로 되어 있다.

45 표준항이 아닌 항의 조고를 구하기 위한 개정수는?

가. 조고비
나. 조고차
사. 조시차
아. 조승

해설 조고를 구하기 위한 개정수는 ▶ 조고비
조시를 구하기 위한 개정수는 ▶ 조시차

46 임의 항의 조시와 조고를 구하기 위하여 표준항의 조시와 조고를 개정하는 개정수를 무엇이라고 하는가?

가. 조신
나. 비조화상수
사. 조화상수
아. 조시차 및 조고비

해설 임의 항(비표준항)의 조시를 구하기 위해서는 개정수인 표준항의 조시차를, 조고를 구하기 위해서는 조고비가 필요하다.

47 일본 Haneda항의 표준항은 Yokohama이고, 조시차는 (+)0시20분이며, 조고비는 0.96이다. 어느 날 Yokohama의 고조시 및 조고는 03시37분, 118cm이다. Haneda항의 고조시와 조고를 약산식으로 구하시오. (단, 소수점 이하는 생략한다.)

가. 03시 57분, 113cm
나. 03시 17분, 122cm
사. 23시 37분, 113cm
아. 17시 17분, 122cm

해설 약산법에 의한 비표준항의 조시는 조시차 만큼 부호대로 (+), (−)하고, 조고는 조고비를 곱하면 된다.
㉠ Haneda항의 조시 : 03시37분 + 0시20분 = 03시57분
㉡ Haneda항의 조고 : 118cm × 0.96 = 113cm

Answer 44 가 45 가 46 아 47 가

제05장 지문항법

01. 3목표가 이루는 각이 180° 이상인 목표들로 선위를 결정하려 했으나 오차삼각형이 생겼다. 오차삼각형의 원인이 컴퍼스의 오차 때문이라면 어떤 점을 선위로 정하는 것이 타당한가?

가. 오차삼각형의 내심
나. 오차삼각형의 방심
사. 오차삼각형의 외심
아. 오차삼각형의 수심

해설
- 실제로 오차삼각형이 생기는 원인은 대부분의 경우 자차, 편차 등과 같은 계통오차 때문이며 3목표가 이루는 각이 180° 미만이면 선위는 삼각형의 밖에 있고 180° 이상이면 선위는 삼각형의 안에 있게 된다.
  ▶ 3물표가 이루는 각이 180° 이상인 경우에 선위가 오차삼각형 안에 있기 때문에 선위는 삼각형 내심으로 한다.
  ▶ 위험물이 있을 때는 위험물에서 가장 가까운 삼각형의 지점을 선위로 한다.
- 우연오차로 오차삼각형이 생겼을 때
  ▶ 삼각형의 내심(내접원의 중심)을 선위로 하여도 실용상 지장은 없다.
  ▶ 세변까지의 거리가 각각 세변의 길이에 비례하는 점(대략 무게심)을 선위로 정한다. (=오차삼각형의 각 변에서의 거리가 각 변의 길이에 비례하는 점)

02. 3물표에 의하여 교차방위법으로 선위를 결정할 때 각 방위에 정오차가 있는데도 오차삼각형이 생기지 않는 것은?

가. 중앙물표가 3물표 중에서 가장 가까운 경우
나. 3물표가 관측자와 같은 원주상에 있는 경우
사. 각 물표 사이의 교각이 60°씩인 경우
아. 3물표까지의 거리가 극히 가까운 경우

해설 세 물표가 같은 원 둘레 위에 있으면 방위에 큰 오차가 있어도 그것이 정오차(계통오차, 규칙오차)인 경우에는 방위선이 한 점에서 만나게 되므로 선위에 오차가 있더라도 알지 못하게 된다.

Answer 01 가 02 나

선위오차
① 계통오차(Systematic error = 규칙오차 = 정오차)
- 측정 기계에 자체적인 오차가 있을 때 생기는 측정값의 오차 : 기계적 계통오차
- 빛이 굴절이나 온도, 습도 등의 변화 때문에 일어나는 오차 : 이론적 계통오차
- 관측하는 사람마다 가지고 있는 습관 때문에 생기는 오차 : 개인적 오차

② 우연오차(Accidental error)
- 계통오차는 수정이 가능하나 수정을 하여도 원인을 알 수 없는 오차가 남아 있는 경우 이 오차를 우연오차라 한다.
- 원인을 알 수 없기 때문에 소거할 수 없으며 다만 확률의 이론을 응용하여 취급

03. 거등권항법에서 변경과 동서거는 다음의 어느 곳에서 같아지는가?

가. 적도
나. 위도 30°
사. 위도 60°
아. 극

해설 같은 거등권상을 항해할 때는 동서거 = 항정(p=D)
► 적도상을 항해할 때는 동서거 = 항정 = 변경(p=D=DLo)

04. 거등권항법의 변경(DLo)을 구하는 공식은? (단, DLo : 변경, P : 동서거, L : 위도, D : 항정)

가. DLo = P sec L
나. DLo = P cos L
사. DLo = D cot L
아. DLo = P sin L

해설 거등권항법(Parallel sailing)
► 선박이 정동(90°) 또는 정서(270°)로 항해하는 항법
► 동서거(P) = 항정(D)

▶ 거등권항법의 공식
P = D = DLo cos L
DLo = D sec L = P sec L
(P : 동서거, D : 항정, DLo : 변경)

Answer 03 가 04 가

05 거등권항법과 대권항법을 결합하여 항해의 안전과 항정의 단축을 목적으로 하는 항법은?

가. 중분위도항법
나. 교차방위법
사. 집성대권항법
아. 점장위도항법

해설 집성대권항법
- 대권 항해 중에 육지의 장애물이나 고위도에서 해황이 나쁠 때 제한 위도를 설정하여 거등권항법을 실행하다 다시 대권항법으로 복귀하는 항법
- 대권항법 + 거등권항법

06 격시관측시 유조의 방향이 어느 방향일 때 유조의 영향이 최소가 되는가?

가. 제1위치선에 수직일 때
나. 제1위치선에 평행일 때
사. 제2위치선에 수직일 때
아. 제2위치선에 평행일 때

해설 격시관측시 제1위치선에 직각일 때 ▶ 최대영향
격시관측시 제1위치선에 평행일 때 ▶ 최소영향

07 교차방위법에 의한 선위결정시 오차에 관하여 잘못 기술한 것은?

가. 물표의 거리가 멀수록 오차는 커진다.
나. 위치선의 교각이 90°에 가까울수록 오차는 작아진다.
사. 3물표가 같은 원둘레 위에 있으면, 특히 정오차인 경우, 오차의 발견이 쉽다.
아. 물표가 모두 같은 현측에 있는 경우, 앞쪽 물표부터 차례로 측정하면 측정선위는 물표쪽으로 편위하게 된다.

해설 3물표가 같은 원둘레 위에 있으면 방위에 큰 오차가 있어도 그것이 정오차인 경우에는 방위선이 한 점에서 만나게 되므로 선위에 오차가 포함되어 있더라도 오차를 발견하기 어렵다.

Answer 05 사 06 나 07 사

08 교차방위법에 있어서 두 위치선의 교각을 θ라 하면 위치선의 오차로 인한 선위오차는 θ와 어떤 관계가 있는가?

가. 선위오차는 sinθ에 비례한다.
나. 선위오차는 cosecθ에 비례한다.
사. 선위오차는 cosθ에 비례한다.
아. 선위오차는 secθ에 비례한다.

해설 선위오차는 위치선의 교각(θ)의 cosec에 비례한다.

09 교차방위법에서 위치선의 교각이 30°이면, 교각이 90°일 때에 비하여 오차가 몇 배가 되는가?

가. 1.5 배
나. 2 배
사. 2.5 배
아. 3 배

해설 선위오차는 위치선의 교각(θ)의 cosec에 비례한다.
위치선의 교각이 30°일 때는 2배, 20°일 때는 3배 정도 오차계가 형성된다.

10 다음 위치선 중 가장 정밀도가 낮은 것은?

가. 방위에 의한 위치선
나. 수평거리에 의한 위치선
사. 수심에 의한 위치선
아. 수평협각에 의한 위치선

11 다음 중 대권항로를 취할 경우 항정이 가장 많이 단축되는 경우는?

가. 위도가 높고 경도차가 클 때
나. 위도가 낮고 경도차가 클 때
사. 위도가 낮고 경도차가 작을 때
아. 위도가 높고 경도차가 작을 때

해설 경도차가 크다는 것은 침로가 동, 서에 가까울 때이다. 대권항법은 고위도이고, 침로가 동서에 가까울 때 유리하므로 위도가 높고 경도차가 클 때 유리하다.

Answer 08 나 09 나 10 사 11 가

단원별 3급 항해사

12 다음 중 동시관측에 의해 선위를 구할 때 가장 정확한 선위를 구할 수 있는 방법은?
  가. 교차방위법
  나. 4점 방위법
  사. 수직앙각법
  아. 시달거리법

13 다음 중 선위측정 목표로 가장 적당하지 못한 것은?
  가. 입표
  나. 등표
  사. 등대
  아. 등부표

14 다음 중 중시선을 이용하는 경우가 아닌 것은?
  가. 선위의 측정
  나. 컴퍼스 오차의 측정
  사. 피험선 설정
  아. 추정위치 결정

  해설 중시선은 두 물표가 일직선상에 겹쳐 보일 때로 ▶ 관측자와 가까운 물표 사이의 거리가 두 물표 사이의 거리의 3배 이내이면 매우 정확한 위치선이 된다.
  중시선의 이용
  ① 선위측정   ② 위치선
  ③ 컴퍼스 오차의 측정   ④ 변침점
  ⑤ 선속측정   ⑥ 주묘
  ⑦ 피험선

15 다음 중 집성대권항법과 관련된 사항이 아닌 것은?
  가. 육지나 섬 등 장해물
  나. 거등권항법
  사. 정점 위치
  아. 제한 위도권

  해설 정점은 대권항로 중 가장 위도가 높은 점으로 대권항법과 관계가 있으나 집성대권항법과는 직접적인 관련은 없다.

16 다음 중 항정선항법에 속하지 않는 것은?
  가. 평면항법
  나. 거등권항법
  사. 점장위도항법
  아. 대권항법

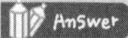 12 가 13 아 14 아 15 사 16 아

해설
- 항정선항법은 침로를 일정하게 유지하면서 항해하는 항법으로 중분위도항법과 점장위도항법이 있으며, 보조항법으로 거등권항법, 평면항법 등이 있다.
- 대권항법은 대권을 따라 항해하는 항법으로 대권이 곡선이기 때문에 대권을 따라 항해를 할 수 없으므로 대권 위에 5~10° 사이에 변침점을 정해 놓고 각 변침점 사이를 항정선항법(정장위도항법이나 중분위도항법)으로 항해하는 항법

17 달빛이 밝은 밤이라도 소형선 또는 그 등화가 잘 안 보이는 수가 있다. 다음 어떤 경우에 특히 심한가?

가. 달이 후방에 있는 경우 나. 달이 정횡방향에 있는 경우
사. 달이 전방에 있는 경우 아. 달이 머리 위에 있는 경우

18 대권의 정점에 관한 설명 중 맞는 것은?

가. 양 지점을 연결하는 대권의 중간지점에 있다.
나. 양 지점을 연결하는 대권의 1/3 지점에 있다.
사. 양 지점을 통하는 대권호 위에 있고 그 대권상의 어느 점보다 적도에서 가장 멀다.
아. 양 지점을 통하는 대권호 위에 있고 그 대권상의 어느 점보다 적도에서 가장 가깝다.

해설 정점(vertex)은 대권항로 중 위도가 가장 높은 점이므로 적도에서 가장 멀다.

19 대권항법에서 출발지의 자오선과 항해하는 대권이 만나는 각은?

가. 도착침로 나. 출발침로
사. 침로 개정각 아. 자오선 집합차

해설 **대권항법에 관한 용어**
① 출발침로 : 출발지의 자오선과 항해하는 대권이 만나는 각
② 도착침로 : 도착지의 자오선과 항해하는 대권이 만나는 각
③ 정점(Vertex) : 2점을 지나는 대권 위에서 위도가 가장 높은 점
④ 변침점(Way-point) : 대권항로의 정점에서 5°~10°되는 점들
⑤ 대권방위 : 관측자와 목표를 지나는 대권이 관측자의 자오선과 이루는 각

자오선 집합차
두 지점에서 서로의 반방위를 측정하면 그 방위의 차는 180°가 되어야 하나 자오선이 평행하지 않기 때문에 180°가 되지 않는데 이 반방위의 차이를 자오선 집합차 또는 수렴차라 한다.

Answer 17 사 18 사 19 나

20 두 방위선으로 선위를 결정하고자 할 때 선위의 정밀도에 관한 설명으로서 틀린 것은?
   가. 각 물표까지의 거리가 가까울수록 좋다.
   나. 각 물표의 교각이 90°에 가까울수록 좋다.
   사. 산봉우리나 등대같이 뚜렷하게 구분되는 물표가 좋다.
   아. 등대보다도 IALA 해상부표식으로 통일된 부표를 관측한 선위가 더 좋다.
   해설 부표나 등부표는 어느 저점에 고정되어 있지 않으므로 좋지 않다.

21 변침 목표가 정횡으로 보일 때마다 일정량의 소각도씩 여러 번으로 나누어 변침하는 방법을 아무 때나 사용해서는 안 되는 이유는?
   가. 번거롭다.
   나. 이안거리가 점점 가까워진다.
   사. 예정항로를 정확히 항행할 수 없다.
   아. 다른 변침법보다 항정이 길어진다.
   해설 물표를 정횡으로 보았을 때 30°씩 나누어 변침을 하면 정횡거리의 $\frac{\sqrt{3}}{2}$(=0.87) 만큼씩 가까워진다. (1.0 ⇨ 0.87 ⇨ 0.75 ⇨ 0.65 ⇨ 0.56 ……)

22 부산항에서 호주의 시드니항까지 항해하려고 한다. 어떤 항법을 적용하면 좋은가?
   가. 점장위도항법   나. 거등권항법
   사. 평면항법   아. 중분위도항법
   해설 침로가 남북에 가까우므로 대권항법은 항정이 단축되지 않아 항정선항법을 이용하여야 하는데 출발지와 도착지의 위도의 부호가 다르므로 중분위도항법은 사용할 수가 없고 점장위도항법을 사용하여야 한다.

23 산호초가 산재해 있는 해역에서 산호초를 발견하기 좋은 상태는?
   가. 저조 때 태양이 등 뒤에 있고 해면이 잔잔한 때
   나. 저조 때 태양의 고도가 높고 등 뒤에 있으며 해면이 잔잔한 때
   사. 저조 때 태양의 고도가 높고 등 뒤에 있으며 약간의 파도가 일 때
   아. 태양의 고도가 높고 전방에 있으며 약간의 파도가 일 때

Answer 20 아 21 나 22 가 23 사

24. 선박이 대권상을 항해중 육지나 섬 등이 대권항로를 차단하는 경우에 제한위도를 설정하고 그 제한위도에 도달하면 090° 또는 270°로 변침했다가 다시 대권항로로 돌아가는 항법은?

가. 집성대권항법
나. 평균중분위도항법
사. 진중분위도항법
아. 연침로항법

해설 연침로항법(Traverse sailing)
출발지점과 도착지점 사이를 여러 번 변침했을 때 직항항로와 직항항정을 구하여 선위를 구하는 항법

25. 선박이 야간에 좁은 수로를 통과시 일으키기 쉬운 착오에 대한 설명이다. 틀린 것은?

가. 어두운 쪽으로 가까워지고 밝은 쪽으로부터는 멀어지기 쉽다.
나. 야간에는 원근을 판단하기가 어렵다.
사. 야간에는 산과 산 사이의 평지를 수로로 오인하기 쉽다.
아. 육상의 등화, 어선의 등화 등을 혼동하기 쉽다.

해설 어두운 쪽으로부터 멀어지기 쉽고, 밝은 쪽으로 접근하기 쉽다.

26. 선수방향에 있는 1마일 떨어진 물표의 방위가 1° 변하면 선위는 대략 얼마나 편위하는가?

가. 30m
나. 60m
사. 100m
아. 185m

해설 원주 = 2 × 반지름 × 3.14
　　　　 = 2 × 1 × 3.14 (반지름 1마일) = 6.28 마일
방위가 1° 변하므로 (360°가 6.28마일에 해당)

6.28 마일 × $\frac{1}{360}$ = 0.017마일

∴ 마일을 m로 고치면 0.017 × 1852 = 31m

▶ 1마일 떨어진 물표의 방위가 1° 변화하면 선위는 약 30m 정도 편위되고, 10마일 떨어진 거리이면 약 300m 정도 편위하게 되므로 선수목표는 될 수 있는 대로 가까운 것이 유리하다.

Answer 24 가　25 가　26 가

27 선위측정은 2가지 이상 방식으로 시행토록 요구된다. 다음 중 연안항해시 가장 정확한 2가지 선위측정방식의 조합은?

가. 교차방위법 + 레이더거리법
나. 교차방위법 + 레이더방위법
사. DGPS + 교차방위법
아. DGPS + 레이더거리법

28 양측방위법으로 선위를 결정할 때 주의사항을 열거하였다. 맞지 않는 것은?

가. 제1위치선을 관측할 때 시각을 기록한다.
나. 제1위치선 관측 후 가능하면 거의 동시에 제2위치선을 구한다.
사. 제1위치선을 제2위치선에 전위시킨다.
아. 제1위치선과 제2위치선 사이의 항정은 풍·유압차의 영향을 고려한다.

[해설] 제1관측시와 제2관측시는 적어도 30분 정도의 시간 차이를 둔다.

29 어떤 선박이 위도 60°N, 경도 125°E 지점에서 동쪽으로 60마일 항주하였다. 도착지의 경도는?

가. 124°E
나. 126°E
사. 127°E
아. 128°E

[해설] 위도 60°에서는 변경은 항정의 2배이므로 변경 = 60 × 2 = 120마일 = 2°E
125° + 2° = 127°E

30 어떤 선박이 침로 090°로 항해중 000°방향의 A 물표, 040°방향의 B 물표, 135°방향의 C 물표, 270°방향의 D 물표 중 교차방위로 선위를 구하고자 할 때 제일 먼저 측정해야 할 물표는?

가. A 물표
나. B 물표
사. C 물표
아. D 물표

[해설] 방위가 변하지 않는 선미 물표인 D를 제일 먼저 측정하고, 방위변화가 빠른 정횡물표인 A 물표를 맨 나중에 측정한다.

Answer 27 사 28 나 29 사 30 아

31 연안 항해중에 단일 물표에 의하여 위치선을 하나 밖에 얻을 수 없었다. 이 위치선상 어느 점을 추정위치로 정하는 것이 좋은가?

가. 추측위치에서 내린 수선의 발
나. 외력의 크기를 추정하여 이를 반지름으로 하고, 추측위치를 중심으로 하는 원을 그려 위치선과 만나는 점
사. 예정항로와 위치선의 교점
아. 외력의 크기를 모르므로 정할 수 없다.

> **해설** 추측위치에서 위치선에 수선을 그어 만나는 점을 추정위치로 한다.
> **추정위치의 종류**
> ㉠ 측심에 의한 위치
> ㉡ 무선방위에 의한 위치
> ㉢ 추측위치에서의 단일물표의 위치선에 내린 수선과의 교점
> ㉣ 추측위치에 외력의 영향(풍압차, 유압차)을 가감한 위치

32 연안 항해시 선위에 확신을 가지지 못하고 불안감을 느낄 때 가장 적절한 조치라고 생각되는 것은?

가. 위치를 확인하기 위하여 육안에 접근한다.
나. 속력과 침로를 유지하면서 정확한 선위측정을 시도한다.
사. 외해로 향하는 안전한 방향으로 변침한다.
아. 기관을 후진하여 선위부터 구한다.

33 연안 항해시 이안거리를 결정할 때 고려해야 할 사항이 아닌 것은?

가. 수심의 정밀성 여부
나. 기상 상태
사. 화물의 상태
아. 당직자의 능력

> **해설** 이안거리의 고려 요소
> ㉠ 선박의 크기, 항로의 길이, 선위측정방법 및 정확성, 해도의 정확성
> ㉡ 시정의 상태 및 본선이 통과시기, 해상 기상의 영향, 당직자의 기능

Answer 31 가 32 사 33 사

34 육분의를 사용하여 얻어지는 위치선은?

가. 방위에 의한 위치선
나. 중시선에 의한 위치선
사. 시달거리에 의한 위치선
아. 수평협각에 의한 위치선

해설
- 위치선이 직선 ▶ 방위, 중시선에 의한 위치선
- 위치선이 원주 ▶ 수평협각, 수평거리에 의한 위치선

35 일반적으로 위험이 별로 없는 연안의 해역에서 추측위치를 구하는 경우 중 적당하지 못한 것은?

가. 매시간
나. 변침했을 때
사. 속력을 올렸을 때
아. 자차를 측정했을 때

해설 추측위치는 실측위치를 기준으로 침로와 항정으로 구한 위치로 ① 매시간 추측위치를 표시하며 ② 변침시는 침로가 변화하였고, ③ 속력을 가감했을 때는 항정이 변화하므로 다시 구하여야 한다. 그 외에 ④ 한 위치선만을 얻었을 때 ⑤ 실측위치가 결정되었을 때에도 추측위치를 구한다.

36 적도 부근에서 항정이 300마일 이하일 때 사용하기 편리한 항법은?

가. 대권항법
나. 중분위도항법
사. 평면항법
아. 거등권항법

해설 **평면항법(Plane sailing)**
침로와 항정을 알고 동서거를 구하거나, 동서거와 변위를 알고 침로 및 항정을 구하는 계산법
① 항정이 작을 것(200~300해리)
② 침로가 남, 북에 가까울 때(침로가 000°, 180°에 가까울 때)
③ 적도 부근에 있을 때

37 점장위도항법에서 오차가 가장 크게 발생하는 경우는 다음 중 어느 것인가?

가. 진북(N)으로 항해할 때
나. 북동(NE)으로 항해할 때
사. 진동(E)으로 항해할 때
아. 진남(S)으로 항해할 때

Answer 34 아 35 아 36 사 37 사

해설 점장위도항법은 침로가 동 또는 서일 때 오차가 크게 발생한다.

점장위도항법(Mercator's sailing)
점장도의 구성 이론에 입각하여 고안된 항법
- 점장위도(M) : 점장도상 어느 거등권과 적도 사이의 자오선의 호의 길이를 경도 1′의 길이로 표시한 것
- 점장변위(m) : 두 지점의 점장위도 차
  tan C = DLo/m   DLo = m · tanC

점장위도항법의 특성
▶ 장 점
① 항법 자체에 오차가 없으므로 항정선으로 항해하는 어떠한 경우라도 이용할 수 있는 가장 정확한 항법
② 먼 거리 항해할 때나 정확한 결과를 필요로 할 때 이용할 수 있다.
③ 출발지와 도착지가 적도 양쪽에 있어도 이용할 수 있다.

▶ 단 점
① 침로가 동(090°) 또는 서(270°)에 가까울수록 변위에 약간의 오차만 있어도 변경의 오차는 커진다.
② 위도가 높을수록 점장위도의 변화도 커지므로 위도에 약간의 오차가 있어도 변경의 오차는 커진다 ▶ 이 때는 중분위도항법을 이용

38 점장위도항법에서는 침로가 090° 또는 270°에 가까우면 오차가 커진다. 그 직접적인 이유는 무엇인가?

가. 항법 자체에 오차가 포함되어 있기 때문이다.
나. 지구를 진구로 가정하였기 때문이다.
사. 침로가 동·서에 가까우면 변경이 커지기 때문이다.
아. 점장변위의 오차가 변경에 주는 영향이 크기 때문이다.

해설 침로가 큰 경우(90° 270°)와 위도가 높은 경우는 DLo = m · tanC의 점장위도항법의 공식에서 tan 값의 변화가 급격하기 때문에 침로 및 위도에 아주 작은 오차가 있더라도 변경이나 점장위도에는 큰 오차를 유발하게 된다.
▶ tan 80° 일 때는 tan 80° = 5.67 이므로 변경의 오차는 점장위도 오차의 약 6배
▶ tan 85° 일 때는 tan 85° = 11.43 이므로 변경의 오차는 점장위도 오차의 약 11배
▶ tan 89° 일 때는 tan 89° = 57.3 으로 오차는 57배로 급격히 높아진다.

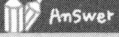 38 아

39 점장위도항법에 관한 다음 설명 중 잘못된 것은?

가. 항법 자체의 오차가 없다.
나. 장거리 항해에 유리하다.
사. 출발지점과 도착지점이 적도의 양편에 있어도 무방하다.
아. 침로가 동서에 가까울 때 유리하다.

해설 점장위도항법은 침로가 남, 북일 때 유리하다.

40 점장위도항법은 정확한 항법인데도 침로가 동 또는 서에 가까우면 오차가 크다고 한다. 그 이유는?

가. 점장위도와 위도의 차가 크기 때문이다.
나. 점장변위가 작기 때문이다.
사. 점장위도를 정확히 구할 수 없기 때문이다.
아. 점장위도항법에서 사용되는 공식이 근사식이기 때문이다.

41 중분위도항법에서 변경(DLo), 중분위도(Lm), 변위(ℓ)를 알고 침로(C)를 구하는 식은?

가. $\tan C = DLo \cos Lm / \ell$
나. $\tan C = DLo \sin Lm / \ell$
사. $\tan C = \ell / DLo \cos Lm$
아. $\tan C = \ell / DLo \sin Lm$

해설 중분위도항법(Middle latitude sailing)
- 출발지에서 도착지 간의 동서거는 중분위도에 해당하는 지점을 통과하는 2개의 자오선 사이의 거등권의 길이와 같다는 가정에서 선위를 계산하는 항법
- 두 지점의 항정과 침로에 의해 변위 및 변경을 구하거나 또는 두 지점의 변위와 변경에 의해 항정 및 침로를 구하는 계산법
    ▶ 요건
      ① 항정 600해리 이내
      ② 중분위도가 60° 이내
      ③ 침로는 동서에 가까울 때
      ④ 출발지와 도착지가 동일 반구 내에 있을 때

42 중분위도항법을 사용하면 유리한 경우는 언제인가?

가. 고위도가 아닐 때
나. 항정이 길 때

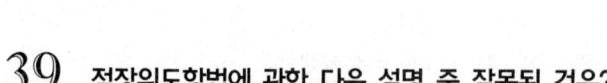
Answer 39 아 40 사 41 가 42 가

사. 침로가 남북방향에 가까울 때 아. 양 지점 간에 적도가 끼여 있을 때

43 중분위도항법을 실시하면 중분위도가 60도 이하이고 항정이 600해리 이내이면 이 항법에 의한 오차는 (　　) 정도이다. (　　) 안에 적합한 것은?

가. 1%
나. 3%
사. 5%
아. 10%

해설 중분위도가 60° 이하이고, 거리가 600해리 이내이면 오차는 1% 이하이다.

44 처음 통과하거나 선박이 항행하기가 곤란한 협수로를 통과해야 할 때에는 (　　)에 조류가 약한 시기를 택하여야 한다. (　　)에 가장 적합한 말은?

가. 야간
나. 주간
사. 소조기
아. 게류시

45 충돌, 좌초 또는 화재가 발생하여 컴퍼스나 레이더를 사용할 수 없게 되었다. 어떤 선위결정법이 이용가능한가?

가. 양측방위법
나. 교차방위법
사. 수평협각법
아. 1물표의 방위 및 거리에 의한 방법

해설 양측방위법이나 교차방위법은 컴퍼스가 필요하며, 1물표의 방위 및 거리에 의한 방법은 컴퍼스와 레이더가 필요하다.

수평협각법
뚜렷한 3개의 물표를 육분의로 수평협각을 측정, 3간 분도기(또는 투사지)를 사용하여 그들 협각을 각각의 원주각으로 하는 원의 교점을 구하는 방법

① 장점
  ㉠ 측정위치가 정확
  ㉡ 물표가 선박의 연돌, 마스트 등의 장애물에 가리지 않는다.
  ㉢ 자차의 영향과 무관하다(컴퍼스 고장시에 이용).
  ㉣ 자주 변침하는 복잡한 수로에서 사용하기 좋다.

② 단점
  ㉠ 수평협각의 측정 및 신위의 결정에 다소 시간이 걸린다.
  ㉡ 물표의 위치가 부정확할 경우 선위의 정밀도를 파악하기가 곤란
  ㉢ 반드시 3개의 물표가 있어야 한다.

Answer 43 가 44 나 45 사

46 평면항법에서 항정을 구하는 공식은? (단, D : 항정, P : 동서거, C : 침로, ℓ : 변위)

가. D = P tan C
나. D = ℓ cos C
사. D = ℓ sec C
아. D = P cot C

해설 평면항법(Plane sailing)
침로와 항정을 알고 변위 및 동서거를 구하거나 동서거와 변위를 알고 침로 및 항정을 구하는 계산법 ☞ 변경은 구할 수 없다.
① 항정이 짧을 때(200~300해리 이내)
② 적도 부근에 있을 때
③ 침로는 남북에 가까울 때(000° 또는 180°)
▶ 평면항법의 공식
p = D sin C, ▶ D = p cosec C
ℓ = D Cos C, ▶ D = ℓ sec C
tan C = $\frac{p}{\ell}$

47 평면항법을 완전한 항법이 아니고 중분위도항법을 위한 보조 계산법이라 하는 이유는 무엇 때문인가?

가. 변경의 개념이 없기 때문이다.
나. 변위의 개념이 없기 때문이다.
사. 동서거의 개념이 없기 때문이다.
아. 침로와 변위를 알고 항정을 구할 수 없기 때문이다.

48 풍압차가 있을 때 진자오선과 선수미선이 이루는 각은?

가. 진침로
나. 시침로
사. 자침로
아. 나침로

해설 풍압차가 있을 때 진자오선과 선수미선이 이루는 각 ▶ 시침로
풍압차가 있을 때 진자오선과 항적이 이루는 각 ▶ 진침로
침로(course) : 선수미선과 선박을 지나는 자오선이 이루는 각
㉠ 진침로(true course : T.co) : 진자오선과 항적이 이루는 각
▶ 풍유압차가 없을 때는 항적과 선수미선이 일치하므로 진자오선과 선수미선이 이루는 각이 된다(선수미선 = 항적, 진침로 = 시침로).

Answer 46 사 47 가 48 나

ⓛ 시침로(apparent course : App.co) : 풍압차나 유압차가 있을 때의 진자오선과 선수미선이 이루는 각
▶ 풍유압차가 없을 때에는 진침로와 같으므로 시침로가 생기지 않는다.
ⓒ 자침로(magnetic course : M.co) : 자기자오선(자북)과 선수미선의 교각
ⓔ 나침로(compass course : C.co) : 나침의 남북선(나북)과 선수미선의 교각

49 피험선의 종류와 관계없는 것은?

가. 선수물표의 방위선   나. 4점방위법
사. 수평위험각법   아. 수직위험각법

해설 4점방위법은 피험선의 종류가 아니고 격시관측에 의한 선위측정법이다.
피험선
협수로 통과시나 입·출항시에 준비된 위험 예방선
㉠ 두 물표의 중시선에 의한 방법 ▶ 가장 확실한 피험선
㉡ 선수 방향에 있는 물표의 방위에 의한 방법
㉢ 침로 전방에 있는 한 물표의 방위선에 의한 방법
㉣ 수평협각에 의한 방법(수평위험각법)
㉤ 물표의 앙각에 의한 방법(수직위험각법)
㉥ 측면에 있는 물표의 거리에 의한 방법(수평거리법)
㉦ 수심에 의한 것

50 항정(D), 침로(C) 및 출발지와 도착지의 위도를 알고 변경(DLo)을 구하는 중분위도항법의 공식은? (단, Lm은 중분위도)

가. DLo = D sin C sec Lm
나. DLo = D sec C sin Lm
사. DLo = D cos C cosec Lm
아. DLo = D cos C sec Lm

해설 중분위도항법의 공식
DLo = D sin C sec Lm
tan C = DLo cos Lm / ℓ [Lm : 중분위도 = L₁ + L₂ / 2]

Answer 49 나 50 가

51. 항행중인 선박의 변침은 다음과 같은 요령으로 행하여야 하는데 틀린 것은?

- **가.** 변침 전에는 자주 선위를 측정하고 해도상의 예정 침로상을 항행하고 있는가의 여부를 검토해야 한다.
- **나.** 변침점은 신침로 거리에 풍조의 영향을 고려하여 결정한다.
- **사.** 변침 직후 그 사항을 선장에게 보고해야 한다.
- **아.** 변침 전에 적당한 시기로부터 변침목표의 방위를 측정하고 주위의 상황을 관찰하는 동시에 신침로의 방향도 변침 후에 지장이 없는가를 살핀다.

해설 변침하기 약 10분 전에 선장에게 보고한 후 변침직전에 선장에게 보고한 후 변침한다. 정침되면 다음 변침예정시각을 산출하여 선장에게 보고한다.

52. L 등대를 A지점에서 022.5도로 측정하고, 동일한 침로로 30분 항주한 후 B지점에서 같은 L 등대를 045도로 측정하였다면 L 등대와의 예상 정횡거리는 얼마인가? (단, Leeway는 없고, 배의 속력은 10노트이다.)

- **가.** 약 3마일
- **나.** 약 3.5마일
- **사.** 약 4마일
- **아.** 약 4.5마일

해설 제1선수각이 22.5°, 제2선수각 45°인 경우는 선수배각법 중 정횡거리 예측법에서 7/10법칙에 해당된다. 7/10법칙은 ▶ 정횡거리 = 항정(항주거리) × 7/10
30분 동안의 항주거리는 5마일이므로 ▶ 정횡거리 = 5 × 7/10 = 3.5마일
※ 선속이 13노트일 때는 ▶ 정횡거리 = 6.5 × 7/10 ≒ 4.5마일

53. Traverse표(항해표 제3표)에 의해 변위와 동서거를 구할 경우 침로 355°와 같은 값을 가지는 침로가 아닌 것은?

- **가.** 005°
- **나.** 085°
- **사.** 175°
- **아.** 185°

해설 트래버스표(Traverse table)은 항법의 공식을 기초로 침로, 항정, 변위, 동서거, 변경, 점장변위 등 여러 요소들 사이의 관계를 계산하는 표로 침로와 항정이 주어지면 위도의 변화와 동서거를 찾을 수 있는 표이다.
$P = D \sin C \quad \ell = D \cos C$ 에서
침로가 005°, 175°, 185°, 355°는 같은 값이다.

Answer 51 사 52 나 53 나

54 그림에서 화살표는 침로선을 나타낸 것이다. 교차방위법으로 3목표 A, B, C 를 이용하여 선위를 구할 때 어떤 순서로 측정하는 경우에 측정선위가 목표쪽으로 편위량이 가장 큰가?

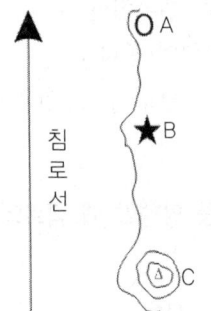

가. A, B, C
나. B, A, C
사. A, C, B
아. C, B, A

해설 앞에서부터 측정하면 목표가 있는 쪽으로, 뒤에서부터 측정하면 목표에서 먼 쪽으로 선위가 편위하게 되므로 뒤로부터 측정하는 경우에는 방심하여 위험하므로 주의하여야 한다.

55 마이애미에서 파나마 운하까지 진침로는 217°이다. 본선의 자이로 오차가 1°E, 북풍에 의한 풍압차는 2°일 때 본선 침로를 얼마로 하여야 하는가?

가. 214°
나. 216°
사. 218°
아. 220°

해설 풍압차의 부호는 침로가 217, 풍향이 N이고 우현쪽에서 바람을 받으므로 ► W
오차의 합은 1°E + 2°W = 1°W
침로 반개정이므로 217° + 1°W = 218°(반개정시 W는 +)

56 연안항해중 어느 등대를 중심으로 4마일 떨어져 30°를 등대측으로 변침하는 경우와 2마일 떨어져 동일하게 변침하는 경우에 항정의 차이가 약 얼마나 되는가?

가. 1마일
나. 2마일
사. 3마일
아. 4마일

해설 항정의 차 = 0.017 × R × θ (R : 떨어진 거리 차, θ : 변침각)
∴ 항정의 차 = 0.017 × (4 − 2) × 30 = 1.02마일

Answer 54 가 55 사 56 가

단원별 3급 항해사

57 교차방위 측정시 주의할 사항으로 잘못된 것은?

가. 되도록 짧은 시간 내에 관측한다.
나. 방위의 변화가 빠른 것을 먼저 관측한다.
사. 등대의 주기가 긴 것부터 관측한다.
아. 3개 이상의 물표를 관측함이 좋다.

해설 방위의 변화가 빠른 정횡 물표, 등대주기가 짧은 것, 가까운 물표 등은 나중에 관측한다.

58 다음은 조류가 강한 협수로를 항행할 때 침로의 선정 및 항행상의 주의사항이다. 잘못된 것은?

가. 항법(통항규칙)이 있으면 그에 따른다.
나. 실행가능하면 수로의 우측을 통항한다.
사. 역조의 초기에 통항을 시작한다.
아. 선수방향에 현저한 항진목표를 선정한다.

해설 역조의 말기나 게류시에 통과한다.

59 진침로 168°, 편차 6°30′W이고 선수에 대한 자차는 자차표에서 2°30′W을 얻었을 때 나침로는?

가. 160°
나. 172°
사. 174°30′
아. 177°

해설 CE = 6°30′W + 2°30′ W = 9°W (같은 부호는 +)
CC = 168° + 9°W = 177° (침로반개정일 때 W는 +)

60 측심으로 선위를 추정할 때 주의할 사항 중 틀린 것은?

가. 선위의 오차계가 경계를 요하는 수심의 한계선에 이르기 이전에 측심을 시작한다.
나. 가급적 소축척도인 해도를 사용한다.
사. 투사지에 기입하는 측심의 간격은 외력을 수정한 실항정이어야 한다.
아. 측정한 수심에는 그 시각의 조고를 개정하여야 한다.

해설 수심연측법을 이용할 때는 수심이 조밀하게 표시된 대축척도인 해도를 사용한다.

Answer 57 나 58 사 59 아 60 나

61 적도와 평행한 소권은?

가. 변경
나. 변위
사. 거등권
아. 항정선

해설
- 변경 : 두 지점의 자오선 사이에 낀 적도의 호 또는 지구 중심에서 이루는 각(경도차)
- 변위 : 두 지점을 지나는 거등권 사이의 자오선상의 호의 길이(위도차)
- 항정선 : 지구 위의 모든 자오선과 같은 각으로 만나는 곡선

62 선박이 예정한 침로 상을 항해하도록 하기 위하여는 다음과 같이 침로를 수정하여 행하는 것이 좋다. 틀린 것은?

가. 외력의 영향을 확실히는 모르나 대략적으로 예상할 수 있을 때에는 그 절반만 수정한다.
나. 외력의 영향이 불명할 때에는 수정하지 않는다.
사. 일반적으로 외력의 영향을 고려해서 침로를 수정할 때에는 최악의 경우라도 안전하도록 수정한다.
아. 외력의 영향을 정확히 추정할 수 있을 때에는 그 외력의 절반만을 수정해야 한다.

63 위험각법(Danger Angle Method)은 다음 중 어느 것과 관계가 있는가?

가. 피험선
나. 경계선
사. 지도선
아. 수평협각법

해설 위험각법은 육분의를 이용한 피험선의 종류로 수평 및 수직 위험각법이 있다.
피험선 : 협수로 통과시나 입·출항시에 준비된 위험 예방선
  ㉠ 두 물표의 중시선에 의한 방법 ► 가장 확실한 피험선
  ㉡ 선수 방향에 있는 물표의 방위에 의한 방법
  ㉢ 침로 전방에 있는 한 물표의 방위선에 의한 방법
  ㉣ 수평협각에 의한 방법(수평위험각법)
  ㉤ 물표의 앙각에 의한 법(수직위험각법)
  ㉥ 측면에 있는 물표의 거리에 의한 방법(수평거리법)
  ㉦ 수심에 의한 법

Answer 61 사 62 아 63 가

64 점장위도항법에 대한 설명 중 틀린 것은?

가. 평면 삼각형을 푸는 것과 같은 방법으로 한다.
나. 정확한 선위를 계산할 때에 행한다.
사. 중분위도항법에 큰 오차가 예상될 때 행한다.
아. 어떤 가정을 기초로 한 항법이므로 항법 자체에 오차가 있다.

해설 점장위도항법은 항법 자체에 오차가 없다.

65 진중분위도에 관한 설명 중 틀린 것은?

가. 지구를 진구로 볼 때에는 평균 중분위도보다 높은 위도에 있다.
나. 지구를 편구로 볼 때에는 평균 중분위도보다 낮은 위도에 있다.
사. 진중분위도항법은 정확한 항법이다.
아. 진중분위도는 m을 점장변위, ℓ 을 변위라면 $\sec^{-1} m/\ell$ 로 구할 수 있다.

해설 진중분위도는 지구를 진구로 볼 때에는 평균 중분위도보다 높은 위도에 있으며, 지구를 편구로 보면 평균 중분위도보다 낮은 경우와 높은 경우의 두 가지가 있다.

66 선박이 항해중 A 물표의 선수각을 $\alpha°$로 측정하고 계속 항해하여 선수각이 $2\alpha°$가 되었을 때의 시간차에 의한 항주거리로 선위를 구하는 방법은?

가. 3점방위법
나. 선수배각법
사. 정횡거리법
아. 9/10 Rule

해설 **선수배각법**
- 후측시 선수각이 전측시의 두 배가 되게 하여 선위를 구하는 측정법
- 관측점 간의 항주거리는 제2관측시의 관측자에서 물표까지의 거리와 같다.
- 항주거리 = 물표까지의 거리

4점방위법
- 후측시 선수각이 전측시의 두 배가 되어야 하며 전측시의 선수각이 45°
- 제2관측시의 물표까지의 거리가 정횡거리가 된다.
- 항주거리 = 물표까지의 거리 = 정횡거리

67 연안 항해중 기적 등의 반향음을 이용하여 육안까지의 거리를 추정할 때에는 어떤 공식이 이용되는가? (단, D는 거리(해리), t는 반향음이 돌아오기까지 걸린 시간)

Answer 64 아 65 나 66 나 67 사

가. D = 0.8t 나. D = 0.18t
사. D = 0.18 × t/2 아. D = 340 × t/2

해설 음파의 전달속도는 340m/sec 이므로 해리(마일)로 환산하면 340 ÷ 1852 = 0.18
왕복을 측정해야 하므로 거리(D) = 0.18 × $\frac{t}{2}$

68 교차방위법에 의한 선위결정에서 선위오차가 가장 작게 발생되도록 물표를 선정하는 방법으로서 틀린 것은?

가. 선수와 정횡부근의 물표가 좋다.
나. 부표 같은 유동물체보다 입표 같은 고정물표를 선정한다.
사. 방위변화가 빠른 가까운 물표보다 방위변화가 느린 먼 물표를 선정한다.
아. 물표 상호간의 각도는 두 물표일 때는 90°, 세 물표일 때는 60°가 가장 좋다.

해설 물표의 선정은 먼 물표보다 가까운 물표가 좋다.
▶ 물표 방위 측정시 선수방향에 있는 변화가 느린 물표를 먼저 측정한다.

69 대권항로에서 그 정점(Vertex)에 대하여 잘못 설명한 것은?

가. 대권상 위도가 가장 높은 점이다.
나. 정점을 지나는 자오선은 정점에서 대권항로와 접한다.
사. 정점의 거등권은 대권항로에 접한다.
아. 정점은 출발지와 도착지를 연결하는 대권상에 있는 점이다.

해설 정점을 지나는 자오선이 정점에 접하는 것이 아니라 거등권이 대권항로에 접한다.

70 지구 표면에 있는 두 지점에서 서로의 진방위를 측정하면 그 방위의 차는 180°가 되지 않는데 그 이유는 무엇인가?

가. 자오선이 서로 평행이 아니기 때문이다.
나. 두 지점에서의 편차가 서로 다르기 때문이다.
사. 두 지점에서의 자차가 서로 다르기 때문이다.
아. 위도가 서로 틀리기 때문이다.

해설 지구 표면에 있는 두 지점에서 서로의 진방위를 측정하면 그 방위의 차(반방위)는 180°가 되지 않는 이유는 자오선이 서로 평행이 아니기 때문이며, 이 방위의 차를 자오선의 집합차 또는 수렴차라고 한다.

Answer 68 사 69 나 70 가

71 단일 물표를 이용한 격시관측법에 있어서 조류의 영향을 가장 크게 받는 유향은?

　가. 제1위치선에 직각인 방향
　나. 제1위치선에 평행인 방향
　사. 제2위치선에 직각인 방향
　아. 제2위치선에 평행인 방향

　해설 제1위치선에 평행일 때 가장 영향을 적게 받으며, 직각일 때 가장 크게 받는다.

72 항해중인 선박에서 선위의 좌우 편위를 가장 쉽게 알 수 있는 것은?

　가. 선수방향의 중시 물표　　　**나.** 선수방향의 한 물표
　사. 정횡방향의 중시 물표　　　**아.** 정횡방향의 한 물표

73 두 물표의 방위를 각각 300° 및 330°로 측정하여 교차방위법으로 선위를 결정하였다. 두 물표간의 거리는 5마일이고 관측시에 3°의 부호가 같은 오차가 포함되었다면 선위의 오차는 몇 마일인가? (단, sin 3°=0.05, sin 30°=0.5이다.)

　가. 0.5 마일　　　　　　　　　**나.** 1.0 마일
　사. 1.2 마일　　　　　　　　　**아.** 1.5 마일

　해설 선위오차 = 두 물표간의 거리 × sin(컴퍼스 오차의 오차) × cosec(물표사이 각)
　　∴ 선위오차 = 5마일 × sin 3° × cosec (330°−300°)
　　　　　　　 = 5 × sin 3° × cosec 030° = 5 × 0.05 × 2 = 0.5 마일

74 어떤 선박이 위도 30°N, 경도 125°E 지점에서 동쪽으로 60마일 항주하였다. 도착지의 경도는?

　가. 124.2°E　　　　　　　　　**나.** 125°E
　사. 126.2°E　　　　　　　　　**아.** 128°E

　해설 침로가 동쪽(090°)으로 항해하므로 거등권항법에 속한다.
　　거등권항법에서 변경은 DLo = D sec L (DLo : 변경, D : 항정, L : 위도)
　　DLo = 60 × sec 30 = 60 × $\dfrac{2}{\sqrt{3}}$ = 60 × 1.2 = 72마일 = 72′ = 1.2°E
　　도착지 경도 = 125°E + 1.2°E = 126.2°E

Answer 71 가　72 가　73 가　74 사

75 중분위도항법에서 변경(DLo), 중분위도(Lm), 변위(ℓ)를 알고 침로(C)를 구하는 식은?

가. tan C = DLo cos Lm/ ℓ
나. tan C = DLo sin Lm/ ℓ
사. tan C = ℓ /DLo cos Lm
아. tan C = ℓ /DLo sin Lm

해설 중분위도항법의 공식
DLo = D sin C sec Lm
tan C = DLo cos Lm/ ℓ

76 추정위치와 관련된 설명으로 잘못된 것은?

가. 추정위치가 결정되면 보통 여기서 새로운 추정항로를 긋는다.
나. 추정위치는 보통 황천시이거나 시계가 나쁠 때 구한다.
사. 육상국의 무선방위에 의한 방위선으로 구한 선위는 보통 추정위치로 취급하여야 한다.
아. 정밀도가 좋지 않은 실측위치는 추정위치로 취급하는 것이 바람직하다.

해설 보통은 추정위치가 구해져도 추측위치를 구하면서 추측항해를 계속하기 때문에 추정항로를 긋지는 않는다.

77 관측자로부터 10마일 떨어진 2물표의 방위를 각각 030°, 060°로 측정하였다. 그런데 컴퍼스 오차가 2°E인 것을 2°W로 잘못 알고 선위를 결정하였다면 선위오차는? (단, sin4°=0.07)

가. 0.8 마일
나. 1.4 마일
사. 1.6 마일
아. 2.0 마일

해설 선위오차 = 두 물표간의 거리 × sin(컴퍼스오차의 오차) × cosec(물표사이 각)
∴ 선위오차 = 10마일 × sin (2°E + 2°W) × cosec (060°−030°)
= 10 × sin 4° × cosec 030° = 10 × 0.07 × 2 = 1.4 마일

78 제1관측시로부터 제2관측시까지의 항주거리가 제2관측시의 목표로부터 선박까지의 거리와 같은 격시관측위치 결정 방법은?

가. 교차방위법
나. 수평협각법
사. 4점빙위법
아. 정횡거리법

해설 선수배각법 : 항주거리 = 물표까지의 거리
4점방위법 : 항주거리 = 물표까지의 거리 = 정횡거리

Answer 75 가 76 가 77 나 78 사

79 연안 항해중 교차방위법에 의하여 위치를 구할 때 물표 선정상 주의할 사항을 열거한 것이다. 부적합한 것은?

가. 해도상 위치가 명확하고 다른 것과 오인 우려가 없을 것
나. 가능한 원거리 물표를 선정할 것
사. 물표가 2개일 때는 90°, 3개일 때는 45~60° 정도의 물표사이의 교각이 되는 것을 선정할 것
아. 부표, 경사가 완만한 해안선 또는 산 정상이 평평한 물표는 피할 것

해설 될 수 있으면 가까운 물표를 선정한다.

80 선속이 12knots인 선박이 어느 등대를 9시 30분에 우현 045°로 관측하고, 같은 침로로 항해하다가 10시에 정횡하였음을 확인하였다면 정횡시 선박과 등대와의 거리는?

가. 4 miles
나. 5 miles
사. 6 miles
아. 7 miles

해설 제1선수각이 45도, 제2선수각이 정횡 즉 90도이므로 4점방위법에 해당된다. 그러므로 항주거리 = 정횡거리이다. 30분 동안 항주거리는 6마일이므로 이것이 바로 정횡거리이다.

81 점장방위와 대권방위의 관계를 바르게 설명한 것은?

가. 대권방위는 점장방위에 자오선 집합차의 1/2을 가감한 것이다.
나. 대권방위는 점장방위에서 출발지와 도착지의 위도차의 1/2을 가감한 것이다.
사. 대권방위는 점장방위에서 출발지와 도착지의 위도차이를 가감한 것이다.
아. 대권방위와 점장방위는 같은 값이다.

해설 대권방위, 집합차, 방위개정각
① 대권방위와 자오선의 집합차(수렴차)
• 대권방위 : 관측자와 물표를 지나는 대권이 관측자의 자오선과 이루는 각
• 지구표면에 있는 두 지점에서 서로의 대권방위를 측정하면 그 방위차(반방위)는 180°가 되어야 하나 그 방위차는 180°가 되지 않는데 그 이유는 자오선이 서로 평행이 아니기 때문이다.
  이 방위차를 ▶ 자오선의 집합차 또는 수렴차라고 한다.
• 같은 자오선상, 거등권상, 적도상에서는 반방위는 180°가 되어 집합차는 없다.

Answer 79 나 80 사 81 가

- 집합차(θ)는 $\frac{1}{2}\theta = \frac{1}{2} DLo \ sin \ Lm$ (DLo : 변경, Lm : 중분위도)
  ► DLo가 클수록 집합차는 커진다.
    ☞ 동일한 거리라도 동서방향에서 크다.
  ► Lm이 높을수록 집합차는 커진다.
    ☞ 고위도로 갈수록 커진다.
② 대권방위와 점장방위
- 대권방위는 점장방위에 $\frac{1}{2}\theta$를 가감한 것과 같다.(θ : 집합차)
- $\frac{1}{2}\theta$ 즉 자오선 집합차의 1/2을 방위 개정각이라고 한다.

82 단일 물표의 격시관측에 의한 선위의 오차에 관한 것 중 틀린 것은?

가. 방위선의 교각이 선위오차에 미치는 영향은 교차방위법의 경우와 같다.
나. 방위를 측정한 시각에 오차가 있으면 전위선에는 오차가 생기나 선위에는 오차로 나타나지 않는다.
사. 외력의 영향이 침로와 평행으로 작용하면 속력의 오차에 상당하는 편위가 생긴다.
아. 추정유향이 제1위치선에 평행일 때 제2위치선으로 결정된 선위는 정확하다.

해설 방위를 측정한 시간에 오차가 있으면 항정이 틀리게 되므로 전위선이나 선위 모두 오차가 생긴다.

83 다음 중 피험선의 선정 기준으로 부적절한 것은?

가. 전방의 현저한 물표의 방위선
나. 두 물표의 수평협각
사. 두 물표의 중시선에 의한 것
아. 선미 방향에 있는 물표의 방위선

해설 선미 방향의 물표와 정횡방향에 있는 물표나 중시선은 피험선으로 부적절하다.

84 항해중 진침로와 시침로가 다를 경우에 그 원인으로서 가장 적당한 것은?

가. 자차
나. 편차
사. 풍압차
아. 컴퍼스 오차

Answer 82 나 83 아 84 사

85 대권과 항정선의 특성을 나타낸 것으로 옳지 않은 것은?

가. 점장도에 표시한 대권은 일반적으로 적도쪽으로 볼록한 곡선이 된다.
나. 항정선은 모두 자오선과 같은 각으로 만난다.
사. 두 점 간의 항정선거리는 대권거리보다 일반적으로 길다.
아. 침로가 000°일 때의 항정선 항로는 대권을 이룬다.

해설 가. 점장도에 대권은 극쪽으로 볼록한 곡선으로 표시된다.

86 거등권항법에서 변경(DLo)을 구할 수 있는 공식은? (단, DLo : 변경, P : 동서거, L : 위도, D : 항정)

가. P = DLo cos L
나. P = DLo sin L
사. DLo = D cot L
아. DLo = P sin L

해설 거등권항법의 공식
P = D = DLo cos L
DLo = D sec L = P sec L

87 나침로 045°, 자차 3°E, 편차 6°W이고, 풍향이 S이며 풍압차가 3°일 때 진침로는?

가. 045°
나. 039°
사. 048°
아. 051°

88 야간항해는 주간항해에 비하여 다음과 같은 특성이 있다. 틀린 것은?

가. 선위측정이 어렵다.
나. 타 선박의 등화에 의해 그 행동을 판단하기 쉽다.
사. 당직자가 졸기 쉽다.
아. 해양사고에 대하여 신속히 대처하기 어렵다.

89 대권항법에 관한 다음 설명 중 잘못된 것은?

가. 장거리 항해에 유리하다.
나. 위도가 높을수록 유리하다.

Answer 85 가 86 가 87 나 88 나 89 사

사. 침로가 남, 북에 가까울수록 유리하다.
아. 항법이 복잡하다.

해설 대권항법은 침로가 동서에 가까울수록 유리하다.

대권항법(Great circle sailing)
- 항해거리를 단축하고 연료를 절약할 목적으로 지구표면의 2지점을 지나는 대권을 따라 항해하는 항법
- 선박을 대권 상으로 유도하기 위해서 필요한 요소를 구하는 항법
- 실제상은 계산이나 대권도를 이용하여 변침점을 결정 → 변침점 사이를 항정선 항법이나 중분위도항법을 이용하여 항행함.
- 점장도 상에서는 극으로 볼록한 곡선으로 표시됨.
- 장점
  ① 고위도일수록 좋다
  ② 침로가 동, 서에 가까울수록 좋다
  ③ 거리가 멀수록 좋다(두 지점 사이의 거리가 멀수록 대권거리와 항정선거리의 차가 커진다).
- 단점
  ① 자주 변침해야 하고 항법자체가 복잡
  ② 고위도를 통과해야 하므로 기상상태가 대체로 나쁨.

90 우연오차 때문에 오차삼각형이 형성되었다면 어느 점을 가장 확실한 위치로 정해야 하는가?

가. 각 꼭지점에서 맞변에 내린 수선의 교점
나. 세 내각의 이등분선의 교점
사. 오차삼각형의 각 변에서의 거리가 각 변의 길이에 비례하는 점
아. 각 변의 수직 이등분선의 교점

해설
- 실제로 오차삼각형이 생기는 원인은 대부분의 경우 자차, 편차 등과 같은 계통오차 때문이며 3목표가 이루는 각이 180° 미만이면 선위는 삼각형의 밖에 있고 180° 이상이면 선위는 삼각형의 안에 있게 된다.
- 3물표가 이루는 각이 180° 이상인 경우에 선위가 오차삼각형 안에 있기 때문에 선위는 삼각형 내심으로 한다.
- 위험물이 있을 때는 위험물에서 가장 가까운 삼각형의 지점을 선위로 한다.
- 우연오차로 오차삼각형이 생겼을 때
  ▶ 삼각형외 내심(내접원의 중심)을 선위로 하여도 실용상 지장은 없다.
  ▶ 세변까지의 거리가 각각 세변의 길이에 비례하는 점(대략 무게심)을 선위로 정한다.
  ▶ 오차삼각형의 각 변에서의 거리가 각 변의 길이에 비례하는 점이 선위이다.

Answer 90 사

단원별 3급 항해사

91 방위각 S75°W를 방위로 환산하면 몇 도가 되는가?
- 가. 15°
- 나. 105°
- 사. 255°
- 아. 345°

92 다음 중 교차방위법과 관계없는 것은?
- 가. 둘 이상의 물표가 있어야 한다.
- 나. 동시관측법이다.
- 사. 해조류의 방향을 아는 방법이다.
- 아. 구한 선위가 비교적 정확하다.

93 교차방위법을 실시할 때 위치선의 교각이 60°일 때는 90°일 경우에 비하여 몇 배의 오차가 생기는가?
- 가. $\sqrt{3}/2$배
- 나. $2/\sqrt{3}$배
- 사. 1/2배
- 아. 2배

해설 선위오차는 $\csc \theta$에 비례한다.
- $\csc 90° = 1$
- $\csc 60° = \dfrac{2}{\sqrt{3}}$ 이므로 $\dfrac{2}{\sqrt{3}}$배 = 1.15배의 오차가 발생한다.
- $\csc 30° = \dfrac{1}{2}$ 이므로 2배의 오차가 발생한다.

94 침로 090°로 항행중인 선박이 어느 등대를 정횡으로 볼 때마다 30°씩 세 번 변침하여 000°로 정침하려고 한다. 최초의 정횡거리가 5마일일 때 최후의 정횡거리는? (단, cos 30° = 0.87)
- 가. 약 2마일
- 나. 약 3마일
- 사. 약 4마일
- 아. 약 5마일

해설 한 번 변침시마다 $\cos 30° = \dfrac{\sqrt{3}}{2} = 0.87$만큼 정횡거리는 줄어든다.
그러므로 첫 번째 변침 후 정횡거리는 5 × 0.87 = 4.35마일 ⇨ 침로 060°
두 번째 변침 후 정횡거리는 4.35 × 0.87 = 3.7845마일 ⇨ 침로 030°
세 번째 변침 후 정횡거리는 3.7845 × 0.87 = 3.29마일 ⇨ 침로 000°

Answer 91 사 92 사 93 나 94 나

95 다음 중 피험선 설정방법으로 부적절한 것은?

가. 2물표 중시선 이용
나. 침로 전방에 있는 1물표의 방위선 이용
사. 레이더를 이용한 측방물표까지의 거리 이용
아. 등부표의 방위선 이용

96 수평협각법에서 3물표와 관측자가 같은 원둘레 상에 있는 것을 피하는 이유는 무엇인가?

가. 삼간분도기를 조작하기 어렵기 때문에
나. 위치를 결정할 수 없기 때문에
사. 다른 목적으로 활용하기 곤란하기 때문에
아. 수평협각을 측정하기 곤란하기 때문에

97 점장위도항법은 침로가 크면 부적합하다. 그 이유를 바르게 설명한 것은?

가. 변경이 침로의 sec에 비례하기 때문
나. 변경이 침로의 tan에 비례하기 때문
사. 동서거가 침로의 tan에 비례하기 때문
아. 동서거가 침로의 sec에 비례하기 때문

해설 침로가 큰 경우(90° 270°)와 위도가 높은 경우는 DLo = m tan C의 점장위도항법의 공식에서 tan 값의 변화가 급격하기 때문에 침로 및 위도에 아주 작은 오차가 있더라도 변경이나 점장위도에는 큰 오차를 유발하게 된다.
- tan 80° 일 때는 tan 80°=5.67 이므로 변경의 오차는 점장위도 오차의 약 6배
- tan 85° 일 때는 tan 85°=11.43 이므로 변경의 오차는 점장위도 오차의 약 11배
- tan 89° 일 때는 tan 89°=57.3 으로 오차는 57배로 급격히 높아진다.

98 연안 항해를 할 때 위치선의 오차계는 평행사변형으로 취급한다. 방위오차가 50% 오차를 r이라 하면 방위에 의한 위치선이 오차계 안에 존재할 확률 P(r)는 0.5이다. 그러면 95% 오차 P(2r)에 대한 확률은 얼마인가?

가. 0.825
나. 0.958
사. 0.994
아. 1.000

해설 방위의 오차 (δ)의 50% 오차를 r이라고 하면 방위에 의한 위치선이 이 오차대의 내부에 존재할 확률
P(r) = 0.5   P(2r) = 0.825   P(3r) = 0.958   P(4r) = 0.994

Answer 95 아 96 나 97 나 98 가

99 수평협각법을 실시할 경우 목표의 선정법 중 적당하지 못한 것은?

가. 중앙에 있는 목표가 좌우의 두 목표를 연결하는 선보다 관측자에서 멀리 있을 것
나. 3목표가 대체로 일직선 위에 있을 것
사. 3목표를 꼭지점으로 하는 3각형 내부에 관측자가 있을 것
아. 좌우 두 각은 각각의 각을 품는 원둘레가 가능하면 직각으로 만날 것

[해설] 중앙에 있는 목표가 좌우의 두 물표를 연결한 선보다 관측자에 가까이 있을 것
수평협각법 목표의 선정에 관한 주의사항
㉠ 세 물표 및 관측자가 같은 원주상에 있거나 또는 이와 비슷하게 되는 것은 피할 것
  • 중앙에 있는 목표가 좌우의 두 물표를 연결한 선보다 관측자에 가까울 것
  • 세 물표가 대체로 일직선에 있는 것
  • 세 물표를 꼭지점으로 하는 삼각형 내부에 관측자가 있는 것
㉡ 수평협각을 측정하기 쉽도록 고도가 낮고 또 같은 고도인 것

100 어떤 선박이 경도 130°10′E의 지점에서 서쪽으로 변경 5°30′으로 항주하였다. 도착지의 경도는

가. 135°40′E   나. 135°40′W
사. 124°40′E   아. 124°40′W

[해설] 서쪽으로 항해하였으므로 출발경도(동경)에서 변경만큼 빼주어야 한다.
130°10′E − 5°30′ = 124°40′E

101 선박이 항해한 항정과 동서거가 동일하게 나타나는 항법은?

가. 평면항법   나. 거등권항법
사. 중분위도항법 아. 점장위도항법

[해설] 거등권을 따라 항해할 때(침로 90도 또는 270도로 항해할 때)는 항정 = 동서거

102 연안 항해시에 역조가 있는 것을 모르고 같은 물표를 이용하여 양측방위법으로 결정한 선위를 F′, 이 때의 실제 선위를 F라면 다음 어느 것이 맞는가?

가. F는 F′보다 육지에서 먼 곳에 있다.
나. F, F′는 일치한다.
사. F′는 F보다 육지에서 먼 곳에 있다.
아. 경우에 따라 다르다.

[해설] 역조시는 진위치(= 실제선위 = 외력의 영향을 가감한 선위)는 관측선위(외력의 영향을 가감하지 않은 위치)보다 육지쪽으로 있다.

Answer 99 가 100 사 101 나 102 사

103 추정침로의 오차로 인한 위치선의 전위오차가 커지는 경우가 아닌 것은?

가. 선수미 방향 천체관측에 의한 위치선의 전위
나. 위치선과 전위침로의 교각이 0° 또는 180°에 가까울 때
사. 전위 항정이 클 때
아. 전위 침로의 오차가 클 때

104 다음 중 평면항법에서 사용하는 계산방법이 아닌 것은?

가. 침로와 항정을 알고 변위를 구한다.
나. 침로와 항정을 알고 동서거를 구한다.
사. 침로와 항정을 알고 변경을 구한다.
아. 동서거와 변위를 알고 침로를 구한다.

해설 평면항법의 보조항법으로 변경을 구할 수 없다.

105 교차방위법에서 오차삼각형이 생겼을 때의 선위는 다음 중 어느 것으로 결정하는 것이 좋은가?

가. 세 물표가 이루는 각이 180° 이상이면 삼각형의 외심
나. 세 물표가 이루는 각이 180° 미만이면 삼각형의 내심
사. 삼각형의 방심을 선위로 한다.
아. 위험물에 가까운 오차삼각형 위의 점을 선위로 한다.

해설 위험물이 있을 때는 오차삼각형에서 가장 가까운 삼각형 위의 점을 선위로 생각하고 조심하여 항행한다.

106 대권도에 있는 보조도표는 다음 중 어느 것을 구하기 위한 것인가?

가. 대권거리   나. 임의지점의 위도
사. 정점   아. 침로

해설 대권도의 보조도표로는 임의의 두 지점 사이의 침로나 방위를 구할 수 있다.

Answer 103 가 104 사 105 아 106 아

107 교차방위법에 의하여 선위를 측정할 때의 유의사항을 들면 다음과 같다. 옳지 않은 것은?
가. 두 위치선의 교각이 30° 이하인 것은 피한다.
나. 방위변화가 적은 것은 먼저 관측한다.
사. 가급적 2개의 부표를 이용한다.
아. 가급적 가까운 물표를 선정한다.

108 다음 중 항로 부근에 있는 위험물을 안전하게 피할 목적으로 육분의를 사용하여 물표의 협각을 산출함으로써 위험을 피하는 방법을 무엇이라고 하는가?
가. 수평협각법   나. 선수배각법
사. 연직위험각법   아. 수평위험각법

109 협수로 통과시 항로 부근의 암초 등을 피하기 위하여 해도상에 표시하는 위험 예방선을 무엇이라 하는가?
가. 경계선   나. 방위선
사. 피험선   아. 전위선

110 무선표지국의 신호를 측정하여 위치선을 작도할 때 사용하는 방위는?
가. 진방위   나. 자침방위
사. 나침방위   아. 상대방위

111 점장위도항법에서 침로가 ( )도에 가까울 때 만약 ( )에 1′의 오차가 있으면 ( )에는 큰 오차가 생긴다. ( ) 안에 적합한 말을 고르시오.
가. 0°, 위도, 경도   나. 90°, 점장위도, 변경
사. 0°, 동서거, 위도   아. 90°, 점장경도, 점장위도

해설 침로가 동, 서(90° 270°)에 가까운 경우와 위도가 높은 경우는 DLo = m tan C의 점장위도 항법의 공식에서 tan 값의 변화가 급격하기 때문에 침로 및 위도에 아주 작은 오차가 있더라도 변경이나 점장위도에는 큰 오차를 유발하게 된다.

Answer 107 사 108 아 109 사 110 가 111 나

▶ tan 80° 일 때는 tan 80°=5.67 이므로 변경의 오차는 점장위도 오차의 약 6배
▶ tan 85° 일 때는 tan 85°=11.43 이므로 변경의 오차는 점장위도 오차의 약 11배
▶ tan 89° 일 때는 tan 89°=57.3 으로 오차는 57배로 급격히 높아진다.

112 어떤 선박이 경도 130°10′E의 지점에서 동쪽으로 변경 5°30′으로 항주하였다. 도착지의 경도는?

가. 125°40′E 　　　　　　　나. 125°40′W
사. 135°40′E 　　　　　　　아. 135°40′W

[해설] 동쪽으로 항해하였으므로 출발경도(동경)에서 변경만큼 더하여 주어야 한다.
130°10′E + 5°30′ = 135°40′E

113 어느 선박이 17°30′N, 135°30′E인 지점을 출발하여 진침로 030°로 480해리 항해하였을 경우 동서거는 얼마인가?

가. 약 233′E 　　　　　　　나. 약 240′E
사. 약 250′E 　　　　　　　아. 약 263′E

[해설] P = D sin C 식에서 동서거(P) = 480 × sin 30 = 480 × 1/2 = 240′ E

114 방위선에 의해 선위를 결정한 경우 ( )를 제거하면 우연오차의 절대값은 미소하므로 ( )을 선위로 정하여도 된다. ( )에 알맞은 것은?

가. 확률오차, 오차계의 중심
나. 계통오차, 오차삼각형의 방접원의 중심
사. 규칙오차, 오차삼각형의 내접의 중심
아. 오차, 오차삼각형의 외접원의 중심

115 항해중 어떤 물표를 상대방위 030°, 거리 8마일로 관측하였다. 침로와 속력을 유지할 경우 예상 정횡거리는 대략 얼마인가?

가. 3마일 　　　　　　　나. 4마일
사. 5마일 　　　　　　　아. 6마일

[해설] 물표까지의 거리를 알 때 정횡거리 = 물표까지의 거리 × sin 선수각
= 물표까지의 거리 × 선수각/60 = 8 × 30/60 = 4마일

 112 사   113 나   114 사   115 나

제06장 천문항법

01 137°W 지점에 있어서 태양이 극상정중하는 대시는? (단, 당일의 Mer.Pass는 12h 05m이다.)

가. 12h 05m 나. 11h 57m
사. 12h 13m 아. 12h 00m

해설 정중시 12h 05m은 LMT(지방평시)이므로 대시(ZT)로 고쳐야 한다.
137°W의 표준자오선은 135°W로 2°만큼 동쪽에 있으므로 2°(= 8분)만큼 빠르다.
∴ 12h 05m + 8m = 12h 13m

시와 각도와의 관계	
360° = 24^h	
15° = 1^h	1° = 4^m
15′ = 1^m	1′ = 4^s
15″ = 1^s	

02 3월 25일 세계시(GMT) 19시 30분을 경도 138° 30′E에서의 지방평시(LMT)로 나타내면?

가. 3월 25일 16시 44분 나. 3월 25일 04시 44분
사. 3월 26일 04시 44분 아. 3월 26일 16시 44분

해설 GMT = LMT ± L in T
[단, 동경이면 –, 서경이면 +] [L in T : 경도시(변경을 시간으로 환산한 것)]
LMT = GMT ± L in T [단 동경이면 +, 서경이면 –]
① L in T = 138° 30E′ = 9시간 14분
② LMT = 3/25 19시 30분 + 9시간 14분 = 3/26 04시 44분

03 경도 122°30′E인 자오선에 태양이 극상정중하는 대시는? (단, 천측력에 기재된 당일의 정중시는 12h 14m이다.)

가. 12h 00m 나. 12h 14m
사. 12h 24m 아. 12h 04m

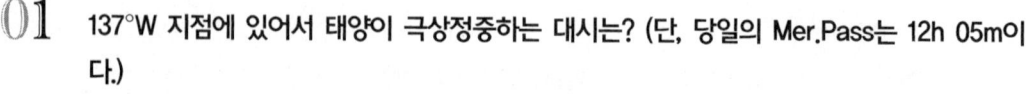
Answer 01 사 02 사 03 아

해설 ▶ 정중시 12h 14m은 LMT(지방평시)이므로 대시(ZT)로 고쳐야 한다.
▶ 122° 30′E의 표준자오선은 120°E로 2° 30′만큼 서쪽에 있으므로 2° 30′을 빼 준다.
2° 30′ = 10분 ∴ 12h 14m − 10m = 12h 04m

04 경도 127°20′E 지점에서의 시각대명(Z.D.)은?

가. (−)8 　　　나. (+)8
사. (−)9 　　　아. (+)9

해설 시각대명을 구하려면 자선의 경도를 15로 나누어 나머지가 7°30′이 못되면 그대로 하고 7°30′이 넘으면 1을 더한 수에 경도가 동경이면 (−), 서경이면 (+)를 붙여 시각대명으로 한다.
127°20′ ÷ 15 = 8 … 나머지 7°20′ 나머지가 7°30′보다 적으므로 그대로 8
부호는 경도가 동경이므로 (−) ∴ ZD는 (−)8

05 경도 129°40′.0E인 자오선에 태양이 극상정중하는 순간 태양의 그리니치시각(GHA)은 몇 도인가?

가. 230°20′.0 　　　나. 129°40′.0
사. 309°40′.0 　　　아. 50°20′.0

해설 극상정중시 LHA는 0°(360°)이며 극하정중시의 LHA는 180°이다.
GHA = LHA ± 경도시 (동경은 −, 서경은 +)
∴ GHA = 360° − 129° 40′ = 230° 20′.0

06 경도 160°30′W인 지점에서 5월 3일 지방평시(LMT) 19h10m는 세계시로 언제인가?

가. 08h 28m May 3 　　　나. 08h 28m May 4
사. 05h 52m May 3 　　　아. 05h 52m May 4

해설 GMT = LMT ± L in T
[단, 동경이면 −, 서경이면 +] [L in T : 경도시(변경을 시간으로 환산한 것)]
① 160°30′를 시간으로 환산하면 ▶ 10시간 42분
② GMT = 5/3 19시 10분 + 10시간 42분 = 5/4 05시 52분

07 계산고도 Hc 25°15′.2, 관측고도 Ho 25°23′.3일 때 개정량 a(고도차)는 얼마인가?

가. 8.1 A 　　　나. 8.1 T
사. 8.1 N 　　　아. 8.1 S

Answer 04 가 05 가 06 아 07 나

해설 고도차(수정차) = 관측고도와 계산고도의 차
- 관측고도(Ho) > 계산고도(Hc) 이면 T 부호 (Toward : 천체쪽으로)
- 관측고도(Ho) < 계산고도(Hc) 이면 A 부호 (Away : 천체의 반대쪽으로)
▶ 고도차 = 25°23′.3 − 25°15′.2 = 8.1 T (Ho > Hc 이므로 부호는 T)

08 고고도의 태양을 관측하여 위치권으로서 위치를 내고자 할 때 틀린 것은?

가. 주로 위도와 적위가 동명이고 거의 같은 경우의 태양 관측에만 이용한다.
나. 정오경에 짧은 시간 간격을 두고 2회 격시 관측을 행한다.
사. 계산표로 천측력과 U.S.H.O. 229가 사용된다.
아. 천체의 지위를 중심으로 하고 정거를 반지름으로 하는 소권을 그리면 위치권이 하나 결정된다.

해설 이 방법은 천측력 이외에는 다른 계산표가 필요 없으며 시정오경의 태양의 방위 변화는 빠르기 때문에 수분의 짧은 시간 간격을 두고 태양의 2회 관측에 의하여 두 위치선을 교차시켜 선위를 구하는데 제1회 관측시의 위치권을 제2관측시까지 전위하여야 한다.

09 고도차법으로 계산고도와 방위각을 계산하려면 천문 삼각형에서 어떤 요소들을 알아야 하는가?

가. 위치각, 극거, 정거
나. 위치각, 위도, 경도
사. 경도, 위치각, 자오선각
아. 위도, 지방시각, 적위

해설 고도차법(수정차법)으로 계산고도와 방위각을 구하려면
① 가정위치
② 관측자의 자오선각(지방시각)
③ 적위를 알아야 한다.

10 관측자와 지구 중심을 지나는 직선이 천구와 만난 점 가운데 관측자의 머리쪽에 해당하는 것은?

가. 천저(Nadir)
나. 천정(Zenith)
사. 정거(ZD)
아. 극거(PD)

Answer 08 사 09 아 10 나

해설 **천정과 천저**
① 천정(zenith : z, 정점)
측자와 지구의 중심을 연결한 직선을 무한히 연장하여 천구와 만나는 교점 중 정상에 있는 점
② 천저(nadir : Na, 척점)
측자와 지구의 중심을 연결한 직선을 무한히 연장하여 천구와 만나는 교점 중 발 아래쪽에서 만나는 점

고도와 정거
① 천체의 고도(altitude : Alt, h)
천체를 지나는 수직권상 천체와 진수평 사이의 호
② 천체의 정거(zenith distance : ZD, z)
천체를 지나는 수직권상 천체와 정점 사이의 호 ▶ 정거 = 90° - 고도

천체의 적위(Declination : Dec, d)
천체를 지나는 천의 자오선 상에 있어서 천의 적도와 천체 사이의 자오선 상의 호의 길이로 남북으로 0°에서 90°까지 측정한다.

11 기차에 관한 다음 내용 중 틀린 것은?

가. 기온이 낮을수록 기차는 커진다.
나. 전선이 지나간 직후의 기차는 불규칙하다.
사. 기압이 높을수록 기차는 작아진다.
아. 기차는 기온에 반비례하고, 기압에 비례하여 커진다.

해설 기압이 높을수록 기차는 커진다(기압에 비례하여 커진다).
기차(Refraction : Ref = 천문기차)
천체에서 오는 광선은 관측자의 눈으로 들어오기까지는 굴절하여 들어오기 때문에 관측자가 천체를 보는 방향과 실제 천체의 진방향이 이루는 각으로 고도가 낮을수록 증가하며 기타 개정값은 항상 (-)이다.

12 다음 중 시간 또는 장소적인 제약을 받지 않고 천체의 방위각을 계산할 수 있는 가장 편리한 방법은?

가. 출몰방위각법
나. 북극성방위각법
사. 고노방위각법
아. 시진방위각법

해설 시진방위각법은 고도를 사용하지 않기 때문에 시수평이 구름, 안개 등에 가려서 시수평을 볼 수 없을 때도 천체만 보이면 그 진방위 계산이 가능하므로 관측시기에 제한을 받지 않고 실시할 수 있으며, 천체의 고도가 30° 내외 되는 시기가 관측하기 좋다.

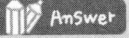 11 사 12 아

제6장 천문항법

> **Compass 오차 구하는 법**
> ❶ 출몰방위각법
> • 천체의 중심이 진수평에 있을 때 진출몰시의 방위각 산출
> • 천체의 고도가 낮아(진고도 0°) 방위측정이 쉽고 또 방위각 계산이 간단
> • 관측시기의 제한과 태양만 이용할 수 있음.
> ❷ 시진방위각법
> • 천체의 시각(t), 적위(d), 추측위도(L) 3요소로 진방위 산출(천체의 방위측정)하여 나침방위와 비교하여 오차를 구하는 방법
> • 고도를 사용하지 않기 때문에 수평선을 볼 수가 없어도 이용 가능하므로 관측시기에 제한을 받지 않는다는 잇점이 있어서 가장 널리 사용
> • 측정오차를 작게 하기 위하여 천체의 고도가 30°내외 되는 시기에 관측하는 것이 좋다.
> ❸ 고도방위각법
> • 임의의 시각에 천체의 고도와 나침방위를 측정하여 추측위도, 적위(극거), 고도를 요소로 계산한 진방위 구함.
> ❹ 북극성방위각법
> • 북극성의 시각과 위도를 알고 그 진방위를 구함.
> • 북반구에서만 이용 가능

13 다음 중 천체의 곡률오차가 가장 큰 것은?

가. 천체의 고도가 85°인 경우   나. 천체의 고도가 60°인 경우
사. 천체의 고도가 45°인 경우   아. 천체의 고도가 0°인 경우

해설 곡률오차는 천체의 고도가 높을수록 커진다.
곡률오차
천측 위치선은 곡선의 일부분으로 가정위치에 가까운 곡선의 일부분을 천체 방위선에 직각인 직선으로 간주하여 작도한 것이므로 그 수정점으로부터 멀리 떨어짐에 따라 위치권과의 차이가 크게 되며, 이와 같이 일치되지 않는 차이를 곡률오차라 한다.

14 다음 중 춘분점과 관계 있는 것은?

가. p(극거)   나. d(적위)
사. 6시권   아. RA(적경)

해설 춘분점과 관계 있는 용어 : 항성시각(SHA), 적경(RA)
적경(RA)과 항성시각(SHA)
춘분점과 천체를 지나는 자오선 사이의 적도상의 호
• 춘분점에서 동방으로 0°~360°까지 측정(RA) → 적경(RA)
• 춘분점에서 서방으로 측정한 것 ☞ 항성시각(SHA)

Answer 13 가 14 아

춘분점과 추분점
① 춘분점 : 황도와 천의 적도가 만나는 두 점(분점) 중 태양이 남반구에서 북반구로 넘어 올 때 지나는 분점
② 추분점 : 태양이 북반구에서 남반구로 넘어갈 때 지나는 분점

15 다음 중 춘분점과 관계가 있는 것은?

가. SHA
나. GHA
사. 적위(d)
아. 고도

16 천측에 사용되는 행성 중 가장 밝은 것은?

가. MARS
나. JUPITER
사. SATURN
아. VENUS

해설 행성중 가장 밝은 별 ▶ 금성(Venus)
항성중 태양 다음으로 밝은 별 ▶ Sirius

17 방위각 Z가 S110°E일 때 이를 출물방위각으로 나타내면 어떻게 되는가?

가. E 70°N
나. N 70°E
사. W 20°S
아. E 20°N

해설 출물방위각은 동점 또는 서점을 중심으로 남, 북으로 90도까지 측정한다.
방위각 S110°E를 방위로 고치면 180° - 110° = 70°
70°는 E에서 N 쪽으로 20°의 방향이므로 E 20°N이 된다.

18 분점 중 태양이 남반구에서 북반구로 넘어올 때 지나는 분점은 무엇인가?

가. 춘분점
나. 하지점
사. 추분점
아. 동지점

해설
- 춘분점 : 황도와 천의 적도가 만나는 두 점(분점) 중 태양이 남반구에서 북반구로 넘어올 때 지나는 분점
- 추분점 : 태양이 북반구에서 남반구로 넘어갈 때 지나는 분점
- 황도 : 태양이 1년 동안 지구를 중심으로 서에서 동으로 이동하는 것 같이 보이는 시궤도
  ☞ 황도와 천의 적도는 23°27′ 경사
- 하지점 : 황도상 적도에서 가장 먼 두 점(지점) 중 북반구에 있는 점
- 동지점 : 지점 중 남반구에 있는 점

Answer 15 가 16 아 17 아 18 가

19 상용일출몰시를 바르게 설명한 것은?

가. 태양의 중심이 수평권에 걸린 시각
나. 태양의 상변이 시수평에 접한 시각
사. 태양의 중심이 시수평에 걸린 시각
아. 태양의 하변이 수평권에 접한 시각

해설
▶ 진 일출몰시 : 태양의 중심이 진수평상에 있을 때(진고도 0도)로 출몰방위각 측정시기로 시수평 위 20′
▶ 상용 일출몰시 : 태양의 상변이 시수평에 접할 때로 항해등의 점등 시기

20 시진방위각법은 어떤 요소를 알고 방위각을 구하는 계산법인가?

가. 고도, 위도, 적위
나. 위도, 적위, 자오선각
사. 적위, 자오선각, 고도
아. 자오선각, 고도, 위도

해설 시진방위각법은 고도는 필요하지 않다.
시진방위각법
- 천체의 나침방위를 측정하는 것과 동시에 그 때의 자오선각(지방시각) 및 추측위도, 적위의 3요소로 천체의 진방위를 구하고 이것과 나침방위와 비교하여 오차를 구하는법
- 고도를 사용하지 않기 때문에 시수평이 구름, 안개 등에 가려서 시수평을 볼 수 없을 때에도 천체만 보이면 그 진방위 계산이 가능하므로 관측시기에 제한을 받지 않고 실시할 수 있으며, 천체의 고도가 30° 내외 되는 시기가 관측하기 좋다.

21 위치선 항법에 있어서 계산고도와 계산방위각을 구할 때 계산의 편리를 위하여 추측위치 부근에서 위도와 자오선각이 정수도가 되도록 정하는 위치는?

가. 추정위치
나. 수정위치
사. 가정위치
아. 천측위치

22 하지점에서(6/22일경) 추분점(9/22일경)에 이르는 사이 태양의 적위값은?

가. 증가한다.
나. 감소한다.
사. 변화없다.
아. 증가하다가 감소한다.

해설 태양이 적도가 가까워지므로 적위값은 감소한다.

Answer 19 나 20 나 21 사 22 나

23 일반적인 출몰방위각법으로 컴퍼스 오차를 측정할 경우, 어떤 천체를 언제 관측하는 것이 좋은가?

가. 태양의 하변이 시수평상 약 겉보기 반지름만큼 떨어졌을 때
나. 달의 중심이 진수평상에 있을 때
사. 항성의 고도가 시수평상 1.5도쯤 될 때
아. 혹성의 고도가 시수평상 1.5도쯤 될 때

해설 태양의 하변이 시수평에서 20′쯤 떨어졌을 때(약 겉보기 반지름만큼 떨어졌을 때)가 진일 출몰시로 측정시기이다. ☞ 진수평에 태양의 중심이 있을 때

24 자오선 고도위도법에서 극하정중인 경우에 위도를 구하는 공식은? (단, L = 위도, d = 적위, z = 정거, h = 고도, p = 극거)

가. L = z + d
나. L = d − z
사. L = z − d
아. L = h + p

해설
• 극상정중 L = z + d(L과 d가 동명으로 L > d인 경우)
　　　　　L = z − d(L과 d가 이명인 경우)
　　　　　L = d − z(L과 d가 동명으로 L < d인 경우)
• 극하정중 L = h + p

25 천정과 천저를 지나는 직선에 수직이고 천구의 중심을 지나는 평면이 천구상에서 이루는 대권은?

가. 진수평
나. 거소수평
사. 적도
아. 시권

해설
• 진수평(수평권) : 천정과 천저를 지나는 직선에 수직한 대권
• 거소수평 : 관측자의 눈을 지나고 진수평에 평행인 소권
• 시수평 : 관측자의 눈으로부터 해면에 그은 선이 천구와 만나는 소권

26 천체가 수평권상에 있을 때 동점 또는 서점에서 천체까지의 수평권의 호를 90° 이내의 각으로 표시한 것은?

가. 출몰방위각
나. 시각
사. 위치각
아. 자오선각

Answer 23 가 24 아 25 가 26 가

27 천체가 자오선 정중시에 구름에 가려 관측할 수 없을 때 자오선각이 작은 범위내에서 자오선 정중 직전 또는 직후에 자오선 부근에 있는 천체의 고도를 측정하여 위도를 구하는 방법을 (   )이라 한다.
   가. 자오선고도 위도법
   나. 북극성 위도법
   사. 자오선고도 위도법 역산법
   아. 근오고도 위도법

28 천체를 이용한 컴퍼스 오차 측정 방법 중에서 시진방위각법의 특징을 잘 설명한 것은?
   가. 수평선이 보이지 않으면 측정할 수 없다.
   나. 태양의 일출몰시에만 측정할 수 있다.
   사. 지리적으로 측정에 제약을 받는다.
   아. 시수평을 볼 수 없는 경우에도 천체만 보이면 측정 가능하다.

   해설 시수평이 구름, 안개 등으로 인하여 불명료할 때도 천체만 보이면 진방위계산이 가능하므로 관측시기에 제한을 받지 않으나 오차를 적게 하기 위하여 고도가 30° 내외 되는 시기, 즉 천체의 출몰시와 가까운 시기에 관측하는 것이 좋다.

29 천체를 지나는 수직권과 관측자의 천의 자오선이 천정에서 이루는 각 또는 수평권의 호를 북을 000°로 하여 시계방향으로 360°까지 측정한 것은?
   가. 지방시각(L.H.A)
   나. 자오선각(Meridian angle)
   사. 방위(Azimuth)
   아. 방위각(Azimuth angle)

   해설 시계방향으로 360°까지 측정 ▶ 방위
   동 또는 서로 180°까지 측정 ▶ 방위각

30 다음 중 시진방위각법의 계산 요소가 아닌 것은?
   가. 자오선각
   나. 추측위도
   사. 고도
   아. 적위

   해설 시진방위각법은 천체의 나침방위를 측정하는 것과 동시에 그 때의
   ① 자오선각(지방시각)
   ② 추측위도
   ③ 적위의 3요소로 천체의 진방위를 구하고 이것과 나침방위와 비교하여 오차를 구하는 법

Answer 27 아 28 아 29 사 30 사

31 천체의 격시관측시 일반적인 주의사항에 해당되지 않는 것은?

가. 고도 20° 이하의 천체는 피한다.
나. 고도 85° 이상의 천체는 직접 위치권을 작도하는 것이 좋다.
사. 태양의 경우 방위 변화가 느릴 때에 관측한다.
아. 제1관측에서 제2관측까지의 침로와 속력을 신중하게 추정한다.

해설 격시관측시에는 태양의 방위변화가 빠르고 느리고는 무관하며, 제1관측시와 제2관측시의 방위변화가 40° 내외로 그 시간 간격은 너무 길지 않고 3~4시간 이내로 하는 것이 좋다.

32 천측하여 위치선을 구하는 것은 다음 어느 것을 의미하는가?

가. 진위치를 중심으로 하여 원을 작도하는 것이다.
나. 가정위치와 진위치를 연결하는 작도이다.
사. 가정위치를 중심으로 하고 정거를 반경으로 하여 원을 지표상에 작도하는 것과 같다.
아. 천체의 지위를 중심으로 하고, 정거를 반경으로 하는 원을 작도하는 것이다.

해설 천체의 지위(GP)
어떤 순간의 천체의 중심과 천구의 중심을 연결하는 직선이 지구표면과 만나는 점
• 천체의 지위의 경도 = 360° − GHA(단 GHA > 180° 때로서 GP가 동경에 있을 때)
           = GHA(단 GHA < 180° 때로서 GP가 서경에 있을 때)
• 천체의 지위의 위도 = 적위

33 춘분시권과 천체의 시권 사이에 낀 적도의 호를 서쪽으로 측정한 것을 (   )이라 한다. (   )에 알맞은 말은?

가. 항성시각   나. 본초시각
사. 지방시각   아. 적경

해설 서쪽으로 측정한 것 ▶ 항성시각(SHA)
    동쪽으로 측정한 것 ▶ 적경(RA) ☞ SHA + RA = 360°

34 태양의 방위각 계산에 가장 편리하도록 구성된 표는?

가. 태양방위각표   나. 천체방위각표
사. 계산고도방위각표   아. 항해용 천측계산표

Answer 31 사 32 아 33 가 34 가

35 태양의 자오선 고도를 북으로 관측하여 65°35.4′으로 측정하였다. 이 때 적위가 15°36.6′ S였다면 위도는?

가. 8°48.0′N　　　　　　　　　나. 8°48.0′S
사. 40°01.2′S　　　　　　　　　아. 40°01.2′N

해설 자오선 고도
천체가 관측자의 자오선에 정중할 때 즉 자오선각이 0°일 때

```
      90°
  (-) 65° 35.4′ … 고도
    z 24° 24.6′S … 정거의 부호는 태양을 북쪽으로 보고 측정시는 S, 남쪽 - N
    d 15° 36.6′S … 같은 부호는 (+)
    L 40° 01.2′S … 위도
```

자오선 고도위도법
① 천체의 자오선 정중시 및 이에 대한 적위를 구한다.
② 정중시 몇 분 전부터 그 천체의 고도를 관측하여 자오선 고도를 측정한다.
③ 육분의 고도(hs)를 개정하여 관측고도(Ho)를 구한다.
④ 관측고도를 90°에서 감하여 정거(Z)를 구한다.
　 정거의 부호는 천체를 남쪽으로 향하여 관측하면 ⇨ N
　 정거의 부호는 천체를 북쪽으로 향하여 관측하면 ⇨ S
⑤ 정거(z)와 적위(d)가 동명이면 합(+)하여 같은 부호
　 정거(z)와 적위(d)가 이명이면 차(-)를 내어 큰 쪽의 부호

36 태양의 출몰방위각을 측정하는데 가장 알맞은 시기는?

가. 태양의 하변고도가 시수평상 약 5°가 되었을 때
나. 태양의 하변이 시수평에서 약 1°쯤 위로 떠올라 있을 때
사. 태양의 하변이 시수평에서 겉보기 반지름만큼 떠올라 있을 때
아. 태양의 상변고도가 시수평상 약 8°가 되었을 때

해설 진일출몰시인 태양의 중심이 진수평상에 있을 때(진고도 0도), 즉 시수평 위 20′

37 황도상의 실제 태양의 평균속도와 같은 속도로 적도상을 운행하는 가상적인 태양은?

가. 진태양　　　　　　　　　　나. 기준태양
사. 시태양　　　　　　　　　　아. 평균태양

해설
▶ 평균태양에 의한 시간은 평균태양시(평시 : mean time)로 GMT(세계시)와 LMT(지방평시)가 있다. ▶ 일상생활에 사용
▶ 시태양(실제태양)에 의한 시간(시시 : apparent time)에는 GAT, LAT가 있다.

Answer 35 사　36 사　37 아

38 GHA(본초시각) 265°45.5′, 경도 96°19.7′E일 때 자오선각은?

가. 362°05.2′W
나. 2°05.2′W
사. 159°25.8′E
아. 159°25.8′W

해설 LHA = GHA ± 경도 [경도가 E이면 (+), W이면 (−)]
① LHA = 265°45.5′ + 96°19.7′ = 362°05.2′ = 2°05.2′
② LHA가 180도 이내의 각이므로 LHA = 자오선각(t), 부호는 W
③ LHA = 자오선각 = 2°05.2′ W

지방시각과 자오선각
▶ 지방 시각(local hour angle : LHA)
관측자의 천의 자오선과 천체의 시권이 극에서 이루는 각 또는 그 사이에 낀 적도의 호의 길이로 관측자의 천의 자오선에서 서쪽으로 0°에서 360°까지 측정
▶ 자오선각(t)은 지방시각과 같으나 동 또는 서쪽으로 0°에서 180°까지 측정하며, 측정 방향에 따라 E 또는 W 부호를 붙인다.
L.H.A. = t(W)   L.H.A. = 360° − t(E)

39 Star finder를 이용하면 Star의 무엇을 알 수 있는가?

가. 방위와 고도
나. 방위각과 적위
사. 시각과 고도
아. 시각과 적위

40 계산고도 방위각표에서 고도와 방위각을 산출하기 위한 3요소가 아닌 것은?

가. 위도
나. 경도
사. 적위
아. 자오선각

41 다음 고도 개정요소 중 항상 (+)를 해 주는 것은?

가. 육분의 기차
나. 안고차
사. 기차
아. 시차

해설
- 육분의 기차 : (+) 또는 (−)
- 안고차 : 항상 (−)
- 기차 : 항상 (−)
- 시반경 : 상변 (−), 하변 (+)
- 시차 : 항상 (+)

Answer 38 나 39 가 40 나 41 아

42. 자오선 고도위도법에서 관측자의 위치와 천체가 북반구에 있고 추측위도가 천체의 적위보다 큰 경우 실측위도는 어떻게 계산하여 구하는가?

가. 정거에 적위를 합한다.
나. 적위에서 정거를 감한다.
사. 고도에 극거를 합한다.
아. 극거에서 고도를 감한다.

해설 위도와 적위가 동명일 때 ▶ L > d 이면 L = z + d
▶ L < d 이면 L = d − z

43. 항성시각(SHA)과 적경(RA)의 관계가 옳은 것은?

가. SHA − RA = 360°
나. SHA + RA = 360°
사. SHA − RA = 90°
아. SHA + RA = 90°

해설 **천체의 적경** : ① 춘분점과 천체를 지나는 자오선 사이의 적도상의 호
② 춘분점에서 동방으로 0°~360°까지 측정
항성시각(SHA) : 춘분점에서 서방으로 측정한 것

44. 일반적으로 정오위치 결정에 가장 편리한 태양의 격시관측은?

가. 오전 또는 오후 내의 2회 관측
나. 정오 관측과 오후 관측
사. 정오를 사이에 끼고 행하는 오전 관측과 오후 관측
아. 오전 관측과 정오 관측

45. 저녁 무렵 1등성이 보이기 시작하거나 아침 무렵 사라지기 시작할 때의 박명을 무엇이라 하는가?

가. 천문박명
나. 항해박명
사. 상용박명
아. 일출박명

해설 **박명시(Twilight)**
① 천문박명(Astronomical twilight)
태양의 중심고도가 시수평하 18°와 상용일출몰시 사이(태양고도 −18°)
② 항해박명(Nautical twilight)
태양의 중심고도가 시수평하 12°와 상용일출몰시 사이
(태양의 고도 −12°, 천문박명의 2/3 정도) ▶ 천측의 적합한 시기
③ 상용박명(Civil twilight)
시수평하 6°와 상용일출몰시 사이(태양고도 −6°) ▶ 1등성이 보이기 시작하는 시기

Answer 42 가 43 나 44 아 45 사

46 2천체의 동시관측의 경우 천체를 선정할 때는 방위각의 차가 적어도 (   )가 되는 천체를 선정하여야 한다. (   ) 안에 적합한 것은?

가. 30°~90°
사. 20°~30°
나. 150°~160°
아. 30°~150°

47 태양의 GHA는 265°이고 관측자의 경도는 75°E이다. 이 태양의 자오선각은 얼마인가?

가. 190°W
사. 20°W
나. 20°E
아. 190°E

> **해설**
> LHA = GHA + 경도 (동경이면 +)
> LHA = 265° + 75° = 340° (서쪽 W로 측정한 것)
> LHA가 180°가 넘으면 360°에서 빼주어(−) 반대부호를 붙인다.
> ∴ 자오선각(t)은 360° − 340° = 20°E

48 천정에서 천체까지 수직권을 따라 측정한 호의 길이를 무엇이라 하는가?

가. 정거
사. 위도
나. 고도
아. 적위

> **해설**
> • 정거 : 정점(천정)에서 천체까지 거리
> • 고도 : 수평권(진수평)에서 천체까지 거리
> • 적위 : 적도에서 천체까지의 거리

49 천체 관측시에 주의할 사항을 기술한 다음 내용 중 맞는 것은?

가. 수평선이 불명료하면 안고를 높여서 관측한다.
나. 안고에 오차가 예상되면 안고를 낮추어 관측한다.
사. 수온과 기온의 차이가 심하면 안고를 낮추어 관측한다.
아. 파고가 높은 경우에는 안고를 낮추어 관측한다.

> **해설** 고도 관측시 주의사항
> ㉠ 안고가 부정확하거나 선체동요기 심하여 안고가 일정하지 않을 때 또는 파랑이 높아 수직선이 기복이 심한 경우 ▶ 안고를 높여서 측정
> ㉡ 안개가 끼어 수평선이 불분명하거나 수온과 기온의 차이가 심한 경우

Answer 46 가 47 나 48 가 49 사

▶ 안고를 낮추어 측정
☞ 고고도 천체관측으로 기차 영향을 줄인다.
ⓒ 알맞은 차광유리(shade glass)를 사용하여 영상과 진상의 밝기를 같게 한다.
ⓔ 측정한 육분의 고도 눈금은 기면에 정면으로 읽는다.
ⓜ 천체의 수직권상의 고도를 측정한다. ▶ 아니면 실제고도보다 높게 측정된다.
ⓗ 항성, 혹성관측은 박명시 시수평이 명료한 때 측정한다.
ⓢ 시간은 반드시 분 단위까지 측정한다.
ⓞ 천체와 관측자, 시수평 사이에 연통, 고온가스, 증기가 있으면 기차에 이상이 생긴다.

50 고도가 너무 높은 천체의 관측을 기피하는 이유로 가장 알맞은 것은?

가. 고도의 변화가 심하다.
나. 밝기가 덜하다.
사. 고도개정에 오차가 크다.
아. 위치권의 곡률이 커서 위치선의 오차가 크다.

51 천의 적도와 천체 사이의 시권상의 호의 길이는?

가. 극거　　　　　　　　　　　나. 정거
사. 고도　　　　　　　　　　　아. 적위

해설
- 극거 : 천체를 지나는 자오선상에 있어서 관측자의 위도와 동명의 극과 천체 사이의 호의 길이 ▶ P = 90° ± d[위도와 적위가 동명이면 (−), 이명이면 (+)]
- 정거 : 정점(천정)에서 천체까지의 수직권상의 길이(90° − 고도)
- 고도 : 수평권(진수평)에서 천체까지 수직권상의 길이(90° − 정거)
- 적위 : 적도에서 천체까지의 시권상의 거리

52 위치선 항법에서 가정위치로부터 수정점까지의 거리를 무엇이라 하는가?

가. 항속거리　　　　　　　　　나. 위도차
사. 광달거리　　　　　　　　　아. 고도차

해설 고도차(수정차) = 관측고도와 계산고도의 차 : 가정위치에서 수정점까지의 거리
- 관측고도(Ho) > 계산고도(Hc) 이면 T 부호 (Toward : 천체쪽으로)
- 관측고도(Ho) < 계산고도(Hc) 이면 A 부호 (Away : 천체의 반대쪽으로)

Answer 50 아　51 아　52 아

53
자오선 고도위도법으로 위도 계산시 L = Z + d인 경우는? (단, L = 위도, Z = 정거, d = 적위이다.)

가. L, d가 동명이고, L > d인 경우
나. L, d가 동명이고, L < d < 90° − L인 경우
사. L, d가 동명이고, L < d 및 90° − L < d인 경우
아. L, d가 이명인 경우

해설 위도(L), 적위(d), 정거(z), 극거(p), 고도(h)와의 관계
① 극상정중
  ㉠ 위도와 적위가 동명일 때 ▶ L > d이면 L = z + d
                        ▶ L < d이면 L = d − z
  ㉡ 위도와 적위가 이명일 때 ▶ L = z − d
② 극하정중 ▶ L = H + P

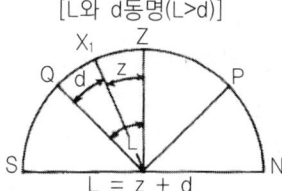
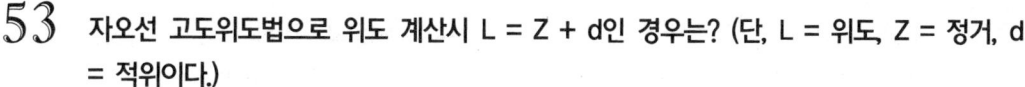
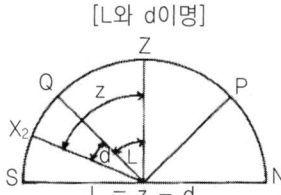
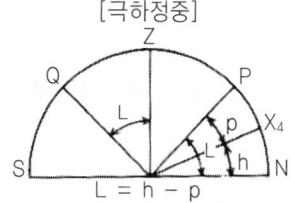

자오선고도와 위도와의 관계

54
시진방위각법에서 태양방위각표를 이용하여 천체의 방위각을 구하려면 무엇을 알아야 하는가?

가. 위도, 적위, 고도
나. 위도, 날짜
사. 위도, 적위, 지방시시
아. 위도, 적위, 세계시

Answer 53 가 54 사

55 태양의 자오선 고도를 남쪽으로 관측한 것이 64°30′이었고, 이 때 태양의 적위는 15°24.6′N였다. 위도는?

가. 10°05.4′N   나. 46°14.6′N
사. 40°54.6′N   아. 49°05.4′N

해설
```
       90°
  (−) 64°  30.0′     … 고도
   z  25°  30.0′N   … 정거의 부호는 태양을 남쪽으로 보고 측정시는 N, 북쪽 − S
   d  15°  24.6′N   … 같은 부호는 (+)
   L  40°  54.6′N   … 위도
```

56 천체의 극상정중을 관측할 수 있는 조건으로 옳지 않은 것은? (L : 위도, d : 적위)

가. L과 d가 동명인 천체는 항상 관측이 가능하다.
나. L과 d가 이명인 천체는 d < 90° − L이면 관측할 수 있다.
사. 광력이 약한 항성이나 혹성은 d < 80° − L이면 관측할 수 있다.
아. 극상정중은 천체의 적위와 관계 없이 항상 관측이 가능하다.

해설 극상정중일 때 L과 d가 ▶ 동명일 때는 항상 관측할 수 있으나 ▶ 이명인 천체는 적위가 여위도보다 작아야 관측할 수 있다.

57 방위각법에 관한 다음 설명 중 맞는 것은?

가. 출몰방위각법은 위도와 고도를 알고 출몰방위각을 구하는 방법이다.
나. 시진방위각법은 위도, 적위 및 자오선각을 알고 방위각을 구하는 방법이다.
사. 고도방위각법은 고도, 적위 및 자오선각을 알고 방위각을 구하는 방법이다.
아. 북극성방위각법은 북극성의 고도와 위도를 알고 북극성의 방위각을 구하는 방법이다.

해설 가. 출몰방위각법은 고도를 측정할 필요가 없다.
  사. 고도방위각법은 임의의 시각에 천체의 고도와 나침방위를 측정하여
    ① 추측위도
    ② 적위(극거)
    ③ 고도를 요소로 계산한 진방위 구함.
  아. 북극성방위각법은 북극성의 시각과 위도를 알고 그 진방위를 구함.

Answer 55 사 56 아 57 나

58 방위 Zn351°를 방위각으로 고치면 어떻게 되는가?

　가. N9°W
　나. W81°N
　사. N51°W
　아. S161°W

59 동서권을 통과하는 태양을 관측하면 무엇을 알 수 있는가?

　가. 관측자의 위도
　나. 관측자의 경도
　사. 관측자의 위도와 경도
　아. 본선 침로의 편위량

60 계산고도방위각표로 계산고도와 방위각을 구하고자 할 때 먼저 결정되어야 할 요소는 다음과 같다. 해당되지 않는 것은?

　가. 정거
　나. 가정위도
　사. 적위
　아. 자오선각

61 자오선각 30°W, 적위 12°N, 위도 35°S임을 알고 시진 방위각표에서 구한 방위각이 120°였다면 진방위는?

　가. 60°
　나. 120°
　사. 240°
　아. 300°

[해설] 시진방위각표에서 구한 방위각은 앞에는 위도의 부호를 붙이며, 뒤에는 자오선각의 부호를 붙인다.
그러므로 시진방위각표에서 구한 방위각은 S120W(자오선각의 부호 : W, 위도의 부호 : S)가 되며 360도식으로 고치면 S120W = 300°가 된다.

62 위도 35°29′N, 경도 145°25′E인 지점에서 대시(Z.T.) 11월 27일 05시 15분은 GMT(UTC)로 몇 시인가?

　가. 11월 26일 GMT(UTC) 19시 15분
　나. 11월 27일 GMT(UTC) 19시 15분
　사. 11월 26일 GMT(UTC) 15시 15분
　아. 11월 27일 GMT(UTC) 15시 15분

[해설] 경도 145°25′E는 시각대명이 -10이므로 대시에서 10시간만 (-) 해주면 된다.
∴ 05시 15분 - 10시 = 19시 15분 (10월 26일)

Answer 58 가 59 나 60 가 61 아 62 가

63 춘분점을 지나는 춘분시권과 천체를 지나는 시권이 극에서 이루는 각 또는 적도 사이 호를 말하며 춘분점에서 시작하여 동쪽으로 0시에서 24시까지 측정하는 것을 무엇이라고 하는가?

　가. SHA(항성시각)　　　　　나. LHA(지방시각)
　사. RA(적경)　　　　　　　　아. GHA(본초시각)

　해설 동방으로 측정한 것 ▶ 적경(RA)
　　　　 서방으로 측정한 것 ▶ 항성시각(SHA) ☞ 적경 + 항성시각 = 360°

64 천체를 지나는 시권 상에서 동명극과 천체 사이에 낀 호를 무엇이라 하는가?

　가. 고도　　　　　　　　　　나. 극거
　사. 적경　　　　　　　　　　아. 정거

　해설 극거 : 천체를 지나는 천의 자오선(시권)상 관측자와 동명의 극에서 천체까지
　　　　 ▶ P = 90° ± 적위(위도와 적위가 동명이면 -, 이명이면 +)

65 천체의 출몰방위각 계산법에서 관측자가 적도상에 있을 경우 천체의 출몰방위각은 다음 중 어느 것과 같은가?

　가. 고도　　　　　　　　　　나. 방위각
　사. 위도　　　　　　　　　　아. 적위

66 어느 관측자의 경도는 135°E, GHA♈는 105°, SHA는 195°일 때 자오선각은 얼마인가?
　[단, ♈은 ARIES(춘분점)]

　가. 75°W　　　　　　　　　　나. 75°E
　사. 165°W　　　　　　　　　 아. 165°E

　해설 GHA = GHA ♈ + SHA ▶ GHA ♈는 G(그리니치)에서 ♈(춘분점)까지
　　　　 ∴ GHA = 105° + 195° = 300°
　　　　 LHA = GHA ± 경도 (E이면 +, W이면 -)
　　　　 ∴ LHA = 300° + 135°E = 435° = 435° - 360° = 75°
　　　　 LHA 75°는 자오선각으로 75°W가 된다.

Answer 63 사　64 나　65 아　66 가

67 태양의 적위부호가 북이며 증가하고 있을 때 태양은 어느 위치에 있는가?
　가. 춘분점과 하지점 사이　　　나. 하지점과 추분점 사이
　사. 추분점과 동지점 사이　　　아. 동지점과 춘분점 사이

68 경도 135°E인 지점에서 5월 3일 지방평시(LMT) 19h10m은 세계시로 언제인가?
　가. 04h10m May 4　　　나. 05h10m May 4
　사. 09h10m May 3　　　아. 10h10m May 3

> **해설** 세계시(GMT) = LMT ± 경도시 (경도가 동경일 때는 −, 서경일 때는 +)
> ∴ GMT = 19시10분 − 9시간 = 10시10분 − 5/3일(135° = 9시간)

69 고도가 아주 낮은 천체의 관측을 기피하는 이유로서 가장 적합한 것은?
　가. 고도개정에 오차가 크다.　　　나. 위치권과 위치선의 차이가 크다.
　사. 방위 변화가 심하다.　　　　아. 관측이 불편하다.

70 다음 중 천측력 주표에 기재되어 있지 않은 것은?
　가. 일출·몰 시　　　나. 시차율(Eqn. of Time)
　사. 항성의 광도　　　아. 달의 위상

> **해설** 주표에는 항성의 광도가 기재되어 있지 않다.
> 주요 행성 4개의 등급은 주표 왼쪽 페이지에 기재되어 있다.

71 태양의 자오선 고도를 남으로 측정하여 관측고도가 25도 31분, 적위가 23도 48분 S일 때 위도는 얼마인가?
　가. 북위 38도 58분　　　나. 북위 49도 19분
　사. 북위 40도 41분　　　아. 남위 38도 58분

> **해설**
>
> | | 90° | |
> | --- | --- | --- |
> | (−) | 25° 31.0′ | … 고도 |
> | z | 64° 29.0′N | … 정거의 부호는 태양을 남쪽으로 보고 측정시는 N, 북쪽 − S |
> | d | 23° 48.0′S | … 다른 부호는 (−) |
> | L | 40° 41.0′N | … 위도 |

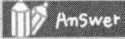 67 가　68 아　69 가　70 사　71 사

72 시진방위각법에 대한 다음 설명 중 틀린 것은?

가. 천체의 시각, 적위, 관측자의 위도를 3요소로 하여 방위각을 산출한다.
나. 수평선이 불명료한 경우에도 이 방법을 사용할 수 있다.
사. 고도를 측정하지 않는 방위각법이다.
아. 오차를 작게 하기 위하여 천체가 수직권상에 있을 때가 좋다.

73 3개의 천체를 관측하여 선위를 구하고자 할 때 위치선의 교각 조건이 가장 좋은 것은?

가. 교각이 20° 또는 30°
나. 교각이 60° 또는 120°
사. 교각이 30° 또는 150°
아. 교각이 45° 또는 90°

74 자오선고도 위도법으로 위도를 구할 경우 정거의 부호는 천체를 기준으로 하여 관측자가 천체의 북쪽에 있으면 (a)를 붙이고, 남쪽에 있으면 (b)를 붙인다. 옳게 짝지어진 것은?

가. a : N, b : N
나. a : S, b : S
사. a : S, b : N
아. a : N, b : S

해설 정거의 부호는 천체를 남쪽으로 향하여 관측하면 (관측자가 천체가 북쪽) ⇨ N
정거의 부호는 천체를 북쪽으로 향하여 관측하면 (관측자가 천체의 남쪽) ⇨ S

75 적도에서 적위 22°N인 태양의 출시와 몰시의 출몰방위각은 각각 어떻게 표현되는가?

가. N22°E, N22°W
나. E22°N, W22°N
사. E22°N, W22°S
아. N22°E, S22°W

해설 출시는 앞에는 E 부호를 뒤에는 적위의 부호를 붙인다.
몰시는 앞에는 W 부호를 뒤에는 적위의 부호를 붙인다.

76 어떤 순간의 천체의 중심과 지구의 중심을 연결하는 직선이 지구표면과 만나는 점은?

가. 적위
나. 지위
사. 천의 극
아. 정점

Answer 72 아 73 나 74 아 75 나 76 나

77
경도 170°30′0″W인 지점에서 5월 16일 LMT(지방평시) 15h 50m은 GMT(세계시)로 얼마인가?

가. 5월 15일 13h 12m
나. 5월 16일 03h 12m
사. 5월 16일 15h 12m
아. 5월 17일 03h 12m

해설 GMT = LMT ± 경도(경도가 서경이면 +, 경도가 동경이면 −)
GMT = 15h 50m + 11h 22m = 27h 12m = 5/17 3h 12m이 된다.
(경도 170°30′0″W를 시간으로 환산하면 ⇨ 11h 22m)

78
고도개정 요소 가운데 천체의 고도에 따라 다른 값을 취하는 것들은 어느 것인가?

가. 겉보기 반지름과 기차
나. 기차와 시차
사. 시차와 안고차
아. 안고차와 기차

79
천측력에 기재되어 있는 태양의 출몰시는?

가. 세계시이므로 경도시를 가감하여 지방평시로 고쳐야 한다.
나. 지방평시로 알고 이용하면 된다.
사. 세계시이므로 시진의시로 고쳐 이용하면 된다.
아. 지방시시이다.

해설 천측력에 기재되어 있는 출몰시와 정중시, 박명시 등은 LMT(지방평시)로 기재되어 있다.

Answer 77 아 78 나 79 나

제07장 전파 및 레이더항법

1. 전파항법

01 다음의 요건을 모두 만족시키는 전파항해 계기는?

> 1. 연속 측위 가능
> 2. 항공기에서도 이용 가능
> 3. 전세계적 항법 체계
> 4. 극초단파 사용

가. Loran 나. GPS
사. Decca 아. Omega

02 다음 중 GPS 수신기가 항해사에게 알려주는 정보가 아닌 것은 어느 것인가?

가. 선박 위치 나. 속도
사. 침로 아. 흘수

03 다음 중 GPS를 이용하기 어려운 것은?

가. 측량선 나. 육상의 차량
사. 잠수함 아. 전투기

04 GPS 항법용 인공위성의 궤도는 몇 개인가?

가. 3개 나. 6개
사. 9개 아. 18개

> **해설** GPS의 위성은 6개의 궤도에 공전주기는 12시간으로 20,200km(10,980마일)에 약 30여개가 배치되어 있다.

Answer 01 나 02 아 03 사 04 나

05 다음 중 GPS 오차의 원인으로 볼 수 없는 것은?

　가. 사용자의 조작 미숙 오차
　나. 위성궤도 정보에 포함된 오차
　사. 전리층에서의 전파 굴절에 의한 오차
　아. 위성 시간의 오차

06 GPS 수신기에서 위성을 구별하는 방법은?

　가. 위성들은 같은 주파수로 송신하며 변조신호에 의해 위성을 구별한다.
　나. 위성들은 다른 주파수로 송신하며 선박에서 각 위성의 주파수를 동기시킨다.
　사. 위성들은 같은 주파수로 송신하며 위성의 고도에 따라 구별한다.
　아. 위성들은 다른 주파수로 송신하며 위성의 고도에 따라 구별한다.

07 GPS에 대한 다음 설명 중 틀린 것은?

　가. 모든 위성은 같은 주파수로 송신한다.
　나. 위성 식별은 변조 신호에 의해 할 수 있다.
　사. 위성의 고도는 NNSS의 것보다 높은 편이다.
　아. 위성은 모두 24개로 구성되며, 하나의 위성으로 선위를 얻는다.

08 다음 중 GPS의 장점이라고 할 수 없는 것은?

　가. 고도까지 측정할 수 있다.
　나. 언제라도 선위를 측정할 수 있다.
　사. 이동 속도가 빠른 비행기에서도 이용할 수 있다.
　아. 관성효과를 이용하므로 선위가 정확하다.

09 GPS로 정확한 3차원 위치를 결정하기 위해서는 최소한 몇 개의 위성으로부터 전파를 수신해야 하는가?

　가. 1개　　　　　　　　　　　　나. 2개
　사. 3개　　　　　　　　　　　　아. 4개

Answer　05 가　06 가　07 아　08 아　09 아

10 GPS 항법에 관한 사항이다. 옳은 것은?

가. 위성으로부터의 거리를 측정한다.
나. 위성으로부터의 도플러 효과를 측정하여 위상 변화를 구한다.
사. 위치 측정을 위해 최소한 인공 위성 6개가 필요하다.
아. 극 지방에서는 이용할 수 없다.

> **해설**
> - 위치를 알고 있는 중거리 인공위성에서 발사하는 전파를 수신하고 그 도달 시간으로부터 관측자까지의 거리를 구하여 위치를 결정하는 방식
> - 24개 이상의 인공위성을 20,200km(10,980마일)의 높이에 6개의 궤도에 균등하게 배치
>   ㉠ 공전주기 : 12시간
>   ㉡ 경사각 : 55°
>   ㉢ 사용주파수 및 코드 : 1575.4MHz − C/A코드와 P코드
>   　　　　　　　　　　　1227.6MHz − P코드 : 미개방
> ▶ 주파수비 154 : 120(발진주파수 10.23MHz)

11 GPS 항법에서 의사 거리(Pseudo range)란 무엇인가?

가. 두 인공위성 간의 거리
나. 본선과 위성까지의 거리
사. 수신기 시계 오차에 해당하는 거리만큼 오차가 포함되어 있는 거리
아. 육상의 감시국과 위성과의 거리

> **해설** 의사거리 : 오차가 포함된 측정 거리
> ㉠ 전파경로로 인한 오차
> ㉡ GPS 위성과 수신기의 시계오차
> ㉢ 수신기 내부 회로에서 발생하는 오차 등으로 생긴다.

12 GPS에서 선위는 위성으로부터 무엇을 측정하여 구하는가?

가. 고도　　　　　　　　　　　나. 상대 속도
사. 도플러 현상(Doppler shift)　아. 의사 거리(Pseudo range)

Answer　10 가　11 사　12 아

13. Loran-C에서 수신 펄스신호의 위상비교는 펄스 최전단으로부터 몇 사이클만을 대상으로 하는가?

가. 1
나. 2
사. 3
아. 4

해설
- LORAN-C에서 지표파에 의한 측정을 하려면 공간파가 혼입되기 전에 펄스 전단으로부터 ▶ 3사이클 = 30us 이내의 위상을 비교해야 한다.
- 100KHz의 로란C 전파가 반사되는 전리층 D층(주간) 및 E층(야간)이며, 그 높이가 가장 낮은 주간 D층의 높이가 약 70Km이므로 송신국으로부터 1,000마일의 위치에서도 지표파에 대한 공간파의 지연량이 10us 정도는 되며 지표파에 의한 측정을 하려면 공간파가 혼입되기 전에 끝내야 하므로 펄스의 전단으로부터 30us(▶ 3cycle : 100kHz 반송파의 1cycle은 10us) 이내에서 위상비교를 하여야 한다.

14. Loran-C에서 전파의 도달시간차가 가장 큰 경우는?

가. 선박이 기선의 2등분선상에 있을 때
나. 선박이 기선상에 있을 때
사. 선박이 주국측 기선 연장선상에 있을 때
아. 선박이 종국측 기선 연장선상에 있을 때

해설 선박이 주국측의 기선 연장선상에 있을 때가 도달시간차가 가장 크다.
다음이 중심선상에 있을 때이며 종국이 기선연장선상에 있을 때가 가장 작다.
- 기선(Base line) : 주국과 종국을 연결한 선
- 중심선(Center line) : 기선의 수직 2등분선

15. Loran-C에서 지표파의 주간 도달거리는?

가. 약 700마일
나. 약 1,400마일
사. 약 2,000마일
아. 약 2,300마일

16. 100kHz대의 LORAN-C 전파가 주간에 주로 반사되는 전리층은?

가. D층
나. F층 하부
사. F층 상부
아. 전리층에서 반사하지 않음.

Answer 13 사 14 사 15 나 16 가

17 자동 Loran-C 수신기에서 위상변조를 행함으로써 얻을 수 있는 기능이 아닌 것은?

가. 잡음 제거 나. 자동 선국
사. 공간파의 식별 아. 전파속도 측정

18 Loran-C에서 펄스반복률이 20Hz이면 펄스 반복주기는 얼마인가?

가. 60,000μs 나. 50,000μs
사. 40,000μs 아. 30,000μs

해설: 펄스반복주기 = $\dfrac{1초}{펄스반복주파수} = \dfrac{1000000us}{펄스반복주파수} = \dfrac{1000000us}{20} = 50000us$

19 Loran-C 자동수신기에서 표본점(Sampling Point)은 펄스의 앞단에서 얼마만큼 뒤에 만들어 지는가?

가. 10μs 나. 20μs
사. 30μs 아. 40μs

20 Loran으로 얻은 선위의 정도에 관한 다음 설명 중 맞는 것은?

가. 기선 2등분선상에서 가장 정도가 좋다.
나. 기선상에서 가장 정도가 좋다.
사. 기선 연장선상에서 가장 정도가 좋다.
아. 주국에 가까울수록 정도가 좋다.

해설: 기선상에서 정도가 좋고 기선의 연정선상에서는 정도가 나쁘다.
▶ 기선 : 주국과 종국을 잇는 선

21 Loran-C에서 지표파의 2차 위상정수에 가장 큰 영향을 미치는 것은?

가. 대지 도전율 나. 측정 시각
사. 측정 방위 아. 기선의 길이

Answer 17 아 18 나 19 사 20 나 21 가

22. Loran-C에서 국을 식별하기 위하여 어떠한 방법을 이용하는가?

가. 추종 펄스 송신 방법을 택하고 있다.
나. 독립 송신 방식을 택하고 있다.
사. 주파수 분할 방식을 택하고 있다.
아. 시분할 방식을 택하고 있다.

해설 추종 펄스 송신 방식이란 주국이 전파를 발사한 후 종국들은 정해진 발사 시각표에 따라 차례로 전파를 발사하는 방식을 말한다.

23. 평면상에 있는 두 점으로부터 거리의 차이가 일정한 점들의 궤적을 무엇이라 하는가?

가. 쌍곡선
나. 타원
사. 원
아. 곡선

24. 쌍곡선 항법에서 주국과 종국을 연결하는 선을 무엇이라 하는가?

가. 기선
나. 기선 연장선
사. 중심선
아. 기선 이등분선

25. 전파항법 방식이 구비하여야 할 요건을 열거하였다. 틀린 것은?

가. 기상에 관계없이 측정 가능할 것
나. 측정 선위가 정확할 것
사. 특정 해역에서만 사용 가능할 것
아. 신뢰성이 있을 것

26. 다음 중 ECDIS의 성능기준으로서 잘못 설명한 것은?

가. 종이해도와 동등한 유용성과 신뢰성을 갖출 것
나. 해도 정보의 개정은 자동으로 되어야 하며 수동으로 되어서는 안됨.
사. 자선의 크기를 해도 축척에 상당하는 크기로 표시할 수 있을 것
아. 선수방위와 속력지시기 정보를 ECDIS에 연결할 것

Answer 22 가 23 가 24 가 25 사 26 나

27 쌍곡선 항법의 원리에 대한 다음 설명 중 틀린 것은?

가. 인접하는 2개의 쌍곡선의 간격은 기선상에서 가장 좁다.
나. 기선에서 멀어질수록 쌍곡선의 간격은 넓어진다.
사. 기선의 길이가 길수록 쌍곡선 항법의 이용가능 범위는 좁아진다.
아. 2점으로부터의 거리차가 같은 점의 궤적은 그 두 점을 초점으로 하는 쌍곡선이다.

해설 기선(Base line)은 양국을 연결한 선으로 길수록 이용범위가 넓어진다.

28 다음 중 펄스 파를 이용하는 전파 항해계기는?

가. GLONASS 나. GALILEO
사. GPS 아. Radar

해설 레이더와 로란은 펄스파를 사용한다.

29 8~9개의 펄스 군으로 변조된 100kHz의 반송파의 도달 시간차를 측정하여 위치를 결정하는 항법 계기는?

가. Loran-A 나. Loran-C
사. GPS 아. RDF

30 Loran-C방식에서 공간파의 수신 파형이 변화하는 원인에 해당되지 않는 것은?

가. 측정 시간 나. 육지의 영향
사. 측정점의 기온 아. 송수신점간의 거리

31 GPS에서 측정 가능한 요소로 볼 수 없는 것은

가. 위도 나. 경도
사. 고도 아. 방위

Answer 27 사 28 아 29 나 30 사 31 아

32 Loran-C의 주국신호와 종국신호를 구별하기 위하여 주국의 8번째와 9번째 펄스 사이의 간격은 나머지 8개의 펄스간격과 다른 간격으로 한다. 다음 중 주국의 8번째와 9번째 펄스 사이의 간격으로 사용되지 않는 것은?

가. 500μs
나. 1,000μs
사. 1,500μs
아. 2,000μs

해설 로란C에서 주국의 8번째와 9번째 펄스 간격은 주국과 종국을 구별하기 위하여 다른 것을 사용하며 나머지의 펄스간격은 모두 같은 1,000us를 사용한다.

Answer 32 나

2. 레이더 항법

01 레이더에서 마이크로파를 사용하는 이유로 볼 수 없는 것은?

가. 작은 물체로부터의 반사가 강하다.
나. 직진성이 좋다.
사. 지향성이 좋다.
아. 수신기 내부의 잡음이 적다.

> **해설** 마이크로파는 내부 잡음이 많지만 장점이 더 많아 레이더에 사용한다.
> **짧은 마이크로파를 사용하는 이유**
> ① 회절이 적고 직진 양호 – 정확한 거리 측정
> ② 강한 반사파 – 물체탐지 및 측정 수월
> ③ 수신 감도 좋음.
> ④ 지향성 양호 – 방위 분해능 높임.
> ⑤ 최소탐지거리 짧게 한다.
> • 단점 – 주파수가 높기 때문에 고출력 전력을 발생하기 어렵고 내부 잡음이 많고 비, 눈 등이 올 때 불리하다.

02 레이더에서 마이크로파를 사용하는 이유로 부적당한 것은?

가. 회절 등의 현상이 적어 직진성이 좋다.
나. 원거리 물표를 탐지하기 쉽다.
사. 작은 물표를 탐지하기 쉽다.
아. 공중선을 작게 할 수 있다.

03 다음 중 선박용 레이더 주파수대에 속하는 것은?

가. SHF 　　　　　　　　나. UHF
사. VHF 　　　　　　　　아. LF

> **해설** 가. SHF(Super High Frequency) : 극초단파–3GHz~30GH ▶ 선박레이더에 이용
> 나. UHF(Ultra High Frequency) : 주파수 300MHz~3,000MHz ▶ GPS에 사용
> 사. VHF(Very High Frequency) : 초단파–30MHz~300MHz ▶ VHF통신에 사용
> 아. LF(Low Frequency) : 장파 30KHz~300KHz ▶ 로란에 이용

Answer 01 아 02 나 03 가

04 비가 오는 해역을 항해할 때에는 다음 중 어떤 레이더를 사용하는 것이 좋은가?

가. X-BAND 레이더 나. C-BAND 레이더
사. Q-BAND 레이더 아. S-BAND 레이더

해설 눈·비가 올 때나 원거리 탐지에는 S-밴드 레이더가 유리하다.

X-BAND 레이더와 S-BAND 레이더

종류	파장	주파수	장 점	단 점
X-밴드	3.2cm	9,375MHz	• 방위분해능 우수 • 작은 물표탐지 유리 • 화면이 깨끗하다.	• 큰 물체 늦게 탐지 • 해면반사, 맹목구간이 넓다.
S-밴드	10cm	3,000MHz	• 원거리 탐지 유리 • 눈, 비올 때 유리	• 화면의 선명도가 떨어진다. • 작은 물체 탐지가 어렵다.

05 선박용 레이더에서 3cm파 레이더는 10cm파 레이더에 비해 어떤 특성이 있는가?

가. 방위 분해능이 좋다. 나. 거리 분해능이 나쁘다.
사. 우설반사 억제력이 좋다. 아. 해면반사 억제력이 좋다.

06 항행중 원거리탐지용으로는 S-밴드 레이더, 고분해용으로는 X-밴드 레이더를 사용하는 것이 바람직하다고 하는 가장 근본적인 요소로 알맞은 것은?

가. 첨두출력 나. 수직빔폭
사. 파장 아. 스캐너 높이

07 X밴드 레이더와 S밴드 레이더를 비교한 다음 설명 중 틀린 것은?

가. X밴드 레이더가 보다 선명한 화면을 나타낸다.
나. 협수로 등에서의 방위 측정에는 X밴드 레이더가 적합하다.
사. S밴드 레이더가 X밴드 레이더보다 원거리 목표물을 탐지하는 데에는 유리하다.
아. 레이콘은 통상 3GHz주파수대인 S밴드 레이더에서만 나타난다.

해설 과거 레이콘은 주로 9GHz대인 X-band 주파수만 사용하였으나 최근에는 X-band와 S-band 주파수가 동시에 사용되고 있다.

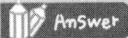 04 아 05 가 06 사 07 아

08 Radar에서 마이크로파를 만들어 내는 곳은?

가. 스캐너
나. C.R.T
사. 마그네트론
아. 검파기

> **해설** 마그네트론(Magnetron) = 자전관
> 강력한 영구 자석으로 전극 주위를 둘러싼 구조를 가진 2극 진공관으로 마이크로파의 전파를 발생시키는 장치

09 다음 중 마그네트론의 기능으로 볼 수 없는 것은?

가. 펄스반복주파수를 결정한다.
나. 강력한 자장 내에서 마이크로파를 만들어 내는 발진관이다.
사. 마이크로파를 발진시킨다.
아. 양(+)극에 공동 공진기를 갖는 2극관이다.

> **해설** 펄스반복주파수(PRF : PRR)의 결정은 트리거 발진기(Trigger Generator)에서 한다.

10 주파수가 1,000kHz인 전파의 파장은 약 얼마인가?

가. 0.3m
나. 3m
사. 30m
아. 300m

> **해설**
> $$\lambda = \frac{v}{f} = \frac{3 \times 10^8}{f}$$
> λ : 파장 : 1사이클의 길이
> v : 전파의 전달 속도 : 3×10^8 m/s
> f : 주파수 : 1초 동안에 반복되는 사이클의 수(Hz)
> $\therefore \lambda = \frac{300000000m}{1000000Hz} = 300m$

11 Pulse Radar에서 펄스 폭이란 무엇인가?

가. Pulse의 파장
나. Pulse파를 발사하는 시간
사. Pulse간의 시간차
아. Pulse의 진폭

Answer 08 사 09 가 10 아 11 나

해설 펄스폭 : 펄스의 길이로 펄스를 발송하는 시간으로 μs로 표시

레이더 출력에 관한 용어

① 펄스반복주파수(PRF : Pulse Repetition Frequency)
  1초에 발사되는 펄스의 수(500~2,000 정도)
  ▶ 최대탐지거리를 결정한다.
② 펄스반복률(PRR)
  단위 시간당에 대한 펄스 송신의 반복 횟수
③ 펄스 폭(Pulse length) : 하나의 펄스가 발사되는 시간(펄스길이)
  ▶ 마이크로초로(μs)로 측정(0.1~3μs)
④ 펄스반복주기(PRI : Pulse Repetition Interval)
  하나의 펄스가 발사되고 나서 다음 펄스가 발사될 때까지의 시간(100~1000μs)
  ▶ PRR = $\frac{1}{펄스반복주기}$ (PRR의 역수)
⑤ 첨두전력(Peak power)
  송신시 펄스의 최대치에 상당하는 전력
  ▶ 최대탐지거리는 송신 전력의 4승근에 비례하므로 탐지거리를 2배로 하려면 송신 첨두 전력을 16배로 해야 한다.
⑥ 평균전력(Average Power)
  펄스 파가 송신될 때와 되지 않는 휴지기간을 모두 합하여 평균을 한 평균의 전력

12. 첨두 전력 200kw, 평균 전력 100w일 때 펄스반복주파수가 1,000Hz라면 펄스폭은 얼마인가?

가. 0.2μs 나. 0.5μs
사. 1.0μs 아. 2.0μs

해설 펄스반복주파수를 펄스반복주기로 고치면
▶ 펄스반복주기 = $\frac{1초}{펄스반복주파수} = \frac{1000000 us}{1000} = 1000 us$
▶ 첨두전력 × 펄스폭 = 평균진력 × 펄스반복주기
  200KW × (x) = 100W × 1,000us
  200000W × (x) = 100W × 1,000us
  ∴ x = 0.5us

13. 다음 레이더 전파의 성질 중 정확도를 떨어뜨리는 것은?

가. 굴절성   나. 반사성
사. 등속성   아. 직진성

Answer 12 나 13 가

14 다음은 선박용 레이더의 충격계수에 관련된 식이다. 옳은 것은?

가. 충격계수 = 펄스 폭 × 펄스 반복주기
나. 펄스 반복주기 = 펄스 폭 × 충격계수
사. 첨두 전력 = 평균 전력 × 충격계수
아. 충격계수 = 펄스 폭 / 펄스 반복주기

해설 충격계수 = $\dfrac{펄스폭}{펄스반복주기}$ = $\dfrac{평균전력}{첨두전력}$ = 펄스폭 × 펄스반복주파수

가. 충격계수 = 펄스폭 × 펄스반복주파수
나. 펄스반복주기 = $\dfrac{펄스폭}{충격계수}$
사. 첨두전력 = $\dfrac{평균전력}{충격계수}$

15 레이더에서 펄스 파의 송신과 수신을 전환하는 장치를 무엇이라 하는가?

가. Magnetron 나. Trigger generator
사. Duplexer 아. Selsyn motor

해설 Duplexer : 송수신 전환장치
- TR 스위치 : 송신시 송신전파가 수신장치로 들어 가지 못하게 하는 장치
- RT(ATR) 스위치 : 수신기 수신전파가 송신장치로 들어 가는 것을 차단하는 장치

16 레이더에서 클라이스트론(klystron)의 기능은 무엇인가?

가. 주파수 변환 나. 극초단파 발진
사. 저주파 증폭 아. 검파

해설 클라이스트론 ▶ 극초단파 발진 ☞ 수신장치의 마이크로파 국부 발진기
혼합기(Mixer) ▶ 중간 주파수 변환 장치

17 다음 중 레이더 수신 장치의 국부발진관으로 흔히 사용되는 것은?

가. Magnetron 나. Thyratron
사. Klystron 아. Crystal diode

해설
- Magnetron : 송신장치의 발진관
- Klystron : 수신장치의 국부발진관

Answer 14 아 15 사 16 나 17 사

18 레이더에서 Magnetron의 발진주파수와 국부 발진주파수와의 차는?
   가. 발사 주파수
   나. 음성 주파수
   사. 영상 주파수
   아. 중간 주파수

   해설 Magnetron의 발진주파수와 클라이스트론의 국부 발진주파수와의 차를 중간 주파수라 하며 혼합기(Mixer)에서 만들어 진다.

19 Super Heterodyne 수신방식에서 중간 주파수를 형성하는 회로는?
   가. 혼합기
   나. 검파기
   사. 증폭기
   아. 저주파 증폭기

   해설 Super Heterodyne 수신방식
   - 마이크로파는 증폭하기가 매우 힘들기 때문에 슈퍼헤테로다인 방식으로 중간 주파수로 바꿔서 증폭한다. ☞ 거의 모든 전파계기들이 슈퍼헤테로다인 방식을 이용함.
   - 수신된 반사 신호의 주파수를 바꾸어 중간 주파수로 증폭함으로써 발진을 방지하는 수신방식
   - 레이더 안테나에 수신되는 전파의 강도는 매우 미약하기 때문에 이를 증폭, 검파한 후 영상신호로 변환하여 지시부로 송출한다.

   혼합기(Mixer)
   - 안테나에 수신된 반사신호와 klystron의 국부발진신호를 서로 혼합시켜 ▶ 중간 주파수 신호를 만드는 장치
   - 클라이스트론의 발진주파수는 마그네트론에서 발진되는 주파수보다 중간주파수 만큼 높다.
   ▶ AFC(Automatic Frequency Control : 자동주파수 제어장치)
     중간주파수로 유지되게 자동으로 주파수를 조정하는 장치이다.

20 마그네트론에서 발사된 전파의 주파수가 변동해도 중간 주파수는 일정하게 유지되도록 하는 장치는?
   가. 사이라트론
   나. 송·수신 전환부
   사. 클라이스트론
   아. AFC 회로

Answer 18 아 19 가 20 아

21 다음 중 레이더의 도파관이 하는 역할을 바르게 기술한 것은?

가. 송신기와 안테나 사이에서 전파를 증폭시키는 역할
나. 수신기의 입력측에 결합되어 송신시에 전파가 수신기로 들어가지 못하게 하는 역할
사. 물표에서 반사되어 안테나를 통해 들어온 반사파를 증폭하는 역할
아. 마그네트론에서 발진된 마이크로파를 안테나로 전송시키는 역할

22 주파수가 높은 레이더 전파가 감쇠를 많이 일으키는 때는?

가. 전파의 송수신시
나. 눈, 비, 안개 속 통과시
사. 휘점의 크기가 커질 때
아. 전파의 도파관 통과시

23 레이더 지시부에서 거리 범위를 결정하는 회로는 무엇인가?

가. 톱니파 발생회로
나. 방형파 발생회로
사. 영상 증폭회로
아. 동기펄스 발생회로 이동

해설 편향코일에 톱니파(saw tooth wave) 전류를 흘려 물표까지의 거리를 측정한다.

24 레이더의 동조조정(Tuning)은 무엇을 조정하는 것인가?

가. 국부 발진기
나. 마그네트론
사. 편향코일
아. CRT

해설 Tuning : 동조조정기로 레이더의 국부 발진기의 발진 주파수를 조정하는 조정기

25 레이더의 AFC 회로는 무엇을 조절하는 것인가?

가. Klystron의 발진 주파수 조절
나. 비·눈의 반사파 조절
사. Scope 영상의 밝기 조절
아. 선수 휘선의 조절

Answer 21 아 22 나 23 가 24 가 25 가

26. 레이더 화면의 특성상 영상이 좌우로 확대되는 현상이 있는데 이것은 무엇 때문인가?
   가. 수평 빔폭
   나. 수직 빔폭
   사. Pules 전파 사용
   아. 펄스반복주기

   해설 좌우로 수평 빔폭의 1/2만큼씩 확대되어 나타난다.

27. 레이더로 거리를 측정하였을 때 다음 중 가장 정확하게 측정된 거리는?
   가. 가변거리 눈금이 물표의 가장자리를 통과할 때의 거리
   나. 가변거리 눈금이 물표의 중앙을 통과할 때의 거리
   사. 고정거리 눈금이 물표의 중앙을 통과할 때의 거리
   아. 고정거리 눈금이 물표의 가장자리를 통과할 때의 거리

   해설
   • 고정거리환이 가변거리환보다 정확하므로 가변거리환을 수시로 고정거리환과 중첩시켜 오차를 파악하고, 오차가 크면 수리시 조정한다.
   • 물표가 고정거리환과 고정거리환의 중간에 위치해 있을 때는 눈대중으로 측정하여야 하므로 부정확하다. 이 때는 가변거리환으로 측정한다.
   ▶ 선박에서 거리는 가변거리환(VRM)으로 측정을 한다.

28. 레이더에서 간섭현상을 줄이기 위한 장치를 무엇이라고 하는가?
   가. Radar Interference Canceller
   나. STC
   사. Anti-Clutter Sea
   아. Gain

   해설 Radar Interference Canceller : 간섭제거 조정기
   STC : 해면반사억제기
   Anti-Clutter Sea = STC : 해면반사억제기
   Gain : 감도조정기

29. 레이더의 스코프에서 전자 빔의 사출량을 조절하여 영상을 전반적으로 밝게 하는 조정기는?
   가. 초점 소성기
   나. 휘도 조정기
   사. 수신기 이득 조정기
   아. 영상신호 이득 조정기

Answer   26 가   27 아   28 가   29 나

30 물표의 높이가 H(m), 스캐너의 높이가 h(m)일 때 레이더의 최대탐지거리를 구하는 공식은?

가. $D(MILE) = 2.09(\sqrt{H} + \sqrt{h})$
나. $D(m) = 2.09(\sqrt{H} + \sqrt{h})$
사. $D(MILE) = 2.22(\sqrt{H} + \sqrt{h})$
아. $D(m) = 2.22(\sqrt{H} + \sqrt{h})$

31 본선으로부터 등거리에 있고 서로 인접한 두 물표를 레이더 스코프상에서 두 개의 영상으로 구분하여 나타내는 성능을 좋게 하려면?

가. Antenna의 폭을 크게 한다.
나. Pulse 폭을 줄인다.
사. Pulse 반복 주파수를 높인다.
아. 주파수를 적게 한다.

해설
- 방위분해능을 좋게 하려면 수평 빔폭을 좁게 하면 된다.
- 수평 빔폭은 안테나의 개구부의 수평길이와 사용주파수(파장)에 의해 결정된다.
  ▶ 안테나의 수평 길이가 길수록, 주파수가 높을수록(파장이 짧을수록) 예리한 지향성을 얻을 수 있고 수평 빔폭을 좁게 할수록 방위분해능이 향상된다.

32 일반적으로 레이더에 있는 성능점검 스위치(TEST)를 조작해서 측정할 수 없는 것은?

가. 전원 전압
나. 입력신호 강도
사. 주요부의 공급전압
아. 마그네트론 전류

해설 측정 가능한 것
① 전원 전압
② 주요부의 공급전원
③ 마그네트론의 전류
④ 모니터 성능상태
⑤ 스캐너 신호상태

33 특히 하천 항행에서 선수방향의 탐지거리를 확대시켜 줄 수 있는 스위치는?

가. 스캐너 스위치
나. 오프 센터 스위치
사. 감도 스위치
아. 동조 스위치

해설 오프 센터 스위치(off-center : 중심이동 스위치)
필요에 따라 스코프상 자선의 위치를 화면의 중심이 아닌 다른 곳으로 이동시킬 수 있는 스위치로 동일한 탐지거리에서도 자선 전방의 탐지거리를 크게 할 수 있다.

Answer 30 사 31 가 32 나 33 나

34 Radar 스캐너의 1회전마다 마이크로 스위치가 접속하여 이 회로의 충전전하를 방전하여서 소인선이 밝게 빛나도록 한 것과 관계 있는 것은?

가. 방위선
나. 방위전환 스위치
사. 선수 휘선
아. 초점 조정기

35 레이더의 탐지거리에 영향을 미치는 아굴절(Sub-refraction)현상이 발생하는 경우를 열거한 것이다. 틀린 것은?

가. 높이 변화에 따른 기온 강하율이 대기의 표준상태보다 클 때
나. 상대습도가 낮은 때
사. 따뜻한 해면에 차가운 공기가 덮히는 때
아. 고위도 지방과 유빙해역을 항해하는 때

> **해설** 상대습도가 감소하는 경우에는 초굴절이 생긴다.
>
> **초굴절(Super-refraction)**
> ㉠ 따뜻하고 건조한 공기층이 습하고 찬 공기 위로 갈 때
>   ▶ 레이더 전파가 아래로 굴절
> ㉡ 탐지거리 증대 → 심하면 도관현상
> ㉢ 육지의 따뜻한 바람이 바다의 차가운 기류 위로 흐르는 경우로서 남북 회귀선 부근이나 중동지방 해역에서 가끔 일어난다.
>
> **아굴절 (Sub-refraction)**
> ㉠ 고온 건조한 공기 위로 한랭 습윤한 공기층 - 극지방에서 발생
> ㉡ 고도가 증가함에 따라 온도 저하율이 급격하거나 또는 상대습도가 증가하는 경우
>   ▶ 전파가 위로 굴절되어 탐지거리 감소
>
> **도관현상(Ducting)**
> ㉠ 초굴절이 특히 큰 경우에 나타나는 현상
> ㉢ 계절이나 특정 지역의 기후 및 날씨에 의하여 일어나며, 지역에 따라 다르다.
>
> **초굴절과 아굴절**
>
> | 구 분 | 초굴절(Super-Refraction) | 아굴절(Sub-Refraction) |
> |---|---|---|
> | 높이에 따른 기온 하강율 | 완만하다(작다) | 급격하다(크다) |
> | 공기층 | 고온건조 / 한냉습윤 | 한냉습윤 / 고온건조 |
> | 위치 | 중동, 남회귀선 부근 | 고위도 |
> | 습도 | 상대습도가 감소하는 경우 | 상대습도가 증가하는 경우 |
> | 탐지거리 | 증가 | 감소 |
> | | ▶ 초굴절이 심하면 도관현상(Ducting)이 일어난다. | |

 34 사 35 나

36. 레이더의 Super-Refraction에 대한 설명으로 틀린 것은?
   - 가. 레이더 수평선까지의 거리가 표준 상태보다 길어진다.
   - 나. 심한 경우에는 Ducting 현상이 생긴다.
   - 사. Small Range를 사용하는 것이 좋다.
   - 아. 따뜻한 공기가 찬 해면 위에 덮일 때 생긴다.

37. 레이더 사용시 높이에 따라 온도가 상승하는 지역에서는 상당히 멀리까지 탐지가 가능하다. 이런 현상이 나타나는 지역이 아닌 곳은?
   - 가. 미국 동부 해안
   - 나. 지중해
   - 사. 아라비아해
   - 아. 알래스카 해역

   해설 보기 가. 나. 사.는 탐지거리가 증가되는 초굴절이 일어날 수 있는 지역이며, 보기 아.는 아굴절이 일어날 수 있는 지역이다.

38. 레이더 스캐너의 높이가 16미터이고, 물표의 높이가 36미터라면 그 물표의 이론적인 최대탐지거리는 얼마인가?
   - 가. 약 9마일
   - 나. 약 13마일
   - 사. 약 16마일
   - 아. 약 22마일

   해설 레이더의 탐지거리 = $2.22(\sqrt{H} + \sqrt{h})$ [여기서 H : 스캐너 높이, h : 물표의 높이]
   = $2.22(\sqrt{16} + \sqrt{36})$ ≒ 22마일

39. 레이더의 최대탐지거리에 관한 다음 설명 중 틀린 것은?
   - 가. 송신 출력의 4승근에 비례한다.
   - 나. 안테나 이득을 올리면 탐지거리가 증가한다.
   - 사. 주파수가 낮은 쪽이 탐지거리가 길다.
   - 아. 펄스폭이 짧을수록 탐지거리가 증가한다.

   해설 펄스폭이 길수록 탐지거리는 증가한다.
   최대탐지거리에 영향을 끼치는 요소
   ⓐ 펄스 반복률 - 낮을수록 증가 ▶ 결정적 요소
   ⓑ 주파수 - 낮을수록 멀리 간다.

   Answer 36 사 37 아 38 아 39 아

ⓒ 빔 폭 – 좁을수록 멀리 간다.
ⓓ 안테나의 회전율 – 낮을수록 커진다.
ⓔ 펄스폭 – 길수록 증가한다.
ⓕ 파장 – 길수록 증가한다.
ⓖ 첨두전력 – 클수록 증가한다.
ⓗ 물표의 반사 특성 – 큰 물표일수록 커진다.
ⓘ 스캐너의 높이 – 높을수록 멀리 간다.
ⓙ 스캐너의 투영면적 – 클수록 멀리 간다.
ⓚ 기상 상태 – 나쁠 때는 감소한다.

40 레이더에서 개략적인 목표물의 최대탐지거리 즉 시인거리를 구할 때 고려하는 요소로 볼 수 없는 것은

가. 대기의 상태   나. 해면의 상태
사. 스캐너의 높이   아. 목표물의 높이

41 X-밴드 레이더에서 스캐너의 수평폭이 2미터이면 수평빔폭은 대략 얼마인가?

가. 1.1°   나. 1.5°
사. 2°   아. 2.2°

해설 $\theta = 70 \dfrac{\lambda}{D}$ (θ : 빔폭, λ : 파장, D : 안테나의 폭)

위의 식에서 $\theta = 70 \dfrac{\lambda}{D} = 70 \dfrac{3.2\,cm}{200\,cm} = 1.1°$ (X밴드 레이더의 파장은 3.2cm)

42 펄스반복주기(PRI)가 40,000㎲이면 펄스반복주파수(PRF)는 몇 pps인가?

가. 20pps   나. 25pps
사. 30pps   아. 40pps

해설 ▶ 펄스반복주기가 40,000㎲이므로 1초 동안에 나가는 펄스의 수는

1초 ÷ 40,000㎲ = $\dfrac{1,000,000}{40,000}$ = 25(1초 = 1,000,000㎲)

• 펄스반복주기 : 하나의 펄스가 발사되고 나서 다음 펄스가 발사될 때까지 걸리는 시간
• 펄스반복주파수 : 1초에 발사되는 펄스의 수

Answer 40 나 41 가 42 나

43 다음 중 레이더 물표로서 가장 좋은 것은?

가. 절벽
나. 낮은 모래 해변
사. 부표
아. 완만한 경사의 벌거숭이 산

44 다음 중 레이더의 거리분해능을 결정하는 데 가장 큰 영향을 미치는 요소는?

가. 휘점의 크기
나. TR관의 회복시간
사. 수직 빔폭
아. 안테나 이득

> **해설** 거리분해능은 ㉠ 펄스폭 ㉡ 휘점의 크기 ㉢ 수신기의 감도 등에 의해 결정된다.
> ▶ 펄스폭의 1/2 이상의 거리만큼 떨어져 있어야 지시기 상에 2개의 분리된 휘점으로 나타낼 수 있으므로 펄스폭을 짧게 하면 거리분해능은 좋아진다.

45 다음 중 레이더의 거리분해능에 영향을 미치는 요소는?

가. 펄스 폭
나. 발사전파의 수직 빔폭
사. 레이더의 안테나 높이
아. 발사전파의 수평 빔폭

46 Radar 방위 측정상의 주의사항에 해당하지 않는 것은?

가. 영상이 스코프 중심 가까이 위치하도록 한다.
나. 방위 측정시 진방위 지시방식으로 한다.
사. 감도 조정으로 수평 빔의 확대 효과를 줄인다.
아. 눈은 스코프와 Cursor 중심에 일치시킨다.

47 심한 비나 눈 때문에 레이더의 영상이 흐려지는데 이것을 줄이기 위한 조치는?

가. FTC 조정
나. STC 조정
사. VRM 조정
아. 휘도 조정

Answer 43 가 44 가 45 가 46 가 47 가

48 선박용 레이더에서 방위를 측정할 때 주의할 사항이 아닌 것은?
가. 소인의 중심과 방위선의 중심을 일치시킨다.
나. 선수휘선이 바른 위치에 나타나는지 확인한다.
사. 수신감도를 높일수록 좋다.
아. 측정할 물표는 작은 섬 등의 고립된 물표가 좋다.

해설 수신감도를 높이면 잡음이 많아진다.

49 다음 설명 중 가장 타당한 것은?
가. 레이더 수평선이 광학적 수평선보다 멀다
나. 기하학적 수평선이 광학적 수평선보다 멀다.
사. 광학적 수평선은 레이더 수평선보다 멀다.
아. 기하학적 수평선이 레이더 수평선보다 멀다.

해설 탐지거리가 긴 순서 : 레이더 수평선 > 광학적 수평선 > 기하학적 수평선

50 다음 중 레이더의 최소탐지거리에 영향을 미치는 요인으로 볼 수 없는 것은?
가. 송수신 전환장치 중 TR관 사용시 그 회복 시간
나. 펄스 폭
사. 레이더 마스트의 높이
아. 수평 빔폭

해설 수평 빔폭은 방위분해능과 관계가 있다.
최소탐지거리에 영향을 끼치는 요소
㉠ 펄스 폭(펄스 길이) : 최소탐지거리를 결정한다.
  ▶ Pulse 폭의 1/2에 해당하는 거리 내에 있는 물표의 측정은 불가능
㉡ 수직 빔폭을 크게 하면 짧아진다.
㉢ 안테나의 높이 : 낮게 하면 짧아진다.
㉣ 스폿의 크기(휘점의 크기)
㉤ 해면반사 및 사이드로브 : STC의 사용
㉥ TR관의 회복 시간

Answer 48 사 49 가 50 아

51
다음은 레이더의 최소탐지거리에 영향을 미치는 요소를 열거한 것이다. 틀린 것은?

가. 펄스 폭
나. STC회로 채택
사. 레이더의 안테나 높이
아. 발사전파의 수평 빔폭

해설 수평 빔폭은 방위분해능에 영향을 주며, 최소탐지거리와는 관계가 없다.

52
레이더에서 사용하고 있는 펄스 폭이 0.25μs인 경우 다른 요인을 무시할 때 최소탐지거리는 대략 얼마인가?

가. 10m
나. 17.5m
사. 30m
아. 37.5m

해설 최소탐지거리는 펄스폭의 1/2이므로 0.25μs의 1/2은 0.125μs
1μs = 300m이므로 300m × 0.125 = 37.5m

53
레이더에서 거리 선택 스위치(RANGE SELECTOR)를 근거리 범위로 바꾸면 펄스반복주파수가 증가하고 펄스폭이 짧아진다. 그 주된 이유는 다음 중 어느 것인가?

가. 송신 에너지를 증가시키기 위해
나. 2차 소인반사를 피하기 위해
사. 최소탐지거리를 개선시키기 위해
아. 방위분해능을 향상시키기 위해

해설 최소탐지거리는 펄스폭이 좌우한다. 펄스폭의 1/2 범위 안에 있는 물표는 표시할 수가 없다.

54
PPI화면 방식의 Radar에서 소인선이 겨우 보일 정도로 조정하는 조정기는?

가. Intensity
나. Gain
사. Tune
아. Range Scale Selector

55
레이더의 거리 분해능을 좋게 하려면 펄스 폭이 짧아야 한다. 너무 짧게 하면 다음의 어느 성능이 나빠지는가?

가. 최대탐지거리
나. 최소탐지거리
사. 방위분해능
아. 영상의 선명도

Answer 51 아 52 아 53 사 54 가 55 가

해설 펄스 폭을 짧게 할수록 거리분해능이 향상된다. 그러나 펄스 폭을 너무 짧게 하면 최대탐지거리가 감소한다.

56 육상의 어떤 위치에서 레이더 파를 계속 발사하고, 발사점으로부터 한 줄의 방위선으로 나타나 방위를 측정할 수 있도록 하는 전파표지는 다음 중 무엇인가?

가. 레이콘(Racon)
나. 레이마크(Ramark)
사. 레이더 플레어(Radar Flare)
아. 트랜스폰더(Transponder)

해설 레이마크는 레이더파를 계속 발사만 하는 마이크로파 표지국이고, 레이콘은 레이더파를 받을 때 응답하는 응답용 마이크로파 표지국이다.
- 레이콘(Racon)
  선박 레이더에서 발사한 전파를 받을 때만 응답하는 무선표지로 모스 부호의 신호가 레이더 화면상에 나타나 표지의 방향과 거리를 알 수 있다.
- 레이마크(Raymark = Ramark)
  육상의 일정한 지점에서 레이더 파를 계속 발사하여 선박에서 지시기상에 발사점으로부터 한 줄의 방위선(1°~3°폭)으로 나타나서 방위를 측정할 수 있다.

57 다음 중 일정 위치에서 계속 전파를 발사하는 Radar 등대로 볼 수 있는 것은?

가. Racon
나. Ramark
사. Transponder
아. Radar Flare

58 레이더의 수평 빔폭에 대한 설명으로 잘못된 것은?

가. 전파의 파장이 일정하면 안테나 폭이 넓을수록 작아진다.
나. 안테나 폭이 일정하면 파장이 짧을수록 커진다.
사. 수평 빔폭이 작을수록 방위분해능이 좋다.
아. 수평 빔폭이 클수록 방위측정 오차는 커진다.

해설 수평 빔폭 = $\dfrac{70\lambda}{D}$ (λ : 파장, D : 안테나 길이)
위의 식에서 안테나 폭이 일정하면 파장이 짧을수록 수평 빔폭은 좁아진다.

Answer 56 나 57 나 58 나

59 레이더에서 Sensitivity Time control 회로의 목적은?

- **가.** 해면반사의 영향을 감소시킨다.
- **나.** 근접해 있는 두 물표를 분리시킬 수 있는 능력을 증가시킨다.
- **사.** 마그네트론의 발진 주파수를 조절한다.
- **아.** 비나 눈의 영향을 제거시킨다.

60 레이더 조정기 중 해면반사 억제기(STC)는 어떤 효과를 가지는 것인가

- **가.** 해면으로부터의 반사파만을 효과적으로 제거한다.
- **나.** 근거리의 모든 반사파의 증폭도를 억제한다.
- **사.** 근거리 선박의 반사파를 해면 반사파에 비해 상대적으로 높게 증대시킨다.
- **아.** 해면 반사파와 선박에 의한 반사파를 미분한다.

61 다음 설명 중에서 레이더의 동조조정 요령을 가장 잘 설명한 것은?

- **가.** 최대의 해면 반사파가 나타나도록 한다.
- **나.** 잡음이 PPI 중심 부근에 조금 나타나도록 한다.
- **사.** 소인선이 보일듯 말듯하게 조정한다.
- **아.** 해면 반사파가 조금 나타나도록 한다.

해설 Tuning(동조조정기)
- ㉠ 동조조정기는 레이더의 국부 발진기의 발진 주파수를 조정하는 것으로 적절히 조정되면 목표물의 반사에 의한 지시기의 화면이 선명하게 된다.
- ㉡ 주위에 물표가 있으면 영상을 가장 잘 식별할 수 있는 상태로 조정하고, 주위에 물표가 없으면 동조지시기의 눈금이 최대가 되도록 조정한다.
- ㉢ 육지 가까이 있을 때에는 거리 범위를 증가시켜 가장 먼 곳의 물표가 가장 강하게 나타나도록 한다.
- ㉣ 대양상에서는 해면반사가 가장 멀리까지 나타나도록 조정한다.
- ㉤ 변침시는 자선 항적의 영상이 가장 밝게 나타나도록 조정한다.
- ㉥ AFC 기능이 있는 레이더에서는 수동조정이 필요 없지만 없는 경우에는 수동으로 동조조정을 해야 한다.

Answer 59 가 60 나 61 가

62 다음 레이더 성능 중 펄스 폭의 영향을 별로 받지 않는 것은?

가. 최소탐지거리
나. 방위분해능
사. 거리분해능
아. 영상 선명도

해설 방위분해능은 수평 빔폭의 영향을 받는다.

63 레이더 사용시 통상 Short range로 바꾸면 어떤 점에서 유리한가?

가. 펄스 폭이 짧게 되어 거리분해능이 좋아진다.
나. 펄스 폭이 짧게 되어 방위분해능이 좋아진다.
사. 펄스 폭이 길어져 최소탐지거리가 개선된다.
아. 펄스 폭이 길어져 화면이 선명해진다.

해설 펄스폭을 짧게 할수록 거리분해능이 향상된다. 그러나 펄스폭을 너무 짧게 하면 최대탐지거리가 감소한다.

64 레이더 수평 빔폭으로 인한 방위오차를 제거하기 위한 수정치는 다음 중 어느 것인가?

가. 수평 빔폭
나. 수평 빔폭의 1/2
사. 수평 빔폭의 1/4
아. 수평 빔폭의 1/6

해설 레이더로 물표를 관측하면 지시기상에는 수평 빔폭의 1/2만큼 양쪽으로 확대되어 나타난다. 그래서 정확한 방위를 측정할 때는 수평 빔폭의 1/2만큼 안쪽으로 측정을 해야 한다.

레이더 전파의 빔

㉠ **수평 빔폭**
수평면의 방향으로 발사되는 빔으로 출력의 반이 되는 방향이 이루는 각을 말하며 보통 1~2° 정도 된다.
주된 빔을 이루는 것을 주엽(main lobe)이라 하고 주엽 이외의 작은 빔을 측엽(side lobe)이라 한다.

㉡ **수직 빔폭**
수직방향의 빔폭(보통 15~20° 정도)

▶ 빔폭은 안테나의 크기가 주어졌다면 파장이 짧을수록 좁아지고, 주파수가 주어졌다면 안테나가 클수록 빔폭은 좁아진다.

Answer 62 나 63 가 64 나

65 다음 중 레이더 항법에서 변침을 자주할 때 더욱 유용한 지시방식은 어느 것인가?

가. Head-up(상대방위 지시방식)   나. North-up(진방위 지시방식)
사. 상대운동 지시방식   아. 이심(Off-Center)

> 해설 변침을 자주할 때는 영상의 변화가 없는 North-up 방식이 유리하다.
> 레이더의 지시방식

	진방위 지시방식	상대방위 지시방식
화면의 상단	상방이 항상 진북	선수방향 = 실제침로 = 선수휘선
변침시	영상은 움직이지 않고 선수휘선만 변침한 쪽으로 이동	영상은 자선의 선회하는 반대 방향으로 움직이며 선수휘선은 움직이지 않는다.
정확도	움직임이 있을 때 영상 안정	불안정 - 방위 정확도 떨어짐.
이 점	해도와 비교하기 좋다. 타선과의 항법 관계를 쉽게 파악 이동물체의 대략적인 속력판단	영상과 실제 물표와 비교하기 좋다.
이 용	변침이 많은 협수로나 연안항해	출입항시, 대양항해

66 Head-up 화면 지시방식에서 선박을 좌현으로 변침하면 영상은 어떻게 변화하는가?

가. 육지의 영상이 시계 방향으로 돈다.
나. 육지의 영상이 반시계 방향으로 돈다.
사. 선수지시선이 시계 방향으로 돈다.
아. 선수지시선이 반시계 방향으로 돈다.

> 해설
> • Head-up 화면 지시방식에서 변침시에는 선수휘선은 변화가 없고 영상이 변침의 반대방향으로 움직인다.
> • North-up 화면 지시방식에서는 변침시 영상은 변화가 없고 선수휘선만 변침한 방향으로 움직인다.

67 레이더의 화면 표시방식에서 North-up(진방위 지시방식)의 이점은?

가. 본선 주위의 상황을 본선 중심으로 관측하는데 편리하다.
나. 영상이 안정되어 나타난다.
사. 선수휘선이 고정되어 레이더 영상에서 물체를 식별하는데 편리하다.
아. 본선이 요잉(yawing)할 때 영상이 좌우로 흔들린다.

Answer 65 나 66 가 67 나

68. North-up 화면 지시방식에서 좌현으로 변침할 때 영상은 어떻게 변화하는가?
    가. 육지의 영상이 시계 방향으로 돈다.
    나. 육지의 영상이 반시계 방향으로 돈다.
    사. 선수휘선이 시계 방향으로 돈다.
    아. 선수휘선이 반시계 방향으로 돈다.

69. Radar 화면의 지시방식에 관한 다음 내용 중 바르게 기술된 것은?
    가. Head-up에서는 선수 방향을 000도로 표시한다.
    나. North-up에서는 변침시 화면이 재배열된다.
    사. Head-up에서는 해도와 비교할 때 편리하다.
    아. North-up에서는 변침시 화면이 반대 방향으로 돈다.

    해설 나. North-up에서는 변침시 영상은 변화가 없다.
         사. Head-up은 영상과 실제물표와 비교하기 좋다.
         ▶ North-up은 해도와 비교하기 좋다.
         아. North-up은 변침시 영상은 변화가 없고 선수휘선은 변침방향으로 움직인다.

70. 레이더 방위 표시방식에서 North-up을 사용하면 어떤 점이 가장 좋은가?
    가. 영상이 안정되어 있어 측정 방위가 정확하다.
    나. 선수방위가 항상 000°이다
    사. 목표물의 예측이 비교적 쉽다.
    아. 휘도 조정이 잘 된다.

71. 레이더로 구한 선위 중 가장 정확도가 높은 것은?
    가. 3물표의 거리에 의한 선위
    나. 1물표의 거리와 1물표의 방위에 의한 선위
    사. 2물표의 방위와 1물표의 거리에 의한 선위
    아. 2물표의 방위에 의한 선위

Answer 68 아 69 가 70 가 71 가

72 레이더 영상에서 맹목구간 내에 상대선이 있을 때 그것을 알기 위한 조치는?

가. Gain 손잡이를 돌려 본다.
나. 선박을 약간 돌려 본다.
사. FTC와 STC 손잡이를 돌려 본다.
아. 안테나의 회전속도를 조절한다.

해설 맹목구간 내에 있을 때는 변침을 하여 확인한다.
맹목구간(Blind sector)
스캐너가 연돌, 마스트 보다 낮아 전파가 차단되어 물표를 탐지할 수 없는 구간
▶ X밴드 레이더보다 S밴드 레이더를 사용하는 것이 좋으며, 변침을 하면 없어진다.
차영 현상(Shadow effect)
전파가 차단되어 약해지는 현상
데린저 현상 : 단파통신에서 수십초 ~ 수시간 통신이 두절되는 현상
페이딩(Fading) 현상 : 전파가 지나온 매질의 변화에 따라 감도가 급격히 변동하는 현상

73 레이더 화면에서 본선 근처의 해면 반사를 제거하려면 어떻게 하는가?

가. FTC 조정 나. STC 조정
사. Gain 조정 아. 휘도 조정

해설
- FTC : 우설제거장치(Fast Time constant 또는 anti-clutter rain)
- STC : 해면반사제거장치(Sensitivity Time Control 또는 anti-clutter sea)
- Gain : 감도 조정기
- Brilliance : 휘도 조정기

74 레이더에 의해 탐지된 1개 물표의 영상이 아래 그림과 같이 스코프상에 나타나는 현상은?

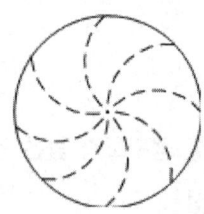

가. 간접반사에 의한 거짓상
사. 2차 소인에 의한 거짓상
나. 레이더 간섭현상
아. 측엽(side lobe)에 의한 거짓상

Answer 72 나 73 나 74 나

해설 레이더 간섭
타선박이 자선과 같은 주파수의 레이더 전파를 발사하는 경우에 타선의 전파가 자선의 레이더 스코프상에 나타나는 현상으로 CRT 화면상에 약간 넓은 나선형으로 밝게 눈이 내리는 것처럼 어느 방향이나 생긴다.

75 레이더 스크린의 전면에 나타나는 눈발과 같은 영상 또는 원형이나 나선형의 영상은 그 원인이 무엇인가?

가. 해면 반사
나. 우설 반사
사. 타선 레이더와의 간섭
아. 그늘 효과

해설 자선에서 발사한 전파의 주파수와 같은 전파이면 모두 수신하여 스코프상에 나타나기 때문에 타선이 자선과 같은 주파수의 레이더 전파를 발사하는 경우 눈이 내리는 것 같은 영상이나 점들이 나선형으로 나타난다.
▶ 동조조정기(tuning)나 Interference(레이더간섭파조정장치) 등으로 조정한다.

76 본선 부근에 있는 상대선에서 본선 레이더와 같은 주파수대의 레이더를 사용하고 있을 때 나타나는 현상은?

가. 맹목구간
나. 해면 반사
사. 간섭 현상
아. 기상 장해현상

77 강을 가로 지르는 고가전선이나 철교 등에 전파가 직각으로 부딪힌 부분에서만 반사파가 돌아와 레이더 스크린에 작은 점으로 나타나서 소형선과 오인되는 현상을 무엇이라 하는가?

가. 산접반사
나. 거울면반사
사. 다중반사
아. 2차소인반사

해설 레이더 거짓상의 종류
① 거울면반사(경면반사)
항내 또는 하천 항행시 안벽, 고층 빌딩과 같은 거울면이 가까이 있을 경우에 실제 영상 이외에 거짓상이 생기는 현상
▶ 반사물체와 대칭의 위치에 위상이 생긴다.
▶ 고가전선이나 철교의 경우는 스코프상에 작은 점의 영상으로 나타난다.

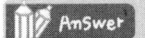 75 사 76 사 77 나

② 간접반사
선박의 연돌, 마스트와 같은 선체 구조물에 반사되어 생기는 거짓상
▶ 위상은 진영상과 다른 방향에 거의 같은 거리에 나타난다.
▶ 변침하면 곧 사라진다.
③ 다중반사
자선의 근방에 있는 타선으로부터 강한 반사파가 돌아올 때 생기는 위상
▶ 가장 가까이 탐지되는 영상이 실제 물표의 영상이다.
▶ 같은 방향에 같은 거리로 위상이 여러 개 생긴다.
④ 측엽효과(Side lobe)
본선과 가까운 거리에 큰 물체가 있는 경우 측엽에 의한 반사파가 주엽(main lobe)에 의한 진영상과 함께 나타나는 현상
▶ 진영상과 동일거리에 원호 형태로 나타난다.
▶ STC를 사용하면 억제할 수 있다.
⑤ 2차소인반사
기상 요소의 이상으로 인하여 최대탐지거리 밖에 있는 물표가 탐지되는 현상
▶ 방위는 같고 거리는 다르다.
▶ 초굴절이 일어나는 기상조건하에서 나타난다.
▶ 레인지 스케일을 변경시켜 해결할 수 있다.

거짓상의 종류

종류	원인물체	생기는 방향	조치
간접반사	마스트, 연돌	진상과 다른 방향, 같은 거리	변침
거울면반사 (경면반사)	방파제, 창고 송전선, 교량	반사물표로부터 대칭되는 곳 직각방향에 작은 점으로 표시	수신감도(Gain)를 낮춘다
다중반사	대형선	같은 방향, 같은 거리	STC를 강하게 Gain을 낮춘다
측엽효과 (side lobe) (부복사)	측엽	7°, 90° 방향 진상과 대칭되게 원호형태	STC
2차소인반사	초굴절이나 도관현상	먼 곳의 물표가 가까이	거리선택스위치

78 레이더에서 거짓상이 생기는 원인이라고 할 수 없는 것은?

가. 다중반사　　　　　　　　나. 제2차소인반사
사. 측엽효과　　　　　　　　아. 레이더 파의 상호간섭

해설　레이더의 거짓상(False echo : 허상)의 원인
① 간접반사　　② 경면반사
③ 다중반사　　④ 측엽효과
⑤ 2차소인반사 등이 있다.

Answer　78 아

79 레이더의 제2차 소인에 의한 거짓상은?

가. 방향은 같고 거리는 다르다.
나. 방향과 거리가 같다.
사. 거리는 같고 방향은 다르다.
아. 방향과 거리가 모두 다르다.

해설 2차소인반사는 기상 요소의 이상상태로 인하여 최대탐지거리 밖에 있는 물표가 탐지되는 현상으로
▶ 방위는 같고 거리는 다르다.
▶ 초굴절이 일어나는 기상조건하에서 나타난다.
▶ 레인지 스케일을 변경시켜 해결할 수 있다.

80 물체에서 반사된 펄스파가 본선 선체의 구조물에 한 번 더 반사되어 스크린에 진상과는 다른 방향에 거짓상이 나타나는 현상을 무엇이라 하는가?

가. 간접반사
나. 거울면반사
사. 다중반사
아. 측엽에 의한 반사

81 레이더 영상 중 거리선택 스위치를 48마일로 하였을 때 16마일에 나타난 상이 24마일 거리로 바꿨을 때는 사라지고 없다. 그 이유는?

가. 간접반사
나. 2차소인반사
사. 측엽반사
아. 다중반사

해설 2차소인반사는 레인지 스케일을 바꾸면 없어진다.

82 레이더의 거짓상 중 실제 거리보다 단축되어 나타나는 경우는?

가. 간접반사
나. 다중반사
사. 부복사
아. 2차소인 거짓상

Answer 79 가 80 가 81 나 82 아

83 레이더의 거짓상 중 실제 영상과 거리는 같으나 방향이 다른 곳에 거짓상을 생기게 하는 원인은?
   가. 간접반사 나. 경면반사
   사. 다중반사 아. 부복사

84 본선의 정횡방향에 있는 타선에서 강한 반사파가 돌아올 때 이 전파가 본선과 타선 사이를 2회 또는 수회 왕복하여 레이더의 화면상에서 진영상의 방향으로 같은 간격에 거짓상이 나타난다. 이것을 무엇이라 하는가?
   가. 간접반사 나. 다중반사
   사. 거울면반사 아. 측엽효과

   해설 다중반사의 거짓상은 등방향에 등간격으로 나타난다.

85 쾌청한 날씨에 레이더 화면을 살펴보니 선수휘선상에 물표가 3마일 떨어져 나타나 있다. 망원경으로 아무리 살펴봐도 해당 물표를 발견할 수 없다. 이 영상은 무엇에 의한 가짜상으로 볼 수 있는가?
   가. 2차소인반사 나. 측엽반사
   사. 간접반사 아. 다중반사

86 레이더 영상에서 가까운 거리에 큰 물체가 있을 때 진영상과 동일한 거리에 원호 형태로 거짓상이 나타난다. 이것을 줄이기 위한 조치는?
   가. STC를 조정한다. 나. Tuning을 조정한다.
   사. FTC를 조정한다. 아. 휘도를 조정한다.

   해설 레이더의 거짓상 중 가까운 거리에 큰 물체가 있을 때 진영상과 동일한 거리에 원호 형태로 나타나는 거짓상은 사이드로브(측엽효과, 부복사)에 의한 거짓상이다.
   ▶ 측엽효과를 줄이기 위한 조치로는 STC를 조정한다.

Answer 83 가 84 나 85 사 86 가

87 레이더 영상에서 본선의 구조물(마스트, 연돌 등)에 의하여 나타나는 현상으로 옳게 짝지은 것은?

가. 맹목구간 - 경면반사
나. 맹목구간 - 간접반사
사. 레이더 간섭 - 다중반사
아. 레이더 간섭 - 사이드롭

88 레이더의 방위 오차에 속하지 않는 것은?

가. 펄스 폭에 의한 오차
나. 배가 기울어짐에 따른 오차
사. 영상확대 효과에 의한 오차
아. 중심차에 의한 오차

해설 펄스 폭에 의한 오차는 거리오차에 속한다.

89 레이더 플로팅을 통해 파악할 수 있는 요소가 아닌 것은?

가. 타선의 진침로
나. 타선의 피항침로
사. 최근접점의 거리
아. 타선의 진속력

해설 레이더 플로팅으로 타선의 상태침로, 진침로, 타선의 상대속력, 진속력, 최근접점(CPA) 및 최근접점까지의 예상도달시간(TCPA) 등을 구할 수 있으나 타선의 피항침로는 알 수 없다.

90 Radar plotting시 속도 삼각형에 나타나는 요소가 아닌 것은?

가. 자선의 진운동
나. 최근접거리
사. 타선의 진운동
아. 타선의 상대운동

91 본선 침로 090°(T&G), 진속력 18노트로 항행중 방위변화가 없이 계속 접근하는 선박을 플로팅하였다. 16시 30분에 진방위 000°, 거리 12마일이었고 10분 뒤인 16시 40분에 진방위 000°, 거리 9마일이었다. 이 선박의 진침로는?

가. 045도
나. 090도
사. 135도
아. 180도

해설 본선이 진침로 090도로 항해하고 있고, 상대선박의 상대운동방향이 000도이므로 실제로 상대선박은 135도로 항해중이다.

Answer 87 나 88 가 89 나 90 나 91 사

92. 레이더 플로팅에서 상대선의 상대운동 속도선분을 설명한 것 중 틀린 것은?

가. 상대동작 레이더 상에 나타나는 상대선의 움직임을 표시하는 선분이다.
나. 상대선의 진동작 레이더 상에서 나타나는 선분이다.
사. 속도선분의 길이가 긴 쪽이 짧은 쪽보다 통상 본선을 지나는 데 걸리는 시간이 짧다.
아. 본선으로 향한 상대운동 속도선분은 충돌 상태임을 뜻한다.

해설 상대선의 상대동작 레이더(RM)선분이다.

93. 레이더의 진운동 지시방식에서 충돌 예방에 더 유용한 표시모드는?

가. 대지 안정(Ground Stabilized)
나. 대수 안정(Sea Stabilized)
사. 부표 안정
아. 이심

해설 진운동 지시방식(True motion Display) 중 ▶ 대지 안정모드는 조류의 방향과 속도(대지속력)를 가감한 본선의 선수방위와 속력을 입력하며 ▶ 대수 안정모드는 조류의 정보가 들어가지 않는 것으로 대수속력을 입력하며, 충돌예방에 유용하다.

94. 다음 중 ARPA(Automatic Radar Plotting Aids)의 역할이 아닌 것은 어느 것인가?

가. 물표에 대한 데이터의 추출
나. 물표에 대한 데이터의 기억
사. 물표에 대한 데이터의 표시
아. 물표에 대한 데이터의 삭제

95. ARPA에 사용되는 각종 조정기 중에서 Guard zone의 역할이 아닌 것은?

가. 특정 구역의 물표 탐지
나. 물표의 자동탐지
사. 특정 거리에 대한 물표의 조기 경보
아. 거짓상의 식별

해설 Guard zone(경계구역)은 거짓상의 식별은 하지 않는다.

96. ARPA에서 경보를 발하는 경우는 다음과 같다. 타당치 않은 것은?

가. 추적하던 물표가 소실된 때
나. 추적하던 물표가 Guard ring을 벗어난 때

Answer 92 나 93 나 94 아 95 아 96 나

사. 설정된 Guard ring 내에 새로운 물표가 들어올 때
아. 정해진 DCPA와 TCPA 이내에 들어오는 물표가 있을 때

해설 추적하던 물표가 Guard ring(경계구역)을 벗어난 때는 경보를 발하지 않는다.

97 ARPA 자동탐지시 목표물 과잉경보를 울리는 반사파의 원인으로 볼 수 없는 것은?
가. 해면
나. 낮은 구름
사. 고립된 물표
아. 밀집된 어선군

98 ARPA에서 물표 상실(Lost Target)이 되는 경우가 아닌 것은?
가. 약한 반사파를 추적할 때
나. 해면 반사파를 자동 포착한 경우
사. 추적중인 물표가 본선의 Blind Sector로 들어간 경우
아. 추적중인 물표가 한계 CPA 및 한계 TCPA 이내로 들어온 경우

99 ARPA에는 추적되고 있는 목표물의 과거 항적을 같은 시간 간격인 4개 이상의 점으로 표시하는 기능이 있다. 성능기준상 최소한 얼마 동안의 과거항적이 표시되어야 하는가?
가. 4분
나. 6분
사. 8분
아. 10분

100 ARPA에서 Target Swop 현상을 줄이기 위한 조치는?
가. 우선 순위 프로그램을 만든다.
나. 추적 게이트의 크기를 줄인다.
사. 자동 포착을 실시한다.
아. Target Glint를 작게 한다.

해설 Target Swop 현상 : 물표 갈아타기 현상
두 목표물이 접근할 때 그 양자의 과거 위치와 현재 위치의 데이터 관계에 혼란을 일으켜서 추적중인 목표에서 떠나 다른 목표로 이동하여 생기는 현상
▶ 두 목표가 장시간 가까이 있을 때 발생
▶ 추적 게이트의 크기를 축소시켜 항적의 변화 예측을 더욱 장기간 적용하여 그 발생을 최소로 한다.

Answer 97 사 98 아 99 사 100 나

제08장 항해계획

01 **다음 중 두 지점간의 Rhumb line 거리와 대권항해 거리의 차이가 가장 큰 경우는?**
  가. 동일 반구에서 낮은 위도의 두 지점간 거리
  나. 동일 반구에서 높은 위도의 두 지점간 거리
  사. 반구가 다른 적도 부근의 두 지점간 거리
  아. 한 지점은 적도 부근에, 나머지 지점은 고위도에 위치하나 두 지점의 자오선이 매우 가까이에 있는 경우

  > **해설** 항정선항해 거리와 대권항해 거리의 차이가 큰 경우는 대권항법의 유리한 점인 고도가 높고, 항정이 길고, 침로가 동서방향일 때이다.

02 **다음 중 유빙해역 항법으로서 맞지 않는 것은?**
  가. 빙산과 빙군은 항상 동쪽 방향으로만 이동하므로 야간이나 협시계일 경우에는 항해를 중지하고 시계가 좋아지거나 날이 밝으면 계속 항해한다.
  나. 빙산을 풍하현측으로 보고 속력은 조타 가능한 한 최소한으로 줄인다.
  사. Lookout은 선수미에서 다 같이 실시하되 Mast와 같은 높은 곳에서 행하는 것이 좋다.
  아. 얇은 빙판은 뚫고 항진할 수 있으나 쇄빙의 조각이 주흡수관을 폐쇄하는 수가 있으니 주의해야 한다.

03 **연안 항해계획을 수립할 때 항로 선정에 고려할 사항 중 무시하여도 될 사항은?**
  가. 선박의 성능   나. 항정의 장단
  사. 당직자의 항해능력   아. 지방자기의 대소

Answer 01 나 02 가 03 아

04 연안 항해중 변침시의 변침 목표로서 다음 중 어느 것이 가장 좋은가?

가. 신침로의 방향에 있고 신침로와 직각을 이루며 가능한 한 가까운 거리에 있는 것
나. 신침로의 방향에 있고 신침로와 평행하며 가능한 한 가까이 위치한 것
사. 전타할 현의 선수 방향 부근에 있는 부표
아. 원침로의 선미쪽에 위치한 뚜렷한 물표

해설 변침 물표의 선정
① 변침 후의 침로 방향에 있고, 그 침로와 평행이거나 또는 거의 평행인 방향에 있으면서 거리가 가까운 것을 선정
② 위와 같은 물표가 없으면, 전타할 현 쪽의 정횡 부근에 있는 뚜렷한 물표 또는 중시 물표와 같이 정밀도가 높은 것을 선정한다.
③ ①②가 없을 때는 예비물표 선정
④ 곶, 부표는 피하고 등대, 섬, 입표, 산봉우리 등을 택한다.

05 우리나라 부근의 최대 해류로서 북적도해류가 필리핀부근에서 전향하여 대만 동방으로 북상하여 우리나라 동해와 일본 혼슈우쪽으로 빠져 태평양으로 들어가는 해류는?

가. 쿠로시오해류   나. 리만해류
사. 오야시오해류   아. 멕시코해류

06 입항 항로를 선정함에 있어서 사전에 조사할 내용을 들면 다음과 같다. 해당되지 않는 것은?

가. 항로에 관한 자료를 수집하고 그 정밀성에 대하여 조사할 것
나. 자기 선박의 항해목적, 선형이나 흘수의 대소 및 조종성능 등을 고려할 것
사. 묘박지에 정박되어 있는 선박의 수 및 하역 능력에 관하여 조사할 것
아. 항만의 상황, 저질, 기상, 항만 관계의 법규를 조사할 것

07 항해계획 수립시에 최우선적으로 고려할 사항은 무엇인가?

가. 항해의 안전성   나. 경제성
사. 항해일수의 단축   아. 선위측정의 난이도

Answer 04 나 05 가 06 사 07 가

08 협수로 통과시 그 계획을 수립할 때의 주의사항으로 틀린 것은?

가. 항행에 안전하고 실행이 가능하면 항로의 우측을 통과토록 한다.
나. 통과시기는 가급적 게류시가 좋다.
사. 곶 등 육지의 돌출부를 돌 때 이를 우현으로 보는 경우는 멀리, 좌현으로 보는 경우는 가까이 항행토록 한다.
아. 선수미 물표는 중시 물표를 선정하는 것이 좋다.

> **해설** 곶 등 육지의 돌출부를 우현으로 보는 경우는 가까이 항행하며, 좌현으로 보는 경우는 멀리 항행토록 한다.

09 협수로 통항 시기로서 가장 좋은 때는?

가. 역조시
나. 순조시
사. 창조시
아. 게류시

10 협수로를 통과할 때의 준비사항과 거리가 먼 것은?

가. 기관 사용 준비를 한다.
나. 기관준비는 필요 없으므로 경계원만 충분히 배치한다.
사. 양현 투묘의 준비를 한다.
아. 조타장치를 점검한다.

11 협수로를 통과해 본 경험이 없거나 항행하기가 어려운 수로를 항행할 때의 시기 선정에 관한 일반 원칙은?

가. 청천암야에 조류가 순조일 때를 택할 것
나. 강한 역조가 있는 주간에 통과할 것
사. 주간에 조류가 약한 시기를 택할 것
아. 주간에 조류가 강한 시기를 택할 것

Answer 08 사 09 아 10 나 11 사

12 IMO에서 승인된 통항분리방식(Traffic Separation Schemes)을 이용할 때 지켜야 할 사항과 거리가 먼 것은?

가. 분리방식에 따르지 않는 선박은 가능한 한 분리방식 해역에서 멀리 떨어져 항해하여야 한다.
나. 연안 통항대는 통상 연안항해용으로 사용되어야 한다.
사. 통항분리방식은 임의로 정한 것이므로 반드시 지키지 않아도 된다.
아. 분리방식은 특별히 정하지 않는 한 모든 선박을 대상으로 권고되는 것이다.

13 다음 중 최적항로의 선정에 영향을 미치는 요소와 가장 관계가 먼 것은?

가. 목적항까지의 항해거리
나. 항로상의 기상상태
사. 선박의 안전성
아. 승조원의 자질과 선박의 설비

14 항해계획(Voyage Planning)의 수립이 필요한 범위는?

가. 출항지 Pilot Station에서 목적지 Pilot Station까지
나. 출항지 pilot Station에서 목적지 선석까지
사. 출항지 선석에서 목적지 선석까지
아. 출항지 선석에서 목적지 Pilot Station까지

15 입항 항로의 침로 선정과 거리가 먼 것은?

가. 지정된 항로 또는 상용 항로가 있으면 이에 따를 것
나. 측정이 불안전하고 위험물이 있는 항만에서는 등심선이나 소해된 항로를 택할 것
사. 해도의 정밀성을 고려하고 수심이 얕거나 고립된 암초, 침선 등은 피할 것
아. 묘지에 들어가기 위해 직선 항로 대신 지그재그(zigzag) 항로를 택할 것

Answer 12 사 13 아 14 사 15 아

16 해사안전법상의 통항분리방식이 채용된 수역 내에서의 항해계획수립과 거리가 먼 것은?

가. 통항분리방식의 종점부근을 항행하는 선박은 특별한 주의를 하며 항행해야 한다.
나. 선박은 통항분리방식 내 혹은 그 종점부근 해역에서 가능한 한 묘박을 피해야 한다.
사. 통항분리방식의 측면에서 출입할 때에는 대각도로 출입하여야 한다.
아. 통항분리방식을 이용하지 않는 선박은 가능한 한 넓은 여유를 두고 그 수역을 피하여야 한다.

해설 통항분리방식의 측면에서 출입할 때에는 될 수 있는 한 작은 각도로 출입하여야 한다.

17 대권항로를 이용해도 항정이 크게 단축되지 않는 경우의 설명이다. 틀린 것은?

가. 출발지와 목적지가 모두 저위도에 있을 경우
나. 근거리 항해일 경우
사. 침로가 남북방향에 가까울 경우
아. 침로가 동서방향으로서 장거리 항해일 경우

해설 대권항법을 이용할 때 침로가 동서방향으로 장거리 항해를 할 때는 항정이 단축된다.

18 다음은 입항 항로 선정시 침로를 정할 때 주의할 사항이다. 틀린 것은?

가. 지정 항로나 상용 항로를 이용한다.
나. 항구 입구로부터 묘지까지는 될 수 있는 대로 가까운 직선 항로를 선정한다.
사. 위험을 피하기 위하여 45° 대각도 변침은 피한다.
아. 투묘시 가능한 한 투묘예정위치로부터 500m 이상의 직선 항로를 선정한다.

해설 묘지로 향하는 항로는 약간 우회하는 일이 있더라도 될 수 있는 대로 빨리 묘지 부근의 상황을 파악할 수 있는 항로를 선택한다.

19 황천항해계획으로 부적절한 것은?

가. 이동물을 고박한다.
나. 벌크화물에 대해서는 화물이동에 대한 방지책을 강구한다.
사. 파랑에 의한 선체의 유압류를 줄이기 위하여 흘수를 낮춘다.
아. 화물창의 개구부는 폐쇄한다.

해설 흘수를 낮추면 복원력이 줄어 좋지 않다.

Answer 16 사 17 아 18 나 19 사

20 입항을 위한 시기의 선정에 관한 것으로서 옳지 않은 것은?
   가. 조류가 빠른 항구에서는 계류시를 택할 것
   나. 시계나 조류의 강약에 관계없이 오전을 택할 것
   사. 시계가 좋은 정오를 전후해서 택할 것
   아. 야간을 피하고 주간에 입항할 시기를 택할 것

21 협수로를 항행하려고 할 때 사전계획을 세우는 데 있어서 잘못된 것은?
   가. 관계되는 수로지, 조석표, 등대표 등을 사전에 조사한다.
   나. 특정 물표의 방향 및 거리에 의한 피험선을 설정한다.
   사. 가능하면 주간에 통과한다.
   아. 계류시를 피하여 통과한다.

   해설 협수로 항행은 계류시나 역조의 말기가 좋다.

22 무중 항해중 주의사항과 거리가 먼 것은?
   가. 감속은 시계의 상황, 선박 교통량의 밀도, 조류의 강약 등 당시의 상황을 고려해서 정하여야 한다.
   나. 가능한 한 종합항법장치나 전파항법장치를 이용하고 최근의 실측위치를 기초로 선위를 추정, 안전항해에 노력한다.
   사. 고속으로 항행하는 것은 외력의 영향을 받지 않으므로 무중 항해중은 반드시 지켜야 한다.
   아. 추정선위에 충분한 오차범위를 설정, 이 오차범위가 위험범위와 접촉하지 않도록 한다.

23 항로 선정시 항정선항법을 택하는 것이 대권항법을 택하는 것보다 유리한 점을 들 수 있다면 무엇이겠는가?
   가. 거리가 짧다.
   나. 침로를 변경하지 않아 계산이 간단하다.
   사. 고위도 지방에서는 일반적으로 기상이 좋지 않다.
   아. 항법 자체가 복잡하다.

Answer 20 나 21 아 22 사 23 나

해설 대권항법의 결점은 경도 5°~10°마다 변침점을 정하여 변침을 하여야 한다.

24 항로지정방식에서 원형교차수역을 통항하고자 할 때 선박의 진로 방향은?

가. 시계 방향
나. 반시계 방향
사. A지역은 시계 방향, B지역은 반시계 방향
아. 어느 방향도 통항가능하다.

25 항로의 선정시 표준 이상으로 여유 거리를 두어야 하는 경우로 볼 수 없는 것은?

가. 편대 항행
나. 고속 항행
사. 주간 항행
아. 예항중

해설 표준이안거리 이상을 두는 경우
① 편대항행 ② 고속항행
③ 야간항행 ④ 협시계항행
⑤ 예항중

26 출항 항로를 선정할 때 고려해야 될 사항으로서 거리가 먼 것은?

가. 타 선박의 조종성능 및 도선사의 경력 유무
나. 항만의 넓이 및 바람과 조류의 영향
사. 본선의 조종성능
아. 정박선의 동정 및 출입항선의 유무

27 다음 중 대양항해를 위한 항해계획 수립시 고려해야 할 요소가 아닌 것은?

가. 만재흘수선 해역도
나. 장거리 기상정보를 위한 Safety Net Service 방송
사. 대권항로를 작도할 심사도법 해도
아. 특별 항행규칙의 조사

Answer 24 나 25 사 26 가 27 아

28

12노트의 속력으로 1,200해리 항해하는데 120톤의 연료를 소비하는 선박이 연료 100톤으로 1,440해리 항해하려면 속력을 몇 노트로 하여야 하는가?

가. 8노트
나. 9노트
사. 10노트
아. 11노트

해설 $C_1 : C_2 = D_1 \times V_1^2 : D_2 \times V_2^2$

	선박1	선박2
연료량(C)	120톤	100톤
선속(V)	12노트	(X)노트
항정(D)	1,200마일	1,440마일

위의 식에서

$120톤 : 100톤 = 1200 \times 12^2 : 1440 \times (X)^2$

$X^2 = 100 \quad \therefore X = 10노트$

Answer 28 사

02
운용

제01장 선박의 구조 및 설비

1. 선박의 구조

01 갑판하 Girder를 잘못 설명한 것은?

　가. 갑판 Beam을 지지
　나. 갑판 Beam의 강도를 보강
　사. Beam하의 종통재
　아. Beam하의 횡강력재

　해설 Girder는 종강력재이다.

02 선체의 갑판 형상 특징으로 갑판 빔(Beam)의 중앙부를 양현측보다 높게 하여 설계하는데 이것을 무엇이라 하는가?

　가. Flare　　　　　　나. Sheer
　사. Camber　　　　　아. Pillar

　해설 캠버(Camber)
　갑판상의 배수와 횡강력을 위해 선체 중심선 부근이 높도록 된 원호로 선폭의 1/50 정도이다.

03 선박 형상의 주요 용어 중 Camber에 대한 높이의 표준은?

　가. 선체의 상갑판에서 선체의 폭의 1/20
　나. 선체의 상갑판에서 선체의 폭의 1/30
　사. 선체의 상갑판에서 선체의 폭의 1/40
　아. 선체의 상갑판에서 선체의 폭의 1/50

Answer　01 아　02 사　03 아

04 다음 중 선루(Superstructure)를 옳게 설명한 것은 어느 것인가?

가. 선측외판이 상갑판으로 바로 연장되지 않고 측벽이 선측에서 선측까지 달하지 않는 상갑판상의 구조를 말한다.
나. 선측후판이 상갑판으로 바로 연장되지 않고 측벽이 선측에서 선측까지 달하지 않는 상갑판상의 구조를 말한다.
사. 선측외판이 상갑판 위로 연장되어서 이루어진 상갑판상의 구조를 말한다.
아. 선저후판이 상갑판 위로 연장되어서 이루어진 상갑판상의 구조를 말한다.

해설
- 선루(superstructure) : 선측에서 맞은편 선측까지 달하고 상부에 갑판을 가지며 그 갑판까지 외판이 뻗치고 있는 것으로 파도를 막아주고 통풍, 채광에 편리한 선실을 제공
- 갑판실(deck house) : 선측에서 맞은편 선측까지 연결되어 있지 않은 것
- 선창 : 선저판, 외판 및 갑판 등에 둘러싸인 공간으로 화물 적재에 이용
- 해치(hatch) : 선창에 화물을 적재하거나 양하하기 위한 선창구 = hatchway

05 다음 중 선체 중앙부 부근에서는 볼 수 없는 것은?

가. Garboard strake
나. Topside strake
사. Boss plate
아. Bilge strake

해설 Garboard strake : 용골익판   Topside strake : 현측외판   Bilge strake : 빌지외판

06 다음 중 일반 강선의 횡강력재와 종강력재의 역할을 함께 하는 것은?

가. Frame
나. Deck beam
사. Shell plate
아. Beam bracket

해설 Shell plate(외판)는 종강력재 + 횡강력재

07 다음 중 종강력재가 아닌 것은?

가. 외판
나. Keel
사. Girder
아. Frame

해설 Frame(늑골)은 횡강력재이다.
▶ 종강력 구성재 : 용골, 중심선 거더, 종격벽, 종통재(stringer), 외판, 내저판, 상갑판
▶ 횡강력 구성재 : 늑골, 갑판보, 횡격벽, 브래킷, 늑판

Answer 04 사   05 사   06 사   07 아

08 다음 중 횡강력 구성재가 아닌 것은?

가. Side stringer
나. Beam
사. Floor
아. Frame

해설 Side stringer(선측종통재)는 종강력재이다.

09 동기 건현은 하기 건현에 얼마를 더하여 정하는가? (단, d는 하기만재흘수)

가. d/12
나. d/24
사. d/48
아. d/58

해설
- ▶ 동기 건현 = 하기 건현 + d/48 (단 d는 하기만재흘수)
- ▶ 열대 건현 = 하기 건현 - d/48

10 보통 Frame만으로는 횡강력이 불충분한 개소에 특별히 배치하는 강력한 조립 Frame을 무엇이라 하는가?

가. Solid Frame
나. Bevel Frame
사. Built-up Frame
아. Web Frame

해설
- Solid Frame(단재늑골) : 1개의 철판으로 용접으로 된 늑골
- Bevel Frame(베벨늑골) : 선체 외판과 접촉하기 좋게 조정한 늑골
- Built-up Frame(조립늑골) : 2개 이상의 철판을 조립해서 제작한 늑골
- Web Frame(특설 늑골)

Web Frame(특설 늑골)
- 보통의 Frame만으로는 횡강력이 불충분한 개소에 특별히 배치하는 강력한 조립 늑골
- 기관실, 중량물들을 적재하는 Hold, 큰 해치를 갖는 선창 등에 보통 Frame space의 간격으로 배치하여 특설 Beam과 결합하여 횡강력재를 이룬다.

11 다음 설명 중 틀린 것은?

가. 외판 전개도에는 Frame number가 기재되어 있다.
나. Frame number는 선미수선을 0번으로 하여 선수를 향하여 붙여 나간다.
사. 표준 Frame space는 배의 길이에 따라 정해진다.
아. 모든 선박은 그 Frame space를 표준 Frame space보다 작게 할 수 없다.

Answer 08 가 09 사 10 아 11 아

해설 늑골의 간격은 일반적으로 선박의 길이에 따라 정해져 있지만 재료나 구조에 따라 적당히 증가시킬 수 있다.
► 선체 중앙보다 선수미부에서 간격을 좁게 할 수 있다.

12 선체 중앙부를 횡단하여 각부의 구조와 치수를 나타내는 도면은?

가. Midship section
나. Construction profile
사. General arrangement
아. Shell expansion

해설
- Midship section : 중앙 횡단면도
- Construction profile : 강재배치도
- General arrangement : 일반 배치도
- Shell expansion : 외판전개도
- lines plan : 선도

선체도면의 종류
㉠ 일반 배치도
  mast, 연돌, 의장, 선실, 선창, 기관실, 물탱크, 해치웨이, 데릭, 윈치 등의 시설과 배치 등을 파악하는 데 도움
㉡ 중앙 횡단면도
  선박의 길이, 폭 및 깊이 외에 만재흘수선, 갑판 사이의 높이 및 의장품(앵커, 체인, 로프) 등을 기입한다.
㉢ 선도
  선체의 형을 정확히 나타내는 도면으로 톤수 및 각종 계산을 하며 모형을 만들고 수조시험으로 소요 마력이나 속력 등이 추산된다.
㉣ 외판 전개도
  외판과 늑골과의 관계 위치, 선외 개구부의 위치 및 치수, 외판의 두께와 접합 방식 등을 나타낸다.

13 외판과 Frame의 위치관계, 선외 개구부의 위치 및 치수, 외판의 두께와 접합방법 등을 나타낸 도면은?

가. General arrangement
나. Shell expansion
사. Midship section
아. Deck plan

해설 General arrangement : 일반 배치도
Shell expansion : 외판 전개도
Midship section : 중앙 횡단면도
Deck plan : 갑판 평면도

Answer 12 가 13 나

14 선도(Lines)에서 Buttock line이란 무엇인가?
가. 만재흘수선에 평행한 선
나. 선체의 종중심 단면과 평행한 선
사. 선체를 횡방향으로 자를 때 생기는 선
아. Station면에 평행한 선

해설 선도(Lines)
평면도, 측면도 및 반폭도의 3개 도면으로 선체의 형을 정확히 나타내는 도면으로 톤수 및 각종 계산을 하며 모형을 만들어 수조시험으로 소요 마력이나 속력 등이 추산된다.

15 선도(Lines)에서 선체의 길이를 등분한 선을 무엇이라 하는가?
가. 평면도
나. 횡단선
사. 정면도
아. 종단선

16 다음 중 설계도면(Design drawing)이 아닌 것은?
가. 선도(Lines)
나. 중앙횡단면도(Midship section)
사. 현장도(Working drawing)
아. 이중저도(Double bottom in hold)

17 선체가 횡방향에서 파랑을 받고 Rolling할 때, 좌·우현의 흘수가 달라져 변형이 일어나는 상태를 무엇이라 하는가?
가. Sagging
나. Slamming
사. Racking
아. Hogging

해설 래킹(racking)
선체가 횡방향에서 파랑을 받거나 횡동요를 하게 되어 선체의 좌현과 우현의 흘수가 달라져서 변형이 일어나는 것
▶ 래킹을 방지하기 위해서는 횡강력 구성재인 늑골, 갑판보, 횡격벽 등을 보강
- 새깅 상태(sagging) : 파의 파곡이 선체 중앙부에 오면 선체의 전후단에서는 부력이, 중앙부는 중력이 크게 되는 상태 – 화물을 중앙부에 과적한 경우에 생기는 현상
- 슬래밍(slamming) : 선체가 파를 선수에서 받으면서 항주하면, 선수 선저부는 강한 파의 충격을 받아서 선체는 짧은 주기로 급격한 진동을 하는 충격 현상
- 호깅 상태(hogging) : 파장과 배의 길이가 비슷할 때 파의 파정이 선체 중앙부에 오면 선체의 전후단에서 중력이 크고 중앙부에 부력이 크게 되는 상태
- 팬팅(panting) : 선수부 및 선미부에 파랑에 의한 충격으로 심한 진동이 발생하는 현상

Answer 14 나 15 나 16 사 17 사

18 선체운동 중 Racking force에 대응하기 위한 부재 명칭이 아닌 것은?

가. Frame
나. 갑판 Beam
사. Floor
아. Keel

해설 래킹을 방지하기 위해서는 횡강력 구성재인 늑골, 갑판보, 늑판 등을 보강해야 한다.

19 일반화물선의 선체 구조의 설명으로 틀린 것은?

가. 외판은 종강력 구성재이다.
나. Floor는 횡강력 구성재이다.
사. Keel은 종강력 구성재이다.
아. Girder는 횡강력 구성재이다.

해설 Girder는 종강력 구성재이다.
거더의 종류에는 갑판하 거더, 중심선 거더, 사이드 거더 등이 있다.

20 표준 Frame space는 무엇에 의하여 결정되는가?

가. 만재흘수
나. 톤수
사. 배의 길이
아. 배의 길이, 폭 및 깊이

21 Frame space에 관한 다음 설명 중 틀린 것은?

가. Frame space란 Frame을 구성하고 있는 형강의 배면에서 다음 Frame의 배면까지의 거리이다.
나. 표준 Frame space는 배의 길이에 따라 정해진다.
사. 선수미창 내에서는 표준 Frame space보다 크게 할 수 없다.
아. 선체 중심부 부근의 Frame space는 표준 Frame space보다 크게 할 수 없다.

해설
• 선수선미는 파랑의 충격, Propeller의 진동이 심하므로 F.S를 표준 F.S보다 크게 하는 것을 금지한다.
• 선체 중앙부는 건조비와 공사기간을 단축하기 위하여 표준 F.S보다 크게 할 수 있다.

22 Deck beam의 양단과 Hold frame과의 연결부를 견고하게 하는 재료는?

가. Deck bracket
나. Beam runner
사. Deck girder
아. Boss plate

Answer 18 아 19 아 20 사 21 아 22 가

제1장 선박의 구조 및 설비

23 Side opening은 선체 종횡의 강력을 감소시키므로 다음과 같이 보강한다. 틀린 것은?

가. Frame을 절단할 때는 개구의 양측에 Web frame을 설치한다.
나. 개구 상부의 Beam을 지지하는 적당한 구조로 한다.
사. 개구의 개소에서는 외판을 Doubling한다.
아. 개구의 네 귀퉁이를 네모지게 한다.

> **해설** 개구의 네 귀퉁이는 응력이 집중하지 않도록 둥글게 하고 또 Double plate로 한다.
> ▶ Doubling : Side opening(선측개구)이 있을 때 그 만큼 강도를 감소시키므로 손실한 단면적을 보상할 정도의 폭을 갖는 강판을 겹쳐 유효 단면적을 가지도록 하는 것

24 다음 중 늑골(Frame)의 역할이라고 할 수 없는 것은?

가. 외력에 의하여 외판이 변형되지 않도록 외판을 지지한다.
나. 선체의 횡방향 강도를 확보한다.
사. 양단에서 빔(Beam)을 지지하며, 외판을 보호한다.
아. 용골(Keel)의 상부에 배치되어 갑판상 화물의 중량을 분산시킨다.

25 유조선에서 유량을 측정하기 위해서 tank lid에 설치한 개구를 무엇이라 하는가?

가. Sounding hole 나. Oil hole
사. Tank hole 아. Ullage hole

26 계선시 계선줄의 끝단을 Bollard에 걸기 쉽도록 만든 것을 무엇이라 하는가?

가. End splice 나. Eye splice
사. Shore splice 아. Back splice

27 선저외측의 만곡부 외판에 붙은 만곡부 용골(Bilge keel)의 설치 목적은?

가. 선체의 종강력을 증대시킨다.
나. 선체의 횡요(Rolling)를 완화시킨다.
사. 선속을 증대시킨다.
아. 조파저항을 감소시킨다.

Answer 23 아 24 아 25 아 26 나 27 나

28 선체의 횡요를 줄여주기 위해 수면하 선저만곡부 바깥쪽에 종방향으로 설치된 강재를 무엇이라고 하는가?

가. Sheer strake
나. Side plating
사. Transverse girder
아. Bilge Keel

29 구획식 이중저의 상부, 양측부, 하부를 구성하고 있는 부재의 명칭은?

가. 내저판, 마진플레이트, 선저외판
나. 내저판, bracket, side girder
사. 내저판, frame, floor
아. floor, girder, flat keel

해설 이중저(Double bottom)는 외판에는 선저외판을, 상부에는 내저판을 덮고, 다시 내저의 빌지부근에는 마진플레이트(margin plate)를 덮어 탱크식으로 수밀구조로 되어 있다.

단저 및 이중저의 구조

㉠ Gusset plate(거싯판)
　이중저 측면과 늑골 브래킷과 마진판과의 고착을 더욱 확고히 하기 위한 부재
㉡ Side keelson(측내용골)
　중심선 킬슨의 양측에 배치되어 선저내부를 종통하여 Keel과 함께 종강력의 중요한 부재를 이루는 것
㉢ floor(늑판)
　Frame(늑골)의 위치마다 배치되어 Frame과 결합되어 선체의 횡강력을 분담
　▶ 실체늑판(Solid floor) : 국부적으로 강도가 필요한 곳에 배치
　▶ 조립늑판(Open floor) : 비교적 강도가 필요 없는 곳에 중량 경감을 위해 배치
㉣ Center girder(중심선 거더)
　선저의 중심선을 종통하며, 평판 Keel과 수직으로 용접 고착되며, 중심선 거더의 높이가 이중저의 높이와 같아진다.
㉤ Margin plate(마진판)
　이중저의 측면을 형성하는 것으로 윗쪽 끝은 내저판과 결합하며, 아래쪽은 외판과 직각을 이루도록 부착한다.
㉥ tank side bracket(이중저 외측브래킷)
　이중저는 그 외측에서 마진플레이트와 Bracket으로 선측 Frame과 고착된다.
㉦ Inner bottom plating(내저판) : 이중저의 윗면을 형성하는 강판
㉧ Center keelson(중심선 내용골) : 선체 중심선에 있는 킬슨
㉨ man hole : 이중저의 검사, 수리 및 청소를 목적으로 설치된 구멍
㉩ Lightening hole(경감구멍)
　이중저 내에 선체의 중량을 경감시키기 위하여 뚫어놓은 구멍
㉪ Limber hole : 이중저 내의 물이 흡수관에 자유로이 통하기 위하여 뚫어 놓은 구멍

Answer 28 아 29 가

30 다음 중 선박형상의 주요 용어 중 "Tumble Home"이란?

가. 선체의 횡방향으로 선체의 중앙부분이 약간 볼록하게 나온 것을 말한다.
나. 상갑판에서 선체의 선수미 방향의 위쪽으로 휘어진 것을 말한다.
사. 선체의 하계만재흘수선 위에서부터 선체의 내부로 만곡되어진 부분을 말한다.
아. 선저외판의 가로 방향의 기울기를 말한다.

31 다음 중 외판의 역할이라고 할 수 없는 것은?

가. 수압이나 파랑에 대항하여 선체의 외곽을 유지한다.
나. 해수가 선내로 침입하는 것을 막아준다.
사. 선체에 부력을 제공한다.
아. 충돌시 침수구역을 제한한다.

32 일반적으로 선미 Sheer는 얼마 정도인가? (단, L은 배의 길이)

가. L/100
나. L/50
사. L/30
아. L/20

해설 선미 Sheer는 L/100 정도이며, 선수 Sheer는 L/50 정도이다.

33 선수격벽은 선수재의 전면에서 선박 길이의 (   ) 이상 떨어진 후방에 설치한다. (   ) 안에 적합한 것은?

가. 1/10
나. 1/20
사. 1/40
아. 1/30

해설
- 선수가 파손되면 선수격벽이 대신하여 파랑을 정면으로 받아야 하므로 그 강도는 다른 격벽보다 25% 크게 하며 또 선저에서 건현갑판까지 달해야 한다.
  ▶ 선수재 전면에서 선박 길이의 1/20 이상 떨어진 후방에 설치해야 한다.
- 수밀 격벽의 배치는 수밀 격벽의 수는 화물의 재화중량을 증가시키므로, 중량과 건조비를 절감하기 위하여 안전을 확보할 수 있는 최소한으로 하며, 일반선의 경우 선수격벽, 선미격벽, 기관실전단 격벽, 후단격벽의 4개 수밀격벽이 필요하며, 배의 길이에 따라 적절히 증설
  ▶ 선미기관실 선박에서는 선수, 선미, 기관실전단 격벽의 3개의 격벽을 두어도 된다.

Answer 30 사 31 아 32 가 33 나

34 액체화물을 적재한 탱크 내에 액체의 종방향 이동에 의한 충격 및 복원성의 손실을 줄이기 위하여 설치하는 격벽을 무엇이라고 하는가?

가. Collision bulkhead   나. Screen bulkhead
사. Swash bulkhead   아. Corrugated bulkhead

해설
- Collision bulkhead(선수격벽) = Fore peak bulkhead
- Screen bulkhead : Boiler실과 주기실 사이에 간막이로 설치되는 격벽으로 소음이나 먼지를 막기 위한 격벽
- Swash bulkhead(제수격벽) : 액체 화물의 유동 억제를 위해 탱커 내에 설치하는 격벽으로 자유 표면이 넓은 탱크나 큰 화물유창인 선수창 그리고 선미창 등의 중심선에 탱크의 용적을 그대로 유지하면서 자유표면의 면적을 감소시킬 목적으로 설치된 비수밀 격벽
  ▶ 여러 개의 무게 경감 구멍이 있다.
- Corrugated bulkhead(파형격벽) : 강판을 파형으로 하여 중량을 경감하고 강도를 증대시킨 것으로 Oil tanker에서 중량의 경감과 세척의 간이화를 도모하기 위해 채용

35 다음 중 수밀격벽의 구조에 필요한 것이 아닌 것은?

가. Bulkhead plate   나. Bulkhead stiffener
사. Boundary angle   아. Screen bulkhead

해설 Screen bulkhead는 비수밀이다.

36 다음 격벽 중 반드시 수밀이어야 하는 것은?

가. 선루단격벽   나. 증설격벽
사. 중심선격벽   아. 부분격벽

37 다음 중 여러 개의 종격벽을 가지고 있는 선박은?

가. 일반화물선   나. 광석운반선
사. 목재운반선   아. 유조선

해설 유조선은 유동수에 의한 복원력 감소를 위해 보통 2개의 종격벽이 설치되어 있다.

Answer 34 사 35 아 36 나 37 아

38 항해중 적당한 침로 안정성을 갖기 위하여는 다음 중 어느 것이 가장 좋은가?

가. 약간 선수트림
나. 약간 선미트림
사. 이븐 킬(Even keel)
아. 깊은 흘수

해설 선미트림은 파랑의 침입을 줄이는 효과가 있으며, 타효가 좋아지고 선속이 증가한다.

39 Mooring rope가 선체와 접촉하는 부분에 설치한 Roller를 무엇이라고 하는가?

가. Bollard
나. Cross bitt
사. Capstan
아. Fair leader

40 Flat plate keel의 장점이 아닌 것은?

가. 흘수를 증가시키지 않는다.
나. 선저에 필요한 강도를 준다.
사. Rolling 방지 효과가 크다.
아. 수밀이 용이하다.

해설 방형 용골(bar keel)
- 단면이 장방형이며, 재료는 보통 단강재 또는 압연 강재 사용
- 소형선, 범선 및 어선에서 주로 채용
  ▶ 단점
    ㉠ 선저의 중앙부에서 돌출하고 있으므로 흘수가 증가한다.
    ㉡ 입거시 손상을 받기 쉽다.
    ㉢ 선저 내부 구조와의 연결이 불완전하여 종강력이 약하다.
  ▶ 장점
    ㉠ 구조가 간단하다.
    ㉡ 횡동요를 감쇠시킨다.
    ㉢ 풍압에 의한 압류를 막는다.
    ㉣ 좌초 시 선저 외판을 보호한다.

평판 용골(flat keel)
- 선저 외판의 일부분으로 볼 수 있으며, 선저에 있어서 종강력을 분담하는 중요한 재료
- 흘수를 증가시키지 않고 선저 내부 구조와의 연결이 완전하여 선저에 필요한 강도를 부여, 건조시 결합이 쉽고 수밀이 용이하다.
- 소형선을 제외한 대부분의 선박에서 채용
  ▶ 평판 용골은 방형 용골에 비해 선회권이 작아진다.

Answer 38 나 39 아 40 사

41 형흘수(Moulded draft)란 무엇을 말하는가?
  가. 수중에 잠겨 있는 선체의 깊이
  나. 용골의 상면에서 수면까지의 수직거리
  사. 용골의 최하면에서 수면까지의 수직거리
  아. 용골의 상면으로부터 상갑판보 상면까지의 수직거리

  해설
  • 형흘수 : 용골의 상면에서 수면까지
  • 용골흘수 : 용골의 하면에서 수면까지

42 선박의 수선간장(LBP 또는 LPP)이란 어떠한 길이를 의미하는가?
  가. 선수 최전단으로부터 선미 최후단까지의 수평거리
  나. 계획만재흘수선상 선수재의 전면으로부터 타주의 후면 또는 타두재 중심까지의 거리
  사. 만재흘수선상의 선수재 전면에서 선미 후단까지의 수평거리
  아. 상갑판보위의 선수재 전면으로부터 선미재 후면까지의 수평거리

  해설 선박의 길이
  ㉠ **전장**(length over all : LOA) : 전체길이
    • 선수 최전단부터 선미 최후단까지의 수평거리
    • 선박 조종에 필요 – 부두 접안, 입거
  ㉡ **수선간장**(length between perpendiculars : LBP, LPP) : 수선 간 길이
    • 계획만재흘수선상의 선수재 전면에서 타주(러더포스트)의 후면까지 수평거리
    • 선박과 관련된 설계와 각종 계산에 가장 많이 사용되는 길이
      ▶ 일반적으로 사용되는 선박의 길이
    • 선체길이의 중앙이란 수선간장의 중앙을 말한다.
    • 선수수선(FP=전부수선)과 선미수선(AP=후부수선) 사이의 수평거리
      ▶ 선수수선 : 설계단계에 계획된 만재흘수선(Load water line ; LWL)과 선수재의 전면이 만나는 점에 세운 수직선(=전부수선)
      ▶ 선미수선 : 계획만재흘수선이 타주(Rudder post)의 후면과 만나는 점에 세운 수직선
        ☞ 타주가 없는 선박은 타두재(Rudder stock)의 중심선까지
  ㉢ **수선장**(length on load water line : LW) : 수선길이
    • 만재흘수선상에서 물에 잠긴 선체의 길이(선수 앞쪽 끝에서 선미 뒤쪽 끝까지의 수평거리로 선박속력계산에 기준이 되는 길이)
    • 배의 저항, 추진력 계산에 사용
  ㉣ **등록장**(registered length) : 등록길이
    • 상갑판 보상에서 선수재 전면에서 선미재 후면(Rudder post)까지를 잰 수평거리
    • 선박의 원부에 등록되는 길이
  계획만재흘수선
  최적의 운항조건을 갖도록 설계단계에서 결정되어 선정되는 흘수선

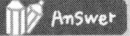 41 나 42 나

43 다음은 불명중량에 대한 설명이다. 틀린 것은?

가. 신조 후 수리 또는 개조 등에 의하여 부가된 Cement, 철재, Paint 등을 합한 추정중량이다.
나. 불명중량은 선박의 대소, 선령과는 관계없다.
사. Tank의 잔수 등을 합한 추정중량이다.
아. Bilge, 선저부착물 등을 합한 추정중량이다.

> **해설** 불명중량(Unknown constant)
> 선박이 처음 건조된 당시의 경하 상태에 포함되어 있지 않는 것의 추정 중량으로서 신조 후 부가된 중량(시멘트, 페인트, 철재 등), 선저부착물, 탱크내의 잔수 및 선저오수(Bilge) 등의 중량과 기타의 불명 중량이 포함된 것 ▶ dock에서 출거시 측정이 가장 좋다.

44 다음 중 용적톤수가 아닌 것은?

가. 총톤수
나. 순톤수
사. 파나마 운하톤수
아. 배수톤수

> **해설** 배수톤수는 중량톤수이다.
>
> **중량톤수(Weight tonnage)**
> ① 배수톤수(Displacement Tonnage)
> 선박의 전 중량을 말하며, 선박의 배제한 물, 즉 수면하의 선체의 용적과 같은 물의 중량과 같다. 배수톤수는 배수량이라고도 하며 화물, 연료, 청수, 창고품 등을 적재하지 않는 경하 상태의 배수량을 경하배수량이라 하고, 만재 상태의 배수량을 만재배수량이라 한다. 단지 배수량이라 하면 만재 배수량을 말한다. 항상 거의 흘수가 변화하지 않는 군함의 크기는 그 기준 상태의 배수톤수로 표시하는 것이 관습으로 되어 있다.
> ② 재화중량톤수(Dead weight tonnage)
> 만재 배수량에서 경하 배수량을 감한 톤수로 이것에서 항해에 필요한 연료, 청수, 식량 등의 톤수를 감한 나머지의 톤수만큼 실제 화물을 적재할 수 있다. 즉 선박이 적재할 수 있는 화물의 최대량으로 상선에서 운항 채산에 관계가 크므로, 선박의 매매나 용선료 산정의 기준으로 사용한다.
>
> **용적톤수**
> ① 총톤수(Gross tonnage : G.T.)
> 선박의 밀폐된 총용적에서 제외적량을 제외한 총적량을 단위가 Meter이면 $2.832m^3$를, feet이면 $100ft^3$를 1톤으로 산출한 톤수로 군함 이외의 모든 선박의 크기를 표시하는 기준이 되며 일반적으로 선박의 크기를 말하는 톤수로 관세, 등록세, 계선료, 도선료 등의 기준이 된다.

Answer 43 나 44 아

② 순톤수(Net tonnage : N.T.)
총적량에서 공제적량을 공제한 순적량, 즉 화물 및 여객운송에만 사용되는 공간으로 입항세, 톤세, 항만시설사용료의 산정 기준
③ 재화용적톤수(Measurement tonnage)
전 선창의 용적을 관습상 $40ft^3(1.133m^3)$를 1톤으로 나타낸 것으로 선박에 적재하는 화물의 양은 중량으로는 중량톤수까지 또는 용적으로는 재화용적톤수까지 적재할 수 있는 것이 된다.

45 다음 중 중량톤의 단위가 아닌 것은?

가. Net ton
사. Short ton
나. Metric ton
아. Long ton

해설 Net ton(순톤수)은 중량톤이 아닌 용적톤이다.

중량톤의 종류
우리나라에서는 중량톤의 단위로 Meter법에 의한 Kilogram톤을 사용하고 있으나 국제적으로 Long ton이나 Short ton을 사용하고 있는 곳도 많다.
- 1 Long ton(영국톤) = 2,240 lbs = 1,016.05kg
- 1 Short ton(미국톤) = 2,000 lbs = 907.18kg
- 1 Kilogram ton = 2,204.62 lbs = 1,000kg

46 다음 중 선박의 크기를 표시하는 톤수로 등록세, 도선료, 계선료, 부두사용료의 기준이 되는 것은?

가. 재화중량톤수
사. 순톤수
나. 배수톤수
아. 총톤수

해설
- 순톤수 : 입항세, 톤세
- 총톤수 : 등록세, 관세, 소득세, 도선료, 입거료
- 재화중량톤수 : 선박매매, 용선료산정

47 다음 중 배수톤수(Displacement tonnage)에 대한 설명으로서 틀린 것은?

가. 각 흘수에 대한 배수톤수는 배수량곡선에서 구한다.
나. 배수톤수는 화물의 적재상태에 따라 변한다.
사. 화물의 적재량의 계산에 이용된다.
아. 선체의 수면상 부분의 용적에 상당하는 물의 중량이다.

Answer 45 가 46 아 47 아

해설 선체의 수면상의 용적이 아니라 수면하 물에 잠긴 부분의 용적에 상당하는 액체의 무게이다. ▶ 배수톤수 = 배수용적(수면하 용적) × 해수의 밀도

48 선박이 배제한 물의 중량과 같으며, 선박 전체의 중량을 나타내는 것은?

가. 총톤수
나. 순톤수
사. 배수톤수
아. 재화용적톤수

해설 배수톤수는 선박의 무게로 수면하 용적(배수용적)에 물의 비중을 곱하여 구한다.

Answer 48 사

2. 선박의 설비

01 다음 중 Balanced rudder(평형타)의 장점이 아닌 것은?

가. 타를 회전시키는 데 큰 힘을 필요로 하지 않는다.
나. 보통타에 비하여 타의 유효면적이 크고 타효가 좋다.
사. Pintle이나 Gudgeon의 마모가 작다.
아. 타면이 반작용을 일으키지 않아 선수 유지가 용이하다.

해설 평형타의 단점
전타한 위치에서 midship으로 할 때 타의 회전축 전방의 타면이 반작용을 일으키므로 선수를 steady하는데 어려운 점이 있다.

02 Oertz rudder의 장점이 아닌 것은?

가. 전방의 고정부에는 타압이 작용하지 않고 회전부의 측압이 크므로 좋다.
나. 작은 동력으로 조타할 수 있다.
사. 타각에 비하여 큰 타압을 얻는다.
아. 타(Rudder)가 중앙에 위치할 때 수류의 저항이 작다.

해설 타압의 중심부분이 앞부분에 치우침으로 타축에 걸리는 moment가 적게 된다.

외르츠 키(Oertz Rudder)
- 유선형타의 대표적인 것으로 추진력에 대한 타의 저항을 적게 하기 위하여 횡단면을 유선형으로 하고 중량을 경감하기 위하여 내부를 Tank로 한 비평형키(unbalanced rudder)로 전부의 고정부(Rudder post)와 후부의 회전부로 되어 있다.
  ▶ 유선형 키(Streamline rudder)는 수류의 저항을 현저히 감소시키기 위하여 키의 최대 두께를 폭의 약 25%로 하고 단면적을 유선형으로 한 키
- Oertz rudder 장점
  ㉠ 키가 중앙의 위치에 있을 때는 완전한 유선형으로 되어 수류의 저항이 작다.
  ㉡ 전타하면 Aerofoil(날개)의 모양이 되므로 타각에 비하여 큰 타압을 얻는다.
  ㉢ 비교적 작은 동력으로 조타할 수 있다.
  ㉣ Aerofoil의 특성상 압력의 많은 부분이 전방 고정부에 작용하므로 회전부에의 측압이 비교적 작다.

Answer 01 아 02 가

03 다음 중 조타장치에 대한 설명으로서 틀린 것은?

가. 선박설비기준의 조타설비에 대한 적용은 추진기관 및 범장을 가지지 아니하는 선박에도 적용된다.
나. 조타장치는 관제장치, 추종장치, 원동기, 타장치의 4 요소로 구성된다.
사. 타각 최대의 상태를 하드오버라 한다.
아. 선박이 최대 항해흘수에서 최고항해속력으로 전진 중 한쪽 35°에서 반대쪽 30°까지 28초 이내에 전타될 수 있어야 한다.

04 Rudder stopper의 타각 제한방법으로 채용되지 않는 것은?

가. Tiller 또는 Quadrant의 이동범위를 확대시킨 것
나. Rudder arm을 변형시킨 것
사. Gudgeon을 변형시킨 것
아. Flange coupling을 변형시킨 것

05 닻의 수량과 중량을 정하는 기준은?

가. 의장수 **나.** 배의 길이
사. 톤수 **아.** 배의 용적

> **해설** 의장수(Equipment number)는 선박의 정박에 필요한 닻, 닻줄, 계선용 로프, 예인줄 등의 크기와 수량을 결정하기 위한 기준이 되는 수치이다.

06 다음 중 선박의 의장수와 관계 없는 것은?

가. 흘수 및 건현 **나.** 선체의 폭
사. 선박의 길이 **아.** 선루 또는 갑판실의 높이

> **해설** 흘수 및 건현이 아니라 선박의 깊이이다.
> **의장수 계산식**
> 의장수 $= L \times (B+D) + a$
> (여기서 L : 선박의 길이, B : 선폭, D : 선박의 깊이, a : 선루의 크기)

Answer 03 가 04 가 05 가 06 가

07 다음 중 의장수에 의하여 결정하는 것이 아닌 것은?

가. Anchor
나. Anchor cable
사. Mooring rope
아. Winch

해설 의장수에 의해 결정되는 것은 닻의 수, 닻의 무게, 닻줄의 종류, 크기 및 전체길이, 예인삭과 계류삭의 절단하중 및 길이와 수

08 Senhouse slip은 다음 중 어느 곳에 있는가?

가. Windlass의 하부
나. Controller
사. Chain locker
아. Windlass

해설
- 양묘기로 감아올린 닻줄을 격납하는 장소를 체인 로커(chain locker)라 하며, 갑판과 체인 로커 사이에는 체인 파이프가 있고, 체인 파이프를 통로로 하여 닻줄이 올라가고 내려간다.
- 닻줄의 맨 끝은 체인 로커와 선수 격벽 또는 바닥에 붙어 있는 아이볼트에 연결하며, 아이볼트의 앞은 센하우스 슬립(senhouse slip)에 연결되어 있다. senhouse slip은 몇 개의 단말 링크와 슬립 훅, 연결용 새클로 구성된다.

09 닻줄의 끝단을 Chain Locker에 연결하는 장치는?

가. Swivel
나. Lengthening
사. Anchor shackle
아. Senhouse slip

10 다음 중 Anchor chain에서 2개의 Shackle을 연결하는 것은?

가. End link
나. Enlarged link
사. Common link
아. Kenter shackle

해설 Shackle과 Shackle을 연결하는 장치로는 Joining Shackle과 Kenter shackle이 있다. Joining Shackle을 이용하면 End link(단말링크)+Enlarged link(확대링크)+Common link(보통링크)를 사용하여 연결하여야 하나 Kenter Shackle을 이용하면 Common link에 바로 연결하여 사용할 수 있다.

Answer   07 아   08 사   09 아   10 아

11 양묘기(Windlass)가 앵커체인을 감아 올리는 속도는 매 분 몇 m 정도인가?

- 가. 6m
- 나. 9m
- 사. 12m
- 아. 15m

12 다음 중 Block 각부의 명칭이 아닌 것은?

- 가. Shell
- 나. Sheave
- 사. Iron band
- 아. Spindle

해설 블록의 구조
- ㉠ 셸(Shell) : 블록(Block)의 외각을 형성하는 것으로 목재와 철재로 만든다.
- ㉡ Head : Block의 상단
- ㉢ Ass 또는 Tail : Block의 하단
- ㉣ 시브(Sheave) : 셸의 가운데에 Pin으로 지지되어 있는 바퀴
- ㉤ 스코어(score) : 스트롭(strop ; 둘레줄)이 들어가는 셸 외면의 홈
- ㉥ 스트롭(strop ; 둘레줄) : 블록의 Band로 그 상부에 Hook나 Ring 등을 달아서 블록을 사용할 때 이를 타 물건에 매기 위한 것 ▶ 철재블록에는 Iron band를 사용
- ㉥ Swallow : Shell과 Sheave 사이에 있는 Rope가 통하는 틈을 말한다.
  ▶ 반대측의 좁은 틈은 Breech라 한다.

13 Block을 통하여 Wire Rope를 사용할 때 Sheave의 크기는 Rope 직경의 몇 배로 하는 것이 일반적인가?

- 가. 약 20배
- 나. 약 15배
- 사. 약 10배
- 아. 약 5배

해설 Wire rope의 경우 시브 직경의 1/20 정도 굵기의 로프 사용
섬유로프(Fiber)의 경우는 시브 직경의 1/10 정도 굵기의 로프를 사용한다.

14 Manila rope의 둘레가 4inch일 때 파단력은 어느 정도인가?

- 가. 약 6.4tons
- 나. 약 5.3tons
- 사. 약 1.3tons
- 아. 약 16tons

해설
▶ 마닐라 로프의 파단력(B) = $\dfrac{C^2}{3}$ [단, C : 로프의 둘레 inch]

∴ 파단력 = $\dfrac{4^2}{3} = \dfrac{16}{3}$ = 5.3톤

Answer 11 나 12 아 13 가 14 나

15 다음 중 해중생물의 부착방지를 위한 독소를 가진 도료는 어느 것인가?

가. R/L 나. A/F
사. B/T 아. A/C

해설 선박 도료의 종류
① 광명단 도료(red lead paint) : 선박에서 가장 널리 사용하는 유성 방청도료로 도막이 견고하고, 내수성 및 피복성이 강하다.
② A/C 선저 도료(No.1 bottom paint, anti-corrosive paint) 1호 선저 도료
선저 외판에 방청용으로 칠하는 페인트로 광명단 도료를 칠한 위에 도장하며, 이 도료 위에 독성이 강한 2호 선저 도료를 칠하므로 독성에 의한 강판의 부식을 방지하는 중간 도료의 역할을 하며 건조가 빠르고, 방청력이 뛰어나며, 강판과의 밀착성이 좋아서 잘 떨어지지 않아야 한다. ▶ 만재흘수선 아래에 칠한다.
③ A/F 선저 도료(No.2 bottom paint, anti-fouling paint) 2호 선저 도료
선체 외판 중에 항상 물에 잠기는 부분에 해중 생물의 부착을 방지하기 위하여 칠하는 선저 방오용의 페인트로 독성이 강한 수은과 구리의 화합물을 포함 ▶ 경하흘수선 아래에 칠한다.
④ B/T 수선부 도료(No.3 bottom paint, boot topping paint)
수선부, 즉 만재흘수선과 경하흘수선 사이의 외판에 칠하는 도료로 A/C 도료를 먼저 칠하고 그 위에 도장하며, 이 부위는 육해상의 구조물 및 파랑의 충격에 의한 마찰이 심하여 부식 및 마멸이 가장 심하게 일어난다.
▶ 최근에는 A/F에 비하여 비싸지만 방오 효과가 뛰어난 SPC 페인트를 칠하여 오손을 방지
⑤ 희석제(thinner)
도료의 액체 성분을 녹여서 점성을 작게 하고, 성분을 균질하게 하여 도막을 매끄럽게 하고, 또 건조를 촉진시키며, 첨가량은 보통 1~3%이고 많아도 10% 이하로 해야 한다.

16 선저 외판에 제1호 선저도료(A/C)를 칠하는 주된 목적은?

가. 철판의 산화와 부식을 방지
나. 선저에 패류, 조류의 부착을 방지
사. 선체의 색채와 청결을 유지
아. 전식작용과 유독성 물질의 부착 방지

Answer 15 나 16 가

17 3호 선저도료(B/T)의 도장법을 바르게 설명한 것은?

가. 방오도료(A/F) 위에 겹쳐 칠한다.
나. 방청도료(A/C) 위에 겹쳐 칠한다.
사. 수선부 외판에 직접 칠한다.
아. 화물창 내판에 직접 칠한다.

해설 B/T 페인트는 수선도료로 경하흘수선과 만재흘수선에 A/C를 칠한 위에 칠한다.

18 다음 중 강선의 전식작용을 방지하기 위하여 사용되는 것은?

가. 아연판
나. 현측후판
사. 산화철판
아. 아산화동판

19 다음 중 선저 페인트의 구비조건으로 볼 수 없는 것은?

가. 선저 외판의 부식 방지 효과가 있다.
나. 선저 외판의 패조류 부착 방지 효과가 있다.
사. 칠한 면이 매끄럽고 탄력성을 가진다.
아. 건조 속도가 느린 것이 좋다.

해설 건조 속도가 빠른 것이 좋다.

20 Bilge well 내의 Suction pipe의 끝단에 설치하여 pipe가 막히는 것을 방지하는 것은?

가. Bilge box
나. Suction box
사. Control box
아. Rose box

해설 Rose Box(걸름막이 상자) : 빌지파이프의 끝에 설치되어 있는 이물질이 펌프에 들어가는 것을 차단하는 장치

21 다음 소화기 중 전기화재에 사용되는 소화기가 아닌 것은?

가. CO_2소화기
나. CCl_4소화기
사. 액체소화기
아. 분말소화기

Answer 17 나 18 가 19 아 20 아 21 사

> **해설** 휴대용 소화기의 특징

	유효방사거리	유효계속방사시간	특 징
액체소화기	6m	60초	가구, 목재 등의 초기진압
분말소화기	5m	12초	ABCD급 화재 모두 사용
포말소화기	5m	30초	유류화재에 특히 좋음
CO_2소화기	3m	25초	전기화재에 특히 좋음

액체소화기는 소다와 산을 각각 물에 녹여 소화기 내에 내외 두 통에 분리 봉입한다. 사용시는 외부 조작에 의하여 양 액체를 혼합하면 곧 화학반응을 일으켜 내부 압력이 발생하므로 액체가 노즐에서 분사된다. ▶ 주로 거주구역에서 가구, 목재 등의 초기 화재에 유효하다.

4염화탄소소화기(CCl_4)

4염화탄소는 무색 투명한 액체로 비중 1.6, 냄새가 강하고 대단히 휘발성이 강하여 76°C에서 완전히 기화한다. 불을 향하여 발사하면 화재의 열로 기화하여 무거운 가스(공기의 5.3배)로 되어 불의 표면을 덮는다. ▶ 전기기구의 화재에 유효하여 유류 기타 화재에도 사용한다.
▶ 유독가스 발생으로 선박에서는 사용하지 않는다.

22. 구명부환에는 몇 미터의 뜰 수 있는 구명줄이 부착되어 있어야 하는가?

가. 20미터 나. 25미터
사. 30미터 아. 35미터

23. 각종 Rope의 안전사용 하중은 보통 파단력의 얼마인가?

가. 1/2 나. 1/3
사. 1/6 아. 1/12

> **해설** 로프의 강도
> ㉠ 파단하중(breaking load) : 로프를 잡고 당겨 조금씩 장력을 가하여 로프가 절단되는 순간의 힘 또는 무게
> ㉡ 시험하중(Test load) : 하중을 제거하면 변형이나 손상이 일어나지 않고 원상태로 돌아갈 수 있는 최대하중 ▶ 파단하중의 1/2 정도이다.
> ㉢ 안전사용하중(Safety working load ; SWL) : 시험하중의 범위 내에서 안전하게 사용할 수 있는 최대의 하중(힘) ▶ 파단력의 1/6 정도이다.

 22 사 23 사

24 다음 중 구명정 자체의 무게와 중력을 이용하여 내리는 Davit을 무엇이라 하는가?

- 가. Gravity type davit
- 나. Launching type davit
- 사. Radial type davit
- 아. Pivoted type davit

25 묘쇄공에서 묘쇄의 파주부가 시작되는 지점까지의 길이를 (　)라고 하며, 이 길이는 전체 인출 길이에서 (　)의 길이를 뺀 길이이다. (　)에 알맞은 것은?

- 가. 수선부 – 현수부
- 나. 현수부 – 파주부
- 사. 묘쇄부 – 보조부
- 아. 파단부 – 흘수부

Answer　24 가　25 나

제02장 선박의 이동 및 조종

01 다음 중 고정 Pitch 추진기라 함은?
가. 선미에 고정되어 있는 추진기 나. 날개가 고정되어 있는 추진기
사. 축에 고정되어 있는 추진기 아. 날개가 흔들리지 않는 추진기

해설 고정피치프로펠러(FPP : Fixed Pitch Propeller)
⇔ 가변피치프로펠러(CPP : Controllable Pitch Propeller)

02 타판에 작용하는 압력으로서 타각이 커지면 증가하고 조타중 선체저항 증가의 한 원인이 되는 것은?
가. 직압력(Normal pressure) 나. 마찰력(Frictional force)
사. 항력(Drag) 아. 양력(Lift)

해설
- 항력은 타의 저항력으로 타각이 커지면 증가하며 조타중 선체저항 증가의 원인
  ☞ 저항이 적어지도록 타의 단면을 유선형으로 만든다.
- 양력은 선체를 회두시키는 우력의 성분

키판에 작용하는 압력
① **직압력(PN, Normal pressure)**
  ㉠ 수류에 의하여 키에 작용하는 전체 압력으로 타판에 작용하는 여러 종류의 힘의 기본력 ☞ 키판에 직각으로 작용하는 힘
  ㉡ 키판의 면적, 키판이 수류에 받는 각도, 선박의 전진 속도에 따라 변화
② **항력(PD, drag)**
  ㉠ 타판에 작용하는 힘 중에서 선수미 방향의 분력
  ㉡ 힘의 방향은 선체 후반이므로 전진 선속을 감소시키는 저항력으로 작용
  ㉢ 전진 중 타각을 주어 선회하게 되면 속력이 떨어지는 원인
③ **양력(PL, Lift)**
  ㉠ 타판에 작용하는 힘 중에서 정횡 방향의 성분
  ㉡ 힘의 방향은 선미를 횡방향으로 미는 힘
④ **마찰력**
  타판을 둘러싸고 있는 물의 점성에 의하여 타판 표면에 작용하는 힘

Answer 01 나 02 사

03 타판에 생기는 유체력은 유속과 어떤 비례관계가 있는가?

가. 유속의 1승
나. 유속의 2승
사. 유속의 3승
아. 유속의 0.5승

04 전타 선회시 선회우력이 생기는 것은 무엇 때문인가?

가. 타판에 생기는 항력 때문이다.
나. 타판에 생기는 양력 때문이다.
사. 타판에 생기는 직압력 때문이다.
아. 타판에 부딪히는 추진기 흡입류 때문이다.

> **해설** 양력(PL : lift)
> ㉠ 타판에 작용하는 힘 중에서 정횡 방향의 성분 ☞ 선회우력이 생긴다.
> ㉡ 힘의 방향은 선미를 횡방향으로 미는 힘

05 타에 작용하는 직압력의 크기와 거리가 먼 것은?

가. 수심
나. 타면적
사. 유속
아. 타각

06 이론상 타(Rudder)의 최대 유효타각은 몇 도인가?

가. 약 45도
나. 약 35도
사. 약 32도
아. 약 37도

> **해설** 이론상 타각이 45°일 때 선박을 회전하는 회전능률이 최대지만, 속력의 감쇠작용으로 실제는 최대타각 35° 정도가 가장 유효하다.

07 일반 화물선에 주로 장치하는 단추진기는 다음 중 어느 것인가?

가. Paddle wheel
나. Voith-schneider propeller
사. Screw propeller
아. Jet propeller

Answer 03 나 04 나 05 가 06 가 07 사

08 다음은 단추진기 선박과 쌍추진기 선박을 비교 설명한 것이다. 틀린 것은?

가. 동일 추력을 내기 위해서는 쌍추진기 선박이 연료 소비가 많다.
나. 쌍추진기 선박의 조선이 더 용이하다.
사. 최단정지거리는 단추진기 선박이 더 짧다.
아. 쌍추진기 선박은 선창 용적이 줄어들고 복잡하다.

해설 단추진기 선박이 쌍추진기 선박에 비해 최단정지거리가 길다.

쌍추진기선(Twin screw)의 장단점
▶ **장점**
① Engine과 Propeller가 소형이 되어 제작이나 취급이 편리하다.
② 양쪽 추진기를 이용하여 회전하면 제자리 회두가 용이하다. ☞ 조종이 경쾌하다.
③ Single screw보다 최단정지거리가 작아진다.
④ Single screw보다 Propeller가 깊이 묻혀 있으므로 황천시 Racing이 적다.
⑤ 한쪽이 고장이 나도 다른 Engine으로 항해가능하다.
⑥ 키가 고장이 생겨도 양쪽 추진기의 조절사용으로 항해가능하다.
⑦ 키 중앙일 때 추진기에 의한 회두작용이 상쇄된다.

▶ **단점**
① Propeller와 Shaft가 선체 밖으로 나와 있기 때문에 접이안시 손상되기 쉽다.
② Main Engine이 2대가 되므로 유지비가 비싸진다.
③ 동일마력을 내기 위하여는 Engine의 중량이 증가되고 연료소비가 많아진다.
④ 선창용적이 줄어든다.
⑤ 계류색이 Screw에 감기기 쉽다.

09 IMO 표준조타명령 중에서 "선회중인 본선선수의 선회운동을 중지하라(Check the swing of the vessel's head in a turn)"는 조타명령은 어느 것인가?

가. Nothing to port
나. Steady as she goes
사. Lost steerage way
아. Meet her

해설
• Steady : Reduce swing as rapidly as possible.
 (가능한 한 빨리 선회를 줄이라.)
• Meet her : Check the swing of the vessel's head in a turn.
 (회두중 선수의 선회를 억제하라.)
 (=선회중인 선수 선회운동을 반대현 전타각을 사용하여 급히 억제하라.)
• Steady as she goes : Steer a steady course on the compass heading indicated at the time of the order.
 (이 명령이 내려진 순간에 컴퍼스가 지시한 안정된 침로를 유지하라.)
 ☞ 조타수는 그 때의 침로를 보고한다. 선박이 그 침로에 정침이 되면, 조타수는 "steady on ……"라고 보고 한다.

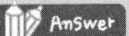 08 사 09 아

10 가장 적절한 조타명령의 순서는?

가. Port 10 – Hard port – Ease to 10 – Steady
나. Port 20 – Hard port – Steady – Meet her
사. Starboard 20 – Hard Starboard – Course again – Steady's go
아. Starboard 10 – Hard Starboard – Steady's go – Midship

11 우선회 단추진기를 가진 선박이 타를 중앙(Midship)으로 하고 전진할 때의 설명이다. 옳은 것은?

가. 전진을 시작할 때는 추진기의 회전 초기는 횡압력이 크므로 선수는 처음에 좌전한다.
나. 속력이 붙으면 초기 회전이 계속된다.
사. 계속 항주하면 측압작용으로 선수가 좌전하려는 경향이 다시 생긴다.
아. 전진중 기관을 반전시키면 선미가 오른쪽으로 돌면서 후진하게 된다.

> **해설** 전진 초기에는 횡압력이 강하여 선수가 좌회두하나 시간이 지남에 따라 배출류가 강해져서 선수는 우회두하게 된다.
>
> **수류에 의한 영향**
>
> | | 전진시 | 후진시 |
> |---|---|---|
> | 배출류 | • 선미 ⇨ 좌회두(선수 ⇨ 우회두) | ① 고정피치(FPP)
• 선미 ⇨ 좌회두(선수 ⇨ 우회두)
▶ 배출류의 측압작용
② 가변피치(CPP)
• 선미 ⇨ 우회두 |
> | 횡압력 | • 선수 ⇨ 좌회두 | • 선수 ⇨ 우회두 |
> | 흡수류 | • 선수 ⇨ 좌회두 | • 편향되지 않는다. |
>
> 전진시 초기에는 횡압력이 커서 선수가 좌회두하지만 속도가 증가함에 따라 배출류가 강해져서 선수가 우회두한다.

Answer 10 가 11 가

12 한 개의 우선회 가변피치프로펠러(Controlable Pitch Propeller)를 갖는 선박은 후진시 측압작용에 의한 회두우력은 어떻게 나타나는가?

가. 우회두
나. 좌회두
사. 직진
아. 직후진

해설 우선회 CPP선박에서는 후진시 프로펠러의 회전이 전진시와 같이 우선회하기 때문에 배출류가 선체의 앞쪽으로 흐르면서 선미좌현에 측압작용이 발생하여 선미는 우편향, 선수는 좌회두한다.

13 우선회 고정피치 단추진기선의 전진시 Suction Current와 후진시 Discharging Current에 의한 회두작용이 각각 옳게 표시된 것은?

가. 좌회두, 우회두
나. 좌회두, 좌회두
사. 우회두, 좌회두
아. 우회두, 우회두

해설 전진시 Suction Current(흡인류)에 의하여 선수는 좌회두하며, 후진시 Discharging Current(배출류)에 의하여 선수는 우회두한다.

14 우선회 단추진기선에서 후진시 선수 우편향과 가장 관계가 깊은 것은?

가. 마찰작용
나. 배수류의 측압작용
사. 반류작용
아. 와류작용

15 한 개의 우선회 가변피치프로펠러(Controlable Pitch Propeller)를 갖는 선박이 후진시 좌회두가 발생하는 주된 원인은 무엇인가?

가. 전진추력
나. 배출류의 측압
사. 횡압력
아. 타압

해설 후진시 가변피치선(CPP)은 배출류의 측압작용 및 횡압력으로 선미를 우측으로, 선수를 좌측으로 회두시킨다. ▶ 배출류의 측압이 강하게 일어난다.

Answer 12 나 13 가 14 나 15 나

16
우선회 단추진기선이 정지중 추진기 역전으로 선체를 후진시킬 때, 키 중앙이라도 선수가 우회두하는 것은 다음 중 어떤 작용 때문인가?

가. Sidewise pressure + Discharge current
나. Suction current + Wake current
사. Suction current > Discharge current
아. Wake current > Sidewise current

해설 후진시는 횡압력과 배출류의 측압작용에 의하여 선수를 우회두시킨다.
- 흡입류(suction current) = 흡수류
  앞쪽에서 프로펠러에 빨려드는 수류
- 배출류(discharging current) = 배수류
  프로펠러의 뒤쪽으로 흘러 나가는 수류
- 반류(wake current) = 추적류
  선체가 앞으로 나아가며 생기는 빈 공간을 채워 주는 수류로 인하여, 주로 뒤쪽 선수미 선상의 물이 앞쪽으로 따라 들어오는 수류
- 횡압력(Sidewise pressure)
  프로펠러에 작용하는 힘이 위쪽과 아래쪽이 다르기 때문에 생기는 힘

17
단추진기선의 Discharging current는 선박이 전진시에 어떤 영향을 주는가?

가. 선미를 우현쪽으로 미는 경향이 있다.
나. 선미를 좌현쪽으로 미는 경향이 있다.
사. 영향이 없다.
아. 선수를 좌회두 후 우회두시키려 한다.

18
우선회 고정피치 단추진기선의 접안조선시 유리한 방법은 다음 어느 경우인가?

가. 우현접안
나. 좌현접안
사. 선미접안
아. 선수접안

해설 우선회 고정피치 단추진기선(FPP)에서 배출류의 측압작용으로 선미가 좌전하는 것을 이용하면 좌현접안시에 조선하기가 쉽다.

Answer 16 가 17 나 18 나

19 선박의 선회운동에서 선회경(Tactical Diameter)이란 무엇을 말하는가?

가. 원침로로부터 180도 회두한 때까지의 횡거를 말한다.
나. 전타위치에서 배가 90도 회두한 때까지의 종거를 말한다.
사. 원침로에서 배가 90도로 회두한 때까지의 횡거를 말한다.
아. 전타 위치에서 정상선회시 배가 원침로로 왔을 때까지의 종거를 말한다.

해설
- 선회지름(tactical diameter) = 선회경
  회두가 원침로로부터 180°된 곳까지 원침로에서 직각 방향으로 잰 거리
  ▶ 선박의 기동성을 나타내며 전속전진상태에서 보통 선체길이의 3~4배 정도

선회권과 용어
① 전심(pivoting point) : 선체 자체의 외관상의 회전 중심
   - 선회권의 중심으로부터 선박의 선수미선에 수직선을 내려서 만나는 점
   - 전진중에는 선수에서 배 길이의 1/3~1/5 부근
② 선회 종거 : 어드밴스(advance)
   - 전타 위치에서 선수가 90° 회두했을 때까지의 원침로선 상에서의 전진 거리
③ 선회 횡거 : 트랜스퍼(transfer)
   - 전타를 처음 시작한 위치에서 선체 회두가 90°된 곳까지 원침로에서 직각 방향으로 잰 거리
④ 선회 지름(tactical diameter)
   - 회두가 180°된 곳까지 원침로에서 직각 방향으로 잰 거리
   - 선박의 기동성을 나타내며, 전속전진상태에서 보통 선체 길이의 3~4배 정도
⑤ 최종 선회 지름(final tactical diameter)
   - 배가 정상 원운동을 할 때 선회권의 지름(일반 선회 지름의 0.9배 정도)
⑥ 킥(kick)
   - 원침로에서 횡방향으로 무게중심이 이동한 거리
     ▶ 선미 킥 - 배 길이의 1/4~1/7 정도
   - 장애물을 피하는 데 유용하게 사용
⑦ 리치(reach)
   - 전타를 시작한 최초 위치에서 최종 선회 지름의 중심까지의 거리를 원침로선상에서 잰 거리
   - 선체 길이의 1~2배의 범위 ▶ 타효가 좋은 선박일수록 짧다.
⑧ 신침로 거리
   - 전타 위치에서 신구침로의 교차점까지 원침로 상에서 잰 거리

Answer 19 가

20 전타개시의 위치에서 선회권 중심까지 원침로 상에서 측정한 거리를 무엇이라고 하는가?

가. Advance
사. Reach
나. Transfer
아. Tactical diameter

21 원침로에서 회두가 180도 이루어졌을 때까지의 횡방향 이동거리를 나타내는 용어는?

가. Final diameter
사. Transverse diameter
나. Tactical diameter
아. Turning diameter

해설
- Final diameter : 최종(정상)선회지름 ☞ 선회지름의 80~85% 내외
- Tactical diameter : 선회지름(선회경)

22 직진중 일정한 타각으로 360도 선회를 할 경우, 선회종거(Advance)는?

가. 전타점에서부터 90°회두한 점까지의 원침로상의 거리
나. 전타점에서부터 180°회두한 점까지의 정횡거리
사. 원침로로부터 45°회두한 점까지의 원침로상의 거리
아. 원침로로부터 270°회두한 점까지의 정횡거리

23 다음 중 Kick 현상과 가장 관계가 먼 것은?

가. 타압의 횡방향 힘
사. 인명구조
나. 초기 전타 선회
아. 기관 출력 변화

24 다음 중 최종 선회경(Final diameter)에 대한 설명으로 맞는 것은?

가. 180도 회전했을 때의 선체 중심위치와 360도 회전했을 때의 선체 중심위치와의 거리
나. 90도 회전했을 때의 선체 중심위치와 180도 회전했을 때의 선체 중심위치와의 거리
사. 360도 회전했을 때 종거와 킥(kick)
아. 종거와 횡거를 말한다.

해설 **최종선회지름** : 선박이 정상 원운동을 할 때 선회권의 지름

Answer 20 사 21 나 22 가 23 아 24 가

25 전타 선회시 생기는 횡경사의 크기는?
가. 전진 속력의 크기에 비례한다.
나. 전진 속력의 제곱에 비례한다.
사. 전진 속력의 제곱에 반비례한다.
아. 전진 속력의 크기에 반비례한다.

26 전진중 전타시 상선의 전심위치는 대략 어느 곳인가?
가. 선수 부근
나. 선체 중앙에서 선체 길이의 약 1/3 정도 전방
사. 선체 중앙에서 선체 길이의 약 1/3 정도 후방
아. 선미 부근

27 선박의 정지 중 선수 및 선미에 예선 1척을 각각 동시에 사용하여 회두할 때의 전심의 위치는?
가. 중심과 거의 일치한다.
나. 중심과 크게 일치하지 않는다.
사. 배의 중심 전방에 있다.
아. 배의 중심 후방에 있다.

28 선박의 조종운동성능을 추정하는 데에는 두 가지 지수가 있다. 맞는 것은?
가. 선회성 지수, 저항성 지수
나. 선회성 지수, 추종성 지수
사. 선회권 지수, 저항성 지수
아. 선회권 지수, 추종성 지수

해설
- K(선회성 지수)는 선회성을 나타내는 지표
- T(추종성 지수)는 침로안정성 및 조타에 대한 선체의 추종성을 나타내는 지표
- K와 T 두 지수를 통칭하여 조종성지수라 한다.
- K가 크면 큰 각속도가 나오고, T가 작으면 선체는 조타운동에 빨리 응하여 타각을 없애면 빨리 정침한다.
  ▶ 조종성지수는 T가 작을수록, K가 클수록 성능이 좋은 선박이다.

Answer 25 나 26 나 27 가 28 나

제2장 선박의 이동 및 조종

29 선회경을 크게 하는 요소들로만 짝지워진 것은?

가. 큰 방형비척계수 - 선수트림
나. 선미트림 - 낮은 속력
사. 천수영향 - 배수량의 증가
아. 큰 타면적비 - 작은 방형비척계수

해설
가. 큰 방형비척계수 - 선수트림 ▶ 선회경을 작게 한다.
나. 선미트림은 선회경을 크게 하고, 낮은 속력은 높은 속력보다 선회경을 작게 한다.
사. 천수영향과 배수량의 증가는 선회경을 크게 한다.
아. 큰 타면적비는 선회경을 작게 하고 작은 방형비척계수는 선회경을 크게 한다.

▶ 타면적비 = $\dfrac{A}{L \times d}$ (A : 타면적, L : 선박길이, d : 만재시 평균흘수)

선회권(turning circle)의 크기에 영향을 주는 요소
㉠ 방형비척계수 - Cb가 큰 선박일수록 선회권은 작다.
㉡ 선체의 길이 - 길이가 긴 선박이 짧은 선박보다 선회권이 커진다.
㉢ 선체의 폭 : 같은 길이의 선박은 선박의 폭이 클수록 선회권은 작아진다.
㉣ 타각과 조타에 대한 시간 : 타각이 클수록, 조타에 요하는 시간이 짧을수록 작아진다.
㉤ 흘수 : 일반적으로 증가하면 선회권은 커진다. - 만재상태는 선회권이 커진다.
㉥ 트림 : 선수트림은 선회권이 작아진다.
㉦ 선체의 중량분포 : 배수량 및 트림을 일정하게 두고 선체 중량이 전후부에 널리 분포한 경우는 선회권이 커지고, 선체중앙부에 모인 경우는 선회권이 작아진다.
㉧ 수면하선체측면형상 : Cut up은 선회성을 좋게 한다.
  ▶ Cut up : 선체의 면적 일부를 절제한 부분으로 군함과 같이 선회성을 중요시하는 선박에서 실시
  ▶ Skeg : 선체의 면적을 증가한 것과 같은 부분으로 화물선 등과 같이 침로안정성을 중요시하는 선박에서 실시
ⓐ 수심 : 얕은 수역에서는 키 효과가 나빠지고 선체 저항이 증가하여 선회권이 커진다.
ⓑ 선속 : 거의 영향을 미치지 않으나 정지 상태에서 선속을 증가하면서 선회하면 선회권이 감소하며, 전속 전진 상태에서 감속하면서 선회하면 선회권은 증가한다.
ⓒ 편각(Drift angle) : 선회 중 선박의 중심이 만드는 궤적과 선수미선이 이루는 각. 편각이 크면 선회권이 작아지고 편각이 작아지면 선회권은 커진다.
ⓓ Keel의 종류 : Bar keel은 Flat keel에 비해서 선회권이 커진다.

30 선회권(Turning circle)의 크기를 좌우하는 요소에 대한 다음 설명 중 틀린 것은?

가. 배의 길이가 길수록 커진다.
나. 길이에 비해 선폭이 넓을수록 커진다.
사. By the stern이 클수록 선회권이 커진다.
아. Bar keel이나 Bilge keel을 갖는 배는 커진다.

해설 길이에 비해 선폭이 넓은 선박(방형비척계수가 큰 선박)은 선회권이 작아진다.

Answer 29 사 30 나

31. 같은 배수량을 갖는 선박인 경우 선회선의 크기는 선체의 길이와 폭에 따라 어떻게 변하는가?
    - 가. 선체의 길이가 길수록 커진다.
    - 나. 선체의 길이가 길수록 작아진다.
    - 사. 선체의 길이와 관계없다.
    - 아. 폭이 넓을수록 커진다.

    해설 선회권은 선체의 길이가 길수록 커지며, 선폭이 클수록 작아진다.

32. 국제해사기구(IMO) 표준 선박조종성 기준에서 전타각에 의한 선회성능의 종거(Advance)는 선체길이(L)의 몇 배를 초과하지 않아야 한다고 규정하고 있는가?
    - 가. 3.5L
    - 나. 4L
    - 사. 4.5L
    - 아. 5L

    해설 종거는 4.5L 이하이며, 횡거는 5L 이하, 최단정지거리는 15L 이하이다.

33. 국제해사기구(IMO) 표준 선박조종성 기준에서 초대형선을 제외한 일반 화물선박은 정지성능시험(Stopping ability test)의 정지거리(Track reach)가 선체길이(L)의 몇 배를 초과하지 않아야 한다고 규정하고 있는가?
    - 가. 10L
    - 나. 15L
    - 사. 20L
    - 아. 25L

34. 선박 조종 및 운용 관련 시험 중 국제해사기구(IMO)의 표준선박조종성(Ship manoeuvrability) 시험이 아닌 것은 어느 것인가?
    - 가. 선회시험(Turning test)
    - 나. 지그재그시험(Zigzag test)
    - 사. 정지시험(Stopping test)
    - 아. 경사시험(Heeling test)

    해설 IMO 표준선박조종성 시험 중에 경사시험은 속하지 않는다.
    ▶ 경사시험은 복원력에 관계되며 GM을 구하는 방법이다.
    IMO 선박조종성 시험의 종류
    ① 선회성능(Turning ability test) 시험
       ▶ 선회성 시험을 알아보는 시험
    ② 지그재그 선수요 저지성능(Yaw-checking ability test) 시험
       ▶ 변침성능을 알아보는 시험
    ③ 긴급시 전속후진기관에 의한 후진성능(Stopping ability) 시험
       ▶ 정지성능시험
    ④ 나선시험(Spiral test)
       ▶ 침로안정성(Additional course-keeping ability) 시험

Answer 31 가 32 사 33 나 34 아

35 아래에 열거한 선박조종 관련 시험 중에서 선수요 저지성능(Yaw-checking ability)을 측정하는 IMO 표준 선박조종성 시험은 어느 것인가?

- 가. 선회시험(Turning test)
- 나. 지그재그시험(Zigzag test)
- 사. 풀아웃시험(Pull-out test)
- 아. 스러스터시험(Thruster test)

36 선박의 종거, 횡거 및 선회경을 측정하는 조종성 시험은 무엇인가?

- 가. 지그재그시험(Zigzag test)
- 나. 선회시험(Turning test)
- 사. 정지시험(Stopping test)
- 아. 선수스러스터시험(Bow thruster test)

> **해설** IMO 표준조종성능 시험
> 1. 선회성능시험 : 선회 성능을 알아보기 위한 시험
>   ① 초기선회성능 시험
>   좌·우현의 10°의 타각을 발령하여 초기침로(Initial course)에서 선수방위(Heading)가 10° 변위(Turn 10°/10° test)될 때까지의 전진 이동거리가 길이(L)의 2.5배 이하로 규정하고 있다.
>   ② 정상선회성능
>   정상선회성능 기준은 아래 좌·우현의 전타각 35°를 발령하여 90° 선회지점의 Advance(종거)는 4.5L 이하, 그리고 180° 선회지점의 최대선회경의 전술직경(Tactical diameter)은 5L 이하로 규정하고 있다.
> 2. 지그재그시험(선수요 저지성능 시험) : 변침성능을 알아보기 위한 시험
>   선수요저지성능(Yaw-checking ability) 기준은 지그재그(Zig-zag) 선수요저지성능시험의 오버슈트각(Overshoot angle)으로 규정하고 있으며 타각 10°에 의한 Zigzag 10°/10° 조타법 및 타각 20°에 의한 Zigzag 20°/20° 조타법으로 과도선수각인 오버슈트각으로 평가한다.
> 3. 나선시험(Spiral test) : 침로안정성의 정도를 알아보기 위한 시험
>   각 선회시험에서 측정된 선박의 선회각속도를 타각에 대하여 그린 곡선인 나선(Spiral) 곡선으로부터 선박의 침로안정성 여부를 판단한다.
> 4. 정지시험(후진성능 시험)
>   후진성능 기준은 만재상태의 항해전속전진(Full sea speed)에서 긴급후진전속[Full (crash) astern]을 발령하여 전진타력이 0(Zero)이 되면서 선체가 완전히 정선할 때까지의 최단 정지거리(Track reach)가 15L 이하가 되어야 한다.

Answer 35 나 36 나

37 Zig-zag 시험은 선박의 어떤 성능을 알아보기 위한 시험인가?

가. 선박의 조종운동 성능
나. 선박의 대피운동 성능
사. 선박의 선회권 성능
아. 선박의 안정성 성능

해설   지그재그 시험은 변침성능을 알아보기 위한 시험이다.

38 잠수함과 같이 완전히 수중에 잠겨서 운동하는 경우를 제외하고 다른 모든 선체는 공기와 물의 경계면을 따라서 운동을 하게 된다. 이 운동으로 인하여 생긴 저항은 무엇인가?

가. 마찰저항
나. 외저항
사. 조파저항
아. 공기저항

해설   **선체 저항**
㉠ 마찰저항
   선체 표면에 물이 부딪쳐 선체 진행을 방해하여 생기는 저항
   ▶ 저속선에서 가장 큰 비중 차지
㉡ 조파저항
   • 선수와 선미 부근은 수압이 높아져 수면이 높아지고 선체 중앙부 수압이 낮아져서 수면이 낮아져 파가 생김.
     ▶ 구형 선수(bulbous bow) 유리
   • 물과 공기의 경계면에서 운동시 생기는 저항
     ▶ 잠수함에서는 생기지 않음.
㉢ 조와저항
   • 선체 주위의 물분자는 부착력으로 인하여 속도가 느려지고, 선체에서 먼 곳의 물분자는 속도가 빨라 물분자의 속도 차에 의하여 선미 부근에서 와류가 생겨 선체는 전방으로부터 후방으로 힘을 받게 되는 저항
   • 선체의 형상에 따라 크기가 달라짐.
     ▶ 유선형 선체가 유리
㉣ 공기저항
   선박이 항진 중에 선체 및 갑판 상부의 구조물이 공기의 흐름과 부딪쳐서 생기는 저항

Answer 37 가 38 사

단원별 3급 항해사

39 선박의 속력이 증가할수록 커지는 저항은?

가. 조파저항   나. 마찰저항
사. 조와저항   아. 공기저항

해설 저속일 때는 마찰저항이 가장 크나 선속이 증가할수록 조파저항이 커진다.
전체 저항의 구성 비율
- 마찰저항 : 저속화물선 ·················· 80%
  　　　　: 고속화물선 ·················· 40~50%
- 조파저항 : 저속화물선 ·················· 10~15%
  　　　　: 고속화물선 ·················· 40~50%
- 조와저항 ·························· 2~10%
- 공기저항 ·························· 1%

40 다음 중 조파저항에 대한 설명으로 가장 적절한 것은?

가. 고속일수록 저항이 커진다.
나. 흘수가 깊을수록 저항이 커진다.
사. 형상저항이라 할 수 있다.
아. 조파저항은 마찰저항보다 항상 크다.

해설 나. 흘수가 얕을수록 저항이 커진다.
　　　사. 형상저항은 조와저항을 말한다.
　　　아. 마찰저항이 조파저항보다 크다(고속선에서는 비슷하게 작용한다).

41 다음 중 잘못 짝지어진 것은?

가. 마찰저항 - 침수면적
나. 조와저항 - 구상 선수
사. 조파저항 - 선속
아. 공기저항 - 상대풍향, 풍속

해설 나. 조와저항은 유선형의 선체로 경감시키며 조파저항은 구상선수로 경감
　　　사. 조파저항은 선속이 클수록 커진다.

Answer 39 가 40 가 41 나

42 다음 중 최단정지거리와 관계있는 타력은?

　가. 반전타력　　　　　　　나. 발동타력
　사. 정지타력　　　　　　　아. 회두타력

> **해설** 타력의 종류
> ① 발동타력
> 　정지된 배에 주기관을 발동하여 출력에 해당하는 속력이 나올 때까지의 타력
> ② 정지타력
> 　전진 중인 선박이 기관 정지를 명령하여 선체가 정지할 때까지의 타력
> ③ 반전타력
> 　전진 중에 기관을 후진 전속으로 걸어서 선체가 정지할 때까지의 타력
> 　▶ 반전타력으로 인한 전진거리가 최단정지거리이다.
> ④ 회두타력
> 　전타 선회 중에 키를 중앙으로 한 때부터 선체의 회두 운동이 멈출 때까지의 타력

43 전진전속중 후진전속을 발령하고서부터 선체가 정지할 때까지의 타력을 무엇이라 하는가?

　가. 정지타력　　　　　　　나. 반전타력
　사. 발동타력　　　　　　　아. 회두타력

44 다음 중 투묘조작과 가장 관계가 깊은 것은?

　가. Chain cable
　나. Friction brake band
　사. Riding anchor
　아. Lee cable

> **해설** 투묘시에는 Friction brake band를 풀어주고 또 잠그고 해서 적당히 투묘를 한다.
> 　사. Riding anchor : 장력이 걸리는 닻
> 　아. Lee cable : 진회억제용 닻줄

Answer　42 가　43 나　44 나

단원별 3급 항해사

45 다음 중 폭풍 또는 강풍을 동반한 파랑이 심한 수역에서 강력한 파주력을 얻고자 할 때 이용되는 묘박법은?

　가. 쌍묘박　　　　　　　　　　나. 2묘박
　사. 단묘박　　　　　　　　　　아. 선수미묘박

> **해설** 단묘박(lying at single anchor)
> - 한쪽 현의 선수 닻으로 정박하는 방법
> - 바람, 조류에 따라 선체가 선회하기 때문에 넓은 수역이 필요
> - 닻을 올리고 내리는 작업이 쉬워 널리 이용
> - 닻줄이 꼬일 염려는 없으나 선체가 돌기 때문에 닻이 끌릴 수 있다.
>
> 쌍묘박(mooring)
> - 양쪽 현의 선수 닻을 앞 뒤 쪽으로 먼 거리에 투묘하여 선박을 그 중간에 위치시키는 정박법
> - 특징 : 선체의 선회 면적이 적어 좁은 구역, 선박의 교통량이 많은 곳에서 자주 이용
>
> 이묘박(riding at two anchors)
> 강풍, 파랑 등이 심한 수역에서 강한 파주력이 필요할 때 사용
> ㉠ 양현 앵커를 나란히 사용하는 법
> 　· 강력한 파주력을 얻기 위하여 양쪽 현 앵커 체인의 사이 각이 거의 없도록 투묘
> 　· 양현의 닻줄을 같게 내어 주는 방법 ☞ 파주력이 단묘박의 2배
> 　· 선체의 스윙(swing)이 심해져서 급격한 장력이 걸리게 된다.
> 　· 양현 묘쇄의 교각이 50~60도 정도일 때가 스윙이 적다.
> ㉡ 굴레(bridle)를 씌우는 법
> 　선회 억제를 위하여 한쪽 현의 앵커 체인은 길게 내어 주어서 강한 파주력을 가지게 하고 다음 쪽 현의 앵커체인은 수심의 1.5~2배 정도

46 통상적으로 많이 사용하는 것으로서 전진 투묘법은 (　　)시에, 후진 투묘법은 (　　)시에 많이 사용한다. (　　) 안에 적합한 단어는?

　가. 쌍묘박, 단묘박　　　　　　　나. 단묘박, 쌍묘박
　사. 선수미 묘박, 쌍묘박　　　　　아. 쌍묘박, 선수미 묘박

47 황천시 계속 같은 방향에서 강풍이 불 것이 예상되는 장소에서 가장 좋은 묘박법은?

　가. Riding at two anchors　　　　나. Lying at single anchor
　사. Mooring　　　　　　　　　　아. Mooring by the head and stern

Answer 45 나　46 가　47 가

해설
- Riding at two anchors : 이묘박
- Lying at single anchor : 단묘박
- Mooring : 쌍묘박
- Mooring by the head and stern : 선수미묘박

48 다음 중 쌍묘박의 단점에 속하지 않는 것은?

가. 투묘 조작이 복잡하다.
나. Swing이 심하며 넓은 수역이 필요하다.
사. 장기간 정박하면 Foul cable이 되기 쉽다.
아. 황천시 등에 응급조치를 취하는데 지장이 있다.

49 2묘박에서 두 Anchor 사이의 각도는 강풍하에서 얼마 정도가 좋은가?

가. 0° 나. 약 15°
사. 약 30° 아. 약 60°

50 다음 중 협소한 항만 등에서 사용하는 묘박법은 어느 것인가?

가. 쌍묘박 나. 단묘박
사. 2묘박 아. 3묘박

51 다음 중 단묘박의 이점은 어느 것인가?

가. 정박중 선회면이 작고 선수의 진요와 선체의 전진운동 등이 억제된다.
나. 묘작업에 시간이 많이 걸린다.
사. 투묘와 양묘가 간단하고 묘쇄가 꼬일 염려가 없다.
아. 묘가 끌리게 되면 방지책이 없다.

52 다음 중 쌍묘박의 특징으로서 가장 적합한 것은?

가. 단묘박보다 파주력이 크다. 나. 정박수면을 적게 차지한다.
사. 양현묘를 동시에 투하한다. 아. 강풍시의 묘박법이다.

Answer 48 나 49 아 50 가 51 사 52 나

53 선체의 전후방향 이동을 방지하는데 주로 사용되는 계류삭은 다음 중 어느 것인가?

가. bow line   나. stern line
사. spring line   아. breast line

해설 계선줄의 종류와 역할
① 선수줄(bow line = head line)
  ㉠ 선수에서 내어 전방 부두에 묶는 계선줄
  ㉡ 선체가 뒤쪽으로 움직이는 것을 막는 역할과 선체의 선수부분이 부두로부터 떨어지는 것을 방지
② 선미줄(stern line)
  ㉠ 선미 후방 부두에 묶는 계선줄
  ㉡ 선체가 앞쪽으로 움직이는 것과 선체의 선미가 부두로부터 떨어지는 것을 방지
③ 선수 뒷줄(fore spring line = Back spring)
  ㉠ 선수에서 내어 후방 부두에 묶는 줄
  ㉡ 선체가 전방으로 움직이는 것 방지 ▶ 접안 시 가장 먼저 잡는다.
④ 선미 앞줄(after spring line)
  ㉠ 선미에서 전방 부두에 묶는 줄
  ㉡ 선체가 후방으로 움직이는 것 방지
⑤ 선수 옆줄(forward breast line)
  ㉠ 선수에서 부두에 직각 방향으로 잡는 계선줄
  ㉡ 선체가 부두에 붙어 있도록 하여 횡방향의 이동을 억제
⑥ 선미 옆줄(after breast line)
  ㉠ 선미에서 부두에 직각 방향으로 잡는 계선줄
  ㉡ 선체가 부두에 붙어 있도록 하여 횡방향의 이동을 억제

54 부두 접안시 선석 전방에 장해물이 있을 때 가장 먼저 잡아야 할 mooring line은?

가. Head line   나. Aft spring
사. Fore spring   아. Breast line

55 부두에서 바람이 불어올 때 장력을 가장 크게 받는 계류삭은 어느 것인가?

가. Bow line   나. Stern line
사. Breast line   아. Spring

해설 선수쪽으로 장력을 받는 계류줄 : Fore Spring + Stern line
선미쪽으로 장력을 받는 계류줄 : After Spring + Head line
부두쪽으로 장력을 받는 계류줄 : Forward Breast + After Breast line

Answer 53 사 54 사 55 사

56 Foul hawse 상태의 명칭 중 1회 꼬인 상태를 무엇이라 하는가?

가. Cross
나. Round turn
사. Elbow
아. Round turn and elbow

해설
- 크로스(cross) : 반 바퀴 꼬인 것 = half turn
- 엘보(elbow) : 한 바퀴 꼬인 것 = one turn
- 라운드 턴(round turn) : 한 바퀴 반 꼬인 것
- 라운드 턴 앤드 엘보(round turn and elbow) : 두 바퀴 꼬인 것

57 신출된 묘쇄에서 Catenary부의 길이를 결정하는 주요소는 수심, 묘쇄 무게 및 다음 어느 것인가?

가. 묘쇄장력
나. 수온
사. 물의 밀도
아. 해저상태

해설 **Catenary(현수부)** : 묘쇄공(hawse pipe)에서 파주부(닻이 해저에 깔린 부분)가 시작되는 점까지의 닻줄의 길이

58 양묘시 묘쇄의 신출 길이가 수심의 약 1.5배가 될 때의 상태를 무엇이라 하는가?

가. Anchor aweigh
나. Up anchor
사. Up and down anchor
아. Short stay

해설
- Cock bill 상태 : 앵커를 수면 부근까지 내린 상태
- Short stay : 앵커 체인의 신출 길이가 수심의 1.5배 정도인 상태
- Up and down : 앵커 체인이 묘쇄공의 직하에 수직이 된 상태

정박과 항해의 기준
- Anchor aweigh : 닻이 해저를 떠날 때
- Brought up anchor(=Bring up) : 앵커가 정상적인 파주력을 가진 상태
- Up anchor : 닻 수납 작업이 완료된 상태
- 클리어 앵커(clear anchor) : 닻이 앵커 체인과 엉키지 않고 올라온 상태
  ⇔ 싸울 앵커(foul anchor)

Answer 56 사 57 가 58 아

59 양묘중 묘는 아직 그대로 저질에 묻혀 있고 묘쇄만 수직으로 되어 Anchor shank가 해저를 떠나려 하는 순간을 선교에 알리는 용어는?

가. Short stay
나. Up and down anchor
사. Anchor aweigh
아. Clear anchor

해설
- Anchor aweigh : 묘쇄가 수직으로 되어 있으면서, 크라운이 해저를 떠나는 상태
- Up and down : 묘쇄가 수직으로 되어 있으면서, 닻이 누워있는 상태
  ▶ Up and down 상태를 항해와 정박의 기준으로 한다.

60 Anchor aweigh란 용어는 어떤 상태를 말하는가?

가. 앵커가 해저를 떠나는 상태
나. 앵커가 수면상에 올라온 상태
사. 앵커가 해저를 떠나기 직전상태
아. 앵커가 완전히 수납된 상태

61 양묘작업시 "Anchor 가 Chain Cable이나 또는 다른 물체와 엉켜있는 상태"를 무엇이라 하는가?

가. Dirty Anchor
나. Standing Anchor
사. Foul Anchor
아. Anchor Stand-by

62 수심이 얕은 정박지에서 Bow anchor를 Hawse pipe로부터 수면 근처까지 끌어내어 투묘 준비하는 것을 무엇이라 하는가?

가. Short stay
나. Walk back
사. Anchor aweigh
아. Walk out

해설 walk out
To reverse the action of a windlass to lower the anchor until it clear of the hawse pipe and ready for dropping
(양묘기를 역전시켜 닻을 풀어내려 호스파이프로부터 벗어나게 하여 투묘 준비 상태로 하

59 나 60 가 61 사 62 아

는 것) ► cock bill 상태로 하는 것으로 보통 투묘시 사용
walk back
To reverse the action of a windlass to ease the cable
(닻줄을 늦춰주기 위하여 양묘기를 역전시킴) ► 심해투묘시 주로 사용
► walk back을 하는 이유
 • 닻줄의 절단 위험을 막기 위하여
 • 닻의 손상을 방지하기 위하여
 • 양묘기 브레이크의 손상을 막기 위하여

63 수중에서의 앵커의 무게가 1톤이고, 파주계수가 7이면 앵커의 파주력은 얼마인가?

가. 7톤
나. 14톤
사. 21톤
아. 10톤

해설 앵커의 파주력 = 앵커의 수중무게 × 앵커의 파주계수
∴ 앵커의 파주력 = 1 × 7 = 7톤

64 단묘박중인 선박의 해수 중 묘의 무게는 3톤, 단위 묘쇄의 수중무게는 0.2톤이며, 해저와 접합된 묘쇄의 길이는 60미터이다. 이 선박의 총 파주력은 얼마인가?
(단, 묘의 파주계수는 5이고, 묘쇄의 파주계수는 1이다.)

가. 23톤
나. 25톤
사. 27톤
아. 29톤

해설 총파주력 = (앵커의 수중무게 × 앵커의 파주계수)
       + (앵커 체인 파주부의 수중무게 × 앵커 체인의 파주계수)
총파주력 = (3 × 5) + (0.2 × 60 × 1) = 27톤

65 다음 중 묘의 파주계수와 가장 관계가 깊은 것은?

가. 수심
나. 저실
사. 유속
아. 풍력

Answer 63 가 64 사 65 나

단원별 3급 항해사

66 단묘박중인 선박의 해수 중 묘의 무게는 5톤, 단위 묘쇄의 수중무게는 0.1톤이며, 해저와 접합된 묘쇄의 길이는 50미터이다. 이 선박의 총 파주력은 얼마인가? (단, 묘의 파주계수는 7이고, 묘쇄의 파주계수는 2이다.)

가. 45톤 나. 54톤
사. 65톤 아. 35톤

해설 파주력 = 앵커의 파주력 + 앵커 체인 파주부의 파주력
= (앵커의 수중무게 × 앵커의 파주계수)
 + (앵커 체인 파주부의 수중무게 × 앵커 체인의 파주계수)
= (5 × 7) + (0.1 × 50 × 2) = 45톤

67 묘박시 강풍은 다음의 어느 각도에서 받을 때 그 영향이 제일 크게 나타나는가?

가. 정선수 나. 선수로부터 각각 5°
사. 선수로부터 각각 20° 아. 선수로부터 각각 30°~40°

해설 선수나 선미로부터 30°~40°에서 바람을 받을 때 저항계수가 제일 크고, 그 값은 정선수에서 받는 계수의 약 1.5배에 달한다.

68 배 길이가 25m이고 선속이 5knots일 때, 속장비(Speed length ratio)는 얼마인가?

가. 1/5 나. 1
사. 5 아. 25

해설 속장비 = $\dfrac{v}{\sqrt{L}}$ = $\dfrac{5}{\sqrt{25}}$ = 1 [L : 선박길이, v : 선속]

속장비(速度長比) : 선박의 길이에 따른 선속의 판단을 하는데 표준으로 삼는 식 = $\dfrac{v}{\sqrt{L}}$

69 안벽 부근에서 선박이 항주하다가 선수가 안벽과 반대방향으로 자연 회두하여 사고를 일으켰다. 그 원인은 무엇인가?

가. 측벽 영향 나. 심수 영향
사. 추진기 횡압력 영향 아. 추진기 배수류 영향

해설 측벽 영향(수로 둑의 영향 : Wall effect) = 안벽의 영향(Bank effect)
▶ 둑 밀어냄(Bank cushion) : 선수는 둑에서 반발
▶ 둑 당김(Bank suction) : 선미는 둑 쪽으로 끌림

Answer 66 가 67 아 68 나 69 가

70 인묘저항(Dredging Resistance)을 이용하는 조선법이 아닌 것은?

- 가. 좁은 수역에서 직후진할 때
- 나. 안벽쪽으로 풍조압류를 억제할 때
- 사. 협수도에서 순조시 180° 선회할 때
- 아. 묘박시 주묘를 방지하고자 할 때

해설 인묘(Dredging Anchor)는 위험물을 피하기 위하여, 대각도 변침을 위하여, 그리고 전후진 타력의 억제를 위하여 닻을 인위적으로 끌면서 선박을 조종하는 행위를 말하며, 인묘저항은
㉠ 위험물의 회피
㉡ 제자리 회두
㉢ 대각도 변침
㉣ 회두의 억제
㉤ 전후진 타력억제 등의 목적으로 이용한다.

Dredging of anchor(인묘, 용묘)
Moving of an anchor over the sea bottom to control the movement of the vessel
(선체의 운동을 억제하기 위하여 해저를 따라서 닻을 이동시키는 상태)
▶ 항내 등에서 선박을 조종하는 경우에 닻을 투묘하여 보통 수심의 1.5~2배 정도의 묘쇄를 신출하여 해저를 따라 닻을 끌므로써 조종의 효율을 높이는 방법으로 이용한다.

Dragging of anchor(주묘)
Moving of an anchor over the sea bottom involuntarily because it no longer preventing the movement of the vessel
(닻이 선체의 이동을 더 이상 저지하지 못하여 어쩔 수 없이 해저를 따라 끌려가고 있는 상태)

71 다음 중 주묘(Dragging anchor)의 원인으로서 가장 거리가 먼 것은?

- 가. Foul anchor
- 나. 묘쇄의 신출량 부족
- 사. 화물의 과적
- 아. 저질 불량

Answer 70 아 71 사

72
장기간 정박할 때에 Anchor 및 Cable의 매몰, 선박 선회로 인한 Foul cable을 방지하기 위하여 조용한 날씨에 Anchor를 감아올렸다가 재투묘하는 것을 무엇이라 하는가?

- 가. Slipping Anchor
- 나. Heaving Anchor
- 사. Sighting Anchor
- 아. Clearing Hawse

해설 사이팅 앵커(sighting anchor) = 검묘(檢錨)
강 하류나 조류가 강한 수역 등에 오래 정박하면 앵커나 앵커 체인이 뻘 속에 묻히거나 선박의 선회로 인하여 앵커 체인이 꼬여서 앵커 수납이 어려워진다. 이 때에는 앵커를 감아올렸다가 다시 투하하든가 또는 다른 쪽의 앵커와 바꾸어 투하하는 것
▶ 조용한 날씨에 1주일마다 실시

슬리핑 앵커(slipping anchor) = 사묘(捨錨)
묘박중 앵커 체인을 감아 들일 여유가 없거나, 감아 들이기가 불가능할 때 앵커 체인을 절단하는 것

Sweeping Anchor(탐묘, 채묘)
Slipping anchor나 Lost anchor를 잠수부나 Hook 등을 이용하여 anchor를 찾아 회수하는 것

Stem Anchor
묘쇄가 선수재(stem)에 예각으로 걸려 힘을 받는 상태
▶ 절단될 염려가 있으므로 장력완화를 요한다.

73
전진중인 쌍추진기선에서 대각도 변침을 하고자 할 때 다음 중 어떤 방식이 가장 효과적인가?

- 가. 회두 방향의 Screw를 역전시킴과 동시에 회두측으로 전타한다.
- 나. 회두 반대측의 Screw를 역전시킴과 동시에 회두측으로 전타한다.
- 사. 양 Screw를 반전시킴과 동시에 회두측으로 전타한다.
- 아. 양 Screw를 전진시킴과 동시에 회두측으로 전타한다.

74
전타 선회시 선체 외방 경사각에 영향을 주는 요소가 아닌 것은?

- 가. 선체 중심에 작용하는 원심력
- 나. 수면하의 해수저항
- 사. 타의 직압력
- 아. 선미부의 킥 아웃(Kick out) 작용

Answer 72 사 73 가 74 아

75
정박지의 해저저질에서 "가는 모래, 펄 및 조개껍질"이 혼합된 상태를 나타내는 저질기호는 다음 중 어느 것인가?

- 가. mS.soM.Sh
- 나. fS.M.Sh
- 사. cS.M.St.Sh
- 아. fS.M/Sh

해설
나. 혼합저질로 가는(fine), 모래(sand), 펄(mud), 조개껍질(shell)이며, 주성분은 fS
아. fS.M/Sh는 이중저질로 위에는 가는 모래와 펄로 되어 있고 아래는 조개껍질로 되어 있음.

76
파랑이 선수 아랫부분을 때리는 것을 무엇이라 하는가?

- 가. Slamming
- 나. Panting
- 사. Scudding
- 아. Lurching

해설 파랑 중의 위험 현상
① 러칭(lurching)
선체가 횡동요 중에 옆에서 돌풍을 받든지 또는 파랑 중에서 대각도 조타를 하면 선체는 갑자기 큰 각도로 경사하게 되는 현상
② 슬래밍(slamming)
파를 선수에서 받으면서 항주하면 선수 선저부는 강한 파의 충격을 받아 선체는 짧은 주기로 급격한 진동을 하게 되며, 이러한 파에 의한 충격
▶ 방지책 – 속력을 낮추든지, 선미에서 파도를 받으면서 항행
③ 브로칭(broaching)
선박이 파도를 선미로부터 받으며 항주할 때에 선체 중앙이 파도의 마루나 파도의 오르막파면에 위치하면 급격한 선수 동요에 의해 선체가 파도와 평행하게 놓이게 되는 현상
④ 레이싱(프로펠러의 공회전 : racing)
선박이 파도를 선수나 선미에서 받아서 선미부가 공기에 노출되어 프로펠러에 부하가 급격히 감소하면 프로펠러는 진동을 일으키면서 급회전을 하게 되는 현상

77
황천 항해시 프로펠러의 공회전(Racing)을 방지하는데 효과적이고 가장 실행 가능한 방법은?

- 가. 파도를 선수 2점에서 받고 감속한다.
- 나. 파도를 정선수로 받고 감속한다.
- 사. 파도를 정횡에서 받고 감속한다.
- 아. 파도를 정횡에서 받고 이중저에 물을 싣는다.

Answer 75 나 76 가 77 가

78 다음 중 황천 조우시의 피항법에 속하지 않는 것은?

　가. Heave-to　　　　　　나. Slamming
　사. Scudding　　　　　　아. Lie-to

> **해설** 슬래밍은 황천시 위험 현상이다.
> **황천시 선박의 조종법**
> ㉠ 히브 투(heave to)
> 　풍랑을 선수로부터 좌우현 25~35° 방향으로 받아 조타가 가능한 최소의 속력으로 전진하는 방법
> ㉡ 라이 투(lie to)
> 　• 황천 속에서 기관을 정지하여 선체를 풍하 쪽으로 표류하도록 하는 방법
> 　• sea anchor 사용
> ㉢ 스커딩(scudding)
> 　풍랑을 선미 쿼터(quarter)에서 받으며 파에 쫓기는 자세로 항주하는 방법
> ㉣ 스톰 오일(storm oil)의 살포
> 　• 파랑을 진정시킬 목적으로 선체 주위에 기름을 살포한다.
> 　• 점성이 커서 해수와 잘 섞이지 않는 동물성 기름이나 식물성 기름 사용

79 태풍의 위험반원에 본선이 위치할 때 파랑을 선수부 2~3포인트에 받고 보침에 요구되는 최저 속력으로 항진하는 방법을 무엇이라 하는가?

　가. Scudding　　　　　　나. Heave-to
　사. Lie-to　　　　　　　아. Drifting

80 황천 항해중 파랑을 선미에서 받을 경우의 조선법으로서 옳은 것은?

　가. 속력을 낮춘다.
　나. 선미에 받는 충격이 크면 자주 침로를 바꾼다.
　사. Racing이 없는 한 속력을 최대로 유지한다.
　아. Racing이 없는 한 속력을 최소로 낮춘다.

81 황천 조선법 중 풍랑을 Quarter에서 받으며 파에 쫓기는 자세로 항주하는 것을 무엇이라 하는가?

　가. Heave to　　　　　　나. Scudding
　사. Lie to　　　　　　　아. Sea anchor

Answer 78 나　79 나　80 사　81 나

82 황천시 피항조선법인 Heave-to에 관한 설명으로 틀린 것은?

가. 일반적으로 파랑을 선수로부터 좌우현으로 25~30° 방향에서 받도록 하는 것이 좋다.
나. 너무 감속하면 보침이 곤란하고 Beam sea가 될 위험이 있다.
사. 풍하쪽으로의 표류가 적고 풍하측에 충분한 수역이 없을 때에 유리하다.
아. 선체의 동요가 심하고 파랑에 대한 자세를 취하기 어렵다.

해설 Beam sea : 선체가 파도와 나란히 되어 정횡에서 파를 받는 상태

83 북반구에서 태풍의 풍향이 시계 방향으로 바뀌면 본선이 태풍 중심의 (A)에 놓이게 됨으로써 바람을 (B)선수에서 받으면서 항행하면 중심에서 멀어진다. A, B에 적당한 말은?

가. A - 우측, B - 우현
나. A - 우측, B - 좌현
사. A - 좌측, B - 우현
아. A - 좌측, B - 좌현

해설 태풍과 항해

	좌반원	우반원
북반구	가항반원 - 풍향 좌전변화 우현선미에서 파를 받으며 항해	위험반원 - 풍향 우전변화 우현선수에서 파를 받으며 항해
남반구	위험반원 - 풍향 좌전변화 좌현선수에서 파를 받으며 항해	가항반원 - 풍향 우전변화 좌현선미에서 파를 받으며 항해

태풍의 중심과 선박의 위치 관계(북반구에서)
① 풍향이 북동 ➡ 동 ➡ 남동 ➡ 남으로 순전(시계 방향)하면 본선은 태풍 진로의 우측 위험반원에 위치하고 있다.
  ▶ 풍랑을 우현선수에 받고 침로를 유지하며 황천중의 조선법에 따라 피항한다.
② 풍향이 북동 ➡ 북 ➡ 북서 ➡ 서로 반전(반시계 방향)하면 본선은 태풍 진로의 좌측 가항반원에 위치하고 있다.
  ▶ 풍랑을 우현선미(Quarter)에 받고 피항한다.
③ 풍향이 변하지 않고 폭풍우가 강해지고 기압이 점점 내려가면 본선은 태풍의 진로상에 위치하고 있다. ▶ 풍랑을 우현선미(Quarter)에 받고 Scudding하며 가항반원으로 피항한다.
④ 기압이 하강하고 풍속이 증가하는 동안은 태풍 중심의 전방에서 중심으로 접근중이며 기압하강이 멈추고 풍속의 증가도 없을 때는 태풍의 옆 방향에 위치하고 있다.
  ▶ 기압이 최저이고 풍속이 최대에 달할 때는 본선은 태풍의 정횡방향에 위치한다.

 Answer 82 아 83 가

84 북반구에서 태풍의 위험반원에 있는 배가 피항할 때 선체 어느 부분에 파랑을 받도록 조선해야 하는가?

가. 우현선수
나. 우현선미
사. 좌현선수
아. 좌현선미

해설 북반구에서 위험반원에 위치할 때는 우현선수 2~3점에서 바람을 받으며 조선한다.

85 선체의 중심 G를 통과하는 직교 좌표계를 설정할 때 선체운동은 x, y, z 축상의 이동 및 회전운동으로 나눌 수 있다. 다음 중 그 주기가 가장 불규칙적인 것은?

가. Rolling
나. Pitching
사. Heaving
아. Yawing

해설 선체의 6자유도 운동

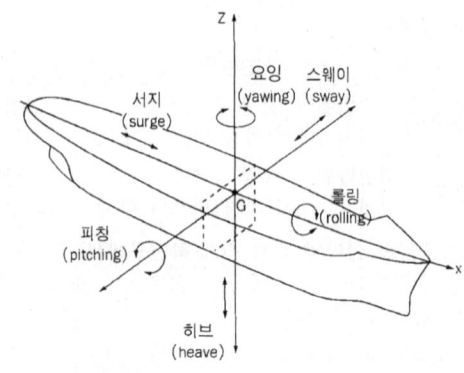

▶ 회전운동
   ㉠ rolling(횡동요) ㉡ pitching(종동요) ㉢ yawing(선수동요)
▶ 회전 왕복운동
   ㉣ sway(좌우동요) ㉤ surge(전후동요) ㉥ heave(상하동요)

Yawing의 경감법
① 선미트림
② 타면적 증가
③ 선속증가
④ 조타회수 증가
⑤ Skeg를 붙인다.

Answer 84 가 85 아

86 선체의 운동 중 횡축에 대한 좌우 왕복운동을 무엇이라고 하는가?

가. Pitching   나. Swaying
사. Surging   아. Yawing

87 다음 중 선체의 동요운동에 해당되지 않는 것은?

가. Rolling   나. Pitching
사. Yawing   아. Racing

88 다음 중 천수 영향에 대한 대책으로 옳지 않은 것은?

가. 불확실하면 고조시를 택하여 조선한다.
나. 가능하면 예선을 많이 준비한다.
사. 선체의 침하를 고려한다.
아. 기관사용은 가급적 높은 R.P.M.으로 한다.

> **해설** 아. 저속항행을 하여야 하므로 기관 R.P.M.을 가급적 낮춘다.
> **천수(淺水)의 영향(Shallow water effect)**
> 수심이 얕은 곳에서는 선저부와 해저 사이의 유속이 증가되어 물의 압력이 감소되어 흘수는 증가하고 마찰저항이 커지게 되어 속력과 타효가 떨어지고 선체가 진동하는 현상
> ① 흘수의 증가로 선체침하 현상 ▶ 스쿼팅(squatting) 현상
> ② 조파저항이 커짐.
> ③ 선체 침하로 인하여 저항이 증대되고 선체가 진동을 한다.
> ④ 속력이 감소
> ⑤ 조종성능 저하

89 다음 중 선체침하 작용과 관계가 있는 것은?

가. Bow thruster   나. Rudder
사. Bank cushion   아. Squatting

> **해설** Squatting : 얕은 수심에서 선저에서는 유속이 빨라지므로 압력은 낮아지고 흘수는 증가하여 선체 침하하는 현상

Answer 86 나 87 아 88 아 89 아

90 트림의 상태와 황천묘박의 관계이다. 선수 Swinging이 덜하고 묘쇄에 미치는 충격도 작은 트림의 상태는?

가. 선수트림
나. 선미트림
사. 이븐 킬
아. 관계 없다.

해설 스윙(Swing)의 진회억제 방법
① 쌍묘박으로 한다.
② 이묘박시는 가능한 한 양묘쇄의 교각을 60°로 유지하여 최대의 풍속에 대비한다.
③ 묘쇄의 현수부에 Spare chain, Sinker 등을 달아서 묘쇄의 중량 증가로 인한 묘쇄의 급신장을 완화한다.
④ 부표계류 중 황천조우시는 묘쇄를 길게 신출하여 제진묘를 수심의 1.5~2배 정도 신출한다.
⑤ 흘수(배수량)를 증가시킨다. ☞ 공 Tank에 Full ballasting하여 수풍면적을 감소시킨다.
⑥ Trim by the head로 하면 바람의 작용중심을 선미에 있게 하여 Swing을 억제한다.
⑦ Bow thruster로 Yawing moment를 조정한다.
⑧ 묘쇄를 길게 신출하여 완충부를 길게 하며, 묘쇄의 현수부에 중량물을 매달아 완충부를 무겁게 한다.

91 부표계류시 조류를 어느 방향으로 받으면서 부표에 접근하는 것이 가장 바람직한가?

가. 정선수
나. 정횡
사. 선미 쿼터방향
아. 정선미

92 계류부표(Mooring Buoy)의 이점이라고 할 수 없는 것은?

가. 수역의 효율적인 이용
나. 통항 안전 확보
사. 화물의 종류에 따른 선박의 계류
아. 통항 선박의 완전 감시

해설 통항 선박의 완전 감시가 아니라, 항의 관리를 용이하게 한다.

93 좌초시 즉시 후진 기관을 사용하지 않는 가장 큰 이유는?

가. 추진기 손상 방지
나. 선체 손상 확대 방지
사. 타의 손상 방지
아. 기관 손상 방지

Answer 90 가 91 가 92 아 93 나

해설 **좌초시의 조치**
① 즉시 기관을 정지
② 빌지와 탱크를 측심하여 선저 손상의 유무를 확인한다.
③ 후진 기관의 사용은 손상을 확대시킬 우려가 있으므로 신중을 기한다.
④ 본선의 기관만으로 이초가 가능한지 파악한다.
⑤ 자력 이초가 불가능하면 협조를 요청한다.

94 다음은 선박 상호간의 흡인 및 배척 작용력을 설명한 것이다. 틀린 것은?

가. 양선간의 접근거리가 작을수록 크다.
나. 고속시 크게 나타난다.
사. 추월할 때보다 서로 마주쳐 지나갈 때가 더욱 위험하다.
아. 대형선과 소형선 사이에 있어서는 소형선이 받는 영향이 더욱 크다.

해설 흡인·배척작용은 추월할 때가 서로 마주쳐 지나갈 때보다 같이 있는 시간이 많기 때문에 더 위험하다.

두 선박간의 상호작용의 영향
① 접근거리가 가까울수록 흡인력이 크다.
② 추월시가 크다.
③ 고속항주시가 크다.
④ 배수량과 속력이 클 때 강하게 나타난다.
⑤ 대소 양선박간에는 소형선이 받는 영향이 크며, 흘수가 작은 선박이 영향이 크다.
⑥ 수심이 얕은 곳에서 뚜렷이 나타난다.

95 A선과 B선이 서로 마주쳐서 통과하는 경우의 흡인·배척작용을 설명하였다. 가장 적합한 것은? (단, A, B 선은 동형 및 같은 크기이다.)

가. 초기단계에서 양선박의 선수가 서로 마주쳤을 때 양선의 선수는 흡인한다.
나. 양선이 나란히 되었을 때에는 선체 중앙부의 저압부가 중복되어 더욱 저압이 되므로 양선은 흡인된다.
사. 양선이 평행상태에서 더욱 진행되어 선미가 다른 선박의 중앙에 왔을 때, 양선은 평행하게 되려고 한다.
아. 양선의 선미와 선미가 통과할 때는 침로의 내측으로 평행하게 흡인된다.

해설 가. 양선의 선수는 서로 반발한다.
사. 양선의 선미는 흡인, 선수는 반발
아. 선미가 서로 반발

 **94** 사 **95** 나

96 일반적인 선박에서 전타 선회시 선체의 횡경사는 초기 및 말기에 어느 방향으로 일어나는가?

가. 내방, 외방
나. 외방, 내방
사. 내방, 내방
아. 외방, 외방

해설 전타 초기에는 타압(직압력), 해수저항 때문에 내방경사(안쪽경사)를 하나 말기에는 원심력 때문에 외방경사(바깥쪽 경사)를 한다.

97 전타 선회시 선회 초기에 선체의 무게중심은 원침로 상에서 어느 방향으로 이탈하는가?

가. 선회 내방
나. 선회 외방
사. 선회 후방
아. 선회 전방

98 선회중 선체가 횡경사하게 되는 영향력과 관계가 없는 것은?

가. 원심력
나. 타직압력
사. 선체 침수부에 작용하는 수압력
아. 구심력

99 정상 기상조건에서 안벽에 좌현계류시 안벽과 선수미선 각도는 몇 도 정도로 유지하며 접근하는 것이 좋은가?

가. 안벽과 평행으로
나. 30~45도
사. 10~20도
아. 5도 이내

100 Racing의 예방책으로 옳지 않은 것은?

가. 흘수를 증가시킨다.
나. 피칭을 적게 하는 침로를 잡는다.
사. RPM을 충분히 낮춘다.
아. 공전할 때는 큰 파도의 충격을 줄이기 위하여 기관을 정지한다.

Answer 96 가 97 나 98 아 99 사 100 아

101 계류부표(Mooring Buoy)의 이점이라고 할 수 없는 것은?

가. 수역의 효율적인 이용
나. 항로를 보호하여 통항 안전 확보
사. 화물의 종류에 따른 선박의 계류
아. 신속한 화물처리로 경제적인 항만운용

102 주묘 방지법에 대한 다음 설명 중 적합하지 않은 것은?

가. 적당하게 Anchor Cable을 더 내어준다.
나. 제 2 Anchor를 투하한다.
사. 최악의 경우는 Engine을 사용한다.
아. 즉시 사묘한다.

103 얕은 수심이 선박조종에 미치는 영향이 아닌 것은?

가. 속력이 떨어진다.
나. 타효가 떨어진다.
사. 물의 압력이 감소되어 흘수가 감소한다.
아. 항주로 인하여 생기는 트림변화가 크게 된다.

　　해설 유속이 증가되어 물의 압력이 감소되어 흘수는 증가된다.
　　　▶ 얕은 수심의 영향 = 천수(淺水)의 영향
　　　　수심이 얕은 곳에서는 선저부와 해저 사이의 유속이 증가되어 물의 압력이 감소되어 흘수는 증가하고 마찰저항이 커지게 되어 속력과 타효가 떨어지고 선체가 진동
　　　① 흘수가 증가 : 선체침하 현상 ▶ 스쿼팅(squatting) 현상
　　　② 조파저항이 커짐.
　　　③ 선체 침하로 인하여 저항이 증대되고 선체가 진동을 한다.
　　　④ 속력이 감소
　　　⑤ 조종성능 저하

104 전타한 초기에 선미가 회두 반대현 쪽으로 밀려나는 현상을 무엇이라고 하는가?

가. Kick　　　　　　　　　　　나. Advance
사. Transfer　　　　　　　　　아. Drift angle

Answer 101 아 102 아 103 사 104 가

제03장 선박의 복원성

01 부력에 관한 다음 설명 중 잘못된 것은?

가. 크기는 물체가 배제한 물의 무게와 같다.
나. 부심을 통하여 상방으로 작용한다.
사. 배수량과 같다.
아. 배의 중량보다 커서 G점에서 평형을 이룬다.

해설 물에 떠 있는 선박에서는 중량인 중력이 하방으로 작용하고 부력은 상방으로 작용하는데 두 힘의 크기는 같다.

02 선박의 부심을 바르게 설명한 것은?

가. 선박의 부심은 수선하부 용적의 기하학적 중심이다.
나. 선박의 부심은 항상 선박의 중심선상에 위치한다.
사. 선박의 부심은 선체경사의 중심이 된다.
아. 선박의 부심은 중량의 상하 배치에 따라 변화한다.

해설 부심(Center of buoyancy)은 부력이 1점에 작용한다고 생각되는 점으로 수선 아래의 용적, 즉 배수용적의 기하학적 중심이다.

03 선박의 수면하 체적의 기하학적 중심을 무엇이라 하는가?

가. 경심 나. 부심
사. 중심 아. 부면심

해설
- 경심(Metacenter) : 배가 똑바로 떠 있을 때 부력의 작용선과 경사된 때 부력의 작용선이 만나는 점
- 무게중심(G) : 선체의 전체 중량이 한 점에 모여 있다고 생각되는 점
- 부면심(Center of Floatation) = 종경사의 중심(Tipping center)
  선박을 배수량의 변화 없이 화물 또는 선내 중량을 선수미선 방향으로 이동시켜 약간의

Answer 01 아 02 가 03 나

Trim을 갖게 하면 신수선면과 구수선면과의 교선은 반드시 어떤 1점을 통과하게 되는데 이 점을 수선면적의 중심으로 부면심이라 한다.
▶ 부면심을 지나는 수직선상에 화물을 적양하면 평행침하하게 되어 트림이 생기지 않는다.

04 선박이 직립상태에 있을 때 중력의 작용선과 배수량을 변화시키지 않고 소각도 횡경사시켰을 때의 부력의 작용선과의 교점을 의미하는 것은?

가. Center of gravity 나. Center of buoyancy
사. Metacenter 아. Tipping center

해설
- Center of gravity : 무게중심
- Center of buoyancy : 부심
- Metacenter : 경심(메타센터)
- Tipping center : 부면심

05 횡 메타센터(Transverse Metacenter)란 무엇인가?

가. 선박이 경사한 때 자유표면의 영향을 받아 이동된 것으로 보이는 겉보기 중심점
나. 선박에 트림이 일어날 때에 트림의 중심으로 되는 점
사. 선박이 선회운동을 일으킬 때에 선회 반대의 중심이 되는 점
아. 선박이 소각도 경사할 때 이동한 부심에서 세운 수선과 선박의 중심선이 만나는 점

06 선체가 수면상에 떠서 정적 평형을 이룬 상태를 잘못 설명한 것은?

가. 선체가 받는 중력과 부력의 크기가 같다.
나. 선체의 배수량과 부력의 크기가 같다.
사. 선체의 중심과 부심이 같은 수직선상에 위치한다.
아. 부력이 선체의 중량보다 크다.

07 선박이 중립의 균형상태에 있을 때는? (단, K : Keel, G : 선체 무게중심, M : 경심)

가. GM > 0 나. GM < 0
사. GM = 0 아. KM − KG < 0

해설 가. : 안정상태,
나. 아.는 불안정상태

Answer 04 사 05 아 06 아 07 사

08 다음 중 선박이 안정한 상태에 있는 것은 어느 것인가? [단, 기선(K), 중심(G), 부심(B)과 경심(M)]

가. KM > KG > KB 나. KM = KB > KG
사. KM = KG > KB 아. KG > KM > KB

09 선박의 무게중심이 경심(Metacenter)보다 아래에 있을 때 그 사이의 거리가 크면?

가. 복원력이 크다. 나. 복원력이 작다.
사. 복원력과 관계가 없다. 아. 복원력은 "0"에 가까워진다.

10 선박이 소각도 경사했을 경우 복원력 계산식으로 맞는 것은? (단, W : 배의 배수량, GM : Metacenter의 높이, θ : 경사각)

가. $W \times GM \times \tan\theta$ 나. $W \times GM \times \sin\theta$
사. $W \times GM \times \cos\theta$ 아. $GM / (W \times \tan\theta)$

11 선박의 복원력 S와 GM과의 관계는 S = W × GM × sinθ 라는 공식으로 나타낼 수 있다. 이 식의 W는 무엇을 의미하는가?

가. 재화중량톤수 나. 부력
사. 총톤수 아. 배수량

12 배수량 5,000톤인 선박의 GM은 50cm이다. 이 선박이 8° 경사하였을 때 초기복원력은? (단, sin8°= 0.14)

가. 350 m·t 나. 3,500 m·t
사. 700 m·t 아. 7,000 m·t

해설 초기복원력 = 배수량 × GM sin 경사각
∴ 초기복원력 = 5,000 × 0.5m × sin 8° = 5,000 × 0.5m × 0.14 = 350mt

Answer 08 가 09 가 10 나 11 아 12 가

13 다음 중 메타센터 높이(GM)를 구하는 방법으로 적절치 못한 것은?
   가. 경사시험에 의한 계측   나. 적재화물에 의한 계산
   사. 횡동요주기 계측   아. 해상 시운전에서 계측

   해설 GM 구하는 법
   ① 횡요주기를 측정하여 계산한다.
   $$GM = (\frac{0.8B}{T})^2$$
   ② KM, KG를 산출하여 그 차를 구한다.
   GM = KM - KG
   ③ 경사 시험에 의해 구한다.
   $$GM = \frac{w \times d}{W \times \tan\theta} \ (w: 이동중량, \ d: 이동거리, \ W: 배수량)$$
   ④ 적재화물에 의한 법
   ▶ 진자(振子)에 의한 GM 구하는 법
   $$GM = \frac{w \times d}{W \times \frac{x}{\ell}} = \frac{w \times d \times \ell}{W \times x}$$
   [W: 배수량, w: 이동중량, d: 이동거리, ℓ: 진자의 길이, x: 진자의 이동거리]
   $$GM = \frac{w \times d}{W \times \tan\theta} = \frac{w \times d}{W} \times \frac{\ell}{x}$$

14 다음 중 GM을 구하는 방법이 아닌 것은?
   가. KM, KG를 산출하여 그 차를 구한다.
   나. 횡요주기를 측정하여 계산한다.
   사. 배수량 등곡선도에서 찾는다.
   아. 경사시험에 의해 구한다.

   해설 배수량 등곡선도에서는 G의 위치(KG)를 구할 수 없으므로 GM을 구할 수는 없다.
   ▶ KM과 KB는 배수량 등곡선도에서 구할 수 있다.

15 다음 중 선박의 복원력에 영향을 미치지 않는 것은?
   가. 속력   나. 선폭
   사. 현호   아. 배수량

Answer 13 아 14 사 15 가

해설 **복원력에 영향을 미치는 요소**
   ㉠ 중심의 상하 위치 - 무게중심을 낮게 하면 복원력은 증가한다.
   ㉡ 선박의 길이가 길어지면 복원력도 증가한다.
   ㉢ 선폭이 증가하면 복원력도 증가한다. ▶ 단, 복원력의 최댓값은 커지나 복원각과 복원성의 범위는 작아진다.
   ㉣ 선박의 깊이를 증가시키면 처음의 갑판 모서리가 물속에 잠기는 경사각까지는 복원력이 감소하나 경사각을 넘어서면 복원력은 현저히 증가한다.
   ㉤ 흘수가 증가하면 배수량이 증가하므로 복원력이 증가한다.
   ㉥ 건현을 증가시키면 무게중심은 상승하나 최대 복원력에 대응하는 경사각은 커진다. 건현을 높이면 갑판 끝이 물속에 잠기는 각도가 커지게 되고, 선체 경사에 따라 선폭을 크게 하는 효과가 있기 때문에 복원성 범위가 현저히 증대된다(복원력의 최댓값이 커지고, 복원력이 최대가 되는 경사각도 커지게 된다).
   ㉦ 선루의 길이가 길면 복원력은 증가한다.
   ㉧ 배수량의 크기에 따라 복원력은 변한다.
   ㉨ 현호는 갑판으로 들어오는 해수의 유입을 막아 주는 역할로 복원력을 증가시킨다.
   ㉩ 유동수의 영향
   ㉪ 바람의 영향
   ㉫ 파도의 영향 - 호깅상태에서는 복원력이 감소하고, 새깅상태에서는 복원력은 증가한다.

16 다음 중 GM 값이 커질 때 나타나는 현상은?

가. 복원력이 감소한다.
나. 승선자가 더 편안한 느낌을 갖게 된다.
사. 전복의 위험성이 커진다.
아. 횡요주기가 짧아진다.

해설 **GM이 큰 선박**
중량 화물을 하창에 많이 적재하였을 때는 선박의 중심이 밑에 있어 GM이 크다. 즉 저부가 무겁고 두부가 가벼운 상태가 된다. 이와 같은 상태의 선박을 Bottom heavy선, 또는 경두선(Stiff ship)이라 하며, 이와 같은 선박은 복원력이 과대하여 횡요주기가 짧고 승조원에 불쾌감을 주고, 선체, 속구 화물 등에 손상을 주게 된다.

GM이 작은 선박
갑판적 화물을 적재하였을 때는 중심이 올라가 GM은 작게 된다. 저부는 가볍고 두부는 무거운 상태가 된다. 이와 같은 상태의 선박을 Top heavy선 또는 중두선(Tender ship, Crank ship)이라 한다. 복원력이 과소하여 횡요주기가 길고 경사하면 경사된 채로 일어나기 힘들 때가 있으며, 이 상태로 항해중에는 전복의 위험이 있다.

Answer 16 아

17 복원력이 과대하여 일어나는 현상이다. 틀린 것은?

가. 선체, 기관에 손상을 일으킨다.
나. 외력에 의하여 경사하기 쉽다.
사. 적화물의 이동 위험이 있다.
아. 선내 작업을 곤란하게 한다.

18 배수량 10,000톤인 선박의 상갑판에서 중량 50톤의 화물을 정횡방향으로 10m 이동시켰을 때 경사각의 tan 값이 0.05라면 GM은?

가. 0.98m
나. 1m
사. 1.02m
아. 1.05m

해설 경사에 의하여 GM 구하는 법
$$GM = \frac{w \times d}{W \times \tan\theta} \quad [w: 이동중량, \ d: 이동거리, \ W: 배수량]$$
위의 식에서 ▶ $GM = \frac{50 \times 10}{10000 \times 0.05} = 1m$

19 배수량 W인 선박이 중량 w인 추를 정횡으로 d(m) 이동했을 때 선박이 θ도 경사했다면 GM을 구하는 공식은?

가. W/w·d tanθ
나. w·tanθ/W·d
사. w·d tanθ/W
아. w·d/W tanθ

20 배수량 12,000톤의 선박에서 50톤의 소중량물을 갑판위 정횡방향으로 12m 이동한 결과 선체 중심선상에 있는 길이 1m의 추가 좌우로 각각 평균 5.0cm까지 흔들렸을 때, 이 선박의 GM은?

가. 35.0cm
나. 50.0cm
사. 75.0cm
아. 100.0cm

해설 진자(振子)에 의한 GM 구하는 법
$$GM = \frac{w \times d}{W \times \frac{x}{\ell}} = \frac{w \times d \times \ell}{W \times x}$$
[W: 배수량, w: 이동중량, d: 이동거리, ℓ: 진자의 길이, x: 진자의 이동거리]

GM = $\frac{w \times d \times \ell}{W \times x} = \frac{50 \times 12 \times 1}{12000 \times 0.05} = 1m = 100cm$

Answer 17 나 18 나 19 아 20 아

21 배수량이 5,000톤인 선박에서 2층에 있는 200톤의 화물을 그 아래층으로 이동시켰다면, 선체의 중심 G는 몇 m 아래로 이동되는가? (단, 화물창의 층간 높이는 2.5m이다.)

가. 0.125m
나. 0.10m
사. 0.05m
아. 0.025m

> **해설** 어떤 무게 W를 수직거리 d만큼 수직방향으로 이동했을 때
> ► G의 이동거리 = $\dfrac{w \times d}{W}$ (W: 배수량)

위의 식에서 ► GM의 이동거리 = $\dfrac{w \times d}{W} = \dfrac{200 \times 2.5}{5000} = 0.1m$

22 배수량이 5,000톤이고 GM이 1.60m인 선박에서 Lower hold에 있는 화물 20톤을 5m 위에 있는 Tween deck로 옮길 경우 GM은 얼마가 되는가?

가. 1.52m
나. 1.54m
사. 1.56m
아. 1.58m

> **해설** GM의 이동거리 = $\dfrac{20 \times 5}{5000} = 0.02m$
>
> ∴ GM = 1.6m − 0.02m = 1.58m (화물을 위로 이동하였으므로 GM은 줄어든다.)

23 배수량이 20,000ton인 선박에서 500ton의 중량물을 수직 상 방향으로 4.0m 이동하면 메타센터 높이(GM)는 약 얼마만큼 감소되는가?

가. 0.1m
나. 0.2m
사. 0.3m
아. 0.4m

> **해설** 어떤 무게 W를 수직거리 d만큼 수직방향으로 이동했을 때
> ► G의 이동거리 = $\dfrac{w \times d}{W}$ (W: 배수량)

GM의 변화량 = $\dfrac{500 \times 4}{20,000} = 0.1m$

24 배수량 10,000톤인 선박에서 선창내에 있는 200톤의 화물을 상방으로 5미터 옮겨 적재하였다면 GM의 변화량은 얼마인가?

Answer 21 나 22 아 23 가 24 나

가. 0.098m 감소 나. 0.100m 감소
사. 0.098m 증가 아. 0.100m 증가

해설 GM의 변화량 = $\frac{20 \times 5}{10,000}$ = 0.01m

(화물을 위로 이동하였으므로 GM은 감소한다.)

25 배수량 10,000톤, GM 80cm인 선박에서 200톤의 화물을 5m 상부로 이동시킨 후의 GM은?

가. 50cm 나. 70cm
사. 90cm 아. 93cm

해설 GM의 변화량 = $\frac{20 \times 5}{10000}$ = 0.01m 무게중심이 위로 이동하므로

GM = 80cm − 10cm = 70cm

26 배수량 7,500톤의 선박에서 중심의 기선상 높이가 5.0m이다. 이 선박에 중심의 기선상 높이 7m인 곳에 300톤을 실었을 때 선박 중심의 높이는?

가. 약 0.27m 나. 약 1.76m
사. 약 5.08m 아. 약 5.28m

해설 [방법 1] : GM의 변화량을 구하여 새로운 KG를 구함

> 적·양하시 무게중심(G)의 위치수정
> (어떤 무게 W를 수직거리 d만큼 떨어진 곳에 적·양하 했을 때)
> ▶ G의 이동거리 = $\frac{w \times d}{W \pm w}$ (W: 배수량, w: 적재량(적하 +, 양하 −), d: 이동거리)

위의 식에서 ▶ GM의 변화량 = $\frac{w \times d}{W+w} = \frac{300 \times (7-5)}{7500+300}$ ≒ 0.08m

화물을 무게중심의 위쪽에 실었으므로 무게중심은 0.08m만큼 높아진다.

∴ 새로운 KG = 5 + 0.08 = 5.08m

[방법 2] : 새로운 KG를 바로 구함

▶ 새로운 KG
= $\frac{(경하 배수량 \times KG의 높이) + (적화물톤수1 \times 화물 G높이) + (적화물톤수2 \times 화물 G의 높이)}{경하상태의 배수량 + 적화물의 톤수1 + 적화물의 톤수2}$

∴ 새로운 $KG = \frac{(7500 \times 5) + (300 \times 7)}{7500 + 300} = 5.08m$

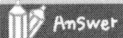

25 나 26 사

27 배수량 5,700톤의 선박에서 중심의 기선상 높이가 5.0m이다. 이 선박에 중심의 기선상 높이 7m인 곳에 300톤을 실었을 때 선박 중심의 높이는?

가. 약 4.80m
나. 약 4.90m
사. 약 5.10m
아. 약 5.20m

해설 GM의 이동거리 = $\dfrac{300 \times (7-5)}{5,700+300}$ = 0.1m

화물을 G의 위치보다 위에 실었으므로 G의 위치는 위로 올라간다.

∴ G의 위치(KM) = 5.0m + 0.1m = 5.1m

28 선폭이 10m인 선박의 자유 횡요주기가 8초였을 때 GM은?

가. 0.95m
나. 1.00m
사. 0.87m
아. 1.25m

해설 횡요주기와 GM과의 관계
$T = \dfrac{0.8 \times B}{\sqrt{GM}}$ $GM = \left(\dfrac{0.8 \times B}{T}\right)^2$

위의 식에서 ▶ GM = $\left(\dfrac{0.8 \times 10}{8}\right)^2$ = 1m

29 총톤수 35,000ton, 선체길이 230m, 선폭 25m인 대형여객선이 GM 0.64m를 가지고 12노트의 속력으로 항주하고 있다. 대략의 횡요주기는 얼마인가?

가. 20초
나. 25초
사. 30초
아. 35초

해설 $T = \dfrac{0.8 \times B}{\sqrt{GM}} = \dfrac{0.8 \times 25}{\sqrt{0.64}}$ = 25초

30 다음 중 선박의 횡요주기와 가장 관계가 깊은 요소는?

가. 선폭
나. 배수량
사. 현호
아. 건현

해설 횡요주기 = $\dfrac{0.8B}{\sqrt{GM}}$

Answer 27 사 28 나 29 나 30 가

31 GM, 횡요주기(T), 선폭(B) 간의 관계를 바르게 나타낸 것은? (단, 길이 단위는 m)

가. T ≒ $\sqrt{GM}$ / (0.802 B)
나. T ≒ (0.802 GM) / $\sqrt{B}$
사. T ≒ (0.802 B) × $\sqrt{GM}$
아. T ≒ (0.802 B) / $\sqrt{GM}$

32 원목적재 선박의 복원성을 양호하게 하는 조치와 관계가 먼 것은?

가. 선저 밸러스트를 충분히 싣는다.
나. 갑판적 목재는 이동하지 못하게 고박한다.
사. 유동수는 다른 탱크로 옮기거나 가득 채운다.
아. Cargo Hold에 발생되는 빌지를 배출한다.

33 선수미 방향으로 2구획 등분하였을 때 Tank 내 유동수에 의한 GM 감소비율은?

가. 1/2
나. 1/3
사. 1/4
아. 1/9

해설 GM의 감소량은 $\frac{1}{n^2}$ 만큼씩 감소한다. (n : 종격벽의 등분수 = 종격벽 + 1)

∴ GM의 감소량 = $\frac{1}{2^2}$ = 1/4

34 종격벽이 없는 Tank 내의 유동수로 인하여 GM 감소량이 36cm이었다. 만약 이 Tank에 등간격의 종격벽 1개를 설치하였다면 GM 감소량은?

가. 18cm
나. 9cm
사. 6cm
아. 3cm

해설 GM의 감소량은 $\frac{1}{n^2}$ 만큼씩 감소한다. (n은 종격벽의 등분수 = 종격벽 + 1)

GM의 감소량 = $\frac{1}{2^2}$ × 36 = 9cm

Answer 31 아 32 아 33 사 34 나

단원별 3급 항해사

35 선저 탱크에 있는 유동수의 자유표면 영향 때문에 GM의 감소량이 생긴다. 이 때 GM의 감소량은 유동수가 들어 있는 탱크 폭의 무엇에 비례하는가?

가. 제곱
나. 세제곱
사. 네제곱
아. 제곱근

> **해설** 유동수에 의한 GM의 변화량
> ▶ GM의 감소량 = $\dfrac{\frac{1}{12}Lb^3 \times d'}{n^2 \times W}$
>
> [d': 유동수의 밀도, n: 탱크의 등분수, W: 배수량, L: 길이, b: 폭]
>
> ▶ 위의 식에서 L, b^3, d'에는 비례하고 n^2, W에는 반비례한다.

36 표준 해수 중에 떠 있는 배수량 10,000톤의 선박에 길이 8m, 폭 10m의 자유표면을 가지는 청수가 탱크에 있을 경우, 유동수 영향으로 인한 GM의 감소량은 얼마인가?

가. 약 7.0cm
나. 약 4.8cm
사. 약 5.5cm
아. 약 6.7cm

> **해설** 유동수에 의한 GM의 변화량
> ▶ GM의 감소량 = $\dfrac{\frac{1}{12}Lb^3 \times d'}{n^2 \times W}$
>
> [d': 유동수의 밀도, n: 탱크의 등분수, W: 배수량, L: 길이, b: 폭]
>
> ∴ GM의 감소량 = $\dfrac{\frac{1}{12}Lb^3 \times d'}{n^2 \times W} = \dfrac{\frac{1}{12} \times 8 \times 10^3 \times 1}{1^2 \times 10000} ≒ 0.067m = 6.7cm$

37 표준 해수 중에 떠 있는 배수량 10,000톤의 선박에 길이 12m, 폭 10m의 자유표면을 가지는 청수가 탱크에 있을 경우, 유동수 영향으로 인한 GM의 감소량은 얼마인가?

가. 10.0cm
나. 12.0cm
사. 14.0cm
아. 16.0cm

> **해설** GM의 감소량 = $\dfrac{\frac{1}{12}Lb^3 \times d'}{n^2 \times W} = \dfrac{\frac{1}{12} \times 12 \times 10^3 \times 1}{1^2 \times 10000} = \dfrac{1}{10} = 0.1m = 10cm$

Answer 35 나 36 아 37 가

38 표준 해수 중 배수량이 4,428톤이고 GM이 1.00m인 선박에서 길이 15m, 폭 12m인 이중저 해수탱크에 자유표면 효과를 감안한 GM은 약 얼마인가?

가. 0.20m
나. 0.35m
사. 0.50m
아. 0.65m

해설 GM의 감소량 $= \dfrac{\frac{1}{12}lb^3 \times d'}{n^2 \times W} = \dfrac{\frac{1}{12} \times 15 \times 12^3 \times 1.025}{1^2 \times 4428} = 0.5m$

현재의 GM = 1m − 0.5m − 0.5m

39 항해시간의 경과에 따른 복원성 변화 요인으로 가장 영향이 적은 것은?

가. 배수량의 감소
나. 연료, 청수 등의 소비로 인한 중심위치 상승
사. 유동수의 발생
아. 갑판적 화물의 흡수

해설 배수량의 감소는 그 감소량이 선박의 배수량에 비해 매우 적은 것이므로 그 영향이 가장 적다고 할 수 있다.

40 화물의 적재가 선박의 상부에 치중될 때 나타나는 현상은?

가. 중심위치가 낮아진다.
나. 부심의 위치가 상부로 이동한다.
사. 횡요주기가 길어진다.
아. 경심의 위치가 높아진다.

해설 중심(G)의 위치가 높아지면 GM은 적어져서 횡요주기는 길어진다.

41 Metacenter 반경(BM) 0.5m, 부심의 기선상의 높이(KB) 0.9m인 선박의 Metacenter M의 기선상의 높이(KM)는?

가. 0.4m
나. 1.4m
사. −0.4m
아. 0.6m

해설 KM = KB + BM
∴ KM = 0.9 + 0.5 = 1.4m

Answer 38 사 39 가 40 사 41 나

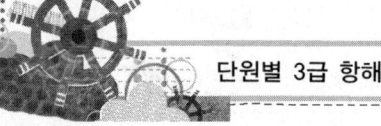

42 경심(Metacenter)에 관한 설명 중 잘못된 것은?

가. 선박이 경사된 상태의 부심에서 세운 수선과 선박의 중심선이 만난 점이다.
나. 경심은 소각도 경사에서는 거의 일정한 위치이다.
사. 화물의 중량배치에 따라 변화한다.
아. 선박의 안정성 판별의 기준이 된다.

43 다음 설명 중 가장 바르게 기술된 것은?

가. 메타센터의 높이(GM)는 횡요주기에 비례한다.
나. 소각도 경사에서 복원력은 횡경사각에 비례하여 커진다.
사. 선박의 복원력은 중심 G가 높아질수록 커진다.
아. GM은 횡경사가 커지면 커진다.

> 해설
> 가. 메타센터의 높이는 횡요주기에 반비례한다.
> 사. 선박의 복원력은 중심 G가 높아질수록 작아진다.
> 아. GM은 소각도 경사에서는 복원력은 커지나 복원력 최대각(최대복원정)이 지나면 복원력은 감소되며 어느 각도 이상 경사되면 복원력은 0이(복원력 소실각) 되어 전복한다.

44 선박의 중심위치가 가상 중심 G의 위치보다 GG'만큼 높아졌을 때 실제 복원정(G'Z')은 각경사각(θ)에 대하여 가상 복원정(GZ)에서 얼마만큼 뺀 값과 같은가?

가. $GM \sin\theta$ 　　나. $GG' \sin\theta$
사. $GG' \cos\theta$ 　　아. $GZ \cos\theta$

45 유조선에서 항해중 화물의 동요에 의한 복원력 손실을 작게 하기 위하여 설치하는 것은?

가. 이중저 탱크 　　나. 코퍼댐
사. 횡격벽 　　아. 종격벽

46 유동수와 복원력간의 관계가 잘못 설명된 것은?

가. 유동수가 있으면 선체의 무게중심이 상승한 것과 같은 효과가 생긴다.
나. 유동수의 영향을 작게 하기 위해서는 탱크를 비우거나 만재시킨다.

Answer 42 사   43 나   44 나   45 아   46 사

사. 가상중심의 상승량은 유동수의 양에 비례한다.
아. 유동수의 표면이 넓을수록 복원력에 미치는 영향이 크다.

해설 GM의 감소는 Tank의 용적, 유동수의 양에 관계없으며, 유동수의 자유표면의 면적, 즉 자유표면의 관성 Moment와 관계가 있다.

47 정적 복원력 곡선도와 관련이 없는 것은?
가. 기선상 부심의 높이   나. 복원정
사. 경사각   아. 배수량

해설 기선상 부심의 높이는 배수량 등곡선도에서 구할 수 있다.

정적 복원력 곡선(Statical stability curves)
선박이 어떤 배수량에서 가로 경사각에 대한 복원정 GZ가 변화하는 모양을 나타낸 곡선으로 횡축은 횡경사각을 종축은 복원정(GZ)을 취하여 경사 상태에서 선박의 복원력이 어떤 상태에 있는지를 알 수 있다.
① 복원력 최대각(최대경사각 = 위험횡요각)
  GZ가 최대가 되었을 때의 경사각
② 복원력 소실각(최대동요각)
  GZ가 0이 되는 경사각
③ 복원력의 범위
  복원력 소실각까지의 경사각 범위(경사 0에서 복원력 소실각까지)
  ► 복원력 소실각(최대횡요각)의 1/2 정도가 최대복원각(위험횡요각)이다.

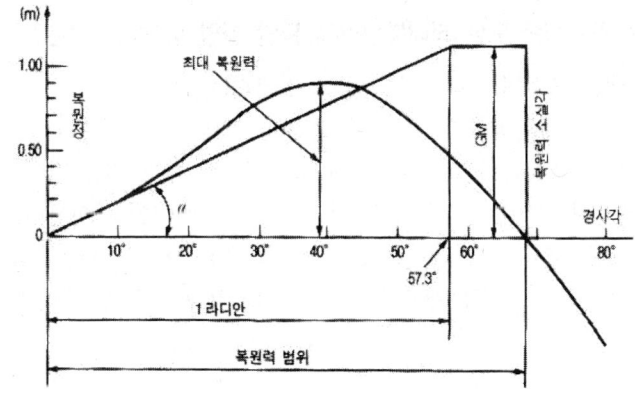

Answer 47 가

48 다음은 선폭이 커지는데 따른 복원력과의 관계를 설명한 것이다. 틀린 것은?

가. 초기 복원력을 현저히 증가시킨다.
나. 최대복원정(GZ)이 일찍 생긴다.
사. 복원성 범위가 감소한다.
아. 복원력 소실각도가 증가한다.

해설 아. 복원력 소실각(GZ가 0가 되는 경사각)은 줄어든다.
▶ 선폭이 증가하면 최대복원력이 커지며, 복원력 소실각과 최대복원각 및 복원성 범위는 작아진다.

49 선체 고유의 형상과 구조에 의한 영향 때문에 선박의 복원력 곡선의 특성이 달라지는데 다음 설명 중 틀린 것은?

가. 선폭이 증가하면 복원력이 적어지고 최대복원력 범위가 줄어든다.
나. 적당한 폭과 GM을 가지고 있어도 충분한 건현을 갖지 못하면 복원성 범위가 줄어든다.
사. 선박이 경사하여 갑판단이 수중에 들어가면 복원력은 급속히 감소한다.
아. 현호는 건현을 크게 한 것과 같은 효과를 나타낸다.

해설 선폭이 증가하면 최대복원력이 커지며 최대복원각 및 복원성 범위는 작아진다.

50 정적 복원력 곡선도상 최대복원각에 관한 설명 중 틀린 것은?

가. 최대 횡요각이라 하고 복원력이 없어지는 각이다.
나. 갑판이 물에 잠기기 시작하는 각과 거의 같다.
사. 복원력 소실각의 1/2 정도이며 복원성이 최대가 되는 각이다.
아. 위험 횡요각이며 그 이상의 각도에서는 복원력이 줄어든다.

해설 최대복원각 = 복원력 최대각 = 최대경사각 = 위험횡요각 ▶ 복원력이 최대가 되는 각
최대횡요각 = 최대동요각 = 복원력 소실각 ▶ 복원력이 0이 되는 각

51 정적 복원력 곡선의 내용 설명 중 잘못된 것은?

가. 복원정이 최대가 되는 경사각은 위험 횡요각이라 한다.
나. 복원정이 최대가 되는 시점은 갑판 침수가 일어나기 직전이 된다.

Answer 48 아 49 가 50 가 51 사

사. 경사각 0도에서 최대복원각까지이다.
아. 위험 경사각은 최대횡요각의 약 1/2이다.

[해설] 복원력 곡선은 경사각 0도에서 복원력 소실각까지 나타낸다.

52 만재시 유조선이 일반 화물선보다 최대복원각 및 복원성 범위가 작은 이유는?

가. 선체 길이가 길기 때문에
나. 풍압의 영향이 크기 때문에
사. 선수가 낮기 때문에
아. 건현이 작기 때문에

53 복원력 곡선도에서, 선박의 복원정(GZ)이 최대가 되는 경사각을 나타내는 것과 관계가 먼 것은?

가. 최대경사각
나. 최대횡요각
사. 최대복원각
아. 위험횡요각

[해설] 최대복원각 = 복원력 최대각 = 최대경사각 = 위험횡요각 ▶ 복원력이 최대가 되는 각
최대횡요각 = 최대동요각 = 복원력 소실각 ▶ 복원력이 0이 되는 각

54 정적 복원력 곡선에 대한 설명 중 틀린 것은?

가. 경사각이 복원력 소실각보다 작은 동안은 복원정(GZ)은 항상 (+)이다.
나. 원점에서 곡선의 변화량이 작을수록 GM이 작다.
사. 최대복원정은 최대횡요각의 약 1/2 정도에서 나타난다.
아. 복원력 교차곡선에서 일정 배수량을 선정하면 정적 복원력 곡선을 얻을 수 있다.

[해설] 복원정이 항상 (+)가 되는 것은 아님.

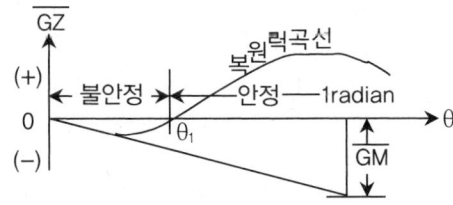

위의 그림과 같은 복원력곡선을 가진 선박은 처음 GZ는 음(-)이 되며, 일정한 각도로 경사하게 되면 GZ가 양(+)의 값을 가지게 되어 안정된다.
이러한 현상은 중심 G가 지나치게 높이 있을 때 생기며, 불안정한 상태이다.
일반 선박에 목재를 갑판적하면 중심이 너무 높아져서 이러한 현상이 생길 수 있음.

Answer 52 아 53 나 54 가

55 배수량 등곡선도에 대한 설명이다. 옳지 못한 것은?

가. 종축의 흘수값으로부터 모든 곡선값을 횡축에서 찾도록 되어 있다.
나. 각종 곡선의 횡축상의 단위는 단일 단위이다.
사. 각종 곡선의 길이에 대한 값의 비율이 다르다.
아. 선박계산에 필요한 정수 역학적인 자료가 들어 있다.

해설 횡축은 각 요소마다 단위가 다르다.
배수량 등곡선도(Hydrostatic curve) 는 선박이 해수에 부상했을 때의 평균흘수에 대한 배수톤수나 복원력 계산 및 흘수 계산에 필요한 값을 그래프식으로 읽을 수 있도록 된 것으로 종축은 평균흘수, 횡축은 기선 및 배수량을 표시한다.
▶ 배수량 곡선, 매 cm 침하 배수톤수, 매 cm 트림모멘트, 메타센터의 위치, 부심의 위치, 부면심의 위치, 방형비척계수, 수선면적 등을 구할 수 있다.

56 다음 중 배수량 등곡선도에 나타나 있지 않는 것은?

가. 중심의 높이
나. 부심의 높이
사. 수선 면적
아. 매 cm 배수톤

해설 배수량 곡선, 매 cm 침하 배수톤수, 매 cm 트림모멘트, 메타센터의 위치, 부심의 위치, 부면심의 위치, 방형비척계수, 수선면적 등을 구할 수 있다.
☞ 중심(G)의 위치는 구할 수 없다. 따라서 KG, GM도 구할 수 없다.

57 다음 중 중심(G) 및 메타센터 높이(GM)와 관계가 먼 것은 어느 것인가?

가. 굽힘 모멘트 곡선
나. 정적 복원력 곡선
사. 복원력 교차곡선
아. 동적 복원력 곡선

해설 **종강도 곡선(Longitudinal strength cures)**
종강도의 관계를 여러 가지 곡선으로 표시한 것
㉠ 중량곡선(Weight curve)
 • 선박의 중량 분포를 도식적으로 나타낸 곡선
 • 수평축 : 배의 길이, 수직축 : 중량 ton/m 단위
㉡ 부력곡선(Buoyancy curve)
 선체에 걸리는 부력의 길이 방향의 분포상태를 곡선으로 표시한 곡선
㉢ 하중곡선(Load curve)
 • 배의 길이 방향으로 중력과 부력 차이의 분포를 나타내는 곡선
 • 기선상의 각 지점에서 부력곡선과 중량곡선의 차를 곡선으로 표시한 것
 • 중량이 부력보다 클 때는 (-)부호로 하여 기선의 아래쪽에 기입하고 중량이 부력보다

Answer 55 나 56 가 57 가

작을 때는 (+)부호로 하여 기선의 위쪽에 기입하면 위쪽과 아래쪽의 면적은 같아진다.
ㄹ. 전단력 곡선(Shear curve)
- 하중곡선을 이용하여 그리게 되는데, 임의 단면에 있어서의 전단력은 그 점까지의 하중곡선을 적분하여 구하고 그 값을 기입한 것
- 전단력의 극댓값은 하중곡선이 기선과 교차하는 모든 점에서 나타난다.
ㅁ. 굽힘 Moment 곡선(Bending moment curve)
- 선체 종방향의 각 점에 작용하는 굽힘 Moment의 크기를 나타내는 곡선
- 전단력 곡선(Shear curve)을 적분하여 구한다.

정적 복원력
정적 복원력(Statical stability)은 경사에 대하여 원위치로 되돌아 가려는 우력(부력과 중력의 양 작용선의 엇갈림에 의해 생기는 우력)을 말한다.
▶ 보통 복원력이라면 정적 복원력을 말한다.

동적 복원력
- 어떤 위치에서 어느 각도까지 경사하는데 필요한 일의 양으로 경사로 인한 위치에너지의 증대량을 말한다. ▶ 경사로 인한 위치에너지의 증가량이다.
- 선박에 어떠한 외력이 작용했을 때 몇 도까지 경사할 것인가 또는 안정성이 있을 것인가를 판정하는데 중요한 요소
- 배수량에 선체의 무게중심과 부심과의 거리의 증가량을 곱한 값이다.
  ▶ 동적 복원력은 중심의 상승량과 부심의 하강량의 합에 배수량을 곱한 것
- 경사각 θ°인 때의 동적 복원력은 정적 복원력곡선을 0°에서 θ°까지 적분한 값과 같다.
- 직립 위치에서 경사각까지 경사하는데 필요한 일의 양이다.

58 선박의 경사시험에 대한 다음 설명 중 옳지 못한 것은?

가. Keel에서 중심까지 높이를 알 수 있다.
나. 주로 공선상태에서 실시한다.
사. 배수량 등곡선도를 이용한다.
아. 중량물을 갑판상 종방향으로 일정거리 이동하여 구한다.

해설 아. 종방향이 아닌 횡방향으로 이동하여 구한다.

경사시험
선박의 중심위치를 실험에 의하여 구하는 방법으로 선박의 공선상태에 있어서 중심위치는 임의 상태의 복원성의 기초가 된다. 즉 공선상태(경하상태)의 중심위치를 알고 있으면 그 후에 적재한 중량물에 의한 중심위치의 이동량만을 산출하면 GM 값을 알 수가 있고 복원성도 추정할 수 있게 된다.
① 경사각의 측정은 선수부, 중앙부, 선미부의 3개소에서 행한다.
② 중량물의 이동거리를 선폭의 80~85%로 하였을 때 2°~3°의 경사를 일으킬 수 있는 무게로 한다.
③ 바람과 조류의 영향을 받지 않는 날을 택한다.
④ 중량물은 좌・우현에 각각 같은 수, 같은 중량을 놓아서 이동시킨다.

58 아

59 경사시험의 준비 사항으로 관련이 먼 것은?

    가. 밸러스트를 완전히 배출한다.
    나. 이동물이 없도록 고정한다.
    사. Shore line 중 breast line을 더 잡아준다.
    아. 바람과 조류의 영향이 없는 장소를 선택한다.

60 선박이 전복되는 주 원인은 복원력의 부족에서 생기는데 다음 중 전복방지를 위해 주의할 사항이 아닌 것은?

    가. 밸러스트를 이용하여 선박의 무게중심을 높인다.
    나. 대각도의 전타를 하지 않는다.
    사. 항해중에는 파랑을 정횡으로 받지 않도록 한다.
    아. 적재물이 이동하지 않도록 고박을 철저히 한다.

61 선박의 복원성을 좋게 하는 방법이 아닌 것은?

    가. 유동수의 자유표면을 증대시킨다.
    나. 중갑판의 중량물을 하부 선창으로 옮긴다.
    사. 이중저에 밸러스트를 채워준다.
    아. GM 값을 증대시킨다.

62 선체 형상과 복원력간의 관계가 잘못 설명된 것은?

    가. 선폭이 증가하면 복원성 범위는 작아진다.
    나. 건현이 증가하면 복원성 범위는 증가한다.
    사. 배수량이 큰 선박일수록 복원력은 작다.
    아. 현호가 있는 것이 복원력에 좋은 영향을 미친다.

    해설 배수량이 큰 선박일수록 복원력은 커진다.
        ▶ 선폭이 증가하면 최대복원력이 커지며 최대복원각 및 복원성 범위는 작아진다.

Answer 59 사 60 가 61 가 62 사

63 다음 중 복원력 교차곡선을 바르게 설명한 것은?

가. 트림이 심한 경우의 배수량을 산정하기 위하여 선박의 각 단면에 있어서의 단면적을 계산하여 곡선으로 나타낸 것이다.
나. 각 경사각에 대한 메타센터의 높이를 곡선으로 나타낸 것이다.
사. 중심위치를 경사각에 따라서 계산하여 그린 곡선이다.
아. 중심의 위치를 일정하게 가정해 놓고, 각 배수량 및 경사각에 대한 복원정의 길이를 구하여 횡축을 배수량, 종축을 복원정으로 하여 몇 개의 경사각에 대한 곡선군을 그린 도표이다.

해설 복원력 교차곡선(Cross curves of stability)
횡축에 배수톤수, 종축에 GZ(복원정)를 취하고 경사각 5°~10°마다 각 배수톤수에 대한 GZ를 계산 기입하여, 이것을 연결한 곡선
- 선박이 어떤 경사각도에서 GZ가 배수톤수에 의하여 어떻게 변화하는가를 알 수 있다.
- 흘수가 변화하는 화물선에 있어서는 복원력을 검토하는데 필요

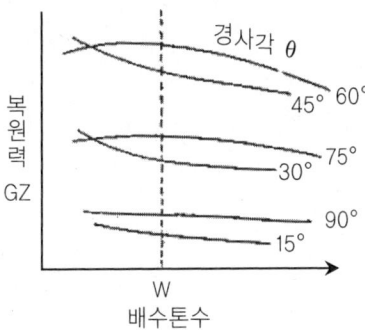

64 본선의 GM이 보통 때보다 훨씬 작다. 이 때 나타나는 현상 중 옳은 것은?

가. 동요주기가 크고 선회시 경사 각도가 작다.
나. 동요주기가 크고 선회시 경사 각도가 크다.
사. 동요주기가 작고 선회시 경사 각도가 작다.
아. 동요주기가 작고 선회시 경사 각도가 크다.

Answer 63 아 64 나

단원별 3급 항해사

65 중량물을 선창의 하부에 과적하여 GM이 지나치게 큰 경우의 현상을 잘못 설명한 것은?

가. Bottom heavy가 된다.
나. Rolling이 심하다.
사. 항해계기의 고장, 선체가 손상될 가능성이 있다.
아. 선체 화물 이동이 적다.

Answer 65 아

제04장 당직근무

01 다음 항해당직에 관한 설명 중 틀린 것은?
   가. 당직사관은 선박이 위험한 상황에 처할 것으로 보일 때 선장을 호출해야 한다.
   나. 당직사관은 선박의 안전운항에 의심이 생길 때 선장을 호출해야 한다.
   사. 당직사관이 선장을 부를 것인지 여부를 결정할 때 보다 여유 있게 시간을 가지고 판단한 후 꼭 필요시 선장을 호출해야 한다.
   아. 당직사관은 당직교대시 후임 당직사관이 선장의 지시사항을 완전히 파악하고 당직근무를 실질적으로 수행할 수 있을 때까지 당직을 인계해서는 안된다.

02 다음은 항해당직에 관한 일반사항이다. 가장 관계가 적은 것은?
   가. 당직 항해사는 선장의 대행자이며 그의 주된 책임은 선박의 안전한 항해이다.
   나. 당직 항해사는 항상 유효한 경계를 반드시 유지하도록 하는 것이 중요하다.
   사. 당직 항해사는 필요한 경우라도 기관을 자신의 임의대로 사용해서는 안된다는 점에 유의해야 한다.
   아. 당직 항해사는 자선의 정지거리 및 자선의 조종특성을 알고 있어야 한다.

03 당직 항해사는 당직 부원에게 (   )를 포함하여 (   )의 수행을 확고히 할 적절한 (   )와 (   )를 주어야 한다. (   ) 안에 적합한 것은?
   가. 적절한 경계, 안전한 당직, 지시, 정보
   나. 적절한 배치, 안전한 정박, 보수, 휴가
   사. 주간 경계, 안전한 정박, 의무, 권리
   아. 야간 경계, 적절한 배치, 보수, 휴가

Answer 01 사 02 사 03 가

04 당직근무중인 항해 당직사관의 책임에 관한 설명 중 틀린 것은?

가. 어떠한 경우에도 선교를 떠나서는 안된다.
나. 선장이 선교에 항해 당직사관과 같이 있을 때 당직에 관한 책임은 일단 선장에게 있다.
사. 안전과 관련하여 취할 행동에 대하여 의문이 있을 때는 선장에게 즉시 알린다.
아. 당직중 일어난 선박의 항해와 관련된 사항은 기록으로 남겨야 한다.

05 도선사 승선중의 항해에 관한 다음의 서술 중 올바른 것은?

가. 도선사가 승선중에는, 경계는 전적으로 도선사의 임무이다.
나. 도선사가 승선중이라도 선장 및 당직항해사의 임무가 면제되는 것은 아니다.
사. 도선사는 본선의 조종특성에 관한 정보를 본선에 승선하기 전에 미리 숙지하고 있어야 한다.
아. 선장과 당직항해사는 그 책임이 도선사의 승선중에는 일차적으로 면제된다.

06 묘박 당직중 당직사관이 주의해야 할 사항 중 틀린 것은?

가. 묘쇄가 꼬이지 않도록 필요한 조치를 한다.
나. 타선의 동정 및 주위의 상황에 주의한다.
사. 날씨의 급변, 풍향변화에 주의한다.
아. 강 하구에 오래 정박할 때는 주묘 여부를 확인한다.

07 선내 비상훈련에 관한 사항으로 틀린 것은?

가. 퇴선훈련은 7회 이상의 단음에 이은 1회의 장음으로 비상신호가 울림으로써 시작된다.
나. 구명정 훈련시 진수 장소의 조명을 확인해야 한다.
사. 구명정 기관은 구명정 훈련 때마다 운전되어야 한다.
아. 비상부서배치표는 2부 작성되어 1부는 선교에 게시하고, 1부는 기관 컨트롤룸에 게시하여야 한다.

Answer 04 나 05 나 06 가 07 아

08 선장 및 당직사관은 항해상의 또는 사고에 의한 ( )의 중대한 영향을 알고 있어야 하고, 특히 관련되는 ( )과 ( )의 범위 내에서 이와 같은 오염을 방지할 모든 가능한 ( )을 취하여야 한다. ( ) 안에 적합한 것은?

가. 국제규칙, 예방책, 항만규칙, 국제규칙
나. 해양환경오염, 국제규칙, 항만규칙, 예방책
사. 국제규칙, 해양환경오염, 예방책, 항만규칙
아. 해양환경오염, 항만규칙, 예방책, 항만규칙

09 야간 항해 당직중 위치를 확인한 결과 육지쪽으로 위험할 정도로 심하게 밀리고 있다는 것을 알았을 때 제일 먼저 취할 조치는?

가. 선장에게 보고한다.
나. 전타하여 안전한 수역으로 향한다.
사. 선위를 재확인한다.
아. Night order book대로 시행한다.

10 야간 항해시 주의하여야 할 사항이 아닌 것은?

가. 경계를 철저히 한다.
나. 야간 항해 당직 전에는 충분한 휴식을 취해 둔다.
사. 선박의 위치에 의문이 생기면 침로를 육안 가까이로 하여 위치 확인이 용이하도록 한다.
아. 야간에는 특히 물표 선정에 유의한다.

11 야간에 항해당직을 인수하고자 하는 자가 당직 인수 전 가장 우선적으로 준비해야 할 사항은?

가. 경계에 적합한 시력 상태 유지
나. 현재 기관의 운전상태 숙지
사. 현재 본선의 흘수 숙지
아. 당직중 예상되는 천후에 대한 예측

Answer 08 나 09 나 10 사 11 가

12 입·출항시 사용되는 도선사용 사다리에 관한 설명 중 틀린 것은?

가. 로프는 이어진 것이 아닌, 하나의 길이로 만들어져야 한다.
나. 흘수 측정용 사다리와 겸하여 사용할 수 있어야 한다.
사. 선박의 배수구에서 벗어나고, 각 발판이 선측에 확실히 닿아야 한다.
아. 완전히 풍하측이 되는 장소에 설치되어야 한다.

13 정박당직 항해사관의 임무이다. 가장 거리가 먼 것은?

가. 적절한 간격을 두고 선내를 순시하는 것
나. 자선의 주변을 살펴보고, 혹시 기름에 의한 오염이 있는지 주의하는 것
사. 기관 고장에 대비하여 조치하는 것
아. 선박에 영향을 미치는 모든 중요사항을 항해일지에 기입하는 것

14 하역 당직중 하역인부가 심하게 다쳤을 경우 당직사관이 먼저 취하여야 할 조치는?

가. 사고 현장의 사진 촬영을 하는 것
나. 사고의 원인을 파악하는 것
사. 사고의 상세한 내용을 항해일지에 기록하는 것
아. 다친 사람을 빠른 시간내 병원으로 이송되도록 조치하는 것

15 항해 당직사관의 첫번째 책무라고 할 수 있는 것은?

가. 항상 선박을 안전하게 운항하는 일
나. 정확한 선위를 측정하고 침로를 결정하는 일
사. 항해 장비의 성능, 사용에 관한 철저한 지식을 갖추는 일
아. 적재하고 있는 화물의 안전한 수송

16 항해 당직중 선장에게 보고하기 전에 당직사관이 필요한 조치를 먼저 취할 수 있는 것은?

가. 조난선을 발견하였을 때
나. 타선에서 조난신호가 왔을 경우
사. 풍조류의 영향이 심해 보침이 곤란할 때
아. 급히 기적이나 기관의 사용이 필요한 때

Answer 12 나 13 사 14 아 15 가 16 아

17 항해 당직중에 항해사가 주의하여야 할 사항으로서 가장 거리가 먼 것은?

가. 기관의 운전상태
나. 엄중한 경계
사. 본선의 현위치, 현침로, 속력
아. 기상의 변화상태

18 항해중 당직사관이 선장에게 필히 보고하여야 할 경우가 아닌 것은?

가. 예정된 물표를 탐지했을 경우
나. 시정이 제한될 것이 예상되는 경우
사. 조타 장치에 고장이 생겼을 경우
아. 예상하지 않은 측심의 변화가 생긴 경우

19 항해당직 인수인계에 관한 설명 중 옳은 것은?

가. 당직 인수인계중 피항조치는 당직인수자의 책임이다.
나. 당직 인계가 충분하지 못함으로써 야기되는 사고의 책임은 당직 인계자 자신에게 있다.
사. 당직 인수자는 자신이 확인할 수 있는 사항은 먼저 스스로 확인해야 한다.
아. 당직 인수인계는 당직 인계자의 주도하에 이루어져야 한다.

20 항해당직을 인수하고자 하는 자가 당직 인수 전에 통상적으로 확인할 사항으로서 관계가 가장 먼 것은?

가. 선박의 위치
나. 선박의 침로 및 속력
사. 선박의 흘수
아. 주변 선박의 동향

21 해도실이 분리되어 있는 선박에서 당직 항해사는 그의 항해상의 필요한 (   )을 위하여 (   )에 들어갈 수 있으나 안전하다는 것을 미리 확인하여야 하며 반드시 (   )의 유지가 되도록 하여야 한다. (   ) 안에 직합한 것은?

가. 조타기 조종, 조타실, 침로
나. 직무수행, 단시간 해도실, 유효한 경계
사. 자이로 조종, 자이로실, 속력
아. 레이더 조종, 브리지, 속력

Answer 17 가 18 가 19 사 20 사 21 나

22 STCW 협약상 항해 당직중 준수되어야 할 기본원칙에서 경계자는 (　)를 하기 위하여 모든 주의를 기울일 수 있어야 하며, 이 책무를 (　)하는 (　)를 수행하거나 담당하여서는 아니된다. (　) 안에 적합한 것은?

가. 적합한 경계, 방해, 타임무
나. 적합한 투표, 이행, 조타
사. 항해준비, 이행, 조타
아. 전타, 방해, 임무

23 STCW/78 협약상 항해 당직중 준수되어야 할 기본원칙에서 예정된 항해는 모든 관련된 (　)를 고려하여 사전에 (　)되어야 하며, 정해진 (　)는 항해 개시전에 (　)되어야 한다. (　) 안에 적합한 것은?

가. 정보, 계획, 침로, 재검토
나. 해도, 결정, 속도, 협의
사. 기상도, 결정, 항로, 계획
아. 조석표, 재검토, 속도, 결정

24 항해당직의 인수 인계에 관한 사항 중 틀린 것은?

가. 당직사관은 후임 당직사관이 선장의 지시사항을 완전히 파악하지 못할 경우에는 선장실에 함께 내려가 그 상황을 선장에게 보고해야 한다.
나. 당직인계는 선박의 조종(즉, 침로 또는 속력의 변경 행위)이 진행되고 있는 중에는 하여서는 안된다.
사. 당직업무를 인계하고 선교를 떠나기 전에 전임 당직사관은 항해일지 중의 당직란에 기사를 기입하고 서명을 하여야 한다.
아. 전임 당직사관은 당직인계가 적절히 이루어지기 전에 선교를 떠나면 안된다.

25 정박 당직중 당직사관이 후임 당직사관에게 필히 인계하여야 할 사항으로 틀린 것은?

가. 당시 표시하고 있는 형상물이나 등화
나. 관계 외래인과 선내에 있어야 할 승무원의 인원수
사. 특별한 항만규칙이 있으면 그 규칙
아. 컴퍼스 오차와 항해계기 작동상태

Answer 22 가 23 가 24 가 25 아

26. 다음 중 투묘 정박중에 당직사관이 취하여야 할 가장 적절한 조치는?
   가. 어떠한 상황하에서도 선교를 떠나지 않는다.
   나. 자동조타장치의 작동여부를 확인한다.
   사. 닻이 끌리는 경우 선장에게 즉시 보고한다.
   아. 선박의 위치, 침로 및 속력을 자주 측정한다.

27. 항해중 시계가 제한될 경우에 취할 사항 중 관계가 가장 먼 것은?
   가. 선장에게 보고한다.
   나. 항해등을 켠다.
   사. 레이더를 작동한다.
   아. 수동조타로 항해중이면 자동조타로 바꾼다.

28. 다음은 항해당직에 관한 일반사항이다. 잘못된 것은?
   가. 당직 항해사는 선장의 대행자이며 그의 주된 책임은 선박의 안전한 항해이다.
   나. 당직 항해사는 항상 유효한 경계를 반드시 유지하도록 하는 것이 중요하다.
   사. 선교에 당직사관과 선장이 함께 있는 경우 당직에 관한 책임은 선장에게 넘어간다.
   아. 당직 항해사는 자선의 정지거리 및 자선의 조종특성을 알고 있어야 한다.

29. 현문 당직자가 유의해야 할 사항으로 가장 거리가 먼 것은?
   가. 선내 정숙
   나. 주묘(走錨) 여부
   사. 적화물의 보안
   아. 계류색의 상태

30. 당직을 인수받을 사관이 당직임무를 유효하게 수행할 수 없는 경우 당직사관은 어떻게 하여야 하는가?
   가. 임무 교대시간이 되면 자기 임무가 끝났으므로 인계한다.
   나. 다음 당직 조타수에게 당직 수행을 구체적으로 설명하고 인계한다.
   사. 당직을 인계하여서는 안 되며 선장에게 그 상황을 보고한다.
   아. 다음 당직사관을 쉬도록 하고 당직사관이 계속 당직근무에 임한다.

Answer 26 사 27 아 28 사 29 가 30 사

31. 야간 항해시 타선박과 매우 근접한 상태가 되었을 때, 당직사관이 가장 먼저 취해야 할 일은?

　가. 충돌방지를 위하여 적절한 조치를 취한다.
　나. 즉시 선장에게 보고한다.
　사. 기적을 사용하여 경고신호를 발령하고 상황을 살핀다.
　아. 유지선이면 계속 항해한다.

32. 항해중 당직사관의 직무에 관한 설명으로 옳지 않은 것은?

　가. 당직사관은 항해설비를 가장 효과적으로 사용해야 한다.
　나. 당직사관은 레이더만을 전적으로 신뢰하지 말고 육안으로 전후, 좌우를 살펴야 한다.
　사. 필요한 경우 타, 기관, 음향기구를 주저없이 사용한다.
　아. 어떤 경우에도 기관사용은 선장의 허가를 얻어 사용한다.

33. 항해 당직 교대에 관한 다음 설명 중 맞는 것은?

　가. 선교당직 교대 시각과 기관실 당직 교대 시각은 꼭 일치해야 한다.
　나. 당직교대 시간에 위험을 피하기 위하여 피항동작이 취해지고 있다면 그 동작이 완료될 때까지 교대를 미루어야 한다.
　사. 당직시간이 시작되기 15분 전에는 반드시 당직교대를 완료해야 한다.
　아. 항해일지는 후임자가 올라오기 전에 미리 작성해야 한다.

34. 항내에서 정박당직을 담당하는 항해사를 위한 원칙 및 운용상의 지침에 관한 권고는 항내에서 (　)하에 안전하게 (　) 또는 안전하게 (　)하고 있는 선박에 적용된다. (　) 안에 적합한 것은?

　가. 통상상태, 계류, 묘박　　　　　나. 비상사태, 예항, 항해
　사. 통상상태, 추월, 피추월　　　　아. 비상사태, 소화, 훈련

Answer　31 가　32 아　33 나　34 가

35 제한된 시정에서 항해시 항해당직 요령으로 틀린 것은?
   가. 규정된 무중신호를 울린다.
   나. 안전한 속력으로 감속한다.
   사. 일몰시간에 맞춰 항해등을 켜고, 일출시간에 맞춰 항해등을 소등한다.
   아. 레이더를 작동시키고, 필요시 플로팅을 시작한다.

36 다음은 정박 중 당직항해사가 지켜야 할 사항들이다. 가장 관계가 적은 것은?
   가. 선박에 적절한 등화 및 형상물을 게시하고 적절한 음향신호가 이루어지도록 하는 것
   나. 오염으로부터 환경을 보호하는 조치를 취하기 위하여 적용되는 오염규칙에 따르는 것
   사. 시계가 악화되는 경우 주기관 등을 준비상태로 하는 것
   아. 기상과 조류의 상태 및 해면상태를 관찰하는 것

37 항해 당직에 관한 다음의 설명 중 맞지 않는 것은?
   가. 항해 당직사관은 어떤 경우에도 선교를 이탈하여서는 안된다.
   나. 항해 당직중 자선의 침로, 선위 등을 자주 확인하는 것은 항해 당직사관의 의무이다.
   사. 선교 내의 모든 항해설비의 작동에 대하여 항상 숙지하고 있어야 한다.
   아. 대양 항해 중에는 조타수를 갑판 작업에 종사시켜도 무방하다.

38 당직 항해사가 선교당직을 수행하는 도중 충돌이 일어났을 때 일차적인 책임은 누구에게 있는가?
   가. 당시의 선교당직 항해사
   나. 당시의 선교당직 항해사 및 조타수
   사. 선장
   아. 당시의 선교당직 조타수

Answer   35 사   36 사   37 아   38 가

39 다음 중 항내에서 정박당직을 구성할 때 고려할 사항으로서 관계가 가장 적은 것은?

가. 인명, 선박, 화물 및 항만의 안전
나. 국가, 지방의 규칙 준수
사. 선내질서의 유지
아. 선체의 효율적인 보수 유지

40 항해당직 인수교대에 앞서 확인하고 조사 파악해야 할 사항으로서 중요하지 아니한 것은?

가. 일출몰 시간
나. 해도
사. 당직중 통과할 해역의 수로상황
아. 선장의 지시사항

41 항해당직 교대 시 인계하여야 할 사항으로 볼 수 없는 것은?

가. 선내 일과의 진행상황
나. 선위와 본선의 속력 및 현침로
사. 선장의 지시나 전달사항
아. 시계 내의 물표의 위치

42 항해 당직중 선장에게 보고할 사항으로 볼 수 없는 것은?

가. 천후의 급격한 변화가 있을 때
나. 침로상에 조난선이나 표류물 등을 발견했을 때
사. 등대의 광달권 내에 들어서도 등광을 보지 못할 때
아. 레이더상 선수 전방에 선박을 발견했을 때

43 선교당직의 구성을 결정할 때 고려할 사항이 아닌 것은?

가. 기상조건, 시계, 주야의 구별
나. 선박에 자동조타장치가 설치되어 있는가의 여부
사. 항해기간의 길이
아. 선박에 비치된 전자 항해장비의 작동상태

Answer 39 아 40 가 41 가 42 아 43 사

44. 다음 선박 운항에 관한 것으로서 틀리게 설명하고 있는 것은?
   가. 선장은 모든 경우에 책임이 있지만 선장이 선교에 장시간 있게 되면 위험과 효율성에 대한 경각심이 줄어들 수 있다. 따라서, 선장은 자신이 선교에 있을 기간에 대한 계획을 미리 수립하고 상급사관에게 운항책임을 위임하여 자신이 적절한 휴식을 취할 수 있도록 하는 것은 고려해야 한다.
   나. 선장이 선교에 있으면 조종지휘권은 당직사관에게서 자동적으로 선장에게 이전된다.
   사. 당직사관은 항상 선장과 연락이 닿을 수 있도록 되어야 한다.
   아. 선장은 이용할 수 있고 또 그렇게 하는 것이 안전하다고 판단될 때에는 설정되어 있는 통항수로나 통항 분리방식을 이용하도록 해야 한다.

45. 항해중 당직사관이 교대할 시간에 타 선박과 충돌을 피하기 위한 조치를 취하는 중일 경우 당직교대의 방법으로 옳은 것은?
   가. 차직 항해사가 그 상황을 즉시 인수한다.
   나. 차직 항해사와 당직 항해사가 그러한 조치를 동시에 수행한다.
   사. 그러한 조치가 이루어지는 도중에 교대되어야 한다.
   아. 그러한 조치가 완료될 때까지 연기되어야 한다.

46. 다음 중에서 현문당직자의 유의사항으로서 가장 관계가 깊은 것은?
   가. 주묘(Dragging anchor)에 주의할 것
   나. VHF 전화를 잘 청취할 것
   사. 현문사다리(Accommodation ladder)의 안전상태에 주의할 것
   아. 하역작업의 계획 및 절차를 숙지할 것

Answer 44 나 45 아 46 사

제05장 기상 및 해상

01 이른 아침에 기온과 습도의 관계를 가장 잘 설명한 것은?
   가. 기온이 하강하면 습도도 하강
   나. 기온이 상승하면 습도도 상승
   사. 기온이 최저이면 습도는 극대
   아. 습도가 상승하면 기온도 상승

   해설 기압은 매일 9~10시, 21~22시 경에 극대로 나타나고, 3~4시, 15~16시 경에 극소가 된다. 기온은 기압과 반대이다.

02 다음 중 표준대기압의 크기를 잘못 표시한 것은?
   가. 1.013bar   나. 101.3kPa
   사. 1.033kgf/cm^2 아. 1.013N/m^2

   해설 아. 1기압 = 101,300 N/m^2
   1 기압 = 760 mmHg = 760mm × 13.6 = 10,336 mmH^2O
   = 0.76m × (13.6×1000 $kg\,f/m^2$) = 10,336 $kg\,f/m^2$ = 1.0336 $kg\,f/cm^2$
   = 0.76m × (13.6×9800 N/m^2) ≒ 101,300 N/m^2 = 101,300 Pa
   = 101.3 kPa = 1.013 bar = 0.1013 MPa = 1.013hpa

03 다음 중 기압의 일교차가 가장 큰 지역은?
   가. 고위도 지방   나. 중위도 지방
   사. 적도 지방   아. 아열대 지방

   해설 기압의 일교차는 저위도 지방(적도 부근)이 고위도 지방보다 크다.
   ▶ 기온의 일교차는 저위도 지방이 작고 고위도 지방이 크다.

Answer 01 사 02 아 03 사

04 다음 중 기온감률에 대하여 잘못 설명한 것은?

가. 하루 중 일출경에 가장 작다.
나. 하계보다 동계에 크다.
사. 대류권 내에서는 평균 약 0.65℃/100m이다.
아. 기온이 가장 높은 시각에 가장 크다.

해설 동계보다 하계에 기온감률이 크다.
- 기온감률 : 고도에 따른 기온의 하강률

05 대류권 내에서 위로 100m씩 올라감에 따라 기온의 평균하강량(기온감률)은 약 얼마인가?

가. 0.1℃
나. 0.6℃
사. 1℃
아. 1.5℃

06 다음 중 중층운(고도 : 2~6km)에 속하지 않는 구름은?

가. 난층운
나. 층운
사. 고층운
아. 고적운

해설
- 상층운 – 권운, 권적운, 권층운
- 중층운 – 고적운, 고층운
- 하층운 – 층적운, 층운, 난층운
- 수직운 – 적운, 적란운

07 기압은 해면상 고도가 10미터 높아짐에 따라 대략 몇 헥토파스칼(hPa)씩 하강하는가?

가. 1
나. 2
사. 3
아. 4

해설 기압감률 : 단위 높이에 대하여 기압이 감소하는 비율
▶ 기압감률은 지상 5km까지는 10m당 1hPa씩 감소하며, 지상 5km 높이에서는 지상기압의 반정도가 된다.

Answer 04 나 05 나 06 나 07 가

08 대류권에서 지상으로부터 상공으로 고도의 상승에 따라 기온이 낮아지는 비율을 (   )이라 한다.
　가. 기온비율　　　　　　　　　나. 기온감률
　사. 기온역전　　　　　　　　　아. 기온하강

09 우박에 관한 다음 설명 중 틀린 것은?
　가. 직경은 5~50mm의 것이 많고 때로는 주먹보다 큰 것도 있다.
　나. 투명층과 불투명층이 교호로 겹쳐 있을 때가 많다.
　사. 적란운에서 뇌우에 동반하여 내린다.
　아. 지상 기온이 빙점 이하일 때만 내린다.

10 제트 기류(Jet stream)는 어느 풍계에 속하는가?
　가. 무역풍　　　　　　　　　　나. 반대 무역풍
　사. 편서풍　　　　　　　　　　아. 한대 편동풍
　해설　제트 기류는 대류권 상부 또는 경계면 부근에서 부는 편서풍으로, 길이 수천km, 넓이 수백km, 두께 수km가 되며, 풍속도 100m/s 정도로 매우 강한 기류이다.

11 바람이 일어나는 직접적인 원인은?
　가. 전향력　　　　　　　　　　나. 기압 차이
　사. 습도 차이　　　　　　　　　아. 지구의 자전
　해설　바람은 수평방향의 공기의 운동으로 기압이 높은 곳에서 기압이 낮은 곳으로 이동하는 힘인 기압경도력에 의하여 생긴다.

12 풍력계급 12인 바람의 명칭은?
　가. 대강풍(Strong gale)　　　　나. 폭풍(Storm)
　사. 태풍(Hurricane)　　　　　　아. 웅풍(Strong breeze)
　해설　가. Strong gale(大强風) 큰센바람 : 풍력계급 9
　　　　나. Storm(全强風) 노대바람 : 풍력계급 10

Answer　08 나　09 아　10 사　11 나　12 사

사. Hurricane(颱風) 싹쓸바람 : 풍력계급 12
아. Strong breeze(雄風) 된바람 : 풍력계급 6

13 바람에 작용하는 힘과 가장 관계가 먼 것은?

가. 기압경도력
나. 전향력
사. 원심력
아. 등압력

해설 바람에 작용하는 힘 : ① 기압경도력 ② 전향력 ③ 원심력 ④ 마찰력

바람에 작용하는 힘
① 기압경도력
  - 기압이 높은 곳에서 낮은 곳으로 향하는 힘
  - 바람을 일으키는 원동력은 기압경도력이며 대기가 일단 운동을 시작하면 전향력, 마찰력이 작용한다.
    ▶ 기압경도 : 대기 압력의 경사정도로 일반적으로 수평방향의 경사 정도
② 전향력
  - 지구상에서 운동하는 대기는 지구의 자전으로 그 방향이 변하여 곡선운동을 하는 힘
  - 북반구에서는 운동방향에 직각으로 오른쪽으로 굽어지게 하는 힘
③ 원심력
  곡률의 중심에서 바깥으로 향하는 힘
④ 마찰력 : 풍향의 반대 방향에서 조금 왼쪽으로 미침.

바람의 종류
① 지균풍 : 기압경도력 + 전향력
  기압경도력에 의한 힘과 전향력에 의함 힘이 균형으로 작용하여 등압선에 평행하게 분다고 생각되는 가상적인 바람으로 약 1km 상공에서는 지균풍에 가까운 바람이 불고 있다.
② 경도풍 : 기압경도력 + 전향력 + 원심력
  - 기압 경도에 의한 힘 + 지구 자전의 전향력에 의한 힘 + 원심력에 의한 힘 등 세 힘이 평형되어 등압선에 따라 분다고 생각되는 가상적인 바람
  - 지균풍에다 등압선의 곡률을 가미한 바람
  - 선형풍 : 저위도 지방에서 전향력이 아주 작고 곡률반경이 작고 풍속이 강할 때는 전향력보다 원심력이 훨씬 크므로 바람은 기압경도력과 원심력이 평형을 이루는 경도풍의 한 종류의 바람
③ 지상풍 : 기압경도력 + 전향력 + 원심력 + 마찰력
  - 기압경도력과 전향력, 마찰력이 평형상태를 이루면서 등압선과 일정한 각도를 이루며 부는 바람
  - 지상에서 부는 바람으로 지표 부근의 바람(지상 약 10m)

Answer 13 아

14 지구가 자전하지 않고 정지하고 있다면 바람과 관계가 없는 것은?

가. 기압경도력
나. 전향력
사. 원심력
아. 마찰력

15 지상에서 지상풍과 등압선이 이루는 각은 대략 몇 도인가?

가. 10° 이하
나. 5°~15°
사. 15°~30°
아. 45° 이상

16 다음 설명 중 틀린 것은?

가. 기압경도는 등압선의 직각 방향의 단위 거리에 대한 기압의 변화율이다.
나. 기압경도에 있어서 단위 거리로는 보통 111km를 취한다.
사. 기압경도가 클수록 등압선의 간격은 좁다.
아. 기압경도가 클수록 바람은 약하다.

17 풍속은 기상관측상 몇 분간의 평균풍속을 말하는가

가. 1분
나. 5분
사. 10분
아. 20분

18 다음 중 돌풍(Gust)이 잘 일어나는 경우가 아닌 것은?

가. 북서계절풍이 강할 때
나. 한랭전선이 통과할 때
사. 저기압 중심부근에 강한 수렴이 있을 때
아. 뇌우의 상승류 내에서

> **해설** 돌풍(Gust)이란 단시간 내에 반복하여 풍속이 급격히 변동하는 바람을 말한다.
> **돌풍이 잘 발생하는 경우**
> ㉠ 북서계절풍이 강할 때
> ㉡ 저기압이 급속히 발달할 때
> ㉢ 태풍 중심 부근의 강풍대에서

Answer 14 나 15 사 16 아 17 사 18 아

㉢ 한랭전선이 통과할 때
   ㉣ 고지대의 한기가 해안지방으로 급강하할 때
   ㉤ 뇌우의 하강기류 내에서 잘 발생

19 편서풍의 특징을 설명한 것이다. 틀린 것은?

   가. 편서풍은 지상에서 상공에 이르기까지 서풍이 분다.
   나. 편서풍은 지상에서는 서풍, 상공에서는 동풍이 분다.
   사. 편서풍 중에는 파동이 있다.
   아. 편서풍 중에는 풍속이 대단히 강한 Jet기류가 있다.

   해설
   • 편서풍은 아열대 고압대(중위도 고압대)에서 아한대 저압대로 향하여 부는 바람으로 북반구에서는 남서풍이 불며, 남반구에서는 북서풍이 된다.
   • 편서풍은 상공에 이르기까지 서풍이 분다.

20 무역풍에 대한 다음 설명 중 틀린 것은?

   가. 대양의 서측에서는 풍향풍속이 교란되어 불규칙하다.
   나. 풍속은 대개 초속 1~2m/sec이고 고도는 적도에 가까울수록 낮아진다.
   사. 가장 규칙적으로 부는 곳은 태평양과 대서양이다.
   아. 아열대 고압대와 적도 저압대의 이동으로 모양과 범위가 계절에 따라 변한다.

   해설 풍속은 4~6m/sec 정도이며 높이는 8~10km이고 적도에서 멀어짐에 따라 낮아진다.

21 가장 뚜렷한 바람 급변선(Wind-shift line)은?

   가. 기압골선   나. 기압마루선
   사. 전선   아. 기압등변화선

22 고층 대기 내에서 볼 수 있는 현상이 아닌 것은?

   가. 편서풍 파동   나. 절리 고기압
   사. 제트 기류   아. 푄 현상

   해설 절리(切離) 고기압 : 고위도에서 기압의 마루에서 북으로 뻗은 부분이 분리된 고기압

Answer 19 나 20 나 21 사 22 아

단원별 3급 항해사

23 산맥을 넘은 기단은 "푄" 현상으로 어떻게 변화하는가?
가. 온난건조화 나. 한랭건조화
사. 온난습윤화 아. 한랭습윤화

해설 푄(Föhn)
산정에서 불어내리는 기온이 높고 건조한 바람으로 생성 원인은 풍상 쪽의 공기가 습윤 단열 감률로 냉각되고, 산을 넘어갈 때는 건조 단열 감률로 기온이 올라가므로 풍상 쪽보다 풍하 쪽의 기온이 높고, 건조하여 농작물에 막대한 피해를 준다.

24 대기 대순환과 가장 밀접한 관계가 있는 것은?
가. 지표면의 기압분포 나. 지표면의 기온분포
사. 해륙의 분포 아. 태양고도의 연변화

25 다음의 습도 표시방법 중 수증기의 절대량을 나타내는 것이 아닌 것은?
가. 노점온도 나. 절대습도
사. 상대습도 아. 수증기압

해설
- 보통 습도라 하면 상대습도를 말하며, 포화수증기압에 대한 현재의 수증기압의 비율을 % 단위로 표시한다.
- 절대습도 : 단위 용적($1m^3$)의 대기 중에 섞여 있는 수증기의 양을 g으로 나타낸 것

이슬점 온도(노점온도)
- 수증기량을 변화시키지 않고 공기를 냉각시킬 때에 포화에 이르는 온도
- 현재의 수증기압을 포화 수증기압으로 하는 온도
- 수증기량이 많을수록 이슬점 온도가 높고, 수증기량이 적을수록 이슬점 온도가 낮다.
- 이슬점 온도 이하가 되면 여분의 수증기는 물방울로 된다.

26 건습구 온도계(Wet and dry-bulb thermometer)를 이용하여 선박에서 측정할 수 있는 것은?
가. 대기의 압력 나. 상대습도
사. 습도의 변화량 아. 강수량

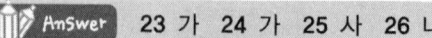

Answer 23 가 24 가 25 사 26 나

27 습도의 일변화 중에서 상대습도가 가장 높은 때는 언제인가?
   가. 이른 아침
   나. 오전
   사. 오후
   아. 일몰 후

   해설 습도는 이른 아침(早期)에 높고 오후 2시경에 가장 낮다.

28 넓은 범위에 걸쳐 대기의 온도와 습도가 수평방향으로 거의 같은 성질을 가질 경우, 이와 같은 공기의 커다란 덩어리를 무엇이라 하는가?
   가. 기단
   나. 전선
   사. 바람
   아. 안개

29 다음 중에서 기단의 발원지로 부적합한 곳은?
   가. 거의 동일한 표면 성질을 가지는 광대한 지역
   나. 하층에서 공기의 발산이 있는 고기압권 내
   사. 대기가 장기간 그 지역에 정체할 수 있는 곳
   아. 반영구적인 고기압 및 저기압권 내

   해설
   • 반영구적인 고기압역내는 바람이 약할 뿐만 아니라 공기가 지표면상을 사방으로 발산하므로 그 지표면의 물리적 특성을 균일하게 얻는 영향이 있어 기단이 발생하기 적당하다.
   • 저기압권 내에서는 기류가 수렴하므로 고위도의 한기와 저위도의 난기가 집합되어 기단이 형성되기 힘들다.

30 다음 중 우리나라 봄철에 영향을 끼치는 기단은 어느 것인가?
   가. 시베리아 기단
   나. 북태평양 기단
   사. 적도 기단
   아. 양자강 기단

   해설
   • 기단 : 성질(기온, 기압, 습도 등)이 비슷한 큰 공기 덩어리
   • 전선 : 성질이 다른 기단과 접한 경계선
   우리나라 주변의 기단
   ① 시베리아 기단
      겨울철 우리나라의 날씨를 지배하는 대표적인 기단 ▶ 한랭건조

Answer 27 가 28 가 29 아 30 아

② 오호츠크해 기단
해양성 한대기단으로 초여름 북태평양 기단과 정체전선 형성하여 장마전선 ▶ 한랭습윤
③ 북태평양 기단
우리나라 여름철 날씨를 지배 ▶ 온난다습
④ 양쯔강 기단
봄과 가을에 양쯔강 유역에서 발생한 기단으로 대륙성 열대기단 ▶ 온난건조
⑤ 적도 기단
온난습윤의 정도가 열대기단보다 더 높아, 태풍이나 장마철에 좁은 범위에 걸쳐 일시적 영향 ▶ 고온다습

31 대륙성 한대기단의 특성에 해당하는 것은?
가. 온난습윤
사. 한랭습윤
나. 온난건조
아. 한랭건조

32 기단의 변화가 가장 심하게 일어나는 경우는?
가. 고온다습한 기단이 한랭한 해면상을 이동할 때
나. 한랭건조한 기단이 온난한 해면상을 이동할 때
사. 습윤한 해양성 기단이 상륙하여 이동할 때
아. 한랭건조한 기단이 산맥을 넘을 때

33 다음 중 풍랑과 너울(Swell)에 관한 설명으로서 틀린 것은?
가. 풍랑은 파형, 크기, 파고 등이 불규칙하다.
나. 너울은 봉우리의 폭이 좁고 뾰족하며 파장이 짧다.
사. 너울은 주기가 10~30초에 이른다.
아. 풍랑은 단시간내에 변하여도 어느 것도 정확히 모양이 같은 것이 없다.

> **해설**
> • 풍랑(Wind wave)은 파장이 짧고 봉우리가 뾰족하며 불규칙한 모양을 이루고 있다.
> • 너울(Swell)은 파장이 길고 봉우리가 둥글며 규칙성이 크다.

34 풍파가 그 발생역의 바깥쪽 해역에 전파되면서 파고가 점차 감소되고 파장이 길어지는 상태의 파도를 무엇이라고 하는가?
가. 쇄파(Breaker)
사. 진행파(Running wave)
나. 표면장력파(Capillary wave)
아. 너울(Swell)

Answer 31 아 32 나 33 나 34 아

35 해류가 일어나는 원인과 거리가 먼 것은?

가. 바람
나. 해면의 기울기
사. 달의 인력
아. 해수의 밀도차

해설
- 바람에 의하여 생기는 해류 : 취송류
- 해면의 기울기 때문에 생기는 해류 : 경사류
- 해수의 밀도차에 의하여 생기는 해류 : 밀도류

36 해류의 종류 중 바람의 응력에 의하여 형성된 해류는 다음 중 어느 것인가?

가. 취송류
나. 경사류
사. 밀도류
아. 보류

37 부산 - 캐롤라인제도 - 오스트레일리아의 동안에 이르는 항로에서 만나는 해류 명칭이 바르게 기입된 것은?

가. 쿠로시오해류 → 북적도해류 → 적도반류 → 남적도해류 → 동오스트레일리아해류
나. 쿠로시오해류 → 캐롤라인해류 → 북적도해류 → 남적도해류 → 동오스트레일리아해류
사. 쿠로시오해류 → 북적도해류 → 캐롤라인해류 → 동오스트레일리아해류
아. 쿠로시오해류 → 북적도해류 → 적도반류 → 동오스트레일리아해류

38 대체로 3~10°N 사이를 남북 적도해류와 반대로 서에서 동으로 흐르는 해류는?

가. 북적도해류
나. 남적도해류
사. 적도반류
아. Liman해류

39 취송류에 관한 다음 설명 중 잘못된 것은?

가. 표면에서 흐름은 북반구에서 풍향에 대하여 대개 오른쪽으로 45°방향으로 흐른다.
나. 표면 유속은 풍속의 2~4% 정도의 속도이다.
사. 상부 마찰저항 심도는 풍속에 역비례하고 위도의 크기에 비례한다.
아. 상부 마찰저항 심도내 해수 전체는 북반구에서는 풍향에 대해서 오른쪽으로 90°방향으로 흐른다.

Answer 35 사 36 가 37 가 38 사 39 사

해설 사. 마찰심도는 풍속에 비례한다.

40 북반구에서 저기압의 풍계는?

가. 중심을 향하여 수직으로 불어 들어온다.
나. 중심을 향하여 시계방향으로 불어 들어온다.
사. 중심을 향하여 반시계방향으로 불어 들어온다.
아. 중심으로부터 수직으로 불어 나간다.

해설 북반구에서 저기압은 중심을 향하여 반시계방향으로 불어 들어오고, 고기압은 시계방향으로 불어 나간다.

41 서고동저형 기압배치와 관계가 없는 것은?

가. 시베리아 고기압
나. 북서 계절풍
사. 서해안 지역의 많은 강설
아. 우리나라 남동 해상을 덮는 해무

42 열대 저기압이 북상하여 온대 저기압으로 변하는 계절은 주로 어느 때인가?

가. 겨울
나. 한여름(성하기)
사. 여름과 겨울
아. 장마철과 가을

43 다음 중 겨울과 가을에 우리나라 부근에서 보기 어려운 기압배치형은 어느 것인가?

가. 서고동저형
나. 북고남저형
사. 돌풍형
아. 남고북저형

44 우리나라에서 겨울철에 가장 빈번히 출현하는 기압배치형은?

가. 남고북저형
나. 서고동저형
사. 동고서저형
아. 대상고기압형

해설 겨울철 : 서고동저형
여름철 : 남고북저형

Answer 40 사 41 아 42 아 43 아 44 나

45 장마철이 지나고 우리나라 서쪽에 저기압이 위치할 때 나타나는 기압배치로 지속성이 있어 산맥의 서측, 즉 풍하측의 지역에는 푄현상으로 고온건조한 날씨가 계속되는 기압배치는?

　가. 동고서저형　　　　　　　　　나. 돌풍형
　사. 서고동저형　　　　　　　　　아. 북고남저형

46 우리나라 부근의 동계와 하계의 기압배치형은 각각 어떠한가?

　가. 서고동저형, 남고북저형
　나. 동고서저형, 북고남저형
　사. 대상고기압형, 북고남저형
　아. 서고동저형, 북고남저형

　해설 우리나라 근처의 기압배치 형태

분류	특징
서고동저형	겨울철의 대표적인 기압배치형
남고북저형	여름철의 대표적인 기압배치형
북고남저형	장마철에 나타나는 기압배치형
동고서저형	봄철에 나타나는 기압배치형
이동성고기압형	타원형의 고기압 형태로 봄, 가을에 잘 나타난다.

47 우리나라 부근에서 남고북저형 기압배치의 전형적인 천기의 특징이 아닌 것은?

　가. 우리나라 여름철에 많이 나타나는 기압배치형이다.
　나. 기압경도가 급하다.
　사. 해륙풍이 발달한다.
　아. 기압중심 부근에서는 기온이 높고 맑은 날씨가 계속되나, 그 주변이나 산간지대에는 뇌우가 발생하기 쉽다.

　해설 우리나라 부근의 여름철 기압배치형의 하나로 북태평양고기압이 우리나라와 그 남쪽 해상을 덮고, 북쪽에는 저기압이 있는 기압배치형으로서 여름철에 많이 나타나며, 고기압중심 부근에서는 기온이 높고 맑은 날씨가 계속되나, 그 주변이나 산간지대에는 뇌우가 발생하기 쉽고, 기압경도가 완만하여 해륙풍 등이 발달한다.

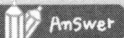 45 가 46 가 47 나

48 다음 지상 천기도형과 고기압의 관계가 올바른 것은?

가. 서고동저형 - 시베리아 고기압
나. 장마형 - 양자강 고기압
사. 남고북저형 - 오호츠크해 고기압
아. 동고서저형 - 북태평양 고기압

49 북태평양에서 11월경에 가장 많이 발생하는 Kona Storm의 특징이 아닌 것은?

가. 15°~35° N, 145°~165° W 사이에서 발생한다.
나. 전선을 동반하지 않는다.
사. 눈(Eye of storm)을 갖는다.
아. 구름은 불안정성의 것이 많고 소낙성 강우가 많다.

해설 사. 눈을 가지고 있지 않다.
Kona Storm
- Hawaii에서 발생하는 일종의 저기압의 종류로 태풍과 저기압의 중간 성질
- 특징
  ㉠ 등압선은 원형을 이루고 전선은 동반하고 있지 않다.
  ㉡ 폭풍의 눈을 가지고 있지 않다.
  ㉢ 역내의 구름은 불안정성의 것이 많고 소낙성의 강수가 많다.
  ㉣ 진로는 태풍이나 저기압과는 달리 불규칙하다.

50 Kona Storm에 관한 설명 중 틀린 것은?

가. Hawaii에서 Midway 군도에 이르는 지역에서 발생한다.
나. 등압선은 원형이고 전선이 동반되고 있다.
사. 풍력은 10~11노트이고 중심 기압도 980hPa 이하로 깊어지는 경우가 거의 없다.
아. 역내는 소나기성의 강우가 많다.

해설 Kona Storm은 저기압의 일종으로 등압선은 원형이나 전선은 동반하지 않는다.

51 안개의 생성 조건과 가장 관계가 먼 것은?

가. 공기가 수증기를 다량 함유하고 있을 것
나. 대기중에 응결핵이 많이 있을 것
사. 공기가 노점온도 이상일 것
아. 공기가 외부에서 다량의 수증기를 공급받을 것

해설 사. 공기가 노점온도 이하로 냉각될 것

Answer 48 가 49 사 50 나 51 사

52 안개의 생성에 관한 다음 설명 중 틀린 것은?

가. 공기가 수증기를 다량으로 함유하고 있어야 한다.
나. 대기중에 흡습성의 미립자가 많이 부유하고 있어야 한다.
사. 안개는 간접 냉각보다 직접 냉각에 의하여 더 잘 발생한다.
아. 바람이 강하고 상공에 기온의 역전이 있을 때 안개는 잘 발생한다.

해설 바람이 약하고 상공에 기온의 역전이 있으면 안개생성에 유리하다. 상공에 기온의 역전이 있어도 바람이 강하면 상하의 혼합으로 지표면 부근은 포화에 달하지 않고 안개를 발생시키게 된다.

53 다음 설명 중 틀린 것은?

가. 해무는 일반적으로 육무보다 두껍고 발생 범위가 극히 넓다.
나. 육무의 대표적인 것은 복사무이고 해무의 대표적인 것은 이류무이다.
사. 이류무는 풍향이 바뀌어 그것이 온난한 해면상으로 운반되면 소산된다.
아. 이류무는 한후기에 잘 발생하고 복사무는 난후기에 잘 발생한다.

54 복사무가 잘 형성되는 경우는?

가. 한랭전선이 통과한 뒤에
나. 바람이 어느 정도 강할 때
사. 야간에 구름이 많이 낄 때
아. 접지역전이 형성될 때

해설 복사무(Radiation)는 육상의 안개의 대부분으로 야간에 지표면의 강한 복사냉각이 원인으로 날씨가 청명하여 지표면이 야간 복사냉각이 심할 때 바람이 약하면 접지역전이 형성되기 쉬워 복사무가 발생하기 적합한 조건이 된다.

55 온난한 해면상에서 한랭한 해면상으로 이동하는 습윤한 공기에서 발생하는 안개에 해당하는 것은?

가. 증기무
나. 전선무
사. 복사무
아. 이류무

해설 이류 안개(이류무) = 해상안개
- 따뜻한 공기가 한냉한 표면상으로 이동해서 냉각되어 생긴 안개
- 해무가 이류무의 대표적인 안개이다.

Answer 52 아 53 아 54 아 55 아

단원별 3급 항해사

- 해무, 즉 바다안개는 바다의 난류 위에 있던 따뜻한 공기가 저위도에서 고위도로 이동하여 차가운 바다 위를 지날 때에 냉각되어 발생한다.
  ▶ 이류무의 특징
  ㉠ 온난한 표면상에서 한랭한 표면상으로 이동할 때 발생한다.
  ㉡ 바람이 약간 있을 때 유리하며 풍력 2~4일 때 발달한다.
  ㉢ 기온이 수온보다 약 1℃ 정도 높을 때 발생한다.
  ㉣ 주로 4월~10월 사이에 발생하며 최성기는 7월이다.

56 여름철 북태평양 대권 항해중 조우하는 안개의 특징이 아닌 것은?

가. 온난한 수면상에서 한랭한 수면상으로 습한 공기괴가 이류하기 때문
나. 수온과 공기와의 온도차가 클수록 안개의 지속성이 크다.
사. 풍력이 2~4일 때 잘 발달한다.
아. 지속성이 커서 10수일 걸쳐 소산하지 않는 경우도 있다.

해설 해상에서 생기는 이류무는 기온이 수온보다 약 1℃ 높을 때 가장 잘 발생한다.

57 일본 북해도 동쪽 해상에 발생하는 해무의 최성기는?

가. 3월 나. 5월
사. 7월 아. 10월

58 주위의 공기가 반시계방향으로 회전하고 하층에서는 공기가 수렴하는 현상을 무엇이라 하는가?

가. 중심 기압 나. 고기압
사. 저기압 아. 중심 시도

59 저기압의 일반적인 특징에 해당되지 않는 것은?

가. 바람은 저기압 주위를 반시계 방향으로 회전하며 수렴한다.
나. 중심으로 갈수록 주위보다 기압이 낮다.
사. 저기압끼리 서로 반발하는 경향이 있다.
아. 중심기압이 낮을수록 등압선은 거의 동심원을 이룬다.

Answer 56 나 57 사 58 사 59 사

60 Aleutian(알류산) 저압부에 관한 설명 중 틀린 것은?

가. 이 저압부는 대기의 순환으로 생기는 고위도 저압부이며, 겨울에는 대륙에 고기압이 생기므로 해양에만 남게 되어서 생긴다.
나. 저압인 구역이 수천 km에 이르는 광대한 지역이다.
사. 전반적인 저압부이므로 일반적인 저기압처럼 악천후가 아니고 개이거나 구름이 끼는 천기이다.
아. 풍력은 중심이 강하고 바깥으로 갈수록 약하게 된다.

해설 풍속은 중심 부근이 약하고 오히려 중심에서 1,000km 정도 떨어진 바깥에 강풍대가 상당히 넓은 폭을 가지고 존재한다.

61 전선저기압의 발생지역은 일반적으로 어디인가?

가. 저위도 지방
나. 온대 및 한대 지방
사. 열대 해상
아. 대륙

62 북반구에서 태풍의 전향과 가장 관계가 깊은 것은?

가. 북태평양 고기압
나. 계절풍 저기압
사. 이동성 고기압
아. 온대 저기압과 한대전선대

63 열대 지기압의 강도를 나타내는 기준은?

가. 폭풍권의 높이
나. 폭풍권의 반경
사. 최대 풍속
아. 이동 속도

64 저기압이 기온보다 수온이 높은 해상을 진행하면 일반적으로 어떻게 되는가?

가. 정체한다.
나. 쇠약한다.
사. 발달한다.
아. 가속된다.

Answer 60 아 61 나 62 가 63 사 64 사

65 우리나라 부근에서 이동성 고·저기압의 이동속도는 대략 어느 정도인가?

가. 시속 약 20km
나. 시속 약 40km
사. 시속 약 80km
아. 시속 약 100km

66 다음 중 대기활동의 중심(작용의 중심)이 되는 것은?

가. 이동성 고기압
나. 지형성 고기압
사. 아열대 고기압
아. 열대 저기압

해설 아열대 고기압은 온난 고기압으로 그 중심은 북태평양의 동부에 있고 ▶ 여름의 북태평양 고기압과 겨울철의 시베리아 고기압은 대기활동의 중심이다.

67 중위도 지방에서 고·저기압이 동진하는 원인과 가장 관계있는 것은?

가. 중위도 편서풍
나. 계절풍
사. 한대 편동풍
아. 지구의 자전

68 겨울에 고·저기압의 이동이 빠른 원인은?

가. 중위도 편서풍의 발달
나. 아열대 고압대의 발달
사. 한대 전선대의 발달
아. 한대 기단의 남하

69 온대성 저기압이 겨울과 가을에 발달하는 이유는?

가. 이동이 빠르므로
나. 고기압이 쇠약하므로
사. 계절풍이 강하므로
아. 기온보다 수온이 높으므로

70 성질이 다른 두 기단이 서로 만나는 경계면을 불연속면이라 하는데, 이 불연속면과 지표면이 만난 선을 무엇이라 하는가?

가. 지평선
나. 수평선
사. 전선
아. 기단선

Answer 65 나 66 사 67 가 68 가 69 아 70 사

71 한기가 우세하여 난기 밑을 파고 들면서 진행하는 전선은?

가. 한랭전선
나. 온난전선
사. 정체전선
아. 폐색전선

해설 전선의 종류
① 온난전선
- 따뜻한 공기의 이동속도가 찬 공기의 이동속도보다 빨라서 따뜻한 공기가 찬 공기 위를 타고 오를 때 나타나는 전선
- 온난전선이 통과하면 기온이 상승하고 변화하여 구름도 적어지면서 날씨가 좋아진다.

② 한랭전선
- 찬 공기의 이동속도가 따뜻한 공기의 이동속도보다 빨라서 찬 공기가 밑으로 파고 들어가서 따뜻한 공기를 상승시켜서 만든 전선
- 한랭전선이 통과하면 날씨가 급하게 변하며, 돌풍을 동반한다.

③ 폐색전선
- 한랭전선의 진행 속도가 온난전선보다 빨라서 두 전선이 겹치게 될 때 나타난다.
- 구름이 생기고 많은 비를 내리게 한다.

④ 정체전선
- 두 기단의 세력이 비슷하여 거의 이동하지 않고 정체한 경우 발생하는 전선
- 장마전선 – 오호츠크해 기단 + 북태평양 기단

72 전선(Front)에 대한 설명이다. 틀린 것은?

가. 온난전선은 일반적으로 약하고 연속적인 강수가 내린다.
나. 한랭전선이 통과하면 소낙비가 내린다.
사. 정체전선의 구조와 날씨 특성은 한랭전선과 비슷하다.
아. 폐색전선의 초기에는 강수 및 폭풍우의 범위가 넓고 강하다.

해설 정체전선의 구조와 구름과 강수 등의 천기현상은 온난전선과 비슷하다.

73 다음 중 온난전선을 설명한 것과 관계가 먼 것은?

가. 구름과 강우역의 범위가 넓다.
나. 전선무를 동반할 때가 있다.
사. 이동이 빠르고 뇌우를 빈번히 동반한다.
아. 전선이 통과하면 바람은 약해진다.

Answer 71 가 72 사 73 사

단원별 3급 항해사

해설 온난전선의 특징
① 전선면의 경사는 1/50 ~ 1/200이다.
② 전선의 정방에는 강한 남동풍이 불고, 통과 후에는 남~남서풍으로 변하여 바람이 약해진다.
③ 기압은 전선의 통과 전에는 내려가고, 통과 후에는 거의 일정하다.
④ 전선이 통과하면 기온과 노점온도는 어느 정도 올라가지만 그 후에는 거의 일정하다.
⑤ 전선이 통과하면 습도가 높아진다.
⑥ 전선 통과 후에는 잠시 맑을 때가 있다.
⑦ 전선 앞쪽 1,000km 정도의 지점에 권운이나 권층운이 퍼져 나오며, 전선이 접근함에 따라 점차로 두께가 증가되고, 높이는 낮아져 고층운, 난층운으로 변한다.
⑧ 전선의 전방 300km 정도의 지역으로부터 연속적인 약한 강수가 시작된다.
⑨ 전선의 전방에는 가끔 안개(전선무)가 발생한다.

74 다음 중 온난전선을 바르게 설명한 것은?

가. 안개를 동반하지 않는다.
나. 전선통과 후 기온이 완만히 하강한다.
사. 전선통과 후 노점온도와 기압이 급상승한다.
아. 구름과 강수역이 넓다.

해설 가. 전선의 전방에는 가끔 안개가 발생한다(전선무).
나. 전선이 통과하면 기온과 노점온도는 어느 정도 올라가지만 그 후에는 거의 일정하다.

75 한랭전선이 통과할 때 나타나는 현상이 아닌 것은?

가. 바람이 남서풍에서 남동풍으로 반전한다.
나. 통과 후에 기압이 급상승한다.
사. 통과 후에 기온과 노점온도가 급하강한다.
아. 흔히 돌풍을 동반하고 강수는 소나기성이다.

해설 가. 바람은 남~남서에서 북서풍으로 급변
한랭전선의 일반적인 특징
① 전선의 경사는 온난전선의 경사보다 크다.
② 기압은 전선의 앞쪽에서는 하강하고 통과 후에는 급상승한다.
③ 기온과 노점온도는 전선의 통과와 함께 급하강한다.
④ 시정은 전선이 통과하면 좋아진다.
⑤ 구름은 적운, 적란운으로 강수는 소나기성 강수이다.

Answer 74 아 75 가

한랭전선과 온난전선의 차이점

	한랭전선	온난전선
전선면의 경사	• 급하다((약 1/100)	• 완만하다(약 1/150)
바람	• 전선통과시 풍속이 가장 강하고 때때로 돌풍을 동반하며, 풍향은 남~남서풍으로 변하며(북반구), 통과후에는 남서풍에서 북서풍으로 변한다.	• 전선의 전방에서는 풍향이 남동풍이고(북반구) 전선이 접근하면 풍속이 강해진다. 전선이 통과하면 풍향은 남으로 순전하고 풍속은 약해진다.
기압	• 전방에서는 하강하고 ▶ 통과 후에는 급상승	• 전방에서는 하강하나 ▶ 통과 후는 거의 일정 또는 상승
기온	• 전선통과와 함께 ▶ 급하강	• 통과 후 약간 상승
시정	• 전선통과 후 좋아진다.	• 난역내에서는 일반적으로 양호하다.
구름과 강수	• 구름은 통상 적운이나 적난운이고 강수는 소낙성이며 뇌우를 동반 • 범위가 좁다.	• 구름은 권운, 권층운에서 점차로 고층운, 난층운으로 바뀐다. • 광범한 연속적인 약한 강수(보슬비) • 전선전방의 한기역에 전선무를 빈번히 발생시킨다.

76 한랭전선이 온난전선을 추월하여 난기를 상층으로 밀어 올리고 한기 간에 형성된 전선은?

가. 한랭전선 나. 온난전선
사. 정체전선 아. 폐색전선

77 폐색전선이 형성되는 원인은?

가. 한랭전선이 나쁜 기상을 동반하기 때문이다.
나. 한랭전선이 온난전선보다 이동이 빠르기 때문이다.
사. 저기압이 급속히 발달하기 때문이다.
아. 저기압이 남하하면서 이동이 느려지기 때문이다.

78 상공의 전선(Upper-air front)을 동반하는 지상의 전선은?

가. 한랭전선 나. 온난전선
사. 정체전선 아. 폐색전선

 76 아 77 나 78 아

79 한기 난기 양기단의 세력에 우열이 없는 경우로 제자리에 머물거나 이동이 극히 느린 전선은?

가. 한랭전선
나. 온난전선
사. 정체전선
아. 폐색전선

80 Buys-Ballot의 법칙이 가장 잘 적용되는 곳은?

가. 고기압권내
나. 온대 저기압의 전선 부근
사. 태풍권내
아. 아열대 고압대

해설 Buys-Ballot의 법칙으로 저기압의 중심위치를 알 수 있다.
바이스 밸럿의 법칙(Buys Ballot's law)
① 기압배치와 바람의 방향을 결정하는 법칙
  ▶ 저기압과 고기압의 중심을 알아내는데 유효하다.
② 북반구에서 관측자가 바람을 등지고 설 때, 왼팔 앞쪽에 저기압이, 오른팔 뒤쪽에 고기압이 위치하며, 남반구에서는 이와 반대로 된다는 법칙이다.
  ▶ 북반구에서 바람을 등지고 설 때, 왼쪽은 오른쪽보다 기압이 낮고, 남반구에서는 이와 반대가 된다고 한다. 이것을 북반구에서의 바람은 저기압 주위를 반시계방향으로 돌고, 고기압 주위를 시계방향으로 돈다고 표현하기도 한다.
③ 적도지방에서는 지구자전으로 인한 코리올리스 효과가 작기 때문에 이 법칙은 적용되지 않는다.
④ 원형의 등압선을 이루는 저기압 역내에서 가장 유효하게 적용된다.
⑤ 해상에서 저기압의 중심위치를 판단하는데 유효하다.
  • 북반구에서는 바람을 등지고 왼손 전방 20~30° ▶ 저기압의 중심
    북반구에서는 바람을 받으며 오른손 후방 20~30°
  • 남반구에서는 바람을 등지고 오른손 전방 20~30°
    남반구에서는 바람을 받으며 왼손 후방 20~30°

81 저기압 역내에서 관측자가 바람을 등으로 받고 양팔을 수평으로 올렸을 때 남반구인 경우에는 어느 방향에 저기압의 중심이 있겠는가? (단, 저기압의 등압선은 원형이다.)

가. 왼팔의 약간 전방(20~30도)
나. 왼팔의 약간 후방(20~30도)
사. 오른팔의 약간 전방(20~30도)
아. 오른팔의 약간 후방(20~30도)

Answer 79 사 80 사 81 사

82 다음 중 태풍의 에너지원은 무엇인가?

가. 바람
나. 기압
사. 기온
아. 수증기 응결의 잠열

83 다음 중 태풍 발생의 전조에 해당하지 않는 것은?

가. 열대해역에서 바람이 강해지고 기압이 계속 하강할 때
나. 열대해역에서 편서풍이 불 때
사. 열대해역에서 해륙풍이 현저하게 발달할 때
아. 열대해역에서 소낙비가 빈번하고 확대될 때

해설 열대해역에서 해륙풍이 소멸하면 태풍이 발생하거나 접근하고 있는 징조이다.

84 다음 중 태풍 발생의 전조에 해당하지 않는 것은?

가. 해륙풍이 현저히 발달하는 곳에서 해륙풍이 소멸할 때
나. 열대해역에서 기압의 일변화가 무너지고 기압이 계속 하강할 때
사. 열대해상에서 무역풍이 현저히 발달할 때
아. 열대해역에서 소낙성 강수가 빈번해지고 구역이 확대될 때

해설 열대해상에서는 무역풍이 우세하여 편동풍이 불지만 이것이 바뀌어 편서풍이 불거나 또 해륙풍이 현저히 발달한 곳에서 해륙풍이 소멸하면 태풍이 발생하거나 접근하고 있는 징조이다.

85 태풍의 쇠약에 관한 설명으로 옳지 않은 것은?

가. 태풍은 따뜻한 해역을 진행하면 쇠약한다.
나. 태풍은 육상으로 상륙하면 쇠약한다.
사. 태풍은 건조한 공기가 유입되면 쇠약한다.
아. 태풍은 고위도 지방으로 이동해 가면 쇠약한다.

Answer 82 아 83 사 84 사 85 가

86 정상 진로를 진행하는 태풍의 전향과 가장 밀접한 관련이 있는 것은?

가. 아열대 고압대의 기압마루
나. 한대 전선대
사. 하계 계절풍
아. 저기압과 기압골

87 태풍 중심과 본선의 위치 관계에 대한 아래 설명 중 틀린 것은?

가. 풍향이 NE-N-NW-W 순으로 변하면 본선은 가항반원에 위치한다.
나. 기압이 최저이고 풍속이 최대에 달할 때 본선은 태풍중심의 전방에 위치한다.
사. 풍향이 NE-E-SE-S 순으로 변하면 본선은 위험반원에 위치한다.
아. 풍향이 변하지 않고 기압이 점점 하강하면 본선은 태풍의 진로상에 위치한다.

> **해설** 기압이 최저이고 풍속이 최대에 달할 때는 본선은 태풍의 정횡방향에 위치한다.
>
> **태풍의 중심과 선박의 위치 관계**
> ① 풍향이 북동 ➡ 동 ➡ 남동 ➡ 남으로 순전(시계방향)하면 본선은 태풍 진로의 우측 위험반원에 위치하고 있다.
> ② 풍향이 북동 ➡ 북 ➡ 북서 ➡ 서로 반전(반시계방향)하면 본선은 태풍 진로의 좌측 가항반원에 위치하고 있다.
> ③ 풍향이 변하지 않고 폭풍우가 강해지고 기압이 점점 내려가면 본선은 태풍의 진로상에 위치하고 있다.

88 북반구 태풍권 내에서 풍향이 순전(NE → E → SE → S)하고, 기압이 계속 하강하며 풍력이 강해지면 본선은 태풍의 어느 위치에 있는가?

가. 좌반원 전상한
나. 우반원 후상한
사. 좌반원 후상한
아. 우반원 전상한

89 다음 중 태풍 피항에 이용되는 방법이 아닌 것은?

가. R.R.R. 법칙
나. L.L.S. 법칙
사. Scudding 조선법
아. Scharnow's turn 조선법

> **해설** Scharnow's turn 조선법은 사람이 물에 빠졌을 때 구조하는 조선법이다.

Answer 86 가 87 나 88 아 89 아

90 남반구에서 항해중 배가 열대 저기압내의 위험반원에 있다. Heave to 조선법으로 맞는 것은?

가. 바람을 우현선수로 받으면서 피항한다.
나. 바람을 좌현선수로 받으면서 피항한다.
사. 바람을 좌현선미로 받으면서 피항한다.
아. 바람을 우현선미로 받으면서 피항한다.

해설
- 남반구에서는 좌현선수에 바람을 받으면서 피항한다.
- 북반구에서는 우현선수에 바람을 받으면서 피항한다.

태풍과 항해

	좌반원	우반원
북반구	가항반원 - 풍향 좌전변화 우현선미에서 파를 받으며 항해	위험반원 - 풍향 우전변화 우현선수에서 파를 받으며 항해
남반구	위험반원 - 풍향 좌전변화 좌현선수에서 파를 받으며 항해	가항반원 - 풍향 우전변화 좌현선미에서 파를 받으며 항해

91 태풍 진행속도의 예상에 관한 설명 중 맞지 않는 것은?

가. 태풍이 중위도 부근에서 전향하면 가속된다.
나. 전향할 때는 진행속도가 대단히 빠르다.
사. 상륙하면 이동이 느리고 급속히 쇠퇴한다.
아. 저기압, 전선 등을 향하여 이동할 때는 빨라진다.

해설 선향점에서는 속도가 느려지고, 전향 후에는 속도가 빨라진다.

92 태풍의 크기를 나타내는데 관계가 적은 것은?

가. 최대 풍속
나. 폭풍권의 반경
사. 태풍의 중심 기압
아. 태풍눈의 크기와 모양

Answer 90 나 91 나 92 아

93. 선박 등에 통보하는 해상경보에 있어 앞으로 24시간 내에 최대 풍속이 풍력계급 10 이상으로 예상될 경우에 발하는 경보의 종류는?

가. Warning
나. Gale warning
사. Storm warning
아. Typhoon warning

해설 Warning(일반경보)
24시간 내에 최대 풍속이 보퍼트 풍력 계급으로 7 이하이지만 특히 주의해야 하는 경우 또는 안개에 대해서 경고를 필요로 하는 경우
Gale Warning(강풍경보)
24시간 내에 최대 풍속이 보퍼트 풍력 계급으로 8~9 사이에 달할 것으로 예상되는 경우
Storm Warning(폭풍경보)
24시간 내에 최대 풍속이 보퍼트 풍력 계급으로 10~11 사이에 달할 것으로 예상되는 경우
Typhoon Warning(태풍경보)
열대성 저기압에 의하여 최대 풍속이 보퍼트 풍력 계급으로 12 이상으로 예상되는 경우

94. 태풍이나 저기압이 상륙하면 급속히 약화되는 이유는 무엇인가?

가. 진행이 느려지기 때문이다.
나. 수증기의 공급이 중단되기 때문이다.
사. 대기가 불안정해지기 때문이다.
아. 대기가 냉각되기 때문이다.

해설 태풍의 에너지원은 수증기의 잠열이다. 그러므로 수증기의 공급을 끊어버리거나 지표온도를 하강시키면 태풍의 강도는 약화된다. 즉 태풍이 상륙하면 수증기의 공급이 중단되기 때문에 약화된다.

95. 태풍권에 관해 설명한 것이다. 잘못된 것은?

가. 중심에서 약 50km 이내에는 삼각파가 심하다.
나. 우반원 후반부에 최강풍대가 있다.
사. 가항반원에서 풍향은 반전한다.
아. 풍향이 변하지 않고 폭풍우가 점점 강해지며 기압이 점점 하강하면 본선은 태풍의 진로상에 있다.

해설 나. 최강풍대는 우반원의 전반부에 있다.

Answer 93 사 94 나 95 나

96 부산항에서 태풍으로 인한 폭풍우 고조(해일)가 일어날 수 있는 경우는 태풍의 중심이 부산항의 어느 쪽을 진행해야 되는가?

가. 부산항 동쪽을 북상
나. 부산항 서쪽을 북상
사. 부산항 남쪽을 동향 진행
아. 부산항 남쪽을 서향 진행

97 기압경도가 완만하여 바람이 약하고 풍향이 잘 변하며, 전선 발생이 용이하고 저기압의 통로가 되기도 쉬운 것은?

가. 안장부
나. 부저기압
사. 대상고압대
아. 기압마루

해설 안장부 : 2개의 고기압과 저기압 사이의 기압배치

98 지형에 있어서의 고개에 해당하는 등압선 형식은?

가. 기압골
나. 부저기압
사. 안장부
아. 대상고압대

99 지상의 전선은 상공으로 갈수록 약화되어 마침내는 무엇으로 나타나는가?

가. 기압골
나. 저기압
사. 안장부
아. 기압마루

해설
- 기압골 : 저기압 중심으로부터 두 고기압 사이로 가늘고 길게 뻗은 저압부
- 기압마루 : 고기압에서 두 저기압 사이로 길게 뻗친 고압부로 기압골의 반대이다.
- 안장부 : 2개의 고기압과 저기압 사이의 기압배치

100 다음의 등압선 형식 중에서 가장 좋은 날씨를 동반하는 것은?

가. 부지기압
나. 기압골
사. 안장부
아. 기압마루

Answer 96 나 97 가 98 사 99 가 100 아

단원별 3급 항해사

101 대류권 중층에 해당하는 고도이며 광범위한 대기의 운동을 파악하는데 많이 이용되는 천기도는?

가. 850hPa 등압선도
나. 700hPa 등압선도
사. 500hPa 등압선도
아. 300hPa 등압선도

102 태풍의 진로 예상에 가장 유효하게 이용되는 상층 천기도는?

가. 300hPa 천기도
나. 500hPa 천기도
사. 700hPa 천기도
아. 850hPa 천기도

103 고층일기도(상층천기도)를 분석하여야 할 필요성이 될 수 없는 것은?

가. 기압계의 수직 구조의 파악
나. 상층의 바람 분석
사. 고·저기압의 이동과 성쇠의 판단
아. 전선 종류의 판별

104 천기도 분석을 위하여 기입되어야 할 최소한의 요소는?

가. 기압, 기온, 풍향풍속, 운량, 현재 천기
나. 기압, 기온, 풍향풍속, 시정, 하늘 상태
사. 기압, 기온, 노점온도, 시정, 기압 변화량
아. 기압, 기온, 노점온도, 풍향풍속, 하늘 상태

105 등압선을 분석할 때 가장 참고가 되는 것은?

가. 기온
나. 바람
사. 하늘 상태
아. 시정과 습도

Answer 101 사 102 나 103 아 104 가 105 나

106 천기도상에 기입되는 기압 변화량은 이전 몇 시간 동안의 것인가?
   가. 전 1시간
   나. 전 3시간
   사. 전 6시간
   아. 전 12시간

   해설 관측이나 통보에는 관측시간 전 3시간 내의 변화를 대상으로 하고 변화의 모양을 9종류로 분류하며 지상천기도상의 기호로 기입한다.

107 지상 일기도에 기입되지 않는 것은?
   가. 하늘 상태
   나. 상대습도
   사. 노점온도
   아. 수평 시정

108 지상 일기도의 날씨 기호 중에서 "눈"을 표시하는 기호는?
   가. ◎
   나. ●
   사. ✳
   아. ⊙

109 날씨에 대한 정확한 예보는 다음 어느 것에 대한 상세한 지식이 있어야 하는가?
   가. 기단의 성질과 이동
   나. 태양 흑점 출현 여부
   사. 자계의 세기와 변화
   아. 대기의 조성

110 다음 설명 중 옳지 않은 것은?
   가. 천기도에 기입되는 기압변화 경향은 전 3시간 동안의 기압 변화량과 변화의 모양이다.
   나. 기압변화의 모양을 99종류로 분류하며 지상천기도상에 숫자로 기입된다.
   사. 전 3시간 동안의 기압경향은 특히 전선의 해석에 유용하다.
   아. 예상천기도의 작성에는 전 12시간 또는 전 24시간의 기압 등 변화서를 분석하여 이용한다.

Answer 106 나 107 나 108 사 109 가 110 나

제06장 선박의 동력장치

01 4행정 디젤기관의 작동행정을 순서대로 열거한 것은?

　가. 흡입 → 압축 → 팽창 → 배기
　나. 압축 → 흡입 → 배기 → 팽창
　사. 팽창 → 배기 → 압축 → 흡입
　아. 배기 → 팽창 → 흡입 → 압축

02 4행정 사이클 디젤기관이 2행정 사이클 디젤기관에 비해 우수한 점이 아닌 것은?

　가. 열효율이 높고 연료소비량이 적다.
　나. 용적효율이 높고 환기작용이 완전하다.
　사. 냉각이 잘되어 기관의 수명이 길다.
　아. 동일한 출력의 2행정 사이클 디젤기관보다 무게가 작다.

> **해설** 2사이클 행정이 4사이클 행정보다 무게가 작다.
> **4사이클 기관과 2사이클 기관**
> ① **4사이클 기관**
> • 1사이클이 흡기, 압축, 연소, 배기의 4작용으로 크랭크축 2회전과 캠축 1회전으로 완결하는 것
> • 중·소형선에서 중속 디젤 사용
> • 연소 효율이 높아 연료소비량이 적다.
> ② **2사이클 기관**
> • 1사이클이 흡기와 압축, 연소와 배기가 동시에 일어남으로써 크랭크축 1회전과 캠축 1회전으로 완결되는 것
> • 구조가 간단하여 고장이 적다.
> • 대형선에서 저속 디젤 사용

03 가스압축식 냉동기에서 냉동효과를 얻기 위해 이용하는 열은?

　가. 흡수열
　나. 압축열
　사. 융해열
　아. 기화열

Answer　01 가　02 아　03 아

04 기관 소요마력은 속력의 몇 승에 비례하는가?

　가. 3승　　　　　　　　나. 2승
　사. 1승　　　　　　　　아. 4승

　해설　배수량이 일정할 때 기관 소요마력은 속력의 3승에 비례한다.
　▶ 연료소비량은 속력의 3승에 비례

05 내연기관에서 흡배기 밸브, 연료밸브, 시동밸브 등의 개폐 시기를 조절하는 역할을 하는 것은?

　가. 캠　　　　　　　　나. 피스톤
　사. 실린더　　　　　　아. 크랭크

06 내연기관이 외연기관에 비해 좋은 점이 아닌 것은?

　가. 열효율이 높고 연료소비율이 적다.
　나. 기관 전체의 중량과 부피가 작다.
　사. 기관의 시동, 정지와 속도 조정이 쉽다.
　아. 진동과 소음이 적으며 마찰이 적다.

　해설　내연기관은 진동과 소음이 크다.
　내연기관의 장점
　㉠ 소형이고 운반이 편리하다.
　㉡ 기관이 중량과 체적이 작다.
　㉢ 열효율이 높고 연료소비율이 직다.
　㉣ 기관의 시동 준비가 간단하다.
　내연기관의 단점
　㉠ 연료에 큰 제한이 있다.
　㉡ 기관의 진동과 소음이 크다.
　㉢ 자력으로 운전할 수 없으며 처속운전이 곤란하다

Answer　04 가　05 가　06 아

제6장 선박의 동력장치

07 내연기관에서 커넥팅 로드(Connecting rod)가 하는 일은?

가. 실린더 내에서 가스의 압력으로 고속으로 왕복운동을 하는 것
나. 피스톤의 왕복운동을 회전운동으로 바꾸어 주는 것
사. 피스톤의 고속 운동에 마멸되지 않도록 피스톤을 안내하는 부분
아. 피스톤의 왕복운동을 크랭크축에 전달하는 것

08 냉동장치에서 고온 고압의 냉매가스를 냉각, 액화시키는 부분은 다음 중 어느 것인가?

가. 응축기
나. 압축기
사. 증발기
아. 팽창밸브

해설
- 응축기 : 압축기에서 보내온 고온·고압의 냉매를 응축 액화시키는 장치(콘덴서)
- 압축기 : 기체를 압축시켜 압력을 높이는 장치(컴프레서)
- 증발기 : 액체가 증발하여 기체가 될 때 주변의 열을 흡수하여 온도를 낮추는 장치
- 팽창밸브 : 압축된 기체의 압력을 줄이고 팽창시켜서 온도를 낮추어 주기 위한 장치

09 다음 중 디젤 엔진의 장점을 바르게 설명한 것은?

가. 열효율이 좋고 경제적이다.
나. 점화장치가 필요하다.
사. 진동이 적다.
아. 소음이 적다.

해설 디젤기관의 장점
㉠ 큰 출력의 기관을 만들 수 있다.
㉡ 사용 연료의 범위가 넓고 값이 싼 연료를 사용할 수 있다.
㉢ 열효율이 높고 연료소비율을 적게 할 수 있으므로 대형 선박의 기관으로 적당하다.
㉣ 화재에 대하여 대체로 안전하다.
㉤ 전기 점화장치가 필요 없으므로 신뢰성이 크고 내구성도 좋다.

디젤기관의 단점
㉠ 실린더 용적이 커야 하며 압축비가 높기 때문에 폭발 압력이 높아 실린더의 강도를 높여야 한다.
㉡ 압축비가 높기 때문에 시동하기 어려워 보조장치가 필요하다.
㉢ 소리가 크며, 진동이 심하다.
㉣ 연소에 시간을 필요로 하므로 소형, 고속회전 기관에는 적당하지 않다.

Answer 07 아 08 가 09 가

10 대기압 이상으로 예압한 공기를 기관의 실린더로 공급하는 것을 과급(Turbocharging)이라 한다. 무과급 기관에 대한 과급 기관의 장점이 아닌 것은?
   가. 연료소비율이 좋다.
   나. 열 효율이 좋아진다.
   사. 단위 출력당 기관의 무게가 증가한다.
   아. 불완전 연소에 따르는 여러 장해를 피할 수 있다.
   해설 과급기를 설치하면 기관중량이 10~15% 정도 증가하므로 단점에 속한다.

11 디젤기관의 고장 대책 중 배기색이 청색을 띠는 경우는?
   가. 윤활유가 연소하기 때문이다.
   나. 연료 분사량이 너무 많기 때문이다.
   사. 연료유에 물이 혼입되었기 때문이다.
   아. 실린더 내로 냉각수가 누설되기 때문이다.
   해설 디젤기관의 배기 상태에 따른 기관의 이상 유무
   ㉠ 배기색이 무색 또는 남색일 때 ▶ 정상
   ㉡ 배기색이 흑색일 때 ▶ 과부하, 불완전 연소, 실린더 과열, 소음기 오손
   ㉢ 배기색이 백색일 때 ▶ 실린더 냉각수 누설, 연료 중 수분의 함유, 한 곳의 실린더가 폭발하지 않음
   ㉣ 배기색이 청색일 때 ▶ 윤활유와 연료유가 함께 연소

12 보일러의 압력이 규정 압력보다 상승할 때 자동적으로 증기를 분출시키는 밸브는?
   가. 안전 밸브(Safety valve)   나. 역지 밸브(Check valve)
   사. 수트 블로워(Soot blower)   아. 정지 밸브(Stop valve)

13 선내에 고인 오수 등 여러 오염된 물을 선외로 배출하는데 사용하는 펌프는 어느 것인가?
   가. Sanitary pump   나. Sea water pump
   사. Bilge pump   아. Feed water pump

Answer 10 사 11 가 12 가 13 사

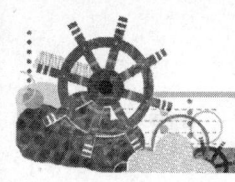

14 선박 주기관용 디젤기관의 시동 점화방법으로 주로 사용되는 것은?

가. 압축점화 나. 전기점화
사. 소구점화 아. 가스점화

해설 불꽃점화기관 : 전기 불꽃 점화 장치에 의하여 연료에 점화하는 형식의 기관
▶ 가솔린 기관, 가스 기관
압축점화기관 : 실린더 내에 압축된 공기의 열을 이용하여 연료에 점화하는 형식의 기관
▶ 디젤 기관
소구기관 : 시동 시에 소구라는 연소실의 일부를 적열상태로 만들어 여기에 연료를 분사시켜 점화하므로 소구기관이라 하며 시동 시에는 외부 점화이지만 정상 운전시에는 압축점화가 이루어지므로 세미디젤기관(semi-diesel engine)이라 한다.

15 양묘기의 능력은 2개의 닻과 6절의 닻줄 중량을 수심 50m 깊이에서 1절을 감는데 몇 분이 걸리도록 보통 설계되는가?

가. 1분 나. 3분
사. 5분 아. 10분

16 연료유에 점화한 후 계속적으로 연소하게끔 충분한 가연성 증기를 발생시킬 수 있는 온도를 무엇이라 하는가?

가. 응고점 나. 인화점
사. 연소점 아. 유동점

해설
- 발화점 : 점화원(불씨, 스파크 등등 …)이 없어도 스스로 연소를 시작하는 최저온도
- 인화점 : 점화원이 있는 상태에서 불이 붙는 온도
- 연소점 : 점화원을 제거하여도 지속적으로 발화되는 온도
  한 번 발화된 후 연소를 지속시킬 수 있는 충분한 증기를 발생시킬 수 있는 최소온도
▶ 발화점 > 연소점 > 인화점 순으로 온도가 높다.

17 유압식 조타장치의 이점에 해당되지 않는 것은?

가. 작동중 소음이 별로 발생하지 않는다.
나. 파랑이나 하역에 의한 충격에 강하다.
사. 설치 장소를 작게 차지한다.
아. 사용액은 청수만을 이용하므로 충액이 용이하다.

해설 사용액은 청수와 글리세린을 혼합한 액을 사용한다.

Answer 14 가 15 나 16 사 17 아

18. 유압장치의 기초가 되는 이론은?
    가. 케플러(Kepler)의 법칙
    나. 파스칼(Pascal)의 원리
    사. 보일(Boyle)·샤를(Charle)의 원리
    아. 그레이엄(Graham) 법칙

    해설 **파스칼의 원리**
    밀폐된 유체(액체 기체)의 일부에 압력을 가하면 그 압력이 유체 내의 모든 곳에 같은 크기로 전달되는 원리

19. 유청정기(Oil purifier)는 다음 중 어느 원리를 이용하는가?
    가. 원심력
    나. 침전법
    사. 여과법
    아. 자기분리법

20. 조타기의 구성요소 중 선교의 조타륜으로부터 동력장치를 제어하는 부분까지의 장치는?
    가. 조타기계(원동기)
    나. 전달장치(타장치)
    사. 조종장치(관제장치)
    아. 추종장치

    해설 **조타장치**
    키를 회전시키고 또 타각을 유지하는데 필요한 장치로 인력조타장치와 동력조타장치가 있다.
    ① 인력조타장치
    ② 동력조타장치
      ㉠ 조종장치(Controlling gear)
        선교의 조타륜(Wheel)의 회전운동으로 지시되는 타각을 조타기에 전달하는 장치
        ⓐ 수동 조종장치
        ⓑ 수압(유압) 조종장치(Telemotor)
          ▶ 액제의 유동성과 비압축성을 이용한 것으로 대부분 선박에서 채용
        ⓒ 전기 조종장치(Electric controlling Gear)
      ㉡ 조타기(Steering engine)
        • 직접 Rudder head에 회전력을 주는 원동기
        • 증기조타기, 유압식조타기, 전동조타기 등이 있음.
        • 조타기는 추종장치(Hunting Gear)를 가지고 있으며 이것은 타륜이 회전하면 조타기도 회전하고 타륜이 정지하면 추종장치에 의하여 조타기도 정지하므로 타륜, 조타기 및 키(Rudder)의 3자의 운동이 일체로 되어 작동한다.
      ㉢ 전도장치(Rudder gear) = 전달장치
        조타기의 운동을 Rudder head에 전달하는 장치
      ㉣ 부속장치
        타각제한장치, 타각제시장치

Answer 18 나 19 가 20 사

21 조타기의 구성요소 중 타가 소요각도까지 돌아갔을 때 타를 움직이는 기계를 정지시키고 타를 그 위치에 고정시키는 장치는?

가. 조타기계(원동기)
나. 전달장치(타장치)
사. 조종장치(관제장치)
아. 추종장치

22 주기관이 자동 정지(Shut down)되는 경우가 아닌 것은?

가. 과속도
나. 연료 분사 압력의 과도 상승
사. 메인 샤프트 베어링 윤활유 압력의 과도 저하
아. 실린더 냉각수 온도의 과도 상승

23 탱커의 카고 오일 펌프 등 큰 용량이 필요한 곳에 주로 이용되는 펌프는 어느 것인가?

가. 원심펌프
나. 왕복펌프
사. 기어펌프
아. 제트펌프

해설 펌프의 종류
① **원심펌프(Centrifugal pump)**
  • 액체 속에 임펠러를 고속으로 회전시켜 그 원심력으로 액체를 분출시키는 펌프로 사용범위가 넓어서 펌프의 대부분을 차지하나, 시동시에는 펌프에 물을 채워야 한다.
  • 밸러스트 펌프, 잡용펌프, 소화펌프, 위생펌프, 청수펌프, 해수펌프 등에 사용한다.
② **회전펌프**
  • 1개 또는 2개의 회전자가 케이싱 내에서 회전하면서 액체를 보내는 펌프로 중질 유류와 같은 점도가 높은 액체를 이송하는데 적합하여 연료유 펌프, 윤활유 펌프, 유압유 펌프 등에 사용한다.
  • 기어펌프, 스크루(나사)펌프 등이 있다.
③ **왕복펌프**
  • 피스톤 왕복운동에 의해 액체에 직접 압력을 주어 피스톤의 용적만큼의 액체를 보내는 펌프
  • 피스톤 펌프, 플런저 펌프, 버킷 펌프로 나뉘며, 가격이 싸고 흡입 성능이 양호하며 적은 용량에 적합하여, 급수펌프, 빌지펌프 등에 사용되고 있다.
④ **분사펌프(Jet pump)**
  공기, 증기 또는 물을 노즐로 분사하여 그 주위에 진공을 만들어 액체를 흡입 또는 배출하는 펌프

Answer 21 아 22 나 23 가

24 대형 원유 운반선에서 화물유 펌프로 가장 많이 사용되는 것은?
   가. 왕복펌프   나. 제트펌프
   사. 원심펌프   아. 기어펌프

25 냉동장치에서 주위로부터 열을 흡수하는 부분은 다음 중 어느 것인가?
   가. 압축기   나. 응축기
   사. 팽창 밸브   아. 증발기

   해설 ▶ 증발기 : 냉동장치에서 주위로부터 열을 흡수하는 부분
   ▶ 응축기 : 냉동장치에서 고온 고압의 냉매가스를 냉각, 액화시키는 부분

26 다음 중 동력의 단위 W(Watt)의 의미는?
   가. J/s   나. N/s
   사. kgf·m/s   아. ps/s

   해설 전기량일 경우에는 1W의 전력을 1시간 동안 계속해서 사용했을 때의 전력량에 해당한다.
   ▶ 1W = 1J/s, 1h(시간) = 3,600s이므로 1Wh = 3,600J이다.

27 디젤기관에서 과급기(Turbo-charger)를 설치하는 이유에 해당하지 않는 것은?
   가. 기관의 진동을 감소시키기 위하여
   나. 급기의 밀도를 높이기 위하여
   사. 평균유효압력을 증대시키기 위하여
   아. 기관의 출력을 증대시키기 위하여

   해설 과급기
   실린더 내에 흡입되는 공기량을 증가시켜 기관의 출력을 높이는 일종의 송풍기기관으로 진동을 감소시키는 것은 아니다.

28 디젤기관의 구성요소 중 폭발행정시에 발생하는 큰 회전력을 축적하여 크랭크축의 회전을 균일하게 하는 것은?
   가. 플라이휠(Flywheel)   나. 크랭크 암(Crank arm)
   사. 터닝 기어(Turning gear)   아. 크로스헤드(Crosshead)

Answer 24 사 25 아 26 가 27 가 28 가

해설 **피스톤 로드(Piston rod)**
피스톤에 부착되어 있는 금속 막대로 피스톤의 운동을 실린더 밖으로 전달하는 역할을 한다.
플라이 휠(Flywheel)
부하의 변동에 의해 발생하는 회전변동을 조절하여 회전력을 균일하게 하는 역할을 하며, 저속회전을 가능하게 한다.
크랭크축(Crank shaft)
피스톤의 왕복운동을 회전운동으로 바꾸어 회전동력을 중간축으로 전달하는 역할을 한다.
캠축(Cam shaft)
캠에 부착된 회전축으로 캠은 실린더의 흡기·배기 밸브를 작동시키며, 캠이 회전함에 따라 밸브를 개폐할 수 있도록 한다.

29. 원심펌프의 운전시 흡입밸브를 사용하여 송출유량을 조절할 경우 나타날 수 있는 현상은?

가. 공동현상
나. 서징
사. 맥동현상
아. 수격작용

30. 펌프를 사용하여 실제로 흡입할 수 있는 최대 깊이는 약 몇 m정도인가?

가. 6~7m
나. 10~15m
사. 20~30m
아. 50~60m

31. 기관의 출력 1PS(마력)는 몇 kW인가?

가. 0.17kW
나. 0.735kW
사. 1.36kW
아. 75.0kW

해설 1PS(불 마력) = 75kgf·m/s = 0.735kW
1HP(영 마력) = 76kgf·m/s = 0.748kW

32. 주기관의 제어기능인 긴급후진(Crash astern) 기능에 관한 설명으로 옳지 않은 것은?

가. 기관의 역전 가능 회전수는 연속최대출력(MCR)의 15~22% 정도이다.
나. 전진 전속 항해중에 후진 전속 신호가 주어지면 기관의 연료를 차단한다.

Answer 29 가 30 가 31 나 32 아

사. 기관의 회전수가 역전 가능 회전수로 감소하면 시동공기가 투입되어 기관을 급속히 정지시킨다.
아. 후진 항해중에 긴급후진 신호가 주어지면 기관의 회전수를 급속히 증가시켜 후진을 신속하게 한다.

33 주기관의 원격제어가 가능한 자동화 선박에 있어서 주기관을 비상 정지시키기 위한 수동 비상정지 버튼이 설치되어 있지 않는 곳은?
　가. 선교　　　　　　　　　　　나. 기관 제어실
　사. 기관의 현장(기측)　　　　　아. 기관실 입구

34 조타기의 구성요소 중 타가 회전하는데 필요한 동력을 발생시키는 장치는?
　가. 조타기계(원동기)　　　　　나. 전달장치(타장치)
　사. 조종장치(관제장치)　　　　아. 추종장치

35 기관의 실린더 속에서 발생한 평균 유효압력을 기초로 하여 산출한 마력(horse power)에 해당되는 것은?
　가. 도시마력(I.H.P.)　　　　　나. 제동마력(B.H.P.)
　사. 축마력(S.H.P.)　　　　　　아. 전달마력(D.H.P.)

36 다음 중 내연기관이 아닌 것은?
　가. 디젤기관　　　　　　　　　나. 가솔린기관
　사. 가스 터빈　　　　　　　　　아. 증기 터빈

37 다음 중 해수로부터 순수한 청수를 만드는 장치는 어느 것인가?
　가. 조수기　　　　　　　　　　나. 버터워스 가열기
　사. 복수기　　　　　　　　　　아. 수액기

Answer   33 아   34 가   35 가   36 아   37 가

38 다음 중 선박의 조타장치의 구성 요소가 아닌 것은?
   가. 관제장치   나. 추구장치
   사. 원동기   아. 증류장치

39 증기 터빈 선박과 디젤 선박을 비교할 때 다음 중 디젤선박의 장점이 아닌 것은?
   가. 연료소비량이 적다.
   나. 선박의 속력을 임의 또는 신속히 변경할 수 있다.
   사. 소수 인원으로도 운전 가능하므로 인건비를 절약할 수 있다.
   아. 장시간 미속 운전이 가능하다.

40 선박 보조기계의 구동장치로 현재 가장 널리 사용되고 있는 것은?
   가. 교류전동기   나. 디젤기관
   사. 증기기관   아. 주기관과 연동방식

41 이론상 펌프의 흡입측 압력이 진공일 때 약 10m까지 흡입할 수 있으나 실제로는 6~7m에 불과하다. 그 이유가 아닌 것은?
   가. 펌프의 기밀이 완전하지 않으므로
   나. 물에는 약간의 공기가 함유되어 있으므로
   사. 흡입관, 밸브 등에서의 마찰 때문에
   아. 대기압이 수시로 변하기 때문에

42 원심 송풍기에서 송출 풍량과 풍압이 맥동하여 굉음이 일어나는 현상을 무엇이라 하는가?
   가. 서징(Surging)
   나. 공동현상(Cavitation)
   사. 디젤 노크(Diesel Knock)
   아. 수격작용(Water Hammering Action)

Answer 38 아 39 아 40 가 41 아 42 가

43 엔진의 출력에 대한 설명 중 틀린 것은?
　가. 실린더 내의 연소압력이 피스톤에 실제로 작용하는 동력을 지시마력이라 한다.
　나. 크랭크축 단에서 계측된 마력을 제동마력이라 한다.
　사. 제동마력과 지시마력의 비를 기계효율이라 한다.
　아. 1마력[PS]을 SI계의 킬로와트[kW]로 나타내면 736[kW]이다.

　해설　1PS(불 마력) = 75kgf·m/s = 0.735kW
　　　　　1HP(영 마력) = 76kgf·m/s = 0.748kW

44 유수분리장치에 있어서 유수분리의 기본원리에 관한 다음 설명 중 틀린 것은?
　가. 기름입자의 지름이 작을수록 부상 분리가 쉬워진다.
　나. 유수혼합액의 온도가 높을수록 기름입자의 부상속도가 빠르다.
　사. 유수혼합액 중의 물과 기름의 비중차에 의해 기름입자가 부상 분리된다.
　아. 평행판식 분리장치의 경우에는 유수혼합액의 유속을 느리게 하고 유로를 길게 할수록 효과적으로 분리된다.

45 다음 중 펌프에 대한 설명으로서 틀린 것은?
　가. 액체를 낮은 수위에서 높은 수위로 이동시키는 장치이다.
　나. 흡입수면과 송출수면 사이의 수직 높이를 실양정이라 한다.
　사. 실양정에서 손실수두를 뺀 양정을 전양정이라 한다.
　아. 펌프가 액체에 대하여 행하는 일을 수마력이라 한다.

46 다음 중 냉동에 대한 설명으로서 틀린 것은?
　가. 냉동에는 냉각과 동결이 있다.
　나. 냉각작용은 현열과 잠열을 이용하여 열을 빼앗는다.
　사. 물질의 온도변화를 주는 열을 잠열이라 한다.
　아. 선박에서 주로 사용하는 냉동법은 기화 냉동법이다.

Answer 43 아 44 가 45 사 46 사

47 디젤기관에서 유효 행정은?
　　가. 압축행정　　　　　　　　　나. 팽창행정
　　사. 흡입행정　　　　　　　　　아. 배기행정

48 디젤기관의 출력을 증가시키기 위해 실린더 내에 공급되는 공기량을 증가시키기 위한 장치는?
　　가. 조속기(Governor)　　　　　나. 절탄기(Economizer)
　　사. 과급기(Turbocharger)　　　아. 공기압축기(Air compressor)

49 다음 중 유효흡입헤드(NPSH)에 대한 설명으로 옳지 않은 것은?
　　가. 펌프의 흡입구에서 액이 갖는 전수두를 available NPSH라 한다.
　　나. 펌프 흡입구로부터 최저 입력부에 있어서의 절대압력까지의 전수두의 저하량을 required NPSH라 한다.
　　사. required NPSH에서 available NPSH를 뺀 값이 0 이상이어야 펌프를 운전할 수 있다.
　　아. 유효흡입헤드는 원심펌프의 공동현상(cavitation)과 밀접한 관계가 있다.

> 해설　공동현상을 일으키지 않고 펌프를 운전하려면 이용되는 유효흡입수두가 펌프가 필요로 하는 유효흡입수두(required NPSH)보다 크도록 해야 한다.

Answer　47 나　48 사　49 사

제07장 비상조치 및 손상제어

01 선박의 충돌 직전이나 충돌 후의 조치 중 타당하지 않는 것은?

가. 최선을 다하여 충돌회피 동작을 취하되 충돌이 불가피함을 알았을 때에는 가능한 한 선체의 타력을 줄인다.
나. 급박한 위험이 있을 때는 타선의 구조를 요청한다.
사. 충돌 직후 기관을 전속 후진하여 본선을 상대선으로부터 떨어지게 한다.
아. 침수구역이 최소화 되도록 수밀문을 신속히 차단한다.

해설 충돌 직후에는 후진 기관사용은 사고 부위를 확대시킬 수 있으므로 신중을 기하여 하여야 한다.

02 선박이 충돌한 직후에 자선 및 상대선의 선수방위를 확인하여야 하는 이유는?

가. 후일 충돌원인을 규명하는데 중요한 자료가 되기 때문이다.
나. 상대선의 목적지를 알기 위해서이다.
사. 법에서 그렇게 요구하기 때문이다.
아. 이상의 모든 것을 전부 알기 위하여서이다.

03 선박의 충돌 직전이나 충돌 후의 조치 중 타당하지 않는 것은?

가. 최선을 다하여 충돌회피 동작을 취하되 충돌이 불가피함을 알았을 때에는 가능한 한 선체의 타력을 줄인다.
나. 급박한 위험이 있을 때는 타선의 구조를 요청한다.
사. 충돌 직후 무조건 본선을 상대선으로부터 떨어지게 하는 것은 좋지 않다.
아. 침수구역이 가급적 한 구역에 집중되지 않게 한다.

해설 침수구역은 수밀문에 의해 침수된 구역으로 집중되게 하여 다른 구역으로 확대되지 않도록 조치한다.

Answer 01 사 02 가 03 아

04 두 선박이 충돌하였을 경우 조선상의 조치로서 틀린 것은?

가. 충돌 시 기관을 즉시 후진하여 선박을 분리시킨다.
나. 충돌 시의 선수방위, 선위, 시각, 충돌각도 등을 기록해 둔다.
사. 두 선박 중 한 선박이 침몰할 위험이 있다고 판단될 때에는 안전한 선박에 승선자가 옮겨 타도록 한다.
아. 두 선박이 모두 침몰할 위험이 있다고 판단되면 퇴선 조치한다.

05 다음 중 선박 충돌시 충돌 선박 상호간에 필히 교신되어야 할 정보가 아닌 것은 어느 것인가?

가. 선명
나. 충돌 발생원인
사. 선박소유자
아. 출항지 및 도착항

해설 충돌시 선명, 선적항, 선박소유자, 출항지 및 도착지 등을 서로 알린다.

06 선박 충돌시 조치사항 중 틀린 것은?

가. 선수방향 및 선위를 확인한다.
나. 속력을 줄인다.
사. 수밀문을 개방하여 손상개소를 파악한다.
아. 인명피해 여부를 파악한다.

해설 수밀문은 개방하여서는 안 된다.

07 선박 충돌시 조치사항으로 틀린 것은?

가. 양 선박을 계류색으로 고정시킨다.
나. 서로 선명, 선적항, 소유자, 출항지, 도착항 등의 정보를 교환한다.
사. 피해가 경미하더라도 현장을 떠나지 않는다.
아. 인명구조에 필요한 조치를 다한다.

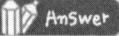

Answer 04 가 05 나 06 사 07 가

08 다음 중 선박간 충돌사고의 주요 원인으로 관련이 적은 것은?
   가. 항법미숙과 경계소홀
   나. 선위확인 소홀
   사. 항해장비의 정비불량과 운용미숙
   아. 기상 악화

09 충돌사고의 뒷처리시에 고려할 사항이 아닌 것은?
   가. 감항성 유무를 검토하고 항해의 계속 여부를 판단한다.
   나. 상대 선박의 보험회사에 충돌사실을 상세히 알린다.
   사. 자선의 안전을 확인하기 위하여 각 탱크를 계측한다.
   아. 제반 일지 및 log book에 충돌 사실을 기재한다.

10 좌초시의 조치로서 타당하지 않은 것은?
   가. 조차의 조사
   나. 좌초의 상태 조사
   사. 좌초 직후 기관의 사용
   아. 트림 변화 조사

11 좌초 직후의 기관사용을 금지하는 이유로서 틀린 것은?
   가. 손상부위의 확대를 방지한다.
   나. 프로펠러의 손상을 막는다.
   사. 진흙이나 모래의 유입을 막는다.
   아. 거주구역의 침수를 방지한다.

12 좌초시 자력이초가 불가능할 때 가장 먼저 취해야 할 조치는?
   가. 좌초상태 및 해저상태 조사보고
   나. 선체 손상부 수리
   사. 적하물 이동
   아. 선체의 제자리 고박

13 선체가 해안선에 얹혀 있을 경우 선체를 고박할 때, 선미에서 선수미선과 몇 도의 각도로 닻을 신출하여 투하하여야 하는가?
   가. 45도
   나. 90도
   사. 120도
   아. 135도

Answer   08 나   09 나   10 사   11 아   12 아   13 가

단원별 3급 항해사

> **해설** 좌초시 선체를 고정시키는 방법
> ㉠ 해안선과 직각으로 선수가 좌초된 경우
>   • 풍상측 또는 조류가 흘러오는 쪽의 선미를 먼저 고정한 다음 반대쪽을 고정한다.
> ㉡ 해안선과 평행하게 좌초된 경우
>   • 선수와 선미에서 앵커를 선수미선과 약 45° 방향으로 신출하여 투하하고, 다음은 바다쪽, 육지쪽의 순서로 고정시킨다.
> ㉢ 묘쇄는 되도록 길게 신출한다.
> ㉣ 반출묘의 수가 많을수록 좋다.
> ㉤ 묘쇄는 적절히 긴장시켜 늘어지면 감아들여 고정한다.
> ㉥ 해안에 따라 흐르는 강한 조류가 있을 때는 선미가 접안되지 않도록 하고 저조시 선체 경사가 염려될 때는 필요한 방향에 급히 묘를 반출 투묘한다.
> ㉦ 육상고정물에 고정할 수 있으면 육상고정물을 이용하여 고정시킨다.

14 좌초되어 자력이초가 불가하여 선체를 고정시키려고 할 때 조치해야 할 사항으로 틀린 것은?

가. Anchor를 반출하여 투하한다.
나. 모든 탱크안의 물을 뺀다.
사. 육지와 가까우면 육지에 고정시킨다.
아. 해안선과 평행하게 좌초되었으면 선수미선과 45° 방향에 Anchor를 투하한다.

15 좌초시 자력으로 이초하는 방법 중 잘못된 것은?

가. 저조시에 앵커체인을 고정시킨다.
나. 기관의 회전수를 천천히 높이면서 이초한다.
사. 반출한 앵커 및 앵커체인을 감아들인다.
아. 만조 때를 이용한다.

16 선박이 좌초하여 이초가 곤란하다고 판단될 경우에는 고박작업을 하게 되는데 이 때 Anchors in tandem이라 함은?

가. 여러 개의 Anchor를 끌어내어 투묘작업하는 것을 말한다.
나. Anchor를 2개 연결하여 투묘하는 것을 말한다.
사. Anchor를 투묘하였으나 끌리는 것을 말한다.
아. Anchor를 투묘하여 끌리지 아니함을 가리킨다.

Answer 14 나 15 가 16 나

17 임의 좌주시 고려해야 할 기술적인 사항으로 틀린 것은?

가. 임의 좌주할 해안은 저질이 선저 손상이 적은 모래인 곳이 좋다.
나. 시간적인 여유가 있으면 만조시를 택하여 임의 좌주시킨다.
사. 임의 좌주시 조선은 사전에 투묘를 하고 난 다음에 임의 좌주시킨다.
아. 해안선과 평행으로 임의 좌주시킨다.

해설 해안선과 직각이 되게 좌주시킨다.

임의 좌주(Beaching)
- 선체의 손상이 매우 커서 침몰 직전에 이르게 되면 선체를 적당한 해안에 좌초시키는 것
- 탱크나 선창에 물을 채우고, 시간의 여유가 있다면 만조시에 하며, 투묘 후 해안과 직각이 되도록 하여 좌주시키는 것이 좋다.

임의 좌주 장소
① 해저가 모래나 자갈로 되어 있는 곳을 선택한다.
② 경사가 완만하고 육지로 둘러싸인 곳을 선택한다.
③ 강한 조류가 없는 곳을 택한다.
④ 나중의 이초 작업에 도움을 주도록 갯벌은 피한다.

18 임의 좌초시 고려해야 할 기술적인 사항으로 틀린 것은?

가. 임의 좌초할 해안은 저질이 선저 손상이 적은 모래인 곳이 좋다.
나. 시간적인 여유가 있으면 간조시를 택하여 임의 좌초시킨다.
사. 임의 좌초시 조선은 사전에 투묘를 하고 난 다음에 임의 좌초시킨다.
아. 해안선에 직각이 되게 조선하여 임의 좌초시킨다.

19 해안에 선박을 Beaching시 적절한 장소가 아닌 곳은?

가. 경사가 완만한 곳
나. 해저면의 Suction 작용이 없는 곳
사. 간만의 차가 거의 없는 곳
아. 외해에 노출되지 아니한 해안

해설 간만의 차가 큰 곳이 좋다.

 17 아 18 나 19 사

20 선박의 이초작업시 반력이 미치는 지점에서 그 반력만큼의 중량물을 제거하였을 때 부양 가능하다. 이초 여부를 판단하기 위해서 좌초시 반력을 계산하고자 할 때 알아야 할 요소가 아닌 것은?
   가. 좌초전의 평균흘수
   나. 좌초후의 평균흘수
   사. 매 cm 배수톤수
   아. 좌초된 선저 면적의 넓이

21 다음 중 이초를 위한 조치로서 틀린 것은?
   가. 자력 이초가 어려운 경우에는 예인선을 이용한다.
   나. 밸러스트 탱크에 들어있는 해수를 배출한다.
   사. 최대 정지 마찰력보다 기관의 후진추력이 강하면 이초가 불가능하다.
   아. 선수부분이 바위에 얹힌 경우에는 선수쪽의 무게를 덜어주고 선미쪽의 무게는 더하여 준다.

22 수면 상부에 외판의 손상으로 작은 구멍이 생기거나 수면 하부에 작은 구멍이 생겼을 경우에 임시 조치로서 가장 적절한 방수법은?
   가. 시멘트 틀에 의한 방법
   나. 용접에 의한 방법
   사. 방수판에 의한 방법
   아. 방수 매트에 의한 방법

23 선박에서 방수판 또는 방수매트(Collision mat)를 이용해야 할 경우로 가장 적절한 것은?
   가. 수면 상부에 큰 구멍이 생겼을 때
   나. 수면 아래에 큰 구멍이 생겼을 때
   사. 구멍의 모양이 작고 둥근형일 때
   아. 수면 상부에 외판의 손상으로 작은 구멍이 생겼을 때

24 선저의 파공이 클 때, 즉시 침수를 방지하기 어려우나, 1구획이 만수된 후, 파공을 덮고 배수하면 좋은 효과를 볼 수 있다. 이 때 파공을 덮은 것을 무엇이라 하는가?
   가. Collision mat
   나. Watertight mat
   사. Awning canvas
   아. Tarpaulin canvas

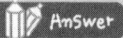 20 아 21 사 22 가 23 나 24 가

25 방수작업의 요령으로 옳지 않은 것은?

가. 방수작업은 최대속력으로 항해하며 실시한다.
나. 수선상의 작은 구멍은 Plug나 두꺼운 Cement로 막는다.
사. 수밀문과 현창은 봉쇄하고 중갑판 이하의 문도 가능한 한 봉쇄한다.
아. 수선하 외판의 대파공은 보강공작을 실시한다.

해설 방수작업은 기관을 정지하고 안전조치를 취한 후 실시한다.

26 다음은 수면하의 파공에서 매초당 침수량을 계산하는 약산식이다. 올바른 것은?
[단, W : 침수량(㎥/s)]

C : 침수계수(유량계수)   A : 파공의 면적(㎡)
g : 중력가속도(9.8㎧)   h : 파공중심에서 수면까지 높이(m)

가. $W = C \cdot A\sqrt{2gh}$ 나. $W = \sqrt{2g}$
사. $W = C \cdot A\sqrt{2h}$ 아. $W = A\sqrt{2h}$

27 수면하 선저파공으로 인하여 생기는 단위 시간당 침수량은 파공의 면적이 같다 하더라도 파공의 형태에 따라서 다르다. 파공 형태에 따른 유량계수의 값은 다음 중 어느 범위인가?

가. 0.1 ~ 0.98   나. 0.6 ~ 0.98
사. 0.4 ~ 0.98   아. 0.8 ~ 0.98

28 다음 중 침수율(Permeability)을 올바르게 설명한 것은 어느 것인가?

가. 침수된 구획과 인접 구획과의 용적비
나. 침수가 구획에서 점히는 비율
사. 침수가 전체 선내 용적에서 점하는 비율
아. 파공에서의 침수 유속

Answer 25 가 26 가 27 사 28 나

29 매시 500톤의 침수량과 배수능력이 균형을 이루는 식은?

> 단, A : 파공의 면적(㎡), C(유량계수) = 0.6, H : 수면에서 파공중심까지의 거리(m)

가. $158A\sqrt{H} \times 60 = 500$
나. $158A\sqrt{2H} \times 60 = 500$
사. $158A\sqrt{3H} \times 60 = 500$
아. $158A\sqrt{5H} \times 60 = 500$

해설 매초당 침수량
$W = CA\sqrt{2gh}$ [C : 유량계수, A : 파공면적, g : 중력가속도($9.8m/s^2$), h : 파공중심에서 수면까지 높이(m)]
위의 식에서 1시간 동안의 침수량은
침수량 = $CA\sqrt{2gh} \times 60 \times 60 = 0.6 \times A\sqrt{2 \times 9.8 \times h} \times 60 \times 60 = 158A\sqrt{h} \times 60$

30 선박이 긴급한 위험을 피하기 위하여 외국의 영해 또는 내수로 들어가는 것을 무엇이라 하는가?

가. 위험피난
나. 계약피난
사. 임시피난
아. 긴급피난

31 가연성 금속 물질의 화재를 말하며, 마그네슘, 나트륨, 알루미늄 등의 화재는 무슨 화재인가?

가. A급 화재
나. B급 화재
사. C급 화재
아. D급 화재

해설 화재의 종류
① A급 화재
  연소 후 재가 남는 고체 물질의 화재로 목재, 종이, 의류, 로프 등의 화재
② B급 화재
  연소 후 재가 남지 않는 가연성 액체의 화재로 페인트, 윤활유 등의 유류 화재
③ C급 화재
  전기에 의한 화재
④ D급 화재
  가연성 금속 물질의 화재로 나트륨, 마그네슘, 알루미늄, 등의 화재
⑤ E급 화재
  LNG, LPG, 아세틸린 등의 화재

Answer 29 가 30 아 31 아

32 기관제어실에 화재가 발생했다면 어떤 소화기가 제일 좋겠는가?

가. CO_2 소화기
나. 포말소화기
사. 가압식 분무
아. 분말소화기

해설 전기화재에는 CO_2 소화기를 사용하여야 한다.

33 산소 용접시의 안전 수칙으로 틀린 것은?

가. 작업자가 볼 수 없는 반대편 격벽에 화재 예방을 위해 감시원을 배치한다.
나. 작업장 근처의 가연성 물질을 제거한다.
사. 산소 용접용 가스통은 눕혀 놓는 것이 안전하다.
아. 소화기와 소화 호스 및 노즐을 사전에 준비한다.

34 자연 발화를 막기 위한 방법으로 틀린 것은?

가. 기름이나 페인트 등을 닦았던 걸레조각 등은 통풍이 잘 안 되는 곳이나 창고에 보관한다.
나. 스팀 파이프가 통과하는 곳에는 고온의 열이 있으므로 불연성 재료가 벗겨진 곳이 없도록 한다.
사. 선내에 적재하는 화물 중에는 화재가 발생되기 쉬운 화물이 많으므로 위험 화물은 위험화물운송규칙에 따라 실어야 한다.
아. 분말형 금속은 물에 젖게 되면 위험하므로 특히 주의해야 한다.

35 화재가 선미창고에서 발생했을 때 바람을 어느 쪽에서 받도록 조선해야 하는가?

가. 선미 쪽
나. 선수 쪽
사. 좌현 쪽
아. 우현 쪽

해설 상대풍속이 0이 되게 조선한다(화재구역을 풍하쪽으로 한다).
▶ 선미에서 화재가 났을 때는 선수에서 바람을 받게 하고, 선수에서 화재가 났을 때는 선미에서 바람을 받게 한다.

Answer 32 가 33 사 34 가 35 나

36 1번 화물창에 화재 발생시 바람을 받아야 할 곳은?
   가. 선수
   나. 선미
   사. 정횡
   아. 선수 약간 우현

37 정전기에 의한 화재를 예방하기 위한 대책으로 틀린 것은?
   가. 습도를 높게 유지한다.
   나. 정전 구두를 착용한다.
   사. 하역속도를 빠르게 한다.
   아. 호스의 금속부분을 접지시킨다.

38 다음 중 전기화재의 소화방법에 대한 설명으로 옳은 것은?
   가. 소화제는 탄산가스 소화기를 사용한다.
   나. 소화작업을 위해 조명을 계속 켜둔다.
   사. 다량의 해수를 분사한다.
   아. 화재진압시 신속한 이동을 위해서 승강기를 이용한다.

39 화재탐지기 중 주기관 상부에 설치 가능한 형식은 다음 중 어느 것인가?
   가. 화염탐지기
   나. 열탐지기
   사. 연기탐지기
   아. 광전식 탐지기

40 조타장치의 고장 시 취해야 할 조치 중 타당하지 못한 것은?
   가. 비상조타 실행을 준비한다.
   나. 가능한 즉시 조종불능선임을 나타내는 등화나 형상물을 게양한다.
   사. 해상에 큰 Swell이 있는 경우에는 기관을 정지하고 조속히 수리한다.
   아. 조종상 위험을 느낄 때에는 예인선 등의 도움을 요청한다.

Answer 36 나 37 사 38 가 39 가 40 사

41 퇴선신호를 듣고 취해야 할 동작으로 알맞지 않은 것은?

가. 가능한 한 풍하측으로 이동하여 신속하게 물에 뛰어 든다.
나. 구명조끼를 착용한다.
사. 당황하지 말고 신속하고 질서 있게 각자의 비상 배치부서로 가야 한다.
아. 가능하면 여분의 물품(옷, 담요, 신호탄, 식수, 식량)을 준비한다.

해설 물속에 뛰어 들 때의 주의사항
㉠ 뛰어 내릴 때의 물과의 마찰로 손상을 방지하기 위하여 가능한 한 20피트(약 6m) 이하의 낮은 곳을 택한다.
㉡ 선체의 빌지킬, 프로펠러 등 선박의 돌출부가 없는 장소를 택한다.
㉢ 선박이 표류하는 반대방향의 장소를 선정한다.
㉣ 바람이 불어오는 쪽으로 수면에서 높지 않은 곳에서 뛰어 내린다.
㉤ 생존정의 위치를 고려하여야 하며, 라이프래프트의 전방에 뛰어 들어 라이프래프트로 흘러가도록 한다.
㉥ 기타 화재 등 위험이 있는 장소는 피한다.
㉦ 선체가 경사시에는 선미나 선수에서 뛰어 내린다.
㉧ 해면의 유류 화재시 본선으로부터 멀리 떨어져 나가기 위해서는 구명조끼, 기타 무거운 옷을 벗고 심호흡을 한 뒤 잠수하여 가능한 한 멀리까지 수영해 나가고, 고개를 수면상으로 내밀기 직전 평영으로 불길을 밀어내고 숨을 쉰다.
㉨ 물속에 뛰어든 후에는 안전한 거리(선측 500m, 선수미 200~300m)까지 신속하게 수영한다.

42 다음 중 익수자 발생시에 사용할 수 있는 선박의 운동특성에 관한 용어는 어느 것인가?

가. Kick out
나. Tactical diameter
사. Drift angle
아. Advance

43 항해중 사람이 갑자기 물에 빠졌을 때의 조치로 옳지 않은 것은?

가. 선박의 왕래가 심한 해역에서는 P기를 게양해야 한다.
나. 주간의 경우 발연부신호, 야간의 경우 자기점화등을 구명부환이나 부유물과 함께 익수자에게 던져 준다.
사. 선내 경보를 발하고, 비상 단정 승무원은 즉각 단정 진수준비를 한다.
아. 익수자가 스크루에 빨려 들어가지 않도록 즉시 물에 빠진 쪽으로 대각도 전타한다.

해설 사람이 물에 빠졌을 때는 O기를 게양한다.

Answer 41 가 42 가 43 가

44 조타장치의 고장 시 취해야 할 조치 중 타당하지 못한 것은?

가. 즉시 조종불능선임을 나타내는 야간등화나 주간형상물을 표시한다.
나. 비상조타 실행을 준비한다.
사. 적절한 곳을 찾아 선체를 좌주시킨다.
아. 조종상 위험을 느낄 때에는 예인선 등의 도움을 요청한다.

45 선측에 파공이 발생했을 때 외판에 부착하여 방수하는데 사용하는 것은?

가. Collision mat
나. Breeches buoy
사. Hook bolt
아. Canvas

46 다음 중 선박의 충돌시 가장 먼저 취해야 할 조치는?

가. 손상개소 파악
나. 인명과 선박의 구조
사. 항해일지의 기록
아. 해난보고서 작성

47 기관실의 화재 예방대책으로 틀린 것은?

가. 기관실은 항상 청결하게 유지하고 빌지에 유의한다.
나. 기관실 내에서 특별히 위험한 구역을 별도로 표시해둔다.
사. 항상 통풍이 잘 되도록 하고 가연성 가스 등이 차지 않도록 한다.
아. 기계, 전기장치, 소화장비 등이 설치된 곳은 안전을 위하여 가급적 출입하지 않는다.

48 좌초시의 조치사항으로 틀린 것은?

가. 자력이초가 불가능하면 협조요청을 한다.
나. 손상부위 파악을 위해 빌지와 탱크를 측심한다.
사. 즉시 기관을 후진하여 이초시킨다.
아. 밸러스트를 배출한다.

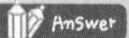
44 사 45 가 46 나 47 아 48 사

49 충돌사고로 인하여 수면에서 5m 하부에 파공이 발생했다. 1시간 동안 유입되는 표준 해수량은 얼마인가? (파공면적 : 15cm×15cm, 침수계수 : 0.8)

가. 약 560톤　　　　　　　　나. 약 580톤
사. 약 620톤　　　　　　　　아. 약 660톤

해설
매초당 침수량
$W = CA\sqrt{2gh}$ [C : 유량계수, A : 파공면적, g : 중력가속도(9.8m/sec), h : 파공중심에서 수면까지 높이(m)]

위의 식에서 1시간 동안의 침수량은
침수량 $= CA\sqrt{2gh} \times 60 \times 60$
$= 0.8 \times (0.15 \times 0.15) \times \sqrt{2 \times 9.8 \times 5} \times 60 \times 60 \times 1.025 ≒ 660$톤

50 선내에서 열작업을 수행할 경우 화재방지를 위한 대책으로 틀린 것은?

가. 작업지역은 통풍이 잘 되도록 해야 한다.
나. 기름이나 먼지 등은 미리 소제하여야 한다.
사. 작업하는 격실의 반대편 격실은 위험하니 사람이 들어가서는 안 된다.
아. 휴대식 소화기와 소화호스 및 노즐을 준비한다.

51 가연성 물질을 반응계에서 끌어내어 물리적으로 분리하여 제거하거나 파이프에서 액체나 기체연료가 누설하여 화재를 일으키는 경우에 반응계로의 공급을 차단하여 연소반응을 멈추게 하는 소화방법을 무엇이라 하는가?

가. 냉각소화　　　　　　　　나. 제거소화
사. 질식소화　　　　　　　　아. 억제소화

Answer　49 아　50 사　51 나

제08장 선내의료

01 검역상 입항 허가 여부를 판단하는 기준은?
가. 부상환자가 없어야 한다.
나. 그 선박의 보건상태에 따라 결정된다.
사. 검역소장의 판단에 따른다.
아. 예방접종 기간에 따른다.

02 다음 외상 중 불규칙적으로 피부가 찢어진 손상을 무엇이라 하는가?
가. 열상
나. 자상
사. 절상
아. 찰과상

해설 상처의 종류
① 자상 : 바늘이나 못, 송곳 등과 같이 뾰족한 물건에 찔린 상처
② 절상 : 칼이나 유리 등의 날카로운 물건에 의하여 베어진 상처
③ 열상 : 철조망, 동물의 발톱 등에 의하여 불규칙하게 찢어진 상처. 깨끗이 소독이 중요
④ 찰과상 : 넘어지거나 긁히는 등의 마찰에 의하여 피부표면(표피)이 수평적으로 손상되어 생긴 상처

03 다음 중 환자에게 주어서는 안 되는 음료는?
가. 홍차
나. 커피
사. 과일주스
아. 알코올류

04 다음 질환 중 파리가 전파시키는 감염병은?
가. 발진티프스
나. 백일해
사. 디프테리아
아. 세균성 이질

Answer 01 나 02 가 03 아 04 아

05 선내 환자를 위한 응급처치의 목적과 관계가 가장 적은 것은?
   가. 생명을 구하기 위하여
   나. 고통을 줄이기 위하여
   사. 합병증을 방지하기 위하여
   아. 체온을 유지하기 위하여

06 쇼크 환자에 대한 적절한 응급처치가 아닌 것은?
   가. 머리 부상이 아니면 발을 10~30cm 높게 하여 혈액순환을 돕는다.
   나. 머리나 내장 손상이 아니면 물이나 차를 준다.
   사. 모포 등을 이용하여 보온한다.
   아. 출혈량이 많거나 일사병일 경우에는 음료를 준다.

07 외상으로 인한 가장 위험한 증상은?
   가. 외상으로 인한 통증이다.
   나. 외상으로 인한 대출혈이다.
   사. 외상으로 인한 기생충의 감염이다.
   아. 외상으로 인한 포도상구균의 독소이다.

08 유독가스를 흡입했을 때의 응급처치 방법 중 잘못된 것은?
   가. 신속히 신선한 공기가 있는 곳으로 옮긴다.
   나. 인공호흡을 실시한다.
   사. 위 세척을 한다.
   아. 환자의 보온에 유의한다.

09 의식이 있는 부상자에게 체위를 결정할 때 가장 적합한 것은?
   가. 환자가 편안한 자신의 체위를 결정하게 한다.
   나. 반듯이 눕힌다.
   사. 엎드리게 한다.
   아. 얼굴을 옆으로 하여 반듯이 눕힌다.

Answer 05 아 06 아 07 나 08 사 09 가

10 인공호흡 실시상의 유의사항이다. 올바르지 못한 것은?

가. 횟수는 1분에 12~15회가 적당하며 빨라지지 않도록 조심한다.
나. 늑골에 힘을 강하게 주어 충분한 공기가 흡입되도록 한다.
사. 구토시에는 질식되지 않도록 안면을 옆으로 돌려준다.
아. 희망을 갖고 참을성 있게 실시하여야 하며 여러 사람이 교대하면서 하는 것이 바람직하다.

11 일사병이란?

가. 태양과 같은 광선을 많이 쬐어, 체온조절 기능을 상실하여 일어나는 위험한 증상이다.
나. 감염병과 같은 질환에 의해 체온이 많이 오르면 발생되는 증상이다.
사. 어린이들에게 체온조절 중추신경이 발달되지 못해 생기는 증상이다.
아. 세균의 침입 번식에 의해 발생되는 체열에 의해 일어나는 증상이다.

12 자상으로 인한 상처가 생겼을 때 가장 위험한 세균감염은?

가. 포도상구균   나. 연쇄상구균
사. 쌍구균   아. 파상풍균

13 조난자가 수중에서의 저체온 현상을 방지하기 위한 조치로서 부적당한 것은?

가. 적당한 의복의 착용
나. 체온을 유지하기 위하여 팔다리 운동을 할 것
사. 알콜을 마시지 말 것
아. 모자, 신발 등의 착용

14 출혈이 심하여 지혈대를 매었을 때 주의사항이 아닌 것은?

가. 지혈대의 폭은 적어도 3~5cm 이상 되는 천으로 매는 것이 좋다.
나. 지혈대를 매었을 경우 지혈대를 맨 시간을 기록한 쪽지를 달아준다.
사. 지혈대를 매었을 경우 감염을 막기 위해 다른 천으로 덮는다.
아. 지혈대를 맨 후에는 지체없이 병원으로 후송한다.

Answer 10 나 11 가 12 아 13 나 14 사

15 타박상 및 피하출혈시 응급처치로 잘못된 것은?

가. 손상부의 안정 나. 손상부위 상승
사. 냉 찜질 아. 맛사지

16 피부 봉합시 안면을 제외한 다른 부위의 발사(실 뽑음) 시기로 적당한 것은?

가. 봉합 후 10일 정도 경과한 후 나. 봉합 후 15일쯤 경과한 후
사. 봉합 후 7일 후 아. 봉합 후 3~4일 후

17 환자운반시 일반적인 유의사항이 아닌 것은?

가. 실제로 의사가 오는 것보다 병원으로 가는 경우가 많아 운반법에 각별히 유의하여야 한다.
나. 운반이 필요한 환자는 어느 정도 시간의 여유가 있으므로 충분한 응급처치를 한 다음 운반한다.
사. 상처에 대한 응급처치가 끝났으면 구급차가 오기를 기다리거나 의사의 지시를 받는 것이 좋다.
아. 긴급환자이므로 운반방법에 관계없이 신속히 병원으로 후송하는 것이 원칙이다.

18 후송전 인공호흡을 실시할 때의 일반적 주의사항이 아닌 것은?

가. 기도가 확보되게 환자의 자세를 유지하고 옷을 헐겁게 해준다.
나. 환자의 입속에 있는 이물질을 제거한다.
사. 여러 사람이 인공호흡을 교대로 하여 환자의 호흡리듬을 달리 하여야 한다.
아. 소생시킬 수 있다는 확신을 가지고 끈기 있게 계속한다.

19 호흡이 정지된 자로서 인공호흡으로 소생될 수 없는 환자는?

가. 물에 빠져 의식을 잃고 호흡이 정지된 환자
나. 붕괴 사고로 가슴이 압박된 환자
사. 선박의 선창 속에서 산소 희박으로 질식된 환자
아. 출혈이 심하여 호흡이 정지된 환자

Answer   15 아   16 사   17 아   18 사   19 아

20 심폐소생법이란?

가. 둘이서 인공호흡을 하는 것이다.
나. 심장마사지를 하는 것이다.
사. 인공호흡과 심장마사지를 하는 것이다.
아. 사망자에 대한 소생술의 하나이다.

21 음독환자 처치법 중 잘못된 것은?

가. 흡수된 독물을 희석 또는 흡수 지연시킨다.
나. 일반 해독제를 투여한다.
사. 후두(목구멍)를 자극하여 구토를 유도한다.
아. 절대로 안정시키기 위해 잠을 유도시킨다.

22 AIDS에 감염되면 특징적으로 나타나는 두 가지 증상은?

가. 폐염과 가폭시육종
나. 백혈구 감소와 적혈구 증가
사. 췌장염과 담낭염
아. 피부염과 두드러기

23 의식불명 환자를 응급처치하는 방법 중 틀린 것은?

가. 환자의 외모에 나타난 증상을 관찰한다.
나. 탈수에 의한 쇼크를 방지하기 위해 음료수를 먹인다.
사. 맥박을 측정하여 필요시 인공호흡을 실시한다.
아. 수평으로 눕히고 얼굴을 옆으로 돌려준다.

24 다음 중 직접압박 지혈의 5대 요점에 속하지 않는 것은?

가. 환부를 압박한다.
나. 환부 가까운 관절 부위를 구부린다.
사. 환부를 냉각시킨다.
아. 물을 많이 먹인다.

Answer 20 사 21 아 22 가 23 나 24 아

25 뇌진탕시 나타나는 증상이 아닌 것은?
  - 가. 의식 불명이 되기도 한다.
  - 나. 양쪽 동공의 크기가 다르다.
  - 사. 기침과 호흡곤란이 생긴다.
  - 아. 안면이 창백해진다.

26 선박에서 작업중 골절 환자가 발생했을 때의 가장 바른 처치는?
  - 가. 신속히 병원에 가서 치료받도록 한다.
  - 나. 심한 통증이 생기므로 진통제를 투여하여 통증을 멈춰 준다.
  - 사. 적절하게 부목으로 고정하고 조심스럽게 병원으로 후송한다.
  - 아. 안전한 곳으로 신속히 옮긴다.

27 찰과상의 설명으로 적당한 것은?
  - 가. 골절이 되면서 찢어진 상처이다.
  - 나. 칼과 같은 예리한 물체에 벤 것이다.
  - 사. 피부나 점막에 심한 마찰로 생긴 상처이다.
  - 아. 출혈의 위험성이 대단히 높다.

28 쇼크환자 발생시 가장 좋은 환자 체위는 무엇인가?
  - 가. 엎어서 누워 있게 한다.
  - 나. 반듯하게 눕히고 보온하며, 하체를 약간 높여준다.
  - 사. 옆으로 눕히고 맛사지를 해 준다.
  - 아. 상체를 높여서 눕게 하고 음식을 준다.

29 퇴선 후에 조난자가 사망하는 주요 원인은?
  - 가. 익사
  - 나. 저체온 현상
  - 사. 상어의 공격
  - 아. 수분부족

  해설 인체의 중추 체온이 35°C 이하가 되는 것을 저체온 상태라 하며 힘이 빠지고 나른해지며 말하기가 어렵고 방향 감각이 없어지는 등 의식이 흐려지는 현상이 일어나며, 체온이 31°C 이하로 떨어지면 맥박수가 현저히 저하되고, 30°C 이하로 떨어지면 생명을 잃을 수 있다.

Answer   25 사   26 사   27 사   28 나   29 나

30 선박이나 항공기의 승객, 승무원, 화물 등에 의하여 전파되는 것을 예방하기 위해 지정된 검역감염병이 아닌 것은?

가. 콜레라
나. 황열
사. 페스트
아. 탄저병

31 눈에 화학약품이 들어갔을 때 응급처치법은?

가. 눈을 비벼서 눈물을 내어 씻어 내도록 한다.
나. 연고류를 넣고 안정시키며 따뜻하게 해준다.
사. 신속히 깨끗한 물로 눈을 씻는다.
아. 찬 물수건이나 얼음찜질을 하고 절대 안정시킨다.

32 국제 항해에 종사한 후 입항 시 선장이 모든 선원의 건강상태를 확인하고 검역소에 제출하는 서류는?

가. 건강상태 증명서
나. 검역증명서
사. 예방접종 증명서
아. 보건상태 신고서

33 형태로 본 골절의 종류가 아닌 것은?

가. 단순골절
나. 복합골절
사. 복잡골절
아. 연골골절

34 환자의 쇼크에 대하여 잘못 설명한 것은?

가. 혈액순환의 장애로 인하여 발생하는 생체의 기능 저하 현상
나. 원인은 심한 출혈 또는 감전 등일 수 있다.
사. 호흡이 깊고 느려진다.
아. 심하면 의식이 없어진다.

Answer 30 아 31 사 32 아 33 아 34 사

35 다음 중 혈액 성분이 아닌 것은?

　가. 적혈구 　　　　　　　　　나. 백혈구
　사. 혈장 　　　　　　　　　　아. 우토비리노겐

36 피부나 근육을 봉합할 때 침을 잡는 의료기구의 명칭은?

　가. 코헬 　　　　　　　　　　나. 지혈
　사. 핀셋트 　　　　　　　　　아. 지침기

37 응급환자 발생시의 일반적인 주의사항이 아닌 것은?

　가. 부상시에는 환자를 보온하고 부상 부위가 오염되지 않게 한다.
　나. 환자가 의식이 없을 때는 음료수를 주어 의식을 회복시킨다.
　사. 상처에 일단 드레싱을 하거나 붕대를 댄 것은 다시 제거시키지 않는다.
　아. 환자에게 부상 정도를 알리지 말고 가벼운 대화로 안정시킨다.

38 다음 중 음료수를 주어야 하는 환자는?

　가. 의식이 없거나 의식이 불확실한 사람
　나. 구토나 구역질하는 사람
　사. 일사병의 경우 의식이 있는 환자
　아. 내장 손상 환자

39 뾰족한 물건에 찔렸을 경우 가장 위험한 2가지를 바르게 표현한 것은?

　가. 통증과 기침이다. 　　　　　나. 출혈과 세균감염이다.
　사. 구토와 구역질이다. 　　　　아. 부종과 거동제한이다.

Answer　35 아　36 아　37 나　38 사　39 나

40 열 경련이란?

가. 햇볕에 장시간 조사하면 체온이 올라 뇌에 이상이 온 상태이다.
나. 열성 질환에 감염되어 장기간 허약상태하에 있으면 발병한다.
사. 열기에 의해 장기간 땀을 많이 흘려 염분과 수분 탈실에 의한 순환부전이다.
아. 장기간 열에 노출되면 혈압이 올라 발생되는 증상이다.

41 급성질환의 응급처치로 틀린 것은?

가. 인사성질환을 응급처치할 때는 바로 눕혀서 머리와 어깨를 약간 높게 하고 머리에 찬 물수건을 대고 보온한다.
나. 뇌일혈로 의식을 잃고, 동공의 한쪽이 확대된 상태이면 머리와 어깨를 높게 하고 머리를 식힌다.
사. 열사병으로 안면이 창백해지고 오심 구토 시에는 환기시키고 쇼크를 예방하며 보온에 신경쓴다.
아. 호흡곤란 시에는 환자를 안정시키고 편한 자세로 있게 하며, 쇼크에 대한 처치를 한다.

42 환자 발생시 응급처치의 일반적인 요령이 아닌 것은?

가. 침착, 신속하게 판단하여 가장 급한 처치부터 행한다.
나. 필요시 구조호흡을 한다.
사. 환자가 구토를 하면 머리를 높게, 발을 낮게 하여 구토를 막는다.
아. 환자가 골절이 있을 때에는 이동 전 반드시 부목을 댄다.

43 화상 부위에 대한 응급처치가 잘못된 것은?

가. 충격과 세균감염이 안되도록 한다.
나. 아픔을 덜어준다.
사. 물집이 생겼을 때는 터뜨려 준다.
아. 신속히 냉각시킨다.

Answer 40 사 41 가 42 사 43 사

44 전기 쇼크에 대한 처치방법 중 타당하지 않은 것은?
   가. 우선 전류 스위치를 내리거나 마른 막대기 또는 자루 달린 도끼로 전류를 환자로부터 차단한다.
   나. 환자의 의복을 느슨하게 하고 편한 자세로 눕힌다.
   사. 환자가 호흡에 지장이 없다면 쇼크 및 화상에 대한 처치를 먼저 한다.
   아. 환자가 호흡을 중지했거나 경직상태이면 인공호흡보다 먼저 병원으로 옮긴다.

45 다음 중 동맥출혈의 현상이 아닌 것은?
   가. 출혈시 혈액의 색깔이 선홍색이다.
   나. 맥이 뛰는 혈관이 터졌을 때 분출성인 경우
   사. 심장에서 전신으로 보내지는 혈관의 파열시
   아. 피의 색깔이 암적색이다.

46 환자 운반법의 설명 중 가장 부적당한 것은?
   가. 의식이 없는 환자는 들것을 사용하는 것이 가장 쉬운 방법이다.
   나. 의식이 없는 환자를 어떤 물건 밑에서 끌어내거나 좁은 통로를 통과할 때는 환자의 양손을 묶어 목에 걸고 나오는 견인법이 좋다.
   사. 심한 환자는 반드시 들것으로 운반하고 이 때 환자의 발쪽이 반드시 앞으로 가게 한다.
   아. 환자가 무거울 때 가장 멀리 운반할 수 있는 방법은 업는 방법이다.

47 구서소독증명서의 유효기간은 얼마인가?
   가. 6개월   나. 1년
   사. 2년   아. 3년

Answer 44 아 45 아 46 아 47 가

48 저체온(hypothermia)상태란 신체중심부의 온도가 몇 도 이하로 내려간 것을 말하는가?

가. 섭씨 30도
나. 섭씨 33도
사. 섭씨 35도
아. 섭씨 36.5도

해설 인체의 중추 체온이 35℃ 이하가 되는 것을 저체온 상태라 하며 힘이 빠지고 나른해지며 말하기가 어렵고 방향 감각이 없어지는 등 의식이 흐려지는 현상이 일어나며, 체온이 31℃ 이하로 떨어지면 맥박수가 현저히 저하되고, 30℃ 이하로 떨어지면 생명을 잃을 수 있다.

49 다음 손상 중 자상이라고 생각되지 않는 상처는?

가. 칼로 베인 상처
나. 송곳이나 바늘과 같은 예리한 물체로 찔린 상처
사. 못에 찔린 상처
아. 가시에 찔린 상처

해설 칼로 베인 상처는 절상이다.
상처의 종류
① 자상 : 바늘이나 못, 송곳 등과 같이 뾰족한 물건에 찔린 상처
② 절상 : 칼이나 유리 등의 날카로운 물건에 의하여 베어진 상처
③ 열상 : 철조망, 동물의 발톱 등에 의하여 불규칙하게 찢어진 상처. 깨끗이 소독이 중요
④ 찰과상 : 넘어지거나 긁히는 등의 마찰에 의하여 피부표면(표피)이 수평적으로 손상되어 생긴 상처

50 외과적 질환 중 동상이란?

가. 몸에 한기를 느끼면 동상은 반드시 발생한다.
나. 동상은 발이나 손가락에만 생긴다.
사. 피부나 조직세포가 저온으로 인한 손상을 받은 상태를 말한다.
아. 동상은 물에 장시간 담그고 있으면 생기기 쉽다.

Answer 48 사 49 가 50 사

제09장 수색 및 구조·해상통신

01 국제신호서 1자 신호 중 "본선은 양호한 상태이다. 검역허가를 바란다."라는 신호는?

가. P 나. Q
사. S 아. T

해설 P : 본선은 출항 예정이다. 전선원 귀선하라.
S : 본선은 후진중이다.
T : 본선을 피하라. 본선은 쌍끌이 저인망을 끌고 있다.

02 국제 기류신호로 소수점을 표시할 때 소수점 자리에 어떤 신호기를 게양하여 표시하는가?

가. 대표기 나. 회답기
사. 방형기 아. 장방기

03 국제신호서 의료부문 통신문 중 "나는 긴급히 의료지원을 요청한다."라는 통신문에 사용되는 3자신호는 무엇인가?

가. MAA 나. MAB
사. MAC 아. MAD

04 국제신호서 의료부문의 통신문에 사용되는 3자신호의 첫번째 문자는 무엇으로 시작되는가?

가. A 나. C
사. M 아. Q

Answer 01 나 02 나 03 가 04 사

05 국제신호서에 의한 신호중 3자리의 숫자 앞에 "C"를 붙인 것은 다음 중 무엇을 나타내는가?

가. 방위각 나. 위도
사. 거리 아. 진침로

해설 방위 : A기, 위도 : L기, 경도 : G기, 거리 : R 등을 게양하여 나타낸다.

06 국제신호서에 의한 신호로 4자리의 숫자 앞에 "T"가 오면 숫자는 다음 중 무엇을 나타내는가?

가. 위도 나. 경도
사. 지방시 아. 세계시

07 GMDSS설비의 DSC(디지털선택호출)장치는 VHF 무선설비에서는 채널 몇 번을 이용하는가?

가. CH.12 나. CH.13
사. CH.16 아. CH.70

해설 VHF 무선설비에 의한 DSC ▶ CH 70(156.525MHz)
VHF 무선설비에 의한 무선전화 ▶ CH 16(156.8MHz)

08 GMDSS에 대한 설명 중 틀린 것은 어느 것인가?

가. Global Maritime Distress and Safety System의 약어이다.
나. 1992년 2월 1일부터 1999년 2월 1일까지 단계적으로 모든 여객선과 총톤수 300톤 이상의 화물선에 적용되었다.
사. VHF 무선설비는 채널 12에 의한 DSC 청수당직이 가능해야 한다.
아. DSC 장치는 VHF대, MF대 및 HF대의 무선설비에 부가된 것으로 디지털선택호출장치라 칭한다.

해설 VHF CH 16(156.8MHz)에 의한 무선전화 청수당직을 해야 한다.

Answer 05 아 06 사 07 아 08 사

09 GMDSS에 도입하는 각종 무선설비는 지리적인 유효범위 및 제공되는 서비스 등에 따라 각기 한계성이 있음을 고려하여 몇 개의 항해구역으로 나누어 탑재할 장비를 결정하고 있는가?

가. 2개 해역
나. 3개 해역
사. 4개 해역
아. 5개 해역

해설 **GMDSS 항행 구역**
GMDSS의 해역은 세계의 전 해역을 A1, A2, A3, A4의 4개의 해역으로 구분한다.
1. A1 해역 : 육상에 있는 초단파(VHF) 해안국의 통신범위(20~30해리) 내의 해역
2. A2 해역 : A1해역을 제외한 중파(MF) 해안국의 통신범위(150해리 정도) 내의 해역
3. A3 해역 : A1, A2 해역을 제외한 지구 궤도상의 정지형 해사통신위성의 통신범위(대략 북위 70°와 남위 70°의 사이) 내의 해역
4. A4 해역 : A1, A2, A3 이외의 해역으로 남극, 북극 부근을 포함한 모든 해역

10 2182KHz는 어느 경우에 사용될 수 있는 주파수인가?

가. 다른 선박에 전문을 보낼 때
나. 선박에서 육지의 무선국에 전보를 보낼 때
사. 조난 호출을 할 때
아. 육상의 무선국에서 선박으로 전보를 보낼 때

해설 MF 무선설비에 의한 DSC ▶ 2187.5KHz
MF 무선설비에 의한 무선전화 ▶ 2182KHz

11 위성 EPIRB를 선교 갑판상에의 자유부상형 지지대에 설치하였을 때 모드 스위치는 어느 위치에 맞춰 놓아야 하는가?

가. OFF
나. MANUAL
사. AUTO
아. TEST

12 EPIRB신호의 목적은?

가. 구조선의 위치표시
나. 조난위치의 표시
사. 충돌위험의 표시
아. 수색작업의 개시표시

해설 **EPIRB(Emergency Position Indicating Radio Beacon) 비상위치지시무선표지**
위성을 이용하여 선박이나 항공기가 조난 상태에서 생존자의 위치를 알리는 무선설비로 수색과 구조 작업시 생존자의 위치 결정을 용이하게 한다.

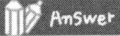 09 사 10 사 11 사 12 나

제9장 수색 및 구조·해상통신

13. GMDSS에서 EPIRB(비상위치지시용 무선표지설비)의 형식으로서 틀린 것은?

- 가. VHF EPIRB
- 나. MF EPIRB
- 사. COSPAS-SARSAT System EPIRB
- 아. INMARSAT System EPIRB

14. GMDSS 설비중 SART(수색 및 구조용 레이더 트랜스폰더)는 어느 주파수대에서 레이더 의문신호에 응답신호를 발하는가?

- 가. 3GHz
- 나. 6GHz
- 사. 9GHz
- 아. 12GHz

해설 SART(수색과 구조 레이더 트랜스폰더. Search and Rescue Radar Transponder)

SART는 선박이 조난되어 퇴선할 때 구명정이나 구명뗏목에 가지고 퇴선하여 구명정에 부착하는 것으로 구조선이나 항공기의 레이더 전파(9GHz-X밴드 레이더)를 수신하면, "삐삐"하는 소리를 내어 주며 또한 즉시 응답신호를 발사하게 되어 상대방 레이더 화면에 12개 내지 20개의 띠(점선)가 나타나게 되어 조난선의 위치가 표시되므로 구조선이 조난선으로 정확히 접근할 수 있다.

레이더 스코프 중심에서 가장 가까운 영상의 위치가 조난선(SART)의 위치이다.

SART신호를 수신하기 위해서는 거리범위를 6마일이나 12마일로 선택하고 간섭제거조정기를 off 상태로 해야 한다.

15. 항행경보, 기상예보 기타 긴급한 안전에 관한 해사안전 정보의 통신방법으로서 틀린 것은?

- 가. 518kHz의 NAVTEX
- 나. INMARSAT의 고기능그룹호출(EGC)
- 사. HF대의 주파수에 의한 무선텔렉스
- 아. 위성 EPIRB

해설 EPIRB는 생존자의 위치를 알려주는 무선설비이다.

EGC(Enhanced Group Call) 고기능 집단호출 수신기

국제해사위성기구(INMARSAT)에 의해 운용되는 독특한 전세계 자동업무제도로서 전 해역, 특정구역 또는 지역의 항행경보, 기상경보와 기상예보 및 육상 대 선박의 조난경보를 수신하는 장치

NAVTEX 수신기

518KHz로 운용되는 무선텔렉스로 해사안전정보(항행경보, 기상경보)의 자동수신장치

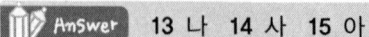

13 나 14 사 15 아

16 구명줄 발사기의 사용법 중 틀린 것은 어떤 것인가?
   가. 편향을 고려하여 풍하측으로 약간 각도를 주어 발사한다.
   나. 사람이나 선박을 직접 향해 발사한다.
   사. 발사전에 구명줄 한쪽 끝단이 묶여있나 확인한다.
   아. 수평에서 약 45도 상방으로 발사한다.

17 구조 항공기에서 투하하는 구명용품 중 의약품을 포장한 용기의 색깔은?
   가. 노랑   나. 검정
   사. 빨강   아. 파랑

   해설
   • 적색 꼬리표는 의료구호품 및 응급장비
   • 청색 꼬리표는 식량 및 식수
   • 황색 꼬리표는 담요 및 보온복
   • 흑색 꼬리표는 난로, 도끼, 요리기구 같은 잡화

18 다음 그림은 3척의 구조선이 조난 선박을 수색하고 있는 평행수색형이다. 그림의 용어 설명 중 가장 옳은 것은?

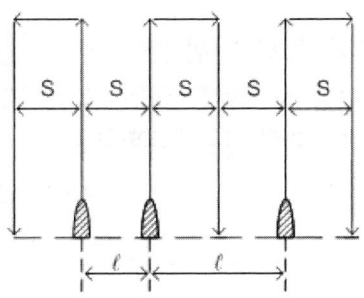

   가. S를 Track spacing이라 한다.
   나. S를 Sweep라 한다.
   사. S를 Interval이라 한다.
   아. S를 Track이라 한다.

Answer 16 나 17 사 18 가

19. 수색 관련 용어 중 항적 간격(Track spacing)이란 무엇을 의미하는가?
가. 수색에 참여한 선박들의 평균 항적 간격
나. 수색경로중 짧은 쪽 경로의 사이
사. 수색경로중 긴 쪽 경로의 사이
아. 인접한 수평 수색 항적간의 거리

20. 물에 빠진 생존자를 인양구조할 때, 구조선은 생존자의 어디로부터 접근하여 어느 현에 구조망을 설치해야 하는가?
가. 풍상쪽 – 풍상쪽
나. 풍상쪽 – 풍하쪽
사. 풍하쪽 – 풍하쪽
아. 풍하쪽 – 풍상쪽

해설 구조선의 풍하현 쪽에 줄 또는 그물을 여러 군데 설치하고 조난자의 풍상 쪽에서 구조선을 표류시켜 접근하는 표류자를 풍하쪽에서 끌어올려 구조한다.

21. 항해 당직자가 선박의 기적을 장음 3회 발하였다. 이것은 무엇을 의미하는가?
가. Fire
나. Abandon ship
사. Man overboard
아. Lower lifeboat

22. "연안국은 해상안전을 확보하기 위하여 조난 선박이나 조난 항공기의 효과적인 수색 및 구조기관의 설립, 운영 및 관리를 증진하고, 필요한 경우에는 인접국과 협력하여야 한다." 위 내용과 관련이 가장 깊은 국제협약은?
가. SAR협약
나. MARPOL 73/78 협약
사. SOLAS 협약
아. STCW 협약

23. 윌리암슨 선회법의 특징에 해당하는 것은?
가. 사람이 물에 빠진 시각을 모를 때 적합하다.
나. 추락자에 대한 접근 시간이 단축된다.
사. 추락자의 추락시각을 알 때 적합하다.
아. 추락자를 감시하며 조선할 수 있다.

해설 인명구조시 선박의 조종
① 빠진 시간을 모를 때
  ㉠ 윌리암슨즈턴(Williamson's turn)

Answer 19 아 20 나 21 사 22 가 23 가

- 야간에 물에 빠진 시간을 모를 때의 구조법
- 익수자가 빠진 쪽으로 전타하여 원침로에서 60° 정도 벗어난 후에 반대방향으로 전타한다.
- 선수가 침로 반대방향 20° 전이 되면 Midship하여 선박을 침로 반대방향으로 회전시킨다.
▶ 장단점
- 원래의 항적선으로 양호하게 되돌아 간다.
- 시계가 불량할 때 또는 야간에 빠진 시간을 모를 때 유익하다.
- 간단하나 절차가 느리다.
ⓒ 샤르노브턴(Scharnov-turn) = 샤아르노턴(Scharnow's turn) = 샤노우턴
- 타를 전타하여 원래의 침로로부터 240° 벗어난 후에 반대방향으로 다시 전타하여 선수가 침로 반대방향 20° 전이 되면 Midship에 두고 선박을 반대 침로로 선회시킨다.
- 윌리암슨즈턴보다 거리가 짧아 시간이 적게 걸린다.
② 익수자를 보면서
㉠ 싱글턴(A Single turn) = Anderson turn = 지연선회법(Delayed turn)
- 익수자가 빠진 쪽으로 전타하여 익수자가 선미에서 벗어나면 1분정도 항주후(400야드 정도) 원침로에서 230° 회두할 무렵 선수전방에 익수자가 나타나며, 원침로에서 250° 벗어난 후 Midship하여 초기 침로로 되돌아 가도록 조정을 멈춘다.
- 가장 빠른 구출방법
- 다루기 어려운 선회특성을 가진 선박에 유용하다.
- 상당한 출력을 가진 선박에서 주로 많이 사용된다.
- 단추진기를 가진 선박에서는 어렵다.
- 사람에 대한 접근이 일직선이 아니므로 어렵다.
ⓒ 반원2회 선회법(Two 180° turn)
- 물에 빠진 사람이 보일 때의 익수자 구조법
- 전타 및 기관을 정지하여 사람이 선미에서 벗어나면 다시 전속 전진하다 180° 선회가 되면 정침하여 전진하다가 사람이 정횡 후방 약 30°근방에 보일 때 다시 최대 타각을 주면서 선회시키고 원침로에 왔을 때 정침하여 전진하면 선수 부근에 사람이 보이게 된다.
- 빠진 사람을 늘 한쪽 위치에서 볼 수 있고 풍향이 침로와 직각일 때 유리

24 인명구조시 Williamson's turn과 관련이 있는 내용이다. 맞는 것은?

가. 전타(hardover)하여 60노 회두 후 타빈진
나. 전타(hardover)하여 90도 회두 후 타반전
사. 전타(hardover)하여 180도 회두 후 타반전
아. 전타(hardover)하여 30도 회두 후 타반전

Answer 24 가

25 조난선을 수색할 때 추정기점을 결정함에 있어서 고려하여야 할 사항이 아닌 것은?

- 가. 보고된 조난위치 및 조난시각
- 나. 구조선의 현장 도착 예정시각
- 사. 조난선의 추정 이동량
- 아. 조난선의 국적

26 조난선의 수색이 성공하지 못한 채 수색을 종료할 경우 고려해야 할 것과 거리가 먼 것은?

- 가. 생존자가 당시의 해상조건에서 생존할 가능성
- 나. 수색목표가 수색구역에 있다고 가정할 경우 발견가능성
- 사. 수색선 및 수색항공기가 현장에 머물 수 있는 시간
- 아. 수색조정선의 변경

27 조난선이 행하여야 할 조난통보의 주요내용과 관련이 없는 것은?

- 가. 선명 및 호출부호
- 나. 위치
- 사. 조난의 상황
- 아. 조난의 원인

28 팽창식 라이프 래프트가 팽창되지 않고 컨테이너 채로 떠 있을 때의 조치는?

- 가. 발로 한번 힘차게 찬다.
- 나. 본선으로 끌어 올려 다시 투하한다.
- 사. 옆에 붙어 있는 페인터를 다시 잡아당긴다.
- 아. 다시는 팽창되지 않으니 포기한다.

29 팽창식 라이프 래프트는 팽창 줄이 당겨진 다음 완전히 팽창될 때까지 얼마 정도 시간이 걸리는가?

- 가. 약 5초
- 나. 약 20~30초
- 사. 약 1분
- 아. 약 5분

 25 아 26 아 27 아 28 사 29 나

30 항해중인 선박 및 선원의 안전이 우려되는 상태를 SAR협약에서는 무슨 단계라 하는가?
  - 가. 불확실단계
  - 나. 경보단계
  - 사. 조난단계
  - 아. 구조단계

31 해상에서 다른 선박의 조난신호를 청취하였을 때 취할 행동으로서 옳은 것은?
  - 가. 즉시 응답하고, 조난 선박으로부터 요청이 있으면 전속으로 구조하러 간다.
  - 나. 즉시 전속으로 구조하러 가면서 가능하면 조난선과 교신한다.
  - 사. 먼저 조난해역의 기상·해상 상태를 검토한 후 구조가 가능하다고 판단되면 구조하러 간다.
  - 아. 즉시 본사에 타전하여 허가를 얻은 후에 구조하러 간다.

32 효과적인 수색·구조작업을 위하여서는, 육상에 있는 수색·구조 담당기관, 수색·구조 작업에 임하는 항공기, 선박 사이에 (   )이 필요하다. (   )에 가장 적합한 것은?
  - 가. 조정(Co-ordination)
  - 나. 계약(Contract)
  - 사. 할당(Assignment)
  - 아. 수색방법(Search pattern)

33 SAR operation시 항공기가 선박상공을 선회한 후 선수 가까이서 낮게 떠서 날개를 흔들며 지나갔다면 이것은 무엇을 뜻하는가?
  - 가. 즉시 정선하라.
  - 나. 계속 항진하라.
  - 사. 비행방향으로 침로를 바꾸어 항진하라.
  - 아. 교신준비를 하라.

  해설
  - 항공기가 조난당한 선박을 시위힐 때는 1회 이상 선박을 선회한 후 양 날개를 흔들면서 저공으로 접근하여 선박 정면 코스를 횡단하고, 선박의 위치할 방향으로 전진한다.
  - 선박의 지원이 더 이상 요구하지 않을 때는 양 날개를 흔들면서 저공으로 후미에 접근하여 선박의 항적을 횡단한다.

30 나   31 나   32 가   33 사

34. 해상수색조정선이 조난선을 수색하기 위하여 수색방식을 결정할 때 고려해야 할 내용과 관계가 먼 것은?

가. 구조선 선원의 능력
나. 조난선에 대한 정보
사. 기상상태
아. 구조선의 수

35. 다음 중 VHF 통신에 관한 IMO의 규정과 틀리게 설명된 것은?

가. 통신을 하기 위하여 필요한 최저한의 출력을 사용한다.
나. 선박과 해안국과의 통신에서는 해안국의 지시에 따른다.
사. 호출은 항상 호출주파수(채널16)를 사용하여야 한다.
아. 가능한 한 해안국의 VHF통신권 내에서는 채널 16의 청수를 계속해야 한다.

> **해설** 채널 16번은 모든 선박이 청취하고 있는 조난신호를 수신하는 채널이기 때문에 처음 호출시 만 사용하고 다음에는 다른 채널을 사용해야 한다.

36. 수색 및 구조와 관련하여 추정기점(Datum)을 결정할 때 고려할 요소와 관계가 먼 것은?

가. 통보된 조난의 일시 및 위치
나. 각 구조선의 현장도착 예정일시
사. 수색방식
아. 무선 방위 또는 발견물과 같은 부가적인 정보

37. 제한된 시정에서 특정의 수색방식을 시작할 경우, 현장조정관이 유의할 사항이 아닌 것은?

가. 넓은 해역을 수색하기 위해 수색간격을 넓힌다.
나. 선박들이 저속으로 항행하게 되므로 수색이 오래 걸린다.
사. 해상수색조정선이 수색구역의 길이 및 폭의 한쪽 또는 양쪽을 축소하려고 하는 경우에는 추정된 표류치를 고려한다.
아. 수색간격을 좁히는 경우 인접한 선박간의 간격이 줄게 되므로 더 많은 수색을 할 필요가 있다.

Answer 34 가 35 사 36 사 37 가

38 뒤집힌 구명뗏목을 바로 세우는데 사용하는 줄은 무엇인가?
    가. Righting strap
    나. Lazy Line
    사. Mooring Line
    아. Frapping Line

39 다음 중 각 국의 선위통보제도(Ship Reporting System)가 아닌 것은?
    가. AMVER
    나. AUSREP
    사. KOSREP
    아. IMOSAR

    해설 아. IMOSAR(IMO 수색구조편람) : "1979년의 해상 수색구조에 관한 국제조약"
    SAR조약의 작성작업과 병행하여 만들어 진 것으로 해상수색구조기관의 행동지침서
    • AMVER(Automated mutual-assistance vessel rescue system)
      미국 해양 경비대(USCG)에 의해 운용하는 선위통보제도
    • AUSREP(Australian ship reporting system)
      호주 운수성 소속의 호주 연방 해상 안전 감시 센터에서 운용하는 선위통보제도
    • KOSREP(Korea ship reporting system)
      한국 해양 경찰에서 운용하는 선위통보제도로, 북위 30° 이북 및 북위 40° 이남과 동경 121°에서 동경 135°의 해역을 대상
    • JASREP(Japanese ship reporting system)
      일본 해상 보안청에서 운용하는 선위통보제도

40 선박에서 환자를 헬리콥터로 육상에 수송하고자 한다. 이 때 헬리콥터가 선박에 접근한 경우, 그 인양장치에 관한 주의사항 중 틀린 것은?
    가. 선체 일부에 묶어서는 안 된다.
    나. 헬리콥터측의 지시가 없는 한 잡으려고 하여서는 안 된다.
    사. 인양장치의 금속부분을 선박의 핸드레일에 걸어 고정시킨 후 구조용 들것에 환자를 싣는다.
    아. 후크를 닫기 전에 정전기 제거선을 선체에 접촉시켜야 한다.

    해설 어떠한 경우에도 윈치 케이블의 끝에 있는 인양장치를 선체구조물 또는 삭구류에 붙들어 매어서는 안 된다. 헬리콥터로부터 지시가 없는 한 인양상지를 삽아서는 안 되며, 지시가 있는 경우에도 정전기로 인한 쇼크를 방지하기 위해 인양장치의 금속 부분이 갑판에 접촉한 후에 잡도록 한다.

Answer 38 가 39 아 40 사

41 체온유지를 위하여 행하는 조치로서 틀린 것은?

가. 얇은 옷을 많이 입는 것보다 한벌이라도 두터운 옷을 입는 것이 좋다.
나. 안쪽에는 양모계통의 따뜻한 옷을, 바깥쪽에는 방수가 잘되는 옷이 좋다.
사. 가능한 한 모자, 장갑, 신발 등을 착용하는 것이 좋다.
아. 옷의 끝부분을 잘 여며서 물의 출입, 공기의 출입이 용이하지 않도록 하는 것이 좋다.

42 수색관련 용어에 대하여 잘못 설명한 것은?

가. 기준점(datum)은 특정시각에 수색 목표가 존재할 가능성이 가장 큰 위치이다.
나. 표류치(drift)는 수색물표를 이동시키는 원인이 되는 바람, 해조류의 추정 합성치를 말한다.
사. 수색진로(track)는 한 척의 선박이 수색한 경로를 말한다.
아. 확대 정방형 수색방식(expanding square search pattern)은 익수자 발생시 한 척의 선박이 기준점으로부터 방사상으로 수색하는 방식이다.

해설 확대 정방형 수색방식은 정방형으로 4마일씩 확대하여 수색하는 방법
▶ 방사상으로 수색하는 방식은 부채꼴 수색방식(Sector search pattern)이다.

43 현장 조정관(on-scene co-ordinator)의 임무로 옳지 않은 것은?

가. 수색구조임무 조정관(SMC)을 선임하는 것
나. 수색구조임무 조정관(SMC)으로부터 수색활동계획을 입수하는 것
사. 현장에서 수색작업을 개시하는 것
아. 현장 상황변화에 기초하여 수색계획을 수정하는 것

해설 SMC가 OSC를 임명한다.
수색과 구조에 관한 용어 및 약어
- SC(SAR co-ordinators) : SAR 조정관
  최고위급의 SAR 관리자
- SMC(Search and rescue mission co-ordinator) : 수색구조임무 조정관
  실질적인 또는 명백한 조난상황의 대응을 조정하기 위하여 임시적으로 임명된 관리로 RCC의 수장이나 지명된 자가 맡으며, SAR 기간 동안에만 존재하고, OSC를 임명한다.

Answer 41 가 42 아 43 가

- OSC(On-Scene co-ordinator) : 현장지휘자, 현장조정관
  특정 수색구역 내에서 수색 및 구조 활동을 조정하기 위하여 지정된 구조대의 지휘자
- RCC(Rescue Co-odination Center) : 구조조정본부
  수색 및 구조업무의 효율적인 조직화를 촉진하고 수색 및 구조구역에서 동업무 실시를 조정하는 책임을 지는 기관
- RSC(Rescue sub-centre) : 구조지부
  수색 및 구조구역 내의 특정구역에 대하여 구조조정본부를 보좌하기 위하여 설치된 구조조정본부의 하부기관
- CSS(Co-ordinator Surface search) : 해상수색조종선
  수색구조활동을 조직적으로 수행하기 위하여 수색선 가운데 선정된 지휘선
  식별신호로 국제신호기 "FR"기를 게양 ☞ 본선은 이 수색의 조정을 담당하고 있다.
- CES(Coast earth station) : 해안지구국
  선박지구국을 지구상의 통신 네트워크와 연결시키는 Inmarsat 해안기지국
- Datum(기준점, 추정기점) : 수색 계획에 참조로 사용되는 지리적인 지점, 선 또는 구역
  특정시각에 수색목표가 존재할 가능성이 가장 큰 위치
- Track spacing(항적거리) : 인접하는 수평 수색 항적간의 거리
- Amver : 수색 및 구조를 위한 전세계 선박보고 제도

44 다음 중 수색선이 수색목표를 발견하지 못한 이유로 가장 부적합한 것은?

가. 표류치 계산상의 오차
나. 철저한 수색을 위해 너무 좁은 간격으로 수색할 때
사. 조난선의 조난위치 통보의 부정확
아. 흔적도 없이 침몰된 경우

45 부근에 있는 선박으로부터 조난신호를 수신한 선박은 다음 중 어떤 조치를 우선적으로 취하여야 하는가?

가. 해안무선국에 그 내용을 즉시 중계해야 한다.
나. 무선침묵을 지켜야 한다.
사. 즉시 수신하였음을 통보해 주어야 한다.
아. SOS 신호의 연속된 송신을 행한다.

Answer 44 나 45 사

46 해상에서 다른 선박의 조난신호를 청취한 선박의 구조의무가 해제되는 경우로서 옳지 않은 것은?

가. 조난자로부터 구조의 필요가 없어졌다는 내용의 통보를 받았을 경우
나. 조난 장소에 먼저 도착한 선박으로부터 구조의 필요가 없어졌다는 통보를 받았을 경우
사. 조난자를 구조하러 갈 경우에는 도저히 도착 예정시각(ETA)안에 도착할 수 없다고 판단되는 경우
아. 조난선박의 선장이, 구조요청에 응답한 선박 가운데 적당한 타선박을 지명하고 지명된 선박이 모두 구조에 응했을 경우

47 해상에서 조난선박을 발견한 경우에 선장에게 그 구조의무를 강제적으로 부과하고 있는 규정은?

가. STCW
나. SOLAS
사. IAMSAR
아. IMOSAR

48 다음 수색 및 구조작업 중 헬리콥터를 사용하기 어려운 작업은?

가. 물품의 보급
나. 조난선 예인
사. 조난자 구조
아. 조난자 이송

49 한 척의 선박이 기준점으로부터 일정한 거리를 항진한 후 우현 90°로 변침하여 가며 수색구역을 넓혀 나가는 수색 방식은?

가. 평행수색
나. 항로왕복수색
사. 확대사각수색
아. 부채꼴수색

해설 확대 정방형(확대 사각형) 수색 : Expanding Square Search
수색목표물의 위치가 상대적으로 가까운 한계 내에 있는 것으로 알려 졌을 때 가장 효과적이다. (Most effective when the location of the search object is known within relatively close limits.)

Answer 46 사 47 나 48 나 49 사

부채꼴 수색 : Sector Search
수색목표물의 위치를 정확하게 알고 수색구역이 소규모일 때 가장 효과적이다. (Most effective when the position of the search object is accurately known and the search area is small.)

50 수색 Pattern 중 추정기점에 접근하여 4mile 진출한 점에서 침로를 90° 우전하여 4mile 수색을 실시하고 다시 90° 우전하여 8mile 진출하고 다시 우전하여 8mile을 항해하는 방식으로 4mile씩 확대하여 수색하는 방식은?

가. 합동수색
나. 평행진로수색
사. 선형수색
아. 확대정방형수색

51 2척 이상의 선박이 조난선을 수색하는데 이용되는 수색 방법은 다음 중 어느 것인가?

가. Expanding Square Search Pattern
나. Parallel Track Search Pattern
사. Sector Search Pattern
아. Ship/Aircraft Co-ordinated Search Pattern

해설 확대정방형수색과 부채꼴수색은 1척인 경우에 이용하며, 평행수색은 수색선이 1척 이상일 때 이용한다.

52 사람이 물에 빠진 경우 등 작은 지역의 수색으로 수색선이 1척인 경우 주로 이용하는 수색방법은?

가. 확대정방형 수색방법
나. 부채꼴 수색방법
사. 평행 수색방법
아. 해공 합동수색방법

53 조난선을 수색하는데 있어서 평행수색방식이 적합한 경우는?

가. 수색선이 1척일 때
나. 복표물의 정확한 위치를 알 때
사. 수색구역이 넓을 때
아. 균일한 수색이 필요 없을 때

Answer 50 아 51 나 52 나 53 사

54 다음 중 조난선박을 수색할 때 부채꼴 수색방식에 대한 설명으로서 옳은 것은?

가. 두 척 이상의 수색선이 참가한다.
나. 수색 범위가 좁을 때 적합하다.
사. 모든 변침각을 좌현 60도로 한다.
아. 시계가 불량할 때 유리하다.

해설 Sector search pattern(부채꼴 수색 방식)
수색 범위가 좁을 때 한 척의 선박이 추정기점으로부터 방사상으로 수색하는데 적합한 수색 방식

55 IAMSAR 편람에서 추천하고 있는 수색 방식이 아닌 것은?

가. 확대사각 수색형
나. 마름모꼴 수색형
사. 부채꼴 수색형
아. 평행선 수색형

56 수색목표의 위치를 정확히 알고, 수색구역이 소규모일 때 가장 효과적인 수색방법은?

가. 나선형 수색
나. 확대 정방형 수색
사. 평행수색
아. 부채꼴형 수색

57 퇴선 후 조난위치에 가깝게 머물기 위해서는 다음 중 어느 조치를 하여야 하나?

가. 목표물을 크게 한다.
나. Sea anchor를 투하한다.
사. 조난신호탄을 발사한다.
아. EPIRB를 투하한다.

58 조난자가 물속에서 체온을 오래도록 유지하기 위한 조치로 맞는 것은?

가. 알코올을 마신다.
나. 수영을 한다.
사. 될 수 있는 한 옷을 벗어 버린다.
아. 가능한 한 몸을 웅크린 자세로 움직이지 않는다.

Answer 54 나 55 나 56 아 57 나 58 아

59 라이프자켓을 입고 물로 바로 뛰어 들 때는 가능한 몇 미터 이하의 높이에서 뛰어들어야 하는가?

가. 25미터 나. 15미터
사. 10미터 아. 6미터

60 구조 항공기에서 투하하는 구명용품 중 식량 및 식수를 포장한 용기의 색깔은?

가. 황색 나. 흑색
사. 청색 아. 적색

해설
- 적색 꼬리표는 의료구호품 및 응급장비
- 청색 꼬리표는 식량 및 식수
- 황색 꼬리표는 담요 및 보온복
- 흑색 꼬리표는 난로, 도끼, 요리기구 같은 잡화

61 조난자가 구명조끼만 입은 채 물에 뛰어 들었을 때 생명을 잃는 가장 큰 원인은 무엇인가?

가. 익사 나. 저체온과 한냉쇼크
사. 식수부족 아. 상어등 수중동물의 위험

62 레이더를 이용하여 조난선박을 수색할 경우 선박간의 간격은 예상된 레이더 탐지거리의 ( )배로 유지한다. ( ) 안에 적합한 것은

가. 0.5배 나. 1배
사. 1.5배 아. 2배

63 조난시 물에서 수영을 하는 것에 관한 설명으로 틀린 것은?

가. 수영으로 인한 혈액순환이 촉진되어 체온저하를 막을 수 있다.
나. 사지를 펴게 되어 해수와 닿는 면적이 커지므로 체온이 떨어진다.
사. 옷과 피부 사이의 공기와 따뜻한 물을 쉽게 방출시키는 효과가 있다.
아. 조난시는 수영을 금하고 조난자끼리 서로 껴안는 허들(HUDDLE)포즈를 취하는 것이 좋다.

Answer 59 아 60 사 61 나 62 사 63 가

64 익수자가 발생한 시간을 모를 때 항해한 항로를 되돌아가서 탐색하는 방법은?
가. 지연 선회법
나. 반원 2회 선회법
사. 윌리암슨 선회법
아. 싱글 선회법

65 구명뗏목에는 1인당 비상식수가 최소 얼마나 준비되어 있는가?
가. 1.5리터
나. 2~3리터
사. 4~5리터
아. 5리터 이상

해설 구명정에는 1인당 3리터, 구명뗏목에는 1.5리터의 식수가 준비되어 있다.

66 다음 사항 중 조난시 가장 주요하게 생각해야 할 사항은?
가. 식수
나. 식량
사. 체온유지
아. 조난자의 위치표시

67 국제신호서 의료부문 지시시항 제2절 선장에 대한 지시 중 정보사항에 속하지 않는 것은?
가. 환자의 구분
나. 병력
사. 병세 또는 상처의 부위
아. 처방

68 다음은 IAMSAR 편람에서 사용되는 약어이다. 옳지 않은 것은?
가. CRS : Coast Radar Search(연안 레이더 수색)
나. OSC : On-Scene Co-ordinator(현장조정관)
사. CSP : Commence Search Point(수색개시지점)
아. ACO : Aircraft Co-ordinator(항공수색구조조정관)

해설 CRS : Coast Radio Station(해안무선국)

69 의료업무에 종사하는 선박이 표시하여야 할 등화는?
가. 황색 섬광등
나. 청색 섬광등
사. 적색 섬광등
아. 백색 전주등

Answer 64 사 65 가 66 사 67 아 68 가 69 나

70 수색중의 선박조종지침에 다음 관한 설명 중 옳지 않은 것은?

가. 수색중에도 국제해상충돌방지규칙이 적용된다.
나. 이 상황에서 조종 및 경고신호는 특별히 중요하다.
사. 선박조종에 관한 통신문에 시각이 명시되어 있지 않은 경우는 수신 즉시 행동을 취한다.
아. 새로운 수색구역으로의 항진과 같은 대각도 변침을 두 단계로 나누어 하는 것은 좋지 못하다.

해설 IAMSAR Manual Volume ⅲ 제3절 현장조정 中 조종지침에는 보기 가. 보기 나. 보기 사. 이외에 ▶ "OSC가 수색 패턴에 참여하고 있는 선박에서 새로운 지역으로 진입하기 전에 침로의 주요 변경(90도를 넘는 각도)을 시행하도록 지시를 해야 할 상황이면 OSC는 이러한 지시를 두 단계로 하는 것이 바람직하다."라고 되어 있다.

Answer 70 아

제10장 승무원의 관리 및 훈련

01 개인의 욕구가 충족되고 있는 정도 내지는 개인의 그 조직에서 만족을 자각하는 도를 무엇이라 하는가?
  가. 사기
  나. 갈등
  사. 리더십
  아. 커뮤니케이션

02 교육 책임자가 선박운항의 효율성과 안전성 및 개인의 복지를 위하여 하는 교육 내용이 아닌 것은?
  가. 선박과 장비의 숙지
  나. 선박 운항을 위한 안전절차의 수행
  사. 선원들의 조직화
  아. 안전장비 사용법의 숙지

03 다음 중 비상부서 배치표에 반드시 명기해야 할 사항은?
  가. 각자의 이름과 부서
  나. 각자의 부서와 배치
  사. 각자의 배치와 이름
  아. 각자의 배치와 임무

04 다음 중 선내작업을 수행하기 위한 목표설정시에 고려하여야 할 사항과 관계가 적은 것은?
  가. 작업의 종류와 위치
  나. 작업의 필요성과 방법
  사. 작업의 시간과 인원
  아. 작업의 평가

Answer 01 가 02 사 03 아 04 아

05 다음 중 현장 감독자에게 필요한 요건이라 할 수 없는 것은?
   가. 작업에 대한 지식
   나. 직책에 대한 지식
   사. 훈련에 대한 기능
   아. 통솔의 기능

06 다음은 ISM Code에 대한 설명이다. 틀린 것은?
   가. 선박회사는 안전관리시스템을 구축하고 그 시스템에 따라 육상과 선박의 안전관리를 해야 한다.
   나. 인정된 기관으로부터 안전관리시스템과 관리 실태에 대해 심사를 받아야 한다.
   사. 선장은 DOC와 SMC의 원본을 본선에 보관해야 하고, 외국항에서 요구가 있으면 제시해야 한다.
   아. DOC의 유효기간은 5년이다.

   해설 본선에서는 DOC(안전관리적합증서)사본과 SMC(선박안전관리증서)원본을 보관해야 한다.
   • DOC(Document of compliance) : 안전관리적합증서
   • SMC(Safety management certificate) : 선박안전관리증서

07 부하 직원이 명령에 복종하는 이유로 가장 바람직한 형태는?
   가. 명령이 필요하다고 인식하여 복종한다.
   나. 감정적인 이유에서 복종한다.
   사. 자신의 취약점 때문에 복종한다.
   아. 자신의 목표와 일치하므로 복종한다.

08 비상부서배치표에 포함하지 않는 내용은?
   가. 침실의 배치
   나. 지휘계통
   사. 비상시 신호방법
   아. 탈출시 휴대품

09 선내 구성원 간 대화의 요령으로 옳지 않은 것은?
   가. 짤막하고 요령이 있어야 한다.
   나. 구체적인 언어를 사용한다.
   사. 활발하고 흥미있게 한다.
   아. 상대편의 설득은 본인의 믿음을 중심으로 한다.

Answer   05 사   06 사   07 가   08 가   09 아

10 선내 위생관리자의 역할에 해당되지 않는 것은?
   가. 검역감염병 예방주사 실시
   나. 작업환경과 거주환경의 위생유지
   사. 선원의 건강관리 및 보건지도
   아. 식료품과 음료수의 위생유지

11 선내 작업 안전에 관한 사항 중 환경조건으로 볼 수 없는 것은?
   가. 해상 환경   나. 선박구조 특성
   사. 승선 근무 특성   아. 개인의 자질

12 선박관리자가 선내직무를 수행하기 위해 어떤 의사결정을 할 경우 고려하여야 할 사항이다. 순서가 맞는 것은?
   가. 문제의 탐색, 식별, 결정, 시행, 평가
   나. 문제의 식별, 결정, 탐색, 시행, 평가
   사. 문제의 식별, 탐색, 시행, 결정, 평가
   아. 문제의 식별, 탐색, 결정, 시행, 평가

13 선박의 비상사태에 대비하기 위해 작성하는 비상부서 배치표의 내용을 바르게 설명한 것은?
   가. 승무원 각자의 임무수행 위치와 그 임무의 내용
   나. 조타실, 기관실, 통신실에서의 비상운전 내용
   사. 가까운 항구로의 긴급 입항 요령
   아. 경제적인 선박운항을 위한 조치

14 선원노동관계규범 중 선원 노동의 최저기준을 정한 규범은?
   가. 근로기준법   나. 선원법
   사. 선원근로계약   아. 승선취업규칙

 10 가 11 아 12 아 13 가 14 나

15 선원의 건강 증명에 필요한 비용은 누가 부담하는가?
  가. 선원자신
  나. 선박소유자
  사. 선원과 선박소유자 공동부담
  아. 의료보험조합

16 선원이 잘못을 저질렀을 때의 처벌의 참된 목적은 어디에 있는가?
  가. 재발방지
  나. 공포심 고양
  사. 책임자의 권위 유지
  아. 복종의 유도

17 의사 결정 방법 중 관리자의 인격에서 우러나와 부하를 감독하는 통솔법을 무엇이라 하는가?
  가. 리더십(Leadership)
  나. 헤드십(Headship)
  사. 팔로우십(Followship)
  아. 비헤이비어십(Behaviorship)

18 장시간 노동은 피로 → 주의력 결핍 → (　) 의 과정으로 진행되기 쉽다. (　) 안에 적당한 말은 무엇인가?
  가. 재해발생
  나. 과로
  사. 운동
  아. 시간외 근무

19 직업병을 예방하는 방법이 아닌 것은?
  가. 유해 물질을 독성이 적은 물질로 대체한다.
  나. 오염 원인을 제거한다.
  사. 유해 물질의 작업장소에 통풍을 차단한다.
  아. 개인 보호 조치와 개인 위생에 철저를 기한다.

20 직장에서 안전교육을 실시할 때 가장 먼저 해야 되는 것은?
  가. 안전 설비의 점검
  나. 안전에 대한 인식 고양
  사. 안전 의식의 규범화
  아. 안전교육 시행상의 결함 시정

Answer 15 나 16 가 17 가 18 가 19 사 20 나

21
학습시간이 많을수록 선원의 (　)는(은) 감소한다. (　) 안에 적당한 말은?

가. 과오
나. 망각
사. 성과
아. 노력

22
해운기업에서 승무원의 안전관리의 가장 중요한 목적이라고 할 수 있는 것은?

가. 선원의 정신적, 육체적 건강관리에 있다.
나. 기업의 채산성 향상에 있다.
사. 부서 책임자의 책임 경감에 있다.
아. 선주의 의료비용 절감에 있다.

23
의사소통의 일반 원칙에 해당하지 않는 것은?

가. 명료성
나. 일관성
사. 단절성
아. 타당성

24
선내에서 비상사태가 발생했을 때 각 선원의 임무수행의 위치와 내용을 표시하고 있는 것은?

가. Deck Log Book
나. Night Order
사. Standing Order
아. Station Bill

해설
- Deck Log Book : 갑판당직일지
- Night Order : 야간 지시록
- Standing Order : 복무지침
- Station Bill : 비상배치표

25
선박에서 작업환경의 안전을 저해하는 물적요인이란 무엇을 말하는가?

가. 해상의 위험
나. 선원의 자질
사. 선박구조의 특성
아. 인간관계

Answer 21 가　22 가　23 사　24 아　25 사

26 승무원의 건강진단의 직접적인 목적으로 볼 수 없는 것은?
   가. 신체 이상 유무의 발견   나. 감염병의 발견
   사. 직업병의 발견   아. 승무원간의 체력 비교

27 선내에서의 의사소통 방식에 속하지 않는 것은?
   가. 하향식 의사소통(Downward Communication)
   나. 상향식 의사소통(Upward Communication)
   사. 수평식 의사소통(Sideward Communication)
   아. 교차식 의사소통(Crosswise Communication)

28 리더십 유형에서 조직구성원에게 의사결정의 자유를 주고, 일의 결과에 대해 평가나 규제가 없도록 하는 유형을 무엇이라 부르는가?
   가. 과업형   나. 자유방임형
   사. 독재형   아. 민주형

29 바람직한 노사관계로 볼 수 없는 것은?
   가. 생산성 향상   나. 임금투쟁
   사. 노동조건의 개선   아. 노사협력

30 리더(Leader)의 정책결정이 개방되고 조직구성원의 토의와 의견을 존중하는 리더십 형태는?
   가. 전제적 리더십   나. 민주적 리더십
   사. 개방석 리더십   아. 자유방임적 리더십

Answer 26 아 27 사 28 나 29 나 30 나

31 다음 사항 중 인간관계 관리의 제 기법에 속하지 않는 것은?

가. Morale survey(사기조사)
나. Communication(의사소통)
사. Suggestion system(제안제도)
아. Laissez-faire leadership(자유방임적 리더십)

32 공통의 목표달성을 위하여 개인 또는 집단의 행위에 영향력을 행사하는 과정을 무엇이라 하는가?

가. 커뮤니케이션
나. 리더십
사. 모랄
아. 모티베이션

33 선상작업에서 작업의 3요소에 속하지 않는 것은?

가. 인간
나. 도구
사. 작업환경
아. 시산

34 본선 안전관리에서 설비의 안전화를 기하는 목적은 어디에 있는가?

가. 설비의 잠재 위험을 사전에 발견하여 재해를 예방하는데 있다.
나. 선박의 설비를 보호하는데 있다.
사. 부하 선원의 정비 능력을 판단하는데 있다.
아. 선원의 노동 강도를 측정하는데 있다.

35 선원직업이 육상직업과 다른 가장 큰 차이점은?

가. 가정과 사회로부터 격리
나. 위험성
사. 독립성
아. 고임금성

Answer 31 아 32 나 33 아 34 가 35 가

36 선원이 선내 생활에서 욕구가 좌절될 경우 가장 일반적으로 나타나는 반응 양식은 어떤 것인가?

가. 더욱 열심히 노력한다.
나. 좌절 대상에 대해 공격적이 된다.
사. 아예 체념해 버린다.
아. 현실 도피를 한다.

37 업무에 종사하면서 체험을 통해 익히는 교육훈련방법을 무엇이라 하나?

가. On the job training
나. Off the job training
사. Self development training
아. Out plant training

38 선내 사기를 올리기 위한 방법 중에서 부적절한 것은?

가. 상하, 부서간의 원만한 의사소통
나. 선내 관리자의 적절한 지도력
사. 동료간의 경쟁심 유발
아. 조직원의 적당한 자존심 인정

39 선내 인적자원관리의 주요 임무가 아닌 것은?

가. 선내에 밝고 명랑한 인간관계를 형성하여 선내 화합유지
나. 해운기업의 전반적인 인적자원관리
사. 선내 노사관계의 원활
아. 각 선원의 능력 개발과 활용

40 선내 인적자원관리의 활성화 방안이 아닌 것은?

가. 선내 집단의 활성하
나. 선원의 의식 개혁
사. 승무원의 건강관리
아. 선원의 자기완성

Answer 36 나 37 가 38 사 39 나 40 아

단원별 3급 항해사

41 선내에서 인사고과를 하는 목적으로 볼 수 없는 것은?
- 가. 근무능력의 평가근거 확보
- 나. 승진시의 참조 자료 확보
- 사. 노동 활동의 감시
- 아. 선내 근로의욕의 고취

42 다음 중 선원 인사관리의 범주에 속하지 않는 것은?
- 가. 직무분석
- 나. 교육훈련
- 사. 임금관리
- 아. 가정실태

43 위험관리 절차에는 위험분석, 위험통제, 위험재무의 세 단계가 있다. 이 중 위험통제의 기법에 속하지 않는 것은?
- 가. 위험 회피
- 나. 위험 제거
- 사. 위험 분산
- 아. 위험 전가

44 작업자의 안전을 위협하는 일반적인 요인과 거리가 먼 것은?
- 가. 환경적 요인
- 나. 물적 요인
- 사. 인적 요인
- 아. 금전적 요인

45 기업의 현장에서 근무하다가 일정기간 전문교육기관에서 교육을 받은 후 다시 기업에 복귀하는 교육 형태를 무엇이라 부르는가?
- 가. Practice mode
- 나. Job rotation
- 사. Sandwitch system
- 아. Simulation

46 재해 발생 상황의 분석을 위한 측정치가 아닌 것은?
- 가. 도수율
- 나. 강도율
- 사. 적응률
- 아. 손실률

Answer 41 사 42 아 43 아 44 아 45 사 46 사

47 선내 교육 실시 요령으로서 옳지 않은 것은?
가. 학습동기를 유발시킨다.
나. 평가는 가능하면 삼가한다.
사. 적절한 질문과 칭찬을 한다.
아. 교육 내용은 효과적인 것이어야 한다.

48 경영조직 내의 구성원이 서로 의사를 전달하고 각종 정보를 교환하는 것을 무엇이라 하는가?
가. 커뮤니케이션
나. 리더십
사. 모랄
아. 모티베이션

49 부하 선원이 바라는 관리자의 형태로 볼 수 없는 것은?
가. 상급자는 하급자의 표본이 되어야 한다.
나. 성급한 비판은 피한다.
사. 부하의 잘못을 엄하게 다스린다.
아. 부하를 인격적으로 대하도록 노력한다.

50 안전관리의 재해 발생 상황의 분석을 위한 측정치가 아닌 것은?
가. Frequency rate
나. Severity rate
사. Working rate
아. Loss rate

Answer 47 나 48 가 49 사 50 사

03
영어

제01장 국제표준 해사통신영어

01 Select the correct one for the blank.

> In VHF communication, repetition of words and phrases should be avoided unless specifically requested by the ( ).

가. sender
나. calling station
사. receiving station
아. navigator

해설 VHF통화에서, 단어와 어귀의 반복은 (수신국)에서 특별히 요구되지 않는다면 피해야 한다.
- receiving station : 수신국

02 Select a proper word in the blank.

> When using VHF, call/reply is normally made on channel 16, but other arrangements may be ( ) on other channels.

가. available
나. neglected
사. disregarded
아. noted

해설 VHF 사용시에, 호출/대답은 16번 채널에서 한다, 하지만 다른 통화는 다른 채널에서 (이용해야) 한다.
- available : 이용할 수 있는

03 Select a correct explanation for the following sentence.
"You are heading towards my tow."

가. 귀선은 본선을 향하여 오고 있다.

Answer 01 사 02 가 03 아

나. 귀선은 본선과 본선의 피예인물 사이로 향하고 있다.
사. 귀선은 본선의 피예인물과 동일한 방향으로 가고 있다.
아. 귀선은 본선의 피예인물을 향하여 가고 있다.

해설
- tow : 끌다. 견인하다.
- my tow : 본선이 현재 예인하는 것

04 Select correct words in the blank.

> Capt. : Where can I take pilot?
> Pilot stn. : You can take pilot at (   ).
> (ALFA 등대에서 185°방향으로 1.5마일 지점)

가. one decimal five miles from ALFA L.H., 185 degrees.
나. in 185 degrees, 1.5 miles off ALFA L.H.
사. 185 degrees, 1.5 miles from ALFA L.H.
아. from ALFA L.H. 185 degrees and 1.5 miles away.

해설 선장 : 어디서 도선사가 승선하는가?
도선사 : (   )에서 승선 할 수 있다.
사. ALFA 등대로부터 185도, 거리 1.5마일 지점

05 Choose the best one to complete the dialog.

> "(   )."
> "Please, use Standard Marine Communication Phrases."

가. I can not understand you.
나. I can not read you.
사. I do not have channel 16.
아. I am not ready to receive your message.

해설 대화를 완성하는데 가장 적절한 것을 고르시오.
"(   )."
가. 나는 당신의 말을 이해할 수가 없다. 표준해사통신영어를 사용해 주십시오.

Answer 04 사 05 가

06 Select the correct one for the blank.

> Agent : This is your agent. I want to talk to Captain, over.
> Duty officer : He is not on Bridge. (   ) on this channel.
> I will call Captain right away.

가. Change
나. Listen
사. Stand by
아. Watch

해설 대리점 : 대리점이다. 선장과 대화하고 싶다.
당직 사관 : 선장님은 선교에 계시지 않다. 이 채널에서 (   ). 즉시 선장님을 부르겠다.
- Stand by on ~ : ~에서 대기하라.
- right away : 즉시

07 Select the correct one for the blank.

> "I am (   ) fire in engine room."

가. to
나. for
사. with
아. on

해설 "기관실에 화재가 발생함."
- on fire : 화재가 발생한

08 Select a suitable word in the blank of following message.

> "You are running (   ) danger. Bridge will not open."

가. against
나. of
사. for
아. into

해설 "귀선은 위험한 곳으로 항해중이다. 교량은 개방되지 않을 것이다."
- running into : ~ 향하여 가다.

09 Select the correct one for the blank.

> (   ) land by Radar on 030°, 30' off.

Answer 06 사 07 아 08 아 09 나

가. Sighted 나. Detected
사. Discovered 아. Observed

해설 레이더에 의해 030°, 30마일 떨어져 (   )된 육지
• Detected : 탐지된

10. Select a suitable preposition in the blank.

"The pilot boat is bearing 254° (   ) you."

가. at 나. to
사. from 아. down

해설 "도선선은 귀선으로부터 254도 방향에 있다."

11. Select the phrase which has not any relation with the following message.
"I am a hampered vessel."

가. a vessel in cable laying operation.
나. a vessel at a berth.
사. a vessel which is dredging.
아. a vessel in fishing operation.

해설 아래 메시지와 관계가 없는 어구를 고르시오.
"본선은 조종성능제한 선박이다."
가. cable 작업 선박
나. 정박중인 선박
사. 준설선
아. 어로작업에 종사중인 선박
• a hampered vessel : 조종성능제한선
(작업의 성질상 조종성능에 제한을 받고 있는 선박)

12. Choose a wrong sentence :

가. Keep clear from me.
나. Keep to the port side of the fairway.
사. Do not pass ahead of me.
아. Do not pass on my port side.

Answer 10 사 11 나 12 가

해설 잘못된 문장을 고르시오.
  가. 본선으로부터 떨어져라.
  나. 가항수역의 좌측으로 항해하라.
  사. 본선의 앞을 통과하지 마라.
  아. 본선의 좌현을 지나지 마라.
  • Keep clear from me는 ⇨ Keep clear of me로 해야 한다.

13 Select the correct one for the blank.

> Traffic Control : Have you altered course for identification?, over.
> Duty officer : Yes, I have just altered course, over.
> Traffic Control : We have (　　) you on the radar now.

가. seen　　　　　　　　　　나. located
사. watched　　　　　　　　　아. selected

해설 빈 칸에 알맞은 것을 고르시오.
  교통 관제 : 확인을 위해 침로를 변경했는가?
  당직 항해사 : 그렇다. 방금 침로를 변경했다.
  교통 관제 : 우리는 방금 레이더에서 귀선을 (확인)했다.
  • locate : 위치를 알아내다

14 Followings are concerned with the "Canal and lock operations". Choose the irrelevant one?

가. What are the details of commencement to transit?
나. The vessel ahead of you is turning.
사. What time may I enter the lock?
아. Transit will begin at 1200 hours.

해설 다음은 "수로와 수문의 기능"과 관계가 있다. 관계가 없는 것을 고르시오.
  가. 통행 시작하려면 어떤 세목들이 필요한가?
  나. 귀선 앞의 선박이 선회중이다.
  사. 수문에 들어가는 시간은 언제인가?
  아. 통과는 12시에 시작할 것이다.

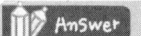 13 나　14 나

15 Choose the correct one to fill the blank.

> "There is a derelict (　　) in position 50°37′ S, 037°02′ W."

가. adrift
나. ahead
사. astern
아. amidships

해설 "남위 50도 37분, 서경 37도 02분 위치에 (표류하는) 유기선이 있다."
- adrift : 표류하는 • derelict : 버려진 배(유기선)

16 A coast radio station says that a gale is imminent. "Imminent" means :

가. the gale will begin to blow in the very near future.
나. the gale will not be so strong.
사. the gale will continue for a long time.
아. the gale will decrease soon.

해설 해안지구국에서 강풍이 임박하다고 말한다. "imminent"의 의미는?
가. 강풍이 곧 불기 시작할 것이다.
나. 강풍이 그렇게 강하진 않을 것이다.
사. 강풍이 오래동안 지속될 것이다.
아. 강풍이 곧 줄어들 것이다.
- imminent : 절박한, 급박한, 긴급한

17 Select proper one for the blank.

> Port Control : Your orders are (　　) anchor at Q-station on arrival.
> Capt. : Roger. I will anchor at Q-station.

가. under
나. for
사. expected
아. to

해설 항만관제 : 귀선에 대한 지시는 도착하는 대로 Q-station에 (　　)하는 것입니다.
선장 : 알았다. Q-station에 앵커를 놓겠다.
- 전치사 "to" : ~ 하는 것으로 해석할 것, "투묘하는 것"

Answer 15 가 16 가 17 아

18. Select one which has the same meaning as the underlined.

> Port Control : "You are in the way of other traffic."
> Captain : "Roger. I will move right away."

가. You are obstructing other vessels.
나. You are passing so close to other vessels.
사. You must have steerage way.
아. Is there any UKC?

해설 밑줄 그은 것과 같은 의미를 가진 것을 고르시오.
항만관제 : "귀선은 교통을 방해하고 있다."
선장 : "알겠다. 즉시 이동하겠다."
가. 귀선이 타선박 진로를 방해하고 있다.
나. 귀선은 타선박과 아주 근접하여 통과하고 있다.
사. 귀선은 타효속력을 가져야만 한다.
아. 여유수심이 있는가?
• steerage way(타효속력) : 타효에 영향을 줄 수 있는 최저속력
• UKC(under keel clearness) : 여유수심
• obstructing~ : 방해하는

19. Select suitable one for the blank.

> "The berth will be clear at one four three zero, (   ) one four three zero hours, over."

가. say again   나. repeat
사. and   아. twice

해설 "정박은 14시30분 정각이 될 것이다. (반복한다) 14시30분이다."
▶ 그 부분만 강조하여 다시 말할 때 repeat라는 단어를 사용한다.

20. "Give a wide berth for passing vessels" has similar meaning to :

가. "Navigate with much caution."
나. "Do not go too close to vessels."
사. "Do not give way to other vessels."
아. "Do not give ample space between passing vessels."

Answer 18 가 19 나 20 나

해설 "지나가는 선박들과 충분한 거리를 두어라"와 유사한 의미를 가진 것은?
가. 상당한 주의를 가진 항해
나. 선박에 너무 가까이 가지 마시오.
사. 다른 선박에 길을 양보하지 마시오.
아. 통행 선박 사이 충분한 여유를 주지 마시오.
▶ berth는 두 가지 뜻이 있음.
① 선박 등의 주위에 안전을 위하여 확보해야 할 해상의 여유 공간
② 선박의 계류를 위한 장소

21 Select the correct one for the blank.

> As navigational and safety communications from ship to shore and vice versa, ship to ship, and on board ships must be precise, simple and unambiguous, so as to avoid confusion and error, there is a need (   ).

가. to standardize the language used
나. to understand the national language of the crew
사. to amend the language spoken
아. to supply any comments submitted by users

해설 선박과 육상간, 선박 상호간, 선박 내에서 사용되는 항해와 안전에 관한 통신은 혼동과 오류를 피하기 위해서는 정확하고 간결하며 명백해야 하기 때문에 (   )할 필요가 있다.
가. 사용하는 언어를 표준화
나. 선원의 국제적 언어를 이해
사. 사용된 언어를 수정
아. 사용자에 의해 제출된 의견을 제공

22 Select a word which has wrong explanation in Standard Phrases of VHF Radio communication.

가. Break – 파손하시오.
나. Say again – 반복해 주시오.
사. Over – 송화 끝, 말씀하시오.
아. How do you read me? – 신호는 잘 들립니까?

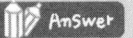 21 가 22 가

> **해설** VHF통신에서 표준 어구에 대해 잘못된 설명을 고르시오.
> • Break : 잠시 중단하라

23 Select a suitable word for the blank.

> A : Do you require a pilot?
> B : No, I do not require a pilot. I am holder of Pilotage Exemption Certificate.
> A : You are (   ) from the Pilotage.

가. exempted 　　　　나. granted
사. cancelled 　　　　아. permitted

> **해설** A : 귀선은 도선사를 요청하는가?
> B : 아니오. 본선은 도선사를 요청하지 않는다.
> 　　본선은 도선 면제 증서를 소지하고 있다.
> A : 귀선은 강제도선이 면제되었다.
> • exempt : 면제하다

24 Fill the blank with suitable one.

> Do not overtake − (   ) − do not overtake.

가. double 　　　　나. repeat
사. say again 　　　아. advice

> **해설** 추월하지 마라 − (반복해서 다시 말한다.) − 추월하지 마라.
> ▶ repeat : 통보 사항 중에 어떤 부분이 특히 중요하다고 생각되어 보호할 필요가 있는 경우에 사용하는 언어

25 Select a sentence which is expressed in accordance with Standard Marine Communication Phrases.

가. My ETA at pilot station is fourteen thirty hours
나. The pilot boat is bearing 235°on you.
사. You can take pilot two miles East of No.1 buoy.
아. Your position is one forty five degrees from "A"L.H.

Answer 23 가　24 나　25 사

해설 표준해사통신영어에 따른 표현의 문장을 고르시오.
가. fourteen thirty hours ▶ one four three zero hours
나. on you ▶ from you
아. one forty five degrees ▶ one four five degrees

26 Select a correct translation.

"귀선 우현 5마일 지점에 있는 선박은 어선이다."

가. Five miles starboard of you is a fishing boat.
나. The vessel in the starboard, a fishing boat is 5 miles.
사. The starboard five miles from you is a fishing boat.
아. The vessel five miles to starboard of you is a fishing boat.

27 The following is the message exchanged between helicopter and a vessel in distress. Which message is the most suitable one for confirmation?

Helicopter : Utopia. This is Helicopter. Identify your self with signal lamp.
Vessel Utopia replies : I am making identification signls.
Helicopter confirms : (   ).

가. You are identified.   나. You are confirmed.
사. You are understood. 아. You are sighted.

해설 헬리콥터와 조난된 선박사이에 교환되는 메시지이다.
어떤 메시지가 확인을 위해 가장 적절한가?
헬리콥터 : Utopia. 헬리콥터다. 등화신호로 귀선을 확인하라.
Utopia : 식별 신호를 보내는 중이다.
헬리콥터 : (   )
▶ You are identified. : 귀선은 확인되었다.

Answer 26 아 27 가

28. Which is the proper answer for the following question?

> Question : Unknown vessel, outward in the vicinity of number three buoy. How do you read me?

가. I read you one. My name is ALFA.
나. This is the vessel passing number three buoy. Go ahead.
사. This is the vessel passing No.3 buoy. My name is ALFA. Go ahead.
아. I read you five. Go ahead.

해설 아래 질문에 가장 적절한 답변은 무엇인가?
질문 : 정체불명의 선박, 3번 부표의 부근에서 바깥쪽으로 가는 선박
이 쪽의 신호 잘 들립니까(감도 있습니까)?
가. 감도가 약하다. 본선명은 ALFA이다.
나. 3번 부표를 지나는 선박이다. 계속 송신하라.
사. 3번 부표를 지나는 선박이다. 선명은 ALFA이다. 계속 송신하라.
아. 감도가 좋다. 계속 송신하라.

29. Large vessel is leaving. <u>Keep clear of</u> approach channel.
The underlined part means :

가. Avoid
나. Close
사. Pass
아. Go by

해설 대형선이 출항중이다. 협수로의 접근을 피하라. 밑줄 친 부분의 의미는 :
• Keep clear of = avoid : 접근하지 마라 = 피하다

30. Select a suitable explanation for the underlined part.

> Capt : I have rigged pilot ladder on my starboard side.
> Pilot : Roger. Please, <u>make a lee for my boat.</u>

가. 귀선이 내 보트의 풍하측이 되도록 하여라.
나. 내 보트가 귀선의 풍하측이 되도록 하여라.
사. 귀선이 배를 돌려서 내 보트가 갈 수 있는 길을 열어라.
아. 귀선은 내 보트의 선미로 접근하라.

Answer 28 사 29 가 30 나

해설 선장 : 본선은 우현에 도선사 사다리를 설치했다.
도선사 : 본선이 귀선의 풍하측으로 되도록 하시오.
▶ make a lee for ~ : ~에서 ~이 풍하측으로 되도록 하다.

31 Select a correct explanation.

"Vessel ahead of you is on the same course."

가. 귀선은 전방에 있는 배와 마주친다.
나. 귀선 전방에 있는 선박은 같은 방향으로 가고 있는 선박이다.
사. 귀선은 전방에 있는 선박과 동일한 선박이다.
아. 귀선은 전방에 있는 선박과 거리가 멀어진다.

해설 • same course 같은 방향 ⇔ opposite 반대 방향

32 Select a proper word for the blank.

( ) lights at pilot ladder position.

가. Lit
나. Put on
사. Put up
아. Turn

해설 도선사 ladder 위치에 조명을 켜라.
• Put on : 켜다.

33 "Keep clear. I am jettisoning dangerous cargo."
The underlined part means :

가. I am throwing deliberately dangerous cargo into the sea.
나. I am delivering dangerous cargo.
사. I am leaking dangerous cargo and on fire.
아. Dangerous cargo on board is falling into the sea.

해설 본선으로부터 멀리 떨어져라(피하라). 나는 위험 화물을 투하 중이다.
가. 본선은 바다에 위험화물을 고의적으로 던지는 중이다.
• jettison : 투하하다. 버리다. • deliberately : 고의로, 일부러

Answer 31 나 32 나 33 가

34 Select the correct one for the blank.

> What is your ETD (　　) Busan port?

가. for
나. under
사. to
아. from

해설 부산항에서 출항예정시각이 언제인가요?

35 Choose the correct one to fill the blank :

(　　). This is Vessel Utopia. I require medical assistance.

가. PAN PAN, PAN PAN, PAN PAN
나. MAYDAY, MAYDAY, MAYDAY
사. SECURITE, SECURITE, SECURITE
아. ATTENTION, ATTENTION, ATTENTION

해설 (　　). 여기는 Utopia호입니다. 우리는 의료지원이 필요합니다.
- 긴급통보 : 팡 팡 3회, 긴급의료 요청 시 사용되는 접두어
- 조난통보 : 메이데이 3회
- 안전통보 : 시큐리티 3회

36 Select a correct explanation of the following sentence.

"Proceed by No.1 fairway."

가. 1번 항로 중앙으로 항진하라.
나. 1번 항로 가까이로 항진하라.
사. 1번 항로를 따라서 항진하라.
아. 1번 항로로부터 멀리 떨어져 항진하라.

37 Select the suitable one for the blank.

> "The vessel one decimal five miles (　　) starboard of you is altering her course to port."

Answer 34 아 35 가 36 사 37 아

가. on 나. for
사. by 아. to

해설 "귀선의 우현 1.5 마일에 있는 선박은 귀선의 좌현으로 변침중이다."
- to ~ : ~쪽으로

38 Select the correct one for the blank.

> You are approaching a strange port for the first time. If you do not know whether the pilotage is compulsory or not, what do you say? (Your vessel's name is Utopia.)
> "Port control, this is Utopia.(   )"

가. Must I take a pilot?
나. Is pilotage suspended?
사. Is pilotage resumed?
아. Is the pilot available?

해설 귀선은 처음으로 와보는 낯선 항에 접근중이다. 만약 강제도선구인지 아닌지 모를 경우, 무엇이라 말하는가?(귀선의 선박명은 Utopia이다)
"항만관제, Utopia호이다. (   )"
▶ Must I take a pilot? : 반드시 도선사를 태워야만 합니까?

39 Fill the blank from the given :

> When the vessel was given a place to anchor by port radio, we say :
> Anchor position has been (   ) to you.

가. obstructed 나. prohibited
사. indicated 아. allocated

해설 선박이 항만국에 의해 묘박지를 부여받았을 때, 이렇게 말한다 :
묘박 위치가 당신에게 (   )
- allocate : 할당하다.

Answer 38 가 39 아

40 Select a correct meaning of the following message.

"I do not have a steerage way."

가. 본선은 움직이지 않고 있다.
나. 본선은 타효속력을 가지지 못하여 잘 조종되지 않는다.
사. 본선은 수로 내로 항해하고 있지 않다.
아. 본선은 기관추진을 사용하고 있지 않다.

해설 • steerage way : 타효속력 ▶ 타효에 영향을 줄 수 있는 최저속력

41 Select a suitable preposition in the blank.

"You must proceed (　　) reduced speed in the channel."
(귀선은 수로에서 감속상태로 항진해야 한다.)

가. in　　　　　　　　나. at
사. for　　　　　　　아. to

42 Select a correct translation.

"본선은 선수, 선미의 흘수가 동일한 상태이다."

가. I am trimmed by zero.　　　나. I have no list.
사. I am on even keel.　　　　아. I am not trimmed by the stern.

해설 • on even keel : 등흘수인

43 Select the correct one for the blank.

Visibility at No.1 buoy is two thousand metres.
Visibility is expected (　　) to one thousand metres in one hour.

가. to improve　　　　나. to reduce
사. to decrease　　　아. to increase

Answer　40 나　41 나　42 사　43 사

> **해설** 1번 부표에서의 시정은 2000미터이다.
> 시정은 한 시간에 1000미터 (　) 할 것으로 기대된다.
> • decrease : 감소하다.
> • increase : 증가하다.

44. Your draft is more than the available depth of water. Your vessel is :

- 가. aground.
- 나. underway.
- 사. making way.
- 아. made fast.

> **해설** 귀선의 흘수는 이용 가능한 물의 깊이보다 더 크다. 귀선은 :
> • aground : 좌초된

45. Translate the following into Korean.

> "I am at anchor."

- 가. 본선은 투묘하려고 한다.
- 나. 본선은 투묘하였다.
- 사. 본선은 투묘상태로 정박중이다.
- 아. 본선은 투묘하고 있는 중이다.

46. Select a suitable common word for the blank.

> A : Do you have any (　)?
> B : Yes, I have a (　) to port of one degree.

- 가. notice
- 나. list
- 사. intention
- 아. ladder

> **해설** A : 귀선은 현재 어느 정도 경사가 있습니까?
> B : 네, 좌현쪽으로 1도 경사가 있습니다.
> • list : 기울기, 경사

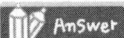 44 가　45 사　46 나

47. Select one which has correct translation.

"The tide is with you."

가. 귀선은 조류의 순조를 받고 있다.
나. 귀선은 조석의 정조시에 있다.
사. 귀선은 조석의 흐름과는 상관이 없다.
아. 귀선은 조류의 영향을 받지 않는다.

48. Select suitable one for the blank.

Are you ready to get (   )?
(귀선은 출항할 준비가 되어 있는가)

가. force
나. leave
사. through
아. underway

49. Select a suitable answer for the following question.

Q : What is your freeboard?
B : (   ).

가. My freeboard is black color
나. My freeboard is starboard side
사. My freeboard has a list
아. My freeboard is 6 meters

해설 귀선의 건현은 얼마인가?
본선의 건현은 6m이다.

Answer 47 가 48 아 49 아

50 Select suitable one for the blank.

"You must heave up anchor right away. Your orders are changed to (　　) alongside at No.1 Berth."

가. have
나. move
사. berth
아. get

해설 귀선은 즉시 양묘하고 접안 명령은 1번 선석으로 변경되었다.

51 Select a word which is not proper for the blank.

"The tide is (　　)."

가. falling
나. rising
사. slack
아. increasing

해설 빈 칸에 적절하지 않은 것을 고르시오.
"조석은 (　　)이다."
- falling : 썰물
- rising : 밀물
- slack water : 게류

52 Choose the most suitable one to fill the blank.

A ship is said to be (　　) when she is moving sideways through the water being blown by the wind.

가. making leeway
나. making headway
사. making sternway
아. bearing away

해설 선박이 바람에 의해서 물이 흘러가는 곳으로 움직일 때 (　　)이라 불린다.
▶ leeway : 풍압차
Vessels sideways drift leeward of the desired course
(선박이 그 의도하는 침로로부터 이탈하여 바람이 불어가는 쪽으로 밀리는 것)

Answer 50 아 51 아 52 가

53. What does the chart symbol illustrated below mean?

- 가. A submarine volcano
- 나. Discoloured water
- 사. Submerged snags or stumps
- 아. Sunken rock

해설 아래에 그려져 있는 해도 표식은 무슨 뜻인가?
- Sunken rock : 암암(세암)
- A submarine volcano : 해저화산
- Discoloured water : 변색수
- Submerged snags or stumps : 수중에 있는 나무

54. Select a suitable translation for the following information.

"I have slipped my anchor in position two miles South of No.1 pier."

- 가. 1번 부두 남쪽 2마일 지점에 투묘했다.
- 나. 1번 부두 남쪽 2마일 지점에서 본선 닻이 끌리고 있다.
- 사. 1번 부두 남쪽 2마일 지점에서 본선의 닻을 잃어 버렸다.
- 아. 1번 부두 남쪽 2마일 지점에서 남쪽으로 2마일까지 본선 닻이 놓여져 있다.

55. Fill the blank with a proper one.

Assistance is (　　) required. You may (　　　).

- 가. no longer, proceed
- 나. always, start
- 사. hardly, get underway
- 아. only, go ahead

해설 지원은 (더 이상 필요 없다). 귀선은 (앞으로 나아가도) 좋다.
- no longer : 더 이상 ~ 이 아니다.
- proceed : 나가가다. 계속하다.

Answer 53 아 54 사 55 가

56
Choose the best one to fill the blank :
Vessel Gargantua, I cannot understand you. (   ).

가. Please use Standard Marine Communication Phrases
나. Pass your message through Port Control
사. Advise try channel 16
아. I am ready to receive your message

해설 Gargantua호 귀선의 말을 이해하지 못했습니다. (   ).
가. 표준해사통신영어를 사용해 주세요.
나. 항만청을 통해 메시지를 전달해 주세요.
사. 채널 16번에서 시도해 보세요.
아. 난 당신의 메시지를 받을 준비가 되어 있습니다.

57
What signal should be transmitted on channel 16 if your ship is sinking?

가. SOS three times.
나. MAYDAY three times.
사. PANPAN three times.
아. URGENCY three times.

해설 만약 당신이 침몰할 때 채널 16번으로 무슨 신호를 보내야 하나요?
• 조난신호 : Mayday 3회
• 긴급신호 : Panpan 3회
• 안전신호 : Securite 3회

58
Choose a proper word to fill the blank.

A : (   ) vessel leaving from No.1 anchorage to North channel, How do you read me? over.
B : This is B. I read you (   ). Go ahead, over.

가. Hello, five
나. Unknown, five
사. Questioned, five
아. Obscured, one

Answer 56 가 57 나 58 나

단원별 3급 항해사

해설 A : 북쪽 수로의 1번 묘박지에서 출발한 (미확인)선박, 감도 있습니까?
B : 여기는 B. 감도 매우 좋습니다. 계속 송신하세요.
- one = bad = barely perceptible ► 겨우 들림
- two = poor = weak ► 약함
- three = fair = fairly good ► 약간 좋음
- four = good ► 좋음
- five = excellent = very good ► 매우 좋음

59 Fill the blank with a suitable one.

There has been a collision in position 15 degrees 34 minutes North, 061 degrees 29 minutes West, Stand (　) to give assistance.

가. by **나.** on
사. near **아.** for

해설 북위 15도 34분, 서경 61도 29분에서 충돌 사고가 일어났다. 원조를 준비하라.

60 Select a suitable one for the blank.

Pilot station : What is your ETA at pilot station in local time?
Capt. : My ETA at pilot station (　) two two three zero hours local time.

가. to be **나.** estimates
사. be **아.** is

해설 Pilot station : 현지시간(지방시)으로 pilot station 도착시간은 언제입니까?
Capt. : pilot station 도착시간은 현지시간(지방시) 22시30분입니다.

61 Choose the correct one.

When the information requested cannot be obtained, say :

가. Stand by **나.** No information
사. Message not understood **아.** Say again

Answer 59 가　60 아　61 나

해설 요구되는 정보를 얻을 수 없을 때, 이렇게 말한다 :
- No information : 요구된 정보를 입수할 수가 없을 경우
- Stand by : 요구된 정보를 즉시 통보해 줄 수 없는 경우
- Message not understood : 메시지를 이해하지 못했을 경우
- Say again : 통보사항이 잘 들리지 않는 경우

62 Fill the blank with a proper word.

> From what direction are you (   )?

가. approaching   나. proceeding
사. leading   아. manoeuvring

해설 귀선은 어느 방향에서 접근중인가?
- approach : 접근하다.

63 Select a suitable word for the blank of following message.

> "I have lost a man (   ) at two miles east of A light house."
> (A등대 동쪽 2마일 지점에서 사람이 물에 빠졌다.)

가. sunk   나. away
사. overboard   아. immersed

해설 • a man overboard 익수자

64 Choose the correct one to fill the blank.

> A : What is your destination?
> B : (   ).

가. My destination is finished   나. My destination was Busan, Korea
사. My destination is changed   아. My destination is Inchon

해설 귀선의 목적항(도착항)은 어디입니까?

 **Answer**   62 가   63 사   64 아

65. Select proper words for blank.

> "Attention all vessels. There is an emergency situation at two miles east of south breakwater entrance.
> One large tanker (   ) into collision with a fishing boat. All vessels are advised to keep well (   ) of this area."

- 가. get, listen
- 나. came, informed
- 사. get, avoid
- 아. came, clear

해설 모든 선박은 주목하시오. 남쪽 방파제 입구의 동쪽에서 2마일 떨어진 곳에 긴급 상황이 발생했습니다. 대형유조선 한척이 어선과 (충돌했습니다). 모든 선박은 이 지역에서 충분히 피해서 항해하기를 권고합니다.
- keep clear of : 안전한 거리를 유지하다. 떨어지다.
- come into collision 충돌상태가 되다.

66. The message is transmitted on channel 16 according to the VHF procedure at sea. Channel 16 may be used for the following purposes except :

- 가. as a casual conversation.
- 나. as a listening frequency.
- 사. as a calling frequency.
- 아. as a safety frequency.

해설 해상에서 VHF절차에 의해 16번 채널에서 메시지가 송신되고 있다.
16번 채널은 아래와 같은 목적으로 사용된다. 아닌 것은?
가. 평상시의 대화
나. 청취용
사. 호출용
아. 안전주파수

67. Select the correct one for the blank.

> "Report your position to assist (   )."

- 가. proceeding
- 나. anchoring
- 사. agrounding
- 아. identification

해설 귀선을 식별할 수 있도록 현재 위치를 보고하시오.

Answer 65 아 66 가 67 아

68
Select a suitable sentence in the following communications.

> A : How do you read me?
> B : I read you with signal strength one(1). (   )

가. Advise try channel XX.
나. Go ahead.
사. I am ready to receive your message.
아. No information.

해설 감도 있습니까?
수신감도 1입니다. (채널 XX번에서 시도해보시기 바랍니다.)

69
If any part of the message are considered sufficiently important to need safeguarding, we use the word "(   )".

가. repeat
나. correction
사. advice
아. warning

해설 통보사항 중의 어떤 부분이 특히 중요하다고 생각되어 보호할 필요가 있을 경우에 (repeat) 라는 말을 사용함.

70
Followings are concerned with "Warnings" for external communication. Select the inappropriate one.

가. Shallow water ahead of you.
나. I am on fire.
사. Submerged wreck ahead of you.
아. Fog bank ahead of you.

해설 외부 통신에서 "Warnings"을 사용하는 데 부적절한 것은?
가. 귀선 전방에 천수가 있다
나. 본선 화재발생
사. 귀선 전방에 침선이 있다.
아. 귀선 전방에 안개가 있다.

68 가 69 가 70 나

단원별 3급 항해사

71 Choose the best one :

If necessary, external communication messages may be preceded by a message marker "INFORMATION" to indicate that :

가. the following message informs others about the immediate action.
나. the following message informs other traffic participants about dangers.
사. the following message implies the intention of the sender to influence the recipients by a regulation.
아. the following message is restricted to observed facts.

> 해설 메시지 마커 중 "INFORMATION"이 의미하는 것은 :
> 아. 다음의 메시지는 관측된 사실에 제한된다.

72 Select the correct one for the blank.

> Ships fitted only with VHF equipment should maintain watch on channel 16 when (   ).

가. at berth   나. at shipyard
사. at sea   아. all the time

> 해설 VHF만 장비된 선박은 항해중에는 16번 채널에 청수당직을 서야 한다.(항상 청취해야 한다.)

73 Fill the blank :

> You must anchor (   ) the fairway.

가. clear of   나. clear apart
사. clear from   아. clear for

> 해설 귀선은 항로를 벗어나서 정박해야 한다.

Answer 71 아 72 사 73 가

74
When a ship or shore radio station receives a Mayday signal from a vessel in distress, she may rebroadcast it as (   ). If we fill the blank, we choose :

가. Mayday relay
나. Mayday again
사. Mayday repeat
아. Mayday pass

해설 만일 어떤 선박이나 해안국이 다른 배로부터 mayday 신호를 수신했다면, 재전송을 (   ) 와 같이 할 수 있다.
► ~ relay : 중계의 뜻

75
Select one which has correct explanation for the following.

> VTS Station : "You are required to comply with traffic regulations. Fairway speed is 6 knots."

가. 반드시 6노트를 유지해야 한다.
나. 6노트 이상을 유지해야 한다.
사. 비상시를 제외하고 6노트 이상으로 달려서는 안 된다.
아. 평균 6노트(약 4노트 ~ 8노트)가 되면 된다.

해설 • Fairway speed : 항로 제한속력

76
The underlined part means :

> "All vessels, this is St. Nicholas Strait Information Service. There is a wreck buoy in position 50°45′ North, 30°25′ West <u>unlit</u>."

가. inoperative light
나. established
사. adrift
아. identified

해설 모든 선박! 여기는 세인트 니콜라스 해협 정보서비스입니다. 50°45′ N, 30°25′ W 위치에 침선 부표의 등이 작동되지 않고 있습니다.
• unlit = inoperative light : 등이 작동하지 않는

Answer 74 가 75 사 76 가

77 Select a suitable word for the blank.

A : "What course do you advise?"
B : "Advise you (　) course 145°."

가. swing　　　　　　　　　나. make
사. forward　　　　　　　　아. run

해설　A : 몇 도 코스를 권유합니까?
　　　B : 145°를 권유합니다.
　　　• make course : 방향을 틀다

78 Choose the best one to fill the blank.

A : What is the course to (　) you?
B : The course to (　) me is 275°.

가. look　　　　　　　　　나. run
사. leave　　　　　　　　아. reach

해설　A : 귀선에 가려면 침로는 몇 도입니까?
　　　B : 이쪽에 도착하기 위한 침로는 275°입니다.
　　　• reach : ~에 도착하다.

79 Select suitable one for the blank.

VTS station : What was your last port (　)?
Capt. : It was Cristobal, Panama.

가. declare　　　　　　　　나. destination
사. of call　　　　　　　　아. clearance

해설　last port of call : 마지막 기항지

Answer　77 나　78 아　79 사

80 Fill in the blank.

> You are not keeping (　) your correct traffic lane.

가. to
나. in
사. on
아. by

해설 귀선은 올바른 일방통행로를 따라가지 않고 있다.

81 Select a suitable word for the following blank.

> (　) repeated three times is to be used to announce an urgency message.

가. MAYDAY
나. PAN PAN
사. SECURITE
아. ATTENTION

해설 PAN PAN 3회는 긴급통신문을 알리기 위하여 사용된다.

82 Choose the best one.

> (　) means that an error has been made in the transmission, the corrected part is ....

가. Correction
나. Repeat
사. Say again
아. Revised

해설 (정정)이란 전송중 실수가 생겼을 때 정정할 부분을 가리킬 때 사용한다.

83 Choose the correct one to fill the blank.

> (　). This is Vessel Utopia. I require fire fighting assistance.

가. PAN PAN, PAN PAN, PAN PAN
나. MAYDAY, MAYDAY, MAYDAY
사. SECURITE, SECURITE, SECURITE
아. ATTENTION, ATTENTION, ATTENTION

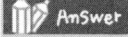 Answer　80 가　81 나　82 가　83 가

해설 여기는 유토피아호다. 본선은 화재 진압의 원조를 바란다.
▶ 화재가 났을 때는 긴급신호인 PAN PAN을 접두사로 사용한다.

84 Choose the best one to fill the blank.

"An urgency traffic has always to commence with stating the (　) of the calling vessel if it is not included in the DSC alert."

가. position
나. time
사. call sign
아. falg

해설 만일 DSC 경보에 포함되어 있지 않다면, 긴급통신은 항상 호출선박의 위치를 말하면서 시작한다.

85 What is your MMSI number?
The underlined part stands for :

가. Maritime Mobile Security Identity
나. Maritime Mobile Service Information
사. Maritime Mobile Service Identity
아. Maritime Mobile Security Information

해설 • MMSI : Maritime Mobile Service Identity(해상이동업무식별부호)
선박국, 선박지구국, 해안국, 해안지구국 및 집단호출을 유일하게 식별하기 위하여 무선경로를 통하여 송신되는 9개의 숫자와 문자로 구성된 번호.

Answer 84 가 85 사

제02장 항해 실무 영어

01 Choose the improper one to fill the blank.

"How many (   ) can the vessel still load?"

가. deck cargo
나. tonnes
사. cars
아. cubic meters

해설 빈 칸에 부적절한 것을 고르시오.
"본선은 몇 톤/입방미터/자동차를 더 실을 수 있는가?"
▶ How many 다음에는 복수명사가 와야 한다.
▶ deck cargo에는 How much를 사용해야 한다.

02 Select one which has correct translation.

"기적 장음 1회를 울려라."

가. Shout one prolonged blast.
나. Pull one prolonged blast on the whistle.
사. Give one prolonged blast on the whistle.
아. Blast one prolonged whistles.

해설
- prolonged blast : 장음
- short blast : 단음
- give blast : 기적을 울리다

03 Choose the correct one to fill the blank.

"Is she trimmed (   ) the head?"

Answer 01 가 02 사 03 가

단원별 3급 항해사

가. by
사. in
나. with
아. for

해설 빈 칸에 알맞은 것을 고르시오.
"선박이 선수트림인가?"
- trim by the head : 선수트림
- on even keel : 등흘수

04 Choose the proper one to fill the blank.

> Inspected all parts of the ship in search of the followings but (   ).

가. deserter
사. stowaway
나. contraband goods
아. valuable goods

해설 (귀중품)을 제외한 다음 것들을 찾기 위해 선박의 모든 부분을 조사했다.
- deserter : 도망자
- contraband goods : 밀수품
- stowaway : 밀항자
- valuable goods : 귀중품

05 Choose the best one to fill the blank.

> Crew engaged in (   ) rusty parts of davits, skylights, ventilators, funnel and engine room casing.

가. chipping
사. cleaning
나. cutting
아. caulking

해설 선원들은 대빗, 천창, 환풍기, 연돌 그리고 기관실 케이스의 녹슨 부분의 (녹제거 작업)을 실시했다.

06 Select one which is proper for the blank.

> Duty officer : Captain. She does not answer the wheel, Sir.
> Pilot : Thank you. (   ).

Answer 04 아 05 가 06 사

가. Let go anchor　　　　나. Stop engine
사. Full ahead engine　　아. Hard a port

해설 당직 사관 : 캡틴 타효가 없습니다.
도선사 : 알았다. (　　　　)

07 Select one which can be replaced with the underlined.
"<u>Stand</u> well clear of the towing line."

가. Move　　　　나. Remove
사. Keep　　　　아. Act

해설 밑줄 친 것을 대체할 수 있는 것을 고르시오.
"예인삭에서 충분히 물러나 있으시오."
• stand clear of = keep clear of : 거리를 유지하다(떨어지다)

08 Choose the one which corresponds in definition to the given statement :

> A dealer who supplies a vessel with stores.

가. Ship chandler　　　　나. Agency
사. Stevedore　　　　　　아. Bunker supplier

해설 주어진 문구의 정의에 부합하는 것을 고르시오.
선박에 비품(선용품)을 공급하는 상인.
• Ship chandler : 선구상(船具商)

09 The basic purpose of a shipping company is to :

가. reduce substantial claims.　　나. maintain a large fleet.
사. foster international trade.　　아. make a profit.

해설 선박회사의 기본 목적은
가. 실질적인 (보험료 등의) 청구의 감소
나. 거대선단의 유지
사. 국제무역의 육성
아. 이익 창출
• profit : 이윤

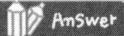 **Answer** 07 사　08 가　09 아

10. Choose the most suitable one similar to the meaning of the underlined :
"Advanced all ship's clocks 20min. for L.M.T."

가. Adjusted
나. Put ahead
사. Retarded
아. Lowered

해설 밑줄 친 부분의 의미와 가장 유사한 것을 고르시오.
"지방시각으로 맞추기 위하여 선박의 모든 시계를 20분 앞당겼다."
- Put ahead : 앞당기다.
- advance (앞당기다) ⇔ retard (늦추다)

11. Select a phrase which has a correct explanation.
"Is the turning effect of the propeller very strong?"

가. 선박의 조종성능이 어떠한가?
나. 프로펠러의 작동에 의한 선박의 회두력이 강한가?
사. 프로펠러가 선체에 강한 힘을 주는가(추진력이 강한가)?
아. 선박의 후진성이 강한가?

해설 정확한 해석을 한 것을 고르시오.
- turning effect : 회두력(선회효과)

12. Select the correct one for the blank.

At the end of the voyage, most of the crew wish to go (   ).

가. abaft
나. ashore
사. alongside
아. ahead

해설 항해를 마쳤을 때는, 대부분의 선원은 (   )하기를 바란다.
- go ashore : 상륙하다.

Answer 10 나 11 나 12 나

13 Select the correct one for the blank.

> Keep a good lookout for small crafts or fishing boats, giving the same (　　) 2 miles CPA.

가. less than　　　　　　　　나. not any more than
사. no more than　　　　　　아. no less than

해설 작은 선박이나 어선은 CPA를 2마일은 유지하면서 효과적으로 견시를 하라.
- no less than : ~와 같은(마찬가지의), ~나 다름없는

14 Fill in the blanks with the most suitable words.

> "(　　) particulars, please refer to the sea protest and the survey report, which will be forwarded to you directly by the surveyor (　　) due course."

가. For, on　　　　　　　나. With, in
사. For, in　　　　　　　아. In, of

해설 상세한 사항에 대해서는 감정인이 지정된 날까지 직접 발송해 주기로 한 해난보고서나 조사보고서를 참조하시오.
- in due course : 적절한 때에

15 Passed quarantine in good order and received (　　).

가. pratique　　　　　　나. fumigation
사. instruction　　　　　아. shore pass

해설 순조롭게 검역을 받고 (검역필증)을 발급받았다.
- pratique : 검역필증
- in good order : 순조롭게

Answer 13 아　14 사　15 가

16 Select the correct one for the blank.

> Fog conditions prevailed. Radar on. S.B.E. Visibility reduced by fog.
> All precautions ( ).

가. observed
사. monitored
나. followed
아. did

해설 안개가 심하게 끼었다. 레이더를 작동시켰고, 엔진을 준비했고, 안개에 의해 시정이 감소되었다. 경계에 관한 모든 주의사항을 준수하였다.
▶ 로그북 기사란에 기재한 내용으로 시제는 항상 과거이다.
• observe : 지키다, 준수하다, 관찰하다.

17 Select one which is proper for the blank.

> When using VHF radio, if possible, the ( ) transmitter power necessary for satisfactory communication should be used.

가. higer
사. proper
나. highest
아. lowest

해설 VHF를 사용할 때, 가능하다면, 만족할 만한 통신을 하는데 필요한 (최소한의) 송신출력을 사용해야 한다.
• lowest : 최소한의

18 Select proper word in the blank.

> "( ) a heaving line to the line boat."

가. Make fast
사. Keep
나. Heave
아. Send

해설 "line boat에 heaving line을 ( )."
• Send : 내보내다

Answer 16 가 17 아 18 아

19 Choose the correct one to fill the blank.

"The officer will say (   ), and he will call out the passengers individually by their names."

가. "This is sanitary inspection" 나. "This is passenger test"
사. "This is roll call" 아. "This is passenger care"

해설 "사관은 (   )라 말 할 것이다, 그리고 승객의 이름을 개별적으로 호명할 것이다."
사. "이것은 인원점검입니다."
- roll call : 인원점검

20 Select the correct one for the blank.

Noted sea protest to Busan port authority against (   ) made for hospitalization of an urgent patient en route from Busan to Yokohama.

가. deviation 나. collision
사. heavy weather 아. sacrifice

해설 부산항만당국에 제출된 이로관련 해난 보고서는 부산에서 요코하마로 항해도중 긴급한 환자의 입원 때문에 제출되었다.
- deviation(이로) : 원래 계획하였던 항로를 벗어나 항해하는 것
- en route : 도중에

21 Select the correct one for the blank.

In order to avoid immediate danger, reduce her speed or stop or (   ) the engine at once, if necessary, and then call me.

가. slow 나. change
사. reverse 아. alter

해설 즉각적인 위험을 피하기 위하여, 즉시 속력을 줄이거나(감속) 또는 엔진을 멈추거나(정지) 기관을 (역전)하라, 만약 필요하다면 그때 나를 호출하라.
- reverse : 반대로 하다.
- in order to : ~ 하기 위하여
- at once : 즉시

Answer 19 사 20 가 21 사

22

The master of the vessel noted his protest fearing damage to cargo and/or vessel owing to <u>boisterous</u> weather on Jan. 28, 2004.
The underlined part means :

가. conflicting
나. heavy
사. distinguished
아. adolescent

해설 그 배 선장은 해난 보고서에서 2004년 1월 28일자 황천으로 인하여 화물과 선박의 손상에 대한 우려를 언급하였다.
- heavy weather (boisterous weather) : 거친 날씨(황천)
- boisterous : 혈기왕성한, 거친, 사나운

23

Select the correct one for the blank.

All life-rafts and buoyant apparatus shall be so (　　) as to be readily available in case of emergency.

가. stowed
나. put on
사. marked
아. charged

해설 모든 구명뗏목과 구명부기는 위급한 비상사태시에는 즉시 이용 가능하도록 설치되어야 한다.
- stow : 싣다
- buoyant apparatus 구명부기
- in case of : ～의 경우에

24

Select a word which has a relation with the underlined part.

"Take tug's line through <u>Panama lead</u>."

가. center fairlead
나. open chock
사. pad eye
아. upper deck

해설 밑줄 친 부분과 관계된 것을 고르시오.
"Panama lead를 통하여 예인줄을 잡아라."
- Panama lead = Panama fairlead
선박의 현측에 설치되어 계선줄이나 예인줄을 통과시키는 구멍으로 롤러가 설치되어 있는 것으로 특히 계류줄이 어느 방향으로 나가더라도 원활하게 출입할 수 있는 폐색 도삭기

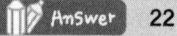 22 나 23 가 24 가

25. Choose the correct one for the blank.

> The officer : This is roll call. Mr. kim!
> Mr. kim : ( )

가. I am kim
사. Yes
나. Here
아. OK

해설 당직항해사 : 이것은 인원점검입니다. Mr. kim!
Mr. kim : 네
- roll call : 인원점검(이름을 차례로 부르는 것)
▶ 인원점검시 호명되면 대답은 here!라고 대답한다.

26. Select a suitable word for the blank.

> ( ) means port which a vessel is bound for.

가. Destination
사. Disabled
나. Derelict
아. Datum

해설 (목적항)은 선박이 향하는(입항하려는) 항구이다.
- Destination : 목적지
- Derelict : 표류물
- Datum : 기준면

27. The nautical term for "start work" is :

가. make fast.
사. turn to.
나. knock off.
아. wash down.

해설 "start work"의 항해상 용어는
- turn to : 일과를 시작하다.

Answer 25 나 26 가 27 사

단원별 3급 항해사

28 "Contraband goods" means :

가. little things or small quantities stolen.
나. smuggled or prohibited goods.
사. things necessary for the working of a ship.
아. wreckage found floating

해설 "밀수품"이 의미하는 것 :
　가. 훔친 작은 것 혹은 적은 양
　나. 밀수입된 혹은 금지된 상품
　사. 선박 작업에 필요한 것
　아. 부양된 난파선

29 You notice a ship aground, with several tugs trying to pull her off. The tugs are engaged in :

가. refloat operations.
나. oil clearance operations.
사. seismic survey.
아. hydrographic survey.

해설 좌초되었다는 통보받고 여러 예인선들이 함께 끌어내리고 노력중이다.
　예인선들의 활동은 :
　• refloat operations : 이초 작업

30 Select a suitable preposition that can be replaced with the underlined.

> There are salvage operations <u>at</u> 15 degrees 30 minutes north 120 degrees 30 minutes east.

가. where　　　　　　　　　나. in
사. in position　　　　　　　아. to

해설 밑줄 그은 부분을 대체할 수 있는 적절한 전치사를 고르시오.
　북위 15도 30분, 동경 120도 30분 위치에서 구조작업이 있다.
　• in position : ~ 인 곳에서
　▶ 위치를 나타낼 때는 (in position) 또는 (at)을 사용한다.

Answer　28 나　29 가　30 사

31 Fill the blank with a suitable one from the given.

> "Shifted her further up wharf, (　　) mooring ropes."

가. casting　　　　　　　　**나.** warping
사. towing　　　　　　　　**아.** taking

해설 "계선줄을 (끌어서) 조금 더 위쪽 부두로 전선했다.
▶ 정박중 부두 내에서 전후진 이동을 line shifing이라 한다.
windlass의 양쪽 맨 끝단에 있는 보조용 드럼을 warping drum이라 하는데 이 drum을 이용하여 line shifting을 한다. 이곳에 감긴 rope를 warping mooring rope라 한다.

32 Select the correct one for the blank.

> Generally, all vessels are required to carry two (　　) and cables with each, and an efficient windlass or capstan for weighing anchor.

가. stream anchors　　　　**나.** kedge anchors
사. bow anchors　　　　　**아.** spare anchors

해설 일반적으로 모든 선박은 선수에 2개의 선수 닻과 각각의 닻에는 닻줄을 연결하도록 되어 있고, 효율적으로 닻을 올리도록 윈드라스와 캡스턴이 있다.
• bow anchors : 선수 앵커

33 Select the correct one for the blank.

> Agent people took shore passes ashore to be stamped by (　　).

가. customs office　　　　**나.** immigration office
사. agent office　　　　　**아.** head office

해설 대리점은 (　　)의 도장이 찍혀진 상륙허가증을 가져왔다.
• head office : 최고 시관
• customs office : 세관원
• immigration office : 출입국 관리인
• agent office : 대리점 관리인

Answer 31 나　32 사　33 나

34 Select the correct one for the blank.

"Please accept this as notice that the M/T Saxon is now berthed at your dock and is in all respects ready to load cargo as per the terms of the charter party dated on March 10th, 1995 at New York."
The above is the typical form of (   ).

가. Notice of Readiness
나. Notice of Arrival
사. Notice of Demurrage
아. Notice of Claim

해설 "M/T Saxon이 지금 당신의 부두에 정박하고, 1995년 3월 10일 뉴욕에서 용선계약 조건에 따라 화물 선적과 관련해서 모든 준비를 했다는 통지를 수락하십시오."
위는 전형적인 (   )양식이다.
- Notice of Readiness (N/R) : 하역준비완료통보서

35 Select the correct one for the blank.

(   ) the damage to the s.s. "Abc" we have no knowledge of it as she went away so quickly after the collision.

가. Referring to
나. In reference with
사. With reference in
아. Without reference to

해설 s.s. "Abc"에 대한 손상을 (   )해서 충돌 후에 선박이 재빨리 떠나서 우리가 알지 못한다.
- Referring to : 에 관해서, ~에 대해 언급하자면

36 Fill in the blank with the most suitable one in order that the telegram may have the same meaning as the following example.

Ex) In spite of the rough weather, we finished loading cargoes.
(   ) ROUGH WEATHER FINISHED LOADING

가. DESPITE
나. IN
사. OF
아. WITH

 34 가 35 가 36 가

해설 전보가 아래의 예와 같은 의미를 가지기 위해서 빈 칸에 가장 적절한 것을 고르시오.
예) 거친 날씨에도 불구하고, 우리는 선적을 끝냈다.
- DESPITE : ~에도 불구하고

37 Select one which is proper for the blank.

During ship-to-ship communications the ship (   ) should indicate the channel on which further transmissions should take place.

가. sending
나. called
사. inviting
아. working

해설 선박 상호간의 통신에서 호출된 선박은 이후의 통신에 사용할 채널을 지정해야 한다.
- call : 호출하다.

38 Select the suitable translation for the following message.

"You must keep radio silence unless you have messages about the casualty."

가. 위급한 상황이 있을 때 무선기를 사용하지 마라.
나. 위급한 상황이 있는 경우를 제외하고 무선기 사용을 금지하라.
사. 위급한 상황이 있다면 무선기를 사용할 수 있으나 침묵도 할 수 있다.
아. 꼭 필요한 때에만 무선기를 사용하라.

해설 • keep radio silence : 침묵시간준수 • casualty : 사고, 재난, 사상자

39 What is the most effective extinguishing agent for combatting the fire in the following communication?

A : "Where is the fire?"
B : "Fire is in No.5 hold."
A : "What is on fire?"
B : "Timber on fire."

Answer 37 나 38 나 39 가

가. water 나. carbon dioxide
사. foam 아. dry chemical

해설 다음 대화에서 화재 발생에 대해 가장 효과적인 소화장비는 무엇인가?
A : "어디에 화재가 발생했나?"
B : "5번 화물창에 화재가 발생했다."
A : "어디에 화재가 발생했나?"
B : "목재에 화재가 발생했다."

40 Choose the best one to fill the blank.

> It is important that the log entries for each day's use, or period of time in port, be validated by the captain with his (   ).

가. signature 나. agreement
사. confirmity 아. inspection

해설 매일 또는 정박기간 중의 항해일지의 기입사항은 선장의 (   )으로서 입증되는 것이 중요하다.
• signature : 서명
• log entry : 일지기입
• validate : 확인하다. 유효하게 하다.

41 Choose the best one to fill the blank.

> Inspected all parts of the ship for stowaway and nothing the matter with it, all's (   ).

가. well 나. finished
사. done 아. made

해설 밀항자 때문에 선박의 모든 부분을 조사하고 아무 문제가 없을 때, 모든 것이 (   ).

42 Select the correct one for the blank.

> As the weather getting threatening, (   ).

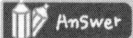

Answer 40 가 41 가 42 가

가. put off sailing.
사. started de-ballasting.
나. resumed cargo work.
아. compared clocks with E/R.

해설 날씨가 험악할 때, (　)하라.
가. 항해를 연기하다.
나. 화물 작업을 다시 시작하다.
사. 밸러스트 배출을 시작하다.
아. 기관실과 시계를 비교하다.
• put off : 연기하다.

43. Turned to, hands employed in washing down decks as usual. The underlined part implies.

가. Began work
사. Changed the routine
나. Changed work
아. Altered course

해설 과업시작, 갑판원들은 평소와 같이 갑판 청소를 하였다.
밑줄 친 부분이 의미하는 것은
• Turn to : 작업을 시작하다.

44. A vessel which is not made fast to the shore, at anchor or aground is :

가. A vessel disabled.
사. A vessel not under command.
나. A vessel abandoned.
아. A vessel underway.

해설 육지에 계류하지 않거나 묘박, 좌초하지 않은 선박은 :
• A vessel underway : 항행중인 선박

45.

> Pilot : What range scale are you using in your radar?
> Duty officer : Three miles range, sir.
> Pilot : Please change to larger range scale.

What range scale should be for the above pilot's request?

가. 1.5 miles range scale
사. 12 miles range scale
나. 6 miles range scale
아. more the 3 miles range scale

Answer 43 가 44 아 45 가

해설 도선사 : 레이더 사용 스케일이 얼마입니까?
당직사관 : 3마일입니다.
도선사 : 더 큰 스케일(대축척)로 바꿔 주십시오.
위의 도선사가 요구하는 스케일보다 그 위의 것은?

46 Choose the best one to fill the blank.

"Have heaving line (　　) at pilot ladder."

가. ready　　　　　　　　나. rigged
사. made　　　　　　　　아. lower

해설 도선사 ladder에 heaving line을 (준비)하라.

47 Select a word which has no relations with other three words.

가. torn　　　　　　　　나. crushed
사. squashed　　　　　　아. stowed

해설 나머지 세 개와 관련 없는 것 한 가지를 고르시오.
- torn(tear) : 찢다.
- crush : 눌러서 뭉개다.
- squash : 으깨다
- stow : 싣다

48 Select the correct one for the blank.

Turned her round to obtain (　　) by bearing of a distant object.

가. position　　　　　　　나. deviation
사. variation　　　　　　아. correction

해설 먼 곳에 있는 물표의 방위로 (자차)를 구하기 위해 선회했다.
- deviation : 자차
- variation : 편차

Answer 46 가 47 아 48 나

49 Fill in the blank with the most suitable one.

> Immediately after we discovered the (　) of the fire, we reduced speed in order to avoid the fire spreading

가. outbreak　　　　　　　　나. taking
사. outline　　　　　　　　　아. extinguishing

해설　화재 (발생을) 발견한 후 즉시, 화재가 번지는 것을 막기 위해 속력을 줄였다
- outbreak : 발발(일어남)

50 Select the correct one for the blank.

> The deratting certificate must be presented for the (　) inspection when entering a foreign port.

가. immigration　　　　　　나. quarantine
사. customs　　　　　　　　아. safety

해설　구서 증명서는 외국항에 들어갈 때 (검역) 검사에서 제출되어야 한다
- quarantine : 검역
- deratting certificate : 구서 증서

51 Select the correct one for the blank.

> Cargo ships increasingly resemble tankers in their design : few are built nowadays with their engines located (　).

가. amidships　　　　　　　나. abaft
사. aboard　　　　　　　　　아. ashore

해설　화물선은 점점 그 구조가 유조선을 닮아가고 있지만 오늘날 극소수기 기관의 위치를 (　)에 두고 있다.
- amidships : 선체중앙에

Answer　49 가　50 나　51 가

52 Select the correct one for the blank.

"Quarter master engaged in (   ) the telemotor for half an hour under Second Officer's care."

- 가. charging
- 나. polishing
- 사. fitting
- 아. scouring

 조타수가 2등 항해사의 도움 하에 30분 동안 원격조타 (   )에 종사할 수 있었다.
- charging telemotor : 유압식 텔레모터(타기)의 오일보충

53 The line leading forward to the bow tug, from the bow, is called :

- 가. the forward towing line
- 나. the forward breast line
- 사. the forward spring
- 아. the forward leading line

 선수에서 선수의 예인선에 나간 예인줄

54 Traffic lane has been <u>stopped temporarily</u>. The underlined part means :

- 가. suspended
- 나. discontinued
- 사. diverted
- 아. avoided

 통항로가 일시적으로 폐쇄되었다. 밑줄 친 부분의 뜻은 :
- suspended : 일시적으로 중지된

55 Fill the blank with a suitable one from the given :

(   ) is the minimum speed at which a vessel will answer the helm.

- 가. Under way
- 나. Steerage way
- 사. Making way
- 아. Fairway speed

 (   )은 선박이 타효를 가질 수 있는 최소한의 속력이다.
- Steerage way : 타효속력
- Fairway speed : 항로내의 제한속력
- making way는 자력으로 또는 예인선의 도움으로 실질적으로 대수속력을 가지고 움직이

Answer 52 가 53 가 54 가 55 나

- under way는 투묘 정박중 또는 육안에 계류중 또는 좌초중이 아닌 모든 상태의 경우(항행중)
  ▶ 해상에서 기관을 정지하고 있는 선박은 under way이기는 하나 making way는 아니다.

56 When there is a concern that the helmsman is inattentive, what terminology is a reminder to the helmsman to mind his helm?

가. What is your course?
나. What course do you advise?
사. Advise you to keep your present course.
아. What is your intention?

해설 조타수가 집중하여 조타하지 않을 때, 어떤 용어가 조타수에게 주어져야 합니까?
가. 침로는 몇 도입니까?
나. 몇 코스로 가라고 지시받았습니까?
사. 현재 코스로 가십시오.
아. 당신의 의도는 무엇입니까?
▶ What is your course? 또는 What is your heading?(선수방위는 몇 도인가?)으로 질문을 하여 주의를 환기시킨다.

57 Choose the improper one.

"If you detect a fire, smell, fumes or smoke, act immediately as follows."

가. Call out "Fire!"
나. Operate the nearest fire alarm.
사. Telephone the control room.
아. Inform a member of the crew.

해설 부적절한 것을 하나 고르시오.
만약 화재나 냄새, 불꽃과 연기를 발견하였을 경우, 다음과 같이 즉시 행동하라
가. "불이야!"라고 소리친다.
나. 가까운 화재경보를 작동시킨다.
사. 제어실로 전화를 건다.
아. 선원들에게 알린다.

 **Answer** 56 가 57 사

단원별 3급 항해사

58 Select the correct one for the blank.

> A thorough investigation was ( ) by the surveyor.

가. made
나. set
사. done
아. taken

해설 철저한 조사가 검사관에 의해 이루어 졌다.

59 Choose a proper one to fill the blank.

> In port, if a fire breaks out, you should : ( )

가. call the shoreside fire department.
나. sound the general alarm.
사. commence combatting the fire until assistance comes.
아. All of the above.

해설 항구에서, 만약 화재가 발생했을 때, ( )
가. 해안의 소방 부서에 알린다.
나. 알람을 울린다.
사. 지원이 올 때까지 화재를 진압한다.
아. 위의 전부를 다 한다.
• breaks out : 일어나다. 돌발하다.

60 Choose the best one for the blank.

> Tested steering gear, whistle, means of communications. All in apparent good order. ( ) bridge and engine room clocks.

가. Repaired
나. Synchronized
사. Overhauled
아. Tested

해설 조타기, 기적, 통신설비를 점검했다. 모든 겉보기 상태가 양호하다.
선교와 기관실 시계를 ( )
• Synchronize : 일치시키다.

Answer 58 가 59 아 60 나

61. Select the correct one for the blank.

"( ) pilot & proceeded on w/full speed ah'd under his charge."

가. Embarked 나. Dropped
사. Left 아. Discharged

해설 도선사 승선했으며 그의 명령에 따라 최고 속력으로 전진했다.
- Embark : 승선하다. ⇔ disembark : 하선하다.

62. Choose the best one.

Capt. : Liberty forward station, single up forward to spring.
C/O : I ( ) single up, sir.
Capt. : Liberty aft station, single up aft to breast line.
2/O : I ( ) single up, sir.

가. will 나. shall
사. must 아. need

해설 선장 : 선수, 앞쪽 spring line single up 상태로 하라.
일항사 : 네, single up 하겠습니다.
선장 : 선미, breast line single up 상태로 하라.
2항사 : 네, single up 하겠습니다.

63. Choose the correct one to fill the blank.

"What is the ( ) of the crane?"
"The ( ) of the crane is 12 meters."

가. capacity 나. maximum reach
사. handling capacity 아. safety load

해설 크레인의 ( )은 얼마인가?
크레인의 ( )은 12미터이다.
- maximum reach : 최대 뻗친 길이

Answer 61 가 62 가 63 나

64 Select an incorrect one.

가. Traffic clearance is required before entering.
나. You have permission to enter the traffic lane.
사. What was your last port of call?
아. My freeboard are 5.5 meters.

해설 잘못된 것을 하나 고르시오.
　　가. 들어가기 전에 통항 허가가 필요하다.
　　나. 통항로에 들어갈 때 허가가 필요하다.
　　사. 마지막에 들른 항구가 어디입니까?
　　아. 본선 건현은 5.5미터입니다.
　▶ My freeboard are 5.5 meters를 My freeboard is 5.5 meters로 고쳐야 한다.

65 Select the correct one for the blank.

"Your anchor is caught under a rock." means : Your anchor is (　　).

가. allocated　　　　　　　　나. brought up
사. clear　　　　　　　　　　아. foul

해설 "닻이 바위에 걸렸다."라는 뜻은 : 닻이 (　　)된 것이다.

66 Select the correct one for the blank.

Take amplitude (　　) and find gyrocompass error if the weather permits.

가. azimuth　　　　　　　　나. bearing
사. errors　　　　　　　　　아. height

해설 만일 일기가 좋다면 출몰방위각으로 자이로 에러를 구하라.
　• amplitude azimuth : 출몰방위각

Answer 64 아　65 아　66 가

67. Choose the best one to fill the blank.

> Captain ( ) disciplinary punishment, prohibition of landing, on sailor Kim who had failed to observe the official order of his/her superior.

가. inflicted 나. acted
사. injured   아. paid

해설 선장은 상관의 직무상 명령을 듣지 않은 sailor 김씨에게 규율상 징계인 하선금지를 ( ).
- inflict : 주다. 가하다. 과하다.

68. Choose the correct one.

> As typhoon "Kaemi" was reported to come nearer, ( ) sailing.

가. put out 나. put off
사. put on   아. put to

해설 태풍 개미가 근처에 왔다고 보고되었을 때, 항해를 (연기하였다).
- put off : 연기하다.

69. Choose the improper one to fill the blank.

> "What is the ( ) of vessel?"
> "The ( ) is 27,350 cubic meters."

가. hold capacity   나. grain capacity
사. container capacity 아. bale capacity

해설 본선의 (선창용적/그레인용적/베일용적)은 일마인가?
( )은 27,350 입방미터입니다.
▶ container capacity는 입방미터가 아닌 TEU로 표시한다.
- TEU(Twenty foot equivalent unit) : 20 피트형 컨테이너

Answer 67 가 68 나 69 사

70. Select the correct one for the blank.

> Lowered all derrick booms and (　) all hatches down.

가. knocked　　　　　　　나. opened
사. resumed　　　　　　　아. battened

해설 모든 데릭 붐을 내리고 모든 해치를 닫아라.
- battened down (the hatches) : 누름대로 (승강구)를 막다.

71. Choose the correct one.

> (　) are positioned over the cargo holds. Air flows through these.

가. Tarpaulines　　　　　　나. Hatch covers
사. Cranes　　　　　　　　아. Ventilators

해설 (　)는 화물창 위에 위치하고 있다. 공기가 이곳을 통해 들어온다.
- Ventilators : 통풍장치

72. Select the correct one for the blank.

> Pilot : Do you have center fairleader?
> Capt. : Yes, we have it fore and aft.
> Pilot : O.K. Then (　) tug's line through it at forward station.

가. make　　　　　　　　나. push
사. fast　　　　　　　　　아. take

해설 도선사 : 중앙에 페어리더 있습니까?
선장 : 네, 선수와 선미에 있습니다.
도선사 : 좋습니다. 그럼 선수에는 예인줄이 그것을 통과하도록 잡으십시오.

Answer 70 아　71 아　72 아

73 Choose the best one to complete the sentence.

> The action of a propeller driving a ship is very similar to (　) a bolt turning in a nut.

가. such
나. as
사. like
아. that of

해설 운전하고 있는 선박의 프로펠러 동작은 너트에 돌고 있는 볼트와 매우 유사하다.

74 Choose the correct one for the blank.

> Lashed (　) everything movable in holds and on decks.

가. by
나. to
사. up
아. on

해설 선창과 갑판 위에서 움직일 수 있는 모든 것을 (묶으시오).
- lash : (밧줄로) 단단히 묶다.

75 Select a correct one for the blank.

> Captain : What is the (　) doing?
> Pilot : The tide is falling. It is one hour before low water.

가. current
나. depth of water
사. the vessel
아. tide

해설 선장 : (　)이 어떤 상태입니까?
도선사 : 조석이 낮아지고 있습니다. 1시간 뒤에 저조가 될 것입니다.
- tide : 조석

76 Fill the blank with a suitable one from the given.

> The action of bringing your vessel alongside a jetty or dock is called (　).

Answer 73 아 74 사 75 아 76 가

가. berthing   나. unberthing
사. arriving   아. leaving

> 해설 선박이 부두나 선착장에 나란히 붙이는 것을 ( )이라 부른다.
> • berthing : 접안(계류) ⇔ unberthing : 이안

77 The underlined part means :

> Your steamer, when leaving "A" wharf at Portland on the 5th October, <u>caused damage to three of the fender piles of the wharf.</u>

가. 손해에 책임이 있다.   나. 손상을 야기했다.
사. 손상과는 무관하다.   아. 손상을 인지했다.

> 해설 10월 5일 Portland의 A항구를 출항한 귀사의 선박이 부두의 펜더 3개를 손상시켰습니다.

78 The vessel is moving into her berth, and her lines are ashore. The vessel must be pulled alongside. The order given is :

가. Slack away.   나. Make fast.
사. Heave alongside. 아. Hold on.

> 해설 선박이 접안하면서 줄이 육상으로 나가고 있다.
> 선박은 반드시 줄을 부두 방향으로 끌어당겨야 한다. 이 때 명령은 :
> 가. 줄을 더 내주어라.
> 나. 잡아 매시오.
> 사. 안벽쪽으로 당기시오
> 아. 그 자리에 붙잡으시오.

79 What is the meaning of the underlined?

> Capt : Let go anchor.
> C/O : Let go anchor.
> Capt : <u>How much cable is out</u>?

Answer 77 나 78 사 79 가

가. 묘쇄가 얼마나 나갔는가?　　나. 묘쇄의 장력이 있는가?
사. 묘쇄가 선수방향으로 나갔는가?　　아. 묘쇄의 방향이 어디인가?

해설 밑줄 친 문장의 뜻이 무엇인가?
Capt : 닻을 내려라.
C/O : 닻을 내립니다.
Capt : 묘쇄가 얼마나 나갔는가?

80 Choose the best one to fill the blank.

"Place (　) between the tiers."

가. bag　　나. container
사. dunnage　　아. carton

해설 "두 층/단 사이에 (　)을 놓으시오."
• dunnage : 짐밑 깔개, 즉 적하물 밑에 깔거나 사이에 끼우는 것

81 Choose the best one to fill the blank.

"Has she been brought (　)?"

가. up　　나. on
사. with　　아. by

해설 묘박시 묘가 완전히 파주력을 얻었는가?

82 Fill the blank : "Vessel (　) position. Make fast."

가. in　　나. on
사. by　　아. for

해설 (접안시) 선박이 정위치이다. 잡아매시오.
• in position : 정위치

Answer 80 사　81 가　82 가

83. Select a suitable word for the blank.

> A : What is the maximum loading (　　　　)?
> B : The Maximum loading (　　　　) is 1,000 tonnes per hour.

가. number　　　　　　　　　나. rate
사. production　　　　　　　아. reach

해설 A : 최대적하 속도는 얼마인가?
　　　B : 최대적하 속도는 시간당 1,000톤이다.

84. Select one which is translated correctly.
"Keep the buoy on starboard side."

가. 그 부표를 본선에서 우현측에 유지하라.
나. 그 부표에서 오른쪽으로 본선이 가도록 유지하라.
사. 그 부표가 우현선수에 있도록 유지하라.
아. 그 부표의 오른쪽에 바짝 붙여 유지하라.

85. My radar has become inoperative. The underlined part measns :

가. not functioning　　　　나. established
사. available　　　　　　　아. hampered

해설 본선의 레이더는 작동되지 않는다.

86. The underlined part implies :
Stop where you are and wait for the pilot.

가. at the present position
나. at the destination you intend
사. at the direction you proceed to
아. at the position you want

해설 at the present position : 현재위치에서

Answer 83 나 84 가 85 가 86 가

87 If we fill the blank, we choose :

> Don't forget to open hatches in the morning, because it is important for (   ) if weather permits.

가. ventilation 　　　　나. discharging
사. lashing　　　　　　　아. securing

해설 아침에 hatch를 개방하는 것을 잊지 마라, 날씨가 허락하는 한 환기시키는 것이 중요하기 때문이다.

88 Select the correct one for the blank.

> (   ) is the extreme horizontal distance at which prominent objects can be seen and identified by the unaided eye.

가. Look-out　　　　　　나. Visibility
사. Reach　　　　　　　아. Range

해설 시정이란 눈만으로 저명한 물표가 보여지고 식별되는 최대 수평거리이다.

89 Select the correct one for the blank.

> At no time shall the bridge be left (   ).

가. unattended　　　　　나. watched
사. closed　　　　　　　아. open

해설 맡아줄 사람없이는 결코 브리지를 떠나서는 안 된다.

90 Read the following sentence and choose the correct one.

> "When loading or discharging liquid cargo, show time of (   ) and time of (   ), as well as barrels or tons per hour."

Answer 87 가 88 나 89 가 90 나

가. arrival, departure
나. starting, finishing
사. sounding, checking
아. first line, survey

해설 액체화물을 적양할 때는 시간당 배럴이나 몇 톤 작업했는지 뿐만 아니라 시작시간과 마친 시간까지 증명해야 한다.

91 Select the correct one for the blank.

> The tare weight is the weight of (   )

가. a packing box when empty or container when empty.
나. the cargo plus its packing.
사. the cargo alone.
아. none of the above.

해설 tare weight : 포장재료의 중량이라는 뜻이다.

92 Fill in the blank with the most suitable one.

> It is obvious that the accident was solely due to the fault on the part of the stevedores, and (   ) on board admitted the responsibility for it.

가. the chief checker
나. the chief stevedore
사. the shipper
아. the consignee

해설 그 사고는 분명히 하역인부의 책임이었다. 그래서 승선중이던 (하역책임자)가 책임질 것을 인정했다.

93 Select a sentence which has the same meaning with the following expression.

"The vessel does not have steerage way."

가. The vessel is running safely.
나. The vessel does not answer the wheel.
사. The vessel turns very quickly.
아. The vessel is moving backward.

Answer 91 가 92 나 93 나

해설 아래의 표현과 같은 것은?
그 배는 타효속력을 못 내고 있다.
나. 그 배는 조타기가 말을 듣지 않는다.

94 Select the correct one for the blank.

"Single ( ) to head line."
(선수에 head line 하나만으로 본선이 매여져 있게 하라.)

가. with 나. in
사. up 아. to

95 Select a suitable preposition for the blank.

Rig gangway combined ( ) pilot ladder on port side.
(좌현에 도선사용 사다리와 연결하여 gangway를 설치하라.)

가. to 나. with
사. in 아. for

해설 combine with : ～와 결합되다.

96 Select the correct one for the blank.

Acknowledgement of (a) of this letter and future correspondence should be sent to the (b) of Mr. F. Killen at the above address.

가. (a)-receipt, (b)-address 나. (a)-receipt, (b)-attention
사. (a)-understanding, (b)-attention 아. (a)-understanding, (b)-address

해설 이 편지의 수신을 확인하며, 향후의 편지는 상기의 주소로 Mr. F. Killen 앞으로 발송 바랍니다.
• receipt : 수령
• attention : 주의, (편지) ～앞.

Answer 94 사 95 나 96 나

97 Select the correct one for the blank.

> The purpose of inert gas system aboard tanker is to ( ).

가. allow sufficient oxygen in the tank to sustain life
나. prevent outside air from entering the tank
사. provide more discharge pressure
아. comply with pollution regulations

해설 유조선에서 inert gas 설비의 목적은 (외부공기가 화물탱크로 유입되는 것을 차단하는 것)

98 Select a word which can be replaced with the underlined part.
Crew employed in <u>blacking down</u> stays and riggings.

가. removing 나. tarring
사. painting 아. greasing

해설
- blacking down : 선구에 타르를 발라 검게 하는 것
- removing : 옮김
- tarring : 타르칠
- painting : 페인트칠
- greasing : 기름칠

99 They agree at once to send a Search and Rescue helicopter with a doctor to look after <u>the casualties</u>. The underlined part means :

가. case of death in an accident 나. ships involved in the accident
사. unmanned wreck afloat 아. derelict

해설 그들은 즉시 수색구조헬기로 (사상자)를 돌보기 위해 의사를 보내기로 동의했다.

100 Which of the following does not indicate motion of the vessel?

가. pitch 나. roll
사. trim 아. yaw

해설
- Pitching, Rolling, Yawing은 선체의 회전운동이다.
- trim은 선수미 흘수의 차이

Answer 97 나 98 나 99 가 100 사

101. Choose the suitable one.

> A steamer passed (   ) port side 3 miles (   ).

가. on, off
나. to, of
사. on, of
아. to, off

해설 기선(증기선)이 좌현 3마일 떨어져서 지나갔다.

102. Which of the following is not searched for when entering or leaving port?

가. fuel on board
나. stowaways
사. narcotics
아. contraband goods

해설 출입항시 검색하는 것이 아닌 것은?
가. 연료 나. 밀항자 사. 마약 아. 밀수품

103. Noted a protest to Korean Consulate at Hong Kong (   ) heavy weather encountered en route from Busan to Hong Kong.

가. for
나. against
사. to
아. upon

해설 부산에서 홍콩으로 항해중 조우한 황천에 대비하여 홍콩주재 한국영사관에 해난 보고서를 제출하였다.
- against : ～와 마주대하여

104. 2400 Vessel idle. No cargo activity. Lashing gangs stand by. Rounds of inspections (   ). Gangway tendered.

가. surveyed
나. let go
사. made
아. posted

해설 로그북 기사란의 내용
2400 기관준비, 하역종료, 고박조들 준비, 검사 순찰, 갱웨이 준비
▶ make the rounds : 순찰을 돌다

Answer 101 가 102 가 103 나 104 사

단원별 3급 항해사

105 The president can't be here today, so I am going to speak on his (   ).

가. position
나. behalf
사. order
아. seat

해설 on one's behalf of : ~을 대신[대표]하여

106 In answer (   ) your letter dated July 15, 2005, we would advise that our tracing for one case of electrical equipment short landed has been completed with negative results.

가. for
나. to
사. with
아. on

해설 귀사의 2005년 7월 15일자 서신에 대한 답으로, 당사의 전기장비의 부족분에 대한 추적은 부정적인 결과라는 사실을 통보하고자 합니다.
- in answer to : ~에 대한 답으로

107 "Which is the correct expression for the following?"

"묘쇄를 얼마나 더 감아 들여야 하는가?"

가. How many cables in the water?
나. How many shackles are to come in?
사. How much shackles are to go?
아. How much cables under the water?

108 Select the correct one for the blank.

When chipping rust on a vessel, the most important piece of safety gear is (   ).

가. a hard hat
나. gloves
사. goggles
아. a long sleeve shirt

해설 선박에서 치핑할 때 녹가루 안전 장비는 고글(안경)이다.

Answer 105 나 106 나 107 나 108 사

109 <u>Replenished</u> with fresh water, 30 tons in A.P.T.
The underlined part implies :

가. Supplied
나. Finished
사. Delivered
아. Consumed

해설 Replenish : 보충하다. = supply : 공급하다

110 The relieving officer should also be satisfied that all other members of the bridge team for the new watch are fit for duty, particularly as regards their adjustment to night (   ).

가. watch
나. vision
사. awareness
아. work

해설 교대하는 당직사관은 역시 다른 선교 근무자들이 새로운 당직에 적합하도록 해야 한다. 특히 야간에의 시각 적응에 대해서는 특별해야 한다.
• vision : 시력, 시각

111 Select the most appropriate word for the blank.

Cleared out Bungo Suido and (   ) station.

가. dismissed
나. called
사. off
아. relieved

해설 붕고수도를 벗어난 후 부서배치를 해제하였다.
• dismiss : 해산시키다.

112 Select a group which has wrong antonym.

가. increase – decrease
나. cast off – make fast
사. inward – outward
아. air draught – UKC

해설 반의어끼리 짝지워 진 것 중 잘못된 것을 골라라.
가. increase : 증가하다. – decrease : 감소하다.

Answer 109 가 110 나 111 가 112 아

나. cast off : 밧줄을 풀다 - make fast : 잡아매다.
사. inward : 안쪽의 - outward : 바깥쪽의
아. air draught : 높이 - UKC : 여유수심
- Air Draft : 수선에서부터 최상부 구조물까지의 거리
- UKC : Under Keel Clearance : keel 하부의 여유수심

113 Choose the best one to fill the blank.

"Are (　) available for trimming?"

가. slings　　　　　　　　　나. bob-cats
사. fork-lift trucks　　　　　아. trailers

해설 ▶ bob-cats은 화물의 표면을 고르는 데 유용하다.
- trim : 다듬다. (표면 등을) 고르다.

114 The effectiveness of life-saving appliances depends heavily on good (A) by the crew and their use in regular (B).

가. A : appearance, B : exercise
나. A : maintenance, B : drills
사. A : handling, B : opening
아. A : keeping, B : navigation

해설 구명장비의 유효성은 승무원에 의한 좋은 정비보수와 정기적인 훈련에 크게 좌우된다.
- maintenance : 정비, 보수
- drill : 훈련, 연습

115 The change-over from automatic to manual steering and vice versa shall be made by of under the supervision of a (　).

가. master　　　　　　　　　나. senior officer
사. senior helmsperson　　　아. responsible officer

해설 자동조타에서 수동조타 혹은 수동조타에서 자동조타로 전환할 때는 (　)의 감독하에 해야 한다.
- responsible officer : 당직사관

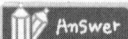 Answer　113 나　114 나　115 아

116. Choose the best one.

> Pilot : Pilot ladder is rigged too high. Please, (   ) your ladder.

가. send
나. put
사. lower
아. up

해설 lower : 내리다

117. Select the correct one for the blank.

> "While we were handling a shore gangway ladder with our winch, it was slacked by its heavy weight, which (   ) a crack in on handrail stanchion on the above."

가. made
나. turned
사. proved
아. caused

해설 육상측 갱웨이를 본선 윈치로 조작하는 동안 그것의 중량으로 처져서 상단부 핸드레일 스텐션에 금이 가게 되었다.
- cause : 원인이 되다. 야기시키다.

118. Fill the blank :

> British freighter M/V Aden came (   ) collision with our starboard bow.

가. into
나. by
사. to
아. on

해설 영국의 냉동운반선 아덴호는 본선 우현선수와 충돌했다.
- come into ~ : ~상태가 되다.

119. Select the correct one for the blank.

> The officer should make himself thoroughly (   ) with the emergency steering gear.

Answer 116 사 117 아 118 가 119 가

가. familiar 나. good
사. gotten 아. immature

해설 사관은 비상조타 장비에 대하여 완전히 숙달되어야 한다.
- be familiar with : 숙달되다.

120 Select a suitable word for the blank commonly.

Capt. : Is it safe to (   ) anchor in this area?
Pilot : No. It is not allowed to (   ) anchor. Because the cable is laid in the area.

가. dredge 나. drag
사. shift 아. heave up

해설 선장 : 이 지역에서 앵커를 끄는 것은 안전합니까?
도선사 : 아니요. 허용 안 됩니다. 해저전선이 깔려 있습니다.

121 Select one which has no relation each other.

가. bollard – bitt
나. fairlead – chock
사. traffic separation scheme – inshore traffic zone
아. range scale – way point

해설 가. 나. 사.는 각각 같은 분야의 반대되는 개념이고, 아.의 레이더 거리 스케일과 way point(보고 지점)는 서로 연관이 없다.

122 Select one which is proper for the blank.

Quartermaster : Captain. She does not answer the wheel, Sir.
Captain : Thank you. (   ).

가. Let go anchor 나. Stop engine
사. Slow ahead 아. Midship

해설 조타수 : 선장님 타가 듣지 않습니다.
선장 : 알았다. 전진 미속

Answer 120 가 121 아 122 사

123. Select the correct one for the blank.

"Mr. K., sailor suffered from acute appendicitis seriously. (　) the nearest port, Singapore, to send him to the hospital."

가. Dropped away
나. Dropped out
사. Dropped in
아. Dropped through

해설 선원 K씨가 급성맹장염에 걸렸다. 가장 근접한 항구인 싱가폴에 들러 병원으로 이송했다.
- Drop in : 잠깐 들르다.

124. Choose the best one to fill the blank.

"Keep your life jackets (　)."

가. in
나. on
사. within
아. with

해설 각자의 구명조끼를 착용하고 있으시오.
- on : 옷을 착용하다의 의미가 있다.

125. Choose the correct translation for the following.

"Stop the engine until the pilot boat is clear."

가. 도선사 보트가 완전히 현측에 닿을 때까지 기관을 정지하라.
나. 도선사 보트가 보이지 않을 때까지 기관을 정지하라.
사. 도선사 보트가 출발할 때까지 기관을 정지하라.
아. 도선사 보트가 본선에서 충분히 떨어질 때까지 기관을 정지하라.

Answer   123 사   124 나   125 아

126. What is the meaning of following sentence?

> "There is a turn in the cable."

가. 묘쇄의 방향이 바뀌고 있다.
나. 묘쇄의 방향이 선미쪽으로 되어 있다.
사. 묘쇄가 회전하고 있다.
아. 묘쇄가 한 바퀴 꼬여 있다.

해설
- cross : 반 바퀴 꼬인 것
- elbow : 한 바퀴 꼬인 것
- round turn : 한 바퀴 반 꼬인 것
- round turn and elbow : 두 바퀴 꼬인 것

127. Choose the best one to fill the blank.

> Ex-second officer, Kim, was (   ) by Lee, new second officer.

가. relieved   나. joined
사. appointed   아. promoted

해설 전임 2항사 김씨는 새로운 2항사 이씨와 교체되었다.
- relieve : 교체하다.

128. Choose the incorrect expression in SMCP.

가. A vessel is overtaking North of us.
나. A vessel is on opposite course.
사. A vessel is passing with port side.
아. A vessel is crossing from port side.

해설 사. A vessel is passing with port side.에서 with가 아닌 on으로 사용해야 한다.
▶ A vessel is passing on port side (좌현으로 통과하고 있음)

Answer 126 아 127 가 128 사

129. Select one which is not suitable for the blank.

> Capt : Starboard twenty!
> Q.master : Starboard twenty....Starboard twenty. Sir.
> Capt : Midships!
> Q.master : Midships....Midships, Sir.
> Capt : (   )

가. Steady!
나. Hard-a-starboard!
사. Ease to ten!
아. Steady as she goes!

해설 적당하지 않은 것은 Ease to ten(타각을 10도 줄여 잡아라)이다.
이미 midship으로 타를 중앙에 둔 상태에서 10도로 줄여 잡아라는 명령은 틀림.

130. Attention should be given to the effectiveness of escape routes by ensuring that vital doors are not maintained (   ) and that alleyways and stairways are not obscured.

가. open
나. smooth operation
사. watertight
아. locked

해설 도피로의 유효성에는 주의가 주어져야 한다. 항상 잠겨져 있지 않아야 하고 좁은 통로나 계단은 모호하지 않아야 한다.
• locked : 잠겨진

131. Fill the blank with a suitable word from the given :

(   ) up everything movable in holds and on decks.

가. Lashed
나. Took
사. Doubled
아. Raised

해설 선창과 갑판상의 모든 움직일 만한 것들은 고박하라.
• lash : (끈으로) 묶다.

Answer   129 사   130 아   131 가

132. Select the correct one for the blank.

> You should transmit to captain immediately upon receipt of any radio distress signals or any other radio messages (　) to the captain or the ship.

가. addressed　　　　　　나. received
사. delivered　　　　　　아. had

해설 어떤 종류의 무선조난 신호를 받거나 선장 혹은 선박으로 오는 무선 메시지는 선장에게 즉시 전달해야 된다.
- addressed : ~ 앞으로 보내진

133. Select one which is not fit for the blank.

> A : What part of your vessel is aground ?
> B : Aground (　).

가. forward　　　　　　나. amidships
사. full length　　　　　아. poop

해설 A : 어느 부분이 좌초되었습니까?
B : (　) 부분입니다.
- 물음에 대한 답으로 forward(선수부분), amidships(선체 중앙부), aft(선미부분), full length(선체 전부) 등을 사용한다.
  ▶ 선미부분을 말할 때는 poop가 아닌 aft를 사용해야 한다.

134. I wish to (A) your kind attention to the fact that the above vessel was in all respects at your (B) to load cargo at the port.

가. A : make, B : option
나. A : call, B : disposal
사. A : invite, B : selection
아. A : send, B : deposit

해설 당사는 상기 선박은 모든 면에서 그 항구에서의 적하작업은 귀사의 재량이라는 사실을 상기해 주시기를 바라는 것입니다.

Answer 132 가　133 아　134 나

135. When a bow thruster is used, the following orders are not used :

가. Bow thruster full to port
나. Bow thruster half to starboard
사. Bow thruster stop
아. Bow thruster dead slow to midships

해설 선수에 바우 스러스트가 사용될 때 사용되지 않는 구령은?
▶ 선수 스러스터를 사용할 때는 다음과 같은 명령을 사용한다.
① Bow thruster full to port / starboard. : 선수 스러스터 좌현/우현으로 전속
② Bow thruster half to port / starboard. : 선수 스러스터 좌현/우현으로 반속
③ Bow thruster stop. : 선수 스러스터 정지

136. Select suitable one for the blank.

> A : Change to channel one two, over.
> B : (   ) to channel one two, out.

가. Going
나. Coming
사. I am
아. Changing

137. Select suitable one for the blank.

> "Charted depth are decreased (   ) 2 meters due to state of the sea."

가. to
나. with
사. in
아. by

해설 해도상의 수심은 해상상태에 의하여 2m까지 감소되었다.

138. Fill the blank with a proper word.

> "Fishing gear has (   ) my propeller."

가. fouled
나. made
사. prohibited
아. recovered

해설 어구가 본선 프로펠러에 감겼다.

Answer 135 아 136 아 137 아 138 가

139. Select the correct explanation for the underlined.

"There are occasionally areas around in which a fog signal is wholly inaudible."

가. to be heard
나. not to be heard
사. to be blown
아. not to be blocked

해설 inaudible : 들리지 않는

140. Each survival craft should be stowed in a state of continuous readiness so that two crew members can carry out preparations for embarking and launching in less than ( ) minutes.

가. ten
나. five
사. one
아. fifteen

해설 생존정은 지속적인 준비 상태로 보관되어야 하고 2명이 승강 및 진수 준비하는데 5분 이내에 수행할 수 있어야 한다.

141. Select the correct one for the blank.

When the visibility is reduced, the watch officer should ( ) lookouts.

가. make
나. post
사. look
아. assess

해설 시정이 감소되면 견시원을 배치해야 한다.
• post : 배치하다.

142. In writing up the log book at the end of your watch, you make an error in writing an entry. What is the proper means of correcting this error?

가. Cross out the error with a single line, and write the correct entry, then initial it
나. Carefully and neatly erase the entry and rewrite it correctly

Answer 139 나 140 나 141 나 142 가

사. Remove this page of the log book, and rewrite all entries on a clean page
아. Blot out the error completely and rewrite the entry correctly

해설 당직을 마칠 무렵 로그북 작성시 실수를 했을 때 정정하는 적절한 방법은?
가. 단선을 그어 지우고 정정한 내용을 적고 서명한다.

143 Choose the best one to fill the blank.

> Ship (   ) and plunged heavily, taking big seas on the bow at times.

가. pitched 나. rolled
사. rocked 아. yawed

해설 피칭과 요동이 심하고 가끔 선수에 큰 물살이 올라옴.

144 Choose the suitable one.

> Collided with a fishing boat which carried no (   ). Stopped engine immediately to pick (   ) the fishermen of the crushed boat.

가. cargo, in 나. signals, on
사. lights, up 아. fish, at

해설 등화를 켜진 않은 어선과 충돌하여 급히 엔진을 정지시키고 파손된 어선의 어부들을 건져 올림.
• pick up : 집어 올리다.

145 Select a suitable word for the blank.

> "Are the cranes (   )?"
> "Are the safety arrangements in the hold (   )?"

가. mal-functional 나. loadable
사. safe 아. operational

해설 크레인이 작동됩니까?
선창 내 안전장비들이 작동됩니까?
• operational : 언제든지 작동할 준비가 된

Answer 143 가 144 사 145 아

146 Fill the blank :

> What is the position of the vessel (　) distress?

가. in   나. by
사. to   아. for

해설 조난선의 위치는?
- the vessel in distress : 조난선

147 Fill the blank with the best one.

> A : "I will (　) cargo to refloat."
> B : "Warning! Do not (　) IMO-Class one cargo!"

가. load   나. squeeze
사. fix   아. jettison

해설 jettison : 짐을 버리다(투하)

148 A bollard is found on the (　).

가. beach   나. deck
사. pier   아. towed vessel

해설 볼라드는 부두에서 볼 수 있다.

149 Select a suitable word for the blank.

> "The cargo for Liverpool and Glasgow is stowed in No.2 hold. The cargo for Liverpool is stowed (　) the cargo for Glasgow, because it is to be unloaded first."

가. underneath   나. behind
사. above   아. in front of

해설 리버풀과 글래스고우로 가는 화물을 2번 홀드에 적재하였다.
리버플 화물을 글래스고우 화물 위에 실었다. 그것을 먼저 하역할 것이기 때문이다.

Answer 146 가 147 아 148 사 149 사

150 Masters and crews of stranded vessels should <u>bear in mind</u> that success in landing them, in a great measure, depends upon their coolness and attention to the rules here laid. Select the one which is the same meaning as underlined words.

  가. expect 나. understand
  사. comprehend 아. remember

  해설 좌주된 선박의 선장과 승무원은 성공적인 착지는 그들이 현재 놓여 있는 원칙에 대한 냉철함과 주의집중에 상당히 좌우된다는 것을 명심해야 된다.
  • bear in mind : ~을 기억해 두다. ~명심하다. 유의하다.

151 At 9 a.m. we felt a sudden shock and found the ship stranded, so I stopped the engine and ordered to make her go astern at full speed at once, but in vain. What does the above sentence imply?

  가. The stranded vessel failed to refloat.
  나. The stranded vessel succeeded in refloating.
  사. The vessel was stranded but refloated.
  아. The vessel refloated by going astern.

  해설 오전 6시경 갑작스런 충격을 느꼈고, 본선이 좌주된 것을 알았다.
  그래서 즉시 기관을 정지했고 전속후진을 명령했다. 그러나 소용없었다.
  위의 문장에서 알 수 있는 것은?
  가. 좌주된 선박은 이초에 실패했다.

152 We would appreciate if this request could be granted and look forward to (   ) your advice on this matter in due course.

  가. receiving 나. listen
  사. hear 아. taking

  해설 만일 이 요청이 인정되어 적절한 때에 이 문제에 대한 귀사의 조언을 기대할 수 있게 된다면 아주 감사하겠습니다.

 Answer 150 아 151 가 152 가

153 Select a word which has wrong explanation.

가. seismic survey – 지진조사
나. hydrographic survey – 수압검사
사. oil clearance operation – 기름 제거작업
아. weather forecast – 기상예보

해설 hydrographic survey : 수로측량

154 Select one which is proper for the blank.

> When a boat drill is held, at your assembly station, one of the officers will perform ( ).

가. a roll call
나. an experiment
사. a ceremony
아. an operation

해설 퇴선 훈련이 실시될 때 집합장소에 모이게 되면 사관중의 1명이 출석을 부를 것이다.
• a roll call : 출석 점호

155 Navigation is closed in area one mile upstream from Fish Haven. The underlined part means :

가. No ships can move in this area.
나. Ships are permitted to enter this area.
사. Ships are near to this area.
아. Ships are navigable in this area.

해설 피쉬하벤으로부터 1마일 상류까지 통항이 폐쇄되었다.
아. 어떤 배도 이 지역에서는 통항이 안 된다.

156 Select the correct one for the blank.

> A warning of storms was ( ) at 1500 hours starting West Is.

가. started
나. issued
사. focused
아. run

Answer 153 나 154 가 155 가 156 나

해설 웨스트 섬에서부터 15시에 폭풍경보가 발표되었다.
- issue : 발령(발표)하다.

157 Select the same meaning to the underlined part.

In approaching the channel etc., from seaward, red buoys, with <u>even number</u> will be found on the starboard side.

가. exactly divisible by two
나. equal
사. having a remainder of one when divided by two
아. odd

해설 외항에서 해협으로 접근하게 되면 우현쪽으로 짝수의 홍색 부이를 보게 될 것이다.
even number(짝수) = exactly divisible by two(정확히 2로 나누어 지는 수)

158 Select the correct one for the blank.

The helmsman must (　) the swing of the ship by applying the rudder in the reverse direction of that of the swing of the ship.

가. counter   나. steer
사. turn   아. cause

해설 조타수는 배가 돌아갈 때 돌고 있는 반대 방향의 조타기를 사용하여 돌아가는 것을 저지해야 한다.
- counter the swing : 휘둘림을 저지하다.

159 Select the correct one for the blank.

"Every wrongful act wilfully committed by the master or crew against their vessel and her cargo" defines (　).

가. negligence   나. barratry
사. piracy   아. mutiny

Answer 157 가 158 가 159 나

"선박이나 화물에 대한 선장 혹은 선원에 의한 의도적인 모든 잘못된 행위"는 (선장 및 선원의 부정행위)로 정의한다.
- barratry : 선원(선장)의 의도된 부정행위(선주·화주에게 손해를 끼치는)
- negligence : 태만, 부주의
- piracy : 해적행위
- mutiny : 폭동, 반란

160 "Air draft" means :

가. height of helicopter.

나. the increase in draft due to forward motion in shallow water.

사. depth remaining under a vessel's bottom.

아. height of the highest point of vessel's structure above waterline.

 "Air draft"란
아. 수면으로부터 선박 구조물의 가장 높은 지점까지의 높이.

161 A mark or place at which a vessel is required to report to establish its position is defined as :

가. Route.

나. Way point.

사. Traffic lane.

아. Receiving point.

해설 Way point
선박의 위치를 확인하기 위해서 통보의무가 주어지는 지점 또는 그 지점을 표시하는 표지
① SMNV(표준항해용어)에서의 해석은 보고지점으로 Reporting point 또는 Calling point라고도 함.
② SMCP(표준해사통신영어)에서는 통과지점, 변침점으로 해석
A position a vessel has to pass or at which she has to alter course according to her voyage plan
(어떤 선박이 통과해야 될 지점 또는 항해계획에 따라 변침해야 될 지점)

162 Select one which has correct expression for the following.
"A vessel which is proceeding from harbour or anchorage to seawards."

가. vessel inward

나. vessel leaving

사. vessel outward

아. vessel crossing

Answer 160 아 161 나 162 사

해설 항구나 묘박지에서 바다로 나가고 있는 선박
- vessel outward : 출항선 ⇔ vessel inward : 입항선
- vessel leaving : 출항준비선

163 A mark or place at which a vessel is required to report to the local VTS-Station to establish its position is defined as :

가. Route 나. Reporting point
사. Traffic lane 아. Receiving point

해설
- **Reporting point** : 보고지점
  어떤 선박이 위치를 확인해 주기 위하여 지역의 VTS국에 보고해야 하는 항로표지나 지점
- **Receiving point** : 지시 수령점
  A mark or place at which a vessel comes under obligatory entry, transit or escort procedure
  (선박의 진입, 통과, 호송 등에서 강제적인 절차를 따르기 시작하는 지점 또는 그 지점을 나타내는 표지)

164 Choose the correct one for the blank.

"( ) means a mark or place at which a vessel comes under obligatory entry, transit or escort procedure."

가. Way Point 나. Reporting Point
사. Receiving Point 아. Calling-in-Point

해설 Receiving Point(지시 수령점)
선박의 진입, 통과, 호송 등에서 의무적인 절차를 따르기 시작하는 지점 또는 그 지점을 나타내는 표지로 법규상 제약을 받게 되는 지점

165 Select a suitable word for the blank.

Deep water route means ; A route within defined limits which has been accurately surveyed for ( ) of sea bottom and submerged obstacles as indicated on the chart.

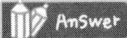 Answer 163 나 164 사 165 가

가. clearance 나. length
사. height 아. shape

해설 심수심 항로
해저 및 해도에 표시된 수중 장애물까지 수심을 정확히 측량한 한정된 범위의 항로

166 Select a suitable word for the blank.

"About 5 : 30 p.m. today while we were loading a generator bed plate into No.2 hatch, it struck (   ) the ship's side, caught under a butt in the hoist and dipped."

가. on 나. against
사. with 아. for

해설 금일 오후 5시30분경 발전기 거치대용 판을 2번 홀드에 적재하던 중 배의 측면에 부딪쳐 호이스트로 하부를 잡고 내려 앉았다.

167 Select the correct one for the blank.

The captain of a ship requires to know at all times his (   ) in relation to nearby land, and the position of ships in the vicinity in relation to his (   ).

가. position, own 나. distance, angle
사. course, distance 아. facilities, position

해설 선장은 항상 항행하는 근처의 육지와 관련해서 본선의 위치를 알아야 한다.
그리고 본선과 관련해서 주변상황과 연관지어 본선의 위치를 파악해야 한다.

168 Choose the correct one.

A ship is said to be (   ) when the bow and stern rise and fall with oncoming waves.

가. rolling 나. pitching
사. yawing 아. surging

해설 배가 다가오는 파도에 의해 선수와 선미가 올라갔다 내려갔다 하는 것을 피칭이라고 한다.

Answer 166 나 167 가 168 나

169 In this connection, I tried to advertise for the consigness using all possible means, but in vain, and I had no other choice (   ) to note protest in respect of the notice of readiness.

가. unless
나. even though
사. provided
아. but

해설 이 일에 관하여 수하인의 모든 노력에 대해 알리고자 하였다. 그러나 허사였다. 그리고 당사는 하역준비완료통보에 대해 해난 보고서를 작성할 수밖에 없었다.

170 Select the correct one for the blank.

> "I regret to (1) you that about 7 o'clock this morning while stevedores were covering hatchways, (2) accidentally dropped one of the upper deck shifting beams into NO. 2 Lower Hold."

가. (1)-know, (2)-he
나. (1)-have, (2)-we
사. (1)-inform, (2)-they
아. (1)-send, (2)-you

해설 당사는 다음과 같은 사고를 알리게 되어 유감으로 생각합니다. 금일 오전 7시경 하역인부들이 해치커버를 닫던 중 뜻하지 않게 상갑판의 창구빔 하나가 Lower Hold로 떨어지는 일이 발생하였습니다.

171 Select the suitable one for the blank.

> "Do not put the eye of tug's towing line (   ) the bitt."
> (bitt에 예인삭의 eye로써 줄을 걸지 마라.)

가. with
나. on
사. in
아. at

Answer   169 아   170 사   171 나

172 Choose the best one to fill the blank.

Prior to departure from Busan, all navigation equipment tested & found in good ( ).

가. order
나. things
사. underway
아. voyage

해설 in good order : 순조롭게, 질서 정연하게, 고장 없이

173 Fill in the blank with the most suitable one.

> At about 5 : 30 a.m. when the S.S "A" was going to berth No.9 Dolphin, her starboard bow came into contact with our starboard quarter, causing damage ( ) its place.

가. with
나. through
사. off
아. from

해설 오전 5시 30분경 ss. A호는 9번 돌핀에 접안하려는 중이었고 A호의 우현선수가 본선 우현 Quarter와 접촉이 발생하여 손상의 원인이 되었습니다.

174 Select the correct one for the blank.

> We thank you ( ) advance for your kind assistance and cooperation in this unfortunate accident.

가. on
나. in
사. of
아. with

해설 본사는 먼저 귀사에게 불운한 사고에 대한 친절한 도움과 협조에 감사를 드립니다.
- in advance : 먼저

175 Select the most appropriate one for the blank.

> Your kind ( ) to the above matter would be highly appreciated.

가. attention
나. thanks
사. request
아. sincere

Answer 172 가 173 나 174 나 175 가

해설 상기문제에 대해 관심을 가져주시면 감사하겠습니다.
• attention : 배려, 친절

176 Select a correct explanation.

"Is the helmsman experienced?"

가. 조타수가 알고 있는가?
나. 조타수가 그 일에 경험이 있는가?
사. 조타수가 숙련되어 있는가?
아. 조타수가 준비하고 있는가?

해설 experienced : 숙련된

177 Choose the correct one.

"Distances shall be expressed in (　) or (　) (tenths of a mile), the unit always to be stated."

가. kilometers, meters
나. meters, cables
사. nautical miles, cables
아. cables, meters

178 Choose the improper one to fill the blank.

The temperature in No.5 hold is (　)."

가. above normal
나. critical
사. below normal
아. over heated

해설 5번 화물창의 온도가 정상치보다 (　)
(　)에 들어갈 알맞은 단어
① above normal : 정상치보다 높음
② below normal : 정상치보다 낮음
③ critical : 임계치임
▶ over heated(과열)는 부적절함

Answer 176 사 177 사 178 아

단원별 3급 항해사

179 In compliance with shipboard operational procedures and master's standing orders, the officer of the watch should ensure that bridge watch ( ) levels are at all times safe for the prevailing circumstances and conditions.

가. alarm
나. warning
사. system
아. manning

해설 "shipboard operational procedures"와 "master's standing orders"에 따라 당직항해사는 선교 근무자의 근무상태가 항상 처한 환경과 조건에서 안전하다는 것을 보증해야 한다.

180 Select a word which has wrong explanation.

가. noxious cargo – 유해화물
나. navigation lights – 항해등
사. wreck – 암초
아. aground – 좌초된

해설 wreck : 침선

181 Select suitable one for the blank.

> I found that No.1 buoy is not ( ) station.
> (1번 buoy가 제위치에 있지 않다는 것을 발견했다.)

가. for
나. on
사. at
아. being

182 Fill the blank :

( ) up with 4 shackles of port cable in 10 meters of water and arrived at Busan.

가. Brought
나. Hove
사. Singled
아. Picked

해설 10미터 수심에서 좌현 앵커 4섀클에서 brought up 부산도착 완료.
• brought up : 앵커가 잘 놓여서 정상적인 파주력을 가진 상태

Answer 179 아 180 사 181 나 182 가

183. At 1040 hours the steering gear (　) out of order, immediately after which I ordered to stop engine and stand by engine at 1041.

가. went　　　　　　　　　나. broken
사. spilled　　　　　　　　아. came

해설 10시40분 조타기고장, 즉시 기관 정지 요청, 10시41분 기관준비 상태(stand by engine.)
• out of order : 고장난

184. Fire is one of the most dreadful enemies that seamen have to <u>contend</u> with. The underlined part implies :

가. fight　　　　　　　　　나. detect
사. extinguish　　　　　　아. prevent

해설 화재는 선원들이 싸워야 하는 가장 무서운 적 중의 하나이다.
• contend : 싸우다

Answer 183 가　184 가

제03장 과목별 해사영어

1. 항해 부분

01 Fill in the blank.

( ) is the angle between the ship's track and the true meridian.

가. Compass course
나. Magnetic course
사. True course
아. Ship's course

해설 (진침로)는 선박의 항적과 진자오선 사이의 각이다.
- True course : 진침로
- Magnetic course : 자침로
- Compass course : 나침로

02 Time, as told by the position of the sun in the sky, is called :

가. mean time
나. civil time
사. apparent time
아. equation of time

해설 하늘에 보이는 태양의 위치에 의해 정해지는 시간(실제 태양의 위치에 의해서 정해지는 시간)을 (시시)라고 한다.
- mean time : 평시
- civil time : 상용시간
- apparent time : 시시
- equation of time : 시차율
  ▶ apparent time (시시) : 실제 태양에 의한 시간
  ▶ mean time (평시) : 평균태양에 의한 시간(현재 일상생활에 사용하는 시간)

03 Select the correct one for the blank.

Answer 01 사 02 사 03 아

"( ) are circles on a sphere whose planes pass through the center of the sphere."

가. Lines of position
나. Rhumb lines
사. Small circles
아. Great circles

해설 "(대권)은 구의 중심을 통과하는 면 위에 생기는 원이다."
- Great circles : 대권
- Lines of position : 위치선
- Rhumb lines : 항정선

04 Select the correct one for the blank.

( ) is an imaginary line on which a ship at sea must lie to satisfy certain data obtained by the observations of terrestrial or celestial object.

가. Position line
나. Cross bearing
사. Dead reckoning
아. Compass bearing

해설 (위치선)은 해상에서 육지의 물표 또는 천체를 관찰하여 얻어진 특정한 데이터로서 바다에서 반드시 배가 있다고 충족시켜주는 선박의 가상의 선이다.
- Position line : 위치선
- imaginary line : 가상의 선, 추상적인 궤적

05 Select the correct one for the blank.

( ) is the horizontal direction of a celestial point from a terrestrial point. It is usually measured from 000° at the reference direction clockwise through 360°.

가. Azimuth
나. Zenith
사. Angle
아. Track

해설 (방위)는 지구상의 어느 지점으로부터 천체의 어느 지점까지 수평적 방향이다. 그것은 보통 000도에서 시계방향으로 360도까지 측정한다.
- Azimuth : 천체의 방위
- Zenith : 천정(정점)
- Track : 항적

 04 가 05 가

제3장 과목별 해사영어 **453**

06 Select the correct one for the blank.

( ) is a curved line that cuts all meridians at the same angle.

가. Rhumb line
사. Great circle
나. Line of position
아. Prime vertical

해설 (항정선)은 모든 자오선과 같은 각으로 만나는 곡선을 의미한다.
- Rhumb line : 항정선

07 The fixed aids to navigation in line are sighted with a gyro compass repeater, and found to be bearing 080.0 degrees per gyrocompass.
According to the chart, the bearing of these aids when in line is 081.0 degrees true. What is the gyro error?

가. 1.0 degrees W
사. 2.0 degrees W
나. 1.0 degrees E
아. 2.0 degrees E

해설 자이로 컴퍼스 리피터에 의한 방위는 080도이고 해도에서 구한 진방위가 081도이므로 자이로 에러는 1도 E이다.

08 Select the correct one for the blank.

( ) involves taking observations of the sun, moon and stars with a sextant.

가. Electronic Navigation
사. Celestial Navigation
나. Terrestrial Navigation
아. Gyro-Navigation

해설 빈 칸에 알맞은 것을 고르시오.
( )는 육분의로 태양, 달 그리고 별들의 관찰을 필요로 한다.
- Celestial Navigation : 천문항해

09 Select the most suitable one for the blank.

Risk of collision can, when circumstances permit, be ascertained by carefully watching ( ) of an approaching vessel.

Answer 06 가 07 나 08 사 09 가

가. compass bearing 나. ship's motion
사. track 아. true course

해설 충돌위험은 상황이 허락할 때 접근 선박의 (나침방위, 상대방위)를 주의깊게 관찰함으로써 확실히 할 수 있다.
- compass bearing : 나침방위
- ship's motion : 선박 동작
- track : 항적
- true course : 진침로

10 Choose the suitable one.

> Found something wrong on gyro compass and steered by (　) compass.

가. hand 나. portable
사. magnetic 아. manual

해설 자이로 컴퍼스의 어떤 고장을 발견하여 마그네틱 컴퍼스로 항해했다.

11 Select the correct one for the blank.

> All the distances given on the charts for the visibility of lights are calculated for (　) of 5 meters.

가. a minimum height of a light
나. a standard height of a light
사. a height of an observer's eye
아. a height of a standard light

해설 해도상에 표시되는 등대의 광달거리는 (안고) 5미터를 기준으로 계산한 것이다.
　가. 등화의 최소 높이
　나. 등화의 표준 높이
　사. 관측자의 눈의 높이(안고)
　아. 표준 등화의 높이

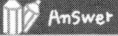 **Answer**　10 사　11 사

12. Select the correct one for the blank.

"In celestial triangle, declination plus (　　) equals 90 degrees."

가. altitude
나. zenith distance
사. latitude
아. polar distance

해설 "천체 삼각형에서, (　　)는 적위에 90도를 더한 것과 같다."
- polar distance(극거) : 극에서 천체까지 거리
- altitude : 고도
- zenith distance : 정거
- latitude : 위도

13. Select the correct one for the blank.

(　　) chart available should always be used when coasting since errors are reduced to a minimum and detail is shown.

가. The smallest-scale
나. The medium-scale
사. The largest-scale
아. The moderate-scale

해설 이용 가능한 (　　) 해도는 오차를 최소로 하고 더 세밀하게 볼 필요가 있는 연안항해시 사용된다.
- The largest-scale : 대축적

14. Select the word corresponding to the sentence given.

"The science of the (　　) is astronomy"

가. stars
나. weather
사. geometry
아. navigation

해설 "(　　)에 대한 학문은 천문학이다."
- stars : 별, 천체

Answer 12 아 13 사 14 가

15 Select the correct one for the blank.

"( ) is the determination of position by advancing a known position for courses and distances."

가. Fix
나. Dead reckoning
사. Departure
아. Crossing

해설 추측위치는 이미 알고 있는 앞쪽의 위치(실측위치)로부터 침로와 항정으로 선위를 결정하는 것이다.
• Dead reckoning : 추측위치

16 Select the correct one for the blank.

By radar, a fix can be obtained from a single object ( ) both range and bearing are provided.

가. since
나. by
사. while
아. although

해설 하나의 물표 밖에 없는 경우 레이더로 거리와 방위를 이용하여 선위를 구할 수 있다.

17 Choose the best one to fill the blank.

( ) is a fitting for the compass used for taking bearings. There are many forms of it, but it all consists essentially of a pair of sighting vanes fitted on opposite sides of the circle.

가. Sextant
나. Azimuth circle
사. Shadow pin
아. Azimuth prism

해설 (방위환)은 방위를 구하기 위하여 컴퍼스 위에 장착되어 있다.
그것은 여러 가지 형태가 있으나 모두 원주의 양쪽에 필수적으로 사이팅 베인이 한쌍으로 구성되어 있다.
• Azimuth circle : 방위환

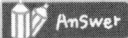 15 나 16 가 17 나

18 Select the correct one for the blank.

> Chart where no fathom lines are marked must be especially regarded with (   ).

- 가. caution
- 나. certainty
- 사. strength
- 아. solidity

해설 해도에 측정한 선의 표시가 없는 곳에서는 특히 주의하여 대처해야 한다.

19 Select the correct one for the blank.

> (   ) is a great circle through the geographical poles of the earth.

- 가. Equator
- 나. Latitude
- 사. Rhumb line
- 아. Meridian

해설 (자오선)은 지구의 양극을 지나는 대권이다.
- Equator : 적도
- Latitude : 위도
- Rhumb line : 항정선
- Meridian : 자오선

20 Select the correct one for the blank.

> You will check the ship's position when coasting, frequently, advise the captain at once if the ship is not (   ) course good.

- 가. making
- 나. set
- 사. taking
- 아. took

해설 연안항해시에는 위치확인을 수시로 하고 선박이 침로를 따라 항해하지 않을 때에는 선장에게 보고해야 한다.

Answer 18 가 19 아 20 가

21. Select the correct one for the blank.

Crossed the meridian of 180° into ( ) longitude at Lat. 43°N. Thursday July 12 was repeated.

가. north
나. east
사. west
아. south

해설 북위 43도에서 180도 자오선을 (서쪽) 경도쪽으로 넘었다. 6월 12일 목요일이 반복되었다.
▶ 날짜 변경선인 180도 자오선에서 서쪽으로(미국쪽으로) 넘어가면 1일을 (−)해주고 동쪽(우리나라쪽으로) 넘으면 1일을 (+)해 준다. 보통 자정을 기해 시간을 변경하기 때문에 서쪽으로 넘으면 같은 날을 반복하여 6월 12일이 다시 되며, 동쪽으로 넘으면 6월 14일로 된다.

22. Select the correct one for the blank.

The vertical distance on a given day between water surface at high and that at low water is called ( ).

가. tide
나. mean sea level
사. tidal range
아. spring tide

해설 어느 날짜에 고조와 저조일 때의 해면의 높이 차이를 ( )라고 부른다
• tidal range : 조차

23. Select the correct one for the blank.

"Charts and light lists should be checked to see that they have been corrected through the latest ( )."

가. guide to port entry
나. notice to mariners
사. sailing directions
아. chart correction table

해설 해도와 등대표는 반드시 최근의 ( )를 통해서 개정된 부분이 표시되어야 한다.
• notice to mariners : 항행통보

Answer 21 사 22 사 23 나

24
Which of the following gives information on wind, current, barometric pressure, ice sightings and recommended routes for high and low powered vessel?

가. Sailing chart
나. Coast chart
사. Pilot chart
아. General chart

해설 다음 중 어떤 것이 바람, 조류, 기압, 빙하관찰과 고출력 동력선과 저출력 동력선의 추천항로에 대한 정보를 주는가?
- Pilot chart : 수로도
- Sailing chart : 항양도
- Coast chart : 해안도
- General chart : 총도
- General chart of coast : 항해도
- Harbour plan : 항박도

25
Choose the best one.

> The bearing shall be in the 360 degree notation from true north and shall be that of the position ( ) the mark.
> The bearing of the mark is the bearing in the 360 degree notation from true north unless otherwise stated, except in the case of relative bearings. Bearings may be ( ) the mark or from the vessel

가. from
나. to
사. toward
아. of

해설 방위는 진북을 기준으로 360도로 표기한다. 그리고 물표로부터의 위치의 방위도 그렇다. 상대방위를 제외하고는, 별도로 명기가 없는 한 물표의 방위도 진북으로부터 360도 방위를 사용한다. 방위는 선박이든 물표든 어느쪽으로도 표시가 된다.

26
Select the correct one for the blank.

> ( ) is a line on the surface of the earth making the same oblique angle with all meridians.

Answer 24 사 25 가 26 가

가. Rhumb line
나. Direct line
사. Indirect line
아. Equator

해설 ( )은 모든 자오선과 동일한 각도로 만나는 지구 표면상의 선이다.
- Rhumb line : 항정선

27 Select the correct one for the blank.

( ) is a ship's approximate position by applying to its last well-determined position a vector or a series of consecutive vectors representing the run that has since been made, using only the true courses steered and the distance steamed, as determined by the ordered engine speed, without considering current.

가. Actual position.
나. Assumed position.
사. Dead reckoning position.
아. Estimated position.

해설 ( )은 최종적으로 잘 적용한 포지션 벡터 또는 이미 행해진 운항을 나타내는 연속적인 벡터의 종류로서, 또한 원래 운항 침로를 사용하거나 지속되는 거리를 사용하면서 조류에 상관없이 최초에 지시된 기관 속력에 의해 결정되는 배의 대략적인 위치이다.
- Dead reckoning position : 추측위치

28 Risk of collision exists when an approaching vessel has a(an) :

가. generally steady bearing and decreasing range.
나. generally steady range and increasing bearing.
사. increasing range and bearing.
아. decreasing bearing only.

해설 충돌 위험은 접근하는 선박이 다음과 같을 때 존재한다.
가. 일반적으로 방위는 변화하지 않고 거리가 가까워질 때
나. 일반적으로 거리가 유지되고 방위각이 증가할 때
사. 거리와 방위각이 증가할 때
아. 단지 방위각만 줄어들 때
- steady bearing : 변화가 없는 방위

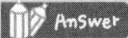 27 사 28 가

29 The declination of the sun changes during the year due to :

가. precession of the equinox.
나. the revolution of the earth around the sun.
사. the daily rotation of the earth on its axis.
아. the inclination of the earth's axis to the plane of revolution.

해설 연간 태양의 적위가 변화하고 있는 것은 다음과 같은 이유 때문이다.
가. 분점의 세차운동
나. 태양 주위를 도는 지구의 공전 때문이다.
사. 축을 중심으로 하는 지구의 자전 때문이다.
아. 공전으로 인한 지축의 기울기 때문이다.

30 Fill the blank.

> Dead reckoning is a method of navigation by which the position of a vessel is deduced from the ( ) and the amount of an anticipated progress through the water from the last well determined position.

가. direction   나. position
사. point   아. movement

해설 추측위치는 확실한 최후의 실측위치로부터 물에 대하여 진행하는 것을 예상한 양과 방향을 추정하여 항해하는 방법이다.

31 Select the correct one for the blank.

> "The term, ( ) of radar is the discrimination between two objects at the same range but on different bearings. It depends upon the range at which targets are situated and the pencil beam width."

가. bearing resolution   나. detection and ranging
사. range resolution   아. minimum range

해설 Bearing resolution : 방위분해능
레이더의 방위분해능이란 같은 거리에 2개의 물표가 다른 방위에 있을 때 분리하는 것이다. 물표가 위치한 거리와 펜슬빔폭에 좌우된다.

Answer 29 아 30 가 31 가

32. What is the following?

"A route which has been specially examined to ensure so far as possible that it is free of dangers and along which ships are advised to navigate."

가. Seperate zone 나. Recommended track
사. Traffic lane 아. Roundabout

해설 Recommended track : 추천항로
위험물에 대해서 안전하다는 것을 가능한 보장하기 위하여 특별조사를 실시하고 선박이 항행하도록 추천하고 있는 항로.

33. Select the correct one for the blank.

A ( ) is a locus of the possible position of a ship. Strictly, it is an arc of a circle, but a short length may be assumed to be a straight line without material error.

가. bearing position 나. circle position
사. line of position 아. ship's position

해설 Line of position : 위치선
위치선은 선박의 위치로서 가능성이 있는 장소이다. 엄밀히 그것은 원의 호이지만 짧은 선은 물리적인 오차없이 직선으로 간주된다.

34. Select the correct one for the blank.

( ) is the period between the flood and ebb or between the cessation of the tidal stream in one direction and its commencement in the opposite direction.

가. Tidal range 나. Slack water
사. Flood tide 아. Ebb tide

해설 Slack water : 게류
창조시와 낙조시 사이 조류의 흐름이 멈추고 반대방향에서 시작되는 것

Answer 32 나 33 사 34 나

35 Choose the best one for the blank.

> ( ) is a system of determining distance of an underwater object by measuring the interval of time between transmission of an underwater sonic or ultrasonic signal and return of its echo.

가. Sonar
나. Decca
사. Radar
아. Loran

해설 Sonar : 수중음파탐지기
수중에서 음파 혹은 초음파신호의 전송과 돌아오는 시간차를 측정하여 목표물의 거리를 결정하는 시스템이다.

36 Fill the blank.

> The ( ) is a device consisting of a suitably marked line having a weight attached to one of its ends. It is used for measuring depth of water.

가. echo sounder
나. hand lead
사. wire
아. log

해설 Hand lead : 수용측심기
적절하게 길이가 표시된 줄과 끝에는 중량추가 달려 수심을 측정할 때 사용하는 기구이다.

37 What is the major advantage of rhumb line track?

가. The vessel can steam on a constant heading(disregarding wind, current, etc.).
나. The rhumb line is the shortest distance between the arrival and departure points.
사. It is easily plotted on a gnomonic chart for comparison with a great circle course.
아. It approximates a great circle on east-west courses in high latitudes.

해설 항정선 항로의 주된 이점은 풍조와 관계없이 일정한 침로로 항해할 수 있는 것이다.

Answer 35 가 36 나 37 가

38 **When using a buoy as an aid to navigation which of the following should be considered?**

   가. The buoy should be considered to always be in the charted location.
   나. If the light is flashing, the buoy should be considered to be in the charted location.
   사. The buoy may not be in the charted position.
   아. The buoy should be considered to be in the charted position if it has been freshly painted.

   해설 부표를 항로표지로 이용하려 할 때 고려되어야 할 요소는?
        사. 부표가 해도에 기재되지 않을 수도 있다.

39 **A tide is called diurnal when (   ).**

   가. only one high and one low water occur during a lunar day
   나. the high tide is higher and low tide is lower than usual
   사. the high tide and low tide are exactly six hours apart
   아. two high tides occur during a lunar day

   해설 "diurnal" 하루 동안의 여기서는 1일 1회조로서 1일에 1회 고조와 저조 조석이 생기는 현상. 보통 1일 2회 발생함.

40 **When a light is first seen on the horizon, it will disappear again if the eye is immediately lowered several feet. When the eye is raised to its former height, the light will again be visible.**
   This process is called (   ).

   가. checking a light   나. luminous range
   사. obscuring a light   아. bobbing a light

   해설 수평선에서 빛이 처음 보였을 때 안고가 몇 피트 낮아지면 사라지고 다시 앞의 높이로 올리면 다시 불빛이 보이는 현상

Answer 38 사 39 가 40 아

41
Which of the following is the angular difference at the ship between the direction of true north and magnetic north?
It is an error of the compass caused by the fact that the magnetic needle points to the magnetic north pole instead of the geographic north pole.

가. Compass heading
나. Variation
사. Magnetic north
아. Deviation

해설 진북과 자북의 차이는 다음 중 어느 것인가?
지리적인 북극 대신에 자북을 자침이 가리키는 원인으로 발생하는 오차이다.
- Variation(편차) : 진북과 자북의 차이
- Deviation(자차) : 자북과 나북(컴퍼스가 가리키는 북)의 차이

42
Choose the wrong pair.

가. EPIRB – Emergency Position Indicating Radio Beacon
나. ARPA – Automatic Radar Positioning Aids
사. GPS – Global Positioning System
아. VHF – Very High Frequency

해설 ARPA : Automatic Radar Plotting Aids(자동 레이더 플로팅 장치)

43
Spring tides are tides that (   ).

가. have lows lower than normal and highs higher than normal
나. have lows higher than normal and highs lower than normal
사. are unpredictable
아. occur in the spring of the year

해설 Spring tide : 대조
삭과 망이 지난 뒤 1~2일 만에 생기는 조차가 극대인 조석
저조 때는 보통보다 더 낮고 고조 때는 보통보다 더 높은 조석

44
Select the correct one for the blank.

(   ) is that part of a remote-indicating compass system which repeats at a distance the indications of the master compass.

Answer 41 나 42 나 43 가 44 가

가. Compass repeater 나. Compass table
사. Compass follower 아. Compass checking

해설 마스터 컴퍼스에 떨어져서 지시하는 원격지시의 컴퍼스의 일종으로서 "컴퍼스 리피터"라 한다.

45 Choose the correct one.

> Place names used should be those on the chart or in Sailing Directions in use. Should those not be understood, ( ) and ( ) should be given.

가. equator, latitude 나. longitude, equator
사. latitude, longitude 아. meridian, longitude

해설 지명은 해도나 수로지에 사용되고 있는 것을 사용해야 한다.
이와 같은 것을 알 수 없으면 위도와 경도로 나타내어야 한다.

46 Select the correct one for the blank.

> When the horizon mirror and the index mirror are parallel and the zero on the vernier does not correspond to the zero on the main scale, the difference is known as ( ).

가. Index Error 나. Side Error
사. Horizon Error 아. Collimation Error

해설 Index Error : 육분의 기차
수평경과 동경이 평행하고 주눈금자의 버니어가 0에 일치하지 않는 오차
(도수를 0으로 놓았을 때 수평경과 동경이 평행하지 않기 때문에 생기는 오차)

47 Charted depth is the ( ).

가. vertical distance from the chart sounding datum to the ocean bottom, plus the height of tide
나. vertical distance from the chart sounding datum to the ocean bottom
사. average height of water over a specified period of time
아. average height of all low waters at a place

해설 해도의 수심은 해도 측량 기준점에서 바다 밑바닥까지의 수직거리이다.

Answer 45 사 46 가 47 나

48
In what publication the information on the operating times and characteristics of foreign radio beacons can be found?

가. List of Lights   나. Coast Pilot
사. Sailing Direction   아. List of Radiobeacons

해설 외국의 무선비콘의 작동시간이나 특징에 대한 정보를 기록한 출판물은?
- List of Lights : 등대표

49
Followings are concerned with functions of certain electronic navigational equipment. Choose the relevant one.
"EBM / VRM operationg, keyboard function, trail, display of compass course, guard ring, etc."

가. ARPA   나. RDF
사. Loran   아. GPS

해설 아래와 같은 기능을 가진 전자 항법장비는?
- ARPA : 자동 레이더 플로팅 장치 = 자동 충돌예방 보조장치

50
Choose the best one.

A tide which is outside the predictions given in the Tide Tables is defined as :

가. abnormal tide.   나. edd tide.
사. flood tide.   아. slack water

해설 abnormal tide : 불규칙한 조석
조석표에 주어진 예보를 벗어난 조석

51
Select the correct one for the blank.

"The (   ) are great circles on the earth's surface, perpendicular to the equator and converging toward the poles."

가. equator   나. vernal equinox
사. meridians   아. vertical circle

해설 meridian : 자오선
적도에 직교하는 대권

Answer 48 가 49 가 50 가 51 사

52 Select the correct one for the blank.

"( ) is a periodical publication of astronomical data useful to navigators."

가. Almanac   나. Tide table
사. Light list   아. Notice to mariners

해설 천측력은 항해자들에게 천문학적 자료를 제공하는 주기적으로 발행되는 출판물이다.

53 Fill the blank with suitable one.

Pilot charts show all of the following except ( )

가. average winds
나. average currents
사. state of the weather
아. variation

해설 Pilot charts에는 (날씨의 상태)를 제외하고는 아래의 것은 전부 나와 있다.

54 When the gyropilot is used for steering, what control is adjusted to compensate for varying sea conditions?

가. Rudder control
나. Sea control
사. Lost motion adjustment
아. Weather adjustment

해설 자이로 파일럿을 사용할 때 어떤 설정을 해야 다양한 해상조건에서 보완이 되는가?
• Weather adjustment : 천후 조정

55 Select the correct one for the blank.

The value of a chart manifestly depends upon the accuracy of survey on which it is based, and this becomes more important the larger in ( ) of the chart.

Answer 52 가 53 사 54 아 55 사

가. the accuracy
사. the scale
나. the number
아. the measurement

해설 명확하게 해도의 가치는 기초조사에 따른 정확도에 의존한다. 이것은 대축척 해도로 갈수록 더욱 중요하다.

56 Choose the suitable one.

( ) is a circle on the surface of a sphere marking the intersection of the sphere and a plane through its center.

가. Great circle
사. Sailing direction
나. Rhumb line
아. Small circle

해설 (대권)은 중심을 지나는 평면으로 구를 자를 때 구의 표면 위에 생기는 원
- great circle(대권) : 지구 중심을 지나게 잘랐을 때 생기는 원
- small circle(소권) : 지구 중심을 지나지 않게 잘랐을 때 생기는 원

57 "Stand of the tide" means that time when ( ).

가. the vertical rise or fall of the tide has stopped
나. slack water occurs
사. tidal current is at a maximum
아. the actual depth of the water equals the charted depth

해설 Stand of the tide : 정조
고조나 저조시 해면의 승강운동이 순간적으로 정지한 것 같은 상태

58 Select the correct one for the blank.

Publications with detailed descriptions of harbors and shore areas are called ( ).

가. almanac
사. aids to navigation
나. light lists
아. sailing directions

해설 sailing directions : 항로지(수로지)
항구나 해안에 관련된 자세한 설명이 들어있는 출판물은 "sailing directions"

Answer 56 가 57 가 58 아

59 select the correct one for the blank.

( ) is that point of the celestial sphere vertically overhead.

가. Zenith 나. Nadir
사. Altitude 아. Bearing

해설 Zenith : 천정(정점)
수직으로 관측자의 머리위에서 천구와 만나는 점(관측자의 정상에 있는 점)

60 Ascertain the risk of collision by watching ( ) of an approaching ship. If we fill the blank we choose :

가. true bearing 나. drift of compass bearing
사. cross bearing 아. compass error

해설 접근하는 선박의 방위 변화를 주시하여 충돌 위험을 확인하라.

61 Select suitable word for the blank.

Detection of targets, particularly small targets, is generally better at short ranges. However, if the radar is to be used for plotting it is not advisable to use a scale that is too ( ).

가. long 나. short
사. large 아. far

해설 물표의 탐지 특히 작은 물표는 보통 근거리 레인지를 사용한다. 그러나 레이더를 플로팅하기 위해 사용한다면, 너무 근거리 레인지는 권장하지 않는다.

62 Select the correct one for the blank.

The ( ) is a great circle of the earth that lies midway between the poles.

가. prime meridian 나. great circle
사. equator 아. vernal equinox

해설 Equator : 적도
양극(북극과 남극)의 중간에 위치한 지구의 대권이다.

Answer 59 가 60 나 61 나 62 사

단원별 3급 항해사

63 Select a word which can be replaced with the underlined part.

A vessel which detects by radar alone the presence of another vessel shall determine if <u>a close-quarters situation</u> is developing and/or risk of collision exists.

가. direction of quarter　　　　나. close range
사. reciprocal direction　　　　아. imminent time

해설 레이더만으로 다른 선박의 존재를 탐지한 선박은 근접상태의 형성과 혹은 충돌의 위험이 있는지 결정해야 한다.

64 Select a word which has the most similar meaning to the underlined part.

"In determining whether there is any risk of collision or not the assumptions shall not be made on the basis of <u>scanty</u> information, especially scanty radar information."

가. sensitive　　　　나. barely sufficient
사. random　　　　아. doubt

해설 충돌의 위험이 있는지 결정하는데 있어서 빈약한 정보 특히 레이더에 의한 빈약한 정보를 바탕으로 추정해서는 안 된다.
 • scanty : 불충분한 = barely sufficient

65 File the blank.

When in sight of land, a ship's position may be found by taking (　　) bearings of land marks such as towers, buildings and hill tops or sea marks.

가. visual　　　　나. audible
사. close　　　　아. indicated

해설 육지가 보이는 곳에서 선박의 위치는 육상물표 즉 타워, 빌딩, 언덕정상 혹은 항로표지 등의 시각적 방위(직접 눈으로 확인하여 구할 수 있는 방위)를 측정하여 구할 수 있다.

Answer　63 나　64 나　65 가

2. 운용 부분

01 Low altitude clouds in a uniform layer resembling fog would be called :

가. cumulus clouds
나. cirrus clouds
사. nimbostratus clouds
아. stratus clouds

해설 안개와 비슷한 균일한 층의 낮은 고도의 구름
- cumulus clouds : 적운
- cirrus clouds : 권운
- nimbostratus clouds : 난층운
- stratus clouds : 층운(안개구름)

02 Select the correct one for the blank.

> "Where a cold air mass moves under warmer air mass, it is known as the (　　)."

가. cold front
나. warm front
사. occluded front
아. stationary front

해설 "차가운 공기 덩어리가 따뜻한 공기 덩어리 아래로 움직이는 경우, (한랭전선)이라 알려져 있다."
- cold front : 한랭전선
- warm front : 온난전선
- occluded front : 폐색전선
- stationary front : 정체전선

03 Choose a proper word to fill the blank.

> (　　) is a gas or vapor which will support neither combustion nor life and is used for preventing fire.

가. Oxide gas
나. VCM
사. Toxic gas
아. Inert gas

해설 (이너트가스)는 연소나 호흡이 불가능하여 폭발예방에 사용되는 가스나 증기이다.

Answer　01 아　02 가　03 아

04 Select a suitable word for the blank.

"In case the temperature is decreasing at constant quantity of air and humidity, the humidity will be increased relatively and the moisture in the air shall begin to be liquefied at some point of temperature that is called as the (   )."

가. relative humidity
나. dew point
사. freezing point
아. absolute humidity

해설 "공기나 습도의 일정량이 감소하는 온도의 상태에서 습도는 상대적으로 증가되어 공기중의 수증기가 어떤 온도에서 응결하기 시작하는 점(온도)을 (이슬점)이라 한다."
- dew point : 노점(이슬점)

05 Select the correct one for the blank.

A squall line, or line of sharp changes of wind, is very often associated with a (   ).

가. warm front
나. stationary front
사. occluded front
아. cold front

해설 돌풍의 경계선 또는 바람이 격렬히 변화하는 경계선은 대단히 자주 (   )과 관련이 있다.
- cold front : 한랭전선
- warm front : 온난전선
- occluded front : 폐색전선
- stationary front : 정체전선

06 Which of the following describes the TPI?

가. Tons needed to change the vessel's list by one degree.
나. Tons needed to trim the vessel by one inch at a certain draft.
사. Tons needed to trim the vessel by one foot at a certain draft.
아. Tons needed to change the mean draft of one inch at a certain draft.

해설 다음 중 TPI에 대하여 기술한 것은?
가. 1도의 선박의 경사를 변화시키기 위해 필요한 톤수
나. 일정한 흘수에서 1인치의 선박의 트림을 위해 필요한 톤수
사. 일정한 흘수에서 1푸트의 선박의 트림을 위해 필요한 톤수
아. 일정한 흘수에서 평균흘수 1인치 변화시키는데 필요한 톤수
▶ TPI : 평균흘수 1inch 변화시키는데 필요한 중량톤수
  TPC : 평균흘수 1cm 변화시키는데 필요한 중량톤수

Answer 04 나 05 아 06 아

07 **If we shift fuel oil so that the trim and KG of the ship remain the same but free surface correction for the fuel oil tanks is reduced, what happens to the GM?**

　　가. GM is decreased.　　　　　나. GM remains the same.
　　사. GM is increased.　　　　　아. GM can either increase or decrease.

　　해설 만약 연료유를 이동하여 trim과 KG는 같은 상태로 있지만, 연료탱크를 줄여 유동수의 자유 표면 효과가 수정되었다면 GM은 어떻게 되는가?
　　가. GM은 감소한다.
　　나. GM은 같은 상태로 있다.
　　사. GM은 증가한다.
　　아. GM은 증가 하거나 혹은 감소할 것이다.
　　탱크를 줄인다는 말은 연료유가 반반 들어 있는 탱크를 한 곳으로 몰아 한 개의 탱크를 완전히 비웠다는 뜻으로 이해하고 이럴 경우 유동수의 자유표면 효과는 감소하여 GM은 상승하는 효과가 된다.

08 **Select the correct one for the blank.**

> (　　) are vertical partitions of walls. All ships must have a specified number of (　　) depending on their length. By dividing the ship into watertight divisions, they reduce the danger of sinking if one compartment is holed.

　　가. Tanks　　　　　　　　　　나. Compartments
　　사. Bulkheads　　　　　　　　아. Rails

　　해설 (격벽)은 벽면의 수직칸막이다. 모든 선박은 반드시 그들 길이에 따라 (격벽)의 개수를 명시 해야 한다. 수밀격벽으로 선박을 나눔에 따라, 만약 한 부분에 구멍이 뚫려도 가라앉는 위험을 줄일 수 있다.

09 **Select the correct one for the blank.**

> The decks are (　　) to permit drainage to the scuppers which lead the water either overboard or to the bilges.

　　가. cambered　　　　　　　　나. closed
　　사. opened　　　　　　　　　아. covered

　　해설 갑판은 물을 밖이나 빌지로 배출하는 배수구로 흘러가도록 하기 위하여 위로 볼록하다.
　　• 갑판이 이렇게 된 것은 캠버라 한다.
　　• cambered : 위로 볼록한

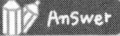 **Answer** 07 사　08 사　09 가

10 Select the correct one for the blank.

"( ) is the instruction to haul or pull on board all but essential lines mentioned, so that ship can be ready to leave the quay or berth."

- 가. Let go
- 나. Heave up
- 사. Single up
- 아. Make fast

해설 (single up)은 암벽 혹은 부두를 떠나기 위해 준비할 수 있도록 필요한 줄을 제외한 모든 줄을 선박으로 끌어 당겨 거두어 들이는 것이다.
- Single up : 한 줄만 남기고 모든 줄을 거두어 들이는 것
- Heave up : 끌어올리다.
- Make fast : 붙들어 매다.

11 Select the correct one for the blank.

You are not to leave the bridge under any circumstances unless ( ) by Captain or other licensed officers.

- 가. required
- 나. relieved
- 사. ordered
- 아. suggested

해설 만약 선장 또는 다른 자격 있는 항해사에 의해 (교체되지) 않는 한 당신은 어떠한 경우에서도 선교를 떠나서는 안된다.
- relieve : 교체하다

12 Select a suitable word for the blank.

"If there is another line already on the bollard, the eye of the second line should be taken up through the eye of the first line before placing it over the bollard. This makes it possible for either line to be ( ) first."

- 가. let go
- 나. make fast
- 사. left
- 아. moved

해설 "만약 볼라드에 이미 다른 계선줄이 있는 경우에는 두 번째 계선줄의 eye는 첫 번째 줄의 eye사이로 끼어 묶여져야 한다. 이렇게 함으로써 출항시 건 순서에 관계없이 먼저 벗겨낼 수 있다."

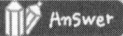 Answer 10 사 11 나 12 가

13. Select the correct one for the blank.

> On a weather chart, a curved line joining all places at which the atmospheric pressure is the same is called ( ).

가. isobar
나. isotherm
사. equilateral
아. equidistance

해설 기상도 위에, 기압이 같은 모든 곳을 연결한 곡선을 (등압선)이라 부른다.
- isobar : 등압선
- isotherm : 등온선

14. A vessel which has lost her means of propulsion in a rough sea will most likely :

가. heave to
나. broach to
사. scud
아. stay bow to the sea

해설 황천에서 선박의 추진력을 잃은 선박은 대부분 (　　)인 상태가 된다.
► broach to
황천 시 선미로부터 파를 받을 때 급격한 선수 동요에 의하여 선체가 파도와 평행하게 놓이게 되는 현상

15. Select the correct one for the blank.

> If a vessel goes from salt water to fresh water and wishes to keep the same draft, you would ( ).

가. do nothing, as it does remain the same
나. take on ballast
사. discharge ballast
아. none of the above

해설 만약 선박이 해수에서 담수로 가서 같은 흘수를 유지하기를 원한다면, 귀선은 (　　)해야 한다.
가. 같이 유지하기 위해 아무것도 하지 마시오
나. 밸러스트를 넣으시오
사. 밸러스트를 배출하시오
아. 위로 아무것도 넣지 마시오
► 해수에서 담수로 이동하면 흘수가 증가한다.

Answer 13 가 14 나 15 사

단원별 3급 항해사

16 Select the correct one for the blank.

> (   ) is the distance from the lowest part of the keel to the water line at which the vessel is floating.

가. Water line length
나. Molded breadth
사. Vertical diameter
아. Draught

해설 (   )는 용골의 가장 낮은 부분에서 선박이 떠 있는 해수면까지의 거리이다.
  • Draught : 흘수

17 The belt of low pressure near the equator is called :

가. Doldrum
나. Horse latitude
사. Prevailing westerlies
아. Polar low

해설 적도의 부근의 저압대를 (   )이라 부른다.
  • Doldrum : 적도 무풍지대
  • Horse latitude : 중위도 고압대
  • Prevailing westerlies : 편서풍대
  • Polar low : 고위도 저압대

18 Choose the suitable one to fill the blank.

> "When the general emergency alarm is sounded with seven short blasts and one prolonged blast, all passengers have to go to their (   )."

가. assembly station
나. store
사. playroom
아. lounge

해설 "긴급 알람이 단음 7번 후에 장음 1번의 경적이 들렸을 때, 모든 승객들은 그들의 (   )로 가야 한다."
  • assembly station : 집합장소

19 Choose the best one to fill the blank.

> "You wish to communicate the information that the swell in your area is 2 ~ 4 meters in height and from the northeast. This swell, as defines in the code, would be described as (   )."

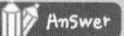 Answer 16 아 17 가 18 가 19 나

가. slight
나. moderate
사. high
아. confused

해설 "당신 지역의 큰 파도가 북동쪽으로부터 2~4 미터 높이라는 통보를 하고자 한다. 규정에 정의된 대로 이 파도는 (   )로 기술되어야 한다."
▶ swell 2~4는 너울의 계급(Swell Scale) 상에서는 moderate swell(다소 높은 스웰)에 속한다.

20 Select the correct one for the blank.

As the displacement of a vessel increase, the detrimental effect of free surface (   ).

가. increases
나. decreases
사. remains the same
아. may increase or decrease depending on the fineness of the vessel's form

해설 배수량이 증가함에 따라, 해로운 자유표면의 효과는 (   ).
• decreases : 감소하다. ⇔ increases : 증가하다.

21 Select the correct one for the blank.

"The difference between the theoretical distance that the propeller pushes the ship and its actual distance travelled through the water is known as the (   )."

가. slip
나. pitch
사. fathom
아. cable

해설 "프로펠러의 추진에 의한 이론적 항주거리와 실제 물위를 전진하는 거리 사이의 차이는 (   )으로 알려져 있다."
▶ slip(슬립) : 프로펠러의 회전수에 의한 속력과 실제 항해를 했을 때 실제속력과의 차

22 Select the correct one for the blank.

The tonnage on which all dues to be paid by ships are assessed is the (   ).

가. gross tonnage
나. deadweight tonnage
사. displacement tonnage
아. net tonnage

Answer 20 나 21 가 22 가

> **해설** 선박에 의하여 마땅히 모두 지불되어져야 하는 세금의 평가에 필요한 톤수는 ( )이다.
> - gross tonnage : 총톤수 ▶ 관세, 등록세, 도선료, 계선료
> - deadweight tonnage : 중량톤수 ▶ 용선료
> - displacement tonnage : 배수톤수
> - net tonnage : 순톤수 ▶ 입항세, 톤세

23. Deadweight, which is the cargo carrying capacity of a vessel in tons, is determined by :

가. loaded displacement minus light displacement
나. gross tonnage minus net tonnage
사. loaded displacement minus net tonnage
아. light displacement minus the weight of the vessel

> **해설** 재화중량톤수는 선박 내의 화물의 적재 가능한 화물톤수로 다음에 의하여 정해진다.
> 가. 만재배수량에서 경하배수량을 뺀 것이다.
> 나. 총톤수에서 순톤수를 뺀 것
> 사. 만재흘수톤에서 순톤수를 뺀 것
> 아. 경하배수톤에서 선박의 무게를 뺀 것

24. The line leading at right angle to the centre line from the stern to the shore is called :

가. aft breast line.   나. the stern line.
사. the aft spring.   아. aft towing line.

> **해설** 선미에서 육상쪽으로 center line에 직각이 되게 잡는 계선줄
> - aft breast line : 선미옆줄
> - stern line : 선미줄
> - aft spring : 선미 앞줄
> - aft towing line : 선미예인줄

25. Select the correct one for the blank.

"The bilge keel is fitted at the bilge turn in order to reduce ( )."

Answer 23 가 24 가 25 나

가. turning	나. rolling
사. heaving	아. yawing

> 해설 만곡부 용골은 ( )을 줄이기 위해 빌지 만곡부에 장착한다.
> • in order to : ~하기 위하여

26 Choose the correct one for the blank.

> A wind is said to be ( ) when the wind direction moves anti-clockwise.

가. backing	나. veering
사. locking	아. changing

> 해설 바람의 방향이 반시계방향으로 불 때 ( )라고 부른다.
> • backing : 반전(시계반대방향)
> • veering : 순전(시계방향)

27 The procedure of rescuing a ship or cargo is called as :

가. salvage operations	나. clearance operations
사. towing operations	아. seismic survey

> 해설 선박이나 화물을 구조하는 과정을 ( )라고 한다.
> • salvage operations : 해난구조작업
> • clearance operations : 출항절차작업
> • towing operations : 예인작업
> • seismic survey : 지진조사

28 The term "doldrums" refers to ( ).

가. The belt of low pressure in the polar regions.
나. The belt of high pressure at 30°.
사. The belt of low pressure near the equator.
아. A condition of rough treacherous seas.

> 해설 "적도 무풍지대"라는 용어는 ( )을 말한다.
> 가. 극지방에서의 저기압 지역
> 나. 위도 30도의 고기압 지역
> 사. 적도 부근의 저기압 지역
> 아. 거칠고 불안정한 해면 상태

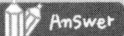 Answer 26 가 27 가 28 사

29. Select the correct one for the blank.

> When heading on a course, you put your rudder hard over. The distance traveled in the direction of the original course from when you put your rudder over until your heading differs by 90° is known as : (   ).

가. Transfer
사. Advance
나. Head reach
아. Tactical diameter

해설 어느 침로상에 있을 때, 타를 강하게 사용하였다. 타를 돌려 선수가 90도 될 때로부터 원침로 방향으로부터 이동한 거리 :
- Advance : 어드밴스(종거)
- Transfer : 트랜스퍼(횡거)
- Tactical diameter : 선회지름

30. What is the meaning of following description?

> "A heavy steel fitting equipped with rollers, through which mooring lines pass."

가. bollard
사. pad eye
나. fair-lead
아. mooring-bitts

해설 계선줄이 통과하는 곳으로 롤러가 설치되어 있는 강력한 강철로 된 설비

31. Choose the most similar one in terms of meaning to the underlined part of the following sentence.

> "What are the advance and transfer distance in <u>a crash stop</u>?"

가. a proper stop
사. an emergency stop
나. a cracking stop
아. a full stop

해설 아래 문장에서 밑줄 친 것의 의미에 가장 유사한 것을 고르시오.
"긴급 정지시 어드밴스(종거)와 트랜스퍼(횡거) 거리를 무엇이라 하는가?"
- a crash stop(긴급정지) : 전속전진 중 전속후진하는 것
- an emergency stop : 비상정지

Answer 29 사 30 나 31 사

32. If the captain orders to reduce amount of rudder to zero degree, wheel order should be given as follows :

가. Port
나. Ease to zero
사. Steady
아. Midships

해설 만약 선장이 타각을 0도로 감소시키라는 명령을 하고 싶은 경우, 조타명령은 다음과 같이 주어져야 한다. :
► Midships : 키를 선수미선상(정중앙)에 유지하시오.
　(Rudder to be held the fore and aft position)

33. Select the correct one for the blank.

> An instrument for measuring wind force or speed is (　　).

가. an anemometer
나. a hydrometer
사. a thermometer
아. a chronometer

해설 바람의 세기와 속도를 측정하기 위한 기구는 (　　)이다.
- an anemometer : 풍속계
- a hydrometer : 비중계
- a thermometer : 온도계
- a chronometer : 시진의

34. Select the correct one for the blank.

> A vessel situated in front of the path of cyclonic storm will commonly experience long, heavy swell, (　　) barometer with heavy rain, and increasing winds.

가. raising
나. rising
사. falling
아. remaining

해설 사이크론 진로의 정면에 놓인 선박은 일반적으로 크고 거친 파도, 많은 비와 함께 기압은 (하강하고) 바람은 점점 증가되는 것을 경험할 것이다.
- falling : 떨어지는, 하강하는

Answer 32 아 33 가 34 사

단원별 3급 항해사

35 What is the opposite side of lee side of the ship?

가. port side
사. starboard side
나. weather side
아. quarter side

해설 선박을 기준으로 바람이 불어가는 방향의 반대방향은 무엇인가?
- weather side : 바람이 불어오는 쪽, 다른 표현으로 winward
- lee side : 바람이 불어가는 쪽(바람을 등지는 쪽)

36 Select a proper wheel order for the following explanation.
"Steer a steady course on the compass heading indicated at the time of the order."

가. Midships!
사. Meet her!
나. Steady as she goes!
아. Nothing to port/starboard!

해설 다음 설명을 보고 적절한 조타명령을 고르시오.
명령 내리는 순간에 compass heading이 가리키고 있는 안정된 선수방위로 조타하시오.
▶ Steady : Reduce swing as rapidly as possible.
  (가능한 한 빨리 선회를 줄이라.)
▶ Meet her : Check the swing of the vessel's head in a turn.
  (회두중 선수의 선회를 억제하라.)
▶ Midships : Rudder to be held in the fore and aft position.
  (키를 선수미선상에 유지하시오.)

37 What is the meaning of the standard wheel order of "Midships"?

가. Rudder to be held fully over to port.
나. Reduce swing as rapidly as possible.
사. Rudder to be held in the fore and aft position.
아. Steady as she goes.

해설
▶ Steady : Reduce swing as rapidly as possible.
  (가능한 한 빨리 선회를 줄이라.)
▶ Meet her : Check the swing of the vessel's head in a turn.
  (회두중 선수의 선회를 억제하라.)
▶ Midships : Rudder to be held in the fore and aft position.
  (키를 선수미선상에 유지하시오.)
▶ Steady as she goes : Steer a steady course on the compass heading indicated at the time of the order.
  (이 명령이 내려진 순간에 컴퍼스가 지시한 안정된 침로를 유지하라.)

Answer 35 나 36 나 37 사

38. Choose the most suitable word(s) from the words shown below.

In the northern hemisphere, if one faces the wind, center of low pressure lies somewhat behind the right hand, and center of high pressure lied somewhat before the left hand.

가. Buys-Ballot's law
나. Raoult's law
사. Trade wind
아. weather analysis

해설 북반구에서 만약 바람을 향하였다면 저기압의 중심은 약간 오른쪽 팔의 뒤쪽에 위치하고, 고기압의 중심은 약간 왼쪽 팔의 앞쪽에 위치한다.
► Buys-Ballot's law
바람을 등지고 양팔을 벌리면 북반구에서는 왼손 전방 약 20~30도 방향에 저기압의 중심이 있다.(바람을 향하였을 때는 오른손 후방 20~30도에 저기압의 중심이 있다.)

39. Followings are the explanations which are concerned with navigation with pilot on board. Choose the wrong one.

가. Despite the duties and obligations of pilot, his presence on board does not relieve the master or officer in charge of the watch.
나. The master and the pilot do not need to exchange information regarding navigation procedures.
사. The master and officer of the watch shall cooperate and communicate closely with the pilot.
아. The master and officer of the watch shall maintain an accurate check of the ship's position and movement.

해설 도선사 승선 항해와 관련된 설명이나. 잘못된 것을 고르시오.
가. 도선사의 직무와 의무에도 불구하고, 도선사가 승선하고 있다는 것이 당직근무 책임에 있어서 선장과 항해사를 면제해 주는 것은 아니다.
나. 선장과 도선사는 항해 진행과 관련된 정보를 교환할 필요가 없다.
사. 선장과 당직 근무자는 도선사와 협력하고 밀접한 의사소통을 해야 한다.
아. 선장과 당직 근무자는 선박의 위치와 움직임을 정확하게 체크하고 유지해야 한다.

Answer 38 가 39 나

40
In all cases of ordinary leakage, it should be remembered that the ship should not be given up until she shows evident signs of foundering.
The underlined part means :

가. sinking
나. falling down
사. stumbling
아. establishing

해설 통상적인 누수의 경우에, 선박이 침몰하는 명백한 징후가 보여질 때까지 퇴선해서는 안된다는 것을 기억해야 한다. 밑줄 그은 부분의 의미는?
• sinking : 침몰

41
Select the correct one for the blank.

All wheel orders given should be (　　) by helmsman and the officer of the watch should ensure that they are carried out correctly and immediately.

가. repeated
나. questioned
사. answered
아. requested

해설 모든 조타 명령은 조타수에 의해 (복창)되어야 하고 당직사관은 반드시 정확하고 즉시 이행하는지 확인해야 한다.
• repeat : 복창하다

42
Select the correct one for the blank.

The hours spent on voyage after departure from up and down to let go anchor is termed as (　　).

가. hours underway
나. hours propelling
사. hours at anchor
아. hours proceeding

해설 출항 후 up and down에서 let go anchor까지 항해에 사용된 시간을 가리키는 용어를 (　　)라고 한다.
• hours underway : 항해시간

Answer　40 가　41 가　42 가

43
In writing up the log book at the end of your watch you made an error. Which of the following is the way to correct the error?

가. Carefully and neatly erase the entry and rewrite it correctly.
나. Remove this page of the log book and rewrite all entries on a clean page.
사. Blot out the error completely and rewrite the entry correctly.
아. Cross out the error with a single line and make the entry correctly.

> 해설 당직 후 로그북을 기록하는 중에 실수를 했다. 오기를 수정하는 방법으로 알맞은 것은?
> 가. 조심스럽고 깔끔하게 지우고 정확하게 다시 작성한다.
> 나. 로그북의 그 페이지를 찢고 새 페이지에 다시 적는다.
> 사. 오기를 완전히 지우고 정확하게 다시 작성한다.
> 아. 잘못 기록한 것을 한 줄로 지우고 정확히 다시 기입한다.
> • Cross out 선을 그어 지우다.

44
Select the correct one for the blank.

> The orders "Nothing to port" or "Nothing to starboard" may occasionally be used. This order remains in force until an alteration of course is made or the wheel is ordered ( ).

가. starboard 나. port
사. midships 아. steady

> 해설 "현재 침로에서 좌현으로 가까이 마라" 또는 "현재 침로에서 우현으로 가까이 마라"는 명령은 때때로 사용된다. 명령은 침로가 변경되거나 조타 명령 (   )이 될 때까지 작용한다.

45
Select one which has correct explanation for the underlined.
"What are the advance and transfer distance in <u>a crash stop</u>?"

가. Full speed에서 기관을 정지하는 것.
나. 전속전진 상태에서 기관을 전속후진하는 것.
사. 정지상태에서 기관을 전속후진하는 것.
아. 기관의 전진속도와 후진속도를 동일한 것을 사용하여 전진에서 후진시키는 것.
   (예 : Half ahead → Half astern)

> 해설 "긴급정지"에서 advance와 transfer 거리는 어떻게 됩니까?
> ▶ a crash stop(긴급정지) : 전속전진 중 전속후진하는 것

Answer 43 아 44 사 45 나

46 Select the correct one for the blank.

> You are not to hand the watch over to your (   ) unless you are certain that he has a thorough understanding of the existing situation, and is able to handle it.

가. colleague
나. relief
사. partner
아. master

해설 당신은 교대자가 현재상황을 충분히 숙지하고 통제할 수 있다고 확신하기 전에는 당직을 인계해서는 안 된다.
- relief 교대자

47 Choose the wrong one.
The watch at sea shall not be relieved until you have noted the ship's position on the chart and ascertained from the officer you are relieving the following :

가. vessels or lights in sight, and status of bearings on them.
나. land marks in sight, and landfalls or navigational aids expected to be picked up.
사. the presence of the Captain.
아. speed and revolutions vessel is making.

해설 다음 중 틀린 것을 골라라.
항해중 당직은 해도상의 선박의 위치, 현당직사관으로부터 하기 사항을 확인할 때까지는 인계되어서는 안 된다.
가. 현재 보이는 배와 불빛 그리고 그들의 방위 상태
나. 현재 보이는 주요물표 그리고 주변 육지 혹은 예상되는 항로표지
사. 선장이 현재 브릿지에 있는 상황
아. 현재 선속과 기관회전수

48 When the operation of engine is no longer required, the standard engine order given is as follows :

가. Finished with engine.
나. Stand by engine.
사. Emergency full ahead.
아. Stop engine.

해설 더 이상 기관의 사용이 필요 없을 때 표준 기관 명령은 :
- Finished with engine(F.W.E) ▶ 부두에 배가 접안하여 기관을 더 사용할 필요가 없을 때

Answer 46 나 47 사 48 가

49 Fill the blank with suitable one.

> On shore, mooring lines and springs are made fast on ( ).

가. bollards **나.** chock
사. fairlead **아.** capstan

해설 해안에서, mooring line과 springs line은 ( )에 묶여졌다.

50 Choose the best one.

> If your anchor is moving over the sea bottom involuntarily because it is no longer preventing the movement of the vessel, your anchor is ( ).

가. dragging **나.** dredging
사. foul **아.** clear

해설 닻이 선체의 이동을 더 이상 저지하지 못하여(파주력이 약하여) 어쩔 수 없이 해저를 떠나 끌리고 있는 상태
- dragging : 주묘 ▶ 닻이 어쩔 수 없이 끌리는 경우
- dredging : 인묘(용묘) ▶ 조종하기 위하여 인위적으로 닻을 끄는 경우

주묘(Dragging anchor) – 앵커 끌림
Moving of an anchor over the sea bottom involuntarily because it is no longer preventing the movement of the vessel

인묘(Dredging anchor) – 용묘
Moving of an anchor over the sea bottom to control the movement of the vessel
(선체의 운동을 억제하기 위하여 해저를 따라서 닻을 이동시키는 상태)

51 Choose the best one.

> Moving of an anchor over the sea bottom to control the movement of the vessel is ( ).

가. dragging of anchor **나.** dredging of anchor
사. foul of anchor **아.** clear of anchor

해설 선체의 운동을 제어하기 위하여 해저에서 닻을 끌고 가는 것

Answer 49 가 50 가 51 나

52 What is the main function of a bilge keel?

가. Adding strength to the bilges
나. Reducing rolling
사. Acting as a bumper when vessel is docking
아. Keeping the vessel upright position

해설 빌지 킬의 주요 기능은?
　가. 빌지의 강도를 키운다.
　나. 롤링을 줄인다.
　사. 선박이 도킹할 때 범퍼 역할을 한다.
　아. 선박이 똑바로 위치를 잡도록 한다.

53 Select the correct one for the blank.

> At night, your vessel went aground during your watch. As soon as calling the Captain, you should (　　).

가. put the engine full astern
나. send out a distress message
사. prepare the lifeboats for launching
아. notify the engine room

해설 야간에 당직동안 선박이 좌초되었다. 선장에게 가능한 빨리 알리고, (　　)해야 한다.
　가. 기관을 전속 후진한다.
　나. 재난 메시지를 보낸다.
　사. 구명보트 진수를 준비한다.
　아. 기관실에 통보한다.

54 "Steerage way" means :

가. the minimum speed at which a vessel will answer her helm.
나. a vessel is actually moving through the water.
사. a vessel is not made fast to the shore.
아. a vessel is steering a course.

Answer　52 나　53 아　54 가

> **해설** 타효 속력이란 :
> 가. 선박이 타효가 생기는 최소한의 속력
> 나. 물 속에서 실제로 움직이는 선박
> 사. 해안에 접안하지 못한 선박
> 아. 침로로 조타하는 선박

55 Choose the correct one.

> "(   ) means mandatory speed in a fairway."

- 가. Fairway Speed
- 나. Knots
- 사. Ground Speed
- 아. Speed through the water

> **해설** (   )는 항로에서의 제한된 속력이다.
> • Fairway Speed : 항로 내 속력
> • mandatory : 강제적인

56 Select the correct one for the blank.

> When cargo is shifted from the lower hold to the main deck, (   ).

- 가. the center of gravity will move upwards
- 나. the metacentric height(GM) will increase
- 사. the center of buoyancy will move downwards
- 아. the reserve buoyancy will increase

> **해설** 밑에 있는 화물창에서 주갑판으로 화물을 옮길 때, (   ).
> 가. 무게중심이 위로 올라간다.
> 나. GM이 증가한다.
> 사. 부심이 아래로 내려간다.
> 아. 예비부력이 증가한다.

57 Select the correct one for the blank.

> By the MARPOL Convention, a tank specifically designated for the collection of tank drainings, tank washings and other oily mixtures in a ship is (   ).

Answer 55 가 56 가 57 사

가. wing tank   나. center tank
사. slop tank   아. ballast tank

> 해설 MARPOL 협약에 따라, 특별히 탱크배수, 탱크청소와 선박 내 다른 유성혼합물을 모으기 위한 탱크를 (슬롭탱크)라 한다.

58 The difference between propeller speed and actual speed of the vessel is called :

가. slip   나. pitch
사. RPM   아. efficiency

> 해설 선박의 프로펠러의 회전에 의한 속력과 실제 속력의 차이를 다음과 같이 말한다

59 What is the estimated GM of the vessel in the following communication?

A : "What is the breadth of your vessel?"
B : "My breadth is 20 meters."
A : "What is your present full roll period?"
B : "My present full roll period is 20 seconds"

가. 0.36 meters   나. 0.49 meters
사. 0.64 meters   아. 0.81 meters

> 해설 다음의 대화에서 선박의 GM은 얼마인가?
> A : 선박의 폭은 얼마인가?
> B : 선박 폭은 20미터입니다.
> A : 현재 롤링 주기는 얼마인가?
> B : 롤링 주기는 20초입니다
> ▶ $GM = (\frac{0.8B}{T})^2$ [단, B: 선폭, T: 주기]
> $GM = (\frac{0.8 \times 20}{20})^2 = (0.8)^2 = 0.64m$

60 The doldrum area is characterized by :

가. Overcast, with showers and thunderstorms.

Answer 58 가 59 사 60 가

나. Clear skies.

사. Strong winds.

아. Steep pressure gradients.

해설 (적도 부근의) 무풍지대는 다음과 같은 특징을 가지고 있다.
  가. 비와 천둥번개를 동반한 구름 낀 날씨.
  나. 맑은 하늘.
  사. 강한 바람.
  아. 급격한 압력 변화율
  • Overcast : 잔뜩 구름이 낀

61 Select the correct one for the blank.

> Anchor has its own cable twisted around it or has fouled an obstruction is called ( ).

가. broken anchor 나. clear anchor

사. brought up anchor 아. foul anchor

해설 케이블이 꼬여있거나 장애물로 엉켜있는 닻을 ( )라고 부른다.
  • clear anchor ⇔ foul anchor
  • brought up anchor : 앵커가 해저에 파고 들어가 정상적인 파주력을 가진 상태

62 A vessel going from salt water to fresh water would :

가. ramain at the same draft.

나. decrease her draft.

사. decrease her freeboard.

아. increase her under-keel clearance.

해설 해수에서 담수로 가는 선박은
  가. 같은 흘수를 유지한다.
  나. 흘수가 줄어든다(감소한다).
  사. 건현이 줄어든다(감소한다).
  아. UKC가 증가한다.
  ▶ 해수에서 담수로 가면 흘수는 증가한다. 건현이 줄어든다는 말은 흘수가 증가하여 배가 더 침하하는 것과 같다.

Answer 61 아 62 사

63 Select the correct one for the blank

> A vessel making LARGE alteration in course, such as to stem the tide when anchoring, or to enter, or proceed, after leaving a berth, or dock is defined as ( ).

가. Vessel turning
나. Vessel inward
사. Vessel outward
아. Vessel leaving

해설 Vessel turning : 선회하고 있는 선박
묘박을 하기 위해 선수를 조류쪽으로 두거나, 진입 혹은 진행하기 위하여, 부두를 떠난 후 혹은 수리를 위해 크게 침로를 바꾸고 있는 선박.

64 Select a correct answer for the blank.

> "( ) is that half of a cyclonic storm area to the right of the storm track in the northern hemisphere and to the left of storm track in southern hemisphere."

가. Navigable semicircle
나. Dangerous semicircle
사. Diurnal circle
아. All around semicircle

해설 위험반원은 북반구의 격렬한 폭풍의 진행방향의 우측에 위치하고 남반구에서는 왼쪽에 위치한다.
- Dangerous semicircle : 위험반원
- Navigable semicircle : 가항반원

65 Select the correct one for the blank.

> ( ) is a line of discontinuity, at the earth's surface or at a horizontal plane aloft, along which an advancing cold air mass is undermining and displacing a warmer air mass.

가. Cold front
나. Warm front
사. Stationary front
아. Occluded front

해설 Cold front : 한랭전선
상승하는 냉기류가 온난기류를 파고들어 대신하는 지구표면 혹은 수평면의 상층부의 불연속선이다.

Answer 63 가 64 나 65 가

66 Select the correct one for the blank.

> A vessel with small metacentric height is (   ).

가. stiff ship
나. tender ship
사. small ship
아. large ship

해설 GM이 작은 선박을 Tender ship이라 한다.
- GM이 작은 선박 = Tender ship = Crank ship = Top heavy ship(중두선)
- GM이 큰 선박 = Stiff ship = Bottom heavy ship(경두선)

67 Choose the correct one.

> (   ) is weight loaded to make the ship seaworthy when she has to proceed to sea without cargo.

가. Fuel bilge
나. Sea water
사. Ballast
아. Cargo

해설 ballast : 평형수
선박이 화물을 싣지 않고 출항할 때 감항성을 가지기 위하여 적재하는 중량

68 Select a word which has different relations with others.

가. Under-keel clearance
나. Air draft
사. Abeam
아. Freeboard

해설
- Under-keel clearance : 여유수심
- Air draft : 높이
- Abeam : 정횡방향
- Freeboard : 건현
▶ 3가지는 전부 수직적인 요소로서 거리인데 abeam은 횡방향이다.

69 Select the correct one for the blank.

> One function of bulkhead is to divide the vessel into water-tight compartments, and the other to add (   ) to the structure.

Answer 66 나 67 사 68 사 69 가

가. strength and rigidity 나. velocity
사. activity 아. strong power

해설 격벽의 기능은 선박을 수밀구획으로 나누고 구조적으로 강도와 내구력을 더해주는 것이다.

70 A mechanical pilot hoist so located that it is within the parallel body length of the ship and, as far as practicable, within the mid-ship half length of the ship and clear of all (   ).

가. wakes of sea 나. obstructions
사. discharges 아. steps

해설 기계식 도선사용 사다리는 실행 가능한 한, 선박길이 1/2 이내의 선체 중앙부에, 그리고 선박으로부터 나오는 모든 배출물에 영향을 받지 않게 설치한다.

71 Select suitable words that can be replaced with the underlined.
"NAVTEX is a maritime radio warning system consisting of a series of coast stations transmitting radio teletype safety messages on the international standard medium frequency 518 kHz. Coast stations transmit during present <u>time slots</u> so as to minimize interference with one another."

가. time zones 나. time intervals
사. time limits 아. time bars

해설 NAVTEX 수신기는 국제표준 중파대인 518khz로서 해안국에서 전송하는 안전정보를 송신하는 무선전신타자의 시리즈로 구성된 해양경보시스템이다. 해안국에서 송신하는 현재시간대에는 서로 전파간섭을 최소화해야 한다.

72 Carbon dioxide as a fire fighting agent has which of the following advantage over other agents?

가. It causes minimal cargo damage.
나. It is safer for personnel.
사. It is cheaper.
아. It is most effective on a per unit basis.

Answer 70 사 71 가 72 가

해설 이산화탄소는 소화약제로서 다른 약제에 비해 어떤 잇점이 있는가?
가. 화물의 손상을 최소화한다.

73 Select the correct one for the blank.

The distance measured amidships from the water line to the main deck of the vessel is ( ).

가. draft
나. waterline
사. gunwale
아. freeboard

해설 선박 중앙의 수선상으로부터 선박의 주갑판까지의 거리를 (건현)이라 한다.

74 The line thrown to the dock used to pass a hawser to the dock when tying up is called as :

가. Throwing line
나. Mooring line
사. Heaving line
아. Shore line

해설 Heaving line : 부두에 던져 계류색을 부두에 연결하는 용도로 사용되는 줄

75 When liquid is free to move transversely in a tank, it is called :

가. free surface effect
나. positive GM
사. free movement impact
아. negative effect

해설 free surface effect(유동수의 영향)
탱크 안에서 액체의 가로방향의 자유 움직임 : 유동수의 영향

76 Choose the suitable one.

"There are four main types of marine engine :
( ), the steam turbine, the gas turbine and the marine nuclear plant.
Each type of engine has its own particular application."

가. The diesel engine
나. The mechanic engine
사. The hydraulic engine
아. The electronic engine

Answer 73 아 74 사 75 가 76 가

> **해설** 선박엔진에는 4가지 형태가 있다. (디젤엔진), 증기터빈엔진, 가스터빈엔진 그리고 원자력 엔진. 각 엔진들은 각기 고유의 적용분야가 있다.

77
When the ship has settled down to her anchorage, is not dragging the anchor and has a steady strain on the cable, she is said to be :

가. brought up.　　　　　나. hove up.
사. singled up.　　　　　아. picked up.

> **해설** 선박이 투묘하고 끌리지 않고 꾸준히 앵커체인에 장력이 있으면 "Brought up"이라 한다.
> • Brought up : 앵커가 해저에 파고 들어가 정상적인 파주력을 가진 상태

78
All access openings in bulkheads at ends of enclosed super structures shall be fitted with doors of steel or other equivalent materials. The means for securing these doors watertight shall be consisted of gaskets and clamping devices and shall be so arranged that they can be operated from (　　　) of the bulkhead.

가. external side　　　　나. internal side
사. one side　　　　　　아. both sides

> **해설** 밀폐된 상부 구조물의 끝단의 격벽에 있는 모든 출입구는 철재이거나 이에 상응하는 문을 달아야 한다. 수밀을 유지하기 위해서는 개스킷과 클램프로 구성되어 격벽의 양쪽에서 조작되도록 한다.
> • both sides : 양쪽

79
You have noticed a ship aground together with several tugs trying to pull her off. The tugs are engaged in :

가. refloat operations.　　나. oil clearance operations.
사. seismic survey.　　　아. hydrographic survey.

> **해설** 좌초선을 수척의 예인선이 밀어 올리는 작업을 통보받는다면, 그 예인선들은 (인양작업)에 종사하는 것이다.
> • refloat operations : 인양(이초) 작업
> • oil clearance operations : 기름제거 작업
> • seismic survey : 지진 조사
> • hydrographic survey : 수로 측량

Answer 77 가　78 아　79 가

80. If we shift fuel oil so that the trim and $\overline{KG}$ of the ship remain the same but free surface correction for the fuel oil tanks is reduced, what happens to the metacentric height($\overline{GM}$)?

　가. $\overline{GM}$ is decreased.　　　　나. $\overline{GM}$ remains the same.
　사. $\overline{GM}$ is increased.　　　　아. $\overline{GM}$ can either increase or decrease.

해설 만일 연료를 이송하여 트림과 $\overline{KG}$는 그대로 이지만 화물탱크를 줄여 유동수의 효과를 수정했다면, $\overline{GM}$은 어떻게 되는 것인가?
▶ 유동수의 영향이 적어지므로 $\overline{GM}$은 증가한다.

81. Select the correct one for the blank.

> "If you detect oil around your vessel while in the oil dischariging processs, the first thing to do is (　　)."

　가. try to find out where it's coming from
　나. call the master
　사. have the pumpman check the discharge piping
　아. shut down operations

해설 유류 하역 작업 도중 귀선 주변에 기름을 감지했다면, 제일 먼저 해야 할 일은 (작업을 중지한다.)

82. Choose a proper word to fill the blank.

> "There are two main parts to a ship ; the hull and the machinery. The hull is the actual shell of the ship including her superstructure, while the machinery includes not only the engines required to drive her, but also the (　　) equipment serving the electrical installations, winches and refrigerated accommodation."

　가. arbitrary　　　　　　　　나. auxiliary
　사. amendatory　　　　　　　아. approbatory

해설 선박은 크게 2부분이 있다. 선체와 기관이다. 선체는 실제 상부구조물을 포함한 외부골격이고, 반면에 기관부분은 배를 운전하기 위한 엔진뿐만 아니라 보조기계들, 즉 전기설비 장치, 윈치, 냉동실도 포함한다.
• auxiliary equipment : 보조기계

Answer　80 사　81 아　82 나

83 Select the correct one for the blank.

"( ) is the instruction to haul or pull on board all but essential lines mentioned, so that ship is ready to leave the quay or berth."

가. Make fast   나. Single up
사. Let go   아. Stank by

해설 1개의 계류색만 남겨놓고 출항준비가 된 상태 ▶ "single up"

84 The type of extinguishers which should be used for an electric fire is :

가. CO_2 or foam.   나. Foam or soda acid.
사. Dry chemical or foam.   아. CO_2 or dry chemical.

해설 전기화재에 사용되는 소화약제 : ▶ 이산화탄소 또는 분말소화제

85 The entire internal measurement of a ship expressed in tons of 100 cubic feet is :

가. net tonnage   나. gross tonnage
사. deadweight tonnage 아. lightweight tonnage

해설 $100 ft^3$로 표현되는 국제 측량톤수는 총톤수(gross tonnage)이다.
- net tonnage : 순톤수
- gross tonnage : 총톤수
- deadweight tonnage : 재화중량톤수
- lightweight tonnage : 경하중량톤수
▶ net tonnage와 gross tonnage는 용적톤수로 $100 ft^3$을 1톤으로 하며, 재화용적톤수(Measurement Tonnage : M.T)는 $40 ft^3$을 1톤으로 한다.

86 Which is the correct one for the blank?

"A wind is said to be ( ) when the wind direction move clockwise."

가. backing   나. veering
사. increasing 아. changing

해설 풍향이 시계방향으로 불면 순전(veering)이다. ⇔ backing : 반시계방향의

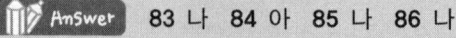
83 나 84 아 85 나 86 나

87

Choose the most suitable one for the blank.

> The primary cause of wind is ( ).

가. the unequal heating of the earth's surface.
나. the force of gravity.
사. the rotation of the earth.
아. low pressure flowing to high pressure at the surface.

해설 바람의 기본적인 원인은 지표면의 불균일한 가열이다.

88

What is the meaning of the underlined part?
VTS Station : I can not understand you. Please use "INTERCO", over.

가. Internatinal language in English
나. Standard Marine Communication Phrasse
사. International Code of Signals
아. International Navigational Terms Code

해설 INTERCO : International Code of Signals : 국제기류신호서

89

While underway, if one of your crew members falls overboard from the starboard side, you should immediately ( ).

가. apply left rudder
나. throw the crew a life preserver
사. begin backing your engines
아. position your vessel to windward and begin recovery

해설 항해 중 승무원 한 명이 물에 빠졌을 때 즉시 해야 할 일은 구명장비를 던지는 것이다
- a life preserver : 구명기구

Answer 87 가 88 사 89 나

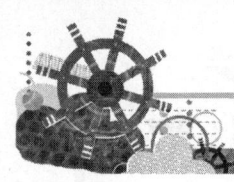

단원별 3급 항해사

90 Choose the improper one to fill the blank.

"I have dangerous list to starboard. So, I will (   ) to stop listing."

가. transfer cargo
나. transfer bunkers
사. jettison cargo
아. let go both anchors

해설 부적당한 것을 선택하시오
본선은 오른쪽으로 위험하게 기울어 졌다.
그래서 기울어지는 것을 멈추게 하게 위하여 (   )
가. 화물을 옮겼다.
나. 연료유를 옮겼다.
사. 화물을 버렸다.
아. 양쪽 앵커를 투하했다.

91 Which one of the following weather elements is determined without an instrument?

가. Wind velocity
나. Humidity
사. Atmospheric pressure
아. Visibility

해설 기상요소중 도구를 사용하지 않는 것은?
- Wind velocity : 풍속
- Humidity : 습도
- Atmospheric pressure : 기압
- visibility : 시정

92 Select the correct one for the blank.

(   ) is the number of tons of cargo, bunkers, stores, etc., that a vessel is capable of carrying when floating at her load draft.

가. Deadweight tonnage
나. Displacement tonnage
사. Net tonnage
아. Gross tonnage

해설 (   )는 화물, 연료, 스토어 등의 톤수이며, 선박의 적재상태의 흘수에서 화물을 운송할 수 있는 능력이다.
- Deadweight tonnage : 재화중량톤수

Answer 90 아 91 아 92 가

- Displacement tonnage : 배수톤수
- Net tonnage : 순톤수
- Gross tonnage : 총톤수

93 Select the correct one for the blank.

> In order to judge what is the best way to act if there is reason to believe a storm is approaching, seaman is required to know ( ).

가. in which direction the center of the storm is situated
나. where the lands are
사. where the other vessel is moving
아. in which direction the vessel is moving

해설 저기압이 접근하고 있다는 합리적인 근거가 있을 때 가장 최선의 방법을 결정하기 위해서 선원이 알아야 될 것은 저기압의 중심 방향이다.

94 To determine whether the ( ) is up-to-date, the PSC Officer may require an up-to-date crew list, if available, to verify this. Other possible means, e.g. Safe Manning Document, may be used for this purpose.

가. fire control plan
나. Shipboard Oil Pollution Emergency Plan
사. muster list
아. Bridge operation

해설 비상소집표의 최신화를 검사할 때 PSC검사관은 가장 최신의 승무원 명부를 요구할 수도 있다. 만일 가능하다면 이것으로 증명하고 그 외 다른 가능한 방법은 즉 안전 인원 배치 서류도 이 목적으로 사용될 수 있다.
- muster list : 비상시 집합명부

Answer 93 가 94 사

95 What is the "Hours propelling"?

가. Hours from 'R/up engine' to 'S.B.E.'.
나. Hours from 'Let go anchor' to 'Up & down anchor'
사. Hours from 'Last line let go' to 'First line to pier'.
아. Hours from 'Anchor aweigh' to 'Let go anchor'.

해설 Hours propelling이란 상선에서 사용되는 항진의 개념으로 출항 후 항계를 벗어나서 R/UP ENG.에서 입항시 기관을 준비한 S.B.E(Stand by Engine)까지의 시간이다.

96 Select a suitable word for the blank.

"Normally, the percentage of oxygen in air is about (   )."

가. 15% 나. 18%
사. 21% 아. 24%

해설 대기중 산소의 함유량은 21% 정도이다.

97 Select the correct one for the blank.

During the evening, the land gives off its heat and falls below the temperature of the water. The result would be (   ).

가. stagnant air
나. a land breeze from land to sea
사. rotating winds about the land
아. a sea breeze from sea to land

해설 저녁에 육지는 열을 발산하고 수온 이하로 떨어진다. 그 결과로 육지로부터 바다로 육상풍이 불어간다.

Answer 95 가 96 사 97 나

98 The international code of signal for the distress is indicated by hoisting the flag of :

가. NC
나. AB
사. RW
아. TC

해설 국제신호서에 의한 조난기는? ▶ NC기를 게양해야 한다.

99 Select the correct one for the blank.

> The equatorial countercurrents set (   ).

가. westward
나. eastward
사. northward
아. southward

해설 적도반류는 동쪽으로 흐른다.
- equatorial countercurrents : 적도 반류

100 Fill in the blank.

> "(   ) is determined by the pressure gradient."

가. The wind direction
나. The wind speed
사. The cyclone
아. The current rate

해설 풍속은 압력의 변화에 따라 결정된다.

Answer 98 가 99 나 100 나

3. 법규 부분

01 Select the correct one for the blank.

> When your vessel is not under command and cannot get out of the way of another, you should display (　) at night.

가. one green light　　**나.** two green lights
사. two red lights　　**아.** one red light

해설 조종 불능선으로 다른 선박의 진로를 피할 수 없다면 야간에 (　)를 표시해야 한다.
- not under command : 조종 불능인
▶ 야간 : 홍색 전주등 2개
▶ 주간 : 구형 형상물 2개

02 Select the correct one for the blank.

> Even if you are going dead slow ahead and you hear a whistle or other sounds (　), stop your engine until you know where and what it is.

가. forward your beam　　**나.** at your starboard quarter
사. after your stern　　**아.** after your beam

해설 빈 칸에 알맞은 것을 고르시오.
귀선이 극전진미속 상태일지라도, 음향신호 혹은 다른 신호를 (선박정횡의 전방)에서 들었을 때는, 그것이 어디에 있고 무엇인지 알 때까지 기관을 정지해야 한다.
- forward your beam : 선수전방에서
- Even if : ~ 일지라도

03 "A routeing measure comprising a separation point or circular separation zone and a circular traffic lane within defined limits." means :

가. separation circle　　**나.** traffic zone
사. roundabout　　**아.** routeing system

해설 "제한된 해역내에 분리점 혹은 원형분리대 및 원형통항로로 구성되는 항로지정방식의 하나."를 의미하는 것

Answer 01 사　02 가　03 사

- separation zone / line : 분리대 / 선
- traffic lane : (일반)통항로
- roundabout : 원형교차로
- routeing system : 항로지정방식

04 Select the correct one for the blank.

( ) is a designated area between the landward boundary of a traffic separation scheme and the adjacent coast intended for coastal traffic.

가. Fairway
나. Traffic lane
사. Inshore traffic zone
아. Off shore installation

해설 ( )은 통항분리방식의 육지쪽 경계와 인접해안 사이에 연안 통항용으로 계획된 지정해역이다.
- Inshore traffic zone : 연안통항대
- Fairway : 가항수역(항로)
- Traffic lane : (일방)통항로

VTS special terms (VTS 특수용어)
- Fairway : 항로
  Navigable part of a waterway(수로의 항행 가능한 부분)
- Fairway speed : 항로내 제한 속력
  Mandatory speed in a fairway(항로내에서 강제적으로 지켜야 할 속력)
- Inshore Traffic Zone(ITZ) : 연안통항대
  A routeing measure comprising a designated area between the landward boundary of a TSS and the adjacent coast
  (통항분리방식의 육지쪽 경계와 인접한 해안선 사이에 있는 지정된 해역을 포함하는 항로지정방식)
- Manoeuvring speed : 조종속력
  A vessel's reduced speed in circumstances where it may be required to use the engines at short notice
  (기관을 즉시 사용할 수 있는 상태의 감소된 선박속력)
  = 언제라도 전속, 반속, 미속, 후진 등으로 바꿀수 있는 기관의 상태하에서의 속력
- Receiving point : 지시 수령점
  A mark or place at which a vessel comes under obligatory entry, transit or escort procedure
  (선박의 진입, 통과, 호송 등에서 강제적인 절차를 따르기 시작하는 지점 또는 그 지점을

Answer 04 사

나타내는 표지)
- Reference line : 참조선
A line displayed on the radar screens in VTS Centres and/or electronic sea-charts separating the fairway for inbound and outbound vessels so that they can safely pass each other
(VTS센터의 레이더 또는 전자해도상에서 표시되어 입항선과 출항선의 항로를 분리함으로써 상호간에 안전하게 항과할 수 있도록 하는 선)
- Reporting point : 보고지점
A mark or position at which a vessel is required to report to the local VTS Station to establish its position
(어떤 선박이 위치를 확인해 주기 위하여 지역의 VTS국에 보고해야 하는 항로표지나 지점)
- Separation zone / line : 분리대 / 선
A zone or line separating the traffic lanes in which vessels are proceeding in opposite or nearly opposite directions or separating a traffic lane from the adjacent sea area or separating traffic lanes designated for particular classes of vessels proceeding in the same direction
(서로 정반대 방향이나 거의 반대 방향으로 선박이 진행하는 각각의 일방통항로를 서로 분리하거나, 일방통항로와 인접한 해역을 분리하거나 같은 방향으로 선박이 진행하지만 각각 특정한 등급의 선박에 할당된 일방통항로들을 분리하는 구역이나 선)
- Traffic clearance : 일방통항로
VTS authorization for a vessel to proceed under conditions specified
(일방통항이 설정되어 명시된 경계내의 해역)
- Traffic lane an area within defined limits in which one-way traffic is established
(선박이 명시된 조건하에서 항진하도록 VTS가 허가하는 것)
- Traffic Separation Scheme(TSS) : 통항분리방식
a routeing measure aimed at the separation of opposing streams of traffic by appropriate means and by the establishment of traffic lanes
(일방통항로의 설정과 적절한 수단에 의하여 서로 반대 방향으로 진행하는 통항선의 흐름을 분리하고자 하는 항로지정방식)
- VTS(Vessel Traffic Services) : 선박통항관제업무
services designed to improve the safety and efficiency of vessel traffic and to protect the environment
선박 통항의 안전성, 효율성을 향상시키고 환경을 보호하기 위하여 설정된 업무
- VTS area
Area controlled by a VTS Centre or VTS Station
(VTS 본부 또는 VTS국의 통제를 받는 구역)

05 Select the correct one for the blank.

"The (　) is the line from which the outer limit of the territorial sea and other coastal state zones are measured."

가. straight line   **나.** horizon line
사. convention line   **아.** base line

해설 "(　)은 영해의 바깥 쪽 한계와 측정된 다른 해안 구역으로부터의 경계를 의미한다."
- base line : 기선(基線)

06 Choose the correct one.

"When two power-driven vessels are crossing so as to involve risk of collision, the vessel which has the other on her own (　) shall keep out of the way."

가. starboard side   **나.** port side
사. aft side   **아.** rear side

해설 "두 동력선이 서로 진로를 횡단하는 경우 충돌의 위험이 있을 때에는 다른 선박을 우현 쪽에 두고 있는 선박이 다른 선박의 진로를 피해야 한다.
- keep out of : 피하다.
- cross : 횡단하다.
▶ 두 선박이 횡단할 때는 홍등을 보는 선박이 피항선(give-way vessel)
  녹등을 보는 선박(우현에 있는 선박)은 유지선(stand-on vessel)

07 Choose the best one.
A routeing measure comprising designated area between the landward boundary of a TSS and the adjacent coast is :

가. Inshore traffic zone   **나.** Fairway
사. Routeing   **아.** Reporting point

해설
- Inshore traffic zone(연안통항대) : 통항분리방식의 육지쪽 경계와 인접한 해안선 사이에 있는 지정된 해역을 포함하는 항로지정방식
- TSS(Traffic Separation Scheme) : 통항분리방식

Answer 05 아 06 가 07 가

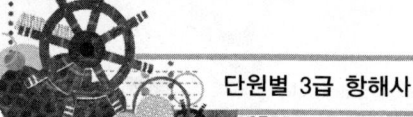

단원별 3급 항해사

08 Fill the blank with suitable one.

"International regulations require all passengers to be assembled in a drill which has to take place within ( ) of departure."

가. 6 hours
나. 12 hours
사. 18 hours
아. 24 hours

해설 빈 칸에 알맞은 것을 고르시오.
"국제규정에 따라 출항 (24시간) 이내에 모든 승객은 훈련(소화, 퇴선)이 실시되어야 한다."

09 Select the best one which has correct explanation for the underlined part.

VTS Center : "You are required to comply with traffic regulations.
        <u>Fairway speed</u> is 6kts."

가. 항로 내의 경제속력
나. 항로 내의 제한속력
사. 항로 내의 최저속력
아. 항로 내의 평균속력

해설 VTS Center : "귀선은 통항규칙에 따르도록 요청한다.
항로 내의 제한속력은 6노트이다."

10 Choose the correct one.

What is a circular area within definite limits in which traffic moves in counter-clockwise direction around a specified point or zone?

가. Traffic Lane
나. Track
사. Roundabout
아. Separation zone or Line

해설 분리점 또는 분리대의 주위를 반시계 방향으로 이동하는 교통의 한정된 해역내의 원형구역을 무엇이라 하는가?
- Roundabout : 원형교차로(로터리)
- Traffic Lane : (일방)통항로
- track : 항적
- Separation zone/Line : 분리대/선

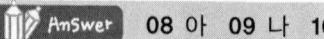 08 아 09 나 10 사

11 Select the correct one for the blank.

The document containing complete specifications of the goods loaded on a vessel is ( ).

가. Letter of Indemnity
나. Letter of credit
사. Mate's Receipt
아. Hatch survey report

해설 선박에 선적된 화물 전체의 명세서는 ( )이다.
- Mate's Receipt : 본선수령증
- Letter of credit : 신용장
- Letter of Indemnity : 보상장
- Hatch survey report : 선창검사보고서

12 Select the correct one for the blank.

According to the COLREG, vessels are in sight of one another when ( ).

가. one can be seen visually from the other
나. detected on the radar
사. fog signal is heard in restricted visibility
아. plotted on the maneuvering board

해설 COLREG에 따르면, 선박은 서로 시계 내에 있을 때는
- 가. 선박이 다른 선박을 시각으로 볼 수 있는 상태에 있는 것
- 나. 레이더에 표시될 때
- 사. 제한된 시정에서 무중신호를 들을 때
- 아. 머뉴버링보드에 플로팅할 때
  - ▶ in sight of one another : 서로 시계 내에 있을 때
  - ▶ in any condition of visibility : 모든 시계에 있을 때
  - ▶ in restricted visibility : 제한된 시계에 있을 때

13 Select the correct one for the blank.

A vessel proceeding along the course of a narrow channel shall keep as near to the outer limit of the channel which lies on her ( ) side as is safe and practicable.

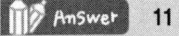 **Answer** 11 사 12 가 13 가

가. starboard 나. left
사. port 아. stern

해설 협수도의 항로를 따라 진행하고 있는 선박은 안전하고 실행가능하면 그 선박의 (우현)측에 위치한 항로의 경계선 가까이를 항행하여야 한다.
• a narrow channel : 협수도

14 Which is the head-on situation?

가. Each vessel sees the other vessel's sidelights.
나. You can see both sidelights of the other.
사. You see a red light on your port bow.
아. You see a red light on your starboard bow.

해설 어떤 것이 정면으로 마주치는 상태인가?
가. 각 선박은 서로의 양현등을 본다.
나. 다른 선박의 양현등을 볼 수 있다.
사. 당신의 좌현 선수에서 홍등을 보고 있다.
아. 우현 선수에서 홍등을 볼 수 있다.
• head-on situation : 마주치는 상태
• crossing situation : 횡단하는 상태

15 Fill the blank with a suitable one from the given.
Give meeting or crossing vessels plenty of (　) ; act early in order that other vessels will see what you are doing.

가. sea 나. allowance
사. room 아. hands

해설 마주치거나 횡단하는 선박은 충분한 거리(공간)로 항과하고 본선의 의도를 타 선박이 알 수 있도록 조기에 동작을 취한다.
• room : 공간적 여유

16 A vessel restricted in her ability to manoeuvre by the nature of her work is :

가. not under command vessel 나. hampered vessel
사. anchored vessel 아. dragging vessel

Answer 14 가 15 사 16 나

해설 작업의 성격상 조종 능력에 제약을 받고 있는 선박 :
- hampered vessel : 조종성능제한선
- not under command vessel : 조종불능선
- dragging vessel : 정박중 닻이 끌리는(주묘 중인) 선박

Vessel not under command : 조종불능선
a vessel which through exceptional circumstances is unable to manoeuvre as required by the COLREG
(예외적인 상황으로 국제해상충돌예방규칙에서 요구하는 바대로 조종할 수 없는 선박)

Hampered vessel : 조종성능제한선
A vessel restricted by her ability to manoeuvre by the nature of her work
(종사하고 있는 작업의 성질상 조종성능에 제한을 받고 있는 선박)

17. What of the following would not come under the Rule of Good Seamanship?

가. Hand steering in restricted visibility
나. Normal speed in fog
사. Safe speed in crowded waters
아. Plotting of targets on radar

해설 선원의 상무 규칙에서 다음 중 아닌 것은?
　　가. 제한된 시정에서 수동 조타
　　나. 무중에서 보통의 속력
　　사. 복잡한 곳에서 안전속력
　　아. 레이더를 이용한 물표 플로팅
▶ 안개속에서는 safety speed(안전속력)로 항해해야 한다.

18. Choose the correct one.

A vessel not under command shall exhibit (　　) ball(s) or similar shape(s) in a vertical line where they can best be seen.

가. one　　　　　　　　　　나. two
사. three　　　　　　　　　아. four

해설 조종불능선은 (　)개의 구형 또는 그와 유사한 형상물을 수직으로 그것이 잘 보이는 위치에 달아야 한다.
- Vessel not under command : 조종불능선
　▶ 야간 – 홍색 전주등 2개

Answer　17 나　18 나

► 주간 - 구형 형상물 2개
• Hampered vessel : 조종성능제한선
► 야간 - 홍색-백색-홍색
► 주간 - 구형-능형-구형

19 Every vessel should be all times proceeded at a safe speed. Safe speed is defined as the speed that :

가. no wake comes from your vessel.
나. you can take proper and effective action to avoid collision.
사. you can stop within your visibility range.
아. you can travel at a slower speed than surrounding vessels.

해설 모든 선박은 안전한 속력으로 항해해야 한다.
안전한 속력은 다음과 같이 정의된다.
가. 귀선에 항적이 나타나지 않도록 한다.
나. 적절하고 효과적인 충돌회피동작을 할 수 있다.
사. 시계 범위 안에 멈출 수 있다.
아. 주위선박보다 더 낮은 속력으로 항해한다.
► 안전한 속력이란, 첫째 다른 선박과의 충돌을 피하기 위하여 적절하고 유효한 동작을 취할 수 있어야 하고, 둘째 선박이 처한 당시의 상황에 적합한 거리 이내에서 충돌하지 않고 정선할 수 있는 속력을 말한다.

20 Choose the correct one.

"A vessel engaged in dredging is a vessel (   )."

가. restricted in her ability to manoeuvre
나. crossing fairway
사. not under command
아. in distress

해설 준설작업에 종사중인 선박은 (   ) 선박이다.
가. 조종 성능에 제한을 받는
나. 항로를 가로지르는
사. 조종 불능의
아. 재난을 당한

Answer 19 나 20 가

21 What is the meaning of two short blasts when sounded by two power-driven vessels which are meeting or crossing so as to involve risk of collision?

가. I am altering my course to starboard.
나. I am altering my course to port.
사. My engines are going astern.
아. Alarming that I have a right of way.

> 해설 두 동력선이 마주하거나 교차하여 충돌 위험이 있을 때 발생된 단음 2회의 뜻은?
> 가. 나는 우현으로 변침하고 있습니다.
> 나. 나는 좌현으로 변침하고 있습니다.
> 사. 본선은 후진하고 있습니다.
> 아. 본선이 이대로 갈 것임을 알립니다.
> ▶ 단음1회 : 우현변침, 단음2회 : 좌현변침, 단음3회 : 후진

22 "In international waters, you sight a vessel showing an all-round white light on the bow and on the stern together with two red lights in a vertical line."
This would indicate a vessel :

가. engaged in underwater operations.
나. fishing with gear outlying over 500 feet.
사. dredging.
아. aground.

> 해설 국제 해상에서, 당신은 선수 쪽에 백색 전주등이 있고 선미에 수직선상 두 개의 홍등이 있는 선박을 보았다. 이것은 그 선박이 다음과 같다는 것을 표시한다.
> 가. 수중 작업중
> 나. 500피트 떨어진 곳에서 어업 작업
> 사. 인묘중인 선박
> 아. 좌초선
> ▶ 좌초선의 등화 : 정박등 + 홍색 전주등 2개

Answer 21 나 22 아

23 Select one which has the wrong explanation.

가. MARPOL Annex Ⅴ – Regulations for the prevention of pollution by harmful substances carried by sea in packaged form.
나. MARPOL Annex Ⅳ – Regulations for the prevention of pollution by sewage from ships.
사. MARPOL Annex Ⅵ – Regulations for the prevention of air pollution from ships.
아. MARPOL Annex Ⅱ – Regulations for the control of pollution by noxious liquid substances in bulk.

해설 잘못된 표현을 고르시오
가. MARPOL 부속서 5 -해상에서의 포장된 위험물질 운송에 의한 환경오염 방지에 대한 규칙
나. MARPOL 부속서 4 - 선박 하수로 인한 환경오염 방지에 관한 규칙
사. MARPOL 부속서 6 - 선박에서 발생하는 대기오염 방지에 관한 규칙
아. MARPOL 부속서 2 - 벌크의 유해한 액체 물질로 인한 오염 통제에 관한 규칙
▶ 부속서 5는 선박으로부터의 폐기물에 의한 오염방지를 위한 규칙
▶ 부속서 3은 포장된 형태로 해상에서 수송되는 유해물질에 의한 오염방지를 위한 규칙

24 Choose the best one for the blank :

> ( ) means the vessel is actually moving through the water either under her own power or with the help of tugs.

가. Making way 나. Underway
사. Steerage way 아. Dredging

해설 빈 칸에 알맞은 것을 고르시오.
(항행중)의 의미는 선박이 자력으로 또는 예인선의 도움으로 실질적으로 대수속력을 가지고 움직이는 경우이다.
• Making way와 Underway는 둘다 항행중이라는 뜻이나 Making way는 대수속력이 있을 때를 말한다.
▶ making way
자력으로 또는 예인선의 도움으로 실질적으로 대수속력을 가지고 움직이는 경우(항행중)
▶ underway
투묘 정박중 또는 육안에 계류중 또는 좌초중이 아닌 모든 상태의 경우(항행중)
▶ 해상에서 기관을 정지하고 있는 선박은 underway이기는 하나 making way는 아니다.

Answer 23 가 24 가

25
Choose an item which can be substituted for the underlined part of the following sentence.

"Subject to the Convention, ships of all states, whether coastal or land-locked, enjoy the right of <u>innocent</u> passage through the territorial sea."

가. abnormal
나. guilty
사. harmless
아. emergency

해설 협약에 의하면, 모든 국가의 선박은, 연안이든 육지로 둘러싸여 있든, 연안을 통해 지나가는 무해통항 권한이 있음.
- innocent passage = harmless passage : 선박의 무해통항

26
Which of the following day signals should be displayed for a vessel not under command?

가. Two black balls or similar shapes in a vertical line where they can best be seen.
나. Three black balls or similar shapes in a horizontal line where they can best be seen.
사. Two red balls in a vertical line where they can best be seen.
아. Two red balls or similar shapes in a horizontal line where they can best be seen.

해설 조종불능선이 주간에 표시해야 할 신호를 설명한 것은?
가. 두 개의 흑구나 비슷한 모양을 수직으로 잘 보이는 곳에 설치한다.
나. 세 개의 흑구나 비슷한 모양을 수평으로 잘 보이는 곳에 설치한다.
사. 두 개의 홍색구를 수직으로 잘 보이는 곳에 설치한다.
아. 두 개의 홍색구나 비슷한 모양을 수평으로 잘 보이는 곳에 설치한다.
▶ Vessel not under command(조종불능선)
- 주간 : 흑구 2개
- 야간 : 홍색 전주등 2개
▶ Hampered vessel(조종성능제한선)
- 주간 : 구형 – 능형 – 구형
- 야간 : 홍색 – 백색 – 홍색

Answer 25 사 26 가

27. Select the correct one for the blank.

> When two power-driven vessels are meeting on reciprocal, or nearly reciprocal courses, so as to involve risk of collision, each shall alter her course to (   ) so that each shall pass on the (   ) side of the other.

가. starboard, port
나. port, starboard
사. starboard, starbord
아. port, port

해설 두 동력선이 상호간에 마주칠 때, 또는 거의 반대 침로에 있을 때, 충돌 위험을 피하기 위해, (좌현대 좌현)으로 지나가기 위해 (우현으로) 변침해야 한다.

28. While underway at night your vessel suffers an engine failure. What lights should your vessel display to indicate that she is not under command?

가. The anchor lights.
나. Three red lights in a vertical line.
사. Two red lights in a vertical line.
아. The side lights and stern light only.

해설 야간 항해중 기관고장이 일어난 조종불능선이 표시해야 되는 야간의 등화는?
: 수직으로 홍등 2개

29. Select the correct one for the blank.

> Every vessel shall at all times maintain a proper look-out by (   ) and (   ) as well as by all available means appropriate in the prevailing circumstances and conditions.

가. sight, hearing
나. sight, touching
사. hearing, touching
아. touching, smelling

해설 모든 배들은 항상 그 당시 사정과 상태에 적절한 모든 수단뿐만 아니라 시각과 청각도 동원하여 올바른 견시를 유지해야 한다.

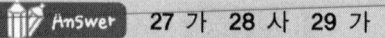
Answer 27 가 28 사 29 가

30. Select the correct one for the blank.

When two vessels came into collision, one vessel should (　　) the other as long as necessary.

가. stand by　　　　　　　　나. keep clear of
사. pass by　　　　　　　　　아. turn away

해설 두 선박이 충돌 상태가 되면 한 쪽은 필요한 만큼 대기해야 한다.

31. In determining a safe speed of a ship the following factors shall be considered except :

가. the state of visibility
나. the presence of background light at night
사. the manning state on bridge
아. the proximity of navigational hazards

해설 안전속력을 결정하는데 하기 사항 중 고려될 것이 아닌 것 :
　가. 시정상태
　나. 야간의 배경조명
　사. 선교의 인원배치 상황
　아. 항행상의 위험의 근접성

32. Select the most suitable word for the blank.

Any alteration of course and/or speed to avoid collision, shall, if the circumstances of the case admit, be large enough to be readily apparent to another vessel observing visually or by radar; a(an) (　　) of small alterations of course and/or speed should be avoided.

가. sequence　　　　　　　　나. succession
사. action　　　　　　　　　아. accompany

Answer 30 가　31 사　32 나

해설 충돌을 피하기 위한 변침과/혹은 변속은 사정이 허락하는 한 다른 선박이 레이더 혹은 육안으로 관측하기에 충분히 명백해야 한다. 연속적인 작은 침로와 속력의 변경은 피해야 한다.
- a succession of : 연속적인

33 Select the correct one for the blank.

"An international convention which is dealing with the seaworthiness of ships is (   )."

가. the MARPOL Convention
나. the STCW Convention
사. the SOLAS Convention
아. the ILO Recommendation

해설 선박의 감항성을 규정한 국제협약은 "SOLAS 협약"이다.

34 Select one which has wrong explanation.

가. range of audibility – 가청거리
나. distress signals – 조난신호
사. signals to attract attention – 주의환기신호
아. screen for sidelight – 현등 보호막

해설 screen for sidelight : 현등의 차광판

35 Select the word which best completes the following sentence.

"(   ) speed in a fairway is called fairway speed."

가. Mandatory
나. Recommended
사. Charted
아. Advised

해설 항로 내에서 강제적(의무적)으로 지켜야 할 속력을 fairway speed라 한다.
- Mandatory : 의무적, 강제적

Answer 33 사 34 아 35 가

36

Some regulations shall not apply to the discharge into the sea of substances containing oil when being used for the purpose of (　　) specific pollution incidents in order to minimize the damage from pollution.

가. controlling　　　　　　나. disregarding
사. resolving　　　　　　　아. combating

해설 어떤 규정은 유성분이 함유된 물질의 해양투기에 특정오염의 방지 목적으로 사용될 때는 적용되지 않는다. 그리하여 오염에 의한 손실을 최소화하는 것이다.
• combating : ~을 방지하는

37

Select the correct one for the blank.

> "The disposal into the sea of the following garbage shall be made as far as practicable from the nearest land but in any case is prohibited if the distance from the nearest land is less than (　　) nautical miles for food wastes and all other garbage including paper products, rags, glass, metal, bottles, crockery and similar refuge."

가. 6　　　　　　나. 12
사. 24　　　　　아. 30

해설 다음의 쓰레기 해양투기는 실행 가능한한 가장 가까운 육지로부터 먼 곳에서 해야 한다. 그러나 어떤 경우에도 가장 가까운 육지로부터 12마일 이내에서는 음식물 및 그 외 모든 쓰레기 즉 종이제품, 걸레, 유리, 철, 병, 도자기류 그리고 이와 유사한 쓰레기 투기가 금지된다.

Answer 36 아　37 나

4. 상선(어선)전문 부분

01 The most common form of charter used by tramp ships today, under which the shipowner pays all the expenses incurred in loading and discharging and also all port charges, is:

가. gross term of charter.
나. FIO charter.
사. lump sum charter.
아. net term of charter.

해설 오늘날 부정기선에서 일반적으로 많이 사용하는 계약 형식으로 선적과 양하에서 발생하는 모든 비용과 또한 모든 항비를 선주가 지불하는 것:
- Gross term : 선주가 항비, 적양하시의 하역비 및 연안부선 하역비 일체를 부담
- Net term : 하주가 항비, 적양하시의 하역비 및 연안부선 하역비 일체를 부담
- FIO : 화주가 적양하시의 하역비를 부담
- Berth term : 선주가 적양시의 하역비를 부담

02 Choose a proper one to fill the blank.

"( ) is a written notice or note produced by the master of a ship and presented to the agents as soon as his ship arrives at the contractual destination and stating that the ship is ready to load and/or discharge as per charter party conditions."

가. Mate's Receipt
나. Shipping Order
사. Notice of Readiness
아. Bill of Lading

해설 빈 칸에 적절한 것을 고르시오.
"( )는 선박이 계약상의 목적지에 도착하는 대로 선장이 작성하여 중개상에게 제출하는 통지서로서 계약조건에 따라 적양하할 준비가 완료되었음을 통지하는 것이다."
- Notice of Readiness(N/R) : 하역준비완료통지서
- Mate's Receipt(M/R) : 본선수령증
- Shipping Order(S/O) : 선적지시서
- Bill of Lading(B/L) : 선하증권

Answer 01 가 02 사

03 Fill the blank with suitable one.

"( ) notice of readiness to load by 0900 hours in local time."

가. Rig   나. Make
사. Give   아. Hold

해설 "지방시 09시까지 적하준비완료통지서를 제출하시오."
• notice of readiness : 적하완료통지서

04 Fill the blank with suitable one.

"( ) the IMDG Code when loading."

가. Observe   나. Contain
사. Cover   아. Keep

해설 "적하시 IMDG Code를 준수하시오."
• Observe : 지키다, 준수하다.
► 위험화물은 국제위험물관리코드(International Maritime Dangerous Goods Code : IMDG)에 따라 선적되어야 한다.

05 Select the correct one for the blank.

"The log book which must be submitted to the owner or charterer of the ship at the end of a voyage is ( )."

가. an abstract log   나. an official log
사. a deck log   아. a ship's log

해설 "항차을 마치고 닌 후 선주니 용선주에게 제출되어야 하는 log book은 ( )이다."
an abstract log : 항해요약일지
매 항차가 끝날 때마다 1등항해사가 선용항해일지로부터 중요사항을 발췌하여 작성하는 것
an official log : 관용항해일지 = 공용항해일지
선박이 등록된 국가의 관련법령에 의해 선장이 기록하고 보관하여야 하는 일지
a dock log : 갑판당직일지
당직사관이 항해당직 및 정박당직 중에 일어난 모든 사항을 기록서명하고 매일 선장의 서명을 받아 해도실에 보관 관리한다.
☞ 갑판부에서 통상적으로 항해일지(log book)이라고 하면 갑판당직일지를 말한다.
a ship's log : 선용항해일지
1등항해사가 갑판당직일지로부터 주요한 사실을 간추려 기록한 것
☞ 현재는 대부분 갑판당직일지 하나로 통합하여 작성되며 선내 영구히 보존하여야 한다.

 Answer   03 사   04 가   05 가

06 Fill the blank.

> In marine insurance, the term "Average" means (   ).

가. an equality
나. a loss
사. a protest
아. a claim

해설 해상보험에서, "Average"는 (   )을 의미한다.
- average : 해손
- equality : 평등
- loss : 손실
- protest : 해난보고서
- claim : 배상청구

07 Choose a proper word to fill the blank.

> Damage from sweat is not supposed to be a responsibility of the shipowner, unless it can be shown that ship failed to properly (   ).

가. deviate
나. ventilate
사. equip
아. man

해설 선박이 (   )하는데 완전히 실패하였다는 것이 증명되지 않는 이상, 습기에 따른 손상에 대해 선주는 책임지지 않아도 된다.
▶ 선박에서 환기를 잘하여 화물에 대한 책임을 다했다는 것을 증명하면 습기에 따른 화물의 손상에 대하여 선주는 책임지지 않아도 된다.
- ventilate : 환기하다.

08 The term referring to "A vessel using up all of the cargo deadweight and consuming all available cubic capacity" is :

가. grain cubic
나. full and down
사. bale cubic
아. advalorem cargo

해설 "화물의 중량과 모든 사용 가능한 용적을 모두 사용한 선박"에 사용되는 용어는 :
▶ full and down : 이상적인 만재(선창을 가득 채우고 만재흘수선에 이르도록 적화된 상태)

Answer 06 나 07 나 08 나

09

The type of container which is ideal for shipment of drums/wire cables/certain commercial vehicles is :

가. skeleton type container.
나. open container.
사. bin type container.
아. bulk liquid container.

해설 드럼/wire cable/어떤 상업용 차 등을 선적하는데 이상적인 컨테이너의 종류는 :
► skeleton type container : 골격만 있는 컨테이너

10

Select the correct one for the blank.

> On a voyage charter party when the charterer loads or discharges his cargo in less than the number of days allowed, he earns (　　).

가. laydays
나. dispatch money
사. demurrage money
아. overtime

해설 항해용선계약에서 용선자가 허가된 날짜보다 빨리 그 화물을 선적했을 때, 그는 (　　)을 얻을 수 있다.
• dispatch money : 조출료
• laydays : 정박기간
• demurrage money : 체선료

11

On a voyage charter party when the charterer takes longer to load or discharge than the number of days allowed, he must pay :

가. Demurrage
나. Dispatch money
사. Laytime
아. Overtime

해설 항해용선계약에서 용선자가 허가된 시간보다 더 길게 선적하였을 때, 반드시 다음을 지불해야 한다 :
• demurrage : 체선료

12

Choose a proper one to fill the blank.

> "The consignee is the person (　　)."

Answer 09 가　10 나　11 가　12 가

가. to whom the goods are delivered
나. who signed the contract
사. who is the owner of the ship
아. who wants the goods to be sent to a person

해설 수하인은 (   )하는 사람이다.
가. 화물을 인수하는 사람
나. 계약에 서명하는 사람
사. 선박을 소유한 사람
아. 화물을 다른 사람에게 보내고자 하는 사람

13
On a voyage charter party when the vessel is in port, the charter will specify a definite period of time for loading or discharging of cargo.

> This time is called (   ).

가. demurrage
나. dispatch
사. days of readiness
아. laydays

해설 항해용선계약에서 선박이 항구에 있을 때, 화물의 적하를 위한 시간이 명시된다. 이 시간을 (   )라고 한다.
- laydays : 정박기간

14
Select the correct one for the blank.

> A Bill of Lading is a stamped document signed by the (   ) for goods on board.

가. chief officer
나. shipper
사. consignee
아. master

해설 선하증권은 화물이 선적되었을 때 (   )이 서명하고 날인한 증서이다.
- chief officer : 1항사
- shipper : 선적인(화주)
- consignee : 수하인
- master : 선장

Answer 13 아 14 아

15 Select the correct one for the blank.

> If the cargo were all one commodity and were loaded without being crated or bagged, it would be called a ( ) cargo.

가. conventional
사. common
나. bulk
아. soft

해설 만약 화물이 단일 상품이고, 화물 상자나 자루 없이 선적될 경우에, 그 화물을 산적화물이라 부른다.
- bulk cargo : 산적화물
- crated 나무상자에 포장된

16 A form of charter party which arises when the charterer is responsible for providing the cargo and crew, whilst the shipowner merely provides the vessel, is known as :

가. voyage charter.
사. bareboat charter.
나. time charter.
아. lump sum charter.

해설 용선자가 화물과 선원을 제공하는 반면 선주가 선박만을 제공하는 용선계약은, 다음과 같이 알려져 있다.
- voyage charter : 항해용선계약
- time charter : 정기용선계약
- bareboat charter : 나용선계약
- lump sum charter : 선복용선계약

17 Select the correct one for the blank.

> On arriving at the port of discharge the consignee or holder of the Bill of Lading will present it to the master for ( ).

가. obtaining the delivery of the cargo.
나. discharging the cargo.
사. selling the cargo.
아. paying the freight.

해설 양하항에 도착하면 수하인이나 선하증권의 소유자는 ( )하기 위해 선장에게 선화증권을 제시하여야 한다.
가. 운송된 화물을 인도받기 위해

Answer 15 나 16 사 17 가

18 Fill in the blank.

> (　　) allow loaded trucks to be driven on and off.

가. Ro-Ro ships
사. Lo-Lo ships
나. LASH-ships
아. Bulk carriers

해설 (　　) 선박은 화물을 실은 트럭이 운전해서 적하 및 양하한다.
- Ro-Ro : Roll on Roll off
- Lo-Lo : Lift on Lift off

19 Select the correct one for the blank.

> The name given to a damage claim for breach of contract, as the charterer fails to furnish a full cargo to a ship, is (　　).

가. back freight.
사. pro-rata freight.
나. dead freight.
아. advance freight.

해설 계약위반시 클레임의 일종으로 용선자가 화물을 만선시키지 못했을 때를 (　　)이라 한다.
공적운임(dead freight)
용선자가 선적하기로 계약된 수량의 화물을 실제로 선적하지 아니한 경우 그 선적 부족량에 대해서 운임을 지급하여야 하는 운임을 말한다.

20 Select the correct one for the blank.

> If the ship is to discharge at more than one port, the cargo for the first port of discharge is stowed in the upper part of the hold. In other words, cargo to be discharged at the first discharging port should be (　　).

가. loaded last
사. delivered last
나. loaded first
아. stowed first

해설 만약 선박이 한 항구 이상에서 적하할 때, 첫 번째 항에서 하역할 화물은 홀드의 위쪽 부분에 적재된다. 다시 말해서, 첫 번째 하역항에서 하역될 화물은 (맨 나중에 적재해야 한다.)

Answer 18 가 19 나 20 가

21. The number of days allowed in a charter party for loading and discharging of cargo is :

가. laydays.
나. working days.
사. handling days.
아. charter days.

해설 용선계약에서 허용된 화물의 하역일수를 layday라 한다.

22. Select the correct one for the blank.

> The deratting certificate must be presented for the (　　　) inspection when entering a foreign port.

가. immigration
나. quarantine
사. customs
아. safety

해설 구서증서는 외국항에 입항시 검역검사시 제시해야 한다.
- quarantine : 검역
- immigration : 출입국 관리
- customs : 세관

23. This is the amount payable for the use of the whole or portion of a ship. This form of freight is calculated of the actual cubic capacity of the ship offered, and has no direct relation to the cargo to be carried. What is this?

가. Back freight
나. Dead freight
사. Lump sum freight
아. Pro-rata freight

해설 이것은 선박 전체 또는 일부의 사용에 대하여 지불하는 총액이다. 이러한 형태의 화물은 제공된 선박의 실제 체적에 따라 산정하고 운송되는 화물과는 직접적인 관계가 없다. 이것은 무엇인가?

Lump sum freight : 선복운임
화물의 수량, 중량, 용적과 전혀 관계없이 항해 단위나[예 : 일항해(trip or voyage)] 선복(space)의 크기를 기준으로 하여 일괄 계산하는 운임.

Back freight : 후불운임
시정에 의해 반송될 때 지급하는 운임이다.

Dead freight : 공적운임
용선자가 선적하기로 계약된 수량의 화물을 실제로 선적하지 아니한 경우 그 선적 부족량에 대해서 운임을 지급하여야 되는 운임을 말한다.

Pro-rata freight : 비율운임
용선운송에서 운송도중, 부득이 항해를 중단하게 되는 경우에 그 실행한 운항비율에 따라 부과 또는 환불하는 운임

Answer 21 가 22 나 23 사

24 Select the correct one for the blank.

> The document containing complete specifications of the goods loaded on an vessel is ( ).

가. Letter of Indemnity 　　　나. Letter of credit
사. Mate's Receipt 　　　아. Hatch survey report

해설 완전한 사양(내역)대로 선적되었다는 내용이 포함된 서류는 보상장(Letter of Indemnity)
- Letter of Indemnity : 보상장
- Letter of credit : 신용장
- Mate's Receipt : 본선수령증
- Hatch survey report : 창구검사보고서

25 Choose the suitable one.

> ( ) such as meat, fruit and dairy products are carried in ships with refrigerated holds.

가. Dangerous goods 　　　나. Heavy cargoes
사. Perishable goods 　　　아. Inflammable cargoes

해설 부패성 화물, 즉 고기, 과일, 낙농제품들은 냉동운반선으로 운송된다.
- Dangerous goods : 위험 화물
- Heavy cargoes : 중량 화물
- Perishable goods : 부패성 화물
- Inflammable cargoes : 가연성 화물

26 Choose the correct one.

> Merchant shipping, considered from the standpoint of the types of service provided, may be placed in two major categories : Liner service and ( ).

가. tramper shipping 　　　나. tanker service
사. industrial carrier 　　　아. multimodal transport

해설 상선은 제공하는 용역의 형태로 볼 때 크게 두 가지 카테고리로 나눌 수 있다.
정기선과 부정기선이다.
liner 정기선 ⇔ tramper 부정기선

Answer　24 가　25 사　26 가

27 Select the correct one for the blank.

( ) have doors in their bows and sterns. These doors allow lorries, with cargo on them, to be driven on and off.

- 가. Lo-Lo ships
- 나. Container vessels
- 사. VLCCs
- 아. Ro-Ro ships

해설 (Ro-Ro선)은 선수와 선미에 문이 있다.
이러한 문으로 차를 이용하여 화물을 올리고 내린다.
▶ Ro-Ro ships(roll on roll off)
선박과 부두 사이에 램프(다리)를 놓고 트레일러을 이용하여 선박을 오가며 하역하는 방식의 선박

28 Choose the correct one.

"Shipowners are protected against all claims for damage done to any dock, pier, wharf, jetty, buoy, or other fixed objects by ( )."

- 가. Hull Insurance
- 나. Person Insurance
- 사. General Average
- 아. P&I Club

해설 (선주책임상호보험)을 통해 선주는 도크, 잔교, 부두, 방파제, 부표 또는 다른 고정물 등의 손상으로부터 야기된 손해배상 책임으로부터 보호를 받는다.
• P&I Club : 선주책임상호보험

29 Select a suitable word for the blank.

"When any serious breach of C/P terms is committed by the charterer or his agent, such as refusal to load, unduly delaying loading, loading improper cargo, refusal to pay demurrage, refusal to accept B/L in the form signed by the master, and etc., it is advisable for the master to ( ) a protest."

- 가. receive
- 나. claim
- 사. note
- 아. ask

Answer 27 아 28 아 29 사

해설 선적 거부, 과도하게 늦어진 선적, 부적절한 화물, 체선료 지불 거부, 선장의 서명이 있는 선하증권 수락 거부 등과 같이 C/P 조약의 심각한 위반이 용선자나 그의 대리인으로부터 이루어졌을 때, 선장이 해난보고서를 제출할 것을 권유한다.

30 Which of the followings do not constitute "reasonable deviation" in charter party?

가. Deviation to save human life.
나. Deviation to provide assistance for a vessel in distress.
사. Deviation to avoid immediate danger.
아. Deviation to discharge shore engineer.

해설 용선계약에서 합리적인 이로에 들어가지 않는 것은?
아. 육상 기술자 하선을 위한 이로

31 Select a suitable word for the blank.

"When there is more than one port of discharge, the shipowner should stipulate that the ports are (   ) rotation, i.e. in regular order along the coast, either north to south, east to west, or vice versa, and not jumping about from one to another, backwards and forwards in a haphazard manner."

가. priority
나. planned
사. geographical
아. geometric

해설 양화해야 될 항구가 1개 이상일 때는 선주는 해안을 따라 순서에 바르게 지리적인 순번으로 북쪽에서 남쪽으로, 동쪽에서 서쪽으로 혹은 그 반대의 순으로 정해야 한다. 그리고 이쪽에서 저쪽으로 혹은 앞뒤로 무계획적으로 뛰어 넘어서는 안 된다.

32 Select one which has correct explanation for the underlined part.

The vessel to be delivered on the expiration of the charterer in the same good order as when delivered to the charterers (<u>fair wear and tear excepted</u>) at an ice-free port.

가. 정상적인 외관은 제외한다.
나. 통상적인 마모손상은 제외한다.

Answer 30 아 31 사 32 나

사. 외관은 무관하다.
아. 외관과 마모는 제외한다.

해설 선박은 용선계약 만료시에는 부동항에서 통상적인 마모손상을 제외하고 용선자에게 인도될 때와 동일한 상태로 인도되어야 한다.

33. Under this charter, the charterer pays for the cost of loading and discharging the cargo. The ship owner is still responsible for the payment of all port charges. It can be described as net terms. What is this?

가. Gross terms 나. FIO
사. Lump sum 아. Berth term

해설 용선자가 적양 하역비 모두를 부담하는 용선계약 "FIO"
- Gross term : 선주가 항비, 적양하시의 하역비 및 연안부선 하역비 일체를 부담
- Net term : 하주가 항비, 적양하시의 하역비 및 연안부선 하역비 일체를 부담
- FIO : 화주가 적양하시의 하역비를 부담
- Lump sum : 선복운임 용선계약
- Berth term : 선주가 적양시의 하역비를 부담

34. Select the correct one for the blank.

> When the cargo has been carried only part of the way and circumstances make it impossible to continue the voyage further, ( ) arises.

가. pro-rata freight 나. dead freight
사. back freight 아. lump-sum freight

해설 Pro-Rata Freight
이는 선박이 항해중 불가항력, 기타 원인에 의하여 항해의 계속이 불가능하게 되어 운송계약의 일부만을 이행하고 화물을 인도한 경우에 그때까지 행한 운송비율에 따라 선주가 취득하는 운임으로, 항로상당액운임(distance freight) 혹은 거리비율운임이라고도 한다.

Answer 33 나 34 가

35
Dangerous goods in solid form in bulk shall be loaded and stowed safely and appropriately in accordance with the nature of the goods. (　) goods shall be segregated from one another.

　가. Compatibility　　　　　　나. Unstable
　사. Incompatible　　　　　　아. Combustible

> 해설　벌크상태의 딱딱한 위험화물은 안전하고 적절하게 그 화물의 본성에 따라 적재되고 보관되어야 하고 같이 둘 수 없는 화물은 각각 분리해야 한다.
> • Incompatible : 양립할 수 없는

36
Static electricity may be built by the (　).

　가. flow of petroleum through pipes
　나. spraying or splashing of petroleum
　사. settling of solids or water in petroleum
　아. Any of the above

> 해설　정전기 발생의 원인은?
> 가. 석유가 관내로 이송될 때
> 나. 석유가 분무 또는 분사될 때
> 사. 고형화 혹은 액화될 때

37
There are various techniques for securing cargoes ; one of those is bars, struts and spars located in cargo voids to keep the cargo pressed against the walls or other cargo. What is this called?

　가. lashing　　　　　　나. wedging
　사. locking　　　　　　아. shoring

> 해설　화물을 고박하는 데는 여러 가지 기술이 있다. 그중 하나가 Bar, 지주(버팀목) 그리고 spars이다. 즉 화물공간에서 선창벽이나 다른 화물에 대한 압력을 방지하는 것이다. 이런 것을 shoring이라 한다.

38
Select one which is included in the object of application for the International Convention on Load Lines 1966 and its protocol 1988.

Answer　35 사　36 아　37 아　38 아

가. New ships of less than 24 meters in length
나. Fishing vessels
사. Ships of war
아. Existing ships of 200 gross tonnage

[해설] 1966년 국제만재흘수선협약과 1988년 protocol의 적용 목적에 포함되는 것은?

39. Classification Rules require that the surveys of hull and machinery are carried out every four years. And also alternatively continuous survey systems are carried out, whereby the surveys are divided into separate items for inspection during a five-year cycle. What is this?

가. Voyage survey
나. Built for in-water survey
사. Continuous survey
아. Planned maintenance system

[해설] 선급규칙에서는 선체검사와 기관검사를 매 4년마다 시행하도록 하고 있고, 그렇지 않으면, 계속검사제도를 시행하고 있다. 그에 따라 검사는 5년 기간의 주기 동안 검사 항목별로 분리하여 시행한다.

40. Select the correct one for the blank.

> In the Hamburg Rules, "( )" means any person by whom or in whose name or on whose behalf a contract of carriage of goods by sea has been concluded with a carrier.

가. actual carrier
나. shipper
사. consignee
아. carrier

[해설] 함부르크조약에 의하면 "송화인"이라 함은 스스로 또는 자기 명의로 또는 자기를 위하여 운송인과 해상화물운송 계약을 체결한 자.
actual carrier : 실제 운송인
송화인과 운송계약을 체결한 계약운송인의 의뢰에 의거하여 자기의 운송수단(선박, 항공기 등)을 사용하여 운송을 인수하여 실제로 운송을 담당하는 자이다.
shipper : 송화인, 화수
화물을 운송하고자 하는 해상운송 서비스의 수요자. 화주(貨主)라고도 한다. 고유한 의미로는 선적화물의 송화인(送貨人)
consignee : 수하인
물품을 인수하는 자
carrier : 운송업체

Answer 39 사   40 나

41. Which statement is correct concerning the carriage of coal in bulk?

가. Coal should be vented with surface ventilation only.
나. Because of its inherent vice, coal should not be loaded wet.
사. Dunnage should be placed against ship's sides and around stanchions.
아. Through ventilation, as well as surface ventilation, should be provied whenever possible.

해설 석탄을 운송할 때 옳은 것은?
가. 석탄은 표면만 통풍해야 한다.
나. 고유의 하자 때문에 젖은 상태로 적재해서는 안 된다.
사. 던니지는 측면을 향해서 스텐션(지주대) 주변에 설치해야 한다.
아. 표면통풍뿐만 아니라 전체통풍도 언제든 가능해야 한다.

42. The bill of lading has been defined as a receipt for goods shipped on board a ship, signed by the person (or his agents) who contracts to carry them, and stating the terms on which the goods were delivered to and (　　) by the ship.

가. loaded
나. received
사. discharged
아. transported

해설 선하증권은 선적의 증거이고 운송계약을 한 사람에 의해 서명되고 물건이 선박에 의해 수령되고 전달되었다는 것이 명시되어야 한다.

43. Which is not included in the objectives of the Company's Safety Management?

가. Continuous improvement of safety management skills of personnel ashore and aboard ships
나. To increase the incomes of the Company
사. To establish safeguards against all identified risks
아. Providing safe practices in ship operation and safe working environment

해설 회사의 안전 경영의 목적이 아닌 것은? ▶ 회사 수입의 증가.

Answer 41 가 42 나 43 나

04
상선전문

제01장 화물의 취급 및 적하

1. 복원력과 배수량

01 매 cm 배수톤수에 대한 설명으로서 가장 적합한 것은?

가. 트림을 1cm 감소시키기 위해 양하해야 할 중량이다.
나. 수선면적이 클수록 작다.
사. 평균흘수 1cm를 변화시키기 위해 필요한 배수량이다.
아. 해수비중과 관계가 없다.

> **해설** 매 cm 배수톤수(Tons per 1cm immersion : TPC, Tcm)
> 선박의 평균흘수를 1cm 변화시키는데 필요한 중량톤수
> $T = \dfrac{\rho \times Aw}{100}$ (톤) [ρ : 물의밀도, Aw : 수선면적]

02 다음은 매 cm 배수톤(Tcm)에 대한 설명이다. 틀린 것은?

가. Tcm = (Aw/100) × 1.025 (단, Aw는 수선면적)
나. 적화중량 1톤에 대한 흘수의 눈금
사. 흘수에 따라 변한다.
아. 선박의 경사 없이 흘수 1cm를 침하 또는 부상시키는데 필요한 중량

03 매 cm 트림 모멘트에 대한 설명으로서 적합한 것은?

가. 총톤수에 따라 값이 일정하다.
나. 트림을 1cm 생기게 하는데 필요한 중량을 말한다.
사. 트림을 1cm 생기게 하는데 필요한 모멘트를 말한다.
아. 흘수의 변화에 관계없이 일정하다.

> **해설** 매 cm 트림 모멘트(Moment to Change Trim 1cm : MTC)
> 중량물을 선수미 방향으로 이동시켜 Trim을 1cm(선수미 흘수의 차 1cm) 생기게 하는 데 필요한 모멘트로 흘수에 따라서 변하며, 배수량 등곡선도에서 구할 수 있다.

Answer 01 사 02 나 03 사

04 어느 점을 통과하는 연직선상에 소량의 화물을 적재하면 선박은 Trim의 변화없이 이전의 수선면과 평행하게 침하하는데 이 점을 무엇이라고 하는가?
   가. 부심   나. 부면심
   사. 중심   아. 경심

   해설 부면심(Center of Floatation) = 종경사의 중심(Tipping center)
   선박을 배수량의 변화 없이 화물 또는 선내 중량을 선수미선 방향으로 이동시켜 약간의 Trim을 갖게 하면 신수선면과 구수선면과의 교선은 반드시 어떤 1점을 통과하게 되는데 이 점은 수선면적의 중심으로 부면심이라 한다.
   ▶ 부면심을 지나는 수직선상에 화물을 적양하면 평행 침하하게 되어 트림이 생기지 않는다.

05 부면심(Center of Floatation)의 설명으로 틀린 것은?
   가. 부면심상에 화물을 적양하면 Trim 변화가 생긴다.
   나. 부면심의 위치는 보통의 선형에서는 선체 중앙에서 배길이의 1/30~1/60 전후방에 있다.
   사. 부면심은 선박 수선면의 중심이다.
   아. 부면심은 신수선면과 구수선면과의 교점이다.

   해설 가. 부면심상에 화물을 적·양하면 평행 침하하여 트림에는 변화가 없다.

06 다음 설명 중 틀린 것은?
   가. 부면심은 선박 수선면적의 중심이다.
   나. 부면심은 보통의 선형에 있어서는 선체중앙에서 배의 길이의 1/30~1/60 전후방에 있다.
   사. 적은 양의 중량물을 부면심을 통하는 수직선상에 적양하면 평행 침하한다.
   아. Evon Keel상태에서 부면심은 항상 선체중앙에 있다.

   해설 Even Keel상태라고 해서 부면심이 선체중앙에 있는 것은 아니다.

Answer 04 나 05 가 06 아

단원별 3급 항해사

07 길이 100m, 폭 5m의 상자형태의 선박이 평균흘수 3.5m로 표준해수에 떠 있다. 이 선박의 최대평균흘수가 7.5m라면 약 몇 톤을 더 적재할 수 있겠는가?

　가. 1,250톤　　　　　　　　　　　나. 1,650톤
　사. 2,050톤　　　　　　　　　　　아. 2,450톤

　해설　$100 \times 5 \times (7.5 - 3.5) \times 1.025 = 2,050$ 톤

08 배수량 5,000톤의 선박이 담수(비중 : 1.000)에 떠있을 때 수면하의 용적은 얼마인가?

　가. $4,878m^3$　　　　　　　　　　나. $5,000m^3$
　사. $5,210m^3$　　　　　　　　　　아. $5,500m^3$

　해설　배수량 = 배수용적(수면하 용적) × 해수밀도
　　　　$5,000 = (x) \times 1.00$　∴ $x = 5,000m^3$
　　　• 배수용적(Volume) : 물속에 잠겨 있는 선체의 내부 용적 (단위 : m^3)
　　　• 배수량(Displacement) : 배수용적에 해수의 비중량을 곱한 값 (단위 : 톤)

09 배수량 6,400톤의 선박이 비중 1.025인 해수 중에 있을 때 그 수면하 용적은 약 얼마나 되겠는가?

　가. $6,244m^3$　　　　　　　　　　나. $6,316m^3$
　사. $6,520m^3$　　　　　　　　　　아. $6,560m^3$

　해설　배수량 = 배수용적(수면하 용적) × 해수밀도
　　　　$6,400 = (x) \times 1.025$　∴ $x = 6,400 \div 1.025 ≒ 6,244m^3$

10 길이 50m, 폭 10m, 깊이 5m인 직육면체형 선박이 표준해수에서 등흘수 2.05m로 떠 있을 때 배수용적은 몇 m^3인가?

　가. 975　　　　　　　　　　　　　나. 1,000
　사. 1,025　　　　　　　　　　　　아. 1,075

　해설　배수용적 = $50 \times 10 \times 2.05 = 1,025m^3$

Answer　07 사　08 나　09 가　10 사

11 어떤 선박이 표준해수에서 매 cm 배수톤수가 102.5톤이면 비중 1.000인 강에서는 얼마인가? (단, 수선면적의 변화는 무시한다.)

가. 96톤
나. 102.5톤
사. 100톤
아. 89.2톤

해설 $1.025 : 102.5톤 = 1.00 : (x)$ ∴ $x = 100톤$

12 길이 100m, 폭 15m의 선박이 5m의 등흘수로 표준해수에 떠 있다. 이 선박의 매 cm 배수톤수를 구하여라. (단, 방형비척계수는 0.85, 수선면적계수(Cw)는 0.7이다.)

가. 약 8.7톤
나. 약 9.4톤
사. 약 12.5톤
아. 약 10.8톤

해설
매 cm 배수톤수(Tons per 1cm immersion : TPC, Tcm)
선박의 평균흘수를 1cm 변화시키는데 필요한 중량톤수
$T = \dfrac{\rho \times Aw}{100}$ (톤) [ρ : 물의 밀도, Aw : 수선면적]

$T = \dfrac{1.025 \times (100 \times 15 \times 0.7)}{100} = 10.76톤$

13 표준해수에 떠 있는 선박의 길이가 120m, 폭 15m, 수선면적계수 0.70일 때 매 cm 배수톤수는 약 얼마인가?

가. 12.9톤
나. 11.3톤
사. 10.7톤
아. 13.1톤

해설 $T = \dfrac{1.025 \times (120 \times 15 \times 0.7)}{100} = 12.9톤$

14 비중 1.020의 해수에 떠 있는 선박의 수선면적이 $500 m^2$일 때 Tcm은 얼마인가?

가. 4.8ton
나. 5.1ton
사. 5.2ton
아. 5.4ton

해설 $T = \dfrac{\rho \times Aw}{100}$ (톤) [ρ : 물의 밀도, Aw : 수선면적]

$T = \dfrac{1.025 \times 500}{100} = 5.1톤$

Answer 11 사 12 아 13 가 14 나

15 표준해수에서 매 cm 배수톤이 10.25톤인 선박이 비중 1.000인 곳에서 평균흘수를 1cm 증가시키는데 소요되는 화물의 중량은?

  가. 10.25톤 나. 10.0톤
  사. 14.0톤 아. 15.2톤

  해설 매 cm 배수톤은 평균흘수 1cm 변화시키는데 필요한 화물의 중량이다.
  1.025(표준해수) : 10.25톤 = 1.00(비중 1.0) : (x)
  1.025 × (x) = 10.25 × 1.00
  ∴ x = 10톤

16 수선간장 150m, 형폭 20m의 선박이 7m의 등흘수로 표준해수 중에 떠 있다. 이 선박의 매 cm 배수톤수는 약 얼마인가? (단, 수선면적계수(Cw)는 0.6이다.)

  가. 17.45톤 나. 18.45톤
  사. 19.45톤 아. 20.45톤

  해설 T = $\dfrac{1.025 \times (150 \times 20 \times 0.6)}{100}$ = 18.45톤

17 길이 50m, 폭 20m, 깊이 10m인 직육면체형 선박이 비중 1.000인 담수에서 5m 등흘수로 떠 있다. 100톤의 화물을 양하했을 때 흘수의 변화량은 몇 cm인가?

  가. 6 나. 8
  사. 10 아. 12

  해설 매 cm 배수톤수 = $\dfrac{\rho \times Aw}{100}$
  T = $\dfrac{1.00 \times 50 \times 20}{100}$ = 10톤 ▶ 1cm 침하시키는데 10톤이 필요함.
  ∴ 100톤 양하했을 때는 10cm의 흘수가 변화한다.

18 배수량 5,000톤인 선박의 평균흘수는 3.80m이다. 425톤의 화물을 더 실었을 때 평균흘수는 얼마인가? (단, 매 cm 배수톤수는 8.5톤을 적용한다.)

  가. 4.25m 나. 4.30m
  사. 4.35m 아. 4.40m

  해설 매 cm 배수톤수가 8.5톤이므로 8.5톤을 실으면 1cm가 침하하고 425톤을 실으면
  425 ÷ 8.5 = 50cm(0.5m)가 침하한다. ∴ 3.80 + 0.5 = 4.3m

Answer 15 나 16 나 17 사 18 나

19 어떤 선박의 평균흘수가 5m 80cm일 때 매 cm 배수톤수가 150톤이다. 300톤의 화물의 더 실을 때 증가되는 평균흘수는?

가. 1cm
나. 2cm
사. 4cm
아. 4.5cm

해설 매 cm 배수톤수가 150톤이므로 150톤을 실으면 1cm가 침하하고 300톤을 실으면 2cm가 침하한다.

20 길이 100m, 폭 20m의 선박이 5m의 등흘수로 표준해수에 떠 있다. 이 선박의 매 cm 배수톤을 구하여라. (단, 방형비척계수는 0.85, 수선면적계수(Cw)는 0.5이다.)

가. 약 8.7톤
나. 약 9.4톤
사. 약 10.3톤
아. 약 12.8톤

해설 $T = \dfrac{1.025 \times (100 \times 20 \times 0.5)}{100} = 10.25$톤

21 배수량 W, 매 cm 배수톤수 T톤인 선박이 비중이 A인 수역에서 B인 수역으로 진행할 때 변화하는 흘수를 나타내는 식은?

가. W/T(1.025/B − 1.025/A)
나. W/T(1.025/A − 1.025/B)
사. W/T(B/1.025 − A/1.025)
아. W/T(A/1.025 − B/1.025)

22 선박이 비중 ρ_1인 해상에서 비중 ρ_2인 해상으로 이동했을 때의 흘수변화량 d(cm)를 구하는 공식은? (단, Tcm : 매 cm 배수톤수, W : 배수량)

가. d = (W/Tcm) $(\rho_2\rho/\rho_1 - 1)$
나. d = (W/Tcm) $(1.025/\rho_2\rho - 1.025/\rho_1)$
사. d = (W/Tcm) $(1.025/\rho_1 - 1.025/\rho_2)$
아. d = (Tcm/W) $(1.025/\rho_2 - 1.025/\rho_1)$

Answer 19 나 20 사 21 가 22 나

23 하항(비중 = 1.000)에 정박하고 있는 선박의 평균흘수는 9.52m이고 이 흘수에서의 배수량은 15,500톤이며 Tcm는 20톤이다. 이 선박이 하항을 출항하여 해수비중이 1.025인 항구에 입항하였다면 그 평균흘수에 가장 가까운 값은? (단, 재화중량, Trim, Tcm는 변하지 않는다고 가정한다.)

가. 9.05m 나. 9.33m
사. 9.42m 아. 9.50m

해설 물의 비중 차이에 의한 평균흘수의 변화
배수량이 W인 선박이 해수비중 ρ_1인 곳에서 ρ_2인 곳으로 들어갔을 경우에
▶ 흘수변화량 = $\dfrac{W}{Tcm}(\dfrac{1.025}{\rho_2} - \dfrac{1.025}{\rho_1})$ (cm)

▶ 흘수변화량 = $\dfrac{15500}{20}(\dfrac{1.025}{1.025} - \dfrac{1.025}{1.000})$ = -19.3cm ≒ -0.19m
∴ 입항 후 평균흘수 = 9.52m - 0.19m = 9.33m

24 배수량 6,000톤의 선박이 해상(비중 = 1.025)에서 비중 1.015의 하천으로 들어간다면 흘수의 변화는 약 얼마인가? (단, 매 cm 배수톤은 10톤임)

가. 3cm 나. 4cm
사. 5cm 아. 6cm

해설 ▶ 흘수변화량 = $\dfrac{6,000}{10}(\dfrac{1.025}{1.015} - \dfrac{1.025}{1.025})$ ≒ 6cm

25 배수톤수 10,000톤인 선박이 해수(비중 1.025)로부터 하천(비중 1.000)으로 진입했을 때 평균흘수가 10cm 증가했다면, 매 cm 배수톤은 약 얼마인가?

가. 24.4톤 나. 25.0톤
사. 22.2톤 아. 27.5톤

해설 ▶ 흘수변화량 = 10 = $\dfrac{10,000}{Tcm}(\dfrac{1.025}{1} - \dfrac{1.025}{1.025})$
10 × (T) = 250 ∴ T = 25톤

Answer 23 나 24 아 25 나

26

배수톤수 10,000톤인 선박이 해수(비중 1.025)로부터 하천(비중 1.000)으로 진입했을 때 평균흘수가 10cm 증가했다면, 하천에서의 매 cm 배수톤수는 약 얼마인가?

가. 24.4톤
나. 25.0톤
사. 22.2톤
아. 27.5톤

해설

물의 비중 차이에 의한 평균흘수의 변화
배수량이 W인 선박이 해수비중 ρ_1인 곳에서 ρ_2인 곳으로 들어갔을 경우에

▶ 흘수변화량 = $\dfrac{W}{Tcm}(\dfrac{1.025}{\rho_2} - \dfrac{1.025}{\rho_1})\ (cm)$

풀이 1

▶ 흘수변화량 = $10 = \dfrac{10000}{Tcm} \times (\dfrac{1.025}{1} - \dfrac{1.025}{1.025})\ (cm)$

$10 = \dfrac{10000 \times 0.025}{T}$ ∴ $10T = 10000 \times 0.025$

T = 25톤(해수일 때의 매 cm 배수톤수)

▶ 하천에서 비중이 0일 때의 매 cm 배수톤수 = 25 ÷ 1.025 = 24.4톤

풀이 2

㉠ 해수에서 하천으로 진입시 배수량의 차이

$10000 \times \dfrac{1}{1.025} = 9756$톤

$10000 - 9756 = 244$톤

㉡ 244톤으로 흘수가 10cm 변화하였으므로
흘수 1cm 변화하는데 필요한 무게(매cm 배수톤수)는 24.4톤

27

길이 50m, 폭 20m, 깊이 10m인 직육면체형 선박이 표준해수에서 5m 등흘수로 떠 있다가 비중 1.000인 담수로 이동하였을 때 흘수의 변화량은 몇 cm인가?

가. 10.5
나. 12.5
사. 14.5
아. 16.5

해설

▶ Tcm = $\dfrac{(50 \times 20)}{100}$ = 10cm

▶ 흘수변화량 = $\dfrac{50 \times 20 \times 5}{10}(\dfrac{1.025}{1} - \dfrac{1.025}{1.025})\ (cm)$ = 12.5cm

Answer 26 가 27 나

28 길이 50m, 폭 20m, 깊이 10m인 직육면체형 선박이 표준 해수에서 4m 등흘수로 떠 있다가 비중 1.000인 담수로 이동하였을 때 흘수의 변화량은 약 몇 cm인가?

가. 8.0cm 나. 10.0cm
사. 12.0cm 아. 14.0cm

해설
▶ $Tcm = \dfrac{(50 \times 20)}{100} = 10$

▶ 흘수변화량 $= \dfrac{50 \times 20 \times 4}{10}\left(\dfrac{1.025}{1} - \dfrac{1.025}{1.025}\right)(cm) = 10cm$

29 배수량 1,025톤인 직육면체형 선박의 길이가 50m, 폭이 10m이다. 이 선박이 비중 1.0인 담수에 등흘수로 떠 있을 때 흘수는 얼마인가?

가. 1.75 나. 2.05
사. 2.75 아. 3.05

해설
$T = \dfrac{\rho \times Aw}{100}$ (톤) [ρ: 물의 밀도, Aw: 수선면적]

$T = \dfrac{1.0 \times (50 \times 10)}{100} = 5$톤

▶ 1cm 흘수를 변화시키는데 5톤이 소요되므로 1,025톤의 흘수는
1,025 ÷ 5 = 205cm = 2.05m의 흘수가 된다.

30 5m의 등흘수인 선박에서 경사중심은 선체중앙에 있다. 1m의 선미트림이 생겼을 때 새로운 선미흘수는 몇 m인가?

가. 4 나. 4.5
사. 5.5 아. 6

해설

$$\text{선수미흘수의 변화량} = \text{트림의 변화량} \times \dfrac{\dfrac{L}{2} \pm \text{선체중앙에서 부면심까지거리}}{L}$$

▶ 선미흘수의 변화량 $= 1m \times \dfrac{\dfrac{L}{2} + 0}{L} = 1m \times \dfrac{L}{2L} = 1m \times \dfrac{1}{2} = 0.5m$

∴ 선미흘수 = 5m + 0.5m = 5.5m

 28 나 29 나 30 사

31 선수흘수 5.30m, 선미흘수 6.30m의 선박에서 A.P.T.의 청수 70톤을 F.P.T.로 이동하였다면, 선수흘수는 대략 어떻게 되겠는가? (단, 부면심은 선체 중앙에 있고, 상기 탱크사이의 거리는 50m, Mcm는 50m-ton, 그리고 배의 수선간장은 80m이다.)

가. 6.00m 나. 5.65m
사. 4.95m 아. 4.40m

해설

중량물의 이동에 의한 흘수의 변화
▶ 무게 w(톤)를 선수미 방향으로 거리 dm 이동했을 때
- 트림변화량$(t) = \dfrac{w \times d}{Mcm}$
- 선수흘수의 변화량$(t_f) = t \times \dfrac{\dfrac{L}{2} - 선체중앙에서\ 부면심까지거리}{L}$
- 선미흘수의 변화량$(t_a) = t \times \dfrac{\dfrac{L}{2} + 선체중앙에서\ 부면심까지거리}{L}$

▶ 트림의 변화량 = $\dfrac{70 \times 50}{50}$ = 70cm

▶ 선수흘수의 변화량 = $70 \times \dfrac{\dfrac{80}{2} - 0}{80}$ = $70 \times \dfrac{1}{2}$ = 35cm

∴ 선수흘수 = 5.30 + 0.35 = 5.65m
(선미탱크의 청수를 선수탱크로 이동시켰기 때문에 선수흘수는 증가된다.)

32 선수흘수 5.50m, 선미흘수 6.50m의 선박에서 A.P.T.의 청수 100톤을 F.P.T.로 이동하였다면, 선수흘수는 대략 어떻게 되겠는가? (단, 부면심은 선체 중앙에 있고, 상기 탱크사이의 거리는 50m, Mcm는 50m-ton, 그리고 배의 수선간장은 80m이다.)

가. 6.00m 나. 5.65m
사. 4.95m 아. 4.40m

해설
▶ 트림의 변화량 = $\dfrac{100 \times 50}{50}$ = 100cm

▶ 선수흘수의 변화량 = $100 \times \dfrac{\dfrac{80}{2} - 0}{80}$ = $100 \times \dfrac{1}{2}$ = 50cm = 0.5m

∴ 선수흘수 = 5.50 + 0.5 = 6.00m

Answer 31 나 32 가

33 선수흘수 2m, 선미흘수 4m인 선박에서 화물이동에 의해 선수흘수가 2.48m, 선미흘수가 3.48m가 되었을 때 부면심은 선체중앙으로부터 얼마나 떨어져 있는가? (단, 수선간장은 50m이다.)

가. 선미쪽으로 0.2m
사. 0m
나. 선수쪽으로 1.0m
아. 선미쪽으로 1.0m

해설
▶ 트림의 변화량 = 처음 트림(4-2) - 이동 후 트림(3.48-2.48)
    = 2 - 1 = 1m
▶ 선수흘수의 변화량 = 2.48 - 2 = 0.48

$$0.48 = 1 \times \frac{\frac{50}{2}-(x)}{50} = \frac{25-(x)}{50} \quad \therefore \ x = 1$$

34 500톤의 화물을 선수방향으로 10미터 이동시킬 때 생기는 트림의 변화량은 몇 cm인가? (단, Mcm는 100m-t이다.)

가. 48
사. 52
나. 50
아. 54

해설 트림의 변화량 = $\frac{500 \times 10}{100}$ = 50cm

35 선체길이 방향으로 w톤의 화물을 d미터 이동시 트림(t)을 구하는 식은? (단, M.T.C : 매 cm 트림 모멘트)

가. t = (d × M.T.C) / w
사. t = (w × d) / M.T.C
나. t = M.T.C / (w × d)
아. t = (w × M.T.C) / d

36 다음은 전단력곡선에 대한 설명이다. 틀린 것은?

가. 하중곡선을 이용하여 작성된 것이다.
나. 임의의 단면에 있어서의 전단력은 그 점까지의 하중곡선을 적분하여 구한 것이다.
사. 전단력의 극대값은 하중곡선이 기선과 교차하는 모든 점에서 나타난다.
아. 경하상태와 만재상태의 두가지 경우에 대하여 그려지는 것이 보통이다.

Answer 33 나 34 나 35 사 36 아

해설 경하상태와 만재상태의 두 가지 경우에 대하여 그려지는 것은 중량곡선이다.

종강도 곡선(Longitudinal strength curves)
종강도의 관계를 여러 가지 곡선으로 표시한 것
㉠ 중량곡선(Weight curve) : 선박의 중량 분포를 도식적으로 나타낸 곡선
수평축 : 배의 길이, 수직축 : 중량 ton/m 단위
㉡ 부력곡선(Buoyancy curve)
선체에 걸리는 부력의 길이 방향의 분포상태를 곡선으로 표시한 곡선
㉢ 하중곡선(Load curve)
- 배의 길이 방향으로 중력과 부력 차이의 분포를 나타내는 곡선
- 기선상의 각 지점에서 부력곡선과 중량곡선의 차를 곡선으로 표시한 것
- 중량이 부력보다 클 때는 (-)부호로 하여 기선의 아래쪽에 기입하고 중량이 부력보다 작을 때는 (+)부호로 하여 기선의 위쪽에 기입하면 위쪽과 아래쪽의 면적은 같아진다.
㉣ 전단력 곡선(Shear curve)
- 하중곡선을 이용하여 그리게 되는데, 임의 단면에 있어서의 전단력은 그 점까지의 하중곡선을 적분하여 구하고 그 값을 기입한 것
- 전단력의 극대값은 하중곡선이 기선과 교차하는 모든 점에서 나타난다.
㉤ 굽힘 Moment 곡선(Bending moment curve)
- 선체 종방향의 각 점에 작용하는 굽힘 Moment의 크기를 나타내는 곡선
- 전단력 곡선(Shear curve) 적분하여 구한다.

37 중력과 부력의 차이를 선체 길이 방향으로 나타낸 곡선은?

가. 부력곡선 나. 하중곡선
사. 전단력 곡선 아. 굽힘모멘트 곡선

38 전단력 곡선을 적분하여 얻을 수 있는 종강도 곡선은?

가. Load curve 나. Shear curve
사. Bending moment curve 아. Buoyancy curve

해설 전단력 곡선(Shear curve)을 적분하여 Bending moment curve(굽힘 Moment 곡선)를 구함.
- Load curve(하중 곡선)
- Shear curve(전단력 곡선)
- Bending moment curve(굽힘모멘트 곡선)
- Buoyancy curve(부력 곡선)

Answer 37 나 38 사

39 선체의 종강도를 계산하는 데 있어서 관계가 가장 적은 것은?

가. Weight curve
나. Buoyancy curve
사. Capacity curve
아. Shearing force curve

해설 Capacity curve(용량 곡선)는 종강도와 관계가 없다.

40 선체의 종강도 곡선 중에서 하중곡선을 적분하여 구하는 곡선은?

가. 중량 곡선
나. 부력 곡선
사. 전단력 곡선
아. 굽힘 모멘트 곡선

해설 하중 곡선을 적분하면 ▶ 전단력 곡선
전단력 곡선을 적분하면 ▶ 굽힘 모멘트 곡선

41 선수미 평균흘수에 의한 배수량 계산시 배수량에 대한 수정을 해야 할 경우에 해당되지 않는 것은?

가. Trim이 Even keel 상태에 있을 때
나. 선수 흘수표가 선수 수선상에 있지 않을 때
사. Hogging 혹은 Sagging 상태가 되었을 때
아. 해수의 비중이 1.025가 아닐 때

해설 트림이 Even keel(등흘수)이 아닐 때 배수량에 대한 수정을 한다.

42 다음 중 흘수감정 순서에서 가장 나중에 하는 수정은?

가. 선수미 흘수 수정
나. Hog/Sag 수정
사. 물의 비중 수정
아. 트림 수정

해설 흘수감정에 의한 배수량 수정
㉠ 선수미의 경사에 대한 흘수의 수정(Stem & stern correction)
㉡ Hog, Sog에 대한 배수량 수정
㉢ Trim에 대한 배수량의 수정(Trim correction)
  • 제1수정(First trim correction)
    부면심이 선체 중앙에 있지 아니할 경우 Trim에 대한 배수량 수정
  • 제2수정(Second correction)
    Trim 때문에 일어나는 수선면적의 모양 변화로 인한 배수량의 변화량을 수정
㉣ 해수의 비중에 대한 배수량 수정(Density correction)

Answer 39 사 40 사 41 가 42 사

43 배수량 측정에서 Trim 제2수정(Second trim correction)은?

가. 해수의 밀도차에 의한 Trim의 변화로 인한 배수량을 수정하는 것이다.
나. Trim 때문에 일어나는 부력 중심의 이동으로 인한 배수량의 변화량을 수정하는 것이다.
사. Trim 때문에 일어나는 수선 면적의 모양 변화로 인한 배수량의 변화량을 수정하는 것이다.
아. Trim이 있으면 전·후부 수선상의 흘수를 나타내지 못하므로 이를 수정하려는 것이다.

> 해설
> • 제2수정은 Trim 때문에 일어나는 수선면적의 모양변화로 인한 배수량을 수정하는 것
> • 제1수정은 부면심이 선체 중앙에 있지 아니할 경우에 배수량을 수정하는 것

44 흘수 감정에 의한 배수량 계산에서 해수의 비중에 대한 수정을 무엇이라 하는가?

가. Trim correction
나. Stem correction
사. Density correction
아. Constant

45 다음 흘수 감정에서의 수정치가 배수량 단위로 표현될 수 없는 것은?

가. 선수미 흘수 수정
나. Hog/Sag 수정
사. 비중 수정
아. 트림 수정

46 밸러스트 탱크의 물을 100m 떨어진 후방의 탱크로 이동시켜 40cm의 trim 변화를 얻으려면 몇 ton의 물을 이동하여야 하는가? (단, 매 cm trim moment는 100m-ton이다.)

가. 25ton
나. 30ton
사. 35ton
아. 40ton

> 해설
> 매 cm 트림 모멘트(Moment to change Trim 1 cm : MTC ; M cm)
> 트림을 1cm 생기게 하는데 필요한 이동 모멘트
> 무게 w(톤)를 선수미 방향으로 거리 d(m)만큼 이동시켰을 때
> ▶ 트림변화량 $(t) = \dfrac{w \times d}{Mcm}$
>
> $40 = \dfrac{w \times 100}{100}$ ∴ $w = 40$톤

Answer 43 사 44 사 45 가 46 아

47 상형선에서 갑판적화물 10톤을 선미쪽으로 10m 옮겼을 때의 트림변화량은? (단, 매 cm 트림 모멘트(Mcm)는 10m-ton이다.)

가. 10cm
나. 14cm
사. 17cm
아. 12cm

해설 트림의 변화량 $= \dfrac{10 \times 10}{10} = 10\text{cm}$

48 수선간장 70m인 선박에서 선체중앙 30m 전방에 위치한 곳에 20ton의 화물을 적재하면 Trim의 변화량은 얼마인가? (단, 매 cm trim moment는 20m·ton이고, 부면심은 선체중앙에 있다고 가정한다.)

가. 25cm
나. 30cm
사. 35cm
아. 40cm

해설 트림의 변화량 $= \dfrac{20 \times 30}{20} = 30\text{cm}$

49 선미트림 50cm인 선박에서 50톤의 중량물을 이동시켜서 이븐 킬(Even keel)로 만들고자 한다. 어느 쪽으로 얼마만큼 이동시키면 되는가? (단, Mcm는 40m-ton이다)

가. 40m 선수쪽으로
나. 50m 선수쪽으로
사. 60m 선수쪽으로
아. 50m 선미쪽으로

해설
중량물의 이동에 의한 흘수의 변화
▶ 무게 w(톤)를 선수미 방향으로 거리 d(m)만큼 이동했을 때
▶ 트림변화량$(t) = \dfrac{w \times d}{Mcm}$

▶ 트림의 변화량 $= 50 = \dfrac{w \times 50}{40}$

(선미트림 50cm에서 등흘수로 만들려면 트림의 변화량이 50cm가 된다.)
$50w = 50 \times 40$ ∴ $w = 40\text{m}$(선수쪽으로 40m 이동)

Answer 47 가 48 나 49 가

50 선박의 길이가 120m, 흘수가 선수 520cm, 선미 530cm인 화물선에서 F.P.T.에 있는 청수를 A.P.T.까지 이동시켜서 20cm Trim by the stern으로 하려고 한다. 몇 톤의 청수를 옮겨야 하나? (단, Mcm은 100ton-m이고 F.P.T에서 A.P.T.까지의 수평 거리는 100m, 부면심은 선체중앙에 있다.)

가. 10톤   나. 20톤
사. 30톤   아. 40톤

> **해설** 중량물의 이동에 의한 흘수의 변화
> ▶ 무게 w(톤)를 선수미 방향으로 거리 d(m)만큼 이동했을 때
> ▶ 트림변화량$(t) = \dfrac{w \times d}{Mcm}$
>
> ▶ 트림의 변화량 = 이동 후 트림(20) - 원래의 트림(530 - 520 = 10)
>   = 20 - 10 = 10cm
>   트림의 변화량 = $10 = \dfrac{w \times 100}{100}$
> $100w = 10 \times 100$ ∴ $w = 10$톤

51 선박에서 트림(Trim) 조정시 고려해야 할 사항이 아닌 것은?

가. 중간항에서의 적하 및 양하량 조절
나. Tank의 주·배수 또는 청수의 이동
사. 기항지의 수심
아. 선내 중량물을 상하로 수직 이동

52 선박이 표준해수에 떠 있을 때의 임의의 평균흘수에 대응하는 배수량이나 흘수계산 및 복원력 계산에 필요한 각 요소의 값을 알 수 있도록 작성된 곡선도표를 무엇이라 하는가?

가. 정적 복원력 곡선   나. 동적 복원력 곡선
사. 복원력 교차 곡선   아. 배수량 등곡선도

> **해설** 배수량 등곡선도(Hydrostatic curve)는 선박이 해수에 부상했을 때의 평균흘수에 대한 배수톤수나 복원력 계산 및 흘수 계산에 필요한 값을 그래프식으로 읽을 수 있도록 된 것으로 종축은 평균흘수, 횡축은 기선 및 배수량을 표시한다.
> ▶ 배수량 곡선, 매 cm 침하 배수톤수, 매 cm 트림 모멘트, 메타센터의 위치, 부심의 위치,

Answer 50 가 51 아 52 아

부면심의 위치, 방형비척계수, 수선면적 등을 구할 수 있다.
☞ 중심(G)의 위치는 구할 수 없다. 따라서 KG, GM도 구할 수 없다.

- **복원력 교차곡선(Cross curves of stability)**
횡축에 배수톤수, 종축에 GZ(복원정)를 취하고 경사각 5°~10°마다 각 배수톤수에 대한 GZ를 계산·기입하여, 이것을 연결한 곡선
  - 선박이 어떤 경사각도에서 GZ가 배수톤수에 의하여 어떻게 변화하는가를 알 수 있다.
  - 흘수가 변화하는 화물선에 있어서는 복원력을 검토하는데 필요

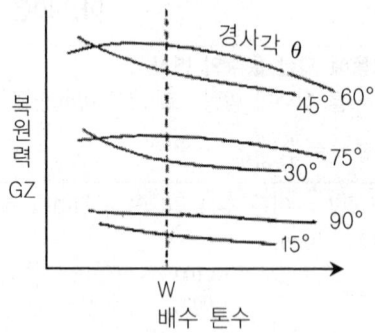

- **정적 복원력 곡선(Statical stability curves)**
선박이 어떤 배수량에서 가로 경사각에 대한 복원정 GZ가 변화하는 모양을 나타낸 곡선으로 횡축은 횡경사각을 종축은 복원정(GZ)을 취하여 경사 상태에서 선박의 복원력이 어떤 상태에 있는지를 알 수 있다.
  ① 복원력 최대각(최대 경사각 = 위험횡요각)
    GZ가 최대가 되었을 때의 경사각
  ② 복원력 소실각(최대동요각)
    GZ가 0이 되는 경사각
  ③ 복원력의 범위
    복원력 소실각까지의 경사각 범위(경사 0에서 복원력 소실각까지)
    ▶ 복원력 소실각(최대횡요각)의 1/2정도가 최대복원각(위험횡요각)이다.

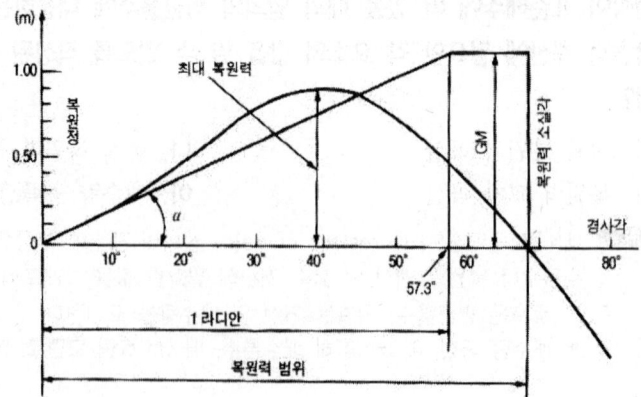

- **정적 복원력**
  정적 복원력(Statical stability)은 경사에 대하여 원위치로 되돌아 가려는 우력(부력과 중력의 양 작용선의 엇갈림에 의해 생기는 우력)을 말한다.
  ► 보통 복원력이라면 정적 복원력을 말한다.
- **동적 복원력**
  - 어떤 위치에서 어느 각도까지 경사하는데 필요한 일의 양으로 경사로 인한 위치에너지의 증대량을 말한다. ► 경사로 인한 위치에너지의 증가량이다.
  - 선박에 어떠한 외력이 작용했을 때 몇 도까지 경사할 것인가 또는 안정성이 있을 것인가를 판정하는데 중요한 요소
  - 배수량에 선체의 무게중심과 부심과의 거리의 증가량을 곱한 값이다.
    ► 동적 복원력은 중심의 상승량과 부심의 하강량의 합에 배수량을 곱한 것
  - 경사각 θ °인 때의 동적 복원력은 정적 복원력 곡선을 0°에서 θ °까지 적분한 값과 같다.
  - 직립 위치에서 경사각까지 경사하는데 필요한 일의 양이다.

53 배수량 등곡선도에서 구할 수 없는 내용은?

가. KG 나. KM
사. BM 아. TPC

 배수량 등곡선도에서는 KM(기선에서 메타센터까지의 높이), BM(부심에서 메타센터까지의 높이), TPC(매 cm당 배수톤수) 등은 구할 수 있으나, KG(기선에서 무게중심까지의 높이)는 구할 수 없다.

► 배수량 등곡선도에서 구할 수 있는 것
  ㉠ 배수량 곡선
  ㉡ 매 cm당 배수톤수(Tons per cm immersion : TPC)
  ㉢ 매 m 트림 모멘트(Moment to change trim 1m : MTC)
  ㉣ Metacenter 위치(KM)
  ㉤ 선체 중앙에서 부심 및 부면심까지의 거리
  ㉥ 수선면적, 방형비척계수

54 수심이 얕은 해역에서 흘수의 제약을 받고 항행할 때 최대 화물 적재를 위한 트림(Trim)의 상태는?

가. Trim by the Stern 나. Trim by the Head
사. Trimming 아. Even Keel

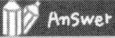 53 가 54 아

55 배수량 측정을 위하여 해수의 비중을 측정할 때 주의할 사항 중 그 내용이 틀린 것은?

가. 해수온도와 채수기의 온도차를 없애도록 한다.
나. 측정할 해수는 채수기에 2/3 정도가 되도록 담아 떠 올린다.
사. 비중계에 수포가 묻지 않도록 한다.
아. 비중 측정은 물이 약간 올라온 부분의 눈금을 읽는다.

56 선박의 트림 및 흘수계산에서 필요하지 않는 요소는?

가. 부면심의 위치(F)   나. 매 cm 트림 모멘트(Mcm)
사. 매 cm 배수톤수(Tcm)   아. 메타센터 높이(GM)

해설 트림 및 흘수계산에서는 GM은 필요없다.

57 파도 중에 하중분포가 균일한 상태이더라도 파저가 선박의 중앙부와 일치하는 경우에 무엇이 발생하는가?

가. Sagging moment   나. Tension stress
사. Bending force   아. Shearing stress

58 원양구역 또는 근해구역을 항행구역으로 하는 선박에 표시하는 만재흘수선표에서 W는 무엇을 표시한 것인가?

가. 열대 담수 만재흘수선   나. 하기 담수 만재흘수선
사. 동기 만재흘수선   아. 하기 만재흘수선

해설 ㉠ 동기 만재흘수선 – W   ㉡ 하기 만재흘수선 – S
㉢ 열대 만재흘수선 – T   ㉣ 열대 담수 만재흘수선 – TF
㉤ 하기 담수 만재흘수선 – F   ㉥ 동기 북대서양 만재흘수선 – WNA

59 적용 만재배수톤수 9,600톤의 선박이 비중 1.005의 해수 중에서 만재흘수선까지 적하하였다. 표준해수 중에서는 약 몇 톤의 화물을 더 실을 수 있나?

가. 약 187ton   나. 약 191ton
사. 약 197ton   아. 약 203ton

해설 (9600 × 1.025) – (9600 × 1.005) ≒ 191톤

Answer 55 사 56 아 57 가 58 사 59 나

60 배수량 5,000톤인 선박이 비중 1.020인 해수 중에서 수면하 용적은 약 몇 m³인가?

　가. 4,902m³　　　　　　　　　나. 5,100m³
　사. 5,000m³　　　　　　　　　아. 5,020m³

　해설　배수량 = 배수용적(수면하 용적) × 해수밀도
　　　　5,000 = (x) × 1.020 　∴ x = 5,000 ÷ 1.020 ≒ 4,902m³

61 목재 갑판적 선박에 있어서 Lauan원목, 대형원목의 갑판적 높이는 상갑판에서 상방으로 그 장소의 갑판 폭의 (　)을 (를) 넘어서는 안 된다. (　) 안에 적합한 것은?

　가. 1/2　　　　　　　　　　　나. 1/3
　사. 1/4　　　　　　　　　　　아. 1/5

62 원양구역 또는 근해구역을 항행구역으로 하는 선박에 표시하는 만재흘수선표에서 F는 무엇을 표시한 것인가?

　가. 열대 담수 만재흘수선　　　나. 하기 담수 만재흘수선
　사. 동기 만재흘수선　　　　　아. 하기 만재흘수선

　해설　㉠ 동기 만재흘수선 – W　　㉡ 하기 만재흘수선 – S
　　　　㉢ 열대 만재흘수선 – T　　㉣ 열대 담수 만재흘수선 – TF
　　　　㉤ 하기 담수 만재흘수선 – F　㉥ 동기 북대서양 만재흘수선 – WNA

63 연해구역을 항행구역으로 하는 선박에 표시된 만재흘수선의 종류는 몇 가지인가?

　가. 1　　　　　　　　　　　　나. 2
　사. 3　　　　　　　　　　　　아. 4

64 길이 50m, 폭 10m, 깊이 5m인 직육면체형 선박이 표준해수에서 등흘수 2.15m로 떠 있을 때 배수용적은 몇 m³인가?

　가. 975m³　　　　　　　　　　나. 1,000m³
　사. 1,025m³　　　　　　　　　아. 1,075m³

　해설　배수용적 = 50 × 10 × 2.15 = 1,075m³
　　　　배수량 = 배수용적 × 해수밀도 = 1,075 × 1.025 = 1,102톤

Answer　60 가　61 나　62 나　63 나　64 아

65 선수흘수가 8.48m, 선미흘수가 8.99m, 중앙부 흘수가 8.82m인 선박은 다음 중 어느 것에 해당되는가?

가. 7.5cm hog
나. 7.5cm sag
사. 8.5cm hog
아. 8.5cm sag

해설 선수미흘수의 평균 = (8.48 + 8.99) ÷ 2 = 8.735m
8.820m − 8.735m = 0.085m = 8.5cm sag(중앙부 흘수가 선수미 흘수보다 크므로 sagging)

66 배수량 2,000톤인 선박에서 만재흘수선에서의 매 cm 배수톤(표준해수의 경우)이 20톤인 경우, 하기 건현과 하기 담수 건현과의 차이는 약 몇 cm인가?

가. 1.5cm
나. 2.5cm
사. 3.5cm
아. 4.5cm

해설 담수에서 배수량 2,000톤은 표준해수에서는 2,000 × 1.025 = 2,050톤이 된다.
그러므로 담수와 해수에서 배수량 차이는 50톤이다.
매 cm 배수톤이 20톤이므로 20톤에 1cm 차이가 나고 50톤은 2.5cm 차이가 난다.

67 표준해수에서 어떤 선박의 매 cm 배수톤이 15톤이다. 이 배가 비중 1.01인 곳에서 1cm 흘수를 증가시키는데 필요한 화물의 무게는 약 얼마인가?

가. 11.25톤
나. 14.775톤
사. 15.015톤
아. 16.40톤

해설 15톤 × $\frac{1.01}{1.025}$ ≒ 14.775

68 어떤 선박에서 제1번 화물창으로부터 제4번 화물창으로 화물을 200ton 옮겼다면 Trim의 변화는 얼마가 되겠는가? (단, 선체길이는 120m, 화물의 이동거리는 60m이고, TPC는 50ton, 매 cm 트림 모멘트는 120m-ton임.)

가. 1.0m
나. 1.5m
사. 2.0m
아. 2.4m

해설 트림의 변화량 = $\frac{200 \times 60}{120}$ = 100cm = 1m

Answer 65 아 66 나 67 나 68 가

69 배수량 등곡선도에서 구할 수 없는 내용은?

가. 배수량
나. 위험횡요각
사. 수선면적
아. 매 cm 배수톤

해설 배수량 등곡선도에서는 G의 위치, GM, 위험횡요각 등은 구할 수 없다.

70 배수톤수 6,000톤의 선박에 200톤의 화물을 적재하였다면 평균흘수는 얼마 증가하는가? (단, 매 cm 배수톤수는 10톤이다.)

가. 10cm
나. 20cm
사. 30cm
아. 40cm

해설 매 cm 배수톤수가 10톤이므로 10톤을 실으면 1cm가 증가하고 200톤의 화물을 적재하였다면 200 ÷ 10 = 20cm가 증가한다.

Answer 69 나 70 나

2. 화물의 적하 및 운송관리

01 1용적톤(Measurement ton)의 목재는 몇 B.F.인가?

가. 250B.F. 나. 480B.F.
사. 320B.F. 아. 424B.F.

해설 1Measurement ton(용적톤) = $40ft^3$ = 480BF(40×12)
- 1BF(board foot) : 두께 1/12ft(1inch), 폭 1ft, 길이 1ft인 목재의 재적

    1BF = 1″ × 12″ × 12″ = $144 inch^3$
    = $\frac{1}{12}′ × 1′ × 1′ = \frac{1}{12} ft^3$

  $1ft^3$ = 12BF
  1Measurement ton(용적톤) = $40ft^3$ = 480BF(40×12)
  1000BF = 2.08 measurement ton(1000/480)
  ▶ 1BM(board measure) = 1000BF(BM은 목재의 운임건으로 사용함)

02 냉동식 LPG탱커의 재액화라인(Reliquefaction line)에 연결된 관(pipe)이 아닌 것은?

가. 증기(Vapour)관 나. 스파지(Sparge)관
사. 분사노즐(Spray nozzle)관 아. 재액 Return관

해설 냉동식 LPG탱커의 재액화라인에 연결된 관은 Spray nozzle관, Return관, Sparge관 등이다.

03 다음 중 적화를 완료한 항구에서 발급되는 서류가 아닌 것은?

가. M/R 나. B/L
사. Hatch survey report 아. Stowage survey report

해설
- MR(Mate's receipt) ; 본선수령증 – 화물을 본선에 실었다는 것을 확인하는 서류
  ▶ 1등항해사가 화주에게 발행
- B/L(Bll of lading) ; 선하증권 – 화물을 선적했다는 것을 증명하는 서류
- Hatch survey report(화물창검사보고서) : 항해 도중에 날씨가 나빠 화물에 손상이 예상될 때 양륙지에서 양륙에 앞서 화물의 적재, 손상, 창의 개폐 상태 등의 검사와 감정을 받아 작성된 서류 ▶ 양하하기 전 검사보고 서류
- Stowage survey report(적화검사보고서) : 적화 후 검사인에 의한 서류

Answer 01 나 02 가 03 사

04. 다음 중 TOFC방식에 관한 설명으로서 적절하지 못한 것은?

가. Kangaroo system이라고도 불리운다.
나. 컨테이너를 Trailer에 탑재한 채로 차량상에 탑재하여 수송한다.
사. 철도수송의 일종이다.
아. Piggy back이라고도 불리운다.

해설 TOFC(trailer on the flat car)방식 : ⇔ COFC(container on the flat car)
피기 백이라고도 불리며, 컨테이너가 탑재된 트레일러를 그대로 차량 위에 탑재하여 수송하는 방식으로 미국의 동부 철도 그룹에서 많이 사용하는 방식
Kangaroo system
프랑스 국유철도에서 개발한 방식으로 TOFC방식의 일종이나 뒷바퀴를 플랫 카의 면보다 아래로 낮추어 격납할 수 있는 장치가 있다.
COFC(container on the flat car)
컨테이너를 트레일러에서 분리하여 탑재하는 방식

05. 다음은 Container freight station(CFS)의 기능을 설명한 것이다. 옳은 것은?

가. 빈 Container 및 화물이 든 Container의 출입을 감시하고, Container의 총중량을 측정하는 곳이다.
나. 주로 빈 Container를 놓아두는 장소이다.
사. LCL화물의 혼적을 전문으로 하는 곳이다.
아. Terminal 내의 하역작업, Container배치 등을 감독·지시하는 곳이다.

해설 CFS(Container freight station)
선박회사가 화주로부터 적하를 수령하여 컨테이너에 수납하거나 또는 육양된 컨테이너에서 화물을 꺼내어 하도를 하려는 장소 ▶ LCL 화물이 혼재하는 곳
LCL화물(less than container load cargo)
1개 컨테이너 내에 1개 회사의 화물을 적재하지 않고 여러 회사의 화물을 합쳐서 1개의 컨테이너를 채우는 경우의 화물
FCL화물(full container load cargo)
1개 컨테이너에 1개 회사의 화물이 적재되는 경우의 화물

06. 다음의 경우에는 원유세정을 중지해야 하는데 그 중 틀린 것은?

가. 터미널 및 항만당국의 중지명령이 있는 경우
나. 이너트가스장치의 고장이 발생한 경우
사. 공급되는 이너트가스의 산소함량이 8%를 초과한 경우
아. 탱크의 압력이 정압(+)일 경우

04 가   05 사   06 아

07
대부분의 화물은 선창내의 공기가 건조하면 즉 노점이 낮으면 그 보관이 안전한데, 반대로 선창내 공기가 너무 건조하면 손상을 입을 위험이 있는 화물은?

가. 곡류의 가루(Flour)
나. 설탕이나 소금
사. 담배나 생사(Silk)
아. 동선광(Copper Concentrates)

08
천정과 벽이 없어 측면으로부터 하역을 할 수 있는 컨테이너는?

가. Open Top Container
나. Flat Rack Container
사. Pen Container
아. Reefer Container

해설 Flat rack container
보통의 컨테이너에 비하여 Floor 강도가 강하고 화물을 lashing할 수 있는 설비를 갖춘 컨테이너로 천정과 측벽이 생략되어 있다.
▶ 주로 강재, 코일, 기계류 등에 사용한다.

09
동일 선박에 표시된 다음의 만재흘수표시 중 가장 건현이 큰 경우는?

가. 열대담수만재흘수선
나. 동기북대서양만재흘수선
사. 열대만재흘수선
아. 동기만재흘수선

해설 ▶ 건현이 작은 순으로 TF < F < T < S < W < WNA
TF : 열대담수만재흘수선   F : 하기담수만재흘수선   T : 열대만재흘수선
S : 하기만재흘수선   W : 동기만재흘수선   WNA : 동기북대서양만재흘수선

10
만재흘수선의 표시가 면제되는 선박은?

가. 근해구역을 항행하는 선박
나. 연해구역을 항행하는 길이 24미터 이상의 선박
사. 만재흘수선을 표시하는 것이 그 구조상 곤란하거나 부적당한 선박
아. 국제항해에 종사하는 여객선

해설 만재흘수선표시 선박
▶ 선박안전법 제27조(만재흘수선의 표시 등)
① 다음 각 호의 어느 하나에 해당하는 선박소유자는 해양수산부장관이 정하여 고시하는 기준에 따라 만재흘수선의 표시를 하여야 한다. 다만, 잠수선 및 그 밖에 해양수산부령으로 정하는 선박에 대하여는 만재흘수선의 표시를 생략할 수 있다.
1. 국제항해에 취항하는 선박

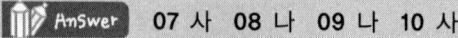
07 사 08 나 09 나 10 사

2. 해양수산부령으로 정하는 방법에 따른 선박의 길이(이하 "선박길이"라 한다)가 12미터 이상인 선박
3. 선박길이가 12미터 미만인 선박으로서 다음 각 목의 어느 하나에 해당하는 선박
   가. 여객선
   나. 위험물을 산적하여 운송하는 선박

▶ **선박안전법 시행규칙 제69조(만재흘수선의 표시 등)** 법 제27조 제1항 각 호 외의 부분 단서에서 "해양수산부령으로 정하는 선박"이란 다음 각 호의 어느 하나에 해당하는 선박을 말한다.
   1. 수중익선, 공기부양선, 수면비행선박 및 부유식 해상구조물(제3조 제1호 및 제2호는 제외한다)
   2. 운송업에 종사하지 아니하는 유람 범선(帆船)
   3. 국제항해에 종사하지 아니하는 선박으로서 선박길이가 24미터 미만인 예인·해양사고구조·준설 또는 측량에 사용되는 선박
   4. 임시항해검사증서를 발급받은 선박
   5. 시운전을 위하여 항해하는 선박
   6. 만재흘수선을 표시하는 것이 구조상 곤란하거나 적당하지 아니한 선박으로서 해양수산부장관이 인정하는 선박

11 만재흘수선에 관련된 다음 설명 중 틀린 것은?

가. 선박이 경사한 때는 선체 중앙부 양현흘수를 평균한 흘수가 만재흘수에 달할 때까지 적재한다.
나. 내륙에 있는 담수 항만에서 출항하는 선박은 해항에서의 흘수보다 더 큰 흘수까지 실을 수 있다.
사. 대역 또는 구역의 한계선에 있는 항에서 출항하는 선박은 출항 후 항행하고자 하는 대역 또는 구역내에 있는 만재흘수를 초과하지 못한다.
아. 출항예정 항로에서 계절변경의 시기에 달할 때는 그 각 계절의 만재흘수를 초과할 수 있다.

12 면화의 성질을 설명하는 사항 중에서 맞지 않는 것은?

가. 면화는 인화성이 크므로 화기의 침입을 최대한 방지해야 한다.
나. 산화작용이 왕성하고 연소의 지속성이 강한 화물이다.
사. 면화는 자연발화하지 않으므로 통풍환기는 필요 없다.
아. 면화는 발한(Sweat)에 의한 손상이 그다지 크지 않은 화물이다.

 11 아 12 사

13 벌크로 운송하는 기름의 유량 측정은 일반적으로 다음과 같이 한다. 틀린 것은?

가. Tank의 용적도와 'Volume table for ullage of tank' 등에 의하여 Tank내의 기름의 용적을 구한다.
나. 정확한 Tank내의 기름 용적을 구하기 위하여 Trim에 대한 수정도표를 이용하여 Trim에 대한 수정을 한다.
사. 위와 같이 구한 유류의 용적을 표준온도 섭씨 10도의 용적으로 환산한다.
아. 표준온도에 있어서 중량비에 의하여 중량으로 환산한다.

해설 미국 60°F(영국 62°F)를 표준온도로 한다.

14 선적화물의 손상시 운송인의 면책을 위한 증거 서류와 관련이 적은 것은?

가. 해난보고서
나. Boat Note
사. Hatch Survey report
아. Draft Survey report

해설 **해난보고서(protest)**
선박이 황천 기타 해상위험에 조우하여 선체 및 적하물에 손상을 입었다든가, 손상우려가 있을 경우 도착항의 항만청 또는 영사관에 선장이 해난보고서를 제출하여 항해일지의 검인을 받아 거증서류로 한다.
Boat Note(B/N : 화물인도증)
• 양하한 화물에 대하여 본선측이 양하한 화물이라는 것을 증명하는 서류
• M/R과 같이 Remark가 기재됨.
• 화물양하후 화물사고의 귀속을 판단하는 중요한 증거서류
• 기재사항중 화물의 사고에 대해서는 Remark를 붙이고 화주와 일등항해사가 같이 서명
Hatch Survey Report(선창검사보고서=창구검사서)
항해중 황천으로 화물의 손상 발생이 예상될 때 도착항에서 감정인을 초청하여 창구개폐상태, 화물의 적부 등의 검사 및 감정을 받아 책임을 면하기 위한 것
Draft Survey Report(흘수감정보고서)
화물의 중량을 선박의 흘수선에 의해서 측량한 결과를 증명하는 서류

15 액체를 가열할 때 처음으로 연소하한에 이르는 농도의 가연성 가스를 발생하게 되는 액체의 최저온도를 무엇이라 하는가?

가. 발화점
나. 인화점
사. 비등점
아. 유동점

해설 **인화점** : 점화원(불씨, 스파크)이 있는 상태에서 불이 붙는 온도
연소점 : 점화원을 제거하여도 지속적으로 발화되는 온도로 한번 발화된 후 연소를 지속시킬 수 있는 충분한 증기를 발생시킬 수 있는 최소온도
발화점 : 점화원(불씨, 스파크 등등...)이 없어도 스스로 불이 붙는 온도

Answer 13 사 14 아 15 나

16 어떤 배의 Bale capacity가 250,000ft³인데 Copra bag(S.F. 85)을 1,600L/T를 실었다. Jute bale(S.F. 60)을 실어 선창용적에 만재하려면 몇 톤을 실어야 하나?

  가. 1,700L/T 　　　　　　　　나. 1,800L/T
  사. 1,900L/T 　　　　　　　　아. 2,000L/T

  해설 {250000 − (1600 × 85)} ÷ 60 = 1900

  　적화계수(Stowage factor : S.F.) : 화물 1톤이 차지하는 선창용적을 ft^3 단위로 표시한 것

  ▶ S.F. = $\dfrac{베일용적(ft^3)}{화물의 중량(L/T)}$ [L/T = ft^3 × S.F.]

17 원유세정(C.O.W.)에 있어서 다단계방식(Multi-stage)에 관한 설명 중 옳지 않은 것은?

  가. 다단계방식에서 가장 많이 이용되는 것은 2단계 방식이다.
  나. 상부세정(Top Washing)을 할 때에는 세정탱크의 화물유와 다른 Grade의 것으로 세정하는 것이 좋다.
  사. 각 세정 단계의 사이에는 노즐의 작동각에 어느 정도의 각을 주는 것이 좋다.
  아. 점도가 높은 화물유 양하시 적용하면 좋다.

  해설 나. 화물유가 혼합되지 않도록 화물유와 같은 등급의 것으로 세정한다.

18 유압구동밸브를 작동하기 위한 유압장치와 관계없는 것은?

  가. Oil reservoir 　　　　　　나. 유압펌프
  사. 축압기(Accumulator)　　　아. 노즐(Nozzle)

  해설 **유압 발생 장치(Hydraulic Power Unit)**
  ㉠ Oil reservoir(유류저장탱크) 및 액면경보장치
  　• 유저장 탱크의 용량은 유압펌프의 매분 당 토출량의 약 20배 정도
  　• 탱크에는 액면계가 설치되어 적정액면을 확인할 수 있으며 액면이 일정치(50%) 이하로 떨어지면 경보가 작동하면서 유압펌프가 정지하도록 플로트 스위치가 설치되어 있다.
  ㉡ 유압펌프(Hydraulic Pump) : 베인펌프 또는 기어펌프를 사용
  ㉢ 축압기(Accumulator) : 유압작동유를 축적해 두었다가 필요한 경우에 내보내는 용기
  ㉣ 릴리프 밸브(Relief Valve) : 압력이 일정치 이상으로 올라가면 작동유의 일부를 저장탱크로 되돌려 보내어 압력을 떨어뜨려 과도한 압력에 의한 계통상의 손상을 방지한다.
  ㉤ 압력스위치 및 경보장치

Answer 16 사　17 나　18 아

19 유압구동이 가능하여 탱커화물관에 가장 많이 사용되나 수밀부의 Packing sheet가 화물유 속의 이물질에 의해 손상되기 쉬워서 수밀의 신뢰성이 적은 밸브는?

가. Butterfly 밸브
나. Sluice 밸브
사. Angle 밸브
아. Glove 밸브

20 유조선에서 석유가스의 농도에 관계없이 연소 또는 폭발이 일어나지 않는 이론적인 산소의 농도는?

가. 21% 이하
나. 14% 이하
사. 13.5% 이하
아. 11.5% 이하

해설 산소농도가 ▶ 11.5% 이하이면 어떤 경우에도 연소가 일어나지 않는 불활성 상태가 되나 탱커에서는 IGS를 사용하여 탱크 내부의 산소 농도를 ▶ 8% 이하로 유지시키고 있다.

21 유탱커에 장치된 Inert gas system에서 Fan(Blower)의 송풍용량은 Cargo oil pump용량 총합의 몇 배 이상이어야 하는가?

가. 2배
나. 1.5배
사. 1.25배
아. 1.75배

22 유탱커의 안전에 관한 사항 중 옳지 않은 것은?

가. Clean Oil과 같이 전기저항률이 높은 화물유는 대전한 전하를 쉽게 잃지 않는다.
나. 화물유의 정전기는 탱크내부의 구조물에 대하여 직접 방전할 수 있다.
사. 착화성이 높은 방전을 일으킬 수 있는 탱크내부 구조물의 곡률반경은 10mm 내외이다.
아. 화물유의 유동에 의한 정전기 대전은 유속이 낮을수록 증가한다.

해설 화물유의 유동에 의한 정전기 대전은 유속이 낮을수록 감소한다.

Answer 19 가 20 아 21 사 22 아

23 일반적으로 용적 (　)의 중량이 (　)을 넘지 않는 화물을 용적화물이라고 말한다. (　) 안에 적합한 것은?

　가. $1ft^3$, 1Long ton　　　나. $40ft^3$, 1Long ton
　사. $1m^3$, 1Long ton　　　아. $40m^3$, 1Metric ton

　해설　용적 $40ft^3$ 의 중량이 1Long ton을 넘지 않는 화물을 용적화물 또는 경량화물이라 하고 용적 $40ft^3$ 의 중량이 1Long ton을 넘는 화물을 중량화물이라 한다.

24 적재 화물의 중량과 그 적재 요령 등에 의하여 유발되는 것으로 선체 강도의 허용 범위를 넘으면 선체에 균열, 절단 등의 손상이 생기게 하는 원인 인자를 무엇이라고 하는가?

　가. Stress　　　나. Weight
　사. Pass　　　아. Tackle

25 적화시 탱크 내부의 공기 배출, 양하시 공기의 흡입, 탱크 내의 압력 조정 등을 목적으로 설치된 Line은?

　가. Group line　　　나. Vent line
　사. Heating line　　　아. Ring line

26 처음 운송한 회사가 육·해상 전 구간에 걸쳐 B/L을 발행한 경우는?

　가. Ocean B/L　　　나. Through B/L
　사. Order B/L　　　아. Straight B/L

　해설　**Through B/L(통과 선하증권)** : 해상과 육상을 교대로 이용하여 운송하거나, 둘 이상의 해상운송인과 육상운송인이 결합하여 운송할 경우 최초의 운송인이 전구간의 운송에 대하여 책임을 지고 발행하는 운송 증권이다.

　　선하증권
　　• 화주와 선박회사간의 해상운송 계약에 의하여 선박회사가 발행하는 유가증권
　　• 선주가 자기 선박에 화주로부터 의뢰받은 운송화물을 적재 또는 적재를 위해 그 화물을 영수하였음을 증명한다.
　　• 화물을 도착항에서 일정한 조건하에 수하인 또는 그 지시인에게 인도할 것을 약정한 유가증권이다.
　　▶ **선하증권의 법률상의 성질**
　　　　㉠ 채권적 및 물권적 유가증권

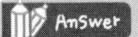 23 나　24 가　25 나　26 나

제1장 화물의 취급 및 적하

ⓛ 문언증권
ⓒ 표시증권
▶ **선하증권의 법정 또는 필수적 기재사항**
1. 선박의 명칭·국적 및 톤수
2. 송하인이 서면으로 통지한 운송물의 종류, 중량 또는 용적, 포장의 종별, 개수와 기호
3. 운송물의 외관상태
4. 용선자 또는 송하인의 성명·상호
5. 수하인 또는 통지수령인의 성명·상호
6. 선적항
7. 양륙항
8. 운임
9. 발행지와 그 발행연월일
10. 수통의 선하증권을 발행한 때에는 그 수
11. 운송인의 성명 또는 상호
12. 운송인의 주된 영업소 소재지
▶ **선하증권의 종류**
① **통상 선하증권**
  ㉠ 선적에 대한 법제문언에 의한 분류
    ⓐ Shipped B/L(선적 선하증권)
    ⓑ Received B/L(수취 선하증권)
  ㉡ Remark 유무에 의한 분류
    ⓐ Clean B/L(무고장 선하증권)
    ⓑ Foul B/L(고장 선하증권)
    ▶ Clean B/L로 발급받기 위해서는 보상장(Letter of indemnity : L/I)이 필요하다.
  ㉢ 수하인의 표시방법에 의한 분류
    ⓐ Straight B/L(기명식 선하증권) 특정한 수취인이 기입된 선하증권
    ⓑ Order B/L(지시식 선하증권) 특정한 수화인을 기재하지 않은 증권
  ㉣ 운송지역에 따라
    ⓐ Ocean B/L
    ⓑ Local B/L
② **특수 선하증권**
  ㉠ Through B/L(통과 선하증권) : 해상과 육상을 교대로 이용하여 운송하거나, 둘 이상의 해상운송인과 육상운송인이 결합하여 운송할 경우 최초의 운송인이 전 구간의 운송에 대하여 책임을 지고 발행하는 운송 증권이다.
  ㉡ Red B/L : 보통의 선하증권과 보험증권을 결합시킨 것

27 추운 지방에서 더운 지방으로 항해할 때 흡습성 화물을 적재한 화물창 통풍 요령 중 적절한 것은?

가. 화물의 온도가 외부의 노점보다 높을 때만 통풍한다.
나. 통풍하지 않는다.
사. 노점만 상승하도록 통풍한다.
아. 계속 통풍한다.

해설 추운 지방에서 더운 지방으로 항해할 때는 ▶ 외기의 이슬점이 선창내 공기의 이슬점보다 높으므로 ▶ 통풍환기를 중지한다.

이슬점(dew point : 노점)
수증기를 함유한 공기가 냉각되어 포화 상태에 도달했을 때의 온도
▶ 이슬점이 높아지고 기온이 낮아지면 응결수가 생기므로 통풍환기는 창내 공기의 이슬점을 낮추기 위한 목적으로 실시

▶ **통풍환기법**
  • 외기의 이슬점이 선창 내 공기의 이슬점보다 낮으면 통풍환기를 계속
    ▶ 따뜻한 곳에서 적하하여 한랭지로 향하여 항행할 때
  • 외기의 이슬점이 선창내 공기의 이슬점보다 높으면 통풍환기를 중지
    ▶ 통풍장치를 건조로 바꾸어 창내에 건조공기를 보내어 건조공기 순환을 행한다.
  • 외기의 이슬점이 창내 공기의 이슬점보다 훨씬 낮을 경우라 할지라도 외기의 온도가 창내 온도보다 훨씬 낮을 때에는 천천히 환기해야 한다.
    ▶ 갑자기 유입하면 접촉면에 이슬땀이 생김.
      ☞ 선내공기를 건조시켜서 그 노점을 언제나 선체 또는 화물의 온도 이하로 하면 된다.

28 탱커에서 선박의 연결관(Ship's connection line)과 육상의 하역호스 사이에 절연 플랜지를 끼워 넣는 가장 큰 이유는?

가. 미주전류(Stray Current)에 의한 전기불꽃(Spark)을 방지하기 위하여
나. 화물유가 플랜지 틈으로 새어 나오는 것을 방지하기 위하여
사. 열전도에 의한 화물유탱크의 온도 상승을 막기 위하여
아. 원유세정(C.O.W.)을 하기 위하여

29 탱커의 일반적인 특징으로 틀린 것은?

가. 선미 기관형이다.
나. 종늑골식 구조를 갖는다.
사. 종격벽을 갖는다.
아. 만재시 Hogging 상태가 된다.

Answer 27 나 28 가 29 아

30 탱커의 정전기 방지를 위한 작업복으로 가장 적합한 옷감은?
   가. 혼방
   나. 모
   사. 면
   아. 합성섬유

31 통풍환기를 실시하는 요령에 관한 설명 중 그 내용이 틀린 것은?
   가. 흡습성 화물인 경우에 외기의 노점이 창내 공기의 노점보다 높으면 통풍환기를 실시하지 않는다.
   나. 흡습성 화물인 경우에는 외기가 창내 공기의 노점보다 낮으면 통풍환기를 계속한다.
   사. 비흡습성 화물을 온난한 지역에서 선적한 후 한랭한 지역으로 항해할 때는 통풍환기를 서서히 시킨다.
   아. 비흡습성 화물을 한랭한 지역에서 선적한 후 온난한 지역으로 항해할 경우에는 통풍환기를 적극적으로 실시한다.

   해설 아.의 경우는 통풍환기를 시키지 않는다.
   ▶ 흡습성화물(Hydroscopic substances) : 곡류, 설탕, 양모, 마, 목재 외 동식물성 유기물 습기를 수증기의 상태로서 흡착하는 성질을 가진 물질
   ▶ 비흡습성화물 : 금속, glass, 비닐

32 하역도중 인부의 실수로 인해 화물이 손상된 경우 하역회사에서 발행하는 서류는?
   가. Damaged Cargo Survey Report
   나. Mate's Receipt
   사. Cargo Damage Report
   아. Sea Protest

   해설
   • Damaged Cargo Survey Report(화물손상감정서) : 화물인도시 화물에 이상이 있을 때 감정인에게 감정의뢰를 하여 손상정도, 원인 등을 명백히 하는 서류
   • Mate's receipt : M/R(선적화물수령증=본선수령증)
   일등항해사가 화물의 선적이 끝나면 검수인(tally man)이 작성한 Tally sheet과 S/O에 기재된 사항을 비교하여 사고적요(Remark)를 기입하고 M/R을 작성, 사인하여 하주에게 발행한다.
   ▶ 출하주가 대리점에 제출하여 선하증권(B/L)을 청구하는 중요한 서류
   • Sea Protest(해난보고서) 도착항에서 감정인이 발급
   • Cargo Damage Report(회물손상명세서)

33 화물이동을 방지하기 위한 지주법(Shoring)의 설명 중 틀린 것은?
   가. Brace와 Shore가 이루는 각은 45도 이내로 되게 한다.

Answer 30 사 31 아 32 사 33 아

나. 지주는 6"×8"정도의 각재를 사용한다.
사. 화물을 수평방향에서 옆으로 지지시키는 것을 Brace라 한다.
아. Shoring은 역지주법(Tomming)보다 화물이 위로 이동하는 것을 방지하는 데 효과적이다.

[해설] 역지주법이 화물을 위로 부상하는 것을 방지하는 데 효과적이다.
지주법(Shoring) : 어떤 각도로써 화물의 상부를 지지시키는 것
- Brace는 화물을 수평방향에서 옆으로 지지하는 것
- Brace와 Shore가 이루는 각이 45도가 넘으면 효과가 적다.
- 역지주법(Tomming)은 역방향에서 화물의 하부를 지지하는 것으로 화물이 부상하는 것을 방지한다.
- Tomming과 Shoring을 동시에 결합하여 설치하여야 한다.

34. Dunnage를 사용하는 목적 중 틀린 것은?

가. 선창의 Broken space를 줄일 수 있다.
나. 화물의 이동을 방지한다.
사. 하중을 분산한다.
아. 통풍환기를 양호하게 한다.

35. Jet Stripping System(J.S.장치)과 가장 연관이 있는 것은?

가. Gas-extractor(G/E)   나. Recirculation tank
사. Separation tank   아. Prima-vac unit

[해설]
가. Gas-extractor(G/E) 가스추출장치 : S.S.S.(Self stripping System)와 관련
나. Recirculation tank(재순환탱크) : Primavac System과 관련
사. Separation tank(분리탱크) : Jet Stripping System(JSS)과 관련

36. LPG탱커에 있어서 Spray nozzle pipe의 용도로 가장 적당한 것은?

가. 탱크를 냉각시킬 때 사용된다.
나. 탱크청소(Tank cleaning)시에 사용된다.
사. Hot gas를 고속분사하는 데 사용된다.
아. 탱크화재시에 사용된다.

[해설] 액화가스 운반선인 LPG Tanker나 LNG Tanker에서는 화물탱크를 냉각시킬 때 Spray nozzle pipe를 사용한다.

Answer 34 가 35 사 36 가

37
Married fall 의장법에서 Cargo fall과 Guy에 걸리는 장력에 관한 설명 중 틀린 것은?

가. 두 Cargo fall에 걸리는 장력은 fall angle에 따라서 변한다.
나. Derrick boom은 Heel 간격이 넓으면 Working guy에 걸리는 장력이 커진다.
사. Derrick boom이 선수미선과 이루는 각이 커질수록 Guy에 걸리는 장력은 커진다.
아. Boom과 Guy가 이루는 각이 직각에 가까울수록 Guy의 장력은 최저값에 가까워진다.

해설 Married fall(=Union purchase)
Derrick 설비가 된 선박에서 가장 보편적으로 사용되는 의장법으로 2개의 Boom을 한조로 작업을 하는 설비로 하역속도가 빠른 것이 장점이나 중량물, 위험물, 파손되기 쉬운 화물 하역에는 적당하지 않다.
► Guy : Boom을 선회시키는 역할을 한다.
► Topping lift : Boom의 앙각을 조절하는 역할을 한다.

38
Oil Tanker에서 밸러스트(평형수)의 배출시 유분의 함유량은 얼마 이내여야 하는가?

가. 100PPM 이내
나. 75PPM 이내
사. 15PPM 이내
아. 50PPM 이내

39
Oil tanker의 Cargo oil tank 내부구조 중에서 유동성 액체의 요동을 가능한 한 줄이기 위하여 설치된 격벽은?

가. Engine room bulkhead
나. Transverse bulkhead
사. Swash bulkhead
아. Collision bulkhead

해설
가. 기관실격벽
나. 횡격벽
사. 제수격벽(制水隔壁)은 탱크 안에서 일어나는 자유수의 유동을 막기 위해 설치하는 비수밀 격벽 = swash plate
아. Collision bulkhead(=Fore peak bulkhead : 선수격벽)는 선수재 전면에서 L/20 이상 후방에 설치하며 강도도 다른 격벽에 비해 약25% 크게 한다.

40
S.G.비중과 A.P.I.비중의 관계식이다. (   ) 안에 알맞는 것은?

$$API비중 = \frac{(A)}{S.G\,60/60°F} - (B)$$

Answer 37 사 38 사 39 사 40 가

가. A : 141.5,   B : 131.5   나. A : 100.5,   B : 110.5
사. A : 3.5,   B : 14.5   아. A : 131.5,   B : 141.5

해설 API(American Petroleum Institute : 미국석유협회) 비중 : 원유의 비중을 나타내는 지표 미국석유협회에 의해 만들어진 석유류의 비중 표시법으로 API 비중도 60°F의 기준온도를 기본으로 하고 있으며, 비중과의 관계는 다음과 같다.

$$API \text{ 비중} = \frac{141.5}{S.G\ 60/60°F} - 131.5$$

API 비중은 S.G(specific gravity ; 비중)에 반비례하며 API 비중의 수치가 높을수록 낮은 비중(S.G)을 의미한다. 즉 중유는 API 10~25, 원유는 API 10~65, 가솔린은 API 55~90을 나타낸다.

41
S/O상의 화물 개수가 100상자인 경우에 선적후 화주측은 100상자, 본선측은 97상자로 검수되어 갯수 확인이 어려울 때 M/R의 비고 기재사항 중 맞는 것은 어느 것인가?

가. 3 C/S over in shipped   나. 3 C/S short in shipped
사. 3 C/S short in dispute   아. 3 C/S over in dispute

해설 ㉠ 화주측 tally의 주장이 본선측 tally의 개수보다 많은 경우(본선의 일항사가 C/S를 작성하므로 본선에서 보았을 경우 부족한 경우) ▶ short in dispute
㉡ mis-landing : 다른 항에 양하된 것으로 지정된 양하지 이외의 항에 양하한 경우
▶ Tracer를 발행하여 화물을 본래의 항으로 되돌려 보낸다.
㉢ mis-delivery : 다른 화주에 인도되는 것으로 B/L에 적힌 화물과 다른 화물을 인도한 경우

42
Tanker에서 Topping off는 다음 어느 경우에 행하는가?

가. 탱크에 예정 적재량을 거의 채웠을 때   나. 탱크의 하역이 시작될 때
사. 탱크하역 중간 때   아. 양하 후

해설 Topping off는 적하 종료 직전 해당 탱크에 예정적재량이 거의 다다랐을 때 실시한다.

43
고정식 탱크세정기(Single Noggle)인 것의 특성에 맞지 않는 것은?

가. 노즐의 작동각 범위가 한정되어 있다.
나. 노즐의 작동각을 임의로 변경시킬 수 있다.
사. 이동식 세정기에 비해 분사량이 많다.
아. 1단계(Single Stage)방식의 원유세정에 적합하다.

해설 1단계 세정방식은 Mon-Programmable(Dual Nozzle type)을 장비한 선박에서 이용한다.

41 사   42 가   43 아

44 외기를 창내에 넣어 통풍환기를 할 경우 다음 중 그 목적에 적합한 것은?

가. 창내의 노점을 높인다.
나. 창내의 노점을 낮춘다.
사. 습구온도를 감소시킨다.
아. 습구온도와 건구온도가 같도록 한다.

해설 이슬점이 높아지고 기온이 낮아지면 응결수가 생기므로 통풍환기는 창내 공기의 이슬점을 낮추기 위한 목적으로 실시

45 Derrick식 하역장치에 대하여 설명한 것 중 그 내용이 틀린 것은?

가. Boom의 앙각은 Topping lift로 조절한다.
나. Boom의 선회각은 Cargo fall로 조절한다.
사. Boom의 앙각을 45°로 하였을 때 Boom end는 최대의 선폭 한계보다 3.5m 이상 나가야 한다.
아. Boom의 길이는 대략 선폭과 Hatch의 길이에 의해서 정해진다.

해설 붐의 선회각은 boom guy로 조절한다.

46 그림과 같이 Derrick post의 길이 10m, Topping lift의 길이 8m인 하역장치에 5톤의 하중을 Derrick boom을 통하여 당기면 Topping lift의 장력(BH)은 얼마인가? (단, Boom의 무게 및 Block의 Sheave 마찰저항은 무시한다.)

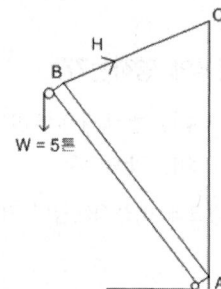

(힌트)
BH : Topping lift의 장력
a : Topping lift의 길이
b : Derrick post의 길이
$BH = w \times \dfrac{a}{b}$

가. 2.5톤
나. 3톤
사. 3.5톤
아. 4톤

해설 Topping lift의 장력(BH) = $W \times \dfrac{a}{b} = 5 \times \dfrac{8}{10} = 4$

▶ topping lift의 길이가 짧을수록 장력은 적게 된다.(Boom의 각도가 수직에 가까울수록)

Answer 44 나 45 나 46 아

47 선창내 Side Sparring의 내면, Bottom Ceiling의 상면, Deck beam의 하면까지 잰 용적에서 Pillar, Bracket, Deck Girder 등의 용적으로 선창용적의 0.2%를 공제한 용적은?

　가. Bale Capacity　　　　　　나. Bay Capacity
　사. Grain Capacity　　　　　아. Case Capacity

> **해설** ▶ Bale Capacity : 포장화물을 선창에 충만시킬 때의 선창용적으로 선창내 Side Sparring의 내면, Bottom Ceiling의 상면, Deck beam의 하면까지 잰 용적에서 Pillar, Bracket, Deck Girder 등의 용적으로서 선창용적의 0.2%를 공제한 용적
> ☞ Grain capacity의 90~93% 정도이다.
> ▶ Grain Capacity : 광석, 곡물 등 산적화물을 선창에 충만시킬 때의 선창 용적으로 선창내 외판의 내면, Bottom Ceiling의 상면, 갑판의 하면으로 이루어진 용적에서 Frame, Beam, Side sparring, Piller, Deck girder 등의 용적으로서 0.5%를 공제한 용적

48 용골 하면에서부터 수면까지 수직거리를 표시하는 Draft는?

　가. Molded draft　　　　　　나. Keel draft
　사. Deep draft　　　　　　　아. Full loaded draft

> **해설**
> • 용골흘수(Keel draft) : 용골 하면에서부터 수면까지 수직거리
> • 형흘수(Molded draft) : 용골 상면에서부터 수면까지 수직거리

49 다음 그림의 Tackle의 이론상의 배력은?

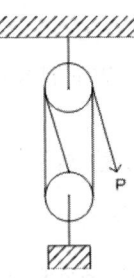

　가. 2　　　　　　　　　　　나. 3
　사. 4　　　　　　　　　　　아. 5

> **해설** 이론적 배력 = 이동블록에 걸려 있는 줄수 = 3

Answer　47 가　48 나　49 나

50 다음 중 Dunnage의 재료로서 가장 관계가 먼 것은?

가. Mat
나. Burlap
사. Shifting board
아. Collision mat

해설
- burlap : 마범포(麻帆布)
- Shifting board : 이동방지판
- Collision mat : 방수매트

51 100톤의 중량을 선내 임의의 장소에 하역했을 때 선수미 흘수의 변화량을 구할 수 있는 표는?

가. Deadweight scale
나. Hydrostatic curve
사. Trim diagram
아. Weight curve

해설
가. Deadweight scale(재화중량톤수표)
나. Hydrostatic curve(배수량 등곡선도)
사. Trim diagram(트림계산도표)
아. Weight curve(중량 곡선)

Trim diagram(트림계산도표)
100톤의 중량을 적·양화했을 때 선수 또는 선미흘수의 변화량을 구하는 도표

52 선적화물의 검량에 대한 설명 중 그 내용이 틀린 것은?

가. 선적화물의 검량은 Sworn measurer가 한다.
나. 검재는 운임건을 검측하는 것이 원칙이다.
사. 화물의 실체적을 검측한다.
아. 석탄, 석유와 같은 벌크화물은 화물의 적양하 현장에서 검량한다.

53 Single boom방식 하역 의장법의 장점이 아닌 것은?

가. 양현하역이 가능하다.
나. Cargo fall에 무리가 가지 않는다.
사. 화물을 원활하고 안전하게 이동할 수 있다.
아. 하역속력이 빠르다.

해설 Single boom(= swinging boom)방식은 1개의 boom으로 화물을 매달은 상태에서 붐의 상하 조절 및 선회가 가능하게 되어 있는 방식으로 양현하역이 가능하나 속도가 느리다.

Answer 50 아 51 사 52 사 53 아

54 펌프와 관계된 용어로서 펌프 또는 파이프속의 압력이 화물유의 포화증기압 이하가 되어 액체가 기화하는 현상을 무엇이라 하나?

가. Hammering(수격 현상)
나. Surging(격동현상)
사. Cavitation(공동현상)
아. Evaporation(증발현상)

55 데릭(Derrick)을 이용한 하역시 Gun tackle(2배력)로써 6톤의 화물을 2개의 동활차를 통하여 감아 올릴 때 Hauling part에 약 몇 톤의 힘이 필요하겠는가?
(단, Sheave의 마찰저항은 1개당 전 하중의 1/10이 가해지는 것으로 본다.)

가. 1.14톤
나. 2.00톤
사. 2.90톤
아. 4.36톤

해설
- 마찰 저항을 고려한 Tackle의 배력
$$W \times \frac{10+m}{10n}(1+\frac{1}{10})^{m'} \quad [W: 하중(톤),\ m': 도활차의수,\ m: 시브의수,\ n: 이론상배력]$$

위의 식에서 $W \times \frac{10+m}{10n}(1+\frac{1}{10})^{m'} = 6 \times \frac{10+2}{10 \times 2}(1+\frac{1}{10})^2 = 6 \times 0.6 \times 1.12$
$= 4.356톤 ≒ 4.36톤$

56 다음은 운송화물을 포장 상태에 따라 분류한 것이다. 해당되지 않는 것은?

가. 포장화물
나. 무포장화물
사. 벌크화물
아. 보통화물

해설 화물의 포장 상태에 의한 분류
① 포장화물(Packed cargo)
② 무포장화물(Unpacked cargo)
③ 산적화물(Bulk cargo)

화물의 특성에 의한 분류
① 보통화물
  ㉠ 정량화물 ㉡ 액체화물 ㉢ 조악화물
② 특수화물
  ㉠ 위험화물 ㉡ 고가화물 ㉢ 중량화물
  ㉣ 숭고(장척)화물 ㉤ 냉동화물 ㉥ 생동식화물

Answer 54 사 55 아 56 아

57. 다음은 탱커에서 정전기 현상에 의해 높은 전압으로 대전할 수 있는 경우이다. 이에 해당되지 않는 것은?

가. 금속성 얼리지테이프로 유량을 측정할 때
나. 적화중에 얼리지홀로부터 분사되는 가스에 접촉할 때
사. 면섬유제품의 옷을 벗을 때
아. 신발을 벗고 카펫(Carpet) 위를 걸을 때

58. ISO규격에 근거할 때, 외력에 대한 컨테이너 강도의 분류에 속하지 않는 것은?

가. Stacking 하중에 대한 강도
나. Restraint 하중에 대한 강도
사. Racking 하중에 대한 강도
아. Units 하중에 대한 강도

59. 일반적으로 선박에 있어서 Bending moment가 가장 크게 나타나는 선체 부위는?

가. 선체 전단 1/4 위치
나. 선체 후단 1/4 위치
사. 선체 중앙부
아. 기관실 전단부

60. 화물의 포장에 "This side up"이라는 화표(Cargo mark)가 표시되어 있다면 이것은 다음 중 어떠한 마크를 뜻하는가?

가. Port mark
나. Export mark
사. Care mark
아. Quality mark

해설
- Port mark(양지마크) : 화물의 양지를 표시하는 것으로 화표중에 가장 중요한 마크이다. 보통 주마크 밑에 기입한다.
- Export mark(수출지마크) : 화물의 수출국 또는 원산지를 표시하는 마크
- Care mark(주의마크) : 위험화물 또는 깨어지기 쉬운 화물 등에 그 취급이나 적부에 대하여 특별한 주의를 시키기 위하여 표시하는 마크
- Quality mark(품질마크) : 내용물의 품질을 표시하는 것으로 주마크에 부기한다.

61. 유조선에서 화물유의 계산시 화물의 표준 온도는?

가. 화씨 90도
나. 섭씨 60도
사. 화씨 60도
아. 섭씨 45도

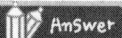 57 사 58 아 59 사 60 사 61 사

62. I.G.S. 설비 중 Flue gas를 탈황, 탈진, 냉각시키는 작용을 하는 장치는?
   - 가. Demister
   - 나. Scrubber
   - 사. Deck seal unit
   - 아. P/V breaker

63. 다음 중 Container와 화물의 중량을 합한 총중량을 표시한 것은?
   - 가. Rating
   - 나. Maximum pay load
   - 사. Tare weight
   - 아. Overall

64. Full Container선의 선미에 거대한 출입구가 있어서 선미를 부두에 붙여 Trailer에 의하여 Container를 하역하는 선박은?
   - 가. LASH선
   - 나. COFC선
   - 사. LOLO선
   - 아. RORO선

65. 데릭(Derrick)의 강색(Steel wire)은 몇 % 이상 마모되면 사용하지 않아야 하는가?
   - 가. 15%
   - 나. 10%
   - 사. 8%
   - 아. 5%

66. 베일(Bale)화물에 속하는 것은?
   - 가. 육류
   - 나. 곡물
   - 사. 과일
   - 아. 면화

67. Draft survey에 의해 화물량 계산을 할 때 Deductable weight에 포함되지 않는 것은?
   - 가. Constant
   - 나. Deck cargo
   - 사. Ballast
   - 아. Fresh water

Answer 62 나 63 가 64 아 65 나 66 아 67 나

68 원유를 노즐을 통하여 고속분사시킨 경우, 대전에 관한 설명으로 옳은 것은?

가. 고속분사이므로 어느 쪽도 대전하지 않는다.
나. 분사된 원유와 노즐이 모두 대전한다.
사. 노즐은 대전하고 분사된 원유는 대전하지 않는다.
아. 분사된 원유는 대전하고 노즐은 대전하지 않는다.

69 액화가스선에서 하역 작업시 주의할 내용으로 적절치 못한 것은?

가. 하역 작업은 주간에만 하는 것이 원칙이다.
나. 화기사용 및 외래자의 방선을 금지한다.
사. 출입문, 현창은 개방하여 환기시킨다.
아. 주간에는 B기, 야간에는 홍등을 게양한다.

70 자동차나 기계류, 코일의 운송에 가장 많이 사용하는 Container는?

가. Flat rack container　　　나. Reefer container
사. Insulated container　　　아. Live stock container

해설 **Flat rack container**
보통의 컨테이너에 비하여 Floor 강도가 강하고 화물을 lashing할 수 있는 설비를 갖춘 컨테이너로 천정과 측벽이 생략되어 있다. ▶ 주로 강재, 코일, 기계류 등에 사용한다.
Reefer container
냉동 컨테이너로 냉동 및 냉온 화물 등을 일정한 온도로 유지하여 수송할 목적으로 제작된 것
Insulated container
외벽에 보온재를 넣은 구조로서 소정의 보냉 성능을 가진 컨테이너로 냉장화물의 운송에 사용
Live stock container
가축용 컨테이너로 가축 등의 생동물의 운송에 사용되며, 측면은 통풍이 잘 되게 하고 사육을 위한 사료나 분뇨의 처리를 할 수 있는 장치가 되어 있다.

71 선박설비규칙상 하역장치의 하중시험에 대한 설명 중 틀린 것은?

가. 제한하중이 10ton 이하의 것에는 Boom의 앙각을 15°로 하여 행한다.
나. 하중시험중의 Winch 운전에 필요한 전원은 선내배선을 통하여 공급되어야 한다.
사. Jib crane의 하중시험은 그 선회반경을 사용범위의 최대 및 최소로 하여 행한다.
아. 총톤수 250ton 이상인 선박의 하역장치는 하중시험 규정을 적용해야 한다.

 Answer　68 나　69 사　70 가　71 아

72 다음은 화물적부도(Cargo stowage plan)에 필요한 내용이다. 가장 관련이 적은 것은?
   가. 적재화물 종류 및 수량   나. 적재화물 양하지
   사. 화물적부 순서 및 방법   아. 적부 장소

73 ISO에 따른 컨테이너의 외부 표시항목이 아닌 것은?
   가. 품질마크(Quality mark)   나. 최대총중량(Rating)
   사. 자체중량(Tare weight)   아. 내부치수(Internal dimensions)

74 유압구동 밸브의 작동을 위한 유압장치의 축압기(Accumulator)의 주역할은?
   가. 유압펌프의 Peak Pressure를 완화시킨다.
   나. 유압펌프의 압력을 증가시킨다.
   사. 유압계통에 생긴 기포를 흡수한다.
   아. 유압펌프의 시동에 필요한 압력을 저축한다.

75 갑판적 목재를 적재할 때 아래 내용 중 적합하지 않은 것은?
   가. 동기 대역을 항행할 때는 선박의 최대폭의 2/3를 넘지 않을 것
   나. 긴밀한 적부를 하고 Lashing을 잘 할 것
   사. 선루간 Well의 전체 길이에 목재를 적부할 것
   아. Hatch는 확실히 폐쇄할 것

76 석탄운송중 창내에서 석탄온도가 몇 도 이상일 때 이미 내부에서 연소가 시작된 것으로 추정되며 이어서 파라핀 냄새가 나는가?
   가. 62℃   나. 82℃
   사. 100℃   아. 500℃

Answer 72 사 73 가 74 가 75 가 76 나

77 Broken space를 설명한 내용이 아닌 것은?

가. 갑판하부와 적재화물 상부 사이의 빈 공간이다.
나. 선창 용적과 총 화물체적의 차이다.
사. 벌크화물보다 잡화에서 크게 나타난다.
아. 적화계수에 영향을 미친다.

78 원유세정(COW)에 대한 다음 설명 가운데 옳지 않은 것은?

가. COW에 사용되는 세정원유는 육상에서 공급한다.
나. COW는 고정식 세정기로 해야 한다.
사. COW는 IGS를 장비한 탱커에서만 할 수 있다.
아. COW는 원유로 화물탱크를 세정한다.

79 다음 중 40′형 Container의 ISO 규격을 나타내는 기호는?

가. 1D
나. 1C
사. 1AA
아. 1DD

80 Derric식 하역장치에 대하여 설명한 것 중 그 내용이 틀린 것은?

가. Boom의 앙각은 Topping lift로 조절한다.
나. Boom의 선회각은 Cargo fall로 조절한다.
사. Boom의 앙각을 45°로 하였을 때 Boom end는 최대의 선폭 한계보다 3.5m 이상 나가야 한다.
아. Boom의 길이는 대략 선폭과 Hatch의 길이에 의해서 정해진다.

81 화물의 규격화에 속하지 않는 것은?

가. Sling화
나. Container화
사. Pallet화
아. LASH식

Answer 77 가 78 가 79 사 80 나 81 가

82
선창 용적이 360,000ft³ 선박에 12,000Long ton의 화물이 만재되었을 때 평균적화계수는?

가. 30
나. 40
사. 50
아. 60

해설 적화계수(Stowage factor : S.F.) : 화물 1톤이 차지하는 선창용적을 ft³ 단위로 표시한 것

$$S.F. = \frac{베일용적(ft^3)}{화물의 중량(L/T)} (L/T = ft^3 \times S.F.)$$

$$S.F. = \frac{360,000(ft^3)}{12,000(L/T)} = 30$$

83
I.G.S 정지시 Cargo tank 내의 탄화수소 가스가 역류하여 I.G room과 Boiler로 침투하는 것을 방지하기 위하여 설치된 장비는?

가. Demister
나. Deck seal unit
사. Scrubber
아. P/V Breaker

84
Oil Tanker에서 유성혼합물의 해양배출시 유분의 순간 배출률은 1해리당 얼마를 넘지 말아야 하는가?

가. 5리터
나. 15리터
사. 30리터
아. 60리터

85
던니지(Dunnage)의 효과를 설명한 것 중 관계가 먼 것은?

가. Sweat 손상을 방지한다.
나. 하중을 분산시킨다.
사. 적화계수를 작게 한다.
아. 화물의 이동을 억제한다.

86
하역할 때 화물을 감아 올리거나 내리는데 사용되는 Wire rope는 다음 중 어느 것인가?

가. Cargo fall
나. Topping lift
사. Outboard guy
아. Inboard guy

Answer 82 가 83 나 84 사 85 사 86 가

87 다음 중 Broken space의 원인으로 볼 수 없는 것은?
   가. 화물 상호간의 틈
   나. 화물과 통풍 통로와의 틈
   사. 화물 팽창 여적으로서의 틈
   아. Dunnage가 차지하는 무게

88 Sheave의 총수가 m, 동활차에 걸리는 Rope의 수가 n인 Tackle에 W톤의 하중이 걸려 있다. 감아 올릴 때 hauling part에 걸리는 Load(P)는 얼마나 되겠는가?
   가. P = W × 100m/100 + n
   나. P = W × 10m/10 + n
   사. P = W(10 + m)/10n × 1.1
   아. P = W(100 + m)/100

89 어떤 선박의 만재흘수는 10m 50cm, 매 cm 배수톤은 250톤, 현재 흘수는 10m 46cm이다. 더 실을 수 있는 최대 화물량은?
   가. 786톤
   나. 957톤
   사. 1,000톤
   아. 1,234톤

   해설 더 실을 수 있는 화물량 = 만재배수량 − 현재배수량 = 10m50cm − 10m46cm = 4cm
         매 cm 배수톤이 250톤이므로 1cm에 250톤을 실을 수 있고 ▶ 4cm는 1,000톤을 더 실을 수 있다.

90 화물 선적시 Dunnage는 다음 목적으로 사용한다. 해당되지 않는 것은?
   가. 적당한 GM의 유지
   나. 화물간의 통풍환기
   사. 화물의 이동방지
   아. 발한에 의한 화물의 오손방지

91 Derrick boom의 제한하중에 대한 안전성 시험을 할 경우 10톤 이하의 제한하중에 대해서는 수평에 대한 boom의 앙각을 얼마로 하여야 하는가?
   가. 10도
   나. 15도
   사. 25도
   아. 30도

   해설 ▶ 10톤 이하 : 15도
         ▶ 10톤 이상 : 25도

Answer 87 아 88 사 89 사 90 가 91 나

92 유탱커의 I.G.S에서 보일러의 연소로부터 얻은 Flue gas를 냉각시키고, 불순물을 제거시키는 역할을 하는 것은?

가. Demister
나. Scrubber
사. Deck Seal Unit
아. Blower

93 다음 중에서 목재의 운임건에 쓰이는 일반적인 단위는?

가. Long ton
나. Metric measure
사. Board measure
아. Short ton

94 Stowage plan(화물적부도)의 작성 방법 중에서 틀린 것은?

가. 양화지별로 구분하여 계획한다.
나. 화물의 품명, 수량을 표시한다.
사. 특별한 주의사항이 있는 경우 기입한다.
아. 적·양화 계약사항을 반드시 기재한다.

95 LPG 전용선의 일반적 형태가 아닌 것은?

가. 압력식
나. 반압력식
사. 저온식
아. 용해식

96 하역 작업시에 Cargo Wire에 걸리는 안전하중을 위한 동하중 계수는?

가. 1.2
나. 1.3
사. 1.4
아. 1.5

Answer 92 나 93 사 94 아 95 아 96 사

97. 유탱커에서 탱크압력 조절장치와 관계가 없는 것은?

가. Breather value
나. P/V breaker
사. Pressure relief value
아. Gas ejector

98. 화물창내의 Broken space에 해당되지 않는 것은?

가. 내용물과 포장재 사이의 틈
나. 던니지에 의한 빈 공간
사. 화물과 선체돌출부 사이의 틈
아. 화물상호간의 틈

99. 유탱커의 발화원 가운데 가장 통제하기 어려운 것은?

가. 자연발화
나. 고열작업
사. 노출화기
아. 정전기

100. 불활성가스장치(I.G.S.)에 의해 공급되는 불활성가스(Inert gas)의 주성분은?

가. CO_2
나. N_2
사. 공기
아. 탄화수소가스

101. 선박의 Unknown Constant에 해당되지 않는 것은?

가. Ballast Tank 내의 잔수
나. 기관실 내의 Bilge Water
사. 선저 부착물
아. 선체 연장공사에 의해 부가된 중량

> **해설** **불명중량(Unknown constant)**
> 선박이 처음 건조된 당시의 경하 상태에 포함되어 있지 않는 것의 추정 중량으로서 신조 후 부가된 중량(시멘트, 페인트, 철재 등), 선저 부착물, 탱크 내의 잔수 및 선저오수(Bilge) 등의 중량과 기타의 불명 중량이 포함 된 것 ▶ dock에서 출거시 측정하는 것이 가장 좋다.

Answer 97 아 98 가 99 아 100 나 101 아

102. 선적화물의 화표(cargo mark)에서 각형, 원형, 사다리꼴 등의 여러 모양에 화주를 표시하는 기호는?

가. Trade mark 나. Counter mark
사. Main mark 아. Port mark

103. 탱커에 있어서, 파이프라인이 탱크 내에서 끝나는 부분에 설치되어 화물유를 흡입하는 통로역할을 하는 것은?

가. Bell mouth 나. Expansion joint
사. Rose box 아. Eductor

104. 선창용적이 72,000ft³인 선창에 Stowage factor가 90인 양모를 몇 Long ton 적재할 수 있겠는가?

가. 780톤 나. 800톤
사. 820톤 아. 840톤

해설 ▶ 적화계수(Stowage factor : S.F.) : 화물 1톤이 차지하는 선창용적을 ft³ 단위로 표시한 것

▶ S.F. = $\dfrac{베일용적(ft^3)}{화물의 중량(L/T)}$ (L/T = ft³ × S.F.)

$90 = \dfrac{72,000(ft^3)}{x(L/T)}$ ∴ $x = 800$톤

Answer 102 사 103 가 104 나

제02장 선박법

01 다음 중 선박법상의 내용과 관계가 없는 것은?
가. 선박 설비의 안전에 관한 사항
나. 선박 톤수의 측정
사. 선박 국적에 관한 사항
아. 선박의 등록에 관한 사항

해설 선박 설비의 안전에 관한 사항은 선박안전법의 내용이다.

02 선박법에 규정되어 있지 않은 것은?
가. 국제톤수 측정
나. 임시항행 허가
사. 선박검사증서 발급
아. 선박국적증서 발급

해설 사. 선박검사는 선박안전법에 규정되어 있다.

03 다음 중 선박법상의 내용 설명으로 볼 수 없는 것은?
가. 기름, 전기, 가스, 원자력 등으로 항행하는 선박은 기선이다.
나. 기관과 돛을 모두 사용하여 추진하는 선박으로서 주로 기관을 사용하면 기선으로 주로 돛을 사용하면 범선으로 본다.
사. 선박의 종류는 기선, 범선, 부선 뿐이다.
아. 선박의 등기, 등록은 선박소유자가 선적항을 관할하는 지방해양수산청장에게 신청하여야 한다.

해설
• 등기는 선적항을 관할하는 지방법원, 그 지원 또는 등기소에서 등기를 한다.
• 등록은 선적항을 관할하는 지방해양수산청장에게 한다.
법 제1조의2(정의) ① 이 법에서 "선박"이란 수상 또는 수중에서 항행용으로 사용하거나 사용할 수 있는 배 종류를 말하며 그 구분은 다음 각 호와 같다.
1. 기선 : 기관을 사용하여 추진하는 선박[선체 밖에 기관을 붙인 선박으로서 그 기관을 선체로부터 분리할 수 있는 선박 및 기관과 돛을 모두 사용하는 경우로서 주로 기관을 사

Answer 01 가 02 사 03 아

용하는 선박을 포함한다]과 수면비행선박(표면효과 작용을 이용하여 수면에 근접하여 비행하는 선박을 말한다)
2. 범선 : 돛을 사용하여 추진하는 선박(기관과 돛을 모두 사용하는 경우로서 주로 돛을 사용하는 것을 포함한다)
3. 부선 : 자력항행능력이 없어 다른 선박에 의하여 끌리거나 밀려서 항행되는 선박

04 다음 중 선박법상에 규정하고 있는 선박의 종류에 포함되지 않는 것은?

가. 기선
나. 범선
사. 노도선
아. 부선

해설 선박법상의 선박의 종류에는 ① 기선 ② 범선 ③ 부선의 3종류가 있다.

05 다음 중 선박법의 적용대상이 아닌 선박은?

가. 총톤수 20톤의 범선
나. 세관 감시선
사. 총톤수 20톤의 기선
아. 해군 함정

해설 선박법은 한국 선박에만 적용된다. 다만, 군함, 경찰용 선박, 총톤수 5톤 미만의 범선 중 기관을 설치하지 아니한 범선, 총톤수 20톤 미만의 부선, 총톤수 20톤 이상의 부선 중 선박계류용·저장용의 수상에 고정하여 설치하는 부선, 노와 상앗대만으로 운전하는 선박, 어선법에 의한 어선, 준설선, 수상오토바이, 모터보트 등은 선박법상 일부 규정의 적용이 제외된다.

06 다음 중 선박법상 기선으로 볼 수 없는 선박은?

가. 기관을 장치하였지만 주로 돛으로 운항하는 선박
나. 기관을 장치하였지만 증기의 힘이 아닌 가스의 힘으로 운항하는 선박
사. 원자력으로 추진하는 상선
아. 디젤기관으로 추진하는 어선

해설 기관을 장치하였지만 주로 돛으로 운항하는 선박은 범선이다.

Answer 04 사 05 아 06 가

07 다음 중 선박법상 소형선박에 속하지 않는 것은?

가. 총톤수 25톤 미만의 어선
나. 총톤수 20톤 미만의 기선
사. 총톤수 5톤 이상 20톤 미만의 범선
아. 총톤수 20톤 이상 100톤 미만의 부선(수상에 고정된 부선은 제외)

> **해설** 선박법상 소형선박은 총톤수 20톤 미만의 기선 및 범선
> **법 제1조의2(정의)**
> ② 이 법에서 "소형선박"이란 다음 각 호의 어느 하나에 해당하는 선박을 말한다.
> 1. 총톤수 20톤 미만인 기선 및 범선
> 2. 총톤수 100톤 미만인 부선

08 선박의 국적이 갖는 의미에 대한 설명으로 부적절한 것은?

가. 선박이 국적을 갖지 않는 경우는 국제법상 평시라도 각 나라의 항구를 드나들 수 없다.
나. 항구에 입항시 선박의 국적 표시는 의무사항이며 선박의 후미에 국적기를 게양함으로써 이를 나타낸다.
사. 선박의 국적은 국적국가에서 톤세 등 과세 기준으로서 필요하므로 타국항에서는 국적증서만 선내에 비치하고 있으면 문제가 되지 않는다.
아. 국제사법에 의하여 어떤 법률관계에 적용될 법률의 결정시 선박의 국적은 기국(旗國)의 의미를 갖는다.

09 선박소유자는 그 사실을 안 날부터 30일 이내에 선적항을 관할하는 지방해양수산청장에게 신고해야 하는 경우와 말소등록을 해야 할 때를 열거하였다. 다음 중 틀린 항목은?

가. 선박이 국제항해에 종사하지 아니하게 된 때
나. 선박의 존부가 90일간 분명하지 아니한 때
사. 선박의 길이가 24미터 미만으로 된 때
아. 선박의 총톤수가 20톤 미만으로 된 때

> **해설** 총톤수가 20톤 미만으로 된 때가 아니라 선박의 길이가 24m 미만으로 된 때이다.
> **법 제13조(국제톤수증서 등)**
> ④ 한국선박이 다음 각 호의 어느 하나에 해당하게 된 때에는 선박소유자는 그 사실을 안 날부터 30일 이내에 선적항을 관할하는 지방해양수산청장에게 신고하여야 한다.

Answer 07 가 08 사 09 아

1. 제22조 제1항 각 호에 해당하게 된 때
2. 국제항해에 종사하지 아니하게 된 때
3. 선박의 길이가 24미터 미만으로 된 때

법 제22조(말소등록)
① 한국선박이 다음 각 호의 어느 하나에 해당하게 된 때에는 선박소유자는 그 사실을 안 날부터 30일 이내에 선적항을 관할하는 지방해양수산청장에게 말소등록의 신청을 하여야 한다.
1. 선박이 멸실・침몰 또는 해체된 때
2. 선박이 대한민국 국적을 상실한 때
3. 선박이 제26조 각 호에 규정된 선박으로 된 때(선박법 일부 적용제외 선박)
4. 선박의 존재 여부가 90일간 분명하지 아니한 때

10 국제톤수증서의 신청시 함께 제출하는 설계도가 아닌 것은 다음 중 어느 것인가?
  가. 강재배치도
  나. 일반배치도
  사. 중앙횡단면도
  아. 외판전개도

11 다음 중 선박법에서 국제톤수증서를 발급받기 위해 선박의 선적항 관할 지방해양수산청장에게 제출하여야 하는 서류에 해당하지 않는 것은?
  가. 강재배치도
  나. 일반배치도
  사. 중앙종단면도
  아. 선체선도

  해설 중앙종단면도가 아니라 중앙횡단면도이다.

12 다음 중 선박 개성의 한 요소인 선적항에 대한 설명으로 적절하지 못한 것은?
  가. 선적항에서 선장은 재판상 또는 재판 외의 모든 행위를 할 권한과 해원의 고용과 해고를 할 권한을 가진다.
  나. 선적항은 시・읍・면의 명칭에 따르며, 이들은 선박이 항행할 수 있는 수면에 접한 곳이라야 한다.
  사. 한국 선박의 선적항은 주로 선박소유자의 주소지에 정한다.
  아. 선적항을 정함에 있어 선박소유자의 자유의사에 따르는 대표적 국가는 영국, 덴마크 등이다.

Answer 10 아 11 사 12 가

13 다음 중 선박국적증서에 대한 설명으로 틀린 것은?

가. 선박국적증서라 함은 그 선박이 한국 국적을 갖고 있다는 것과 그 선박의 동일성을 증명하는 공문서를 말한다.
나. 선박국적증서는 등기와 등록을 할 수 있는 총톤수 20톤 이상의 선박에 대해서만 교부된다.
사. 한국 선박은 법령에서 예외를 인정하는 경우를 제외하고, 선박국적증서를 선내에 비치하지 아니하고는 국기를 게양하거나 항행할 수 없다.
아. 선박국적증서는 선박의 국적을 증명하는 공문서이므로 톤수 증명서로서의 효력은 없다.

> **해설** 선박국적증서는 톤수 증명서로서의 효력이 있다.
> ▶ 국제톤수와 재화중량톤수에 관하여 국제톤수증서와 재화중량톤수증서가 교부된 경우 외에는 한국의 선박국적증서는 선박의 국적을 증명함과 동시에 선박의 톤수 및 치수를 기재함으로써 이들 사항을 증명하는 공문서로서의 역할을 하고 있다.

14 다음 중 선박국적증서의 효력이라고 볼 수 없는 것은?

가. 증서의 선내 비치 후 항행가능 효력
나. 선박을 매매할 수 있는 효력
사. 선박톤수증명서로서의 효력
아. 증서의 선내 비치 후 국기게양 가능 효력

15 다음 중 선박법상 선박등록 규정에 대하여 올바르게 기술한 것은?

가. 한국 선박의 소유자는 선적항을 관할하는 지방해양수산청장에게 선박의 등록을 한 후 선박 등기를 신청하여야 한다.
나. 선박등록이라 함은 해양수산관청이 선박원부에 선박에 관한 표시사항과 소유자를 기재하는 것을 말한다.
사. 선박등록과 선박국적증서와는 아무런 관계가 없다.
아. 선박등록은 선박소유자의 주소지를 관할하는 지방해양수산청장에게 신청하여야 한다.

> **해설** 가. 등기는 선적항을 관할하는 지방법원, 그 지원 또는 등기소에 하며, 등기를 한 후 선적항을 관할하는 지방해양수산청장에게 등록을 한다.
> 사. 등록을 하여야만 선박국적증서를 발급한다.

Answer 13 아 14 나 15 나

아. 등록은 선박소유자의 주소지가 아니라 선적항을 관할하는 지방해양수산청장에게 등록을 한다.

법 제8조(등기와 등록)
① 한국선박의 소유자는 선적항을 관할하는 지방해양수산청장에게 해양수산부령으로 정하는 바에 따라 그 선박의 등록을 신청하여야 한다. 이 경우 「선박등기법」 제2조에 해당하는 선박은 선박의 등기를 한 후에 선박의 등록을 신청하여야 한다.
② 지방해양수산청장은 제1항의 등록신청을 받으면 이를 선박원부에 등록하고 신청인에게 선박국적증서를 발급하여야 한다.
③ 선박국적증서의 발급에 필요한 사항은 해양수산부령으로 정한다.
④ 선박의 등기에 관하여는 따로 법률로 정한다.

16 해양수산관청은 총톤수 20톤 이상 선박의 등록신청을 받으면 다음의 어디에 등록을 하나?

가. 선박증서 대장
나. 선박원부
사. 선박카드
아. 선박등록부

17 선박법상 등기와 등록을 해야 될 선박이 아닌 것은?

가. 총톤수 20톤 이상의 범선
나. 단주 또는 노도로 운전하는 선박
사. 총톤수 25톤의 여객선
아. 총톤수 100톤의 압항부선

[해설] **선박등기법 제2조(적용 범위)** 이 법은 총톤수 20톤 이상의 기선과 범선 및 총톤수 100톤 이상의 부선(艀船)에 대하여 적용한다.

18 선박법에서 선박국적증서를 발급받아야 할 선박으로 규정하고 있는 것은?

가. 총톤수 10톤 이상의 기선
나. 총톤수 20톤 이상의 기선
사. 총톤수 30톤 이상의 기선
아. 총톤수 50톤 이상의 기선

[해설] 선박등기법 제2조에 해당하는 총톤수 20톤 이상의 기선과 범선 및 총톤수 100톤 이상의 부선은 선적항을 관할하는 지방법원, 그 지원 또는 등기소에 등기를 한 후, 지방해양수산청장에 등록 신청하여 이를 선박원부에 등록하고 선박국적증서를 발급받는다(선박법 제8조).

Answer 16 나 17 나 18 나

단원별 3급 항해사

19 다음 중 선박국적증서를 발급받아야 할 선박은?
가. 총톤수 15톤의 기선
나. 총톤수 20톤의 노도선
사. 총톤수 30톤의 범선
아. 총톤수 50톤의 부선

해설 등기를 할 수 있는 총톤수 20톤 이상의 기선과 범선 및 총톤수 100톤 이상의 부선

20 선박의 등기와 등록에 관한 선박법상의 규정 중 잘못 기술된 사항은?
가. 선박등기부에 선박의 명칭 등 일정한 사항을 기재하는 것을 선박의 등기라 한다.
나. 총톤수 20톤 이상 기선의 선박소유자는 그 선박 소유권에 관하여 등기를 하여야 한다.
사. 선박의 등록은 선박의 사법상 권리관계를 공시하는 것이다.
아. 선박 등록에 관한 변경이 생긴 경우 선박소유자는 그 사실을 안 날로부터 30일 이내에 변경 등록을 해야 한다.

해설 공시방법에는 등기와 등록이 있으며, 등기는 사법적으로 선박의 사권의 상태를 공시하는 것을 목적으로 하기 때문에 선적항을 관할하는 등기소에서 관장하고, 등록은 행정상의 관리·감독 등 공법상 필요로 하기 때문에 지방해양수산청에서 관장한다.

21 다음 중 선박의 공시제도에 대한 설명으로 틀린 것은?
가. 선박의 공시방법으로는 등기와 등록이 있다.
나. 선박의 공시제도는 선박의 개성을 나타내기 위한 수단일 뿐이다.
사. 선박의 공시제도는 선박의 국적 증명과 소유권, 저당권, 임차권 등의 소재를 분명히 하기 위한 것이다.
아. 선박의 등기제도는 선박에 대한 사법상의 권리 관계를 공시하기 위한 것이다.

22 다음 중 선박법상 한국 선박의 특권에 해당하지 않는 항목은?
가. 국제 항행권
나. 불개항장에의 기항권
사. 국내 각 항만간의 운송권
아. 국기게양권

해설 **한국선박의 특권**
㉠ 국기게양권
㉡ 불개항장에의 기항권
㉢ 연안무역권

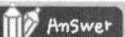 19 사 20 사 21 나 22 가

한국선박의 의무
㉠ 등기와 등록의 의무
㉡ 국기게양과 표시(선적항 등의 의무)
㉢ 선박국적증서의 선내비치

23 다음 중 선박법에 의한 한국 선박의 의무라고 볼 수 없는 것은?

가. 등기와 등록의 의무   나. 선박상의 표시 의무
사. 국기게양 의무   아. 선박검사 의무

해설 선박의 검사는 선박안전법에 규정되어 있다.
선박법에서의 특권과 의무
- **특권** ㉠ 국기게양권
  ㉡ 불개항장의 기항권
  ㉢ 연안무역권
- **의무** ㉠ 등기와 등록의 의무
  ㉡ 국기게양과 표시의무

24 다음 중 선박법상의 규정을 올바르게 기술한 것은?

가. 선적항으로 지정할 시·읍·면은 선박이 항행할 수 있는 수면에 접한 곳이면 충분하고 반드시 해수면일 것을 요구하지 않는다.
나. 선적항을 선박소유자의 주소지 이외의 곳에 정할 수는 없다.
사. 한국선박의 소유자가 국내에 주소가 없는 경우에는 해양수산부장관의 허가를 받아 외국에 선적항을 정할 수 있다.
아. 선적항이 부산이라고 할 경우 이 부산은 부산시가 아니고 부산항을 의미한다.

해설 **시행령 제2조(선적항)**
① 「선박법」 제7조 제1항에 따른 선적항(船籍港)은 시·읍·면의 명칭에 따른다.
② 선적항으로 할 시·읍·면은 선박이 항행할 수 있는 수면에 접한 곳으로 한정한다.
③ 선적항은 선박소유자의 주소지에 정한다. 다만, 다음 각 호의 어느 하나에 해당하는 경우에는 선박소유자의 주소지가 아닌 시·읍·면에 정할 수 있다.
  1. 국내에 주소가 없는 선박소유자가 국내에 선적항을 정하려는 경우
  2. 선박소유자가 주소지가 선박이 항행할 수 있는 수면에 접한 시·읍·면이 아닌 경우
  3. 「제주특별자치도 설치 및 국제자유도시 조성을 위한 특별법」 제443조 제1항에 따라 선박등록특구로 지정된 개항을 같은 조 제2항에 따라 선적항으로 정하려는 경우
  4. 그 밖에 소유자의 주소지 외의 시·읍·면을 선적항으로 정하여야 할 부득이한 사유가 있는 경우

Answer 23 아 24 가

25 선박법상의 선적항을 설명한 것 중 타당하지 아니한 것은?

가. 선적항이란 선박소유자가 선박 등기 및 등록을 하고 선박국적증서를 발급받는 곳이다.
나. 선적항은 행정 감독상의 편의를 위하여 각 선박에 특정된 항구이다.
사. 선적항은 시, 읍, 면의 명칭에 따른다.
아. 선적항은 반드시 선박소유자의 거주지에 정하여야 한다.

해설 아. 선적항은 반드시 선박소유자의 주소지에 정하지 않아도 되며 그 선박이 주로 정박하는 시, 읍, 면이나 선박소유자의 사업장이 있는 시, 읍, 면에 정할 수도 있다.

26 다음 중 선박법에 의한 등록사항과 관계없는 것은?

가. 선박 번호
나. 최대승선인원
사. 호출 부호
아. 선적항

해설 최대승선인원은 선박안전법과 관련이 있다.

27 다음 중 선박법에 의한 선박톤수규정에서 화물이나 여객을 수송하는 장소의 크기를 나타내기 위하여 사용되는 지표가 되는 톤수는?

가. 배수톤수
나. 순톤수
사. 총톤수
아. 재화중량톤수

해설 선박법에서 톤수의 종류
㉠ 국제총톤수 : 국제항해에 종사하는 선박에 대하여 그 크기를 나타내기 위하여 사용
㉡ 총톤수 : 우리나라의 해사에 관한 법령의 적용에 있어서 선박의 크기를 나타내기 위해 사용
㉢ 순톤수 : 여객이나 화물의 운송용으로 제공되는 선박 안의 장소의 크기를 나타내기 위해 사용
㉣ 재화중량톤수 : 항행의 안전을 확보할 수 있는 한도 내에서 여객 및 화물 등의 최대 적재량을 나타내기 위하여 사용되는 지표

28 다음 중 선박법에서 규정하고 있는 서류가 아닌 것은?

가. 국제톤수증서
나. 국제톤수확인서
사. 선박국적증서
아. 흘수측정증서

해설 24m 이상의 선박 ▶ 국제톤수증서
20m 미만의 선박 ▶ 국제톤수확인서

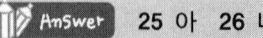
25 아 26 나 27 나 28 아

29 다음 중 선박법에서 사용하는 선박톤수에 관한 내용 설명 중 틀린 것은?

가. 국제항해에 종사하는 선박에 대하여 1969년 선박의 톤수 측정에 관한 국제협약규정에 따라 선박 크기를 나타내는 톤수는 국제총톤수이다.
나. 국제협약규정에 따라 여객이나 화물의 운송용으로 제공되는 선박안의 장소의 크기를 나타내는 톤수는 순톤수이다.
사. 항행의 안전확보 범위내에서 선박의 여객 및 화물 등의 최대적재량을 나타내는 톤수는 재화중량톤수이다.
아. 선박내 폐위된 장소의 용적합계로 선박의 크기를 나타내는 톤수는 배수톤수이다.

해설 아. 용적톤수이며 총톤수와 순톤수가 있다.
▶ 선박법에서는 국제총톤수, 총톤수, 순톤수, 재화중량톤수 등이 있다.

30 다음 중 선박법의 내용과 관계가 없는 것은?

가. 선박국적증서의 발급
나. 유자격 해기사의 승선
사. 선박의 톤수 측정
아. 선박의 등록

해설 유자격 해기사의 승선에 관한 것은 선박직원법의 내용이다.

31 다음 중 한국 선박의 요건이 아닌 것은?

가. 대한민국 국민이 소유하는 선박
나. 국유 또는 공유의 선박
사. 대한민국의 법률에 의하여 설립된 상사법인이 소유하는 선박
아. 한국인이 승선하고 있는 파나마 국적의 선박

32 다음 중 선박법의 목적에 해당되지 않는 내용은?

가. 국제법상으로도 필요한 선박의 국적에 관한 사항을 규정하는 법이다.
나. 선박으로 하여금 감항성을 유지하게 하고, 인명과 재화의 안전 보장에 필요한 시설을 갖추게 함을 내용으로 하는 법이다.
사. 선박의 톤수 측정에 관한 사항이나 선박의 등록에 관한 행정상 감독사항 등에 관하여 규정하는 법이다.
아. 해사에 관한 제도의 적정한 운영과 해상질서의 유지를 확보하여 국가 권익을 보호하고 국민경제의 향상에 기여함을 목적으로 하는 법이다.

Answer 29 아 30 나 31 아 32 나

해설 나. 선박안전법
법 제1조(목적) 이 법은 선박의 국적에 관한 사항과 선박톤수의 측정 및 등록에 관한 사항을 규정함으로써 해사(海事)에 관한 제도를 적정하게 운영하고 해상 질서를 유지하여, 국가의 권익을 보호하고 국민경제의 향상에 이바지함을 목적으로 한다.

33 다음 중 선박법의 의의로 볼 수 없는 내용은?

가. 선박의 안전과 선장의 지휘 통솔 및 선내 질서유지를 위한 법이다.
나. 국가가 선박에 대한 감독을 행하기 위하여 필요한 공법적 규정이다.
사. 선박에 관한 기본법으로서 해사 행정상 중요한 의미를 갖고 있다.
아. 많은 선박이 외국을 왕래하면서 공해상을 항행하므로 선박법은 국제법상으로도 중요하다.

해설 가. 선원법

34 다음 중 선박법의 적용에 관한 설명으로서 부적합한 내용은?

가. 선박법은 등기·등록된 기선과 범선 그리고 부선 등에 적용된다.
나. 선박법은 선박이 등기·등록된 경우 항해선이나 내수선을 불문하고 적용된다.
사. 선박의 등기·등록 및 안전을 위한 법이므로 한국선박이나 외국선박 등에 적용된다.
아. 한국 선박일지라도 해군에 소속된 함정이라면 적용되지 않는다.

해설 사. 외국선박은 적용되지 않는다.
법 제26조(일부 적용 제외 선박) 다음 각 호의 어느 하나에 해당하는 선박에 대하여는 제7조, 제8조, 제8조의2, 제8조의3, 제9조부터 제11조까지, 제13조, 제18조 및 제22조를 적용하지 아니한다. 다만, 제6호에 해당하는 선박에 대하여는 제8조, 제18조 및 제22조를 적용하지 아니한다.
1. 군함, 경찰용 선박
2. 총톤수 5톤 미만인 범선 중 기관을 설치하지 아니한 범선
3. 총톤수 20톤 미만인 부선
4. 총톤수 20톤 이상인 부선 중 선박계류용·저장용 등으로 사용하기 위하여 수상에 고정하여 설치하는 부선. 다만, 「공유수면 관리 및 매립에 관한 법률」 제8조에 따른 점용 또는 사용 허가나 「하천법」 제33조에 따른 점용허가를 받은 수상호텔, 수상식당 또는 수상공연장 등 부유식 수상구조물형 부선은 제외한다.
5. 노와 상앗대만으로 운전하는 선박
6. 「어선법」 제2조 제1호 각 목의 어선
7. 「건설기계관리법」 제3조에 따라 건설기계로 등록된 준설선(浚渫船)
8. 「수상레저안전법」 제2조 제4호에 따른 동력수상레저기구 중 「수상레저기구의 등록 및 검사에 관한 법률」 제6조에 따라 수상레저기구로 등록된 수상오토바이·모터보트·고무보트 및 세일링요트

Answer 33 가 34 사

35 다음 중 선박의 개성을 나타내는 톤수 및 톤수 측정에 대한 설명으로 틀린 것은?

가. 톤수 측정에 대한 기준은 국제법이 없어 각국에 국내법으로 위임되어 있고 주로 선급에서 이를 행한다.
나. 선박의 톤수는 선박의 크기 또는 수용 능력을 나타내기 위하여 사용되는 지표이다.
사. 선박의 톤수는 안전 규칙의 적용 기준이 되고, 각종 과세나 수수료 등의 징수 기준으로 이용된다.
아. 선박의 톤수 측정이라 함은 일정한 기준에 따라 선박의 치수를 재어 그 용적 또는 중량을 산정하는 행위를 말한다.

> **해설** 정부간해사자문기구(IMCO)가 1969년 6월에 선박의 톤수측정에 관한 국제협약(International Convention of Tonnage Measurement of Ships, 1969)을 채택하여 우리나라에서는 1982년 7월 18일 발효하였다.

36 다음 중 선박의 국적에 관하여 잘못 기술한 것은?

가. 선박의 국적에 관한 사항은 선박안전법에 규정되어 있다.
나. 대한민국의 법률에 의하여 설립된 상사법인이 소유하는 선박은 대한민국 국적을 가질 수 있다.
사. 대한민국 국민이 아닌 경우에도 그 소유 선박의 국적을 대한민국으로 할 수 있다.
아. 선박의 국적을 증명함을 목적으로 하는 것이 선박등록제도이다.

37 다음 중 선박의 등기·등록에 대한 설명으로 부적절한 것은?

가. 선박소유자는 등기·등록에 대한 두 가지 의무가 있는 것은 아니다.
나. 등기는 매매나 임차권 효력을 발생한다.
사. 등기는 관할등기소에 하며, 등록은 선적항 관할 지방해양수산청장에게 한다.
아. 등기·등록절차를 거치면 선박국적증서를 발급받는다.

> **해설** 가. 한국선박은 등기·등록의 2가지 의무가 있다.
> **한국선박의 의무**
> ㉠ 등기와 등록의 의무
> ㉡ 국기게양과 표시(선적항 등)의 의무

Answer 35 가 36 가 37 가

38 다음 중 한국 선박의 선박법상의 특권에 포함되지 않는 것은 어느 것인가?
가. 외국항의 출입권
나. 불개항장의 기항권
사. 연안무역권
아. 국기게양권

해설 한국선박의 특권
㉠ 국기게양권
㉡ 불개항장에의 기항권
㉢ 연안무역권

39 다음은 선박 톤수에 관한 내용이다. 옳게 짝지어진 것은?
가. 총톤수 – 우리나라 해사법령의 적용에 있어서 선박의 크기를 나타내기 위하여 사용되는 지표가 된다.
나. 순톤수 – 폐위장소의 합계 용적을 기초로 하여 선박 전체의 크기를 나타낸다.
사. 재화중량톤수 – 주로 각종 세금의 부과기준으로 사용된다.
아. 만재배수톤수 – 항행의 안전을 확보할 수 있는 한도 내의 화물의 최대 적재량을 나타낸다.

해설 선박법에서의 톤수의 종류
㉠ **국제총톤수** : 국제항해에 종사하는 선박에 대하여 그 크기를 나타내기 위하여 사용
㉡ **총톤수** : 우리나라의 해사에 관한 법령의 적용에 있어서 선박의 크기를 나타내기 위해 사용
㉢ **순톤수** : 여객이나 화물의 운송용으로 제공되는 선박 안의 장소의 크기를 나타내기 위해 사용
㉣ **재화중량톤수** : 항행의 안전을 확보할 수 있는 한도 내에서 여객 및 화물 등의 최대 적재량을 나타내기 위하여 사용되는 지표

40 선박법에서 규정하는 선박 톤수에 포함되지 않는 것은?
가. 순톤수
나. 배수톤수
사. 총톤수
아. 재화중량톤수

41 우리나라의 해사에 관한 법령의 적용에 있어서 선박의 크기를 나타내기 위하여 사용되는 지표는?
가. 재화중량톤수
나. 순톤수
사. 총톤수
아. 국제 총톤수

Answer 38 가 39 가 40 나 41 사

42 다음은 선박법상 등기에 관한 설명이다. 틀린 것은?

가. 선박의 등기라 함은 선박의 등기부에 선박의 명칭 등 일정사항을 기재하여 선적항을 관할하는 지방해양수산청장에게 소유권을 인정받는 일을 말한다.
나. 선박등기법은 총톤수 20톤 미만의 선박·단주와 노도만으로 운전하는 배를 제외한 모든 선박에 이를 적용한다.
사. 선박등기는 선박등기법에 따른다.
아. 선박의 등기부에는 선종, 명칭, 선적항, 선질, 총톤수, 순톤수를 기재한다.

해설 등기는 선적항을 관할하는 지방법원, 그 지원 또는 등기소에 등기를 한 후 선적항을 관할하는 지방해양수산청장에게 등록을 한다.

43 다음은 한국 선박의 특권과 의무에 관한 사항이다. 옳지 않은 것은?

가. 원칙적으로 한국 선박만이 국내 각 항간에 여객 또는 화물을 운송할 수 있다.
나. 한국 선박이 아니라도 법률 또는 조약에 다른 규정이 있는 경우에는 불개항장에 기항할 수 있다.
사. 임시항행 허가를 정부로부터 받은 경우에는 국기를 게양하지 않을 수 있다.
아. 한국 선박이 아니라도 해양사고를 피하기 위해서는 불개항장에 기항할 수 있다.

해설 법 제6조(불개항장에의 기항과 국내 각 항간에서의 운송금지) 한국선박이 아니면 불개항장(不開港場)에 기항(寄港)하거나, 국내 각 항간(港間)에서 여객 또는 화물의 운송을 할 수 없다. 다만, 법률 또는 조약에 다른 규정이 있거나, 해양사고 또는 포획을 피하려는 경우 또는 해양수산부장관의 허가를 받은 경우에는 그러하지 아니하다.

44 대한민국 국기를 선박의 후부에 게양하여야 할 때로서 선박법이 규정하고 있지 않은 것은?

가. 시운전을 하고자 할 때
나. 외국항을 출입할 때
사. 지방해양수산청장의 요구가 있을 때
아. 대한민국 등대로부터 요구가 있을 때

해설 시행규칙 제16조(국기의 게양) 한국선박은 다음 각 호의 어느 하나에 해당하는 경우에는 법 제11조에 따라 선박의 뒷부분에 대한민국국기를 게양하여야 한다. 다만, 국내항 간을 운항하는 총톤수 50톤 미만이거나 최대속력이 25노트 이상인 선박은 조타실이나 상갑판 위쪽에 있는 선실 등 구조물의 바깥벽 양 측면의 잘 보이는 곳에 부착할 수 있다.
1. 대한민국의 등대 또는 해안망루(海岸望樓)로부터 요구가 있는 경우
2. 외국항을 출입하는 경우
3. 해군 또는 해양경찰청 소속의 선박이나 항공기로부터 요구가 있는 경우
4. 그 밖에 지방청장이 요구한 경우

Answer 42 가 43 사 44 가

45 선박 총톤수의 측정 및 개측의 신청에 관한 설명 중 틀린 것은?

가. 한국 선박의 소유자는 한국에 선적항을 정하고 그 선적항을 관할하는 지방해양수산청장에게 선박 총톤수의 측정을 신청해야 한다.

나. 외국에서 취득한 선박을 외국 각 항 사이에서 항해시키는 경우에도 신청절차가 국내에서와 동일하다.

사. 선박소유자가 그 선박을 수리하거나 개조한 경우, 그 총톤수에 변경이 있다고 인정될 때에는 지체없이 선적항을 관할하는 지방해양수산청장에게 개측을 신청해야 한다.

아. 한국 선박으로 등록할 목적으로 국내에서 건조하고 있는 선박에 대하여는 준공전이라도 가장 가까운 거리에 있는 지방해양수산청장에게 총톤수의 부분측정을 신청할 수 있다.

> **해설** 외국에서 취득한 선박은 대한민국 영사에게 그 선박톤수의 측정을 신청할 수 있다.
> **시행규칙 제5조(총톤수의 개측신청)**
> ① 선박의 구조변경 등으로 총톤수가 변경된 선박의 소유자는 해당 선박의 선적항 또는 소재지를 관할하는 지방청장이나 해당 선박의 소재지를 관할하는 영사에게 선박의 총톤수의 개측을 신청할 수 있다.
> ② 제1항에 따라 선박 총톤수의 개측을 신청하려는 자는 별지 제2호서식의 선박 총톤수 측정신청서에 변경된 부분의 구조 및 배치 등에 관한 설계도서를 첨부하여 제1항에 따른 지방청장 또는 영사에게 제출하여야 한다.
> ③ 제1항에 따른 개측에 관하여는 제4조를 준용한다. 이 경우 "측정"은 "개측"으로 본다.

46 선박국적증서 없이 항행할 수 있는 경우가 아닌 것은?

가. 시운전을 할 때
나. 건조중 선박이 다른 공장에 회항하여 의장 공사를 할 때
사. 선박검사증서의 기재 사항에 변경이 생겼을 때
아. 총톤수 측정을 받고자 할 때

> **해설** **시행령 제3조(국기 게양과 선박국적증서 등의 비치 면제)**
> ① 선박이 법 제10조 단서에 따라 선박국적증서 또는 임시선박국적증서를 선박 안에 갖추어 두지 아니하고 대한민국 국기를 게양할 수 있는 경우는 다음 각 호의 어느 하나에 해당하는 경우로 한다.
>   1. 국경일, 그 밖에 국가적 행사가 있는 날. 다만, 외국의 국가적 행사일에는 그 나라의 항구에 정박하는 때로 한정한다.
>   2. 제1호의 경우 외에 축의(祝意) 또는 조의(弔意)를 표할 경우
>   3. 법 제1조의2 제1항 제3호에 따른 부선의 경우

Answer 45 나 46 사

4. 그 밖에 정당한 사유가 있는 경우
② 선박이 법 제10조 단서에 따라 선박국적증서 또는 임시선박국적증서를 선박 안에 갖추어 두지 아니하고 항행할 수 있는 경우는 다음 각 호의 어느 하나에 해당하는 경우로 한다.
　1. 시험운전을 하려는 경우
　2. 총톤수의 측정을 받으려는 경우
　3. 법 제1조의2 제1항 제3호에 따른 부선의 경우
　4. 그 밖에 정당한 사유가 있는 경우

47 선박국적증서를 발급받는 절차가 선박법에서 정한 순서대로 나열된 것은?

　가. 총톤수 측정 → 등기 → 선적항 결정 → 등록
　나. 선적항 결정 → 총톤수 측정 → 등기 → 등록
　사. 선적항 결정 → 등록 → 총톤수 측정 → 등기
　아. 등기 → 총톤수 측정 → 선적항 결정 → 등록

48 선박국적증서를 설명한 것 중 타당하지 않는 것은?

　가. 선박국적증서는 그 선박이 한국 국적을 갖고 있다는 것과 그 선박의 동일성을 증명하는 공문서이다.
　나. 총톤수 20톤 이상의 선박은 선박국적증서를 선내에 비치해야 항행할 수 있다.
　사. 선박국적증서는 등기와 등록을 한 선박에 대해서만 교부한다.
　아. 선박국적증서는 톤수 증명서로서의 효력이 없다.

49 선박국적증서를 신청자에게 발급하는 시기는 언제인가?

　가. 선박을 등록했을 때
　나. 선박을 등기했을 때
　사. 선박의 크기를 결정받았을 때
　아. 선박검사에 합격했을 때

해설 법 제8조(등기와 등록)
① 한국선박의 소유자는 선적항을 관할하는 지방해양수산청장에게 해양수산부령으로 정하는 바에 따라 그 선박이 등록을 신청하여야 한다. 이 경우 「선박등기법」 제2조에 해당하는 선박은 선박의 등기를 한 후에 선박의 등록을 신청하여야 한다.
② 지방해양수산청장은 제1항의 등록신청을 받으면 이를 선박원부에 등록하고 신청인에게 선박국적증서를 발급하여야 한다.

Answer 47 나 48 아 49 가

50 다음 중 선박국적증서에 기재해야 할 사항이 아닌 것은?

가. 조선자 및 조선지
나. 선적항
사. 선장의 성명
아. 기관의 종류와 수

해설 [별지 제8호서식] (앞 쪽)

(철 인)

선박국적증서

제 호			
소유자	성 명 (법인명)		
	주 소		
선 박 번 호		총 톤 수	톤
I M O 번 호		폐위 장소의 합계용적 ——— m³	
호 출 부 호		상갑판 아래의 용적 ——— m³	
		상갑판 위의 용적 ——— m³	
선 박 의 종 류		선수루의 용적 ——— m³	
선 박 의 명 칭		선교루의 용적 ——— m³	
		선미루의 용적 ——— m³	
선 적 항		갑판실의 용적 ——— m³	
선 질		그 밖의 장소의 용적 ——— m³	
범 선 의 범 장		제외 장소의 합계용적 ——— m³	
기관의 종류와 수		선수루의 용적 ——— m³	
추진기의 종류와 수		선교루의 용적 ——— m³	
		선미루의 용적 ——— m³	
조 선 지		갑판실의 용적 ——— m³	
조 선 자		그 밖의 장소의 용적 ——— m³	
진 수 일			
주요치수	길이	m	
	너비	m	
	깊이	m	
비 고			
위의 사항은 정확하며 이 선박은 대한민국의 국적을 가지고 있음을 증명합니다. 년 월 일 대한민국[지방해양수산청(해양수산사무소)장] 인			

Answer 50 사

51. 선박국적증서에 기재해야 할 사항이 아닌 것은?

가. 진수 연월일
나. 선박번호
사. 선적항
아. 검사 연월일

52. 다음 중 선박국적증서의 기재사항이 아닌 것은?

가. 건조계약 체결일자
나. 선적항
사. 선박번호
아. 진수일자

53. 선박법상 국제톤수증서에 관하여 기술한 것 중 옳은 것은?

가. 국제 총톤수 및 순톤수를 기재한 증서이다.
나. 국제 총톤수만을 기재한 증서이다.
사. 국제 순톤수만을 기재한 증서이다.
아. 국제 총톤수 및 순톤수 그리고 적재중량톤수를 기재한 증서이다.

해설 국제톤수증서는 국제 총톤수 및 순톤수를 적은 증서를 말한다.

54. 선박법상 국제톤수확인서란 어떠한 서류인가?

가. 국제 항해에 종사하는 모든 선박이 발급받아야 되는 서류이다.
나. 처음으로 국제 항해에 종사하는 모든 선박이 발급받는 서류이다.
사. 길이 100미터 미만인 선박이 처음으로 국제 항해에 종사할 때 발급받는 서류이다.
아. 길이 24미터 미만의 선박이 국제 항해에 종사할 때 발급받는 서류이다.

해설
- 24m 이상의 선박 ▶ 국제톤수증서
- 24m 미만의 선박 ▶ 국제톤수확인서

법 제13조(국제톤수증서 등)
① 길이 24미터 이상인 한국선박의 소유자[그 선박이 공유(共有)로 되어 있는 경우에는 선박관리인, 그 선박이 대여된 경우에는 선박임차인을 말한다. 이하 이 조에서 같다]는 해양수산부장관으로부터 국제톤수증서(국제총톤수 및 순톤수를 적은 증서를 말한다. 이하 같다)를 발급받아 이를 선박 안에 갖추어 두지 아니하고는 그 선박을 국제항해에 종사하게 하여서는 아니된다.
② 해양수산부장관은 제1항에 따라 국제톤수증서의 발급신청을 받으면 해당 선박에 대하여 국제총톤수 및 순톤수를 측정한 후 그 신청인에게 국제톤수증서를 발급하여야 한다.
③ 삭제
④ 한국선박이 다음 각 호의 어느 하나에 해당하게 된 때에는 선박소유자는 그 사실을 안 날부터 30일 이내에 선적항을 관할하는 지방해양수산청장에게 신고하여야 한다.

Answer 51 아 52 가 53 가 54 아

1. 제22조 제1항 각 호에 해당하게 된 때
2. 국제항해에 종사하지 아니하게 된 때
3. 선박의 길이가 24미터 미만으로 된 때

⑤ 길이 24미터 미만인 한국선박의 소유자가 그 선박을 국제항해에 종사하게 하려는 경우에는 해양수산부장관으로부터 국제톤수확인서[국제총톤수 및 순톤수를 적은 서면(書面)을 말한다. 이하 같다]를 발급받을 수 있다.

55 선박법상 선박의 구조변경 등으로 인하여 국제톤수가 변경된 선박의 소유자는 누구에게 국제톤수증서에 대한 변경발급을 신청하여야 하는가?

가. 해양수산부장관
나. 선적항을 관할하는 지방해양수산청장
사. 선박 등록지 등기소장
아. 선박소유자의 주사업지 소재지 관할 법원장

해설 시행규칙 제19조(국제톤수증서 등의 변경발급) ① 선박의 소유자는 다음 각 호의 어느 하나에 해당하는 변경이 있는 경우에는 해당 선박의 선적항 또는 소재지를 관할하는 지방청장에게 선박의 국제톤수증서 또는 국제톤수확인서의 변경발급을 신청할 수 있다.
1. 선박의 구조변경 등에 따른 국제톤수의 변경
2. 제11조 제1항에 따른 등록사항 중 선박의 명칭·선박번호·호출부호 및 선적항의 변경

56 국제톤수증서와 관련한 아래 예문의 괄호에 알맞은 단어로 짝지어진 것은?

"국제톤수증서는 선박소유자의 신청에 의하여 해양수산부장관으로부터 길이 (   )미터 이상의 (   )에 대해 국제총톤수 및 (   )을/를 기재하여 발급받는 증명서이다."

가. 12 - 한국선박 - 순톤수   나. 12 - 모든선박 - 재화중량톤수
사. 24 - 한국선박 - 순톤수   아. 24 - 모든선박 - 재화중량톤수

57 선박법상 대한민국의 국기 게양에 대하여 올바르게 기술한 것은?

가. 한국 선박은 등기를 하여야 대한민국 국기를 게양할 수 있다.
나. 시운전을 하고자 할 때에는 선박국적증서 또는 임시선박국적증서를 선박 안에 비치하지 아니하고도 대한민국 국기를 게양할 수 있다.
사. 국경일 그 밖에 국가적 행사가 있는 날에도 선박국적증서 또는 임시선박국적증서를 선박 안에 비치하지 아니하고는 대한민국 국기를 게양할 수 없다.

Answer 55 나 56 사 57 나

아. 총톤수의 측정을 받고자 할 때에는 선박국적증서 또는 임시선박국적증서를 발급받은 경우 대한민국 국기를 게양할 수 있다.

해설 가. 한국 선박은 등기를 했을 때가 아니라 선박국적증서 또는 임시선박국적증서를 선박 안에 비치하지 아니하고는 대한민국 국기를 게양하거나 항행할 수 없다.
사. 국경일 그 밖에 국가적 행사가 있는 날. 다만, 외국의 국가적 행사일에는 그 나라의 항구에 정박하는 때에 한하여 선박국적증서 또는 임시선박국적증가가 없어도 국기를 게양할 수 있다.
아. 총톤수의 측정을 받고자 할 때 선박국적증서 또는 임시선박국적증서가 없어도 국기를 게양할 수 있다.

법 제10조(국기 게양과 항행) 한국선박은 선박국적증서 또는 임시선박국적증서를 선박 안에 갖추어 두지 아니하고는 대한민국 국기를 게양하거나 항행할 수 없다. 다만, 선박을 시험 운전하는 경우 등 대통령령으로 정하는 경우에는 그러하지 아니하다.

시행령 제3조(국기 게양과 선박국적증서 등의 비치 면제)
① 선박이 법 제10조 단서에 따라 선박국적증서 또는 임시선박국적증서를 선박 안에 갖추어 두지 아니하고 대한민국 국기를 게양할 수 있는 경우는 다음 각 호의 어느 하나에 해당하는 경우로 한다.
  1. 국경일, 그 밖에 국가적 행사가 있는 날. 다만, 외국의 국가적 행사일에는 그 나라의 항구에 정박하는 때로 한정한다.
  2. 제1호의 경우 외에 축의(祝意) 또는 조의(弔意)를 표할 경우
  3. 법 제1조의2 제1항 제3호에 따른 부선의 경우
  4. 그 밖에 정당한 사유가 있는 경우
② 선박이 법 제10조 단서에 따라 선박국적증서 또는 임시선박국적증서를 선박 안에 갖추어 두지 아니하고 항행할 수 있는 경우는 다음 각 호의 어느 하나에 해당하는 경우로 한다.
  1. 시험운전을 하려는 경우
  2. 총톤수의 측정을 받으려는 경우
  3. 법 제1조의2 제1항 제3호에 따른 부선의 경우
  4. 그 밖에 정당한 사유가 있는 경우

58 선박법상 선박국적증서의 발급에 관한 설명 중 타당하지 아니한 것은?

가. 선박국적증서를 발급받기 위해서는 총톤수를 측정해야 한다.
나. 선박소유자에게 발급해야 한다.
사. 등기한 한국 선박을 선박원부에 등록한 뒤에 지방해양수산청장이 발급한다.
아. 등기, 등록할 수 있는 순톤수 20톤 이상인 선박에 대해서만 발급한다.

해설 아. 순톤수가 아니라 총톤수 20톤 이상인 선박

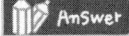 58 아

59 선박법상 선박에 대한 우리나라의 공시제도를 가장 정확하게 표시하고 있는 것은?

가. 등기, 등록의 이원제도
나. 다원제도
사. 등기제도
아. 등록제도

60 선박법상 총톤수 20톤 이상인 선박의 표시의무에 포함되지 않는 것은?

가. 흘수
나. 선명
사. 선박소유자
아. 선적항

해설 시행규칙 제17조(선박의 표시사항과 표시방법)
① 법 제11조에 따라 한국선박에 표시하여야 할 사항과 그 표시방법은 다음 각 호와 같다. 다만, 소형선박은 제3호의 사항을 표시하지 아니할 수 있다.
  1. 선박의 명칭 : 선수양현의 외부 및 선미 외부의 잘 보이는 곳에 각각 10센티미터 이상의 한글(아라비아숫자를 포함한다)로 표시
  2. 선적항 : 선미 외부의 잘 보이는 곳에 10센티미터 이상의 한글로 표시
  3. 흘수의 치수 : 선수와 선미의 외부 양 측면에 선저로부터 최대흘수선 이상에 이르기까지 20센티미터마다 10센티미터의 아라비아숫자로 표시. 이 경우 숫자의 하단은 그 숫자가 표시하는 흘수선과 일치해야 한다.
② 제1항에 따른 방법으로 선박의 명칭 등을 표시하기 곤란한 선박의 경우에는 해당 선박의 선적항을 관할하는 지방청장이 적절하다고 인정하는 방법으로 선박의 명칭 등을 표시할 수 있다.
③ 선적항을 관할하는 지방청장은 필요하다고 인정하는 경우에는 제1항에도 불구하고 선박의 명칭 등을 표시할 장소를 따로 지정하거나 표시 장소를 변경하게 할 수 있다.
④ 선박에의 표시는 잘 보이고 오래가는 방법으로 하여야 하며 표시한 사항이 변경되었을 때에는 지체 없이 그 표시를 고쳐야 한다.

61 선박법상의 한국 선박의 특권과 가장 관계가 먼 것은?

가. 국내 연안무역에 종사할 수 있는 권리
나. 불개항장에 기항할 수 있는 권리
사. 한국 국기를 게양할 권리
아. 등기와 등록을 할 권리

해설
- 특권
  ㉠ 국기게양권 ㉡ 불개항장의 기항권 ㉢ 연안무역권
- 의무
  ㉠ 등기와 등록의 의무 ㉡ 국기게양과 표시의무

Answer 59 가 60 사 61 아

62 선박법에서 선박의 존부가 얼마 동안 분명하지 아니할 때 말소등록을 하고 선박국적증서를 반환해야 하는가?

가. 2주간 나. 30일간
사. 90일간 아. 120일간

해설 선박의 존재 여부가 90일간 분명하지 아니한 때 말소등록을 신청하여야 한다.
법 제22조(말소등록)
① 한국선박이 다음 각 호의 어느 하나에 해당하게 된 때에는 선박소유자는 그 사실을 안 날부터 30일 이내에 선적항을 관할하는 지방해양수산청장에게 말소등록의 신청을 하여야 한다.
 1. 선박이 멸실·침몰 또는 해체된 때
 2. 선박이 대한민국 국적을 상실한 때
 3. 선박이 제26조 각 호에 규정된 선박으로 된 때
 4. 선박의 존재 여부가 90일간 분명하지 아니한 때
② 제1항의 경우 선박소유자가 말소등록의 신청을 하지 아니하면 선적항을 관할하는 지방해양수산청장은 30일 이내의 기간을 정하여 선박소유자에게 선박의 말소등록신청을 최고(催告)하고, 그 기간에 말소등록신청을 하지 아니하면 직권으로 그 선박의 말소등록을 하여야 한다.

63 다음 중 말소등록을 신청하여야 하는 경우가 아닌 것은?

가. 선박이 대한민국의 국적을 상실하였을 때
나. 선박이 멸실, 침몰, 해체되었을 때
사. 선박이 등기 및 등록을 하지 않는 선박으로 되었을 때
아. 선박의 존재여부가 2월간 분명하지 아니한 때

해설 선박의 존재여부가 90일간 분명하지 아니한 때 말소등록을 신청하여야 한다.

64 다음 중 선박법상 선적항을 관할하는 지방해양수산청장에게 신고하여야 할 사유가 아닌 것은?

가. 선박이 멸실·침몰 또는 해체된 때
나. 선박이 국제항행에 종사하게 된 때
사. 선박의 존부가 90일간 분명하지 아니한 때
아. 선박이 대한민국 국적을 상실한 때

Answer 62 사 63 아 64 나

65 선박의 변경등록 혹은 말소등록에 관한 내용으로 옳지 않은 것은?

가. 선박이 멸실, 침몰 또는 해체된 때에는 말소등록을 해야 한다.
나. 선박이 대한민국 국적을 상실한 때에는 말소등록을 해야 한다.
사. 선박원부에 등록한 사항에 변경이 있을 때에는 선박소유자는 그 사실을 안 날부터 30일 이내에 변경등록 신청을 하여야 한다.
아. 선박의 존부가 2월간 분명하지 아니한 때에는 말소등록을 하여야 한다.

> **해설** 선박의 존부가 90일간 분명하지 아니한 때에는 말소등록을 하여야 한다.
> **법 제18조(등록사항의 변경)** 선박원부에 등록한 사항이 변경된 경우 선박소유자는 그 사실을 안 날부터 30일 이내에 변경등록의 신청을 하여야 한다.

66 선박법의 선적항에 대한 설명으로 맞지 않는 것은?

가. 선적항이란 선박소유자가 선박의 등기 및 등록을 하고 선박국적증서를 발급받는 곳이다.
나. 선적항은 선박에 대한 행정 감독상의 편의를 도모하기 위하여 각 선박에 특정된 항구로 정하여진다.
사. 상법상 선적항은 선박소유자에 대한 선장의 대리권을 정하는 표준이 된다.
아. 선박에서 선적항은 선박의 개성을 나타내는 유일한 방법이라고 할 수 있다.

67 선박의 개성(個性)을 나타내는 것으로서 바르지 못한 것은?

가. 선박의 명칭과 호출부호
나. 선적항
사. 선박의 톤수
아. 선박의 건조 연도

> **해설** 선박의 개성이란 특정 선박을 다른 선박과 구별할 수 있는 특성을 가리키는데, 선박의 명칭, 선적항 및 선박의 톤수 등을 말한다.

68 선박을 다른 선박과 구별하는 데는 그 선박의 개성이 분명해야 하는데 선박법에서 요구하는 개성의 식별요소와 가장 관계가 먼 것은?

가. 선박의 명칭
나. 선박의 소유자
사. 선적항
아. 총톤수

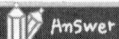 65 아 66 아 67 아 68 나

69 선박의 개성에 대한 설명 중 잘못된 것은?

가. 선박의 항행에 대한 국가의 감독·보호를 위하여 필요하다.
나. 선박의 성질상 다른 선박과 구별하기 위하여 필요하다.
사. 사법상의 거래관계에 있어 중요한 의의도 있다.
아. 선박에 대한 개성의 부여는 선박국적증서를 발급받기 위한 전제조건은 아니다.

70 선박의 국적취득에 있어 오늘날 많은 국가들이 채택하고 있는 태도는?

가. 자국 국민의 건조주의
나. 자국 국민의 승무원주의
사. 자국 국민의 소유주의
아. 자국 국민의 소유와 건조주의

해설 선박은 국제법상 반드시 특정국가의 국적을 가져야 하며, 이중 국적을 가지지 못한다. 특정 선박에 대하여 자국 국적을 부여하기 위한 구체적인 요건은 모두 각 국의 국내법에 맡겨져 있으며, 선박법은 선박에 대하여 한국 국적을 부여하여 한국 선박으로 보고 있다.

71 어떤 선박이 선미에 대한민국 국기를 게양하고 입항하고 있다. 그 국기가 반드시 의미하고 있지 않는 것은 다음 중 어느 것인가?

가. 그 선박은 대한민국 국적을 가지고 있음이 추정된다.
나. 그 선박은 대한민국의 불개항장에 기항할 수 있다.
사. 그 선박은 대한민국의 국내 각 항간에서 여객과 물건을 운송할 수 있다.
아. 그 선박은 대한민국 국민이 운항하고 있다.

해설 한국선박이 아니면 국기를 게양할 수 없으며, 한국선박의 특권은
 ㉠ 국기게양권
 ㉡ 불개항장의 기항권
 ㉢ 연안무역권 등이 있다.
한국선박을 반드시 대한민국 국민이 운항하는 것은 아니다.

72 외국 선박은 선미에 한국 국기를 게양하고 한국 국적을 사칭할 수 없다. 그러나 선박법이 예외적으로 그것을 인정하는 경우는 다음 중 어느 것인가?

가. 법률 또는 조약에 다른 규정이 있을 때
나. 해양사고에 조우하였을 때
사. 해양수산부장관의 허가를 얻을 때
아. 포획을 피하기 위한 때

Answer 69 아 70 사 71 아 72 아

해설 법 제32조(벌칙) ① 한국선박이 아니면서 국적을 사칭할 목적으로 대한민국 국기를 게양하거나 한국선박의 선박국적증서 또는 임시선박국적증서로 항행한 선박의 선장은 5년 이하의 징역 또는 5천만원 이하의 벌금에 처한다. 다만, 선박의 포획을 피하기 위하여 대한민국 국기를 게양한 경우에는 그러하지 아니하다.

73 외국 선박이 불개항장에 출입하려면 누구의 허가를 받아야 하는가?

가. 해양경찰서장   나. 해양수산부장관
사. 시장 또는 군수   아. 세관장

해설 법 제6조(불개항장에의 기항과 국내 각 항간에서의 운송금지) 한국선박이 아니면 불개항장에 기항하거나, 국내 각 항간에서 여객 또는 화물의 운송을 할 수 없다. 다만, 법률 또는 조약에 다른 규정이 있거나, 해양사고 또는 포획(捕獲)을 피하려는 경우 또는 해양수산부장관의 허가를 받은 경우에는 그러하지 아니하다.

74 한국 선박만의 특권으로 볼 수 없는 것은?

가. 한국항의 긴급피난권   나. 한국 연안무역권
사. 한국 불개항장 기항권   아. 태극기 게양권

75 부산항에 등록을 한 길이 25m의 국제항해에 종사하던 선박을 23m로 개조하였다. 선박소유자는 그 사실을 안 날부터 얼마 이내에 변경신고를 하여야 하는가?

가. 30일   나. 20일
사. 60일   아. 90일

해설 30일 이내에 선적항을 관할하는 지방해양수산청장에게 신고하여야 한다.
법 제13조(국제톤수증서 등)
④ 한국선박이 다음 각 호의 어느 하나에 해당하게 된 때에는 선박소유자는 그 사실을 안 날부터 30일 이내에 선적항을 관할하는 지방해양수산청장에게 신고하여야 한다.
1. 제22조(말소등록) 제1항 각 호에 해당하게 된 때
2. 국제항해에 종사하지 아니하게 된 때
3. 선박의 길이가 24미터 미만으로 된 때

76 다음 중 선박법상의 내용 설명으로 볼 수 없는 것은?

가. 기름, 전기, 가스, 원자력 등으로 항행하는 선박은 기선이다.

Answer 73 나 74 가 75 가 76 아

나. 기관과 돛을 모두 사용하여 추진하는 선박으로서 주로 기관을 사용하면 기선으로, 주로 돛을 사용하면 범선으로 본다.
사. 선박의 종류는 기선, 범선, 부선뿐이다.
아. 자항능력이 없는 부선 중에는 압항부선만을 선박법상의 선박으로 본다.

해설 선박법에서 부선이란 자력항행능력이 없어 다른 선박에 의하여 끌리거나 밀려서 항행되는 선박을 말한다.

77 다음의 설명 중 옳지 않은 것은?

가. 한국 선박의 소유자일지라도 반드시 한국에 선적항을 정할 필요는 없다.
나. 선박의 선적항은 시·읍·면의 명칭에 따르도록 규정하고 있다.
사. 선박소유자의 주소지가 선박이 항행할 수 있는 수면에 접하지 않은 경우에는 허가를 받아 그 주소지 이외의 곳을 선적항으로 정할 수 있다.
아. 국내 선박이 선적항으로 정할 시·읍·면은 선박이 항행할 수 있는 수면에 접한 곳이어야 한다.

해설 한국 선박의 소유자는 반드시 대한민국에 선적항을 정하여야 한다.

78 다음 중 한국 선박의 표시사항과 표시방법으로 옳지 않은 것은?

가. 표시된 흘수 숫자의 중간이 그 숫자가 표시하는 흘수선이다.
나. 흘수 표시는 선수와 선미의 외부 그리고 양현 중앙측면에 한다.
사. 흘수는 선저로부터 최대흘수선 이상에 이르기까지 20cm마다 10cm의 아라비아숫자로 표시한다.
아. 선적항의 표시는 선미 외부에 10cm 이상의 한글로 표시하여야 한다.

해설 가. 표시된 흘수 숫자의 하단이 그 숫자가 표시하는 흘수선이다.
시행규칙 제17조(선박의 표시사항과 표시방법)
① 법 제11조에 따라 한국선박에 표시하여야 할 사항과 그 표시방법은 다음 각 호와 같다. 다만, 소형선박은 제3호의 사항을 표시하지 아니할 수 있다.
 1. 선박의 명칭 : 선수양현의 외부 및 선미 외부의 잘 보이는 곳에 각각 10센티미터 이상의 한글(아라비아숫자를 포함한다)로 표시
 2. 선적항 : 선미 외부의 잘 보이는 곳에 10센티미터 이상의 한글로 표시
 3. 흘수의 치수 : 선수와 선미의 외부 양 측면에 선저로부터 최대흘수선 이상에 이르기까지 20센티미터마다 10센티미터의 아라비아숫자로 표시. 이 경우 숫자의 하단은 그 숫자가 표시하는 흘수선과 일치해야 한다.

 77 가 78 가

② 제1항에 따른 방법으로 선박의 명칭 등을 표시하기 곤란한 선박의 경우에는 해당 선박의 선적항을 관할하는 지방청장이 적절하다고 인정하는 방법으로 선박의 명칭 등을 표시할 수 있다.
③ 선적항을 관할하는 지방청장은 필요하다고 인정하는 경우에는 제1항에도 불구하고 선박의 명칭 등을 표시할 장소를 따로 지정하거나 표시 장소를 변경하게 할 수 있다.
④ 선박에의 표시는 잘 보이고 오래가는 방법으로 하여야 하며 표시한 사항이 변경되었을 때에는 지체 없이 그 표시를 고쳐야 한다.

79 다음 중 선박의 개성에 대한 설명으로 맞지 않는 것은?

가. 선박의 명칭·선적항·총톤수 등을 부여하는 것은 선박국적증서를 발급받기 위한 전제조건이 되지 않는다.
나. 선박은 그 성질상 다른 선박으로부터 구별할 수 있게 선명을 부여하는 등 개성을 필요로 한다.
사. 선박에 개성이 필요한 것은 선박의 안전이나 항행에 대한 국가의 감독·보호를 원활히 하기 위함이다.
아. 선박마다 독특한 개성이 필요한 것은 선박에 대한 국가의 감독·보호를 위해서 뿐만 아니라 사법상의 거래에 있어서도 중요하기 때문이다.

해설 가. 선박국적증서를 발급받기 위해서는 등록을 하여야 하므로 필요한 조건이다.

80 다음 중 선박법상 국제톤수증서의 발급신청을 할 수 없는 자는?

가. 한국 선박의 소유자
나. 공유 선박에 있어서는 선박 관리인
사. 대여된 선박에서의 선박 임차인
아. 한국 선박의 건조자

해설 국제톤수증서란 국제 항해에 종사하는 길이 24m 이상의 한국 선박에 대해 국제총톤수 및 순톤수를 적은 증서이다. ▶ 길이 24m 미만은 국제톤수확인서
법 제13조(국제톤수증서 등)
① 길이 24미터 이상인 한국선박의 소유자 또는 그 선박이 공유로 되어 있는 경우에는 선박 관리인, 그 선박이 대여된 경우에는 선박 임차인은 해양수산부장관으로부터 국제톤수증서(국제총톤수 및 순톤수를 적은 증서)를 발급받아 이를 선박 안에 갖추어 두지 아니하고는 그 선박을 국제항해에 종사하게 하여서는 아니된다.
② 해양수산부장관은 제1항에 따라 국제톤수증서의 발급신청을 받으면 해당 선박에 대하여 국제총톤수 및 순톤수를 측정한 후 그 신청인에게 국제톤수증서를 발급하여야 한다.

79 가 80 아

81 다음 중 신조선의 선박소유자가 선박을 항행에 사용하기 위하여 가장 먼저 취해야 할 조치는?

가. 선박국적증서의 발급
나. 선박의 등기
사. 선박원부에 등록
아. 총톤수의 측정

해설 선적항 결정 ⇨ 총톤수 측정 ⇨ 등기 ⇨ 등록 ⇨ 선박국적증서 발급

82 선박국적증서와 관련한 다음의 내용 중 올바르지 않은 것은?

가. 선장은 선박국적증서를 선내에 비치할 의무를 가진다.
나. 선박국적증서는 그 선박이 한국국적을 갖고 있다고 증명하는 공문서이다.
사. 관할관청은 선장의 신청에 따라 선박을 선박원부에 등록한 후 선박국적증서를 발급한다.
아. 원칙적으로 선박국적증서를 비치하여야 국기를 게양할 수 있다.

해설 사. 선장이 아니라 선박소유자가 등록신청을 하고 선박원부에 등록한 후 선박국적증서를 발급받는다.

83 다음 중 선박법상 한국 선박에 관하여 올바르게 기술한 것은?

가. 국유 또는 공유의 선박은 한국 선박으로서의 국적을 가지는 것이 아니다.
나. 대한민국의 법률에 의하여 설립된 상사법인이 소유하는 선박은 한국 선박이 될 수 있다.
사. 한국 선박이 되려면 대한민국 국민이 소유하여야 한다.
아. 대한민국에 주된 사무소를 둔 대한민국의 법률에 의하여 설립된 상사법인 이외의 법인으로서 이사 3분의 2 이상이 대한민국 국민인 경우에 그 법인이 소유하는 선박은 한국 선박이 될 수 있다.

해설 가. 국유 또는 공유의 선박은 대한민국 선박이다.
사. 대한민국 국민이 아니더라도 대한민국의 법률에 의하여 설립된 상사법인이 소유하는 선박은 대한민국선박이다.
아. 대표자가 대한민국 국민이어야 한다.(공동대표인 경우에는 그 전원)

법 제2조(한국선박) 다음 각 호의 선박을 대한민국 선박으로 한다.
1. 국유 또는 공유의 선박
2. 대한민국 국민이 소유하는 선박
3. 대한민국의 법률에 따라 설립된 상사법인이 소유하는 선박
4. 대한민국에 주된 사무소를 둔 제3호 외의 법인으로서 그 대표자(공동대표인 경우에는 그 전원)가 대한민국 국민인 경우에 그 법인이 소유하는 선박

Answer 81 아 82 사 83 나

84 선박의 국적에 대한 설명으로 가장 옳은 것은?

가. 선박관리자나 선박소유자의 국적이 선박국적이 된다.
나. 통상적으로 선박을 건조한 나라를 말하는데, 한국에서 건조하면 한국 국적을 취득한다.
사. 선박소유자의 거주지가 있는 국가가 선박의 국적을 부여한다.
아. 어떤 선박이 어느 나라에 소속하는가를 나타내는 것으로 국가에 따라 국적취득 요건이 다를 수 있다.

85 선박법상 선박국적증서 또는 임시선박국적증서 없이 항행할 수 있는 경우가 아닌 것은?

가. 시험운전을 하고자 경우
나. 총톤수의 측정을 받으려는 경우
사. 국내 연안무역에만 종사하려는 경우
아. 건조중 선박이 다른 공장에 회항하여 의장공사를 하려는 경우

해설 선박이 법 제10조 단서에 따라 선박국적증서 또는 임시선박국적증서를 선박 안에 갖추어 두지 아니하고 항행할 수 있는 경우는 다음 각 호의 어느 하나에 해당하는 경우로 한다(시행령 제3조 제2항).
1. 시험운전을 하려는 경우
2. 총톤수의 측정을 받으려는 경우
3. 법 제1조의2 제1항 제3호에 따른 부선의 경우
4. 그 밖에 정당한 사유가 있는 경우

86 선박법상 불개항장에의 기항과 국내 각 항간에서의 운송금지에 관하여 잘못 기술한 것은?

가. 한국 선박이 아닌 경우에도 법률 또는 조약에 다른 규정이 있을 경우에는 불개항장에 기항할 수 있다.
나. 해양사고를 피하려고 할 때에는 외국 선박도 불개항장에 기항할 수 있다.
사. 한국 선박이 아닌 경우에는 어떠한 경우에도 국내 각 항간에서 여객은 운송할 수 없다.
아. 해양수산부장관의 허가를 받은 경우에 외국 선박도 국내 각 항간의 화물운송이 가능하다.

해설 **법 제6조(불개항장에의 기항과 국내 각 항간에서의 운송금지)** 한국선박이 아니면 불개항장에 기항(寄港)하거나, 국내 각 항간에서 여객 또는 화물의 운송을 할 수 없다. 다만, 법률 또는 조약에 다른 규정이 있거나, 해양사고 또는 포획(捕獲)을 피하려는 경우 또는 해양수산부장관의 허가를 받은 경우에는 그러하지 아니하다.

Answer 84 아 85 사 86 사

87 다음 중 우리나라 선박법에서 규정하고 있는 국제톤수증서를 발급받아 국제항해에 종사시킬 수 있는 선박은 어느 것인가?

가. 대한민국 국민이 소유한 길이 23m의 예인선
나. 대한민국 국민이 소유한 길이 25m의 소형유조선
사. 대한민국 국민이 용선한 길이 23m의 외국적 요트
아. 외국인이 소유한 길이 25m의 내항 여객선

> **해설** 길이 24m 이상의 한국선박
> 법 제13조(국제톤수증서 등) ① 길이 24미터 이상인 한국선박의 소유자[그 선박이 공유로 되어 있는 경우에는 선박관리인, 그 선박이 대여된 경우에는 선박임차인을 말한다. 이하 이 조에서 같다]는 해양수산부장관으로부터 국제톤수증서를 발급받아 이를 선박 안에 갖추어 두지 아니하고는 그 선박을 국제항해에 종사하게 하여서는 아니된다.

88 선박의 등록에 관한 설명 중 타당하지 않은 것은?

가. 노와 상앗대만으로 운전하는 선박은 제외한다.
나. 등록사항에는 선박번호, 호출부호, 선박종류, 선명, 선적항, 총톤수, 선박소유자의 성명, 주소 등이 있다.
사. 등록 사항에 변경이 생긴 경우, 선박소유자는 그 사실을 안 날부터 2주 이내에 변경등록을 해야 한다.
아. 선박의 등록은 선박의 등기를 한 다음에 행한다.

> **해설** 등록 사항에 변경이 생긴 경우에는 30일 이내에 등록변경 신청을 하여야 한다.

89 선박의 등기 및 등록에 관한 설명 중 타당하지 아니한 것은?

가. 선박의 등기는 선박등기부에 선박의 명칭 등 일정한 사항을 기재하는 것이다.
나. 선박의 등기는 공·사법적으로 선박의 공권, 사권의 상태를 공지함을 목적으로 한다.
사. 선박의 등록은 해양수산관청이 선박원부에 선박에 관한 표시사항과 소유자를 기재하는 것이다.
아. 선박의 등록은 선박의 국적을 증명함을 목적으로 한다.

> **해설** 등기는 사권, 등록은 공권의 상태를 공지

Answer 87 나 88 사 89 나

90 선박국적증서 발급과 관련한 아래 예문의 괄호에 알맞은 단어로 짝지어진 것은 어느 것인가?

> "선박국적증서 영역서 발급신청의 경우에는 해당 선박의 (　　)을/를 관할하는 지방청장에게 제출하고, 임시선박국적증서 영역서를 발급신청하는 경우에는 해당 선박의 (　　)을/를 관할하는 지방청장 또는 영사에게 제출하여야 한다."

가. 선적항 – 선적항　　　　**나.** 선적항 – 소재지
사. 소재지 – 소재지　　　　**아.** 소재지 – 선적항

해설　시행규칙 제15조(선박국적증서 등의 영역서 발급) ① 제12조에 따른 선박국적증서 또는 제14조 제2항에 따른 임시선박국적증서의 영역서(英譯書)를 발급받으려는 자는 별지 제11호 서식의 영역서 발급신청서를 선박국적증서 영역서 발급신청의 경우에는 해당 선박의 선적항을 관할하는 지방청장에게 제출하고, 임시선박국적증서 영역서 발급신청의 경우에는 해당 선박의 소재지를 관할하는 지방청장 또는 영사에게 제출하여야 한다.

91 다음 중 국제톤수증서의 변경신고의 사유에 해당되지 않는 것은?

가. 멸실, 침몰 또는 해체된 때
나. 한국 국적을 상실한 때
사. 선박의 존부가 1개월간 분명하지 아니한 때
아. 국제 항해에 종사하지 아니하게 된 때

해설　사. 선박의 존재 여부가 90일간 분명하지 아니한 때

92 다음 중 선박국적증서의 법적 효력으로 볼 수 없는 것은?

가. 한국 국기의 게양　　　　**나.** 한국 선원의 승선
사. 선박톤수의 증명　　　　**아.** 항행허가

93 선박국적증서와 관련하여 올바르지 않은 내용은 다음 중 어느 것인가?

가. 국적증서를 선내에 비치하지 않고서는 국기를 게양할 수 없다.
나. 선박국적증서는 톤수를 증명하는 공문서로서의 역할을 할 수 있다.
사. 선장은 국적증서를 선내에 비치하여야 할 의무가 있다.
아. 선박국적증서는 그 선박이 한국국적을 갖고 있다고 증명하는 공문서이다.

Answer　90 나　91 사　92 나　93 가

해설 **시행령 제3조(국기 게양과 선박국적증서 등의 비치 면제)**
① 선박이 법 제10조 단서에 따라 선박국적증서 또는 임시선박국적증서를 선박 안에 갖추어 두지 아니하고 대한민국 국기를 게양할 수 있는 경우는 다음 각 호의 어느 하나에 해당하는 경우로 한다.
  1. 국경일, 그 밖에 국가적 행사가 있는 날. 다만, 외국의 국가적 행사일에는 그 나라의 항구에 정박하는 때로 한정한다.
  2. 제1호의 경우 외에 축의(祝意) 또는 조의(弔意)를 표할 경우
  3. 법 제1조의2 제1항 제3호에 따른 부선의 경우
  4. 그 밖에 정당한 사유가 있는 경우
② 선박이 법 제10조 단서에 따라 선박국적증서 또는 임시선박국적증서를 선박 안에 갖추어 두지 아니하고 항행할 수 있는 경우는 다음 각 호의 어느 하나에 해당하는 경우로 한다.
  1. 시험운전을 하려는 경우
  2. 총톤수의 측정을 받으려는 경우
  3. 법 제1조의2 제1항 제3호에 따른 부선의 경우
  4. 그 밖에 정당한 사유가 있는 경우

94 선박에 선명과 선적항을 표시할 때 글자(한글 또는 아라비아 숫자)의 가로 및 세로의 최소 크기로서 선박법이 규정하고 있는 것은?

가. 10센티미터
나. 15센티미터
사. 20센티미터
아. 25센티미터

해설 선적항은 선미 외부의 잘 보이는 곳에 10센티미터 이상의 한글로 표시하며, 선박의 명칭은 선수양현의 외부 및 선미 외부의 잘 보이는 곳에 각각 10센티미터 이상의 한글(아라비아숫자를 포함한다)로 표시한다(시행규칙 제17조 제1항).

95 선박등기를 신청할 때 등기신청서에 기재하는 사항이 아닌 것은?

가. 선박소유자
나. 선박의 명칭
사. 선적항
아. 순톤수

해설 순톤수가 아니라 총톤수를 기재해야 한다.
선박등기규칙 제10조(신청서 기재사항) ① 등기의 신청서에는 다음 각 호의 사항을 적고 신청인 또는 그 대리인이 기명날인 또는 서명을 하여야 한다.
1. 선박의 종류와 명칭
2. 선적항
3. 선질
4. 총톤수
5. 취득세나 등록면허세 등 등기신청과 관련하여 납부하여야 할 세액 및 과세표준액
6. 「부동산등기규칙」 제43조 제1항 제2호부터 제9호까지에서 정하고 있는 사항

Answer 94 가 95 아

96 국제톤수증서에 관한 다음의 설명 중 타당하지 않는 것은?

가. 길이 24m 이상의 한국 선박에 적용한다.
나. 선박소유자는 선박 관리인이나 선박 임대차인도 포함한다.
사. 국제톤수증서는 해당 선박에 대한 국제총톤수만 측정한 후 교부한다.
아. 선박 내에 비치해야만 국제항해에 해당 선박을 종사시킬 수 있다.

> **해설** 해양수산부장관은 국제톤수증서의 발급신청을 받으면 해당 선박에 대하여 국제총톤수 및 순톤수를 측정한 후 그 신청인에게 국제톤수증서를 발급하여야 한다(법 제13조 제2항).

97 선박법에 관한 다음 설명 중 가장 타당한 것은?

가. 외국 국적 선박이라도 한국내의 항구에 입항할 때에는 선박의 후부에 한국 국기를 게양해야 한다.
나. 모든 선박은 등기의 의무가 있다.
사. 총톤수 50톤 미만의 어선은 국적증서 없이도 항행할 수 있다.
아. 한국 선박은 선박법이 정하는 규정에 따라 선박의 명칭 등 기타 사항을 표시할 의무가 있다.

> **해설** 가. 특별한 경우를 제외하고는 한국국적의 선박만 국기를 게양할 수 있다.
> 나. 모든 선박에 적용하는 것이 아니라 총톤수 20톤 이상의 기선과 범선 및 총톤수 100톤 이상의 부선에 대하여 적용한다.
> 사. 특별한 경우를 제외하고는 선박국적증서 없이는 항행할 수 없다.

98 선박법상 외국 선박은 한국의 불개항장에 특별한 경우를 제외하고는 기항할 수 없다. 이 때의 특별한 경우에 해당되지 않는 것은?

가. 해양수산부장관의 허가를 얻었을 때
나. 조약에 다른 규정이 있을 때
사. 해양사고, 포획을 피하려고 할 때
아. 무중항해를 하는 경우

> **해설** 한국선박이 아니면 불개항장에 기항하거나, 국내 각 항간에서 여객 또는 화물의 운송을 할 수 없다. 다만, 법률 또는 조약에 다른 규정이 있거나, 해양사고 또는 포획을 피하려는 경우 또는 해양수산부장관의 허가를 받은 경우에는 그러하지 아니하다(법 제6조).

Answer 96 사 97 아 98 아

99 다음 중 한국 선박의 소유자가 취하는 행위가 아닌 것은?

가. 한국 선박의 소유자일지라도 반드시 한국에 선적항을 정할 필요는 없다.
나. 선박의 선적항은 시·읍·면의 명칭에 따르도록 규정하고 있다.
사. 선박소유자는 자신의 주소지를 선적항으로 정하여야 한다.
아. 국내 선박이 선적항으로 정할 시·읍·면은 선박이 항행할 수 있는 수면에 접한 곳이어야 한다.

해설 한국선박의 소유자는 대한민국에 선적항을 정해야 한다.

법 제7조(선박톤수 측정의 신청) ① 한국선박의 소유자는 대한민국에 선적항을 정하고 그 선적항 또는 선박의 소재지를 관할하는 지방해양수산청장(지방해양수산청 해양수산사무소장을 포함한다. 이하 "지방해양수산청장"이라 한다)에게 선박의 총톤수의 측정을 신청하여야 한다.

시행령 제2조(선적항)
① 「선박법」제7조 제1항에 따른 선적항은 시·읍·면의 명칭에 따른다.
② 선적항으로 할 시·읍·면은 선박이 항행할 수 있는 수면에 접한 곳으로 한정한다.
③ 선적항은 선박소유자의 주소지에 정한다. 다만, 다음 각 호의 어느 하나에 해당하는 경우에는 선박소유자의 주소지가 아닌 시·읍·면에 정할 수 있다.
  1. 국내에 주소가 없는 선박소유자가 국내에 선적항을 정하려는 경우
  2. 선박소유자의 주소지가 선박이 항행할 수 있는 수면에 접한 시·읍·면이 아닌 경우
  3. 「제주특별자치도 설치 및 국제자유도시 조성을 위한 특별법」제221조 제1항에 따라 선박등록특구로 지정된 개항을 같은 조 제2항에 따라 선적항으로 정하려는 경우
  4. 그 밖에 소유자의 주소지 외의 시·읍·면을 선적항으로 정하여야 할 부득이한 사유가 있는 경우

100 다음 중 외국에서 취득한 선박을 외국 각 항 간에서 항행시키는 경우에 선박소유자는 어디에 선박톤수 측정을 신청하는가?

가. 신적항의 지방 해양수산청장
나. 선적항의 관할 등기소
사. 취득지의 대한민국 영사
아. 선박소유자 자유의사에 따름

해설 **법 제9조(임시선박국적증서의 발급신청)**
① 국내에서 선박을 취득한 자가 그 취득지를 관할하는 지방해양수산청장의 관할구역에 선적항을 정하지 아니할 경우에는 그 취득지를 관할하는 지방해양수산청장에게 임시선박국적증서의 발급을 신청할 수 있다.

Answer 99 가 100 사

② 외국에서 선박을 취득한 자는 지방해양수산청장 또는 그 취득지를 관할하는 대한민국 영사에게 임시선박국적증서의 발급을 신청할 수 있다.
③ 제2항에도 불구하고 외국에서 선박을 취득한 자가 지방해양수산청장 또는 해당 선박의 취득지를 관할하는 대한민국 영사에게 임시선박국적증서의 발급을 신청할 수 없는 경우에는 선박의 취득지에서 출항한 후 최초로 기항하는 곳을 관할하는 대한민국 영사에게 임시선박국적증서의 발급을 신청할 수 있다.
④ 임시선박국적증서의 발급에 필요한 사항은 해양수산부령으로 정한다.

101 선박의 성질상 특정 선박을 다른 선박과 구별해야 할 필요가 있는데, 그 필요성에 대한 설명으로서 타당하지 아니한 것은?

가. 선박항행에 대한 국가의 감독, 보호가 가능하다.
나. 사법상의 거래에 있어서도 매우 중요한 의미를 가진다.
사. 선박에 개성을 부여하는 것은 선박의 명칭, 선적항, 총톤수 등이다.
아. 선박의 식별사항은 선박법상 선박국적증서 등의 발급과는 거리가 멀다.

해설 선박의 식별사항은 선박의 개성으로 선박의 명칭, 선적항, 총톤수 등을 선박국적증서에 기재하여 발급신청을 한다.

102 선박법상 반드시 등기를 하여야 하는 한국선박에 해당되지 않는 것은?

가. 총톤수 30톤인 기선
나. 총톤수 30톤인 범선
사. 총톤수 100톤인 범선
아. 총톤수 100톤인 수상에 고정으로 설치한 저장용 부선

해설 총톤수 20톤 이상의 기선과 범선 및 총톤수 100톤 이상의 부선에 대하여 적용한다. 다만, 선박계류용, 저장용 등으로 사용하기 위하여 수상에 고정하여 설치하는 부선은 등기하지 않아도 된다(법 제8조 제1항).

103 선박법에 의한 선박등록 후 발급되는 증서는 다음 중 무엇인가?

가. 선박검사증서
나. 선박국적증서
사. 선박적합증서
아. 국제톤수증서

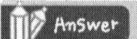 101 아 102 아 103 나

104 임시선박국적증서의 효력에 관한 설명으로 적합한 것은?

가. 발급할 수 있는 요건이 선박국적증서와 동일하다.
나. 임시선박국적증서의 효력은 선박국적증서의 효력과 다르다.
사. 임시선박국적증서의 유효기간 만료 전에 선박이 선적항에 도착하였을 경우 유효기간까지 효력이 있다.
아. 톤수증명서로서의 역할을 한다.

해설 임시선박국적증서는 선박국적증서와 동일한 효력을 가지기 때문에 임시선박국정증서를 선박 안에 갖추어 둠으로써 대한민국 국기를 게양하거나 선박을 항행에 사용할 수 있으며, 톤수증명서로서의 역할도 한다.

Answer 104 아

제03장 해운실무(보험편 포함)

1. 해상보험

01 공동해손(General Average)에 관한 설명 중 틀린 것은?

가. 해상 손해 중 분손의 일종이다.
나. 공동의 위험을 피하기 위해 합리적으로 든 비용을 공동 부담하는 제도이다.
사. 공동해손 처리는 일반적으로 York-Antwerp 규칙에 따른다.
아. 선장에 의해 고의적으로 이루어진 행위는 공동해손의 성립요건이 되지 못한다.

해설
▶ 분손(Partial loss)에는 단독해손과 공동해손이 있고
▶ 전손(total loss)에는 현실전손과 추정전손이 있다.
☞ 공동해손은 선장이 고의로 또는 가장 합리적인 방법으로, 어디까지나 공동 안전을 위한 처분행위여야 한다.

02 다음 중 운임, 보험료 포함 매매조건을 나타낸 것은?

가. F.O.B.
나. C.I.F.
사. C & F
아. F.A.S.

해설 FOB(Free on board : 본선인도가격)
출하주가 수하주의 지정한 선박에 계약 상품을 적재하여 본선상에 인도하는 것
CIF(Cost Insurance and freight : 운임·보험료 포함 가격)
도착지까지의 운임 및 보험료를 포함하는 가격

03 다음 중 해상보험 실무상 현실전손(Actual Total Loss)이 성립하는 경우로서 옳지 않은 것은?

가. 실질적인 멸실
나. 회복 전망이 없는 약탈
사. 회복하는데 소요되는 비용이 협정보험가액을 초과할 때
아. 선박의 행방불명

Answer 01 아 02 나 03 사

해설 사.는 추정전손에 속한다.
현실전손(Actual total loss)
보험의 목적물이 손상되어서 그 물건의 종류로서 가치를 잃었거나 또는 피보험자가 보험 목적물의 소유권을 회복할 수 없게 된 상태
▶ 선박(화물)의 현실전손 : 침몰, 화재로 완전소실, 적국에의 나포, 해적, 화물변질

04 다음 중 ITC(Hulls)-1/10/83 약관상 보험자의 면책이 되는 위험이 아닌 것은?

가. 포획
나. 테러위험
사. 혁명
아. 해적위험

해설 ITC-HULLS(Institute Time Clause-Hulls, 1/10/83 : 런던보험협회기간선박약관) 보험자의 면책사항
㉠ 전쟁면책 : 다음의 원인으로 발생한 멸실, 훼손, 배상책임 또는 비용을 보상하지 않음.
　ⓐ 전쟁, 내란, 혁명, 모반, 반란
　ⓑ 포획, 나포, 강류, 억지 또는 억류(악행 및 해적행위 제외)
　ⓒ 유기된 기뢰, 어뢰, 폭탄 또는 기타의 유기된 무기
㉡ 동맹파업 면책
㉢ 악의행위 면책
㉣ 원자핵위험 면책

05 다음은 보험계약자에 대한 설명이다. 가장 거리가 먼 것은?

가. 보험계약자는 자기명의로 계약을 체결한다.
나. 보험계약자는 보험료를 지불할 의무를 지닌다.
사. 보험계약자는 피보험자와 일치하여야 한다.
아. 보험계약자는 고지의무를 진다.

해설 보험계약자(insured, assured)는 보험자와 계약을 체결하는 계약당사자로 보험료의 지급 의무자이며, 보험 보상을 받는 사람으로 ▶ 보험계약자와 피보험자는 같은 사람인 경우와 그렇지 않은 경우가 있다.

06 다음은 보험료 환불약관에 의해 보험료가 환불될 수 있는 경우를 설명하고 있다. 틀린 것은?

가. 선박 보험계약이 합의에 의해 해약되는 경우
나. 선박이 30일 연속 lightening 작업에 종사할 때
사. 선박이 30일 연속 보험자가 승인하는 계선지에 계선하게 될 때
아. 선박이 30일 연속 보험자가 승인하는 휴항구역에 있을 때

Answer   04 아   05 사   06 나

해설 Lightening : 수심에 맞추기 위해 배를 가볍게(뜨게) 하는 것

07 다음 중 P & I 보험에서 담보되지 않는 사항은?
가. 부두시설의 손상 나. 선체손상
사. 인명피해 아. 선원의 귀국비용

해설 P & I Club(Protection & Indemnity Club : 선주책임 상호보험조합)
- 해상운송에서 선주들이 서로의 손해를 상호간에 보호하기 위한 보험
- 통상적으로 해상보험에서 담보하지 않는 인명이나 여객에 대한 선주의 손해나, 선원의 과실로 인해 발생한 선체나 적하품(수화물)의 손해 등을 보상해 주는 보험

08 보험계약 체결시 반드시 고지해야 할 필요가 있는 것은?
가. 부보위험의 정도나 성질에 영향을 미치는 중요 사실
나. 보험자의 위험 부담률이 경감될 수 있는 요인
사. 보험자가 마땅히 알아야 할 상식적 사실
아. 감항성의 확보 여부

09 보험계약 체결시에 보험자에게 알려야 할 중요사항이란 보험자가 (   )를(을) 결정하거나 혹은 위험의 인수여부를 결정함에 있어서 판단에 영향을 줄 모든 사항을 의미한다. (   ) 안에 적합한 것은?
가. 보험료 나. 부보조건
사. 보험금 아. 보험가액

10 선주의 제3자에 대한 배상책임을 주된 담보위험으로 하고 있는 보험의 종류는?
가. 선박보험 나. 적화보험
사. P & I 보험 아. 불가동 손실보험

11 해상보험계약 체결시 적용되는 고지(Disclosure)에 관한 설명 중 옳지 않은 것은?
가. 고지하지 않은 사항이 있다 해도 일정기간이 지나면 책임이 소멸된다.
나. 고지한 사항도 계약체결 후 변동이 있으면 다시 통보해야 한다.

Answer 07 나 08 가 09 가 10 사 11 가

사. 고지의무는 보험계약자에게만 부과되어 있다.
아. 고지는 최대선의 원칙에 따라 이행하여야 한다.

> **[해설] 고지의무**
> 보험계약자의 의무사항으로 보험자로 하여금 보험료를 산정함과 또는 위험의 인수 여부를 결정함에 있어서 보험목적물에 관한 중요한 사항을 보험계약을 합의하기 전에 보험자에게 알리는 것 ▶ 불이행시는 보험자는 보험계약을 해지할 수 있다.

12 해상보험에 관하여 올바르게 설명한 것은?

가. 보험계약자와 피보험자는 반드시 동일인이어야 한다.
나. 전손선박에 대해 피보험자가 피보험목적물의 권리를 포기하는 것을 대위라 한다.
사. 선박보험계약은 통상 기간보험 형태로 체결한다.
아. 선박보험에서의 위부는 전손 및 분손에 모두 적용된다.

> **[해설]** 가. 보험계약자와 피보험자는 같은 사람인 경우와 그렇지 않은 경우가 있다.
> 나. 위부에 대한 설명
> 아. 위부는 전손에만 해당(추정전손)

13 해상보험에서 사용되는 위부에 대한 설명으로서 적합하지 않은 것은?

가. 분손일 경우에는 위부를 하지 않는다.
나. 현실전손일 경우에는 위부통지가 필요 없다.
사. 위부통지를 하지 않아도 추정전손처리는 가능하다.
아. 보험자가 위부수락을 하지 않을 경우에도 보험자는 피보험자로부터 피보험목적물에 남아 있는 피보험자의 일체의 이익을 취득할 수 있다.

> **[해설]** 추정전손일 경우에는 보험자에게 상당한 기간 안에 통지를 해야 전손으로 처리할 수 있다.
> ▶ 위부를 하지 아니할 때는 분손으로 처리

14 Average bond는 다음 중 어느 것과 관계가 있는가?

가. 해난구조   **나.** 선박보험
사. 공동해손   **아.** 용선계약

> **[해설]** Average Bond(공동해손맹약서) = General Average Bond
> 공동해손이 발생한 경우에 수하인이 선주에 대하여 정산인 선정의 위임, 공동해손공탁금의 예탁 또는 공동해손분담보증서의 제공을 승낙한 계약서

Answer 12 사 13 사 14 사

15 ITC(Hulls) 약관상 선원 및 도선사의 과실로 인하여 선박에 생긴 손해를 보상해 주는 약관은?

가. 손해방지약관
사. 소손해공제약관
나. 위험약관
아. 항해약관

해설 ITC-HULLS(1/10/83)상의 담보위험
- ㉠ 피보험자 등의 상당한 주의가 적용되지 않는 위험
    - ⓐ 바다, 강, 호수 또는 기타 항해 가능한 수면에서의 해상고유의 위험(Perils of the Sea)
    - ⓑ 화재, 폭발
    - ⓒ 선박 외부로부터 침입한 자에 의한 폭력을 수반한 도난
    - ⓓ 투하(Jettison)
    - ⓔ 해적행위
    - ⓕ 핵장치나 원자로의 고장 또는 사고
    - ⓖ 항공기 그와 유사한 물체 또는 그것으로부터 낙하하는 물체, 육상운송용구, 선거나 항만의 설비 또는 장치와의 접촉
    - ⓗ 지진, 화산의 분출 또는 낙뢰
- ㉡ 피보험자 등의 상당한 주의가 적용되는 위험
    - ▶ 상당한 주의의 이행 유무가 보험자의 보상여부 또는 보상의 정도에 영향을 미침.
    - ⓐ 화물 또는 연료의 적재, 양하 또는 환적작업시의 사고
    - ⓑ 보일러의 파열, 추진축의 파손 또는 기관이나 선체의 잠재적 하자
        - ☞ 이 조항으로 인한 피보험 선박의 다른 부분에 대한 멸실이나 손상을 담보하는 것이며 타 재산(타 선박 포함)에 대한 배상책임손해나 파열된 보일러, 파손된 차축 또는 잠재적 하자가 있는 부분 그 자체의 손해는 보상하지 않는다.
    - ⓒ 선장, 고급선원, 보통선원 또는 도선사의 과실
    - ⓓ 선박수리업자 또는 용선자의 과실
    - ⓔ 선장·고급선원·보통선원의 악행

16 다음 중 P & I Club에서 보상해 주는 손해에 속하지 않는 것은?

가. 항만시설의 손상에 대한 배상금
사. 인명사상으로 인해 발생된 보상금
나. 좌초된 선박의 구조비
아. 난파선 제거비용

해설 P & I Club(Protection & Indemnity Club : 선주책임 상호보험조합)
선박의 소유 및 운항에 따라 선주 또는 용선자에게 발생하는 손해 및 배상책임은 다양하기 때문에 일반의 선박보험만으로는 모두 커버할 수 없다. 예를 들면 ▶ 선박 이외의 화물에 대한 충돌손해배상책임, ▶ 난파선 제거비용, ▶ 선원의 사상에 대한 배상책임 및 비용, ▶ 선하증권의 면책조항에 해당되지 않는 배상책임 등은 모두 선박보험의 대상이 되지 못한다. 이처럼 선박의 소유와 운항에 관련, 제3자에 대한 법적 배상책임손해를 cover해 주는 선주 상호간의 보험을 P & I 보험이라 하고 이의 조합을 P & I Club이라 부른다.
▶ P & I Club에서는 지불하는 보험료를 Call이라 한다.

Answer 15 나 16 나

17 일반적으로 선박보험에서 보상해 주지 않는 손해는?

가. 전손
나. 공동해손
사. 손해방지비용
아. 선박불가동손실

18 ITC(Hulls, 1983)의 Deductible 약관상 소손해공제를 적용하지 않는 손해는 다음 중 어느 것인가?

가. 손해방지비용
나. 공동해손 분담금
사. 선박 구조비
아. 좌초후의 선저검사 비용

해설 Deductible clause(공제액 약관)
- 피보험 위험으로 발생한 손해는 약정 금액을 초과하지 않으면 보상하지 않고, 초과한 경우에만 이 공제액을 빼고 보상한다는 약관
- 특별약관에서 적용하는 소손해면책의 규정으로 1회의 사고에 따라 일정한 금액은 공제한다는 약관
  ▶ 적용되지 않는 경우
    ㉠ 전손
    ㉡ 공동해손, 구조료 및 손해방지비용
    ㉢ 분손 중 선박 또는 부선의 좌초, 침몰, 대화재에 원인인 분손이나 육상운송용구의 충돌, 전복에 원인으로 하는 분손 혹은 화재, 폭발에 합리적으로 기인하는 분손 등에 대해서는 소손해공제의 면책은 적용하지 않는다.

19 하나의 보험계약에 2인 이상의 보험자가 참여하게 되는 보험계약 형태는 다음 중 어느 것인가?

가. 공동보험
나. 중복보험
사. 초과보험
아. 추가보험

20 해상보험계약 당사자가 아닌 것은?

가. 보험회사
나. 피보험자
사. 보험자
아. 보험계약자

Answer 17 아 18 아 19 가 20 나

21 선박보험에서 보상해 주는 손해의 유형에 대한 다음 설명 중 틀린 것은?
   가. 전손은 피보험 목적물 전부의 멸실을 말한다.
   나. 분손은 피보험이익의 일부가 멸실되거나 손상된 것을 말한다.
   사. 손해방지비용은 피보험 목적물의 손해를 경감 혹은 방지하기 위해 지출된 비용을 말한다.
   아. 배상책임손해는 해양오염사고로 인해 발생한 피해의 보상책임을 말한다.

22 선박보험에서의 위부의 통지(Notice of Abandonment)와 가장 관계가 있는 것은?
   가. 현실분손
   나. 추정전손
   사. 공동해손
   아. 단독해손

23 다음 중 P & I Club에서 cover하는 손해에 해당되지 않는 것은?
   가. 난파선의 제거비용
   나. 밀항자나 피난민의 처리 비용
   사. 가입 선박의 관세법 위반으로 인한 벌과금
   아. 항만설비와의 충돌로 인한 가입 선박의 손상수리비

24 해상보험에서 묵시담보(Implied warranties)에 해당하는 것은?
   가. 선비 담보
   나. 내항성 담보
   사. 중립 담보
   아. 항해제한 담보

25 B/L의 면책조항 중 New Jason Clause와 관계가 먼 것은?
   가. 공동해손
   나. 선체손상희생
   사. 자매선구조
   아. 쌍방과실 충돌

Answer 21 아 22 나 23 아 24 나 25 아

26. ITC(Hulls)-1/10/83의 충돌약관상 보험자가 보상하는 손해에 속하지 않는 것은?
   - 가. 충돌 상대선박의 손상
   - 나. 충돌 상대선박의 화물의 손상
   - 사. 충돌 상대선박의 공동해손분담금
   - 아. 충돌 상대선박의 선원의 사상

27. 다음 해상보험에서 보상하는 손해의 유형 중 비용손해에 포함되지 않는 것은?
   - 가. 구조료
   - 나. 손해방지비용
   - 사. 특별비용
   - 아. 공동해손 희생손해

28. 다음 중 해상 고유의 위험(Perils of the seas)이라고 할 수 없는 것은?
   - 가. 항해과실
   - 나. 전복
   - 사. 좌초
   - 아. 침몰

29. 다음 중 P & I 보험에서 담보되지 않는 사항은?
   - 가. 선박과의 접촉에 기인한 부두시설의 손상
   - 나. 좌초에 의한 선체 손상
   - 사. 하역작업 중 발생한 인명 피해
   - 아. 선원의 귀국 비용

30. ITC(Hulls)상 담보위험에 의한 사고가 발생한 경우에도 그 손해를 최소화 하기 위하여 노력하여야 한다는 피보험자의 의무를 규정하고 있는 약관은 다음 어느 것인가?
   - 가. BREACH OF WARRANTY CLAUSE
   - 나. PERILS CLAUSE
   - 사. DUTY OF ASSURED CLAUSE
   - 아. DISBURSEMENT WARRANTY CLAUSE

Answer 26 아 27 아 28 가 29 나 30 사

31 다음 중 해상보험에서 「Cover」해 주는 대표적인 손해의 유형에 속하지 않는 것은?

가. 물적손해
나. 비용손해
사. 배상책임손해
아. 인적손해

32 P & I Club을 설명한 것 중 틀린 것은?

가. 선주상호간의 이익을 위하여 주로 해상보험에서 보상되지 않는 손해를 보상한다.
나. 비영리 공제조합이다.
사. 선박운항에 따라 발생하는 선주의 배상책임 손해를 주로 보상한다.
아. 해상보험에서 보상되지 않는 전쟁위험, 폭동, 기뢰위험 등으로 인한 손해를 주로 보상해 준다.

33 보험계약을 체결하고 보험자가 위험을 인수해 주는 반대 급부로서 보험계약자가 보험자에게 지불하는 것을 무엇이라고 하는가?

가. Premium
나. Interest insured
사. Insured amount
아. Agreed value

해설
- Premium : 보험료
- Interest insured : 피보험이익
- Insured amount : 보험금액
- Agreed value : 보험평가액

34 다음 중 선박보험에서 담보(COVER) 받을 수 없는 것은?

가. 피보험 목적물의 물적손해
나. 난파선의 제거 비용
사. 선박충돌에 기인한 배상책임손해
아. 구조비

Answer 31 아 32 아 33 가 34 나

35 보험의 목적에 대하여 두 개 이상의 보험계약이 존재하고 보험가입금액의 총액이 보험가액을 초과하는 보험은 무엇인가?

가. Full insurance
나. Under insurance
사. Double insurance
아. Coinsurance

해설
- Full insurance : 전액보험
- Under insurance : 일부보험
- Double insurance : 중복보험
- Coinsurance : 공동보험

36 다음 중 전쟁위험에 포함되지 않는 것은?

가. 포획
나. 내란
사. 기뢰 혹은 어뢰
아. 테러행위

Answer   35 사   36 아

2. 해운실무

01 개품 운송 계약을 설명한 것 중에서 틀린 것은?
  가. 개개의 화물의 운송 계약을 말한다.
  나. 주로 정기선 해운에 이용된다.
  사. 재운송 계약을 허락하지 않는다.
  아. 선형은 일반적으로 중형 내지 소형이며, 속력은 중속이다.

02 고가(高價) 화물에 대하여 화물 가치에 따라 부과되는 운임을 무엇이라고 하는가?
  가. Ad-valorem freight 나. Double freight
  사. Back freight 아. Lump-sum freight

  해설
  - Ad-Valorem Freight(종가운임) : 귀금속 등 고가품을 운송할 때 상업송장에 나타난 화물의 가격을 기준으로 일정 비율로 징수하는 운임
  - Double freight(2배 운임)
  - Back freight(후불운임) : 다음의 사정이 발생하였을 때 운송인이 청구하는 운임
    ㉠ 화물을 파업 등의 불가항력으로 운송계약에 있는 목적지항에 양륙시키지 못한 경우
    ㉡ 하주측의 요청으로 원래의 목적항이 아닌 다른 항으로 운송한 경우
    ㉢ 수하인이 수령을 거절한 화물을 반송한 경우
  - lump-sum freight(선복운임) : 적하량과는 관계없이 계약 선복(계약톤수)을 대상으로 하여, 항해에 대한 운임을 포괄적으로 약정하는 운임

03 눈, 비, 스트라이크, 기타 불가항력 등 어떠한 원인에도 관계없이 하역 개시 이후 종료시까지의 일수를 전부 정박기간에 포함시키는 것은?
  가. Customary quick despatch 나. Running lay days
  사. Weather working days 아. Fast as can

  해설 정박기간(lay days)
  ㉠ Customary quick despatch(C.Q.D. ; 관습적 조속하역)
    그 항구의 관습에 의한 하역 능력으로 가능한 빨리 하역을 마친다는 약정
  ㉡ Running lay days(연속정박기간) : 휴일 등을 고려하지 않고 하역기간 개시부터 완료까지의 경과 일수를 정박기간으로 하는 방법
  ㉢ Weather working days(W.W.D. : 호천하역일)
    일기가 양호하여 하역이 가능한 작업일 만을 정박기간으로 하는 방법
    ▶ W.W.D. SHEX(Weather working days sundays and holidays excepted)
      일요일, 공휴일은 제외

Answer 01 아 02 가 03 나

04 항해용선 계약서상 정박기간(Lay days) 산출과 관련이 없는 것은?

가. F.I.O.
나. C.Q.D.
사. W.W.D.
아. SHEX U.U.

해설 F.I.O.(Free in and out)는 하역비 부담조건으로 적양하 모두 화주가 선내 인부의 임금을 부담하는 것을 말한다.

05 다음 중 국제 복합 운송 서비스의 특징과 거리가 먼 것은?

가. 운송 책임의 일원화
나. 복합운송 증권의 발행
사. 전구간 운임의 설정
아. 운송인 중심의 수송 체계

해설 아. 운송인 중심이 아닌 송하인(하주) 중심의 수송 체계

06 다음 중 선박 용선에서 Demurrage와 반대되는 개념을 갖는 것은?

가. Claim
나. Despatch money
사. Overtime
아. Laytime

해설 **Demurrage(체선료)**
계약한 정박기간 내에 하역이 끝나지 않았을 때 화주가 1일당 계산하여 지불하는 것
Despatch money(조출료)
정박기간 내에 하역을 완료하였을 때 그 절약한 일수에 대한 금액을 화주에게 지불하는 장려금 ☞ 체선료의 반액

07 다음 중 재래선 운송에 비해 컨테이너 운송의 장점으로 볼 수 없는 것은?

가. 정박 기간을 단축시킨다.
나. 창고료가 절약된다.
사. 중량 화물의 경우에도 제한이 없고 운임 수입이 감소하지 않는다.
아. 대금 결제기간이 단축된다.

Answer 04 가 05 아 06 나 07 사

단원별 3급 항해사

08 다음 중 정기선 해운에서 해운 동맹이 존재하는 가장 큰 이유로 볼 수 있는 것은?
가. 운임의 안정을 통해 정기선의 정기 항로를 유지할 수 있다.
나. 후발 해운국의 정기선 해운 발전을 촉진할 수 있다.
사. 정기선 해운 기업의 과대 이윤 보장으로 기업의 안정을 도모할 수 있다.
아. 맹외선의 저지를 통해 항로 질서를 유지할 수 있다.

09 다음 중 정기용선 계약서의 표준 서식을 의미하는 Code name은?
가. GENCON   나. BALTIME
사. ASBAVOY   아. BENACON

10 다음 중 항해용선계약의 종류에 속하지 않는 것은?
가. Lumpsum charter   나. Daily charter
사. Trip charter   아. Demise charter

해설 Lumpsum charter(선복용선계약)
적화량과는 관계없이 계약선복(계약톤수)을 대상으로 하여, 항해에 대한 운임을 포괄적으로 약정하는 선복운임에 의한 용선계약방식
Daily charter(일대용선계약)
1일(24시간)당 얼마로 용선요율을 정해서 선복을 임대하는 계약
Trip charter(voyage charter : 항해용선계약)
선주가 항해단위에 따라 하주로부터 인수한 운송을 수행하는 용선형태
Demise charter(선박임대차 계약) = bareboat charter(나용선)
용선자가 선박을 대여하여 선장 이하 선원을 임명, 감독, 지휘하고 선박을 점유하는 형태

11 다음 중에서 Mis-landing에 의한 화물 과부족이 발생하여 본선의 각 기항지에 과부족 여부를 조회하는 서류의 명칭은?
가. Tally Sheet   나. Over-Short Damage Report
사. Sea Protest   아. Tracer

해설
- mis-landing : 지정된 양하지 이외의 항에 양하되는 경우
- mis-delivery : B/L에 기재된 화물과 다른 화물을 잘못 인도하는 경우

Answer 08 가 09 나 10 아 11 아

12 다음의 해운비용 중에서 자본비(고정비)에 속하는 것은?

가. 선박 감가상각비
나. 윤활유비
사. 수리비
아. 선원비

해설 해운비용
  ㉠ 선비
    ⓐ 직접선비(준고정비) : 선원비, 수선비, 선용품비, 윤활유비
    ⓑ 간접선비(고정비) : 선박감가상각비, 금리, 선박보험료, 선박세
  ㉡ 항해비(운항비)
    연료비, 항비(부두사용료, 도선료, 톤세), 화물비(하역비, 선창청소비, 운임세), 항해소모품비(통신비, 밸러스트비), 기타잡비

13 복합 운송의 목적과 가장 거리가 먼 것은?

가. 운송 거리 및 시간의 단축
나. 규모의 경제 효과 제공
사. Door to Door 서비스 제공
아. 운임의 합리적 절감

14 선박이 도착한 경우, 적재 화물의 상태를 확인하고 만일 사고가 발생하였다면 손해 정도를 확인하고 원인을 밝혀 책임의 소재를 명확히 할 목적으로 행하는 검사는?

가. Hatch Survey
나. Stowage Survey
사. Condition Survey
아. Draft Survey

해설 가. : 양하항에서 검사
  나. 사. 아. : 적하항에서 검사

15 선적 화물 인수증(M/R)의 내용 중 잘못된 것은?

가. 선적 화물에 대한 수취를 증명하는 서류이다.
나. 포장 화물의 경우 내부 손상 여부를 거증하기 위함이다.
사. B/L발행시 적요(Remark)의 내용이 참조된다.
아. 적요(Remark)의 내용은 구체적으로 기입해야 한다.

해설 포장화물의 외부는 거증되나 내부는 거증되지 않는다.

Answer 12 가 13 나 14 가 15 나

16 선적 화물의 사고에 대한 책임 소재에 관한 다음 설명 중 옳은 것은?

   가. 무조건 선주가 책임을 지고 변상한다.
   나. 선장과 선주가 반반씩 책임을 진다.
   사. 운송중에 발생한 사고도 선주가 책임지지 않을 수 있다.
   아. 선장과 하역 책임자가 변상을 한다.

17 선하증권 가운데 수화인의 이름이 기재된 것을 (   ), 기재되지 아니한 것을 (   )이라 한다. (   ) 안에 적합한 것은?

   가. Clean B/L,   Foul B/L
   나. Straight B/L, Order B/L
   사. Through B/L, Ocean B/L
   아. Shipped B/L, Received B/L

   해설 **선하증권의 종류**
   ① 통상선하증권
      ㉠ 선적에 대한 법제문언에 의한 분류
         ⓐ Shipped B/L(선적 선하증권) : "Shipped on board"로 기재
         ⓑ Received B/L(수취 선하증권) : "Received for shipment"로 기재
      ㉡ Remark 유무에 의한 분류
         ⓐ Clean B/L(무고장 선하증권)
         ⓑ Foul B/L(고장 선하증권)
         ▶ Clean B/L으로 발급받기 위해서는 보상장(letter of indemnity : L/I)이 필요
      ㉢ 수하인의 표시방법에 의한 분류
         ⓐ Straight B/L(기명식 선하증권) : 특정한 수화인이 기입된 선하증권
         ⓑ Order B/L(지시식 선하증권) : 특정한 수취인을 기입하지 않는 증권
      ㉣ 운송지역에 따라
         ⓐ Ocean B/L : 국제간의 해상운송화물에 대하여 발급
         ⓑ Local B/L : 국내 해상운송화물에 대하여 발급
   ② 특수선하증권
      ㉠ Through B/L(통과 선하증권) : 해상과 육상을 교대로 이용하여 운송하거나, 둘 이상의 해상운송인과 육상운송인이 결합하여 운송할 경우 최초의 운송인이 전구간의 운송에 대하여 책임을 지고 발행하는 운송 증권이다.
      ㉡ Red B/L : 보통의 선하증권과 보험증권을 결합시킨 것

Answer 16 사 17 나

18 선적 화물을 두 가지 이상의 운송 수단에 의하여 목적지까지 복합 운송할 때 사용되는 B/L은?

가. Direct B/L
나. FIATA B/L
사. Ocean B/L
아. Straight B/L

해설 FIATA B/L : 복합운송 선하증권 ▶ FIATA : 국제 복합운송 주선업자협회 연맹

19 선하증권상에 기재되는 내용 중 임의 기재사항에 해당하는 것은?

가. 면책 약관
나. 선박의 국적
사. 화물 선적항
아. 선하증권 발행 통수

해설 선하증권의 필수 기재사항(법정 또는 필수적 기재사항)
1. 선박의 명칭·국적 및 톤수
2. 송하인이 서면으로 통지한 운송물의 종류, 중량 또는 용적, 포장의 종별, 개수와 기호
3. 운송물의 외관상태
4. 용선자 또는 송하인의 성명·상호
5. 수하인 또는 통지수령인의 성명·상호
6. 선적항
7. 양륙항
8. 운임
9. 발행지와 그 발행연월일
10. 수통의 선하증권을 발행한 때에는 그 수
11. 운송인의 성명 또는 상호
12. 운송인의 주된 영업소 소재지

20 다음 중에서 선하증권의 법정(필요적) 기재사항에 속하는 것은?

가. 면책 약관
나. 선하증권 번호
사. 선하증권 작성 통수
아. 통지처

21 선하증권상의 Unknown clause에서 말하는 부지(不知)란 무엇을 의미하는가?

가. 화물의 내용과 품질
나. 화물의 포장 상태
사. 화물의 수화인
아. 하표 등외 외관 상대

해설 부지약관(Unknown clause)
선하증권상 화물이 양호한 상태로 선적되고, 외관상 이것과 유사한 상태로 인도한다고 기재함으로써 선적화물의 내용, 품질, 수량, 용적, 중량 등에 대하여 운송인이 책임지지 아니한다는 약관

 18 나 19 가 20 사 21 가

22 선하증권이 발행된 후 은행측에서 일반적으로 용인하는 허용기간(21일) 내에 제시되지 못하였을 경우 이 선하증권을 무엇이라 부르는가?

가. Stale B/L
나. Foul B/L
사. Straight B/L
아. Order B/L

해설 Stale B/L(기간경과 선하증권)
발급일자 후 21일 이내에 매입은행에 선하증권을 제시하여야 한다. 그리고 신용장에서 제시기간을 정하고 있는 경우에는 그 기간 내에 제시하여야 한다. 바로 이 같은 기간 내에 제시하지 않은 선하증권.

23 송화주가 선주, 지점 또는 대리점에 제출하여 B/L을 청구하는데 사용되는 중요한 서류는 다음 중 어느 것인가?

가. Boat Note
나. Mate's Receipt
사. Freight List
아. Manifest

해설 선적화물수령증(본선수령증 : Mate's receipt : M/R)
- 일등항해사가 화물의 선적이 끝나면 S/O에 기재된 사항 및 사고적요(Remark)를 기입하고 사인하여 하주에게 발행
- 출하주가 대리점에 재출하여 선하증권(B/L)을 청구하는 중요한 서류

24 양륙지에서 수하인이 화물을 인도받을 때 B/L과 교환하여 선박회사로부터 교부받는 서류는?

가. Delivery Order
나. Mate's Receipt
사. Shipping Order
아. Cargo Boat Note

해설 하도지시서(화물인도지시서 ; Delivery order ; D/O)
양하화물은 B/L과 교환하여 인도되는데 수하주가 B/L을 제출하면 선박회사는 D/O를 발행 교부한다. ☞ 수하주는 D/O를 본선측에 제시하여 화물을 찾는다.

화물운송관계서류
1. 적하에 관한 서류
   ㉠ 출하신입서 : 화주가 선박회사에 제출 ► 계약 성립
   ㉡ 수하물 목록(booking list or Shipping list)
      선박회사가 작성 – 대리점, 본선에 송부
   ㉢ 선적지시서(Shipping order ; S/O)
      - 선박회사가 본서의 선장에게 화물의 선적을 의뢰하는 지시서
      - 선박회사가 화주에게 교부 ► 화주는 S/O와 화물을 본선에 제출, 선적

Answer 22 가 23 나 24 가

② 선적화물수령증(본선수령증 ; Mate's receipt ; M/R)
  - 일등항해사가 화물의 선적이 끝나면 S/O에 기재된 사항 및 사고적요(Remark)를 기입하고 사인하여 하주에게 발행
  - 출하주가 대리점에 재출하여 선하증권(B/L)을 청구하는 중요한 서류

2. 적하 후 수속에 관한 서류
  ㉠ 선하증권(B/L)
  ㉡ 보상장(L/I) : Foul B/L을 Clean B/L로 발급받기 위한 서류
  ㉢ 운임명세목록(Freight list ; F/L)
  ㉣ 적하사고보고서(Condition report) : M/R에 기재된 사고적요를 양지에 보고하는 서류
  ㉤ 하역시간협정서(Laydays statement) : 정박일수계산서

3. 양하에 관한 서류
  ㉠ 적하목록(Manifest) : 양지에서 수입화물에 대한 선장의 신고서로 양지의 대리점의 하역상 필요한 서류
  ㉡ 창구별 화물명세서(Hatch list ; H/L)
  ㉢ 화물적부도(Stowage plan)
  ㉣ 하도지시서(화물인도지시서 ; Delivery order ; D/O)
     양하화물은 B/L과 교환하여 인도되는데 수하주가 B/L을 제출하면 선박회사는 D/O를 발행 교부한다. ▶ 수하주는 D/O를 본선측에 제시하여 화물을 찾는다.
  ㉤ 화물하도증(Boat note ; B/N)
     - 양하한 화물에 대하여 본선측이 양하한 화물이라는 것을 증명하는 서류
     - M/R와 같이 Remark가 기재됨.
     - 화물양하후 화물사고의 귀속을 판단하는 중요한 증거서류
     - 기재사항중 화물의 사고에 대해서는 Remark를 붙이고 화주와 일등항해사가 같이 서명

25 양하사고 조회서(Tracer)는 다음 중 어느 경우에 사용되는가?

가. Optional delivery 나. Mis-Landing
사. Through cargo 아. Foul B/L

해설 • mis-landing(다른 항에 양하) : 지정된 양하지 이외의 항에 양하한 경우
  ▶ Tracer를 발행하여 화물을 본래의 항으로 되돌려 보낸다.
• mis-delivery(다른 화주에 인도) : B/L에 적힌 화물과 다른 화물을 인도한 경우

26 양하항에서 화물의 인도를 위해 필요한 서류는?

가. Shipping Order 나. Delivery Order
사. Mate's Receipt 아. Export Permit

Answer 25 나 26 나

해설 하도지시서(화물인도지시서 ; Delivery order ; D/O)
양하화물은 B/L과 교환하여 인도되는데 수하주가 B/L을 제출하면 선박회사는 D/O를 발행 교부한다. ☞ 수하주는 D/O를 본선측에 제시하여 화물을 찾는다.

27 용선계약상 선주와 용선자 사이에 하역 작업을 완료하도록 약정한 시간을 무엇이라 하는가?

가. Lay days
나. Demurrage days
사. Detention days
아. Notice time

28 용선계약시 특약이 없는 한 선주의 감항능력 주의의무의 이행시기를 선적지 발항 시점으로 규정하고 있는 계약의 형태는?

가. 항해용선계약
나. 정기용선계약
사. 나용선계약
아. 운송위탁계약

29 운송인이 화물의 선적에서 양륙까지 화물에 기울여야 할 주의를 게을리 한 것을 무엇이라 하는가?

가. 상사 과실
나. 항해 과실
사. 중대 과실
아. 우연 과실

30 정기용선계약 중 용선자의 부담비용을 나타낸 것이다. 가장 거리가 먼 것은?

가. Fresh water 구입비
나. 대리점비
사. 운하 통과료
아. 본선의 수리비

해설 아. 본선의 수리비는 선주 부담
정기용선계약(Timecharter)
- 용선자가 일정한 기간을 정하여 선주가 고용한 선원을 승선시킨다는 조건에서 선박을 임대하는 계약
- 선주부담 : 선비(선원비, 선박수선비, 비품, 소모품)
- 용선자부담 : 항해비(연료비, 항비)

Answer 27 가 28 가 29 가 30 아

31 정기용선계약 기간중 선박의 사정으로 인하여 일정 기간 이상 본선의 사용이 불가능할 때 그 기간에 한하여 용선료 지불을 중단하는 것은?
   가. Claim
   나. Off-hire
   사. Cancelling
   아. Detention

32 정기용선계약의 내용에 관한 설명 중 가장 거리가 먼 것은?
   가. 용선 기간을 계약 내용으로 한다.
   나. 선주의 선박사용에 대한 대가는 용선료이다.
   사. 선장의 임면권은 선주에게 있다.
   아. 선가상각 비용은 용선자의 부담 비용에 속한다.

   해설
   • 선주부담 : 선비(선원비, 선박수선비, 비품, 소모품, 감가상각비)
   • 용선자부담 : 연료비, 항비

33 정기용선의 경우에 용선자가 부담해야 할 비용으로 옳지 않은 것은?
   가. 연료 및 보일러 수리 비용
   나. 선원의 급료, 식료품 및 음료수 비용
   사. 화물 적양하에 요하는 작업인부 임금
   아. 항세, 톤세, 예선료, 도선료

34 정박기간(Lay days)이 만료되기 전에 하역을 완료하였을 때 선주가 하주에게 지급하는 장려금을 무엇이라 하는가?
   가. Demurrage
   나. Service charge
   사. Deposit money
   아. Despatch money

   해설
   Demurrage : 체선료
   계약한 정박기간 내에 하역이 끝나지 않았을 때 화주가 1일당 계산하여 지불하는 것
   Despatch money : 조출료
   정박기간 내에 하역을 완료하였을 때 그 절약한 일수에 대한 금액을 화주에게 지불하는 장려금 ☞ 체선료의 반액

Answer 31 나 32 아 33 나 34 아

35 초과 정박기일에 대해 용선자 또는 화주가 선주에게 지불하는 위약금은?

가. Demurrage
나. Despatch money
사. Dead freight
아. Pro rata freight

해설 **Demurrage(체선료)**
용선자 또는 화주가 정박기간을 초과하여 본선을 지연시키는 계약위반을 행할 것에 대비하여 일당 배상금을 미리 책정하여 놓은 것. ▶ 화주가 선주에게 지불하는 위약금
Despatch money(조출료) : 용선자의 정박기간의 절약에 대한 선주의 장려금
Dead freight(부적운임 또는 공적운임)
부적운임 또는 공적운임은 용선할 때 일정량의 운송화물을 계약하였는데 화주가 그 계약수량을 선적하지 못하였을 때 선적하지 않은 화물량에 대해 지급하는 운임으로 일종의 위약배상금이다.
Pro rata freight(비율운임)
용선운송에서 운송도중, 부득이 항해를 중단하게 되는 경우에 그 실행한 운항비율에 따라 부과 또는 환불하는 운임

36 특약이 없는 경우 BARECON 서식에서 본선이 며칠 이상 행방불명되었을 때 계약이 종료되는가?

가. 30일
나. 60일
사. 90일
아. 120일

37 폭풍 등에 의한 해양사고를 당하여 화물에 손상이 발생했을 때 본선에서 작성하는 서류는?

가. Condition Report
나. Sea Protest
사. Cargo Manifest
아. Stowage Survey Report

38 항해 당직 중 특히 충돌이나 좌초의 방지와 관련될 경우 선박을 안전하게 운항할 1차적인 책임은 누구에게 있는가?

가. 당직 항해사
나. 선장
사. 1등 항해사
아. 선주

Answer 35 가 36 나 37 나 38 가

39 항해용선계약에서 정식 계약서를 대신하여 계약의 주요 요건을 기재한 약식 계약서는 다음 중 어느 것인가?

가. Charter party
나. Fixture note
사. Firm offer
아. Proforma charter party

해설 유효기간 내에 용선자가 firm offer(확정신청)를 승낙하는 의사를 표시하면 용선계약이 성립하게 되어 증명서류로 성약각서(Fixture note)를 작성한다.

항해용선계약의 체결 단계
- ㉠ 조회(Inquiry) ⇨
- ㉡ 신청(Offer) ⇨
- ㉢ 수정신청(Counter offer) ⇨
- ㉣ 확정신청(Firm offer) ⇨
- ㉤ 성약각서(Fixture note ; Fixture memo) ⇨
- ㉥ 용선계약서(Charter party ; C/P)

40 항해용선계약의 체결 과정에 있어서 화주나 그 대리인이 선박 운항자에게 선박의 유무 또는 여러 가지 조건의 수락 여부를 조회하는 것을 무엇이라고 하는가?

가. Inquiry
나. Offer
사. Counter offer
아. Fixture memo

41 항해용선계약의 일반적 내용 중 잘못된 것은?

가. 용선계약서상의 선적 예정일 이전에 입항하더라도 화주는 선적의 의무가 없다.
나. 해약일까지 적화 준비가 되지 않으면 화주는 계약을 해제할 수 있다.
사. 선주측의 사정으로 계약 화물량을 적재치 못한 경우 선주는 dead freight를 지불해야 한다.
아. 운임산정 기준으로서의 수량은 통상 선적량 또는 양륙양에 따른다.

해설 사. dead freight는 화주가 지급하는 배상금이다.
dead freight(부적운임 또는 공적운임)
용선할 때 일정량의 운송화물을 계약하였는데 화주가 그 계약수량을 선적하지 못하였을 때 선적하지 않은 화물량에 대해 지급하는 운임으로 일종의 위약배상금이다.

42 해상 화물 운송 주선인(Freight forwarder)의 기능에 속하지 않는 것은?

가. 선박 정비
나. 화물의 포장
사. 운송의 수배
아. 통관 수속

Answer 39 나 40 가 41 사 42 가

43. 해상법상 해난 구조가 성립하고 구조료 청구를 하기 위해 구비되어야 할 요건이 아닌 것은?

　가. 구조계약이 체결된 경우이어야만 한다.
　나. 선박 및 화물이 해난에 조우하여야 한다.
　사. 구조자에게 구조 의무가 없어야 한다.
　아. 환경 손해 등의 예외적인 경우를 제외하고는 구조가 성공하여야 한다.

44. 해상운송중 화물사고가 발생하였을 경우 선박소유자가 면책을 받을 수 있는 사유에 해당하는 것은?

　가. 감항능력 담보의무 위반으로 인한 화물사고
　나. 상사 과실로 인한 화물사고
　사. 도난으로 인한 화물 멸실
　아. 상당한 주의를 기울여도 발견할 수 없는 잠재 하자로 인한 화물사고

45. 해상운임의 상한선(최고 한도)을 결정하는 주된 요인이 되는 것은?

　가. 선복의 수요　　　　　　　　　나. 선복의 공급
　사. 화주의 운임 부담력　　　　　아. 운송인의 운송 원가

46. 화주의 사정으로 인하여 이용하지 못한 적재 용적에 대한 운임을 무엇이라 하는가?

　가. Back freight　　　　　　　　나. Dead freight
　사. Pro rata freight　　　　　　아. Additional freight

　해설　Dead freight(부적운임 또는 공적운임)
　　　용선할 때 일정량의 운송화물을 계약하였는데 화주가 그 계약수량을 선적하지 못하였을 때 선적하지 않은 화물량에 대해 지급하는 운임으로 일종의 위약 배상금이다.

47. B/L의 Copy, S/O 혹은 Freight list를 기초로 하여 작성되며 선박의 입항시에 세관 수속 서류로서, 또 본선에서 잡다한 화물을 서로 분별하는데 편리하고 유리한 서류는?

　가. Manifest　　　　　　　　　　나. List of Ships Stores
　사. Cargo Stowage Plan　　　　아. Exception List

Answer　43 가　44 아　45 사　46 나　47 가

해설 Cargo Manifest(M/F) : 적하목록
선적 화물에 대한 명세서로 양하지에서 필요한 서류이고 수입화물에 대해서 양하지의 세관에 제출하는 중요서류이다.

48 Charter Base에 전혀 영향을 주지 않는 것은?

가. 하역 조건
나. 유가(Oil price)
사. 감가상각 방법
아. 본선의 속력

해설 사. 감가상각 방법은 Hire base와 관계된다.

운항채산

$$\text{Charter base(C/B)} = \frac{\text{운임수익} - \text{항해경비}}{Deadweight\text{톤} \times \text{소요항해일수}} \times 30$$

$$\text{Hire base(H/B)} = \frac{\text{연간선비}}{Deadweight\text{톤} \times \text{연간가동일수}} \times 30$$

▶ 해운비용
  ㉠ 선비
    ⓐ 직접선비(준고정비) : 선원비, 수선비, 선용품비, 윤활유비
    ⓑ 간접선비(고정비) : 선박감가상각비, 금리, 선박보험료, 선박세
  ㉡ 항해비(운항비)
    연료비, 항비(부두사용료, 도선료, 톤세), 화물비(하역비, 선창청소비, 운임세), 항해소모품비(통신비, 밸러스트비), 기타잡비

▶ 채산이 양(+)이 되는 경우
  ㉠ 운항업자가 용선하여 운항할 경우 운항업자는 ☞ C/B > 용선료일 때
  ㉡ 선주가 용선해 주었을 때 선주는 ☞ 용선료 > H/B일 때
  ㉢ 선주가 자기 회사 선박을 직접 운항할 경우 선주는 ☞ C/B > H/B일 때

49 부정기선의 운항채산상 Charter base의 계산 요소가 아닌 것은?

가. 운임
나. 항해경비
사. 직접선비
아. 재화중량톤수

해설 직접선비는 Hire base 계산요소이다.

50 선박의 Hire base가 높다는 말은 무슨 뜻인가?

가. 선박의 운항 수익성이 높다.
나. 운항에 소요되는 비용이 많이 든다.
사. 연료유 소모량이 많다.
아. 선박을 운항하지 않는 상태에서 고정비가 많이 든다.

Answer 48 사 49 사 50 아

51 Hire Base 계산시 직접선비에 속하지 않는 것은?

가. 예비선원 대명료
나. 정기검사 수리비
사. 소모성 비품의 구입비
아. 선체보험료

해설 선체보험료는 간접선비에 속하는 요소이다.

52 해운비용 중 선비를 직접선비와 간접선비로 구분할 때 다음 중 맞는 것은?

가. 감가상각비는 간접선비이다.
나. 금리는 직접선비이다.
사. 화물비는 직접선비이다.
아. 일반관리비는 간접선비이다.

53 다음 중 일반적인 운항 채산의 비교 요소에 들지 않는 것은?

가. Charter Base
나. Hire Base
사. Charterage
아. Point of laying up

해설 Charterage : 임차료, 용선료
Point of laying up : 개선점
해운업의 악화로 운임이 하락하여 총 운송비에도 미달할 때, 그 이후의 운항을 중지함으로써 생기는 손실과 선박의 계선에 필요한 계선비가 서로 같게 되는 경우를 말한다. ▶운영을 해서 그 선박의 운임이 개선점 이하로 내려가게 되면 계선하는 것이 유리하다고 할 수 있다.

54 Foul B/L을 Clean B/L로 바꾸기 위하여 송화인이 선박회사에 제출하는 서류는 어떤 것인가?

가. Letter of Hypothecation
나. Letter of Guarantee
사. Letter of lndemnity
아. Boat Note

해설 Foul B/L : 운송인이 화물을 수령할 시에 화물이나 포장에 어떤 하자가 존재하고 있을 때 그 내용이 표시된 고장선화증권
▶ Clean B/L로 발급받기 위해서는 보상장(Letter of indemnity : L/I)이 필요하다.
보상장(Letter of indemnity ; L/I)
선주에게서 출하주가 clean B/L을 발급받기 위해 M/R에 기재된 사고 적요는 출하주가 부담한다는 것을 보증하는 서류

Answer 51 아 52 가 53 아 54 사

55 Mate's Receipt에 대한 설명이다. 옳은 것은?

가. 화물의 선적과 그것에 관련된 제반 사항을 증명하는 서류로서 본선의 1등항해사가 서명하여 발행한다.
나. 선박회사가 본선의 선장에게 화물의 선적을 의뢰하는 지시서이다.
사. 양하 화물에 대하여 화주에게 그 인도를 증명하는 서류이다.
아. Loose Cargo를 Container Freight Station에서 수령하고서 화주에게 발행하는 서류이다.

해설 Mate's receipt : M/R(선적화물수령증=본선수령증)
- 일등항해사가 화물의 선적이 끝나면 검수인(tally man)이 작성한 Tally sheet과 S/O에 기재된 사항을 비교하여 사고적요(Remark)를 기입하고 M/R을 작성, 사인하여 하주에게 발행
- 출하주가 대리점에 제출하여 선하증권(B/L)을 청구하는 중요한 서류

56 Mis-delivery에 관한 아래 설명 중 맞는 것은?

가. 지정된 양화지 이외의 장소에서 화물이 양륙되는 것을 말한다.
나. B/L에 기재된 화물이 아닌 다른 화물을 인도하는 것을 말한다.
사. 최초로 계약된 양화지가 변경되는 것을 말한다.
아. 정박시간의 부족 등으로 지정된 양화지를 초과해서 운송함을 말한다.

57 해운 동맹의 이점이라 할 수 없는 것은?

가. 운임의 안정   나. 항로의 안정
사. 해운 시장의 육성   아. 양질의 서비스 제공

58 BALTIME 정기용선계약서의 off-hire가 성립되기 위한 요건으로 맞지 아니한 것은?

가. 수선 및 드라이 도킹   나. 하역회사의 하역작업 지연
사. 선체의 손상   아. 선박 기관의 고장

59 다음 중 해상고유의 위험에 해당하지 않는 것은?

가. Collision   나. Stranding

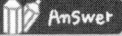 55 가 56 나 57 사 58 나 59 사

사. Wear and tear
아. Sinking

> 해설
> - Collision : 충돌
> - Stranding : 좌초
> - Sinking : 침몰
> - Wear and tear : 소모

60 하역 인부들이 하역 작업을 할 때, 본선 하역설비의 정비 불량으로 인하여 일어난 화물사고의 손해배상 책임은 누구에게 있는가?

가. 운송인
나. 하역 인부
사. 하역회사
아. 운송인과 하역회사

61 해운동맹의 단점으로 볼 수 없는 것은?

가. 과대 이윤을 추구한다.
나. 해운 기업간의 경쟁을 방지한다.
사. 운임 환급 거치 기간이 길다.
아. 기항지 수를 가급적 줄인다.

62 1924년 선하증권통일협약(Hague Rule)에서 운송인에게 면책을 인정하고 있지 않는 사항은?

가. 불가항력
나. 불감항성
사. 잠재하자
아. 항해과실

63 정박기간의 기산점과 가장 밀접한 관계를 가지는 서류는?

가. N/R
나. M/R
사. B/N
아. D/O

> 해설 N/R(Notice of readiness : 하역준비 완료통지서)
> 선적지에 도착하면 선장은 화주에게 의무적으로 N/R을 전달하며, 화주는 지체없이 선적을 개시한다.

64 항만 지역에서 멀리 떨어진 내륙 지역에서 컨테이너 화물을 능률적으로 운송 또는 취급하기 위해 마련한 혼재용 터미널을 무엇이라 부르는가?

가. Inland Container Depot
나. Container Freight Station
사. Container Yard
아. Marshalling Yard

Answer 60 가 61 나 62 나 63 가 64 가

65. 항해용선계약의 정박기간 산정에 관한 다음 설명 중 틀린 것은?

가. 그 항구의 관습적인 하역방법이나 하역능력에 따라 가능한 한 빨리 하역을 마친다는 약정을 "관습적 조속 하역(Customary Quick Despatch)"이라 한다.

나. "연속정박기간(Running Lay Days)"이란 우천, 동맹파업, 기타 불가항력에 의한 하역 불능의 경우는 정박일수에 산입하지 않는 조건이다.

사. "SHEX"란 "Sundays and Holidays Excepted"의 약자로서 일요일과 공휴일은 정박기간에서 제외한다는 뜻이다.

아. "기상상태가 하역작업가능일(Weather Working Day)"이란 천후가 양호하여 하역이 가능한 작업일을 가지고 정박기간을 산정하는 것이다.

해설 연속정박기간(Running lay day)은 하역기간 시작부터 종료까지의 경과일수를 정박기간으로 하는 방법이다.

66. 다음 중 하역서류에 대한 기능으로 틀린 것은?

가. Mate's Receipt – 본선 화물 선적 후에 본선 책임자가 발행하는 화물 수령증

나. Letter of Indemnity – 클린 선하증권을 발행받기 위해 화주측에서 제출하는 보상장

사. Delivery Order – 선사가 본선에 화물 인도를 지시하는 화물인도 지시서

아. Cargo Boat Note – 선적화물 이송시 사용되는 비용에 대한 대금청구서

해설 Boat Note(B/N : 화물 인도증)
- 양하한 화물에 대하여 본선측이 양하한 화물이라는 것을 증명하는 서류
- M/R와 같이 Remark가 기재됨.
- 화물 양하 후 화물사고의 귀속을 판단하는 중요한 증거서류
- 기재사항중 화물의 사고에 대해서는 Remark를 붙이고 화주와 일등항해사가 같이 서명

67. 정기 용선에서 선주의 과실로 인해 선박이 운항중지가 되었을 때 용선자가 용선료 지불을 중지하는 내용을 규정한 약관의 이름은?

가. Off-hire clause
나. Sublet clause
사. Employment clause
아. Lien clause

해설 Off-hire clause : 용선정지약관

Answer 65 나 66 아 67 가

단원별 3급 항해사

68 화물손해책임의 거증서류 중 선적지에서 작성되지 않는 것은?
- 가. Mate's Receipt
- 나. Dock Receipt
- 사. Exception List
- 아. Cargo Boat Note

 Cargo Boat Note는 양하지에서 작성된다.

69 아래 열거한 서류 중에서 화물손상 책임에 대항하기 위한 거증 서류가 아닌 것은?
- 가. Exception List
- 나. Stowage Survey Report
- 사. On-hire Survey Report
- 아. Out-turn Report

- Exception List : 선적 사고 보고서
- Stowage Survey Report : 적부감정서
- Out-turn Report : 양하지 검사보고서

70 선적 화물 운송시 발생된 사고화물 조회서(Tracer)와 관계없는 것은?
- 가. Over Landed Cargo
- 나. Short Landed Cargo
- 사. Mis-Landing Cargo
- 아. Optional Cargo

 Optional Cargo : 양하지 선택화물
선적할 때 그 양하항이 확정되지 않고 기항 순서에 따라 몇 개의 항을 기재하고 하주가 화물의 도착전에 양하항을 결정하는 조건으로 선적된 화물

71 선적시에 선적 화물의 수량 및 제반 현상에 대한 수취를 증명하고 양화시에는 본선측과 수화인 또는 양화업자 사이에 Tally Sheet에 의하여 화물 인도를 증명하는 서류가 발급된다. 이들 서류가 옳게 짝지어진 것은?
- 가. Mate's Receipt – Delivery Order
- 나. Shipping Order – Delivery Order
- 사. Mate's Receipt – Cargo Boat Note
- 아. Shipping Order – Bill of Lading

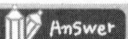 68 아 69 사 70 아 71 사

72 송화인이 선박 회사에 제출하는 운송 의뢰서는?
   가. Bill of lading
   나. Booking list
   사. Shipping request
   아. Export declaration

   해설
   - Bill of lading : 선하증권 ▶ 선박회사가 화주에게 발행
   - Booking list : 수하목록 ▶ 선박회사가 본선에게 통보
   - Shipping request : 화물 선적요청서 ▶ 송하인이 선주에게 운송 의뢰하는 서류
   - Export declaration : 수출신고서 ▶ 송하인이 세관에게 제출

73 용선계약(Charter party)의 성립을 위해 협의 과정에서 필요한 요건을 제시하는 서류는?
   가. Booking note
   나. Firm offer
   사. Shipping request
   아. Space report

   해설 **Firm offer(확정신청)**
   선사가 용선자가 요구하는 각종 조건에 대하여 검토하여 협의하는 과정에서 제시하는 서류
   용선계약의 성립 과정
   ㉠ Inquiry(조회) ⇨ ㉡ Offer(신청) ⇨ ㉢ Counter offer(수정신청) ⇨ ㉣ Firm offer(확정신청) ⇨ ㉤ Fixrure note(성약각서) ⇨ ㉥ Charter party(C/P : 용선계약서)

74 해상 운임의 결정 요소에 속하지 않는 것은?
   가. 항해 거리
   나. 항만 사정
   사. 화물의 중량
   아. 운송 선박의 국적

75 항해용선계약에서 양화시 선내 하역인부 임금 부담은 용선자, 그리고 선적시는 선주가 부담하는 조건을 나타낸 것은?
   가. Free in
   나. Free out
   사. Free trimmed
   아. Steamer trimming

   해설 **하역비 부담조건**
   ㉠ Berth term : 인부의 임금 및 항비를 선주가 부담하는 것
   ㉡ F.I.O.(Free in and out) : 적양하 모두 화주가 선내 인부의 임금을 부담하는 것
   ㉢ F.I.(Free in) : 적하의 경우만 화주가 부담하는 것
   ㉣ F.O.(Free out) : 양하의 경우만 화주가 부담하는 것 ▶ 적하시는 선주부담
   ㉤ Gross term : 항비, 적양하 하역비 및 부선 하역비 일체를 선주가 부담하는 조건
   ㉥ Net term : 항비, 적양하 하역비 및 부선 하역비 일체를 화주가 부담하는 조건

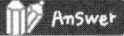 72 사 73 나 74 아 75 나

76 화물 인도 및 수령과 관계 없는 서류는?

- 가. Shipping Order
- 나. Mate's Receipt
- 사. Boat Note
- 아. Fixture Note

해설 Fixture Note는 용선계약시에 작성하는 서류이다.
  - 가. **Shipping order(선적지시서 : S/O)**
    - 선박회사가 본서의 선장에게 화물의 선적을 의뢰하는 지시서
    - 선박회사가 화주에게 교부 ⇨ 화주는 S/O와 화물을 본선에 제출, 선적
  - 나. **Mate's receipt(본선수령증 : M/R)**
    - 일등항해사가 화물의 선적이 끝나면 S/O에 기재된 사항 및 사고적요(Remark)를 기입하고 사인하여 하주에게 발행
    - 출하주가 대리점에 재출하여 선하증권(B/L)을 청구하는 중요한 서류
  - 사. **Boat note(화물하도증 : B/N)**
    - 양하한 화물에 대하여 본선측이 양하한 화물이라는 것을 증명하는 서류
    - M/R와 같이 Remark가 기재됨
    - 화물양하 후 화물사고의 귀속을 판단하는 중요한 증거서류
    - 기재사항중 화물의 사고에 대해서는 Remark를 붙이고 화주와 일등항해사가 같이 서명
  - 아. **Fixture Note(성약 각서)** : 용선계약체결시에 작성하는 서류

77 여러 화주로부터 개개의 화물운송을 인수하는 계약 형태는?

- 가. Consecutive Voyage Charter
- 나. Affreightment in a General Ship
- 사. Contract of Affreight with Long Term
- 아. Charter Party

해설 **Affreightment in a General Ship : 개품운송계약**
선박회사가 여러 하주와 화물의 운송을 개별적으로 맺는 계약으로, 많은 화물을 여러 하주로부터 받아 함께 선적하므로 정기선(Liner)에서 많이 이루어진다.

78 항해용선계약과 거리가 먼 것은?

- 가. 항해 단위로 계약을 체결한다.
- 나. 항해에 대한 대가는 운임이며, 선적량 또는 선복량에 따른다.
- 사. 선주는 선비만을 부담한다.
- 아. 선박의 점유 지배는 선주에게 있다.

Answer 76 아 77 나 78 사

79 양륙항에서 수화인이 B/L의 도착 전에 화물을 인수하기 위해 사용되는 것은?

가. Outturn report
나. Letter of guarantee
사. Hatch list
아. Condition report

해설 Letter of Guarantee(L/G) : 수입화물 선취보증서
화물은 이미 도착하였으나 운송서류가 도착하지 않았을 경우, 운송서류 대신에 수입자와 신용장(L/C) 개설은행이 연대를 보증한 보증서를 선박회사에 B/L원본 대신 제출하고 화물을 인도받는 보증서

80 다음 국제해사협약 중에서 국제연합에서 채택한 해상물품운송규칙을 의미하는 것은?

가. 1924년 헤이그 규칙(Hague rule)
나. 1968년 비스비 규칙(Visby rule)
사. 1974년 요크엔트워프 규칙(York-Antwerp rule)
아. 1978년 함부르크 규칙(Hamburg rule)

81 랜드 브릿지 시스템(Land bridge system)이란 무엇을 의미하는가?

가. 해륙간 통신 체제
나. 해륙간 일관 수송
사. 해난 구조 체제
아. 연안 항로 교통망

해설 Land bridge system
선박과 자동차, 철도 등 육지와 바다를 연결시켜 복합운송하는 형태의 국제수송방식으로 운송 비용의 절감과 하역시간의 단축이 목적이다.

82 다음 중 항해용선계약에서 일반적으로 운송인의 면책약관에 해당되지 않는 것은?

가. War clause
나. Strike clause
사. Ice clause
아. Paramount clause

83 해상운송인으로서의 선박소유자의 감항능력 주의의무의 실행 시기는?

가. 운송계약 체결시
나. 화물 인수시
사. 발항 당시
아. 목적항 도착시

Answer 79 나 80 아 81 나 82 아 83 사

84 다음 중 해운서비스의 특징이라 할 수 없는 것은?
   가. 대량 수송성
   나. 수송비의 저렴성
   사. 국제성
   아. 수송의 고속성

85 용선자(charterer)가 선박을 임대차하고 선원을 고용하여 운항하는 계약방식은?
   가. 개품운송계약
   나. 항해용선계약
   사. 정기용선계약
   아. 나용선계약

   해설 나용선계약(Bareboat Charter) = 선박 임대차 계약
   선박이 건조된 상태에서 선박을 일정한 기간 동안 빌려서 그 선박에 대한 지휘, 명령권을 가지고 해상 활동에 이용하는 계약으로 선박소유자와 같은 지위를 누린다.

86 선주가 일정기간 동안 용선자에게 선박을 대여하여 그 용선자가 선장 이하 전 선원을 고용하여 그 선장을 통하여 점유하는 용선 계약은 다음 중 어느 것인가?
   가. Time charter
   나. Bare-boat charter
   사. Trip charter
   아. Lumpsum charter

87 Freight to collect 조건의 운송계약일 경우 운임 보험은 누가 가입하는가?
   가. 운송인
   나. 송화인
   사. 수화인
   아. 용선자

   해설 Freight to collect 조건의 운송계약은 후불운임조건으로 화물이 목적지에 도착한 후 수화주(Consignee) 또는 그 대리인이 운임을 지불하는 것으로 보험은 운송인이 가입한다.

88 2종류 이상의 운송수단을 연계시켜 운송할 경우 운송구간에 따라 적용되는 운임의 종류에 해당되지 않는 것은?
   가. Through fright
   나. Local freight
   사. Arbitrary
   아. Back freight

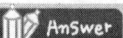 84 아 85 아 86 나 87 가 88 아

> **해설** Back freight : 반송운임
> 화물이 사정에 의해 반송될 때 지급하는 운임으로 일종의 할증운임으로 후불운임이라고도 한다.
> Arbitrary : 추가운임
> 물동량이 적은 항에서는 직항서비스가 불가능하므로 이러한 항구의 화물운송은 전통(全通) 운송으로 전통운임(Through Freight)을 징수하고 최종목적지까지의 수송을 인수하게 되는데, 이때 받는 추가운임
> Local freight : 구간운임
> 복합운송에 있어서는 단일의 통운임(Through Rate) 또는 각 구간의 합산운임(Joint Rate)이 징수되는데, 후일 계약 운송인은 제2운송인 이하에 대하여 각각 담당한 구간에 대한 구간운임(Local Freight)을 지급한다.

89 나용선 계약을 설명한 것으로 맞는 것은?

가. 일정한 항해를 기초로 하여 화주와 선박 운항자간에 체결하는 계약이다.
나. 선주는 선비, 선원비를 부담하고 용선자는 운항비를 부담한다.
사. 임차인은 화주 또는 용선자에 대해 감항담보의 책임을 진다.
아. 선박운항에 따른 수지 계산은 선주가 한다.

90 부정기선 운항에서 용선자가 선박을 일정 기간 동안 용선하여 운항비를 부담하며 영업 배선을 하는 용선을 무엇이라 부르는가?

가. 항해용선 나. 정기용선
사. 나용선   아. 위탁 운항

> **해설** 부정기선의 용선
> ㉠ 항해용선계약(Voyage Charter)
> 어느 항에서 다른 항까지 화물의 운송을 의뢰하는 하주(용선자)와 선박운항업자와의 사이에 체결하는 운송계약
> ㉡ 정기용선계약(Time Charter)
> 용선자가 용선 선박의 운송 능력을 일정기간 동안에 이용하기 위하여 용선한 계약
> ㉢ 나용선계약(Bareboat Charter) = 선박 임대차 계약
> 선박이 건조된 상태에서 선박을 일정한 기간 동안 빌려서 그 선박에 대한 지휘, 명령권을 가지고 해상 활동에 이용하는 계약으로 선박소유자와 같은 지위를 누린다.
> ㉣ 운항위탁 계약
> 자기 선박을 직접 배선과 운항을 할 수 없는 선주가 배선과 운항 능력을 가진 선주에게 자선의 배선과 운항을 위탁하는 계약

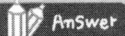 89 사 90 나

91 다음 중 부정기선 운임의 특징에 속하는 것은?
가. 독점 운임 나. 경쟁 운임
사. 동맹 운임 아. 관리 운임

92 유조선의 용선 중 한 항해를 기준으로 용선계약을 체결하는 것은?
가. Time charter 나. Bareboat charter
사. Spot charter 아. Consecutive voyage charter

해설 Spot charter : 원재료 등의 화물을 1회 항해의 항해용선으로 운송하는 것

93 Lumpsum Charter는 다음 중 어느 운송계약과 관계가 깊은가?
가. 개품운송계약 나. 항해용선계약
사. 정기용선계약 아. 나용선계약

해설 Lumpsum Charter : 선복용선계약
항해용선계약(Voyage Charter)의 종류로 계약화물의 선적량에 따라서 운임을 산정하는 것이 아니고 1항차당 운임을 정하는 계약으로 주로 원목운송과 같이 갑판적재가 허용되는 화물에서 많이 이용된다.

94 다음 용선계약서 약어 명칭 중 항해용선계약에서 많이 사용하는 표준 서식은?
가. GENCON 나. BALTIME
사. PRIDUCE FORM 아. BARECON

95 다음 중 양화 후 화물 사고의 귀속을 판단하는 중요한 증거서류는?
가. Freight List 나. Shipping Order
사. Cargo Boat Note 아. Delivery Order

해설
- Freight List : 운임명세목록
- Shipping Order : 선적지시서
- Cargo Boat Note : 화물인도증
- Delivery Order : 화물인도지시서

Boat Note(B/N : 화물 인도증)
- 양하한 화물에 대하여 본선측이 양하한 화물이라는 것을 증명하는 서류
- M/R와 같이 Remark가 기재됨.
- 화물 양하 후 화물사고의 귀속을 판단하는 중요한 증거서류
- 기재사항중 화물의 사고에 대해서는 Remark를 붙이고 화주와 일등항해사가 같이 서명

Answer 91 나 92 사 93 나 94 가 95 사

96 양화지에서 용선자의 대리점으로 하여금 양화주선 등 선박 사무를 대행케 하고 이에 대해 선주가 지불하는 수수료와 선박의 복항시 수화인 또는 용선자의 대리인이 회항화물을 주선하였을 때 선주가 지불하는 수수료는?

가. Address commission
나. Agent fee
사. Brokerage
아. Additional rate

97 항해용선계약에서 하역 작업이 가능한 날씨의 작업일만을 정박기간(Laytime)으로 계산한다는 계약조건은?

가. C.Q.D.
나. W.W.D.
사. Running days
아. Laydays

> 해설 Weather working days(W.W.D. : 호천하역일)
> 일기가 양호하여 하역이 가능한 작업일만을 정박기간으로 하는 방법
> Customary quick despatch(C.Q.D. : 관습적 조속하역)
> 그 항구의 관습에 의한 하역 능력으로 가능한 빨리 하역을 마친다는 약정
> Running lay days(연속정박기간)
> 휴일 등을 고려하지 않고 하역기간 개시부터 완료까지의 경과 일수를 우천, 정박기간으로 하는 방법

98 다음은 부정기선 화물의 특징을 열거한 것이다. 해당되지 않는 것은?

가. 화물의 인도일을 정확히 지켜야 되는 화물
나. 운임 부담력이 적은 화물
사. 출하시기가 불규칙한 화물
아. 수송 단위가 큰 대량 화물

99 Hire Base의 계산과 관계가 먼 것은?

가. 선박 보험료
나. 선박 재산세
사. 선용품비
아. 선창 청소비

> 해설 선창 청소비는 Charter base와 관계있다. ▶ 운항비와 관계

Answer 96 가 97 나 98 가 99 아

▶ 해운비용
 ㉠ 선비 ▶ Hire Base와 관계
  ⓐ 직접선비(준고정비) : 선원비, 수선비, 선용품비, 윤활유비
  ⓑ 간접선비(고정비) : 선박감가상각비, 금리, 선박보험료, 선박세
 ㉡ 항해비(운항비) ▶ Charter Base와 관계
  연료비, 항비(부두사용료, 도선료, 톤세), 화물비(하역비, 선창청소비, 운임세), 항해소모품비(통신비, 밸러스트비), 기타잡비

100 B/L의 특성이 아닌 것은?
가. 유가증권 나. 채권적 증권
사. 화물권리 증서 아. 운임증서

101 컨테이너 화물 수송에서 Dock Receipt의 발행은 주로 누가 하는가?
가. Chief Officer 나. Ship's Master
사. Ship's Agent 아. C.Y. Operator

102 다음 중 일반적으로 운송인이 책임을 져야 되는 해상 화물 손해의 원인은?
가. 항해 과실 나. 천재지변
사. 선박의 불감항 아. 잠재 하자

103 적양하를 위한 Stevedore fee를 화주가 부담하는 조건은?
가. Berth term 나. F.I.O.
사. F.O.B. 아. Net term

해설 하역비 부담조건
㉠ Berth term : 인부의 임금 및 항비를 선주가 부담하는 것
㉡ F.I.O.(Free in and out) : 적양하 모두 화주가 선내 인부의 임금을 부담하는 것
㉢ F.I.(Free in) : 적하의 경우만 화주가 부담하는 것
㉣ F.O.(Free out) : 양하의 경우만 화주가 부담하는 것 ▶ 적시는 선주부담
㉤ Gross term : 항비, 적양하 하역비 및 부선 하역비 일체를 선주가 부담하는 조건
㉥ Net term : 항비, 적양하 하역비 및 부선 하역비 일체를 화주가 부담하는 조건

Answer 100 아 101 아 102 사 103 나

104 화물의 중량 또는 용적에 따라 책정되는 운임으로서 화물의 종류, 내용에 관계없이 컨테이너 1개당 또는 Trailer, 화차당으로 화물 취급량에 대하여 정하여지는 운임은?

가. FAK rate 나. Through rate
사. MLB rate 아. Base rate

해설 FAK rate : 품목 무차별 운임
품목에 관계없이 동일하게 적용하는 운임
Through Freight : 통과운임, 통운임
일관된 운송계약에 의하여 최초의 적하지에서부터 최후의 목적지에 이르기까지의 전 운송구간에 대하여 최초의 운송인이 징수하는 단일운임
MLB rate : (MINI LAND BRIDGE) : 복합운송경로 운임
동아시아에서 미국의 태평양 연안까지는 해상운송하고 이어서 철로를 통하여 미국 동해안 혹은 멕시코만의 항구까지 운송한 뒤, 다시 해상으로 목적지까지 운송하는 복합운송경로 운임
Base rate : 기본운임

105 선하증권의 면책 조항에 속하지 않는 것은?

가. 불가항력에 의한 좌초 나. 선창내 통풍 불량
사. 인명 구조를 위한 이로 아. 부두 노동자의 파업

106 선적 화물을 선적 또는 양하하는 경우에 그 화물의 개수의 계산 또는 인도의 증명을 맡고 있는 사람을 무엇이라 하나?

가. Surveyor 나. Tally man
사. Sworn measurer 아. Longshore man

해설 Surveyor : 감정인
선적화물에 손해가 발생하였을 때에 손해의 정도나 원인을 조사·확인하기 위하여 관계자의 의뢰에 의하여 그 손해의 검사 및 감정을 전문적으로 하는 자를 말한다. ▶ 검정의 결과 검정인은 검정보고서(Survey Report)를 발행한다.
Tally man : 검수인
Sworn measurer : 검량인
화물의 총중량 및 용적을 검량하는 자
Longshore man : 부두노동자
선박에 화물을 적재하고 양하하고 정리하는 작업을 위하여 선사 또는 하역회사 등이 고용하고 있는 노무자

Answer 104 가 105 나 106 나

107 운임의 부과기준에 따른 부정기선 운임의 종류에 해당되지 않는 것은?

가. Freight per ton
나. Lump sum freight
사. Daily charter rate
아. Administered rate

해설 부정기선 운임 종류
  ㉠ Freight per ton(톤당 운임) = Dead Freight(공적운임)
     선적하기로 계약했던 화물량보다 실제 선적량이 적은 경우 용선자(Charterer)인 화주가 그 부족분에 대해서도 지불하는 운임 ▶ 일반적으로는 톤당 운임(freight per ton)으로 계약
  ㉡ Lump sum Freight(선복운임)
     화물의 개수, 중량 혹은 용적과 관계없이 일 항해(trip or voyage) 혹은 선복(space)을 기준으로 하여 일괄 계산하는 운임
  ㉢ Daily charter rate(일대용선운임)
     본선이 계약 지정 선적항에서 화물을 적재한 날로부터 기산하여 계약 지정 양륙항까지 운송하여 화물을 인도 완료할 때까지 1일(24시간) 계산하는 운임
  ㉣ Long Term Contract Freight(장기운송계약운임)
     원료 및 제품을 장기적·반복적으로 수송하기 위한 장기운송계약 체결시의 운임
     ▶ 몇 년간 몇 항차 또는 몇 년간 몇 만톤으로 계약하게 된다.

108 World Scale Rate란 무엇을 의미하는가?

가. Bulk carrier의 적화계수
나. Log carrier의 적재율
사. Container의 운임률
아. Tanker의 운임률

해설 World Scale Rate : 유조선의 운임 단위로 사용되는 유조선 운임지수

109 다음 중 항해용선계약에 관한 설명에 해당하지 않는 것은?

가. 선원의 배승은 선주가 행한다.
나. 용선기간은 통상 선박이 선적지에 도착한 때부터 양하지에서 화물양륙을 완료할 때까지이다.
사. 선하증권의 발행자는 선주, 선장 또는 그 대리인이다.
아. Off-hire 조항이 있다.

해설 Off-hire는 정기용선계약의 조항에 있다.
  • Off-hire : 정기용선계약 기간중 선박의 사정(선주)으로 인하여 일정 기간 이상 본선의 사용이 불가능할 때 그 기간에 한하여 용선료 지불을 중단하는 것

Answer 107 아 108 아 109 아

110 양하항에 선박 입항 시 세관 수속용으로 사용되는 선적 관계 서류는?

가. Export Permit　　　나. Cargo Manifest
사. Stowage Survey Report　　　아. Hatch Survey Report

해설
- Export Permit : 수출신고필증(수출면장)
- Stowage Survey Report : 적하감정보고서
- Cargo Manifest(M/F) : 적하목록
  선적 화물에 대한 명세서로 양하지에서 필요한 서류이고 수입화물에 대해서 양하지의 세관에 제출하는 중요서류이다.
- Hatch Survey Report : 창구검사보고서

111 체선료의 지불에 의해 정박시킬 수 있는 기간을 초과하여 선박을 정박시키는 경우 그 체선에 대해 용선자 혹은 화주가 선주에게 지불하는 금액은?

가. Damages for detention　　　나. Despatch money
사. Husbanding fee　　　아. Indemnity

해설
- Damages for detention : 체선 손해 배상금
- Despatch money : 조출료 : 용선자의 정박기간의 절약에 대한 선주의 장려금
- Husbanding fee = Agent fee : 대리점료
- Indemnity : 보상금

112 다음 설명 중 옳지 않은 것은?

가. Gross Term은 항비, 적양하 하역비 및 부선 하역비 일체를 선주가 부담한다.
나. Free In은 선적 하역비를 선주가 부담한다.
사. Free In & Out은 화주가 적양하 하역비를 부담한다.
아. Net Term은 항비, 적양하 하역비 및 부두 하역비 일체를 화주가 부담한다.

해설 하역비 부담조건
㉠ Berth term : 인부의 임금 및 항비를 선주가 부담하는 것
㉡ F.I.O.(Free in and out) : 적양하 모두 화주가 선내 인부의 임금을 부담하는 것
㉢ F.I.(Free in) : 적하의 경우만 화주가 부담하는 것
㉣ F.O.(Free out) : 양하의 경우만 화주가 부담하는 것 ▶ 적하시는 선주부담
㉤ Gross term : 항비, 적양하 하역비 및 부선 하역비 일체를 선주가 부담하는 조건
㉥ Net term : 항비, 적양하 하역비 및 부선 하역비 일체를 화주가 부담하는 조건

Answer　110 나　111 가　112 나

113 순전히 선주 업무인 본선 관리에 관한 사무만을 취급하는 대리점은?
  가. Husbanding Agent
  나. Ship's Agent
  사. Booking Agent
  아. Canvassing Agent

  해설
  • Husbanding Agent : 선박 관리업무 대리점
  • Ship's Agent : 선박대리점
    선박회사와의 대리점계약에 의해 선박회사의 지점이 없는 기항지에서 집하, 운항, 본선의 입출항 사무 등을 취급하는 업자
  • Booking Agent : 집하 대리점

114 수출업자(화주)를 대신하여 선적 수속, 화물의 포장, 보관, 통관 업무 등을 행하는 업자를 무엇이라 하는가?
  가. Stevedore
  나. Chartering Broker
  사. Freight Forwarder
  아. Solicitor

  해설
  • Stevedore : 하역업자
  • Chartering Broker : 용선 중개인
  • Freight Forwarder : 운송 주선인
  • Solicitor : 사무 변호인

115 다음 중 해운동맹의 대외적 협정 수단에 속하는 것은?
  가. 계약 운임제
  나. 수송 협정
  사. 공동 경영
  아. 합동 계산

116 다음 중 통상적으로 정기용선계약서에 기재되는 조항이 아닌 것은?
  가. 용선료
  나. 용선 기간
  사. 선주의 책임 및 면책 조항
  아. 용선자가 지급하는 선원의 급료 조정사항

117 정기선 운항의 특징에 해당되지 않는 것은?
  가. 규칙적인 운항
  나. 용선 계약
  사. 다수의 화주
  아. 포장 화물

  해설 용선 계약은 부정기선의 운용방식이다.

Answer 113 가 114 사 115 가 116 아 117 나

118. 재래정기선에 의한 화물운송에 비해 컨테이너 운송의 이점이라고 할 수 없는 것은?
   가. 포장비의 절감
   나. 운송 시간의 단축
   사. 하역 시간의 단축
   아. 운임의 절감

119. 도선사나 선장, 해원이 선박의 항해 및 관리상의 과실을 일으킨 것을 무엇이라 하는가?
   가. 감항능력 과실
   나. 항해 과실
   사. 상업 과실
   아. 고의 과실

120. 항해용선계약에서 적양하 모두 관습적으로 신속하게 하역 작업을 하는 조건하에 하역비용 및 항비를 선주가 부담하는 조건은?
   가. FIO
   나. Berth Terms
   사. FO
   아. CIF

   해설 가. F.I.O.(Free in and out) : 적양하 모두 화주가 선내 인부의 임금을 부담하는 것
        나. Berth term : 인부의 임금 및 항비를 선주가 부담하는 것
        사. F.O.(Free out) : 양하의 경우만 화주가 부담하는 것 ▶ 적하시는 선주부담
        아. CIF(Cost Insurance and freight) : 운임·보험료 포함 가격)
           도착지까지의 운임 및 보험료를 포함하는 가격

121. "No cure, no pay" 원칙은 다음 중 어떤 것과 가장 관련이 있는가?
   가. 해상 보험
   나. 해난 구조
   사. 선박 충돌
   아. 공동 해손

   해설 ▶ No cure, No pay : 불성공 무보수계약(不成功無報酬契約)
        구조작업에 성공한 경우에만 구조료를 지불하고, 성공하지 못하면 어떠한 지불도 하지 않는 것을 조건으로 하는 계약이다.

Answer 118 아 119 나 120 나 121 나

제04장 해사관련 국제협약

1. SOLAS

01 고체 벌크화물의 안전한 취급에 관한 규칙(Code of Safe Practice for Solid Bulk Cargoes : BC Code)의 적용대상 선박은?
　가. 크기에 관계없이 모든 선박
　나. 총톤수 500톤 이상의 모든 선박
　사. 총톤수 600톤 이상의 모든 선박
　아. 총톤수 1,000톤 이상의 모든 선박

02 다음 중 Fire Control Plan에 반드시 포함시키지 않아도 좋은 것은?
　가. 휴대식 소화기의 용량　　나. 화재탐지장치
　사. 소화설비 구획실　　　　아. 송풍기 제어장치

03 다음 중 SOLAS 협약에 포함되지 않는 것은?
　가. 구명설비　　　　　　　나. 무선통신
　사. 자동화 선박의 시설기준　아. 화물의 운송

04 다음 중 SOLAS 협약에 규정된 소방원의 개인장비에 포함되지 않는 것은?
　가. 전기적 비전도물로 된 장갑과 장화
　나. 방호복
　사. 전기적 비전도물로 된 모자
　아. 3시간 점등할 수 있는 휴대용 전등

Answer　01 가　02 가　03 사　04 사

05 소방원장구를 구성하는 물건이 아닌 것은?
   가. 고무 또는 절연성 재료로 제조된 장화 및 장갑
   나. 최소한 3시간 점등할 수 있는 승인된 형식의 휴대용 전등
   사. 자장식 공기 호흡구와 견고한 헬멧
   아. 주관청이 인정하는 소화호스

   해설 소방원의 장구는 개인장구1조 + 호급구 + 구명줄로 구성되어야 한다.
   개인장구는 방화복 + 장화와 장갑 + 안전모 + 안전등 + 방화 도끼로 되어 있다.

06 진수하는 구명정과 본선과의 마찰 및 선체동요로 인한 구명정 손상을 방지하기 위해 설치된 장치는?
   가. Boat skate   나. Floating block
   사. Painter   아. Cradle

07 총톤수 1,000톤 미만의 화물선에 비치하여야 할 소화호스의 수는?
   가. 15개 이상   나. 10개 이상
   사. 5개 이상   아. 3개 이상

   해설 1000톤 미만은 3개, 1000톤 이상은 5개

08 총톤수 1,000톤 이상의 선박은 거주구역, 업무구역 및 제어장소에 적어도 몇 개 이상의 휴대식 소화기를 비치하여야 하는가?
   가. 5개   나. 7개
   사. 10개   아. 15개

09 화물선 안전구조증서의 유효기간은?
   가. 1년   나. 2년
   사. 3년   아. 5년

Answer   05 아   06 가   07 아   08 가   09 아

10 화물선 안전설비증서의 유효기간은?
- 가. 12개월
- 나. 24개월
- 사. 30개월
- 아. 5년

11 화물선의 다음 장소 중에서 SOLAS 협약상 그 조명용 비상전원이 적어도 3시간 동안만 공급되면 되는 곳은?
- 가. 거주구역 내의 통로
- 나. 구명정이 있는 갑판위 및 선측
- 사. 기관구역 및 주발전장소
- 아. 소방원장구가 보관된 장소

12 SOLAS 협약상 구명부환(Life buoy)에 관한 규정이다. 틀린 것은?
- 가. 구명부환은 파도에 유실되지 않도록 선체에 고박되어 있어야 한다.
- 나. 구명부환의 위치는 쉽게 이용하도록 양현에 균등히 분산되어 있어야 하고, 그 중 1개는 선미에 비치되어야 한다.
- 사. 구명부환 총 개수의 절반 이상에는 자기점화등이 부착되어 있어야 하고 두 개에는 자기발연부신호도 부착되어 있어야 한다.
- 아. 구명부환 표면에 선명과 선적항을 로마식 알파벳 고형문자(block capital)로 표시하여야 한다.

  해설 신속히 떼어내어 던질 수 있도록 보관되어 어떤 방법으로든 고박되어 있지 아니하여야 한다.

13 SOLAS 협약상 총톤수 4,000톤 미만의 여객선 및 총톤수 1,000톤 이상의 화물선에 최소한 몇 대의 독립 구동 소화펌프를 비치하여야 하는가?
- 가. 1대
- 나. 2대
- 사. 3대
- 아. 주관청이 인정하는 대수

Answer 10 아 11 나 12 가 13 나

14 SOLAS 협약에 나오는 용어의 정의 중 틀린 것은?
가. 주관청이란 선박이 그 국가의 국기를 게양할 자격을 가진 국가의 정부를 말한다.
나. 국제항해란 이 협약이 적용되는 한 국가에서 그 국외항에 이르는 항해 또는 그 반대의 항해를 말한다.
사. 여객선이란 13인을 초과하는 여객을 운송하는 선박을 말한다.
아. 탱커란 인화성 액체화물을 벌크상태로 운송하기 위하여 건조되거나 개조된 화물선을 말한다.

해설 여객선이란 12인을 초과하는 여객을 운송하는 선박을 말한다.

15 SOLAS 협약에서 주조타기의 성능은 최대 항해흘수에서 최대 항해속력으로 전진중에 한쪽 타각 35도에서 반대쪽 타각 30도까지 몇 초 이내에 전타 가능하도록 규정되어 있는가?
가. 25초
나. 28초
사. 30초
아. 35초

16 SOLAS 협약의 적용을 받는 여객선이 반드시 받아야 할 검사가 아닌 것은?
가. 선박 취항 전의 검사
나. 6개월마다 1회의 중간검사
사. 12개월마다 1회의 정기적 검사
아. 임시의 추가검사

해설 여객선이 받아야 하는 검사
㉠ 선박 취항 전 최초검사
㉡ 12개월마다 1회의 정기검사
㉢ 임시의 추가검사

17 SOLAS 협약상 가장 약한 보전 방열성을 가지는 방화구획은?
가. A-0급
나. B-15급
사. C급
아. D급

Answer 14 사 15 나 16 사 17 사

18. SOLAS 협약상 생존정의 의장품을 포함한 선박의 구명설비의 사용에 관한 훈련은 선원이 승선한 후 가능한 빨리 그러나 늦어도 ( ) 이내에는 실시되어야 한다. ( )에 적합한 것은?
   - 가. 1주일
   - 나. 2주일
   - 사. 3주일
   - 아. 1개월

19. SOLAS 협약상 선내 퇴선훈련의 내용으로 규정되어 있지 않은 것은?
   - 가. 구명조끼의의 착용상태 점검
   - 나. 구명정 엔진의 시동 및 작동
   - 사. 구명뗏목의 진수 및 팽창
   - 아. 구명뗏목 진수용 데비트의 작동

20. SOLAS 협약상 여객선이란 몇 명을 초과하는 여객을 운송하는 선박을 말하는가?
   - 가. 8인
   - 나. 10인
   - 사. 12인
   - 아. 16인

21. SOLAS 협약상 팽창식 구명뗏목의 최소 정원 요건은?
   - 가. 5인 이상
   - 나. 15인 이상
   - 사. 6인 이상
   - 아. 20인 이상

22. SOLAS 협약에서 각기 독립하여 작동할 수 있는 레이더 2대를 설치하여야 하는 선박은 총톤수 몇 톤 이상의 선박인가?
   - 가. 3,000톤
   - 나. 5,000톤
   - 사. 10,000톤
   - 아. 15,000톤

   해설 2002년 7월 1일 이후 건조된 선박은 3,000톤 이상의 선박

23. SOLAS 협약에서 구조정은 몇 분 이내에 진수할 수 있도록 계속 준비된 상태로 탑재되어야 하는가?
   - 가. 2분
   - 나. 3분
   - 사. 5분
   - 아. 10분

Answer 18 나 19 사 20 사 21 사 22 가 23 사

24 SOLAS 협약에서 규정하고 있는 구명설비 중 적어도 14.5kg의 철편을 담수중에서 24시간 지탱할 수 있는 부력을 가져야만 하는 것은?

가. Life jacket
나. Life buoy
사. Life boat
아. Life raft

해설
- Life buoy(구명부환) : 14.5Kg 이상의 철편을 담수중에서 24시간 동안 지지할 수 있을 것
- Life jacket(구명조끼) : 청수에 24시간 잠긴 후 부력이 5% 이상 감소되지 않을 것

25 SOLAS 협약에서 규정하고 있는 길이 76m 이상의 여객선의 이중저 설치 범위는 다음 중 어느 것인가?

가. 기관구역의 양쪽끝에서 선수미 격벽까지
나. 중앙에서 선수미 격벽까지
사. 기관구역의 양쪽 끝에서 선미 격벽까지
아. 기관구역의 앞쪽 끝에서 선수 격벽까지

26 SOLAS 협약에서 규정하고 있는 팽창식 구명뗏목의 요건은 몇 m 이상의 높이에서 투하 시험하여 뗏목 및 의장품이 손상을 받지 않아야 하는가?

가. 12m
나. 15m
사. 18m
아. 20m

27 SOLAS 협약에서 길이 100미터 미만인 화물선이 갖추어야 할 구명부환의 수는 최소 몇 개 이상인가?

가. 4개
나. 6개
사. 8개
아. 10개

해설 화물선의 구명부환 개수
100m 미만 : 8개
100~150m : 10개
150~200m : 12개
200m 이상 : 14개

Answer 24 나 25 나 26 사 27 사

28 SOLAS 협약에서 길이 200미터 이상인 화물선은 구명부환을 최소한 몇 개 비치하여야 하는가?

가. 10개
나. 12개
사. 14개
아. 16개

29 SOLAS 협약에서 모든 구명줄 발사기는 조용한 날씨에 적어도 230미터 길이의 줄을 운반할 수 있는 몇 개 이상의 발사체를 가져야 하는가?

가. 4개
나. 5개
사. 6개
아. 3개

30 SOLAS 협약에서 총선원의 (　)%를 초과하는 선원이 그 전월에 해당선박에서 선상퇴선과 소화훈련에 참가하지 않았다면 선원의 훈련은 출항 후 (　)시간 이내에 행해져야 한다. (　) 속에 알맞은 것은?

가. 20 - 24
나. 20 - 48
사. 25 - 24
아. 25 - 48

31 SOLAS 협약은 주조타장치가 최대 항해흘수에서 최대 항해속력으로 전진중에 타를 한쪽 현 (　)도로부터 반대현 (　)도까지 조작할 수 있어야 하며, 이와 같은 조건에서 어느 현으로부터도 한쪽현 (　)도에서 반대현 (　)도까지 (　)초 이내에 조작할 수 있도록 규정하고 있다. 각 괄호 (　)에 알맞은 것들로 짝 지워진 것은?

가. 35, 35, 35, 35, 30
나. 35, 35, 35, 30, 30
사. 35, 35, 35, 30, 28
아. 35, 30, 35, 30, 28

32 SOLAS 협약이 적용되는 화물선은 총 승선자를 수용하는 탑재 능력의 구명정을 각 현에 적재하고 부가하여 구명뗏목을 적재하여야 한다. 구명뗏목의 수용인원으로 맞는 것은?

가. 총 승선자 전원
나. 50명
사. 총 승선자의 반수 이상
아. 총 승선자의 20퍼센트 이상

Answer 28 사 29 가 30 사 31 사 32 가

33 구명정의 부착품 및 의장품에 해당되지 않는 것이 포함되어 있는 항목은?

가. Buoyant Lifeline, Bottom plug, Fresh water
나. Boat hook, Bailer, Buoyant oars, Rudder, Jackknife
사. 2 Buoyant rescue quoits, Manual pump, One set of fishing tackle, 6 Hand flares
아. Tiller, Log book, Painter, Fish oil, Radar flare

34 SOLAS 협약에서는 기관구역의 고정식 가압수 분무장치용 노즐의 평균 살수율을 매분당 몇 ℓ/m²로 규정하고 있는가?

가. 3 ℓ/m²
나. 5 ℓ/m²
사. 7 ℓ/m²
아. 9 ℓ/m²

35 국제협약에 의한 선박의 방화, 화재탐지 및 소화 관련 기본원칙이 아닌 것은?

가. 가연재료의 사용을 일체 금한다.
나. 어떤 화재도 그 발생 장소에서 탐지한다.
사. 방열 및 구조상의 경계에 의해 거주구역을 선박의 다른 구역과 격리시킨다.
아. 탈출수단 및 소화를 위한 접근수단을 보호한다.

36 국제해상인명안전협약의 적용대상인 화물선이다. 조화제도에 의한 이 선박의 구명설비 정기검사는 다음 어떤 시기에 행하는 것이 원칙인가?

가. 2번째 또는 3번째 검사기준일 전후 6개월 이내
나. 2번째 또는 3번째 검사기준일 전후 3개월 이내
사. 2번째 검사기준일부터 3번째 검사기준일까지의 1년간
아. 매년의 검사기준일 전후 3개월 이내

Answer 33 아 34 나 35 가 36 나

37 SOLAS 협약상 거주구역 및 선원이 통상 업무에 종사하는 장소에서 개방갑판으로 또한 개방갑판으로부터 구명뗏목까지에 상설된 탈출용 계단 및 사다리를 무엇이라 하나?
   가. Means of Access
   나. Means of Escape
   사. Muster and Drill Station
   아. Embarkation Station

38 총톤수 몇 톤 이상의 선박에 1개 이상의 국제 육상시설연결구를 비치하여야 하는가?
   가. 100톤   나. 200톤
   사. 500톤   아. 1,000톤

39 화물선의 선체, 기관 및 설비는 그 상태가 모든 점에 있어서 만족한 것임을 확보하기 위하여 필요하다고 주관청이 인정하는 방법에 의하여 완성시 및 그 후 일정 간격으로 정기적 검사를 받는데 그 간격은 몇 년을 초과하지 않아야 하는가?
   가. 1년   나. 2년
   사. 3년   아. 5년

40 SOLAS 협약에서 퇴선훈련에 포함되어야 할 사항이 아닌 것은?
   가. 구명뗏목을 진수한다.
   나. 구명정 엔진을 시동하고 작동시킨다.
   사. 구명조끼를 착용하여야 한다.
   아. 여객과 선원이 적절한 복장을 취하고 있는지 점검한다.

41 SOLAS 협약상 Portable Life-Raft(진수장치가 불필요한 것) 합계 중량은 몇 kg을 초과하여서는 아니 되는가?
   가. 140kg   나. 160kg
   사. 185kg   아. 200kg

Answer 37 나 38 사 39 아 40 가 41 사

42 자유낙하식 구명정의 경우 퇴선훈련 중 ( )개월마다 적어도 한번은 선원들이 구명정에 승정하여 각자 좌석에 적절하게 고정하고 실제 구명정의 이탈없이 진수절차를 시작한다. ( ) 안에 맞는 것은?

가. 1
나. 2
사. 3
아. 6

43 SOLAS 협약에 의한 증서의 유효기간이다. 잘못된 것은?

가. 화물선 안전구조증서 – 5년
나. 여객선 안전증서 – 2년
사. 화물선 안전설비증서 – 5년
아. 화물선 안전무선증서 – 5년

해설 여객선 안전증서 : 12개월을 초과하지 아니하는 기간으로 발급되어야 한다.

44 SOLAS 협약에서 구조정은 몇 노트까지의 속력으로 항해할 수 있어야 하는가?

가. 4노트
나. 5노트
사. 6노트
아. 10노트

45 SOLAS 협약에서 조타장치의 통상점검 및 시험 외에 비상시의 조타장치의 조작을 위하여 적어도 몇 개월마다 비상조타훈련을 하여야 하는가?

가. 1개월
나. 2개월
사. 3개월
아. 6개월

46 SOLAS 협약에 따라 선박에 비치된 구명줄 발사기는 구명줄을 몇 미터 이상 운반할 수 있어야 하는가?

가. 200미터
나. 230미터
사. 250미터
아. 300미터

Answer 42 사 43 나 44 사 45 사 46 나

47 선박의 안전운항과 환경보호를 위한 국제적인 관리규약으로 IMO에서 강제적으로 시행하기 위하여 SOLAS 제9장으로 채택한 규약은 무엇인가?
- 가. STCW
- 나. ISM Code
- 사. MARPOL
- 아. IBC Code

48 SOLAS 협약에서의 단정훈련 및 소화훈련을 위한 선원의 소집에 대하여 잘못 설명한 것은?
- 가. 여객선에서는 1주일마다
- 나. 화물선에 있어서는 1개월을 넘지 않는 간격으로
- 사. 전 선원의 25% 이상이 한 항구에서 교체될 경우 출항 후 24시간 이내
- 아. 유조선은 7일에 한번씩

해설 유조선도 화물선과 마찬가지로 1개월을 넘지 않는 간격으로 실시한다.

49 국제 LSA Code에 의한 팽창식 구명뗏목의 요건이다. 잘못된 것은?
- 가. 빗물을 모으는 장치가 있어야 한다.
- 나. 구명뗏목은 25미터 높이에서 투하하여도 안전해야 한다.
- 사. 천막상부 내외에 해수 전지등이 있어야 한다.
- 아. 뒤집혀진 상태로 팽창된 경우 한 사람의 힘으로 쉽게 바로 세울 수 있어야 한다.

해설 팽창식 구명뗏목은 18m 높이에서 수면으로 투하되었을 때, 그의 의장품과 함께 만족하게 작동하도록 제작되어야 한다.

50 SOLAS 협약상 소방원장구에 대한 설명으로서 적합하지 않은 것은?
- 가. 고무 또는 절연성 재료로 제조된 장화 및 장갑
- 나. 선박에는 최소한 2조의 소방원장구가 있어야 한다.
- 사. 각 요구되는 호흡구마다 2개의 예비 공기병이 비치되어야 한다.
- 아. 주관청은 국제기준에 추가하여 개인장구 및 호흡구를 요구할 수 없다.

51 다음 중 조난통신 주파수가 아닌 것은?
- 가. 518kHz
- 나. 2,182kHz
- 사. 156.8MHz
- 아. 325.5MHz

Answer 47 아 48 아 49 나 50 아 51 아

52 다음은 별도의 규정이 없는 한 SOLAS 협약의 적용을 받지 않는 선박들이다. 해당되지 않는 것은?

가. 군함 및 군대수송선
나. 총톤수 500톤 미만의 화물선
사. 기계로 추진되는 모든 선박
아. 어선

53 SOLAS 규정상 선박의 조타장치에 대해 출항 전 몇 시간 이내에 점검 및 시험을 하여야 하는가?

가. 6시간
나. 12시간
사. 14시간
아. 18시간

Answer 52 사 53 나

2. MARPOL

01 MARPOL 73/78 협약의 부속서 V의 규정 내용은?

가. 기름에 의한 오염을 방지하기 위한 규칙
나. 유해한 액체물질에 의한 오염을 통제하기 위한 규칙
사. 선박으로부터의 폐기물에 의한 오염방지를 위한 규칙
아. 포장된 형태로 운송되는 유해물질에 의한 오염을 방지하기 위한 규칙

해설 부속서 Ⅰ : 기름에 의한 오염방지를 위한 규칙
부속서 Ⅱ : 산적형태의 유해액체물질에 의한 오염규제를 위한 규칙
부속서 Ⅲ : 포장된 형태로 해상에서 수송되는 유해물질에 의한 오염방지를 위한 규칙
부속서 Ⅳ : 선박으로부터의 오수에 의한 오염방지를 위한 규칙
부속서 Ⅴ : 선박으로부터의 폐기물에 의한 오염방지를 위한 규칙
부속서 Ⅵ : 선박으로부터의 대기오염방지를 위한 규칙부속서

02 MARPOL 73/78 협약 부속서Ⅱ의 규정을 적용받는 유해액체물질 중 Y류 물질로 분류된 화물을 양하 후 해당 탱크를 세정하여 해양에 배출할 때의 요건에 포함되지 않는 것은?

가. 자항선의 경우 최소 7노트 이상으로 항행중에 배출할 것
나. 수선상부로 배출하도록 할 것
사. 가장 가까운 육지에서 12마일 이상 떨어진 곳에서 배출할 것
아. 수심이 최소 25미터 이상인 곳에 배출할 것

해설 나. 수선상부가 아니라 수선하부로 배출하도록 할 것

유해액체물질의 분류
㉠ X류 물질 : 해양에 배출되는 경우 해양자원 또는 인간의 건강에 심각한 해를 끼치는 것으로서 해양배출을 금지하여야 하는 유해액체물질
㉡ Y류 물질 : 해양에 배출되는 경우 해양자원 또는 인간의 건강에 해를 끼치거나 해양의 쾌적성 또는 해양의 적합한 이용에 해를 끼치는 것으로서 해양배출을 제한하여야 하는 유해액체물질
㉢ Z류 물질 : 해양에 배출되는 경우 해양자원 또는 인간의 건강에 경미한 해를 끼치는 것으로서 해양배출을 일부 제한하여야 하는 유해액체물질
㉣ 기타물질 : IBC코드 제18장의 오염분류에서 기타 물질로 표시된 물질로서 탱크세정수 배출작업으로 해양에 배출할 경우 현재는 해양자원, 인간의 건강, 해양의 쾌적성 그 밖에 적법한 이용에 위해가 없다고 간주되어 X류, Y류, Z류의 범주에 해당되지 아니하는 것으로 알려진 물질
㉤ 잠정평가물질 : X류, Y류, Z류 및 기타 물질로 분류되어 있지 아니한 액체물질

Answer 01 사 02 나

유해액체물질의 배출요건

오염분류	배출요건
X, Y, Z류 물질 및 잠정평가물질	• 속도 : 자항선은 7노트 이상, 비자항선은 4노트 이상 • 거리 : 영해기선으로부터 12해리 이상 • 수심 : 25m 이상 • 배출 : 수면 아래로
X류 물질	• X류 물질을 적재한 탱크는 양하 후 양하항을 출발하기 전에 예비 세정 실시 • 잔류물의 농도가 무게로 0.1% 이하가 될 때까지 육상수용 시설에 배출
Y류 물질	고점성 또는 응고성 Y류는 예비세정 후 육상 수용시설에 배출
Z류 물질	2007.1.1. 전에 인도된 선박은 수면 위로 배출 가능함
기타 물질	상기 배출요건의 적용을 받지 않음

03 MARPOL 73/78 협약상 해양환경의 X류 유해물질을 해상에 배출할 수 있는 조건이 아닌 것은?

가. 유해농도 10ppm 이상일 것
나. 자항선이 7노트로 항행중일 것
사. 수면하로 배출할 것
아. 가장 가까운 육지로부터 12해리 이상 떨어진 수심 25미터 이상 수역일 것

04 다음 중 국제기름오염방지증서를 바르게 표현한 것은?

가. INTERNATIONAL OIL POLLUTION PREVENTION
나. NATIONAL POLLUTION PREVENTION CERTIFICATE
사. INTERNATIONAL SHIP POLLUTION CERTIFICATE
아. INTERNATIONAL OIL POLLUTION PROTECTION CERTIFICATE

05 본선에서 기름배출 사고가 발생하였을 때 다음 중 MARPOL 73/78 협약상 일차적인 보고 의무자는?

가. 선장
나. 선주
사. 용선자
아. 선박의 대리인

Answer 03 가 04 가 05 가

06 해양오염사고가 발생한 선박의 선장이나 소유자가 주관청에 통보할 필요가 있는 경우이다. 가장 거리가 먼 것은?

가. 선박의 안전이나 인명을 구조하기 위한 기름 또는 유해 액체물질을 해양에 배출한 경우
나. 협약에서 허용하는 양 또는 순간 배출률을 초과하는 기름 또는 유해 액체물질의 배출
사. 이동식 탱크 등 용기에 수납된 유해물질의 배출
아. 하수 또는 폐기물을 규정에 의해 배출한 경우

07 MARPOL 73/78 협약 부속서 I 의 본선기름오염비상계획에서 기구에 의해 개발된 지침서가 포함하여야 할 내용에 해당되지 않는 것은?

가. 기름오염사고 보고에 대하여 선장이 취할 절차
나. 연락당국 또는 사람의 목록
사. 각국의 영사 및 선주보험사 연락처
아. 본선 선원이 신속히 취할 조치사항

08 MARPOL 73/78 협약상 총톤수 150톤 이상의 모든 유조선과 유조선이 아닌 400톤 이상의 모든 선박의 정기검사 기간은?

가. 매 4년마다
나. 매 2년마다
사. 주관청이 임의로 정한다.
아. 5년을 넘지 않는 범위에서 주관청이 정하는 기간

09 MARPOL 73/78 협약상 총톤수 400톤 이상의 선박이 특별해역 내에서 유성혼합물을 배출할 수 있는 요건에 해당되지 않는 것은?

가. 유출액의 유분이 희석되지 않고 15ppm을 넘지 않을 것
나. 선박이 항행중일 것
사. 유조선의 화물펌프실 빌지로부터 생성되지 않을 것
아. 가장 가까운 육지로부터 12마일 이상 떨어질 것

Answer 06 아 07 사 08 아 09 아

해설 특별해역 안에서 및 밖에서의 배출 모두 육지로부터의 거리와는 무관하다.
특별해역 안에서의 배출은 가, 나, 사, 외에
- 유성혼합물이 경보장치와 자동배출정지장치를 갖춘 기름필터링장치를 통하여 처리될 것
- 유조선의 경우, 유성혼합물이 기름화물잔류량과 혼합되지 않을 것

기관구역으로부터 기름 또는 유성혼합물의 배출 기준(총톤수 400톤 이상의 선박)
▶ 특별해역 밖에서의 배출
  ㉠ 선박이 항행중일 것
  ㉡ 유성혼합물이 기름필터링장치를 통하여 처리될 것
  ㉢ 유출액중의 유분이 회석되지 아니하고 15ppm 이하일 것
  ㉣ 유성혼합물이 유조선의 화물펌프실 빌지로부터 생성하지 않을 것
  ㉤ 유조선의 경우, 유성혼합물이 기름화물잔류량과 혼합되지 않을 것
▶ 특별해역 안에서의 배출
  ㉠ 선박이 항행중일 것
  ㉡ 유성혼합물이 경보장치와 자동배출정지장치를 갖춘 기름필터링장치를 통하여 처리될 것
  ㉢ 유출액 중 회석되지 아니하고 15ppm 이하일 것
  ㉣ 유성혼합물이 유조선의 화물펌프실 빌지로부터 생성하지 않을 것
  ㉤ 유조선의 경우, 유성혼합물이 기름화물잔류량과 혼합되지 않을 것
▶ 남극지역은 선박으로부터 어떠한 기름 또는 유성혼합물도 배출이 불가함.

10 총톤수 400톤 이상 유탱커 이외의 선박이 기관구역으로부터 유성혼합물을 배출하는 경우 적용되는 MARPOL 73/78 규정으로 옳지 않은 것은?

가. 유성혼합물이 기름필터링장치를 통하여 처리될 것
나. 선박이 항행중일 것
사. 배출액 중의 유분이 15ppm 이하일 것
아. 배출 총량은 20톤 미만일 것

해설 가, 나, 사, 외에
- 유성혼합물이 유조선의 화물펌프실 빌지로부터 생성하지 않을 것
- 유조선의 경우, 유성혼합물이 기름화물잔류량과 혼합되지 않을 것

11 MARPOL 73/78 협약에 규정된 유조선 화물창으로부터의 Dirty Ballast의 배출 요건에 포함되지 않는 것은?

가. 유분의 순간 배출률이 1해리당 30리터를 넘지 아니할 것
나. 기름배출감시제어장치 및 슬롭탱크장치를 작동시키고 있을 것

Answer 10 아 11 아

사. 가장 가까운 육지로부터 50해리가 넘는 곳에서 배출할 것
아. 1979년 12월 31일 후에 인도된 유탱커(구. 신조유탱커)의 경우 배출되는 기름의 총량이 전 항차 적재하였던 화물유 총량의 15,000분의 1 이하일 것

해설 아. 신조유조선은 30,000분의 1 이하일 것
유조선의 화물구역으로부터 기름 또는 유성혼합물의 배출
▶ **특별해역 밖에서의 배출요건**
  ㉠ 유조선이 특별해역 안에 있지 아니할 것
  ㉡ 가장 가까운 육지로부터 50마일 이상 떨어진 곳일 것
  ㉢ 유조선이 항행중일 것
  ㉣ 유분의 순간 배출률이 1해리당 30리터를 넘지 아니할 것
  ㉤ 배출되는 기름의 총량이 1979년 12월 31일 이전에 인도된 구유조선인 경우 그 잔류물이 그의 일부를 구성하고 있던 개별화물 총량의 15,000분의 1을 넘지 아니하고 1979년 12월 31일 이후에 인도된 신조유조선은 그것이 30,000분의 1을 넘지 아니할 것
  ㉥ 기름배출감시제어장치 및 슬롭탱크장치를 작동시키고 있을 것
▶ **특별해역 안에서의 배출요건**
  특별해역 안에서 맑은평형수 및 분리평형수를 제외하고 배출 불가함.

12 MARPOL 73/78 협약 중 Oil tanker의 유성혼합물을 해양에 배출할 수 있는 요건에 포함되지 않는 것은?
가. 가장 가까운 육지로부터의 거리가 50해리를 넘을 것
나. 선박이 항행중일 것
사. 유분의 순간배출률이 1해리당 30리터를 넘지 아니할 것
아. 선박이 특별해역안에 위치하고 있을 것

해설 아. 유조선이 특별해역 안에 있지 아니할 것

13 MARPOL 73/78 협약상 유조선이 특별해역 이외의 해역에서 세정수를 배출하기 위해 충족되어야 할 요건에 해당되지 않는 것은?
가. 가장 가까운 육지로부터 50해리 이상의 거리에 있을 것
나. 유출액의 유분농도가 15ppm 이하일 것
사. 탱커가 항행중일 것
아. 기름배출감시제어장치와 Slop tank 설비를 작동하고 있을 것

해설 유출액의 유분농도와는 관계가 없다.

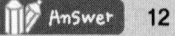 12 아 13 나

14 MARPOL 73/78 협약에 따르면 사고의 통보는 (　)에게 이용 가능한 가장 빠른 전자통신을 이용하여 가능한 한 다른 통신에 우선해서 이루어져야 한다. (　) 안에 알맞은 말은?

가. 선박소유자
나. 가장 가까운 연안국
사. 주위 선박의 선장
아. 가장 먼 연안국

15 MARPOL 협약 부속서Ⅰ의 적용선박에 대한 다음 설명 중 가장 적합한 것은?

가. 별도 명문규정이 없는 한 협약당사국의 모든 선박에 적용된다.
나. 총톤수 150톤 이상의 유조선과 총톤수 400톤 이상의 유조선이 아닌 모든 선박에 적용된다.
사. 모든 원유탱커, 액화가스탱커, 케미컬탱커에 한하여 적용된다.
아. 원칙적으로 화물선에만 적용된다.

16 MARPOL 73/78 협약에서 특별해역 외의 경우 부유성의 던니지, 라이닝 및 포장물질은 가장 가까운 육지로부터 몇 해리 떨어져서 처분해야 하는가?

가. 3해리
나. 6해리
사. 12해리
아. 25해리

해설 • 부유성의 던니지, 라이닝 및 포장물질 ▶ 25해리
• 음식찌꺼기, 종이제품, 넝마, 유리, 금속, 병, 도기류 및 기타 이와 유사한 폐물을 포함한 다른 모든 폐기물 ▶ 12해리

17 MARPOL 73/78 협약에 따라 본선 발생 슬러지를 처분하는 각 방법에서, 처분 후 반드시 기재하여야 할 사항만으로 구성된 항목은?

가. 수용시설에 처분시는 처분시각과 업체명
나. 다른 탱크로 이송시는 이송탱크 및 이송된 총량
사. 소각시는 소각에 종사한 기관부의 작업원 전체 명단
아. 수용시설에 처분시는 본선과 수용시설의 참가자 명단

Answer　14 나　15 가　16 아　17 나

18 MARPOL 73/78 협약의 부속서 I에서 의미하는 연차일(Anniversary date)이란?

가. 국제기름오염방지증서의 만료일에 해당하는 매년의 월일
나. 오염방지증서에 기재된 만료일의 전일
사. 국제기름오염방지증서의 지정한 검사일 이전에 수검받은 일시
아. 관할행정관청이 오염설비의 결함이 있다고 지적하여 수검받은 일시

19 MARPOL 73/78 협약에 의한 국제기름오염방지증서의 유효기간은 (   )년 이내의 기간으로 주관청이 정하고, 이 증서의 유효기간 중 적어도 1회의 (   )를 받아야 한다. (   )에 적합한 것은?

가. 2, 연차검사
나. 3, 중간검사
사. 4, 연차검사
아. 5, 중간검사

20 MARPOL 73/78 협약의 Oil Record Book은 최후의 기록이 행해진 뒤로부터 몇 년간 보존하여야 하는가?

가. 2년
나. 3년
사. 4년
아. 5년

21 MARPOL 73/78 협약상 유해액체물질 중 Y류 물질은 가장 가까운 육지로부터 12해리 이상 떨어진 수심 (   ) 이상의 장소에 배출해야 한다. (   )에 적합한 것은?

가. 20미터
나. 25미터
사. 30미터
아. 35미터

22 MARPOL 73/78 협약 부속서 I에 의하여 설치된 기름필터링 장치는 이 장치를 통하여 해양에 배출되는 어떠한 유성혼합물도 유분의 농도가 얼마 이하가 될 수 있어야 하는가?

가. 100ppm
나. 15ppm
사. 10ppm
아. 5ppm

Answer 18 가 19 아 20 나 21 나 22 나

23 MARPOL 73/78 협약의 부속서 II의 주요 규제 대상이 되는 선박은?

　가. 유조선　　　　　　　　　나. 어선
　사. 여객선　　　　　　　　　아. 케미컬 탱커

　해설　부속서 II : 산적형태의 유해액체물질에 의한 오염규제를 위한 규칙

24 MARPOL 73/78 협약 당사국 선박이 오염 사고 발생시 통보해야 할 내용이다. 가장 거리가 먼 것은

　가. 사고가 발생한 선박의 식수 잔량
　나. 사고가 발생한 선박의 식별기호
　사. 사고 발생 시각, 종류 및 위치
　아. 사고에 관계된 유해물질의 양 및 종류

25 MARPOL 73/78 부속서 I에서 유조선의 화물창으로부터 유성혼합물의 배출시 유분의 순간배출률을 1해리당 얼마로 규정하고 있는가?

　가. 10리터 이하　　　　　　　나. 20리터 이하
　사. 30리터 이하　　　　　　　아. 60리터 이하

26 MARPOL 73/78 협약에서 기름배출감시제어 장치의 기록지는 최후의 기록이 된 날로부터 몇 년간 보관해야 하는가?

　가. 1년　　　　　　　　　　　나. 2년
　사. 3년　　　　　　　　　　　아. 5년

27 다음 중 MARPOL 73/78 협약이 적용되지 않는 선박은?

　가. 군함, 해군보조함 및 비상업적 용도의 정부 선박
　나. 총톤수 500톤 미만의 선박
　사. 국제 항해에 종사하는 여객선
　아. 어선

Answer 23 아 24 가 25 사 26 사 27 가

28 선상기름오염비상계획서(SOPEP)에 대한 설명으로서 적합하지 않은 것은?

가. 총톤수 150톤 이상의 모든 유조선은 주관청의 승인을 받아 선내에 비치해야 한다.
나. 기름오염사고에 대한 선장 또는 다른 본선 책임자가 취해야 할 절차가 포함된다.
사. 기름오염사고시 연락할 당국 또는 연락자의 목록이 기입되어야 한다.
아. 이중선체 구조를 갖춘 선박에 대해서는 SOPEP의 비치 의무가 제외된다.

> **해설** 아. 이중선체 구조를 갖춘 선박도 SOPEP의 비치 의무가 면제되는 것은 아니다.

29 다음 중 MARPOL 협약 부속서Ⅰ에서 특별해역으로 지정된 해역이 아닌 곳은?

가. 지중해   나. 발틱해
사. 흑해   아. 베링해

> **해설** MARPOL 협약 부속서Ⅰ의 특별해역
> 지중해 해역, 발틱해 해역, 흑해 해역, 홍해 해역, 걸프 해역, 아든만, 남극 해역(남위 60° 이남 모든 해역), 북서북해 해역, 아라비아해의 오만 해역, 남아프리카 공화국의 남측 해역

30 MARPOL 73/78 협약에서 특별해역 외의 경우 분쇄기를 통하여 배출된 음식쓰레기는 가장 가까운 육지로부터 몇 해리 떨어져서 처분해야 하는가?

가. 3해리   나. 6해리
사. 12해리   아. 25해리

Answer 28 아 29 아 30 가

3. 기타 국제협약

01 다음 중 STCW 협약상 총톤수 1600톤 이상 선박의 선장이 될 수 있는 자는?

가. 선박직원으로 24개월의 승무 경력이 있는 자
나. 선박직원으로 18개월 이상의 승무 경력이 있는 자
사. 1등항해사로 18개월 이상의 승무 경력이 있는 자
아. 1등항해사로 12개월 이상의 승무 경력이 있는 자

02 STCW 협약상 면허자격을 유지하기 위하여 요구되는 신청일 전 최소한의 승선근무기간은?

가. 5년 내에 1년
나. 5년 내에 2년
사. 5년 내에 3년
아. 관계없다.

03 STCW 협약상 배서증서는 발급일로부터 몇 년 간 효력이 있는가?

가. 2년
나. 3년
사. 4년
아. 5년

04 STCW 협약상 항해당직중 준수되어야 할 기본원칙에 관한 것으로 옳지 않은 것은?

가. 갑판부원을 포함한 선교 당직의 구성시 레이더 또는 전자해도표시장치의 사용여부 및 작동 상태를 고려해야 한다.
나. 항해당직을 담당하고 있는 사관은 선박의 안전한 항해를 방해하는 어떤 임무를 담당하거나 수행해서는 안된다.
사. 선장이 선교에 도착하면 특별한 지시가 없는 한 모든 책임은 선장에게 자동으로 이전되며, 항해당직사관은 그를 신속히 보좌해야 한다.
아. 경계자 및 조타수의 임무는 분리되어 있고, 조타수는 조타중에는 경계자라고 생각되어서는 안된다.

> **해설** 선장이 특별히 자신이 책임을 지고 조선하겠다는 것을 항해당직사관에게 알리고 그것이 상호간에 이해되기까지는 선장이 선교에 있어도 선박의 안전항해에 관한 당직사관의 책임은 계속된다.

Answer 01 사 02 가 03 아 04 사

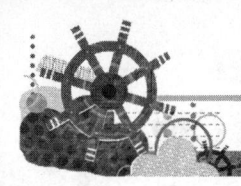

05 STCW 협약에 규정된 당직근무에 관한 기준에서 항해장비의 점검에 관한 내용 중 잘못 기술된 것은?

가. 자동조타장치는 당직중 적어도 1회 수동조타로 하여 점검하도록 한다.
나. 표준 자기컴퍼스의 오차는 최소한 1일 1회 확인하도록 한다.
사. 선내의 항해장비는 가능한 한 자주 점검하고 항해일지에 그 기록을 유지하도록 한다.
아. 자동조타장치가 정확한 침로를 조타하고 있는가를 정기적으로 점검한다.

해설 나. 자기 컴퍼스와 자이로 컴퍼스의 오차측정은 당직중 한 번은 하여야 한다.

06 STCW 협약에 규정된 항해당직 중에 준수되어야 할 기본원칙에 관하여 잘못 기술한 것은?

가. 당사국은 항해당직을 위하여 준수되어야 할 기본원칙에 대하여 선박소유자, 선박운용자, 선장 및 당직근무자의 주의를 환기시켜야 한다.
나. 선장은 당직근무의 배치가 안전한 항해당직을 유지하도록 적절히 배치하여야 한다.
사. 음향신호기구의 사용시 필히 선장에게 보고하여야 한다.
아. 항해당직자는 레이더 또는 전자항해장치의 작동상태에 적합한 주의를 하여야 한다.

07 STCW 협약에서 규정하고 있는 사항이 아닌 것은?

가. 선원의 훈련
나. 선원의 유급휴가
사. 선원의 교육
아. 정박 중 당직근무의 기본원칙

08 STCW 협약에서 규정하고 있는 생존정수 적임증서를 발급받을 수 있는 선원의 최저연령은?

가. 16세
나. 18세
사. 19세
아. 20세

09 STCW 협약에서 규정하고 있는 선장 및 갑판부 직원의 자격 구분의 기준이 되고 있는 것은?

가. 선박의 총톤수
나. 주기관의 출력
사. 선박의 순톤수
아. 선박의 재화중량톤수

 05 나 06 사 07 나 08 나 09 가

10. STCW 협약은 해기사의 기능 유지 및 최신 지식의 취득을 위하여 몇 년을 초과하지 않는 간격으로 신체 및 직업 적성의 심사를 받도록 규정하고 있는가?

  가. 3년
  나. 5년
  사. 7년
  아. 10년

11. STCW 협약의 당직근무에 관한 기준에서 항해설비 사용에 관한 규정 중 잘못 기술된 것은?

  가. 당직사관은 항해설비를 가장 효과적으로 사용하여야 한다.
  나. 충돌예방을 위하여 레이더를 적절하게 사용하여야 한다.
  사. 기관 및 음향신호기구는 선장에게 보고하여 허락을 득한 후 사용하도록 한다.
  아. 항해장비의 작동점검은 가능한 한 자주 적절한 때에 실시하고 그 기록을 보관한다.

12. 선원의 훈련, 자격증명 및 당직근무의 기준에 관한 국제협약상의 정의이다. 정의가 잘못 설명된 것은?

  가. "당사국"이라 함은 본 협약이 발효한 국가를 말한다.
  나. "증명된"이라 함은 정당하게 증명서를 소지함을 뜻한다.
  사. "기구"라 함은 국제해사기구와 국제노동기구를 말한다.
  아. "주관청"이라 함은 선박이 그 국기를 게양할 권리를 가진 당사국 정부를 말한다.

13. 다음 중 STCW 협약의 적용을 받지 않는 선박은?

  가. 유조선
  나. 어선
  사. 액화가스 운반선
  아. 컨테이너선

14. STCW 협약상 항해 당직사관이 선장에게 보고해야 할 경우에 들어가지 않는 것은?

  가. 시계가 제한되거나 또는 제한될 것이 예상될 때
  나. 선박통항상태 또는 타선의 동향이 불안할 때
  사. 기관, 조타장치 또는 중요한 항해장치가 고장났을 때
  아. 기관을 사용하고자 할 때

Answer 10 나 11 사 12 사 13 나 14 아

15 STCW 협약상 선장, 사관 또는 부원의 면허증은?

가. 꼭 영어로 발급되어야 한다.
나. 발급 국가의 공용어, 불어, 영어로 발급되어야 한다.
사. 발급 국가의 공용어, 그리고 공용어가 불어가 아닌 때에는 불어의 번역문이 포함되어 있어야 한다.
아. 발급 국가의 공용어, 그리고 공용어가 영어가 아닌 때에는 영어의 번역문이 포함되어 있어야 한다.

16 STCW 협약에서 당직항해사가 즉시 선장에게 보고할 사항이 아닌 것은?

가. 무선통신장치가 오작동할 경우
나. 경보장치 또는 지시장치가 고장일 경우
사. 선박의 통항상태 또는 타선의 이동이 의심스러울 때
아. 예정 지점에서 변침할 경우

17 STCW 협약상 당직항해사의 임무에 대한 설명으로서 옳지 않은 것은?

가. 필요한 경우 주저하지 않고 타나 기관을 사용한다.
나. 선교에서 당직근무를 하여야 한다.
사. 경우에 따라서는 단독으로 경계를 할 수 있다.
아. 선장이 선교에 있는 경우 자동적으로 그의 임무는 면제된다.

18 STCW 협약상 당직항해사가 반드시 선장에게 보고해야 할 사항 중에 들어가지 않는 것은?

가. 시계가 제한되거나 또는 제한될 것이 예상될 때
나. 선박 통항상태 또는 타선의 동향이 불안할 때
사. 기관 조타장치 또는 중요한 항해장치가 고장났을 때
아. 해도상 지정된 침로변경이 완료된 때

Answer 15 아 16 아 17 아 18 아

19 선교 당직조직의 구성은 다음 사항을 고려하여야 한다. 잘못 기술된 것은?
   가. 선교에는 어떠한 경우도 사람이 없어서는 안된다.
   나. 기상조건, 시계, 주야의 구별 등과는 관계 없다.
   사. 레이더, 전자선위표시장치 등 항해장비의 사용과 작동상태
   아. 자동조타장치의 유무

   해설 선교당직은 기상상태, 시정 등의 요소가 충분히 고려되어 구성되어야 한다.

20 다음은 해상수색 및 구조에 관한 협약상의 경계단계(alert phase)에 관한 설명이다. 맞는 것은?
   가. 선박 및 승선인원의 안전이 우려되는 상태
   나. 승선인원이 위난에 처한 상태
   사. 선박 및 승선인원의 구조가 필요한 상태
   아. 승선인원의 피난이 요청되는 상태

   해설 조난단계(Distress phase)
   선박 또는 인원이 중대하고 절박한 위험에 처하여 있고 또한 즉각적인 원조를 필요로 한다는 합리적인 확실성이 있는 상태
   경계단계(Alert phase)
   선박 및 승선인원의 안전이 우려되는 상태
   불확실단계(Uncertainty phase)
   선박 및 승선인원의 안전이 불확실한 상태
   긴급단계(Emergency phase)
   경우에 따라 불확실단계, 경계단계 또는 조난단계를 의미하는 포괄적인 용어

21 수색 및 구조업무의 효율적인 조직화를 촉진하고 수색 및 구조구역에서 동업무 실시를 조정하는 책임을 지는 기관은?
   가. 구조지부   나. 구조대
   사. 구조조정본부   아. 해상수색조정선

   해설 구조조정본부(RCC : Rescue Co-ordination Center) : 수색 및 구조업무의 효율적인 조직화를 촉진하고 수색 및 구조구역에서 동업무 실시를 조정하는 책임을 지는 기관
   RSC(Rescue Sub-center : 구조지부) : 수색 및 구조구역 내의 특정구역에 대하여 구조조정본부를 보좌하기 위하여 설치된 구조조정본부의 하부기관

   Answer 19 나 20 가 21 사

구조대(Rescue unit) : 훈련된 요원으로 편성되고, 특정수색구역 내에서 SAR활동을 신속히 수행하기에 적합한 장비를 보유한 기관
해상수색조종선(CSS : Co-ordinator Surface Search) : 해상수색 및 구조에 관한 국제협약에서 구조대 이외의 선박으로, 특정수색구역 내에서 선박이 행하는 수색구조작업을 조정하기 위하여 지정된 선박
OSC(On Scene Commander : 현장지휘자) : 특정수색구역 내에서 수색 및 구조활동을 조정하기 위하여 지정된 구조대의 지휘자
Coast watching unit(연안감시기관) : 연안해역에서의 선박 안전에 대한 감시를 행하기 위하여 지정된 고정 또는 이동하는 육상기관
CRS(Coast Radio station) : 해안국
SAR협약(해상수색 및 구조에 관한 국제협약)
International convention on maritime Search and Rescue 1979
MERSAR(Merchant ship Search And Rescue : 상선수색구조편람)
"1974년의 해상에 있어서의 인명의 안전을 위한 국제조약"의 조난자에 대한 구원 구조 의무에 기초를 두고 작성한 지침서
IMOSAR(IMO 수색구조편람)
"1979년의 해상 수색구조에 관한 국제조약" 즉 SAR조약의 작성작업과 병행하여 만들어 진 것으로 해상수색구조기관의 행동지침서라고 할 수 있다.
IAMSAR(International Aeronautical and Maritime Search and Rescue)
국제 항공 및 해상 수색 및 구조편람

22 수색과 구조업무에 종사하고 있는 항공기가 선박에 의한 구조의 필요성이 없어졌음을 의미하는 동작으로서 IAMSAR에서 규정하고 있는 것은?

가. 선박의 상공을 1회 이상 선회한다.
나. 선수쪽에서 침로를 저공으로 가로지르며 날개를 흔든다.
사. 선박을 유도하는 방향에 기수를 향한다.
아. 선미쪽에서 항적을 저공으로 가로지르며 날개를 흔든다.

> **해설** • 항공기가 선미 가까이에서 저공으로 선박의 항적을 가로지른(횡단) 후 날개를 흔들거나 프로펠러 피치를 변화시키는 것(음향신호)은 ▶ 지원이 더 이상 필요 없다는 것을 의미한다.
> • 선박 상공을 1회 이상 선회한 후 양 날개를 흔들면서 저공으로 접근하여 선박정면코스를 횡단하는 것은 ▶ 비행방향의 침로로 항진하라는 뜻이다.

23 IAMSAR Manual에서 사용되는 용어 중 "주로 무선에 의한 조언"을 뜻하는 용어는 다음 중 어느 것인가?

가. MCC   **나.** MEDEVAC
사. MEDICO   **아.** MSI

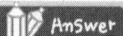 22 아 23 사

24 IAMSAR Manual에서 사용되는 용어 중 "구조조정본부"를 의미하는 용어는?
   가. RCC   나. RSC
   사. RTG   아. RTT

25 IAMSAR Manual 규정상 항공기로부터 조난선박에 투하하는 보급품 컨테이너의 2011년도 꼬리표 색깔로서 맞지 않는 것은
   가. 적색 - 의료구호품 및 응급장비
   나. 청색 - 식량 및 식수
   사. 황색 - 담요 및 보온복
   아. 백색 - 난로, 도끼, 컴퍼스, 요리기구 등 잡화

   해설 • 적색 꼬리표는 의료구호품 및 응급장비
   • 청색 꼬리표는 식량 및 식수
   • 황색 꼬리표는 담요 및 보온복
   • 흑색 꼬리표는 난로, 도끼, 요리기구 같은 잡화

26 국제 항공 및 해상 수색구조 편람(IAMSAR Manual)에서 구조를 위한 기본적인 방법인 표준 윌리암슨 턴(Williamson turn)의 설명으로 맞는 것은?
   가. 가장 빠른 구조방법이다.
   나. 거리가 짧아 시간을 절약한다.
   사. 원래의 항적선으로 양호하게 되돌아 간다.
   아. 가변피치단추진기를 장치한 선박에게는 어려운 조선이다.

27 국제 항공 및 해상 수색구조 편람(IAMSAR)에서 선박보고 제도로 SAR 임무 조정자(SMC)가 신속히 할 수 있는 사항이 아닌 것은?
   가. 조난 상황의 부근에 있는 선박 식별
   나. 지원을 제공하기 위한 시간 단축
   사. 선박과 접촉하는 방법
   아. 유용한 선박의 정보 인식

Answer 24 가 25 아 26 사 27 나

28 국제 항공 및 해상 수색구조 편람(IAMSAR)에서 선장 및 통제사관 그리고 당직사관이 받아야 하는 견시 훈련에 포함되지 않는 것은?

가. 수색패턴의 계산방법
나. 조난신호에 대한 지식
사. 정밀수색방법 및 관찰보고
아. 피로가 견시에 미치는 유해한 영향

29 국제 항공 및 해상 수색구조 편람(IAMSAR)에서 자동화된 상호-원조 선박구조(AMVER) 제도의 참여 이득이 아닌 것은?

가. 신속한 원조의 가능성
나. 지원을 제공하기 위한 시간 단축
사. 위치적으로 불리한 선박의 지원 요청 조정
아. 유용한 선박의 정보 인식

30 항공 및 해상 수색구조편람상 조난신호를 받기 위해 계속 청수를 유지해야 하는 주파수가 아닌 것은? (단, 본선에 해당 장비가 있는 경우에 한함)

가. 500KHz(무선전신)
나. 2,182KHz(무선전화)
사. 156.8MHz(VHF Ch.16)
아. 518KHz NAVTEX 수신기

31 ISPS Code의 제정목적으로 볼 수 없는 것은?

가. 선박과 항만시설의 보안위협을 예방하기 위한 국제적 체계 설정
나. 해상보안을 위한 당사국 정부의 역할과 의무를 규정
사. 보안등급의 변화에 대응하기 위한 보안평가 방법의 제공
아. 보안위협을 진압하기 위한 국제적 무장체제 구축

해설 ISPS(International Ship and Port facility Security code) : 선박과 항만시설의 보안에 대한 규칙

Answer 28 가 29 아 30 아 31 아

32 증명서 또는 기타 자격의 발급에 관련되는 것으로 선내에서의 복무를 말하는 것은?

가. 기능
나. 적합한 증명서
사. 승무경력
아. 무선통신직무

33 1972년 안전한 컨테이너에 관한 국제협약의 목적이 아닌 것은?

가. 컨테이너의 구조 등에 관한 시험절차 및 강도요건 마련
나. 컨테이너의 운송 및 취급시 인명의 안전을 확보
사. 모든 운송수단에 동일하게 적용될 수 있는 통일된 국제 안전기준을 제공함으로써 규칙의 간소화 도모
아. 벌크형태로 수송되는 대표적인 물질들의 목록과 그들의 특성, 취급시 주의사항 제공

34 위험물의 포장에 대한 다음 설명 중 틀린 것은?

가. 잘 포장되고 양호한 상태이어야 한다.
나. 내용물과 접촉하게 될지 모르는 내부표면은 운송되는 물질에 의하여 위험한 영향을 받아도 되는 성질의 것이어야 한다.
사. 화물의 취급중에 발생할 수 있는 위험에 잘 견뎌야 한다.
아. 해상운송중에 통상적으로 일어날 수 있는 위험에 견딜 수 있는 것이어야 한다.

35 국제해상위험물규칙(IMDG Code)에서 가스류는 몇 급으로 분류되어 있는가?

가. 제1급
나. 제2급
사. 제3급
아. 제7급

36 ISM Code에 의거하여 안전관리시스템을 구축한다 함은 다음 중 어느 것과 가장 관련이 있는가?

가. 안전관리 문서의 체계화
나. 안전관리 심사의 활성화
사. 안전관리 업무절차의 문서화
아. 안전관리 업무의 의무화

해설 선박에는 회사의 안전관리 적합증서 사본과 선박안전관리증서를 비치하여야 한다.
▶ 사업장 : 안전관리 적합증서(Document of Compliance : DOC)
▶ 선박 : 선박안전 관리증서(Safety Management Certificate : SMC)

Answer 32 사 33 아 34 나 35 나 36 사

37 ISM Code를 채택하게 된 배경과 가장 관계가 깊은 용어는 다음 중 어느 것인가?
   가. 인적과실
   나. 문서관리
   사. 선박심사
   아. PSC검사

   해설 ISM Code(International Safety Management) 국제안전관리규약

38 ISM Code는 총 16개 요소로 구성되어 있는데 이중 선박회사에 관련된 요소는 몇 가지인가?
   가. 12가지
   나. 13가지
   사. 14가지
   아. 15가지

39 안전관리시스템에서 부적합사항에 해당되지 않는 것은?
   가. 발생된 사고
   나. 선박상에 존재할 수 있는 잠재위험요소
   사. 시스템문서에 명시된 업무가 이행되지 않은 경우
   아. 중요한 선상업무가 시스템문서에 포함되어 있지 않은 경우

40 ISM Code 요소의 내용 중 안전관리시스템에 포함되는 "Feed back" 업무와 가장 거리가 먼 것은?
   가. 부적합사항, 사고 및 위험상황의 보고와 분석
   나. 내부심사
   사. 외부심사
   아. 비상대책

41 ISM Code의 요소 중 "회사의 책임과 권한"은 어느 직급에까지 적용되는 것인가?
   가. 안전관리업무를 수행하는 회사의 모든 직원
   나. 육상조직의 부서장 이상의 직원
   사. 선장 및 육상조직자의 부서장 이상의 직원
   아. 선장 및 지정된 자

Answer   37 가   38 가   39 나   40 아   41 가

42 ISM Code 심사에 합격 시 육상과 선박에서 교부받는 증서로 알맞게 짝지어 진 것은?

가. 육상 SMC, 선박 DOC
나. 육상 SC, 선박 SE
사. 육상 DOC, 선박 SMC
아. 육상 SE, 선박 SC

43 다음은 ISM Code에서 요구하는 주요사항이다. (   ) 안에 알맞은 것은?

"DOC와 SMC의 유효기간은 (①)년이나 육상은 매년 연차검사를 받아야 하며, 선박은 1회 이상의 (②) 심사를 받고, 매 (③)년마다 DOC와 SMC를 갱신하여야 한다."

가. ① 5, ② 중간, ③ 5
나. ① 3, ② 중간, ③ 3
사. ① 5, ② 연차, ③ 5
아. ① 3, ② 연차, ③ 3

44 ISM Code에서 요구하는 안전관리책임자에 관한 내용 중 틀린 것은?

가. Designated person이라고 한다.
나. 회사와 선박직원 간의 원활한 의사소통을 위해 선임한다.
사. 안전관리책임자는 복수로 선임할 수 없다.
아. 최고경영층과 직접 통할 수 있는 육상직원을 선임한다.

45 다음은 ISM Code에서 요구하는 주요사항이다. (   ) 안에 알맞은 것은?

"선장은 DOC (①)과 SMC의 (②)을 본선에 보관해야 하고, 외국 항에서 요구받으면 제시하여야 한다."

가. ① 원본, ② 사본
나. ① 원본, ② 원본
사. ① 사본, ② 원본
아. ① 사본, ② 사본

46 ISM Code와 ISO 9001 품질규격과의 공통점이 아닌 것은?

가. 주기적으로 내부 심사를 한다.
나. 외부의 독립기관으로부터 인증을 받는다.
사. 시스템 관련 내용을 문서화한다.
아. 강제적으로 적용한다.

Answer   42 사   43 가   44 사   45 사   46 아

47 ISPS Code를 채택한 국제기구는?
- 가. ISO
- 나. ILO
- 사. ISSU
- 아. IMO

48 다음의 ISM Code(국제안전관리규약) 관련 내용 중 틀린 것은?
- 가. SOLAS 협약 제9장에 명시되었다.
- 나. 선박안전운항을 통한 인명보존과 해양환경 보호를 목적으로 한다.
- 사. 정기적인 외부 심사를 받고 증서를 갱신하여야 한다.
- 아. 관련 증서 상에 규정된 회사는 선주에 한정된다.

49 ISM Code에 의거한 안전관리시스템과 관련된 다음 설명 중 적합하지 않은 것은?
- 가. 시스템 구축의무는 선박회사의 육상 및 선박에 모두 적용된다.
- 나. 시스템에 대한 초기심사는 선박이 먼저 합격해야 육상 심사를 받을 자격이 생긴다.
- 사. 선박심사에 합격하면 Safety Management Certificate가 교부된다.
- 아. 육상심사에 합격하면 Document of Compliance를 교부받는다.

50 ISM Code에서 인명이나 선박 안전에 중대한 위협을 주거나 환경에 심각한 위험을 초래하는 식별 가능한 상태를 의미하며 즉각적인 시정조치를 필요로 하는 것은 무엇인가?
- 가. 객관적 증거
- 나. 관찰사항
- 사. 부적합사항
- 아. 중부적합사항

51 다음은 STCW 협약에 규정된 항해 당직사관의 임무와 책임에 관한 규정이다. 옳지 않은 것은?
- 가. 선교에서 당직근무를 하여야 한다.
- 나. 적절하게 교대될 때까지 어떠한 경우에도 선교를 떠나서는 안된다.
- 사. 선장이 선교에 있으면 모든 안전항해에 대한 책임은 항상 선장에게 있다.
- 아. 당직을 인수할 자가 그 의무를 효과적으로 수행하는 것이 명백히 불가능하다고 판단되면 당직을 인계하여서는 안된다.

Answer 47 아 48 아 49 나 50 아 51 사

52. 조난을 당한 선박 또는 항공기에게 구조지원을 해야 할 특정한 의무가 포함되어 있지 않은 협약은?
　가. Convention on International Civil Aviation
　나. International Convention on Maritime Search and Rescue
　사. International Convention for the Safety of Life at Sea
　아. International Convention on Standard of Training, Certification and Watchkeeping for Seafarers

53. ISM Code의 특성으로 볼 때 선박에서 부적합사항의 식별 및 보고에 관한 업무는 누구의 소관이라고 할 수 있는가?
　가. 선장　　　　　　　　　　나. 기관장
　사. 각 부서장　　　　　　　　아. 전 선원

54. IAMSAR Manual상 본선에서 조난선박에게 알려주어야 할 사항이 아닌 것은?
　가. 선명　　　　　　　　　　나. 선장명
　사. 본선의 위치　　　　　　　아. 현장 ETA

　해설　IAMSAR 지침
　▶ 가능하면 조난선박으로부터 다음의 정보를 수집한다.
　　① 조난선박의 위치
　　② 조난선의 식별, 신호부자, 선명
　　③ 승선인원수
　　④ 조난 및 사고의 특성
　　⑤ 요구되는 지원형태
　　⑥ 희생자수(발생한 경우)
　　⑦ 조난선박의 침로 및 속도
　　⑧ 선박의 형태, 운송화물
　　⑨ 구조를 용이하게 할 수 있는 기타 관련된 정보
　▶ 구조선이 조난선박에게 알려주는 정보
　　① 본선의 식별, 호출부호 및 선명
　　② 본선의 위치
　　③ 본선의 속도 및 조난선박 현장까지 도착예정시간(ETA)
　　④ 조난선박의 진방위 및 본선과의 거리

Answer　52 아　53 아　54 나

05
어선전문

제01장 어획물의 취급 및 적하

1. 어획물의 취급

01 어체 1kg의 온도를 1℃ 낮추려면 어체로부터 약 얼마의 열량을 빼앗아야 하는가?

가. 0.45kcal
나. 0.8kcal
사. 1.3kcal
아. 80kcal

해설 어체 1kg의 온도를 1℃ 낮추려면 대략 0.8kcal의 열량이 필요하다.
융해잠열 : 0℃의 얼음 1kg이 0℃의 물로 융해될 때 주변으로부터 빼앗는 잠열로 79.68kcal/kg 정도 된다.
※ 잠열(숨은 열)
　고체가 액체로 액체가 기체로 변할 때 온도 상승의 효과를 나타내지 않고 단순히 물질의 상태를 바꾸는데 쓰는 열로 얼음이 물로 될 때는 융해잠열이라 한다.

02 어획물의 선도 유지를 위한 처리 원칙으로 틀린 것은?

가. 신속하게 처리한다.
나. 저온에서 보관한다.
사. 정결하게 다룬다.
아. 사후경직이 빨리 일어나게 한다.

해설 사후경직은 어패류가 죽은 다음에 빠른 경우에는 몇 분, 느린 경우에는 몇 시간이 지나면 근육의 투명감이 떨어지고 수축하여 어체가 굳어지는 현상으로 선도 유지를 위해서는 사후경직이 늦게 시작되게 하고 지속되는 시간도 길게 하는 것이 좋다.
어획물의 처리 원칙
① 신속한 처리
② 저온 보관
③ 정결한 취급

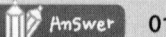 01 나　02 아

03 다음의 어류 중 자가소화의 속도가 비교적 빠르게 일어나는 것은?

가. 다랑어
사. 넙치
나. 대구
아. 가자미

해설 자가소화는 어체 조직 속에 있는 효소의 작용으로 조직을 구성하는 단백질, 지방질, 글리코겐과 그 밖의 유기물이 저급의 화합물로 분해되는 것으로 자가소화의 진행은 고등어, 정어리, 다랑어와 같은 적색육 어류는 비교적 빠르게 일어나며, 가자미, 넙치, 도미와 같은 백색육 어류는 적색육 어류에 비해 느리게 일어난다.

04 어획물의 냉동 처리에서 동결이 끝난 어패류의 표면을 보호하고, 수분의 증발과 산패를 억제할 목적으로 얼음옷(빙의)을 입히는 작업은?

가. Freezing
사. Cooling
나. Glazing
아. Chilling

해설 글레이징(Glazing) 처리
- 동결이 끝난 어체를 어창에 저장하기 전에 동결어의 표면에 얼음의 막을 만들어 주는 과정
- 동결어의 표면에 얇은 얼음막을 덮어서 어체의 건조를 방지함과 동시에 어체 표면에 상처가 나는 것을 방지
- 동결어(-18°C 이하)를 냉동실(10°C 이하)에서 냉수(0~4°C)에 수 초(3~6초)간 담갔다가 끄집어 내면 표면에 얼음막이 생긴다. 이 작업을 2~3분 간격으로 2~3회 반복하여, 어체 표면에 무게로 3~5%, 두께로 2~7mm의 얼음막이 형성되게 한다.

05 냉동톤이란, 0°C의 물 1ton을 몇 시간 동안에 0°C의 얼음으로 만드는데 필요한 냉동 능력을 말하는가?

가. 6시간
사. 18시간
나. 12시간
아. 24시간

해설 냉동톤(Ton of Refrigeration : RT)이란 0°C의 물 1톤을 24시간 동안에 0°C의 얼음으로 만드는데 필요한 냉동 능력으로 다음과 같이 계산한다.

$$1RT = \frac{79.68 \times 1000}{24} = 3,320 \ (kcal/h)$$

 03 가 04 나 05 아

단원별 3급 항해사

06 어획물을 선상에서 처리할 때, 사후경직 시간의 연장을 위하여 취할 수 있는 가장 좋은 처리법은?

가. 조업어장의 해수 온도와 같은 온도로 수빙
나. 즉살
사. 약간 가열한 후 급냉
아. 산 채로 어획된 것은 자연스럽게 천천히 죽도록 방치

해설 즉살한 경우 고생사의 경우보다 사후경직이 늦게 시작되고 지속되는 시간도 길어진다.

07 다음 중 우리나라 원양 다랑어 주낙 어선에서 가장 많이 이용하는 저온 저장방법은?

가. 빙장법
나. 수빙법
사. 냉장법
아. 동결저장법

해설 저온 저장방법
① 빙장법 : 빙장에 사용하는 얼음은 청수빙, 해수빙, 쇄빙(지름 5mm 이하)으로 청수빙은 0°C, 해수빙은 -2°C에서 녹는다.
  • 건빙법 : 쇄빙을 사용하여 용기 또는 어창 바닥에 쇄빙을 깔고, 그 위에 어획물을 넣은 다음에 그 사이 또는 위에 쇄빙을 넣는다.
  • 수빙법 : 청수 또는 해수에 쇄빙을 넣어 -2°C~0°C의 물과 얼음의 빙수를 사용하여 저장하는 방법으로 냉각속도가 건빙법보다 빠르지만 얼음이 녹은 물이 등 푸른 생선의 표피색을 백탁시킨다. 백탁을 방지하기 위해서는 얼음의 3% 정도의 소금을 첨가하여야 한다.
  • 냉각해수저장법 : 해수를 -1°C 정도로 냉각하여 어획물을 그 냉각 해수에 침지시켜 저장하는 방법
② 동결저장법 : 냉동장치를 이용하여 -18°C 이하에서 동결하여 장기 저장(6개월~1년 정도)하는 방법으로 미생물과 효소에 의한 변질은 어느 정도 막을 수 있으나 지방 산화와 조직감 변화는 막기 어렵다.

08 자가소화에 의한 분해 속도는 여러 가지 조건에 따라서 영향을 받는다. 다음 중 틀린 것은?

가. 적색육 어류가 백색육 어류에 비해 빨리 일어난다.
나. pH가 알칼리성일 때보다는 산성일 때 덜 진행된다.
사. 같은 어종에 있어서도 부위에 따라 다르며 특히 소화기 계통의 장기에서 빨리 일어난다.
아. 기온이 높으면 자가소화가 빨리 진행된다.

 06 나 07 아 08 나

해설 자가소화의 진행은 어종, pH, 온도 및 첨가물 등의 영향을 크게 받으며, 일반적으로 고등어, 정어리와 같은 적색육 어류에서 빨리 일어나며 어체의 온도를 낮추어 주는 것이 자가소화를 억제시키는 가장 기본적인 수단이다.

자가소화는 식염의 작용으로도 어느 정도 억제되며, pH가 산성일 때보다는 알칼리성일 때 덜 진행된다. 또한, 동결저장에 있어서 완만히 동결시키고, 완만히 해동시킨 것은 급속 동결, 해동시킨 것에 비하여 자가소화 작용이 훨씬 빨리 일어난다.

09 동결 저장법에서 어획물을 동결할 때 어체의 중심부가 몇 도 정도 되면 동결 장치에서 꺼내어 동결 저장으로 옮기는가?

가. -5℃
나. -8℃
사. -15℃
아. -20℃

10 냉동기의 브라인으로서 동결점이 가장 낮은 것은?

가. 염화칼슘
나. 염화나트륨
사. 염화마그네슘
아. 염화칼슘과 염화마그네슘의 혼합

해설 냉매(열을 운반하는 매체)는 냉동장치 내에서 액체와 증기와 같이 상태 변화가 있는 암모니아와 프레온계 냉매를 1차 냉매 또는 냉매라 하고, 액체 상태에서 더 이상의 상태 변화가 없는 염화칼슘, 염화나트륨, 염화마그네슘, 에틸렌글리콜, 프로필렌글리콜 및 에틸알콜 등을 2차 냉매 또는 브라인(Brine)이라 한다.
- 동결점이 낮은 순서
  에틸알콜 > 염화칼슘 > 염화마그네슘 > 프로필렌글리콜 > 염화나트륨 > 에틸렌글리콜

11 자가소화가 진행되는 동안의 두드러진 변화는 조직을 구성하는 성분 중 단백질의 분해인데, 어체의 조직은 어떻게 되는가?

가. 유연해진다.
나. 근육세포가 파괴된다.
사. 탄력성이 생긴다.
아. 뻣뻣해진다.

해설 자가소화는 어체 조직 속 효소의 작용으로, 조직을 구성하는 단백질, 지질, 글리코겐과 그 밖의 유기물이 저급한 화합물로 분해되는 것으로 자가소화 과정에서 일어나는 두드러진 변화는 단백질의 분해인데, 단백질이 분해되면 알부모스, 펩톤, 폴리펩티드, 올리고펩티드와 같은 분자량이 작은 물질을 거쳐 각종 아미노산으로 변하여 그 변화와 더불어 어체의 조직도 유연해진다.

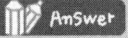 09 사 10 가 11 가

제1장 어획물의 취급 및 적하

12 어획물의 선도 관리를 위한 냉동 방법 중 경제성과 효율성이 양호하여 가장 널리 이용되고 있는 방법은?

가. 기체의 팽창에 의한 냉각 방법
나. 기한제를 이용하는 방법
사. 증발하기 쉬운 액체를 증발시키는 방법
아. 열전 냉각을 이용하는 방법

13 어획물의 동결품 제조공정 중에서 어체 처리 중 세미 드레스는 어느 것인가?

가. 어체에서 아가미와 내장을 제거한 것
나. 머리 부분과 내장을 제거한 것
사. 어체 그대로 처리하지 않은 것
아. 꼬리와 지느러미를 제거한 것

해설
가. 세미 드레스(Semi-dressed)
나. 드레스(Dressed)
사. 라운드(Round)
아. 팬 드레스(Pan-Dressed)

■ 어체의 절단 처리법

구분	처리종류	처리방법
어체	라운드	아무런 전처리를 하지 않은 전어체
	세미드레스	아가미, 내장 제거
	드레스	머리, 내장 제거
	팬 드레스	드레스 처리한 어체에 대하여 다시 지느러미와 꼬리를 제거한 어체
어육	필릿	드레스 상태에서 척추골을 중심으로 양쪽으로 육편만을 발라 낸 것
	청크	드레스 한 것을 뼈를 제거하고, 통체로 썰기한 것
	스테이크	필릿을 약 2cm 두께로 자른 것
	다이스	육편을 2~3cm 각으로 자른 것
	찹	채육기에 걸어서 발라 낸 육

14 처리실이 있는 대형 트롤어선에서 양망하여 어획물을 선내에 최초 보관하는 시설은?

가. 1번 어창   나. 준비실
사. 급냉실   아. 피시 폰드(Fish pond)

 12 사 13 가 14 아

15 어획물 처리의 가장 주된 목적은 무엇인가?

가. 수송의 편리
나. 원형의 보존
사. 선도의 유지
아. 판로의 개척

16 얼음 1kg이 녹을 때 주변에서 얼마 정도의 열을 빼앗아 가는가?

가. 800cal
나. 800kcal
사. 80kcal
아. 8kcal

해설 융해잠열 : 0℃의 얼음 1kg이 0℃의 물로 융해될 때 주변으로부터 빼앗는 잠열로 79.68kcal/kg 정도 된다.

17 다음의 어획된 어류 중 사후 부패 속도가 가장 빠른 것은 어느 것인가?

가. 고등어
나. 옥돔
사. 넙치
아. 명태

해설 적색육 어류인 고등어, 전갱이, 정어리 등은 자가소화 속도가 빠르다.

18 해산어의 경우 사후 어체에서 자가소화가 가장 잘 일어나는 어체의 온도 범위는?

가. 20~30℃
나. 30~40℃
사. 40~50℃
아. 50~60℃

해설 자가소화가 가장 잘 일어나는 어체의 온도는 해산어는 40~50℃, 담수어는 20~30℃ 정도이다.

19 어획물의 사후경직 현상과 관련성이 없는 것은?

가. 단백질의 분해
나. 육조직의 경직
사. 투명감의 상실
아. pH값의 저하

해설 단백질의 분해는 자가소화에서 일어나는 현상이다. 사후경직은 어패류가 죽은 다음에 빠른 경우에는 몇 분, 느린 경우에는 몇 시간이 지나면 근육의 투명감이 떨어지고 수축하여 어체가 굳어지며, pH값이 떨어지는 현상

Answer 15 사 16 사 17 가 18 사 19 가

제1장 어획물의 취급 및 적하

20 어선의 어창에서 사용하는 던니지의 효과에 대한 설명이 잘못된 것은?

가. 어획물 상호간의 접촉, 마찰 등을 방지한다.
나. 어획물의 무게를 집중시키고 선체의 감항성을 증가시킨다.
사. 어획물과 선체 또는 어획물 상호간에 간격을 만들어 통풍 환기를 시킨다.
아. 어획물의 이동을 방지한다.

해설 던니지(Dunnage) : 화물을 선박에 적재할 때에 화물 손상을 방지하는 것을 목적으로 사용되는 판재, 각재 및 매트로 화물의 접촉, 마찰방지, 통풍환기, 이동방지 등에 이용한다.

21 어창 내부에 어획물의 손상을 방지하는 설비가 아닌 것은?

가. 선저 내판(bottom ceiling)
나. 사이드 스파링(side sparring)
사. 해치 코밍(hatch coaming)
아. 통풍기(ventilator)

해설 해치코밍 : 해치의 강도를 보강하고, 수밀을 위하여 해치 주위에 되어 있는 테두리 판

22 대형 원양 트롤어선에서 처리실에 설치되어 있지 않는 장치는?

가. 피시 폰드(fish pond)
나. 양승기(line hauler)
사. 컨베이어(conveyer)
아. 자동 밴딩기

해설 양승기는 그물을 올리는 장치로 선망, 건착망에 사용한다.

23 냉동어창의 관리 및 검사 내용 중 거리가 먼 것은?

가. 방열재와 냉각용 파이프의 오손 점검
나. 빌지 웰의 청소 및 상태 점검
사. 어창 출입문의 기밀 상태 점검
아. 통풍구의 작동과 상태 점검

24 어획물의 선도 유지방법 중 올바른 처리 방법이 아닌 것은?

가. 저온에서 취급한다.
나. 어획물을 갑판 위에 적재한다.
사. 내장과 피 등은 제거한다.
아. 어획물을 빠른 시간 안에 씻는다.

Answer 20 나 21 사 22 나 23 아 24 나

25 다음 중 주로 횟감용 선어를 어상자에 배열하는 방법으로 옳은 것은?
   가. 배 쪽이 위로 오게 세운다.   나. 등 쪽이 위로 오게 세운다.
   사. 옆으로 반듯하게 눕힌다.   아. 불규칙하게 담는다.

   해설 어획물을 어상자에 배열하는 방법에는 등을 위로 향하게 하는 등세우기 법(배립형), 배를 위로 향하도록 하는 배세우기 법(복립형), 옆으로 반듯하게 눕히는 법(평편형), 불규칙하게 흐트러뜨려 넣는 법(산립형), 둥그렇게 구부려 넣는 법(환상형) 등이 있다.
   • 등세우기 법 : 횟감으로 이용하는 도미, 민어 등과 같은 고급 어종에 이용
   • 배세우기 법 : 가공 원료로 이용하는 조기, 메퉁이 같은 어종에 이용

26 어획물 어체처리에서 두부와 내장만을 제거하는 처리법은?
   가. Fillet   나. Round
   사. Dressed   아. Chunk

   해설 드레스(dressed)에 대한 설명이다.

27 다랑어 선망 어선에서 많이 사용되고 있는 동결법은?
   가. 공기 동결법   나. 질소 동결법
   사. 브라인 동결법   아. 프레온 동결법

   해설 어획물은 본선에 최대한 빨리 적재하여 미리 준비해둔 예냉수(-1.7℃)에 저장하고, 예냉을 한 후 충분한 양의 소금과 깨끗한 해수를 혼합한 브라인액(-17.8~-12.2℃)에서 냉각시킨 후 냉동 보관한다.

28 어획물의 동결품의 제조과정에서 동결 직후의 처리에 해당되는 것은?
   가. 어종 및 크기의 선별   나. 세척
   사. 어체 절단   아. 글레이징

   해설 ① 어획물의 세척
   ② 냉동(동결)처리
      ㉠ 원료의 선정
      ㉡ 전처리 : 물빼기, 어종 및 크기의 선별, 냉동팬 담기
      ㉢ 냉동(동결) : -25~-30℃ 정도로 3~4시간
      ㉣ 후처리 : 팬분리, 동결된 생선을 글레이징
      ㉤ 동결저장

Answer 25 나 26 사 27 사 28 아

29 어패류가 변질되기 쉬운 이유로서 틀린 것은?

- 가. 세균의 부착 기회가 많다.
- 나. 체조직이 연약하다.
- 사. 효소의 활성이 작다.
- 아. 수분 함량이 많다.

30 글레이징에 대한 설명 중 틀린 것은?

- 가. 동결이 끝난 어체의 표면을 보호하기 위한 것이다.
- 나. 수분의 증발을 억제하기 위하여 얼음옷을 입히는 것이다.
- 사. 글레이징 후의 동결 어체 중량이 7% 이상 증가되도록 하는 것이 일반적이다.
- 아. 동결어체의 표면에 두께 2~7mm의 얼음옷이 형성되게 하는 것이다.

해설 글레이징 후의 동결 어체 중량이 3~5% 정도 되게 한다.

31 즉살한 어류의 피뽑기 작업에 관한 설명 중 틀린 것은?

- 가. 피뽑기 시간은 3시간 이상이 알맞다.
- 나. 해수보다 염분 농도가 낮은 물을 사용한다.
- 사. 서식하던 환경수의 온도보다 2~3℃ 낮은 물이 좋다.
- 아. 지나치게 오래도록 물속에 담가 두지 않는다.

해설 즉살한 고기를 지나치게 오래도록 물속에 넣어 두면 수분이나 염분이 어육 속에 침투하여 사후경직을 촉진시키게 되므로, 피뽑기 시간은 1~2시간이 알맞다.

32 선상에서 어획물을 처리하게 되는 가장 중요한 목적은?

- 가. 운송의 편리
- 나. 조업 기간의 연장
- 사. 어창의 적재 중량 조절
- 아. 상품 가치의 증대

33 어패류의 사후 변화 과정 중 사후경직 현상을 바르게 설명한 것은?

- 가. 근육 조직이 점차 팽창하여 연하게 된다.
- 나. 근육의 색깔이 투명하게 된다.
- 사. 온도가 낮을수록 빨리 일어난다.
- 아. 근육에 함유된 글리코겐의 양과 관계가 있다.

Answer 29 사 30 사 31 가 32 아 33 아

34 어획물의 선도 관리를 위하여 쓰여지는 얼음 중 원료수를 유동시켜 기포, 염류를 제거하면서 완만히 결빙시켜 만든 것은 다음 중 어느 것인가?

가. 백빙 나. 쇄빙
사. 결정빙 아. 투명빙

35 어획물 동결품의 제조 공정을 바르게 나열한 것은?

가. 전처리 – 동결 저장 – 글레이징 – 동결
나. 글레이징 – 포장 – 동결 – 동결 저장
사. 전처리 – 동결 – 글레이징 – 동결 저장
아. 쇄빙 – 동결 – 동결 저장 – 글레이징

해설 ① 어획물의 세척
② 냉동(동결)처리
  ㉠ 원료의 선정
  ㉡ 전처리 : 물빼기, 어종 및 크기의 선별, 냉동팬 담기
  ㉢ 냉동(동결) : -25~-30℃ 정도로 3~4시간
  ㉣ 후처리 : 팬분리, 동결된 생선을 글레이징
  ㉤ 동결저장

36 동결은 일반적으로 어체를 몇 도 이하로 급속 냉동시키는 것을 말하는가?

가. -25℃ 나. -18℃
사. -12℃ 아. -5℃

37 사후경직 지속시간의 연장 방법 중 좋지 않은 것은?

가. 어획 후 내장을 제거한다.
나. 신선한 어체를 더운 물로 씻는다.
사. 깨끗이 씻은 다음 낮은 온도로 유지시킨다.
아. 어류가 죽은 직후 뇌수와 등뼈를 제거한다.

Answer   34 아 35 사 36 나 37 나

단원별 3급 항해사

38 어획물의 선상 처리에서 어획 후 즉살한 고기의 피뽑기를 할 때 물 속에 담가 두는 시간과 사용하는 물의 온도는?

가. 피뽑기 시간 4~5시간, 서식하던 환경수보다 2~3℃ 낮은 온도
나. 피뽑기 시간 3~4시간, 서식하던 환경수보다 2~3℃ 낮은 온도
사. 피뽑기 시간 2~3시간, 서식하던 환경수보다 1~2℃ 낮은 온도
아. 피뽑기 시간 1~2시간, 서식하던 환경수보다 2~3℃ 낮은 온도

39 가공 원료로 쓰이거나 어창 속에 10일 이상 수용하는 어획물은 어떤 방법으로 어상자에 담는 것이 좋은가?

가. 배세우기 법
나. 반듯하게 눕히는 법
사. 등세우기 법
아. 불규칙하게 담는 법

해설 가공 원료로 이용하는 조기, 메퉁이 같은 어종은 배세우기 법(복립형)으로 한다.
• 갈치 : 둥그렇게 구부려 넣는 법(환상형)
• 도미, 민어 등과 같은 고급 어종 : 등세우기 법(배립형)

40 다음 중 어선 냉동기에 널리 쓰이고 있는 냉매는?

가. 아황산가스
나. 탄산가스
사. 할로겐
아. 암모니아

41 어육 성분의 결합수가 완전히 동결되는 공정점은 대략 얼마인가?

가. -20℃
나. -40℃
사. -60℃
아. -80℃

해설 공정점은 어느 일정한 한계의 농도에서는 더 이상 동결온도가 낮아지지 않는 최저의 온도로 어육 성분의 공정점은 -60℃ 정도이다.

42 어획 화물의 적부에 있어서 그 손상을 방지하기 위해 사용되는 판재, 각재 등을 (　　)라 한다. (　　) 안에 적합한 것은?

가. Damage
나. Storage
사. Dunnage
아. Surveyor

 38 아 39 가 40 아 41 사 42 사

43 원양 트롤선이나 다랑어 주낙 어선에 주로 채용되는 어획물 저온 저장설비는?

가. 냉장설비　　　　　　　　나. 냉동설비
사. 빙장설비　　　　　　　　아. 수빙설비

44 다랑어 연승 어업에서 어획된 다랑어를 즉살시키는 방법으로서 가장 이상적인 것은?

가. 두부 절단　　　　　　　　나. 복부 절개
사. 척추 절단　　　　　　　　아. 연수부 파괴

> 해설 피뽑기가 끝난 후에 어류의 생명이 끊어졌다 하더라도 신경이 완전히 죽기까지는 또 시간이 걸리므로 후두부에 스파이크를 삽입하고, 또 피아노선을 이용하여 척추뼈 속에 찔러 넣음으로서 뇌와 연수를 파괴시켜 어체를 완전히 죽게 한다.

45 어획물의 선도를 유지하기 위한 처리방법이 아닌 것은?

가. 신속한 처리　　　　　　　나. 저온에서 보관
사. 정결한 취급　　　　　　　아. 체온의 유지

46 다음은 어류의 사후경직에 영향을 주는 요소를 열거하였다. 이 중 영향이 가장 적은 것은?

가. 어체의 크기　　　　　　　나. 어획 수온
사. 어획 방법　　　　　　　　아. 방치 온도

47 어체의 선도를 판정하는 관능적 선도 판정에 해당되지 않는 것은?

가. 몸 전체가 윤이 나고 팽팽함.
나. 아가미는 선홍색을 띠고 있음.
사. 눈알에 혼탁이 없음.
아. 복부는 탄력이 없음.

> 해설 아. 복부는 탄력이 있어야 한다.
> 　　　그 외에도 비늘이 단단하게 붙어 있어야 하며, 지느러미는 상처가 없어야 한다.

Answer　43 나　44 아　45 아　46 나　47 아

48. 방열된 어창에서 어체를 쇄빙으로 싸서 0℃ 전후로 냉각시켜 저장하는 방법은?
가. 냉각해수저장법
사. 냉동법
나. 수빙법
아. 건빙법(일반빙장법)

해설 빙장법중 건빙법에 해당한다.

49. 다음 중 해상에서 잡은 어류들의 선도 판정 방법이 아닌 것은?
가. 관능적 판정방법
사. 물리학적 판정방법
나. 화학적 판정방법
아. 생물학적 판정방법

해설 선도판정법에는 ① 관능적 방법 ② 세균학적 방법 ③ 물리적 방법 ④ 화학적 방법 등이 있다.

50. 수분 함량 80%인 어육이 80%의 동결률로 동결되었다면 어체의 팽창률은 얼마 정도인가?
가. 약 4%
사. 약 8%
나. 약 6%
아. 약 10%

해설 **동결률[freezing ratio]**
식품을 동결점 이하로 냉각하여 온도를 내리면 빙결정의 양이 증가한다. 즉 동결이 진행되는 과정에서는 식품 중에는 고체의 얼음과 액상의 물이 공존한다. 이때 식품의 처음의 함유수분량에 대하여 빙결정으로 변화한 부분의 비율을 동결률이라 한다.

51. 선상에서 어획물을 처리하는 요령으로 틀린 것은?
가. 어창 속에 적재할 때에는 어획 시기와 선도가 비슷한 것끼리 수용한다.
나. 산 채로 어획된 대형어는 가능한 한 그 상태로 보관하면 사후경직 시간이 연장된다.
사. 미생물의 발육 번식을 억제하는 효과적인 방법은 저온에서 보관하는 것이다.
아. 고기를 담은 어상자를 어창 안에 적재할 때는 일반적으로 선미에서 선수쪽으로 쌓아간다.

52. 일반적으로 어패육의 성분 중 수분을 제외한 고형물로서, 차지하는 비율이 가장 높은 것은?
가. 단백질
사. 탄수화물
나. 지질
아. 엑스성분

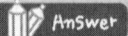
48 아 49 아 50 나 51 나 52 가

해설 어패류는 종류도 많지만 연령, 성별, 계절, 영양 상태 등 개체에 따른 성분 조성에도 많은 차이가 있다. 어패류의 육은 대체로 수분 : 70~85%, 단백질 : 15~25%, 지방질 : 0.5~10%, 탄수화물 : 0~8.0%, 회분 : 1.0~3.0%로 이루어져 있으며, 수분을 제외한 나머지 성분, 즉 고형물의 비율이 15~30% 정도이다.

53 사후경직으로 굳어진 어육은 시간이 지나면 다시 유연해지기 시작하는데 이 현상을 무엇이라 하는가?

가. 자가소화 현상
나. 부패 현상
사. 해경 현상
아. 해당 현상

해설 어패류의 사후 변화 순서
해당작용 ⇨ 사후경직 ⇨ 해경현상 ⇨ 자가소화 ⇨ 부패
- 사후경직
  어패류가 죽은 다음에 빠른 경우에는 몇 분, 느린 경우에는 몇 시간이 지나면 근육의 투명감이 떨어지고 수축하여 어체가 굳어지는 현상
- 해경
  사후경직에 도달한 근육이 차츰 연해지기 시작하는 현상으로, 자가소화의 앞 단계
- 자가소화
  어체 조직 속에 있는 효소의 작용으로 조직을 구성하는 단백질, 지방질, 글리코겐과 그 밖의 유기물이 저급의 화합물로 분해되는 것
- 부패
  자가소화에 의하여 생성된 물질을 영양원으로 하여 증식된 미생물이 생산한 효소의 작용에 의하여, 단백질, 지방질, 당류의 분해 그리고 TMA(trimethylamine) 및 요소의 생성 등이 일어나며, 암모니아 및 유화수소와 같은 악취 성분이 생겨서 부패 상태로 된다.

54 어패류 육질의 사후 변화 중 자가소화에 영향을 주는 요소로서 관계가 가장 먼 것은?

가. 온도 및 첨가물
나. pH
사. 어체의 크기
아. 어종

해설 자가소화의 진행은 어종, pH, 온도 및 첨가물 등의 영향을 크게 받는다. 일반적으로 고등어, 정어리과 같은 적색육 어류는 가자미, 넙치, 도미과 같은 백색육 어류에 비해 빨리 일어나며, 어육속의 자가소화 효소는 85℃에서 10분 정도 가열하면 피괴되므로 이체를 가열한 후 저온에서 저장하면 저장 기간을 연장할 수 있으며, 또한 식염의 작용으로 어느 정도 억제되며, pH가 산성일 때보다는 알칼리성일 때 덜 진행된다. 또한 동결 저장에 있어서 완만히 동결시키고 완만히 해동시킨 것은 급속 냉동시킨 것을 빨리 해동시킨 것에 비하여 자가소화 작용이 훨씬 빨리 일어난다.

Answer 53 사 54 사

단원별 3급 항해사

55 다랑어 주낙 어업에서 다랑어가 선상에 올라오면 제일 먼저 해야 하는 어획물 처리 절차는?

　가. 즉살시킨다.　　　　　　　　나. 글레이징 처리한다.
　사. 내장과 아가미를 제거한다.　　아. 즉시 냉동시킨다.

56 어획물의 즉살 처리에 대한 설명 중 맞지 않는 것은?

　가. 즉살 처리한 고기가 고생사한 고기보다 품질이 양호하다.
　나. 일반적으로 큰 고기나 고급 어종에 많이 이용한다.
　사. 고생사보다 즉살한 것이 사후경직 지속시간이 길다.
　아. 즉살시킬 때 경련이 많이 일어나도록 하는 것이 좋다.

57 어획물의 저온 저장방법 중 냉각해수법의 장점이 아닌 것은?

　가. 냉각속도가 빠르다.
　나. 얼음이 필요 없다.
　사. 하층의 어체가 압력에 의하여 손상되는 일이 없다.
　아. 급속 동결로 소형선에 적합하다.

> **해설** 냉동해수저장법은 동결하여 저장하는 냉동저장법이 아니라 빙장법이다.
> 냉각해수저장법은 해수를 −1℃ 정도로 냉각하여 어획물을 그 냉각 해수에 침지시켜 저장하는 방법으로 지방질 함유량이 높은 연어, 참치, 청어, 정어리, 고등어 등에 빙장법 대신에 이용하며 해수에 대한 비율은 3~4 : 1로 한다.

58 냉매나 브라인으로 냉각된 금속판 사이에 어획물을 끼워서 동결하는 방법을 무엇이라 하는가?

　가. 송풍 동결법　　　　나. 침지식 동결법
　사. 접촉식 동결법　　　아. 액체 동결법

59 지방질 함유량이 높은 연어, 참치, 청어, 고등어, 정어리 등에 일반 빙장법 대신 이용되는 저장법은?

Answer　55 가　56 아　57 아　58 사　59 아

가. 빙온법 　　　　　　　　나. 부분동결법
사. 냉장법　　　　　　　　　아. 냉각해수저장법

해설 냉각해수저장법은 해수를 −1℃ 정도로 냉각하여 어획물을 그 냉각 해수에 침지시켜 저장하는 방법으로 지방질 함유량이 높은 연어, 참치, 청어, 정어리, 고등어 등에 빙장법 대신에 이용하며 해수에 대한 비율은 3~4 : 1로 한다.

60 어획물의 동결품 제조 공정에서 동결 전의 처리에 해당되지 않는 것은?

가. 선별　　　　　　　　　　나. 피뽑기
사. 수세 및 물 빼기　　　　　아. 글레이징 처리

해설 글레이징 처리는 동결이 끝난 어체를 어창에 저장하기 전에 동결어의 표면에 얼음의 막을 만들어 주는 과정으로 동결어의 표면에 얇은 얼음막을 덮어서 어체의 건조를 방지함과 동시에 어체 표면에 상처가 나는 것을 방지한다. 처리 방법은 동결어(−18℃ 이하)를 냉동실(10℃ 이하)에서 냉수(0~4℃)에 수 초(3~6초)간 담갔다가 끄집어 내면 표면에 얼음막이 생긴다. 이 작업을 2~3분 간격으로 2~3회 반복하여, 어체 표면에 무게로 3~5%, 두께로 2~7mm의 얼음막이 형성되게 한다.

61 어획물의 선도 유지의 필요성과 관계가 없는 것은?

가. 가공 원료 적정상의 이유　　　나. 경제적인 이유
사. 수송 편의상의 이유　　　　　아. 식품 위생상의 이유

62 어패류의 생식이나 오염된 해수가 피부 상처에 접촉되었을 때 일어나는 것으로 심하면 2~3일 만에 사망하는 중독은 다음 중 어느 것인가?

가. 장염 비브리오　　　　　　나. 콜레라 비브리오
사. 패혈증 비브리오　　　　　아. 담셀라 비브리오

63 어획물의 신선도를 선상에서 가장 일반적으로 판별할 수 있는 방법은?

가. 화학적 방법　　　　　　　나. 세균학적 방법
사. 물리적 방법　　　　　　　아. 관능적 방법

해설 관능적 방법은 인체의 감각을 이용한 방법으로 껍질의 광택, 눈의 상태, 복부의 탄력, 아가미 색깔, 육의 투명감 및 탄력, 냄새 그리고 비늘의 붙은 정도 및 지느러미의 상처 정도 등에 따라서 판정한다.

Answer　60 아　61 사　62 사　63 아

64 어획물의 빙장시 얼음의 양을 결정하는 요소에 들지 않는 것은?
- 가. 얼음 자체의 온도
- 나. 어종과 어체의 크기
- 사. 용기의 종류와 구조
- 아. 빙장선의 냉동기간

65 동결 저장법에서 어획물을 동결할 때 어체의 중심부가 몇 도 정도 되면 동결 장치에서 꺼내어 동결 저장으로 옮기는가?
- 가. -5℃
- 나. -8℃
- 사. -15℃
- 아. -20℃

66 변질된 고등어를 먹고 난 뒤 일어나는 알레르기성 식중독의 원인 물질에 해당되는 것은?
- 가. 보툴리눔균
- 나. 비브리오균
- 사. 시구아테라 독소
- 아. 히스타민

> **해설** 고등어 등의 붉은 살 생선은 선도가 떨어지면 진한 맛을 내는 히스티딘이 히스타민으로 변하여 두드러기, 복통, 구토, 발열 등의 알레르기성 식중독 증상을 일으키므로 구이, 찜, 국 등에서 가열하면 히스타민 식중독의 염려는 없어진다.

67 어획물을 선상에서 처리할 때, 다음 중 사후경직 시간의 연장을 위하여 바르게 취하여 진 사항은?
- 가. 조업어장의 해수 온도와 같은 온도로 수빙
- 나. 머리와 내장을 즉시 제거
- 사. 약간 가열한 후 급냉
- 아. 산 채로 인양된 것은 자연스럽게 천천히 죽도록 방치

68 새우류의 처리과정에서 두부를 제거하는 가장 큰 이유는?
- 가. 지질의 산패 방지
- 나. 적재량의 증대
- 사. 세균 오염 방지
- 아. 흑변과 적색 색소의 퇴색 방지

Answer 64 아 65 사 66 아 67 나 68 아

69 암모니아를 사용하는 압축식 냉동기의 주요 부분이 아닌 것은?

가. 증발기 나. 액화기
사. 응축기 아. 압축기

> **해설** 냉동장치는 압축기, 응축기, 증발기, 팽창밸브 등으로 이루어져 있으며, 냉동실에 있는 식품으로부터 증발기가 열을 빼앗아서 응축기에서 냉각수 또는 공기에 열을 방출하면서 식품을 냉각 또는 동결시킨다. 이때 열을 운반하는 매체를 냉매라 하는데 냉매에는 암모니아와 프레온이 있다.

70 명태의 어획물 처리방법으로서 중요하지 아니한 것은?

가. 냉동한다.
나. 내장을 제거하여 건조 제품을 만든다.
사. 어체를 소금에 절인다.
아. 명란젓이나 창난젓을 만든다.

71 냉동 어창의 측면벽을 구성하는 재료가 아닌 것은?

가. 탄화코르크 나. 방수지
사. 스티로폼 아. 비닐판

72 수산물이 가진 특성으로서 틀린 것은?

가. 생산량의 변동성 나. 생산 시기의 한정성
사. 생산 장소의 광역성 아. 변질, 부패의 용이성

73 선상에서 어획물 처리상 주의할 점이다. 틀린 것은?

가. 어획물의 갑판상 방치 기간을 짧게 할 것
나. 어획물을 이동시킬 때는 반드시 복부를 잡을 것
사. 표피가 벗겨지지 않도록 할 것
아. 빙장시는 창내의 오수를 제거할 것

 69 나 70 사 71 아 72 사 73 나

74 냉동화물의 저장 온도는 얼마가 적당한가?
- 가. -5℃ ~ 2℃
- 나. -10℃ ~ 5℃
- 사. -12℃ ~ 7℃
- 아. -20℃ ~ 5℃

75 고급 어종의 빙장시 어체를 보호하기 위한 종이의 종류는?
- 가. 질산지
- 나. 염산지
- 사. 황산지
- 아. 포름산지

해설 고급 어종은 바로 얼음에 접하게 하지 말고, 황산지로 싼 후 그 주위를 얼음으로 채운다.
황산지(parchment paper)
황산용액과 글리세린 용액에 담가 내어 물에 헹궈 말린 종이로 반투명하며 물과 기름에 잘 젖지 않아 식품이나 약품의 포장에 쓰임.

76 어패육의 주요 성분 중 수분과 단백질의 함유 비율의 범위로 맞는 것은?
- 가. 수분 50~65%, 단백질 25~30%
- 나. 수분 60~75%, 단백질 20~25%
- 사. 수분 70~85%, 단백질 15~25%
- 아. 수분 80~95%, 단백질 10~15%

해설 어패류의 육은 대체로 수분 : 70~85%, 단백질 : 15~25%, 지방질 : 0.5~10%, 탄수화물 : 0~8.0%, 회분 : 1.0~3.0%로 이루어져 있으며, 수분을 제외한 나머지 성분, 즉 고형물의 비율이 15~30% 정도이다.

77 어획물의 선도를 유지하기 위한 처리 방법이 잘못된 것은?
- 가. 사후경직 시간을 늦추거나 시간을 지속시킨다.
- 나. 고온건조 상태로 보관한다.
- 사. 어획 직후 즉살한다.
- 아. 어획물을 빠른 시간 안에 씻는다.

78 어분의 제조공정과 관계없는 것은?
- 가. 염장
- 나. 자숙
- 사. 건조
- 아. 분쇄

Answer 74 사 75 사 76 사 77 나 78 가

> **해설** 전어체 또는 가공처리 공정에서 부수적으로 발생하는 머리·껍질·뼈 등을 자숙(증자), 압착, 건조, 분쇄한 것을 어분(Fish meal)이라고 한다.

79 어육 속의 결합수는 전체 수분의 약 (   )%이다. (   ) 속에 적당한 것은?
- 가. 2 ~ 22
- 나. 15 ~ 25
- 사. 40
- 아. 70 ~ 75

80 어획물을 어선에서 직접 처리하여 만드는 주된 제품은?
- 가. 염장품
- 나. 훈제품
- 사. 냉동품
- 아. 건제품

81 어획물의 사후경직의 지속시간을 연장시키기 위한 방법이 아닌 것은?
- 가. 두부와 내장을 제거한다.
- 나. 찬 물로 청결하게 씻어 처리한다.
- 사. 어체 온도를 낮게 한다.
- 아. 어체 표면을 1~2℃로 건조하게 유지시킨다.

82 해상에서 잡은 어류의 자가소화가 가장 왕성하게 일어 날수 있는 pH의 값은?
- 가. 2~3
- 나. 8~9
- 사. 6~7
- 아. 4~5

83 해상에서 잡은 어류들의 사후 변화 과정 중 자가소화를 가장 바르게 설명한 것은?
- 가. 가열, 저온저장 또는 수분 함량의 조절로 억제시킬 수 있다.
- 나. 근육에 함유된 글리코겐의 양과 관계가 있다.
- 사. 근육 조직이 점차 수축, 경직하게 된다.
- 아. 근육의 색깔이 불투명하게 된다.

> **해설** 자가소화 효소는 85℃에서 10분 정도 가열하면 파괴되므로, 어체를 가열한 후 저온에서 저장하면 저장 기간을 연장할 수 있다.

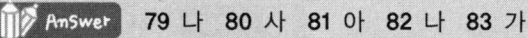

Answer 79 나 80 사 81 아 82 나 83 가

84 해상에서 잡은 어류들의 선도 판정 방법 중 화학적 방법과 가장 관계가 있는 것은?

가. 비휘발성 염기 질소량 측정
나. 어육의 전기 저항도 측정
사. pH값 측정
아. 비휘발성 환원 물질 측정

85 글레이징 처리에 적합한 동결 어체의 온도는?

가. 0℃~5℃
나. -5℃~0℃
사. -5℃~-10℃
아. -15℃~-20℃

86 어획물의 저온 저장법 가운데 기온 -5℃ ~ 5℃ 범위에 저장하는 것을 무엇이라 하는가?

가. 냉장
나. 칠드(Chilled)
사. 빙온
아. 동결

> **해설**
> • 동결 : -18℃ 이하
> • 부분 동결 : -3℃ 이하
> • 냉장 : 10~0℃
> • 빙온 : -1℃ 이하
> • 칠드 : -5~5℃

87 어획물의 부패에 가장 크게 영향을 미치는 요인은?

가. 효소 작용
나. 효모 작용
사. 세균 작용
아. 산화 작용

88 어획물의 선도 유지를 위하여 반드시 필요한 조치라고 볼 수 없는 것은?

가. 신속히 처리
나. 저온에서 보존
사. 나무상자를 이용한다.
아. 청결한 취급

 Answer 84 사 85 아 86 나 87 사 88 사

89 어창 설비에 있어서 방열재의 일반적 성질이 아닌 것은 다음 중 어느 것인가?

가. 열전도율은 가능한 한 클 것
나. 투습저항이 크고 흡습성이 작을 것
사. 팽창 계수가 작을 것
아. 지구 환경을 파괴하지 않을 것

90 어패류의 사후변화 과정을 옳게 나열한 것은?

가. 해당작용 – 사후경직 – 해경 – 자가소화 – 부패
나. 해당작용 – 해경 – 사후경직 – 부패 – 자가소화
사. 해당작용 – 자가소화 – 부패 – 사후경직 – 해경
아. 해당작용 – 부패 – 자가소화 – 해경 – 사후경직

> **해설** 어패류의 사후 변화 순서
> 해당작용 ⇨ 사후경직 ⇨ 해경현상 ⇨ 자가소화 ⇨ 부패

91 어선 냉동장치의 냉매로 주로 쓰이며, 독성과 폭발성이 강하여 보관에 특히 주의하여야 하는 물질은?

가. 염화칼륨
나. 질소
사. 암모니아
아. 알코올

92 어획물은 신선도를 유지하는 것이 매우 중요하며 어획물을 어창에 선적하기에 앞서 다음과 같은 준비를 하여야 한다. 내용이 잘못된 것은?

가. 창구의 기밀 및 출입문의 단열 상태를 점검하다
나. 방열 격벽을 점검한다.
사. 어창을 깨끗이 청소하고 살균할 필요는 없다.
아. 냉동장치의 작동상태와 냉각계통을 점검한다.

93 다음 중 어패류의 사후 변화에 영향을 미치는 외적인 요인은?

가. 성장 단계
나. 세균 오염
사. 육질의 성분 조성
아. 영양상태

Answer 89 가 90 가 91 사 92 사 93 나

94 다음과 같은 어류 중에서 신선도를 유지하기에 가장 어려운 것은?
　가. 운동이 둔한 어류　　　　나. 백색육 어류
　사. 어체가 대형인 어류　　　아. 적색육 어류

95 추운 겨울에 동건품을 만드는 어종은?
　가. 정어리　　　　　　　　　나. 명태
　사. 전갱이　　　　　　　　　아. 다랑어

96 수산물을 삶아 건조시키는 가공법의 효과가 아닌 것은?
　가. 자가소화 효소를 파괴한다.
　나. 육 단백질을 응고시킨다.
　사. 어육 성분의 불포화 지방산이 증가한다.
　아. 보다 쉽게 건조된다.

97 냉동기의 냉매 종류 중 증발열과 냉동력이 가장 큰 것은?
　가. 암모니아　　　　　　　　나. 프레온 12
　사. 프레온 22　　　　　　　 아. 알코올

98 방열된 어창에 냉각관을 장치하고, 어체를 0℃ 전후로 냉각시켜 찬 공기 중에 저장하는 방법은?
　가. 빙장법　　　　　　　　　나. 수빙법
　사. 냉동법　　　　　　　　　아. 냉장법

99 어획물 조직 내의 자가소화 효소 및 미생물의 작용에 의하여 적당히 분해 성숙시킨 수산제품은?
　가. 젓갈　　　　　　　　　　나. 굴비
　사. 건명태　　　　　　　　　아. 통조림

> Answer　94 아　95 나　96 사　97 가　98 아　99 가

100 어획물을 일단 가열한 후 저온 저장을 함으로써 얻을 수 있는 주된 효과는?
   가. 사후경직의 시간 연장
   나. 자가소화 효소의 파괴
   사. 지질의 산패 방지
   아. 유독 물질의 제거

   해설 자가소화 효소는 85℃에서 10분 정도 가열하면 파괴되므로, 어체를 가열한 후 저온에서 저장하면 저장 기간을 연장할 수 있다.

101 어획물의 빙장 또는 냉장의 효과가 아닌 것은?
   가. 육질의 효소작용 억제
   나. 소비까지의 일시적 저장
   사. 단백질 분해작용 억제
   아. 부패성 세균의 사멸

102 원양에서 어획된 대형 어류를 어획 직후에 즉살시키는 목적은?
   가. 사후경직 시간의 단축
   나. 신선한 상태로 소비자에게 공급
   사. 어체의 원형과 중량 보존
   아. 염분의 어육내 침투 촉진

   해설 즉살한 경우 고생사의 경우보다 사후경직이 늦게 시작되고 지속되는 시간도 길어져 신선도가 높다.

103 대구, 명태를 동결하였을 때 잘 일어나는 품질 손상이 가장 큰 현상은?
   가. Jelly meat
   나. Green meat
   사. Orange meat
   아. Sponge meat

Answer 100 나 101 아 102 나 103 아

104 멸치는 연안성, 난류성, 표·중층성 어종으로 건제품이나 젓갈로 많이 이용되고 있는데, 마른 멸치는 무슨 제품에 속하는가?

가. 소건품
나. 염건품
사. 자건품
아. 동건품

해설 **소건품** : 수산물을 원형 그대로 또는 전처리하여 물에 씻은 후 건조한 것 - 마른 오징어, 마른 대구, 마른 미역, 마른 김
염건품 : 수산물을 소금에 절인 다음 건조한 것 - 굴비, 간대구포, 염전 고등어
자건품 : 수산물을 삶아서(자숙) 건조시킨 것 - 마른 멸치, 마른 전복, 마른 새우
동건품 : 겨울철에 야외에서 자연 저온을 이용하여 건조한 것 - 황태, 북어

105 어획물의 보장 처리방법 중 냉장법의 장점이 아닌 것은?

가. 일정한 온도가 유지된다.
나. 얼음이 필요 없다.
사. 수용량이 많다.
아. 급속 동결로 소형선에 적합하다.

해설 냉장법은 동결시키는 것이 아니다.

106 글레이징에 대한 설명 중 틀린 것은?

가. 동결이 끝난 어체의 표면을 보호하기 위한 것이다.
나. 수분의 증발을 억제하기 위하여 얼음막을 입히는 것이다.
사. 3℃의 해수에 2~3분 간격으로 2~3회 반복하여 담그는 것이다.
아. 2~3회 반복하여 2~7mm의 얼음막을 입히는 것이다.

해설 동결어(-18℃ 이하)를 냉동실(10℃ 이하)에서 냉수(0~4℃)에 수 초(3~6초)간 담갔다가 끄집어 내면 표면에 얼음막이 생긴다. 이 작업을 2~3분 간격으로 2~3회 반복하여, 어체 표면에 무게로 3~5%, 두께로 2~7mm의 얼음막이 형성되게 한다.

107 저온을 이용하여 어획물의 신선도를 유지하는데 사용하는 방법 중 틀린 것은?

가. 냉동법
나. 냉장법
사. 빙장법
아. 염장법

 104 사 105 아 106 사 107 아

108. 해상에서 어획한 어류 중 부패 속도가 가장 빠른 것은 어느 것인가?
   가. 정어리
   나. 옥돔
   사. 넙치
   아. 명태

109. 어육 성분 중 선도 유지와 별로 관계없는 성분은 무엇인가?
   가. 수분
   나. 단백질
   사. 지질
   아. 회분

110. 대형어의 사후경직 시간을 연장함으로써 선도를 유지하기 위한 유효한 방법이 아닌 것은?
   가. 낮은 온도를 유지한다.
   나. 어체를 소독수에 씻는다.
   사. 머리와 내장을 제거한다.
   아. 어획 후 정결하게 다룬다.

111. 고기칸(Fish pond)의 설치에 대한 설명 중 틀린 것은?
   가. 될 수 있는 대로 깊게 만든다.
   나. 내부가 너무 건조하지 않도록 한다.
   사. 직사광선을 받지 않도록 한다.
   아. 배의 동요로 인한 어체의 손상이 없도록 한다.
   [해설] Fish pond : 대형 트롤어선에서 어획물을 양망하여 최초에 보관하는 처리실에 있는 시설

112. 동결 저장한 어육을 해동시켰을 때 일어나는 드립(Drip) 유출의 주 원인은?
   가. 스펀지화
   나. 해동 경직
   사. 자가소화
   아. 젤리화
   [해설] 드립(Drip)은 동결품을 해동할 때 밖으로 흘러나오는 육즙으로 발생원인은 해동 중에 빙결 정이 녹아서 만들어진 수분이 육질에 흡수되지 못하여 유출하기 때문이다.

Answer: 108 가 109 아 110 나 111 가 112 나

113 어획물의 사후 변화에 영향을 주는 요소 중 외적 요인으로만 구성된 것은?
가. 온도 변화, 세균 오염
나. 조직 상태, 온도 변화
사. 성분 조성, 조직 상태
아. 성분 조성, 세균 오염

114 지방질 함량이 높은 연어, 청어, 고등어, 정어리 등의 선도 보존을 위하여 빙장법 대신에 이용되는 저장법은?
가. 빙온법
나. 부분동결법
사. 냉장법
아. 냉각해수법

해설 냉각해수법은 해수를 −1℃ 정도로 냉각하여 어획물을 그 냉각 해수에 침지시켜 저장하는 방법으로 지방질 함유량이 높은 연어, 참치, 청어, 정어리, 고등어 등에 빙장법 대신에 이용하며 해수에 대한 비율은 3~4 : 1로 한다.

115 다음의 저장법 중에서 가장 낮은 온도로 처리하는 방법은?
가. 빙장법
나. 압착탈수법
사. 냉동법
아. 냉장법

116 10일 이내의 단기간에 양육될 어획물을 어상자에 담을 때의 일반적인 어체 배열 방법은?
가. 등세우기 법
나. 배세우기 법
사. 반듯하게 눕히는 법
아. 불규칙하게 담는 법

해설 어획물을 어상자에 배열하는 방법에는 등을 위로 향하게 하는 등세우기 법(배립형), 배를 위로 향하도록 하는 배세우기 법(복립형), 옆으로 반듯하게 눕히는 법(평편형), 불규칙하게 흐트러뜨려 넣는 법(산립형), 둥그렇게 구부려 넣는 법(환상형) 등이 있다.
• 등세우기 법 : 횟감으로 이용하는 도미, 민어 등과 같은 고급 어종에 이용
• 배세우기 법 : 가공 원료로 이용하는 조기, 메퉁이 같은 어종에 이용

117 어획물의 선도를 좋게 유지하기 위한 처리방법 중 옳지 않은 것은?
가. 어획 즉시 즉살한다.
나. 사후경직 시간을 오래 지속시킨다.
사. 어획후 깨끗이 씻는다.
아. 바닷물 속에 담궈둔다.

Answer   113 가   114 아   115 사   116 가   117 아

118 어획물을 어상자에 담기 위하여 쇠갈고리로 어체를 찍을 때 어느 부위를 찍는가?
   가. 두부   나. 등
   사. 아가미   아. 꼬리

119 어육의 구성 성분 중 함량이 가장 많은 것은?
   가. 수분   나. 지질
   사. 단백질   아. 무기질

   해설 어육은 대체로 수분 : 70~85%, 단백질 : 15~25%, 지방질 : 0.5~10%, 탄수화물 : 0~8.0%, 회분 : 1.0~3.0%로 이루어져 있으며, 수분을 제외한 나머지 성분, 즉 고형물의 비율이 15~30% 정도로 수분 > 단백질 > 지질(지방질) 순으로 되어 있다.

120 어획물의 보존을 위한 냉동장치의 냉매는 주관청이 적당하다고 인정하는 것이어야 한다. 다만, 오존 파괴지수가 CFC-11의 (   )보다 높은 염화메틸이나 CFCs는 냉매로서 사용되어서는 아니된다. (   ) 안에 알맞은 것은?
   가. 5%   나. 10%
   사. 15%   아. 20%

Answer 118 가 119 가 120 가

2. 어획물의 적하

01 다음 중 하역설비가 아닌 것은?

- 가. Winch
- 나. Crane
- 사. Derrick
- 아. Windlass

해설 Windlass는 닻을 올리고 내리는 장비이다.

02 선박의 적화량에 있어서 불명중량(Unknown constant)에 해당되지 않는 사항은?

- 가. 탱크 내의 잔류수 및 빌지수(Bilge water)
- 나. 던니지와 어획물 이동 방지판
- 사. 선저부착물
- 아. 신조 후 수리 또는 변경공사로 인하여 부가된 철재, 페인트 및 각종 설비

해설 불명중량(Unknown constant)
선박이 처음 건조된 당시의 경하 상태에 포함되어 있지 않는 것의 추정 중량으로서 신조 후 부가된 중량(시멘트, 페인트, 철재 등), 선저부착물, 탱크 내의 잔수 및 선저오수(Bilge) 등의 중량과 기타의 불명중량이 포함된 것 ▶ dock에서 출거시 측정이 가장 좋다.

03 어창의 기둥에 칸막이용 판자를 끼울 수 있도록 홈이 만들어져 있다. 이 판자를 끼우는 주된 이유는?

- 가. 선체 동요시 적부된 어획물이 넘어지지 않게 보호
- 나. 적부된 어획물 사이에 공간을 확보하기 위해서
- 사. 판자를 끼워 어획물을 더 많이 적재하기 위해서
- 아. 미관상 보기 좋게 하기 위해서

04 어선의 하역용 윈치로서 구비해야 할 요건이 아닌 것은?

- 가. 정격 하중을 정격 속도로 감아올릴 수 있을 것
- 나. 정격 하중 내에서 하중의 크기에 따라 감는 속도가 제한되어 있을 것
- 사. 신속 정확하게 하중을 올리고 내릴 수 있도록 역전장치가 있을 것
- 아. 기계적 지식이 없는 자도 쉽게 조작할 수 있을 것

Answer 01 아 02 나 03 가 04 나

05 유압 구동 윈치의 단점으로 틀린 것은?

가. 배관설비 및 보수점검이 전동식에 비해 복잡하다.
나. 사용하는 유압유의 온도가 변하면 윈치의 동작 속도가 변한다.
사. 유압 펌프 한 대로 여러 대의 유압 모터를 구동할 수 없다.
아. 전동식에 비하여 전체적인 에너지 효율이 좋지 않다.

해설 유압 구동 윈치는 유압 펌프 한 대로 여러 대의 유압 모터를 구동할 수 있다.

06 하역설비의 안전에 대한 설명으로 바르게 표현한 것은?

가. 섀클 핀이나 카고 훅에는 마우싱을 할 필요가 없다.
나. 중량물의 하역에는 카고 훅을 사용하지 말고 섀클을 사용한다.
사. 와이어 로프는 직경의 1/7이 마모될 때까지 사용할 수 있다.
아. 냉동 어창은 폭발의 위험성이 상존하므로 작업등을 켜면 안 된다.

해설 훅을 사용할 때는 카고 훅이 벗겨질 수가 있으므로 마우싱을 하여야 하며, 중량화물에는 카고 훅보다 섀클을 사용하여야 안전하다.
와이어 로프는 10% 이상 마모되면 사용하지 말아야 한다.

07 데릭(Derrick)식 하역 설비의 붐(Boom)을 소정의 위치에 고정시키는 역할이 아닌 것은?

가. 아웃보드 가이(Outboard guy)   나. 인보드 가이(Inboard guy)
사. 데릭 포스트(Derrick post)   아. 토핑 리프트(Topping lift)

08 어획물을 어창에 적재할 때 주의할 사항으로서 틀린 것은?

가. 어획물 사이에 얼음 조각이나 소형의 어류를 함께 적재함으로써, 화물틈이 없도록 한다.
나. 어창의 보냉 상태, 냉각 능력, 저장 시간 등을 고려하여 적재한다.
사. 던니지, 칸막이판 등을 지나치게 많이 사용하면 어획물 선적량을 감소시키고 중량이 증가하는 결과를 가져오므로, 선도 유지와 화물 이동 방지에 필요한 최소량을 사용한다.
아. 여러 종류의 어획물을 함께 적재할 경우 가능한 한 어창별로 같은 종류를 적재한다.

Answer   05 사   06 나   07 사   08 가

09 어획물 하역에 주로 사용되는 Married Fall 의장법의 특징이 아닌 것은?

가. 2개의 카고 폴이 이루는 각도가 60°가 넘는 경우에는 과대한 장력이 걸린다.
나. 하역 작업 중 화물이 흔들릴 우려가 많다.
사. 하역 속도가 빠르다.
아. 하역 현을 바꿀 때 교체 준비에 시간과 노력이 많이 든다.

해설 Married fall(=Union purchase)
Derrick 설비가 된 선박에서 가장 보편적으로 사용되는 의장법으로 2개의 Boom을 한조로 작업을 하는 설비로 하역 속도가 빠른 것이 장점이나 중량물, 위험물, 파손되기 쉬운 화물 하역에는 적당하지 않다.

10 Derrick의 구조에서 Topping Lift의 역할은?

가. Boom의 앙각을 조절한다.
나. Boom을 선회시킨다.
사. Guy를 보강하는 예비삭이다.
아. Cargo hook를 움직인다.

해설
- Guy : Boom을 선회시키는 역할을 한다.
- Topping lift : Boom의 앙각을 조절하는 역할을 한다..

11 데릭(derrick)식 하역 설비 중 붐(boom)에 관련된 사항을 설명한 것이다. 틀린 것은?

가. 붐의 상단은 토핑 리프트와 붐 가이가 연결되어 있다.
나. 붐의 하단은 섀클(shackle)에 의해 데릭포스트에 접합되어 있다.
사. 붐의 앙각을 45°로 해서 붐의 상단이 최대 선폭의 선보다 3.5m 이상 선외로 나가야 한다.
아. 붐의 앙각을 45°로 해서 붐의 상단이 해치(hatch) 길이의 ⅔인 점까지 도달할 수 있어야 한다.

12 전기에 의해서 구동되는 전동기로 펌프를 가동시키고 이 때 발생하는 유체의 압력과 흐름을 이용하는 윈치의 종류는 무엇인가?

가. 유압 윈치
나. 전동 윈치
사. 증기식 윈치
아. 주기 전도식 윈치

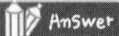 09 가 10 가 11 나 12 가

13 데릭식 하역 설비의 주요부 명칭이 아닌 것은?

가. 토핑 리프트(topping lift)　　나. 카고 폴(cargo fall)
사. 카고 슬링(cargo sling)　　아. 붐(boom)

해설 카고 슬링(cargo sling) : 하역할 때 화물을 싸거나 묶어서 훅에 매다는 용구

14 유압 구동 윈치의 장점으로 틀린 것은?

가. 운전 속도를 무단계로 자유롭게 조정할 수 있다.
나. 순간적으로 과부하가 걸렸을 때 대응 능력이 좋다.
사. 유압 펌프 한 대로 여러 대의 유압 모터를 구동할 수 있다.
아. 전동식에 비하여 전체적인 에너지 효율이 좋다.

해설 전동식 윈치가 효율이 높다.

15 유압윈치의 사용상의 주의사항이 아닌 것은?

가. 사용 중에는 공기 뽑이 밸브를 가끔씩 열어 공기를 뽑아줄 것
나. 유압펌프의 안전밸브는 특별한 경우를 제외하고는 열린 상태로 둘 것
사. 콘트롤 레버를 무리하게 움직이지 않을 것
아. 마그네틱 필터는 유액의 교체시기 이외에는 분리하지 말 것

해설 사용 후에는 유압펌프의 마그네틱 필터를 열어서 조사하고 충분히 건조시켜서 더러워 진 곳이 있으면 소제하여 둔다. 이 경우에 기름의 통로는 Cock로써 폐쇄하여 둔다. 기름이 심하게 더러워 졌을 때는 필터로써 거르든지 교체를 한다.

16 하역용 윈치(winch)의 구비 요건이 아닌 것은?

가. 정격 하중을 윈치드럼에 1층으로 감는 최대속도로 20m/min 이상의 속도로 감아 늘일 수 있을 것
나. 중량의 크기에 관계없이 감는 속도를 광범위하게 조절할 수 있을 것
사. 신속하고 정확하게 화물을 올리고 내릴 수 있고, 역전 장치를 갖출 것
아. 작동 중에 즉시 정지할 수 있는 제동 장치를 갖출 것

해설 와이어 드럼 1층을 기준으로 하여 30m/min 이상의 속도도 감아 들일 수 있는 능력을 갖추어야 한다.
나. 사. 아. 이외에 취급이 용이하고 안전해야 하며 고장이 적어야 한다. 윈치의 드럼에 감겨진 로프는 최대로 신출하더라도 드럼에 3회 이상 감겨져 있어야 하고 그 끝은 섀클이나 클램프로 드럼에 단단히 고정되어 있어야 한다.

Answer 13 사　14 아　15 아　16 가

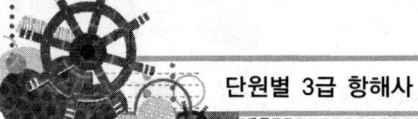

17. 다음은 derrick의 의장법 중 하나인 married fall을 설명한 것이다. 틀린 것은?

가. 하역 속력이 빠른 것이 장점이다.
나. 하역에서 가장 많이 이용된다.
사. 중량물, 위험물, 파손되기 쉬운 화물의 하역에는 적당치 않다.
아. 안전상 화물의 중량은 5톤을 한도로 한다.

해설 married fall에서는 안전상 화물의 중량은 2톤을 한도로 한다.

18. "Hogging"상태에 놓이지 않도록 특히 주의해야 할 선박은?

가. 선미 기관실형 운반선이 선수 어창에 어획물을 적재한 경우
나. 선미 기관실형 운반선이 중앙 어창에 어획물을 적재한 경우
사. 선체 중앙 기관실형 운반선으로서 공선 상태인 경우
아. 어획물을 각 어창에 만재한 경우

해설 선미 기관실형 선박은 선미가 무거워지며, 선수 어창에 어획물을 적재한 경우에는 선수가 무거워져 호깅 상태가 된다.
호깅 상태(Hogging) : 파장과 배의 길이가 비슷할 때 파의 파정이 선체 중앙부에 오면 선체의 전후단에서 중력이 크고 중앙부에 부력이 크게 되는 상태
새깅 상태(Sagging) : 파의 파곡이 선체 중앙부에 오면 선체의 전후단에서는 부력이 중앙부는 중력이 크게 되는 상태 - 화물을 중앙부에 과적한 경우에 생기는 현상

19. 어선의 하역작업에 많이 이용되나 안전하중이 2톤 이하인 Derrick의 의장법은?

가. Swinging boom
나. House fall
사. Split fall
아. Union purchase

해설 Union purchase(= Married fall)
Derrick 설비가 된 선박에서 가장 보편적으로 사용되는 의장법으로 2개의 Boom을 한조로 작업을 하는 설비로 하역속도가 빠른 것이 장점이나 중량물, 위험물, 파손되기 쉬운 화물 하역에는 적당하지 않으며, 안전상 화물의 중량은 2톤을 한도로 한다.

20. Derrick 사용상의 주의사항 중 틀린 것은?

가. 강색은 10% 이상 마모되면 사용하지 않는다.
나. Married fall에서는 하중이 2ton 이상 되어서는 안 된다.
사. 하역 화물의 무게는 Boom에 표시된 안전사용하중 이내로 하여야 한다.
아. Boom이 밑으로 내려질수록 Topping lift에 걸리는 장력이 크므로 Boom을 내릴 때는 신속히 Slack시킨다.

Answer 17 아 18 가 19 아 20 아

21. 선박의 화물 적재량 중 불명중량에 관한 설명이다. 틀린 것은?

가. 신조선일수록 적고 노후선일수록 크다.
나. 선저 부착물, 선저 오수 및 탱크 내의 잔수도 포함된다.
사. 창고품, 식료품도 포함된다.
아. 신조 후에 부가된 중량이다.

해설 불명중량(Unknown constant)
선박이 처음 건조된 당시의 경하 상태에 포함되어 있지 않는 것의 추정 중량으로서 신조 후 부가된 중량(시멘트, 페인트, 철재 등), 선저부착물, 탱크 내의 잔수 및 선저오수(Bilge) 등의 중량과 기타의 불명중량이 포함된 것 ► dock에서 출거시 측정이 가장 좋다.

22. 두 개의 Boom을 잔교와 Hatch에 나누어 사용하고, 화물의 이동을 2단계로 나누어 하역하는 방법은?

가. Split fall
나. Single fall
사. Married fall
아. Swinging boom

해설 Split fall
2개의 Boom을 각각 잔교와 Hatch에 나누어, 화물의 이동을 2단으로 하역하는 방법으로 적하할 경우에는 Dock Boom(현측의 Boom)으로써 화물을 갑판 위에 올려 놓고, Hatch Boom(창구측 Boom)으로써 화물을 선창에 내리게 한다. 그 동안 Dock Boom은 부두의 다른 화물을 감아 올린다. 양하 작업은 반대의 순서로 조작한다. 이 방법은 Bag화물의 하역 작업에 많이 이용하며 작업이 원활히 진행되면 Married fall보다 작업능률이 좋다.

23. 불명중량의 측정 시기로서 가장 적합한 때는?

가. 출거 직후
나. 정박중일 때
사. 공선 상태일 때
아. 항해중일 때

해설 불명중량은 출거시에 측정하는 것이 가장 좋다.

24. 선체 중량의 길이 방향의 분포 상태를 곡선으로 표시한 것을 무엇이라 하는가?

가. 부력곡선
나. 하중곡선
사. 중량곡선
아. 파단력 곡선

Answer 21 사 22 가 23 가 24 사

해설 **종강도 곡선(Longitudinal strength curves)**
종강도의 관계를 여러 가지 곡선으로 표시한 것
㉠ 중량곡선(Weight curve) : 선박의 중량 분포를 도식적으로 나타낸 곡선
- 수평축 : 배의 길이
- 수직축 : 중량(ton/m)
㉡ 부력곡선(Buoyancy curve)
선체에 걸리는 부력의 길이 방향의 분포상태를 곡선으로 표시한 곡선
㉢ 하중곡선(Load curve)
- 배의 길이 방향으로 중력과 부력 차이의 분포를 나타내는 곡선
- 기선상의 각 지점에서 부력곡선과 중량곡선의 차를 곡선으로 표시한 것
- 중량이 부력보다 클 때는 (−)부호로 하여 기선의 아래쪽에 기입하고 중량이 부력보다 작을 때는 (+)부호로 하여 기선의 위쪽에 기입하면 위쪽과 아래쪽의 면적은 같아진다.
㉣ 전단력곡선(Shear curve)
- 하중곡선을 이용하여 그리게 되는데, 임의 단면에 있어서의 전단력은 그 점까지의 하중곡선을 적분하여 구하고 그 값을 기입한 것
- 전단력의 극대값은 하중곡선이 기선과 교차하는 모든 점에서 나타난다.
㉤ 굽힘 Moment 곡선(Bending moment curve)
- 선체 종방향의 각 점에 작용하는 굽힘 Moment의 크기를 나타내는 곡선
- 전단력 곡선(Shear curve)을 적분하여 구한다.

25 선체 배수량의 길이 방향 분포상태를 곡선으로 표시한 것을 무슨 곡선이라고 하는가?

가. 중량곡선 나. 파단력 곡선
사. 하중곡선 아. 부력곡선

26 다음 중 일반 어선의 중갑판 안전하중을 나타내는 식으로 맞는 것은?
[단, A = 중갑판면적(ft²), H = 중갑판의 높이(ft)]

가. 5 × A/50(LT) 나. H × A/30(LT)
사. H × A/50(LT) 아. 10 × A/50(LT)

해설
- 상갑판의 안전하중 = $\frac{5 \times A}{50}$ (톤)
- 상갑판의 최대하중 = $\frac{5 \times A}{35}$ (톤)
- 중갑판의 안전하중 = $\frac{H \times A}{50}$ (톤)
- 중갑판의 최대하중 = $\frac{H \times A}{35}$ (톤)

[단, A : 갑판면적(ft^3), H : 중갑판의 높이(ft)]

Answer   25 아   26 사

27 공선 항해시 발생하는 현상이다. 틀린 것은?

가. 풍압차가 크다.
나. 선수 충격이 작다.
사. 타효가 작다.
아. 추진기의 공전이 많다.

28 1용적톤은 ( )B.F.인가?

가. 320
나. 480
사. 500
아. 370

해설 1Measurement ton(용적톤) = 40ft³ = 480BF

29 용적톤수에 있어서 1톤의 용적은?

가. 40ft³
나. 42.5ft³
사. 1,016.05m³
아. 1,000m³

해설 총톤수와 순톤수는 $100ft^3$는 1톤으로 하며, 재화용적톤수는 $40ft^3$를 1톤으로 한다.

30 특히 과도한 Hogging 상태가 생기지 않도록 화물을 적부하려면 어떻게 하는가?

가. 중앙에 중량물, 선수, 선미에 경량물을 배치
나. 선수에 중량물, 중앙에 경량물, 선미에 중량물을 배치
사. 선수, 선미의 Ballast tank를 만재
아. Fore peak tank와 Aft peak tank를 만재

해설 호깅 상태(Hogging)
선수와 선미에 화물을 많이 실은 상태로 선수흘수와 선미흘수가 중앙부흘수보다 큰 상태

31 어획물 적재상의 주의사항으로서 틀린 것은?

가. 화물 틈을 크게 한다.
나. 적재 전에 어창을 냉각한다.
사. Dunnage의 과다한 사용은 피한다.
아. Bilge well을 청소한다.

Answer 27 나 28 나 29 가 30 가 31 가

32 재화중량톤수를 바르게 설명한 것은?

가. 만재 배수톤수로부터 경하 배수톤수를 뺀 톤수
나. 만재흘수 상태의 배수톤수에서 Broken Space를 뺀 톤수
사. 총톤수에서 순톤수를 뺀 톤수
아. Long ton에서 Short ton을 뺀 톤수

해설 재화중량톤수(Dead weight tonnage)
만재 배수량에서 경하 배수량을 감한 톤수로 이것에서 항해에 필요한 연료, 청수, 식량 등의 톤수를 감한 나머지의 톤수만큼 실제 화물을 적재할 수 있다. 즉 선박이 적재할 수 있는 화물의 최대량으로 상선에서 운항 채산에 관계가 크므로, 선박의 매매나 용선료 산정의 기준으로 사용한다.

33 과도한 "Sagging"이 생기지 않도록 화물을 적부하려면?

가. 전·후부의 선창에 집중되지 않도록 한다.
나. 중앙의 선창에 집중되지 않도록 한다.
사. 선수, 선미 Ballast tank를 비운다.
아. 선수, 선미에 경량물, 중앙에 중량물을 배치한다.

해설 새깅상태(Sagging)는 중앙부에 과적을 한 상태로 중앙부 흘수가 선수, 선미흘수보다 큰 경우를 말한다.

34 가로, 세로, 높이가 모두 30ft인 어창에 냉동 어획물을 가득 채웠을 때 무게가 300Long ton이었다면 이 냉동 어획물의 적화계수(S/F)는 얼마인가?

가. 20   나. 30
사. 40   아. 90

해설 적화계수(Stowage factor : S.F.) : 화물 1톤이 차지하는 선창용적을 ft^3 단위로 표시한 것

$$\text{S.F.} = \frac{\text{베일용적}(ft^3)}{\text{화물의 중량}(L/T)} \quad (L/T = ft^3 \times \text{S.F.})$$

$$\text{S.F.} = \frac{30 \times 30 \times 30 (ft^3)}{300(L/T)} = \frac{27000}{300} = 90$$

Answer 32 가 33 나 34 아

35 어창내의 배수 설비 중 로즈 박스(Rose box)에 대한 설명이 올바른 것은?

가. 빌지 펌프를 작동시킬 때 쓰레기의 흡입을 방지한다.
나. 어창에 고인 물이 역류하는 것을 방지하는 역할을 한다.
사. 어창에 고인 물을 모아 두는 박스이다.
아. 스톰 밸브(storm valve)가 부착되어 있다.

  해설 Rose box(먼지막이 상자)는 빌지 펌프 끝부분에 장치되어 불순물이 펌프 안에 들어가는 것을 방지하는 역할을 한다.

36 보통 원양어선에서 양상 전재를 할 때 카고 슬링을 그물로 제작하여 사용하는 경우가 많다. 네트 슬링이 갖추어야 할 요건으로 올바르지 않은 것은?

가. 화물을 싸매기가 쉽고 카고 혹을 끼고 빼기가 쉬워야 한다.
나. 냉동된 어획물에 손상을 주지 않아야 한다.
사. 그물에 힘줄을 덧대어서 하중을 그물로 분산시키지 않아야 한다.
아. 화물을 완전히 싸맬 수 있어야 하고, 떨어뜨리지 않을 크기여야 한다.

37 하역기계의 동하중(Dynamic load)에 대하여 올바르게 설명한 것은?

가. 하역기계의 각 부분에 걸리는 응력은 동하중과는 무관하다.
나. 화물을 감아올리는 속도가 증가하면 하중은 증가한다.
사. 화물을 내리는 속도를 줄이면 하중은 줄어든다.
아. 화물의 가속도 운동과는 관계가 없다.

Answer 35 가 36 사 37 나

3. 복원성

01 선박의 흘수 계산에 필요하지 않는 요소는?
- 가. 매 cm 트림 모멘트
- 나. 매 cm 배수톤
- 사. 선박의 중심 위치
- 아. 선박의 부면심 위치

02 다음 중 어획물 적하에 의한 평균흘수의 변화와 현재의 흘수 상태에서 예정흘수 또는 만재흘수까지에 선적할 수 있는 적화중량을 구하는데 사용되는 것은?
- 가. 재화중량톤수표
- 나. Trim계산도표
- 사. GM곡선
- 아. 복원력 교차곡선

> **해설** 적화척도(Dead weight scale) = 재화중량톤수표
> 해수에 대한 평균흘수와 재화중량톤수의 관계를 나타낸 도표로서 경하흘수선에 대한 재화중량톤수를 0으로 하여 대략 만재흘수선에 이르는 각 흘수에 대한 재화중량톤수의 값을 곧 읽을 수 있도록 작성되었다. 이 도표는 매 cm 배수톤수, 매 m trim moment 및 배수톤수가 같이 기록되어 있으므로 평균흘수로부터 선적될 수 있는 적화량의 추정이나 흘수 계산에 간편하기 때문에 상용되고 있다. 즉 재화중량톤수표는 표준해수에 대한 평균흘수와 적화중량과의 관계를 나타낸 도표로 현재의 흘수 상태에서 예정흘수까지 적재할 수 있는 적재량을 구하는데 많이 사용한다.

03 어획물의 배치와 복원성의 관계를 설명한 것 중 틀린 것은?
- 가. GM은 선박의 메타센터(M), 무게중심(G), 부심(B)의 위치에 따라 결정되기 때문에 어획물의 배치와 관계가 크다.
- 나. 경하흘수 상태에서는 배수량이 작기 때문에 GM을 확보하기 위해 어획물의 적재 관계를 고려한다.
- 사. 어획물이 적재되면서 배수량이 증가하면 복원력이 작아진다.
- 아. 어획물로 선박의 무게중심(G)을 상하로 조정하여 선박의 안전한 복원성을 확보한다.

> **해설** 배수량이 증가하면 복원력은 커진다.

04 부면심(center of floatation)에 관하여 설명한 것이다. 올바르지 못한 것은?
- 가. 선체가 경사되었을 때 경사각이 작으면 경사 전의 수선면과 경사 후의 수선면의 교선은 부면심을 통과한다.

Answer 01 사 02 가 03 사 04 사

나. 수선 면적의 중심이며, 배수량등곡선도에서 알 수 있다.
사. 부면심을 지나는 수직선상에 어획물을 적화 또는 양화하면 트림과 횡경사에 변화가 생긴다.
아. 부면심의 위치는 선체 중앙에서 배 길이의 1/30 ~ 1/60 후방에 위치한다.

> **해설** 부면심에 화물을 적·양하하면 트림이 생기지 않고 평행침하 또는 부상한다.

05 다음 중 매 cm 배수톤을 바르게 설명한 것은?

가. 선박의 평균흘수를 1cm 침하시키는 데 필요한 중량 톤수를 말한다.
나. 수선 면적 × 10cm의 높이로 나타낸 해수의 부피이다.
사. Trim을 1cm 생기게 하는 데 필요한 중량 톤수이다.
아. Trim을 1cm 생기게 하는 데 필요한 모멘트이다.

06 선박의 감항성을 위해 필요한 최소한의 예비부력을 나타내는 것은 무엇인가?

가. 부심
나. 건현
사. 메타센터
아. GM

> **해설** 부심 : 수면하 용적(배수용적)의 기하학적 중심
> 건현 : 만재흘수선에서 갑판선 상단까지의 수직거리로 선박의 예비부력을 나타낸다.
> 메타센터(경심) : 직립시 부력 작용선과 경사하였을 때 부력의 작용선이 만나는 점으로 횡경사의 중심
> GM : 무게중심에서 메타센터까지의 길이 = 메타센터의 높이

07 건현에 관한 설명으로 옳지 않은 것은?

가. 배의 중앙에서 측정한 만재흘수선에서 용골까지의 수직거리를 말한다.
나. 흘수의 증가 또는 감소에 따라 건현의 크기는 증감한다.
사. 건현의 크기는 선체가 수면에 잠기지 않은 높이로써 정해진다.
아. 해상의 안전항행을 위한 예비부력을 말한다.

> **해설** 건현은 만재흘수선에서 갑판선의 상단까지의 수직거리이다.

Answer 05 가 06 나 07 가

08 유동수가 선박의 복원력에 미치는 영향으로 옳지 않은 것은?
   가. 유동수의 양이 많을수록 GM은 크게 감소한다.
   나. GM의 감소는 유동수의 자유표면 면적이 클수록 크다.
   사. 유동수는 GM을 감소시키는 원인이다.
   아. GM감소 비율은 격벽 등분수의 제곱에 반비례한다.
   해설 유동수의 양과는 관계가 없고 유동수의 자유표면의 면적과 관계가 있다.

09 어선에서 GM의 크기에 따라 나타나는 선체 운동을 틀리게 설명한 것은?
   가. GM이 너무 커지면 복원력이 과대해져서 종요주기가 짧아지고, 선체의 운동이 느리게 된다.
   나. GM이 너무 작으면 횡요주기가 길어지고, 경사했을 때 직립 상태로 되돌아가는 각속도가 작아진다.
   사. GM이 너무 커서 횡요각도가 커지면 선원에게 불쾌감을 주고, 어획물의 이동으로 인해 선체나 어획물에 손상을 일으킬 수도 있다.
   아. GM이 너무 작으면 복원력의 부족으로 선체가 전복될 위험이 있다.
   해설 GM이 너무 커지면 복원력이 과대해져서 횡요주기가 짧아지므로 선원에게 불쾌감을 주고 화물이 손상될 위험이 있다.

10 다음 중 선박이 전복되는 원인으로 알맞지 않은 것은?
   가. 심한 횡요에 의하여 창내 화물이 이동된다.
   나. 선박의 무게중심 위치가 낮다.
   사. 선저 탱크에 유동수가 많다.
   아. 갑판상 침입수의 배수가 잘 되지 않는다.
   해설 무게중심이 낮으면 복원력이 좋아 선박은 안정된다.

11 다음에서 틀린 것은?
   가. 매 cm trim moment는 trim을 1cm 생기게 하는데 필요한 moment이다.
   나. 매 cm trim moment는 흘수에 따라 변하지 않고 일정하다.
   사. 매 cm trim moment는 재화중량톤수표에서 구할 수 있다.
   아. 매 cm trim moment는 배수량등곡선도에서 구할 수 있다.

Answer 08 가 09 가 10 나 11 사

12 선박이 약간 경사하였을 때 부력선과 직립의 선체 중심선과의 교점은?

가. Righting Lever   나. Floating Center
사. Metacenter   아. Metacenter height

해설   메타센터(Metacenter) = 경심
선박이 소각도 경사할 때 이동한 부심에서 세운 수선과 선박의 중심선이 만나는 점으로 횡경사의 중심
Metacenter height : 메타센터의 길이(크기)로 보통 GM이라 한다.

13 선박의 중심 높이를 일정하게 가정하여 경하상태, 동종 화물 만재 상태 및 연료 소비 만재 상태 등 여러가지 기본적 상태에 대하여 복원정(GZ)의 값을 각 경사각에 대하여 계산하여 곡선으로 표시한 것은?

가. 정적 복원력 곡선   나. GM 곡선
사. 배수량 등곡선도   아. 복원력 교차 곡선

해설   정적 복원력 곡선(Statical stability curves)
선박이 어떤 배수량에서 가로 경사각에 대한 복원정 GZ가 변화하는 모양을 나타낸 곡선으로 횡축은 횡경사각을 종축은 복원정(GZ)을 취하여 경사 상태에서 선박의 복원력이 어떤 상태에 있는지를 알 수 있다.
① 복원력 최대각 = 최대 경사각 = 위험횡요각 = 최대복원각
GZ가 최대가 되었을 때의 경사각
② 복원력 소실각 = 최대동요각 = 최대횡요각
GZ가 0이 되는 경사각
③ 복원력의 범위
복원력 소실각까지의 경사각 범위(경사 0에서 복원력 소실각까지)
▶ 복원력 소실각(최대횡요각)의 1/2정도가 최대복원각(위험횡요각)이다.

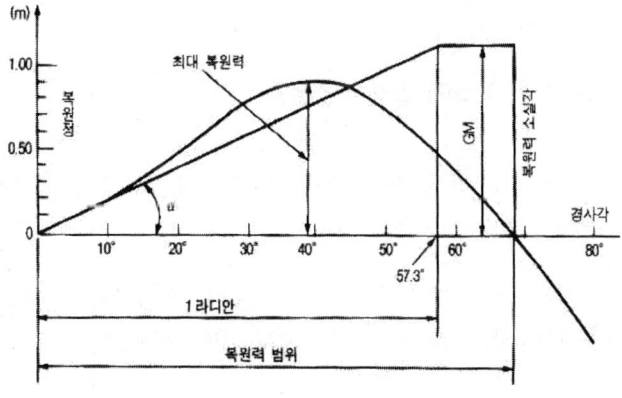

Answer   12 사   13 가

14 선박의 복원력에서 무게중심(G)이 메타센터(M)보다 위에 있는 상태는?

가. 불안정 상태
나. 안정 상태
사. 중립 상태
아. 평형 상태

해설 안정 상태 : M이 G의 위에 있을 때 ▶ KM − KG > 0
중립 상태 : M과 G가 같은 위치에 있을 때 ▶ KM − KG = 0
불안정 상태 : G가 M의 위에 있을 때 ▶ KM − KG < 0

15 선박의 배수량 등곡선도에서 구할 수 없는 값은?

가. 재화용적톤수
나. 매 cm 트림 모멘트
사. 매 cm 침하 배수톤수
아. 기선에서 부심까지의 거리

해설 재화용적톤수는 적화척도(Dead weight scale = 재화중량톤수표)에서 구한다.
배수량등곡선도((Hydrostatic curve)
- 선박이 해수에 부상했을 때의 평균흘수에 대한 배수
- 톤수나 복원력 계산 및 흘수 계산에 필요한 값을 그래프식으로 읽을 수 있도록 된 것으로 종측은 평균흘수, 횡측은 기선 및 배수량을 표시한다.
- 배수량등곡선도에서 구할 수 있는 것은 배수량 곡선, 매 cm 침하 배수톤수, 매 cm 트림모멘트, 메타센터의 위치, 부심의 위치, 부면심의 위치, 방형비척계수, 수선면적 등이다.

16 선박의 GM 산정법으로서 부적합한 것은?

가. 선체의 횡요주기에 의한 방법
나. 중량의 수직분포에 의한 모멘트 방법
사. GM 곡선 도표를 이용하는 방법
아. 재화중량톤수에 의한 방법

17 다음 문장의 ( ) 속에 알맞은 것은?

( )는 ( )톤의 중량을 선내 임의의 장소에 탑재 또는 제거하였을 때의 선수미 흘수의 변화량을 구하는 도표이다.

가. Trim 계산도표, 100
나. 재화중량톤수표, 100
사. Trim 계산도표, 300
아. 재화중량도표, 500

Answer 14 가 15 가 16 아 17 가

18 다음 중 경사각 15° 이상 대각도 경사 때의 복원력 상태를 판단하는 곡선으로 맞는 것은?

가. KB곡선
나. 경사 시험 곡선
사. 초기 복원력 곡선
아. 정적 복원력 곡선

19 초기 복원력이란 경사각이 0°에서 몇 도 이내일 때의 복원력을 말하는가?

가. 10°~ 15°
나. 25°~ 30°
사. 15°~ 20°
아. 20°~ 23°

20 일반적으로 항해중인 선박의 복원력이 감소되는 주원인이 아닌 것은?

가. 항해 시간에 따른 선체 동요의 증대
나. 갑판에 침입한 해수가 배수가 잘 안됨.
사. 갑판 적재한 어구가 빗물이나 해수를 흡수
아. 선저 부분의 Tank 내에 있는 연료와 청수의 소비

21 소각도 경사(θ)의 복원력 계산식은? (단, W : 배수량, K : 기선, M : 경심, B : 부심, G : 배의 무게중심)

가. 복원력 = W × $\overline{BM}$ × Sinθ
나. 복원력 = W × $\overline{KG}$ × Sinθ
사. 복원력 = W × $\overline{GM}$ × Sinθ
아. 복원력 = W × $\overline{KM}$ / Sinθ

22 어선의 복원력이 좋고 나쁜 것을 추정하는 방법이라 할 수 없는 것은?

가. 선회에 의한 경사
나. 풍압에 의한 경사
사. 선박의 크기
아. 횡요주기

23 선박 Tank의 유동수에 의하여 GM이 감소할 때의 초기 복원력을 구하는 식으로 맞는 것은? (단, i : 유동수 자유표면 중심을 지나는 선수미 방향에 대한 관성 Moment, d′ : 유동수 밀도, W : 선박의 배수톤수)

가. W ($\overline{GM}$ −id′/W) sinθ
나. W ($\overline{GM}$ −id′/W) cosθ
사. W ($\overline{GM}$ −id′) sinθ
아. W ($\overline{GM}$ −Wd′) sinθ

Answer 18 아 19 가 20 가 21 사 22 사 23 가

24. 종격벽이 1개 있는 어선의 Tank에 유동수가 있을 때는 종격벽이 없을 때보다 $\overline{GM}$은 얼마나 감소되는가?

- 가. 1/2 비율로 감소된다.
- 나. 1/3 비율로 감소된다.
- 사. 1/4 비율로 감소된다.
- 아. 1/9 비율로 감소된다.

해설 유동수에 의한 GM의 감소량은 $\frac{1}{n^2}$에 비례한다. [n은 등분수로 격벽수 + 1]

그러므로 종격벽이 1개이므로 n=2가 되어 $\frac{1}{n^2} = \frac{1}{4}$이 된다.

25. 다음 중 어선의 복원력에 영향을 미치는 것이 아닌 것은?

- 가. 선폭
- 나. 건현
- 사. 배수량
- 아. 선박의 속도

26. 일반 어선의 적당한 GM값은 경험상 통계적으로 선폭의 몇 %가 좋다고 보는가?

- 가. 5
- 나. 8
- 사. 10
- 아. 2

27. 실제 Trim 계산에 있어 가장 많이 사용되는 도표는?

- 가. Trim 계산도표
- 나. Trim 계산표
- 사. 재화중량톤수표
- 아. 배수량 등곡선도

해설 Trim 계산도표는 100톤의 중량을 선내 임의의 장소에 탑재 또는 제거하였을 때의 선수미 흘수의 변화량을 구하는 도표이다.

28. 복원력이 큰 선박에 관한 다음 설명 중 올바른 것은?

- 가. 선체의 동요가 심하다.
- 나. 선체의 동요가 적고 안락하다.
- 사. 복원력이 크므로 횡요주기가 느리다.
- 아. 선저 Tank에 물을 가득 채우면 복원력이 감소한다.

해설 복원력이 큰 선박은 GM이 크며, 횡요주기가 짧아져 선체의 동요가 심해진다.

Answer 24 사 25 아 26 가 27 가 28 가

29 Trim의 변화량을 구하는 식은? (단, W : 중량물, d : 중량물의 수평이동거리, M.T.C : 매cm trim moment, t : trim의 변화량)

가. t = (d × M.T.C)/W
나. t = M.T.C/(W × d)
사. t = (W × d)/M.T.C
아. t = (W × M.T.C)/d

30 보통의 선형에서 선박의 부면심의 위치는 수선면적이 중앙보다 선미쪽이 다소 넓기 때문에 선체 중앙부를 기준하여 어느 곳에 있는가?

가. 선체길이의 0 ~ 1/10 전후방
나. 선체길이의 1/10 ~ 1/20 전후방
사. 선체길이의 1/20 ~ 1/30 전후방
아. 선체길이의 1/30 ~ 1/60 전후방

31 선박이 전복되는 주된 요인은?

가. GM값이 아주 클 때
나. 복원력이 부족할 때
사. Trim by the Stern일 때
아. Even Keel 상태일 때

32 트림 계산표(trim table)에 대한 설명이다. 올바르지 못한 것은?

가. 각 탱크 및 선창의 중심에 100톤의 화물을 적재하였을 때, 발생하는 트림의 변화량을 각 흘수에 대하여 나타낸 표이다.
나. 각 탱크 및 선창의 중심에 100톤의 화물을 적재하였을 때, 발생하는 선수미 흘수의 변화량을 각 흘수에 대하여 나타낸 것이다.
사. 평균흘수와 적화 중량과의 관계를 나타낸 도표로서 적화에 의한 평균흘수의 변화량을 나타낸 표이다.
아. 트림 계산표를 그림으로 나타낸 것이 트림계산 도표(trim diagram)이다.

해설 사.는 재화중량톤수표(Dead weight scale=적화척도)에 대한 설명이다.

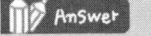 **29** 사 **30** 아 **31** 나 **32** 사

제1장 어획물의 취급 및 적하

33

항해 중인 어선에서 보통 때보다 다음과 같은 현상이 일어난다면 복원성이 불충분하다는 것을 판단할 수 있다. 잘못 기술된 것은 어느 것인가?

가. 횡요가 잘 일어나고 선체 동요가 감소할 때
나. 타를 사용하여 회두하는 경우 선체가 크게 경사할 때
사. 한쪽 현으로부터 돌풍을 받는 경우 선박이 크게 경사할 때
아. 횡요가 잘 일어나지 않고 횡요주기가 길 때

해설 횡요가 잘 일어나는 것은 횡요주기가 짧다는 것으로 복원력이 크다는 것을 말하여 이때는 선체의 동요가 심하다.

34

어선의 중심으로부터 10m 뒤쪽에 있는 No.3번 어창의 어획물 25ton을 중심으로부터 15m 앞쪽에 있는 No.1번 어창으로 이동하였을 때의 trim의 변화량은? [매cm 트림 모멘트는 24(m-t)이다.]

가. 12.5cm　나. 24.0cm
사. 26.0cm　아. 30.0cm

해설 트림변화량$(t) = \dfrac{w \times d}{Mcm}$ [M: 매cm 트림모멘트, w: 이동물의 중량, d: 이동거리]

▶ 트림의 변화량 $= \dfrac{25 \times (10+15)}{24} = 26$

35

수선간장 50m, 선수흘수 3.60m, 선미흘수 4.20m인 선박의 청수 35(ton)을 FPT에서 APT로 이동하였다. 이 때의 선수·미흘수를 구하라. [단, 부면심은 선체 중앙에 있고, MTC = 35(m-t)이며, 탱크 사이의 거리는 50m이다.]

가. 선수흘수 : 3.35m　선미흘수 : 4.45m
나. 선수흘수 : 3.10m　선미흘수 : 4.70m
사. 선수흘수 : 3.40m　선미흘수 : 4.40m
아. 선수흘수 : 3.20m　선미흘수 : 4.60m

해설 트림변화량$(t) = \dfrac{w \times d}{Mcm}$ [M: 매cm 트림모멘트, w: 이동물의 중량, d: 이동거리]

Answer 33 가　34 사　35 가

▶ 트림의 변화량 = $\frac{35 \times 50}{35}$ = 50 cm

트림의 변화량이 50cm이며 선체의 중앙에 부면심이 있으므로 (선수트림의 변화량과 선미흘수의 변화량이 같음) 선수와 선미흘수의 변화량은 50÷2=25cm
선수탱크에서 선미탱크로 이동하였으므로 선수흘수는 작아지고 선미흘수는 커진다.

∴ 선수흘수 = 3.60m − 0.25m = 3.35m
   선미흘수 = 4.20m + 0.25m = 4.45m

36. 배수량 1,000톤의 어선에서 어구를 양망하여 20톤의 어획물을 상갑판에서 처리하여 수직하 4m의 어창에 적재하였다면 어획물을 상갑판에 두었을 때보다 무게중심(G)이 수직방향으로 얼마나 이동하였는가?

가. 0.02m   나. 0.04m
사. 0.08m   아. 0.32m

해설
- 어떤 무게 W를 수직거리 d만큼 수직방향으로 이동했을 때
  ▶ 무게중심 G의 이동거리 = $\frac{w \times d}{W}$ (W: 배수량)

G의 이동거리 = $\frac{20 \times 4}{1000}$ = 0.08m

[상갑판보다 아래에 적재하였으므로 G는 아래로 0.08m 내려간다.]

37. 길이 90m, 폭 12m의 운반선이 평균흘수 4m로 표준해수에 떠있다. 이 선박의 최대평균흘수가 5.5m라면 몇 톤을 더 적재할 수 있는가?

가. 약 1,580톤   나. 약 1,620톤
사. 약 1,660톤   아. 약 1,700톤

해설
매 cm 배수톤수(Tons per 1cm immersion : TPC, Tcm)
선박의 평균흘수를 1cm 변화시키는데 필요한 중량톤수
$T = \frac{\rho \times Aw}{100}$ (톤) [ρ: 물의 밀도, Aw: 수선면적]

$T = \frac{1.025 \times (90 \times 12)}{100}$ = 11.07톤 ▶ 평균흘수 1cm 변화시키는데 11.07톤이 필요

5.5m − 4m = 1.5m 더 적재할 수 있다.
∴ 11.07톤 × 150cm ≒ 1,660톤을 더 적재할 수 있다.

Answer 36 사 37 사

38
배수량 350ton톤의 어선이 해상에서 평균홀수 3.4m인데 수심이 낮은 항구에 입항하기 위하여 평균홀수를 3.0m로 하고자 한다. 몇 톤의 어획물을 하역해야 하는가? (단, 매cm 배수톤은 0.5톤이다.)

가. 0.20ton
나. 0.205ton
사. 20ton
아. 20.5ton

해설
- 홀수의 변화량 = 3.4m − 3.0 = 0.4m
- 매cm 배수톤이 0.5톤이므로 홀수 1cm 변화하는데 0.5톤이 필요하므로 0.4m(40cm)를 변화시키는데는 0.5톤 × 40cm = 20톤이 필요하다.

39
배수량 1,400톤인 다랑어 선망어선의 KG는 3.5m이다. 지금 keel 상 5m에 100톤의 어획물이 적재된 경우 중심의 위치를 구하면 얼마나 되는가?

가. 3.35m
나. 3.40m
사. 3.60m
아. 3.65m

해설

적·양하시 무게중심(G)의 위치수정
(어떤 무게 W를 수직거리 d만큼 떨어진 곳에 적·양하했을 때)

▶ G의 수직이동거리 = $\dfrac{w \times d}{W \pm w}$ (W: 배수량, w: 적재량(적하+, 양하−), d: 이동거리)

위의 식에서 ▶ GM의 변화량 = $\dfrac{w \times d}{W + w} = \dfrac{100 \times (5 - 3.5)}{1400 + 100} ≒ 0.1m$

화물을 무게중심의 위쪽에 실었으므로 무게중심은 0.1m만큼 높아진다.
∴ 새로운 KG = 3.5 + 0.1 = 3.6m

40
배수량 600ton의 선박이 비중이 1.025인 해상에서 평균홀수는 4.20m이었다. 비중 1.000의 하항에 입항하였을 때의 평균홀수를 구하라. (단, 배수량의 변화는 없으며, Tcm는 1.5ton이다.)

가. 약 4.20m
나. 약 4.25m
사. 약 4.30m
아. 약 4.35m

해설

물의 비중 차이에 의한 평균홀수의 변화
▶ 배수량이 W인 선박이 해수 비중 ρ_1인 곳에서 ρ_2인 곳으로 들어갔을 경우에

홀수변화량 = $\dfrac{W}{Tcm}\left(\dfrac{1.025}{\rho_2} - \dfrac{1.025}{\rho_1}\right)(cm)$

Answer 38 사 39 사 40 사

위의 식에서 흘수변화량 = $\frac{600}{1.5}(\frac{1.025}{1} - \frac{1.025}{1.025}) = \frac{600}{1.5}(1.025-1)$ = 10cm = 0.1m

∴ 입항시 흘수 = 4.20m + 0.1m = 4.3m

[바다에서 강으로 들어가면 흘수는 증가하므로 부호는 (+)]

41 배수량 1,500ton, GM 0.65m의 어선이 10° 경사하였을 때의 복원력은 얼마인가? (단, sin 10° = 0.1736)

가. 약 150.00(m·t) 나. 약 169.26(m·t)
사. 약 260.40(m·t) 아. 약 400.62(m·t)

해설 초기복원력 = 배수량 × GM sin 경사각

∴ 초기복원력 = 1,500 × 0.65m × sin 10°
= 1,500 × 0.65m × 0.1736 ≒ 169.26mt

42 총톤수 500톤인 트롤어선의 선폭이 10미터, 횡요주기가 8초라면, 이 어선의 GM은 얼마인가?

가. 0.6미터 나. 0.8미터
사. 1.0미터 아. 1.2미터

해설 횡요주기와 GM과의 관계

$T = \frac{0.8 \times B}{\sqrt{GM}}$ $GM = (\frac{0.8 \times B}{T})^2$

위의 식에서 ► GM = $(\frac{0.8 \times 10}{8})^2$ = 1m

43 선폭 20m인 선박에서 GM이 선폭의 약 5%라 하면, 이 선박의 횡요주기는 얼마인가?

가. 14.5초 나. 16.0초
사. 15.5초 아. 13.0초

해설 횡요주기(T)와 GM과의 관계

$T = \frac{0.8 \times B}{\sqrt{GM}}$ $GM = (\frac{0.8 \times B}{T})^2$

선폭 20m, GM은 20m × 0.05 = 1m

위의 식에서 ► $T = \frac{0.8 \times B}{\sqrt{GM}} = \frac{0.8 \times 20}{\sqrt{1}}$ = 16초

Answer 41 나 42 사 43 나

단원별 3급 항해사

44 배수량이 1,500ton이고 평균흘수 4.3m로 떠 있는 선박의 Mcm는 35.0m-ton이다. 이때 22ton의 어획물을 25m 선수에서 선미방향으로 이동하였다면, 이로 인한 trim의 변화량은 얼마인가?

가. 선미트림이 15.7cm 증가한다.
나. 선미트림이 30.8cm 증가한다.
사. 선수트림이 30.8cm 증가한다.
아. 선수트림이 39.8cm 증가한다.

해설

트림변화량$(t) = \dfrac{w \times d}{Mcm}$ [M: 매cm 트림모멘트, w: 이동물의중량, d: 이동거리]

▶ 트림의 변화량 $= \dfrac{22 \times 25}{35} = 15.7cm$

어획물을 선수에서 선미방향으로 이동하였으므로 선미트림이 생긴다.
∴ 선미트림이 15.7cm 증가한다.

Answer 44 가

제02장 수산관련법

01 어선법에서 규정하고 있는 사항이 아닌 것은?
가. 어선의 건조 나. 어선의 등록
사. 어선의 검사 아. 어업의 허가

02 어선법에 규정되어 있지 않는 사항은?
가. 어선의 건조 나. 어선의 등록
사. 어선의 조사·연구 아. 어선의 기능

03 어선법의 목적에 관한 설명 중 틀린 것은?
가. 어선의 효율적 관리 나. 어선 생산력의 증진
사. 불법 어업의 단속 아. 어선의 안전성 확보

> **해설** **어선법 제1조(목적)** 이 법은 어선의 건조·등록·설비·검사·거래 및 조사·연구에 관한 사항을 규정하여 어선의 효율적인 관리와 안전성을 확보하고, 어선의 성능 향상을 도모함으로써 어업생산력의 증진과 수산업의 발전에 이바지함을 목적으로 한다.

04 어선법에서 사용하는 어선의 길이, 너비 및 깊이를 무엇이라 하는가?
가. 주요치수 나. 법정치수
사. 요소치수 아. 기준치수

05 어선법에서 사용하는 "선령"의 뜻으로 맞는 것은?
가. 어선이 용골을 거치한 날로부터 지난 기간
나. 어선이 취항한 날로부터 지난 기간

Answer 01 아 02 아 03 사 04 가 05 사

단원별 3급 항해사

사. 어선이 진수한 날부터 지난 기간
아. 어선이 소유자에게 인도된 날로부터 지난 기간

해설 **어선법 시행규칙 제2조(정의)** 이 규칙에서 사용하는 용어의 뜻은 다음 각 호와 같다.
7. "선령"이란 어선이 진수한 날부터 지난 기간을 말한다.

06 어선의 표시사항과 표시방법에 대한 설명 중 틀린 것은?

가. 선수양현의 외부에 어선명칭을 10센티미터 크기 이상의 한글로 명료하게 표시하여야 한다.
나. 선미 외부의 잘 보이는 곳에 어선명칭 및 선적항을 10센티미터 크기 이상의 한글로 명료하게 표시하여야 한다.
사. 배의 길이 24미터 이상의 어선은 선수와 선미의 외부 양 측면에 선저에서 최대흘수선상까지 10센티미터마다 10센티미터 크기의 아라비아숫자로서 흘수의 치수를 표시하여야 한다.
아. 배의 길이 24미터 이상의 어선에서 표시한 흘수는 숫자의 하단을 그 숫자가 표시하는 흘수선과 일치시켜야 한다.

해설 **어선법 시행규칙 제24조(어선의 표시사항 및 표시방법)**
① 법 제16조 제1항에 따라 어선에 표시하여야 할 사항과 그 표시방법은 다음 각 호와 같다.
1. 선수양현의 외부에 어선명칭을, 선미외부의 잘 보이는 곳에 어선명칭 및 선적항을 10센티미터 크기 이상의 한글(아라비아숫자를 포함한다)로 명료하고 내구력 있는 방법으로 표시하여야 한다. 다만, 어선의 식별을 효과적으로 하기 위하여 해양수산부장관이 필요하다고 인정하는 경우에는 어업별로 어선명칭의 크기, 표시방법 등에 관하여 따로 정할 수 있다.
2. 배의 길이 24미터 이상의 어선은 선수와 선미의 외부 양측면에 흘수를 표시하기 위하여 선저로부터 최대흘수선상에 이르기까지 20센티미터마다 10센티미터 크기의 아라비아숫자로서 흘수의 치수를 표시하되, 숫자의 하단은 그 숫자가 표시하는 흘수선과 일치시켜야 한다.

07 어선의 선적증서와 선박국적증서를 발급하는 자는?

가. 해양수산부장관
나. 시장·군수·구청장
사. 지방해양수산청장
아. 한국해양교통안전공단

해설 **어선법 제13조(어선의 등기와 등록)**
① 어선의 소유자나 해양수산부령으로 정하는 선박의 소유자는 그 어선이나 선박이 주로 입항·출항하는 항구 및 포구(이하 "선적항"이라 한다)를 관할하는 시장·군수·구청장에게 해양수산부령으로 정하는 바에 따라 어선원부에 어선의 등록을 하여야 한다. 이

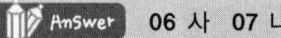

Answer 06 사 07 나

경우 「선박등기법」 제2조에 해당하는 어선은 선박등기를 한 후에 어선의 등록을 하여야 한다.
② 제1항에 따른 등록을 하지 아니한 어선은 어선으로 사용할 수 없다.
③ 시장·군수·구청장은 제1항에 따른 등록을 한 어선에 대하여 다음 각 호의 구분에 따른 증서 등을 발급하여야 한다.
1. 총톤수 20톤 이상인 어선 : 선박국적증서
2. 총톤수 20톤 미만인 어선(총톤수 5톤 미만의 무동력어선은 제외한다) : 선적증서
3. 총톤수 5톤 미만인 무동력어선 : 등록필증
④ 선적항의 지정과 제한 등에 필요한 사항은 해양수산부령으로 정한다.

08 선급법인이 대행할 수 없는 업무는?

가. 어선의 복원성 승인 업무 나. 어선의 총톤수 측정 업무
사. 어선의 검사 업무 아. 어선의 항해구역 등록에 관한 업무

해설 어선법 제41조(검사업무 등의 대행) ① 해양수산부장관은 공단 또는 「선박안전법」 제60조 제2항에 따른 선급법인(이하 "선급법인"이라 한다)으로 하여금 다음 각 호의 업무를 대행하게 할 수 있다. 다만, 선급법인의 경우 제5호 및 제5호의2의 업무는 제외한다.
1. 제3조의2 제1항에 따른 어선의 복원성 승인
1의2. 제14조에 따른 어선의 총톤수 측정·재측정
2. 제21조에 따른 어선의 검사
3. 제22조에 따른 어선의 건조검사, 어선용품의 예비검사 및 별도건조검사
4. 제24조 제1항에 따른 어선 또는 어선용품의 검정
5. 제25조 제1항에 따른 지정사업장의 지정을 위한 조사
5의2. 제25조 제3항 또는 제4항에 따른 어선, 어선의 설비 또는 어선용품의 확인
5의3. 제26조의2에 따른 제한하중등의 확인 및 하역설비검사기록부의 작성
6. 제28조 제3항에 따른 어선검사증서 유효기간 연장의 승인
7. 제37조 제2항에 따라 준용되는 다음 각 목의 업무
  가. 「선박안전법」 제12조 제1항에 따른 국제협약검사
  나. 「선박안전법」 제13조 제1항에 따른 도면승인
  다. 「선박안전법」 제41조 제2항에 따른 위험물의 적재·운송·저장 등에 관한 검사·승인

09 어선검사증서의 유효기간에 대한 내용으로 맞지 않는 것은?

가. 어선검사증서의 유효기간은 5년이다.
나. 어선검사증서의 유효기간 연장은 5개월 이내 범위이다.
사. 어선검사증서는 중간검사를 받아야 할 어선이 그 검사에 불합격되면 해당 검사에 합격될 때까지 그 효력이 정지된다.
아. 유효기간의 계산은 어선검사증서의 유효기간이 끝나기 전 3개월이 되는 날 전에 정기검사를 받은 경우 종전 어선검사증서를 발급받은 다음 날부터 계산한다.

Answer 08 아 09 아

단원별 3급 항해사

> **해설** 어선검사증서의 유효기간이 끝나기 전 3개월이 되는 날 전에 정기검사를 받은 경우 해당 어선검사증서를 발급받은 날부터 계산한다(어선법 시행규칙 제66조 제3호).
> **어선법 제28조(검사증서의 유효기간)**
> ① 어선검사증서의 유효기간은 5년으로 한다.
> ② 제1항에 따른 유효기간의 기산방법은 해양수산부령으로 정한다.
> ③ 제1항에 따른 어선검사증서의 유효기간은 다음 각 호의 어느 하나에 해당하는 경우에는 5개월 이내의 범위에서 해양수산부령으로 정하는 바에 따라 이를 연장할 수 있다.
>   1. 어선검사증서의 유효기간이 만료되는 때에 해당 어선이 검사를 받을 수 있는 장소에 있지 아니한 경우
>   2. 해당 어선이 외국에서 정기검사를 받은 경우 등 부득이한 경우로서 새로운 어선검사증서를 즉시 교부할 수 없거나 어선에 비치하게 할 수 없는 경우
>   3. 그 밖에 해양수산부령으로 정하는 경우
> ④ 어선검사증서는 중간검사 또는 임시검사를 받아야 할 어선이 그 검사에 합격되지 아니한 경우에는 해당 검사에 합격될 때까지 그 효력이 정지된다.

10 어선검사증서의 유효기간 연장에 대한 내용으로 틀린 것은?

가. 어선검사증서의 유효기간 연장은 1차례 이상 연장할 수 있다.

나. 해당 어선이 정기검사를 받을 수 없는 장소에 있는 경우는 3개월 이내 연장할 수 있다.

사. 해당 어선이 새로운 어선검사증서를 즉시 발급할 수 없거나 어선에 갖추어 둘 수 없는 경우는 5개월 이내 연장할 수 있다.

아. 해당 어선이 정기검사를 받을 수 없는 장소에 있어서 어선검사증서의 유효기간을 연장받은 어선이 검사를 받을 수 있는 장소에 도착하면 지체 없이 정기검사를 받아야 한다.

> **해설** 어선법 시행규칙 제67조(어선검사증서 유효기간 연장) ① 법 제28조 제3항에 따른 어선검사증서의 유효기간 연장은 다음 각 호의 구분에 따라 한차례만 연장하여야 한다. 다만, 제1호에 해당하는 경우에는 그 연장기간 내에 해당 어선이 검사를 받을 장소에 도착하면 지체 없이 정기검사를 받아야 한다.
>   1. 해당 어선이 정기검사를 받을 수 없는 장소에 있는 경우 : 3개월 이내
>   2. 해당 어선이 외국에서 정기검사를 받은 경우 등 부득이한 경우로서 새로운 어선검사증서를 즉시 발급할 수 없거나 어선에 갖추어 둘 수 없는 경우 : 5개월 이내

11 어선검사증서의 유효기간 계산 방법으로 옳지 않은 것은?

가. 최초로 정기검사를 받은 경우 해당 어선검사증서를 발급받은 날

나. 어선검사증서의 유효기간이 끝나기 전 3개월이 되는 날 이후에 정기검사를 받은 경우 종전 어선검사증서의 유효기간 만료일의 다음 날

 Answer 10 가 11 아

사. 어선검사증서의 유효기간이 끝나기 전 3개월이 되는 날 전에 정기검사를 받은 경우 해당 어선검사증서를 발급받은 날

아. 어선검사증서의 유효기간이 끝난 후에 정기검사를 받은 경우 해당 어선검사증서를 발급받은 날

해설 어선법 시행규칙 제66조(어선검사증서 유효기간 계산방법) 법 제28조 제2항에 따른 어선검사증서 유효기간의 계산방법은 다음 각 호에 따른 날부터 계산한다.
1. 최초로 정기검사를 받은 경우 해당 어선검사증서를 발급받은 날
2. 어선검사증서의 유효기간이 끝나기 전 3개월이 되는 날 이후에 정기검사를 받은 경우 종전 어선검사증서의 유효기간 만료일의 다음 날
3. 어선검사증서의 유효기간이 끝나기 전 3개월이 되는 날 전에 정기검사를 받은 경우 해당 어선검사증서를 발급받은 날
4. 어선검사증서의 유효기간이 끝난 후에 정기검사를 받은 경우 종전 어선검사증서의 유효기간 만료일의 다음 날. 다만, 다음 각 목의 사유로 인하여 종전 어선검사증서의 유효기간 만료일의 다음 날부터 계산하는 것이 부당하다고 인정되는 경우에는 정기검사를 받고 해당 어선검사증서를 발급받은 날부터 계산한다.
  가. 계선(제49조 제2항에 따라 서류를 제출한 경우로 한정한다)한 경우
  나. 1년 이상 어선검사를 받지 아니한 어선을 상속하거나 매수한 경우
  다. 어선소유자의 파산 등의 사유로 1년 이상 어선검사를 받지 아니한 경우

12 어선검사증서의 유효기간이 만료된 때에 어선이 검사를 받을 수 있는 장소에 있지 아니한 경우 유효기간을 연장할 수 있는 기간은?

가. 3개월 이내 나. 4개월 이내
사. 5개월 이내 아. 6개월 이내

해설 어선법 시행규칙 제67조(어선검사증서 유효기간 연장) ① 법 제28조 제3항에 따른 어선검사증서의 유효기간 연장은 다음 각 호의 구분에 따라 한차례만 연장하여야 한다. 다만, 제1호에 해당하는 경우에는 그 연장기간 내에 해당 어선이 검사를 받을 장소에 도착하면 지체 없이 정기검사를 받아야 한다.
1. 해당 어선이 정기검사를 받을 수 없는 장소에 있는 경우 : 3개월 이내
2. 해당 어선이 외국에서 정기검사를 받은 경우 등 부득이한 경우로서 새로운 어선검사증서를 즉시 발급할 수 없거나 어선에 갖추어 둘 수 없는 경우 : 5개월 이내

13 어선검사증서의 기재사항으로 맞지 않는 것은?

가. 어선 소유자 성명 나. 어선의 명칭
사. 최대승선인원 아. 어선의 종류

Answer 12 가 13 가

해설 어선법 제27조(검사증서의 발급 등)
① 해양수산부장관은 다음 각 호의 구분에 따라 검사증서를 발급한다.
  1. 제21조 제1항 제1호에 따른 정기검사에 합격된 경우에는 어선검사증서(어선의 종류·명칭·최대승선인원 및 만재흘수선의 표시 위치 등을 기재하여야 한다)

14 어선의 선적항 지정에 대하여 맞게 설명한 것은?

가. 선적항의 명칭은 어선이 항해할 수 있는 수면을 접한 항·포구의 명칭이다.
나. 선적항으로 정하고자 하는 항·포구가 해당 어선이 주로 입·출항하는 항·포구가 아니라도 어선 소유주가 임의로 정할 수 있다.
사. 선적항을 정할 때에는 법령에서 정한 몇 가지 경우를 제외하고 해당 어선이 항행할 수 있는 수면을 접한 그 소유자의 주소지인 시·자치구·읍·면에 소재하는 항·포구를 기준으로 한다.
아. 선적항은 어선 소유자가 정하는 것이 일반적이다.

해설 어선법 시행규칙 제22조(선적항의 지정 등)
① 법 제13조 제4항에 따라 선적항을 정하고자 할 때에는 해당 어선 또는 선박이 항행할 수 있는 수면을 접한 그 소유자의 주소지인 시·구(자치구에 한한다. 이하 같다)·읍·면에 소재하는 항·포구를 기준으로 하여 정한다. 다만, 다음 각 호의 어느 하나에 해당하는 경우에는 어선 또는 선박의 소유자가 지정하는 항·포구를 선적항으로 정할 수 있다.
  1. 국내에 주소가 없는 어선의 소유자가 국내에 선적항을 정하는 경우
  2. 어선의 소유자의 주소지가 어선이 항행할 수 있는 수면을 접한 시·구·읍·면이 아닌 경우
  3. 삭제
  4. 그 밖의 부득이한 사유로 어선의 소유자의 주소지 외의 항·포구를 선적항으로 지정하고자 하는 경우
② 선적항의 명칭은 항·포구의 명칭이나 어선 또는 선박이 항행할 수 있는 수면을 접한 시·군·구·읍·면의 명칭을 기준으로 하여 정한다.
③ 삭제
④ 시장·군수·구청장은 제1항에 따라 선적항으로 정하고자 하는 항·포구가 다음 각 호의 어느 하나에 해당하는 경우에는 해당 항·포구를 선적항으로 정하여서는 아니된다.
  1. 지정받고자 하는 선적항이 당해어선 또는 선박이 주로 입·출항하는 항·포구가 아니라고 인정되는 경우
  2. 지정받고자 하는 선적항이 매립·간척 등 공공개발예정지역으로 고시되어 공사착공 기일의 촉박 등의 사유로 선적항으로 지정하는 것이 적합하지 아니하다고 인정되는 경우

 14 사

15 국제협약의 규정을 적용받는 국적 어선의 경우 그 협약의 규정이 어선법의 규정과 다를 때에 어떻게 그 규정을 적용하는가?

가. 해당 국제협약의 규정을 적용한다.
나. 국내법인 어선법을 적용한다.
사. 어선의 조업 구역에 따라 다르게 적용한다.
아. 규정의 내용에 따라 다르게 적용한다.

16 어선법에서 길이 24미터 이상 어선의 총톤수 측정 신청은 누구에게 하는가?

가. 해양수산부장관 또는 대한민국 영사
나. 국토교통부장관 또는 대한민국 대사
사. 선적항 관할 시·도지사
아. 선적항 관할 시장·군수·구청장

> **해설** 어선법 제14조(어선의 총톤수 측정 등)
> ① 어선의 소유자가 제13조 제1항에 따른 등록을 하려면 해양수산부령으로 정하는 바에 따라 해양수산부장관에게 어선의 총톤수 측정을 신청하여야 한다.
> ② 어선의 소유자는 어선의 수리 또는 개조로 인하여 총톤수가 변경된 경우에는 해양수산부장관에게 총톤수의 재측정을 신청하여야 한다.
> ③ 어선의 소유자는 외국에서 취득한 어선을 외국에서 항행하거나 조업 목적으로 사용하려는 경우에는 그 외국에 주재하는 대한민국 영사에게 총톤수 측정이나 총톤수 재측정을 신청할 수 있다.

17 어선 소유자는 선박국적증서 등의 발급을 받은 경우에는 그 어선에 명칭등을 표시하여야 한다. 명칭등에 표시되는 사항으로 틀린 것은?

가. 어선의 명칭   나. IMO 번호
사. 선적항   아. 총톤수

> **해설** 어선법 제16조(어선 명칭등의 표시와 번호판의 부착) ① 어선의 소유자는 선박국적증서등을 발급받은 경우에는 해양수산부령으로 정하는 바에 따라 지체 없이 그 어선에 어선의 명칭, 선적항, 총톤수 및 흘수의 치수 등(이하 "명칭등")을 표시하고 어선번호판을 붙여야 한다.

Answer 15 가 16 가 17 나

단원별 3급 항해사

18 어선법에서 어선의 등록 기관으로 가장 타당한 것은?

가. 그 어선이 주로 출·입항하는 항·포구를 관할하는 지방해양수산청장
나. 그 어선이 주로 출·입항하는 항·포구에 소재하는 수산업협동조합장
사. 그 어선이 주로 출·입항하는 항·포구를 관할하는 시장·군수·구청장
아. 그 어선이 주로 출·입항하는 항·포구를 관할하는 해양경찰서장

해설 어선법 제13조(어선의 등기와 등록) ① 어선의 소유자나 해양수산부령으로 정하는 선박의 소유자는 그 어선이나 선박이 주로 입항·출항하는 항구 및 포구(이하 "선적항"이라 한다)를 관할하는 시장·군수·구청장에게 해양수산부령으로 정하는 바에 따라 어선원부에 어선의 등록을 하여야 한다. 이 경우 「선박등기법」 제2조에 해당하는 어선은 선박등기를 한 후에 어선의 등록을 하여야 한다.

19 어선의 등록을 말소시키는 조건에 해당되지 않는 것은?

가. 어선 외의 목적으로 사용하게 된 때
나. 노후 등으로 어선으로 사용할 수 없을 때
사. 대한민국의 국적을 상실한 때
아. 4개월 이상 행방불명이 된 때

해설 어선법 제19조(등록의 말소와 선박국적증서등의 반납) ① 제13조 제1항에 따른 등록을 한 어선이 다음 각 호의 어느 하나에 해당하는 경우 그 어선의 소유자는 30일 이내에 해양수산부령으로 정하는 바에 따라 등록의 말소를 신청하여야 한다.
1. 어선 외의 목적으로 사용하게 된 경우
2. 대한민국의 국적을 상실한 경우
3. 멸실·침몰·해체 또는 노후·파손 등의 사유로 어선으로 사용할 수 없게 된 경우
4. 6개월 이상 행방불명이 된 경우

20 어선의 소유자는 어선번호판을 언제 해당 어선에 부착해야 하는가?

가. 어선을 건조한 후
나. 등록을 마친 후
사. 선박국적증서를 발급받은 후
아. 등기를 마친 후

해설 어선법 제16조(어선 명칭 등의 표시와 번호판의 부착) ① 어선의 소유자는 선박국적증서등을 발급받은 경우에는 해양수산부령으로 정하는 바에 따라 지체 없이 그 어선에 어선의 명칭, 선적항, 총톤수 및 흘수의 치수 등을 표시하고 어선번호판을 붙여야 한다.

Answer 18 사 19 아 20 사

21 선박국적증서를 발급받아야 하는 어선은 몇 톤 이상부터인가?

가. 총톤수 20톤
나. 총톤수 25톤
사. 총톤수 30톤
아. 총톤수 50톤

> **해설**
> - 총톤수 20톤 이상인 어선 : 선박국적증서
> - 총톤수 20톤 미만인 어선 : 선적증서
> - 총톤수 5톤 미만인 무동력 어선 : 등록필증

22 총톤수 10톤의 동력어선이 행정관청에 등록을 한 후 발급받는 증서는?

가. 어선등록필증
나. 선적증서
사. 선박국적증서
아. 어선증서

23 다음 중 등록필증을 발급받아야 하는 어선은?

가. 총톤수 20톤 이상의 어선
나. 총톤수 5톤 이상의 동력 어선
사. 총톤수 1톤 이상의 동력 어선
아. 5톤 미만의 무동력 어선

24 어선의 소유자가 선박국적증서 또는 선적증서를 발급받을 때에 지체없이 해당 어선에 표시해야 하는 사항이 아닌 것은?

가. 어선의 명칭과 어선번호
나. 선적항
사. 총톤수 및 흘수의 치수
아. 호출부호

> **해설** 어선법 제16조(어선 명칭 등의 표시와 번호판의 부착) ① 어선의 소유자는 선박국적증서등을 발급받은 경우에는 해양수산부령으로 정하는 바에 따라 지체 없이 그 어선에 어선의 명칭, 선적항, 총톤수 및 흘수의 치수 등을 표시하고 어선번호판을 붙여야 한다.

Answer 21 가 22 나 23 아 24 아

단원별 3급 항해사

25 어선의 검사에 대한 내용을 규정하고 있는 법은 어느 것인가?
가. 수산업법
사. 어선법
나. 선박법
아. 선박안전법

26 외국에서 취득한 어선으로 외국에서 조업을 목적으로 사용하고자 할 때 총톤수 측정은 누구에게 신청하는가?
가. 당해국의 수산청장
사. 당해국의 지방자치단체장
나. 당해국의 항만청장
아. 당해국에 주재하는 대한민국 영사

해설 어선법 제14조(어선의 총톤수 측정 등)
① 어선의 소유자가 제13조 제1항에 따른 등록을 하려면 해양수산부령으로 정하는 바에 따라 해양수산부장관에게 어선의 총톤수 측정을 신청하여야 한다.
② 어선의 소유자는 어선의 수리 또는 개조로 인하여 총톤수가 변경된 경우에는 해양수산부장관에게 총톤수의 재측정을 신청하여야 한다.
③ 어선의 소유자는 외국에서 취득한 어선을 외국에서 항행하거나 조업 목적으로 사용하려는 경우에는 그 외국에 주재하는 대한민국 영사에게 총톤수 측정이나 총톤수 재측정을 신청할 수 있다.

27 어선 소유자는 어선번호판을 부착하여야 항행할 수 있다. 어선번호판을 부착하는 장소로서 적합하지 않은 곳은?
가. 조타실 입구
사. 선수 양 측면
나. 기관실 입구
아. 선내 잘 보이는 장소

해설 어선법 시행규칙 제25조(어선번호판의 제작 등)
① 법 제16조 제2항에 따라 어선번호판은 알루미늄, 동판 또는 강판등의 금속재이거나 합성수지재의 내부식성 재료로 제작하여야 하며, 그 규격은 가로 15센티미터, 세로 3센티미터로 한다.
② 어선의 소유자는 제1항에 따른 규격으로 제작된 어선번호판을 조타실 또는 기관실의 출입구 등 어선 안쪽부분의 잘 보이는 장소에 내구력 있는 방법으로 부착하여야 한다.

28 해양수산부장관이 한국해양교통안전공단에 대행하게 할 수 있는 업무라고 할 수 없는 것은?
가. 어선 검사 업무의 대행
사. 어업 허가의 대행
나. 어선용품의 예비 검사의 대행
아. 어선의 총톤수 측정의 대행

해설 어업 허가는 시장, 군수, 구청장이 한다.

Answer 25 사 26 아 27 사 28 사

제5편 어선전문

29 어선의 소유자가 어선의 수리 및 개조로 인하여 총톤수에 변경이 생긴 때에 누구에게 총톤수의 재측정을 신청해야 하는가?

가. 시·도지사
나. 해양경찰서장
사. 구청장
아. 해양수산부장관

30 어선의 소유자가 어선의 등록을 말소 신청하지 않아도 되는 경우는?

가. 어선 외의 목적으로 사용하게 된 때
나. 대한민국의 국적을 상실한 때
사. 6개월 이상 행방불명이 된 때
아. 장기간 조업을 하지 아니한 때

해설 어선법 제19조(등록의 말소와 선박국적증서등의 반납) ① 제13조 제1항에 따른 등록을 한 어선이 다음 각 호의 어느 하나에 해당하는 경우 그 어선의 소유자는 30일 이내에 해양수산부령으로 정하는 바에 따라 등록의 말소를 신청하여야 한다.
1. 어선 외의 목적으로 사용하게 된 경우
2. 대한민국의 국적을 상실한 경우
3. 멸실·침몰·해체 또는 노후·파손 등의 사유로 어선으로 사용할 수 없게 된 경우
4. 6개월 이상 행방불명이 된 경우

31 한국해양교통안전공단 이사장이 발급할 수 있는 것이 아닌 것은?

가. 어선의 검사증서
나. 어선 총톤수 측정 증명서
사. 어선 국제톤수증서
아. 어선의 보험증서

해설 어선법 제41조(검사업무 등의 대행) ③ 공단이나 선급법인은 제1항에 따라 대행하는 업무의 범위에서 해양수산부장관의 승인을 받아 제27조 제1항 각 호에 따른 검사증서·검정증서·확인증 또는 어선총톤수측정증명서(국제톤수증서, 국세톤수확인서 및 재화중량톤수증서를 포함한다)를 발급할 수 있다.

Answer 29 아 30 아 31 아

32 어선법에서 어선의 건조·개조에 대한 허가권자를 맞게 설명한 것은?

가. 선적항을 관할하는 지방해양수산청장
나. 선박을 건조·개조를 하고자 하는 업체를 관할하는 지방해양경찰서장
사. 선적항을 관할하는 광역시장·도지사
아. 해양수산부장관 또는 시장·군수·구청장

해설 어선법 제8조(건조·개조의 허가 등) ① 어선을 건조하거나 개조하려는 자 또는 어선의 건조·개조를 발주하려는 자는 해양수산부령으로 정하는 바에 따라 해양수산부장관이나 특별자치시장·특별자치도지사·시장·군수·구청장(구청장은 자치구의 구청장을 말하며, 이하 "시장·군수·구청장"이라 한다)의 허가(이하 "건조·개조허가"라 한다)를 받아야 한다(총톤수 2톤 미만 어선의 개조 등 해양수산부령으로 정하는 경우는 제외한다). 허가받은 사항을 변경하려는 경우에도 또한 같다.

33 다음 중 어선법상 어선이 아닌 것은?

가. 어업에 종사하는 선박
나. 유어선
사. 수산계 학교의 실습선
아. 어장 및 수산자원 조사선

해설 어선법 제2조(정의) 이 법에서 사용하는 용어의 뜻은 다음과 같다.
1. "어선"이란 다음 각 목의 어느 하나에 해당하는 선박을 말한다.
   가. 어업(양식업 포함), 어획물운반업 또는 수산물가공업(이하 "수산업"이라 한다)에 종사하는 선박
   나. 수산업에 관한 시험·조사·지도·단속 또는 교습에 종사하는 선박
   다. 제8조 제1항에 따른 건조허가를 받아 건조 중이거나 건조한 선박
   라. 제13조 제1항에 따라 어선의 등록을 한 선박

34 다음 중 어선 등록 말소 사유에 해당되는 것은?

가. 대한민국의 국적을 상실하거나 멸실, 침몰, 해체되었을 때
나. 어선이 낚시 어업을 할 때
사. 선박국적증서 검인에 불응할 때
아. 선박국적증서를 선내에 비치하지 않고 있을 때

Answer 32 아 33 나 34 가

35 어선이 국제톤수증서 또는 국제톤수확인서를 발급받고자 할 때 어선법에 우선해서 적용되는 법은?

가. 선박안전법 나. 선원법
사. 선박법 아. 선박직원법

해설 어선법 시행규칙 제17조(국제톤수증서등의 발급신청 등) ① 법 제37조 제1항에 따라 준용되는 「선박법」 제13조에 따라 국제톤수증서 또는 국제톤수확인서를 발급받으려는 자는 별지 제22호서식에 따른 발급신청서에 다음 각 호의 서류를 첨부하여 해양수산부장관 또는 영사에게 제출해야 한다.

36 어선의 크기, 척수 등 어선의 건조 조정권자는?

가. 국토교통부장관 나. 해양수산부장관
사. 시·도지사 아. 대통령

37 선박소유자가 어선의 명칭을 변경하고자 할 때 누구의 승인이 필요한가?

가. 해양수산부장관 나. 지방해양수산청장
사. 수협 도지부장 아. 시장·군수·구청장

해설 어선법 시행규칙 제26조(등록사항의 변경신청 등) ① 법 제17조에 따라 어선의 등록사항에 관한 변경등록을 하려는 자나 법 제17조에 따라 어선의 등록사항에 관한 변경등록과 함께 「수산업법 시행규칙」 제56조 제1항에 따라 어업허가사항의 변경허가를 받으려는 자(허가권자가 시장·군수·구청장인 경우만 해당한다)는 그 변경의 사유가 발생한 날부터 30일(상속의 경우에는 상속이 발생한 날이 속하는 달의 말일부터 6개월을 말한다) 이내에 별지 제27호 서식에 따른 어선등록신청서·어선변경등록신청서 또는 어업변경허가신청서에 다음 각 호의 서류를 첨부하여 선적항을 관할하는 시장·군수·구청장에게 제출하여야 한다.

38 어선법에서 사용하는 검사기준일이란?

가. 어선검사증서의 유효기간 만료일로부터 해마다 1년이 되는 날
나. 어선검사증서의 유효기간 시작일로부터 해마다 1년이 되는 날
사. 어선검사 종료일로부터 해마다 1년이 되는 날
아. 어선검사 시작일로부터 해마다 1년이 되는 날

Answer 35 사 36 나 37 아 38 나

해설 **어선법 시행규칙 제2조(정의)**
8. 검사기준일이란 어선검사증서의 유효기간 시작일부터 해마다 1년이 되는 날을 말한다.

39. 해외수역에서 장기간 항해·조업 등 부득이한 사유로 중간검사 시기를 연기받으려는 어선 소유자가 해양수산부장관에게 제출하는 중간검사 연기 신청서에 첨부하는 서류 등에 포함되지 않는 것은?

가. 해당 어선의 항해 일정을 나타내는 서류
나. 해당 어선의 조업 일정을 나타내는 서류
사. 해당 어선의 현재 위치를 표시한 서류
아. 해당 어선검사증서의 원본

해설 **어선법 시행규칙 제45조(중간검사시기의 연기)** ① 해외수역에서의 장기간 항행·조업 등 부득이 한 사유로 인하여 중간검사를 받을 수 없어 중간검사시기를 연기받으려는 어선소유자는 별지 제41호서식의 중간검사시기연기신청서에 해당 어선의 항해, 조업일정 및 현재의 위치를 나타내는 서류와 해당 어선의 검사증서 사본을 첨부하여 해양수산부장관에게 제출하여야 한다.

40. 어선검사증서의 기재사항에 대한 설명으로 틀린 것은?

가. 어선검사증서에 기재하는 최대승선인원과 만재흘수선의 표시 위치는 해양수산부장관이 정하여 고시하는 기준에 따른다.
나. 해양사고 그 밖의 부득이한 사유로 임시로 탑승한 인원을 제외하고 어선원과 기타의 자는 각각 그 정원을 초과할 수 없다.
사. 해양수산부장관은 어선 항행상의 안전을 확보하기 위하여 특히 필요하다고 인정하는 경우에는 최대승선인원 및 만재흘수선의 위치에 해당 어선에 대하여 필요한 항행상의 조건을 부여할 수 있다.
아. 해양수산부장관은 어선 항행상의 안전을 확보하기 위하여 해당 어선에 대하여 필요한 항행상의 조건을 부여한 경우 이를 어선검사증서에 적어야 한다.

해설 **어선법 시행규칙 제64조(어선검사증서의 기재사항 등)**
① 법 제27조 제1항 제1호에 따른 어선검사증서에 기재하는 최대승선인원과 만재흘수선의 표시 위치는 해양수산부장관이 정하여 고시하는 기준에 따른다.
② 제1항에 따른 최대승선인원은 어선원과 다음 각 호의 어느 하나에 해당하는 사람 등 어선에 일시적으로 승선하는 어선원 외의 사람으로 구분하여 기재한다. 이 경우 해양사고 또는 그 밖의 부득이한 사유로 인하여 승선하는 사람은 최대승선인원의 산정에서 제외한다.

Answer 39 아 40 사

1. 어선원의 가족
2. 어선소유자(어선관리인 및 어선임차인을 포함한다) 및 어선회사의 소속 직원과 어선 수리 작업원
3. 시험·조사·지도·단속·점검·교습 등에 관한 업무에 사용되는 어선에 해당 업무를 수행하기 위하여 승선하는 사람
4. 세관공무원, 검역공무원, 도선사 등으로서 어선원의 업무 외의 업무를 하는 사람
5. 「낚시 관리 및 육성법」제25조에 따른 낚시어선에 승선하는 낚시승객
6. 「수산업법 시행령」제26조 제1항 제1호의 나잠어업(裸潛漁業)을 위하여 승선하는 사람
7. 제46조 제1항에 따라 특별검사를 받은 어선에 승선하는 어선원 외의 사람
8. 「낚시 관리 및 육성법 시행령」별표 2 제3호 다목에 따른 낚시터 관리선에 승선하는 어선원 외의 사람
9. 「유어장의 지정 및 관리에 관한 규칙」제5조에 따른 유어장관리선에 승선하는 어선원 외의 사람
10. 「수산자원관리법」제12조 제1항에 따라 어선에 승선하여 포획·채취한 수산자원의 종류와 어획량 등을 조사하는 수산자원조사원

③ 해양수산부장관은 어선 항행상의 안전을 확보하기 위하여 특히 필요하다고 인정하는 경우에는 최대승선인원 및 만재흘수선의 위치 외에 해당 어선에 대하여 필요한 항행상의 조건을 부여할 수 있다. 이 경우 해양수산부장관은 이를 어선검사증서에 적어야 한다.

41 어선의 만재흘수선 표시에 관한 내용으로 맞는 것은?

가. 총톤수 20톤 이상의 어선은 만재흘수선을 표시하여야 한다.
나. 길이 24미터 이상의 어선은 만재흘수선을 표시하여야 한다.
사. 표시한 흘수는 숫자의 상단을 그 숫자가 표시하는 흘수선과 일치시켜야 한다.
아. 표시한 흘수는 선저에서 최대흘수선상까지 30센티미터 마다 10센티미터 크기의 아라비아 숫자로서 흘수의 치수를 표시하여야 한다.

해설 어선법 제4조(만재흘수선의 표시) 길이 24미터 이상의 어선의 소유자는 해양수산부장관이 정하여 고시하는 기준에 따라 만재흘수선의 표시를 하여야 한다.

42 길이 24미터 이상 어선의 중간검사에 대한 내용으로 맞는 것은?

가. 제1종 중간검사와 제2종 중간검사가 있다.
나. 제1종 중간검사는 정기검사 후 두 번째 검사기준일 전후 5개월 이내에 받아야 한다.
사. 제2종 중간검사는 정기검사 또는 제1종 중간검사를 받아야 하는 연도의 검사기준일을 제외한 검사기준일 전의 5개월 기간 이내에 받아야 한다.
아. 만재흘수선의 표시는 제2종 중간검사 때에 검사한다.

 41 나 42 가

해설 **어선법 시행규칙 제44조(중간검사)**

① 법 제21조 제1항 제2호에 따른 중간검사는 제1종 중간검사와 제2종 중간검사로 구분하며, 어선 규모에 따라 받아야 하는 중간검사의 종류와 그 검사 시기는 다음 각 호와 같다. 다만, 총톤수 2톤 미만인 어선은 중간검사를 면제한다.

1. 배의 길이가 24미터 미만인 어선
   제1종 중간검사를 정기검사 후 두 번째 검사기준일 전 3개월부터 세 번째 검사기준일 후 3개월까지의 기간 이내에 받을 것
2. 배의 길이가 24미터 이상인 어선
   가. 선령이 5년 미만인 어선
      제1종 중간검사를 정기검사 후 두 번째 검사기준일 전 3개월부터 세 번째 검사기준일 후 3개월까지의 기간 이내에 받을 것
   나. 선령이 5년 이상인 어선
      1) 제1종 중간검사 : 정기검사 후 두 번째 검사기준일 전후 3개월 이내 또는 세 번째 검사기준일 전후 3개월 이내의 기간 중 하나를 선택하여 그 기간 이내에 받을 것. 다만, 선저검사(어선의 밑부분에 대한 검사를 말한다. 이하 같다)는 지난 번 선저검사일부터 3년을 초과해서는 아니된다.
      2) 제2종 중간검사 : 정기검사 또는 제1종 중간검사를 받아야 하는 연도의 검사기준일을 제외한 검사기준일의 전후 3개월의 기간 이내에 받을 것

③ 해양수산부장관은 제2항에 따른 신청이 있는 때에는 다음 각 호의 사항에 대하여 검사한다.

1. 제1종 중간검사 : 법 제3조 제1호부터 제3호까지, 제5호, 제6호, 제8호부터 제11호까지의 설비와 법 제4조 제1항에 따른 만재흘수선의 표시
2. 제2종 중간검사 : 법 제3조 제1호(선체의 내부구조), 제2호(추진설비), 제3호(배수설비), 제5호(조타설비), 제8호(구명·소방설비), 제9호(거주·위생설비), 제11호(항해설비)

어선법 제3조(어선의 설비) 어선은 해양수산부장관이 정하여 고시하는 기준에 따라 다음 각 호에 따른 설비의 전부 또는 일부를 갖추어야 한다.
1. 선체
2. 기관
3. 배수설비
4. 돛대
5. 조타·계선·양묘설비
6. 전기설비
7. 어로·하역설비
8. 구명·소방설비
9. 거주·위생설비
10. 냉동·냉장 및 수산물처리가공설비
11. 항해설비
12. 그 밖에 해양수산부령으로 정하는 설비

43 어선의 제1종 중간검사의 검사사항에 포함되지 않는 것은?
   가. 어로·하역설비
   나. 배수설비
   사. 구명·소방설비
   아. 거주·위생설비

   해설) 제1종 중간검사의 검사사항은 법 제3조 제1호부터 제3호까지, 제5호, 제6호, 제8호부터 제11호까지의 설비와 법 제4조 제1항에 따른 만재흘수선의 표시 등이 포함되나 제7호 어로·하역설비는 포함되지 않는다.

44 어선의 제2종 중간검사의 검사사항에 포함되지 않는 것은?
   가. 전기설비
   나. 배수설비
   사. 항해설비
   아. 거주·위생설비

   해설) 제2종 중간검사 : 법 제3조 제1호(선체의 내부구조), 제2호(추진설비), 제3호(배수설비), 제5호(조타설비), 제8호(구명·소방설비), 제9호(거주·위생설비), 제11호(항해설비)등은 포함되나 제6호 전기설비는 포함되지 않는다.

45 어선의 중간검사에 대한 내용으로 맞는 것은?
   가. 중간검사는 제1종, 제2종 및 제3종으로 구분한다.
   나. 어선의 규모에 따라 받아야 하는 중간검사의 종류와 검사시기가 다르다.
   사. 장기항해 등 부득이한 사유가 있을 경우 중간검사를 검사 기준일보다 5개월 이상 앞당겨 받을 수 있다.
   아. 중간검사 종류와 시기를 달리하는 어선 크기의 기준은 총톤수 20톤이다.

   해설) 가. 중간검사는 제1종, 제2종으로 구분한다.
   사. 해당 검사기준일부터 12개월 이내의 기간을 정하여 그 검사시기를 연기할 수 있다.
   아. 어선 크기의 기준은 배길이 24m이다.

46 어선의 건조검사를 받아야 하는 설비에 해당되지 않는 것은?
   가. 전기설비
   나. 배수설비
   사. 조타, 계선, 양묘설비
   아. 거주, 위생설비

Answer 43 가 44 가 45 나 46 아

단원별 3급 항해사

> 어선법 제22조(건조검사 등) ① 어선을 건조하는 자는 제3조 제1호(선체)·제2호(기관)·제3호(배수설비)·제5호(조타·계선·양묘설비)·제6호(전기설비)의 설비와 제4조에 따른 만재흘수선에 대하여 각각 어선의 건조를 시작한 때부터 해양수산부장관의 건조검사를 받아야 한다.

47 해양수산부장관이 특히 필요하다고 인정하는 때에 행하는 검사는 무엇인가?

가. 임시항행검사 나. 임시검사
사. 특별검사 아. 예비검사

> 어선법 제21조(어선의 검사)
> ① 어선의 소유자는 제3조에 따른 어선의 설비, 제3조의2에 따른 복원성의 승인·유지 및 제4조에 따른 만재흘수선의 표시에 관하여 해양수산부령으로 정하는 바에 따라 다음 각 호의 구분에 따른 해양수산부장관의 검사를 받아야 한다. 다만, 총톤수 5톤 미만의 무동력어선 등 해양수산부령으로 정하는 어선은 그러하지 아니하다.
> 1. 정기검사
>   최초로 항행의 목적에 사용하는 때 또는 제28조 제1항에 따른 어선검사증서의 유효기간이 만료된 때 행하는 정밀한 검사
> 2. 중간검사
>   정기검사와 다음의 정기검사와의 사이에 행하는 간단한 검사
> 3. 특별검사
>   해양수산부령으로 정하는 바에 따라 임시로 특수한 용도에 사용하는 때 행하는 간단한 검사
> 4. 임시검사
>   제1호부터 제3호까지의 검사 외에 해양수산부장관이 특히 필요하다고 인정하는 때 행하는 검사
> 5. 임시항행검사
>   어선검사증서를 발급받기 전에 어선을 임시로 항행의 목적으로 사용하고자 하는 때 행하는 검사
> ② 제5조 제1항에 따른 무선설비 및 제5조의2 제1항에 따른 어선위치발신장치에 대하여는 「전파법」에서 정하는 바에 따라 검사를 받아야 한다.

48 수산업에 종사하는 어선을 임시로 특수한 용도에 사용하는 때에 행하는 간단한 검사는 무엇인가?

가. 임시항행검사 나. 임시검사
사. 특별검사 아. 예비검사

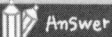 47 나 48 사

49 만재흘수선을 새로이 표시하거나 변경하려는 경우 받아야 하는 검사는?

　가. 예비검사　　　　　　　　　　나. 임시검사
　사. 임시항행검사　　　　　　　　아. 특별검사

해설 어선법 시행규칙 제47조(임시검사) ① 법 제21조 제1항 제4호에 따라 어선소유자가 임시검사를 받아야 하는 경우는 다음 각 호와 같다.
　1. 배의 길이, 너비, 깊이 또는 다음 각 목의 어느 하나에 해당하는 선체 주요부의 변경으로 선체의 강도, 수밀성(물이 통과하는 것을 막을 수 있는 성질) 또는 방화성에 영향을 미치는 개조 또는 수리를 하려는 경우
　　가. 상갑판 아래의 선체, 선루 또는 기관실위벽(圍壁)의 폭로부(暴露部)
　　나. 갑판실의 측벽 또는 정부갑판(頂部甲板)
　　다. 선루갑판 아래의 폭로부 외판
　　라. 격벽에 설치되어 폐위(閉圍)구역을 보호하는 폐쇄장치
　2. 어선의 추진과 관계있는 기관 및 그 주요부의 교체·변경 등으로 기관의 성능에 영향을 미치는 개조 또는 수리를 하려는 경우
　3. 타(舵) 또는 조타장치의 변경으로 어선의 조종성에 영향을 미치는 개조 또는 수리를 하려는 경우
　4. 탱크, 펌프실, 그 밖에 인화성 액체 또는 인화성 고압가스가 새거나 축적될 우려가 있는 곳에 설치되어 있는 전선로를 교체·변경하는 수리를 하려는 경우
　5. 어선의 용도를 변경하거나 어업의 종류를 변경할 목적으로 어선의 구조나 설비를 변경하려는 경우
　6. 법 제27조 제1항 제1호에 따른 어선검사증서에 기재된 내용을 변경하려는 경우. 다만, 어선명칭 및 선적항의 변경 등 법 제3조에 따른 어선의 설비에 변경이 수반되지 아니하는 경미한 사항의 변경인 경우에는 그러하지 아니하다.
　7. 어선용품 중 어선에 고정 설치되는 것으로서 새로 설치하거나 변경하려는 경우. 다만, 배의 길이 24미터 미만인 어선의 경우에는 어선에 고정 설치되는 것으로서 법 제3조 제7호(어로설비는 제외한다), 제8호, 제11호의 설비로 한정한다.
　8. 만재흘수선을 새로 표시하거나 변경하려는 경우
　9. 복원성에 관한 기준을 새로 적용받거나 그 복원성에 영향을 미칠 우려가 있는 어선용품을 신설·증설·교체 또는 제거하거나 위치를 변경하려는 경우
　10. 보일러 안전밸브의 봉인을 개방하여 조정하려는 경우
　11. 하역설비의 제한하중, 제한각도 및 제한반지름(이하 "제한하중등"이라 한다)을 변경하려는 경우
　12. 승강설비의 제한하중 또는 정원을 변경하려는 경우
　13. 해양사고 등으로 어선의 감항성(堪航性) 또는 인명안전의 유지에 영향을 미칠 우려가 있는 변경이 발생한 경우
　14. 어선의 정기검사 또는 중간검사를 할 때에 어선설비의 보완이 필요하다고 인정되는 등 해양수산부장관이 특정한 사항에 관하여 임시검사를 받을 것을 지정하는 경우. 이 경우 해양수산부장관은 어선검사증서의 뒤쪽에 검사받을 내용 및 검사시기를 적어야 한다.

Answer 49 나

50 어선 소유자가 임시검사를 받아야 할 경우로서 틀린 것은?

가. 어선의 추진과 관계있는 기관 및 그 주요부의 교체·변경 등으로 기관의 성능에 영향을 미치는 개조 또는 수리를 하려는 경우
나. 타 또는 조타장치의 변경으로 어선의 조종성에 영향을 미치는 개조 또는 수리를 하려는 경우
사. 어선의 용도를 변경하거나 어업의 종류를 변경할 목적으로 어선의 구조나 설비를 변경하려는 경우
아. 거주·위생설비의 종류 및 숫자를 변경하려는 경우

51 해양사고 등으로 어선의 감항성 또는 인명안전의 유지에 영향을 미칠 우려가 있는 변경이 발생한 경우에 받아야 할 검사는?

가. 정기검사
나. 임시검사
사. 특별검사
아. 임시항행검사

52 총톤수 300톤 이상의 원양어선의 무선설비를 변경하고자 할 때 받아야 하는 선박 검사의 종류는 무엇인가?

가. 정기검사
나. 임시검사
사. 임시항해검사
아. 중간검사

53 수산자원보호를 위한 조업금지구역이 설정되어 있지 않은 어업은?

가. 대형 트롤 어업
나. 근해 자망 어업
사. 근해 형망 어업
아. 기선 권현망 어업

해설 수산자원의 보호를 위하여 어업을 할 수 없는 수역을 금지구역이라고 하는데, 금지구역이 설정되어 있는 어업으로는 대형기선저인망어업, 근해트롤어업(대형트롤어업), 중형기선저인망어업, 기선권현망어업(기선선인망어업), 삼치를 대상으로 하는 근해 및 연안유자망어업, 동해구트롤어업, 근해안강망어업, 연안조망어업, 근해형망어업 등으로 금지구역 내에서는 지정된 어업에 대하여 연중 어로행위가 금지된다.

Answer 50 아 51 나 52 나 53 나

54 어선의 안전조업에 대한 다음의 설명 중 내용이 틀린 것은?

가. 어획물은 선박에 위험한 트림이나 횡경사를 야기시키는 이동을 방지하기 위하여 적절히 고정되어야 한다.
나. 착빙이 발생되는 것으로 알려진 해역에서 조업할 예정인 선박은 착빙이 최소로 발생되도록 설계되어져야 한다.
사. 어구는 정상이어야 하며 양망(승)기, 인양기, 관련 장비의 모든 부분이 사용 전에 확인되어야 한다.
아. 조업상태에서 갑판상의 젖은 어망 및 어구 등의 중량에 대한 고려는 주의할 필요가 없다.

55 수산업법상 면허어업의 유효기간은 얼마인가?

가. 5년
나. 7년
사. 8년
아. 10년

해설 면허어업의 유효기간은 10년이며, 허가어업은 5년이다.

Answer 54 아 55 아

제03장 수산실무

1. 어구 재료

01 다음의 섬유 중 일광의 영향에 의해 섬유의 강도가 점차 저하하고 황색으로 변하는 것은 어느 것인가?

가. PVD
나. PP
사. PA
아. PVA

해설
- PVD(Polyvinylidene chloride ; 폴리염화비닐리덴) : 사란, 쿠레할론, 소비덴 외 30여종
- PP(Polypropylene ; 폴리프로필렌) : 파일렌, 바이킹, 프로젝스 외 130여종
- PA(Polyamide ; 폴리아미드) : 나일론, 아밀란, 엔칼론 외 270여종
- PVC(Polyvinyl alcohol ; 폴리비닐 알코올) : 비닐론, 쿠랄론, 크레모나, 만료 외 20여종
- PE(Polyethylene ; 폴리에틸렌) : 에틸론, 코올렌, 하이젝스 외 80여종

02 다음 어구 재료 중 PE계 섬유는 어느 것인가?

가. Nylon
나. Amilan
사. Tetron
아. Hi-zex

03 그물실 재료 중에서 물을 충분히 흡수했을 때 항장력이 다소 감소하는 것은?

가. PE
나. PA
사. PP
아. PVC

해설 항장력(파단력)은 그물실을 직선 상태로 잡아당겨 파단될 때까지 필요로 하는 힘의 크기로 그물실의 구조가 같은 경우 꼬임의 정도, 습기를 머금은 정도, 온도 등에 따라 다르고, 물을 충분히 흡수했을 때의 항장력은 PA, PVA 등은 다소 감소하지만, PVC, PE, PP 등은 거의 변화하지 않는다.

 Answer 01 아 02 아 03 나

04 다음 섬유 중 흡수에 의하여 항장력 감소율이 가장 큰 것은?
　　가. 나일론　　　　　　　　　　나. 면사
　　사. 아마　　　　　　　　　　　아. 폴리에틸렌

　　해설 • 건조시에 대한 흡윤시 항장력 감소율의 순
　　　　비닐론 > 나일론 > 폴리에틸렌 > 면사 > 삼(아마)

05 다음 섬유 중 흡수에 의하여 항장력이 가장 많이 증가하는 것은?
　　가. 나일론　　　　　　　　　　나. 면사
　　사. 비닐론　　　　　　　　　　아. 폴리에틸렌

06 다음 그물실에서 흡수로 인하여 항장력이 약해지는 비율이 가장 큰 섬유는?
　　가. 비닐론　　　　　　　　　　나. 폴리에스텔
　　사. 폴리에틸렌　　　　　　　　아. 마닐라 삼

07 비중으로 보아서 정치망 어구에 알맞은 그물실 재료는?
　　가. 나일론　　　　　　　　　　나. 사란
　　사. 폴리에틸렌　　　　　　　　아. 파이렌

　　해설 사란(Saran)은 PVD계의 합성섬유로 비중(1.7)이 높기 때문에 정치망 어구로 사용된다.

08 그물실을 태울 때 투명하고 둥근 덩어리가 생기며 파라핀 냄새가 나는 것은 어느 것인가?
　　가. 비닐론　　　　　　　　　　나. 폴리에틸렌
　　사. 레이온　　　　　　　　　　아. 나일론

09 일반 섬유에 비해 Dyneema, Kevlar 같은 신소재 섬유가 가지는 일반적 특성이 아닌 것은?
　　가. 항장력이 매우 크다.　　　　나. 탄성 회복률이 매우 작다.
　　사. 내열성이 크다.　　　　　　아. 신장률이 매우 작다.

Answer　04 가　05 나　06 가　07 나　08 나　09 나

단원별 3급 항해사

> **해설** 다이니마(Dyneema)
> 폴리에틸렌(PE) 계열의 복합섬유의 신소재 고강력사로 비중은 PE와 같고(0.94~0.96) 인장강도는 5배 이상, 나일론에 비해 4배 이상 강하며, 신장도는 2~5% 정도로 외력에 의한 변형이 일반섬유에 비해 극히 적고, 미생물에 대한 내구성도 매우 우수하며, 내마모성도 매우 강하다.

10 그물실 및 밧줄을 반복 사용함에 따라 섬유를 약화시키는 원인이 아닌 것은?

가. 섬유자체의 긴장에 의한 변형
나. 내부 마찰 및 연화에 의한 변형
사. 마찰열에 의한 섬유의 경화
아. 내부 마찰 및 연화에 의한 마모

11 그물실의 마찰저항에 대한 다음의 설명 중에 틀린 것은?

가. 합성섬유로서 장섬유 그물실은 단섬유 그물실에 비하여 마찰저항이 크다.
나. 꼬임의 수가 많으면 대체로 마찰에 강하다.
사. 그물실이 부드러울수록 건조시보다는 습윤시에 마찰저항이 크다.
아. 마찰에 의해 마모가 일어나면 세기도 저하한다.

> **해설** 단섬유 그물실이 장섬유 그물실보다 마찰저항이 크다.

12 하중이 작용할 때 비틀리는 힘이 생기지 않고 끊어져도 가닥이 풀리기 어려운 그물실은?

가. 땋은 그물실
나. 꼰 그물실
사. 이중 겹실 구조 꼰 그물실
아. 삼중 겹실 구조 꼰 그물실

> **해설** 꼰 그물실은 꼬임이 안정되지 않으면 어구의 성능에 좋지 못한 영향을 끼치는 수가 있으나 땋은 그물실은 꼬임이 크게 요구되는 어구에 사용하며, 제2단계까지는 꼰 그물실과 같으나 제3단계 실은 꼬지 않고 땋아서 만드는데 보통 8가닥으로 땋는다. 그래서 eight rope 또는 cross rope라고 한다.

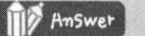 10 사 11 가 12 가

13 어구는 종류에 따라 구성 조건이 다르므로, 그물실에 요구되는 조건도 그 어구에만 특히 요구되는 것이 있다. 다음 그물실의 구비 조건에 대한 설명 중 내용이 바르지 못한 것은?

가. 저인망에서는 마찰저항은 크고, 유연성은 작은 것이 좋다.
나. 선망은 비중과 마찰저항이 큰 것이 좋다.
사. 유자망에서는 유연성이 큰 것이 좋다.
아. 주낙에서는 유연성은 크고, 비중과 마찰저항이 작은 것이 좋다.

해설 주낙에 사용하는 로프는 비중이 크고, 파단력도 커야 되며, 조류에 대한 저항은 작아야 한다.

14 다음 어구 재료 중 동일한 재료로만 구성된 것은?

가. 혼연 로프
나. 연심 로프
사. 포연 로프
아. Monofilament

해설
• 혼연 로프 : 서로 다른 종류의 섬유를 두 가지 이상 꼬아서 만든 로프
• 연심 로프 : 로프에 납으로 된 심을 넣음으로써 줄의 무게를 크게 하여, 침강력이 높도록 만든 로프
• 포연 로프 : 가닥 중심부에 어떤 섬유의 얀(yarn)을 넣고 그 주위를 다른 종류의 얀으로 둘러싸서 꼰 로프로 마찰에 강하다.

15 혼연 그물실의 설명이 맞게 된 것은?

가. 씨줄 사이로 날줄을 통과시켜서 꼰 것이다.
나. 서로 다른 두 종류의 섬유 홑실들을 합쳐 꼰 것이다.
사. 다양한 두께의 홑실을 꼬아서 이룬 그물실이다.
아. 홑실과 겹실의 꼬임을 달리 하여 구성한 그물실이다.

16 매듭 그물감에 비하여 매듭 없는 그물감이 가지는 장단점에 대하여 올바르게 설명한 것은?

가. 재료가 많이 든다.
나. 수선하기가 힘들다.
사. 물의 저항이 크다.
아. 1개의 발 파단시 그 이웃에 있는 매듭이 잘 안 풀린다.

Answer 13 아 14 아 15 나 16 나

해설 매듭이 없는 그물감은 어느 것이나 재료가 적게 들고, 물의 저항이 작은 장점이 있으나, 1개의 발 파단시는 그 이웃에 있는 매듭 해당 부분이 잘 풀리고, 수선하기가 힘들다는 단점이 있다.

17 망어구 구성시 망지의 면적이 최대가 되는 성형률(H)은 얼마인가?

가. H = 29.3%   나. H = 30.0%
사. H = 60.7%   아. H = 70.7%

해설 성형률이 약 70%, 주름률은 약 30%일 때 그물코의 넓이가 최대가 된다.

18 와이어 로프의 항장력을 올바르게 표현하는 식은? (T는 항장력(ton), d는 지름(mm), k는 비례상수이다.)

가. $T = kd$ 나. $T = kd^2$
사. $T = kd^3$ 아. $T = d/k$

19 구조가 같은 경우에 그물실의 항장력이 달라지는 이유가 아닌 것은?

가. 꼬임의 정도   나. 풍속
사. 온도   아. 습기를 머금은 정도

20 어구를 설계하고 구성할 때에, 사용되는 각종 재료들의 안전계수(재료 강도 / 사용하중)를 결정하는 데 고려해야 하는 사항들을 올바르게 나타낸 것은?

가. 작용 하중의 종류, 사용조건 및 환경의 변화, 파괴로 인해 초래되는 결과
나. 재료의 부식 또는 변질의 정도, 재료의 균일성, 작업원의 근력
사. 파괴로 인해 초래되는 결과, 선장의 취향, 자연 현상의 영향
아. 사용조건 및 환경의 변화, 하중의 작용 형태, 재료의 희귀성

21 현장에서 어구 재료의 사용 한계를 판정할 수 있는 사항이 아닌 것은?

가. 파단 사고의 발생 정도   나. 일시적 길이의 변화
사. 사용 기간   아. 마모의 정도

Answer 17 아 18 나 19 나 20 가 21 나

22 그물어구에 많이 쓰이는 다음의 U자형 섀클 중에 그 사용 용도가 서로 맞지 않는 것은?
    가. 사각핀 섀클(square head shackle) - 그물감이 부착되지 않는 곳의 밧줄 연결
    나. 함입형 섀클(endless shackle) - 그물감에 부착하는 뜸줄, 힘줄 등의 연결
    사. 구멍핀 섀클(eye bolt shackle) - 그물감 연결
    아. 부착형 섀클(attaching shackle) - 밧줄의 일시적 고정

23 Rope를 R, Strand를 S, Yarn을 Y라 할 때, 제조되는 순서가 바르게 된 것은?
    가. R → S → F
    나. Y → S → R
    사. S → Y → R
    아. Y → R → S

24 두 장의 그물감을 연결과 분리가 용이하도록 단순하게 얽어매는 방법을 무엇이라 하는가?
    가. 마함
    나. 항치기
    사. 덧감기
    아. 동대기

    해설
    • 마함 : 그물감의 가장자리를 보강하는 것
    • 항치기 : 두 장의 그물감을 단순하게 얽어매는 것으로 연결과 분리가 용이하다.
    • 덧감기 : 로프와 그물을 직접 결착할 때 그물의 마모나 파손이 심하게 일어나므로 이를 방지하기 위해 로프 위에 가는 실로 덧 감는 것
    • 동대기 : 맞붙이는 두 그물의 사이에 그물코를 떠서 꿰매는 방법이다.

25 그물어구의 구성에 대한 아래의 설명 중 내용이 잘못된 것은?
    가. 그물어구는 단단하고 쉽게 파손되지 않고, 사용이 편리하며, 간단하고 쉽게 빨리 구성할 수 있는 반면, 분해하기 쉽도록 구성하여야 한다.
    나. 그물의 가장자리는 마함 처리를 하는데 폭 방향엔 옆마함, 길이 방향엔 끝마함을 한다.
    사. 그물어구를 구성할 때에는 그물감을 세로코로 쓸 것인지 가로코로 쓸 것인지를 결정해야 한다.
    아. 줄은 사용 전에 충분히 뻗쳐서 꼬임에 무리가 생기지 않도록 조정해야 한다.

    해설 그물감의 폭 방향의 마함은 끝마함으로, 길이 방향의 마함은 옆마함으로 한다.

Answer 22 사 23 나 24 나 25 나

26. 실을 꼬아 가면서 일정한 간격마다 서로 맞물리게 하여 짠 것으로서 주로 저인망이나 트롤에서 그물감의 저항을 줄이기 위하여 고안된 그물감을 무엇이라 하는가?

가. 엮은 그물감
나. 여자 그물감
사. 라셀(Raschel) 그물감
아. 관통 그물감

해설 매듭이 없는 그물감
- 엮은 그물감(직망지)
  모기장처럼 씨줄과 날줄을 교대로 교차시켜 가며 짠 그물로 그물코가 잘 비뚤어지므로 보통의 어구에는 잘 사용하지 않는다.
- 여자 그물감(씨날 그물감)
  씨줄과 날줄을 2가닥씩을 꼬아 가면서 일정한 간격마다 서로 엮어 그물코가 직사각형이 되게 짠 것으로 멸치 등 작은 고기를 잡는데 사용한다.
- 관통 그물감
  저인망이나 트롤에서 저항을 줄이기 위해 고안된 것으로 실을 꼬아 가면서 일정한 간격마다 서로 맞물리게 하여 짠 것
- 라셀 그물감
  일정한 굵기의 실로 뜨개질하는 형식으로 짠 것으로 물이 잘 빠지지만 파단력이 약하다.

27. 다음 중 여자 그물감의 단점은?

가. 매듭의 부피가 작다.
나. 유수 저항이 감소한다.
사. 그물코가 밀린다.
아. 작은 그물코가 가능하다.

28. 낚시줄의 규격표시로 많이 사용하는 호수는 일반적으로 길이 몇 미터에 대한 그램(g)수로서 표시되는가?

가. 10
나. 40
사. 60
아. 80

해설 낚시줄의 규격에 사용되는 호수는 원래 기준은 길이 5자(1.515m)되는 힘줄 100가닥의 무게가 몇 돈중(1돈중은 3.75g)인지로써 정하는 것인데, 이것을 환산하여 낚시 힘줄에서는 길이 40m인 실의 무게가 몇 g인지로써 몇 호라고 하고 단일 섬유에서는 원래의 기준을 데니어로 환산하면 223Td이므로 220Td를 1호로 하고 있다.

Answer 26 아 27 사 28 나

29 길이 100미터인 낚시줄(힘줄)의 무게를 달았더니 5g이었다. 이것은 호수로서는 몇 호인가?

가. 2호
나. 3호
사. 4호
아. 5호

해설 100m인 낚시줄의 무게가 5g이므로 40m는 2.5g이고 2호의 낚시줄이 된다.

30 낚시의 규격 10호라고 하는 것은 뻗친 길이가 약 몇 mm인가?

가. 10
나. 20
사. 30
아. 40

해설 낚시의 규격은 정확하게는 낚시의 형, 굵기, 길이 등으로 표시해야 하나, 시중에서 판매되는 것은 그렇게 엄밀하게 표현하지 않고 낚시의 뻗친 길이(mm)의 1/3의 숫자로 몇 호라고 나타내고 있다. 그러므로 낚시 바늘 10호는 10×3 = 30mm의 뻗친 길이가 된다.

31 그물감에 관한 가로 방향의 성형률을 A, 세로 방향의 성형률을 B라 할 때 이들 사이의 관계식은?

가. $B = \sqrt{1-A^2}$
나. $B = \sqrt{A-1}$
사. $A = \sqrt{B^2-1}$
아. $B = \sqrt{1+A}$

해설 $A^2 + B^2 = 1$ 이므로 $A = \sqrt{1-B^2}$ 가 되며, $B = \sqrt{1-A^2}$ 가 된다.

32 뻗친 그물감 10m를 6.5m의 줄에 붙였을 때 성형률은 얼마인가?

가. 35%
나. 40%
사. 65%
아. 100%

해설 성형률$(H) = \dfrac{b}{a}$ [a: 그물감의 뻗친 길이, b: 줄의 길이]

성형률$(H) = \dfrac{6.5}{10} = 65\%$

33 직사각형의 망 어구를 구성할 때, 가로 방향의 성형률을 70%로 했다면 세로 방향에는 몇 %의 성형률로 구성하면 그물이 고루 펴지겠는가?

가. 약 50%
나. 약 60%
사. 약 70%
아. 약 80%

Answer 29 가 30 사 31 가 32 사 33 사

해설 세로 방향의 성형률 = $\sqrt{1-(\text{가로방향의 성형률})^2}$ = $\sqrt{1-(0.7)^2}$ = $\sqrt{0.51}$ = 0.71

34 그물감의 사단 방법 중 세로 방향으로 두 개의 발을 함께 끊는 것은?

가. Mesh cut
나. Point cut
사. Bar cut
아. Fly cut

해설
- 포인트(Point ; p) : 세로로 2개의 발을 끊는 것
- 메시(Mesh ; m) : 가로로 2개의 발을 끊는 것
- 바(Bar ; b) : 방향에 관계없이 1개의 발만 끊는 것

35 그물감(망지)에서 2 : 1의 감목비가 되는 사단 방법은?

가. all bar
나. 1p2b
사. 1p1b
아. 1p4b

해설 p를 한번 하면 세로 방향으로만 1코 진행하고, b를 한번 하면 가로, 세로로 각각 반 코씩 진행한다. 따라서 1p2b로 사단하면 세로로 2코, 가로로 1코 진행하여 2 : 1로 감목하는 것과 같은 모양이 된다. 따라서 1 : 1의 감목은 전부 b로 끊는 것과 같다.

감목	사단	감목	사단
1 : 1	전부 b	4 : 1	3p2b
2 : 1	1p2b	5 : 1	4p2b
3 : 1	2p2b	6 : 1	5p2b

36 길이 1미터의 그물실 끝에 하중을 가하여 1미터 20센티 미터로 늘어난 순간 파단되었다면 신장률은 얼마인가?

가. 10%
나. 15%
사. 20%
아. 32.4%

해설
- 신장률 = $\dfrac{\text{끊어지는 순간의 길이} - \text{원래의 길이}}{\text{원래의 길이}} \times 100$

  = $\dfrac{120-100}{100} \times 100$ = 20 %

Answer 34 나 35 나 36 사

37. 그물코의 크기가 7cm인 그물감을 60%의 성형률로 210cm 되는 뜸줄에 매달고자 할 때, 몇 코의 그물감이 필요한가?

가. 40코
나. 50코
사. 60코
아. 70코

해설 성형률이 0.6이므로 그물감의 길이 = 210cm ÷ 0.6 = 350cm
그러므로 소요 코수 = 350mm ÷ 7cm = 50코

38. 10절 망지의 망목의 크기는 몇 mm인가?

가. 30.0mm
나. 30.3mm
사. 33.7mm
아. 37.8mm

해설 그물감코와 그물감의 규격을 나타내는 것 중 일정한 길이 안의 매듭의 수나 발의 수로 표시하는 방법은 보통 그물감은 15.15cm(5치) 안의 매듭의 열의 수로, 새끼처럼 굵은 실로 짠 코가 큰 그물감은 151.5cm(5자) 안의 매듭의 열의 수로 몇 절이라 한다.

▶ 망목의 크기(mm) = $\dfrac{303}{절수-1}$ = $\dfrac{303}{10-1}$ = $\dfrac{303}{9}$ ≒ 33.7mm

39. 데니어 법(Td)을 올바르게 설명한 것은?

가. 무게 1,000그램이 되는 올의 길이가 1,000미터의 몇 배인가로 표시
나. 453.6그램이 되는 올의 길이가 768.1미터의 몇 배인가로 표시
사. 9,000미터가 되는 올의 무게가 몇 그램인가로 표시
아. 453.6그램이 되는 올의 길이가 274.3미터의 몇 배인가로 표시

해설 그물실의 규격에서 굵기를 표시하는 방법에는 가는 것은 지름을 재어 표시하기가 곤란하므로 길이와 무게와의 관계로써 간접적으로 표시하는 방법이 사용되어 왔다. 합성섬유에는 데니어식과 텍스식이 주로 사용되며, 낚시줄이나 단일 섬유에는 호수식이 사용되고 있다.

- 데이어(denier)식
  본래는 길이 450m인 실의 무게가 0.05b의 몇 배인가로 표시하는 것인데 이것은 매우 복잡하므로 각각의 기준을 20배하여 길이의 기준은 9000m, 무게의 기준은 1g으로 한다. 즉 9000m의 실의 무게가 100g이면 100데니어, 200g이면 200데니어이다.
  기호는 종래에는 주로 D를 써 왔으나, 국제적으로 Td를 쓰도록 되어 있다.
- 텍스(tex)식
  길이 1000m인 실의 무게가 몇 g인지로써 나타내는 것

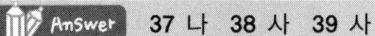

Answer 37 나 38 사 39 사

40
길이 10m 홑실의 무게를 천평으로 달아보니 3.52g이었다. 이 홑실은 몇 Tex인가?

가. 3.52Tex
나. 0.35Tex
사. 35.2Tex
아. 352Tex

해설 10m가 3.52g이므로 1000m는 352g이 되며 이것은 352Tex가 된다.

41
트롤 그물감의 설계 도면을 작성할 때 기준이 되는 것은?

가. 길이-뼈대줄의 길이, 폭-그물감의 뻗친 길이의 절반
나. 길이-뜸줄의 길이, 폭-그물감의 뻗친 길이
사. 길이-그물감의 뻗친 길이, 폭-그물감의 뻗친 길이의 절반
아. 길이-그물감의 뻗친 길이, 폭-뜸줄의 길이

42
다음 로프 중 동일한 재료로 구성된 것은?

가. 혼연 로프
나. 연심 로프
사. 포연 로프
아. 땋은 로프

43
걸 그물의 그물실로서 가장 크게 요구되는 성질은?

가. 비중이 작을 것
나. 마찰에 잘 견딜 것
사. 유연할 것
아. 강인할 것

44
그물실이 갖추어야 할 요건으로서 잘못된 것은?

가. 항장력이 작을 것
나. 어구의 성질에 알맞은 유연성이 있을 것
사. 물의 저항이 작을 것
아. 어구의 특성에 알맞은 비중을 가질 것

45
낚싯줄의 꼬임을 방지하기 위해 사용되는 것은

가. strand
나. swivel
사. shackle
아. clip

Answer 40 아 41 사 42 아 43 사 44 가 45 나

46 합성섬유로 만든 그물감에서 참매듭이 사용되지 않는 가장 큰 이유는?

가. 매듭 강도가 약하다.
나. 매듭의 마모가 크다.
사. 매듭이 잘 밀린다.
아. 매듭에 소요되는 그물실이 많다.

> **해설** 참매듭은 매듭이 잘 미끄러지므로 현재는 잘 쓰이지 않고, 막매듭은 잘 미끄러지지 않으나 매듭이 커서 물의 저항이 다소 크고, 강도의 저하 또는 마모가 심하다는 결점이 있다.

Answer 46 사

2. 어구 · 어법

01 다랑어 주낙 어선에서 투승작업이 이루어지는 곳은?
　가. 선미　　　　　　　　　　나. 선수
　사. 우현 선수　　　　　　　　아. 선체 중앙부

02 어로 장비가 윈치드럼, 줄 롤러, 선미롤러, 선미데릭, 포스트, 와이어 바퀴, 끌 멍에 등으로 구성된 어법은
　가. 권현망　　　　　　　　　　나. 통발
　사. 연승　　　　　　　　　　　아. 기선 저인망

03 어초가 어류의 생태에 기여하는 역할이 아닌 것은?
　가. 집 또는 집합소　　　　　　나. 산란장
　사. 먹이 생물의 생산장　　　　아. 조경의 조성

04 강제 함정 어구류 중에서 어구의 설치 위치를 가장 쉽게 이동할 수 있는 것은?
　가. 죽방렴　　　　　　　　　　나. 안강망
　사. 주목망　　　　　　　　　　아. 소대망

05 트롤 어구의 투망 도중 그물의 투입이 끝나고 후릿줄을 투입하기 전에 잠시 어구투입을 멈춘다. 그 이유는?
　가. 고삐줄 연결을 위해　　　　나. 그물의 전개상태 점검을 위해
　사. 후릿줄 연결을 위해　　　　아. 전개판 연결을 위해

06 개량 안강망의 그물을 구성하는 각 부분에서 그물의 전개에 가장 중요한 부분은 무엇인가?
　가. 범포　　　　　　　　　　　나. 등판
　사. 밑판　　　　　　　　　　　아. 뜸과 발돌

Answer　01 가　02 아　03 아　04 나　05 나　06 가

07 다음 중 해수유동이 어획에 미치는 영향을 틀리게 설명한 것은?
   - 가. 해류는 회유성 어업생물의 회유로가 된다.
   - 나. 해류는 알과 치자어의 수송에 관여하여 어업의 재생산에 영향을 미친다.
   - 사. 용승류에 의해 저층의 해수가 표면부근까지 올라오는 해역은 어업 생산력이 낮다.
   - 아. 침강류에 의한 수렴역에서는 대체로 어업 생산력이 높다.

08 다음 어구 중 우리나라 동해안에서 꽁치를 주 대상으로 하며 조업 중 순대말이를 주의해야 하는 어구는?
   - 가. 봉수망
   - 나. 유자망
   - 사. 저인망
   - 아. 건착망

09 끌줄(Warp)과 가장 관련이 있는 것은?
   - 가. Slip hook
   - 나. Warp ring
   - 사. Wire clip
   - 아. Delta jointer

10 멸치 권현망 어업의 선단에 속하지 않는 어선은?
   - 가. 가공선
   - 나. 망선
   - 사. 집어선
   - 아. 어탐선

11 오징어 자동 조획기에서 낚싯줄을 감는 자새가 타원형으로 되어 있는 이유는 무엇인가?
   - 가. 줄을 많이 감기 위하여
   - 나. 수중에서는 낚시에 움직임의 변화를 주고, 갑판에서는 오징어를 튕겨 빼내기 위해
   - 사. 감는 속도를 균일하게 하기 위해
   - 아. 자동조획기의 기어를 보호하기 위해

12 대조시를 전후한 약 10일간이 주 조업 시기로서 투양망시 어구의 무게와 조류에 의해 전복의 위험성이 높은 어법은?
   - 가. 유자망
   - 나. 안강망
   - 사. 저인망
   - 아. 건착망

Answer 07 사 08 나 09 나 10 사 11 나 12 나

13 해양 생물의 생태계 파괴를 유발시키는 원인으로 볼 수 없는 것은?

가. 유기 물질에 의한 오염   나. 부영양화 현상과 적조
사. 유류에 의한 오염   아. 태풍

14 어류의 일주기 연직운동에 대하여 바르게 설명한 것은?

가. 빛 강도는 일주 변화와는 관계가 적다.
나. 조류에 의해서는 일어나지 않는다.
사. 대부분의 표영성 어류는 일몰되기 전에 군을 형성하여 표층까지 떠오른다.
아. 대부분의 어류는 일출 이후에는 수온약층의 상부에서 유영한다.

15 예망중에 트롤 어구의 전개판을 안정되게 하고, 전개판과 후릿줄을 연결하는 줄은?

가. 멍에   나. 고삐줄
사. 꼬리줄   아. 갓다리

16 해묘와 같은 유체 저항이 큰 물체가 보조 어구로서 사용되는 어업은?

가. 고등어 선망   나. 기선 권현망
사. 오징어 채낚기   아. 다랑어 주낙

> **해설** 해묘(Sea anchor)는 선박을 바람이나 조류의 방향으로 선수를 세우기 위한 것

17 선망에서 어포부의 망사의 굵기는 몸그물과 비교해서 일반적으로 어떠한가?

가. 가늘다.   나. 굵다.
사. 같다.   아. 상관없다.

18 어류의 분포에 큰 영향을 미치며, 오징어 채낚기 어선에서 어장 탐색을 할 때 지표로서 많이 쓰이는 해양 요소는?

가. 염분   나. 수온
사. 투명도   아. 비중

 Answer 13 아 14 사 15 사 16 사 17 나 18 나

19 트롤 어구의 분리식 전개판에서 갓다리가 하는 역할은?
   가. 전개판이 원활하게 끌려가게 하는 일
   나. 전개판의 꼬릿줄과 후릿줄을 연결하는 일
   사. 끌줄과 전개판을 연결하는 일
   아. 양망 시에 전개판을 분리한 후 후릿줄과 끌줄을 연결하는 일

20 어구설계 도면을 작성할 때 건착망은 어구의 크기를 어떻게 표시하는가?
   가. 뜸줄의 길이로
   나. 길이는 뜸줄의 길이로, 깊이는 망목의 뻗친 길이로
   사. 뜸줄의 길이의 절반으로
   아. 망목의 뻗친 길이의 절반과 뜸줄 길이를 원주율로 나눈 값으로

21 다음 중 1개의 자루그물과 2개의 날개그물로 되어 있으며 위 언저리에는 뜸줄이, 아래 언저리에는 발줄이 있는 어구는?
   가. 꽁치 봉수망   나. 참치 연승
   사. 멸치 기선권현망   아. 참치 선망

22 다음 중 집어등을 이용하는 어업이 아닌 것은?
   가. 꽁치 봉수망 어업   나. 오징어 채낚기 어업
   사. 멸치 권현망 어업   아. 고등어 선망 어업

23 남빙양 크릴 트롤 어업에 대한 다음의 내용 중 바르지 못한 것은?
   가. 어기는 남빙양의 해황에 따라 다소 차이가 있지만 일반적으로 11월부터 익년 3월까지이다.
   나. 크릴은 새우류의 일종으로 군을 형성하여 표층과 중층에서 서식한다.
   사. 크릴은 유영력이 약하므로 약 5~6노트로 예망한다.
   아. 크릴 중층 트롤망은 자루그물에 그물코가 작은 나일론그물과 그물코가 큰 PE그물로 된 2중망을 사용한다.
   해설 크릴은 약 2~3노트로 예망한다.

Answer 19 아 20 나 21 사 22 사 23 사

단원별 3급 항해사

24
사람의 손이 미치지 않는 곳에서 연결되어 있는 두 가닥의 밧줄을 풀어내어야 하는 경우에 사용하는 어구 구성용 부속구는?

가. 버터 플라이(Butterfly plate) 나. 슬립 훅(Slip hook)
사. 스냅(Snap) 아. 삼각 조인트(Delta jointer)

25
고등어의 생태에 관한 다음의 설명 중 옳은 것은?

가. 주광성이 강하다.
나. 냉수성 어족이다.
사. 식물성 먹이를 먹으며, 수직이동이 불가능하다.
아. 서해안에서 주로 산란한다.

26
다랑어 선망 어법의 특징에 대한 다음의 설명 중 그 내용이 잘못된 것은?

가. 다랑어 선망은 고도로 기계화, 생력화되어 18명 전후의 소수 인원으로도 조업이 가능하다.
나. 자연 상태의 어군을 그대로 포위하는 것이므로 별다른 집어 장치없이 주로 주간에 조업한다.
사. 어로 작업을 선수 갑판에서 하고, 작업 갑판과 어창은 선수 쪽에 배치하는 선형이다.
아. 어군의 발견에 커다란 영향을 끼치는 고성능 망원경과 바닷새를 감시할 수 있는 해조 레이더가 대단히 중요한 장비이다.

해설 어로 작업은 선미 갑판에서 하고, 선교와 기관실, 선원 거주 시설 등은 선수 쪽에, 작업 갑판과 어창은 선미 쪽에 배치하는 선형을 취하고 있다.

27
다음 중 강한 조류를 이용하는 어법은?

가. 유자망 나. 봉수망
사. 기선권현망 아. 안강망

28
다음 중 소극적 어법에 해당하는 것은 어느 것인가?

가. 두리그물 어법 나. 끌그물 어법
사. 덮그물 어법 아. 얽애그물 어법

해설 얽애그물 어법은 대상물을 그물코에 얽히게 하여 잡은 어법으로 그물을 설치해 놓고 얽히도록 기다리기 때문에 소극적 어법에 속한다.

Answer 24 나 25 가 26 사 27 아 28 아

29 다음 중 선망 어구에 사용되는 줄은 어느 것인가?
  가. 죔줄
  나. 후릿줄
  사. 아릿줄
  아. 갓다리

30 저인망 어구에서 길이 방향 성형률이 가장 큰 부분은?
  가. 날개
  나. 천장망
  사. 자루
  아. 끝자루

31 정치망 어구를 일정한 장소에 고정시켜 놓는데 쓰이는 것은?
  가. 멍
  나. 뜸
  사. 범포
  아. 발돌

32 외끌이 기선 저인망을 투망할 때 가장 먼저 투입하는 것은?
  가. 자루그물
  나. 부표가 달린 끌줄
  사. 후릿줄
  아. 멍엣줄

33 꽁치 유자망에서 그물의 순대말이가 생기는 원인과 관계가 없는 것은?
  가. 그물 부설중의 해황
  나. 투망 방법
  사. 그물 제작상의 오류
  아. 어군이 부딪치는 충격

34 평판형 전개판에서 꼬릿줄(otter pendant)의 결부위치를 전방으로 이동시키면 일어나는 현상은?
  가. 진행각도가 줄어든다.
  나. 진행각도가 커진다.
  사. 일반적으로 예망속력이 증가한다.
  아. 슈우가 점점 전개판의 가로방향 쪽으로 닿는다.

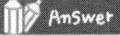
29 가 30 아 31 가 32 나 33 아 34 나

단원별 3급 항해사

35 저인망 어구에서 예망중에 망형을 유지시키고 망지가 받는 중량을 분담시키기 위하여 망지의 네모서리에 붙이는 줄은?

가. Net pendant
나. Ground rope
사. Man rope
아. Warp

36 연어, 송어류는 모천회귀 본능을 가지고 있다. 이는 무슨 회유인가?

가. 색이 회유
나. 양측 회유
사. 계절 회유
아. 산란 회유

37 트롤 조업을 할 때, 어구의 전개나 경제성 측면에서 바람을 받는 방향으로서 가장 합리적인 것은?

가. 정선수
나. 정선미
사. 좌현 선미 45°
아. 우현 선미 45°

38 정치망 어구에서 한 번 설치하면 교체하지 않고 장시간 그대로 사용하는 부분은?

가. 길 그물
나. 원통 그물
사. 헛통 그물
아. 태두리줄(그물 빼대줄)

39 다랑어 주낙 어구의 미끼로 많이 쓰이는 것은?

가. 명태
나. 갈치
사. 꽁치
아. 고등어

40 남빙양에서 크릴을 어획하는 어법은?

가. 트롤
나. 유자망
사. 봉수망
아. 선망

Answer 35 사 36 아 37 나 38 아 39 사 40 가

41 멍이 주로 사용되는 어구는?
   가. 자망   나. 안강망
   사. 낙망   아. 들망

42 우리나라 연근해 살오징어의 어획 최적 수온은 어느 정도의 범위인가?
   가. 8~12℃   나. 12~18℃
   사. 18~22℃   아. 2~6℃

43 낙망어구에서 사용되는 명칭만으로 짝지어진 것은?
   가. 헛통, 어포부, 쌈지   나. 창문, 헛통, 얽음장
   사. 길그물, 헛통, 암해   아. 비탈그물, 멀줄, 헛통

44 원양에서 다랑어를 주 대상으로 하는 주낙은?
   가. 선주낙   나. 땅주낙
   사. 뜬주낙   아. 저층주낙

45 다음 중 어구의 입구에 일정한 틀을 갖춘 것은?
   가. 오터 트롤   나. 빔 트롤
   사. 기선 저인망   아. 점보 트롤

46 고등어의 생태 습성에 대한 설명을 잘못 표현한 것은?
   가. 저층성 어족으로 야간 활동이 둔하다.
   나. 주광성이 강하다.
   사. 난류성, 연안성 어족이다.
   아. 군유성, 회유성 어족이다.
   해설 고등어는 표증과 중층을 군집하여 회유하며, 야간에 활발히 유영한다.

Answer 41 사 42 나 43 아 44 사 45 나 46 가

47 다음 중 어법과 대상물이 옳게 짝지어진 것은?
  가. 선망 – 오징어
  나. 권현망 – 멸치
  사. 유자망 – 넙치
  아. 저인망 – 다랑어

48 만곡형 전개판의 만곡률(彎曲率)은?
  가. 6%
  나. 12%
  사. 18%
  아. 24%

49 다랑어 주낙에서 쇠줄로 구성된 부분은?
  가. 모릿줄
  나. 웃아리줄
  사. 중간아리줄
  아. 뜸줄

50 다음 중 선망 어구에만 사용되는 부속구는?
  가. 죔고리
  나. 보빈
  사. 체인
  아. 샤클

51 전개판의 최대 유효 진행각도가 작으면서 전개력이 가장 큰 전개판은?
  가. 평판형
  나. 타원형
  사. 만곡형
  아. 정조식 평판형

52 다음 어구 중 그물의 유연성이 가장 많이 요구되는 것은?
  가. 정치망
  나. 안강망
  사. 건착망
  아. 자망

Answer 47 나 48 가 49 사 50 가 51 사 52 아

53 불빛에 잘 모이는 주광성 어종끼리 짝 지워진 것은?
- 가. 정어리, 숭어, 도미, 농어
- 나. 고등어, 전어, 방어, 노래미
- 사. 꽁치, 멸치, 고등어, 오징어
- 아. 청어, 조기, 갈치, 복어

54 다음 중 적극적 어법에 속하지 않는 것은?
- 가. 정치망 어법
- 나. 예망 어법
- 사. 덮그물 어법
- 아. 후릿그물 어법

55 다음 중 그물실의 유연성이 큰 그물감을 필요로 하는 어구는?
- 가. 정치망
- 나. 낭장망
- 사. 안강망
- 아. 유자망

56 다음 그물 중 마모량이 제일 큰 것은?
- 가. 정치망
- 나. 건착망
- 사. 저인망
- 아. 봉수망

57 다음 중 얽애 그물로서는 조업이 곤란한 해저가 거친 해역에서 게를 어획하기에 가장 알맞는 어구는?
- 가. 낚시 어구
- 나. 초망 어구
- 사. 통발 어구
- 아. 자망 어구

58 멸치의 생태 습성에 대하여 잘못 설명한 것은?
- 가. 연안성, 난해성
- 나. 표층성, 중층성으로 등쪽이 푸르다.
- 사. 동일 어장에서 이기기 짧다.
- 아. 떼를 지어 이동하는 군유성이다.

> **해설** 서식수온은 범위가 아주 넓어 8~30℃ 정도로 남해안에서는 거의 연중 어획되고 있으며, 가장 많이 어획되는 최적 수온은 13~23℃ 정도이다.

Answer 53 사 54 가 55 아 56 사 57 사 58 사

59 다음의 끌그물 중에서 자루 그물에 비해 날개와 섶 그물의 길이 비가 매우 큰 것은?
가. 기선 저인망
나. 기선 권현망
사. 표층 트롤
아. 저층 트롤

60 권현망에서 자루에 들어간 멸치가 되돌아 나오는 것을 방지하기 위한 구성부는?
가. 오비기
나. 깔대기
사. 문턱
아. 수비

61 안강망 어장으로 가장 적합한 해저의 저질은?
가. 모래
나. 자갈
사. 바위
아. 펄

62 서해구를 대표하는 어족끼리 짝 지워진 것은?
가. 전갱이, 숭어, 장어, 멸치
나. 부세, 달강어, 갈치, 삼치
사. 멸치, 도미, 방어, 대구
아. 꽁치, 오징어, 방어, 도루묵

63 만곡형 전개판의 가로에 대한 세로비는?
가. 1.0~1.5
나. 1.5~2.5
사. 2.5~3.5
아. 3.5~4.5

64 범포가 부착된 개량식 안강망은 재래식 안강망의 어떤 단점을 크게 개량하였는가?
가. 전개 장치의 중량
나. 자루 그물의 크기
사. 자루 그물의 중량
아. 꼬릿줄의 중량

Answer 59 나 60 나 61 아 62 나 63 가 64 가

65 쌍끌이 기선 저인망이 트롤 그물과 다른 점은?
가. 천장이 있다. 　　나. 앞날개가 있다.
사. 날개가 있다. 　　아. 후릿줄이 있다.

66 라디오 부이, 전파 반사체 등이 매우 유효한 부속 어구로서 사용되는 어업은?
가. 저인망 어업 　　나. 트롤 어업
사. 연승 어업 　　아. 선망 어업

67 다음 어구 중 양승기를 사용해야 하는 것은?
가. 유자망 　　나. 선망
사. 정치망 　　아. 다랑어 주낙

68 주로 가짜 미끼를 사용하는 낚시 어구는?
가. 대낚시 　　나. 설낚시
사. 봉낚시 　　아. 끌낚시

69 다음 중 우리나라에서 선망에 의해 가장 많이 어획되는 어종은 어느 것인가?
가. 고등어, 정어리 　　나. 전갱이, 조기
사. 멸치, 대구 　　아. 갈치, 오징어

70 고등어, 정어리, 쥐치 등을 일시에 대량 어획하는 어법은?
가. 주낙 어법 　　나. 자망 어법
사. 선망 어법 　　아. 안강망 어법

71 수온약층의 깊이 정보로 결정할 수 있는 것이 아닌 것은?
가. 주낙의 깊이 　　나. 중층 트롤의 최적 수심
사. 선망어업의 조업가능 여부 　　아. 집어등의 점등 시간

Answer 65 나 66 사 67 아 68 아 69 가 70 사 71 아

> **해설** **수온약층(Thermocline)**
> 해양의 연직 수온 분포에서 수심이 깊어짐에 따라 수온이 급격하게 낮아지는 층으로 수온약층이 발달하면 해수가 안정해져서 상·하층의 해수 교환이 잘 일어나지 않게 된다.

72 트롤 어법에 대한 설명 중 틀린 것은?

가. 전개장치가 있다.
나. 어선의 대형화에 제약이 없다.
사. 후릿그물 어법에 속한다.
아. 외끌이 기선 저인망에 비해 소해 면적이 크다.

> **해설** 트롤 어법은 끌 그물 어법에 속한다.

73 선미식 트롤선의 장비만으로 짝지어진 것은?

가. 양승기, 캡스턴, 집어등
나. 끌줄 멍에, 설용두, 데릭
사. 압착 롤러, 사이드 드럼, 파워 블록
아. 슬립 웨이, 갤로우스, 윈치

74 걸 그물의 그물실로서 특히 크게 요구되는 성질은?

가. 저 비중
나. 고 수축성
사. 고 유연성
아. 고 신장성

75 우리나라 동해안에서 방어를 어획하는데 주로 쓰이는 어법은?

가. 유자망
나. 봉수망
사. 주낙
아. 정치망

76 다랑어 주낙 어구의 부속구가 아닌 것은?

가. 뜸
나. 발돌
사. 표지기
아. 라디오 부이

 72 사 73 아 74 사 75 아 76 나

77 트롤에서 8자형 링은 어느 줄과 연결되어 있는가?

가. 끌줄
나. 발줄
사. 갯대줄
아. 후릿줄

78 다음 중 주낙의 어획 대상이 아닌 어종은?

가. 복어
나. 돔
사. 명태
아. 멸치

79 선망어업에서 조류계의 정보를 이용하여 활용할 수 있는 것이 아닌 것은?

가. 목적하는 망 형상의 형성
나. 그물자락의 떠밀림 예방
사. 양망시간의 예측 및 결정
아. 정조의 예측

80 해양에 있어서의 어업생물의 적수온에 대하여 틀리게 설명한 것은?

가. 어종마다 다른 적수온대를 가진다.
나. 동일종이라도 발육단계에 따라 적수온 범위가 다르다.
사. 동일종이라도 생활주기에 따라 적수온 범위가 다르다.
아. 일반적으로 연안역에는 협온성 어류가 많이 분포한다.

81 트롤에서 예망중 앞바람을 강하게 받을 때 어획이 좋지 않은 이유는?

가. 예망 속도의 증가
나. 소해 면적의 증가
사. 망고이 상하 운동의 심화
아. 단위 시간당 예망 거리 확대

Answer 77 아 78 아 79 사 80 아 81 사

82. 중층 자망에서 어구의 총 부력과 총 침강력의 관계를 옳게 나타낸 것은?

가. 총 부력 > 총 침강력
나. 총 부력 = 총 침강력
사. 총 부력 < 총 침강력
아. 일정치 않다.

해설 표증, 중층, 저층의 각 자망(걸그물)의 기본적인 차이는 뜸의 부력과 발돌의 침강력의 상대적 크기에 있다. 즉, 부력이 침강력보다 크면 뜸줄이 수면에 떠서 표층 자망이 되고, 반대로 부력이 침강력보다 작으면 발돌이 해저에 닿아서 저층 자망이 되며, 중층 자망은 부력이 침강력보다 크다. 그러나 바로 그물의 위 언저리에 뜸을 전부 달지 않고, 그물의 위 언저리에는 그물감을 고루 펼쳐 줄만큼 적은 양의 뜸을 배치하고, 부표줄이나 뜸 연결줄에는 큰 뜸을 달아서 그물의 위 언저리가 이 줄의 길이만큼 수면 아래에 있도록 한 것이다.

Answer 82 가

3. 어업기기

01 어업기기의 분류 중 계측기류에 속하는 것은?

가. 양승기
나. 자동조상기
사. 어군탐지기
아. 양망기

해설 어업기기중 계측기는 수중정보를 수집하는데 사용하며 그 종류로는 어군탐지기, 소나, 네트 리코드, 네트 존데 등이 있다.

어업기기의 분류
㉠ 수중 정보 수집에 쓰이는 것 : 어군탐지기, 소나, 네트 리코드, 네트 존데
㉡ 어구 조작에 쓰이는 것 : 각종 권양기, 양승기, 양망기, 트롤 윈치, 쯤쯜 윈치
㉢ 어획에 직접 쓰이는 것 : 오징어 자동조상기, 가다랑어 자동조상기
㉣ 어획 보조에 쓰이는 것 : 집어등, 해묘, 가다랑어 어선의 살수 장치
㉤ 어획물 처리 및 이송에 쓰이는 것 : 어체 선별기, 컨베이어 시스템, 고기 펌프

02 다음 중 보조 어구에 해당하는 것은 어느 것인가?

가. 양망기
나. 어군탐지기
사. 윈치
아. 낚시 어구

해설 좁은 의미의 어업기기의 분류는 정보수집기기(계측기)와 조작기계로 나누는데 어군탐지기는 계측기에 속한다.

03 어업기기의 분류 중 기계류에 속하는 것은?

가. 양망기
나. 망심계
사. 무선 부표
아. 수중수상기

04 다음 중 전파를 이용한 어업기기는 어느 것인가?

가. 어군탐지기
나. 망고계
사. 네트 존데
아. 무선 부표

해설 어군탐지기, 망고계, 네트 존데 등은 초음파를 이용하나 무선 부표(라디오 부이)는 전파를 이용한다.

Answer 01 사 02 나 03 가 04 아

05 다음 어업기기 중 초음파를 사용하지 않는 것은?
   가. 네트 존데				나. 피싱 소나
   사. 네트 리코더			아. 라디오 부이
   해설 네트 존데, 피싱 소나, 네트 리코더는 초음파를 이용하나 라디오 부이는 전파를 이용한다.

06 다음 중 참치 연승 어업에 이용되는 어로 기기는?
   가. 양망기				나. 네트 리코더
   사. 음향측심의			아. 양승기
   해설
   • 양승기 : 주로 주낙과 같은 긴 줄을 감아 올리는데 사용하는 기계
   • 양망기 : 그물을 올리는데 사용하는 기기

07 어로 기기가 구비해야 할 조건을 틀리게 설명한 것은?
   가. 견고하고 동하중에 대한 강도가 크고 취급운용이 간편할 것
   나. 해수에 대한 내식성이 클 것
   사. 기계류는 속도 조정이 원만하고 파손이 잘 일어나지 않을 것
   아. 내진성이 클 것

08 어로기기에 사용되는 유압유에 대하여 잘못 설명한 것은?
   가. 원유, 동식물성유가 주로 사용된다.
   나. 비압축성이고 유동성이 좋아야 한다.
   사. 열을 전달시킬 수 있어야 한다.
   아. 틈에서 새지 않을 정도의 점도가 유지되어야 한다.

09 유압기기에 대하여 틀리게 설명한 것은?
   가. 적절한 점도의 유압유를 사용한다.
   나. 유압펌프, 배관, 제어기, 액추에이터, 유압유 탱크 등으로 구성된다.
   사. 조작단에서 직선 운동은 쉽게 얻을 수 있으나 회전운동을 얻기 어렵다.
   아. 전기회로와의 조합이 간단하여 여러 가지 조작이 가능하다.

Answer 05 아 06 아 07 사 08 가 09 사

10 유압 펌프를 시동할 때에 주의해야 할 사항이 아닌 것은?

  가. 찬 펌프에는 더운 기름을 사용하여 시동해 주어야 한다.
  나. 신품의 vain pump는 순화운전을 해야 한다.
  사. 유량의 상태를 확인해야 한다.
  아. 시동 전에 회전 상태를 검사하여 회전방향과 작동위치를 정확히 한다.

11 다음 중 다랑어 주낙에서 모릿줄의 장력 급상승에 대응하기에 부적합한 동력전달 방식은?

  가. 유체 접속방식 나. 기계적 방식
  사. 유압구동 방식 아. 전기식

12 근해대형선망의 양망장치로서 양망시에 설치 위치가 해수면에서 가장 높은 것은?

  가. 죔줄 원치 나. 파워 블록
  사. V자형 양망기 아. 파워 롤러

13 직류 직권전동기가 부하 변동이 심하고 큰 기동 토크가 요구되는 기기에 주로 사용되는 이유를 바르게 설명한 것은?

  가. 토크가 증가하면 속도가 저하하여 어떤 범위 내에서는 출력이 대체로 일정하기 때문이다.
  나. 토크가 증가하면 속도도 증가하여 출력의 자동 증감이 이루어지기 때문이다.
  시. 토크에 관계없이 일정한 속력을 얻을 수 있다.
  아. 속도에 관계없이 일정한 토크를 얻을 수 있다.

14 트롤 원치의 구동중, 구동축과 드럼이 분리되었을 때 드럼을 제동하는 방법으로 주로 쓰이는 방식은 어느 것인가?

  가. 밴드 브레이크 나. 유압 브레이크
  사. 공압 브레이크 아. 코오크 브레이크

Answer 10 가 11 나 12 나 13 가 14 가

15 다음 어로장비 중 다랑어 주낙 어선에 주로 사용되는 어로 장비는?

　가. 라디오 부이　　　　　　나. 집어등
　사. 갤로스　　　　　　　　아. 파워 블록

　해설　라디오 부이(Radio Buoy)는 연승 어법에서 어구에 설치하여 전파를 발사해주는 장치로 줄이 절단되어 유실되었을 때 무선방향탐지기로 전파의 오는 방향을 탐지하여 어구를 찾을 때 사용되는 전파를 발사하는 어로 장비

16 연승, 유자망 또는 정치망 등의 어구에 부착되어 일정한 주기로 전파를 발사하여 어선에 설치된 방향탐지기로 그 위치를 알아내는 어업기기는?

　가. NET RECORDER　　　　나. RADIO BUOY
　사. ECHO SOUNDER　　　　아. DEPTH METER

　해설　NET RECORDER : 어구의 전개 상태 감시 장치
　　　　RADIO BUOY : 무선 부표
　　　　ECHO SOUNDER : 음향측심기
　　　　DEPTH METER : 수심 측심계

17 트롤 윈치를 구성하는 주요 부분 명칭이 아닌 것은?

　가. MAIN DRUM　　　　　나. BRAKE BAND
　사. SIDE ROLLER　　　　　아. WIRE LEADER

18 양승기의 권양 능력을 증대시키기 위한 방법으로서 맞지 않는 것은?

　가. 접촉각을 증가시킨다.
　나. 마찰계수를 크게 한다.
　사. 억압 롤러의 직경을 크게 한다.
　아. 억압 롤러의 억압력을 크게 한다.

　해설　양승기의 작동 원리는 줄이 현측에 설치된 유도 풀리를 거쳐 주풀리(Main pulley)에 유도되면, 유도 풀리의 반대편에 있는 억압 롤러(누름 롤러)가 주풀리의 홈에 끼여 줄을 눌러줌으로써 주풀리와 줄 사이에 마찰이 일어나고, 이 마찰력에 의해 줄이 자동적으로 끌려 올라오게 된다. 양승기의 권양 능력을 증대시키기 위해서는 주풀리와 줄의 마찰 계수가 클수록, 또 억압 롤러의 억압력이 클수록, 또 줄이 주풀리를 둘러싸는 중심각이 클수록(직경이 클수록) 커진다.

Answer　15 가　16 나　17 사　18 사

19 선미식 트롤선의 어로설비만으로 짝지어진 것은?

  가. 양승기, 캡스턴, 집어등
  나. 끌줄 멍에, 설용두, 사이드 드럼
  사. 압착 롤러, 사이드 드럼, 트롤윈치
  아. 슬립웨이, 갤로스, 트롤윈치

20 트롤 윈치의 구동 방식으로 가장 많이 쓰이고 있으며 순간적인 과부하에 동력원이 쉽게 차단되지 않는 장점을 가진 것은?

  가. 주기 전도식　　　　　　나. 증기식
  사. 전동식　　　　　　　　아. 유압식

21 다음 중 어군탐지기로서 파악하기가 가장 어려운 것은?

  가. 해저 지형　　　　　　　나. 어군의 유영층
  사. 해저의 저질　　　　　　아. 어종

  [해설] 어군탐지기는 음파 중 28~200kHz대의 초음파를 이용하여 해저의 형태나 깊이, 어군이 존재하는 위치, 어군의 크기 및 어류의 체장 등에 관한 정보를 얻는 장치이다.
  ▶ 어군은 알 수 있으나 어군의 종류(어종)는 정확히 파악하기 어렵다.

22 해수중에서 음속의 변화에 크게 영향을 주는 세 가지 요인은?

  가. 수온, 염분, 해류　　　　나. 수온, 염분, 수압
  사. 수온, 수압, 투명도　　　아. 수온, 투명도, 해류

23 다음 중 수평 어탐의 종류가 아닌 것은?

  가. PPI Sonar　　　　　　나. BDI Sonar
  사. 주파수 변이 어탐　　　　아. 전파 주사 어탐

24 네트 리코더(음파 원격 어탐 : Net recorder)로 알 수 없는 것은 무엇인가?

  가. 어군의 종류　　　　　　나. 해저의 상태

Answer　19 아　20 아　21 아　22 나　23 아　24 가

사. 어군의 입망 동태　　　　　　아. 어구의 전개 상태

해설　네트 리코더(Net recorder)
저층 트롤에 있어서 해저의 상태, 어구의 전개 상태, 어군의 입망 동태 등을 정확히 파악하기 위하여 초음파를 이용한 어구의 전개 상태 감시 장치

25 어군탐지기에서 방향 분해능을 결정하는 가장 큰 요인은?

가. 송수파기의 변환 특성　　　　나. 송수파기의 지향각
사. 송수파기의 증폭 특성　　　　아. 송수파기의 성질

해설　방향 분해능은 지향각이 좁을수록 좋아지며, 거리 분해능은 펄스 폭이 짧을수록 좋아진다.

26 어탐의 초음파 펄스 폭이 1/750초라면 이 어탐의 거리분해능은 몇 m 정도인가?

가. 1m　　　　　　　　　　　나. 1.5m
사. 2m　　　　　　　　　　　아. 3m

해설　초음파의 전달속도는 1,500m/sec, 거리분해능은 펄스 폭의 1/2이다.
∴ (1,500 × 1/750) ÷ 2 = 1m

27 트롤 어구의 수심과 망고, 수온과 어군 동태에 관한 정보를 얻을 수 있는 어로 장비는?

가. 네트 리코더(Net recorder)　　　나. 슬립 웨이(Slip way)
사. 트롤 포스트(Trawl post)　　　아. 갤로스(Gallows)

28 어군탐지기의 분해능을 바르게 설명한 것은?

가. 레이더와 달리 방위분해능이 없다.
나. 펄스 폭이 짧을수록 거리분해능은 나빠진다.
사. 지향각이 좁을수록 거리분해능은 나빠진다.
아. 동일 지향각을 갖더라도 저주파용 송·수파기는 고주파용보다 방사면의 면적이 크다.

해설　가. 어군탐지기에는 방위분해능과 거리분해능이 있다.
　　　나. 펄스 폭이 짧을수록 거리분해능은 좋아진다.
　　　사. 지향각이 좁을수록 거리분해능이 좋아진다.

Answer　25 나　26 가　27 가　28 아

29 발신 주파수가 높으면 어군탐지기의 성능은 어떻게 달라지는가?

　가. 거리분해능이 좋다.　　　나. 탐지거리가 크다.
　사. 탐지범위가 넓어진다.　　아. 감쇠가 적고 반사 강도는 크다.

　해설 주파수가 높을수록(파장이 짧을수록) 전파 전달 거리는 감소하며, 주파수가 낮은 음파가 해수에 대한 침투력이 강하므로 깊은 수심을 측정하려면 낮은 주파수를 사용하며, 주파수가 높을수록 감쇠와 투과 손실이 크다. 한편 주파수가 높을수록 지향성이 예리한 빔을 만들 수 있으므로 거리분해능은 좋아진다.
　▶ 얕은 바다를 고속으로 항주하는 선박은 높은 주파수가 좋다.

30 어군탐지기의 송수파기 설치 위치 중 기포 발생 정도가 가장 적은 위치는?

　가. 선수부 용골　　　　나. 선미 현측
　사. 선수부 현측　　　　아. 선체 중앙부 용골

　해설 송수파기를 설치할 때는 수중에서 기포의 영향을 받지 않도록 해야 하는데 항주할 때, 송수파기 근처에서 기포가 발생하면, 이 기포층에 의해 초음파 에너지가 감쇠되거나 반사되어 물표의 탐지 능력이 크게 떨어진다. 그러므로 기포의 영향을 가장 적게 받는 곳에 설치하여야 하는데 보통은 선체 중앙부의 용골 옆에 설치한다.

31 어군탐지기의 송수파기 설치 방법 중 기포 발생 정도가 매우 적은 방법은?

　가. 기관실 장비식　　나. 선미 장비식
　사. 수직 승강식　　　아. 용골 장비식

32 다음 중 어구의 전개 상태 감시 장치의 종류가 아닌 것은?

　가. Net Recorder　　　나. Net Sonde
　사. Ottergraph　　　　아. Telesounder

　해설
　• 네트 리코더(Net recorder) : 저층 트롤에 있어서 해저의 상태, 어구의 전개 상태, 어군의 입망 동태 등을 정확히 파악하기 위하여 초음파를 이용한 어구의 전개 상태 감시 장치
　• 네트 존데(Net sonde) : 선망 어선에서 그물이 침강해 가는 상태를 파악하기 위한 장치
　• 전개판 감시장치(Ottergraph) : 트롤어법에서 양쪽 전개판사이의 간격을 측정하는 장치
　• 어군 원격탐지장치(Telesounder) : 어군탐지기로 탐지된 정보를 무선으로 육상이나 다른 선박에 보내어 어군의 동태를 감시하도록 하는 장치

Answer　29 가　30 아　31 아　32 아

33. 수심이 얕은 곳에서 어군탐지기에 반사파에 의한 다중 기록이 나타날 경우에 조절하는 스위치는 무엇인가?

가. 강도 조절기
나. CONTRAST
사. 감도 조절기
아. A/C SEA

34. 어군탐지기를 이용하여 다랑어와 같은 대형의 단일 개체를 탐지하여 기록한 경우이다. 내용이 잘못된 것은?

가. 개체의 수직 위로 어선이 지나가는 전후에 계속 수신된다.
나. 탐지하는 처음과 끝의 탐지거리는 연직하의 거리보다 크다.
사. 기록 강도는 양끝에서 강하고 중심부에서 약하다.
아. 그 기록 단면은 위로 볼록한 초승달과 같다.

해설 기록 강도는 중심부에서 강하고 양끝에서 약하다.

35. 다음 중 수중 음향탐지기의 최대탐지거리에 고려되어야 할 세 가지 요소에 해당되지 않는 것은?

가. 표적물의 반사 성질
나. 반사파의 발산 및 흡수 손실
사. 잔향에 의한 수신파의 소음 방해
아. 송신파의 식별차와 흡수 손실

36. 다음 중 어탐기 사용에 있어서 초음파의 반사 손실이 가장 큰 저질은 무엇인가?

가. 해조류
나. 펄
사. 모래
아. 암석

해설
- 어탐기의 반사파의 세기순
  해조류 > 펄 > 모래 > 자갈 > 바위

Answer 33 사 34 사 35 아 36 가

제04장 해사관련 국제협약(어선)

1. 토레몰리노스(Torremolinos) 협약

01 77/93 토레몰리노스 협약 의정서에 의거하여 "모든 선박은 완공될 때에 ( )을 실시하여, 경하 상태에 대한 실제의 배수량과 중심의 위치가 결정되어야 한다." ( ) 속에 들어 갈 가장 적당한 말은 어느 것인가?

가. 톤수 측정
나. 경사 시험
사. 복원성
아. 감항성

02 77/93 토레몰리노스 협약에서 국제신호서를 사용하여 통신할 수 있는 전 수량의 국기 및 신호기가 비치되어야 할 선박은 어느 것인가?

가. 길이 24미터 이상
나. 길이 45미터 이상
사. 길이 75미터 이상
아. 길이 100미터 이상

03 77/93 토레몰리노스 협약에서 말하는 "어떠한 해상 상태에서도 선내에 물이 새어들지 아니하는 것"을 무엇이라 하는가?

가. 수밀
나. 풍우밀
사. 천후밀
아. 방수밀

04 77/93 토레몰리노스 협약에서 길이 45미터 이상 신조어선의 팽창식 구명 뗏목의 구조 및 성능 요건에 관한 설명으로 틀린 것은?

가. 주 부력실은 2개 이상의 독립된 구획실로 분리되어야 한다.
나. 모든 해상 상태에서 30일 동안 폭로에 떠 있어도 견딜 수 있다.
사. 수납 용기 및 의장품을 포함하여 총중량은 185kg을 넘지 않는다.
아. 설치 및 보관 위치는 수면상 18미터 이내이다.

Answer 01 나 02 나 03 나 04 아

> **해설** 구명뗏목은 18m 높이에서 수면으로 투하되었을 때, 그의 의장품과 함께 만족하게 작동되도록 제작되어야 한다. 만약 구명뗏목의 최대경하 운항 상태에서 흘수선 상방 18m를 초과한 높이에 탑재된다면, 적어도 그 높이로부터 만족스럽게 낙하 시험을 받은 형식이어야 한다.

05 77/93 토레몰리노스 협약에 의한 검사에 합격한 선박이 교부받는 증서는?
가. 국제어선안전증서 나. 화물선안전구조증서
사. 무선설비안전증서 아. 국제어업허가증서

06 77/93 토레몰리노스 협약에서 비상 소집을 실시한 내용은 어디에 기재해야 하는가?
가. 기관 일지 나. 항해 일지
사. 훈련 일지 아. 비상 일지

07 77/93 토레몰리노스 협약에서 구명부환에 관한 설명이 맞는 것은 어느 것인가?
가. 길이 75m 미만의 선박에는 6개 이상을 비치해야 한다.
나. 모든 구명부환에는 자기점화등을 부착해야 한다.
사. 구명부환의 반수 이상에는 자기발연신호를 부착해야 한다.
아. 모든 구명부환은 항구적으로 고정되어야 한다.

08 77/93 토레몰리노스 협약에서 섭씨 750°로 가열했을 때 연소하지 않고 자연 발화하기에 충분한 양의 인화성 증기를 발생하지 않는 재료는?
가. 불연성 재료 나. 불화성 재료
사. 불인성 재료 아. 불개성 재료

09 77/93 토레몰리노스 협약에서 훈련 매뉴얼에 포함되지 않는 것은?
가. 구명조끼의 올바른 착용법
나. 생존정의 진수법
사. 해묘의 사용법
아. 해도의 사용법

Answer   05 가   06 나   07 가   08 가   09 아

10 어선원과 어선에 관한 안전규칙에서 가능하면 적어도 몇 시간을 넘지 않는 간격으로 위치 정보를 보내야 하는가?

가. 12시간 나. 24시간
사. 48시간 아. 72시간

11 77/93 토레몰리노스 협약 의정서에서 비상배치표에 명기되어야 하는 것이 아닌 것은 어느 것인가?

가. 일반 경보 신호의 상세
나. 경보 신호시 선원이 취해야 할 행동
사. 소화 장비의 배치 현황
아. 퇴선 명령이 내려지는 방법

12 77/93 토레몰리노스 협약의 소화 호스는 승인된 재료의 것이어야 하며, 사용이 요구되는 어떠한 장소에도 1줄기의 사수(射水)를 방출하기에 충분한 길이여야 하며, 그 최대 길이는 (　　)로 한다. (　　) 속에 맞는 것은?

가. 10미터 나. 20미터
사. 30미터 아. 40미터

13 77/93 토레몰리노스 협약에서 정한 비상소집 훈련에서 소화 훈련에 포함되지 않는 것은 어느 것인가?

가. 소화 펌프의 시동 나. 방화문의 작동 점검
사. 비상 통신 장치의 사용법 아. 퇴선 이후의 필요한 조치 사항 점검

14 EPIRB의 용도는 무엇인가?

가. 기상과 해황의 예보 나. 조난 선박의 수색 구조
사. 위성을 통한 상업 통신 아. 선박 보고 제도의 운용

해설 비상 위치 지시 무선표지(EPIRB ; Emergency Position Indicating Radio Beacon) 위성을 이용하여 선박이나 항공기가 조난 상태에서 생존자의 위치를 알리는 무선설비로 수색과 구조 작업시 생존자의 위치 결정을 용이하게 하도록 하는 조난신호 발신기

Answer 10 나 11 사 12 나 13 사 14 나

단원별 3급 항해사

15 어선에 있어서 「freeing port」의 역할을 옳게 설명한 것은?
  가. 화재 구역 접근 통로이다.　　나. 선체 복원력을 확보한다.
  사. 출입이 자유로운 항만이다.　　아. 선체의 진동을 경감한다.

  해설　Freeing port(방수구 = Wash port)
  　　불워크에 설치되어 물이 들어오는 것은 막고, 갑판에 고인물은 선외로 배출하는 장치

16 77/93 토레몰리노스 협약에서 퇴선훈련에 포함되지 않는 사항은?
  가. 비상소집 장소에의 선원 모집　　나. 선원의 복장 점검
  사. 구명뗏목의 투하　　아. 구명정 기관의 시동 및 기동

  해설　구명정은 3개월에 한 번 진수하나 구명뗏목은 내리지 않는다.

17 77/93 토레몰리노스 협약에서 작업 갑판상의 모든 폭로부 및 작업대가 있는 선루 갑판상에는 효과적인 불워크 또는 가드레일이 설치되어야 한다. 갑판상의 불워크 또는 가드레일의 높이는 몇 미터 이상이어야 하는가?
  가. 0.5미터　　나. 1미터
  사. 2미터　　아. 2.5미터

18 77/93 토레몰리노스 협약상 일반 경보 신호는 다음 중 어느 것인가?
  가. 7회 이상의 단음에 연이어 1회의 장음
  나. 5회 이상의 단음
  사. 7회 이상의 단음
  아. 회수의 제한 없는 연속적인 단음

19 77/93 토레몰리노스 협약에서 선미트롤 어선의 선미램프 상부에는 인접하는 불워크 또는 가드레일 높이와 비교하여 어떤 높이를 가지는 도어, 게이트 또는 망(網) 등과 같은 적당한 보호 설비가 설치되어야 하는가?
  가. 1.5배 높이　　나. 동일한 높이
  사. 보다 높은 높이　　아. 보다 낮은 높이

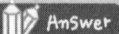 Answer　15 나　16 사　17 나　18 가　19 나

20 77/93 토레몰리노스 협약에서 구명 설비(구명정의 의장품을 포함한다)는 정상 작동이 가능한 상태를 완벽히 유지할 것을 확보하기 위하여 점검표를 사용하여 점검해야 하고, 점검 결과는 항해 일지에 기록되어야 한다. 점검은 몇 개월마다 하여야 하는가?

가. 1개월 나. 2개월
사. 3개월 아. 4개월

21 77/93 토레몰리노스 협약에서 모든 구명뗏목은 모든 해상 상태에서 며칠 동안 폭로에 떠 있어도 견딜 수 있도록 제조되어야 하는가?

가. 20일 나. 30일
사. 40일 아. 50일

22 77/93 토레몰리노스 협약에서 미끄러지지 아니하는 표면이 설치되어야 할 장소가 아닌 것은?

가. 조타실 나. 조리실
사. 사다리의 윗면 아. 기관실

23 77/93 토레몰리노스 협약에서 길이 24미터 이상의 어선에 반드시 비치하지 않아도 좋은 것은?

가. 최신 해도 나. 수로지
사. 조석표 아. 국제신호서

해설 국제신호서는 길이 45m 이상의 어선은 반드시 비치하여야 한다.

24 77/93 토레몰리노스 협약에서 모든 선박이 비치해야 하는 승인된 형식의 구명조끼의 수는 얼마인가?

가. 최대승선인원과 같은 수
나. 최대승선인원의 120%
사. 최대승선인원 초과의 수
아. 최대승선인원의 150%

Answer 20 가 21 나 22 가 23 아 24 가

25 77/93 토레몰리노스 협약에서 길이 45미터 이상 신조어선의 각 현에 적어도 1개 이상의 구명 부환에는 최소 운항 흘수선으로부터 탑재 장소까지의 높이의 2배 또는 (　)미터 중 큰 것 이상의 부양성 구명줄이 부착되어야 한다. (　)에 알맞은 것은?
　가. 18.5미터　　　　　　　　　나. 22.5미터
　사. 27.5미터　　　　　　　　　아. 30.0미터

26 어선의 안전 구조와 설비 및 성능에 관하여 규정하고 있는 국제협약은?
　가. Geneva 협약　　　　　　　나. SOLAS 협약
　사. STCW-F 협약　　　　　　아. Torremolinos 협약

27 77/93 토레몰리노스 협약과 관련성이 가장 깊은 국제협약은?
　가. STCW 협약　　　　　　　나. SOLAS 협약
　사. MARPOL 협약　　　　　　아. TONNAGE 협약

28 77/93 토레몰리노스 협약에서 "선체 중앙에서 용골선과 교차하는 수평선"은 무엇을 말하는가?
　가. 선체 중심선　　　　　　　나. 용골 교차선
　사. 기선　　　　　　　　　　아. 중앙 수평선

29 77/93 토레몰리노스 협약에서 선박은 조업예정해역의 계절적인 기후조건과 해상상태, 업종 및 조업방법 등을 고려하여 다음의 영향에 견딜 수 있어야 한다. 이 영향에 해당되지 않는 것은 어느 것인가?
　가. 격심한 바람　　　　　　　나. 갑판 유입수
　사. 격심한 횡요　　　　　　　아. 격심한 종요

30 77/93 토레몰리노스 협약 규정의 해석상 「collision bulkhead」에 관한 설명이 틀린 것은?
　가. 수밀 격벽이어야 한다.　　　나. 침수 저지 구조물이다.
　사. 선수 가까운 곳에 설치한다.　아. 충돌 방지 장치이다.

Answer　25 아　26 아　27 나　28 사　29 아　30 아

해설 collision bulkhead는 선수격벽으로 충돌시 선박을 보호하기 위하여 다른 격벽보다 강도를 25%정도 강하게 하고 선수에서 선박 길이의 1/20 뒤쪽에 설치한다.

31 77/93 토레몰리노스 협약상 길이 45미터 이상 어선에서 퇴선 훈련과 소화 훈련을 하여야 하는 주기는?

가. 매주 1회
나. 매월 1회
사. 매 2월 1회
아. 매 3월 1회

32 77/93 토레몰리노스 협약에서 어선의 복원성 및 내항성과 관련하여 고려되어야 할 조업 상태에 포함되지 않는 것은?

가. 연료, 저장물, 얼음, 어구 등을 만재하여 어장으로 출발하는 상태
나. 어획물을 만재하여 어장을 출발하는 상태
사. 어획물을 만재하고 저장물, 연료 등을 10% 적재하여 모항에 도착하는 상태
아. 최소 어획물과 저장물, 연료 등을 적재하여 모항에 도착하는 상태

33 77/93 토레몰리노스 협약과 가장 관계가 깊은 것은?

가. 수산자원의 보호와 관리
나. 선원의 근로환경 개선
사. 어선의 안전 구조와 설비
아. 해양 사고 구조의 국제협력

34 77/93 토레몰리노스 협약 의정서에서 생존정의 이용 요건으로서 가장 적합하지 않은 것은 어느 것인가?

가. 비상시 신속하게 이용할 수 있을 것
나. 신속한 취급을 방해하지 않을 것
사. 다른 생존정의 조작을 방해하지 않을 것
아. 신속하게 회수 가능할 것

35 77/93 토레몰리노스 협약에서 방수복이 제공되어야 하는 사람으로 맞는 것은?

가. 모든 선원
나. 구조정 요원
사. 모든 탑승자
아. 구명정 요원

Answer 31 나 32 아 33 사 34 아 35 나

36 77/93 토레몰리노스 협약에서 어선의 비상 경보 장치는 기적 또는 사이렌 등으로 (　) 이상의 단음에 연이어 (　)의 장음을 울리는 일반 경보 신호를 발할 수 있는 것이어야 한다. (　) 속에 적당한 말은?

가. 7회, 2회
나. 7회, 1회
사. 5회, 2회
아. 5회, 1회

37 77/93 토레몰리노스 협약에서 별도의 명문 규정이 없는 한 '선박용 항해설비 및 장치'의 적용 대상 선박은 어느 것인가?

가. 길이 24m 이상의 신조선
나. 길이 45m 이상의 현존선
사. 길이 24m 이상의 신조선 및 현존선
아. 길이 45m 이상의 신조선 및 현존선

38 77/93 토레몰리노스 협약상 어선의 길이가 75m 미만의 경우 몇 개 이상의 구명부환이 비치되어야 하는가?

가. 2
나. 4
사. 6
아. 8

해설 부명부환은 길이 이상의 어선은 8개, 75m 미만의 어선은 6개 비치하여야 한다.

39 어선원과 어선에 관한 안전 규칙에서 상어가 있는 해역에서 수중에 있는 퇴선자가 취할 적절한 행동이 아닌 것은?

가. 가능하면 정속을 유지한다.
나. 여러 명의 퇴선자가 있으면 분산한다.
사. 상어와의 접촉으로 상처가 나는 것을 피하기 위해 팔과 다리에 의복 등을 껴입는다.
아. 필요시 리드미컬하게 수영한다.

Answer 36 나 37 사 38 사 39 나

40 당사국의 국기를 게양할 자격이 있는 길이 24미터 이상의 선박 중에서 다음 중 어느 선박이 77/93 토레몰리노스 협약의 적용을 받는가?
가. 어획물 운반전용선
나. 연구 및 훈련전용선박
사. 전적으로 어류 또는 기타 해양 생물 자원의 가공선
아. 자기가 잡은 어획물을 가공하는 선박을 포함한 항양어선

41 77/93 토레몰리노스 협약에서 구명뗏목의 부양 장치에 수압 이탈 장치가 사용되는 경우에는 아래의 요건에 적합한 것이어야 한다. 맞지 않는 것은?
가. 통상 상태에서 수압실에 물이 고이는 것을 방지할 수 있는 배출구를 가질 것
나. 수압 이탈부에는 아연 도금 또는 기타 도금의 것이 사용되어야 함.
사. 파도가 수압 이탈 장치를 덮치는 경우에도 이탈되지 아니 하도록 구조될 것
아. 제조 일자, 형식 및 제조 번호가 표시된 서류 및 증명판을 갖출 것

42 77/93 토레몰리노스 협약에서 어창이 어로 작업중 개방하여 두거나 또는 신속히 폐쇄할 수 없는 창구를 통하여 점진적인 침수를 일으키는 경사각은 (　) 이상이어야 한다. (　) 안에 적합한 것은?
가. 5°　　　　　　　　　　나. 20°
사. 15°　　　　　　　　　아. 25°

43 77/93 토레몰리노스 협약에서 구명 설비의 월간 점검에 해당하는 것은?
가. 모든 생존정, 구조정 및 진수 설비가 사용 준비 상태에 있는가를 확보하기 위한 육안 점검
나. 점검표를 사용한 구명정의 의장품 점검
사. 구명정 및 구조정의 모든 기관에 대한 3분 이상의 전후진 시험, 다만, 주위 온도가 기관 시동에 필요한 최저 온도 이상인 경우에 한한다.
아. 비상 경보 장치의 시험

Answer　40 아　41 나　42 나　43 나

44 77/93 토레몰리노스 협약의 국제어선안전증서 효력이 상실되는 경우가 아닌 것은?
  가. 규칙에 규정된 기간 내에 관련 검사가 완료되지 아니한 경우
  나. 규칙에 따라 증서가 이서되지 아니한 경우
  사. 선박의 양도에 의해 기국이 변경되는 경우
  아. 선박의 양도에 의해 선주가 변경되는 경우

45 77/93 토레몰리노스 협약에서 생존정은 이용에 있어서 다음과 같은 요건에 적합한 것이어야 한다. 맞지 않는 것은?
  가. 비상시 신속하게 이용할 수 있을 것
  나. 신속한 취급을 방해하지 아니할 것
  사. 생존정은 5°의 종경사 및 10°의 횡경사에서도 안전하고 신속하게 진수할 수 있을 것
  아. 다른 생존정의 조작을 방해하지 아니할 것
  [해설] 종경사 : 10°, 횡경사 20°

46 77/93 토레몰리노스 협약에서 어선의 길이 75미터 이상의 경우 몇 개 이상의 구명부환이 비치되어야 하는가?
  가. 2 나. 4
  사. 6 아. 8

47 77/93 토레몰리노스 협약에서 길이 45m 이상인 어선의 경우, 수밀문은 슬라이딩(Sliding)형의 것이어야 하며, 선박이 몇 도까지 횡경사하여도 작동할 수 있는 것이어야 하는가?
  가. 5도 나. 10도
  사. 15도 아. 20도

48 어선원과 어선에 관한 안전 규칙에서 선원이 돛대나 현외 작업을 할 때에 착용해야 할 가장 중요한 장비는?
  가. 고글(Goggles) 나. 안전모
  사. 안전 벨트 아. 안전화

Answer 44 아 45 사 46 아 47 사 48 사

49 비상배치표는 선박이 출항하기 전에 작성되어야 한다. 비상배치표를 작성하는 사람은 누구인가?

가. 선박소유자
나. 기관장
사. 선장
아. 항해사

50 77/93 토레몰리노스 협약에서 길이 45미터에서 60미터 사이 선박의 기관실 소화설비에 관한 설명 중 틀린 것은?

가. 고정식 가압수 분무장치
나. 고정식 진화성 가스소화장치
사. 고정식 고팽창 포말소화장치
아. 고정식 휘발성 증기소화장치

51 77/93 토레몰리노스 협약의 적용 대상 어선은 다음 중 어느 것인가?

가. 길이 24미터 이상의 어선
나. 길이 30미터 이상의 어선
사. 길이 45미터 이상의 어선
아. 길이 60미터 이상의 어선

52 77/93 토레몰리노스 협약에서 "불연성 재료"라 함은 (   ) 정도로 가열한 때에 연소되지 아니하고 자연 발화하기에 충분한 양의 인화성 증기가 발생되지 아니하는 재료를 말한다. (   ) 속에 적당한 말은?

가. 450℃
나. 550℃
사. 650℃
아. 750℃

53 어선원과 어선에 관한 안전 규칙에서 양망중인 트롤어선이 수직선상에 표시해야 하는 등화는 무엇인가?

가. 상부 백등, 하부 홍등
나. 상부 홍등, 하부 백등
사. 상부 녹등, 하부 녹등
아. 상부 녹등, 하부 홍등

Answer 49 사 50 아 51 가 52 아 53 가

54
77/93 토레몰리노스 협약에 관한 의정서에서 목재 덮개에 의하여 폐쇄되는 창구코밍의 갑판상의 높이는 작업갑판상의 폭로부에 있어서 (   ), 선루갑판상에 있어서 (   ) 이상이어야 한다. (   ) 속에 적당한 말은?

- 가. 400mm, 100mm
- 나. 500mm, 200mm
- 사. 600mm, 300mm
- 아. 700mm, 400mm

55
77/93 토레몰리노스 협약에서 어선의 설비 및 구조에 관한 규정은 선박의 길이가 몇 미터 이상인 어선에 적용되는가?

- 가. 5
- 나. 10
- 사. 15
- 아. 24

56
77/93 토레몰리노스 협약에서 모든 선원은 적어도 매월 1회의 퇴선훈련 및 1회의 소화훈련에 참가하여야 한다. 단, 길이 45m 미만의 선박에 대하여 (   ) 이내의 범위에서 1회의 퇴선훈련 및 1회의 소화훈련에 참가할 수 있도록 한다. (   ) 속에 적당한 말은?

- 가. 2개월
- 나. 3개월
- 사. 4개월
- 아. 5개월

57
77/93 토레몰리노스 협약에서 각 구명정은 매 (   )월마다 한 번씩 지정된 운용요원을 탑승한 채 진수되어야 한다. (   ) 안에 적합한 것은?

- 가. 1
- 나. 2
- 사. 3
- 아. 6

58
77/93 토레몰리노스 협약에서 어선의 수밀 이중저는 실행 가능한 한 충돌 격벽과 선미 격벽 사이에 설치되어야 하는데, 이러한 요건에 해당하는 선박은 어느 것인가?

- 가. 길이 24미터 이상인 어선
- 나. 길이 45미터 이상인 어선
- 사. 길이 50미터 이상인 어선
- 아. 길이 75미터 이상인 어선

Answer 54 사 55 아 56 나 57 사 58 아

59 77/93 토레몰리노스 협약에서 구명뗏목의 의장품 중 뱃멀미 방지 약품은 정원 1인당 몇 회분이 비치되어야 있는가?

가. 4회 나. 5회
사. 6회 아. 7회

60 77/93 토레몰리노스 협약에서 길이 24미터의 선박에 설치되지 않아도 좋은 설비는 다음 중 어느 것인가?

가. 자기 나침의
나. 수평의 호 360도에 걸쳐 정밀하게 방위를 측정하는 수단
사. GPS수신기
아. 표준 나침의가 있는 장소와 선교간의 통신수단

61 77/93 토레몰리노스 협약 의정서에서 측심수단으로서 음향측심의를 꼭 설치하지 않아도 되는 선박은 어느 것인가?

가. 길이 60m 미만 나. 길이 45m 미만
사. 길이 75m 미만 아. 길이 100m 미만

62 77/93 토레몰리노스 협약에서 일반적 선원의 보호장치가 아닌 것은?

가. 구명줄 장치 나. 구명부기 장치
사. 보호봉 아. 미끄럼 방지 갑판 표면

63 어선안전국제협약상 새로운 선원이 당해 선박에 승선하게 되면 적어도 몇 일 이내에 당해 선박의 구명설비 사용에 대한 선상훈련을 실시해야 하는가?

가. 10일 나. 1주
사. 20일 아. 2주

64 77/93 토레몰리노스 협약의 부속서 규정의 적용을 받는 선박은?

가. 어획물 운반선
나. 연구 및 훈련용 선박
사. 전적으로 어류 및 기타 해양생물자원의 가공선
아. 어로 및 어획물 가공선

Answer 59 사 60 사 61 나 62 나 63 아 64 아

65 77/93 토레몰리노스 협약에서 어선의 주 조타장치는 최대허용 조업흘수에서 최대 항해속력으로 전진중 타를 한쪽현 35도로부터 30도까지 (   )에 조작할 수 있는 것이어야 한다. (   ) 안에 적합한 것은?

    가. 8초 이내   나. 18초 이내
    사. 28초 이내   아. 38초 이내

66 77/93 토레몰리노스 협약상 구명부환의 중량은 얼마로 규정되어 있는가?

    가. 2.5kg 이상   나. 3.5kg 이상
    사. 4.5kg 이상   아. 5.5kg 이상

67 77/93 토레몰리노스 협약 의정서에서 선원보호장치가 아닌 것은 어느 것인가?

    가. 불워크   나. 가드레일
    사. 구명줄   아. 갑판 개구

68 77/93 토레몰리노스 협약상 모든 선박은 몇 척의 생존정을 비치해야 하는가?

    가. 1척 이상   나. 2척 이상
    사. 3척 이상   아. 4척 이상

69 SFV 협약에서 국제어선안전증서는 (   )을 초과하지 아니하는 기간에 대하여 발급되어야 한다. (   ) 속에 맞는 것은?

    가. 2년 6월   나. 3년
    사. 4년   아. 5년

해설 SFV(Torremolinos International Convention for the Safety of Fishing Vessels) 어선안전을 위한 토레몰리노스 국제협약

Answer 65 사 66 가 67 아 68 나 69 사

2. MARPOL

01 MARPOL 73/78 협약에서 말하는 "기구"란 무엇인가?

가. IMO 나. MEPC
사. UN 아. FAO

> 해설
> - IMO(International Maritime Organization) : 국제해사기구
> - MEPC(Marine Environment Protection Committee) : 해양환경보호위원회
> - FAO(United Nations Food and Agriculture Organization) : 국제연합식량농업기구

02 다음 선박 중 73/78 MARPOL 협약을 적용받지 않는 선박은 어느 것인가?

가. 당사국의 군함 나. 당사국의 여객선
사. 당사국의 어선 아. 당사국의 화물선

> 해설 73/78 MARPOL 협약 적용선박과 비적용선박
> ㉠ 협약의 당사국의 국기를 게양할 자격이 있는 모든 선박
> ㉡ 당사국의 국기를 게양할 자격은 없으나 당사국의 권한하에 운영되는 선박
> ㉢ 군함, 해군보조함 또는 국가가 소유하거나 운항하는 기타 선박으로서 현재 비상업적 용도에만 사용되는 선박에는 적용하지 않는다.

03 MARPOL 73/78 협약상의 "배출(discharge)"에 해당되지 않는 것은?

가. 항행중인 어선의 기름 누출
나. 임해 공단의 폐기물 유출
사. 정박중인 어선의 오수 유출
아. 어선의 합성 어망의 우발적인 상실

04 MARPOL 73/78 협약에서 위반에 대한 제재의 설명으로 잘못된 것은?

가. 당사국의 관할권 내에서의 위반에 대해서만 제재를 받는다.
나. 위반 발생 장소에 불문하고 주관청의 법률에 따라 제재를 받는다.
사. 위반 발생 장소의 당사국의 법률에 따라 제재를 받는다.
아. 당사국의 법률이 규정하는 벌칙은 위반의 발생 장소에 관계없이 동등히 엄격한 것이어야 한다.

Answer 01 가 02 가 03 나 04 가

05 공해상에서 MARPOL 73/78 협약 규정을 위반한 선박에 대하여 동 규정을 적용하는 원칙은?

가. 기국주의
나. 행위자주의
사. 항만국주의
아. 소유자주의

06 MARPOL 73/78 협약에서 크기나 종류에 관계없이 모든 선박에 대하여 적용되는 규칙이 아닌 것은?

가. 기름에 의한 오염방지규칙
나. 대기오염 물질에 의한 오염방지규칙
사. 오수에 의한 오염방지규칙
아. 폐기물에 의한 오염방지규칙

> **해설**
> 가. 기름에 의한 오염방지규칙은 별도 명문 규칙이 없는 한 모든 선박에 적용
> 나. 대기오염 물질에 의한 오염방지규칙은 일부 규칙에서 명시적으로 달리 규정하고 있는 경우를 제외하고 모든 선박에 적용
> 사. 오수에 의한 오염방지규칙은 총톤수 400톤 이상의 신조선과 총톤수 400톤 미만 경우에는 승선인원이 16인 이상인 신조선에 적용
> 아. 폐기물에 의한 오염방지규칙은 모든 선박에 적용

07 MARPOL 73/78 협약에서 크기나 종류에 관계없이 모든 선박에 대하여 적용되는 것은?

가. 포장된 형태의 유해물질에 의한 오염방지규칙
나. 산적된 유해액체물질에 의한 오염방지규칙
사. 오수에 의한 오염방지규칙
아. 폐기물에 의한 오염방지규칙

> **해설**
> 가. 포장된 형태의 유해물질에 의한 오염방지규칙은 유해물질 또는 화물컨테이너, 이동식 탱크 및 도로, 철도용 탱크차에 수납한 유해물질을 운송하는 선박에 적용
> 나. 산적된 유해액체물질에 의한 오염방지규칙은 유해물질을 산적하여 운송하는 선박에 적용
> 사. 오수에 의한 오염방지규칙은 총톤수 400톤 이상의 신조선과 총톤수 400톤 미만 경우에는 승선인원이 16인 이상인 신조선에 적용
> 아. 폐기물에 의한 오염방지규칙은 모든 선박에 적용

Answer 05 가 06 사 07 아

08 MARPOL 73/78 협약에서 오염사고 때의 방제조치 사항으로 그 내용이 잘못된 것은?
   가. 기름이 유출된 경우 선장은 선원에게 방제 부서 배치표에 의한 기름유출 방제 위치로 가도록 명령한다.
   나. 오염방제 자재로서 유처리제나 겔화제의 사용시는 기술상의 기준에 적합한 것을 주위의 환경을 고려하여 사용하여야 하며, 외국 연안일 경우 사전에 해당 연안국의 승인을 얻을 필요는 없다.
   사. 본선에 기름제거를 위한 방제 자재가 있다면 사고의 상황 등을 고려하여, 가능한 범위에서 유흡착재를 사용한다.
   아. 필요하다면 선장은 기름방제 전문회사에 작업을 요청한다.

09 73/78 MARPOL 협약에서 증서에 관한 설명이 맞는 것은 어느 것인가?
   가. 협약 당사국의 권한하에서 발급된 증서를 타당사국은 인정하지 않을 수도 있다.
   나. 증서를 비치하여야 하는 선박은 당사국 관할권하에 있는 항구 또는 해양터미널 내에 있는 동안 동 당사국으로부터 정당하게 권한을 부여받은 관리의 검사를 받는다.
   사. PSC검사는 선내에 유효한 증서가 있다는 것을 확인하는 것만 할 수 있다.
   아. 어떠한 경우에도 당사국은 선박의 출항을 저지하지는 못한다.

10 항해중인 선박이 유해 물질의 유출로 해양오염사고를 일으킨 경우 MARPOL 73/78 협약 규정에 의하여 보고해야 하는 내용에 포함되지 않는 것은?
   가. 사고 발생 선박의 식별 기호   나. 사고 대비 보험의 종류와 한도액
   사. 사고의 발생 시각 및 위치   아. 사고 관련 물질의 종류와 양

   해설 보고내용
   ㉠ 사고 선박의 식별(Identity)
   ㉡ 사고 발생시각(Time), 종류(Type) 및 위치(Location)
   ㉢ 유해 물질의 배출량(Quantity)
   ㉣ 원조(Assistance)와 구조(Salvage)

11 다음 중 MARPOL 73/78 협약 규정상 어선에서 오염 물질의 해양 배출이 허용되지 않는 것은?
   가. 해상에서 선박의 안전을 확보하기 위하여 배출한 경우

Answer 08 나 09 나 10 나 11 사

나. 손상의 발생 후에 배출을 방지하거나 최소로 하기 위하여 합리적인 모든 조치가 취하여져 있는 것을 조건으로 선박의 손상에 기인하여 배출한 경우
사. 보관 창고 부족에 의한 합성 어망의 배출
아. 해상에서 인명 구조를 위하여 배출한 경우

12 원양어선이 MARPOL 73/78 협약 당사국인 국가의 영해를 통항 중에 해양오염사고를 유발하였다면, 선장이 가장 먼저 사고 통보를 해야 하는 곳은?

가. 어선의 오염방지설비 검사 기관
나. 어선의 선적 국가의 관계 기관
사. 사고 해역 관할국의 관계 기관
아. 피해가 예상되는 인근 국가의 관계 기관

13 MARPOL 73/78 협약에서 기름 배출의 예외가 인정되는 경우가 아닌 것은?

가. 해상에서의 인명과 선박의 구조를 위한 부득이한 배출
나. 선박 또는 선박 설비의 손상 후의 최선의 조치를 다했음에도 생긴 배출
사. 해양 오염 방지 설비의 검사중에 발생한 배출
아. 적정한 배출기준에 따른 유조선의 화물창에서의 맑은 평형수 배출

14 73/78 MARPOL 협약이 규정하고 있지 않은 것은?

가. 선박으로부터의 기름 배출 규제
나. 육상 기원 오염 물질의 해양 투기
사. 선박의 해양 오염 방지 설비
아. 해상 구조물의 폐기물 배출 규제

15 다음 중 MARPOL 73/78 협약 부속서 I의 적용선박에 대한 설명이 맞는 것은?

가. 별도의 명문 규정이 없으면 모든 선박
나. 유조선 이외의 총톤수 400톤 이상의 선박
사. 총톤수 150톤 이상의 유조선
아. 총톤수 150톤 이상의 유조선 및 유조선 이외의 총톤수 400톤 이상의 선박

Answer 12 사 13 사 14 나 15 가

> **해설** 별도의 명문규칙이 없는 한 부속서Ⅰ: 기름에 의한 오염방지를 위한 규칙은 모든 선박에 적용된다.
> 부속서Ⅰ: 기름에 의한 오염방지를 위한 규칙
> 부속서Ⅱ: 산적형태의 유해액체물질에 의한 오염규제를 위한 규칙
> 부속서Ⅲ: 포장된 형태로 해상에서 수송되는 유해물질에 의한 오염방지를 위한 규칙
> 부속서Ⅳ: 선박으로부터의 오수에 의한 오염방지를 위한 규칙
> 부속서Ⅴ: 선박으로부터의 폐기물에 의한 오염방지를 위한 규칙
> 부속서Ⅵ: 선박으로부터의 대기오염방지를 위한 규칙부속서

16 MARPOL 73/78 협약의 유해 물질에 관련된 사고의 통보에서 유해물질에 해당되지 않는 것은?

가. 기름
나. 유해 액체 물질
사. 포장 유해 물질
아. 대기 오염 유해 물질

17 MARPOL 73/78 협약에서 유분의 순간 배출률을 옳게 설명한 것은?

가. 유분의 시간당 배출량을 선박의 속력으로 나눈 것
나. 유분의 배출 속도를 선박의 총톤수로 나눈 것
사. 기름 총 적재량에 대한 유분의 순간 배출량의 비율
아. 유성혼합물 중에서 유분이 차지하는 비율

> **해설** 유분의 순간 배출률이란 어느 시점에 있어서 시간당 배출되는 기름의 양(리터)을 그 시점에 있어서 선박의 속력(노트)으로 나눈 배출률(ℓ/mile)을 말한다.

18 MARPOL 73/78 협약상 유분의 순간 배출률을 계산하는 요소에 포함되지 않는 것은?

가. 단위 시간
나. 선박 속력
사. 탱크 용량
아. 기름 배출량

> **해설** 유분의 순간 배출률이란 어느 시점에 있어서 시간당 배출되는 기름의 양(리터)을 그 시점에 있어서 선박의 속력(노트)으로 나눈 배출률(ℓ/mile)을 말한다.

19 MARPOL 73/78 협약의 유해물질에 관련한 사고에 대해 통보되어야 할 사고가 아닌 것은?

가. 길이가 15미터 미만인 선박의 항해 안전에 지장을 초래한 선박의 손상

Answer 16 아 17 가 18 사 19 가

나. 용기에 수납된 유해물질을 배출할 가능성이 있는 경우
사. 해상에서 인명의 구조를 위하여 기름을 배출한 경우
아. 허용된 요건을 초과하여 기름을 배출한 경우

20 MARPOL 73/78 협약 규정상 선박으로부터 오염 물질의 배출이 적법하게 허용될 수 없는 경우는?

가. 어획 능률을 극대화하기 위한 유해 물질 배출
나. 어선의 손상에 기인한 유성혼합물의 배출
사. 오염 손해를 최소화하기 위하여 승인된 배출
아. 어선의 안전 확보를 위한 기름 배출

21 기름배출 감시제어장치의 기능에 해당되지 않는 것은?

가. 유분의 농도와 배출률을 연속적으로 기록한다.
나. 유출물이 바다로 배출되면 작동을 개시한다.
사. 기름의 순간 배출률이 규정을 초과하면 배출을 중지한다.
아. 유성혼합물의 유분과 물을 성분별로 분해한다.

22 다음 중 MARPOL 73/78 협약 규정상 오염 물질의 해양 배출이 허용되지 않는 것은?

가. 선박의 안전을 위하여 배출한 경우
나. 컨테이너에 수납된 오염물질의 배출
사. 허용된 유분 순간 배출률에 미달한 배출
아. 인명구조를 위하여 배출한 경우

23 MARPOL 73/78 협약의 부속서 I에서 유성혼합물은 무엇을 말하는 것인가?

가. 유분 농도가 15ppm 이하인 혼합물
나. 유분 농도가 15ppm 이상인 혼합물
사. 유분 농도가 100ppm 이상인 혼합물
아. 유분을 함유한 혼합물

Answer 20 가 21 아 22 나 23 아

24 MARPOL 73/78 협약에서 유해액체물질 오염방지설비인 세정기는 아래의 기준에 적합하여야 한다. 내용이 잘못된 것은?

가. 어창안을 세정하기 위한 충분한 성능을 가질 것
나. 세정중에 세정기의 작동여부를 어창의 외부에 표시할 수 있는 것일 것. 다만, 음향등에 의하여 세정기의 작동 상황이 확인될 수 있는 것은 그러하지 아니하다.
사. 수평면으로부터 임의의 방향에 12.5도를 경사시킨 상태에서도 그 성능에 지장이 생기지 아니할 것
아. 선박의 항행중에 발생하는 요동, 진동 등으로 인하여 그 성능에 지장이 생기지 아니할 것

해설 수평면으로부터 임의의 방향에 22.5°를 경사시킨 상태에서도 그 성능에 지장이 생기지 않아야 한다.

25 MARPOL 73/78 협약에서 규정한 선저폐수는 무엇을 말하는 것인가?

가. 밸러스트 나. 기관실 빌지
사. 슬러지   아. 화물유 잔량

해설 선저폐수는 선박의 밑바닥에 고인 액상유성혼합물을 말한다.

26 MARPOL 73/78 협약에서 규정한 기름에 포함되지 않는 것은?

가. 정제유   나. 석유 가스
사. 원유   아. 슬러지

해설 기름이란 원유, 연료유, 슬러지, 폐유 및 정제유를 포함한 모든 형태의 석유류를 말한다.

27 총톤수 400톤인 어선에 장치할 유수 분리기의 성능기준은 유분의 농도를 얼마로 만들 수 있는 것이어야 하는가?

가. 15ppm 미만   나. 100ppm 미만
사. 500ppm 미만 아. 400ppm 미만

Answer 24 사 25 나 26 나 27 나

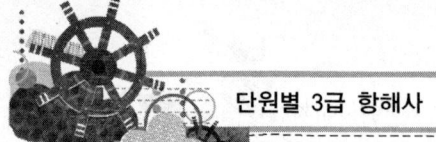

28 국제협약의 규정에 의하여 기름기록부를 기록하고 비치해야 하는 어선의 크기는?

가. 총톤수 150톤 이상
나. 길이 24미터 이상
사. 총톤수 400톤 이상
아. 길이 45미터 이상

해설 기름기록부는 총톤수 150톤 이상의 유조선 및 총톤수 400톤 이상의 유조선 이외의 선박은 비치해야 한다.

29 MARPOL 73/78 협약에서, 총톤수 4,000톤 미만 어선에서 사용되는 기름기록부의 기재사항이 아닌 것은?

가. 유성잔류물의 처분
나. 기관 구역에 고인 빌지수의 선외 배출
사. 연료유 탱크에 선박 평형수 적재
아. 연료유 탱크의 용량

해설 기름기록부의 기재사항
㉠ 연료유 탱크에 선박 평형수 적재 또는 세정
㉡ 연료유 탱크로부터 오염된 평형수 또는 세정수 배출
㉢ 유성잔류물(슬러지 또는 기타 유성잔류물)의 수집 또는 처분
㉣ 기관구역에 고인 빌지수의 선외배출 또는 기타 방법에 의한 처분
㉤ 연료유 또는 산적 윤활유의 수급

30 MARPOL 73/78 협약상 기름기록부의 기재사항이 아닌 것은?

가. 유성잔류물의 처분
나. 화물유 탱크의 세정작업
사. 연료유 탱크의 밸러스트 적재
아. 기관의 마력

31 MARPOL 73/78 협약의 부속서 I에서 기름기록부에 관한 설명이 잘못된 것은 어느 것인가?

가. 기름기록부의 종류에는 2가지가 있다.
나. 기름기록부의 보존 연한은 최종 기재일 후 3년이다.
사. 기름기록부의 각 완성된 면은 오염방지관리인에 의해 서명된다.
아. 기재가 완료된 기름기록부는 선박 내에 보관하여야 한다.

해설 완료된 각 작업은 담당사관 또는 해당 작업의 책임사관에 의해 서명, 기재된 각 면은 선장에 의해 서명된다.

Answer 28 사 29 아 30 아 31 사

32 MARPOL 73/78 협약의 부속서 I에서 검사에 관한 내용을 맞게 설명한 것은 어느 것인가?

가. 검사 대상은 총톤수 150톤 이상의 유조선 및 유조선 이외의 총톤수 400톤 이상의 선박이다.
나. 별도의 명문 규정이 없으면 모든 선박이 검사를 받아야 한다.
사. 정기검사는 4년을 넘지 아니하는 간격으로 받아야 한다.
아. 중간검사와 연차검사는 연차일 전 3개월 이내에 받아야 한다.

해설 대상 선박은 총톤수 150톤 이상의 유조선 및 유조선 이외의 총톤수 400톤 이상의 선박이며, 정기검사는 5년을 넘지 아니하는 간격으로 주관청이 정하는 기간마다 실시하며, 중간검사와 연차검사는 연차일 전후 3개월 이내에 받아야 한다.

33 MARPOL 73/78 협약 규정상 검사의 종류가 아닌 것은?

가. 제조검사 나. 중간검사
사. 최초검사 아. 정기검사

해설 검사의 종류
㉠ 최초검사 ㉡ 정기검사 ㉢ 중간검사
㉣ 연차검사 ㉤ 추가검사 등이 있다.

34 MARPOL 73/78 협약 규정에 의하여 선박의 해양 오염 방지설비에 대한 정기검사의 간격은 ( )년을 초과하지 않아야 하는가?

가. 2 나. 3
사. 4 아. 5

35 MARPOL 73/78 협약 부속서 I에서의 IOPP증서 발행과 관련한 설명으로 가장 적합한 것은?

가. 당사국의 관할권하에 있는 항구의 항해에 종사해야 한다.
나. 유조선 이외의 선박은 총톤수 400톤 이상이어야 한다.
사. 이 증서는 주관청에 의해서만 발행된다.
아. 어선은 IOPP증서를 발급받을 필요가 없다.

해설 IOPP증서(국제기름오염방지증서)는 총톤수 150톤 이상의 유조선 및 총톤수 400톤 이상인 유조선 이외의 모든 선박이 검사 및 증서 발급 대상이며, 협력 당사국 정부는 주관청의 요청에 따라 검사를 시행하고 IOPP증서를 발급하거나 배서할 수 있다.

Answer 32 가 33 가 34 아 35 나

36 MARPOL 73/78 협약에 의하여 국제기름오염방지증서를 교부받아야 하는 원양어선의 크기는?

가. 총톤수 50톤 이상
나. 총톤수 150톤 이상
사. 총톤수 300톤 이상
아. 총톤수 400톤 이상

해설 국제기름오염방지증서(IOPP증서)는 총톤수 150톤 이상의 유조선 및 총톤수 400톤 이상인 유조선 이외의 모든 선박이 교부받아야 한다.

37 MARPOL 73/78 협약 규정에 의하여 발행되는 IOPP증서에 관한 설명으로서 틀린 것은?

가. 어선이 취항 전 최초검사에 합격하면 관할 관청이 교부한다.
나. 관할 관청으로부터 검사 업무를 위임받은 기구가 교부할 수 있다.
사. 협약 당사국이 아닌 국가에 국적을 둔 어선도 교부받을 수 있다.
아. 증서의 유효기간은 5년 이내이고 총톤수 500톤인 어선은 교부받아야 한다.

38 MARPOL 73/78 협약 규정에 의한 중간검사를 미필하면 IOPP증서의 효력은 어떻게 되는가?

가. 연장된다.
나. 상실된다.
사. 변경된다.
아. 유예된다.

39 MARPOL 73/78 협약 규정에 의하여 IOPP증서를 발행하는 검사는?

가. 연차검사
나. 추가검사
사. 최초검사
아. 중간검사

해설 최초검사는 선박을 건조하여 항해에 사용하기 전에 구조, 설비, 부착물, 배치 및 재료에 대한 완전한 검사를 포함하여 이들이 이 부속서의 요건에 완전히 합치하고 있음을 확인하는 검사이다.

40 MARPOL 73/78 협약에서 IOPP증서의 효력이 상실되는 경우가 아닌 것은?

가. 어선 소유자의 변경
나. 유효기간의 만료
사. 중간검사의 미필
아. 어선 국적의 변경

Answer 36 아 37 사 38 나 39 사 40 가

41. 총톤수 400톤인 어선에 비치할 기름 필터링 장치의 성능은 유분의 농도가 얼마로 되는 유출액을 배출할 수 있는 것이어야 하는가?

　가. 15ppm 초과 금지　　나. 100ppm 초과 금지
　사. 500ppm 초과 금지　　아. 400ppm 초과 금지

42. 어선의 기관 구역에서 생기는 유성 잔류물을 선내에 모아 보관하는 탱크는?

　가. 슬롭 탱크　　나. 슬러지 탱크
　사. 밸러스트 탱크　　아. 중앙 탱크

43. 가장 가까운 육지로부터 12해리 이상의 거리에서 마쇄, 소독하지 아니한 오수를 배출할 때 선박은 (　)의 속력으로 항해하여야 한다. (　) 속에 알맞은 것은?

　가. 2노트 이상　　나. 3노트 이상
　사. 4노트 이상　　아. 5노트 이상

　해설 4노트 이상의 속력으로 항해중 적당한 비율로 배출하여야 한다.

44. MARPOL 73/78 협약 규정에 의하여 국제오수오염방지증서(ISPP) 교부를 위한 검사 대상에 포함되지 않는 것은?

　가. 오수 처리 장치　　나. 오수 저장 탱크
　사. 오수 분쇄 소독 장치　　아. 기관실 빌지웰

　해설 ISPP증서 발급을 위한 검사
　　㉠ 오수 처리 장치
　　㉡ 오수를 분쇄하고 소독하는 장치
　　㉢ 오수 저장 탱크의 용량에 관한 사항
　　㉣ 표준 육상 연결구 부착 등에 대해 실시한다.

45. MARPOL 73/78 협약에서 해양오염방지설비 등의 중대한 수리나 교환이 있을 때마다 행하는 검사를 무엇이라 하는가?

　가. 정기검사　　나. 중간검사
　사. 추가검사　　아. 임시항행검사

　해설 추가검사는 중대한 수리나 교환이 있을 때 행하는 검사이다.

Answer　41 가　42 나　43 사　44 아　45 사

단원별 3급 항해사

46 MARPOL 73/78 협약에서 선박오수는 주관청이 승인한 장치를 사용하여 분쇄 소독한 경우에는 영해기선에서 ( ) 이상의 해역에, 그리고 분쇄 소독하지 아니한 경우에는 영해기선에서 ( ) 밖의 해역에서 배출할 수 있다. ( ) 속에 적당한 말은?

가. 1해리, 9해리
나. 2해리, 10해리
사. 3해리, 12해리
아. 4해리, 25해리

47 MARPOL 73/78 협약에서 선박에서 발생하는 오수에 의한 오염 방지를 위한 규칙의 적용을 받는 어선의 크기는 총톤수 몇 톤 이상인가?

가. 100톤
나. 200톤
사. 300톤
아. 400톤

해설 적용선박
㉠ 총톤수 400톤 이상의 신조선
㉡ 총톤수 400톤 미만인 경우에는 승선인원이 16인 이상인 신조선
㉢ 총톤수가 계측되지 아니한 선박으로서 승선인원이 16인 이상으로 허가된 신조선 등이다.

48 MARPOL 73/78 협약 규정상 "폐기물"에 포함되지 않는 것은?

가. 생선의 내장
나. 선용품 쓰레기
사. 음식물 찌꺼기
아. 합성 섬유 어망

해설 "폐기물"이란 선박의 통상적인 운항중에 발생하고 또한 계속적으로나 주기적으로 처분되는 식생활상, 선내 생활상 및 운항상 생기는 모든 종류의 쓰레기를 말한다.
• 폐기물에 속하는 것
① 모든 형태의 음식쓰레기 ② 생활쓰레기 ③ 운용쓰레기 ④ 모든 플라스틱 ⑤ 화물잔류물 ⑥ 조리용 기름 ⑦ 어구 ⑧ 동물사체
• 폐기물에서 제외되는 것
① 생선 및 그의 부분
② 양식장에 입식하기 위해 운송중인 조개류를 포함한 어류
③ 가공을 위해 육상으로 운송중인 수확한 조개류를 포함한 생선

Answer 46 사 47 아 48 가

49 MARPOL 73/78 협약에 의하여 선박으로부터 해양으로의 배출 또는 투기가 금지되어 있는 폐기물은?

가. 부유성 라이닝 나. 종이 제품
사. 합성 어망   아. 금속 물질

해설 폐기물 중 합성 로프, 합성 어망, 플라스틱제의 쓰레기봉지 그리고 독성 또는 중금속 잔류물을 포함할 수 있는 플라스틱제품의 소각제를 포함한 모든 플라스틱류의 해양에서의 처분을 금지한다.

50 MARPOL 73/78 협약에서 선박 안에서 발생한 폐기물은 다음의 조건일 경우에 특별 해역 밖의 해양에 투기 처분할 수 있다. 그 내용으로서 틀린 것은?

가. 합성로프 및 어망이 아닐 것
나. 플라스틱제의 쓰레기봉지를 포함한 플라스틱류가 아닐 것
사. 폐기물이 다른 처분 요건이나 배출 요건의 적용을 받는 다른 배출물과 혼합되어 있는 경우에는 많은 양의 배출물 처분 요건을 적용함.
아. 음식찌꺼기, 종이, 넝마, 유리, 금속, 병, 도기 등은 영해기선에서 12해리 이상의 해역

해설 폐기물이 다른 처분 요건이나 배출 요건의 적용을 받는 다른 배출물과 혼합되어 있는 경우에는 보다 엄격한 쪽의 요건을 적용한다.

51 해양시설로부터 500미터 이내에서는 폐기물의 배출을 금지한다. 다만, 음식찌꺼기의 해양처리는 육지로부터 12해리 이상 떨어진 해양시설인 경우 (   ) 이하의 망을 가진 스크린을 통과할 수 있는 것은 그러하지 아니한다. (   ) 속에 적당한 말은?

가. 25mm 나. 30mm
사. 35mm 아. 40mm

52 MARPOL 73/78 협약에서 선박 안에서 발생한 폐기물은 다음의 조건일 경우에 해양에 투기 처분할 수 있다. 그 내용으로서 틀린 것은?

가. 합성로프 및 어망이 아닐 것
나. 플라스틱제의 쓰레기봉지를 포함한 플라스틱류가 아닐 것

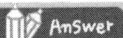 49 사 50 사 51 가 52 사

사. 부유성 던니지, 라이닝 및 포장물질은 영해기선에서 12해리 이상의 해역
아. 음식찌꺼기, 종이, 넝마, 유리, 금속, 병, 도기 등은 영해기선에서 12해리 이상의 해역

해설 사. 부유성 던니지, 라이닝 및 포장물질은 영해기선에서 25해리 이상의 해역

53 MARPOL 73/78 협약의 부속서 V의 폐기물 기록부 기록 항목이 아닌 것은?

가. 선명
나. 선박번호
사. IMO번호
아. 선적항

54 MARPOL 73/78 협약에서의 유해물질에 포함되지 않는 것은 어느 것인가?

가. 해양에 투기되는 경우 인간의 건강을 해치는 물질
나. 해양에 투기되는 경우 해양생물을 해치는 물질
사. 해양에 투기되는 경우 해양의 개발을 억제하는 물질
아. 해양에 투기되는 경우 해양의 쾌적성을 손상시키는 물질

해설 유해액체물질의 분류
1. X류 물질 : 해양에 배출되는 경우 해양자원 또는 인간의 건강에 심각한 위해를 끼치는 것으로서 해양배출을 금지하는 유해액체물질
2. Y류 물질 : 해양에 배출되는 경우 해양자원 또는 인간의 건강에 위해를 끼치거나 해양의 쾌적성 또는 해양의 적합한 이용에 위해를 끼치는 것으로서 해양배출을 제한하여야 하는 유해액체물질
3. Z류 물질 : 해양에 배출되는 경우 해양자원 또는 인간의 건강에 경미한 위해를 끼치는 것으로서 해양배출을 일부 제한하여야 하는 유해액체물질
4. 기타 물질 : 「위험화학품 산적운송선박의 구조 및 설비를 위한 국제코드」(IBC코드) 제18장의 오염분류에서 기타 물질로 표시된 물질로서 탱크세정수 배출 작업으로 해양에 배출할 경우 해양자원, 인간의 건강, 해양의 쾌적성 그 밖에 적법한 이용에 지금 현재로는 해가 없다고 간주되는 물질

55 MARPOL 73/78 협약 규정에 의하여 어선에 탑재되는 오염 방지 설비가 아닌 것은?

가. 유수 분리 장치
나. 분리 평형수 탱크
사. 기름 필터링 장치
아. 하수 오물 보관 탱크

해설 분리 평형수 탱크는 유조선과 정제유 운반선에 에 적용된다.

Answer 53 아 54 사 55 나

3. 기타 국제협약

01 다음 중 유엔 해양법 협약 내용으로 알맞지 않은 것은?

가. 내수는 영해기선의 육지 쪽 수역이다.
나. 내수에서는 외국 선박의 무해통항이 원칙적으로 인정되지 않는다.
사. 영해기선에는 통상기선과 직선기선이 있다.
아. 접속수역은 유엔이 설정한 연안국 영해 범위 밖의 일정한 수역이다.

해설 접속수역은 연안국이 설정한 영해 범위 밖의 일정한 수역으로 영해기선으로부터 24해리 이내의 수역을 말한다.
- 영해기선은 해양을 구분함에 있어서 그 기준이 되는 선으로 통상기선과 직선기선이 있다.
  ⓐ 통상기선 : 연안국이 공인하는 대척도 해도상에 연안을 따라 표기한 저조선
  ⓑ 직선기선 : 연안에 섬이 많이 존재하거나 또는 해안선의 굴곡이 심한 경우의 영해 기준선
- 영해기선을 기준으로 내수 ⇨ 영해 ⇨ 접속수역 ⇨ EEZ ⇨ 공해로 나누어진다.
  ⓐ 내수 : 영해기선의 육지쪽 수역으로 영토의 일부로 간주되며, 내수에서는 외국 선박의 무해통항이 원칙적으로 인정되지 않는다.
  ⓑ 영해 : 영토의 해안 또는 군도 수역에 접속한 일정 범위의 수역으로 영해기선으로부터 12해리까지이다.
  ⓒ 접속수역 : 연안국이 설정한 영해 범위 밖의 일정한 수역으로 영해기선으로부터 24해리 이내의 수역을 말한다.
  ⓓ EEZ : 연안국의 영해기선으로부터 200해리 범위까지의 수역으로 해양법에 의하여 당해 연안국에 해양자원에 대한 배타적 이용권을 부여하는 수역이다.
  ⓔ 공해 : 국가의 관할권에 종속되지 않는 해양부분으로서 해저·해상 및 그 하층토를 제외한 해면과 상부 지역이다.

02 다음 중에서 유엔 해양법 협약에서 해양을 구분함에 있어 그 기준이 되는 선은 무엇인가?

가. 해안선
나. 고조선
사. 평균수면선
아. 영해기선

03 우리나라의 영해의 폭을 측정하기 위하여 공식적으로 인정한 기선은?

가. 통상기선과 직선기선
나. 통상기선
사. 직선기선
아. 상기 모두 아니다.

Answer 01 아 02 아 03 가

04 영해에 연접된 접속수역의 범위는?

가. 영해기선으로부터 24해리까지 이르는 수역에서 영해를 제외한 수역
나. 영해기선으로부터 12해리까지 이르는 수역에서 영해를 제외한 수역
사. 영해기선으로부터 36해리까지 이르는 수역에서 10해리를 제외한 수역
아. 영해기선으로부터 10해리까지 이르는 수역에서 3해리를 제외한 수역

05 다음 중에서 '82 유엔 해양법 협약의 접속수역에 대한 설명이 맞는 것은?

가. 영해기선으로부터 200해리 이내의 수역을 말한다.
나. 이 수역은 영해가 아니므로 어떠한 경우에도 타국의 선박을 단속할 수 없다.
사. 이 수역은 연안국이 제한적인 국가 관할권을 행사하는 수역이다.
아. 연안국이 자국 영해 내에서 불법행위를 저지른 모·타국 선박을 단속할 수 있다.

06 다음 ( ) 속에 들어갈 말이 옳은 것은?

> '82 유엔 해양법 협약은 기본적으로 바다를 국가권력의 작용 정도에 따라 ( ) → ( ) → ( ) 등으로 분류되는 각종 해양의 법적 지위를 규정하고 있다.

가. 영해, 배타적 경제수역, 공해
나. 연해, 영해, 공해
사. 내수면, 해면, 원양
아. 연해, 근해, 원양

07 다음은 UN 해양법 협약의 EEZ에 대한 설명이다. 알맞지 않은 것은?

가. EEZ는 1982년 UN 해양법 협약에서 새로 등장한 바다의 구분이다.
나. 연안국이 자기 나라의 EEZ 내에서 행사할 수 있는 권리는 관할권뿐이다.
사. EEZ는 연안국의 배타적 지배권에 종속되나 국가 영역이 아니다.
아. EEZ는 자원 이용에 대한 연안국의 주권적 권리가 행사된다.

> **해설** 배타적 경제수역(EEZ)
> UN 해양법 협약에서 연안국의 영해기선으로부터 200해리 범위까지 해당 연안국에 해양 자원에 대한 배타적 이용권을 부여하는 수역으로 자연자원의 이용 및 보존·관리에 있어서 연안국의 배타적 지배권에 종속되기는 하지만 국가 영역이 아니며, 자원 이용에 대한 연안국의 주권적 권리와 제한적 관할권이 행사되기 때문에 완전한 공해로서의 성질을 가지는 것은 아니다.

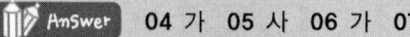
Answer 04 가 05 사 06 가 07 나

08 배타적 경제수역 내에서 주권 국가가 주장할 수 있는 권리가 아닌 것은?
   가. 해저의 상부, 하층 천연자원의 탐사, 개발, 보존에 관한 주권적인 권리
   나. 해수, 해류, 해풍을 이용한 에너지 생산에 관한 주권적인 권리
   사. 인공섬, 시설 및 협약에 규정된 관할권
   아. 어족자원을 제외한 생물자원의 주권적인 권리

09 UN 해양법 협약의 배타적 경제수역에서 언급되지 않은 생물 자원은?
   가. 경계 왕래 어족
   나. 고도 회유성 어족
   사. 소하성 어류
   아. 부어성 어족

   해설 EEZ의 국제 어업관리 어족
   ㉠ 경계 왕래 어족 : 여러 나라에 걸쳐 서식하는 어종
   ㉡ 고도 회유성 어족 : 다랑어, 가다랭이
   ㉢ 소하성 어류 : 연어
   ㉣ 강하성 어종 : 뱀장어

10 UN 해양법 협약의 생물 자원에 대한 것이다. 알맞지 않은 것은?
   가. 배타적 경제수역에서의 생물 자원의 보존 및 이용에 관한 규정은 정착성 어족에도 적용된다.
   나. 강하성 어종의 어획은 EEZ 외측 한계의 육지 쪽 수역에서만 행해져야 한다.
   사. 소하성 어류가 기원하는 국가는 이들 어류에 대한 일차적 이익 및 책임을 진다.
   아. 고도 회유성 어족에는 다랑어류, 꽁치류, 돌고래류, 대양성 상어류가 포함된다.

11 '82 유엔 해양법에서 광역의 해역을 회유하는 어종을 무엇이라 하는가?
   가. 경계 왕래 어종
   나. 고도 회유성 어종
   사. 소하성 어류
   아. 강하성 어종

Answer 08 아 09 아 10 가 11 나

12 STCW-F 협약에서 퇴선 때 취해야 할 조치의 교육 내용으로 알맞지 않은 것은?

가. 어선 및 수중에서 생존정에 승정하는 방법
나. 구명조끼 및 경우에 따라서는 방수복 착용법
사. 높은 곳에서 수중으로 뛰어내리는 방법 및 입수 때 부상의 위험을 감소시키는 방법
아. 헬리콥터에 의한 구조 작업 때 취해야 할 조치

13 STCW-F 협약에서 어획물의 적재시 연료 등의 소모 및 악천후의 위험, 특히 겨울철에는 착빙 발생 가능 지역에서 폭로 갑판상 착빙의 위험을 고려하여 정박할 항구까지의 항해중에 항상 적당한 (   ), 적당한 (   ) 및 수밀 보전성에 각별히 유의하여야 한다. (   ) 속에 적당한 말은?

가. 경계, 복원력   나. 경계, 건현
사. 건현, 안정성   아. 건현, 복원력

14 STCW-F 협약에서 당직 책임사관의 항해상의 임무와 책임중 그 역할의 내용이 올바르지 못한 것은?

가. 당직을 정당하게 교대할 때까지 어떠한 상황에서도 조타실을 떠나서는 아니된다.
나. 선장이 조타실에 있더라도 당직 책임사관에게 그가 책임을 지겠다는 것을 특별히 통지하고 이것이 상호간에 이해될 때까지는 그 선박의 안전항해에 대하여 계속하여 책임을 져야 한다.
사. 안전에 관련하여 취할 행동에 대하여 의문이 있을 때는 선장에게 통보해야 한다.
아. 당직을 인수할 다음 당직자가 당직 의무를 효과적으로 수행하는 것이 불가능하다고 믿어지는 이유가 있으면 당직을 인계하여서는 아니되며 이 경우에 당직 책임사관은 선장에게 통보하지 아니하여도 된다.

15 STCW-F 협약의 항만국 통제에서 선주가 선박이 부당하게 억류되거나 지연되는 경우에 그로 인하여 입은 손해는?

가. 보상받을 권리를 가진다.   나. 배상받을 권리를 가진다.
사. 변상받을 권리를 가진다.   아. 어떠한 권리도 없다.

Answer 12 나 13 아 14 아 15 나

16 국제 해상 조난 통신용 주파수로 지정된 것이 아닌 것은?

가. 500kHz
나. 2,182kHz
사. 46GHz
아. 156.8MHz

해설 조난 통신용 주파수
- 무선전신 설비 : 500kHz
- VHF 무선전화 : 156.8MHz(채널 16)
- VHF DSC : 156.525MHz(채널 70)
- MF 무선전화 : 2,182kHz
- MF DSC : 2,187.5kHz

17 GMDSS를 구성하는 요소에 포함되지 않는 것은?

가. 모스 무선전신기
나. 무선 텔렉스 장치
사. 국제 해사 위성
아. 무선 전화 장치

해설 GMDSS에서는 모스 무선전신기는 배제되었다.

18 비상배치표는 조타실, 기관실 및 선원 거주구역은 물론 어선의 여러 곳에 게시되어야 하며, 비상시 각 선원들이 취하여야 하는 명확한 비상지침서가 비치되어야 한다. 비상경보 장치는 기적 또는 사이렌으로 (   )의 장음에 연이어 (   ) 이상의 단음을 울리는 일반 경보신호를 발할 수 있는 것이어야 한다. (   ) 속에 적당한 말은?

가. 2회, 7회
나. 1회, 7회
사. 2회, 5회
아. 1회, 5회

 16 사 17 가 18 나

제4장 해사관련 국제협약(어선)

06
법규

제01장 선박의 입항 및 출항 등에 관한 법률

01 선박의 입항 및 출항 등에 관한 법률의 목적이 아닌 것은?

가. 무역항의 수상구역 등에서 수로의 보전과 선박교통관제의 효과적인 시행
나. 무역항의 수상구역 등에서 선박의 입항·출항에 대한 지원
사. 무역항의 수상구역 등에서 선박운항의 안전에 필요한 사항을 규정
아. 무역항의 수상구역 등에서 질서 유지에 필요한 사항을 규정

해설 무역항의 수상구역 등에서 선박의 입항·출항에 대한 지원과 선박운항의 안전 및 질서 유지에 필요한 사항을 규정함을 목적으로 한다(법 제1조).

02 선박의 입항 및 출항 등에 관한 법률 및 선박교통관제에 관한 법률에서의 용어 정의가 틀린 것은?

가. "무역항"이란 국민경제와 공공의 이해(利害)에 밀접한 관계가 있고 주로 외항선이 입항·출항하는 항만으로서 국가관리무역항과 지방관리무역항이 있다.
나. "선박"이란 「해사안전법」에서 말하는 선박으로 물에서 항행수단으로 사용하거나 사용할 수 있는 모든 종류의 배를 말한다.
사. "예선"이란 「선박안전법」에 따른 예인선 중 무역항에 출입하거나 이동하는 선박을 끌어당기거나 밀어서 이안·접안·계류를 보조하는 선박을 말한다.
아. "선박교통관제"란 선박교통의 안전을 증진하고 해양환경과 해양시설을 보호하기 위하여 선박의 위치를 탐지하고 선박과 통신할 수 있는 설비를 설치·운영함으로써 선박의 동정을 관찰하며 선박에 대하여 안전에 관한 정보 및 항만의 효율적 운영에 필요한 항만운영정보를 제공하는 것을 말한다.

해설 나. "선박의 입항 및 출항 등에 관한 법률"상 선박이란 「선박법」 제1조의2 제1항에 따른 선박을 말한다.
「선박법」 제1조의2(정의) 제1항
이 법에서 "선박"이란 수상 또는 수중에서 항행용으로 사용하거나 사용할 수 있는 배 종류

Answer 01 가 02 나

를 말하며 그 구분은 다음 각 호와 같다.
1. 기선 : 기관을 사용하여 추진하는 선박과 수면비행선박
2. 범선 : 돛을 사용하여 추진하는 선박
3. 부선 : 자력항행능력이 없어 다른 선박에 의하여 끌리거나 밀려서 항행되는 선박

무역항(법 제2조 제1호)
「항만법」제2조 제2호에 따른 항만을 말한다.

「항만법」제2조 제2호 무역항
국민경제와 공공의 이해(利害)에 밀접한 관계가 있고 주로 외항선이 입항·출항하는 항만으로서 법 제3조 제1항에 따라 지정된 항만을 말한다.

[별표 2] (항만법 제3조 제1항 - 시행령 제3조 제2항 관련)

국가관리무역항과 지방관리무역항 구분

구 분	항만명
국가관리무역항 (14개)	경인항, 인천항, 평택·당진항, 대산항, 장항항, 군산항, 목포항, 여수항, 광양항, 마산항, 부산항, 울산항, 포항항, 동해·묵호항
지방관리무역항 (17개)	서울항, 태안항, 보령항, 완도항, 하동항, 삼천포항, 통영항, 장승포항, 옥포항, 고현항, 진해항, 호산항, 삼척항, 옥계항, 속초항, 제주항, 서귀포항

03 다음 중에서 선박의 입항 및 출항 등에 관한 법률상 우선피항선이 아닌 선박은?
  가. 주로 노와 삿대로 운전하는 선박   나. 전장 24미터 미만의 선박
  사. 예선   아. 「선박법」에 따른 부선

해설 총톤수 20톤 미만의 선박이 우선피항선에 속한다.
  법 제2조 제5호[우선피항선(優先避航船)]
  가. 「선박법」제1조의2 제1항 제3호에 따른 부선(艀船)[예인선이 부선을 끌거나 밀고 있는 경우의 예인선 및 부선을 포함하되, 예인선에 결합되어 운항하는 압항부선(押航艀船)은 제외한다]
  나. 주로 노와 삿대로 운전하는 선박
  다. 예선
  라. 「항만운송사업법」에 따라 항만운송관련사업을 등록한 자가 소유한 선박
  마. 「해양환경관리법」에 따라 해양환경관리업을 등록한 자가 소유한 선박 또는 「해양폐기물 및 해양오염퇴적물 관리법」에 따라 해양폐기물관리업을 등록한 자가 소유한 선박 (폐기물해양배출업으로 등록한 선박은 제외한다)
  바. 가목부터 마목까지의 규정에 해당하지 아니하는 총톤수 20톤 미만의 선박

 03 나

04. 선박의 입항 및 출항 등에 관한 법률상 다음 용어 중 선박을 다른 시설에 붙들어 매어 놓는 것을 의미하는 것은?

가. 정박
나. 정류
사. 계류
아. 계선

해설 정박(碇泊) : 선박이 해상에서 닻을 바다 밑바닥에 내려놓고 운항을 멈추는 것을 말한다.
정류(停留) : 선박이 해상에서 일시적으로 운항을 멈추는 것을 말한다.
계류(繫留) : 선박을 다른 시설에 붙들어 매어 놓는 것을 말한다.
계선(繫船) : 선박이 운항을 중지하고 정박하거나 계류하는 것을 말한다.

05. 선박의 입항 및 출항 등에 관한 법률상 무역항의 수상구역등에 출입하려는 선박의 선장은 대통령령으로 정하는 바에 따라 관리청에 신고하여야 한다. 그러나 신고가 면제되는 선박도 있는데 다음 중 신고가 면제되는 선박이 아닌 것은?

가. 총톤수 10톤 미만의 선박
나. 해양사고구조에 사용되는 선박
사. 수상레저기구 중 국내항 간을 운항하는 모터보트 및 동력요트
아. 연안수역을 항행하는 정기여객선으로서 경유항에 출입하는 선박

해설 총톤수 5톤 미만의 선박은 면제가 된다.
법 제4조 제1항(출입신고)
무역항의 수상구역등에 출입하려는 선박의 선장은 대통령령으로 정하는 바에 따라 관리청에 신고하여야 한다. 다만, 다음 각 호의 선박은 출입신고를 하지 아니할 수 있다.
1. 총톤수 5톤 미만의 선박
2. 해양사고구조에 사용되는 선박
3. 「수상레저안전법」 제2조 제3호에 따른 수상레저기구 중 국내항 간을 운항하는 모터보트 및 동력요트
4. 그 밖에 공공목적이나 항만 운영의 효율성을 위하여 해양수산부령으로 정하는 선박

시행규칙 제4조(신고의 면제)
위에서 "해양수산부령으로 정하는 선박"이란 다음 각 호의 선박을 말한다.
1. 관공선, 군함, 해양경찰함정 등 공공의 목적으로 운영하는 선박
2. 도선선, 예선 등 선박의 출입을 지원하는 선박
3. 「선박직원법 시행령」 제2조 제1호에 따른 연안수역을 항행하는 정기여객선(「해운법」에 따라 내항 정기 여객운송사업에 종사하는 선박을 말한다)으로서 경유항에 출입하는 선박
4. 피난을 위하여 긴급히 출항하여야 하는 선박
5. 그 밖에 항만운영을 위하여 지방해양수산청장이나 시·도지사가 필요하다고 인정하여 출입신고를 면제한 선박

Answer 04 사 05 가

06 선박의 입항 및 출항 등에 관한 법률상 선박이 입·출항 허가를 받아야 하는 경우가 아닌 것은?

가. 전시·사변
나. 전시에 준하는 국가비상사태시
사. 국가안전보장상 필요한 경우
아. 총톤수 20톤 이상의 선박이 무역항의 수상구역등에 계선하려는 경우

> **해설** 아. 허가를 받아야 하는 것이 아니라 신고를 하여야 한다.
> • 총톤수 20톤 이상의 선박을 무역항의 수상구역등에 계선하려는 자는 해양수산부령으로 정하는 바에 따라 관리청에 신고하여야 한다(법 제7조 제1항).
> • 무역항의 수상구역등에 출입하려는 선박의 선장은 관리청에 신고하여야 함에도 불구하고 전시·사변이나 그에 준하는 국가비상사태 또는 국가안전보장에 필요한 경우에는 선장은 대통령령으로 정하는 바에 따라 관리청의 허가를 받아야 한다(법 제4조 제3항).
>
> **시행령 제3조(출입 허가의 대상 선박)**
> 다음 각 호의 어느 하나에 해당하는 선박의 선장은 관리청의 출입 허가를 받아야 한다.
> 1. 외국 국적의 선박으로서 무역항을 출항한 후 바로 다음 기항 예정지가 북한인 선박
> 2. 외국 국적의 선박으로서 북한에 기항한 후 1년 이내에 무역항에 최초로 입항하는 선박
> 2의2. 「국제항해선박 및 항만시설의 보안에 관한 법률」 제33조 제1항 제3호에 따른 행위(무단출입행위)를 한 외국인 선원이 승무하였던 국제항해선박(같은 법 제2조 제1호에 따른 국제항해선박을 말한다)으로서 해양수산부장관이 국가안전보장을 위하여 무역항 출입에 특별한 관리가 필요하다고 인정하는 선박
> 3. 전시·사변이나 이에 준하는 국가비상사태 또는 국가안전보장에 필요한 경우로서 관계중앙행정기관의 장이나 「국제항해선박 및 항만시설의 보안에 관한 법률」 제2조 제9호에 따른 국가보안기관의 장이 무역항 출입에 특별한 관리가 필요하다고 인정하는 선박

07 다음 중 무역항의 수상구역등의 항로에서 가장 우선하여 항행할 수 있는 선박은?

가. 항로의 도중에서 항로를 벗어나는 선박
나. 항로의 도중에서 항로에 들어오는 선박
사. 항로를 가로질러 항행하고 있는 선박
아. 항로를 따라서 항행하고 있는 선박

> **해설** 항로 밖에서 항로에 들어오거나 항로에서 항로 밖으로 나가는 선박은 항로를 항행하는 다른 선박의 진로를 피하여 항행하여야 한다(법 제12조 제1항 제1호).

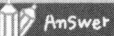 **Answer** 06 아 07 아

단원별 3급 항해사

08 선박의 입항 및 출항 등에 관한 법률상 규정된 항법에 관한 내용 중에서 틀린 것은?

가. 항로 밖에서 항로에 들어오거나 항로에서 항로 밖으로 나가는 선박은 항로를 항행하는 다른 선박의 진로를 피하여 항행할 것
나. 항로에서 다른 선박과 나란히 항행하지 아니할 것
사. 범선은 항로에서 지그재그(zigzag)로 항행하지 아니할 것
아. 항로에서 다른 선박을 어떠한 경우에도 추월하지 아니할 것

해설 선박은 항로에서 다른 선박을 추월하여서는 아니 된다. 다만, 추월하려는 선박을 눈으로 볼 수 있고 안전하게 추월할 수 있다고 판단되는 경우에는 「해사안전법」 제67조 제5항 및 같은 법 제71조에 따른 방법으로 추월할 수 있다.

해사안전법 제67조(좁은 수로등) 제5항
제71조 제2항 및 제3항에 따른 앞지르기 하는 배는 좁은 수로등에서 앞지르기당하는 선박이 앞지르기 하는 배를 안전하게 통과시키기 위한 동작을 취하지 아니하면 앞지르기 할 수 없는 경우에는 기적신호를 하여 앞지르기 하겠다는 의사를 나타내야 한다. 이 경우 앞지르기당하는 선박은 그 의도에 동의하면 기적신호를 하여 그 의사를 표현하고, 앞지르기 하는 배를 안전하게 통과시키기 위한 동작을 취하여야 한다.

법 제12조(항로에서의 항법) 제1항
모든 선박은 항로에서 다음 각 호의 항법에 따라 항행하여야 한다.
1. 항로 밖에서 항로에 들어오거나 항로에서 항로 밖으로 나가는 선박은 항로를 항행하는 다른 선박의 진로를 피하여 항행할 것
2. 항로에서 다른 선박과 나란히 항행하지 아니할 것
3. 항로에서 다른 선박과 마주칠 우려가 있는 경우에는 오른쪽으로 항행할 것
4. 항로에서 다른 선박을 추월하지 아니할 것. 다만, 추월하려는 선박을 눈으로 볼 수 있고 안전하게 추월할 수 있다고 판단되는 경우에는 「해사안전법」 제67조 제5항 및 제71조에 따른 방법으로 추월할 것
5. 항로를 항행하는 제37조 제1항 제1호에 따른 위험물운송선박(제2조 제5호 라목에 따른 선박 중 급유선은 제외한다) 또는 「해사안전법」 제2조 제14호에 따른 흘수제약선(吃水制約船)의 진로를 방해하지 아니할 것
6. 「선박법」 제1조의2 제1항 제2호에 따른 범선은 항로에서 지그재그(zigzag)로 항행하지 아니할 것

09 선박의 입항 및 출항 등에 관한 법률상 규정된 항법에 관한 내용 중에서 옳은 것은?

가. 무역항의 수상구역등에 입항하는 선박이 방파제 입구 등에서 출항하는 선박과 마주칠 우려가 있는 경우에는 방파제 안에서 입항하는 선박의 진로를 피하여야 한다.

Answer 08 아 09 아

나. 선박이 무역항의 수상구역등에서 부두, 방파제 등 인공시설물의 튀어나온 부분을 왼쪽 뱃전에 두고 항행할 때에는 부두등에 접근하여 항행하고, 오른쪽 뱃전에 두고 항행할 때에는 멀리 떨어져서 항행하여야 한다.

사. 동력선은 무역항의 수상구역등이나 무역항의 수상구역 부근에서 우선피항선의 진로를 방해하여서는 아니 된다.

아. 범선이 무역항의 수상구역등에서 항행할 때에는 돛을 줄이거나 예인선이 범선을 끌고 가게 하여야 한다.

해설 가. 입항선박이 출항선박의 진로를 피하여야 한다.
　　　나. 오른쪽 뱃전에 두고 항행할 때는 접근하고, 왼쪽 뱃전에 두고 항행할 때는 멀리 떨어져서 항행하여야 한다.
　　　사. 우선피항선은 무역항의 수상구역등이나 무역항의 수상구역 부근에서 다른 선박의 진로를 방해하여서는 아니 된다.

법 제13조(방파제 부근에서의 항법)
무역항의 수상구역등에 입항하는 선박이 방파제 입구 등에서 출항하는 선박과 마주칠 우려가 있는 경우에는 방파제 밖에서 출항하는 선박의 진로를 피하여야 한다.

법 제14조(부두등 부근에서의 항법)
선박이 무역항의 수상구역등에서 해안으로 길게 뻗어 나온 육지 부분, 부두, 방파제 등 인공시설물의 튀어나온 부분 또는 정박 중인 선박(이하 이 조에서 "부두등"이라 한다)을 오른쪽 뱃전에 두고 항행할 때에는 부두등에 접근하여 항행하고, 부두등을 왼쪽 뱃전에 두고 항행할 때에는 멀리 떨어져서 항행하여야 한다.

법 제15조(예인선 등의 항법)
① 예인선이 무역항의 수상구역등에서 다른 선박을 끌고 항행할 때에는 해양수산부령으로 정하는 방법에 따라야 한다.
② 범선이 무역항의 수상구역등에서 항행할 때에는 돛을 줄이거나 예인선이 범선을 끌고 가게 하여야 한다.

법 제16조(진로방해의 금지)
① 우선피항선은 무역항의 수상구역등이나 무역항의 수상구역 부근에서 다른 선박의 진로를 방해하여서는 아니 된다.
② 제41조 제1항에 따라 공사 등의 허가를 받은 선박과 제42조 제1항에 따라 선박경기 등의 행사를 허가받은 선박은 무역항의 수상구역등에서 다른 선박의 진로를 방해하여서는 아니 된다.

법 제17조(속력 등의 제한)
① 선박이 무역항의 수상구역등이나 무역항의 수상구역 부근을 항행할 때에는 다른 선박에 위험을 주지 아니할 정도의 속력으로 항행하여야 한다.
② 해양경찰청장은 선박이 빠른 속도로 항행하여 다른 선박의 안전 운항에 지장을 초래할 우려가 있다고 인정하는 무역항의 수상구역등에 대하여는 관리청에 무역항의 수상구역등에서의 선박 항행 최고속력을 지정할 것을 요청할 수 있다.
③ 관리청은 제2항에 따른 요청을 받은 경우 특별한 사유가 없으면 무역항의 수상구역등에서 선박 항행 최고속력을 지정·고시하여야 한다. 이 경우 선박은 고시된 항행 최고속력의 범위에서 항행하여야 한다.

법 제18조(항행 선박 간의 거리)
무역항의 수상구역등에서 2척 이상의 선박이 항행할 때에는 서로 충돌을 예방할 수 있는 상당한 거리를 유지하여야 한다.

10 선박의 입항 및 출항 등에 관한 법률상 무역항의 수상구역등이나 무역항의 수상구역 부근을 항행할 때 선박의 속력에 관한 설명 중 맞는 것은?

가. 다른 선박에 위험을 주지 아니할 정도의 속력
나. 다른 선박과 충돌하지 아니할 정도의 속력
사. 조타 가능 최소속력
아. 뒤 따라 오는 선박에 추월되지 아니할 정도의 속력

해설 법 제17조(속력 등의 제한) 제1항
선박이 무역항의 수상구역등이나 무역항의 수상구역 부근을 항행할 때에는 다른 선박에 위험을 주지 아니할 정도의 속력으로 항행하여야 한다.

11 선박의 입항 및 출항 등에 관한 법률에서 예선 및 예선법에 대한 설명 중 틀린 것은?

가. 조선업자는 예선업을 할 수 없다.
나. 예선추진기형은 전(全)방향 회전속도가 60초 이내여야 한다.
사. 2개 이상의 무역항이 인접한 경우에는 무역항별 예선보유기준에 따라 2개 이상의 무역항에 대하여 하나의 예선업으로 등록하게 할 수 있다.
아. 예선업을 하려는 자는 관리청에 등록하여야 하며, 등록한 사항 중 변경하려는 경우에는 신고만 하면 된다.

해설 아. 변경할 때에도 등록과 같은 방법으로 한다.
무역항에서 예선업무를 하는 사업(이하 "예선업"이라 한다)을 하려는 자는 관리청에 등록하여야 한다. 등록한 사항 중 해양수산부령으로 정하는 사항을 변경하려는 경우에도 또한 같다(법 제24조 제1항).
법 제25조(예선업의 등록 제한) 제1항
다음 각 호의 어느 하나에 해당하는 자는 예선업의 등록을 할 수 없다.
1. 원유, 제철원료, 액화가스류 또는 발전용 석탄의 화주(貨主)
2. 「해운법」에 따른 외항 정기 화물운송사업자와 외항 부정기 화물운송사업자
3. 조선사업자
4. 제1호부터 제3호까지의 어느 하나에 해당하는 자가 사실상 소유하거나 지배하는 법인 (이하 "관계법인"이라 한다) 및 그와 특수한 관계에 있는 자(이하 "특수관계인"이라 한다)
5. 제26조 제1호 또는 제5호의 사유로 등록이 취소된 후 2년이 지나지 아니한 자

Answer 10 가 11 아

12 선박의 입항 및 출항 등에 관한 법률상 "예선업의 등록 또는 변경등록 당시 해당 예선의 선령은 (　)이어야 한다." (　)에 알맞은 것은?

가. 10년 이하　　　　　　　　　**나.** 12년 이하
사. 15년 이하　　　　　　　　　**아.** 20년 이하

해설 법 제24조(예선업의 등록)
① 무역항에서 예선업무를 하는 사업(이하 "예선업"이라 한다)을 하려는 자는 관리청에 등록하여야 한다. 등록한 사항 중 해양수산부령으로 정하는 사항을 변경하려는 경우에도 또한 같다.
② 제1항에 따른 예선업의 등록 또는 변경등록은 무역항별로 하되, 다음 각 호의 기준을 충족하여야 한다.
　1. 예선은 자기소유예선[자기 명의의 국적취득조건부 나용선(裸傭船) 또는 자기 소유로 약정된 리스예선을 포함한다]으로서 해양수산부령으로 정하는 무역항별 예선보유기준에 따른 마력[이하 "예항력"(曳航力)이라 한다]과 척수가 적합할 것
　2. 예선추진기형은 전(全)방향추진기형일 것
　3. 예선에 소화설비 등 해양수산부령으로 정하는 시설을 갖출 것
　4. 예선의 선령(船齡)이 해양수산부령으로 정하는 기준에 적합하되, 등록 또는 변경등록 당시 해당 예선의 선령이 12년 이하일 것. 다만, 관리청이 예선 수요가 적어 사업의 수익성이 낮다고 인정하는 무역항에 등록 또는 변경등록하는 선박의 경우와 해양환경공단이 「해양환경관리법」 제67조에 따라 해양오염방제에 대비·대응하기 위하여 선박을 배치하고자 변경등록하는 경우에는 그러하지 아니하다.
③ 제2항에도 불구하고 다음 각 호의 어느 하나에 해당하는 경우에는 해양수산부령으로 정하는 무역항별 예선보유기준에 따라 2개 이상의 무역항에 대하여 하나의 예선업으로 등록하게 할 수 있다.
　1. 1개의 무역항에 출입하는 선박의 수가 적은 경우
　2. 2개 이상의 무역항이 인접한 경우
④ 관리청은 예선업무를 안정적으로 수행하기 위하여 필요하다고 인정하는 경우 예선업이 등록된 무역항의 예선이 아닌 다른 무역항에 등록된 예선을 이용하게 할 수 있다.
⑤ 제4항에 따라 다른 무역항에 등록된 예선을 이용하기 위한 기준 및 절차 등에 필요한 사항은 해양수산부령으로 정한다.

 12 나

13 선박의 입항 및 출항 등에 관한 법률상 예선의 예항력 검사에 대한 설명 중 틀린 것은?

가. 검사 당시 예선의 선령이 25년 미만인 경우에는 5년마다 받아야 한다.
나. 검사 당시 예선의 선령이 25년 이상인 경우에는 3년마다 받아야 한다.
사. 정기 예항력검사를 받은 경우에는 유효기간 만료일 3개월 전부터 만료일까지 예항력 검사를 받고 그 결과를 지방해양수산청장 또는 시·도지사에게 제출하여야 한다.
아. 수시 예항력검사를 받은 경우에는 검사 명령일부터 30일 이내에 예항력검사를 받고 그 결과를 지방해양수산청장 또는 시·도지사에게 제출하여야 한다.

해설 아. 15일까지 제출해야 한다.

시행규칙 제13조(예선의 예항력검사)
① 법 제29조 제2항에 따라 예선은 다음 각 호의 구분에 따른 예항력검사의 유효기간 내에 한국해양교통안전공단 또는 선급법인이 실시하는 정기 예항력검사를 받아야 한다.
  1. 검사 당시 예선의 선령이 25년 미만인 경우 : 5년
  2. 검사 당시 예선의 선령이 25년 이상인 경우 : 3년
② 지방해양수산청장 또는 시·도지사는 선사(船社), 도선사(導船士) 등 예선 사용자의 요청으로 예항력에 이상이 있다고 인정되는 예선에 대해서는 제1항 각 호의 구분에 따른 유효기간에도 불구하고 수시 예항력검사를 명할 수 있다.
③ 예선업자는 제1항에 따른 정기 예항력검사를 받은 경우에는 유효기간 만료일 3개월 전부터 만료일까지, 제2항에 따른 수시 예항력검사를 받은 경우에는 검사 명령일부터 15일 이내에 예항력검사를 받고 그 결과를 지방해양수산청장 또는 시·도지사에게 제출하여야 한다.
④ 제1항에 따른 정기 예항력검사의 유효기간은 제10조 제1항 제4호에 따른 예항력 증명서의 검사일부터 제1항 각 호의 구분에 따라 유효기간을 계산한다. 다만, 제2항에 따른 수시 예항력검사를 실시한 경우에는 본문에도 불구하고 수시 예항력검사를 받은 날부터 제1항 각 호의 구분에 따라 유효기간을 계산한다.

14 선박의 입항 및 출항 등에 관한 법률상 무역항의 수상구역등에서 다른 선박을 끌고 항행할 때는, 예인선의 선수로부터 피예인선의 선미까지의 거리는 몇 미터를 초과하지 못하도록 규정하고 있는가?

가. 100미터   **나.** 200미터
사. 300미터   **아.** 500미터

해설 **예인선 등의 항법**(법 제15조, 시행규칙 제9조 제1항)
① 예인선이 무역항의 수상구역등에서 다른 선박을 끌고 항행할 때에는 해양수산부령으로 정하는 방법에 따라야 한다.
② 범선이 무역항의 수상구역등에서 항행할 때에는 돛을 줄이거나 예인선이 범선을 끌고 가게 하여야 한다.

Answer 13 아 14 나

③ 법 제15조 제1항에 따라 예인선이 무역항의 수상구역등에서 다른 선박을 끌고 항행하는 경우에는 다음 각 호에서 정하는 바에 따라야 한다.
   1. 예인선의 선수로부터 피예인선의 선미까지의 길이는 200미터를 초과하지 아니할 것. 다만, 다른 선박의 출입을 보조하는 경우에는 그러하지 아니하다.
   2. 예인선은 한꺼번에 3척 이상의 피예인선을 끌지 아니할 것

15 선박의 입항 및 출항 등에 관한 법률상 무역항의 수상구역등에서의 위험물 반입에 대하여 잘못 기술한 것은?

가. 위험물을 무역항의 수상구역등으로 들여오려는 자는 해양수산부령으로 정하는 바에 따라 관리청의 허가를 받아야 한다.
나. 위험물을 무역항의 수상구역등으로 들여오려는 자는 반입 24시간 전에 관계서류를 지방해양수산청장 또는 시·도지사에게 제출하여야 한다.
사. 전출항지부터 반입항까지의 운항 시간이 24시간 이내이고 해상으로 위험물을 반입하는 경우에는 무역항의 수상구역등으로 위험물을 들여오기 전까지 위험물 반입신고서 등을 제출할 수 있다.
아. 관리청은 위험물의 반입 신고를 받았을 때에는 위험물의 종류 및 수량을 제한하거나 안전에 필요한 조치를 할 것을 명할 수 있다.

해설 가. 위험물을 무역항의 수상구역등으로 들여오려는 자는 허가를 받아야 하는 것이 아니라 신고를 하여야 한다.

위험물의 반입 신고
① 위험물을 무역항의 수상구역등으로 들여오려는 자는 해양수산부령으로 정하는 바에 따라 관리청에 신고하여야 한다(법 제32조 제1항).
② 법 제32조 제1항에 따라 위험물을 무역항의 수상구역등으로 들여오려는 자는 반입 24시간 전에 위험물 반입신고서에 위험물 일람표를 첨부하여 지방해양수산청장 또는 시·도지사에게 제출하여야 한다. 다만, 위험물을 육상으로 반입하는 경우에는 무역항의 육상구역으로 위험물을 들여오기 전까지, 전출항지부터 반입항까지의 운항 시간이 24시간 이내이고 해상으로 위험물을 반입하는 경우에는 무역항의 수상구역등으로 위험물을 들여오기 전까지 위험물 반입신고서 등을 제출할 수 있다(시행규칙 제14조 제1항).
③ 위험물의 반입신고서를 제출받은 지방해양수산청장 또는 시·도지사는 위험물 반입신고서의 확인란에 날인하여 신고인에게 발급하여야 한다(시행규칙 제14조 제2항).
④ 관리청은 위험물의 반입 신고를 받았을 때에는 무역항 및 무역항의 수상구역등의 안전, 오염방지 및 저장능력을 고려하여 해양수산부령으로 정하는 바에 따라 들여올 수 있는 위험물의 종류 및 수량을 제한하거나 안전에 필요한 조치를 할 것을 명할 수 있다(법 제32조 제3항).

 15 가

16 선박의 입항 및 출항 등에 관한 법률상 무역항의 수상구역등에서의 위험물 하역에 대하여 잘못 기술한 것은?

가. 위험물을 하역하려는 자는 자체안전관리계획을 수립하여 관리청의 승인을 받아야 한다.
나. 관리청은 무역항의 안전을 위하여 필요하다고 인정할 때에는 자체안전관리계획을 변경할 것을 명할 수 있다.
사. 관리청은 기상 악화 등 불가피한 사유로 무역항의 수상구역등에서 위험물을 하역하는 것이 부적당하다고 인정하는 경우에는 해양수산부령으로 정하는 바에 따라 그 하역을 금지 또는 중지하게 하거나 무역항의 수상구역등 외의 장소를 지정하여 하역하게 할 수 있다.
아. 무역항의 수상구역등이 아닌 장소로서 해양수산부령으로 정하는 장소에서 위험물을 하역하려는 자는 무역항의 수상구역등의 밖에 있는 자로 본다.

> **해설** 무역항의 수상구역등이 아닌 장소로서 해양수산부령으로 정하는 장소에서 위험물을 하역하려는 자는 무역항의 수상구역등에 있는 자로 본다(법 제34조 제4항).
>
> **법 제34조(위험물의 하역)**
> ① 무역항의 수상구역등에서 위험물을 하역하려는 자는 대통령령으로 정하는 바에 따라 자체안전관리계획을 수립하여 관리청의 승인을 받아야 한다. 승인받은 사항 중 대통령령으로 정하는 사항을 변경하려는 경우에도 또한 같다.
> ② 관리청은 무역항의 안전을 위하여 필요하다고 인정할 때에는 제1항에 따른 자체안전관리계획을 변경할 것을 명할 수 있다.
> ③ 관리청은 기상 악화 등 불가피한 사유로 무역항의 수상구역등에서 위험물을 하역하는 것이 부적당하다고 인정하는 경우에는 제1항에 따른 승인을 받은 자에 대하여 해양수산부령으로 정하는 바에 따라 그 하역을 금지 또는 중지하게 하거나 무역항의 수상구역등 외의 장소를 지정하여 하역하게 할 수 있다.
> ④ 무역항의 수상구역등이 아닌 장소로서 해양수산부령으로 정하는 장소에서 위험물을 하역하려는 자는 무역항의 수상구역등에 있는 자로 본다.
>
> ▶ 위에서 "해양수산부령으로 정하는 장소"란 총톤수 1천톤 이상의 위험물 운송선박이 접안할 수 있는 부두시설 및 위험물 하역작업에 필요한 시설을 갖추고, 산적액체위험물을 취급하는 장소를 말한다(시행규칙 제17조 제2항).

17 선박의 입항 및 출항 등에 관한 법률상 무역항의 수상구역등에서의 선박수리의 허가 및 신고에 대하여 잘못 기술한 것은?

가. 위험물을 저장·운송하는 선박과 위험물을 하역한 후에도 인화성 물질 또는 폭발성

Answer 16 아 17 아

가스가 남아 있어 화재 또는 폭발의 위험이 있는 선박의 선장은 무역항의 수상구역 등에서 선박을 불꽃이나 열이 발생하는 용접 등의 방법으로 수리하려는 경우 관리청의 허가를 받아야 한다.

나. 총톤수 20톤 이상의 선박을 기관실, 연료탱크, 그 밖에 선박 내 위험구역에서 수리작업을 하려는 경우에는 관리청의 허가를 받아야 한다.

사. 총톤수 20톤 이상의 선박을 위험구역 밖에서 불꽃이나 열이 발생하는 용접 등의 방법으로 수리하려는 경우에 관리청에 신고하여야 한다.

아. 불꽃이나 열이 발생하는 용접 등의 방법으로 선박을 수리하려는 자가 허가를 받았을 때는 그 선박이 원하는 장소에 정박하거나 계류하여 수리를 받을 수 있다.

해설 불꽃이나 열이 발생하는 용접 등의 방법으로 선박을 수리하려는 자는 그 선박을 관리청이 지정한 장소에 정박하거나 계류하여야 한다(법 제37조 제5항).

법 제37조(선박수리의 허가 및 신고)
① 선장은 무역항의 수상구역등에서 다음 각 호의 선박을 불꽃이나 열이 발생하는 용접 등의 방법으로 수리하려는 경우 해양수산부령으로 정하는 바에 따라 관리청의 허가를 받아야 한다. 다만, 제2호의 선박은 기관실, 연료탱크, 그 밖에 해양수산부령으로 정하는 선박 내 위험구역에서 수리작업을 하는 경우에만 허가를 받아야 한다.
  1. 위험물을 저장·운송하는 선박과 위험물을 하역한 후에도 인화성 물질 또는 폭발성 가스가 남아 있어 화재 또는 폭발의 위험이 있는 선박("위험물운송선박"이라 한다)
  2. 총톤수 20톤 이상의 선박 ▶ 위험물운송선박은 제외한다.
② 관리청은 제1항에 따른 허가 신청을 받았을 때에는 신청 내용이 다음 각 호의 어느 하나에 해당하는 경우를 제외하고는 허가하여야 한다.
  1. 화재·폭발 등을 일으킬 우려가 있는 방식으로 수리하려는 경우
  2. 용접공 등 수리작업을 할 사람의 자격이 부적절한 경우
  3. 화재·폭발 등의 사고 예방에 필요한 조치가 미흡한 것으로 판단되는 경우
  4. 선박수리로 인하여 인근의 선박 및 항만시설의 안전에 지장을 초래할 우려가 있다고 판단되는 경우
  5. 수리장소 및 수리시기 등이 항만운영에 지장을 줄 우려가 있다고 판단되는 경우
  6. 위험물운송선박의 경우 수리하려는 구역에 인화성 물질 또는 폭발성 가스가 없다는 것을 증명하지 못하는 경우
③ 총톤수 20톤 이상의 선박을 제1항 단서에 따른 위험구역 밖에서 불꽃이나 열이 발생하는 용접 등의 방법으로 수리하려는 경우에 그 선박의 선장은 해양수산부령으로 정하는 바에 따라 관리청에 신고하여야 한다.
④ 관리청은 제3항에 따른 신고를 받은 경우 그 내용을 검토하여 이 법에 적합하면 신고를 수리하여야 한다.
⑤ 제1항부터 제3항까지에 따라 선박을 수리하려는 자는 그 선박을 관리청이 지정한 장소에 정박하거나 계류하여야 한다.
⑥ 관리청은 수리 중인 선박의 안전을 위하여 필요하다고 인정하는 경우에는 그 선박의 소유자나 임차인에게 해양수산부령으로 정하는 바에 따라 안전에 필요한 조치를 할 것을 명할 수 있다.

18
선박의 입항 및 출항 등에 관한 법률상 "누구든지 무역항의 수상구역등이나 무역항의 수상구역 밖 (　)킬로미터 이내의 수면에 선박의 안전운항을 해칠 우려가 있는 흙·돌·나무·어구 등 폐기물을 버려서는 아니 된다." 다음 중 (　) 안에 맞는 것은?

가. 20　　　　　　　　　　　나. 15
사. 12　　　　　　　　　　　아. 10

해설 누구든지 무역항의 수상구역등이나 무역항의 수상구역 밖 10킬로미터 이내의 수면에 선박의 안전운항을 해칠 우려가 있는 흙·돌·나무·어구 등 폐기물을 버려서는 아니 된다(법 제38조 제1항).

19
다음 중 무역항의 수상구역등에서의 행위중 관리청의 허가를 받아야 하는 사항이 아닌 것은?

가. 공사 또는 작업
나. 선박경기 등 행사
사. 위험물의 반입
아. 불꽃이나 열이 발생하는 용접 등의 방법에 의한 선박수리

해설 위험물의 반입은 신고사항이다.

20
무역항의 수상구역등에서 선박교통에 방해가 될 우려가 있는 장소에서의 어로행위는?

가. 허가를 받고 행한다.　　　　나. 어로가 금지된다.
사. 어선법에 따라 허용된다.　　아. 신고를 하고 행한다.

해설 어로행위는 할 수는 있으나 선박교통에 방해가 될 우려가 있는 장소에서의 어로행위는 금지된다.
누구든지 선박교통에 방해가 될 우려가 있는 장소 또는 항로에서는 어로(어구 등의 설치를 포함한다)를 하여서는 아니 된다(법 제44조).

21
선박의 입항 및 출항 등에 관한 법률상 무역항의 수상구역등에서 기적이나 사이렌을 갖춘 선박에 화재가 발생한 경우 그 선박은 화재를 알리는 경보인 기적이나 사이렌을 (　) 울려야 한다. (　) 안에 적합한 것은?

가. 장음으로 4회　　　　　　　나. 장음으로 5회
사. 단음으로 7회　　　　　　　아. 단음 7회 후 장음 1회

Answer 18 아　19 사　20 나　21 나

해설 시행규칙 제29조(화재 시 경보방법)
① 화재를 알리는 경보는 기적이나 사이렌을 장음(4초에서 6초까지의 시간 동안 계속되는 울림을 말한다)으로 5회 울려야 한다.
② 경보는 적당한 간격을 두고 반복하여야 한다.

22 선박의 입항 및 출항 등에 관한 법률에 관한 다음 내용 중 틀린 것은?

가. 선박은 무역항의 수상구역등에서 특별한 사유없이 기적을 울려서는 아니 된다.
나. 충돌의 위험에 처하여도 무역항의 수상구역등에서는 기적을 울려서는 아니 된다.
사. 선박은 무역항의 수상구역등에서 특별한 사유없이 사이렌을 울려서는 아니 된다.
아. 관리청은 선박이 법 또는 법에 따른 명령을 위반한 경우에는 그 선박의 출항을 중지시킬 수 있다.

해설 선박은 특별한 사유 없이 기적이나 사이렌을 울려서는 아니 되지만 충돌의 위험 및 화재 등이 있을 때는 기적이나 사이렌을 사용할 수 있다.
법 제46조(기적 등의 제한)
① 선박은 무역항의 수상구역등에서 특별한 사유 없이 기적이나 사이렌을 울려서는 아니 된다.
② 제1항에도 불구하고 무역항의 수상구역등에서 기적이나 사이렌을 갖춘 선박에 화재가 발생한 경우 그 선박은 기적이나 사이렌을 장음(4초에서 6초까지의 시간 동안 계속되는 울림을 말한다)으로 5회 울려야 한다.

Answer 22 나

제02장 선원법 및 선박직원법

1. 선원법

01 다음 중 선원법의 목적이 아닌 것은?

가. 선내 질서 유지
나. 선원의 기본적 생활을 보장 및 향상
사. 해상에서의 인명, 재화 및 해양환경의 안전확보
아. 선원의 자질향상 도모

해설 법 제1조(목적) 이 법은 선원의 직무, 복무, 근로조건의 기준, 직업안정, 복지 및 교육훈련에 관한 사항 등을 정함으로써 선내 질서를 유지하고, 선원의 기본적 생활을 보장·향상시키며 선원의 자질 향상을 도모함을 목적으로 한다.

02 다음 중 선원법상 선원의 유급일수 계산이 옳은 것은?

가. 유급휴가를 목적으로 대한민국에 도착한 날부터 계산하여 승선일의 전일까지의 일수
나. 유급휴가를 목적으로 대한민국에 도착한 날의 다음 날부터 계산하여 승선일까지의 일수
사. 유급휴가를 목적으로 대한민국에 도착한 날부터 계산하여 승선일까지의 일수
아. 유급휴가를 목적으로 대한민국에 도착한 날의 다음 날부터 계산하여 승선일 전일까지의 일수

해설 법 제71조(유급휴가 사용일수의 계산) 선원이 실제 사용한 유급휴가 일수의 계산은 선원이 유급휴가를 목적으로 하선하고 자기나라에 도착한 날(제38조 제1항에 따라 통상적으로 송환에 걸리는 기간이 도래하는 날을 말한다)의 다음 날부터 계산하여 승선일(외국에서 승선하는 경우에는 출국일을 말한다) 전날까지의 일수로 하되, 다음 각 호의 어느 하나에 해당하는 기간은 유급휴가 사용일수에 포함하지 아니한다.
1. 관공서의 공휴일 또는 근로자의 날
2. 선원이 제116조 또는 다른 법령에 따라 받은 교육훈련 기간
3. 그 밖에 해양수산부령으로 정하는 기간

Answer 01 사 02 아

03 다음 중 선원을 보호하기 위한 근로관계상의 기본원칙이 아닌 것은?

가. 위약금 예정의 금지
나. 강제저축의 금지
사. 전차금 상계의 금지
아. 공민권 행사의 제한

해설 법 제29조(위약금 등의 예정 금지) 선박소유자는 선원근로계약의 불이행에 대한 위약금이나 손해배상액을 미리 정하는 계약을 체결하지 못한다.
법 제30조(강제저축 등의 금지) 선박소유자는 선원근로계약에 부수하여 강제저축 또는 저축금 관리를 약정하는 계약을 체결하지 못한다.
법 제31조(전차금 상계의 금지) 선박소유자는 선원에 대한 전차금(前借金)이나 그 밖에 근로할 것을 조건으로 하는 전대(前貸)채권과 임금을 상계(相計)하지 못한다.

04 미성년자의 선원근로계약에 관한 설명 중에서 가장 옳은 것은?

가. 해기면허를 취득한 미성년자는 선원근로계약을 자유롭게 체결할 수 있다.
나. 선원이 되는데 대하여 법정대리인의 동의를 얻은 미성년자는 선원근로계약을 자유롭게 체결할 수 있다.
사. 미성년자의 선원근로계약은 법정대리인만이 체결할 수 있다.
아. 18세 미만의 미성년자 또는 그 법정대리인이 원하는 경우 선박소유자는 자유로이 승선원근로계약을 체결할 수 있다.

해설 법 제90조(미성년자의 능력)
① 미성년자가 선원이 되려면 법정대리인의 동의를 받아야 한다.
② 제1항에 따라 법정대리인의 동의를 받은 미성년자는 선원근로계약에 관하여 성년자와 같은 능력을 가진다.

05 선원근로계약이 선박(화물선)의 항행중에 종료되는 경우에는 선원법상 다음 언제까지 그 선원근로계약이 존속하는 것으로 보는가?

가. 선박이 다음 항구에 입항할 때까지
나. 선박이 국내 항구에 입항할 때까지
사. 선박이 다음 항구에 입항하여 하역을 완료할 때까지
아. 교체 승선자 도착시까지

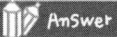 **03** 아 **04** 나 **05** 사

단원별 3급 항해사

> **해설** 법 제35조(선원근로계약의 존속)
> ① 선원근로계약이 선박의 항해 중에 종료할 경우에는 그 계약은 선박이 다음 항구에 입항하여 그 항구에서 부릴 화물을 모두 부리거나 내릴 여객이 다 내릴 때까지 존속하는 것으로 본다.
> ② 선박소유자는 승선·하선 교대에 적당하지 아니한 항구에서 선원근로계약이 종료할 경우에는 30일을 넘지 아니하는 범위에서 승선·하선 교대에 적당한 항구에 도착하여 그 항구에서 부릴 화물을 모두 부리거나 내릴 여객이 다 내릴 때까지 선원근로계약을 존속시킬 수 있다.

06 선원법상 선내 비상훈련을 실시해야 하는 선박이 아닌 것은?

가. 여객선
나. 평수구역을 항행구역으로 하는 총톤수 500톤 이상의 선박
사. 근해구역을 항행구역으로 하는 총톤수 500톤 이상의 선박
아. 연해구역을 항행구역으로 하는 총톤수 500톤 이상의 선박

> **해설** 평수구역을 항행하는 선박은 제외한다.
> **법 제15조(비상배치표 및 훈련 등) 제1항**
> 다음 각 호의 어느 하나에 해당하는 선박의 선장은 비상시에 조치하여야 할 해원의 임무를 정한 비상배치표를 선내의 보기 쉬운 곳에 걸어두고 선박에 있는 사람에게 소방훈련, 구명정훈련 등 비상시에 대비한 훈련을 실시하여야 한다. 이 경우 해원은 비상배치표에 명시된 임무대로 훈련에 임하여야 한다.
> 1. 총톤수 500톤 이상의 선박. 다만, 평수구역을 항행구역으로 하는 선박을 제외한다.
> 2. 「선박안전법」제2조 제10호에 따른 여객선(이하 "여객선"이라 한다)

07 선원법상 선박소유자가 선원에 대한 채권과 임금지급의 채무를 상계할 수 있는 경우는?

가. 상계액이 승선평균임금의 4분의 1을 초과하지 아니하는 경우
나. 상계할 수 없다.
사. 상계액이 통상임금의 2분의 1을 초과하지 아니하는 경우
아. 상계액이 승선평균임금의 4분의 3을 초과하지 아니하는 경우

> **해설** 법 제31조(전차금 상계의 금지) 선박소유자는 선원에 대한 전차금(前借金)이나 그 밖에 근로할 것을 조건으로 하는 전대(前貸)채권과 임금을 상계(相計)하지 못한다.
> ※ 2019년 1월 15일 법 개정을 통하여 "선원근로자가 육상근로자에 비해 근로조건이 상대적으로 불리한 실정을 개선하기 위해 선원에 대한 전차금(前借金)이나 근로할 것을 조건으로 하는 전대(前貸)채권과 임금을 상계(相計)하지 못하도록 하였다." 개정 전에는 상계금액이 통상임금의 3분의 1을 초과하지 아니하는 경우에는 상계할 수 있었다.

 06 나 07 나

08 선원법상 선원에게 책임을 돌릴 사유가 없음에도 불구하고 선박소유자가 선원근로계약을 해지한 것 때문에 지급하는 수당은?

가. 해고수당
나. 실업수당
사. 퇴직수당
아. 휴업수당

해설 법 제37조(실업수당) 선박소유자는 다음 각 호의 어느 하나에 해당하는 경우에는 선원에게 제55조에 따른 퇴직금 외에 통상임금의 2개월분에 상당하는 금액을 실업수당으로 지급하여야 한다.
1. 선박소유자가 선원에게 책임을 돌릴 사유가 없음에도 불구하고 선원근로계약을 해지한 경우
2. 선원근로계약에서 정한 근로조건이 사실과 달라 선원이 선원근로계약을 해지한 경우
3. 선박의 침몰, 멸실 또는 그 밖의 부득이한 사유로 사업을 계속할 수 없어 선원근로계약을 해지한 경우

09 선원법상 선장의 직무와 권한으로 볼 수 없는 것은?

가. 선박을 담보에 제공하는 일
나. 해원을 지휘·감독하는 일
사. 항해 준비가 끝나면 지체 없이 출항하는 일
아. 선박의 항행중 선박 안에 있는 자가 사망한 경우에 수장(水葬)하는 일

10 선원법상 선장이 조난선의 구조요청을 받고 구조를 하지 아니하여도 되는 경우에 해당하지 않는 것은?

가. 자기 선박에 급박한 위험이 있을 때
나. 구조비의 계약이 이루어지지 않은 경우
사. 부득이한 사유로 조난 장소까지 갈 수 없는 경우
아. 조난 장소에 도착한 다른 선박으로부터 구조의 필요가 없다는 통보를 받은 경우

해설 법 제13조(조난 선박 등의 구조 의무)
선장은 다른 선박 또는 항공기의 조난을 알았을 때에는 인명을 구조하는 데 필요한 조치를 다하여야 한다. 다만, 자기가 지휘하는 선박에 급박한 위험이 있는 경우 등 해양수산부령으로 정하는 경우에는 그러하지 아니하다.
시행규칙 제5조(조난 선박 등에 대한 구조의무의 한계)
① 위의 단서에서 "자기가 지휘하는 선박에 급박한 위험이 있는 경우 등 해양수산부령으로 정하는 경우"란 다음의 어느 하나에 해당하는 경우를 말한다.
1. 조난장소에 도착한 다른 선박으로부터 구조의 필요가 없다는 통보를 받은 경우

Answer 08 나 09 가 10 나

2. 조난장소에 접근하였으나 부득이한 사유로 인하여 구조할 수 없거나 구조할 필요가 없다고 판단되는 경우
3. 부득이한 사유로 조난장소까지 갈 수 없거나 기타 구조가 적당하지 아니하다고 판단되는 경우
4. 선장이 지휘하는 선박에 급박한 위험이 있는 경우

② 제1항 제2호부터 제4호까지의 규정에 따라 구조를 하지 아니하는 경우에는 조난선박 또는 조난항공기에 가까이 있는 선박에 그 뜻을 통보하여야 하되, 다른 선박에 의한 조난구조가 행하여지지 아니할 것으로 판단되는 경우에는 해양경찰관서의 장에 통보하여야 한다.

11 선원법상 선장의 해원에 대한 징계 중에서 가장 무거운 징계는?

가. 징역
나. 벌금
사. 상륙금지
아. 하선

해설 징계는 훈계, 상륙금지 및 하선으로 하며, 상륙금지는 정박 중에 10일 이내로 한다. 가장 무거운 징계는 하선이다.

12 선원법에 의해 선내에 비치하도록 요구되는 서류가 아닌 것은?

가. 선박국적증서와 검사증서
나. 승무원 및 여객 명부
사. 화물에 관한 서류 및 기관일지
아. 검역증과 상륙허가서

해설 법 제20조(서류의 비치)
① 선장은 다음 각 호의 서류를 선내에 갖추어 두어야 한다.
  1. 선박국적증서
  2. 선원명부
  3. 항해일지
  4. 화물에 관한 서류
  5. 그 밖에 해양수산부령으로 정하는 서류
② 선장은 해양수산부령으로 정하는 서식에 따라 선원명부 및 항해일지 등을 기록·보관하여야 한다

시행규칙 제13조(서류의 비치)
② 법 제20조 제1항 제5호에서 "해양수산부령으로 정하는 서류"란 다음 각 호의 서류를 말한다.
  1. 선박검사증서
  2. 항행하는 해역의 해도

Answer 11 아 12 아

3. 기관일지
4. 속구목록
5. 선박의 승무정원증서
6. 삭제(2017.1.18)
7. 「2006 해사노동협약」 내용이 포함된 도서(항해선이 아닌 선박과 어선은 제외한다)

13 선원법에서 통상임금을 기준으로 산정하지 않는 것은 어느 것인가?
　가. 유족보상　　　　　　　　　　나. 실업수당
　사. 송환수당　　　　　　　　　　아. 유급휴가급

해설　가. 유족보상은 평균임금을 기준으로 한다.
법 제99조(유족보상)
① 선박소유자는 선원이 직무상 사망(직무상 부상 또는 질병으로 인한 요양 중의 사망을 포함한다)하였을 때에는 지체 없이 대통령령으로 정하는 유족에게 승선평균임금의 1천300일분에 상당하는 금액의 유족보상을 하여야 한다.
② 선박소유자는 선원이 승무 중 직무 외의 원인으로 사망(제94조 제2항에 따른 요양 중의 사망을 포함한다)하였을 때에는 지체 없이 대통령령으로 정하는 유족에게 승선평균임금의 1천일분에 상당하는 금액의 유족보상을 하여야 한다. 다만, 사망 원인이 선원의 고의에 의한 경우로서 선박소유자가 선원노동위원회의 인정을 받은 경우에는 그러하지 아니하다.

통상임금	실업수당	2개월
	송환수당	선원의 송환에 소요되는 일수에 따라 통상임금에 상당하는 금액
	상병수당	직무상 – 4개월 : 매월1회 – 4개월이후 70%
		직무외 – 3개월 범위 – 70%
	요양수당	3개월
	소지품유실보상	2개월 내
평균임금	장해보상	장해등급에 따른 일수 × 승선평균임금
	일시보상	2년 후 장해보상
	유족보상	직무상 – 1300일분
		직무외 – 1000일분
	장제비	4개월(120일분)
평균+통상	행방불명	1개월의 통상임금 + 3개월 평균임금
		1개월후 유족보상 + 장제비

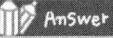 13 가

▶ 임금이란 선박소유자가 근로의 대가로 선원에게 임금, 봉급, 그 밖에 어떠한 명칭으로든 지급하는 모든 금전을 말한다.
▶ 통상임금이란 선원에게 정기적·일률적으로 일정한 근로 또는 총근로에 대하여 지급하기로 정하여진 시간급금액·일급금액·주급금액·월급금액 또는 도급금액을 말한다.
▶ 승선평균임금이란 이를 산정하여야 할 사유가 발생한 날 이전 승선기간(3개월을 초과하는 경우에는 최근 3개월로 한다)에 그 선원에게 지급된 임금 총액을 그 승선기간의 총일수로 나눈 금액을 말한다. 다만, 이 금액이 통상임금보다 적은 경우에는 통상임금을 승선평균임금으로 본다.

14 선원법상 근로의 대가로 선박소유자가 선원에게 지급하는 일체의 금전으로 정의되고 있는 것은?

가. 임금
나. 봉급
사. 보수
아. 봉급 및 기타의 보수

15 선원이 승무중 직무외의 원인으로 요양을 받아야 되는 경우 선박소유자가 책임을 지고 요양을 시켜주는 기간은 얼마나 되는가?

가. 3개월
나. 4개월
사. 6개월
아. 1년

16 다음은 선원에 대한 각종 급여의 기준이 되는 임금을 짝지은 것이다. 선원법 규정과 다른 것은?

가. 유급휴가급 – 통상임금
나. 실업수당 – 통상임금
사. 장해보상 – 통상임금
아. 퇴직금 – 승선평균임금

해설 장해보상은 평균임금을 기준으로 한다(법 제97조).

17 선원법상 선박소유자가 직무상 사망한 선원의 유족에게 지급하여야 할 유족보상액은?

가. 승선평균임금의 1,000일분
나. 승선평균임금의 1,300일분
사. 통상임금의 1,000일분
아. 통상임금의 1,300일분

해설
• 직무상 사망 : 승선평균임금의 1,300일분
• 직무외 사망 : 승선평균임금의 1,000일분

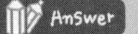 Answer 14 가 15 가 16 사 17 나

18 선원법에서 선원이 사망한 경우 그 유족에게 지급하는 장제비 금액은?

가. 통상임금의 100일분
나. 통상임금의 120일분
사. 승선평균임금의 100일분
아. 승선평균임금의 120일분

19 선원재해보상의 요건에 관한 설명 중 선원법의 규정 내용과 다른 것은?

가. 소지품 유실보상은 선원이 해양사고로 소지품을 잃은 경우에 한한다.
나. 행방불명보상은 선원이 해상에서 행방불명된 경우에 한한다.
사. 장제비는 선원이 직무상 사망한 경우에 한한다.
아. 장해보상은 선원이 직무상 부상 또는 질병에 걸리고 장해가 남은 경우에 한한다.

> **해설** 선박소유자는 선원사망시 직무상이든 아니든 지체없이 승선평균임금의 120일분에 상당하는 금액을 장제비로 지급하여야 한다(법 제100조).

20 해원이 4분의 1 이상 교체된 경우 선원법은 선내 비상훈련을 출항 후 몇 시간 이내에 실시하도록 규정하고 있는가?

가. 12시간
나. 24시간
사. 36시간
아. 48시간

> **해설** 시행규칙 제7조(선내비상훈련)
> ① 삭제 (2015.7.7)
> ② 법 제15조 제1항에 따른 소방훈련・구명정훈련 등 비상시에 대비한 훈련은 매월 1회 선장이 지정하는 일시에 실시하되, 여객선의 경우에는 10일(국내항과 외국항을 운항하는 여객선은 7일)마다 실시하여야 한다.
> ③ 삭제 (2015.7.7)
> ④ 선장은 당해선박의 해원 4분의 1 이상이 교체된 때에는 출항 후 24시간 이내에 선내비상훈련을 실시하여야 한다.
> ⑤ 선장은 구명정훈련시에 구명정을 순차적으로 사용하여야 하며, 가능한 한 2월에 한번씩 구명정을 바다에 띄워 놓고 훈련을 실시하여야 한다.
> ⑥ 법 제15조 제2항에 따른 비상신호의 방법은 기적 또는 싸이렌에 의한 연속 7회의 단음과 계속 1회의 장음으로 한다.
> ⑦ 법 제15조 제2항에 따라 여객선의 선장은 다음 각 호의 사항을 안내방송 또는 동영상 방영 등의 방법으로 선박의 출항 후 1시간(국제항해에 종사하는 여객선의 경우에는 4시간) 이내에 여객에게 안내하여야 한다.
>   1. 승・하선 질서의 유지 등 여객안전을 위하여 필요한 사항

Answer 18 아 19 사 20 나

2. 여객선의 구명설비, 소화기 등의 사용법
3. 비상시 여객 행동요령
4. 항해시간, 기상정보 및 입출항 예정시간
5. 그 밖에 여객이 비상시에 대비하여 알아야 할 사항

21 선원법상 선원의 최저임금은 어떻게 정해지는가?

가. 선원노동위원회의 심의를 거쳐 해양수산부장관이 정한다.
나. 정책자문위원회의 자문을 거쳐 해양수산부장관이 정한다.
사. 노사간의 단체교섭을 거쳐 선원정책협의회가 정한다.
아. 선원노동위원회의 중재를 거쳐 정책자문위원회의위원장이 정한다.

해설 **법 제59조(최저임금)** 해양수산부장관은 필요하다고 인정하면 선원의 임금 최저액을 정할 수 있다. 이 경우 해양수산부장관은 해양수산부령으로 정하는 자문을 하여야 한다.
시행규칙 제38조의2(자문) 법 제59조, 법 제115조 제2항 및 영 제23조에 따른 자문이란 「정책자문위원회규정」 제2조에 따라 해양수산부에 설치되는 정책자문위원회의 자문을 말한다.

22 다음 중 선원의 쟁의행위가 제한되지 않는 경우는?

가. 여객선이 승객을 태우고 항해중인 경우
나. 선원이 예비원으로 있는 경우
사. 선박이 외국의 항구에 있는 경우
아. 선장이 선박의 조종을 직접 지휘하여 항해중인 경우

해설 **법 제25조(쟁의행위의 제한)** 선원은 다음 각 호의 어느 하나에 해당하는 경우에는 선원근로관계에 관한 쟁의행위를 하여서는 아니된다.
1. 선박이 외국 항에 있는 경우
2. 여객선이 승객을 태우고 항해중인 경우
3. 위험물 운송을 전용으로 하는 선박이 항해중인 경우로서 위험물의 종류별로 해양수산부령으로 정하는 경우
4. 제9조에 따라 선장 등이 선박의 조종을 지휘하여 항해중인 경우
5. 어선이 어장에서 어구를 내릴 때부터 냉동처리 등을 마칠 때까지의 일련의 어획작업 중인 경우
6. 그 밖에 선원근로관계에 관한 쟁의행위로 인명이나 선박의 안전에 현저한 위해를 줄 우려가 있는 경우

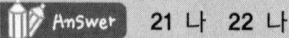
21 나 22 나

23. 다음 중 선원법상 선박소유자에 해당하지 않는 사람은?
   - 가. 선박소유자
   - 나. 선박차용인
   - 사. 선박관리인
   - 아. 운송주선인

   해설 법 제2조(정의) 이 법에서 사용하는 용어의 뜻은 다음과 같다.
   2. "선박소유자"란 선주, 선주로부터 선박의 운항에 대한 책임을 위탁받고 이 법에 따른 선박소유자의 권리 및 책임과 의무를 인수하기로 동의한 선박관리업자, 대리인, 선체용선자(船體傭船者) 등을 말한다.

24. 선박소유자가 선원근로계약에 부수하여 강제저축 또는 저축금의 관리를 약정하는 계약을 체결하지 못하도록 하는 가장 타당한 이유는?
   - 가. 선주의 경제적 지위를 낮추기 위하여
   - 나. 선원의 경제적 지위를 보호하기 위하여
   - 사. 선원의 임금인상을 억제하기 위하여
   - 아. 국가가 선원의 임금을 직접 관리하기 위하여

25. 다음 중 선원수첩이 실효되지 않는 경우는?
   - 가. 계속하여 5년 이상 승선하지 아니한 선원의 선원수첩(군 복무기간 등 제외)
   - 나. 사망한 선원의 선원수첩
   - 사. 선원수첩을 재교부한 경우의 종전의 선원수첩
   - 아. 선장으로부터 하선명령을 받은 선원의 선원수첩

   해설 법 제47조(선원수첩의 실효) 다음 각 호의 어느 하나에 해당하는 선원수첩은 그 효력을 상실한다.
   1. 선원수첩을 발급한 날 또는 하선한 날부터 5년(군 복무기간 등 해양수산부장관이 인정하는 기간은 제외한다) 이내에 승선하지 아니한 선원의 선원수첩
   2. 사망한 선원의 선원수첩
   3. 선원수첩을 재발급한 경우 종전의 선원수첩

26. 선원법상 선원근로조건에 관하여 올바르게 설명한 것은?
   - 가. 선원법에 정한 기준에 미치지 못하는 근로조건을 정한 경우에는 그 부분에 한하여 무효로 한다.

Answer 23 아 24 나 25 아 26 가

나. 근로조건이 선원법에 미달한 경우에는 근로기준법을 기준으로 한다.
사. 선원근로계약에는 임금, 근로시간과 퇴직금만 정하면 된다.
아. 선원근로계약의 불이행에 대한 위약금을 정할 수 있다.

> **해설** 가. 나. 선원법에서 정한 기준에 미치지 못하는 근로조건을 정한 선원근로계약은 그 부분만 무효로 한다. 이 경우 그 무효 부분은 선원법에서 정한 기준에 따른다(법 제26조).
> 다. 선원근로계약서에는 임금, 근로시간, 퇴직금 뿐만 아니라 유급휴가, 선내급식, 실업수당, 재해보상, 교육훈련 등 근로조건에 관한 사항이 포함되어야 한다(법 제27조, 시행규칙 제20조).
> 라. 선박소유자는 선원근로계약의 불이행에 대한 위약금이나 손해배상액을 미리 정하는 계약을 체결하지 못한다(법 제29조).

27 선원의 승하선 교대가 적당하지 못한 곳에서 선원근로계약이 종료되는 경우 선박소유자는 며칠을 넘지 않는 범위 안에서 근로계약을 존속시킬 수 있는가?

가. 90일 나. 60일
사. 30일 아. 15일

> **해설** 법 제35조(선원근로계약의 존속)
> ① 선원근로계약이 선박의 항해 중에 종료할 경우에는 그 계약은 선박이 다음 항구에 입항하여 그 항구에서 부릴 화물을 모두 부리거나 내릴 여객이 다 내릴 때까지 존속하는 것으로 본다.
> ② 선박소유자는 승선·하선 교대에 적당하지 아니한 항구에서 선원근로계약이 종료할 경우에는 30일을 넘지 아니하는 범위에서 승선·하선 교대에 적당한 항구에 도착하여 그 항구에서 부릴 화물을 모두 부리거나 내릴 여객이 다 내릴 때까지 선원근로계약을 존속시킬 수 있다.

28 다음 중에서 선원법이 금지하는 것으로 규정하고 있지 않은 것은?

가. 18세 미만의 선원에 대한 야간 작업종사
나. 산후 1년이 지나지 아니한 여성선원에 대한 위험한 선내 작업과 위생상 해로운 작업종사
사. 가족만 승무하는 선박에서의 16세 소년의 작업종사
아. 여성선원에 대한 위생상 해로운 작업종사

> **해설** 16세 미만인 사람을 선원으로 사용하지 못한다. 다만, 그 가족만 승무하는 선박의 경우에는 그러하지 아니하다.
> 가족만 승무하는 선박의 경우에는 제한이 없다.

Answer 27 사 28 사

법 제91조(사용제한)
① 선박소유자는 16세 미만인 사람을 선원으로 사용하지 못한다. 다만, 그 가족만 승무하는 선박의 경우에는 그러하지 아니하다.
② 선박소유자는 18세 미만인 사람을 선원으로 사용하려면 해양수산부령으로 정하는 바에 따라 해양항만관청의 승인을 받아야 한다.
③ 선박소유자는 18세 미만의 선원을 해양수산부령으로 정하는 위험한 선내 작업과 위생상 해로운 작업에 종사시켜서는 아니된다.
④ 선박소유자는 여성선원을 해양수산부령으로 정하는 임신·출산에 해롭거나 위험한 작업에 종사시켜서는 아니된다.
⑤ 선박소유자는 임신 중인 여성선원을 선내 작업에 종사시켜서는 아니된다. 다만, 다음 각 호의 어느 하나에 해당하는 경우에는 그러하지 아니하다.
  1. 해양수산부령으로 정하는 범위의 항해에 대하여 임신 중인 여성선원이 선내 작업을 신청하고, 임신이나 출산에 해롭거나 위험하지 아니하다고 의사가 인정한 경우
  2. 임신 중인 사실을 항해 중 알게 된 경우로서 해당 선박의 안전을 위하여 필요한 작업에 종사하는 경우
⑥ 선박소유자는 산후 1년이 지나지 아니한 여성선원을 해양수산부령으로 정하는 위험한 선내 작업과 위생상 해로운 작업에 종사시켜서는 아니된다.
⑦ 가족만 승무하는 선박의 경우에는 제4항부터 제6항까지의 규정을 적용하지 아니한다.
법 제92조(야간작업의 금지) ① 선박소유자는 18세 미만의 선원을 자정부터 오전 5시까지를 포함하는 최소 9시간 동안은 작업에 종사시키지 못한다. 다만, 가벼운 일로서 그 선원의 동의와 해양수산부장관의 승인을 받은 경우에는 그러하지 아니하다.

29 선박이 서로 충돌한 경우에 선원법상 각 선박의 선장이 상대선박에 통보해야 할 사항이 아닌 것은?

가. 선박소유자 나. 적화물
사. 선명 아. 선적항

 선박 충돌 시의 조치(법 제12조)
선박이 서로 충돌하였을 때에는 각 선박의 선장은 서로 인명과 선박을 구조하는 데 필요한 조치를 다하여야 하며 선박의 명칭·소유자·선적항·출항항 및 도착항을 상대방에게 통보하여야 한다. 다만, 자기가 지휘하는 선박에 급박한 위험이 있을 때에는 그러하지 아니하다.

30 선원법상 취업규칙과 관련한 설명으로서 옳은 것은?

가. 선장과 선박소유자의 합의로 작성하고 신고한다.
나. 취업규칙은 선원이 작성하고 선박소유자의 동의를 얻어야 한다.

Answer 29 나 30 아

사. 취업규칙을 선원에게 불리하게 변경하는 경우에는 선원의 의견을 물어야 하지만 동의를 얻을 필요는 없다.

아. 해양항만관청은 법령 또는 단체협약에 위반되는 취업규칙에 대하여는 그 변경을 명할 수 있다.

해설 가. 취업규칙은 선박소유자가 작성하여 해양항만관청에 신고하여야 한다.
  나. 취업규칙은 선박소유자가 작성하고 노동조합이나 선원의 의견을 들어야 한다.
  사. 취업규칙을 선원에게 불리하게 변경하는 경우에는 노동조합이나 선원의 동의를 받아야 한다.

법 제119조(취업규칙의 작성 및 신고)
① 선박소유자는 해양항만부령으로 정하는 바에 따라 다음 각 호의 사항이 포함된 취업규칙을 작성하여 해양수산관청에 신고하여야 한다. 취업규칙을 변경한 경우에도 또한 같다.
  1. 임금의 결정·계산·지급 방법, 마감 및 지급시기와 승급에 관한 사항
  2. 근로시간, 휴일, 선내 복무 및 승무정원에 관한 사항
  3. 유급휴가 부여의 조건, 승선·하선 교대 및 예비에 관한 사항
  4. 선내 급식과 선원의 후생·안전·의료 및 보건에 관한 사항
  5. 퇴직에 관한 사항
  6. 실업수당, 퇴직금, 재해보상, 재해보상보험 가입 등에 관한 사항
  7. 인사관리, 상벌 및 징계에 관한 사항
  8. 교육훈련에 관한 사항
  9. 단체협약이 있는 경우 단체협약의 내용 중 선원의 근로조건에 해당되는 사항
  10. 산전·산후 휴가, 육아휴직 등 여성선원의 모성 보호 및 직장과 가정생활의 양립 지원에 관한 사항
② 선박소유자는 제1항에 따라 취업규칙을 신고할 때에는 「노동조합 및 노동관계조정법」 제31조에 따른 단체협약(단체협약이 제출되어 있는 경우는 제외한다)의 내용을 적은 서류를 함께 제출하여야 한다.

법 제120조(취업규칙의 작성 절차)
① 제119조 제1항에 따라 취업규칙을 작성하거나 변경하려는 선박소유자는 그 취업규칙이 적용되는 선박소유자가 사용하는 선원의 과반수로써 조직되는 노동조합이 있는 경우에는 그 노동조합의 의견을 들어야 하며, 선원의 과반수로써 조직되는 노동조합이 없는 경우에는 선원 과반수의 의견을 들어야 한다. 다만, 취업규칙을 선원에게 불리하게 변경하는 경우에는 그 동의를 받아야 한다.
② 제119조 제1항에 따라 취업규칙을 신고할 때에는 제1항에 따른 의견 또는 동의의 내용을 적은 서류를 붙여야 한다.

법 제121조(취업규칙의 감독) 해양항만관청은 법령이나 단체협약을 위반한 취업규칙에 대하여는 그 변경을 명할 수 있다.

법 제122조(취업규칙의 효력) 취업규칙에서 정한 기준에 미치지 못하는 근로조건을 정한 선원근로계약은 그 부분만 무효로 한다. 이 경우 그 무효 부분은 취업규칙에서 정한 기준에 따른다.

2. 선박직원법

01 선박직원법의 내용에 포함되어 있지 않는 사항은?
- 가. 해기사의 자격과 면허
- 나. 해기사 면허의 교부와 갱신
- 사. 선박직원의 승무기준
- 아. 선장의 권한

해설 선장의 직무와 권한은 선원법에 포함되어 있는 내용이다.

02 다음 중 선박직원법의 목적으로서 가장 타당한 것은?
- 가. 승무원의 직무에 관한 사항을 규정함.
- 나. 선박의 시설을 규정함.
- 사. 선박 승무원의 자격과 직무에 관한 사항을 규정함.
- 아. 선박직원의 자격을 정함으로써 항행안전을 도모함.

해설 법 제1조(목적) 이 법은 선박직원으로서 선박에 승무할 사람의 자격을 정함으로써 선박 항행의 안전을 도모함을 목적으로 한다.

03 다음 용어 가운데 모두 해기사면허의 직종을 가리키고 있는 것은?
- 가. 선장, 항해사, 기관장, 기관사, 통신장 및 통신사
- 나. 항해사, 기관사, 통신사 및 사무장
- 사. 선장, 기관장, 통신장 및 소형선박조종사
- 아. 항해사, 기관사, 통신사, 운항사 및 소형선박조종사

해설 가. 선장이란 해기사면허 직종은 없다.
나. 사무장이란 해기사면허 식종은 없다.
사. 선장, 통신장이란 해기사면허 직종은 없다.

Answer 01 아 02 아 03 아

04 다음은 외국선박의 감독에 관한 내용이다. 우리나라 영해에 있는 외국선박의 승무원에 대해 검사하거나 심사에 관한 사실과 다른 것은?

가. 검사결과 적합하지 않은 승무원을 승선시키고 있는 경우 즉시 그 선박에 항행정지를 명한다.
나. STCW 협약의 기준에 적합한 면허증 및 증서의 소지 여부를 검사할 수 있다.
사. 국제협약에 적합한 면허증 또는 증서의 소지 여부를 검사할 수 있다.
아. 국제협약이 정한 수준의 지식과 능력을 갖추고 있는지 여부를 심사할 수 있다.

해설 즉시 항행정지를 명하는 것이 아니라 먼저 적합한 선박직원을 승무시키게 하는 데에 필요한 조치를 하도록 문서로 통보하여야 하며 요건을 충족하는 선박직원을 승무시키지 아니한 경우에 항행을 계속하는 것이 인명 또는 재산에 위험을 초래하거나 해양환경보전에 장해가 될 염려가 있다고 인정할 때에는 그 외국선박에 대하여 항행정지를 명하거나 그 항행을 정지시킬 수 있다.

법 제17조(외국선박의 감독)
① 해양수산부장관은 소속 공무원으로 하여금 대한민국 영해 안에 있는 외국선박에 승무하는 선박직원에 대하여 다음 각 호의 사항을 검사하거나 심사하게 할 수 있다.
  1. 「선원의 훈련·자격증명 및 당직근무의 기준에 관한 국제협약」 또는 「어선 선원의 훈련·자격증명 및 당직근무의 기준에 관한 국제협약」에 적합한 면허증 또는 증서를 가지고 있는지 여부
  2. 「선원의 훈련·자격증명 및 당직근무의 기준에 관한 국제협약」 또는 「어선 선원의 훈련·자격증명 및 당직근무의 기준에 관한 국제협약」에서 정한 수준의 지식과 능력을 갖추고 있는지 여부
② 해양수산부장관은 제1항에 따른 검사 또는 심사를 한 결과 그 선박직원이 제1항 각 호의 요건을 충족하지 못한다고 인정할 때에는 그 외국선박의 선장에게 그 요건을 충족하는 선박직원을 승무시키도록 문서로 통보하여야 한다. 이 경우 해양수산부장관은 대한민국에 있는 해당 국가의 영사(해당 선박이 소속된 선적국가의 영사를 말하며, 영사가 없는 경우에는 가장 가까운 곳의 외교관 또는 해운당국을 말한다)에게 그 선장으로 하여금 적합한 선박직원을 승무시키게 하는 데에 필요한 조치를 하도록 문서로 통보하여야 한다.
③ 해양수산부장관은 제2항 전단에 따른 통보를 받은 그 외국선박의 선장이 제1항 각 호의 요건을 충족하는 선박직원을 승무시키지 아니한 경우에 항행을 계속하는 것이 인명 또는 재산에 위험을 초래하거나 해양환경보전에 장해가 될 염려가 있다고 인정할 때에는 그 외국선박에 대하여 항행정지를 명하거나 그 항행을 정지시킬 수 있다.
④ 해양수산부장관은 제3항에 따른 위험과 장해가 없어졌다고 인정할 때에는 지체 없이 항행을 하게 하여야 한다.
⑤ 제1항에 따른 검사 및 심사의 방법과 검사 및 심사를 하는 소속 공무원의 자격에 관하여는 「선박안전법」 제68조 및 제76조에 따른다.

Answer 04 가

05 선박직원법상 선박의 운항중 결원이 생긴 경우 승무기준의 특례에 관한 사항이다. 옳지 않은 것은?

가. 선박소유자는 결원이 생긴 경우 48시간 이내에 그 사실과 결원보충계획을 해양수산부장관에게 통보하여야 한다.
나. 결원이 생긴 경우 선박소유자는 지체없이 그 결원을 보충하여야 한다.
사. 외국항 간을 항행하는 선박에서 선박직원의 결원이 생겼으나 보충이 곤란한 경우에는 승무기준의 특례에 적용을 받는다.
아. 본국항과 외국항 간을 항행하는 선박이 국외에서 결원이 생기고 본국항까지 항행하는 경우에는 승무기준의 특례에 적용을 받는다.

[해설] 선박소유자는 지체 없이 그 사실과 결원보충계획을 해양수산부장관에게 통보하여야 한다.
법 제12조(결원이 있는 경우의 승무기준의 특례)
① 다음 각 호의 어느 하나에 해당하는 경우에는 제11조(승무기준)를 적용하지 아니한다. 이 경우 선박소유자는 지체 없이 그 결원을 보충하여야 한다.
　1. 외국의 각 항 간을 항행하는 선박으로서 선박직원에 결원이 생겼으나 보충하기 곤란한 경우
　2. 본국항과 외국항 간을 항행하는 선박이 국외에서 선박직원에 결원이 생기고 본국항까지 항행하는 경우
　3. 제1호 및 제2호의 경우 외에 선박이 항행 중 선박직원에 결원이 생겼으나 보충하기 곤란한 경우
② 선박소유자는 제1항 각 호의 어느 하나에 해당하는 경우에는 지체 없이 그 사실과 결원보충계획을 해양수산부장관에게 통보하여야 한다.
③ 해양수산부장관은 제2항에 따른 통보를 받은 경우에 필요하다고 인정하면 선박소유자에게 그 결원을 지체 없이 보충할 것을 명할 수 있다.

06 선박직원법의 규정에 의한 해기사의 징계로 볼 수 없는 것은?

가. 하선징계　　　　　　　　나. 면허취소
사. 업무정지　　　　　　　　아. 견책

[해설] **선박직원법 제9조(면허의 취소 등)**
① 해양수산부장관은 해기사가 해당 법령을 위반할 경우에는 면허를 취소하거나 1년 이내의 기간을 정하여 업무정지를 명하거나 견책(譴責)을 할 수 있다. 다만, 해당 사유와 관련된 해양사고에 대하여 해양안전심판원이 심판을 시작하였을 때에는 그러하지 아니하다.

Answer　05 가　06 가

07
선박직원법 제11조(승무기준 및 선박직원의 직무)의 규정에도 불구하고 해양수산부장관에 의해 허가된 해기사를 그 직의 선박직원으로 승무시킬 수 있는 경우에 해당하지 아니하는 것은?

가. 다른 선박에 예인되어 항행하는 경우
나. 선박의 구조나 설비가 특수한 경우
사. 외국선박의 경우
아. 선박소유자와 선장이 합의한 경우

해설 법 제13조(허가에 의한 승무기준의 특례)
① 선박소유자는 선박이 다음 각 호의 어느 하나에 해당하는 경우에 해양수산부장관의 허가를 받았을 때에는 제11조에도 불구하고 그 허가된 해기사를 그 직의 선박직원으로 승무시킬 수 있다.
 1. 다른 선박에 예인(曳引)되어 항행하는 경우
 2. 배가 선거(船渠)에 들어가거나 수리·계류 또는 그 밖의 사유로 항행에 사용되지 아니하는 경우
 3. 그 밖에 해양수산부령으로 정하는 경우
② 해양수산부장관은 해기사의 수급상 부득이하여 대통령령으로 정하는 경우에는 6개월 범위에서 제11조에 따른 승무기준 중 등급을 완화하여 승무를 허가할 수 있다.

시행규칙 제23조(허가에 의한 승무기준의 특례)
① 법 제13조 제1항 제3호에서 "해양수산부령으로 정하는 경우"란 다음 각호의 어느 하나에 해당하는 경우를 말한다.
 1. 선박의 구조나 설비가 특수한 경우
 2. 특정한 항로나 수역만을 항행하는 경우
 3. 외국의 영토에 기지를 두고 연안항해를 하는 경우
 4. 외국선박의 경우
 5. 항행예정시간이 4시간 이내인 국내항간을 긴급히 항행할 필요가 있다고 인정되는 경우

08
해기사 면허를 갱신할 때에 면허소지자가 그 유효기간 내에 선박검사관 등 전문직에 최소한 몇 년간 종사하면 면허갱신이 가능한가?

가. 5년
나. 3년
사. 2년
아. 1년

해설 시행령 제20조(면허의 갱신)
법 제7조 제3항 제1호에서 "대통령령으로 정하는 바에 따라 이와 동등한 수준 이상의 능력이 있다고 인정되는 경우"란 다음 각 호의 어느 하나에 해당하는 경우를 말한다.
 1. 면허 갱신 신청일 전날부터 5년 이내에 외국선박 또는 함정에서 선박직원 또는 그 면허에 적합한 직무로 1년 이상 승무한 경력이 있는 경우

Answer 07 아 08 나

2. 면허 갱신 신청일 전날부터 5년 이내에 선박(함정을 포함한다)에서 선박직원이 아닌 자격으로 2년 이상 승무한 경력이 있는 경우
3. 면허 갱신 신청일 전날부터 6개월 이내에 외국선박(어선을 제외한다) 또는 함정에서 선박직원 또는 그 면허에 적합한 직무로 3개월 이상 승무한 경력이 있는 경우(면허 갱신 신청일을 기준으로 면허의 유효기간이 지나지 아니하는 경우에 한정한다)
4. 다음 각 목의 어느 하나에 해당하는 직무에 3년 이상 종사한 경력이 있는 경우
   가. 「도선법」 제2조 제2호에 따른 도선사
   나. 「선박안전법」 제76조에 따른 선박검사관 또는 같은 법 제77조 제1항에 따른 선박검사원
   다. 「해양사고의 조사 및 심판에 관한 법률」 제9조의2에 따른 심판관, 같은 법 제16조에 따른 수석조사관 또는 조사관
   라. 「해운법」 제22조에 따른 운항관리자
   마. 지정교육기관에서 선박의 운항 또는 기관의 운전에 관한 교육을 담당하는 전임교원
   바. 그 밖에 가목부터 마목까지에서 규정한 사람이 종사하는 직무와 유사한 직무로서 해양수산부장관이 지정하는 직무에 종사하는 사람

09 선박직원법상 면허의 요건으로 옳은 것은?

가. 해기사 시험에 합격한 날부터 2년이 경과하지 않을 것
나. 등급에 관계없이 1년 이상의 승무경력이 있을 것
사. 선원법에 따라 승무에 적당한 건강상태가 확인될 것
아. 면허를 받기 전에 미리 교육과정을 이수하는 것은 관련법령에 위배된다.

해설 가. 해양수산부장관이 시행하는 해기사 시험에 합격하고, 그 합격한 날부터 3년이 지나지 아니할 것
나. 등급별 면허의 승무경력이 있을 것 ▶ 등급별로 다르다.
아. 면허를 받기 전에 미리 교육을 이수할 수도 있다.

10 다음 중 선박직원법상에 의한 해기사면허증의 갱신요건이 아닌 것은?

가. 면허의 유효기간내에 1년 이상 선박직원으로 승선하는 것
나. 면허의 유효기간중에 3년 이상 선박검사원, 운항관리자 등으로 근무한 경력이 있는 것
사. 해양수산부령이 정하는 교육을 받는 것
아. 면허갱신을 위한 해양수산부령의 시험에 합격하는 것

Answer 09 사 10 아

해설 아. 면허갱신을 위한 해양수산부령이 정한 교육을 받은 경우

법 제7조(면허의 유효기간 및 갱신 등)
① 면허의 유효기간은 5년으로 하고, 제2항에 따른 면허 갱신을 받지 아니하고 면허의 유효기간이 지나면 면허의 유효기간이 끝나는 날의 다음 날부터 면허의 효력이 정지된다.
② 면허를 받은 사람으로서 그 면허의 효력을 계속 유지시키려는 사람 또는 면허의 유효기간이 지나서 면허의 효력이 정지된 경우 면허의 효력을 되살리려는 사람은 해양수산부령으로 정하는 바에 따라 면허 갱신을 받아야 한다.
③ 해양수산부장관은 제2항에 따라 면허 갱신을 신청한 사람이 다음 각 호의 어느 하나에 해당하는 경우에는 이를 갱신하여야 한다.
  1. 면허 갱신 신청일 전부터 5년 이내에 선박직원으로 1년 이상 승무한 경력이 있거나 대통령령으로 정하는 바에 따라 이와 동등한 수준 이상의 능력이 있다고 인정되는 경우
  1의2. 면허의 유효기간이 지나지 아니하고 면허 갱신 신청일 직전 6개월 이내에 선박직원으로 3개월 이상 승무한 경력이 있는 경우. 다만, 「어선법」 제2조 제1호에 따른 어선에 승무한 경력은 제외한다.
  2. 해양수산부령으로 정하는 교육을 받은 경우

시행령 제20조(면허의 갱신)
법 제7조 제3항 제1호에서 "대통령령으로 정하는 바에 따라 이와 동등한 수준 이상의 능력이 있다고 인정되는 경우"란 다음 각 호의 어느 하나에 해당하는 경우를 말한다.
1. 면허 갱신 신청일 전날부터 5년 이내에 외국선박 또는 함정에서 선박직원 또는 그 면허에 적합한 직무로 1년 이상 승무한 경력이 있는 경우
2. 면허 갱신 신청일 전날부터 5년 이내에 선박(함정을 포함한다)에서 선박직원이 아닌 자격으로 2년 이상 승무한 경력이 있는 경우
3. 면허 갱신 신청일 전날부터 6개월 이내에 외국선박(어선을 제외한다) 또는 함정에서 선박직원 또는 그 면허에 적합한 직무로 3개월 이상 승무한 경력이 있는 경우(면허 갱신 신청일을 기준으로 면허의 유효기간이 지나지 아니하는 경우에 한정한다)
4. 다음 각 목의 어느 하나에 해당하는 직무에 3년 이상 종사한 경력이 있는 경우
  가. 「도선법」 제2조 제2호에 따른 도선사
  나. 「선박안전법」 제76조에 따른 선박검사관 또는 같은 법 제77조 제1항에 따른 선박검사원
  다. 「해양사고의 조사 및 심판에 관한 법률」 제9조의2에 따른 심판관, 같은 법 제16조에 따른 수석조사관 또는 조사관
  라. 「해운법」 제22조에 따른 운항관리자
  마. 지정교육기관에서 선박의 운항 또는 기관의 운전에 관한 교육을 담당하는 전임교원
  바. 그 밖에 가목부터 마목까지에서 규정한 사람이 종사하는 직무와 유사한 직무로서 해양수산부장관이 지정하는 직무에 종사하는 사람

11 선박직원법상 허가에 의한 승무기준의 특례에 따라 허가된 해기사를 선박직원으로 승무시킬 수 있는 선박이 아닌 것은?

가. 다른 선박에 예인되어 항행하는 경우
나. 항행예정시간이 10시간 이내인 국내항간을 항행하는 경우
사. 입거, 수리, 계류 기타의 사유로 인하여 항행에 사용되지 아니하는 경우
아. 선박의 구조나 설비가 특수한 경우

해설 나. 항행예정시간이 4시간 이내인 국내항간을 긴급히 항행할 필요가 있다고 인정되는 경우

법 제13조(허가에 의한 승무기준의 특례)
① 선박소유자는 선박이 다음 각 호의 어느 하나에 해당하는 경우에 해양수산부장관의 허가를 받았을 때에는 제11조에도 불구하고 그 허가된 해기사를 그 직무의 선박직원으로 승무시킬 수 있다.
 1. 다른 선박에 예인(曳引)되어 항행하는 경우
 2. 배가 선거(船渠)에 들어가거나 수리·계류 또는 그 밖의 사유로 항행에 사용되지 아니하는 경우
 3. 그 밖에 해양수산부령으로 정하는 경우
② 해양수산부장관은 해기사의 수급상 부득이하여 대통령령으로 정하는 경우에는 6개월 범위에서 제11조에 따른 승무기준 중 등급을 완화하여 승무를 허가할 수 있다.

시행규칙 제23조(허가에 의한 승무기준의 특례)
① 법 제13조 제1항 제3호에서 "해양수산부령으로 정하는 경우"란 다음 각호의 어느 하나에 해당하는 경우를 말한다.
 1. 선박의 구조나 설비가 특수한 경우
 2. 특정한 항로나 수역만을 항행하는 경우
 3. 외국의 영토에 기지를 두고 연안항해를 하는 경우
 4. 외국선박의 경우
 5. 항행예정시간이 4시간 이내인 국내항간을 긴급히 항행할 필요가 있다고 인정되는 경우

12 선박직원법상 해기사 면허 갱신에 필요한 선박직원으로서의 최소승무 경력은?

가. 3년 나. 2년
사. 1년 아. 6개월

Answer 11 나 12 사

13 선박직원법상 허가에 의한 승무기준의 특례 규정이 적용되지 않는 경우는?

가. 총톤수 100톤 미만인 어선의 경우
나. 특정한 항로나 수역만을 항행하는 경우
사. 외국의 영토에 기지를 두고 연안 항해를 하는 경우
아. 다른 선박에 예인되어 항행하는 경우

14 해기사 면허에 관한 설명 중 잘못된 것은?

가. 해기사 면허증의 유효기간은 5년이다.
나. 면허를 받은 사람으로서 그 면허의 효력을 계속 유지시키려는 사람 또는 면허의 유효기간이 지나서 면허의 효력이 정지된 경우 면허의 효력을 되살리려는 사람은 해양수산부령으로 정하는 바에 따라 면허 갱신을 받아야 한다.
사. 항해사 면허의 등급은 6등급으로 나뉜다.
아. 1급내지 5급항해사의 면허는 상선면허와 어선면허로 나뉜다.

해설 선박직원법 시행령 제4조(한정면허)에서는 1급에서 6급까지의 항해사 면허는 상선면허와 어선면허로 한정하여 승무하도록 규정하고 있다.

시행령 제4조(한정면허)
① 법 제4조 제2항 각 호 외의 부분 후단에 따른 한정면허는 다음 각 호의 구분에 따른다.
  1. 다음 각 목의 어느 하나에 해당하는 해기사면허(이하 "면허"라 한다)에 대하여 상선으로 한정하여 승무하도록 하는 상선면허 및 어선으로 한정하여 승무하도록 하는 어선면허
    가. 1급부터 6급까지의 항해사면허. 다만, 항해선(「선원법」 제2조 제8호에 따른 항해선을 말한다. 이하 같다)에 승무하는 경우에 한정한다.
    나. 5급·6급의 기관사면허(제16조 제5항 또는 제6항에 따라 취득하는 면허로 한정한다)
    다. 6급의 기관사면허(총톤수 100톤 이상의 선박에서 1년 이상 승선한 승무경력으로 취득하는 면허로 한정한다)

Answer 13 가 14 아

제03장 선박안전법

01 선박안전법의 목적과 내용에 해당하지 않는 것은?
가. 선박의 감항성을 유지한다.
나. 인명의 안전보장에 필요한 시설을 갖추게 한다.
사. 선박의 국적, 종류 등을 정하여 선박의 소속을 명확히 한다.
아. 재산의 안전보장에 필요한 시설을 갖추게 함으로써 해상의 위험을 방지한다.

해설 사.는 선박법의 내용이다.
법 제1조(목적) 이 법은 선박의 감항성(堪航性) 유지 및 안전운항에 필요한 사항을 규정함으로써 국민의 생명과 재산을 보호함을 목적으로 한다.

02 선박안전법의 목적으로 가장 타당한 것은?
가. 해상위험의 방지
나. 신속한 항해
사. 선내규율의 유지
아. 선체 노후의 방지

03 선박안전법의 내용으로 옳지 않은 것은?
가. 선박의 안전기준
나. 선박의 검사
사. 선박국적증서
아. 항행상의 조건

해설 선박국적증서는 선박법에 나오는 내용이다.

Answer 01 사 02 가 03 사

04 다음 중 선박안전법의 적용대상이 되는 선박은?

가. 한국 정부 소유의 해양조사선
나. 노, 상앗대, 페달 등을 이용하여 인력만으로 운전하는 선박
사. 해군 함정
아. 국적취득 조건부 선체용선을 한 외국선박

해설 법 제3조(적용범위)
① 이 법은 대한민국 국민 또는 대한민국 정부가 소유하는 선박에 대하여 적용한다. 다만, 다음 각 호의 어느 하나에 해당하는 선박에 대하여는 그러하지 아니하다.
  1. 군함 및 경찰용 선박
  2. 노, 상앗대, 페달 등을 이용하여 인력만으로 운전하는 선박
  2의2. 「어선법」 제2조 제1호에 따른 어선
  3. 제1호, 제2호 및 제2호의2 외의 선박으로서 대통령령으로 정하는 선박
② 외국선박으로서 다음 각 호의 선박에 대하여는 대통령령으로 정하는 바에 따라 이 법의 전부 또는 일부를 적용한다. 다만, 제68조는 모든 외국선박에 대하여 이를 적용한다.
  1. 「해운법」 제3조 제1호 및 제2호의 규정에 따른 내항정기여객운송사업 또는 내항부정기여객운송사업에 사용되는 선박
  2. 「해운법」 제23조 제1호에 따른 내항 화물운송사업에 사용되는 선박
  3. 국적취득조건부 선체용선을 한 선박
③ 제1항 및 제2항에도 불구하고 다음 각 호의 선박에 대하여는 대통령령으로 정하는 바에 따라 이 법의 전부 또는 일부를 적용하지 아니하거나 이를 완화하여 적용할 수 있다.
  1. 대한민국 정부와 외국 정부가 이 법의 적용범위에 관하여 협정을 체결한 경우의 해당선박
  2. 조난자의 구조 등 해양수산부령으로 정하는 긴급한 사정이 발생하는 경우의 해당선박
  3. 새로운 특징 또는 형태의 선박을 개발할 목적으로 건조한 선박을 임시로 항해에 사용하고자 하는 경우의 해당선박
  4. 외국에 선박매각 등을 위하여 예외적으로 단 한번의 국제항해를 하는 선박

05 해양수산부장관이 선박안전법을 위반한 선박에 대하여 내리는 처분은?

가. 영업행위 정지
나. 계약행위 정지
사. 선박항해 정지
아. 근로계약 정지

해설 선박안전법의 규정을 위반한 선박 또는 사업장에 대하여 항해정지명령 또는 수리·보완과 관련된 처분을 할 수 있다(법 제75조 제5항).

Answer 04 가 05 사

06 선박의 항해구역은 원칙적으로 어느 검사 때에 결정하는가?
- 가. 특별검사
- 나. 정기검사
- 사. 제1종 중간검사
- 아. 제2종 중간검사

해설 정기검사에 합격한 선박에 대하여 항해구역·최대승선인원 및 만재흘수선의 위치를 각각 지정하여 해양수산부령으로 정하는 사항과 검사기록을 기재한 선박검사증서를 교부하여야 한다(법 제8조 제2항).

법 제8조(정기검사)
① 선박소유자는 선박을 최초로 항해에 사용하는 때 또는 법 제16조의 규정에 따른 선박검사증서의 유효기간이 만료된 때에는 선박시설과 만재흘수선에 대하여 해양수산부령으로 정하는 바에 따라 해양수산부장관의 검사(이하 "정기검사"라 한다)를 받아야 한다. 다만, 제29조의 규정에 따른 무선설비 및 제30조의 규정에 따른 선박위치발신장치에 대하여는 「전파법」의 규정에 따라 검사를 받았는지 여부를 확인하는 것으로 갈음한다.
② 해양수산부장관은 제1항의 규정에 따른 정기검사에 합격한 선박에 대하여 항해구역·최대승선인원 및 만재흘수선의 위치를 각각 지정하여 해양수산부령으로 정하는 사항과 검사기록을 기재한 선박검사증서를 교부하여야 한다.
③ 제2항의 규정에 따른 항해구역의 종류와 예외적으로 허용되거나 제한되는 항해구역, 최대승선인원의 산정기준 등에 관하여 필요한 사항은 해양수산부령으로 정한다.

07 선박안전법상 선박을 최초로 항행에 사용할 때 또는 선박검사증서의 유효기간 5년이 만료된 때에 받아야 하는 검사는?
- 가. 정기검사
- 나. 중간검사
- 사. 임시검사
- 아. 특별검사

08 선박안전법상 선박의 건조 후 최초로 항행에 사용될 때 받는 검사는?
- 가. 건조검사
- 나. 임시검사
- 사. 정기검사
- 아. 부정기검사

09 지금까지 선박안전법의 적용을 받지 않던 선박이 개조 후에 법 적용을 받게 된다면 이 선박이 받아야 하는 검사는?
- 가. 임시검사
- 나. 건조검사
- 사. 정기검사
- 아. 임시항해검사

Answer 06 나 07 가 08 사 09 사

10 해양수산부장관이 정기검사에 합격된 선박에 대하여 정하여 주는 항행상의 조건이 아닌 것은?

가. 만재흘수선의 위치 나. 항해구역
사. 최대승선인원 아. 당직부원의 정원

해설 해양수산부장관은 규정에 따른 정기검사에 합격한 선박에 대하여 항해구역·최대승선인원 및 만재흘수선의 위치를 각각 지정하여 해양수산부령으로 정하는 사항과 검사기록을 기재한 선박검사증서를 교부하여야 한다(법 제8조 제2항).

11 다음 중 검사를 받아야 할 주체가 다른 검사는?

가. 정기검사 나. 중간검사
사. 임시검사 아. 형식승인

해설 정기, 중간, 임시검사의 주체는 선박이나, 형식승인은 주체가 선박용물건 또는 소형선박이다.
법 제18조(형식승인 및 검정) ① 해양수산부장관이 정하여 고시하는 선박용물건 또는 소형선박을 제조하거나 수입하려는 자가 해당 선박용물건 또는 소형선박에 대하여 제9항 전단에 따라 검정을 받으려는 때에는 미리 해양수산부장관의 형식에 관한 승인(이하 "형식승인"이라 한다)을 받아야 한다.

12 다음은 임시검사를 받아야 하는 경우이다. 틀린 것은?

가. 선체나 기관 및 주요 시설의 수리
나. 무선전신이나 전화시설의 교체
사. 선박검사증서 기재사항의 변경
아. 선박검사증서 교부전에 선박을 임시로 항행에 이용하고자 할 때

해설 아. 임시항해검사를 받아야 한다.
법 제10조(임시검사)
① 선박소유자는 다음 각 호의 어느 하나에 해당하는 경우에는 해양수산부령으로 정하는 바에 따라 해양수산부장관의 검사(이하 "임시검사"라 한다)를 받아야 한다.
  1. 선박시설에 대하여 해양수산부령으로 정하는 개조 또는 수리를 행하고자 하는 경우
  2. 제8조 제2항의 규정에 따른 선박검사증서에 기재된 내용을 변경하고자 하는 경우. 다만, 선박소유자의 성명과 주소, 선박명 및 선적항의 변경 등 선박시설의 변경이 수반되지 아니하는 경미한 사항의 변경인 경우에는 그러하지 아니하다.
  3. 제15조 제3항의 규정에 따라 선박의 용도를 변경하고자 하는 경우
  4. 제29조의 규정에 따라 선박의 무선설비를 새로이 설치하거나 이를 변경하고자 하는 경우
  5. 「해양사고의 조사 및 심판에 관한 법률」 제2조 제1호에 따른 해양사고(이하 "해양사

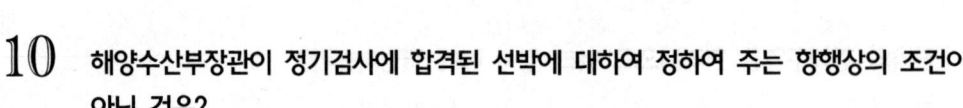
Answer 10 아 11 아 12 아

고"라 한다) 등으로 선박의 감항성 또는 인명안전의 유지에 영향을 미칠 우려가 있는 선박시설의 변경이 발생한 경우
6. 해양수산부장관이 선박시설의 보완 또는 수리가 필요하다고 인정하여 임시검사의 내용 및 시기를 지정한 경우
7. 만재흘수선의 변경 등 해양수산부령으로 정하는 경우
② 해양수산부장관은 제1항의 규정에 따른 임시검사에 합격한 선박에 대하여 제8조 제2항에 따른 선박검사증서의 검사기록에 그 검사결과를 기재하여야 한다.
③ 제2항에도 불구하고 해양수산부장관은 제8조 제2항에 따른 선박검사증서에 적혀 있는 내용을 일시적으로 변경하기 위하여 제1항 제2호 본문에 따른 임시검사에 합격한 선박에 대해서는 해양수산부령으로 정하는 임시변경증을 발급할 수 있다.

13 해양수산부장관이 선박의 구조·설비 등의 결함으로 인하여 대형 해양사고가 발생한 경우 또는 유사사고가 지속적으로 발생하는 경우 행하는 검사는?
가. 특별검사
나. 임시검사
사. 중간검사
아. 정기검사

해설 법 제71조(특별검사) ① 해양수산부장관은 선박의 구조·설비 등의 결함으로 인하여 대형 해양사고가 발생한 경우 또는 유사사고가 지속적으로 발생한 경우에는 해양수산부령으로 정하는 바에 따라 관련되는 선박의 구조·설비 등에 대하여 검사를 할 수 있다.

14 다음 중 선박안전법에 의한 검사의 신청의무자가 틀린 항목은?
가. 정기검사에 대하여는 선박소유자
나. 임시검사에 대하여는 선장
사. 건조검사에 대하여는 선박의 건조자
아. 특별검사에 대하여는 해양수산부장관

해설 임시검사는 선박소유자가 신청의무자이다.
▶ 정기검사, 중간검사, 임시검사, 국제협약검사 : 선박소유자
▶ 건조검사 : 선박건조자
▶ 특별검사 : 해양수산부장관
▶ 임시항해검사 : 선박소유자 또는 선박건조자

15 선박검사증서를 받기 전에 선박을 임시로 항행에 사용하고자 할 때 받는 검사는?
가. 정기검사
나. 중간검사
사. 임시검사
아. 임시항해검사

Answer 13 가 14 나 15 아

16 다음 중 선박안전법상 선급법인이 행하는 선박의 검사에 해당하지 않는 항목은?

가. 정기검사   나. 중간검사
사. 화물검사   아. 임시항해검사

해설 선박안전법상 검사의 종류에는 건조검사, 정기검사, 중간검사, 임시검사, 임시항해검사, 국제협약검사 등이 있다.

17 다음 중 선박안전법상 만재흘수선을 표시해야 하는 선박은?

가. 한국-일본 간 취항하는 선박   나. 잠수선
사. 길이 10미터의 선박   아. 수중익선

해설 국제항해에 취항하는 선박은 표시를 하여야 한다.

법 제27조(만재흘수선의 표시 등)
① 다음 각 호의 어느 하나에 해당하는 선박소유자는 해양수산부장관이 정하여 고시하는 기준에 따라 만재흘수선의 표시를 하여야 한다. 다만, 잠수선 및 그 밖에 해양수산부령으로 정하는 선박에 대하여는 만재흘수선의 표시를 생략할 수 있다.
  1. 국제항해에 취항하는 선박
  2. 해양수산부령으로 정하는 방법에 따른 선박의 길이가 12미터 이상인 선박
  3. 선박길이가 12미터 미만인 선박으로서 다음 각 목의 어느 하나에 해당하는 선박
     가. 여객선
     나. 제41조의 규정에 따른 위험물을 산적하여 운송하는 선박
② 누구든지 제1항의 규정에 따라 표시된 만재흘수선을 초과하여 여객 또는 화물을 운송하여서는 아니된다.

시행규칙 제69조(만재흘수선의 표시 등) 법 제27조 제1항 각 호 외의 부분 단서에서 "해양수산부령으로 정하는 선박"이란 다음 각 호의 어느 하나에 해당하는 선박을 말한다.
1. 수중익선, 공기부양선, 수면비행선박 및 부유식 해상구조물(제3조 제1호 및 제2호는 제외한다)
2. 운송업에 종사하지 아니하는 유람 범선
3. 국제항해에 종사하지 아니하는 선박으로서 선박길이가 24미터 미만인 예인·해양사고 구조·준설 또는 측량에 사용되는 선박
4. 법 제11조 제2항에 따라 임시항해검사증서를 발급받은 선박
5. 시운전을 위하여 항해하는 선박
6. 만재흘수선을 표시하는 것이 구조상 곤란하거나 적당하지 아니한 선박으로서 해양수산부장관이 인정하는 선박

Answer   16 사   17 가

18 다음 중에서 선박안전법에 따라 만재홀수선을 반드시 표시해야 하는 선박은?

   가. 수중익선
   나. 국제항해에 종사하는 길이 10m의 화물선
   사. 연해구역을 항행하는 길이 10m의 화물선
   아. 길이 24m 미만인 해양사고 구조선

   해설 국제항해에 종사하는 선박은 길이에 관계없이 만재홀수선을 표시해야 한다.

19 선박안전법에 따라 만재홀수선 표시의무가 면제되는 선박이 아닌 것은?

   가. 선박길이가 12미터 미만인 여객선
   나. 수중익선
   사. 시운전을 위하여 항해하는 선박
   아. 임시항해검사증서를 발급받은 선박

   해설 여객선은 길이에 관계없이 만재홀수선을 표시해야 한다.

20 다음 중 선박안전법상 반드시 만재홀수선을 표시해야 하는 선박이 아닌 것은?

   가. 길이 12미터 미만의 위험물 산적 운송선
   나. 잠수선
   사. 국제항해에 취항하는 선박
   아. 여객선

21 다음 중 만재홀수선의 표시 의무가 면제되는 선박으로 적합한 것은?

   가. 총톤수 500톤 이상의 수중익선
   나. 연해구역을 항행구역으로 하는 길이 24미터 이상의 선박
   사. 근해구역을 항행구역으로 하는 선박
   아. 원양구역을 항행구역으로 하는 선박

   해설 수중익선은 만재홀수선의 표시를 생략할 수 있다.
   만재홀수선 표시 의무 선박
   1. 국제항해에 취항하는 선박
   2. 선박길이 12미터 이상인 선박

Answer 18 나 19 가 20 나 21 가

3. 여객선
4. 위험물을 산적하여 운송하는 선박

만재흘수선 표시 면제 선박
1. 잠수선
2. 수중익선, 공기부양선, 수면비행선박 및 부유식 해상구조물
3. 운송업에 종사하지 아니하는 유람 범선
4. 국제항해에 종사하지 아니하는 선박으로서 선박길이가 24미터 미만인 예인·해양사고 구조·준설 또는 측량에 사용되는 선박
5. 임시항해검사증서를 발급받은 선박
6. 시운전을 위하여 항해하는 선박
7. 만재흘수선을 표시하는 것이 구조상 곤란하거나 적당하지 아니한 선박으로서 해양수산부장관이 인정하는 선박

22 선박안전법이 규정하고 있는 검사기준일의 정의로서 가장 정확한 것은?

가. 선박검사증서가 발급된 날짜로서 매 5년마다 정기검사를 받아야 하는 날
나. 선박검사증서의 유효기간 시작일부터 해마다 1년이 되는 날
사. 선박검사증서를 발급키 위한 혹은 그 효력을 유지하기 위하여 정기검사 또는 중간검사를 받아야 하는 날
아. 정기검사를 완료한 다음 날에 해당하는 매년의 날짜로 제2종 중간검사를 받아야 하는 날

해설 시행규칙 제2조(정의)
5. "검사기준일"이란 선박검사증서의 유효기간 시작일부터 해마다 1년이 되는 날을 말한다.

23 무선설비의 설치가 면제되는 선박이 아닌 것은?

가. 총톤수 2톤 미만의 선박
나. 하천 안에서만 항해하는 선박
사. 추진기관을 설치하지 아니한 선박
아. 출발항에서 도착항까지의 항해거리가 5해리 이내인 도선

해설 면제선박은 도선으로서 출발항에서 도착항까지의 항해거리가 2해리 이내인 선박
법 제29조(무선설비)
㉠ 국제항해에 취항하는 여객선
㉡ 국제항해에 취항하는 총톤수 300톤 이상의 선박
㉢ 면제되는 선박(시행규칙 제72조 제1항)

Answer 22 나 23 아

ⓐ 총톤수 2톤 미만의 선박
ⓑ 추진기관을 설치하지 아니한 선박
ⓒ 호소·하천 및 항내의 수역에서만 항해하는 선박
ⓓ 도선으로서 출발항으로부터 도착항까지의 항해거리가 2해리 이내인 선박
ⓔ 누구든지 제1항 및 제2항의 규정에 따른 무선설비를 갖추지 아니하고 선박을 항해에 사용하여서는 아니된다. 다만, 임시항해검사증서를 가지고 1회의 항해에 사용하는 경우 또는 시운전을 하는 경우에는 그러하지 아니하다.

24 선박검사증서의 유효기간이 만료될 때 연장기일을 지정하는 자는?

가. 해양경찰청장 나. 해양수산부장관
사. 선박 검사관 아. 한국선급

해설 법 제16조(선박검사증서 및 국제협약검사증서의 유효기간 등)
① 제8조 제2항의 규정에 따른 선박검사증서 및 제12조 제2항의 규정에 따른 국제협약검사증서의 유효기간은 5년 이내의 범위에서 대통령령으로 정한다.
② 해양수산부장관은 제1항의 규정에 따른 선박검사증서 및 국제협약검사증서의 유효기간을 5개월 이내의 범위에서 대통령령으로 정하는 바에 따라 연장할 수 있다.

25 선박안전법상 선박검사증서의 유효기간은?

가. 2년 나. 3년
사. 4년 아. 5년

해설 법 제16조(선박검사증서 및 국제협약검사증서의 유효기간 등) ① 제8조 제2항의 규정에 따른 선박검사증서 및 제12조 제2항의 규정에 따른 국제협약검사증서의 유효기간은 5년 이내의 범위에서 대통령령으로 정한다.

26 선박안전법에서 규정하는 항해구역의 종류가 아닌 것은?

가. 근해구역 나. 원양구역
사. 내수구역 아. 연해구역

해설 시행규칙 제15조(항해구역의 종류) ① 법 제8조 제3항에 따른 항해구역의 종류는 다음 각 호와 같다.
1. 평수구역
2. 연해구역
3. 근해구역
4. 원양구역

 24 나 25 아 26 사

단원별 3급 항해사

27 선박안전법상 항만 내의 수역은 어느 항행구역에 속하는가?

가. 연안수역
나. 평수구역
사. 근해구역
아. 연해구역

28 선박안전법상 항해구역 중 한반도와 제주도로부터 20마일 이내의 수역과 지정된 5구의 수역은 어디에 해당하는가?

가. 평수구역
나. 연해구역
사. 근해구역
아. 원양구역

해설
- 연해구역은 영해기점으로부터 20해리 이내의 수역과 해양수산부령으로 정하는 수역을 말한다.
- 근해구역은 동쪽은 동경 175도, 서쪽은 동경 94도, 남쪽은 남위 11도 및 북쪽은 북위 63도의 선으로 둘러싸인 수역을 말한다.
- 원양구역은 모든 수역을 말한다.

연해구역의 범위(시행규칙 제15조 제3항 관련 별표 5)

구분	범위
1	평안북도 용천군 압록강구부터 마안도를 지나 황해도 장연군 장산곶에 이르는 선 안
2	황해도 옹진군 등산곶으로부터 충청남도 서산군 서격렬비도 및 전라남도 신안군 홍도, 소흑산도를 지나 북위 33도30.2분 동경 125도49.9분을 잇는 선과 북위 33도30.2분 동경 127도19.9분, 북위 33도30.2분 동경 129도4.9분을 연결하는 선 및 북위 34도35.2분 동경 130도34.9분과 북위 35도14.1분 동경 129도44.4분을 연결하는 선 안
3	강원도 강릉시 사천진리 사천진단으로부터 북위 37도51.2분 동경 130도54.9분, 북위 37도31분 동경 132도7.9분, 북위 37도0.2분 동경 132도19.9분, 북위 36도14.2분 동경 129도59.9분의 각 점을 연결하는 선 안
4	강원도 고성군 수원단으로부터 함경북도 성진군 유진단에 이르는 선 안
5	북위 33도30.2분 동경 129도4.9분으로부터 일본국 규슈·시코쿠·혼슈·홋카이도의 각 해안으로부터 20마일 이내의 선을 연결하고 북위 34도35.2분 동경 130도34.9분에 이르는 선 안

29 다음 중 선박검사증서상 항해구역이 연해구역으로 되어 있는 선박에 대하여 잘못 기술한 것은?

가. 이 선박은 항내를 항행할 수 있다.

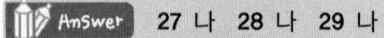

27 나 28 나 29 나

　나. 이 선박은 일본까지의 항해는 불가능하다.
　사. 이 선박은 인천과 목포사이의 연안항해가 가능하다.
　아. 가능하다면, 낙동강을 항해할 수 있다.

해설 연해구역의 5구역은 북위 33도30.2분 동경 129도4.9분으로부터 일본국 규슈·시코쿠·혼슈·홋카이도의 각 해안으로부터 20마일 이내의 선을 연결하고 북위 34도35.2분 동경 130도34.9분에 이르는 선 안이다.

30 하역장치의 하역설비검사기록부는 어디에 보관하여야 하는가?

　가. 회사내　　　　　　　　　나. 선박 내
　사. 관공서　　　　　　　　　아. 대리점

해설 법 제35조(하역설비검사기록 및 비치)
① 해양수산부장관은 하역설비에 대하여 정기검사 또는 중간검사를 한 때에는 해양수산부령으로 정하는 바에 따라 하역설비검사기록부를 작성하고 그 내용을 기재하여야 한다.
② 선박소유자는 제1항의 규정에 따른 하역설비검사기록부 등 하역설비에 대한 검사와 관련된 해양수산부령으로 정하는 서류를 선박에 비치하여야 한다.

31 선박안전법상 선박시설에 해당하지 않는 것은?

　가. 조타설비　　　　　　　　나. 유해액체물질 오염방지 설비
　사. 전기설비　　　　　　　　아. 소방설비

해설 법 제2조(정의) 제2호
"선박시설"이라 함은 선체·기관·돛대·배수설비 등 선박에 설치되어 있거나 설치될 각종 설비로서 해양수산부령으로 정하는 것을 말한다.
시행규칙 제4조(선박시설) 법 제2조 제2호에서 "해양수산부령으로 정하는 것"이란 다음 각호의 것을 말한다.
1. 선체
2. 기관
3. 돛대
4. 배수설비
5. 조타설비
6. 계선설비 : 배를 항구 등에 매어 두기 위한 설비
7. 양묘설비 : 닻을 감아올리기 위한 설비
8. 구명설비
9. 소방설비

 30 나　31 나

10. 거주설비
11. 위생설비
12. 항해설비
13. 적부(積付)설비 : 위험물이나 그 밖의 산적화물을 실은 선박과 운송물의 안전을 위하여 운송물을 계획적으로 선박 내에 배치하기 위한 설비
14. 하역이나 그 밖의 작업설비
15. 전기설비
16. 원자력설비
17. 컨테이너설비
18. 승강설비
19. 냉동·냉장 및 수산물처리가공설비
19의2. 「항만법 시행령」 제42조에 따른 항만건설장비
20. 선박의 종류·기능에 따라 설치되는 특수한 설비로서 해양수산부장관이 인정하는 설비

32 선박안전법에서 규정하는 여객선을 정확히 기술한 것은?

가. 화물을 운송하고 12인 이상의 여객을 운송할 수 있는 선박
나. 화물을 운송하지 아니하고 12인 이상의 여객을 운송할 수 있는 선박
사. 13인 이상의 여객을 운송할 수 있는 선박
아. 선원을 포함하여 13인 이상이 승선할 수 있는 선박

해설 법 제2조(정의) 이 법에서 사용하는 용어의 정의는 다음과 같다.
10. "여객선"이라 함은 13인 이상의 여객을 운송할 수 있는 선박을 말한다.

33 최대승선인원의 산정 시 산입하지 않는 자는?

가. 치료중인 환자
나. 실습선원
사. 1세 미만의 자
아. 여객

해설 시행규칙 제18조(최대승선인원의 산정 등)
① 법 제8조 제3항에 따른 최대승선인원은 여객, 선원 및 임시승선자별로 다음 각 호의 기준에 따라 산정한다.
1. 승선인원에 산입되지 않는 사람
가. 선내 관람과 관련하여 승선하는 사람, 하역·수리작업·해상공사 등을 위한 작업원 또는 선원 교대자 등으로서 해당 선박의 정박 중에만 승선하는 자
나. 선박의 입항, 출항 및 정박 중에 관련 업무를 수행하기 위하여 승선하는 도선사, 운항관리자, 세관공무원, 검역공무원, 선박검사관 및 선박검사원 등
다. 1세 미만인 유아

Answer 32 사 33 사

34 다음 중 여객에 포함되는 자는?

가. 만 1세의 어린이 **나.** 검역공무원
사. 운항관리자 **아.** 도선사

해설 가. 만 1세의 어린이는 여객에 포함된다. ▶ 만 1세 미만의 유아는 제외

법 제2조(정의) 이 법에서 사용하는 용어의 정의는 다음과 같다.

9. "여객"이라 함은 선박에 승선하는 자로서 다음 각 목에 해당하는 자를 제외한 자를 말한다.
   가. 선원
   나. 1세 미만의 유아
   다. 세관공무원 등 일시적으로 승선한 자로서 해양수산부령으로 정하는 자

시행규칙 제5조(임시승선자)
법 제2조 제9호 다목에서 "해양수산부령으로 정하는 자"란 선박의 항해기간 동안 일시적으로 승선하는 자로서 다음 각 호의 어느 하나에 해당하는 자를 말한다.
1. 선원과 동승하여 생활하는 선원의 가족
2. 선박소유자(선박관리인 및 선박임차인을 포함한다) 및 선박정비, 화물관리, 안전관리 등 해당 선박과 관련된 업무에 종사하는 선박회사의 소속 직원과 해당 선박의 수리작업 등을 위한 작업원
3. 시험·조사·지도·단속·점검·실습에 관한 업무에 사용되는 선박에 해당 업무를 수행하기 위하여 승선하는 사람
4. 도선사, 운항관리자, 세관공무원, 검역공무원, 선박검사관, 선박검사원 등으로서 선원업무가 아닌 업무를 하는 자
5. 제3조 제2호에 따른 수상호텔, 수상식당 및 수상공연장 등의 소속 직원과 이를 이용하는 자
6. 삭제 (2018.11.20)
7. 삭제 (2010.11.18)
8. 국가·지방자치단체 또는 「공공기관의 운영에 관한 법률」 제2조 제1항에 따른 공공기관의 선박을 이용하여 「항만법」에 따른 항만을 견학하는 자
9. 다음 각 호의 어느 하나에 해당하는 차량의 화물관리인(해양수산부장관이 고시하는 안전교육을 받은 운전자를 포함한다)
   가. 「축산법」 제2조 제1호에 따른 가축을 운송하는 차량
   나. 「동물보호법」 제2조 제1호에 따른 동물을 운송하는 차량
   다. 산소공급장치를 가동하여 살아 있는 수산물을 운송하는 차량
   라. 「위험물 선박운송 및 저장규칙」에 따른 화약류, 이화성 액체류 또는 가연성 물질류 등 폭발이나 화재의 위험성이 높은 위험물을 운송하는 차량
10. 해당 선박의 출항지를 관할하는 지방해양수산청장(지방해양수산청장 소속 해양수산사무소의 장을 포함한다. 이하 같다)이 인정하는 공익 목적의 행사에 참여하기 위해 제3호에 따른 선박에 승선하는 사람

Answer 34 가

35 선박의 감항성과 인명의 안전에 관하여 발효된 국제협약에 선박안전법의 내용보다 강화된 다른 규정이 있을 때에는?

가. 선박안전법에 따른다.
나. 그 국제협약에 따른다.
사. 한국의 항구에 있는 동안 선박은 선박안전법의 규정에만 따라야 한다.
아. 내용이 상충하므로 둘 다 준수할 필요가 없다.

해설 법 제5조(국제협약과의 관계) 국제항해에 취항하는 선박의 감항성 및 인명의 안전과 관련하여 국제적으로 발효된 국제협약의 안전기준과 이 법의 규정내용이 다른 때에는 해당국제협약의 효력을 우선한다. 다만, 이 법의 규정내용이 국제협약의 안전기준보다 강화된 기준을 포함하는 때에는 그러하지 아니하다.
▶ 선박의 감항성과 인명의 안전에 관하여 발효된 국제협약의 기준보다 선박안전법의 내용에 강화된 다른 규정이 있을 때에는 선박안전법에 따라야 한다.

36 다음 중 선박안전법에 의한 특수선에 속하지 않는 것은?

가. 원자력선
나. 수중익선
사. 공기부양선
아. 가스 운반선

해설 특수선이란 수중익선, 원자력선, 잠수선, 공기부양선, 그 밖에 특수한 구조로 된 선박으로서 해양수산부장관이 정하여 고시하는 선박을 말한다(시행규칙 제97조 제4항).

37 선박안전법의 규정에 의해서 GMDSS 설비를 갖추어야 하는 선박이 아닌 것은?

가. 국제항해에 종사하는 여객선
나. 총톤수 300톤 이상으로 국제항해에 취항하는 화물선
사. 해양수산부장관이 정하는 선박
아. 준설선

해설 법 제29조(무선설비)
① 다음 각 호의 어느 하나에 해당하는 선박소유자는 「해상에서의 인명안전을 위한 국제협약」에 따른 세계 해상조난 및 안전제도의 시행에 필요한 무선설비를 갖추어야 한다. 이 경우 무선설비는 「전파법」에 따른 성능과 기준에 적합하여야 한다.
 1. 국제항해에 취항하는 여객선
 2. 제1호의 선박 외에 국제항해에 취항하는 총톤수 300톤 이상의 선박
② 제1항 각 호의 규정에 따른 선박 외에 해양수산부령으로 정하는 선박에 대하여는 해양수산부령으로 정하는 기준에 따른 무선설비를 갖추어야 한다. 이 경우 무선설비는 「전파법」에 따른 성능과 기준에 적합하여야 한다.

Answer 35 나 36 아 37 아

> **시행규칙 제72조(무선설비의 설치)**
> ① 법 제29조 제2항에서 "해양수산부령으로 정하는 선박"이란 다음 각 호의 선박을 제외한 선박을 말한다.
>   1. 총톤수 2톤 미만의 선박
>   2. 추진기관을 설치하지 아니한 선박
>   3. 호소·하천 및 항내의 수역에서만 항해하는 선박
>   4. 「유선 및 도선사업법」에 따른 도선으로서 출발항으로부터 도착항까지의 항해거리(경유지를 포함한다)가 2해리 이내인 선박

38 선박안전법의 선령이라 함은 다음 어느 날부터 경과한 기간을 말하는가?

가. 계약체결일　　　　　　　　나. 용골거치일
사. 진수한 날　　　　　　　　　아. 최초의 정기검사 완료일

해설 시행규칙 제2조 "선령(船齡)"이란 선박이 진수(進水)한 날부터 지난 기간을 말한다.

39 선박용 물건을 수입하려는 자는 해양수산부장관으로부터 그 (　　)을 받아야 한다. (　　)에 적합한 것은?

가. 형식승인　　　　　　　　　나. 수입승인
사. 등록신청　　　　　　　　　아. 사후신청

해설 법 제18조(형식승인 및 검정) ① 해양수산부장관이 정하여 고시하는 선박용물건 또는 소형선박을 제조하거나 수입하려는 자가 해당 선박용물건 또는 소형선박에 대하여 제9항 전단에 따라 검정을 받으려는 때에는 미리 해양수산부장관의 형식에 관한 승인(이하 "형식승인"이라 한다)을 받아야 한다.

40 선박안전법상 선박검사를 받은 자가 불복하는 때에는 검사의 결과에 관한 통지를 받은 날부터 며칠 이내에 재검사를 신청할 수 있는가?

가. 30일　　　　　　　　　　　나. 50일
사. 60일　　　　　　　　　　　아. 90일

해설 법 제72조(재검사 등) ① 제60조 제1항·제2항(제61조에 따라 해양수산부장관이 직접 수행하거나 해양수산부장관으로부터 지정받은 자가 대행하는 경우를 포함한다), 제64조 제1항 및 제65조 제1항에 따라 대행검사기관으로부터 검사·검정 및 확인을 받은 자가 그 결과에 불복하는 때에는 그 결과에 관한 통지를 받은 날부터 90일 이내에 그 사유를 갖추어 해양수산부장관에게 재검사·재검정 및 재확인을 신청할 수 있다.

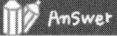 38 사　39 가　40 아

41
선박안전법상 선박소유자는 하역장치 중 제한하중의 지정을 받지 아니한 하역장치에 대하여 몇 톤 이상의 화물의 하중을 부하하여서는 아니 되는가?

가. 1톤
나. 2톤
사. 5톤
아. 10톤

해설 시행규칙 제77조(하역설비의 확인신청) ① 법 제34조 제1항에 따라 1톤 이상의 화물의 하역에 사용되는 하역설비에 대하여 다음 각 호의 어느 하나에 해당하는 제한하중 등의 확인을 받으려는 선박소유자는 별지 제71호 서식의 제한하중등신청서를 해양수산부장관에게 제출하여야 한다.
1. 데릭(Derrick)장치 : 제한하중 및 제한각도
2. 지브크레인(Jib Crane) : 제한하중 및 제한반지름
3. 그 밖의 하역장치 : 제한하중
4. 하역장치에 처음으로 사용되는 하역장구와 용접 등에 의하여 수리를 한 하역장구 : 제한하중

42
선박안전법상 대한민국 선박 중 외국항만의 항만국 통제에 의한 출항정지를 예방하기 위하여 특별점검을 할 수 있는 대상 선박에 해당하지 않는 것은?

가. 선령이 15년을 초과하는 산적화물선
나. 선령이 10년을 초과하는 위험물운반선
사. 최근 3년 이내에 외국 항만국통제로 출항이 정지된 선박
아. 최근 3년간 외국 항만국통제로 인한 출항정지율이 대한민국 선박의 평균 출항정지율을 초과하는 선박소유자의 선박

해설 선령이 15년을 초과하는 산적화물선·위험물운반선이 대상선박이다.
법 제69조(외국의 항만국통제 등)
① 선박소유자는 외국 항만당국의 항만국통제에 의하여 선박의 결함이 지적되지 아니하도록 관련되는 국제협약 규정을 준수하여야 한다.
② 해양수산부장관은 외국 항만당국의 항만국통제에 의하여 출항정지 처분을 받은 대한민국 선박이 국내에 입항할 경우 해양수산부령으로 정하는 바에 따라 관련되는 선박의 구조·설비 등에 대하여 특별점검을 할 수 있다. 다만, 외국정부에서 확인을 요청하는 경우 등 필요한 경우에는 외국에서 특별점검을 할 수 있다.
③ 해양수산부장관은 다음 각 호의 대한민국 선박에 대하여 외국항만에 출항정지를 예방하기 위한 조치가 필요하다고 인정되는 경우 해양수산부령으로 정하는 바에 따라 관련되는 선박의 구조·설비 등에 대하여 특별점검을 할 수 있다.
1. 선령이 15년을 초과하는 산적화물선·위험물운반선
2. 그 밖에 해양수산부령으로 정하는 선박

Answer 41 가 42 나

시행규칙 제91조 제2항(특별점검)
위에서 "해양수산부령으로 정하는 선박"이란 다음 각 호의 선박을 말한다.
1. 최근 3년 이내에 외국 항만당국의 항만국통제로 인하여 출항이 정지된 선박
2. 최근 3년간 외국 항만당국의 항만국통제로 인하여 소속 선박의 출항정지율이 대한민국 선박의 평균 출항정지율을 초과하는 선박소유자의 선박
3. 그 밖에 외국 항만당국의 항만국통제로 인하여 출항정지율이 특별히 높은 선박 등 해양수산부장관이 정하여 고시하는 선박

제04장 해양사고의 조사 및 심판에 관한 법률

01 해양사고의 조사 및 심판에 관한 법률의 궁극적인 목적은?

　가. 해양안전의 확보에 이바지　　나. 해양사고 조사
　사. 해기사의 징계　　　　　　　아. 해양사고 통계 분석

> **해설** 법 제1조(목적) 이 법은 해양사고에 대한 조사 및 심판을 통하여 해양사고의 원인을 밝힘으로써 해양안전의 확보에 이바지함을 목적으로 한다.

02 해양안전심판원은 심판을 행함에 있어서 해양사고의 원인을 밝히고, (　　)로써 그 결과를 명백히 해야 한다. (　　) 안에 알맞은 말은?

　가. 판결　　　　　　　　　　　나. 확정
　사. 재결　　　　　　　　　　　아. 재심

> **해설** 법 제5조(재결) ① 심판원은 해양사고의 원인을 밝히고 재결(裁決)로써 그 결과를 명백하게 하여야 한다.

03 해양사고의 조사 및 심판에 관한 법률상 선원에 대한 징계의 종류 중 업무정지 기간은 최대 얼마인가?

　가. 6개월　　　　　　　　　　나. 1년
　사. 2년　　　　　　　　　　　아. 3년

> **해설** 업무정지 기간은 1개월 이상 1년 이하로 한다.
> 법 제6조(징계의 종류와 감면)
> ① 제5조 제2항의 징계는 다음 세 가지로 하고, 행위의 경중에 따라서 심판원이 징계의 종류를 정한다.
> 　1. 면허의 취소
> 　2. 업무정지
> 　3. 견책
> ② 제1항 제2호의 업무정지 기간은 1개월 이상 1년 이하로 한다.
> ③ 심판원은 제5조 제2항에 따른 징계를 할 때 해양사고의 성질이나 상황 또는 그 사람의 경력과 그 밖의 정상을 고려하여 이를 감면할 수 있다.

Answer　01 가　02 사　03 나

04 해양안전심판원의 재결로 적합하지 아니한 것은?
가. 벌과금의 부과
나. 면허의 취소
사. 견책
아. 업무 정지

05 심판 절차에 있어서 해양안전심판원의 판단 또는 의견을 표시하는 행위 중 재결 이외의 것을 무엇이라 하는가?
가. 결정
나. 심판
사. 판정
아. 결의

06 중앙해양안전심판원의 재결에 대하여 불복이 있을 때 어디에 소를 제기하는가?
가. 지방법원
나. 고등법원
사. 대법원
아. 해양수산부장관

07 지방해양안전심판원이 제1회 심판기일 전에 할 수 있는 증거조사 방법이 아닌 것은?
가. 선박, 기타 장소 검사
나. 장부나 서류, 기타 물건의 제출 요구
사. 관공서에 대해 보고나 자료 제출 요구
아. 물건압수, 수색 등의 강제집행

해설 법 제48조(증거조사)
① 지방심판원은 조사관, 해양사고관련자 또는 심판변론인의 신청에 의하거나 직권으로 필요한 증거조사를 할 수 있다.
② 지방심판원은 제1회 심판기일 전에는 다음의 방법에 따른 조사만을 할 수 있다.
  1. 선박이나 그 밖의 장소를 검사하는 일
  2. 장부·서류 또는 그 밖의 물건을 제출하도록 명하는 일
  3. 관공서에 대하여 보고 또는 자료제출을 요구하는 일
③ 지방심판원은 구속·압수·수색이나 그 밖에 신체·물건 또는 장소에 대한 강제처분을 하지 못한다.

Answer 04 가 05 가 06 나 07 아

08 해양사고시 사실 조사의 요구에 관한 설명 중 틀린 것은?

- 가. 해양사고관련자는 관할 조사관에게 그 사실 조사를 요구할 수 있다.
- 나. 사실 조사의 요구를 받은 조사관은 그 사실 조사를 하여 심판 청구의 여부를 결정한다.
- 사. 사실 조사를 한 조사관이 심판청구를 할 때에는 단독으로 할 수 있다.
- 아. 사실 조사를 한 조사관이 심판청구를 거부할 때에는 미리 소속 심판원장의 승인을 받아야 한다.

해설 조사관이 심판청구를 거부할 때에는 미리 중앙수석조사관의 승인을 받아야 한다(법 제33조 제3항).

09 해양사고심판에 부칠 사건의 제1심 관할권은 원칙적으로 어느 지방해양안전심판원에 속하는가?

- 가. 해양사고에 관련된 선박의 선적항을 관할하는 지방해양안전심판원
- 나. 해양사고가 발생한 지점을 관할하는 지방해양안전심판원
- 사. 해양사고에 관한 선박의 소유자의 주소지를 관할하는 지방해양안전심판원
- 아. 최초로 심판의 청구를 받은 지방해양안전심판원

해설 법 제24조(관할) ① 심판에 부칠 사건의 관할권은 해양사고가 발생한 지점을 관할하는 지방심판원에 속한다. 다만, 해양사고 발생 지점이 분명하지 아니하면 그 해양사고와 관련된 선박의 선적항을 관할하는 심판원에 속한다.

10 해양사고의 조사 및 심판에 관한 법률상 해양사고의 정의에 포함되지 아니하는 사항은?

- 가. 선박이 멸실, 유기되거나 행방불명된 사고
- 나. 선박의 구조, 설비와 관련한 사람의 사망
- 사. 선박의 운용과 관련하여 해양오염 피해가 발생한 사고
- 아. 해상, 육상시설의 사고로 인한 하역작업의 지연

해설 법 제2조(정의) 이 법에서 사용하는 용어의 뜻은 다음과 같다.
1. 해양사고란 해양 및 내수면에서 발생한 다음 각 목의 어느 하나에 해당하는 사고를 말한다.
   - 가. 선박의 구조·설비 또는 운용과 관련하여 사람이 사망 또는 실종되거나 부상을 입은 사고
   - 나. 선박의 운용과 관련하여 선박이나 육상시설·해상시설이 손상된 사고
   - 다. 선박이 멸실·유기되거나 행방불명된 사고
   - 라. 선박이 충돌·좌초·전복·침몰되거나 선박을 조종할 수 없게 된 사고
   - 마. 선박의 운용과 관련하여 해양오염 피해가 발생한 사고

Answer 08 아 09 나 10 아

11 다음 중 해양안전심판원이 심판관 또는 비상임 심판관에 대하여 제척할 수 없는 경우는?

- 가. 심판관·비상임심판관이 해당 사건에 대하여 조사관의 직무를 수행한 경우
- 나. 심판관·비상임심판관이 해양사고 관련자의 친족이거나 친족이었던 경우
- 사. 심판관 또는 비상임심판관·해양사고 관련자의 지인 또는 동창일 경우
- 아. 심판관 또는 비상임심판관이 심판 대상이 된 선박의 관리인이나 임차인인 경우

> **해설** 법 제15조(심판관·비상임심판관의 제척·기피·회피)
> ① 심판관(심판장을 포함한다. 이하 이 조에서 같다)이나 비상임심판관은 다음 각 호의 어느 하나에 해당하는 경우에는 직무집행에서 제척된다.
> 1. 심판관·비상임심판관이 해양사고관련자의 친족이거나 친족이었던 경우
> 2. 심판관·비상임심판관이 해당 사건에 대하여 증언이나 감정을 한 경우
> 3. 심판관·비상임심판관이 해당 사건에 대하여 해양사고관련자의 심판변론인이나 대리인으로서 심판에 관여한 경우
> 4. 심판관·비상임심판관이 해당 사건에 대하여 조사관의 직무를 수행한 경우
> 5. 심판관·비상임심판관이 전심(前審)의 심판에 관여한 경우
> 6. 심판관·비상임심판관이 심판 대상이 된 선박의 소유자·관리인 또는 임차인인 경우

12 해양사고의 조사 및 심판에 관한 법률에서 사건 발생 후 몇 년이 경과하면 심판의 청구를 하지 못하는가?

- 가. 1년
- 나. 2년
- 사. 3년
- 아. 4년

> **해설** 법 제38조(심판의 청구)
> ① 조사관은 사건을 심판에 부쳐야 할 것으로 인정할 때에는 지방심판원에 심판을 청구하여야 한다. 다만, 사건이 발생한 후 3년이 지난 해양사고에 대하여는 심판청구를 하지 못한다.
> ② 제1항의 청구는 해양사고사실을 표시한 서면으로 하여야 한다.

13 선박의 충돌사고 당시 당직사관으로 해양안전심판에서 징계의 대상이 된 자를 현행법상 무엇이라고 하는가?

- 가. 현행범
- 나. 해양사고관련자
- 사. 심판변론인
- 아. 피의자

> **해설** "해양사고관련자"란 해양사고의 원인과 관련된 자로서 규정에 따라 지정된 자를 말한다.

Answer 11 사 12 사 13 나

14 대한민국 영사가 우리나라 선박이 외국에서 해양사고가 발생한 사실을 인지하였을 때에는 누구에게 그 사실을 통보해야 하는가?

　가. 지방해양안전심판원의 수석조사관
　나. 중앙해양안전심판원의 수석조사관
　사. 선적항 관할 지방해양안전심판원장
　아. 중앙해양안전심판원장

해설 법 제32조(영사의 임무)
① 영사는 국외에서 해양사고가 발생한 사실을 알았을 때에는 지체 없이 그 사실과 증거를 수집하여 중앙수석조사관에게 통보하여야 한다.
② 중앙수석조사관은 제1항의 통보를 받으면 지체 없이 관할 지방수석조사관에게 보내야 한다.

15 해양사고의 조사 및 심판에 관한 법률상 심판관이 해양사고관련자와 친족관계인 경우에 해당 사건의 심판직무 집행을 배제하는 제도를 무엇이라 하는가?

　가. 기피　　　　　　　　나. 회피
　사. 제척　　　　　　　　아. 정지

16 해양사고의 조사 및 심판에 관한 법률상 해양안전심판원의 재결에 대한 설명으로서 옳지 않은 것은?

　가. 심판원은 해양사고의 원인을 규명하고 재결로서 그 결과를 명백히 하여야 한다.
　나. 심판원은 해양사고가 해기사 또는 도선사의 직무상 고의 또는 과실로 인하여 발생한 경우에 재결로써 징계하여야 한다.
　사. 해기사나 도선사 외의 해양사고 원인에 관계있는 자에 대하여 재결할 수 있다.
　아. 행정기관에 대하여 시정 또는 개선을 명하는 재결을 할 수 있다.

해설 법 제5조(재결)
① 심판원은 해양사고의 원인을 밝히고 재결(裁決)로써 그 결과를 명백하게 하여야 한다.
② 심판원은 해양사고가 해기사나 도선사의 직무상 고의 또는 과실로 발생한 것으로 인정할 때에는 재결로써 해당자를 징계하여야 한다.
③ 심판원은 필요하면 제2항에 규정된 사람 외에 해양사고관련자에게 시정 또는 개선을 권고하거나 명하는 재결을 할 수 있다. 다만, 행정기관에 대하여는 시정 또는 개선을 명하는 재결을 할 수 없다.

Answer 14 나　15 사　16 아

17 해양사고 조사와 심판의 청구는 누가 하는가?
- 가. 해당 해양사고관련자
- 나. 해당 사건의 심판변론인
- 사. 해당 심판원의 조사관
- 아. 해당 심판원의 심판관

해설) 법 제17조(조사관의 직무) 수석조사관과 조사관은 해양사고의 조사, 심판의 청구, 재결의 집행, 그 밖에 대통령령으로 정하는 사무를 담당한다.

18 "외국에서 한국 선박에 해양사고의 조사 및 심판에 관한 법률에서 명시한 해양사고가 발생한 경우 (   )는(은) 이 사실을 (   )에게 통보하여야 한다." (   ) 속에 적합한 것은?
- 가. 영사, 중앙수석조사관
- 나. 영사, 선적항 지방해양안전심판원
- 사. 선장, 중앙해양안전심판원장
- 아. 선장, 해양수산부장관

해설) 법 제32조(영사의 임무)
① 영사는 국외에서 해양사고가 발생한 사실을 알았을 때에는 지체 없이 그 사실과 증거를 수집하여 중앙수석조사관에게 통보하여야 한다.
② 중앙수석조사관은 제1항의 통보를 받으면 지체 없이 관할 지방수석조사관에게 보내야 한다.

19 해양안전심판의 특별심판부의 구성에 대한 설명 중 틀린 것은?
- 가. 중앙심판원장은 해양사고의 원인 규명에 있어서 고도의 전문성이 필요하다고 인정할 때 구성한다.
- 나. 5인 이상이 인명이 사상한 해양사고에 대해서 구성한다.
- 사. 특별 심판부 구성은 원인규명에 전문지식을 가진 심판관 2명과 사건을 관할하는 지방심판원장으로 구성한다.
- 아. 기름 등의 유출로 심각한 해양오염을 일으킨 해양사고에 대하여 구성한다.

해설) 10인 이상의 인명이 사상한 해양사고에 대해서 구성한다.
법 제22조의2(특별심판부의 구성)
① 중앙심판원장은 다음 각 호의 어느 하나에 해당하는 해양사고 중 그 원인규명에 고도의 전문성이 필요하다고 인정할 때에는 그 사건을 관할하는 지방심판원에 특별심판부를 구성할 수 있다.
  1. 10명 이상이 사망하거나 부상당한 해양사고

Answer) 17 사 18 가 19 나

2. 선박이나 그 밖의 시설의 피해가 현저히 큰 해양사고
3. 기름 등의 유출로 심각한 해양오염을 일으킨 해양사고
② 제1항에 따른 특별심판부는 해당 해양사고의 원인규명에 전문지식을 가진 심판관 2명과 그 사건을 관할하는 지방심판원장으로 구성하되, 지방심판원장이 심판장이 된다.

20 동일 선박에 관한 둘 이상의 사건에 대한 해양안전심판은 어떻게 하는가?

가. 먼저 발생한 사건부터 심판한다.
나. 나중에 발생한 사건에 대해 먼저 심판한다.
사. 심판을 분리하거나 병합할 수 있다.
아. 사건당 6개월 간격을 두고 심판한다.

해설 법 제24조(관할)
① 심판에 부칠 사건의 관할권은 해양사고가 발생한 지점을 관할하는 지방심판원에 속한다. 다만, 해양사고 발생 지점이 분명하지 아니하면 그 해양사고와 관련된 선박의 선적항을 관할하는 심판원에 속한다.
② 하나의 사건이 2곳 이상의 지방심판원에 계속(係屬)되었을 때에는 최초의 심판청구를 받은 지방심판원에서 심판한다.
③ 하나의 선박에 관한 2개 이상의 사건이 2곳 이상의 지방심판원에 계속되었을 때에는 최초의 심판청구를 받은 지방심판원이 심판한다.
④ 하나의 선박에 관한 2개 이상의 사건을 심판하는 지방심판원은 필요하다고 인정하는 때에는 직권으로 또는 조사관, 해양사고관련자나 심판변론인의 신청에 따라 결정으로 그 심판을 분리하거나 병합할 수 있다.
⑤ 국외에서 발생한 사건의 관할에 대하여는 대통령령으로 정한다.

21 해양사고의 조사 및 심판에 관한 법률상 다음의 경우에는 지방해양안전심판원의 재결로서 심판 청구를 기각할 수 있다. 기각사유에 해당되지 않는 것은?

가. 사건에 대하여 심판권이 없을 때
나. 심판의 청구가 법령에 위반하여 제기되었을 때
사. 일사부재리의 원칙에 의하여 심판할 수 없을 때
아. 선박이 침몰하여 승선원 전원이 사망하였을 때

해설 법 제52조(심판청구기각의 재결)
지방심판원은 다음 각 호의 경우에는 재결로써 심판청구를 기각하여야 한다.
1. 사건에 대하여 심판권이 없는 경우
2. 심판의 청구가 법령을 위반하여 제기된 경우
3. 법 제7조(일사부재리)에 따라 심판할 수 없는 경우

Answer 20 사 21 아

제05장 해양환경관리법

01 다음 중 해양환경관리법상의 적용범위에 속하지 않는 것은?

가. 「영해 및 접속수역법」에 따른 영해
나. 「배타적 경제수역 및 대륙붕에 관한 법률」에 따른 배타적 경제수역
사. 「해저광물자원 개발법」에 따라 지정된 해저광구
아. 「영해 및 접속수역법」에 따른 영해에서의 방사성 물질

> **해설** 방사성 물질은 해양환경관리법의 적용을 받는 것이 아니라 원자력안전법에 따른다.
> **법 제3조(적용범위)** ① 이 법은 다음 각 호의 해역·수역·구역 및 선박·해양시설 등에서의 해양환경관리에 관하여 적용한다. 다만, 방사성물질과 관련한 해양환경관리(연구·학술 또는 정책수립 목적 등을 위한 조사는 제외한다) 및 해양오염방지에 대하여는 「원자력안전법」이 정하는 바에 따른다.
> 1. 「영해 및 접속수역법」에 따른 영해 및 대통령령이 정하는 해역
> 2. 「배타적 경제수역 및 대륙붕에 관한 법률」제2조에 따른 배타적 경제수역
> 3. 제15조의 규정에 따른 환경관리해역
> 4. 「해저광물자원 개발법」제3조의 규정에 따라 지정된 해저광구

02 해양환경관리법상 「석유 및 석유대체연료 사업법」에 따른 원유 및 석유제품(석유가스 제외)과 이를을 함유하고 있는 액체상태의 유성혼합물 및 폐유를 무엇이라 하는가?

가. 선저폐수
나. 유성찌꺼기(sludge)
사. 기름
아. 폐기물

> **해설** **법 제2조(정의)** 이 법에서 사용하는 용어의 뜻은 다음과 같다.
> 4. "폐기물"이라 함은 해양에 배출되는 경우 그 상태로는 쓸 수 없게 되는 물질로서 해양환경에 해로운 결과를 미치거나 미칠 우려가 있는 물질(제5호·제7호 및 제8호에 해당하는 물질을 제외한다)을 말한다.
> 5. "기름"이라 함은 「석유 및 석유대체연료 사업법」에 따른 원유 및 석유제품(석유가스를 제외한다)과 이를을 함유하고 있는 액체상태의 유성혼합물(이하 "액상유성혼합물"이라 한다) 및 폐유를 말한다.

Answer 01 아 02 사

6. "선박평형수(船舶平衡水)"란「선박평형수 관리법」제2조 제2호에 따른 선박평형수를 말한다.
7. "유해액체물질"이라 함은 해양환경에 해로운 결과를 미치거나 미칠 우려가 있는 액체물질(기름을 제외한다)과 그 물질이 함유된 혼합 액체물질로서 해양수산부령이 정하는 것을 말한다.
8. "포장유해물질"이라 함은 포장된 형태로 선박에 의하여 운송되는 유해물질 중 해양에 배출되는 경우 해양환경에 해로운 결과를 미치거나 미칠 우려가 있는 물질로서 해양수산부령이 정하는 것을 말한다.
11. "오염물질"이라 함은 해양에 유입 또는 해양으로 배출되어 해양환경에 해로운 결과를 미치거나 미칠 우려가 있는 폐기물·기름·유해액체물질 및 포장유해물질을 말한다.
18. "선저폐수(船底廢水)"라 함은 선박의 밑바닥에 고인 액상유성혼합물을 말한다.

선박에서의 오염방지에 관한 규칙 제2조(정의)
19. "유성찌꺼기(sludge)"란 다음 각 목의 어느 하나에 해당하는 것을 말한다.
　가. 연료유 및 윤활유를 청정할 때 생기는 폐유
　나. 기름여과장치로부터 분리된 폐유
　다. 기관구역에서 기름의 누출 등으로 생기는 폐유
　라. 폐유압유 및 폐윤활유 등 선박의 운항 중에 발생하는 폐유

03 해양환경관리법상 선박의 밑바닥에 고인 액상유성혼합물을 무엇이라고 정의하고 있는가?

가. 폐유　　　　　　　　　　　나. 유성찌꺼기(sludge)
사. 선저폐수　　　　　　　　　아. 폐기물

04 해양환경관리법상 다음 중 선저폐수의 처리방법으로서 적합하지 않는 것은?

가. 본선에 저장장치가 설치된 선박은 저장한 후 배출관을 이용하여 저장시설에 이송한다.
나. 기름여과장치가 설치된 선박은 분리된 기름을 슬러지탱크에 이송하여 수용시설에 이송한다.
사. 선저폐수의 경우 대양에서는 선외에 배출하여도 무방하다.
아. 국제특별해역에서 총톤수 400톤 이상의 선박이 선저폐수를 배출할 때에는 자동배출정지장치가 설치된 기름여과장치를 작동하여야 한다.

> **해설** "선저폐수"라 함은 선박의 밑바닥에 고인 액상유성혼합물로서 기관구역의 선저폐수는 선저폐수저장장치에 저장한 후 배출관장치를 통하여 오염물질저장시설 또는 해양오염방제업·유창청소업(이하 "저장시설 등"이라 한다)의 운영자에게 인도할 것. 다만, 기름여과장치가 설치된 선박의 경우에는 기름여과장치를 통하여 해양에 배출할 수 있다(선박에서의 오염방지에 관한 규칙 제10조 관련 별표 4).

Answer 03 사　04 사

05 해양환경관리법상 선박 안에서 발생하는 선저폐수·유성찌꺼기 및 유성혼합물 배출요건에 포함되지 않는 것은?

가. 유분의 순간배출률이 1해리당 30리터 이하일 것
나. 배출액 중의 기름 성분이 0.0015퍼센트(15ppm) 이하일 것
사. 선박의 항해중에 배출할 것
아. 기름오염방지설비의 작동 중에 배출할 것

> **해설** 선저폐수·유성찌꺼기 및 유성혼합물 배출요건은 유분의 순간배출률과는 관계가 없다.
> **선박 안에서 발생하는 유성혼합물 등의 선박에서의 배출방법**
> ▶ [별표 4] 화물유가 섞인 선박평형수, 세정수, 선저폐수의 배출기준 등(선박에서의 오염방지에 관한 규칙 제10조 관련)
> • 선박 안에서 발생하는 선저폐수·유성찌꺼기 및 유성혼합물은 법 제22조 제1항 제2호에 따라 배출할 수 있다(별표 4 제4호 가목).
>
> **법 제22조(오염물질의 배출금지 등) 제1항 제2호**
> 다음 각 목의 구분에 따라 기름을 배출하는 경우
> 가. 선박에서 기름을 배출하는 경우에는 해양수산부령이 정하는 해역에서 해양수산부령이 정하는 배출기준 및 방법에 따라 배출할 것
>
> **선박으로부터의 기름 배출(선박에서의 오염방지에 관한 규칙 제9조)**
> 법 제22조 제1항 제2호 가목에 따라 선박으로부터 기름을 배출하는 경우에는 다음 각 호의 요건에 모두 적합하게 배출하여야 한다.
> 1. 선박(시추선 및 플랫폼을 제외한다)의 항해 중에 배출할 것
> 2. 배출액 중의 기름 성분이 0.0015퍼센트(15ppm) 이하일 것. 다만, 「해저광물자원 개발법」에 따른 해저광물(석유 및 천연가스에 한한다)의 탐사·채취 과정에서 발생한 물의 경우에는 0.004퍼센트 이하여야 한다.
> 3. 기름오염방지설비의 작동 중에 배출할 것. 다만, 시추선 및 플랫폼에서 스킴 파일[skim pile, 분리된 기름을 수집하는 내부 칸막이(baffle plate)를 가진 바닥이 개방된 수직의 파이프]의 설치를 통하여 기름을 배출하는 경우는 제외한다.
>
> **[별표 4] (선박에서의 오염방지에 관한 규칙 제10조 관련)**
>
> **화물유가 섞인 선박평형수, 세정수, 선저폐수의 배출기준 등**
>
> 1. 화물유가 섞인 선박평형수, 세정수, 선저폐수의 배출기준
>   유조선에서 화물유가 섞인 선박평형수, 화물창의 세정수 및 화물펌프실의 선저폐수를 배출하는 경우에는 다음 각 목의 요건에 적합하게 배출하여야 한다.
>   가. 항해 중에 배출할 것
>   나. 기름의 순간배출률이 1해리당 30ℓ 이하일 것
>   다. 1회의 항해 중(선박평형수를 실은 후 그 배출을 완료할 때까지를 말한다)의 배출총량이 그 전에 실은 화물총량의 3만분의 1(1979년 12월 31일 이전에 인도된 선박으로서 유조선의 경우에는 1만5천분의 1)이하일 것

Answer 05 가

라. 「영해 및 접속수역법」 제2조에 따른 기선으로부터 50해리 이상 떨어진 곳에서 배출할 것
마. 제15조에 따른 기름오염방지설비의 작동 중에 배출할 것

2. 선박평형수의 세정도
유조선의 화물창으로부터 선박평형수를 배출하는 경우에는 다음 각 목의 요건에 적합하게 배출하여야 한다.
 가. 정지 중인 유조선의 화물창으로부터 청명한 날 맑고 평온한 해양에 선박평형수를 배출하는 경우에는 눈으로 볼 수 있는 유막이 해면 또는 인접한 해안선에 생기지 아니하거나 유성찌꺼기(Sludge) 또는 유성혼합물이 수중 또는 인접한 해안선에 생기지 아니하도록 화물창이 세정되어 있을 것
 나. 선박평형수용 기름배출감시제어장치 또는 평형수농도감시장치를 통하여 선박평형수를 배출하는 경우에는 해당 장치로 측정된 배출액의 유분함유량이 0.0015%[15ppm]를 초과하지 아니할 것

3. 분리평형수 및 맑은평형수의 배출방법
 가. 분리평형수 및 맑은평형수는 해당 선박의 흘수선 위쪽에서 배출하여야 한다. 다만, 분리평형수 및 맑은평형수의 표면에서 기름이 관찰되지 아니하는 경우에는 흘수선 아래쪽에서 배출할 수 있다.
 나. 가목 단서에 따라 흘수선 아래쪽에서 배출하는 경우 항만 및 해양터미널 외의 해역에서는 중력에 따른 배출방법을 사용하여야 한다.

4. 선박 안에서 발생하는 유성혼합물 등의 저장 또는 처리
 가. 선박 안에서 발생하는 선저폐수ㆍ유성찌꺼기 및 유성혼합물은 법 제22조제1항제2호에 따라 배출하는 경우를 제외하고는 다음의 구분에 따라 저장하거나 처리하여야 한다.
  1) 기관구역의 선저폐수는 선저폐수저장장치에 저장한 후 배출관장치를 통하여 오염물질저장시설 또는 해양오염방제업ㆍ유창청소업(이하 "저장시설등"이라 한다)의 운영자에게 인도할 것. 다만, 기름여과장치가 설치된 선박의 경우에는 기름여과장치를 통하여 해양에 배출할 수 있다.
  2) 유성찌꺼기(Sludge)는 유성찌꺼기탱크에 저장하되, 별표 8의 기술기준에 따른 유성찌꺼기탱크용량의 80%를 초과하는 경우에는 출항 전에 유성찌꺼기 전용펌프(총톤수 150톤 미만의 유조선, 총톤수 400톤 미만의 선박으로서 유조선 외의 선박과 1990년 12월 31일 이전에 건조된 선박의 경우에는 유성찌꺼기전용펌프 외의 펌프를 사용할 수 있다)와 배출관장치를 통하여 저장시설등의 운영자에게 인도할 것. 다만, 소각설비가 설치된 선박의 경우에는 해상에서 유성찌꺼기를 소각하여 처리할 수 있다.
  3) 유조선의 화물구역에서 발생하는 유성혼합물은 법 제22조제1항제2호나목에 따라 해양에 배출하는 경우를 제외하고는 선박 안에 저장할 것
 나. 기관구역의 선저폐수 또는 유성찌꺼기를 역류방지밸브가 설치된 이송관을 통하여 혼합물탱크로 이송하여 저장하는 유조선의 경우에는 가목을 적용하지 아니한다.
 다. 가목3)에 따른 유성혼합물을 해양에 배출하는 경우에는 흘수선 위쪽에서 배출하여야 한다. 다만, 혼합물탱크로부터 배출하지 아니하는 경우로서 다음의 어느 하나에 해당하는 경우에는 흘수선 아래쪽에서 배출할 수 있다.
  1) 탱크 안에서 물과 기름이 분리되어 저장되고 배출 전에 유수경계면 검출기로 유수경계면을 조사한 결과 기름에 따른 오염의 위험이 없다고 판단되는 경우

> 로서 중력으로 배출하는 경우
> 2) 1979년 12월 31일 이전에 인도된 선박으로서 유조선에 지방해양수산청장이 인정하는 파트플로우장치를 설치하고 이를 작동하여 배출하는 경우
> 라. 제20조에 따라 화물창 또는 연료유탱크에 실은 선박평형수는 제1호 또는 제2호에 적합한 경우 외에는 이를 선박 안에 저장한 후 저장시설등의 운영자에게 인도하여야 한다.

06 해양환경관리법상 유조선에서 화물유가 섞인 선박평형수, 화물창 세정수 및 화물펌프실의 선저폐수를 배출하는 요건으로 부적절한 것은?

가. 항해중에 배출할 것
나. 기름의 순간배출률이 1해리당 30ℓ 이하일 것
사. 영해기선으로부터 12해리 이상 떨어진 곳에서 배출할 것
아. 1회의 항해중 배출총량이 그 전에 실은 화물 총량의 3만분의 1 이하일 것
 (1979.12.31 이전에 인도된 유조선은 1만5천분의 1 이하)

해설 영해기선으로부터 50해리 이상 떨어진 곳에서 배출할 것
화물유가 섞인 선박평형수, 세정수, 선저폐수의 배출기준(선박에서의 오염방지에 관한 규칙 별표 4 제1호)
유조선에서 화물유가 섞인 선박평형수, 화물창의 세정수 및 화물펌프실의 선저폐수를 배출하는 경우에는 다음 각 목의 요건에 적합하게 배출하여야 한다.
가. 항해 중에 배출할 것
나. 기름의 순간배출률이 1해리당 30ℓ 이하일 것
다. 1회의 항해 중(선박평형수를 실은 후 그 배출을 완료할 때까지를 말한다)의 배출총량이 그 전에 실은 화물총량의 3만분의 1(1979년 12월 31일 이전에 인도된 선박으로서 유조선의 경우에는 1만5천분의 1) 이하일 것
라. 「영해 및 접속수역법」 제2조에 따른 기선으로부터 50해리 이상 떨어진 곳에서 배출할 것
마. 제15조에 따른 기름오염방지설비의 작동 중에 배출할 것

07 해양환경관리법에 따라 유조선으로부터 화물유가 섞인 선박평형수의 배출이 인정되는 요건의 일부이다. 옳지 않은 것은?

가. 유조선이 항행중일 것
나. 유분의 순간배출률이 1해리당 30ℓ 이하일 것
사. 배출은 모든 국가의 영해의 기선으로부터 50해리 이상 떨어진 해역에서 할 것
아. 항행중에 배출되는 유분의 총량은 1979년 12월 31일 이전에 인도된 유조선인 경우 3만분의 1 이하일 것

Answer 06 사 07 아

해설 1회의 항해 중의 배출총량이 그 전에 실은 화물총량의 3만분의 1 이하일 것
▶ 1979년 12월 31일 이전에 인도된 유조선의 경우에는 1만5천분의 1 이하

선박으로부터 기름의 배출방법

❶ 선박에서의 기름 배출방법
  1. 선박의 항해 중에 배출할 것
  2. 배출액 중의 기름 성분이 0.0015%(15ppm) 이하일 것
  3. 기름오염방지설비의 작동 중에 배출할 것

❷ 유조선에서 화물유가 섞인 선박평형수, 세정수, 선저폐수의 배출방법
  1. 항해 중에 배출할 것
  2. 기름의 순간배출률이 1해리당 30ℓ 이하일 것
  3. 1회의 항해 중(선박평형수를 실은 후 그 배출을 완료할 때까지를 말한다)의 배출총량이 그 전에 실은 화물총량의 3만분의 1 이하일 것(1979년 12월 31일 이전에 인도된 선박으로서 유조선의 경우에는 1만5천분의 1)
  4. 영해 및 접속수역법에 따른 기선으로부터 50해리 이상 떨어진 곳에서 배출할 것
  5. 규정에 따른 기름오염방지설비의 작동 중에 배출할 것

❸ 유조선에서 화물창의 선박평형수의 배출방법(선박평형수의 세정도)
  1. 정지 중인 유조선의 화물창으로부터 청명한 날 맑고 평온한 해양에 선박평형수를 배출하는 경우에는 눈으로 볼 수 있는 유막이 해면 또는 인접한 해안선에 생기지 아니하거나 유성찌꺼기(Sludge) 또는 유성혼합물이 수중 또는 인접한 해안선에 생기지 아니하도록 화물창이 세정되어 있을 것
  2. 선박평형수용 기름배출감시제어장치 또는 평형수농도감시장치를 통하여 선박평형수를 배출하는 경우에는 해당 장치로 측정된 배출액의 유분함유량이 0.0015%[15ppm]를 초과하지 아니할 것

❹ 선박에서 분리평형수 및 맑은평형수의 배출방법
  1. 분리평형수 및 맑은평형수는 해당 선박의 흘수선 위쪽에서 배출하여야 한다.
    ▶ 다만, 분리평형수 및 맑은평형수의 표면에서 기름이 관찰되지 아니하는 경우에는 흘수선 아래쪽에서 배출할 수 있다.
  2. 위의 1.에서 흘수선 아래쪽에서 배출하는 경우 항만 및 해양터미널 외의 해역에서는 중력에 따른 배출방법을 사용하여야 한다.

❺ 유성혼합물의 처리방법(저장, 배출방법)
  1. 선박 안에서 발생하는 선저폐수·유성찌꺼기 및 유성혼합물은 법에서 규정한 배출기준 및 방법에 따라 배출하는 경우를 제외하고는 다음의 구분에 따라 저장하거나 처리하여야 한다.
    1) 기관구역의 선저폐수는 선저폐수저장장치에 저장한 후 배출관장치를 통하여 오염물질저장시설 또는 해양오염방제업·유창청소업(이하 "저장시설등"이라 한다)의 운영자에게 인도할 것. 다만, 기름여과장치가 설치된 선박의 경우에는 기름여과장치를 통하여 해양에 배출할 수 있다.
    2) 유성찌꺼기(Sludge)는 유성찌꺼기탱크에 저장하되, 별표 8의 기술기준에 따른 유성찌꺼기탱크용량의 80%를 초과하는 경우에는 출항 전에 유성찌꺼기 전용펌프(총톤수 150톤 미만의 유조선, 총톤수 400톤 미만의 선박으로서 유조선 외의 선박과 1990년 12월 31일 이전에 건조된 선박의 경우에는 유성찌꺼기전용펌프

> 외의 펌프를 사용할 수 있다)와 배출관장치를 통하여 저장시설등의 운영자에게 인도할 것. 다만, 소각설비가 설치된 선박의 경우에는 해상에서 유성찌꺼기를 소각하여 처리할 수 있다.
>   3) 유조선의 화물구역에서 발생하는 유성혼합물은 법의 규정에 따라 해양에 배출하는 경우를 제외하고는 선박 안에 저장할 것
> 2. 기관구역의 선저폐수 또는 유성찌꺼기를 역류방지밸브가 설치된 이송관을 통하여 혼합물탱크로 이송하여 저장하는 유조선의 경우에는 1.을 적용하지 아니한다.
> 3. 위의 3)에 따른 유성혼합물을 해양에 배출하는 경우에는 흘수선 위쪽에서 배출하여야 한다. 다만, 혼합물탱크로부터 배출하지 아니하는 경우로서 다음의 어느 하나에 해당하는 경우에는 흘수선 아래쪽에서 배출할 수 있다.
>   1) 탱크 안에서 물과 기름이 분리되어 저장되고 배출 전에 유수경계면 검출기로 유수경계면을 조사한 결과 기름에 따른 오염의 위험이 없다고 판단되는 경우로서 중력으로 배출하는 경우
>   2) 1979년 12월 31일 이전에 인도된 선박으로서 유조선에 지방해양수산청장이 인정하는 파트플로우장치를 설치하고 이를 작동하여 배출하는 경우
> 4. 선박에서 규칙 제20조에 따라 화물창 또는 연료유탱크에 실은 선박평형수는 1. 또는 2.에 적합한 경우 외에는 이를 선박 안에 저장한 후 저장시설등의 운영자에게 인도하여야 한다.

08 해양환경관리법상 선박 안에서 발생하는 선저폐수·유성찌꺼기 및 유성혼합물의 처리방법으로 틀린 것은?

가. 기관구역의 선저폐수는 선저폐수저장장치에 저장한 후 배출관장치를 통하여 오염물질저장시설 또는 해양오염방제업·유창청소업의 운영자에게 인도해야 한다.
나. 기관구역의 선저폐수는 기름여과장치가 설치된 선박의 경우에는 기름여과장치를 통하여 해양에 배출할 수 있다.
사. 유성찌꺼기(Sludge)는 유성찌꺼기탱크에 저장하여 배출관장치를 통하여 저장시설등의 운영자에게 인도해야 하며, 해상에서 소각하여 처리할 수 없다.
아. 유조선의 화물구역에서 발생하는 유성혼합물은 법의 규정에 따라 해양에 배출하는 경우를 제외하고는 선박 안에 저장해야 하며 해양에 배출하는 경우에는 흘수선 위쪽에서 배출하여야 한다.

해설 소각설비가 설치된 선박의 경우에는 해상에서 유성찌꺼기를 소각하여 처리할 수 있다.

 08 사

09
유조선이 10노트로 항행중에 화물구역에서 30ppm의 유성혼합물을 시간당 2000㎥/h로 배출하고 있다. 유분의 순간 배출률은?

가. 6000 ℓ/mile
나. 600 ℓ/mile
사. 60 ℓ/mile
아. 6 ℓ/mile

해설 순간 배출률 : 어느 시점에 있어서 시간당 배출되는 기름의 양(리터)을 그 시점에 있어서의 선박의 속력(노트)으로 나눈 배출률로 단위는 ℓ/mile 이다.

∴ 순간 배출률 = $(2000000ℓ \times \frac{30}{1000000}) \div 10$ 노트 = 6 ℓ/mile(2000㎥ = 2000000 ℓ)

10
해양환경관리법상 선박으로부터 기름 배출방법으로 틀린 것은?

가. 선박의 항해중에 배출할 것
나. 기름의 순간배출률이 1해리당 30 ℓ 이하일 것
사. 배출액 중의 기름 성분이 0.0015%(15ppm) 이하일 것
아. 기름오염방지설비의 작동 중에 배출할 것

해설 순간 배출률과는 관계가 없다. 순간 배출률은 유조선에서의 화물유 배출기준이다.

11
해양환경관리법상 다음은 선박 내에서 발생하는 분리평형수 또는 맑은평형수의 배출 방법이다. 적합하지 않은 것은?

가. 평형수 표면에서 기름이 관찰되지 아니한 때에는 흘수선 아래쪽에서 배출할 수 있다.
나. 일반적으로 흘수선 위쪽에서 배출한다.
사. 반드시 저장장치에 저장한 후 배출관을 이용하여 수용 시설에 배출한다.
아. 흘수선 아래쪽에서 배출할 경우는 중력에 의한 배출방법으로 한다.

해설 **분리평형수 및 맑은평형수의 배출방법**(선박에서의 오염방지에 관한 규칙 제10조 관련 별표 4)
① 분리평형수 및 맑은평형수는 해당 선박의 흘수선 위쪽에서 배출하여야 한다. 다만, 분리 평형수 및 맑은평형수의 표면에서 기름이 관찰되지 아니하는 경우에는 흘수선 아래쪽에서 배출할 수 있다.
② 흘수선 아래쪽에서 배출하는 경우 항만 및 해양터미널 외의 해역에서는 중력에 따른 배출방법을 사용하여야 한다.

12 해양환경관리법상 유해액체물질을 산적하여 운반하는 총톤수 500톤인 선박에 임명되는 오염방지관리인은?

가. 오염물질 및 대기오염물질의 오염방지관리인 1인
나. 오염물질 및 대기오염물질의 오염방지관리인과 유해액체물질의 오염방지관리인 각 1인
사. 오염물질 및 대기오염물질의 오염방지관리인 2인
아. 유해액체물질의 오염방지관리인 2인

해설 법 제32조(해양오염방지관리인) ① 해양수산부령으로 정하는 선박의 소유자는 그 선박에 승무하는 선원 중에서 선장을 보좌하여 선박으로부터의 오염물질 및 대기오염물질의 배출방지에 관한 업무를 관리하게 하기 위하여 대통령령으로 정하는 자격을 갖춘 사람을 해양오염방지관리인으로 임명하여야 한다. 이 경우 유해액체물질을 산적하여 운반하는 선박의 경우에는 유해액체물질의 해양오염방지관리인 1명 이상을 추가로 임명하여야 한다.

13 해양환경관리법상 폐기물의 처리기준 및 방법을 잘못 기술한 것은?

가. 음식물찌꺼기는 항해중에 버리되, 영해기선으로부터 최소한 12해리 이상의 해역에 버려야 한다.
나. 음식물찌꺼기를 영해기선으로부터 3해리 이상의 해역에 버릴 경우는 25㎜ 이하의 개구를 가진 스크린을 통과할 수 있도록 분쇄되거나 연마되어야 한다.
사. 국제협약에서 정한 특별해역에서 배출하고자 하는 경우에는 국제협약에서 정하는 바에 따른다.
아. 총톤수 300톤 이상의 선박과 최대승선인원 15명 이상의 선박은 선원이 실행할 수 있는 폐기물관리계획서를 비치하고 계획을 수행할 수 있는 책임자를 임명하여야 한다.

해설 총톤수 100톤 이상의 선박이다.

[별표 3] (선박에서의 오염방지에 관한 규칙 제8조 제2호 관련)

선박 안에서 발생하는 폐기물의 배출해역별 처리기준 및 방법

1. 선박 안에서 발생하는 폐기물의 처리
   가. 다음의 폐기물을 제외하고 모든 폐기물은 해양에 배출할 수 없다.
   1) 음식찌꺼기
   2) 해양환경에 유해하지 않은 화물잔류물
   3) 선박 내 거주구역에서 목욕, 세탁, 설거지 등으로 발생하는 중수(中水)[화장실 오수(汚水) 및 화물구역 오수는 제외한다. 이하 같다]
   4) 「수산업법」에 따른 어업활동 중 혼획(混獲)된 수산동식물(폐사된 것을 포함한다. 이하 같다) 또는 어업활동으로 인하여 선박으로 유입된 자연기원물질(진흙, 퇴적물 등 해양에서 비롯된 자연상태 그대로의 물질을 말하며, 어장의 오염된 퇴적물은 제외한다. 이하 같다)

Answer 12 나 13 아

나. 가목에서 배출 가능한 폐기물을 해양에 배출하려는 경우에는 영해기선으로부터 가능한 한 멀리 떨어진 곳에서 항해 중에 버리되, 다음의 해역에 버려야 한다.
  1) 음식찌꺼기는 영해기선으로부터 최소한 12해리 이상의 해역. 다만, 분쇄기 또는 연마기를 통하여 25㎜ 이하의 개구(開口)를 가진 스크린을 통과할 수 있도록 분쇄되거나 연마된 음식찌꺼기의 경우 영해기선으로부터 3해리 이상의 해역에 버릴 수 있다.
  2) 화물잔류물
    가) 부유성 화물잔류물은 영해기선으로부터 최소한 25해리 이상의 해역
    나) 가라앉는 화물잔류물은 영해기선으로부터 최소한 12해리 이상의 해역
    다) 화물창을 청소한 세정수는 영해기선으로부터 최소한 12해리 이상의 해역. 다만, 다음의 조건에 만족하는 것으로서 해양환경에 해롭지 아니한 일반 세제를 사용한 경우로 한정한다.
      (1) 국제협약 부속서 제3장의 적용을 받는 유해물질이 포함되어 있지 아니할 것
      (2) 발암성 또는 돌연변이를 발생시키는 것으로 알려진 물질이 포함되어 있지 아니할 것
  3) 해수침수, 부패, 부식 등으로 사용할 수 없게 된 화물은 국제협약이 정하는 바에 따른다.
  4) 선박 내 거주구역에서 발생하는 중수는 아래 해역을 제외한 모든 해역에서 배출할 수 있다.
    가)「국토의 계획 및 이용에 관한 법률」제40조에 따른 수산자원보호구역
    나)「수산자원관리법」제46조에 따른 보호수면 및 같은 법 제48조에 따른 수산자원관리수면
    다)「농수산물 품질관리법」제71조에 따른 지정해역 및 같은 법 제73조제1항에 따른 주변해역
  5)「수산업법」에 따른 어업활동 중 혼획된 수산동식물 또는 어업활동으로 인하여 선박으로 유입된 자연기원물질은 같은 법에 따른 면허 또는 허가를 받아 어업활동을 하는 수면에 배출할 수 있다.
  6) 동물사체는 국제해사기구에서 정하는 지침을 고려하여 육지로부터 가능한 한 멀리 떨어진 해역에 배출할 수 있다.
다. 폐기물이 다른 처분요건이나 배출요건의 적용을 받는 다른 배출물과 혼합되어 있는 경우에는 보다 엄격한 폐기물의 처분요건이나 배출요건을 적용한다.
라. 가목 및 나목에도 불구하고, 선박소유자는 항만에 정박 중 가목 및 나목에 따른 폐기물을 법 제37조제1항 각 호의 어느 하나에 해당하는 자에게 인도하여 처리할 수 있다.

2. 폐기물의 처분에 관한 특별요건
  육지로부터 12해리 이상 떨어진 위치에 있는 고정되거나 부동하는 플랫폼과 이들 플랫폼에 접안되어 있거나 그로부터 500m 이내에 있는 다른 모든 선박에서 음식찌꺼기를 해양에 버릴 때에는 분쇄기 또는 연마기를 통하여 분쇄 또는 연마한 후 버려야 한다. 이 경우 음식찌꺼기는 25㎜ 이하의 개구를 가진 스크린을 통과할 수 있도록 분쇄되거나 연마되어야 한다.
3. 국제특별해역 및 제12조의2에 따른 극지해역 안에서의 폐기물 처분에 관하여는 국제협약 부속서 5에 따른다.
4. 길이 12m 이상의 모든 선박은 제1호 및 제3호에 따른 폐기물의 처리 요건을 승무원과 여객에게 한글과 영문으로 작성·고지하는 안내표시판을 잘 보이는 곳에 게시하여야 한다.
5. 총톤수 100톤 이상의 선박과 최대승선인원 15명 이상의 선박은 선원이 실행할 수 있는 폐기물관리계획서를 비치하고 계획을 수행할 수 있는 책임자를 임명하여야 한다. 이 경우 폐기물관리계획서에는 선상 장비의 사용방법을 포함하여 쓰레기의 수집, 저장, 처리 및 처분의 절차가 포함되어야 한다.

※ 비고
"화물잔류물"이란 목재, 석탄, 곡물 등의 화물을 양하(揚荷)하고 남은 최소한의 잔류물을 말한다.

14 해양환경관리법상 오염물질의 방제조치에 해당하지 않는 것은?

가. 오염물질의 배출방지
나. 오염물질의 확산방지 및 제거
사. 배출된 오염물질의 수거 및 처리
아. 오염지역의 환경영향평가

> **해설** 법 제64조(오염물질이 배출된 경우의 방제조치) ① 제63조 제1항 제1호 및 제2호에 해당하는 자(이하 "방제의무자"라 한다)는 배출된 오염물질에 대하여 대통령령이 정하는 바에 따라 다음 각 호에 해당하는 조치(이하 "방제조치"라 한다)를 하여야 한다.
> 1. 오염물질의 배출방지
> 2. 배출된 오염물질의 확산방지 및 제거
> 3. 배출된 오염물질의 수거 및 처리

15 다음 중 총톤수 100톤 이상 400톤 미만의 유조선 이외의 선박에 설치하여야 하는 기름오염방지설비에 해당하지 않는 것은?

가. 선저폐수저장탱크
나. 기름여과장치
사. 배출관장치
아. 슬러지 탱크

> **해설** 기관구역에서의 기름오염방지설비의 설치기준(선박에서의 오염방지에 관한 규칙 제15조 제1항 관련 별표 7 제1호)
>
> | 대상선박 | 기름오염방지설비 |
> |---|---|
> | 가. 총톤수 50톤 이상 400톤 미만의 유조선
나. 총톤수 100톤 이상 400톤 미만으로서 유조선이 아닌 선박 | 1) 선저폐수저장탱크 또는 기름여과장치
2) 배출관장치 |
> | 다. 총톤수 400톤 이상 1만톤 미만의 선박(마목의 선박 제외) | 1) 기름여과장치, 2) 유성찌꺼기탱크
3) 배출관장치 |
> | 라. 총톤수 1만톤 이상의 모든 선박(마목의 선박 제외) | 1) 기름여과장치, 2) 선저폐수농도경보장치
3) 유성찌꺼기탱크, 4) 배출관장치 |
> | 마. 총톤수 400톤 이상으로서 국제특별해역 안에서만 운항하는 선박 | 1) 기름여과장치, 2) 선저폐수농도경보장치
3) 유성찌꺼기탱크, 4) 배출관장치 |

16 다음 중 총톤수가 20,000톤인 산적 운반선의 기관구역에 설치하여야 할 기름오염방지설비에 들지 않는 것은?

가. 선저폐수농도경보장치
나. 기름여과장치
사. 배출관장치
아. 누유방지장치

> **해설** 1만톤 이상의 모든 선박에서 기관구역에 설치하여야 할 기름오염방지설비는
> ㉠ 기름여과장치 ㉡ 선저폐수농도경보장치
> ㉢ 유성찌꺼기탱크 ㉣ 배출관장치

Answer 14 아 15 아 16 아

17 다음 중 총톤수 400톤 이상 10,000톤 미만의 선박(국제특별해역 안에서만 운항하는 선박 제외)이 기관구역에 설치해야 할 기름오염방지설비가 아닌 것은?

가. 선저폐수농도경보장치
나. 기름여과장치
사. 배출관장치
아. 유성찌꺼기 탱크

해설 가. 선저폐수 농도경보장치는 1만톤 이상의 모든 선박의 설치 기준이다.

18 다음 중 해양환경관리법에 의거 해양시설에 비치해야 하는 방제자재로만 짝지어진 것은?

가. 유처리제 - 유흡착재 - 유겔화제
나. 유처리제 - 유수분리제 - 원유세정제
사. 유흡착재 - 유수분리제 - 누수방지제
아. 유겔화제 - 원유세정제 - 누수방지제

해설 해양시설(저장시설+계류시설)에서 방제자재에는 해양유류오염확산차단장치(오일펜스), 유처리제, 유흡착재, 유겔화제를 비치해야 한다.

해양시설의 자재·약제 비치기준(해양환경관리법 시행규칙 제32조 제2항 관련 별표 11)

비치대상	구 분	종 류	비치량
1. 제32조 제1항 제1호의 저장시설	가. 5만kl 이상의 기름을 저장할 수 있는 시설	해양유류오염확산차단장치 B형 또는 C형	기름의 양이 5만kl 이상 10만kl 미만인 경우에는 660m, 10만kl 이상 20만kl 미만인 경우에는 840m, 20만kl 이상인 경우에는 1,000m
		유처리제·유흡착재 또는 유겔화제	다음의 산식에 의한 양 $20X+50Y+15Z=U$
	나. 5만kl 미만 300kl 이상의 기름을 저장할 수 있는 시설	해양유류오염확산차단장치 A형 또는 B형	기름의 양이 300kl 이상 1천kl 미만인 경우에는 200m, 1천kl 이상 1만kl 미만인 경우에는 320m, 1만kl 이상 5만kl 미만인 경우에는 460m
		유처리제·유흡착재 또는 유겔화제	다음의 산식에 의한 양 $20X+50Y+15Z=U$
2. 제32조 제1항 제2호의 계류시설	가. 총톤수 10만톤 이상의 유조선을 계류하는 시설	해양유류오염확산차단장치 B형 또는 C형	계류할 수 있는 최대 선박길이의 1.5배의 길이
		유처리제·유흡착재 또는 유겔화제	다음의 산식에 의한 양 $20X+50Y+15Z=U$
	나. 총톤수 10만톤 미만 100톤 이상 유조선을 계류하는 시설	해양유류오염확산차단장치 A형 또는 B형	계류할 수 있는 최대 선박길이의 1.5배의 길이
		유처리제·유흡착재 또는 유겔화제	다음의 산식에 의한 양 $20X+50Y+15Z=U$

Answer 17 가 18 가

19 다음 중 해양환경관리법에서 정해 놓은 기름오염방지설비가 아닌 것은?

가. 기름여과장치
나. 화물유 혹은 연료유 펌프
사. 배출관장치
아. 유성찌꺼기(슬러지)탱크

해설 기름오염방지설비에는 기름여과장치, 선저폐수저장탱크, 유성찌꺼기(슬러지)탱크, 선저폐수 농도경보장치, 배출관장치, 기름배출감시제어장치, 평형수배출관장치, 혼합물탱크장치 등 이 있다(선박에서의 오염방지에 관한 규칙 제15조 제1항 관련 별표 7).

20 해양환경관리법상 총톤수 몇 톤 이상의 유조선 이외의 선박에 방제자재 등을 비치하도록 규정하고 있는가?

가. 5,000톤
나. 10,000톤
사. 15,000톤
아. 20,000톤

해설 선박에 비치할 자재·약제 비치기준 등(선박에서의 오염방지에 관한 규칙 제53조)
① 법 제66조 제1항에 따라 오염물질의 방제·방지를 위한 자재 및 약제(이하 "자재·약제" 라 한다)를 갖추어두어야 하는 선박은 다음 각 호와 같다.
1. 총톤수 100톤 이상의 유조선
2. 추진기관이 설치된 총톤수 1만톤 이상의 선박(유조선은 제외한다)

21 해양환경관리법상 기름오염 방지설비에 속하지 않는 것은?

가. 선저폐수저장탱크
나. 기름여과장치
사. 배출관장치
아. 수밀장치

해설 기름오염방지설비에는 기름여과장치, 선저폐수저장탱크, 선저폐수농도경보장치, 유성찌꺼 기탱크, 배출관장치, 기름배출감시제어장치, 평형수배출관장치, 혼합물탱크장치 등이 있다 (선박에서의 오염방지에 관한 규칙 제15조 제1항 관련 별표 7).

22 해양환경관리법에 의한 총톤수 1만톤 이상의 유조선이 비치해야 하는 해양유류오염확산 차단장치의 길이 기준은 다음 중 어느 것인가?

가. 선박길이의 1배 또는 200m 중 큰 것
나. 선박길이의 1.5배 또는 200m 중 큰 것
사. 선박길이의 2배 또는 300m 중 큰 것
아. 선박길이의 2.5배 또는 300m 중 큰 것

Answer 19 나 20 나 21 아 22 나

해설 선박의 자재·약제 비치기준(선박에서의 오염방지에 관한 규칙 제53조 제2항 관련 별표 30)

구 분	종 류	비치량
1. 총톤수 1만톤 이상의 유조선	해양유류오염확산차단장치 B형 또는 C형	선박길이의 1.5배 또는 200m 중 큰 쪽의 길이
	유처리제·유흡착재 또는 유겔화제	다음의 산식에 의한 양 40X+100Y+30Z=U
2. 「선박안전법 시행규칙」 제15조에 따른 연해구역안에서만 운항하는 총톤수 1만톤 미만 1천톤 이상의 유조선	해양유류오염확산차단장치 B형 또는 C형	선박길이의 2배 또는 150m 중 큰 쪽의 길이
	유처리제·유흡착재 또는 유겔화제	다음의 산식에 의한 양 20X+50Y+15Z=U
3. 「선박안전법 시행규칙」 제15조에 따른 근해구역 또는 원양구역을 운항하는 총톤수 1만톤 미만 1천톤 이상의 유조선	해양유류오염확산차단장치 B형 또는 C형	선박길이의 1.5배 또는 100m 중 큰 쪽의 길이
	유처리제·유흡착재 또는 유겔화제	다음의 산식에 의한 양 40X+100Y+30Z=U
4. 「선박안전법 시행규칙」 제15조에 따른 연해구역안에서만 운항하는 총톤수 1천톤 미만 100톤 이상의 유조선	해양유류오염확산차단장치 A형 또는 B형	선박길이의 2배 또는 100m 중 큰 쪽의 길이
	유처리제·유흡착재 또는 유겔화제	다음의 산식에 의한 양 20X+50Y+15Z=U
5. 「선박안전법 시행규칙」 제15조에 따른 근해구역 또는 원양구역을 운항하는 총톤수 1천톤 미만 100톤 이상의 유조선	해양유류오염확산차단장치 A형 또는 B형	선박길이의 1.5배 또는 60m 중 큰 쪽의 길이
	유처리제·유흡착재 또는 유겔화제	다음의 산식에 의한 양 40X+100Y+15Z=U
6. 추진기관이 설치된 총톤수 1만톤 이상의 선박(유조선은 제외한다)	해양유류오염확산차단장치 B형 또는 C형	선박길이의 1.5배의 길이
	유처리제·유흡착재 또는 유겔화제	다음의 산식에 의한 양 40X+100Y+30Z=W

23 근해구역 또는 원양구역을 항행하는 총톤수 1,000톤 이상 10,000톤 미만의 유조선에 비치하여야 하는 해양유류오염확산차단장치 B형의 길이는 선박길이의 (A)배 또는 (B)미터 중 큰 쪽의 길이이어야 한다. (   ) 안에 맞는 항목은?

가. A=1.5, B=100
나. A=2.0, B=100
사. A=1.5, B=150
아. A=2.0, B=150

해설 1,000톤 이상 10,000톤 미만 ▶ 1.5배 – 100m 중 큰 쪽의 길이
100톤 이상 1,000톤 미만 ▶ 1.5배 – 60m 중 큰 쪽의 길이

Answer 23 가

24 해양환경관리법에서 규정한 선내의 누유방지장치용 기름받이의 요건으로 옳지 않은 것은?

가. 금속 재료일 것
나. 선체의 횡경사가 22.5°에서도 넘치지 아니하는 구조일 것
사. 기름을 드레인 탱크 또는 연료유 탱크로 옮기는 배관장치가 있을 것
아. 선체의 종경사가 20°에서도 넘치지 아니하는 구조일 것

해설 아. 종경사가 10도, 횡경사 22.5도에서도 넘치지 아니하는 구조일 것
누유방지장치(선박에서의 오염방지에 관한 규칙 제15조 제2항 관련 별표 8 제1호)
가. 누유방지장치는 기름받이와 기름받이에 모인 기름을 드레인탱크 또는 연료유탱크로 보내는데 필요한 관장치를 갖추어야 한다.
나. 기름받이는 다음 기준에 적합한 것이어야 한다.
1) 재질 : 금속제일 것
2) 구조 : 선박이 세로방향으로 10도 또는 가로방향으로 22.5도 경사하는 경우에도 기름이 넘쳐 흐르거나 날리지 아니하는 것일 것
3) 설치장소 : 유탱크·유면계·유펌프·여과기·보일러화구·유청정기·분사밸브시험장치·주기관·보조기관·기름이 흐르는 관장치의 밸브 또는 콕 그 밖에 기름이 새어나올 우려가 있는 장치의 밑에 설치할 것

25 해양환경관리법상 추진기관이 있는 총톤수 1만톤 이상의 유조선이 아닌 선박은 선박길이의 적어도 몇 배에 해당하는 해양유류오염확산차단장치를 비치해야 하는가?

가. 1배　　　　　　　　　　　　나. 1.5배
사. 2배　　　　　　　　　　　　아. 2.5배

해설 선박의 자재·약제 비치기준(선박에서의 오염방지에 관한 규칙 제53조 제2항 관련 별표 30)

추진기관이 설치된 총톤수 1만톤 이상의 선박(유조선은 제외한다)	해양유류오염확산차단장치 B형 또는 C형	선박길이의 1.5배의 길이
	유처리제·유흡착재 또는 유겔화제	다음의 산식에 의한 양 40X+100Y+30Z=W

26 다음 중 X류 물질로 분류된 유해액체물질의 예비세정 후 배출이 허용되는 해역을 바르게 기술한 것은?

가. 영해기선으로부터 6해리 이상 떨어진 장소
나. 영해기선으로부터 12해리 이상 떨어진 수심 12미터 이상의 장소
사. 영해기선으로부터 12해리 이상 떨어진 수심 25미터 이상의 장소
아. 영해기선으로부터 6해리 이상 떨어진 수심 12미터 이상의 장소

Answer　24 아　25 나　26 사

해설 유해액체물질의 배출기준 [별표5](선박에서의 오염방지에 관한 규칙 제11조 관련)
유해액체물질, 선박평형수, 탱크 세정수의 잔류물 또는 이러한 물질을 함유하는 혼합물은 다음 각 목의 요건에 적합하게 배출하여야 한다.

가. 배출규정
  1) X류 물질, Y류 물질, Z류 물질, 잠정평가물질의 잔류물 또는 이들 물질을 함유하는 선박평형수, 탱크세정수, 그 밖의 이들 혼합물은 이 표의 요건에 적합한 경우에만 해양에 배출할 수 있다.
  2) 이 표에 따라 예비세정 또는 배출절차가 시행되기 전에 관련 탱크는 유해액체물질배출지침서에 규정된 절차에 따라 최대한 비워야 한다.
  3) 잠정평가물질, 평가되지 아니한 물질 또는 이들 물질을 함유하는 선박평형수, 탱크세정수, 그 밖의 이들 혼합물은 해양에 배출할 수 없다.

나. 배출기준
  1) 이 표에 따른 X류 물질, Y류 물질, Z류 물질, 잠정평가물질의 잔류물 또는 이들 물질을 함유하는 선박평형수, 탱크세정수, 그 밖의 이들 혼합물을 해양에 배출하는 경우에는 다음의 기준에 따라야 한다.
    가) 자항선은 7노트 이상, 비자항선은 4노트 이상의 속력으로 항해 중일 것
    나) 수면하 배출구를 통하여 설계된 최대 배출률 이하로 배출할 것
    다) 영해기선으로부터 12해리 이상 떨어진 수심 25m 이상의 장소에서 배출할 것. 다만, 국내항해에만 종사하는 선박에 대하여는 지방해양수산청장이 정하는 바에 따라 거리요건을 적용하지 아니할 수 있다.
  2) 2007년 1월 1일 전에 건조된 선박에 대하여, Z류 물질, 잠정평가물질(Z류 물질로 잠정 평가된 물질을 말한다)의 잔류물 또는 이들 물질을 함유하는 선박평형수, 탱크세정수 또는 그 밖의 이들 혼합물은 수면하 배출 외의 방법으로 배출할 수 있다.

27 해양환경관리법상 X류 물질로 분류된 유해액체물질을 예비세정 후 해양에 배출하는 요건에 해당되지 않는 것은?

가. 자항선은 7노트 이상, 비자항선은 4노트 이상의 속력으로 항해중일 것
나. 수면하 배출구를 통하여 설계된 최대 배출률 이하로 배출할 것
사. 영해기선으로부터 12해리 이상 떨어진 곳에서 배출할 것
아. 수심이 20미터 이상 되는 해역에서 배출할 것

해설 수심 25m 이상 되는 해역에서 배출하여야 한다.

Answer 27 아

28. 다음 중 Y류 물질로 분류된 유해액체물질의 예비세정 후 배출이 허용되는 해역을 바르게 기술한 것은?

　가. 영해기선으로부터 6해리 이상 떨어진 장소
　나. 영해기선으로부터 12해리 이상 떨어진 수심 12미터 이상의 장소
　사. 영해기선으로부터 12해리 이상 떨어진 수심 25미터 이상의 장소
　아. 영해기선으로부터 6해리 이상 떨어진 수심 12미터 이상의 장소

29. 다음 중 비자항선이 Z류 물질의 유해액체물질을 배출할 때의 속력에 관한 규정을 가장 정확하게 기술한 것은?

　가. 항해중이어야 한다.
　나. 대수속력이 있어야 한다.
　사. 4노트 이상이어야 한다.
　아. 7노트 이상이어야 한다.

　해설 자항선은 7노트 이상, 비자항선은 4노트 이상의 속력으로 항해중일 것

30. 해양환경관리법상 유조선에서 행하는 작업으로서 기름기록부에 기록하여야 할 사항을 열거하였다. 다음 중 틀린 항목은?

　가. 항행중 화물유의 선박안에서의 이송
　나. 클린 밸러스트(맑은 평형수) 탱크에 밸러스트(평형수)의 적재
　사. 슬롭탱크로부터 세정수의 배출
　아. 분리 밸러스트(분리 평형수) 탱크에서 밸러스트(평형수)의 배출

　해설 법 제30조 제1항 제2호에 따른 기름기록부에는 다음 각 호의 구분에 따른 사항을 적어야 한다(선박에서의 오염방지에 관한 규칙 제24조 제2항).
　　1. **모든 선박에서 행하는 다음 각 목의 사항**
　　　가. 연료유탱크에 선박평형수의 적재 또는 연료유탱크의 세정
　　　나. 연료유탱크로부터의 선박평형수 또는 세정수의 배출
　　　다. 기관구역의 유성찌꺼기 및 유성잔류물의 처리
　　　라. 선저폐수의 처리
　　　마. 선저폐수용 기름배출감시제어장치의 상태
　　　바. 사고, 그 밖의 사유로 인한 예외적인 기름의 배출
　　　사. 연료유 및 윤활유의 선박 안에서의 수급

Answer　28 사　29 사　30 아

2. 유조선에서 행하는 다음 각 목의 사항
   가. 화물유를 선박에 싣는 것
   나. 항해중 화물유의 선박 안에서의 이송
   다. 화물유를 선박에서 내리는 것
   라. 화물창 및 맑은평형수탱크에 선박평형수를 싣거나 배출하는 것
   마. 화물창의 세정(원유에 의한 세정을 포함한다)
   바. 선박평형수의 배출(분리평형수탱크에서의 배출은 제외한다)
   사. 선박평형수용 기름배출감시제어장치의 상태
   아. 혼합물탱크에서 혼합물을 배출하는 것
   자. 화물창의 잔류물처리

31 해양환경관리법상 해양경찰청장이 직접 오염물질을 방제할 경우 나중에 방제 비용은 누구에게 부담시킬 수 있는가?

가. 정부
사. 방제의무자
나. 지방자치단체
아. 정유회사

32 해양환경관리법은 총톤수 ( ) 이상 유조선의 연료유탱크에 선박평형수를 적재하지 못하도록 규정하고 있다. ( ) 안에 적합한 것은?

가. 150톤
사. 250톤
나. 200톤
아. 300톤

> **해설** 선박평형수 및 기름의 적재 제한
> ① 분리평형수탱크가 설치된 유조선의 화물창 및 해양수산부령이 정하는 선박의 연료유탱크에는 선박평형수를 적재하여서는 아니 된다. 다만, 새로이 건조한 선박을 시운전하거나 선박의 안전을 확보하기 위하여 필요한 경우로서 해양수산부령이 정하는 경우에는 그러하지 아니하다(법 제28조 제1항).
> ② 화물창 및 연료유탱크에의 선박평형수 적재 제한 선박(선박에서의 오염방지에 관한 규칙 제19조 제2항)
> 위의 ①에서 "해양수산부령이 정하는 선박"이란 1979년 12월 31일 후에 인도된 선박으로서 다음 각 호의 선박을 말한다.
> 1. 총톤수 150톤 이상의 유조선
> 2. 총톤수 4천톤 이상의 선박

Answer 31 사 32 가

33. 선박소유자는 선박해양오염비상계획서를 작성하여 누구로부터 검인을 받아야 하는가?

가. 지방해양수산청장
나. 해양경찰청장
사. 해양수산부장관
아. 농림수산식품부장관

해설 법 제31조(선박해양오염비상계획서의 관리)
① 선박의 소유자는 기름 또는 유해액체물질이 해양에 배출되는 경우에 취하여야 하는 조치사항에 대한 내용을 포함하는 기름 및 유해액체물질의 해양오염비상계획서(이하 "선박해양오염비상계획서"라 한다)를 작성하여 해양경찰청장의 검인을 받은 후 이를 그 선박에 비치하고, 선박해양오염비상계획서에 따른 조치 등을 이행하여야 한다.

34. 오염물질이 배출된 경우의 방제조치로 적절하지 못한 조치는?

가. 오염물질의 확산방지울타리의 설치 및 그 밖에 확산방지를 위하여 필요한 조치
나. 해당 선박 또는 시설에 적재된 오염물질을 다른 선박·시설 또는 화물창으로 옮겨 싣는 조치
사. 선박 또는 시설의 손상부위의 긴급수리, 선체의 예인·인양조치 등 오염물질의 배출방지조치
아. 배출된 기름의 즉각적인 소각

해설 시행령 제48조(오염물질이 배출된 경우의 방제조치) 제1항
방제조치는 다음 각 호의 조치로서 오염물질의 배출 방지와 배출된 오염물질의 확산방지 및 제거를 위한 응급조치를 한 후 현장에서 할 수 있는 최대한의 유효적절한 조치여야 한다.
1. 오염물질의 확산방지울타리의 설치 및 그 밖에 확산방지를 위하여 필요한 조치
2. 선박 또는 시설의 손상부위의 긴급수리, 선체의 예인·인양조치 등 오염물질의 배출 방지조치
3. 해당 선박 또는 시설에 적재된 오염물질을 다른 선박·시설 또는 화물창으로 옮겨 싣는 조치
4. 배출된 오염물질의 회수조치
5. 해양오염방제를 위한 자재 및 약제의 사용에 따른 오염물질의 제거조치
6. 수거된 오염물질로 인한 2차오염 방지조치
7. 수거된 오염물질과 방제를 위하여 사용된 자재 및 약제 중 재사용이 불가능한 물질의 안전처리조치

 33 나 34 아

35 해양환경관리법상 대통령령이 정하는 배출기준을 초과하는 오염물질이 해양에 배출되거나 배출될 우려가 있다고 예상되는 경우 지체 없이 해양경찰청장 또는 해양경찰서장에게 신고하여야 한다. 다음 중 신고의무자에 속하지 않는 사람은?

가. 오염물질이 적재된 선박의 선장 또는 해양시설의 관리자
나. 오염물질의 배출원인이 되는 행위를 한 자
사. 해양오염방지설비 검사원
아. 배출된 오염물질을 발견한 자

해설 법 제63조(오염물질이 배출되는 경우의 신고의무)
① 대통령령이 정하는 배출기준을 초과하는 오염물질이 해양에 배출되거나 배출될 우려가 있다고 예상되는 경우 다음 각 호의 어느 하나에 해당하는 자는 지체 없이 해양경찰청장 또는 해양경찰서장에게 이를 신고하여야 한다.
  1. 배출되거나 배출될 우려가 있는 오염물질이 적재된 선박의 선장 또는 해양시설의 관리자. 이 경우 해당 선박 또는 해양시설에서 오염물질의 배출원인이 되는 행위를 한 자가 신고하는 경우에는 그러하지 아니하다.
  2. 오염물질의 배출원인이 되는 행위를 한 자
  3. 배출된 오염물질을 발견한 자
② 신고절차 및 신고사항 등에 관하여 필요한 사항은 해양수산부령으로 정한다.

시행령 제47조(신고기준)
위의 ①에서 "대통령령이 정하는 배출기준"이란 [별표 6]의 기준을 말한다.

[별표 6] (시행령 제47조 관련)

오염물질 배출 시 신고기준(제47조 관련)

종류	양·농도	확산범위
기름	배출된 기름 중 유분이 100만분의 1,000 이상이고 유분총량이 100ℓ 이상	배출된 기름이 1만㎡ 이상으로 확산되어 있거나 확산될 우려가 있는 경우

종류		양·농도	확산범위
폐기물	수은 및 그 화합물, 폴리염화비페닐, 카드뮴 및 그 화합물, 6가크롬화합물, 유기할로겐화합물	10kg 이상	
	시안화합물, 유기인화합물, 납 및 그 화합물, 비소 및 그 화합물, 구리 및 그 화합물, 크롬 및 그 화합물, 아연 및 그 화합물, 불화물, 페놀류, 트리클로로에틸렌, 테트라클로로에틸렌	100kg 이상	
	유기실리콘 화합물, 폐합성수지, 폐합성고분자화합물, 폐산, 폐알칼리	200kg 이상	
	동·식물성 고형물, 분뇨, 오니류	200kg 이상	
	그 밖의 폐기물	1,000kg 이상	
유해액체물질	알라클로르, 알칸, 그 밖에 해양수산부령으로 정하는 X류 물질	10ℓ 이상	
	아세톤 시아노히드린, 아크릴산, 그 밖에 해양수산부령으로 정하는 Y류 물질	100ℓ 이상	
	아세트산, 아세트산 무수물, 그 밖에 해양수산부령으로 정하는 Z류 물질	200ℓ 이상	
	평가는 되었으나 유해액체물질목록에 등록되지 아니한 잠정평가물질	10ℓ 이상	

Answer 35 사

36 해양환경관리법상 기름이 배출되었을 때 신고를 하여야 하는 배출기준은 배출된 기름 중 유분이 (A) 이상이고, 유분총량이 (B)ℓ 이상, 확산범위는 배출된 기름이 (C)㎡ 이상일 때 신고를 하여야 한다. (   ) 속에 알맞은 것은?

	A	B	C
가.	100만분의 10	100	1만
나.	100만분의 100	10	1천
사.	100만분의 1,000	100	1만
아.	100만분의 10,000	1,000	1천

해설 신고기준

종류	양·농도	확산범위
기름	배출된 기름 중 유분이 100만분의 1,000 이상이고 유분총량이 100ℓ 이상	배출된 기름이 1만㎡ 이상으로 확산되어 있거나 확산될 우려가 있는 경우

37 해양에 배출된 오염물질을 방제하는데 사용하는 자재 및 약제는 누구의 형식승인, 검정 또는 인정을 받은 것이어야 하는가?

가. 해양경찰청장
나. 지방해양수산청장
사. 농림수산식품부장관
아. 해양수산부장관

해설
• 해양수산부장관의 형식승인 및 검정
 ① 해양환경측정기기(해양환경상태의 측정·분석·검사에 필요한 장비·기기)
 ② 형식승인대상설비의 형식승인(해양오염방지설비, 방오시스템 및 선박소각설비)
• 해양경찰청장의 형식승인
 오염물질의 방제·방지에 사용하는 자재·약제

38 해양환경관리법상 기관실의 유성찌꺼기(Sludge)의 처리방법 중 틀린 것은?

가. 소각설비가 설치된 선박의 경우에는 해상에서 소각하여 처리할 수 있다.
나. 유조선의 경우는 반드시 슬롭탱크로 이송하여 저장한 후 저장시설등의 운영자에게 인도해야 한다.
사. 유성찌꺼기는 유성찌꺼기 탱크에 저장해야 한다.
아. 유성찌꺼기탱크용량의 80%를 초과하는 경우에는 출항 전에 유성찌꺼기 전용펌프와 배출관장치를 통하여 저장시설등의 운영자에게 인도해야 한다.

Answer 36 사 37 가 38 나

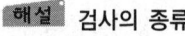 나. 슬러지(유성찌꺼기)는 유성찌꺼기탱크에 저장해야 한다.
유성찌꺼기(Sludge)는 유성찌꺼기탱크에 저장하되, 유성찌꺼기탱크용량의 80%를 초과하는 경우에는 출항 전에 유성찌꺼기 전용펌프(총톤수 150톤 미만의 유조선, 총톤수 400톤 미만의 선박으로서 유조선 외의 선박과 1990년 12월 31일 이전에 건조된 선박의 경우에는 유성찌꺼기전용펌프 외의 펌프를 사용할 수 있다)와 배출관장치를 통하여 저장시설등의 운영자에게 인도할 것. 다만, 소각설비가 설치된 선박의 경우에는 해상에서 유성찌꺼기를 소각하여 처리할 수 있다(선박에서의 오염방지에 관한 규칙 제10조 관련 별표 4).
유성찌꺼기(슬러지 : Sludge) 〈선박에서의 오염방지에 관한 규칙 제2조 제19호〉
㉠ 연료유 및 윤활유를 청정할 때 생기는 폐유
㉡ 기름여과장치로부터 분리된 폐유
㉢ 기관구역에서 기름의 누출 등으로 생기는 폐유
㉣ 폐유압유 및 폐윤활유 등 선박의 운항 중에 발생하는 폐유 등을 말한다.

39 해양오염방지검사 종류에 관한 다음 설명 중 옳지 않은 것은?

가. 정기검사는 해양오염방지설비를 선박에 최초로 설치하여 항행에 사용하고자 할 때 및 해양오염방지증서의 유효기간이 만료한 때 행하는 정밀한 검사이다.
나. 특수검사는 정기검사와 정기검사와의 중간에 실시하는 정밀한 검사이다.
사. 임시검사는 해양오염방지설비를 교체, 개조 또는 수리할 때 하는 검사이다.
아. 임시항해검사는 해양오염방지검사증서를 교부받기 전에 선박을 임시로 항해에 사용하고자 할 때에 하는 검사이다.

해설 나. 중간검사에 대한 설명이며, 특수검사는 없다.

40 해양환경관리법상 해양오염방지설비에 대한 검사의 종류가 아닌 것은?

가. 정기검사   나. 임시항해검사
사. 임시검사   아. 특별검사

해설 **검사의 종류**
㉠ 정기검사   ㉡ 중간검사
㉢ 임시검사   ㉣ 임시항해검사
㉤ 방오시스템검사   ㉥ 예비검사
㉦ 에너지효율검사

 39 나 40 아

41. 해양환경관리법상 해양오염방지설비 등을 교체, 개조 또는 수리한 때 행하는 검사는?

가. 정기검사
나. 중간검사
사. 임시항해검사
아. 임시검사

해설 선박에서의 오염방지에 관한 규칙 제41조(임시검사) ① 선박의 소유자는 선박이 다음 각 호의 어느 하나에 해당하는 경우에는 법 제51조 제1항에 따른 임시검사를 받아야 한다.
1. 해양오염방지설비 등의 전부 또는 일부를 교체, 개조 또는 수리하는 경우. 다만, 해당 설비의 성능에 영향을 미칠 우려가 없다고 해양수산부장관이 인정하는 경우는 제외한다.
2. 분리평형수탱크 또는 화물창의 구조, 용량, 배치, 배관 등을 변경, 교체 또는 개조하는 경우

42. 해양환경관리법상 선박에서 벌크상태로 운반하는 유해액체물질의 운반량·처리량을 기록하는 장부는?

가. 소각물질기록부
나. 폐기물기록부
사. 유해액체물질기록부
아. 기름기록부

해설 법 제30조(선박오염물질기록부의 관리)
① 선박의 선장(피예인선의 경우에는 선박의 소유자를 말한다)은 그 선박에서 사용하거나 운반·처리하는 폐기물·기름 및 유해액체물질에 대한 다음 각 호의 구분에 따른 기록부(이하 "선박오염물질기록부"라 한다)를 그 선박(피예인선의 경우에는 선박의 소유자의 사무실을 말한다) 안에 비치하고 그 사용량·운반량 및 처리량 등을 기록하여야 한다.
1. 폐기물기록부 : 해양수산부령이 정하는 일정 규모 이상의 선박에서 발생하는 폐기물의 총량·처리량 등을 기록하는 장부. 다만, 제72조 제1항의 규정에 따라 해양환경관리업자가 처리대장을 작성·비치하는 경우에는 동 처리대장으로 갈음한다.
2. 기름기록부 : 선박에서 사용하는 기름의 사용량·처리량을 기록하는 장부. 다만, 해양수산부령이 정하는 선박의 경우를 제외하며, 유조선의 경우에는 기름의 사용량·처리량 외에 운반량을 추가로 기록하여야 한다.
3. 유해액체물질기록부 : 선박에서 산적하여 운반하는 유해액체물질의 운반량·처리량을 기록하는 장부
② 선박오염물질기록부의 보존기간은 최종기재를 한 날부터 3년으로 하며, 그 기재사항·보존방법 등에 관하여 필요한 사항은 해양수산부령으로 정한다.

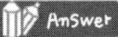

41 아 42 사

43. 해양환경관리법에서 정한 배출기준을 초과하는 오염물질을 배출한 경우 해양환경관리법상 신고하여야 할 곳은?

가. 해양경찰청장 또는 해양경찰서장
나. 해양수산청장
사. 지방자치단체장
아. 선박소유자

44. 해양환경관리법에 의하여 분뇨처리설비를 설치하여야 하는 선박 크기(총톤수)의 기준은?

가. 100톤 이상
나. 200톤 이상
사. 300톤 이상
아. 400톤 이상

해설 분뇨오염방지설비의 대상선박·종류 및 설치기준(선박에서의 오염방지에 관한 규칙 제14조) ① 다음 각 호의 어느 하나에 해당하는 선박의 소유자는 법 제25조 제1항에 따라 그 선박 안에서 발생하는 분뇨를 저장·처리하기 위한 설비(이하 "분뇨오염방지설비"라 한다)를 설치하여야 한다. 다만, 「선박안전법 시행규칙」 제4조 제11호 및 「어선법」 제3조 제9호에 따른 위생설비 중 대변용 설비를 설치하지 아니한 선박의 소유자와 대변소를 설치하지 아니한 「수상레저안전법」 제30조에 따라 등록한 수상레저기구(이하 "수상레저기구"라 한다)의 소유자는 그러하지 아니하다.
1. 총톤수 400톤 이상의 선박(선박검사증서상 최대승선인원이 16인 미만인 부선은 제외)
2. 선박검사증서 또는 어선검사증서 상 최대승선인원이 16명 이상인 선박
3. 수상레저기구 안전검사증에 따른 승선정원이 16명 이상인 선박
4. 소속 부대의 장 또는 경찰관서·해양경찰관서의 장이 정한 승선인원이 16명 이상인 군함과 경찰용 선박

45. 해양환경관리법상 배출된 기름 중 유분이 100만분의 1,000 이상일 경우 유분총량의 배출 신고 기준은?

가. 10리터 이상
나. 50리터 이상
사. 100리터 이상
아. 200리터 이상

해설 신고기준은 배출된 기름 중 유분이 100만분의 1,000 이상이고 유분총량이 100ℓ 이상이고, 배출된 기름이 1만㎡ 이상으로 확산되어 있거나 확산될 우려가 있는 경우이다.
시행령 제47조(오염물질의 배출시 신고기준 등) 법 제63조 제1항 각 호 외의 부분에서 "대통령령이 정하는 배출기준"이란 별표 6의 기준을 말한다.

Answer 43 가 44 아 45 사

오염물질 배출시 신고기준(제47조 관련 별표 6)

종류		양·농도	확산범위
폐기물	수은 및 그 화합물, 폴리염화비페닐, 카드뮴 및 그 화합물, 6가크롬화합물, 유기할로겐화합물	10kg 이상	
	시안화합물, 유기인화합물, 납 및 그 화합물, 비소 및 그 화합물, 구리 및 그 화합물, 크롬 및 그 화합물, 아연 및 그 화합물, 불화물, 페놀류, 트리클로로에틸렌, 테트라클로로에틸렌	100kg 이상	
	유기실리콘 화합물, 폐합성수지, 폐합성고분자 화합물, 폐산, 폐알칼리	200kg 이상	
	동·식물성 고형물, 분뇨, 오니류	200kg 이상	
	그 밖의 폐기물	1,000kg 이상	
기름		배출된 기름 중 유분이 100만분의 1,000 이상이고 유분총량이 100ℓ 이상	배출된 기름이 1만m^2 이상으로 확산되어 있거나 확산될 우려가 있는 경우
유해액체물질	알라클로르, 알칸, 그 밖에 해양수산부령으로 정하는 X류 물질	10ℓ 이상	
	아세톤 시아노히드린, 아크릴산, 그 밖에 해양수산부령으로 정하는 Y류 물질	100ℓ 이상	
	아세트산, 아세트산 무수물, 그 밖에 해양수산부령으로 정하는 Z류 물질	200ℓ 이상	
	평가는 되었으나 유해액체물질목록에 등록되지 아니한 잠정평가물질	10ℓ 이상	

제06장 상법(해상편)

01 감항능력 주의의무에 대한 입증책임은 누구에게 있나?
- 가. 해상 운송인
- 나. 수하인
- 사. 송하인
- 아. 보험회사

02 공동해손 요건이 아닌 것은?
- 가. 위험의 존재
- 나. 선장의 고의처분
- 사. 선장의 과실처분
- 아. 손해 및 비용의 발생

해설 공동해손의 요건
㉠ 위험요건 : 선장의 처분이 선박과 적하의 공동위험을 면하기 위한 것이라야 한다.
㉡ 처분요건 : 고의적인 비상 처분으로 인한 것이라야 한다.
㉢ 손해 또는 비용 요건 : 손해 또는 비용이 발생하여야 한다.
㉣ 보존요건 : 선박 또는 적하의 일부가 남아 있어야 한다.

03 구조료 청구권의 시효를 바르게 설명하고 있는 것은?
- 가. 구조가 완료된 날부터 2년 이내에 재판상 청구가 없으면 소멸한다.
- 나. 구조가 완료된 날부터 2년 이내에 서면청구가 없으면 소멸한다.
- 사. 구조가 완료된 날부터 1년 이내에 재판상 청구가 없으면 제척된다.
- 아. 구조가 완료된 날부터 1년 이내에 서면청구가 없으면 제척된다.

해설 법 제895조(구조료청구권의 소멸) 구조료청구권은 구조가 완료된 날부터 2년 이내에 재판상 청구가 없으면 소멸한다. 이 경우 제814조 제1항 단서를 준용한다.

04 다음 중 해상법상 원인불명의 선박충돌에 해당하지 않는 것은?
- 가. 피해자가 가해자의 과실을 입증할 수 없는 경우

Answer 01 가 02 사 03 가 04 사

나. 과실과 손해 사이에 인과관계를 입증할 수 없는 경우
사. 천재지변의 경우
아. 우연사고인지 과실사고인지 불명한 경우

05 동일 항해로 인한 채권 중 가장 최우선적으로 변제받을 수 있는 채권은?

가. 최종 입항 후의 선박과 그 속구의 보존비와 검사비
나. 당해 항해중에 생긴 선원의 임금 채권
사. 사망 선원의 손해배상청구권
아. 선박의 구조에 대한 보수

[해설] 법 제782조(동일항해로 인한 채권에 대한 우선특권의 순위) ① 동일항해로 인한 채권의 우선특권이 경합하는 때에는 그 우선의 순위는 제777조 제1항 각 호의 순서에 따른다.
법 제777조(선박우선특권 있는 채권) ① 다음의 채권을 가진 자는 선박·그 속구, 그 채권이 생긴 항해의 운임, 그 선박과 운임에 부수한 채권에 대하여 우선특권이 있다.
 1. 채권자의 공동이익을 위한 소송비용, 항해에 관하여 선박에 과한 제세금, 도선료·예선료, 최후 입항 후의 선박과 그 속구의 보존비·검사비
 2. 선원과 그 밖의 선박사용인의 고용계약으로 인한 채권
 3. 해난구조로 인한 선박에 대한 구조료 채권과 공동해손의 분담에 대한 채권
 4. 선박의 충돌과 그 밖의 항해사고로 인한 손해, 항해시설·항만시설 및 항로에 대한 손해와 선원이나 여객의 생명·신체에 대한 손해의 배상채권

06 선박우선특권의 목적물이 될 수 없는 것은?

가. 선박과 그 속구
나. 그 채권이 생긴 항해의 운임
사. 그 선박과 운임에 부수한 채권
아. 선박소유자에게 지급할 보험금

07 선박우선특권에 대한 설명 중 틀린 것은?

가. 선박소유권의 이전으로 인하여 영향을 받지 않는다.
나. 선조 중인 선박에 대하여 적용하지 않는다.
사. 목적물에 대한 경매권이 있다.
아. 우선 변제권이 있다.

[해설] 법 제790조(건조 중의 선박에의 준용) 선박담보 규정은 건조 중의 선박에 준용한다.

Answer 05 가 06 아 07 나

08 선박우선특권에 대한 설명 중 틀린 것은?
   가. 선박소유권의 이전으로 인하여 영향을 받지 않는다.
   나. 속구는 속구목록상 기재여부와 상관없이 목적물이 된다.
   사. 목적물에 대한 경매권이 있다.
   아. 우선 변제권이 있다.

09 선박충돌로 인하여 생긴 손해배상청구권의 소멸시효는?
   가. 1년   나. 2년
   사. 3년   아. 5년

   해설 법 제881조(선박충돌채권의 소멸) 선박의 충돌로 인하여 생긴 손해배상의 청구권은 그 충돌이 있은 날부터 2년 이내에 재판상 청구가 없으면 소멸한다. 이 경우 제814조 제1항 단서를 준용한다.

10 선박충돌손해의 분담과 관련하여 "자기 손해의 자기 분담" 원칙이 적용되는 경우는?
   가. 정박선에 대한 입항선의 접촉
   나. 불가항력에 의한 선박간의 접촉
   사. 정비불량의 조타기 고장으로 인한 선박간의 접촉
   아. 항해사의 태만에 의한 선박간의 접촉

   해설 불가항력으로 인한 충돌(법 제877조)
   선박의 충돌이 불가항력으로 인하여 발생하거나 충돌의 원인이 명백하지 아니한 때에는 피해자는 충돌로 인한 손해의 배상을 청구하지 못한다.

11 선박충돌의 원인이 다음과 같을 때 과실로서 인정되지 않는 것은?
   가. 해사안전법규의 위반
   나. 선박운항상의 기술부족
   사. 선박의 숨은 흠
   아. 선박설비의 정비불량

Answer 08 나 09 나 10 나 11 사

12 선장의 선박 긴급 매각에 관한 설명 중 틀린 것은?

가. 선박이 수선불능인 때에 할 수 있다.
나. 선박을 매각하는 방법은 경매에 의한다.
사. 경매는 해무관청의 인가를 받아야 할 수 있다.
아. 선박 긴급 매각을 위한 수선불능은 수선비가 선가의 절반을 초과하는 경우이다.

해설 수선불능은 수선비가 선박의 가액의 4분의 3을 초과할 때이다(법 제754조 제1항).

13 선장의 항해중 적하 처분에 관한 설명 중 틀린 것은?

가. 항해상의 위험이 생긴 경우 선장은 그 적하를 처분할 수 있다.
나. 처분은 사실상의 처분일 수도 있고 법률상의 처분인 경우도 있다.
사. 적하 처분의 결과 생기는 법률상의 효과는 모두 선장에게 귀속한다.
아. 항해중이란 선장이 적하를 수령하여 수하인에게 인도할 때까지이다.

14 선하증권의 법정 기재사항이 아닌 것은?

가. 선박의 명칭   나. 수하인의 성명
사. 선박소유자의 성명   아. 선적항

해설 법 제853조(선하증권의 기재사항) ① 선하증권에는 다음 각 호의 사항을 기재하고 운송인이 기명날인 또는 서명하여야 한다.
1. 선박의 명칭·국적 및 톤수
2. 송하인이 서면으로 통지한 운송물의 종류, 중량 또는 용적, 포장의 종별, 개수와 기호
3. 운송물의 외관상태
4. 용선자 또는 송하인의 성명·상호
5. 수하인 또는 통지수령인의 성명·상호
6. 선적항
7. 양륙항
8. 운임
9. 발행지와 그 발행연월일
10. 수통의 선하증권을 발행한 때에는 그 수
11. 운송인의 성명 또는 상호
12. 운송인의 주된 영업소 소재지

Answer 12 아 13 사 14 사

15 선하증권의 법정 기재사항으로 볼 수 없는 것은?
- 가. 선박의 톤수
- 나. 운송물의 종류, 중량
- 사. 선하증권의 작성매수
- 아. 등기사항

16 해상법상 선박소유자의 책임제한에 대한 설명 중 옳은 개념은?
- 가. 해상 기업상의 모든 책임이 제한된다.
- 나. 해상 기업상 일정 채무에 한하여 제한된다.
- 사. 물적 손해에 대하여서만 그 책임이 제한된다.
- 아. 인적 손해에 대하여서만 그 책임이 제한된다.

> **해설** 법 제769조(선박소유자의 유한책임) 선박소유자는 청구원인의 여하에 불구하고 다음 각호의 채권에 대하여 제770조에 따른 금액의 한도로 그 책임을 제한할 수 있다. 다만, 그 채권이 선박소유자 자신의 고의 또는 손해발생의 염려가 있음을 인식하면서 무모하게 한 작위 또는 부작위로 인하여 생긴 손해에 관한 것인 때에는 그러하지 아니하다.

17 해상법상 선장의 직무 권한에 대한 설명 중 틀린 것은?
- 가. 선장의 직무라 함은 법률행위이든 사실행위이든 불문한다.
- 나. 선장은 그 직무 집행에 관하여 과실이 없음을 증명하지 못하면 손해배상의 책임을 면하지 못한다.
- 사. 선장은 지시를 한 선박소유자와 공동으로 직무 집행에 대해 과실책임을 진다.
- 아. 선장은 직무 집행이 선박소유자의 지시에 따른 경우에는 책임을 지지 않는다.

18 해상법상 해상운송인이 면책되지 않는 경우는?
- 가. 해원의 항해 과실로 인한 손해
- 나. 정당한 이로로 인한 손해
- 사. 송하인의 행위로 인한 손해
- 아. 선박소유자의 과실로 인한 화재

Answer 15 아 16 나 17 아 18 아

19 해상법상의 해양사고 구조에 대한 설명 중 틀린 것은?
   가. 선박 또는 적하가 해난에 조우하고 있어야 한다.
   나. 항해선과 내수선 사이의 구조도 포함한다.
   사. 계약관계가 성립되어 있어야 구조작업으로 인정된다.
   아. 구조선과 피구조선이 동일인 소유라도 성립한다.

20 해상운송과 관련하여 해상법에서 규정하고 있는 공동해손의 성립요건이 아닌 것은?
   가. 해상에서 선박과 적하의 공동위험이 있을 것
   나. 고의적인 처분행위가 있을 것
   사. 희생과 비용이 발생할 것
   아. 선박 및 운송물 등의 전부가 잔존할 것

   해설 선박 또는 적하의 일부가 남아 있어야 한다.

21 해상법상 선박의 개념에 대한 설명 중 틀린 것은?
   가. 상행위 기타 영리의 목적으로 항해에 사용되는 선박이어야 한다.
   나. 내수항행선은 해상법 적용선박이다.
   사. 사회통념상 선박이라고 인정되는 것이어야 한다.
   아. 주로 노도로 운전하는 선박이 아니어야 한다.

   해설 제740조(선박의 의의) 이 법에서 "선박"이란 상행위나 그 밖의 영리를 목적으로 항해에 사용하는 선박을 말한다.
   제741조(적용범위)
   ① 항해용 선박에 대하여는 상행위나 그 밖의 영리를 목적으로 하지 아니하더라도 이 편의 규정을 준용한다. 다만, 국유 또는 공유의 선박에 대하여는 「선박법」 제29조 단서에도 불구하고 항해의 목적·성질 등을 고려하여 이 편의 규정을 준용하는 것이 적합하지 아니한 경우로서 대통령령으로 정하는 경우에는 그러하지 아니하다.
   ② 이 편의 규정은 단정 또는 주로 노 또는 상앗대로 운전하는 선박에는 적용하지 아니한다.

22 해상법상의 선박충돌에 대한 설명 중 타당하지 않은 것은?
   가. 항해선 상호간 또는 항해선과 내수항행선 간에 발생해야 한다.
   나. 선박 또는 선박 내 물건이나 사람에 관하여 손해가 발생해야 한다.

Answer 19 사 20 아 21 나 22 아

사. 선박충돌채권은 충돌이 있은 날부터 2년 이내 재판상 청구가 없으면 소멸한다.
아. 양 선박 혹은 어느 한 선박에 반드시 과실이 존재해야 한다.

23 다음 중 공동해손 손해의 내용으로 적절하지 않은 것은?
　가. 선박의 손해　　　　　　　나. 적하의 손해
　사. 운임의 손실　　　　　　　아. 보험의 손해

24 다음 중 선박에서 구조료를 청구할 수 있는 자는?
　가. 자선을 구조한 조난선의 선장
　나. 고의 또는 과실로 해양사고를 발생시킨 자
　사. 정당한 거부에도 불구하고 구조를 강행한 자
　아. 특수한 노력을 제공한 예선의 선장

　해설　법 제892조(구조료청구권 없는 자) 다음 각 호에 해당하는 자는 구조료를 청구하지 못한다.
　　1. 구조받은 선박에 종사하는 자
　　2. 고의 또는 과실로 인하여 해난사고를 야기한 자
　　3. 정당한 거부에도 불구하고 구조를 강행한 자
　　4. 구조된 물건을 은닉하거나 정당한 사유 없이 처분한 자
　법 제890조(예선의 구조의 경우) 예선의 본선 또는 그 적하에 대한 구조에 관하여는 예선계약의 이행으로 볼 수 없는 특수한 노력을 제공한 경우가 아니면 구조료를 청구하지 못한다.

25 다음 중 공동해손이 성립되는 처분은?
　가. 우연한 사정으로 인한 처분　　나. 불가항력으로 인한 처분
　사. 제3자의 처분　　　　　　　　아. 선장의 의도적인 처분

26 상법상 선장이 적하 처분시 손해배상액 산정의 기준은?
　가. 그 적하가 도달할 시기의 양륙항의 가격에 의한다.
　나. 손해 발생 당시의 가격에 의한다.
　사. 선적 당시의 가격에 의한다.
　아. 선하증권상의 가격에 의한다.

Answer　23 아　24 아　25 아　26 가

해설 법 제750조(특수한 행위에 대한 권한)
① 선장은 선박수선료·해난구조료, 그 밖에 항해의 계속에 필요한 비용을 지급하여야 할 경우 외에는 다음의 행위를 하지 못한다.
1. 선박 또는 속구를 담보에 제공하는 일
2. 차재(借財)하는 일
3. 적하의 전부나 일부를 처분하는 일
② 적하를 처분할 경우의 손해배상액은 그 적하가 도달할 시기의 양륙항의 가격에 의하여 정한다. 다만, 그 가격 중에서 지급을 요하지 아니하는 비용을 공제하여야 한다.

27 다음 중 상법상 그것이 보존된 경우 공동해손 분담금 산입시에 포함되는 것은?
가. 적하 나. 선박에 비치하는 무기
사. 선원의 급료 아. 선원의 식량

해설 법 제871조(공동해손분담제외) 선박에 비치한 무기, 선원의 급료, 선원과 여객의 식량·의류는 보존된 경우에는 그 가액을 공동해손의 분담에 산입하지 아니하고, 손실된 경우에는 그 가액을 공동해손의 액에 산입한다.

28 해상운송인의 면책사유가 아닌 것은?
가. 항해과실 나. 상사과실
사. 선박화재 아. 불가항력

해설 항해과실
선장, 해원, 도선사 기타 선박 사용인의 선박조종 및 안전항해를 위한 항해기술 또는 선박 관리상의 과실로, 이로 인한 화물손상에 대하여는 운송인의 면책사유가 된다.
상사과실
화물의 선적, 적부, 관리, 취급보관, 인도에 관한 과실로, 운송인의 면책사유가 되지 않는다.

29 해상법상 구조의 보수액은 다른 약정이 없으면 무엇을 기준으로 하는가?
가. 구조자가 소비한 비용
나. 구조선의 특별설비비용
사. 구조자가 입은 손해액
아. 구조된 목적물의 가액

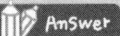
27 가 28 나 29 아

30 선박소유자의 감항능력 주의의무의 실행 시기는?
- 가. 화물 인수시
- 나. 발항 당시
- 사. 양륙 준비 완료 통지시
- 아. 선적 기간 동안

31 선하증권이 발행되지 아니한 경우 해상운송인의 운송물 인도의무에 대한 설명 중 틀린 것은?
- 가. 인도청구권자는 운송계약에서 지정된 수하인이다.
- 나. 해상운송인은 계약에 따라 운임 그 밖의 비용을 수하인에게 청구할 수 있다.
- 사. 수하인은 운송물이 선적된 때로부터 송하인과 동일한 권리를 취득한다.
- 아. 수하인이 운송물을 수령하면 송하인의 권리는 소멸한다.

32 해상법상의 직접 충돌로 볼 수 없는 것은?
- 가. 닻줄과의 접촉
- 나. 계류삭과의 접촉
- 사. 통항선의 추진기류에 의한 계류삭의 파손
- 아. 외판 도색작업을 위한 선박과의 접촉

33 선박소유자가 책임 제한을 주장할 수 있는 채무는?
- 가. 여객 또는 수하물의 운송지연으로 인하여 생긴 손해에 관한 채무
- 나. 선장과 해원에 대한 고용계약으로 인한 채무
- 사. 선박소유자의 고의 또는 과실로 인한 채무
- 아. 해난 구조로 인한 구조료 및 공동손해의 분담으로 인한 채무

34 다음 중 상법상 선박관리인의 권한이 제한되는 사항에 해당되지 않는 것은?
- 가. 선박의 이용에 관한 재판상 행위
- 나. 선박을 양도·임대 또는 담보에 제공하는 일
- 사. 선박을 보험에 붙이는 일
- 아. 선박을 대수선하는 일

Answer 30 나 31 사 32 사 33 가 34 가

해설 법 제766조(선박관리인의 권한의 제한) 선박관리인은 선박공유자의 서면에 의한 위임이 없으면 다음 각 호의 행위를 하지 못한다.
1. 선박을 양도·임대 또는 담보에 제공하는 일
2. 신항해를 개시하는 일
3. 선박을 보험에 붙이는 일
4. 선박을 대수선하는 일
5. 차재하는 일

35 선박 임차인에 대한 설명 중 틀린 것은?

가. 선박소유자와 동일한 권리의무가 있다.
나. 선박 이용에 관하여 생긴 우선특권은 선박소유자에 대하여도 효력이 있다.
사. 선박 임차인은 선장과 해원을 직접 선임하거나 감독할 수 없다.
아. 선박 임차인에게는 임대차에 관한 규정이 적용된다.

해설 법 제850조(선체용선과 제3자에 대한 법률관계)
① 선체용선자가 상행위나 그 밖의 영리를 목적으로 선박을 항해에 사용하는 경우에는 그 이용에 관한 사항에는 제3자에 대하여 선박소유자와 동일한 권리의무가 있다.
② 제1항의 경우에 선박의 이용에 관하여 생긴 우선특권은 선박소유자에 대하여도 그 효력이 있다. 다만, 우선특권자가 그 이용의 계약에 반함을 안 때에는 그러하지 아니하다.

36 다음 중 상법상 해난구조의 성립요건이 아닌 것은?

가. 해난의 존재 나. 적법한 목적물
사. 구조이익의 존재 아. 계약의 성립

37 상법(해상편)상 해양사고 구조의 성립요건으로 옳지 않은 것은?

가. 해양사고가 존재할 것 나. 목적물이 위난에 빠질 것
사. 의무에 따라 구조가 이루어질 것 아. 구조가 성공할 것

38 상법상 해원에게 지급할 구조료 보수액의 분배 책임자는?

가. 선장 나. 선박소유자
사. 해양수산부장관 아. 해양안전심판원장

Answer 35 사 36 아 37 사 38 가

제6장 상법(해상편)

해설 법 제889조(1선박 내부의 구조료 분배)
① 선박이 구조에 종사하여 그 구조료를 받은 경우에는 먼저 선박의 손해액과 구조에 들어간 비용을 선박소유자에게 지급하고 잔액을 절반하여 선장과 해원에게 지급하여야 한다.
② 제1항에 따라 해원에게 지급할 구조료의 분배는 선장이 각 해원의 노력, 그 효과와 사정을 참작하여 그 항해의 종료 전에 분배안을 작성하여 해원에게 고시하여야 한다.

39 해상운송인의 법정 면책사유가 아닌 것은?

가. 불가항력
나. 운송물의 숨은 하자
사. 선박의 숨은 하자
아. 해상운송인의 주의의무 태만

40 상법상 불가항력에 의한 선박 충돌로 인정되지 않는 것은?

가. 천재지변으로 인한 충돌
나. 누구의 과실인지 분명하지 않은 충돌
사. 통상적인 주의로 피할 수 없는 사고로 인한 충돌
아. 보통의 항해기술로 피할 수 없는 충돌

41 해상물건운송계약이 법률상 당연히 종료하는 경우가 아닌 것은?

가. 운송계약이 법령을 위반하게 된 때
나. 선박이 침몰 또는 멸실한 때
사. 선박이 수선할 수 없게 된 때
아. 선박이 포획된 때

해설 법 제810조(운송계약의 종료사유) ① 운송계약은 다음의 사유로 인하여 종료한다.
1. 선박이 침몰 또는 멸실한 때
2. 선박이 수선할 수 없게 된 때
3. 선박이 포획된 때
4. 운송물이 불가항력으로 인하여 멸실된 때

Answer 39 아 40 나 41 가

제07장 해사안전법

01. 대수속력이란 ( ) 또는 다른 선박의 ( )의 작용이나 그로 인한 ( )에 의하여 생기는 선박의 ( )에 대한 속력을 말한다. ( )에 모두 적합한 것은?
   - 가. 자기 선박, 추진장치, 선박의 타력, 물
   - 나. 선박, 타력, 진행, 육지
   - 사. 육지, 항행, 속력, 침로
   - 아. 해양, 선박의 타력, 속력, 진행

   해설 법 제2조(정의) 대수속력이란 선박의 물에 대한 속력으로서 자기 선박 또는 다른 선박의 추진장치의 작용이나 그로 인한 선박의 타력에 의하여 생기는 것을 말한다.

02. 다음 중 해사안전법에 "선박의 항행안전을 확보하기 위하여 한쪽 방향으로만 항행할 수 있도록 되어 있는 일정한 범위의 수역"으로 정의되어 있는 용어는?
   - 가. 통항분리수역
   - 나. 항로
   - 사. 항로지정수역
   - 아. 통항로

   해설
   - "항로지정제도"란 선박이 통항하는 항로, 속력 및 그 밖에 선박운항에 관한 사항을 지정하는 제도를 말한다.
   - "통항분리제도"란 선박의 충돌을 방지하기 위하여 통항로를 설정하거나 그 밖의 적절한 방법으로 한쪽 방향으로만 항행할 수 있도록 항로를 분리하는 제도를 말한다.
   - "통항로"란 선박의 항행안전을 확보하기 위하여 한쪽 방향으로만 항행할 수 있도록 되어 있는 일정한 범위의 수역을 말한다.
   - "분리선(Traffic separation line)" 또는 "분리대(Traffic separation zone)"란 서로 다른 방향으로 진행하는 통항로를 나누는 선 또는 일정한 폭의 수역을 말한다.
   - "연안통항대(Inshore traffic zone)"란 통항분리수역의 육지쪽 경계선과 해안 사이의 수역을 말한다.

   Answer 01 가 02 아

03 해사안전법상 통항분리제도 관련 용어라고 볼 수 없는 것은?

가. 통항로
나. 연안통항대
사. 분리대
아. 근해교통대

04 해사안전법상 예인선열이란 선박이 ( )을 끌거나 ( ) 항행할 때의 ( )를 말한다. ( )에 모두 적합한 것은?

가. 다른 선박, 밀어, 선단 전체
나. 예인선, 전속, 길이
사. 피예선, 예인, 길이
아. 부선, 전속, 길이

해설 예인선열이란 선박이 다른 선박을 끌거나 밀어 항행할 때의 선단 전체를 말한다.

05 다음 중 해사안전법상의 정의 규정을 잘못 기술한 것은?

가. 항로지정제도란 선박이 통항하는 항로, 속력 및 그 밖에 선박운항에 관한 사항을 지정하는 제도를 말한다.
나. 예인선열이라 함은 선박이 다른 선박을 끌거나 밀어 항행할 때에 예인선의 선미부터 피예인물의 최후단까지 길이를 말한다.
사. 통항로라 함은 선박의 항행안전을 확보하기 위하여 한쪽 방향으로만 항행할 수 있도록 되어 있는 일정한 범위의 수역을 말한다.
아. 고속여객선이란 시속 15노트 이상의 속력으로 항행하는 여객선을 말한다.

해설 나. 예인선열은 예인선의 선수에서 피예인물의 최후단까지의 길이다.
▶ 예인선열이란 선박이 다른 선박을 끌거나 밀어 항행할 때의 선단 전체를 말한다.

06 해사안전법에서 정의하고 있는 용어를 잘못 기술한 것은?

가. 통항로란 선박의 항행안전을 확보하기 위하여 한쪽 방향으로 항해할 수 있도록 되어 있는 일정한 범위의 수역을 말한다.
나. 연안통항대란 통항분리수역의 육지쪽 경계선과 해안 사이의 수역을 말한다.
사. 예인선열이란 길이 200미터 이상이 되게 다른 선박을 끌거나 밀어 항행하는 것을 말한다.
아. 거대선이란 길이 200미터 이상의 선박을 말한다.

해설 사. "예인선열"이란 선박이 다른 선박을 끌거나 밀어 항행할 때의 선단 전체를 말한다.

Answer 03 아 04 가 05 나 06 사

07 해사안전법에서 표면효과 작용을 이용하여 수면 가까이 비행하는 선박은?

가. 수상항공기   나. 수면비행선박
사. 수중익선   아. 공기부양선

해설 법 제2조(정의) 수면비행선박이란 표면효과 작용을 이용하여 수면 가까이 비행하는 선박을 말한다.

08 해사안전법상의 용어의 정의에 맞게 다음 (   ) 안에 들어갈 적합한 것을 고르시오.

> "항로지정제도란 선박이 통항하는 (   ) 및 그 밖에 선박 운항에 관한 사항을 지정하는 제도를 말한다."

가. 항로, 분리   나. 분리대, 항로
사. 항로, 속력   아. 분리, 속력

해설 법 제2조(정의) "항로지정제도"란 선박이 통항하는 항로, 속력 및 그 밖에 선박 운항에 관한 사항을 지정하는 제도를 말한다.

09 해사안전법의 적용범위에 관한 규정을 바르게 기술한 것은?

가. 이 법은 국제해상충돌예방규칙보다 항상 우선 적용된다.
나. 이 법은 대한민국 영해 안에 있는 선박에만 적용된다.
사. 선박의 입항 및 출항 등에 관한 법률보다 이 법이 항상 우선 적용된다.
아. 대한민국 영해 밖에 있는 대한민국 선박에도 이 법이 적용된다.

해설 선박의 입항 및 출항 등에 관한 법률 > 국제해상충돌예방규칙 > 해사안전법 순으로 적용
법 제3조(적용범위) ① 이 법은 다음 각 호의 어느 하나에 해당하는 선박과 해양시설에 대하여 적용한다.
1. 대한민국의 영해, 내수(해상항행선박이 항행을 계속할 수 없는 하천·호수·늪 등은 제외한다. 이하 같다)에 있는 선박이나 해양시설. 다만, 대한민국선박이 아닌 선박(이하 "외국선박"이라 한다) 중 다음 각 목에 해당하는 외국선박에 대하여 제46조부터 제50조까지의 규정을 적용할 때에는 대통령령으로 정하는 바에 따라 이 법의 일부를 적용한다.
   가. 대한민국의 항과 항 사이만을 항행하는 선박
   나. 국적의 취득을 조건으로 하여 선체용선(船體傭船)으로 차용한 선박
2. 대한민국의 영해 및 내수를 제외한 해역에 있는 대한민국선박
3. 대한민국의 배타적경제수역에서 항행장애물을 발생시킨 선박
4. 대한민국의 배타적경제수역 또는 대륙붕에 있는 해양시설

Answer 07 나 08 사 09 아

10 다음 중 해사안전법의 적용을 받지 아니하는 선박은?

가. 대한민국 영해 안에 있는 외국적 선박
나. 대한민국 영해 및 내수가 아닌 해역에 있는 외국적 선박
사. 대한민국 영해 바깥에 있는 대한민국선박
아. 대한민국 영해 안에 있는 대한민국선박

11 교통안전특정해역에 관한 해사안전법상의 규정을 잘못 기술한 것은?

가. 교통안전특정해역을 항행하고자 하는 거대선에 항행안전확보 조치를 명할 수 있다.
나. 교통안전특정해역 안에서의 항로지정제도를 시행할 수 있다.
사. 교통안전특정해역 안에서의 어로행위는 전면 금지되어 있다.
아. 여수항 부근에는 교통안전특정해역이 설정되어 있다.

해설 특정해역 안에서 어로행위는 선박 통항에 영향을 주지 않는 범위에서 할 수 있다.
▶ **교통안전특정해역** : 인천, 여수, 부산, 울산, 포항

12 다음 ( ) 안에 알맞은 것은?

> "교통안전특정해역에서 ( ) 선박은 항로지정제도에 따라 그 교통안전특정해역을 항행하는 다른 선박의 통항에 지장을 주어서는 아니된다."

가. 조종이 불가능하게 된
나. 조종 능력이 제한된
사. 돛만으로 진행하는
아. 어로작업에 종사하는

해설 법 제12조(어업의 제한 등) ① 교통안전특정해역에서 어로작업에 종사하는 선박은 항로지정제도에 따라 그 교통안전특정해역을 항행하는 다른 선박의 통항에 지장을 주어서는 아니된다.

13 다음 중 교통안전특정해역에 관한 해사안전법의 규정을 잘못 기술한 것은?

가. 특정해역에서는 어로작업을 할 수 없다.
나. 거대선이 특정해역을 항행하고자 할 때 항행안전확보 조치를 명할 수 있다.
사. 특정해역에서 해저전선을 부설하고자 할 때에는 미리 허가를 받아야 한다.
아. 포항항 부근은 특정해역으로 규정되어 있다.

Answer 10 나 11 사 12 아 13 가

14 해사안전법상 교통안전특정해역의 어업의 제한 등에 관한 사항과 관계가 가장 먼 것은?

가. 교통안전특정해역에서 어로에 종사하는 선박은 항로지정제도에 따라 항행하는 다른 선박의 통항에 지장을 주어서는 아니된다.
나. 교통안전특정해역안에서는 어망 기타 선박의 통항에 영향을 주는 어구 등을 설치하거나 양식업을 하여서는 아니된다.
사. 교통안전특정해역이 되기 전에 당해 해역에서 받은 어업권을 행사하는 경우에는 당해 어업면허의 유효기간 만료일까지 이 법을 적용하지 아니한다.
아. 시장, 군수, 구청장이 교통안전특정해역에서 어업면허 허가(유효기간의 연장허가 포함)를 하고자 할 때에는 미리 지방해양수산청장과 협의하여야 한다.

해설 아. 지방해양수산청장이 아닌 해양경찰청장과 협의하여야 한다.

법 제12조(어업의 제한 등)
① 교통안전특정해역에서 어로 작업에 종사하는 선박은 항로지정제도에 따라 그 교통안전특정해역을 항행하는 다른 선박의 통항에 지장을 주어서는 아니된다.
② 교통안전특정해역에서는 어망 또는 그 밖에 선박의 통항에 영향을 주는 어구 등을 설치하거나 양식업을 하여서는 아니된다.
③ 교통안전특정해역으로 정하여지기 전에 그 해역에서 면허를 받은 어업권·양식업권을 행사하는 경우에는 해당 어업면허 또는 양식업 면허의 유효기간이 끝나는 날까지 제2항을 적용하지 아니한다.
④ 특별자치도지사·시장·군수·구청장(자치구의 구청장을 말한다)이 교통안전특정해역에서 어업면허, 양식업 면허, 어업허가 또는 양식업 허가(면허 또는 허가의 유효기간 연장을 포함한다)를 하려는 경우에는 미리 해양경찰청장과 협의하여야 한다.

15 다음 중 교통안전특정해역을 항행하려는 경우 항행안전을 확보하기 위하여 필요하다고 인정하면 선장이나 선박소유자에게 필요한 사항을 명할 수 있는 선박이 아닌 것은?

가. 거대선 나. 위험화물운반선
사. 길이 150미터인 컨테이너선 아. 흘수제약선

해설 특정해역 항행시 해양경찰서장이 항행안전확보 조치를 명할 수 있는 선박
㉠ 길이 200m 이상의 거대선 ㉡ 위험화물운반선
㉢ 예인선열 200m 이상인 예인선 ㉣ 흘수제약선
㉤ 수면비행선박 ㉥ 고속여객선

법 제11조(거대선 등의 항행안전확보 조치) 해양경찰서장은 거대선, 위험화물운반선, 고속여객선 그 밖에 해양수산부령으로 정하는 선박이 교통안전특정해역을 항행하려는 경우 항행안전을 확보하기 위하여 필요하다고 인정하면 선장이나 선박소유자에게 다음 각 호의 사항을 명할 수 있다.

Answer 14 아 15 사

1. 통항시각의 변경
2. 항로의 변경
3. 제한된 시계의 경우 선박의 항행 제한
4. 속력의 제한
5. 안내선의 사용
6. 그 밖에 해양수산부령으로 정하는 사항

시행규칙 제8조(항행안전확보조치가 필요한 선박) 법 제11조 각 호 외의 부분에서 "그 밖에 해양수산부령으로 정하는 선박"이란 다음 각 호의 어느 하나에 해당하는 선박을 말한다.
1. 흘수제약선
2. 수면비행선박
3. 선박 또는 물체를 끌거나 미는 선박 중 그 예인선열(曳引船列)의 길이가 200미터 이상인 경우에 해당하는 선박

16 다음 중 해사안전법의 규정에 의한 교통안전특정해역을 항행하려는 경우 항행안전을 확보하기 위하여 필요하다고 인정하면 선장이나 선박소유자에게 항행안전확보 조치를 명할 수 있는 선박이 아닌 것은?

가. 길이 200미터 이상의 컨테이너선
나. 길이 100미터인 화약류를 적재한 총톤수 9,500톤 선박
사. 길이 150미터인 원목선
아. 길이 250미터인 원유선

해설 길이 200m 이상의 선박, 보기 나.의 화약류를 적재한 선박은 위험화물운반선으로 300톤 이상이면 대상이 된다. 보기 사.의 150m인 원목선은 200m가 넘지 않으면 대상이 아니다.

법 제2조(정의) 이 법에서 사용하는 용어의 뜻은 다음과 같다.
"위험화물운반선"이란 선체의 한 부분인 화물창이나 선체에 고정된 탱크 등에 해양수산부령으로 정하는 위험물을 싣고 운반하는 선박을 말한다.

시행규칙 제2조(위험물의 범위) ① 「해사안전법」(이하 "법"이라 한다) 제2조 제6호에서 "해양수산부령으로 정하는 위험물"이란 다음 각 호의 어느 하나에 해당하는 것을 말한다. 다만, 해당 선박에서 연료로 사용되는 것은 제외한다.
1. 별표 1에 해당하는 화약류로서 총톤수 300톤 이상의 선박에 적재된 것
2. 고압가스 중 인화성 가스로서 총톤수 1천톤 이상의 선박에 산적된 것
3. 인화성 액체류로서 총톤수 1천톤 이상의 선박에 산적된 것
4. 200톤 이상의 유기과산화물로서 총톤수 300톤 이상의 선박에 적재된 것
5. 제2호 및 제3호에 따른 위험물을 산적한 선박에서 해당 위험물을 내린 후 선박 내에 남아 있는 인화성 가스로서 화재 또는 폭발의 위험이 있는 것

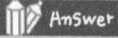 16 사

17 다음 중 교통안전특정해역을 항행하려는 경우 항행안전을 확보하기 위하여 필요하다고 인정하면 선장에게 필요한 사항을 명할 수 있는 선박이 아닌 것은?

가. 길이 240미터인 선박
나. 총톤수 1,500톤인 액화가스운반선이 고압가스를 벌크 상태로 적재하고 있는 경우
사. 흘수제약선
아. 길이가 150미터인 예인선열의 예인선

해설 아. 예인선열의 길이가 200m 이상인 예인선이 대상이다.

18 해사안전법상 다음 중 교통안전특정해역을 항행하고자 하는 거대선의 항행안전을 위하여 해양경찰서장이 명할 수 있는 사항에 포함되지 않는 것은?

가. 속력의 제한
나. 안내선의 사용
사. 통항시각의 변경
아. 도선사의 사용

해설 법 제11조(거대선 등의 항행안전확보 조치) 해양경찰서장은 거대선, 위험화물운반선, 고속여객선 그 밖에 해양수산부령으로 정하는 선박이 교통안전특정해역을 항행하려는 경우 항행안전을 확보하기 위하여 필요하다고 인정하면 선장이나 선박소유자에게 다음 각 호의 사항을 명할 수 있다.
1. 통항시각의 변경
2. 항로의 변경
3. 제한된 시계의 경우 선박의 항행 제한
4. 속력의 제한
5. 안내선의 사용
6. 그 밖에 해양수산부령으로 정하는 사항

19 거대선이 교통안전특정해역을 항해하고자 할 때 통항시각의 변경 등을 명령할 수 있는 자는?

가. 해양수산부장관
나. 해양경찰서장
사. 선박소유자
아. 관할 지방해양수산청장

20 해사안전법상 거대선이란 길이 몇 미터 이상의 선박으로 정의하고 있는가?

가. 150미터
나. 200미터
사. 250미터
아. 300미터

Answer 17 아 18 아 19 나 20 나

21. 해사안전법상 고속여객선이라 함은 시속 몇 노트 이상의 속력으로 항행하는 여객선을 말하는가?

가. 5노트
나. 10노트
사. 15노트
아. 20노트

해설 "고속여객선"이란 시속 15노트 이상으로 항행하는 여객선을 말한다.

22. 해사안전법상 선박의 안전관리체제에 포함되어 있는 사항으로서 옳지 않은 것은?

가. 선박소유자의 책임과 권한에 관한 사항
나. 선박의 보안에 관한 사항
사. 선장의 책임과 권한에 관한 사항
아. 문서 및 자료관리에 관한 사항

해설 법 제46조(선박의 안전관리체제 수립 등) ③ 안전관리체제에는 다음 각 호의 사항이 포함되어야 한다. 다만, 제2항 제5호에 따른 선박의 안전관리체제에는 해양수산부령으로 정하는 바에 따라 그 일부를 포함시키지 아니할 수 있다.
1. 해상에서의 안전과 환경 보호에 관한 기본방침
2. 선박소유자의 책임과 권한에 관한 사항
3. 제46조의2 제1항에 따른 안전관리책임자와 안전관리자의 임무에 관한 사항
4. 선장의 책임과 권한에 관한 사항
5. 인력의 배치와 운영에 관한 사항
6. 선박의 안전관리체제 수립에 관한 사항
7. 선박충돌사고 등 발생 시 비상대책의 수립에 관한 사항
8. 사고, 위험 상황 및 안전관리체제의 결함에 관한 보고와 분석에 관한 사항
9. 선박의 정비에 관한 사항
10. 안전관리체제와 관련된 지침서 등 문서 및 자료 관리에 관한 사항
11. 안전관리체제에 대한 선박소유자의 확인·검토 및 평가에 관한 사항

23. 다음 중 선박의 안전관리체제의 인증심사의 종류로서 옳게 짝지어진 것을 모두 고른 것은?

가. 최초심사 - 갱신심사
나. 최초심사 - 수시심사
사. 최초심사 - 중간심사 - 수시심사

Answer 21 사 22 나 23 아

아. 최초심사 - 갱신심사 - 중간심사 - 수시심사

해설 법 제47조(인증심사)
① 선박소유자는 제46조 제2항에 따라 안전관리체제를 수립·시행하여야 하는 선박이나 사업장에 대하여 다음 각 호의 구분에 따라 해양수산부장관으로부터 안전관리체제에 대한 인증심사(이하 "인증심사"라 한다)를 받아야 한다.
  1. 최초인증심사 : 안전관리체제의 수립·시행에 관한 사항을 확인하기 위하여 처음으로 하는 심사
  2. 갱신인증심사 : 선박안전관리증서 또는 안전관리적합증서의 유효기간이 끝난 때에 하는 심사
  3. 중간인증심사 : 최초인증심사와 갱신인증심사 사이 또는 갱신인증심사와 갱신인증심사 사이에 해양수산부령으로 정하는 시기에 행하는 심사
  4. 임시인증심사 : 최초인증심사를 받기 전에 임시로 선박을 운항하기 위하여 다음 각 목의 어느 하나에 대하여 하는 심사
     가. 새로운 종류의 선박을 추가하거나 신설한 사업장
     나. 개조 등으로 선종이 변경되거나 신규로 도입한 선박
  5. 수시인증심사 : 제1호부터 제4호까지의 인증심사 외에 선박의 해양사고 및 외국항에서의 항행정지 예방 등을 위하여 해양수산부령으로 정하는 경우에 사업장 또는 선박에 대하여 하는 심사
② 선박소유자는 인증심사에 합격하지 아니한 선박을 항행에 사용하여서는 아니된다. 다만, 천재지변 등으로 인하여 인증심사를 받을 수 없다고 인정되는 등 해양수산부령으로 정하는 경우에는 그러하지 아니하다.
③ 인증심사를 받으려는 자는 해양수산부령으로 정하는 바에 따라 수수료를 내야 한다.
④ 인증심사의 절차와 심사방법 등에 필요한 사항은 해양수산부령으로 정한다.

24 해사안전법상 선박안전관리증서와 안전관리적합증서의 유효기간은 각각 몇 년인가?

가. 3년 - 3년   나. 3년 - 5년
사. 5년 - 3년   아. 5년 - 5년

해설 선박안전관리증서와 안전관리적합증서의 유효기간은 각각 5년으로 하고, 임시안전관리적합증서의 유효기간은 1년으로, 임시선박안전관리증서의 유효기간은 6개월로 한다.
▶ 선박에는 선박안전관리증서(SMC)의 원본과 안전관리적합증서(DOC)의 사본을 갖추어 두어야 한다.

법 제49조(선박안전관리증서 등의 발급 등)
① 해양수산부장관은 최초인증심사나 갱신인증심사에 합격하면 그 선박에 대하여는 선박안전관리증서를 내주고, 그 사업장에 대하여는 안전관리적합증서를 내주어야 한다.
② 해양수산부장관은 임시인증심사에 합격하면 그 선박에 대하여는 임시선박안전관리증서를 내주고, 그 사업장에 대하여는 임시안전관리적합증서를 내주어야 한다.

 24 아

③ 선박소유자는 그 선박에는 선박안전관리증서나 임시선박안전관리증서의 원본과 안전관리적합증서나 임시안전관리적합증서의 사본을 갖추어 두어야 하며, 그 사업장에는 안전관리적합증서나 임시안전관리적합증서의 원본을 갖추어 두어야 한다.
④ 제1항에 따른 선박안전관리증서와 안전관리적합증서의 유효기간은 각각 5년으로 하고, 제2항에 따른 임시안전관리적합증서의 유효기간은 1년, 임시선박안전관리증서의 유효기간은 6개월로 한다.
⑤ 제1항에 따른 선박안전관리증서는 5개월의 범위에서, 제2항에 따른 임시선박안전관리증서는 6개월의 범위에서 해양수산부령으로 정하는 바에 따라 유효기간을 연장할 수 있다.
⑥ 해양수산부장관은 선박소유자가 제47조 제1항 제3호에 따른 중간인증심사 또는 같은 항 제5호에 따른 수시인증심사에 합격하지 못하면 그 인증심사에 합격할 때까지 제1항에 따른 안전관리적합증서 또는 선박안전관리증서의 효력을 정지하여야 한다.
⑦ 제6항에 따라 안전관리적합증서의 효력이 정지된 경우에는 해당 사업장에 속한 모든 선박의 선박안전관리증서의 효력도 정지된다.

25. 해사안전법상 선박이 그 최초인증심사나 갱신인증심사에 합격한 경우 그 선박에 대하여 해양수산부장관이 교부하는 증서는?

가. 안전관리적합증서
나. 선박국적증서
사. 선박안전관리증서
아. 인증합격증서

해설 선박에 대하여는 선박안전관리증서(SMC)를 내주고, 그 사업장에 대하여는 안전관리적합증서(DOC)를 내주어야 한다.
► 선박에는 선박안전관리증서(SMC)의 원본과 안전관리적합증서(DOC)의 사본을 갖추어 두어야 한다.

법 제49조(선박안전관리증서 등의 발급 등)
① 해양수산부장관은 최초인증심사나 갱신인증심사에 합격하면 그 선박에 대하여는 선박안전관리증서를 내주고, 그 사업장에 대하여는 안전관리적합증서를 내주어야 한다.
② 해양수산부장관은 임시인증심사에 합격하면 그 선박에 대하여는 임시선박안전관리증서를 내주고, 그 사업장에 대하여는 임시안전관리적합증서를 내주어야 한다.
③ 선박소유자는 그 선박에는 선박안전관리증서나 임시선박안전관리증서의 원본과 안전관리적합증서나 임시안전관리적합증서의 사본을 갖추어 두어야 하며, 그 사업장에는 안전관리적합증서나 임시안전관리적합증서의 원본을 갖추어 두어야 한다.

Answer 25 사

26 해사안전법상 절박한 위험이 있는 특수한 상황으로 볼 수 있는 요건은?

가. 법에 따르면 위험을 피할 수 있을 정도로 절박한 상황일 것
나. 법에 따르지 않는 것이 최선이며, 그것에 의하여 위험을 피할 수 있을 것
사. 법에 적용되는 조문이 있을 것
아. 양선간의 거리가 1해리 미만일 것

해설 법 제96조(절박한 위험이 있는 특수한 상황)
① 선박, 선장, 선박소유자 또는 해원은 다른 선박과의 충돌 위험 등 절박한 위험이 있는 모든 특수한 상황(관계 선박의 성능의 한계에 따른 사정을 포함한다. 이하 같다)에 합당한 주의를 하여야 한다.
② 제1항에 따른 절박한 위험이 있는 특수한 상황에 처한 경우에는 그 위험을 피하기 위하여 제1절부터 제3절까지에 따른 항법을 따르지 아니할 수 있다.
③ 선박, 선장, 선박소유자 또는 해원은 이 법의 규정을 태만히 이행하거나 특수한 상황에 요구되는 주의를 게을리함으로써 발생한 결과에 대하여는 면책되지 아니한다.

27 해사안전법에서 규정하는 교통안전특정해역에 속하지 않는 해역은?

가. 인천항 부근 해역
나. 부산항 부근 해역
사. 여수항 부근 해역
아. 마산항 부근 해역

해설 특정해역 : 인천, 여수, 부산, 울산, 포항

28 교통안전특정해역 중 해사안전법에 의한 지정항로가 설정되어 있는 곳이 아닌 것은?

가. 인천항 출입항로
나. 광양만 출입항로
사. 부산항 출입항로
아. 포항항 출입항로

해설
- 교통안전특정해역 지정항로가 설정되어 있는 곳 : 인천항, 부산항, 광양만
- 교통안전특정해역 : 부산, 인천, 울산, 포항, 여수

Answer 26 나 27 아 28 아

29 해사안전법상 선박의 항행안전을 위한 조치로 틀린 것은?

가. 해상교통안전을 위해서라도 출항하여 항행중인 선박에 대하여는 음주 측정을 아니 하여야 한다.
나. 해양수산부장관은 선박의 항행안전을 위하여 필요한 등대나 부표 등 항행보조시설을 설치·관리한다.
사. 해양수산부장관은 해상 기상특보가 발효되거나 안개로 인하여 시계가 제한되어 선박의 안전운항에 지장을 초래할 우려가 있다고 판단되면 선박소유자나 선장에 대하여 선박의 출항통제를 명할 수 있다.
아. 누구든지 술이 취한 상태에서 운항을 위하여 조타기를 조작하거나 그 조작을 지시하여서는 아니된다.

30 해사안전법상 항행중인 길이 100미터의 동력선이 표시하여야 할 등화로 맞는 것은?

가. 앞쪽에 마스트등 1개와 그 마스트등보다 뒤쪽의 높은 위치에 마스트등 1개, 현등 1쌍, 선미등 1개
나. 앞쪽에 마스트등 1개와 그 마스트등보다 뒤쪽의 낮은 위치에 마스트등 1개, 현등 1쌍, 선미등 1개
사. 앞쪽에 마스트등 1개와 그 마스트등보다 뒤쪽의 높은 위치에 전주등 1개, 현등 1쌍, 선미등 1개
아. 앞쪽에 마스트등 1개와 그 마스트등과 같은 높이의 위치에 전주등 1개, 현등 1쌍, 선미등 1개

31 다음 중 선박의 충돌을 피하기 위한 조치로서 옳은 것은?

가. 침로나 속력을 소폭으로 연속적으로 변경하여야 한다.
나. 속력을 줄이거나 기관을 정지 또는 후진하는 조치를 취해서는 아니된다.
사. 유지선도 상황에 따라 충돌을 피하기 위한 협력을 하여야 한다.
아. 마주치는 상태인지가 불분명하면 마주치는 상태가 아니라고 생각한다.

Answer 29 가 30 가 31 사

32 해사안전법상 해양사고 발생시 관할관청에 신고할 사항이 아닌 것은?

가. 사고 발생일시 및 장소
나. 선박의 명세
사. 사고개요 및 피해상황
아. 선박의 장비 및 시설

해설 시행규칙 제32조(해양사고신고 절차 등) ① 선장 또는 선박소유자는 법 제43조 제1항에 따른 해양사고가 발생한 경우에는 다음 각 호의 사항을 관할 해양경찰서장 또는 지방해양수산청장(이하 이 조에서 "관할관청"이라 한다)에게 신고하여야 한다. 다만, 외국에서 발생한 해양사고의 경우에는 선적항 소재지의 관할관청에 신고하여야 한다.
1. 해양사고의 발생일시 및 발생장소
2. 선박의 명세
3. 사고개요 및 피해상황
4. 조치사항
5. 그 밖에 해양사고의 처리 및 항행안전을 위하여 해양수산부장관이 필요하다고 인정하는 사항

33 해사안전법상 제한된 시계에 있어서의 선박의 항법으로 틀린 것은?

가. 모든 선박은 시계가 제한된 그 당시의 사정과 조건에 적합한 안전한 속력으로 항행하여야 한다.
나. 동력선은 제한된 시계 내에 있는 경우 기관을 즉시 조작할 수 있도록 준비하고 있어야 한다.
사. 레이더만으로 다른 선박이 있는 것을 탐지한 선박은 당해 선박과 충돌의 위험이 있는지 여부를 판단하여야 한다.
아. 정횡 전방의 다른 선박과 매우 근접한 상태가 되는 것을 피할 수 없는 경우, 모든 선박은 감속할 필요없이 우선 우현 전타하여야 한다.

해설 충돌할 위험성이 없다고 판단한 경우 외에는 다음 각 호의 어느 하나에 해당하는 경우 모든 선박은 자기 배의 침로를 유지하는 데에 필요한 최소한으로 속력을 줄여야 한다. 이 경우 필요하다고 인정되면 자기 선박의 진행을 완전히 멈추어야 하며, 어떠한 경우에도 충돌할 위험성이 사라질 때까지 주의하여 항행하여야 한다(법 제77조 제6항).
1. 자기 선박의 양쪽 현의 정횡 앞쪽에 있는 다른 선박에서 무중신호를 듣는 경우
2. 자기 선박의 양쪽 현의 정횡으로부터 앞쪽에 있는 다른 선박과 매우 근접한 것을 피할 수 없는 경우

Answer 32 아 33 아

34
해사안전법상 끌려가고 있는 선박 또는 물체가 표시하여 할 등화 및 형상물로 맞는 것은?

가. 선수등 1개, 현등 1쌍, 선미등 1개, 길이가 200미터를 초과할 경우에는 가장 잘 보이는 곳에 마름모꼴의 형상물 1개

나. 현등 1쌍, 선미등 1개, 예인선열의 길이가 200미터를 초과할 경우에는 가장 잘 보이는 곳에 마름모꼴의 형상물 1개

사. 선수등 1개, 현등 1쌍, 선미등 2개, 길이가 200미터를 초과할 경우에는 가장 잘 보이는 곳에 마름모꼴의 형상물 1개

아. 선수 전주등 1개, 현등 1쌍, 선미 전주등 1개, 길이가 200미터를 초과할 경우에는 가장 잘 보이는 곳에 마름모꼴의 형상물 1개

해설 항행중인 예인선
- 예인선의 길이 50m 미만, 예인선열의 길이 200m 미만인 경우
  마스트등 2개(앞쪽) 현등 선미등 예선등
- 예인선의 길이 50m 미만, 예인선열의 길이 200m 이상인 경우
  마스트등 3개(앞쪽) 현등 선미등 예선등 주간 형상물 : 마름모꼴 1개
- 예인선의 길이 50m 이상, 예인선열의 길이 200m 미만인 경우
  마스트등 2개(앞쪽), 뒤쪽 1개 현등 선미등 예선등
- 예인선의 길이 50m 이상, 예인선열의 길이 200m 이상인 경우
  마스트등 3개(앞쪽), 뒤쪽 1개 현등 선미등 예선등 주간 형상물 : 마름모꼴 1개
- 옆에서 붙어서 끄는 예선
  마스트등 : 앞쪽 2개 현등 선미등
- 끌려가는 선박(피예인선) 또는 물체의 표시
  현등 선미등 주간형상물 마름모 1개 (예인선열이 200m를 초과시)

35
해사안전법상 조종신호를 해야 하는 시기는?

가. 선박이 서로 시야 내에 있을 때
나. 시정이 제한되어 있을 때
사. 레이더만으로 다른 선박을 탐지하였을 때
아. 상기 (가) 및 (나)의 경우

해설 좌현, 우현, 후진 등을 할 경우 조종신호는 선박이 서로 시계 내에 있을 때만 할 수 있다.

Answer 34 나 35 가

36 해사안전법상 마주치는 상태로 판단되기 위하여 필요한 요건으로 옳지 않은 것은?

가. 두 척의 선박이 서로 시계 내에 있어야 한다.
나. 두 척의 선박 간에 충돌의 위험성이 있어야 한다.
사. 두 척의 선박이 모두 동력선일 필요는 없다.
아. 상대선박의 두 개의 마스트등이 수직선상에 보여야 한다.

해설 마주치는 상태의 항법은 두 선박이 모두 동력선일 때 해당된다.
마주치는 상태에서의 항법은 양 선박이 서로 좌현대좌현으로 통과할 수 있도록 오른쪽으로 변침하여 피항할 것을 규정하고 있다. 그러나 한척은 동력선이고, 또 다른 선박이 범선일 때는 조종성능이 좋은 선박인 동력선이 피항선이 된다. 이와 같이 두 선박 모두 동력선이 아닐 때는 선박 사이의 책무(법 제76조)에 따라 피항관계가 성립된다.

Answer 36 사

제08장 국제해상충돌예방규칙

1. 총칙

01 국제해상충돌예방규칙의 적용을 받지 않는 수역은?

가. 해항선이 항해할 수 있는 해양
나. 해양과 접속하고 해항선이 항해할 수 있는 하천
사. 갑문(Dock gate)을 닫고 인공적으로 해양과 접속시키는 수역
아. 해양과 접속하고 해항선이 항해할 수 있는 호수

> **해설** 국제해상충돌예방규칙은 해항선이 항해할 수 있는 공해 및 공해에 접속되어 있는 모든 수역에 적용한다. 따라서 공해는 물론 항구, 하천, 호수, 내수라고 해도 공해와 접속되어 해항선이 공해로부터 연속하여 항행할 수 있는 수역이라면 이 규칙이 적용된다.

02 국제해상충돌예방규칙이 적용되는 수역으로 가장 타당한 것은?

가. 공해상의 모든 수역
나. 국제적으로 인정된 모든 수역
사. 공해·영해 및 내수면을 포함한 모든 수역
아. 공해와 이에 접속된 수역으로서 해항선이 항행할 수 있는 모든 수역

03 다음 중 국제해상충돌예방규칙에서 규정하고 있는 용어(definition)에 대한 설명이 잘못된 것은?

가. 비행기의 발착에 종사하고 있는 선박은 조종성능제한선이다.
나. 주기관의 고장으로 다른 선박의 진로를 피할 수 없는 선박은 조종불능선이다.
사. 주로 기관을 사용하고 있지만 돛(sail)을 사용하여 항행중이라면 이 선박은 범선에 속한다.
아. 주묘(dragging anchor) 중인 선박은 항행중이다.

Answer 01 사 02 아 03 사

> **해설** 주로 기관을 사용하여 항행중이면 동력선에 속한다.
> '항행중(underway)'이라 함은, 선박이 정박(at anchor)하거나 육지에 계류(made fast to the shore)하거나 또는 얹혀 있는 것(aground)이 아닌 상태를 말한다.
> 항행중인 경우를 들면 닻을 올리고 있는 중의 선박은 닻이 해저에서 떨어지자마자 항행중이며, 선박의 조종수단으로 닻을 해저에서 끌면서 선회중인 선박, 트롤망을 끌면서 정지상태에 있는 선박, 닻이 끌리고 있는 선박 등은 항행중에 해당된다. 대수속력이 있는 경우는 물론이고 대수속력이 없을지라도 즉 기관은 정지하고 있으나 조류에 밀리고 있을 때에는 항행중에 해당된다.

04 국제해상충돌예방규칙의 적용을 받지 않는 선박은?

가. 무배수량 상태로 진행중인 호버크래프트
나. 항공기를 이착륙시키고 있는 항공모함
사. 수면상을 이동중인 수상비행기
아. 수면하를 항해중인 잠수함

05 국제해상충돌예방규칙의 적용(Application)에 대한 설명으로 옳지 않은 것은?

가. 공해(high sea)와 공해에 접속된 수역으로서 해항선(seagoing vessel)의 가항수역에 적용된다.
나. 선박의 입항 및 출항 등에 관한 법률에서 국제해상충돌예방규칙과 달리 항법을 규정하고 있을 경우 선박의 입항 및 출항 등에 관한 법률상 항법을 우선적으로 적용한다.
사. 선박의 입항 및 출항 등에 관한 법률상 항법은 될 수 있는 대로 국제해상충돌예방규칙의 규정을 따라야 한다.
아. 국제해상충돌예방규칙은 특수선박에는 적용하지 아니한다.

> **해설** 국제해상충돌예방규칙의 규정은 공해의 수면과 거기에 접속되어 해항선이 항행할 수 있는 전 수역 안에 있는 모든 선박에 적용한다. 여기서 선박이라 함은 수상의 운송수단으로 사용할 수 있는 배를 말하며, 크기, 종류, 형태 및 용도는 묻지 아니한다. 그리고 무배수량선, 표면효과익정(WIG Craft) 및 수면상에 접하거나 수면상을 항주 또는 정박중에 있는 수상항공기도 이 규칙의 적용을 받는다.

Answer 04 아 05 아

06 국제해상충돌예방규칙상 어로에 종사하고 있는 선박에 해당되는 것은?

가. 낚싯대를 이용하여 어로작업을 하고 있는 어선
나. 항구와 어장 사이를 항해중인 어선
사. 해상에서 어획물을 운반선으로 이적하고 있는 선박
아. 조종성능을 제한하는 그물을 이용하여 어로작업을 하고 있는 어선

> **해설** '어로에 종사하고 있는 선박'이라 함은 어망, 낚싯줄, 트롤망 또는 기타 조종성능을 제한하는 어구를 사용하여 어로작업을 하고 있는 선박을 말하며, 조종성능을 제한하지 아니하는 인승 또는 기타 어구를 사용하여 어로하고 있는 선박을 포함하지 아니한다.

07 국제해상충돌예방규칙상 조종능력제한선박에 해당되지 않는 것은?

가. 기뢰를 제거하고 있는 선박
나. 항행중에 화물을 옮겨 싣는 작업에 종사하는 선박
사. 조타설비가 고장난 선박
아. 항공기를 발착시키는 선박

> **해설** 조타설비가 고장난 선박은 조종불능선이다.
> 조종제한선이란 다음 각 목의 작업과 그 밖의 선박의 조종성능을 제한하는 작업에 종사하고 있어 다른 선박의 진로를 피할 수 없는 선박을 말한다.
> ㉠ 항로표지・해저전선 또는 해저파이프라인의 부설・보수・인양작업
> ㉡ 준설・측량 또는 수중작업
> ㉢ 항행중 보급, 사람의 이송 또는 화물을 옮기는 작업
> ㉣ 항공기의 발착작업
> ㉤ 기뢰제거작업
> ㉥ 진로에서 벗어날 수 있는 능력에 제한을 많이 받는 예인작업
>   ▶ 야간 : 홍 – 백 – 홍   주간형상물 : 구형 – 능형(마름모꼴) – 구형

08 다음 중 국제해상충돌예방규칙상의 용어(definition)에 대한 설명이 잘못된 것은?

가. 수면비행선박(WIG craft)은 선박이다.
나. 기계로 추진하는 모든 선박은 동력선이다.
사. 소해작업(mine clearance operation)에 종사하는 선박은 조종제한선이다.
아. 닻을 놓고 준설작업(dredging operation)에 종사하고 있는 선박은 조종불능선이다.

> **해설** 준설작업에 종사하고 있는 선박은 조종제한선이다.

Answer 06 아 07 사 08 아

09 국제해상충돌예방규칙상 조종불능선박에 대한 설명으로 옳지 않은 것은?

가. 주간형상물로 가장 잘 보이는 곳에 수직선상으로 원추형 형상물 1개를 표시한 선박이다.
나. 예외적인 상황이 발생하여 조종 성능을 상실한 상태이다.
사. 야간에 홍색 전주등 2개를 표시한다.
아. 프로펠러가 이탈, 분실된 선박도 해당된다.

해설 조종불능선이란 선박의 조종성능을 제한하는 고장이나 그 밖의 사유로 조종을 할 수 없게 되어 다른 선박의 진로를 피할 수 없는 선박을 말한다.
▶ 야간 : 홍색 전주등 2개   주간 : 구형 형상물 2개

10 국제해상충돌예방규칙상 "흘수에 의하여 제약을 받고 있는 선박"이란 다음 중 어느 것인가?

가. 추천항로만 항행하는 선박
나. 고속형 컨테이너선
사. 흘수가 작아서 풍압면적이 큰 선박
아. 심흘수로 인하여 선저 여유수심이 작은 선박

해설 '흘수에 의하여 제약을 받는 선박'이라 함은 흘수로 인하여 가항수역의 수심과 폭에 여유가 적어서 현재 취하고 있는 침로를 이탈할 능력이 극히 제한된 동력선을 말한다.
▶ 야간 : 홍색 전주등 3개
▶ 주간 : 원통형 형상물

11 국제해상충돌예방규칙에 관한 사항 중 틀린 것은?

가. 흘수제약선은 길이 200미터 이상의 선박이다.
나. 항행중(Underway)이란 선박이 해저를 포함하여 고정물체와 접촉하지 아니한 상태이다.
사. 준실작입중인 선박은 조종세한선이다.
아. 옅은 안개라 할지라도 시정이 제한된 상태이면 "제한된 시계"에 해당된다.

Answer 09 가 10 아 11 가

12 국제해상충돌예방규칙에 의하면 기관과 돛을 함께 사용하는 선박은?

가. 범선으로 간주된다.
나. 동력선으로 간주된다.
사. 바람을 좌현에 받고 항행할 때만 범선으로 간주된다.
아. 좁은 수로에서는 범선, 대양에서는 동력선으로 간주된다.

> **해설** '범선'이라 함은, 추진기계를 장비하였다 할지라도 이를 사용하고 있지 않고서, 돛을 사용하고 있는 일체의 선박을 말한다. 돛과 기관을 함께 사용하면 동력선이다.

13 국제해상충돌예방규칙상 다음 중에서 범선은?

가. 추진기계를 장비하였다 할지라도 이를 사용하지 아니하고 돛을 사용하고 있는 선박
나. 기계를 사용하여 추진하는 선박
사. 노를 사용하고 있는 선박
아. 추진기계의 사용 여부와 관계없이 돛을 사용하고 있는 선박

14 국제해상충돌예방규칙의 일반책임 규정(제2조)에서 명시한 "선박, 선박소유자, 선장, 해원은 책임을 면할 수 없다."는 것은 다음 사항을 의미한다. 맞지 않는 것은?

가. 형사상의 불법행위 책임
나. 해상운송사업법상의 책임
사. 해양사고의 조사 및 심판에 관한 법률상의 책임
아. 상법상 선박소유자의 손해배상책임

15 어떤 예외적인 사정으로 인하여 국제해상충돌예방규칙이 요구하는 대로 조종될 수 없고, 따라서 타선의 진로를 피할 수 없는 선박은?

가. 조종능력제한선
나. 조종불능선
사. 어로에 종사하고 있는 선박
아. 흘수에 의하여 제약을 받는 선박

Answer 12 나 13 가 14 나 15 나

해설 ① [조종불능선]이라 함은 어떤 예외적인 사정으로 인하여 이 규칙이 요구하는 대로 조종될 수 없고, 따라서 타선의 진로를 피할 수 없는 선박을 말한다.
② [조종성능이 제한된 선박]이라 함은 종사하고 있는 작업의 성질상 이 규칙이 요구하는 대로 조종될 수 없고, 따라서 타선의 진로를 피할 수 없는 선박을 말한다.
다음은 '조종 성능이 제한되어 있는 선박'에 포함되나 이에 한정되지 아니한다.
㉠ 항로표지, 수저전선 또는 도관의 부설보수 또는 인양에 종사하고 있는 선박
㉡ 준설, 측량 또는 수중작업에 종사하고 있는 선박
㉢ 항해하면서 해상보급 또는 인원, 식량 또는 화물의 이송에 종사중인 선박
㉣ 비행기의 발착에 종사하고 있는 선박
㉤ 기뢰제거 작업에 종사하고 있는 선박
㉥ 예선이나 피예선이 자기의 침로에서 벗어날 수 없도록 심히 행동을 제약하는 성질의 예인작업에 종사하고 있는 선박

16 국제해상충돌예방규칙상 조종능력이 제한되어 있는 선박에 대한 정의로 가장 올바르게 표현한 것은?

가. 이용 가능한 수심과 자선 흘수와의 관계로 안전한 여유 수역이 없는 선박
나. 조종성능을 제한하는 어구를 사용하고 있는 선박
사. 작업의 성질상 다른 선박의 진로를 피할 수 없는 선박
아. 예외적인 사정으로 인하여 다른 선박의 진로를 피할 수 없는 선박

17 다음 중 국제해상충돌예방규칙상의 동력선에 해당하는 것은?

가. 돛과 추진기계를 동시에 사용하고 있는 기범선
나. 공해상에 기관고장으로 표류하고 있는 터빈선
사. 수면을 이륙한 수상항공기
아. 어로중인 어선

해설 나. 공해상에 기관고장으로 표류하고 있는 터빈선은 '조종불능선'이다.
사. 수면을 이륙한 수상항공기는 비행기에 속한다.
아. 어로중인 어선은 '어로에 종사하고 있는 선박'이다.

18 조종 불능 선박이 아닌 것은?

가. 바람이 전혀 없는 상태의 범선

Answer 16 사 17 가 18 나

나. 수중작업에 종사하고 있는 선박
사. 기관이나 조타기가 고장인 선박
아. 프로펠러가 손상된 선박

> **해설** 수중작업에 종사하고 있는 선박은 조종제한선이다.

19. 국제해상충돌예방규칙에서 시정이 제한된 상태에서의 항법에 관한 사항 중 거리가 먼 것은?

가. 이 규정은 어로중인 선박, 군함, 범선은 제외한다.
나. 이 규정은 항행하고 있는 선박에게 적용된다.
사. 이 규정은 실제 시정이 제한된 수역 내 또는 부근에서 서로 보이지 아니할 때 적용된다.
아. 이 규정에 따라 제한된 시정에서는 안전한 속력을 유지하고, 기관을 당장 사용할 수 있도록 준비하여야 한다.

> **해설** 국제해상충돌예방규칙의 규정은 공해의 수면과 거기에 접속되어 해항선이 항행할 수 있는 전 수역안에 있는 모든 선박에 적용한다. 여기서 선박이라 함은 수상의 운송수단으로 사용할 수 있는 배를 말하며, 크기, 종류, 형태 및 용도는 묻지 아니한다.

20. 다음 중 국제해상충돌예방규칙상 잠수작업(Underwater operation)에 종사하는 선박에 대한 설명으로 옳지 않은 것은?

가. 조종성능제한선에 해당한다.
나. 장애물이 있을 때에는 주간에 장애물이 있는 쪽에 구형의 형상물 2개를 표시한다.
사. 닻을 놓고 잠수작업을 할 경우에는 정박선이 표시하는 구형 형상물을 추가하여 표시한다.
아. 주간에 수직선상으로 구형-마름모꼴-구형의 형상물을 표시한다.

21. 국제해상충돌예방규칙에서 선박의 길이란 무엇인가?

가. 전장
나. 수선장
사. 수선간장
아. 등록장

Answer 19 가 20 사 21 가

22 다음 중 국제해상충돌예방규칙상 상당한 주의(due regard)가 요구되는 사항과 거리가 가장 먼 것은?

　가. 특수한 사정(special circumstance)
　나. 선원의 상무(ordinary practice of seafarers)
　사. 항해의 위험(danger of navigation)
　아. 충돌의 위험(danger of collision)

　해설 선원의 상무란 우수한 선원의 특수한 재능 또는 경험이 아니라 통상의 선원에게 있어서의 관행, 경험, 지식, 기술 등에 비추어 기대될 수 있는 기술로서 그 당시의 상황 및 조건하에서 예상되는 위험을 사전에 검토하여 어떠한 충돌의 위험성도 초래하지 않도록 적절한 기술과 주의를 다하여 필요한 방지조치를 취하는 것을 뜻한다.

23 다음 중 국제해상충돌예방규칙의 총칙(general)에서 규정하고 있는 규칙에 해당되지 않은 것을 고르시오.

　가. 적용(application)에 관한 규칙
　나. 정의(definition)에 관한 규칙
　사. 안전한 속력(safe speed)에 관한 규칙
　아. 책임(responsibility)에 관한 규칙

　해설 안전한 속력에 관한 규칙은 총칙에 규정되어 있지 않고 제2장 항법규정에 있다.

Answer 22 나 23 사

2. 항법

01 서로 시계 내에 있는 선박을 뜻하는 것은?
　가. 서로 다른 선박을 눈으로 볼 수 있는 선박
　나. 레이더에 의해 다른 선박을 알 수 있는 선박
　사. 쌍안경에 의해 다른 선박을 알 수 있는 선박
　아. VHF 무선통화가 가능한 범위 내의 선박

02 적절한 경계(Look-out)에 관한 설명 중 적당하지 않은 것은?
　가. 경계하는 인원수는 사정에 따라 증감할 수 있다.
　나. 경계원이 배치될 위치는 변동이 있어서는 안 되고 일정해야 한다.
　사. 주간에는 상황에 따라서 당직사관 혼자서 경계 임무를 수행할 수도 있다.
　아. 정박중인 경우에도 적용된다.

　해설 적절한 경계란 당시의 사정과 조건에 따라 ㉠ 경계의 방법과 수단 ㉡ 경계원의 수, 자격 및 능력 ㉢ 경계의 장소 등을 고려하여 중단없이 유지해야 하는 것을 의미하며 항해사가 적절한 경계를 유지하는 것은 기본적인 의무이다.

03 다음 중 국제해상충돌예방규칙에서 규정하고 있는 경계와 관련한 경계원의 올바른 자세는?
　가. 조타당직과 겸무하여 행한다.
　나. 항상 상대선의 등화, 신호, 동정을 탐지·보고한다.
　사. 주간에는 필요하지 않고 야간에만 경계한다.
　아. 날씨가 나쁠 때만 실시한다.

04 선박은 주위의 상황 및 다른 선박과의 충돌의 위험을 충분히 판단하기 위하여 항상 적절한 경계를 하여야 하는데 경계의 방법으로 옳지 않은 것은?
　가. 희미한 물표나 등화의 확인과 음향신호의 청취를 위하여 선수에 경계원을 배치한다.
　나. 안개가 낮게 깔려 있는 경우에는 선수뿐 아니라 높은 곳에도 경계원을 배치한다.
　사. 선박이 많은 좁은 수로나 항내 항해중에는 추월선에 대한 경계는 조타실에서 행한다.
　아. 선교와 경계원간에는 반드시 직접 연락이 가능하도록 한다.

Answer　01 가　02 나　03 나　04 사

해설 경계위치는 일반적으로 시계가 방해받지 않는 선교 부근에서 견시를 하나, 선박교통량이 집중하는 항의 입구나, 안개가 낀 수역에서는 선수에 경계원을 배치하여 다른 선박의 동정을 관찰할 필요가 있다. 견시업무 이외에 이를 방해할 수 있는 다른 임무를 맡기지 말아야 한다. 즉 경계원은 조타수와 구분되어야 한다. 그러나 조타위치에서 장애물에 방해받지 않고, 주위를 볼 수 있는 소형선박에서는 조타수가 경계임무를 수행할 수 있다.

05 다음 (　)에 적당한 말은?

"안전한 속력이란 다른 선박과 충돌을 피하기 위하여 (　)하고 (　)한 동작을 취할 수 있고 당시의 상황에 적합한 거리에서 (　)할 수 있는 속력이다."

가. 적절, 유효, 정선　　　　　　**나.** 정선, 유효, 적절
사. 적절, 정선, 유효　　　　　　**아.** 유효, 안전, 전타

해설 **COLREG 제6조(안전속력)**
모든 선박은 충돌을 피하기 위하여 적절하고 유효한 동작을 취할 수 있고 그 당시의 사정과 상태에 알맞은 거리에서 정선할 수 있도록 항상 안전한 속력으로 항행하여야 한다. 안전한 속력을 결정함에 있어서 다음의 요소를 고려하여야 한다.
(a) 모든 선박에 대하여
　(ⅰ) 시정의 상태
　(ⅱ) 어선 혹은 기타 선박들의 집결을 포함한 교통량의 밀도
　(ⅲ) 그 당시의 상태하에서, 특히 정지거리와 선회능력을 참작한 선박의 조종성능
　(ⅳ) 야간에 육상 등화 또는 자선의 등화의 역산광으로부터 오는 것과 같은 배경 광선의 존재 여부
　(ⅴ) 바람, 해면 및 조류의 상태, 그리고 항해 장애물의 근접상태
　(ⅵ) 항행 가능한 수심과 흘수
(b) Radar 사용가능선박이 추가하여 고려할 사항
　(ⅰ) Radar 장비의 특성, 능력 및 한계
　(ⅱ) 활용되는 Radar 거리 눈금에서 오는 제약
　(ⅲ) 해면상태, 기상 및 기타의 장애요인이 Radar 탐색에 미치는 영향
　(ⅳ) 소형선, 유빙, 기타의 부유물은 적당한 거리내에서 Radar에 의하여 탐지되지 아니할 수도 있다는 사실
　(ⅴ) Radar에 의하여 탐지된 선박의 처수, 위치 및 이동상태
　(ⅵ) 부근의 선박이나 기타의 목표물의 거리를 측정하기 위하여 Radar를 사용할 때 할 수 있는 보다 정확한 시정의 추정

Answer　05 가

06 국제해상충돌예방규칙상 안전한 속력을 가장 정확히 표현한 것은?
　가. 충돌을 피하기 위하여 적절하고 유효한 동작을 취할 수 있고, 또 당시의 사정과 조건에 적합한 거리에서 정선할 수 있는 속력
　나. 3~5 노트의 속력
　사. 조타 가능 최소속력
　아. 시정의 절반거리에서 정지할 수 있는 속력

07 다음 중 선장이 선박의 안전한 속력을 결정함에 있어서 고려하여야 할 사항에 해당하지 않는 항목은?
　가. 승무원의 수
　나. 조류의 상태
　사. 레이더에 의하여 탐지한 선박의 수
　아. 시정의 상태

08 국제해상충돌예방규칙상 레이더 사용 선박의 안전한 속력 결정에 참고가 되지 않는 것은?
　가. 레이더의 특성 및 성능　　나. 해면상태
　사. 사용중인 거리눈금　　　　아. 복수의 레이더 사용
　　해설 레이더의 사용 개수와는 상관없으며, 레이더로 탐지된 선박의 수는 관계가 있다.

09 다음은 국제해상충돌예방규칙에서 규정하는 선박의 안전속력을 결정하는데 필요한 요소들이다. 요소가 아닌 것은?
　가. 시계의 상태　　　　　　나. 적화상태
　사. 해상교통량의 밀도　　　아. 선박의 흘수와 수심과의 관계

Answer　06 가　07 가　08 아　09 나

10. 국제해상충돌예방규칙상 안전한 속력을 결정함에 있어서 고려할 사항에 해당하지 않는 것은?

   가. 야간에 있어서는 항해에 지장을 주는 불빛의 유무
   나. 바람 및 조류의 상태
   사. 선박의 흘수와 수심과의 관계
   아. 선박의 최고속력 및 추진기의 슬립(Slip)

11. 국제해상충돌예방규칙에서 규정한 안전한 속력을 결정하는 요소와 관계가 가장 먼 것은?

   가. 항로 보조 시설
   나. 레이더 성능
   사. 해상교통 밀집도
   아. 해상, 기상 조건

12. 국제해상충돌예방규칙상 레이더를 작동하고 있는 선박에서 안전한 속력(safe speed)을 결정할 때 고려되는 사항과 거리가 먼 것은?

   가. 레이더의 성능과 한계
   나. 사용되는 레이더 거리 눈금에서 오는 제약
   사. 해상 및 기상상태
   아. 레이더의 작동시간

13. 국제해상충돌예방규칙상 안전한 속력을 결정함에 있어서 고려할 요소로 규정되어 있지 아니한 것은?

   가. 시정의 상태
   나. 교통의 밀도
   사. 선박의 조종성능
   아. 선장의 조종능력

14. 2척의 동력선이 거의 마주치게 되어 충돌의 위험이 있을 때에는 어떻게 하여야 하는가?

   가. 각 동력선은 서로 다른 선박의 좌현쪽을 통과할 수 있도록 침로를 우현쪽으로 변경하여야 한다.
   나. 각 동력선은 서로 다른 선박의 우현쪽을 통과할 수 있도록 침로를 좌현쪽으로 변경하여야 한다.
   사. 각 동력선은 서로 감속하여 피한다.
   아. 큰 동력선이 작은 동력선을 피할 수 있도록 침로를 변경하여야 한다.

Answer 10 아 11 가 12 아 13 아 14 가

15 국제해상충돌예방규칙상 "제한된 시계에 있어서의 선박의 항법" 규정이 적용되지 않는 곳은?

가. 안개 속
나. 부근에 안개덩이가 있는 때
사. 눈보라가 많이 내리는 때
아. 장애물에 의해 시야가 막히는 경우

16 국제해상충돌예방규칙상 두 척의 범선이 접근하여 충돌의 위험성이 있을 경우 바람 받는 방향이 다를 경우에는 (   )에서 바람을 받는 선박이, 바람 받는 방향이 같은 경우에는 (   ) 선박이 피항선이다. (   )에 적합한 것은?

가. 우현, 풍하측
나. 우현, 풍상측
사. 좌현, 풍상측
아. 좌현, 풍하측

> **해설** 범선의 항법규정
> - 각 범선이 다른 현에 바람을 받고 있는 경우 ▶ 좌현에 바람을 받고 있는 범선이 피한다.
> - 양 범선이 같은 현에 바람을 받고 있는 경우 ▶ 바람이 불어오는 쪽(풍상)의 범선이 피한다.
> - 좌현에 바람을 받는 범선이 풍상쪽 범선의 바람받는 현을 확인할 수 없을 때에는 ▶ 좌현에 바람을 받는 범선이 피한다.
> - 추월하는 범선은 바람에 관계없이 피항선이다.

17 항행중인 범선이 진로를 피해야 할 선박이 아닌 것은?

가. 같은 현측에서 바람을 받는 풍상측의 범선
나. 조종불능선
사. 조종제한선
아. 어로에 종사하고 있는 선박

> **해설** 범선이 진로를 피해야 할 선박은 ㉠ 어로에 종사중인 선박 ㉡ 흘수제약선 ㉢ 조종불능선 ㉣ 조종제한선 ㉤ 정박선 등이다. 양 범선이 같은 현에 바람을 받고 있는 경우는 바람이 불어오는 쪽(풍상)의 범선이 피해야 한다.
>
> **피항 우선 순위**
> 수상비행기 표면효과익정 > 동력선 > 범선 > 어로에 종사 중인 선박 > 흘수제약선 > 조종불능선 조종제한선 > 정박선

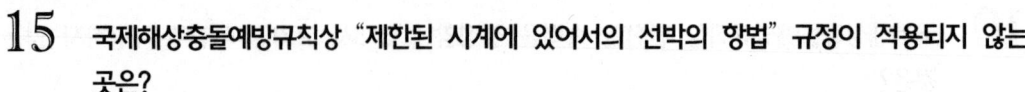
Answer 15 아 16 사 17 가

18 국제해상충돌예방규칙상 좁은 수로에서 수로의 안쪽에서만 안전하게 항행할 수 있는 선박의 진로를 피해야 하는 선박은 다음 중 어느 것인가?

가. 길이 20미터 미만의 선박과 범선
나. 길이 50미터 미만의 선박
사. 길이 100미터 미만의 선박과 범선
아. 조종불능선

해설 COLREG 제9조(좁은 수로)
(a) 좁은 수로나 항로를 따라 진행하고 있는 선박은 안전하고 실행가능하면 그 선박의 우현측에 위치한 수도 혹은 항로의 외측한계에 접근하여 항행하여야 한다.
(b) 길이 20미터 미만인 선박이나 범선은 좁은 수로나 항로내에서만 안전하게 항행할 수 있는 선박의 진로를 방해하여서는 아니된다.
(c) 어로에 종사하고 있는 선박은 좁은 수로나 항로내에서 항행하는 타선의 통항을 방해하여서는 아니된다.
(d) 만일 자선의 횡단이 수도나 항로내에서만 안전하게 항행할 수 있는 선박의 통항을 방해한다면 그 선박은 좁은 수로나 항로를 횡단하여서는 아니된다. 후자는, 만약 횡단선의 의도가 의심스러울 때에는 제34조에 규정된 음향신호(경고신호 : 단음 5회)를 사용할 수 있다.
(e) 좁은 수로나 항로에서, 피추월선이 안전한 통과를 허락하는 동작을 취하여야만 추월이 가능할 때는 추월하는 선박은 제34조에 규정한 적합한 음향신호(장-장-단)에 의하여 자선의 의사를 표시하여야 한다. 동의하면, 피추월선은 제34조에 규정된 적합한 음향신호(장-장-단-단)를 하고 안전한 통과를 할 수 있도록 조치를 취하여야 한다. 만일 의문이 있으면 피추월선은 제34조에 규정된 음향신호(단음5회)를 할 수 있다.
(f) 이 조는 제13조에 규정된 추월선의 의무를 면제하지 아니한다.
(g) 중간에 개재하는 장애물 때문에 타선을 볼 수 없는 좁은 수로나 항로의 만곡부 또는 구역에 접근하는 선박은 특별한 경계와 주의를 하여 항행하여야 하며 제34조에 규정된 적합한 음향신호(장음1회)를 하여야 한다.
(h) 사정이 허락하는 한 모든 선박은 좁은 수로내에서 묘박을 피하여야 한다.

19 다음 중 좁은 수로에서의 항행규정을 잘못 기술한 것은?

가. 범선은 좁은 수로의 안쪽에서만 안전하게 항행할 수 있는 다른 선박의 통항을 방해하여서는 아니된다.
나. 길이 50미터 미만의 선박은 좁은 수로의 안쪽에서만 안전하게 항행할 수 있는 다른 선박의 통항을 방해하여서는 아니된다.

18 가 19 나

사. 어로에 종사하고 있는 선박은 좁은 수로의 안쪽에서 항행하고 있는 다른 선박의 통항을 방해하여서는 아니된다.

아. 선박은 좁은 수로의 안쪽에서만 안전하게 항행할 수 있는 다른 선박의 통항을 방해하게 되는 경우, 좁은 수로를 횡단하여서는 아니된다.

해설 길이 20미터 미만의 선박은 좁은 수로의 안쪽에서만 안전하게 항행할 수 있는 다른 선박의 통항을 방해하여서는 아니된다.

20 "좁은 수로 또는 항로를 따라 진행하고 있는 선박은, 안전하고 실행 가능한 한, 자선의 (   )측에 있는 수로 또는 항로의 (   )에 접근하여 항행하여야 한다."에서 (   ) 안에 알맞은 것은?

가. 좌현 – 외측한계
나. 좌현 – 내측한계
사. 우현 – 외측한계
아. 우현 – 내측한계

21 좁은 수로에서 좌측 항행이 허용되는 경우로 가장 적절한 것은?

가. 지역적인 특별 규칙에 따르는 경우
나. 우측에 있는 안벽에 선박을 붙이고자 하는 경우
사. 조류가 역조인 경우
아. 흘수가 얕은 소형선박과 마주치게 된 경우

22 좁은 수로에서 좌측 통항이 허용되는 경우라고 볼 수 없는 것은?

가. 지역적인 특별규칙에 따르는 경우
나. 좌측에 있는 안벽에 선박을 붙이고자 하는 경우
사. 진로 전면에 나타난 장애물을 피하고자 하는 경우
아. 흘수가 얕은 소형선박과 마주치게 된 경우

Answer 20 사 21 가 22 아

23 국제해상충돌예방규칙에 관한 다음 설명 중 옳은 것은?

가. 좁은 수로에서는 가능한 한 수로의 중앙으로 항행하여야 한다.
나. 좁은 수로에서 길이 30미터 미만의 선박은 수로의 안쪽에서만 안전하게 항행할 수 있는 선박의 진로를 피하여야 한다.
사. 좁은 수로 안에서의 어로 행위는 금지되어 있다.
아. 선박은 사정이 허락하는 한 좁은 수로에서 닻 정박을 하여서는 안된다.

해설
가. 우현측에 위치한 수도 혹은 항로의 외연 가까이를 항행하여야 한다.
나. 20m 미만인 선박이나 범선은 좁은 수로나 항로 내에서만 안전하게 항행할 수 있는 선박의 진로를 방해하여서는 아니된다.
사. 어로 행위는 할 수 있으나 어로에 종사하고 있는 선박은 좁은 수로나 항로 내에서 항행하는 타선의 통항을 방해하여서는 아니된다.

24 국제해상충돌예방규칙상 충돌을 피하기 위한 동작으로 적절하지 아니한 것은?

가. 적극적인 동작
나. 조기에 행하는 동작
사. 우선 우현변침을 시도하는 동작
아. 적절한 선박운용술에 의한 동작

해설 COLREG 제8조(충돌을 피하기 위한 동작)
(a) 충돌을 피하기 위한 모든 동작은 이 규칙에 따라서 취하여져야 하며, 사정이 허락하는 한 적극적이고, 충분한 시간을 두고 그리고 적절한 선박운용술에 따라 행하여야 한다.
(b) 충돌을 피하기 위한 침로와 속력의 동시변경, 침로 또는 속력만의 변경은, 사정이 허락하는 한, 육안이나 또는 레이더에 의하여 관찰하고 있는 타선에게 즉시 명백하도록 충분히 하여야 한다. 연속적인 작은 침로와 속력의 변경, 침로 또는 속력만의 변경은 피하여야 한다.
(c) 만일 충분한 해면이 있고 적시에 충분하게 행하고 다른 또 하나의 근접상태가 형성되지 아니 한다면, 침로만의 변경도 근접 상황을 피하는 가장 유효한 동작이 될 수 있다.
(d) 다른 선박과의 충돌을 피하기 위하여 동작을 취할 때에는 다른 선박과의 사이에 안전한 거리를 두고 통과할 수 있도록 그 동작을 취하여야 한다. 이 경우 그 동작의 효과를 다른 선박이 완전히 통과할 때까지 주의 깊게 확인하여야 한다.
(e) 충돌을 피하기 위하여 또는, 상황을 판단하는데 더 많은 시간을 얻기 위하여 필요하다면 선박은 감속을 하거나 또는 모든 타력을 없애기 위하여 기관을 정지하거나 역전하여야 한다.
(f) (ⅰ) 이 규칙의 어느 규정에 의하여 다른 선박의 통항 또는 안전통항을 방해하지 아니하도록 요구된 선박은, 그 당시의 사정이 요구할 때는, 다른 선박의 안전통항을 위

Answer 23 아 24 사

한 충분한 수역이 부유될 수 있도록 조기에 동작을 취하여야 한다.
(ii) 다른 선박의 통항 또는 안전통항을 방해하지 아니하도록 요구된 선박이 충돌의 위험이 내포되도록 다른 선박에 접근하면 그 책임을 면할 수 없다. 따라서, 동작을 취할 때는, 이 장의 규정이 요구하는 동작에 대하여 충분한 고려를 하여야 한다.
(iii) 통항의 방해를 받지 아니하도록 되어 있는 선박은, 두 선박이 충돌의 위험을 안고 접근할 때는 이 장의 규정을 충실하게 이행할 의무가 있다.

25 국제해상충돌예방규칙상 통항분리수역을 항행하는 선박의 항법을 바르게 나타낸 것은?

가. 가능한 한 통항분리선 또는 분리대에 가깝게 항행하여야 한다.
나. 측면에서 통항로에 합류할 때에는 일반적인 교통 방향에 대하여 가능한 한 대각도로 진입하여야 한다.
사. 분리대 내에서 어로에 종사하여서는 아니된다.
아. 적합한 통항로 안에서 그 통항로의 일반적인 교통 방향을 따라서 진행하여야 한다.

해설
가. 가능한 한 통항분리선 또는 분리대에서 멀리 떨어져야 한다.
나. 측면에서 통항로에 합류할 때에는 일반적인 교통 방향에 대하여 가능한 한 소각도로 진입하여야 한다.
사. 분리대 내에서는 어로작업을 할 수 있다.
통로를 횡단하는 선박 또는 통로에 진입하거나 통로를 떠나는 선박 이외의 선박은 아래의 경우를 제외하고는 통상적으로, 분리대내에 들어가거나 분리선을 넘어서는 아니된다.
• 절박한 위험을 피하기 위한 긴급한 경우
• 분리대내에서 어로에 종사하고자 하는 경우

26 국제해상충돌예방규칙상 피항선의 피항동작으로 적합하지 않은 것은?

가. 다른 선박으로부터 충분히 멀어지도록 한다.
나. 조기에 적극적이고 유효한 피항동작을 취한다.
사. 침로나 속력의 변경은 조금씩 순차적으로 한다.
아. 필요시 기관을 정지하거나 또는 후진하여 진행을 완전히 멈춘다.

해설 피항선의 동작
피항선은 타선으로부터 충분히 떨어지도록 조기에 큰 동작을 취한다.

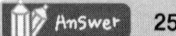
25 아 26 사

27 국제해상충돌예방규칙에서 선박 사이의 책임규정의 입법 취지는 (   )이 좋은 선박이 (   )이 나쁜 선박을 피하도록 규정한 것이다. (   )에 적합한 것은?

- 가. 조종성능, 조종성능
- 나. 기관성능, 조종성능
- 사. 후진성능, 전진성능
- 아. 교신성능, 조종성능

해설 COLREG 제18조(선박 상호간의 책임 : Responsibilities between vessels)

기본원칙
서로 시계내에서 항행관계가 성립되었을 때 피항의무를 부담하여야 할 선박을 조종성능에 따라서 계통적으로 규정하고 있는 것으로 조종성능이 유리한 선박이 조종성능이 불리한 선박을 피해야 한다는 기본원칙에 그 바탕을 두고 있다.

선박사이의 피항관계
제9조(좁은 수로), 제10조(해상교통분리제도) 및 제13조(추월)에서 달리 규정하고 있는 경우를 제외하고는 조종성능이 좋은 선박이 조종성능이 나쁜 선박을 피하여야 한다.

피항 우선 순위
수상비행기 표면효과익정 > 동력선 > 범선 > 어로에 종사 중인 선박 > 흘수제약선 > 조종불능선 조종제한선 > 정박선

28 국제해상충돌예방규칙상 선박 상호간의 책임에서 진로권이 가장 우선하는 선박은?

- 가. 동력선
- 나. 조종불능선
- 사. 어로에 종사하고 있는 선박
- 아. 범선

29 국제해상충돌예방규칙상 선박 상호간 조종성능의 우열순위에 따른 피항관계를 잘못 기술한 것은?

- 가. 동력선이 범선을 피한다.
- 나. 어로종사선이 범선을 피한다.
- 사. 범선이 조종제한선을 피한다.
- 아. 어로종사선이 조종불능선을 피한다.

해설 범선이 어로종사선을 피해야 한다.

Answer 27 가 28 나 29 나

30. 다음 중 동력선이 피항의무를 가지는 상대 선박에 해당되지 않는 것은?

- 가. 기관이 고장나서 표류중인 선박
- 나. 돛과 기관을 설비하고 기관으로 항행하고 있는 범선
- 사. 부표를 설치하고 있는 선박
- 아. 그물로 어로작업중인 어선

해설 돛과 기관을 설비하고 기관으로 항행하고 있는 범선은 동력선에 해당된다. 동력선이 피항 의무를 가지는 것은 수상비행기와 표면효과익정이다.

피항 우선 순위

수상비행기·표면효과익정 > 동력선 > 범선 > 어로에 종사 중인 선박 > 흘수제약선 > 조종불능선·조종제한선 > 정박선

31. 국제해상충돌예방규칙에 따라서 선박간의 조종성능에 의한 피항의무가 우선되는 선박을 순서대로 나열한 것은?

- 가. 동력선, 수상항공기, 어로에 종사하고 있는 선박, 조종불능선
- 나. 동력선, 어로에 종사하고 있는 선박, 범선, 조종불능선
- 사. 동력선, 범선, 어로에 종사하고 있는 선박, 조종불능선
- 아. 동력선, 수상항공기, 범선, 어선, 조종불능선

32. 국제해상충돌예방규칙상 어로에 종사하고 있는 항행중인 선박이 반드시 진로를 피하여야 할 선박은?

- 가. 어로에 종사하고 있는 선박
- 나. 범선
- 사. 항행중인 유조선
- 아. 준설작업에 종사하고 있는 선박

해설 준설작업에 종사하고 있는 선박은 조종제한선이므로 어로에 종사하는 선박은 피해야 한다.

수상비행기·표면효과익정 > 동력선 > 범선 > 어로에 종사 중인 선박 > 흘수제약선 > 조종불능선·조종제한선 > 정박선

Answer 30 나 31 사 32 아

33. 국제해상충돌예방규칙에서 교차상태의 피항방법에 관한 설명 중 틀린 것은?

가. 교차상태에서는 다른 선박을 자선의 우현쪽에 두고 있는 선박이 피항선이다.
나. 위급한 경우에 선박의 전진력을 급격히 감속시키기 위해 닻을 이용할 수 있다.
사. 피항선은 유지선의 선수방향을 절대로 횡단해서는 안된다.
아. 교차상태에서 유지선은 충돌방지를 위한 협력의무를 가지고 있다.

해설 절대로 안되는 것은 아니며, 사정이 허락하는 한, 다른 선박의 전방을 횡단하여서는 아니된다.
COLREG 제15조(횡단상태)
두 척의 동력선이 서로 진로를 횡단할 경우에 충돌의 위험이 있을 때에는 다른 선박을 우현측에 두고 있는 선박이 다른 선박의 진로를 피하여야 하며, 사정이 허락하는 한, 다른 선박의 전방을 횡단하여서는 아니된다.

34. 다음 중 야간 항해중에 교차상태에서 유지선에 해당하는 선박은?

가. 상대선의 좌현등인 홍등을 보고 있는 선박
나. 상대선의 우현등인 녹등을 보고 있는 선박
사. 상대선의 양현등이 다 보이지 않는 선박
아. 상대선의 양현등을 다 같이 보고 있는 선박

해설 두 척의 동력선이 서로 진로를 횡단할 경우에 충돌의 위험이 있을 때에는 다른 선박을 우현측에 두고 있는 선박이 다른 선박의 진로를 피하여야 하는 피항선이 되며, 반대로 타선을 좌측에 두고 있는 선박이 유지선이 되므로 유지선은 상대선의 녹등을 보고 있는 선박이다.

35. 국제해상충돌예방규칙상 유지선의 조치에 해당하지 않는 것은?

가. 피항선이 적당한 동작을 취하지 않을 경우 조기에 피항동작을 취할 수 있다.
나. 침로와 속력을 유지하여야 하는 의무가 있다.
사. 최선의 동작으로 협력하여야 하는 의무가 있다.
아. 자선의 좌현에 있는 선박을 향하여 경우에 따라 좌현으로 침로를 변경할 수도 있다.

해설 상황이 허락하는 한, 자선의 좌현측에 있는 선박을 피하기 위하여 좌현측으로 변침하여서는 아니된다.
COLREG 제17조(유지선의 동작)
(a) (i) 두 선박중의 한 선박이 다른 선박의 진로를 피하여야 할 경우 다른 선박은 그 침로 및 속력을 유지하여야 한다.

Answer 33 사 34 나 35 아

(ii) 그러나 유지선은 진로를 피하여야 할 선박이 이 규칙에 따른 적절한 동작을 취하지 아니하고 있음이 분명하여지는 즉시로 자신의 조종만으로서 충돌을 피하기 위한 동작을 취할 수 있다.
(b) 이유는 불문하고 침로와 속력을 유지하여야 할 선박은, 양선이 아주 가까이 접근하였기 때문에, 피항선의 동작만으로 충돌을 피할 수 없다고 판단할 때에는 충돌을 피하기 위한 최선의 협력동작을 취하여야 한다.
(c) 횡단상태에서 다른 동력선과 충돌을 피하기 위하여 이 조문 (a) (ii)의 규정에 따라 동작을 취하는 선박은 상황이 허락하는 한, 자선의 좌현측에 있는 선박을 피하기 위하여 좌현측으로 변침하여서는 아니된다.
(d) 이 조문은 피항선에게 진로를 피하여야 할 의무를 면제하는 것은 아니다.

36. 서로 상대선의 침로를 횡단하는 경우 유지선이 취할 행동으로 맞는 것은?

가. 어떤 일이 있더라도 속력과 침로를 유지한다.
나. 유지선은 다른 선박의 진로를 피해야 한다.
사. 피항선의 동작만으로는 충돌의 위험을 피할 수 없는 경우에는 최선의 협력 동작을 취해야 한다.
아. 침로는 유지하고 속력은 바로 낮춘다.

해설 유지선의 동작
㉠ 침로와 속력을 유지해야 한다.
㉡ 조기 피항 조치
   피항선이 규정에 따른 적절한 조치를 취하지 않을 경우에는 조기에 피항선과의 충돌을 피하기 위한 조치(침로와 속도 변경)를 취할 수 있다.(임의조치임)
㉢ 충분한 협력 조치
   유지선은 피항선이 너무 접근해 피항선의 동작만으로는 충돌이 불가피한 경우에는 충돌을 피하기 위해 충분한 협력을 반드시 취해야 한다.(강행조치임)
㉣ 횡단상태에서 유지선의 좌현 변침은 삼가고 주의환기 신호 또는 경고 신호 선행한다.

37. 침로와 속력을 유지하여야 할 선박이 아주 가까이 접근한 상태에서 피항선의 동작만으로 충돌을 피할 수 없다고 인정할 때는 (   )을 하여야 한다. (   )에 적합한 것은?

가. 최선의 협력동작   나. 조절된 동작
사. 적극적인 동작   아. 조화된 동작

Answer 36 사 37 가

38 "국제해상충돌예방규칙에서 유지선은 원칙적으로 자선의 침로와 속력을 유지하여야 하지만, (   )이 (   )를 취하지 않는다고 판명되면 충돌회피동작을 취할 수 있다. 이때 유지선은 자선의 (   )에 있는 선박을 피하기 위하여 (   )으로 변침하여서는 아니된다." 상기 (   ) 안에 들어갈 가장 적합한 것은?

가. 피항선, 피항조치, 왼쪽, 왼쪽
나. 피항선, 피항협력조치, 왼쪽, 오른쪽
사. 피항선, 피항조치, 오른쪽, 오른쪽
아. 피항선, 피항협력조치, 오른쪽, 오른쪽

39 국제해상충돌예방규칙상 유지선의 제1차적인 의무는?

가. 침로와 속력의 유지
나. 조기피항의무
사. 최선의 협력동작을 취할 의무
아. 주의환기신호

40 그림과 같이 두 척의 동력선이 서로 마주쳐서 충돌의 위험이 있는 경우 서로 시계 내에서 적법한 항법은?

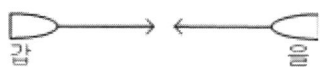

가. 갑선이 피항선이고 을선이 유지선이다.
나. 을선이 피항선이고 갑선이 유지선이다.
사. 갑선과 을선이 함께 피항의무를 진다.
아. 먼저 피하는 선박이 피항선이 된다.

해설 COLREG 제14조(정면으로 마주치는 상태)
(a) 충돌의 위험이 내포되도록 2척의 동력선이 반대되는 방향 또는 거의 반대되는 방향으로 마주치는 경우에는 각 선박은 서로 다른 선박의 좌현측을 통과할 수 있도록 각기 우현측으로 변침하여야 한다.
(b) 서로 다른 선박을 선수방향 또는 거의 선수방향에서 보는 경우 즉, 야간에는 다른 선박의 두 개의 마스트정부등을 일직선 또는 거의 일직선상에서 보며 동시에 양현등을 볼 수 있는 경우, 그러한 마스트정부등이나 또는 양현등만을 볼 수 있는 경우, 그리고 주간에 있어서는 다른 선박의 상응하는 면을 보는 경우에는 정면으로 마주치는 상태가

Answer 38 가 39 가 40 사

존재한다고 보아야 한다.
(c) 그러한 상태가 존재하는가의 여부에 관하여 의문이 있는 선박은 정면으로 마주치는 상태에 있다고 생각하고 행동하여야 한다.

41 다음 중 마주치는 상태에 해당하는 것은?

가. 각기 타선의 양현등을 볼 때
나. 한 선박만이 상대선의 양현등을 볼 때
사. 선박이 자선의 좌현선수에 타선의 홍등을 볼 때
아. 선박이 자선의 우현선수에 타선의 홍등을 볼 때

42 국제해상충돌예방규칙에서 마주치는 상태의 항법 중 합당하지 않은 것은?

가. 명확한 동작으로 변침
나. 좌현 대 좌현으로 통항
사. 안전한 거리 유지
아. 단음 2회의 기적신호

해설
- 우현변침 : 단음 1회
- 좌현변침 : 단음 2회
- 후진 : 단음 3회

43 다음 중 두 척의 동력선이 마주치는 상태라고 볼 수 있는 것은?

가. 야간에 자선의 홍색 현등이 다른 선박의 홍색 현등에 마주 대하는 경우
나. 야간에 다른 선박의 양쪽 현등을 자선의 선미에서 보는 경우
사. 야간에 상반되는 침로에서 다른 선박의 마스트등들을 일직선으로 볼 수 있는 경우
아. 야간에 자선의 선수방향에 다른 선박의 그 홍색 현등만을 보는 경우

44 다른 선박과의 관계에서 자선이 추월선인지 아닌지 의심스러울 때에는 자선을 무엇으로 생각하고 조치하여야 하는가?

가. 추종선
나. 횡단선
사. 추월선
아. 피추월선

Answer 41 가 42 아 43 사 44 사

해설 COLREG 제13조(추월)
(a) 추월선은 제2장 제1절에 있는 규칙(모든 상태의 시계내에서의 선박운항)상의 여하한 규정에도 불구하고 추월당하는 선박의 진로를 피하여야 한다.
(b) 다른 선박의 정횡후 22.5도를 넘는 후방 즉, 추월당하는 선박과의 관계에 있어서 야간에는 그 선박의 선미등만을 볼 수 있고 현등을 볼 수 없는 선박은 추월선으로 보아야 한다.
(c) 다른 선박을 추월하고 있는지의 여부에 관하여 의문이 있는 선박은 자선이 추월하고 있는 경우로 생각하고 이에 합당한 동작을 취하여야 한다.
(d) 두 선박간의 방위가 그 후에 여하히 변경되더라도 추월선이 본규칙상의 의미에 있어서의 횡단선으로 되는 것은 아니며 또한 추월선은 완전히 앞질러 멀어질 때까지 추월당하는 선박의 진로를 피하여야 할 의무를 벗어나지 못한다.

45 추월선과 피추월선 간의 좁은 수로에 있어서의 의무에 관한 설명 중 옳지 않은 것은?

가. 추월을 동의한 피추월선은 협조 동작을 취하여야 한다.
나. 동의를 얻은 추월선은 피항의무가 면제된다.
사. 추월하려는 선박은 피추월선의 어느 현을 추월할 것인지 그 의도를 음향신호로 표시하여야 한다.
아. 피추월선은 동의하지 아니할 경우 의문신호를 표시할 수 있다.

해설 추월선은 완전히 앞질러 멀어질 때까지 추월당하는 선박의 진로를 피하여야 할 의무를 벗어나지 못한다.

46 다음 (   )에 적당한 말은?

> "추월이라 함은 다른 선박의 정횡으로부터 (   )도를 넘는 후방의 위치, 즉 야간에는 다른 선박의 (   )만을 볼 수 있고, 어느 쪽의 현등도 볼 수 없는 위치에서 다른 선박을 앞지르는 것을 말한다."

가. 22.5, 선미등 나. 225, 선미등
사. 22.5, 현등 아. 112.5, 현등

해설 다른 선박의 정횡 후 22.5도를 넘는 후방 즉, 추월당하는 선박과의 관계에 있어서 야간에는 그 선박의 선미등만을 볼 수 있고 현등을 볼 수 없는 선박은 추월선으로 보아야 한다.

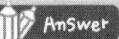 45 나 46 가

47 국제해상충돌예방규칙상 추월선이 피추월선의 진로를 피해야 할 의무에 대한 설명으로서 맞는 것은?

가. 조종능력제한선이 다른 선박을 추월할 때에는 적용되지 않는다.
나. 어로중인 어선이 항행중인 동력선을 추월할 때에는 적용되지 않는다.
사. 어떠한 경우라도 추월선은 피추월선의 진로를 피해야 한다.
아. 범선이 동력선을 추월할 때에는 적용되지 않는다.

해설 선박상호간의 피항관계는 추월선과 피추월선에서는 조종성능이 좋고 나쁨에 관계없이 추월선과 피추월선만 존재한다.

48 다음 ( ) 안에 가장 알맞은 말로 구성된 것은?

"모든 선박은 상황 및 ( )을 충분히 판단할 수 있도록 시각과 ( )뿐만 아니라, 그 당시의 사정과 조건에 알맞은 이용 가능한 모든 수단으로써 언제나 ( )를 유지하여야 한다."

가. 충돌의 위험성 - 청각 - 안전한 속력
나. 충돌의 위험성 - 청각 - 적절한 경계
사. 상대선의 존재 - 청각 - 경계
아. 충돌의 위험성 - 육감 - 적절한 경계

49 다음 그림과 같이 레이더 상에 타선의 존재를 탐지하여 충돌의 위험성을 확인하였다. 이에 대한 조치로 가장 적절한 것은?

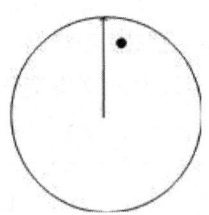

가. 정횡전방에 있는 타선에 대하여 좌현측으로 침로를 변경한다.
나. 정횡전방에 있는 타선에 대하여 우현측으로 침로를 변경한다.
사. 정횡전방에 있는 타선으로 하여금 침로를 변경하도록 요구한다.
아. 본선의 침로와 속력을 유지한다.

Answer   47 사   48 나   49 나

해설 두 척의 동력선이 서로 진로를 횡단(교차)할 경우에 충돌의 위험이 있을 때에는 다른 선박을 우현 측에 두고 있는 선박이 다른 선박의 진로를 피하여야 하며, 사정이 허락하는 한, 다른 선박의 선수방향을 횡단하여서는 아니된다. 그러므로 본선이 피항선이며, 타선은 유지선이 된다.

피항방법
- 우현 전타하여 유지선의 선미 통과
- 좌현 전타하여 360° 선회
- 변침과 감속, 정지, 역전 등 기관을 병용
- 기관사용 및 긴급투묘로 전진력을 감쇄

50 다음 중 국제해상충돌예방규칙에서 규정하는 항법의 적용기간이 옳은 것은?

가. 충돌의 위험성이 있는 순간부터 충돌의 위험성이 완전히 없어질 때까지
나. 접근시로부터 떨어질 때까지
사. 거리 2마일에서 3마일 이내에 있을 때
아. 육안으로 안전하게 느껴질 때까지

51 충돌의 위험이 있는지 여부를 판단하기 위한 조치로서 옳지 않은 것은?

가. 레이더의 관측거리를 바꾸어 가면서 다른 선박들의 움직임을 관찰한다.
나. 안개가 낀 경우에는 조타실 습기가 차므로 조타실문을 닫고 전방을 관찰한다.
사. 수시로 쌍안경을 사용하여 주위를 관찰한다.
아. 근접하여 오는 다른 선박의 방위 변화를 명확히 관찰한다.

52 다음 중 충돌의 위험성이 있는 경우는?

가. 방위가 변하지 않으면서 접근하는 경우
나. 방위와 거리가 변하지 않는 경우
사. 방위가 변하는 경우
아. 방위는 변화하나 거리는 변하지 않는 경우

해설 COLREG 제7조(충돌의 위험)
(a) 모든 선박은 충돌 위험의 유무를 판단하기 위하여 당시의 사정과 상태에 적절한 모든 유용한 수단을 이용하여야 한다. 만일 의심스러우면 그와 같은 위험이 존재한다고 보아야 한다.

50 가 51 나 52 가

(b) Radar를 장비하고 작동가능하면, 충돌의 위험에 대한 조기경보를 얻기 위한 장거리주사, Radar 작도 또는 같은 효과를 얻을 수 있는 탐지된 물체의 체계적인 관측 등을 포함하여 Radar 장비를 올바르게 사용하여야 한다.
(c) 불확실한 정보, 특히 Radar에 의한 불확실한 정보에 근거를 두고 억측을 하여서는 아니된다.
(d) 충돌의 위험 유무를 결정함에 있어서는 다음의 사항을 고려하여야 한다.
　(ⅰ) 만일 접근 중인 선박의 나침의 방위가 현저히 변화하지 않을 때에는 충돌의 위험이 존재한다고 보아야 한다.
　(ⅱ) 그와 같은 위험은 때에 따라서는 방위의 변화가 충분한 경우에도 있을 수 있으며, 특히 거대선이나 예인선열에 접근하거나 근거리에서 다른 선박에 접근하는 경우는 그러하다.

53 항해중인 선박간에 충돌의 위험성(Risk of collision) 유무를 판단하는 방법으로서 가장 거리가 먼 것은?

가. GPS에 의한 선위확인
나. 레이더에 의한 플로팅
사. 상대선에 대한 컴퍼스 방위의 연속 관측
아. 상대선의 항해등의 변화 관측

54 다음 중 충돌회피 동작으로서 적절하지 못한 것은?

가. 적극적으로 피항동작을 한다.
나. 연속적인 작은 침로 및 속력의 변화에 의한 피항동작을 한다.
사. 취하여진 피항동작의 효과는 안전하게 지나갈 때까지 주의깊게 확인하여야 한다.
아. 충돌을 피하거나 상황을 판단하기 위한 시간적 여유를 얻기 위하여 필요한 경우 기관을 정지 또는 후진한다.

해설 연속적인 작은 침로와 속력의 변경, 침로 또는 속력만의 변경은 피하여야 하며, 적극적이고 대각도로 피항동작을 한다.
COLREG 제8조(충돌을 피하기 위한 동작)
(a) 충돌을 피하기 위한 모든 동작은 이편의 규칙에 따라서 취하여져야 하며, 사정이 허락하는 한 적극적이고, 충분한 시간을 두고 그리고 적절한 선박운용술에 따라 행하여야 한다.
(b) 충돌을 피하기 위한 침로와 속력의 동시변경, 침로 또는 속력만의 변경은, 사정이 허락하는 한, 육안이나 또는 Radar에 의하여 관찰하고 있는 타선에게 즉시 명백하도록 충

Answer 53 가 54 나

분히 하여야 한다. 연속적인 작은 침로와 속력의 변경, 침로 또는 속력만의 변경은 피하여야 한다.

(c) 만일 충분한 해면이 있고 적시에 충분하게 행하고 다른 또 하나의 근접상태가 형성되지 아니한다면, 침로만의 변경도 근접 상황을 피하는 가장 유효한 동작이 될 수 있다.

(d) 타선과의 충돌을 피하기 위하여 취하는 동작은 안전한 거리를 두고 항과하도록 하여야 한다. 취한 동작의 효과는 타선이 완전히 항과할 때까지 주의깊게 확인하여야 한다.

(e) 충돌을 피하기 위하여 또는 상황을 판단하는데 더 많은 시간을 얻기 위하여 필요하다면 선박은 감속을 하거나 또는 모든 타력을 없애기 위하여 기관을 정지하거나 역전하여야 한다.

55 다음은 피항선들을 열거한 것이다. 피항선에 해당되지 않는 것은?

가. 추월상태에서는 추월선
나. 마주치는 상태에서는 양측 동력선
사. 바람받는 방향이 서로 다른 범선의 경우에는 좌현에서 바람을 받는 범선
아. 교차상태에서 동력선의 좌현쪽에 있는 조종불능선

해설 추월상태에서는 추월선이 피항선이며, 마주치는 상태에서는 양선박 모두 우현으로 변침을 해야 하며, 범선에서는 좌현측에서 바람을 받는 범선이 다른 선박의 진로를 피해야 한다. 교차상태에서는 타선을 우현쪽에서 보는 선박(홍등을 보는 선박)이 피항선이 되나, 동력선과 조종불능선은 조종성능이 양호한 동력선이 피항선이다.

56 두 척의 ( )이 교차상태에 있고 ( )이 있는 경우 다른 선박을 자선의 ( )측에 두고 있는 선박이 피항하여야 한다." ( ) 안에 알맞은 말로 구성된 것은?

가. 동력선, 충돌의 위험성, 우현
나. 선박, 충돌의 위험성, 좌현
사. 동력선, 충돌의 위험성, 좌현
아. 선박, 충돌의 위험성, 우현

57 선박 충돌을 피하기 위한 조치로서 감속의 효과가 가장 작은 경우는?

가. 횡단관계의 경우 나. 추월관계의 경우
사. 마주치는 관계의 경우 아. 수역이 좁은 경우

Answer 55 아 56 가 57 사

58. 자선의 정횡 전방으로 생각되는 곳에서 타선의 무중신호를 들었을 때에 취하는 조치로서 가장 적절한 것은?

가. 속력을 4분의 3으로 줄인다.
나. 침로를 유지할 수 있는 최소 한도의 속력으로 감속하고 필요하다면 자선의 진행을 완전히 멈춘다.
사. 좌현측으로 침로를 소폭 변경한다.
아. 좌현측으로 침로를 대폭 변경한다.

해설 충돌의 위험이 없다고 인정되었을 경우를 제외하고, 자선의 정횡의 전방으로 믿어지는 곳에서 다른 선박의 무중신호를 듣거나 또는 그 정횡의 전방에 있는 다른 선박과 근접상태를 면할 수 없는 모든 선박은 자선의 침로를 유지함에 필요한 최저한도의 속력으로 감속하여야 한다. 필요하다면 모든 타력을 없이 하여야 하고 어떠한 경우에도 충돌의 위험이 사라질 때까지 극도로 조심하여 운항하여야 한다.

59. 흘수 때문에 제약을 받고 있는 선박의 진로권에 관한 설명 중 가장 타당한 것은?

가. 절대적인 우선권이 인정되고 있다.
나. 특수한 조건을 고려하여 구체적인 의무가 부과되고 있다.
사. 제한된 우선권이 인정되고 포괄적인 의무가 부과되고 있다.
아. 위의 (가)와 (나)가 함께 해당한다.

60. 제한시계 내에서 충돌의 위험이 없다고 인정되었을 경우를 제외하고 자선의 (   )으로 믿어지는 곳에서 다른 선박의 무중신호를 들었을 때에는 자선의 침로를 유지함에 필요한 (   )으로 감속해야 한다. (   ) 안에 알맞은 말은?

가. 정횡전방, 최저한도의 속력
나. 정횡전방, 경제적 속력
사. 정횡후방, 최저한도의 속력
아. 정횡후방, 안전한 속력

해설 제한된 시계 내에서의 선박운항
① 레이더만으로 다른 선박이 존재함을 탐지한 선박은 근접상태의 형성과 충돌의 위험 또는 충돌의 위험이 있는가의 여부를 결정하여야 한다. 그러한 위험이 있으면 충분한 시간을 두고 회피동작을 취하여야 한다. 다만, 그러한 동작이 변침만으로 이루어질 경우에는 가능한 한 다음과 같은 동작은 피하여야 한다.

Answer 58 나 59 사 60 가

- 추월당하고 있는 선박에 대한 경우를 제외하고 자선의 정횡보다 전방에 있는 선박을 피하기 위하여 좌현측으로 변침하는 일
- 정횡에 있는 선박 또는 정횡보다 후방에 있는 선박쪽으로 변침하는 일

② 충돌의 위험이 없다고 인정되었을 경우를 제외하고, 자선의 정횡의 전방으로 믿어지는 곳에서 다른 선박의 무중신호를 듣거나 또는 그 정횡의 전방에 있는 다른 선박과 근접상태를 면할 수 없는 모든 선박은 자선의 침로를 유지함에 필요한 최저한도의 속력으로 감속하여야 한다. 필요하다면 모든 타력을 없이 하여야 하고 어떠한 경우에도 충돌의 위험이 사라질 때까지 극도로 조심하여 운항하여야 한다.

61 국제해상충돌예방규칙상 제한된 시계에 있어서의 항법으로 옳지 못한 것은?

가. 당시의 사정과 조건에 알맞는 안전한 속력으로 항행하여야 한다.
나. 시계가 제한된 당시의 상황에 충분히 유의하여 항행하여야 한다.
사. 충돌의 위험이 있을 때는 충분한 시간적 여유를 두고 피항하여야 한다.
아. 유지선의 침로와 속력의 유지의무는 제한된 시계에서는 더욱 엄격히 준수하여야 한다.

해설 유지선과 피항선의 항법은 서로 시계 내에서의 항법이다.

62 다음 중 국제해상충돌예방규칙상 시계가 제한된 상태에서 운항하는 선박의 항법에 대하여 잘못 기술한 것은?

가. 당시의 사정과 조건에 적합한 안전한 속력으로 항해하여야 한다.
나. 기관을 사용할 수 있는 준비상태로 두어야 한다.
사. 작동 중인 레이더로 자선의 좌현 쪽에서 접근하는 다른 선박을 탐지하였을 때에는 자선이 유지선이므로 침로와 속력을 유지하여야 한다.
아. 정횡의 후방에 있는 선박의 방향으로 가능한 한 변침하여서는 아니된다.

해설 유지선과 피항선의 항법은 서로 시계 내에서의 항법이다.

63 국제해상충돌예방규칙상 안개 속에서 레이더항법으로 정횡 전방의 다른 선박을 피하려고 할 때에는 ( )으로 피항하지 아니하여야 한다. ( )에 적합한 말은?

가. 우현 변침
나. 기관 후진
사. 닻 정박
아. 좌현 변침

Answer 61 아 62 사 63 아

64 자선의 정횡 전방에서 무중신호를 듣거나 근접상태를 이룬 경우에 부적절한 조치는?

가. 타효가능 최저속력으로 감속한다.
나. 무중신호가 들리는 방향과 상관없이 대각도 우현전타를 한다.
사. 기관을 후진하여 자선의 진행을 완전히 멈춘다.
아. 어떠한 경우에도 충돌의 위험성이 사라질 때까지 주의하여 항행한다.

65 국제해상충돌예방규칙상 부근의 수역이 충분한 경우에 근접상태를 피하기 위하여 가장 효과적인 조치가 될 수 있는 것은?

가. 속력의 증속
나. 침로의 변경
사. 속력의 유지
아. 침로의 유지

66 다음 ( )에 적당한 말은?

> "2척의 동력선이 서로 진로를 횡단할 경우 충돌의 위험이 있을 때 다른 선박을 (   )에 두고 있는 선박이 다른 선박의 진로를 피하여야 하고 부득이한 때를 제외하고 다른 선박의 (   )을 횡단해서는 안된다."

가. 우현, 선수방향
나. 좌현, 진로
사. 우현, 좌현
아. 좌현, 우현

67 국제해상충돌예방규칙에 따라서 무중에 감속하여 조타 가능한 최소 마력으로 항해하여야 할 경우가 아닌 것은?

가. 타선이 본선을 추월하고자 하는 경우
나. 충돌의 위험성이 있는 경우
사. 근접상태를 피할 수 없는 경우
아. 타선의 무중신호를 본선의 전방에서 들은 경우

Answer   64 나   65 나   66 가   67 가

68 국제해상충돌예방규칙에서 규정한 충돌회피 또는 상황 판단을 위한 선박속력을 조정하는 의무는 (　)과 (　)상태에서 적용한다. (　) 안에 알맞은 것은?

가. 유지선, 무중
나. 피항선, 무중
사. 동력선, 모든 날씨
아. 모든 선박, 모든 날씨

69 국제해상충돌예방규칙에서 규정한 절박한 위험(Immediate danger)의 피항조치의 요건 중 관계가 없는 것은?

가. 절박한 위험이 있을 것
나. 선박성능이 제한받지 않는 상태일 것
사. 국제규칙의 항법규칙을 지키는 것이 불가능할 것
아. 국제규칙을 이탈하는 것이 유일한 방법일 것

70 국제해상충돌예방규칙상 동력선이 좁은 수로를 횡단하려고 하는데, 좌현측에서 수로의 안쪽에서만 안전하게 항행할 수 있는 선박과의 조우가 예상되고 그 선박과 충돌의 위험이 있다. 이 때 횡단하는 선박의 책임에 관하여 바르게 기술한 것은?

가. 침로와 속력을 유지하여야 한다.
나. 교차상태에서의 항법을 적용하여야 한다.
사. 수로의 안쪽만을 안전하게 항행할 수 있는 통항을 방해할 때에는 수로를 횡단하지 않아야 한다.
아. 적용할 항법 규정은 없고, 선원의 상무에 따라야 한다.

71 국제해상충돌예방규칙상 2척의 동력선이 서로 진로를 횡단하는 경우에 충돌의 위험이 있을 때에는 어떻게 하여야 하는가?

가. 상대 선박을 좌현쪽에 두고 있는 선박이 상대 선박의 진로를 피하여야 한다.
나. 상대 선박을 우현쪽에 두고 있는 선박이 상대 선박의 진로를 피하여야 한다.
사. 서로 상대 선박의 좌현쪽으로 멀리 돌아갈 수 있도록 침로를 변경하여야 한다.
아. 서로 상대 선박의 우현쪽으로 멀리 돌아갈 수 있도록 침로를 변경하여야 한다.

Answer 68 아 69 나 70 사 71 나

해설 2척의 동력선이 상대의 진로를 횡단하는 경우로서 충돌의 위험이 있을 때에는 다른 선박을 우현쪽에 두고 있는 선박이 그 다른 선박의 진로를 피하여야 한다. 이 경우 다른 선박의 진로를 피하여야 하는 선박은 부득이한 경우 외에는 그 다른 선박의 선수방향을 횡단하여서는 아니된다.

72 국제해상충돌예방규칙상 서로 시계 안에 있는 때의 항법에서 항법적용의 기준이 의심스러운 경우에 판단하는 규정이 포함되어 있지 않은 항법은?

가. 마주치는 상태(head-on situation) 항법
나. 교차상태(crossing situation) 항법
사. 추월(overtaking) 항법
아. 범선(sailing vessels) 항법

해설 서로 시계 안에 있는 때의 항법에서 교차상태(COLREG 제15조) 항법에는 항법적용의 기준이 의심스러운 경우에 판단하는 규정이 포함되어 있지 않다. 이 규정은 피항선의 동작(COLREG 제16조)과 유지선의 동작(COLREG 제17조)에 포함되어 있다.

73 국제해상충돌예방규칙상 다음 중 모든 시정 상태에서 적용되는 항법 규정에 해당하는 것은?

가. 좁은 수로에서의 항법
나. 추월선의 항법
사. 횡단선의 항법
아. 마주칠 때의 항법

해설 나. 사. 아.는 서로 시계 내에 있을 때의 항법 규정이다.

74 다음 중 국제해상충돌예방규칙상 선박의 항법에 관한 설명으로서 옳지 않은 것은?

가. 좁은 수로를 따라 항해하는 선박은 실행 가능한 한 자선의 오른쪽에 있는 수로의 바깥쪽 한계에 접근하여 항해하여야 한다.
나. 길이 20미터 이상의 선박, 범선 및 어로에 종사하고 있는 선박은 연안항로대를 이용할 수 있다.
사. 해상교통분리수역의 끝 부근 수역을 항해하는 선박은 특별한 주의를 기울여 항해하여야 한다.
아. 좁은 수로 및 해상교통분리수역의 안에서 가능한 한 정박하여서는 아니된다.

해설 길이 20미터 미만의 선박, 범선 및 어로에 종사하고 있는 선박은 연안항로대를 이용할 수 있다.

Answer 72 나 73 가 74 나

75 국제해상충돌예상규칙에서 선박 충돌의 회피를 위한 동작의 기본 원칙과 거리가 먼 것은?

가. 적극적인 조치
나. 무리하지 않는 기관 사용
사. 충분한 시간적 여유
아. 적절한 선박운용술

76 국제해상충돌예방규칙상 항행중인 동력선이 진로를 피해야 할 선박이 아닌 것은?

가. 조종불능선
나. 조종성능제한선
사. 범선
아. 항행중인 어선

해설 항행중인 어선은 어로작업중인 어선이 아니라 동력선이므로 서로가 같이 피항해야 한다.

77 다음 ( ) 안에 가장 적합한 말로 구성된 것은

> "레이더 장치가 설비되어 사용할 수 있는 상태에 있다면 이를 적절하게 이용하여야 하는 바, 그 중에는 충돌위험성에 대한 조기의 경보를 얻기 위한 ( )와 탐지된 물체에 대한 ( ) 또는 이와 대등한 기타의 ( ) 등을 포함하여야 한다."

가. 단거리주사, 레이더 플로팅, 계통적인 관찰
나. 장거리 주사, 레이더 플로팅, 체계적인 경계
사. 장거리 주사, 계속적인 경계, 계통적인 관찰
아. 장거리 주사, 레이더 플로팅, 계통적인 관찰

78 국제해상충돌예방규칙상 유지선에게 조기의 회피동작을 허용하게 된 입법취지와 가장 거리가 먼 것은?

가. 피항선의 조종성능을 유지선은 알기가 어렵다
나. 아주 가까이 접근한 상태에서는 유지선이 최선의 협력 조치를 행하여도 충돌을 막기 어려울 경우가 많다.
사. 선박 충돌은 관련 선박이 공동으로 피항노력을 해야만 해소될 수 있기 때문이다.
아. 항해기기의 발달로 인하여 피항선의 피항의무를 완화할 현실적인 필요가 있다.

Answer 75 나 76 아 77 아 78 아

79 국제해상충돌예방규칙상 두 척의 동력선이 상호간의 시야 내에 있고, 정면으로 또는 거의 정면으로 마주치는 경우에 있어서 충돌의 위험성이 있는 때에 각 동력선이 취해야 할 조치에 대한 다음의 기술 중 타당하지 못한 것은?

가. 충분히 여유있는 시기에 우현으로 변침한다.
나. 침로 또는 속력의 변경은 타선에서 충분히 인지할 수 있을 정도로 대폭적으로 한다.
사. 변침이나 기관 사용시는 반드시 조종신호를 행한다.
아. 상대선박의 조치에 위험성이 있을 경우 경고신호를 울릴 필요는 없다.

80 국제해상충돌예방규칙상 상호 시계 내에서 마주치거나 또는 둔각으로 교차(횡단)하면서 충돌의 위험성이 있을 경우에 피항조치로서 절대 하지 말아야 할 행위는?

가. 충분한 시간 안에 피항행위
나. 기관정지에 의한 감속행위
사. 소각도의 연속 변침행위
아. 오른쪽 대각도 변침행위

81 국제해상충돌예방규칙상 시계가 양호한 좁은 수로에서 추월하고자 하는 A선박과 추월당하는 B선박 상호간의 항법에 대해 잘못 설명한 것은? (단, A선박과 B선박은 길이 20미터 이상의 동력선이다.)

가. A선박은 B선박의 우현 쪽으로 추월하고자 할 경우 장음 2회와 단음 1회의 기적신호를 울려야 한다.
나. A선박은 B선박을 추월할 경우 추월 항법에 규정된 의무도 준수하여야 한다.
사. B선박은 A선박의 추월신호를 듣고 이에 동의할 경우 장음 1회, 단음 1회, 장음 1회 및 단음 1회의 기적신호를 울리고 A선박이 안전하게 통과할 수 있도록 협조하여야 한다.
아. B선박이 A선박의 추월신호에 동의한 후 추월과정에서 충돌사고가 발생하였다면 A선박과 B선박에게 각각 동일한 과실책임이 주어진다.

해설 추월관계가 끝날 때까지 추월선은 추월당하는 선박의 진로를 피하여야 하는 의무는 모든 시정상태에서의 항법과 서로 시계 내에 있는 경우의 항법에서 규정된 다른 조문에 우선한다.

Answer 79 아 80 사 81 아

82 다음 중 국제해상충돌예방규칙상 항법에 대하여 잘못 설명한 것은?

가. 상호 시계 내에 있는 경우 우현변침 중인 선박은 단음 1회의 기적을 울려야 한다.
나. 상호 시계 내에 있는 경우 좌현변침 중인 선박은 단음 2회의 기적을 울려야 한다.
사. 피항선은 다른 선박으로부터 충분히 떨어져 항해할 수 있도록 빨리 큰 동작을 취하여야 한다.
아. 유지선은 어떠한 경우에도 자선의 침로와 속력을 유지하여야 한다.

해설 이유는 불문하고 유지선은 양선이 아주 가까이 접근하여 피항선의 동작만으로 충돌을 피할 수 없다고 판단할 때에는 충돌을 피하기 위한 최선의 협력동작을 취하여야 한다.

83 다음 중 국제해상충돌예방규칙상 피항선에 해당하지 않는 선박은?

가. 마주치는 상태에 있는 2척의 동력선
나. 교차상태에서 다른 선박을 자선의 오른쪽에 두고 있는 선박
사. 좁은 수로에서 어로에 종사하고 있는 선박
아. 서로 다른 쪽에서 바람을 받고 있는 범선 중 오른쪽에서 바람을 받고 있는 범선

해설 서로 다른 쪽에서 바람을 받고 있는 범선의 경우에는 왼쪽(좌현)에서 바람을 받고 있는 범선이 피항선이다.

범선의 항법규정
㉠ 각 범선이 다른 현에 바람을 받고 있는 경우 ▶ 좌현에 바람을 받고 있는 범선이 피한다.
㉡ 양 범선이 같은 현에 바람을 받고 있는 경우 ▶ 바람이 불어오는 쪽(풍상)의 범선이 피한다.
㉢ 좌현에 바람을 받는 범선이 풍상쪽 범선의 바람받는 현을 확인할 수 없을 때에는 ▶ 좌현에 바람을 받는 범선이 피한다.
㉣ 추월하는 범선은 바람에 관계없이 피항선이다.

84 다음 중 국제해상충돌예방규칙 제18조(선박 상호간의 책임)의 규정에 대한 설명이 잘못된 것은?

가. 좁은 수로에서도 적용된다.
나. 수면에서 운항하는 수면비행선박(WIG craft)은 동력선과 동일하게 항법을 적용한다.
사. 어로에 종사하고 있는 선박은 잠수작업에 종사하고 있는 선박의 진로를 피하여야 한다.
아. 범선은 해저전선 부설작업을 하는 선박의 진로를 피하여야 한다.

해설 선박 상호간의 책임 규정은 제9조(좁은 수로), 제10조(해상교통분리제도) 및 제13조(추월)에서 달리 규정하고 있는 경우를 제외하고는 적용되지 않는다.

Answer 82 아 83 아 84 가

3. 등화와 형상물

01 국제해상충돌예방규칙상 형상물의 크기에 관한 규정이 옳지 않은 것은?

가. 구형은 직경이 0.6미터 이상일 것
나. 원추형은 기저의 직경과 높이가 0.6미터 이상일 것
사. 원통형은 직경과 높이가 0.6미터 이상일 것
아. 마름모꼴은 두개의 원추형 형상물의 기저를 맞대어 형성한 것이다.

해설 원통형은 직경이 적어도 0.6미터가 되어야 하며, 높이는 직경의 2배가 되어야 한다.

형상물
㉠ 형상물은 흑색이어야 하고 그 크기는 다음과 같아야 한다.
　ⓐ 구형은 직경이 0.6미터 이상 되어야 한다.
　ⓑ 원추형은 저면 직경이 0.6미터 이상, 그리고 높이는 직경과 같다.
　ⓒ 원통형은 직경이 적어도 0.6미터가 되어야 하며 높이는 직경의 2배가 되어야 한다.
　ⓓ 능형은 위의 ⓑ에 정의되어 있는 두 개의 원추형 형상물의 저면을 맞대어 만든다.
㉡ 형상물 사이의 수직거리는 적어도 1.5미터 있어야 한다.
㉢ 길이가 20미터 미만인 선박에 있어서는 선박의 크기에 상응하는 보다 작은 크기를 가진 형상물이 사용될 수도 있으며 그들의 간격도 이에 따라 축소시킬 수 있다.

02 국제해상충돌예방규칙상 형상물에 관한 설명 중 맞지 않는 것은?

가. 형상물은 백색, 흑색, 홍색, 녹색 및 황색이어야 한다.
나. 구형 형상물은 직경이 0.6미터 이상이어야 한다.
사. 형상물 사이의 수직거리는 적어도 1.5미터이어야 한다.
아. 원통형 형상물의 높이는 직경의 2배이어야 한다.

해설 형상물은 흑색이어야 한다.

03 국제해상충돌예방규칙에서 등화 및 형상물에 관한 규정은 다음의 언제에 적용되는가?

가. 일몰시에서 일출시까지
나. 일출시에서 일몰시까지
사. 제한 시계 내에서
아. 모든 천후에

해설 COLREG 제3장 등화와 형상물 제20조(적용)
(a) 이장의 규정은 모든 천후에서 적용한다.
(b) 등화에 관한 규정은 일몰시로부터 일출시까지 실시하며 그 동안은 규정된 등화로 오인되든가, 그 시인 또는 특성의 식별을 방해하든가 또는 적당한 견시를 방해하는 것과 같

Answer 01 사　02 가　03 아

   은 타 등화를 표시하여서는 아니된다.
   (c) 이장에 규정된 등화는 설치되어 있으면 제한된 시계에 있어서는 일출시부터 일몰시 사이라 하더라도 표시하여야 하고 그리고 기타 필요하다고 인정되는 경우에는 표시할 수 있다.
   (d) 형상물에 관한 규정은 주간에 적용한다.
   (e) 이 장의 규정된 등화 및 형상물은 이 규칙 부속서 I의 규정에 일치하여야 한다.

04 국제해상충돌예방규칙에 규정된 등화를 표시할 시기로 가장 알맞은 것은?

가. 일몰시부터 일출시까지 표시한다.
나. 일몰시부터 일출시까지와 주간의 제한된 시계에 표시한다.
사. 주간의 시계가 제한된 때 표시한다.
아. 박명시부터 다음 박명시까지 표시한다.

05 국제해상충돌예방규칙상 "마스트등이라 함은 선수미의 종중심 선상에 위치하며 ( )의 수평의 호를 비추고 그 불빛이 정선수로부터 각현 정횡 후 ( )를 비출 수 있는 ( )을 말한다." ( ) 안에 알맞은 것은?

가. 225도, 22.5도, 백등
나. 22.5도, 225도, 백등
사. 225도, 112.5도, 황등
아. 112도 30분, 22.5도, 백등

06 "현등이라 함은 온전한 불빛이 각기 ( )에 이르는 수평의 호를 비추고, 또 불빛이 정선수방향으로부터 각기 좌우 현 정횡 후 ( )까지 비출 수 있도록 장치한 등화를 말한다." ( )에 들어 갈 것이 모두 옳은 것은?

가. 135도, 22.5도
나. 135도, 23.5도
사. 112.5도, 22.5도
아. 112.5도, 20.5도

07 다음 중 선미등에 관하여 잘못 기술한 것은?

가. 실행 가능한 한 선미에 가까이 설치할 것
나. 온전한 불빛이 125도에 이르는 수평의 호를 비출 것
사. 정선미 방향으로부터 각 현의 67.5도까지 비출 것
아. 백색등일 것

Answer   04 나   05 가   06 사   07 나

해설 "선미등"이란 135도에 걸치는 수평의 호를 비추는 백색등으로서 그 불빛이 정선미 방향으로부터 양쪽 현의 67.5도까지 비출 수 있도록 선미 부분 가까이에 설치된 등을 말한다.

08 동력선의 마스트등, 현등, 선미등의 수평면상 비춤 범위를 각각 바르게 나타낸 것은?

가. 225°, 135°, 112.5°   나. 235°, 112.5°, 125°
사. 225°, 112.5°, 135°   아. 235°, 125°, 112.5°

09 국제해상충돌예방규칙상 예선등에 대해 옳게 설명한 것은?

가. 예선의 선미등을 말한다.
나. 피예선의 선미등에 부가하여 다는 황색등을 말한다.
사. 선미등과 동일한 특성을 가진 황색등을 말한다.
아. 매분 120회 이상의 섬광을 발하는 전주등을 말한다.

10 국제해상충돌예방규칙상 마스트등 6해리, 현등, 선미등, 예선등 및 전주등 각 3해리의 최소 가시거리를 갖는 선박의 크기는?

가. 길이 50미터 이상의 선박
나. 길이 12미터 이상 50미터 미만의 선박
사. 길이 20미터 미만의 선박
아. 길이 12미터 미만의 선박

해설 등화의 가시거리

구분	마스트 정부등	현등	선미등	예선등	전주등
50m 이상	6해리 이상	3해리 이상	3해리 이상	3	3
12~50m	5해리 이상 (20m 미만은 3해리)	2해리 이상	2해리 이상	2	2
12m 미만	2해리 이상	1해리 이상	2해리 이상	2	2

눈에 잘 띄지 않고 부분적으로 잠수되어 끌려가고 있는 선박이나 물체는 최소 가시거리 3해리의 백색의 전주등을 표시해야 한다.

Answer 08 사 09 사 10 가

11 눈에 잘 띄지 않고 부분적으로 잠수되어 끌려가고 있는 선박이나 물체에 표시하는 백색 전주등의 최소 시인거리는?

가. 6해리
나. 5해리
사. 4해리
아. 3해리

12 국제해상충돌예방규칙상 눈에 잘 띄지 않는 상태로 부분적으로 잠수되어 끌려가고 있는 선박이나 물체는 그 폭이 25m 이상이면 앞·뒤쪽 및 양쪽 끝 부근에 어떤 등화를 추가하여 달아야 하는가?

가. 황색 전주등
나. 녹색 전주등
사. 백색 전주등
아. 홍색 전주등

13 국제해상충돌예방규칙상 길이 100미터인 동력선의 마스트등, 현등, 선미등, 예선등의 최소 가시거리는 각각 몇 마일인가?

가. 5마일, 3마일, 3마일, 3마일
나. 6마일, 3마일, 3마일, 3마일
사. 5마일, 2마일, 2마일, 2마일
아. 6마일, 2마일, 2마일, 2마일

14 길이 12미터 미만의 선박에 있어서 등화의 최소 시인거리가 틀린 것은?

가. 마스트등 2해리
나. 현등 2해리
사. 선미등 2해리
아. 예인등 2해리

해설 현등의 최소 시인거리는 1해리 이상이다.

15 다음 중 국제해상충돌예방규칙상 등화 및 형상물에 관한 규정으로서 잘못 기술한 것은?

가. 예선등은 선미등과 동일한 특성을 가진 황색등이며, 선미등의 하부에 표시한다.
나. 선미등은 선미에 가까이 설치되어 135도에 이르는 수평의 호를 비추는 백색등이다.
사. 전주등은 360도에 이르는 수평의 호를 비추는 등화이다.
아. 섬광등은 매분 120회 이상의 주기로 규칙적인 간격을 두고 섬광을 발하는 등화이다.

해설 예선등은 선미등의 위쪽에 수직선 위로 설치한다.

Answer 11 아 12 사 13 나 14 나 15 가

16 국제해상충돌예방규칙상 조종제한선의 주간 형상물은?

가. 가장 잘 보이는 곳에 수직선상으로 구형 형상물 2개
나. 가장 잘 보이는 곳에 수직선상으로 구형 형상물 3개
사. 가장 잘 보이는 곳에 수직선상으로 구형 - 마름모 - 구형의 형상물
아. 가장 잘 보이는 곳에 수직선상으로 원추형 형상물 1개

해설 주간 · 야간 등화와 형상물

구 분	주 간	야 간
좌초선	구형 형상물 3개	홍 - 홍(홍색 전주등 2개)
조종불능선	구형 형상물 2개	홍 - 홍(홍색 전주등 2개)
정박선	구형 형상물 1개	백색 전주등
흘수제약선	원통형	홍 - 홍 - 홍(홍색 전주등 3개)
조종제한선	구형 - 마름모형 - 구형	홍 - 백 - 홍(각각의 전주등)

17 국제해상충돌예방규칙상 좌초선의 주간 형상물은?

가. 수직선상에 구형 3개
나. 수직선상에 원통형 2개
사. 수직선상에 구형 2개
아. 수직선상에 다이아몬드형 2개

18 다음 중 흑구 2개의 형상물을 수직선상에 게양하여야 하는 선박은?

가. 조종불능선
나. 어선
사. 준설선
아. 위험화물 운반선

19 원통형의 형상물 1개를 표시하는 선박은?

가. 흘수제약선(심흘수선)
나. 조종불능선
사. 조종제한선
아. 시추선

20 원통형 형상물 1개를 표시하여야 하는 선박은 야간 항해시 동력선의 규정 등화에 추가하여 수직선상에 어떤 등을 표시하여야 하는가?

가. 홍등 2개
나. 홍등 3개
사. 녹등 2개
아. 녹등 3개

Answer 16 사 17 가 18 가 19 가 20 나

21 흑구의 형상물 1개를 표시하는 선박은?

　가. 정박선　　　　　　　　나. 조종불능선
　사. 조종제한선　　　　　　아. 시추선

22 정박등에 부가하여 홍등 2개를 수직으로 표시한 선박은?

　가. 조종불능선　　　　　　나. 조종제한선
　사. 정박선　　　　　　　　아. 좌초선

23 조종불능선이 밤에 수직선상으로 표시하여야 하는 등화는?

　가. 홍등 2개　　　　　　　나. 홍등 3개
　사. 백등 2개　　　　　　　아. 백등 3개

24 주간에 아래와 같은 형상물을 보았다. 이 형상물을 표시한 선박은?

　가. 조종제한선　　　　　　나. 해저전선 부설선
　사. 조종불능선　　　　　　아. 끌려가는 선박

25 주간에 그림과 같은 형상물을 보았다. 이 형상물의 표시는?

　가. 항행중인 선박　　　　　나. 정박중인 선박
　사. 조난중인 선박　　　　　아. 닻을 올린 선박

Answer　21 가　22 아　23 가　24 사　25 나

26. 주간에 아래와 같은 형상물을 표시해야 하는 선박은?

- 가. 조타기가 고장난 선박
- 나. 끌려가는 선박
- 사. 기관이 고장난 선박
- 아. 해저전선 부설선

해설 구형 - 능형 - 구형의 형상물은 조종제한선의 주간표시이다.
가. 나. 사.는 조종불능선이며 아.는 조종제한선이다.

주간 형상물
- 구형 형상물 1개 : 정박선
- 구형 형상물 2개 : 조종불능선
- 구형 형상물 3개 : 얹혀 있는 선박(좌초선)
- 마름모 1개 : 예인선 또는 피예인선
- 원추형(정점하향) : 기범선
- 원추형(정점상향) : 수평거리로 150m가 넘는 어구를 선박 밖으로 내고 있는 경우
- 장고형(정점대향) : 어로종사선
- 구형-마름모-구형 : 조종제한선
- 원통형 : 흘수제약선(심흘수선)
- 구형 십자형 3개 : 기뢰제거 선박

27. 대수속력이 있는 경우에 현등 및 선미등만을 부가 표시하여야 하는 선박에 해당되지 않는 것은?

- 가. 트롤어로 종사선
- 나. 트롤 이외의 어로 종사선
- 사. 조종불능선
- 아. 조종제한선

해설 대수속력이 있을 경우 조종불능선은 마스트 등을 표시하지 않으나, 조종제한선은 현등 + 선미등 + 마스트정부등을 부가하여 표시해야 한다.

Answer 26 아 27 아

28
수직선상에 홍색의 전주등 2개와 양현등을 표시하고 있는 선박을 발견하였다. 어떠한 선박인가?

가. 대수속력이 있는 조종제한선이다.
나. 소해 작업에 종사하고 있는 선박이다.
사. 대수속력이 있는 흘수제약선이다.
아. 대수속력이 있는 조종불능선이다.

해설 홍색 전주등 2개는 조종불능선과 좌초선이 표시하는 등화이며 양현등을 점등한 것은 조종불능선으로 대수속력이 있을 때는 마스트등은 점등하지 않고 양현등만 점등한다.

29
국제해상충돌예방규칙상 조종불능선이 항행중 대수속력이 있을 때 표시할 수 없는 등화는?

가. 선미등
나. 마스트등
사. 현등
아. 수직선상에 전주를 비추는 홍등 2개

해설 대수속력이 있을 경우 조종제한선은 홍백홍 + 현등 + 선미등 + 마스트정부등을 부가하여 표시하나 조종불능선은 홍등 2개 + 현등 + 선미등만 표시하고 마스트등을 표시하지 않는다.

30
국제해상충돌예방규칙에 관한 다음 설명 중 틀린 것은?

가. 도선선은 정박중에는 정박등을 표시할 필요가 없다.
나. 정박선이 표시하는 형상물은 구형 형상물 1개이다.
사. 길이가 100미터 이상인 정박선은 작업등으로 갑판을 조명하여야 한다.
아. 좌초선은 정박등에 추가하여 2개의 홍색 전주등을 달아야 한다.

해설 도선선이 ㉠ 도선업무에 종사할 때는 식별등화로 백색 – 홍색의 전주등을 표시하는데 항해중일 때는 식별등화에 부가하여 현등 1쌍 및 선미등을, 정박중일 때는 식별신호에 부가하여 규정에 맞는 정박등을 표시하여야 하며 ㉡ 도선업무에 종사하지 아니할 때는 일반선박과 동일한 등화외 형상물을 표시한다.

Answer 28 아 29 나 30 가

31 길이 120미터의 동력선이 정박시 표시해야 할 등화는?

가. 전부에 백색 전주등, 선미에 전부등보다 낮은 백색 전주등, 갑판 조명등
나. 전부에 백색 전주등, 선미에 같은 높이의 백색 전주등
사. 전부에 백색 전주등, 갑판 조명등
아. 선체의 가장 잘보이는 곳에 백색 전주등 2개

해설
- 길이 7m 미만 좁은 수로, 항만 또는 묘박지 내나 또는 그 부근 또는 타 선박이 통상 항해하는 곳 등에 묘박하지 아니할 때에는 표시하지 아니하여도 된다
- 50m 미만 : 백색 전주등 1개
- 50m 이상 : 선수에 1개 + 선미 1개의 백색 전주등 ☞ 선수쪽 등화가 높게 표시
- 100m 이상 : 선수에 1개 + 선미 1개 + 작업등(갑판조명등)

32 길이가 50미터 이상인 예인선이 예인선열의 길이가 200미터를 초과할 때 이 예인선을 정면에서 보면 마스트등의 수는 몇 개가 보이는가?

가. 2개
나. 3개
사. 4개
아. 5개

해설 길이가 50m 이상인 예인선은 길이가 50m 이상인 동력선의 등화와 다른 점은 전부마스트등 1개 대신에 2개를 사용하며 ▶예인선열의 길이가 200m를 초과할 때는 3개를 사용한다. 그러므로 전부마스트등 3개와 후부마스트등 1개하여 4개가 보인다.

항행중인 예인선
- 예인선의 길이 50m 미만, 예인선열의 길이 200m 미만인 경우
  ① 마스트등 2개(앞쪽) ② 현등 ③ 선미등 ④ 예선등
- 예인선의 길이 50m 미만, 예인선열의 길이 200m 이상인 경우
  ① 마스트등 3개(앞쪽) ② 현등 ③ 선미등 ④ 예선등 ⑤ 주간 형상물 : 마름모꼴 1개
- 예인선의 길이 50m 이상, 예인선열의 길이 200m 미만인 경우
  ① 마스트등 2개(앞쪽), 뒤쪽 1개 ② 현등 ③ 선미등 ④ 예선등
- 예인선의 길이 50m 이상, 예인선열의 길이 200m 이상인 경우
  ① 마스트등 3개(앞쪽), 뒤쪽 1개 ② 현등 ③ 선미등 ④ 예선등 ⑤ 주간 형상물 : 마름모꼴 1개
- 옆에서 붙어서 끄는 예선
  ① 마스트등 : 앞쪽 2개 ② 현등 ③ 선미등
- 끌려가는 선박(피예인선) 또는 물체의 표시
  ① 현등 ② 선미등 ③ 주간형상물 마름모 1개(예인선열이 200m를 초과시)

Answer 31 가 32 사

33 길이 45미터인 동력선이 다른 선박을 끌고 가고 있다. 이 때 예선열의 길이는 250미터이다. 이 동력선이 표시하여야 할 등화는?

가. 현등, 선미등, 예선등, 수직선상 3개의 마스트등
나. 현등, 선미등, 예선등, 수직선상 2개의 마스트등
사. 현등, 선미등, 예선등, 수직선상 1개의 마스트등
아. 현등, 선미등, 수직선상 2개의 마스트등

해설 • 예인선의 길이 50m 미만, 예인선열의 길이 200m 이상인 경우
① 마스트등 3개(앞쪽) ② 현등 ③ 선미등 ④ 예선등 ⑤ 주간 형상물 : 마름모꼴 1개

34 국제해상충돌예방규칙상 예인선의 길이가 70미터이고 예인선열의 길이가 300미터인 경우, 표시할 등화 및 형상물에 관하여 잘못 기술한 것은?

가. 예인선을 정면에서 보면 백색 등화가 2개 보여야 한다.
나. 예인선은 예인등을 표시해야 한다.
사. 주간에는 마름모꼴의 형상물을 표시한다.
아. 피예인선은 현등과 선미등을 표시해야 한다.

해설 정면에서 보면 백색 등화 4개가 보인다.
• 예인선의 길이 50m 이상, 예인선열의 길이 200m 이상인 경우
① 마스트등 3개(앞쪽), 뒤쪽 1개 ② 현등 ③ 선미등 ④ 예선등 ⑤ 주간 형상물 : 마름모꼴 1개

35 국제해상충돌예방규칙상 길이 50미터 이상의 동력선이 예인선열의 길이가 200미터 이하인 타선을 끌고 있는 경우 마스트등은 어떻게 표시하는가?

가. 마스트등 2개
나. 앞쪽 마스트등 2개 및 뒤쪽 마스트등 1개
사. 마스트등 3개
아. 앞쪽 마스트등 3개 및 뒤쪽 마스트등 1개

36 예인선이나 피예인선이 예인선열의 길이가 200m를 넘을 때 표시하는 형상물은?

가. 마름모꼴 형상물
나. 구형 형상물
사. 원통형 형상물
아. 원추형 형상물

Answer 33 가 34 가 35 나 36 가

37 등화 및 형상물에 관한 다음 설명 중 틀린 것은?

가. 예선등이라 함은 선미등과 같은 특성을 가진 황색등을 말한다.
나. 섬광등이라 함은 매분 120회 이상의 섬광을 발하는 등화를 말한다.
사. 공기부양선은 일반 동력선의 항해등에 추가하여 황색 섬광등을 달아야 한다.
아. 예인선열의 길이가 100미터를 초과하는 예인선은 주간에 마름모꼴 형상물 1개를 달아야 한다.

해설 예인선열의 길이 200m 이상일 때 주간에는 마름모꼴 형상물 1개를 표시해야 한다.

38 국제해상충돌예방규칙상 현측에 붙어서 끌려가고 있는 선박이 표시하여야 하는 등화는?

가. 현등, 예선등
나. 현등, 선미등
사. 선미등, 예선등
아. 선미등, 전주등

39 국제해상충돌예방규칙상 다음 중 피예인선에서 표시해서는 아니 되는 등화 또는 형상물은?

가. 마스트등
나. 현등
사. 선미등
아. 마름모꼴 형상물

40 선박의 앞부분에 수직선상으로 표시된 마스트등 2개와 한쪽의 현등을 보았다. 이 선박의 종류와 상태는?

가. 항행중인 길이 50미터 이상의 동력선
나. 길이 50미터 이상의 동력선이 다른 선박을 선미에 끌고 있는 경우
사. 길이 50미터 미만의 동력선이 선미에 다른 선박을 끌고 있는 경우로서 예인선열의 길이가 200미터 이상일 때
아. 길이 50미터 미만의 동력선이 선미에 다른 선박을 끌고 있는 경우로서 예인선열의 길이가 200미터 미만일 때

Answer 37 아 38 나 39 가 40 아

41 주간에 잘 보이지 않는 상태로 끌려가고 있는 물체는 그 물체의 맨끝 또는 가까이에 (   ) 하나를 표시하고, 예인선열의 길이가 200미터를 초과할 때에는 그 물체의 전단부에 (   ) 하나를 달아야 한다. (   ) 안에 적합한 것은?

가. 흑구, 흑구
나. 흑색 마름모꼴 형상물, 흑구
사. 흑색 마름모꼴 형상물, 흑색 마름모꼴 형상물
아. 흑구, 흑색 마름모꼴 형상물

해설 일부가 물에 잠겨 잘 보이지 아니하는 상태에서 끌려가고 있는 선박이나 물체 또는 끌려가고 있는 선박이나 물체의 혼합체의 주간 형상물은 끌려가고 있는 맨 뒤쪽의 선박 또는 물체의 뒤쪽 끝 또는 그 부근에 마름모꼴 1개를 표시하며, 이 경우, 예인선열의 길이가 200m를 초과할 때에는 가장 잘 볼 수 있는 앞쪽 끝 부근에 마름모꼴 1개를 부가 표시한다.

42 야간에 아래와 같은 등화를 보았다. 이 등화의 표시는?

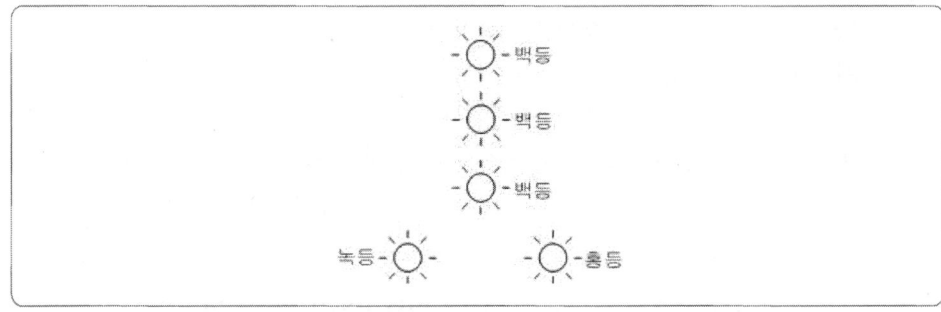

가. 준설선
나. 측량선
사. 예인선
아. 잠수선

43 야간에 정면에서 항해등에 추가하여 아래와 같은 전주 등화를 보았다. 이 등화를 표시할 수 있는 선박은?

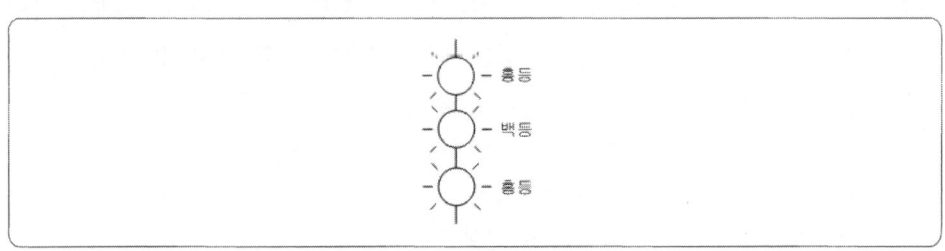

Answer 41 사 42 사 43 아

가. 기관이나 조타기에 고장이 난 선박
나. 추진기나 키를 상실한 선박
사. 무풍상태에서 정선하고 있는 선박
아. 항행중 사람, 식량, 화물을 옮겨 싣고 있는 선박

해설 위의 등화는 조종제한선이다. 가, 나, 사.는 조종불능선에 속한다.

44 야간에 그림 같은 등화를 보았다. 이 등화의 표시는?

가. 길이 20미터 이상의 범선이 항행중에 있다.
나. 본선의 우현측에 정박중인 선박이다.
사. 항행중인 동력선이다.
아. 트롤망 어로에 종사하는 선박이다.

해설 백등은 마스트 정부등이며, 녹등은 현등으로 좌측에서 우측으로 항해중인 50m 이상의 동력선이다.

45 원통형 형상물의 구조로서 직경을 D, 높이를 H라고 할 때 맞는 것은?

가. D = H ≥0.6미터
나. D = H ≥0.9미터
사. H = 2D, D ≥0.6미터
아. H = 2D, D ≥0.9미터

해설 원통형은 직경이 적어도 0.6m 이상이 되어야 하며 높이는 직경의 2배가 되어야 한다.

46 준설 또는 수중 작업에 종사하고 있는 조종성능제한선이 부가하여 표시하는 등화와 형상물로서 다른 선박이 통과할 수 없는 쪽을 가리키기 위해 표시하는 것은?

가. 녹색 전주등 2개 또는 마름모꼴 형상물 2개
나. 녹색 전주등 2개 또는 구형 형상물 2개
사. 홍색 전주등 2개 또는 마름모꼴 형상물 2개
아. 홍색 전주등 2개 또는 구형 형상물 2개

Answer 44 사 45 사 46 아

해설
- 준설선 또는 수중작업선은 조종제한선의 등화(홍-백-홍) 및 주간 형상물(구형-능형-구형)에 부가하여
  ㉠ 장애물이 있는 쪽 현 – 홍색 전주등 2개 및 구형 형상물 2개
  ㉡ 장애물이 없는 쪽 현 – 녹색 전주등 2개 및 마름모 형상물 2개

47 트롤 어로에 종사하고 있는 길이 100미터의 동력선이 대수속력이 없을 때 표시하여야 할 등화는?

가. 수직선상 상하로 홍등, 백등의 전주등, 홍등 후부 상단에 마스트등
나. 수직선상 상하로 녹등, 백등의 전주등, 녹등 후부 상단에 마스트등
사. 전부 마스트등 대신에 녹등, 후부 마스트등 대신에 백등
아. 수직선상 상하로 녹등, 백등의 전주등, 현등, 선미등

해설 트롤 어선 식별등화인 녹-백 전주등을 표시하며 길이가 50m 이상이면 마스트등을 녹색 전주등보다 뒤쪽의 높은 위치에 표시하며 대수속력이 있을 때는 현등1쌍 + 선미등을 추가한다.
▶ 주간 형상물은 수직선상에 2개의 원추형이 그 정점이 상하로 결합한 상태로 표시한다.

어선의 등화와 형상물
(a) 어로에 종사중인 선박은 항행중이든 정박중이든 간에 이 조문에 규정된 등화 및 형상물만을 표시하여야 한다.
(b) 저인망 또는 기타의 어구를 수중에서 끄는 트롤 어로에 종사하는 어선은 다음 각호를 표시하여야 한다.
  (ⅰ) 2개의 전주등을 수직으로 달되, 위의 것은 녹등이고 아래 것은 백등이어야 한다. 또는 2개의 원추형을 정점을 포개서 수직으로 달은 형상물 1개를 표시한다.
  (ⅱ) 전주를 비추는 녹색 등화보다 후방 및 그보다 높은 장소에 표시되는 하나의 마스트 정부등을 표시하며 길이가 50미터 미만인 선박은 그러한 등화를 표시할 의무는 없으나 그렇게 하여도 좋다.
  (ⅲ) 대수속력이 있을 때에는 규정된 어선식별 등화에 추가하여, 현등 및 선미등을 표시한다.
(c) 트롤 이외의 어로에 종사하는 선박은 다음 각호를 표시하여야 한다.
  (ⅰ) 2개의 전주등을 수직으로 달되, 위의 것은 홍등이고 아래 것은 백등이어야 한다. 또는 2개의 원추를 정점을 포개서 수직으로 달은 형상물 1개를 표시한다.
  (ⅱ) 어구가 선박으로부터 수평으로 150미터 이상 뻗어 있을 때에는 그 어구방향으로, 전주를 비추는 백등 1개 또는 하나의 원추를 정점을 상방으로 하여 표시한다.
  (ⅲ) 대수속력이 있을 때에는 규정된 어선식별 등화에 추가하여, 현등 및 선미등을 표시한다.

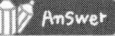 47 나

48. 다음 중 트롤 어로에 종사하고 있는 길이 50미터 미만의 어선에서 표시할 등화 혹은 형상물과 관계 없는 것은?

　가. 두 개의 원추형 형상물을 정점을 포개서 수직으로 단다.
　나. 위에는 녹색 아래는 백색 전주등을 수직으로 단다.
　사. 다이아몬드 형상물을 수직으로 단다.
　아. 대수속력이 있는 경우 양현등과 선미등을 단다.

49. 국제해상충돌예방규칙상 트롤망 이외의 어로 종사 선박에서 어구가 선박으로부터 수평으로 150미터 이상 뻗어 있는 경우에 주간 형상물은?

　가. 어구방향으로 구형 1개
　나. 어구방향으로 구형 2개
　사. 어구방향으로 정점을 하방으로 한 원추형 형상물 1개
　아. 어구방향으로 정점을 상방으로 한 원추형 형상물 1개

> **해설** 트롤 어선 이외의 어선
> ㉠ 식별등화 : 수직선상으로 홍-백 전주등 + 현등 + 선미등(대수속력이 있을 때)
> ㉡ 주간 형상물 : 정점을 상하로 결합한 2개의 원추형(장구형) 1개
> ㉢ 어구방향표시 : 150m가 넘는 어구를 내고 있는 경우 ▶ 백색 전주등 1개 또는 정점을 위로 한 원추형 형상물 1개

50. 국제해상충돌예방규칙상 트롤망 어로에 종사중인 선박의 추가 신호에 대하여 잘못 기술한 것은?

　가. 어망을 투입하고 있을 때 : 수직선상에 백색 등화 2개
　나. 어망을 걷어 올리고 있을 때 : 수직선상에 홍색 등화 1개, 그의 상부에 백색 등화 1개
　사. 어망이 장애물에 걸려 있을 때 : 수직선상에 홍색 등화 2개
　아. 저층 예망을 사용하고 있는 경우에는 추가 신호를 게양할 수 없다.

Answer 48 사　49 아　50 아

51 수직선상 상하 거의 일직선으로 위로부터 백색, 녹색, 백색, 홍색, 홍색의 모두 5개 등화를 발견하였다. 이 등화는 무슨 선박이라고 추정할 수 있겠는가?

가. 소해작업에 종사하고 있는 선박
나. 조종성능이 제한되어 있는 선박
사. 다른 어선의 바로 근방에서 트롤망 어로에 종사하는 선박의 그물이 장애물에 걸려 있을 때
아. 다른 어선의 바로 근방에서 어로하고 있는 트롤어선이 그물을 건져 올리고 있을 때

> **해설** 사. : 위로부터 백색(마스트등), 녹색-백색(트롤어선표시), 홍색-홍색(어망이 장애물에 걸린 때 표시)
> 아. : 백색(마스트등), 녹-백(트롤어선), 백-홍(어망을 건져 올리고 있을 때의 등화 표시)
>
> **소해작업선**
> ㉠ 동력선의 등화 또는정박선의 등화나 형상물에 추가하여 전주를 비추는 3개의 녹등 또는 3개의 구상 형상물을 표시하여야 한다.
> ㉡ 이들 등화나 형상물 중 1개는 전부 마스트정부 부근에 표시되어야 하고 나머지 2개는 전부야드(yard)의 양단에 각각 표시하여야 한다.
> ㉢ 이들 등화나 형상물은 타선박이 기뢰 제거 작업중인 선박의 1,000미터 범위 이내로 접근하는 것은 위험하다는 것을 표시한다.

52 트롤망 어로에 종사하는 선박이 수직으로 표시하는 2개의 전주등 중 위의 것은 (   )이고, 아래 것은 (   )이다. (   )에 적합한 것으로 짝지어 진 것은?

가. 백등, 홍등
나. 홍등, 백등
사. 녹등, 백등
아. 홍등, 녹등

53 어로에 종사하고 있는 어선에 대하여 요구되는 2개의 전주등 중에서 하부의 등화는, 현등의 상부로부터 이들 2개의 수직등화 간격의 몇 배 이상 되는 높이에 설치하여야 하는가?

가. 1.5배
나. 2배
사. 2.5배
아. 3배

> **해설** 어로작업에 종사하고 있는 선박에 대하여 규정된 두 개의 전주등중 하부등은 현등으로부터 이들 두개의 수직등화간 거리의 2배 이상 되는 위치에 두어야 한다.

Answer 51 사 52 사 53 나

54. 국제해상충돌예방규칙상 트롤망 어로에 종사중인 선박이 그물을 걷어 올릴 때 추가로 수직선상 상하로 표시하는 등화는?

가. 홍등 1개, 녹등 1개
나. 녹등 1개, 홍등 1개
사. 백등 1개, 홍등 1개
아. 홍등 1개, 백등 1개

해설
- 어망을 투입하고 있는 때 : 백등 2개
- 어망을 건져 올리고 있는 때 : 백등 1개 + 홍등 1개
- 어망이 장애물에 걸린 때 : 홍등 2개

55. 국제해상충돌예방규칙상 정점을 하방으로 둔 원추형 형상물을 달고 있는 선박은?

가. 돛을 펴고 겸하여 기관을 사용하여 항행하는 선박
나. 항행중인 길이 7미터 미만의 범선
사. 해저전선을 부설하는 선박
아. 어로에 종사하고 있는 선박

해설
- 돛만 사용할 경우 : 범선의 규정(홍 - 녹의 전주등)
- 기관만 사용할 경우 : 동력선의 규정
- 기관과 돛을 동시에 사용할 경우 : 야간은 동력선의 규정을 따르고 주간에는 앞쪽 가장 잘 보이는 곳에 원추형으로 된 형상물 1개를 그 정점이 아래로 향하도록 표시

56. 국제해상충돌예방규칙상 정박하고 있는 길이 50미터 이상인 선박이 주간에 표시하여야 하는 형상물에 대하여 바르게 설명한 항목은?

가. 마스트에 다이아몬드형 형상물 1개
나. 마스트에 다이아몬드형 형상물 2개
사. 앞쪽에 구형의 형상물 1개
아. 앞쪽에 구형의 형상물 2개

해설 정박선의 등화 및 형상물
㉠ 길이 50m 미만의 선박 : 가장 잘 보이는 곳에 백색 전주등 1개
㉡ 길이 50m 이상의 선박 : 선수 및 선미 쪽 백색 전주등 각 1개
▶ 선미쪽 등화는 선수보다 낮은 위치에 표시
㉢ 주간 형상물 : 길이에 관계없이 선수쪽 구형 형상물 1개
㉣ 길이 100m 이상의 선박 : 작업등 점등으로 갑판상을 조명하여야 한다.

Answer 54 사 55 가 56 사

57. 국제해상충돌예방규칙상 트롤 어로에 종사하는 선박의 야간표시로서 수직선상의 위쪽과 아래쪽 등화의 색깔은?

가. 백등과 녹등
나. 녹등과 백등
사. 홍등과 백등
아. 백등과 홍등

해설 트롤 어선의 등화와 형상물
  ㉠ 식별등화 : 수직선상으로 녹 – 백 전주등
  ㉡ 마스트등 + 현등 + 선미등(대수속력이 있을 때)
  ㉢ 주간 형상물 : 원추형 2개를 정점으로 결합한 형상물 1개

58. 국제해상충돌예방규칙상 등화와 형상물의 적용에 관한 설명으로 옳지 않은 것은?

가. 일몰시로부터 일출시까지 등화를 표시하여야 한다.
나. 제한된 시계에 있어서 주간에는 등화를 표시할 필요가 없다.
사. 형상물에 관한 규정은 주간에 이를 준수하여야 한다.
아. 등화와 형상물은 필요하다고 인정되는 모든 경우에 표시할 수 있다.

해설 등화를 설치하고 있는 선박은 반드시 야간에 전등 표시를 하여야 하고 아울러 일출시부터 일몰시까지도 제한 시계에 있어서는 이를 표시하여야 한다.

59. 국제해상충돌예방규칙상 길이가 몇 미터 미만인 선박은 마스트등을 하나만 달아도 되는가?

가. 100미터
나. 50미터
사. 90미터
아. 150미터

해설 후부 마스트등은 전부 마스트등보다 4.5m 이상의 높이에 표시하여야 한다. 다만 길이 50m 미만의 동력선은 후부 마스트등을 표시하지 아니할 수 있다.

60. 국제해상충돌예방규칙상 마스트의 꼭대기 또는 그 부근에 수직선상으로 상부의 것이 백색이고 하부의 것이 홍색인 전주등 각 1개씩과 현등을 표시한 선박은?

가. 항행중인 범선이다.
나. 대수속력이 있는 트롤 이외의 어로에 종사하고 있는 선박이다.
사. 항행중인 도선선이다.

Answer 57 나 58 나 59 나 60 사

아. 대수속력이 있는 조종불능선이다.

> **해설** 도선선의 등화
> ㉠ 식별등화 : 백-홍
> ㉡ 항해중 : 식별신호에 부가하여 현등 및 선미등
> ㉢ 정박중 : 식별신호에 부가하여 정박을 하고 있는 선박의 등화
> ㉣ 도선업무에 종사하지 않을 때 : 그 선박과 동일 길이의 선박이 표시하는 등화

61 국제해상충돌예방규칙상 2개의 원추를 그의 정점에서 상하로 결합한 형상물 하나를 게양할 수 있는 선박은?

가. 다른 선박을 끌고 있는 선박
나. 어로에 종사하고 있는 선박
사. 돛과 기관을 사용하여 진행하고 있는 선박
아. 끌려가고 있는 선박

> **해설** 트롤 어선이나 트롤 이외의 어선 등 모든 어선이 어로에 종사할 때는 수직선상에 2개의 원추를 그 정점에서 상하로 결합한 형상물 1개를 표시하여야 한다. 다만 길이 20m 미만인 경우에는 바구니 1개로 갈음할 수 있다.

62 국제해상충돌예방규칙상 길이 (   )미터 미만이고 속력이 7노트 미만인 동력선은 항행 중인 동력선의 등화 대신에 (   ) 1개만 표시할 수 있다. (   )에 적합한 것은?

가. 7, 백색 전주등　　　　　　나. 12, 황색 전주등
사. 20, 녹색 전주등　　　　　　아. 50, 백색 전주등

63 국제해상충돌예방규칙상 수직선상 상하로 홍, 백의 등화와 그 하부에 황색 섬광등 2개를 표시하고 있는 선박은?

가. 쌍끌이 트롤망 어로에 종사중인 선박
나. 다른 어선의 바로 근방에 건착망 어로에 종사중인 선박
사. 무배수량의 상태로 행행중인 에어쿠션선
아. 수중작업종사선

Answer　61 나　62 가　63 나

64 다음 중 국제해상충돌예방규칙상 형상물에 관한 규정을 잘못 기술한 것은?

가. 조종불능선은 수직선상에 2개의 구형 형상물을 표시한다.
나. 조종제한선은 수직선상에 구형, 마름모꼴, 구형의 형상물을 표시한다.
사. 흘수제약선은 1개의 원통형 형상물을 표시한다.
아. 범선은 장고형 형상물을 표시한다.

> 해설 돛을 펴고 진행하지만 동시에 기관에 의하여 추진되고 있는 선박은 전부 가장 잘 보이는 장소에 정점을 하방으로 둔 원추형 형상물 1개를 달아야 한다.

65 국제해상충돌예방규칙상 돛을 사용하는 선박이 기관을 함께 사용하여 항행하고 있는 경우에 표시하는 형상물은?

가. 정점이 아래로 향한 원추형 형상물 1개
나. 정점이 위로 향한 원추형 형상물 1개
사. 흑구 1개
아. 원통형 형상물 1개

66 잠수작업에 종사하는 선박이 주간에 형상물을 표시하고자 할 때는 모든 방향에서 잘 볼 수 있는 높이가 (   )미터 이상 되는 딱딱한 판에 국제신호 (   )를 표시하여야 한다. (   )에 맞는 것은?

가. 2, B 　　　　　　　　　나. 1, A
사. 2, A 　　　　　　　　　아. 1, B

67 국제해상충돌예방규칙상 소해작업에 종사하는 선박의 위험구역을 표시한 것 중 맞는 것은?

가. 작업중인 선박의 선미 각현 500미터 범위 내
나. 작업중인 선박의 선미 각현 1,000미터 범위 내
사. 작업중인 선박의 반경 500미터 범위 내
아. 작업중인 선박의 반경 1,000미터 범위 내

Answer   64 아   65 가   66 나   67 아

68 다음 중 수직선상으로 황색 섬광등 2개를 추가로 표시하고 있는 선박은?

가. 에어쿠션선
나. 쌍끌이 어로종사선
사. 건착망 어로종사선
아. 유자망 어로종사선

해설 건착망 어선에 대한 신호
건착망어구로 어로에 종사하고 있는 선박은 수직선상에 황색등 2개를 표시할 수 있다. 이들 등화는 발광과 차광의 간격이 균일하고 매초마다 교대로 비추어야 한다. 이들 등화는 어선이 자기의 어구에 의하여 방해를 받을 때에 한해서 표시할 수 있다.
▶ 에어쿠션선(공기부양선)은 황색 섬광등 1개

69 다음은 국제해상충돌예방규칙상 조난신호의 종류이다. 해당하지 않는 것은?

가. NC의 국제기류신호
나. 오렌지색의 발연신호
사. 좌우로 벌린 팔을 천천히 반복하여 올렸다 내렸다 하는 신호
아. 흑구 3개를 마스트에 게양하는 형상물 신호

해설 흑구(구형 형상물) 3개는 얹혀 있는 선박이다.

70 국제해상충돌예방규칙상 범선의 등화 중 삼색등에 관한 설명으로 옳은 것은?

가. 길이가 20미터 이상의 선박은 삼색등의 사용이 금지되어 있다.
나. 삼색등을 범선의 임의등화(홍, 녹등)와 함께 표시하는 것은 범선이라는 사실을 더욱 잘 나타내므로 장려된다.
사. 삼색등은 반드시 선수에 달도록 규정하고 있다.
아. 길이에 관계없이 모든 범선은 삼색등의 사용을 허용하고 있다.

해설 항해중인 범선은 현등 1쌍 및 선미등 1개의 등화를 표시하여야 한다. 그러나 20m 미만의 범선은 이 등화에 갈음하여 마스트 꼭대기 또는 그 부근의 가장 잘 보이는 곳에 삼색등 1개를 표시할 수 있다.

Answer 68 사 69 아 70 가

71 국제해상충돌예방규칙에서 다음 중 황색 등화를 사용하지 않는 때는?

가. 무배수량 선박이 항행중일 때
나. 건착망 어선이 작업중 장애를 받을 때
사. 예인선이 예항 작업에 종사중일 때
아. 피예인선이 항행중일 때

> 해설 가. 무배수량 선박이 항행중일 때는 황색 전주등 1개를 표시
> 나. 건착망 어선이 작업중 장애를 받을 때 황색 섬광등 2개를 표시
> 사. 예인선이 예항 작업에 종사중일 때는 예선등(황색) 1개를 표시

72 좌초되어 있는 선박으로써 주간에 구형 형상물 3개를 표시하지 아니하여도 되는 선박은?

가. 길이 50미터 미만의 선박
나. 길이 20미터 미만의 선박
사. 길이 12미터 미만의 선박
아. 길이 30미터 미만의 선박

> 해설 길이 12m 미만의 선박이 좌초되어 있을 때에는 규정된 등화 또는 형상물을 표시하지 아니하여도 된다.

73 국제해상충돌예방규칙상 기뢰 제거작업에 종사중인 선박이 표시하는 3개의 녹등의 의미는?

가. 자선의 전주위로 1,000미터 이내에는 위험하다.
나. 자선의 전주위로 500미터 이내에는 위험하다.
사. 자선의 선미방향으로는 1,000미터, 정횡으로는 100미터 이내에는 위험하다.
아. 자선의 전주위로 현재는 선박의 통항이 안전하다.

> 해설 기뢰 제거작업에 종사하고 있는 기뢰 제거작업중인 선박의 1,000미터 범위 이내로 접근하는 것은 위험하다는 것을 알리는 표시는 야간에는 녹색 전주등 3개, 주간에는 구형 형상물 3개를 십자모양으로 표시한다.

Answer 71 아 72 사 73 가

74. 다음 중 국제해상충돌예방규칙상 등화에 관한 규정을 잘못 기술한 것은?

가. 길이 50미터 이상의 항행중인 동력선은 마스트등 2개, 양현등 및 선미등을 표시하여야 한다.
나. 수면비행선박(WIG craft)은 항행중인 동력선이 표시하여야 할 등화에 추가하여 홍색 섬광의 전주등을 표시하여야 한다.
사. 예인선열의 길이가 150미터인 예인선은 수직선상에 마스트등 3개, 양현등, 선미등 및 황색의 예항등 1개를 표시하여야 한다.
아. 공기부양선이 무배수량상태로 운항하고 있을 때에는 항행중인 동력선이 표시하여야 할 등화에 추가하여 황색 섬광의 전주등을 표시하여야 한다.

해설 예인선열의 길이 200m 미만인 경우는 ① 마스트등 2개(앞쪽) ② 현등 ③ 선미등 ④ 예선등을 표시하여야 한다.

항행중인 예인선
- 예인선의 길이 50m 미만, 예인선열의 길이 200m 미만인 경우
  ① 마스트등 2개(앞쪽) ② 현등 ③ 선미등 ④ 예선등
- 예인선의 길이 50m 미만, 예인선열의 길이 200m 이상인 경우
  ① 마스트등 3개(앞쪽) ② 현등 ③ 선미등 ④ 예선등 ⑤ 주간 형상물 : 마름모꼴 1개
- 예인선의 길이 50m 이상, 예인선열의 길이 200m 미만인 경우
  ① 마스트등 2개(앞쪽), 뒤쪽 1개 ② 현등 ③ 선미등 ④ 예선등
- 예인선의 길이 50m 이상, 예인선열의 길이 200m 이상인 경우
  ① 마스트등 3개(앞쪽), 뒤쪽 1개 ② 현등 ③ 선미등 ④ 예선등 ⑤ 주간 형상물 : 마름모꼴 1개
- 옆에서 붙어서 끄는 예선
  ① 마스트등 : 앞쪽 2개 ② 현등 ③ 선미등
- 끌려가는 선박(피예인선) 또는 물체의 표시
  ① 현등 ② 선미등 ③ 주간 형상물 마름모 1개(예인선열이 200m를 초과시)

75. 국제해상충돌예방규칙상 전부 마스트등의 앞쪽에 현등을 설치할 수 없는 선박의 길이는 최소 몇 미터인가?

가. 12미터 **나.** 20미터
사. 50미터 **아.** 100미터

해설 길이가 20미터 이상되는 동력선에 있어서는 현등은 전부 마스트정부등보다 앞쪽에 표시되어서는 아니된다. 현등은 선박의 현측이나 현측 부근에 두어야 한다.

Answer 74 사 75 나

76
국제해상충돌예방규칙상 항행중인 동력선의 등화에 추가하여 수직선상에 전 주위를 비추는 3개의 홍등을 표시할 수 있는 선박은?

가. 조종성능에 제약을 받고 있는 예인선
나. 트롤 어로에 종사하고 있는 동력선
사. 예인선열 200m 이상을 예인중인 길이 50m 이상인 예인선
아. 흘수로 인하여 제약을 받는 선박

해설 흘수제약선(심흘수선)은 주간에는 원통형 형상물, 야간에는 홍색 전주등 3개를 표시한다.

Answer 76 아

4. 음향신호

01 국제해상충돌예방규칙상 음향신호 장치의 기본주파수 범위로 맞는 것은?

가. 50~350Hz 나. 70~350Hz
사. 350~700Hz 아. 70~700Hz

> **해설** 신호음의 기본주파수는 70-700Hz 범위 내에 있어야 한다. 기적으로부터 신호의 가청거리는 그 주파수에 의하여 결정되어야 하는데, 그 주파수는 기본주파수와 더 높은 주파수를 동시에 가지거나, 기본주파수 또는 더 높은 주파수를 가질 수 있고, 그것은 길이 20미터 이상의 선박에 대하여는 180-700Hz(+/-1%)의 범위 내에 그리고 길이 20미터 미만의 선박에 대하여는 180-2100Hz(+/-1%)의 범위 내에 있으며 규정된 음압수준을 가지고 있어야 한다.

02 음향신호의 가청거리는 선박의 길이에 따라 그 가청범위가 어느 정도인가?

가. 0.5~2해리 나. 1~3해리
사. 1~5해리 아. 1~6해리

> **해설** 음향신호의 가청거리
>
> | 선박의 길이 | 가청거리 |
> |---|---|
> | 200m 이상 | 2해리 |
> | 75m 이상 200m 미만 | 1.5해리 |
> | 20m 이상 75m 미만 | 1해리 |
> | 20m 미만 | 0.5해리 |

03 다음 중 국제해상충돌예방규칙상 음향신호에 관한 규정으로서 잘못된 것은?

가. 길이 75미터 이상 200미터 미만인 선박에 설치된 기적의 가청범위는 2마일이다.
나. 단음은 약 1초 동안 계속하는 고동소리이다.
사. 장음은 4초 내지 6초 동안 계속하는 고동소리이다.
아. 기적의 기본주파수는 70~700헤르츠(Hz)의 범위 안에 있어야 한다.

> **해설** 길이 75미터 이상 200미터 미만인 선박에 설치된 기적의 가청범위는 1.5마일이다

Answer 01 아 02 가 03 가

04 국제해상충돌예방규칙상 길이 200미터 이상의 선박에 설치된 기적의 최소 가청거리는 몇 마일 이상이 되어야 하는가?

가. 2마일 나. 3마일
사. 5마일 아. 7마일

05 국제해상충돌예방규칙상 길이 100미터 이상의 선박에 비치하여야 할 음향신호 장치가 아닌 것은?

가. 사이렌 나. 기적
사. 호종 아. 징

06 국제해상충돌예방규칙상 기적, 호종, 동라(징)을 모두 비치하여야 할 선박의 길이는?

가. 12미터 이상 나. 24미터 이상
사. 50미터 이상 아. 100미터 이상

해설
- 길이 12m 이상 : 기적 1개
- 길이 20m 이상 : 기적 1개 + 호종 1개
- 길이 100m 이상 : 기적 + 호종 + 징

음향신호장비
(a) 길이 12미터 이상의 선박은 기적 1개를 그리고 길이 20미터 이상의 선박은 기적 1개 및 호종 1개를 장비하여야 하며, 길이 100미터 이상의 선박은 이에 부가하여 음조 및 음성이 호종과 혼동되지 아니 하는 징 1개를 장비하여야 한다. 기적, 호종 및 징은 이 규칙 부속서 Ⅲ에 명시된 것과 일치하여야 한다. 호종 또는 징 또는 이들 양자는 각기 동일한 음향특성을 가진 다른 장비로 대치될 수 있다. 다만, 이들은 규정된 신호를 수동으로도 항시 낼 수 있어야 한다.
(b) 길이 12미터 미만의 선박은 이 조문 (a)항에 규정된 음향신호기구를 상비하지 아니하여도 되지만, 이와 같은 기구를 장비하지 아니할 경우에는, 유효한 음향신호를 발하는 다른 수단을 가져야 한다.

07 길이가 최소한 몇 미터 이상 되는 선박은 음향신호 장치로 징 1개를 추가하여야 하는가?

가. 20 나. 50
사. 100 아. 150

Answer 04 가 05 가 06 아 07 사

08 제한된 시계에 있어서의 음향신호에 관한 다음의 기술 중 틀린 것은?

가. 시정이 제한된 수역에서 행한다.
나. 시정이 제한된 수역의 부근에서도 행한다.
사. 폭설이 내릴 때에도 행한다.
아. 주간에는 다른 선박의 무중신호가 들릴 때에만 이를 행한다.

09 제한된 시계 내에서 항행중인 동력선이 대수속력이 있는 경우에 울려야 하는 음향신호는?

가. 1분을 넘지 아니하는 간격으로 장음 2회
나. 1분을 넘지 아니하는 간격으로 장음 1회
사. 2분을 넘지 아니하는 간격으로 장음 1회
아. 2분을 넘지 아니하는 간격으로 장음 2회

해설 제한된 시정에서의 음향신호

구 분		방 법		비 고
항행중인 동력선	대수속력 있는 경우	2분 이하	장음 1회	―
	대수속력 없는 경우		장음 2회	― ―
어로종사선 조종불능선		2분 이하	장-단-단	― ··
범 선 조종성능제한선 흘수제약선 예 인 선				
피예인선			장-단-단-단	― ··· 예인선이 울린 직후에 실시
닻 정박선	100m 미만	1분 이하	5초간의 호종난타	접근해오는 다른 선박에 경고신호 · ― ·
	100m 이상		5초간의 호종 후 징 5초간	
얹혀 있는 선박	100m 미만		5초간의 호종난타 직후 호종 3회	
	100m 이상		5초간의 호종난타 직후 호종 3회 - 뒤쪽에서 징 5초	
길이 12m 미만 선박		2분 이하	다른 유효한 음향신호	신호하지 아니할 수 있다
도선선			항해중인 동력선의 신호외에 다음 4회의 식별신호 ····	

Answer 08 아 09 사

10 제한된 시계 내에서 동력선이 정지하여 대수속력이 없는 경우에는 (　　)사이의 간격이 약 (　　)초인 연속한 (　　)를 (　　)분간을 넘지 아니하는 간격으로 울려야 한다. (　　) 속에 적합한 말을 바르게 짝지은 것은?

가. 단음, 1, 단음 2회, 1
나. 장음, 2, 장음 2회, 2
사. 장음, 1, 장음 3회, 1
아. 단음, 2, 단음 5회, 2

11 정박중인 선박은 무중신호로서 호종 또는 징에 의한 신호에 부가하여 접근하여 오는 다른 선박에 대한 경고로 기적신호를 할 수 있다. 그 방법은?

가. 장음 1회, 단음 1회, 장음 1회
나. 단음 1회, 장음 1회, 단음 1회
사. 장음 1회, 단음 2회, 장음 1회
아. 단음 1회, 장음 2회, 단음 1회

12 제한시계 내에서 장음 1회에 이은 단음 2회의 기적신호가 2분을 넘지 않는 간격으로 들린다. 이 선박은?

가. 항행중인 동력선
나. 흘수제약선
사. 끌려가고 있는 선박
아. 얹혀있는 선박

13 국제해상충돌예방규칙상 시정이 제한된 수역에서 동력선이 항행중 대수속력이 있을 때에는 (　　)분을 초과하지 아니하는 간격으로 장음 (　　)회를, 대수속력이 없을 때에는 장음 (　　)회를 울려야 한다. (　　)에 적합한 것은?

가. 2, 1, 2
나. 4, 2, 1
사. 2, 1, 3
아. 1, 1, 2

Answer　10 나　11 나　12 나　13 가

단원별 3급 항해사

> **해설** 각 종 음향신호
>
> | 신호의 종류 | 의 미 | 비 고 |
> |---|---|---|
> | 단음 1회 | • 우현 변침 | • |
> | 장음 1회 | • 무중 동력선(대수속력 있을 때)
• 굽은 수로(or 응답) | ─ |
> | 단음 2회 | • 좌현 변침 | • • |
> | 단음 3회 | • 후진 | • • • |
> | 장음 2회 | • 무중 동력선(대수속력 없을 때) | ─ ─ |
> | 장 – 단 – 장 – 단 | • 피추월선의 동의신호 | ─ • ─ • |
> | 장 – 장 – 단 | • 우현으로 추월하고자 할 때 | ─ ─ • |
> | 장 – 장 – 단 – 단 | • 좌현으로 추월하고자 할 때 | ─ ─ • • |
> | 장 – 단 – 단 | • 조종불능선, 조종제한선, 흘수제한선
어로작업선, 예인선, 범선 | ─ • • |
> | 장 – 단 – 단 – 단 | • 피예인선 | ─ • • • |
> | 단 – 장 – 단 | • 정박시 접근하는 선박에 경고신호 | • ─ • |
> | 단음 5회 이상 | • 경고신호 | • • • • • |
> | 단음 4회 | • 도선선 | • • • • |
> | 장음 5회 | • 화재 | |
> | 단음 7회 장음 1회 | • 퇴선 | |

14 국제해상충돌예방규칙상 제한된 시계상태에서 장음 1회와 이에 부가하여 단음 4회의 신호를 들었다. 어떠한 선박의 무중신호인가?

가. 대수속력이 없는 동력선
나. 얹혀있는 선박
사. 길이 100미터 이상인 정박선
아. 도선 업무에 종사하고 있는 선박

15 도선업무에 종사하고 있는 도선선이 무중신호를 할 때 동력선의 신호 외에 부가하는 식별 신호의 방법은?

가. 단음 4회　　　　　　　　　나. 단음 2회
사. 단음 3회　　　　　　　　　아. 장음 4회

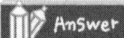

Answer　14 아　15 가

16 국제해상충돌예방규칙상의 무중신호 대신으로 2분간을 넘지 아니하는 간격으로 유효한 음향신호를 할 수 있는 선박은?

가. 범선
나. 길이 12미터 미만의 선박
사. 길이 20미터 미만의 선박
아. 조종능력제한선

17 "국제해상충돌예방규칙상 조종신호를 알리는 섬광의 지속 시간은 약 (   )초이고 섬광간의 간격은 약 (   )초이며, 연속신호간의 간격은 (   )초 이상이 되어야 한다." (   ) 안에 각각 들어갈 숫자는?

가. 1, 2, 6
나. 2, 1, 10
사. 2, 2, 10
아. 1, 1, 10

> **해설** 발광방법 및 사용등화
> • 섬광의 지속시간 : 1초
> • 섬광 사이의 간격 : 1초
> • 발광신호의 간격 : 10초 이상
> • 사용등화 : 가시거리 5마일 이상의 백색 전주등

18 발광신호 기간 동안 각 섬광은 약 (   )간 비추어야 하고, 각 섬광 사이의 간격은 약 (   )이어야 한다. (   ) 안에 적합한 것은?

가. 1초, 1초
나. 1초, 2초
사. 2초, 1초
아. 2초, 2초

19 국제해상충돌예방규칙에 관한 다음 기술 중 잘못된 것은?

가. 기적에 의한 단음 1회는 침로를 우현쪽으로 변경하고 있다는 의미이다.
나. 장음 2회, 단음 1회의 기적신호는 우현쪽으로 추월하고자 한다는 의미이다.
사. 추월당하게 될 선박의 동의표시는 장음 1회, 단음 2회의 순서로 한다.
아. 시정이 제한된 상태에서는 추월신호를 하지 않는다.

> **해설** 추월당하게 될 선박(피추월선)의 동의신호는 장음 – 단음 – 장음 – 단음 1회씩이다.
> • 우현 추월시 : 장 – 장 – 단
> • 좌현 추월시 : 장 – 장 – 단 – 단
> • 피추월선의 동의신호 : 장 – 단 – 장 – 단

Answer 16 나 17 아 18 가 19 사

20 다음 중 국제해상충돌예방규칙상 선박에서 기적에 의한 단음 5회 이상의 신호를 할 수 있는 경우는?

가. 모든 시정에서 할 수 있다.
나. 제한된 시정 상태에서 할 수 있다.
사. 상호 시계 내인 경우에만 할 수 있다.
아. 발광신호가 불가능할 때 실시한다.

해설 경고신호(단음 5회 이상), 조종신호, 추월신호는 상호 시계 내에서 할 수 있다.

21 단음 5회 이상이나 발광신호 5회 이상은 무슨 신호인가?

가. 의문신호
나. 추월신호
사. 변침신호
아. 무중신호

해설 서로 시계 안에 있는 선박이 접근하고 있을 경우, 하나의 선박이 다른 선박의 의도 또는 동작을 이해할 수 없거나 다른 선박이 충돌을 피하기 위해 충분한 동작을 취하고 있는지의 여부가 분명하지 아니한 때에 그 사실을 안 선박이 즉시 기적신호(단음 5회 이상) 및 발광신호(5회 이상의 짧고 급속한 섬광을 발하여 기적신호를 보충할 수 있다.)에 의하여 표시하여야 한다.

22 서로 시계 내에 있는 선박이 다른 선박의 의도 또는 동작을 이해할 수 없거나 충돌을 피하기 위하여 발하는 경고신호의 방법은?

가. 단음 2회
나. 단음 3회
사. 장음 4회 이상
아. 단음 5회 이상

23 밀고 있는 선박과 앞쪽으로 밀려가고 있는 선박이 견고하게 연결되어 하나의 복합체를 이룬 경우의 무중신호는?

가. 끌고 가는 선박의 경우와 같다.
나. 끌려 가는 선박의 경우와 같다.
사. 조종불능선의 경우와 같다.
아. 동력선의 경우와 같다.

Answer 20 사 21 가 22 아 23 아

24. 선박 조종신호 중 「나는 기관을 후진하고 있다」를 나타내는 것은?

가. 단음 1회
나. 단음 2회
사. 단음 3회
아. 장음 1회

해설 선박이 상호 시계 내에 있는 경우 항해중인 동력선은 이 규칙에 의하여 인정되거나 또는 요구되는 조종을 할 때에는 기적으로 다음 신호를 하여 그 조종을 표시하여야 한다.
단음 1회 : 본선은 우현으로 변침중임.
단음 2회 : 본선은 좌현으로 변침중임.
단음 3회 : 본선은 후진추진을 사용중임.

25. 시계가 제한된 수역 또는 그 부근에 정박하고 있는 선박은 1분을 넘지 아니하는 간격으로 (   )초 정도 급속히 호종을 울려야 한다. (   ) 안에 맞는 항목은?

가. 2초
나. 3초
사. 4초
아. 5초

해설 제한된 시계에서 정박선 및 좌초선의 음향신호

닻 정박선	100m 미만	1분 이하	5초간의 호종난타	접근해오는 다른 선박에 경고신호 •—• (단-장-단)
	100m 이상		5초간의 호종 후 징 5초간	
얹혀 있는 선박	100m 미만		5초간의 호종난타 직후 호종 3회	
	100m 이상		5초간의 호종난타 직후 호종 3회 - 뒤쪽에서 징 5초	

26. 제한된 시계 상태에서 1분을 넘지 아니하는 간격으로 약 5초 동안 급속히 울리는 호종신호와 그 직후에 약 5초 동안 급속한 동라(징)의 울림을 들었다. 이것은 무엇인가?

가. 얹혀 있는 선박의 무중신호
나. 어로에 종사하고 있는 선박의 무중신호
사. 길이 100미터 이상인 정박선의 무중신호
아. 길이 50미터 미만인 정박선의 무중신호

27. 조종신호를 표시할 수 있는 요건에 포함되지 않는 것은?

가. 동력선이 항행중일 것

Answer 24 사 25 아 26 사 27 나

나. 모든 상태의 시계 내에 있어서 행할 것
사. 변침중이거나 후진중에 있을 것
아. 각 조종신호의 방법은 국제해상충돌예방규칙에 따를 것

해설 조종신호는 선박이 서로 시계 내에 있는 경우에 행한다.

28. 좁은 수로를 통항하는 선박이 횡단하는 선박의 의도가 의심스러운 때에 이용할 수 있는 음향신호는?

가. 장음 2회, 단음 1회
나. 장음 2회, 단음 2회
사. 장음 1회
아. 급속한 단음 5회 이상

29. 좁은 수로에서 추월선이 피추월선의 우현측으로 추월하고자 할 때의 신호는 다음 중 어느 것인가?

가. 장음, 단음, 장음, 단음
나. 장음, 장음, 단음
사. 장음, 장음, 단음, 단음
아. 단음, 장음, 단음, 장음

해설 좁은 수로에서의 추월신호
㉠ 우현 쪽 추월신호 : 장음 2회, 단음 1회 (장-장-단) (― ― •)
㉡ 좌현 쪽 추월신호 : 장음 2회, 단음 2회 (장-장-단-단) (― ― • •)
㉢ 피추월선의 동의신호 : 장-단-장-단 (― • ― •)

30. 다음은 국제해상충돌예방규칙상 음향신호에 관한 사항이다. ( )에 적합한 것을 바르게 짝지은 것은?

> 좁은 수로에서 장음·장음·단음은 ( ) 의도를, 장음·장음·단음·단음은 ( ) 의도를, 장음·단음·장음·단음은 ( ) 신호를 뜻한다.

가. 우현추월, 좌현추월, 동의
나. 좌현추월, 우현추월, 동의
사. 추월제의, 추월허락, 부동의
아. 추월가능현, 피추월제의, 부동의

Answer 28 아 29 나 30 가

31 "좁은 수로의 굽은 부분 또는 장애물로 인하여 다른 선박을 볼 수 없는 수역에 접근하는 선박은 ( )의 기적신호를 울려야 한다." ( ) 안에 알맞은 것은?

가. 단음 1회
나. 단음 2회
사. 장음 1회
아. 장음 2회

32 자선의 부근에 있는 선박에서 발하는 섬광 1회의 발광신호를 보았다. 이 선박은 어떤 의사표시를 하였나?

가. 나는 좌현으로 변침하고 있는 중이다.
나. 나는 우현으로 변침하고 있는 중이다.
사. 나는 현재 선망작업에 종사하고 있다.
아. 나는 우현으로 변침하였다.

33 침로를 오른쪽으로 변경하고 있는 동력선의 발광신호에 해당하는 것은?

가. 섬광 1회
나. 섬광 2회
사. 섬광 3회
아. 섬광 4회

34 국제해상충돌예방규칙상 섬광등이라 함은 매 분에 몇 회 이상의 회수로 규칙적인 섬광을 발하는 등화를 말하는가?

가. 60번
나. 90번
사. 120번
아. 200번

해설 섬광등이라 함은 매분 120 또는 그 이상의 회수로 규칙적인 섬광을 발하는 등화를 말한다.

35 제한된 시계 내에서 2분간을 초과하지 않는 간격으로 장음 1회에 이어 단음 2회의 신호를 들었다. 이 선박은 어떤 상태의 선박인가?

가. 대수속력이 있는 동력선이다.
나. 피예인선이다.
사. 정박하고 있는 선박이다.
아. 어로작업에 종사하고 있는 선박이다.

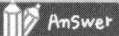
31 사 32 나 33 가 34 사 35 아

단원별 3급 항해사

> 해설
> 가. 대수속력이 있는 동력선 : 2분을 넘지 않는 간격으로 장음 1회
> 나. 피예인선 : 2분을 넘지 않는 간격으로 장 – 단 – 단 – 단
> 사. 정박선 : 1분을 넘지 않는 간격으로 5초간 호종
> 아. 어로작업선, 조종불능선, 조종제한선, 범선, 예인선, 흘수제약선 모두 같다.

36 국제해상충돌예방규칙상 길이 60미터인 동력선의 정박시의 안개신호는?

가. 1분을 넘지 않는 간격으로 5초간 급속히 타종한다.
나. 2분을 넘지 않는 간격으로 5초간 급속히 타종한다.
사. 1분을 넘지 않는 간격으로 5초간 급속히 타종 후 징을 울린다.
아. 2분을 넘지 않는 간격으로 5초간 급속히 타종 후 5초간 징을 울린다.

> 해설 제한된 시계에서 정박선의 음향신호
>
> | 닻 정박선 | 100m 미만 | 1분 이하 | 5초간의 호종난타 | 접근해오는 다른 선박에 경고 신호 • ─ • (단–장–단) |
> |---|---|---|---|---|
> | | 100m 이상 | | 5초간의 호종 후 징 5초간 | |

37 국제해상충돌예방규칙상 제한시계 내에서 장음 1회에 이어 단음 2회의 기적신호가 2분을 넘지 않는 간격으로 들린다. 이 선박은?

가. 항행중인 동력선
나. 흘수제약선
사. 끌려가고 있는 선박
아. 얹혀있는 선박

> 해설 어로작업선, 조종불능선, 조종제한선, 범선, 예인선, 흘수제약선 ▶ 장 – 단 – 단

38 국제해상충돌예방규칙상 제한된 시정 내에서의 범선 또는 조종이 자유롭지 못한 선박이 울려야 하는 신호는?

가. 2분간을 넘지 아니하는 간격으로 장음 1회
나. 장음 1회에 이은 단음 3회
사. 2분간을 넘지 아니하는 간격으로 장음 1회에 이은 단음 2회
아. 장음 사이의 간격이 약 2초인 연속한 장음 2회

Answer 36 가 37 나 38 사

39 국제해상충돌예방규칙중 음향신호에 관한 다음 기술 중 잘못된 것은?

가. 기적에 의한 단음 1회는 침로를 우현쪽으로 변경하고 있다는 의미이다.
나. 장음 2회, 단음 1회의 기적신호는 우현쪽으로 추월하고자 한다는 의미이다.
사. 추월당하게 될 선박의 동의표시는 장음 1회, 단음 2회의 순서로 한다.
아. 시정이 제한된 상태에서는 추월신호를 하지 않는다.

> 해설
> - 피추월선의 동의신호는 장 - 단 - 장 - 단
> - 조종신호, 추월신호 등은 서로 시계 내에서 행하는 신호이다.

40 다음 중 국제해상충돌예방규칙상 제한된 시계에서 2분을 넘지 않는 간격으로 장음 1회와 단음 2회의 음향신호를 울려야 하는 선박과 거리가 먼 것은?

가. 범선
나. 항해중인 조종불능선
사. 도선업무에 종사하고 있는 선박
아. 흘수제약선

> 해설 조종불능선, 조종제한선, 흘수제한선, 범선, 어로에 종사하고 있는 선박 또는 다른 선박을 끌고 있거나 밀고 있는 선박은 제한된 시계에서 2분을 넘지 않는 간격으로 장음 1회와 단음 2회의 음향신호를 울려야 한다.
> 사. 도선업무에 종사하고 있은 선박의 음향신호는 단음 4회를 울려야 한다.

41 다음 중 국제해상충돌예방규칙상 굴곡부신호로 옳은 것은?

가. 장음 1회
나. 단음 1회
사. 장음 2회
아. 단음 2회

42 다음 중 국제해상충돌예방규칙상의 무중신호에 관한 규정과 가장 거리가 먼 것은?

가. 대수속력이 있는 동력선은 2분을 넘지 않는 간격으로 장음 1회를 울려야 한다.
나. 조종불능선은 2분을 넘지 않는 간격으로 장음 1회에 이어 단음 2회를 울려야 한다.
사. 대수속력이 있는 도선선이 도선업무에 종사하고 있는 경우에는 2분을 넘지 않는 간격으로 장음 1회를 울리고, 이에 부가하여 단음 4회의 식별신호를 울릴 수 있다.
아. 길이 20미터인 어로에 종사하고 있는 선박이 정박한 때에는 1분을 넘지 않는 간격으로 약 10초 동안 급속히 호종을 울려야 한다.

> 해설 아. 어로에 종사하지 않을 때는 100m 미만의 선박으로 1분을 넘지 않는 간격으로 5초 정도 급속히 호종을 울려야 한다. 그러나 어로에 종사하고 있는 어선은 2분을 넘지 않는 간격으로 장음 1회와 단음 2회의 음향신호를 울려야 한다.

Answer 39 사 40 사 41 가 42 아

43. 국제해상충돌예방규칙상 무중 항해 시 2분을 넘지 않는 간격으로 장음 1회와 다음 2회의 신호를 울려야 하는 선박에 해당하지 않는 것은?

가. 조종불능선
나. 조종성능제한선
사. 범선
아. 대수속력이 없는 동력선

해설 아. 대수속력이 없는 동력선은 2분을 넘지 아니하는 간격으로 장음 2회

44. 다음 중 국제해상충돌예방규칙에서 길이 80미터 이상인 선박이 준수하여야 할 규칙으로서 잘못 기술된 것은?

가. 항행중인 동력선은 야간에 마스트등 2개, 양 현등 및 선미등을 표시하여야 한다.
나. 항행중인 범선은 무중 2분을 넘지 않는 간격으로 장음 1회에 이어 단음 2회를 울려야 한다.
사. 좌초된 선박은 선수에 백색 전주등 1개와 이에 추가하여 가장 잘 보이는 곳에 위아래로 홍색 전주등 2개를 표시하여야 한다.
아. 음향신호장치는 기적(whistle), 호종(bell) 및 징(gong)을 비치하여야 한다.

해설 아. 길이 12m 이상 100m 미만의 선박은 기적 1개 + 호종 1개
길이 100m 이상일 때는 기적 1개 + 호종 1개 + 징
길이 12미터 이상의 선박은 기적 1개를 그리고 길이 20미터 이상의 선박은 기적 1개 및 호종 1개를 장비하여야 하며, 길이 100미터 이상의 선박은 이에 부가하여 음조 및 음성이 호종과 혼동되지 아니하는 징 1개를 장비하여야 한다. 기적, 호종 및 징은 이 규칙 부속서 Ⅲ에 명시된 것과 일치하여야 한다. 호종 또는 징 또는 이들 양자는 각기 동일한 음향특성을 가진 다른 장비로 대치될 수 있다. 다만, 이들은 규정된 신호를 수동으로도 항시 낼 수 있어야 한다.
길이 12미터 미만의 선박은 이 조문에 규정된 음향신호기구를 장비하지 아니하여도 되지만, 이와 같은 기구를 장비하지 아니할 경우에는, 유효한 음향신호를 발하는 다른 수단을 가져야 한다.

Answer 43 아 44 아

5. 통항분리방식

01 다음 ( )안에 알맞은 말은?

> 항로지정제도란 선박이 통항하는 ( ) 기타 선박운항에 관한 사항을 지정하는 제도를 말한다.

가. 통항로 · 분리선
나. 분리대 · 항로
사. 항로 · 속력
아. 분리 · 선속력

해설 항로지정제도란 선박이 통항하는 항로, 속력 및 그 밖에 선박 운항에 관한 사항을 지정하는 제도를 말한다.

02 해사안전법상 통항분리수역 안에서 지켜야 할 사항이 아닌 것은?

가. 통항로 안에서는 지정된 선박의 진행방향으로 항행하여야 한다.
나. 분리선 또는 분리대와 떨어져서 항행하여야 한다.
사. 통항로의 어느 한 측면에서 출입하는 경우에는 그 통항로에 대하여 정하여진 진행방향에 대하여 소각도로 출입하여야 한다.
아. 가능한 한 통항분리선 또는 분리대에 가깝게 항행하여야 한다.

해설 아. 가능한 한 통항분리선 또는 분리대에서 멀리 떨어져야 한다.
통항분리방식
① 이 규정은 국제해사기구가 채택한 통항분리방식에 적용하며 어떤 선박에게도 다른 규정에 의한 의무를 면제하는 것은 아니다.
② 통항분리방식을 이용하는 선박은 다음 사항을 준수하여야 한다.
  ㉠ 통항로 안에서는 정해진 진행방향으로 항행할 것
  ㉡ 분리선이나 분리대에서 될 수 있으면 떨어져서 항행할 것
  ㉢ 통항로의 출입구를 통하여 출입하는 것을 원칙으로 하되, 통항로의 옆쪽으로 출입하는 경우에는 그 통항로에 대하여 정하여진 선박의 진행방향에 대하여 될 수 있으면 작은 각도로 출입할 것
③ 선박은 통항로를 횡단하여서는 아니된다. 다만, 부득이한 사유로 그 통항로를 횡단하여야 하는 경우에는 그 통항로와 선수방향이 직각에 가까운 각도로 횡단하여야 한다.
④ ㉠ 가까이 있는 통항분리방식 내에 있는 적합한 통로를 안전하게 사용할 수 있는 선박은 연안통항대를 사용하여서는 아니된다. 그러나 길이 20미터 미만의 선박, 범선 및 어로에 종사중인 선박은 연안통항대를 사용할 수 있다.
  ㉡ ④항 ㉠의 규정에도 불구하고 인접한 항구로 출입항하는 선박, 연안통항대내에 위치하여 있는 기지, 구조물 또는 도선사 승하선 장소에 출입하는 선박이나 급박한 위험을 피하기 위한 선박은 연안통항대를 사용할 수 있다.

Answer 01 사 02 아

⑤ 통로를 횡단하는 선박 또는 통로에 진입하거나 통로를 떠나는 선박 이외의 선박은 아래의 경우를 제외하고는 통상적으로, 분리대내에 들어가거나 분리선을 넘어서는 아니된다.
  ⊙ 절박한 위험을 피하기 위한 긴급한 경우
  ⓒ 분리대내에서 어로에 종사하고자 하는 경우
⑥ 통항분리방식의 종점부근을 항해하는 선박은 특별한 주의를 하며 항행하여야 한다.
⑦ 선박은 통항분리방식내 혹은 그 종점부근의 해역에서 가능한 한 묘박을 피하여야 한다.
⑧ 통항분리방식을 이용하지 아니하는 선박은 가능한 한 넓은 여지를 두고 그것을 피하여야 한다.
⑨ 어로에 종사중인 선박은 통로를 따라 진행하는 모든 선박의 통행을 방해하여서는 아니된다.
⑩ 길이 20미터 미만의 선박이나 범선은 통항로를 따라 항행하고 있는 다른 선박의 항행을 방해하여서는 아니된다.
⑪ 통항분리대 내에서 항해의 안전을 유지하기 위한 작업에 종사중이기 때문에 기동성이 제한되어 있는 선박은 그 작업을 수행하는데 필요한 범위 내에서 이 규칙의 준수가 면제된다.
⑫ 통항분리대 내에서 해저전선의 부설, 보수 또는 인양작업에 종사중이기 때문에 기동성이 제한되어 있는 선박은 작업을 수행하는데 필요한 범위 내에서 이 규칙의 준수가 면제된다.

03 다음 중 부득이 통항분리대를 횡단해야 하는 선박은 어떻게 항행하여야 하는가?

가. 가능한 선수방향이 통항로에 직각에 가깝게 횡단한다.
나. 가능한 통항로에 비스듬히 진입하여 소각도로 횡단한다.
사. 횡단선의 항법에 의거하여 유지선인 경우는 상관없다.
아. 어떤 경우도 횡단해서는 안된다.

04 다음 중 연안항로대(Inshore traffic zone)를 사용할 수 없는 선박은?

가. 급박한 위험을 피하기 위한 선박
나. 흘수의 제약을 받는 선박
사. 연안항로대에 있는 구조물이나 도선사 승하선 장소에 출입하는 선박
아. 인접한 항구에 출입항하는 선박

해설 Inshore traffic zone(연안통항대) : 통항분리수역의 육지 쪽 경계선과 해안 사이의 수역
▶ 가까이 있는 통항분리방식내에 있는 적합한 통로를 안전하게 사용할 수 있는 선박은 연안통항대를 사용하여서는 아니된다. 그러나 길이 20미터 미만의 선박, 범선 및 어로에 종사중인 선박은 연안통항대를 사용할 수 있다.
▶ 위의 규정에도 불구하고 인접한 항구로 출입항하는 선박, 연안통항대내에 위치하여 있는 기지, 구조물 또는 도선사 승하선 장소에 출입하는 선박이나 급박한 위험을 피하기 위한 선박은 연안통항대를 사용할 수 있다.

Answer 03 가 04 나

05 연안통항대라 함은 ( )의 ( )쪽 경계선과 ( ) 사이의 수역을 말한다. ( )에 모두 적합한 것은?

가. 통항분리수역, 육지, 해안
나. 분리선, 해양, 분리대
사. 해양, 바깥, 분리선
아. 분리대, 해양, 항로

06 통항분리수역 안에서의 항법에 대한 설명 중 틀린 것은?

가. 분리대 및 분리선으로부터 가능한 한 떨어져서 항행해야 한다.
나. 통항로의 횡단은 가능한 한 피해야 한다.
사. 통항분리수역 안에서는 어로작업을 할 수 없다.
아. 합당한 통항로 안에서 일반적인 교통방향을 따라서 진행해야 한다.

> 해설 통항분리수역 안에서는 어로작업을 할 수 없는 것이 아니라 어로에 종사중인 선박은 통항로를 따라 진행하는 모든 선박의 통행을 방해하여서는 아니된다.

07 통항분리수역을 이용하는 방법으로 적절하지 않는 것은?

가. 통항로에 출입시엔 가능한 한 통항로가 끝나는 곳에서 출입해야 한다.
나. 가능한 한 통항로를 횡단하는 것을 피한다. 그러나 불가피할 때는 진행방향에 대하여 소각도로 횡단해야 한다.
사. 통항로가 끝나는 구역에서 항행시에는 특별한 주의를 해야 한다.
아. 통항로를 이용하지 않는 선박은 가능한 한 통항로로부터 충분히 떨어져서 항행해야 한다.

> 해설 선박은 가능한 한, 지정통로를 횡단하는 것을 피하여야 하지만 부득이 그렇게 하지 아니하면 아니 되는 경우에는 일반적인 교통방향에 대하여, 자선의 선수방향이 가능한 한 직각에 가깝게 횡단하여야 한다.

08 통항분리수역의 분리대에 들어가거나 또는 분리선을 횡단할 수 있는 경우가 아닌 것은?

가. 긴급 해양사고를 피하기 위하여
나. 절박한 위험을 피하기 위하여
사. 단거리로 직항하기 위하여
아. 고기를 잡기 위하여

> 해설 통로를 횡단하는 선박 또는 통로에 진입하거나 통로를 떠나는 선박 이외의 선박은 아래의 경우를 제외하고는 통상적으로, 분리대내에 들어가거나 분리선을 넘어서는 아니된다.
> (ⅰ) 절박한 위험을 피하기 위한 긴급한 경우
> (ⅱ) 분리대내에서 어로에 종사하고자 하는 경우

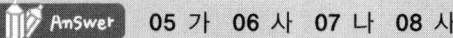 05 가 06 사 07 나 08 사

단원별 3급 항해사

09 통항분리방식을 이용하는 선박의 항법에 관하여 잘못 기술한 것은?
  가. 적합한 교통로 내에서 그 교통로의 일반적인 교통방향을 따라 진행하여야 한다.
  나. 가능한 한 통항분리선 또는 분리대에서 멀리 떨어져야 한다.
  사. 일반적으로 교통로에의 출입은 교통로의 말단에서 하여야 한다.
  아. 측면에서 교통로에 합류할 때에는 일반적인 교통방향에 대하여 대각도로 행하여야 한다.

  해설 통상적으로 지정통로에 합류하거나 이탈할 때에는 통로의 시발점이나 종점에서 그렇게 하여야 한다. 그러나 한 측면에서 합류하거나 이탈할 때는 일반적인 교통방향에 대하여 가능한 한 소각도로 통항하여야 한다.

10 다음 중 국제해상충돌예방규칙의 목적을 위하여 통항분리방식을 채택할 수 있는 기관은?
  가. 국제해사기구   나. 각국 정부
  사. 해양환경보호위원회   아. 유엔총회

11 다음 중 국제해상충돌예방규칙상 해상교통분리수역을 항해하는 선박의 항법에 관한 설명으로서 옳지 않은 것은?
  가. 가능한 한 교통분리대에 접근하지 않아야 한다.
  나. 통항로의 측면에서 통항로에 진입할 때에는 일반적인 교통 흐름방향에 대하여 소각도로 진입하여야 한다.
  사. 부득이 통항로를 횡단할 때에는 조류의 흐름 등을 고려하여 통항로를 대각선으로 횡단하여야 한다.
  아. 적합한 통항로 안에서 그 통항로의 일반적인 교통방향을 따라 항해하여야 한다.

  해설 선박은 통항로를 횡단하여서는 아니된다. 다만, 부득이한 사유로 그 통항로를 횡단하여야 하는 경우에는 그 통항로와 선수방향이 직각에 가까운 각도로 횡단하여야 한다.

Answer 09 아 10 가 11 사

부록

최근 기출문제

2022년 제4회 3급 항해사 시험

기출문제는 수험생의 기억에 의존하여 복원한 것임을 공지합니다. 이 점에 관하여 양지하여 주실 것을 부탁드리며 다만, 그 내용과 정답에는 오류가 없음을 알려드립니다.

2022년 제4회 3급 항해사 시험

항 해

01 보텀 헤비(Bottom heavy)식 자이로컴퍼스에서 로터축의 회전 방향은?
㉮ 북단에서 보았을 때 시계 방향
㉯ 서단에서 보았을 때 시계 방향
㉰ 북단에서 보았을 때 반시계 방향
㉱ 서단에서 보았을 때 반시계 방향

02 다음 중 자기 컴퍼스의 오차가 아닌 것은?
㉮ 기선 오차
㉯ 가속도 오차
㉰ 방위 오차
㉱ Pivot의 마찰 오차

03 자이로컴퍼스에서 원심력에 의한 동요오차를 수정하는 방법은?
㉮ 러버링을 돌려 수정한다.
㉯ 보정추를 부착하여 수정한다.
㉰ 적분기를 사용하여 수정한다.
㉱ 침로나 방위에 오차를 가감하여 개정한다.

04 Doppler log 지시오차의 원인이 아닌 것은?
㉮ 수온의 영향
㉯ 선체 동요의 영향
㉰ 기포의 영향
㉱ 송수파기의 감도 불량

Answer 01 ㉰ 02 ㉯ 03 ㉯ 04 ㉱

05 전파를 한 방향에서만 발사하여 일정한 항로를 지시하는 것이며, Radio range라고도 하는 무선표지국은?

㉮ Distance finding station
㉯ Circular radio beacon station(R.C.)
㉰ Rotating radio beacon station(R.W.)
㉱ Directional radio beacon station(R.D.)

06 다음 중 등대의 등질 종류가 아닌 것은?

㉮ 도등
㉯ 명암등
㉰ 섬광등
㉱ 부동등

07 레이콘(Racon) 이용 시 주의할 사항으로 옳지 않은 것은?

㉮ S-밴드 레이더에는 작동되지 않는 레이콘도 있다.
㉯ 육상에 설치된 레이콘은 때로는 식별이 어려운 경우도 있다.
㉰ 수신되는 파가 강하므로 수신감도를 낮추어 측정하는 것이 좋다.
㉱ 주변에 여러 개의 레이콘이 있을 경우 거짓상이 많이 나타나 식별이 거의 불가능하다.

08 항로표지 전반에 관한 사항을 상세히 수록한 서지는?

㉮ 조석표
㉯ 천측력
㉰ 등대표
㉱ 항로지

09 해도도식 중 <u>20</u> 의 의미는?

㉮ 20m의 음측 수심
㉯ 20m 미만의 수심
㉰ 20m 이상의 수심
㉱ 20m까지 소해된 수심

Answer 05 ㉱ 06 ㉮ 07 ㉰ 08 ㉰ 09 ㉱

10 일조부등에 대한 설명으로 옳지 않은 것은?

㉮ 달이 적도 부근에 왔을 때 일조부등이 크다.
㉯ 1일 1회의 고조와 저조가 생기는 일도 있다.
㉰ 심한 지방은 해도의 표제기사에 기재되어 있다.
㉱ 같은 날에 연이어 일어나는 2회의 고조 또는 저조의 높이가 같지 않은 것을 말한다.

11 쿠로시오에 대한 설명으로 옳지 않은 것은?

㉮ 난류이다.
㉯ 우리나라에 가장 큰 영향을 주는 해류이다.
㉰ 북적도 해류의 서쪽 끝에서 북으로 방향 전환하는 곳에서부터 시작한다.
㉱ 쿠로시오를 일으키는 원동력은 적도 반류이고, 해류의 구조는 보류의 특징을 가지고 있다.

12 수평협각에 의한 위치선을 구할 때 필요한 도구가 아닌 것은?

㉮ 육분의(Sextant) ㉯ 평행자(Parallel ruler)
㉰ 항해용 해도(Nautical chart) ㉱ 삼간분도기(Three arm protractor)

13 교차방위법에 대한 설명으로 옳지 않은 것은?

㉮ 먼 물표보다는 가까운 물표를 선정한다.
㉯ 방위 변화가 빠른 물표를 나중에 측정한다.
㉰ 해도상의 위치가 정확하고, 뚜렷한 물표를 선정한다.
㉱ 물표가 선수미선의 어느 한 쪽으로만 있을 경우 뒤에서부터 앞으로 측정하는 것이 오차가 작다.

14 다음 중 적도와 평행인 소권은?

㉮ 변경 ㉯ 변위
㉰ 항정선 ㉱ 거등권

Answer 10 ㉮ 11 ㉱ 12 ㉯ 13 ㉱ 14 ㉱

15 중분위도항법을 사용하는 것이 유리한 경우는?

㉮ 중분위도가 60° 이하일 때
㉯ 항정이 1,000해리 이상일 때
㉰ 침로가 남북 방향에 가까울 때
㉱ 출발점과 도착점 사이에 적도가 끼어 있을 때

16 피험선의 선정 방법으로 옳은 것을 〈보기〉에서 모두 고른 것은?

> ㄱ. 산 정상의 레이더 거리에 의한 방법
> ㄴ. 측면에 있는 물표의 거리에 의한 방법
> ㄷ. 두 물표의 중시선에 의한 방법
> ㄹ. 정횡방향 물표의 방위에 의한 방법

㉮ ㄱ, ㄴ   ㉯ ㄴ, ㄷ
㉰ ㄷ, ㄹ   ㉱ ㄱ, ㄹ

17 계산고도 방위각표에서 고도와 방위각을 산출하기 위한 3요소가 아닌 것은?

㉮ 위도   ㉯ 경도
㉰ 적위   ㉱ 자오선각

18 다음 고도 개정요소 중 항상 (+)를 해 주는 것은?

㉮ 시차   ㉯ 천문 기차
㉰ 안고차   ㉱ 육분의 기차

19 다음 중 시각대 및 날짜 변경선에 대한 설명으로 옳지 않은 것은?

㉮ 날짜 변경선은 경도 180°를 기준으로 설정되어 있다.
㉯ 인접한 두 시각대 사이에는 1시간의 시간차가 있다.
㉰ 선박이 동쪽으로 진행하게 되면 시간을 전진하여 사용한다.
㉱ 선박이 동쪽으로 진행하면서 날짜 변경선을 통과하게 되면 1일을 전진하여 사용한다.

Answer: 15 ㉮ 16 ㉯ 17 ㉯ 18 ㉮ 19 ㉱

20 레이더의 거짓상에 관한 설명으로 옳지 않은 것은?
㉮ 다중 반사는 안테나의 주엽과 측엽의 차이가 거의 없을 때 발생한다.
㉯ 2차 소인에 의한 거짓상은 주로 초굴절에 의한 도관 현상으로 발생하는 것이다.
㉰ 간접 반사에 의한 거짓상은 진영상과 거리가 거의 동일하고 Blind sector에서 주로 발생한다.
㉱ 거울면 반사에 의한 거짓상은 수로, 운하 등을 항행할 때 주로 Shadow effect가 나타나는 구간에 발생한다.

21 ARPA radar의 화면에 표시되는 상대벡터만으로 알 수 있는 정보는?
㉮ 상대선의 진침로를 쉽게 알 수 있다.
㉯ 상대선의 진속력을 쉽게 알 수 있다.
㉰ 상대선과의 충돌 여부를 쉽게 알 수 있다.
㉱ 충돌점(Possible point of collision)을 쉽게 알 수 있다.

22 레이더 사용 중 스콜과 같은 호우 시 안테나에서 직선편파를 원편파로 바꾸어 비의 방해를 크게 경감시키는 것은?
㉮ FTC
㉯ Circularizer
㉰ Gunn oscillator
㉱ Automatic frequency control

23 레이더에서 마이크로파를 사용하는 이유가 아닌 것은?
㉮ 직진성이 좋다.
㉯ 지향성이 좋다.
㉰ 높은 전력을 발생하기 쉽다.
㉱ 작은 물체로부터의 반사가 강하다.

Answer 20 ㉮ 21 ㉰ 22 ㉯ 23 ㉰

24. GPS에서 의사 거리(Pseudo range)란 무엇인가?
    ㉮ 본선의 위치 결정에 이용한 2개 위성간의 거리
    ㉯ GPS 오차를 소거한 본선과 위성까지의 실제거리
    ㉰ 수신기 시계오차가 포함된 본선과 위성까지의 거리
    ㉱ 육상의 감시국에서 관측하여 송신한 본선과 위성까지의 거리

25. 입항 항로를 선정하기 위해 사전에 조사할 내용이 아닌 것은?
    ㉮ 항로에 관한 자료 및 그 정밀성
    ㉯ 항만의 상황, 저질, 기상, 항만 관계의 법규
    ㉰ 묘박지에 정박되어 있는 선박의 수 및 하역 능력
    ㉱ 자기 선박의 항해 목적, 선형이나 흘수의 대소 및 조종 성능

Answer: 24 ㉰ 25 ㉰

운용

01 배수톤수(Displacement tonnage)에 대한 설명으로 옳지 않은 것은?

㉮ 화물의 적재량 계산에 이용된다.
㉯ 배수톤수는 화물의 적재량에 따라 변한다.
㉰ 각 흘수에 대한 배수톤수는 배수량등곡선도에서 구한다.
㉱ 선체의 수면 위 노출된 부분의 용적에 상당하는 물의 중량이다.

02 강선의 부식과 부식방지에 대한 설명으로 옳지 않은 것은?

㉮ 방청용 페인트나 시멘트 등을 발라서 습기의 접촉을 차단한다.
㉯ 부식이 심한 장소의 파이프는 아연 또는 주석도금한 것을 사용한다.
㉰ 타판과 수면하 선미 부분에는 아연판을 부착하여 전식작용을 막는다.
㉱ 유조선에서는 탱크 내에 불활성 가스를 주입하므로 선체 방식에 다른 부가설비가 필요하지 않다.

03 선박 의장수의 계산에 필요한 요소가 아닌 것은?

㉮ 선박 길이   ㉯ 선박의 너비
㉰ 흘수 및 트림   ㉱ 선루 또는 갑판실의 높이

04 천수의 영향에 의하여 선체에 나타나는 현상으로 옳지 않은 것은?

㉮ 종요가 일어난다.   ㉯ 타효가 떨어진다.
㉰ 저항이 증가한다.   ㉱ 흘수가 증가한다.

05 국제해사기구(IMO) 선박조종성 기준에서 규정하는 최대 타각(전타각)에 의한 선회종거(Advance)는 선체길이(L)의 몇 배를 초과하지 않아야 하는가?

㉮ 3.5L   ㉯ 4L
㉰ 4.5L   ㉱ 5L

Answer 01 ㉱ 02 ㉱ 03 ㉰ 04 ㉮ 05 ㉰

06 선체 피칭(Pitching) 중 파랑이 선수 아랫부분을 때리는 현상은?
㉮ Panting ㉯ Lurching
㉰ Racking ㉱ Slamming

07 황천조선법 중 풍랑을 우현선미에서 받으며 파에 쫓기는 자세로 항주하는 것은?
㉮ Lie to ㉯ Scudding
㉰ Heave to ㉱ Sea anchor

08 GM 값이 커질 때 나타나는 현상은?
㉮ 복원력이 감소한다.
㉯ 횡요주기가 짧아진다.
㉰ 전복의 위험성이 커진다.
㉱ 승선자가 더 편안한 느낌을 갖게 된다.

09 선박의 경사시험에 대한 설명으로 옳지 않은 것은?
㉮ 배수량등곡선도를 이용한다.
㉯ 주로 경하상태에서 실시한다.
㉰ Keel에서 중심까지 높이를 알 수 있다.
㉱ 갑판상에서 중량물을 종방향으로 일정거리 이동하여 구한다.

10 배수량이 200톤이고 GM이 1미터인 선박이 우현으로 10도 경사하였을 때 초기 복원력은? (단, sin10°의 값은 0.15이다.)
㉮ 7.5m-ton ㉯ 15.0m-ton
㉰ 30.0m-ton ㉱ 40.0m-ton

11 주묘는 선체의 스윙(Swing)이 심해져 닻에 걸리는 하중이 증가할 때 발생하기 쉬운 데, 이 스윙을 완화시키기 위한 조치로 옳지 않은 것은?

㉮ 흘수를 증가시킨다.
㉯ 2개의 닻을 'V'자형으로 투묘한다.
㉰ Trim by the stern 상태가 되도록 한다.
㉱ Bow thruster를 사용하여 선수를 바람이 불어오는 쪽으로 유지한다.

12 야간항해 시 주의하여야 할 사항이 아닌 것은?

㉮ 경계를 철저히 한다.
㉯ 야간에는 특히 물표 선정에 유의한다.
㉰ 야간항해 당직 전에는 충분한 휴식을 취해 둔다.
㉱ 선박의 위치에 의문이 생기면 침로를 해안선 가까이로 하여 선위를 쉽게 측정하도록 한다.

13 다음 중 전선에 관한 설명으로 옳지 않은 것은?

㉮ 장마전선은 일종의 정체전선이다.
㉯ 대부분의 온난전선은 활승전선이다.
㉰ 정체전선은 남북으로 놓일 때가 많다.
㉱ 한랭전선의 이동속도가 온난전선보다 빨라서 발생하는 것은 폐색전선이다.

14 안개의 생성에 관한 설명으로 옳지 않은 것은?

㉮ 공기가 수증기를 다량으로 함유하고 있어야 한다.
㉯ 대기 중에 흡습성의 미립자가 많이 부유하고 있어야 한다.
㉰ 안개는 간접 냉각보다 직접 냉각에 의하여 더 잘 발생한다.
㉱ 바람이 강하고 상공에 기온의 역전이 있을 때 잘 발생한다.

Answer 11 ㉰ 12 ㉱ 13 ㉰ 14 ㉱

15. 섭씨 온도 10℃를 화씨 온도(°F)로 환산하면?
㉮ 32°F
㉯ 42°F
㉰ 50°F
㉱ 60°F

16. 디젤기관의 운전 중 배기가스가 청백색을 띠는 경우는?
㉮ 윤활유가 연소할 경우
㉯ 연료유에 물이 혼입될 경우
㉰ 연료 분사량이 너무 많을 경우
㉱ 실린더 내로 냉각수가 누설될 경우

17. 원심펌프 운전 중 흡입밸브를 사용하여 송출유량을 조절할 경우 나타날 수 있는 현상은?
㉮ 서징
㉯ 공동현상
㉰ 맥동현상
㉱ Vapor lock 현상

18. 매개체가 없이 열(에너지)이 빛과 전자파의 형태로 공간을 직선으로 가로질러 전달되는 현상은?
㉮ 복사
㉯ 대류
㉰ 전도
㉱ 혼합

19. 선박의 충돌 직전이나 충돌 후 취할 조치로 옳지 않은 것은?
㉮ 침수구역이 최소화 되도록 수밀문을 신속히 차단한다.
㉯ 급박한 위험이 있을 때는 다른 선박에게 구조를 요청한다.
㉰ 충돌 직후 기관을 전속 후진하여 본선을 상대선으로부터 떨어지게 한다.
㉱ 최선을 다하여 충돌회피 동작을 취하되 충돌이 불가피함을 알았을 때에는 가능한 한 선체의 타력을 줄인다.

Answer 15 ㉰ 16 ㉮ 17 ㉯ 18 ㉮ 19 ㉰

20
국제항해에 종사한 후 입항 시 선장이 모든 선원의 건강상태를 확인하고 관할 검역소에 제출하는 서류는?

㉮ 검역증명서
㉯ 건강상태 증명서
㉰ 예방접종증명서
㉱ 선박 보건상태 신고서

21
일사병에 대한 설명으로 옳은 것은?

㉮ 감염병과 같은 질환에 의해 체온이 많이 오르면 발생되는 증상이다.
㉯ 체온조절 중추신경이 발달되지 못한 어린이들에게 생기는 증상이다.
㉰ 강한 햇볕에 오랫동안 쬐어 체온조절 기능을 상실하여 일어나는 증상이다.
㉱ 세균이 인체에 침입하여 번식됨으로 인해 체온이 상승하여 일어나는 증상이다.

22
수색구조 작업(SAR operations)에서 항공기가 선박상공을 1회 이상 선회한 후 선수 가까이서 낮게 떠서 날개를 흔들며 지나갔다면 그 의미는?

㉮ 즉시 정선하라.
㉯ 계속 항진하라.
㉰ 교신준비를 하라.
㉱ 비행방향으로 침로를 바꾸어 항진하라.

23
수색목표물의 위치가 상대적으로 가까운 한계 내에 있는 것으로 알려졌을 때 가장 효과적이며, 수색 개시지점이 기준 위치(Datum position)인 수색방식은?

㉮ 항적선 수색방식
㉯ 확대사각 수색방식
㉰ 평행선항적 수색방식
㉱ 항공기, 선박 합동 수색방식

24
선원법상 총톤수 600톤인 내항여객선 선장이 탑승한 모든 여객에게 비상상황을 알리기 위하여 비상신호를 하는 방법으로 옳은 것은?

㉮ 비상신호 없이 안내방송을 한다.
㉯ 기적이나 사이렌을 이용하여 연속 7회의 장음으로 한다.
㉰ 기적이나 사이렌을 이용하여 연속 7회의 단음과 계속 1회의 장음으로 한다.
㉱ 기적이나 사이렌을 이용하여 연속 7회의 장음과 계속 1회의 단음으로 한다.

Answer 20 ㉱ 21 ㉰ 22 ㉱ 23 ㉯ 24 ㉰

25. STCW 협약상 유조선 및 케미컬 탱커의 선장, 해기사 및 부원이 되고자 하는 자가 갖추어야 할 최소한의 자격요건으로 옳지 않은 것은?

㉮ 최소한 1개월의 유조선 및 케미컬 탱커에서의 승인된 승무경력과 STCW code 제A-V/1조의 해기능력을 충족하면 기초 승무자격증을 받을 수 있다.

㉯ 유조선에서 선장, 기관장, 1등항해사, 1등기관사와 화물 관련 작업에 대하여 직접 책임을 지는 모든 사람은 유조선 하역작업을 위한 상급 승무자격증을 소지하여야 한다.

㉰ 유조선 및 케미컬 탱커의 화물과 하역장치에 관련된 특정한 임무와 책임을 담당하는 해기사와 부원은 기초 승무자격증(Certificate of proficiency)을 소지하여야 한다.

㉱ 유조선 및 케미컬 탱커의 기초교육을 이수하고, 유조선에서 최소 3개월의 승인된 승무경력을 갖추어 유조선 직무(상급)교육을 이수하면 상급 승무자격증을 받을 수 있다.

Answer 25 ㉮

법규

01 선박의 입항 및 출항 등에 관한 법률상 우선피항선에 관한 설명으로 옳지 않은 것은?
㉮ 우선피항선은 다른 선박의 진로를 피하여야 한다.
㉯ 우선피항선은 관리청이 지정한 정박지 외의 다른 장소에 정박할 수 없다.
㉰ 우선피항선은 다른 선박의 항행에 방해가 될 우려가 있는 장소에 정박하여서는 아니 된다.
㉱ 우선피항선은 무역항의 수상구역등에 출입할 때 지정·고시된 항로를 따라 항행하지 않아도 된다.

02 선원법상 선박이 서로 충돌한 경우에 각 선박의 선장이 상대선박에 통보하여야 할 사항이 아닌 것은?
㉮ 선박의 명칭
㉯ 선박의 선적항
㉰ 선박의 소유자
㉱ 선박의 적화물 목록

03 선박직원법상 승무기준을 완화하여 승무를 허가할 수 있는 경우가 아닌 것은?
㉮ 긴급히 도서민을 수송하는 경우
㉯ 해양수산부장관이 해기사의 수급상 부득이 하다고 인정하는 경우
㉰ 선박이 항행 중 선박직원에 결원이 생겼으나 보충하기 곤란한 경우
㉱ 국민경제 또는 국가안보에 중대한 영향을 미치는 물자를 긴급히 수송하는 경우로서 관계기 장의 요청이 있는 경우

04 선박안전법에 의한 검사의 종류가 아닌 것은?
㉮ 건조검사 ㉯ 국제협약검사
㉰ 임시항해검사 ㉱ 항해안전검사

Answer 01 ㉯ 02 ㉱ 03 ㉰ 04 ㉱

05 ( )에 적합한 것은?

"선박안전법상 선박용물건을 수입하고자 하는 자가 선박용물건에 대하여 규정에 따라 검정을 받고자 할 때에는 해양수산부장관의 ( )에 관한 승인을 받아야 한다."

㉮ 형식
㉯ 수입
㉰ 등록
㉱ 등기

06 다음 중 해양사고의 조사 및 심판에 관한 법률상 지방해양안전심판원이 재결로써 심판청구를 기각하여야 하는 경우가 아닌 것은?

㉮ 사건에 대하여 심판권이 없는 경우
㉯ 해양사고의 사실이 없다고 인정하는 경우
㉰ 일사부재리의 원칙상 심판할 수 없는 경우
㉱ 심판의 청구가 법령을 위반하여 제기된 경우

07 해양환경관리법상 기관구역으로부터의 선저폐수 배출요건에 포함되지 않는 것은?

㉮ 항해 중에 배출할 것
㉯ 유분의 순간배출률이 1해리당 30리터 이하일 것
㉰ 배출액 중의 유분농도는 100만분의 15 이하일 것
㉱ 배출 중에는 규정에 정해진 해양오염방지설비를 작동시킬 것

08 ( )에 순서대로 적합한 것은?

"해양환경관리법상 근해구역 또는 원양구역을 운항하는 총톤수 1,000톤 이상 10,000톤 미만의 유조선에 비치하여야 하는 오일펜스 B형의 길이는 선박길이의 ( )배 또는 ( )미터 중 큰 쪽의 길이이어야 한다."

㉮ 1.5, 100
㉯ 2.0, 100
㉰ 1.5, 150
㉱ 2.0, 150

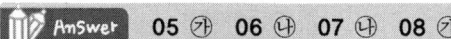

09 상법상 선박의 해난구조에서 구조료를 청구할 수 있는 자는?

㉮ 구조받은 선박에 종사하는 자
㉯ 정당한 거부에도 불구하고 구조를 강행한 자
㉰ 고의 또는 과실로 인하여 해난사고를 야기한 자
㉱ 항해선 또는 그 적하 그 밖의 물건이 어떠한 수면에서 위난에 조우한 경우에 의무 없이 이를 구조한 자

10 상법상 선박의 행방불명을 판단하는 기준으로 옳은 것은?

㉮ 선박의 존부가 1월간 분명하지 아니한 때
㉯ 선박의 존부가 2월간 분명하지 아니한 때
㉰ 선박의 존부가 7일간 분명하지 아니한 때
㉱ 선박의 존부가 15일간 분명하지 아니한 때

11 해사안전법상 교통안전특정해역으로 설정된 수역에 해당하지 않는 곳은?

㉮ 인천구역   ㉯ 평택구역
㉰ 여수구역   ㉱ 울산구역

12 해사안전법상 선박의 안전관리체제를 수립할 때 포함되어야 하는 내용이 아닌 것은?

㉮ 선박 정비에 관한 사항   ㉯ 선장의 책임에 관한 사항
㉰ 선박소유자의 책임에 관한 사항   ㉱ 해양사고 발생 시 손해배상에 관한 사항

13 국제해상충돌방지규칙상 선박간 충돌을 피하기 위한 동작으로 옳지 않은 것은?

㉮ 충돌을 피하기 위한 모든 동작은 항법규칙에 따라서 취하여야 한다.
㉯ 시정이 좋을 때에는 주기관의 감속 또는 후진없이 침로 변경만으로 충돌을 피하여야 한다.
㉰ 두 선박이 접근하면서 충돌위험이 절박한 때 최선의 조치는 전진타력을 완전히 제거하는 것이다.
㉱ 해면이 충분하고 다른 선박과 근접상태가 형성되지 않으면 침로의 변경만으로도 근접상황을 피하는 가장 유효한 동작이 될 수 있다.

Answer 09 ㉱ 10 ㉯ 11 ㉯ 12 ㉱ 13 ㉯

14 국제해상충돌방지규칙상 좁은 수로를 따라 항행하는 선박은 안전을 고려하여 될 수 있으면 좁은 수로의 오른편 끝 쪽에서 항행하여야 하지만 좁은 수로의 오른쪽 통항을 이행할 수 없어 수로의 중앙이나 왼쪽으로 통항할 수 있도록 허용되는 경우가 아닌 것은?

㉮ 선박을 회두시켜 항행침로를 바꾸는 경우
㉯ 항행로 앞쪽에 다른 선박이 멈추어 있는 경우
㉰ 흘수가 깊은 선박이 안전 항로대만을 따라서 항행하는 경우
㉱ 수로의 진행방향이 우현으로 급격히 휘어져서 전방을 제대로 확인할 수 없는 경우

15 국제해상충돌방지규칙상 통항분리수역을 항행하는 선박의 항법에 관한 설명으로 옳지 않은 것은?

㉮ 통항로 안에서는 정하여진 진행방향으로 항행할 것
㉯ 분리선이나 분리대에서 될 수 있으면 떨어져서 항행할 것
㉰ 부득이한 사유로 그 통항로를 횡단하여야 하는 경우에는 조류의 흐름 등을 고려하여 통항로를 대각선으로 횡단할 것
㉱ 통항로의 옆쪽으로 출입하는 경우에는 그 통항로에 대하여 정하여진 선박의 진행방향에 대하여 될 수 있으면 작은 각도로 출입할 것

16 국제해상충돌방지규칙상 서로 시계 안에서 2척의 동력선이 상대의 진로를 횡단할 경우 충돌의 위험이 있을 때 항법으로 옳지 않은 것은?

㉮ 횡단상태 항법은 후진 중인 선박들 간에도 적용한다.
㉯ 어느 선박이든 의심이 있을 때에는 의문신호를 울릴 수 있다.
㉰ 피항선은 피항동작을 취할 때 반드시 조종신호를 하여야 한다.
㉱ 유지선이라도 충돌회피 협력동작을 취할 때에는 반드시 조종신호를 하여야 한다.

17 국제해상충돌방지규칙상 서로 시계 안에서 항행 중인 동력선이 반드시 진로를 피하여야 할 대상 선박이 아닌 것은?

㉮ 범선
㉯ 항행 중인 조종불능선
㉰ 항행 중인 어선
㉱ 정박 중인 조종제한선

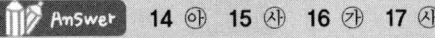

18 국제해상충돌방지규칙상 모든 시계상태에서 적용되는 규정이 아닌 것은?

㉮ 안전한 속력
㉯ 충돌의 위험
㉰ 통항분리제도
㉱ 선박 사이의 책무

19 국제해상충돌방지규칙상 예선등에 대한 설명으로 옳은 것은?

㉮ 예인선의 선미등을 말한다.
㉯ 선미등과 동일한 특성을 가진 황색 등을 말한다.
㉰ 매분 120회 이상의 섬광을 발하는 전주등을 말한다.
㉱ 피예인선의 선미등에 부가하여 표시하는 황색등을 말한다.

20 국제해상충돌방지규칙상 길이 12미터 이상인 선박이 표시하여야 하는 형상물에 대한 규정으로 옳지 않은 것은?

㉮ 흘수제약선은 1개의 원통형 형상물을 표시한다.
㉯ 조종불능선은 수직선상에 2개의 둥근꼴 형상물을 표시한다.
㉰ 범선은 2개의 원뿔을 그 꼭대기에서 위아래로 결합한 형상물을 표시한다.
㉱ 조종제한선은 수직선상에 둥근꼴, 마름모꼴, 둥근꼴 형상물을 표시한다.

21 국제해상충돌방지규칙상 항행 중인 예인선이 마름모꼴 형상물 1개를 표시하여야 하는 예인선열의 길이 기준은?

㉮ 50미터 이상
㉯ 100미터 이상
㉰ 150미터 이상
㉱ 200미터 초과

22 국제해상충돌방지규칙상 제한된 시계 안에서 2분을 넘지 아니하는 간격으로 장음 1회와 단음 2회 신호를 울려야 하는 선박이 아닌 것은? (단, 선박의 길이는 12미터 이상이다.)

㉮ 흘수제약선
㉯ 조종제한선
㉰ 대수속력이 없는 동력선
㉱ 어로에 종사하고 있는

Answer 18 ㉱ 19 ㉯ 20 ㉰ 21 ㉱ 22 ㉰

23 국제해상충돌방지규칙상 둥근꼴 형상물 3개를 앞쪽 마스트의 꼭대기 부근과 앞쪽 마스트의 가름대 양쪽 끝에 각 1개씩 표시하고 있는 선박은?

㉮ 항행 중인 조종불능선
㉯ 항행 중인 위험화물 운반선
㉰ 준설작업에 종사하고 있는 선박
㉱ 기뢰제거 작업에 종사하고 있는 선박

24 국제해상충돌방지규칙상 길이 12미터 이상의 조종불능선이 대수속력이 있는 경우 표시하여야 하는 등화는?

㉮ 현등 1쌍, 수직선상에 흰색 전주등 2개
㉯ 현등 1쌍, 수직선상에 붉은색 전주등 2개
㉰ 현등 1쌍, 수직선상에 붉은색 전주등 3개
㉱ 현등 1쌍, 선미등, 수직선상에 붉은색 전주등 2개

25 국제해상충돌방지규칙상 자기 선박 부근에 있는 다른 선박에서 발하는 섬광 1회의 발광신호를 보았다면 그 다른 선박은 어떤 의사를 표시한 것인가?

㉮ 나는 현재 선망어로에 종사하고 있다.
㉯ 나는 우현으로 앞지르기(추월)할 것이다.
㉰ 나는 우현으로 침로를 변경하고 있는 중이다.
㉱ 나는 좌현으로 침로를 변경하고 있는 중이다.

Answer 23 ㉱ 24 ㉯ 25 ㉰

영어

01 Fill the blank with the most appropriate message markers.

> "This is St. Nicholas Strait VTS center. Unknown vessel passing west of Bligh Bank buoy. You are running into danger. Submerged wreck ahead of you. It is dangerous to remain on your present course. (   ). You must alter course to starboard."

㉮ Answer　　　　　　　　　㉯ Instruction
㉰ Intention　　　　　　　　㉱ Information

02 Select the proper one for the blank according to SMCP.

> "When a message is not properly heard, say: ( )."

㉮ Pardon me　　　　　　　㉯ Repeat again
㉰ Say again　　　　　　　　㉱ Give me again

03 Select the correct one for the blank.

> Pilot: "Do you have center fairlead?"
> Capt.: "Yes, we have it fore and aft."
> Pilot: "( ) tug's line through it at forward station."

㉮ Make　　　　　　　　　　㉯ Push
㉰ Fast　　　　　　　　　　　㉱ Take

Answer　01 ㉯　02 ㉰　03 ㉱

04. In the following figure, which sentence does express the position of No. 1 buoy according to IMO SMCP?

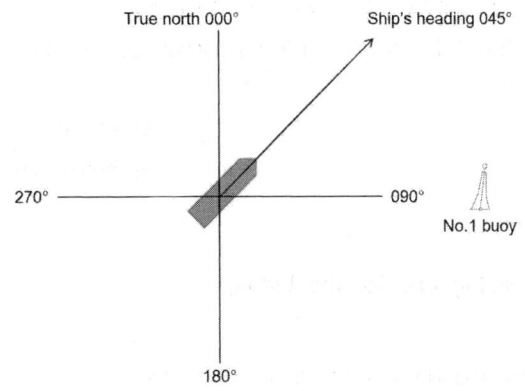

㉮ No. 1 buoy is 045 degrees from you
㉯ No. 1 buoy is 090 degrees on your port bow
㉰ No. 1 buoy is relative bearing 090 degrees from you
㉱ No. 1 buoy is 045 degrees on your starboard bow

05. Select the correct one which has different relations with others.

㉮ Drip-trays
㉯ Handling capacity
㉰ Maximum reach
㉱ Safe working load

06. Which is the correct expression in SMCP for the following?

"묘쇄를 얼마나 더 감아 들여야 하는가?"

㉮ How much shackles are to go?
㉯ How many cables in the water?
㉰ How many cables to heave up?
㉱ How many shackles are left to come in?

Answer 04 ㉱ 05 ㉮ 06 ㉱

07 Select a suitable word for the blank commonly.

> Capt.: "Is it safe to ( ) anchor in this area?"
> Pilot: "No. It is not allowed to ( ) anchor. Because the cable is laid in the area."

㉮ drag ㉯ dredge
㉰ shift ㉱ heave up

08 Select suitable one for the blank.

> "I found that No. 1 buoy was ( ) station."
> [1번 부표가 해도에 기재된 위치에 있지 않다는 것을 발견했다.]

㉮ at ㉯ for
㉰ off ㉱ being

09 Fill the blank with the most proper word.

> "From what direction are you ( )?"

㉮ leading ㉯ approaching
㉰ proceeding ㉱ manoeuvring

10 Choose the improper one to fill the blank.

> "How many ( ) can the vessel still load?"

㉮ cars ㉯ deck cargo
㉰ tonnes ㉱ cubic meters

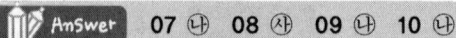

Answer 07 ㉯ 08 ㉰ 09 ㉯ 10 ㉯

11. Select the correct one for the blank.

"( ) is a periodical publication of astronomical data useful to navigators."

㉮ Light list
㉯ Nautical almanac
㉰ Tide table
㉱ Notice to mariners

12.
When a light is first seen on the horizon, it will disappear again if the eye is immediately lowered several feet. When the eye is raised to its former height, the light will again be visible. This process is called ( ).

㉮ luminous range
㉯ checking a light
㉰ bobbing a light
㉱ obscuring a light

13. Select the correct one for the blank.

"The deratting certificate must be presented for the ( ) inspection when entering a foreign port."

㉮ safety
㉯ quarantine
㉰ customs
㉱ immigration

14.
A vessel which has lost her means of propulsion in a rough sea will most likely;

㉮ scud
㉯ broach to
㉰ heave to
㉱ stay bow to the sea

15 Choose the proper one to fill the blank.

"As a ship moves through the water, it drags with it a body of water called a wake. The ratio of the wake speed to the ships is called (   )."

㉮ wake fraction　　㉯ propeller velocity
㉰ wake distribution　　㉱ speed of advance

16 Select the correct one for the blank.

"A vessel with small metacentric height is (   )."

㉮ stiff ship　　㉯ large ship
㉰ small ship　　㉱ tender ship

17 Choose proper one to fill in the blank.

"Nothing in the COLREGs shall interfere with the operation of special rules made by an appropriate authority for ( ), harbours, rivers, lakes or inland waterways connected with the high seas and navigable by seagoing vessels."

㉮ berths　　㉯ dolphins
㉰ straits　　㉱ roadsteads

18 What is a circular area within definite limits in which traffic moves in a counter-clockwise direction around a specified point or zone?

㉮ Track　　㉯ Traffic lane
㉰ Roundabout　　㉱ Separation zone or line

Answer　15 ㉮　16 ㉱　17 ㉰　18 ㉰

19. Select the correct one for the blank.

"The term '(   )' means a vessel restricted in her ability to manoeuvre by the nature of her work.:

㉮ anchored vessel
㉯ dredging of vessel
㉰ hampered vessel
㉱ not under command

20. Which of the following is not searched for when entering or leaving port?

㉮ Narcotics
㉯ Fuel on board
㉰ Stowaways
㉱ Contraband goods

21. Select the correct one for the blank

"Classification Rules require that the surveys of hull and machinery are carried out every four years. And also alternatively (   ) systems are carried out, whereby the surveys are divided into separate items for inspection during a five-year cycle."

㉮ voyage survey
㉯ continuous survey
㉰ cargo tank survey
㉱ built for in-water survey

22. Select the most suitable word for the blank.

"Appropriate precautions shall be taken during loading and transport of heavy cargoes or cargoes with abnormal physical dimensions to ensure that no structural damage to the ship occurs and to maintain adequate (   ) throughout the voyage."

㉮ draft
㉯ buoyancy
㉰ stability
㉱ ventilation

Answer: 19 ㉰ 20 ㉯ 21 ㉯ 22 ㉰

23 Choose a proper one to fill the blank.

"The consignee is the person ( )."

㉮ who signed the contract
㉯ who is the owner of the ship
㉰ to whom the goods are delivered
㉱ who wants the goods to be sent to a person

24 Select the correct one for the blank.

"The name given to a damage claim for breach of contract, as the charterer fails to furnish a full cargo to a ship, is (   )."

㉮ back freight
㉯ pro rata freight
㉰ dead freight
㉱ advance freight

25 Select one which has correct explanation for the underlined part.

"The vessel to be delivered on the expiration of the charter in the same good order as when delivered to the charterers(fair wear and tear excepted) at an ice-free port."

㉮ 외관은 무관함
㉯ 외관과 마모는 제외함
㉰ 정상적인 외관은 제외함
㉱ 통상적인 마모, 손상은 제외함

Answer 23 ㉰ 24 ㉰ 25 ㉱

상선전문

01 전단력 곡선을 적분하여 얻는 종강도 곡선은?
㉮ Load curve
㉯ Weight curve
㉰ Buoyancy curve
㉱ Bending moment curve

02 트리밍에 대한 설명으로 옳은 것은?
㉮ 원유선에서 원유를 화물창에 싣는 작업을 의미한다.
㉯ 액화가스운반선에서 액면의 높이를 조절하는 것을 의미한다.
㉰ 공선항해가 가능하도록 평형수를 이용하여 선체를 잠기게 하는 것이다.
㉱ 곡물 등을 벌크상태로 선적할 때 화물의 표면을 평평하게 고르는 작업을 의미한다.

03 ( )에 적합한 것은?

> "SOLAS 협약상 유조선에 장치된 Inert gas system에서 Fan[Blower]의 송풍 용량은 Cargo oil pump 용량 총합의 ( ) 이상이어야 한다."

㉮ 1.25배
㉯ 1.5배
㉰ 1.75배
㉱ 2배

04 배수량 10,000톤인 선박이 비중 1.025인 수역에서 비중 1.000인 수역으로 진입하였을 때 평균흘수가 10cm 증가했다면, 비중 1.000인 수역에서의 매 cm 배수톤은?
㉮ 22.2톤
㉯ 24.4톤
㉰ 25.0톤
㉱ 27.5톤

05 선수흘수가 8.48m, 선미흘수가 8.99m, 중앙부 흘수가 8.82m인 선박의 상태는?
㉮ 7.5cm hog
㉯ 7.5cm sag
㉰ 8.5cm hog
㉱ 8.5cm sag

Answer 01 ㉱ 02 ㉱ 03 ㉮ 04 ㉰ 05 ㉱

06 적화계수(Stowage factor)에 관한 설명으로 옳지 않은 것은?

㉮ 일반화물선이 만재한 경우 평균 적화계수는 대략 50~70이다.
㉯ 벌크선에서는 일반적으로 Broken space를 포함한 적화계수를 사용한다.
㉰ 같은 종류의 화물이면 적부 장소와 방법에 관계없이 적화계수가 동일하다.
㉱ 화물 1롱톤(L/T)이 차지하는 화물창 체적을 큐빅피트(ft^3) 단위로 표시한다.

07 그레인 용적(Grain capacity)에 대한 설명으로 옳은 것은?

㉮ 선창 용적의 0.2%를 뺀 용적이다.
㉯ 일반적으로 베일 용적(Bale capacity)보다 작다.
㉰ 포장된 화물을 선창 내에 실었을 때의 선창 용적이다.
㉱ 광석, 곡물 등을 선창 내에 벌크 상태로 실었을 때의 선창 용적이다.

08 선박법에서 규정하고 있는 서류가 아닌 것은?

㉮ Draft measurement certificate
㉯ Deadweight tonnage certificate
㉰ International tonnage certificate
㉱ Certificate of vessel's nationality

09 선박법상 한국선박에 표시하여야 할 사항과 그 방법에 대한 설명으로 옳지 않은 것은?

㉮ 선적항은 선미 외부의 잘 보이는 곳에 10센티미터 이상의 한글로 표시한다.
㉯ 선박의 톤수는 외부의 잘 보이는 곳에 10센티미터 이상의 아라비아숫자로 표시한다.
㉰ 선박의 명칭은 선수양현의 외부 및 선미 외부의 잘 보이는 곳에 각각 10센티미터 이상의 한글로 표시한다.
㉱ 흘수의 치수는 선수와 선미의 외부 양 측면에 선저로부터 최대흘수선 이상에 이르기까지 20센티미터마다 10센티미터의 아라비아숫자로 표시한다.

10 선박에 개성을 부여하는 것으로서 선박법상 규정된 사항이 아닌 것은?

㉮ 선적항
㉯ 선박의 명칭
㉰ 선박소유자
㉱ 선박의 총톤수

Answer 06 ㉰ 07 ㉱ 08 ㉮ 09 ㉯ 10 ㉰

11 선박국적증서를 발급받는 절차가 선박법에서 정한 순서대로 나열된 것은?

㉮ 총톤수 측정 → 등기 → 선적항 결정 → 등록
㉯ 선적항 결정 → 총톤수 측정 → 등기 → 등록
㉰ 선적항 결정 → 등록 → 총톤수 측정 → 등기
㉱ 등기 → 총톤수 측정 → 선적항 결정 → 등록

12 선박법상 외국에서 취득한 선박을 외국 각 항 간에서 항행시키는 경우 선박톤수 측정은 누구에게 신청할 수 있는가?

㉮ 선급 지부장
㉯ 대한민국 영사
㉰ 선적항의 관할 등기소장
㉱ 선적항의 지방해양수산청장

13 선박법상 선박소유자가 대한민국 선박의 말소등록을 신청하여야 하는 경우가 아닌 것은?

㉮ 선박이 멸실·침몰 또는 해체된 경우
㉯ 선박이 대한민국 국적을 상실한 경우
㉰ 선박이 총톤수 20톤 미만인 부선으로 변경된 경우
㉱ 선박의 존재 여부가 60일간 분명하지 아니한 경우

14 수화인의 이름을 기재하여 발행한 선하증권(Bill of lading)은?

㉮ Order B/L   ㉯ Straight B/L
㉰ House B/L   ㉱ Received B/L

15 선하증권상에 기재되는 내용 중 임의 기재 사항에 해당하는 것은?

㉮ 면책 약관   ㉯ 화물의 선적항
㉰ 선박의 국적   ㉱ 선하증권 발행 통수

Answer 11 ㉯ 12 ㉯ 13 ㉱ 14 ㉯ 15 ㉮

16. 선하증권상 Unknown clause에서 말하는 부지(不知)란 무엇을 의미하는가?
   - ㉮ 화물의 수화인
   - ㉯ 화물의 내용과 품질
   - ㉰ 화물의 포장 상태
   - ㉱ 화표 등의 외관 상태

17. 화물을 선적 또는 양화하는 경우에 그 화물의 수량과 상태 확인을 본선 승무원을 대신하여 수행하는 사람은?
   - ㉮ Surveyor
   - ㉯ Sworn measurer
   - ㉰ Tallyman
   - ㉱ Longshoreman

18. 선적 화물의 사고에 대한 책임 소재에 관한 설명으로 옳은 것은?
   - ㉮ 선장과 선주가 절반씩 책임을 진다
   - ㉯ 나포로 인한 손실에 대해서는 선주가 책임진다.
   - ㉰ 운송 중에 발생한 사고인 경우에도 선주의 면책사항이 있다.
   - ㉱ 천재지변에 의한 사고는 선주와 화주가 공동으로 책임을 진다.

19. Mis-landing에 의한 화물 과부족이 발생하여 본선의 각 기항지에 과부족 여부를 조회하는 서류는?
   - ㉮ Tracer
   - ㉯ Tally sheet
   - ㉰ Sea protest
   - ㉱ Over-short damage report

20. STCW 협약상 갑판 유능부원(Rating as able seafarer deck)의 자격을 받고자 하는 사람이 갖추어야 할 사항이 아닌 것은?
   - ㉮ 18세 이상일 것
   - ㉯ 레이더/ARPA 교육을 이수할 것
   - ㉰ 항해당직의 일부를 구성하는 부원(Rating)으로서의 자격요건을 충족할 것
   - ㉱ 18개월 이상 승무경력이 있거나 12개월 이상 승무 후 승인된 훈련을 이수할 것

Answer 16 ㉯ 17 ㉰ 18 ㉰ 19 ㉮ 20 ㉯

21 ( )에 적합한 것은?

> "SOLAS 협약상 주조타기의 성능은 최대 항해 흘수에서 최대 항해 속력으로 전진 중에 한쪽 현 타각 35도에서 반대쪽 현 타각 30도까지 ( ) 이내에 전타 가능하여야 한다."

㉮ 25초 ㉯ 28초
㉰ 30초 ㉱ 35초

22 73/78 MARPOL 협약상 기름기록부(Oil record book)는 최종 기재를 한 날부터 몇 년간 보존하여야 하는가?

㉮ 2년 ㉯ 3년
㉰ 4년 ㉱ 5년

23 ISM code의 특성으로 볼 때 선박에서 부적합사항의 식별 및 보고에 관한 업무는 누구의 소관이라고 할 수 있는가?

㉮ 선장 기관장
㉰ 전 선원 ㉱ 각 부서장

24 MARPOL 협약 부속서 VI의 내용에 대한 설명으로 옳지 않은 것은?

㉮ 선내소각 및 오존파괴물질에 관한 규칙이다.
㉯ 선박에서 배출되는 산적 유해액체물질에 관한 규칙이다.
㉰ 선박에서 배출이 규제되는 대기오염물질에 관한 규칙이다.
㉱ 체약국에서 발행하는 국제대기오염방지증서에 관한 규칙이다.

25 IAMSAR manual상 항공기로부터 조난선박에 투하하는 보급품 컨테이너의 꼬리표 색깔과 내용물의 연결이 옳지 않은 것은?

㉮ 청색 - 식량 및 식수 ㉯ 황색 - 담요 및 보온복
㉰ 적색 - 의료구호품 및 응급장비 ㉱ 백색 - 난로, 도끼, 컴퍼스, 요리기구 등 잡화

Answer: 21 ㉯ 22 ㉯ 23 ㉰ 24 ㉯ 25 ㉱

어선전문

01 어획물의 즉살 처리에 대한 설명으로 옳지 않은 것은?

㉮ 일반적으로 큰 고기나 고급 어종에 많이 이용한다.
㉯ 고생사보다 즉살한 것이 사후 경직 지속시간이 길다.
㉰ 즉살시킬 때 경련이 많이 일어나도록 하는 것이 좋다.
㉱ 즉살 처리한 고기가 고생사한 고기보다 품질이 양호하다.

02 수분 함량 80%인 어육이 80%의 동결률로 동결되었다면 어체의 팽창률은?

㉮ 약 4%   ㉯ 약 6%
㉰ 약 8%   ㉱ 약 10%

03 어획물의 빙장 시 얼음의 사용량을 결정하는 요소가 아닌 것은?

㉮ 얼음 자체의 온도   ㉯ 어종과 어체의 크기
㉰ 빙장선의 냉동기간   ㉱ 용기의 종류와 구조

04 원양다랑어선망어선에서 한 개의 어창에 어획물이 다채워지지 않을 때, 브라인을 얼마나 채워야 하는가?

㉮ 흘러넘치도록 채운다.
㉯ 어창 만재 수위까지 채운다.
㉰ 어획물 표면이 완전히 잠기도록 채운다.
㉱ 어획물 표면보다 약 20cm 낮게 채운다.

05 ( )에 순서대로 적합한 것은?

"프레온이 설비 외부에서 열분해가 일어날 때에 생성되는 주요한 물질은 ( )와/과 ( )이다."

㉮ 질산염, 아황산   ㉯ 염산, 불화수소산
㉰ 탄화수소, 포름알데히드   ㉱ 포름알데히드, 암모니아

Answer 01 ㉰ 02 ㉯ 03 ㉰ 04 ㉱ 05 ㉯

06. <보기>에서 제시한 상태의 어선에서 몇 톤을 더 적재하면 만재상태가 되는가?

ㄱ. 어창에 중량 50톤에 해당하는 여유 공간이 있다.
ㄴ. 현재 평균흘수는 3.75m이다.
ㄷ. 만재흘수는 3.85m이고, 만재흘수 상·하방 20cm 이내의 수선면적은 400m2로 같다.
ㄹ. 배의 길이 45m, 선폭 10m이고, 비중 1.025인 해수에 떠 있는 상태이다.

㉮ 약 39톤 ㉯ 약 40톤
㉰ 약 41톤 ㉱ 약 46톤

07. 처리실이 있는 대형트롤어선에서 어획물을 선내에 최초로 보관하는 시설은?

㉮ 급냉실 ㉯ 1번 어창
㉰ 준비실 ㉱ 고기 칸(Fishpond)

08. 어선의 하역용 윈치 구비 요건이 아닌 것은?

㉮ 정격 하중을 정격 속도로 감아올릴 수 있을 것
㉯ 기계적 지식이 없는 사람도 쉽게 조작할 수 있을 것
㉰ 신속 정확하게 하중을 올리고 내릴 수 있는 역전장치가 있을 것
㉱ 정격 하중 내에서 하중의 크기에 따라 감는 속도가 제한되어 있을 것

09. 어선에서 냉동 장치의 냉매로 주로 쓰이며, 독성과 폭발성이 강하여 보관에 특히 주의하여야 하는 물질은?

㉮ 질소 ㉯ 염화칼륨
㉰ 알코올 ㉱ 암모니아

10. 어선법에서 규정하고 있는 사항이 아닌 것은?

㉮ 어선의 건조 ㉯ 어선의 등록
㉰ 어선의 검사 ㉱ 어업의 허가

Answer: 06 ㉰ 07 ㉱ 08 ㉱ 09 ㉱ 10 ㉱

11. 어선법상 어선의 검사와 발급되는 증서를 짝지은 것으로 옳지 않은 것은?
   ㉮ 임시검사-임시검사증서
   ㉯ 정기검사-어선검사증서
   ㉰ 특별검사-어선특별검사증서
   ㉱ 임시항행검사-임시항행검사증서

12. 어선법상 선수와 선미의 외부 양측면에 흘수를 표시하여야 하는 어선의 길이 기준은?
   ㉮ 12미터 이상
   ㉯ 15미터 이상
   ㉰ 24미터 이상
   ㉱ 45미터 이상

13. 어업관리의 기능별 수단의 유형 중 기술적 수단으로 옳지 않은 것은?
   ㉮ 어기의 제한
   ㉯ 어구 및 어선의 제한
   ㉰ 어장의 제한
   ㉱ 체장 및 어종의 제한

14. 우리나라 동해안에서 꽁치 조업에 주로 사용되며 조업중 순대말이 현상을 주의하여야 하는 어구는?
   ㉮ 봉수망
   ㉯ 유자망
   ㉰ 저인망
   ㉱ 건착망

15. 끌그물류가 아닌 것은?
   ㉮ 건착망
   ㉯ 기선권현망
   ㉰ 빔 트롤
   ㉱ 쌍끌이기선저인망

16. 뻗친 그물감 10미터를 6.5미터의 줄에 붙였을 때 성형률은?
   ㉮ 35%
   ㉯ 40%
   ㉰ 65%
   ㉱ 100%

Answer 11 ㉮ 12 ㉰ 13 ㉯ 14 ㉯ 15 ㉮ 16 ㉰

17 원양다랑어연승어업에 사용되는 어로 설비 또는 장비는?
㉮ 집어등
㉯ 위성 부이
㉰ 갤로스
㉱ 파워블록

18 트롤 윈치 구동 중에 구동축과 드럼이 분리되었을 때 드럼을 제동하는 방법으로 주로 쓰이는 방식은?
㉮ 밴드 브레이크
㉯ 디스크 브레이크
㉰ 공압 브레이크
㉱ 유압 브레이크

19 강제 함정 어구류 중에서 어구의 설치 위치를 가장 쉽게 이동할 수 있는 것은?
㉮ 죽방렴
㉯ 안강망
㉰ 주목망
㉱ 낭장망

20 토레몰리노스 77/93 협약상 길이 75미터 미만 어선의 구명부환의 최소 비치 기준은?
㉮ 4개
㉯ 6개
㉰ 8개
㉱ 10개

21 95 STCW F 협약상 퇴선 때 취하여야 할 행동에 대하여 모든 예비 어선 선원에게 교육할 내용이 아닌 것은?
㉮ 어선 및 수중에서 생존정에 승정하는 방법
㉯ 구명조끼 및 경우에 따라서는 방수복 착용법
㉰ 헬리콥터에 의한 구조 작업 시 취하여야 할 조치
㉱ 높은 곳에서 수중으로 뛰어드는 방법 및 입수할 때 부상 위험 감소 방법

Answer 17 ㉯ 18 ㉮ 19 ㉯ 20 ㉯ 21 ㉯

단원별 3급 항해사

22 95 STCW-F 협약상 항만국 통제를 할 때 '항해 시작될 때의 첫 당직 다음 당직자가 충분한 휴식을 취하지 못하고 당직에 임하는 경우' 항만국통제관이 취할 수 있는 조치는?
㉮ 선장 견책 ㉯ 시정 명령
㉰ 출항 금지 ㉱ 범칙금 부과

23 73/78 MARPOL 협약 부속서 I에서 기름기록부에 관한 설명으로 옳지 않은 것은?
㉮ 기름기록부의 종류에는 2가지가 있다.
㉯ 기재가 완료된 기름기록부는 선박 내에 보관하여야 한다.
㉰ 기름기록부의 보존 연한은 최종기재를 한 날부터 3년이다.
㉱ 기재가 다 된 기름기록부의 각 면은 해양오염방지관리인에 의해 서명된다.

24 ( )에 적합한 것은?

> "73/78 MARPOL 협약상 선박의 해양오염방지설비에 대한 정기검사의 간격은 ( )을 초과하지 않아야 한다."

㉮ 2년 ㉯ 3년
㉰ 4년 ㉱ 5년

25 73/78 MARPOL 협약상 기름기록부를 기록하고 비치하여야 하는 어선의 크기 기준은?
㉮ 길이 24미터 이상 ㉯ 총톤수 150톤 이상
㉰ 길이 45미터 이상 ㉱ 총톤수 400톤 이상

Answer 22 ㉰ 23 ㉱ 24 ㉱ 25 ㉱

수험서의 NO.1
서울고시각

편저자약력

김성곤 해기사시험연구소
김성곤

- 부산수산대학 어업학과 졸업
- (前) 인천해양과학고등학교 교사
- 해기사 시험문제 출제위원
- 공무원 임용시험 출제위원
- 교육부 1종도서 '항해' 교과서 편찬 심의위원
- 교육부 1종도서 '항해 종합실습', '어업 종합실습', '항해 교사지도서' 편찬 심의위원
- 교육부 수산해운계열 교육과정 심의위원

- 저서 : 서울고시각 '항해술 기본서'
  서울고시각 '항해술 객관식 문제집'
  서울고시각 '항해술 기출문제집'
  서울고시각 '3급 항해사 문제집'
  서울고시각 '4급 항해사 문제집'
  서울고시각 '소형선박조종사 문제집'
  유스터디 '김성곤쌤의 해사법규 上·下 이론서'
  유스터디 '김성곤쌤의 해사법규 핵심진단평가'

* E-mail : navigkim@naver.com

인쇄일 2023년 8월 5일
발행일 2023년 8월 10일

편저자 김성곤 해기사시험연구소
발행인 김용관
발행처 ㈜서울고시각
주 소 서울시 마포구 양화로7길 83 2층(데이비드 빌딩)
대표전화 02.706.2261
상담전화 02.706.2262~6 | FAX 02.711.9921
인터넷서점·동영상강의 www.edu-market.co.kr
E-mail gosigak@gosigak.co.kr
표지디자인 이세정
편집디자인 김수진, 황인숙
편집·교정 박준용

ISBN 978-89-526-4557-9
정 가 46,000원

• 이 책에 실린 내용에 대한 저작권은 서울고시각에 있으므로 함부로 복사·복제할 수 없습니다.